U0418807

国外名校最新教材精选

Introduction to Digital Signal Processing Using MATLAB

(Second Edition)

数字信号处理导论

——MATLAB实现

(第2版)

罗伯特·J·希林
Robert J. Schilling

〔美〕　　　　著

桑德拉·L·哈里斯
Sandra L. Harris

殷勤业　王文杰　邓　科　张建国　译

西安交通大学出版社
Xi'an Jiaotong University Press

Introduction to Digital Signal Processing Using MATLAB®, Second Edition
Robert J. Schilling and Sandra L. Harris
ISBN:978-1-111-42602-2

978-7-5605-6023-6

Cengage Learning Asia Pte. Ltd.
151 Lorong chuan, #02-08 New Tech Park, Singapore 556741

陕西省版权局著作权合同登记号　图字 25-2014-062 号

图书在版编目(CIP)数据

数字信号处理导论:MATLAB 实现/(美)希林(Schilling, R. J.),(美)哈里(Harris, S. L.)著;殷勤业等译. —2 版. —西安:西安交通大学出版社,2014.3
书名原文:Introduction to digital signal processing using MATLAB
ISBN 978-7-5605-6023-6

Ⅰ.①数…　Ⅱ.①希… ②哈… ③殷…　Ⅲ.①Matlab 软件-应用-数字信号处理-高等学校-教材　Ⅳ.①TN911.72

中国版本图书馆 CIP 数据核字(2014)第 030755 号

书　　名　数字信号处理导论——MATLAB 实现(第 2 版)
著　　者　(美)罗伯特·J·希林,(美)桑德拉·L·哈里斯
译　　者　殷勤业　王文杰　邓　科　张建国

出版发行　西安交通大学出版社
(西安市兴庆南路 10 号　邮政编码 710049)
网　　址　http://www.xjtupress.com
电　　话　(029)82668357　82667874(发行部)
(029)82668315　82669096(总编办)
传　　真　(029)82668280
印　　刷　陕西宝石兰印务有限责任公司

开　　本　787mm×1 092mm　1/16　**印张** 48.25　**字数** 1175 千字
版次印次　2014 年 3 月第 1 版　2014 年 3 月第 1 次印刷
书　　号　ISBN 978-7-5605-6023-6/TN·142
定　　价　98.00 元

读者购书、书店添货如发现印装质量问题,请与本社发行中心联系、调换。
订购热线:(029)82665248　(029)82665249
投稿热线:(029)82665380
读者信箱:banquan1809@126.com

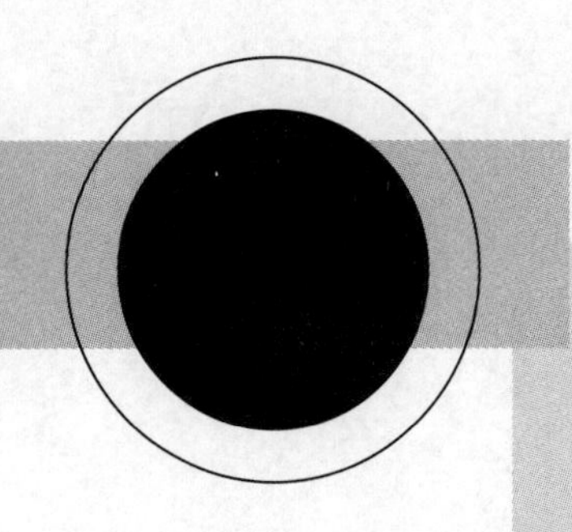

译者序

数字信号处理是信息与通信工程、电气工程、电子科学与技术、自动控制科学与工程、生物医学工程等学科领域中最重要的基础课程，也是绝大多数理工类学科的必修课程。关于本书的指导思想、使用对象以及内容安排，作者在前言中已经做了细致的介绍，在此无须重复。

原著的第一版名为 Fundamentals of Digital Signal Processing Using MATLAB(数字信号处理基础——MATLAB 实现)，是由 THOMSON 于 2005 年出版，而后经过原作者调整、修改，于 2012 年形成了第二版，其书名为 Introduction to Digital Signal Processing Using MATLAB(数字信号处理导论——MATLAB 实现)，由 CENGAGE Learning 出版。相比之下，第二版较之第一版更适合于高校结合 MATLAB 环境进行本科生和研究生的教学，其章节思路更为清晰，结合实际应用的特色更为明显。

全书分为九章，第 1 章和第 2 章由殷勤业翻译，第 3 章、第 7 章和第 8 章由王文杰翻译，第 4 章和第 9 章由邓科翻译，第 5 章和第 6 章由张建国翻译，全书由殷勤业统一整理。此外，在本书的翻译过程中，得到了王慧明副教授、王晨博士以及博士生王勃、郑通兴和硕士生董柳青、尹诗媛等的帮助，在此对他们表示诚挚的感谢。最后向本书的责任编辑赵丽平和鲍媛表示衷心的感谢，在本书的翻译过程中，始终得到了她们的大力支持与帮助。

原著中有少量输入和排版的疏漏，在翻译过程中做了改动。另外，由于本书中的各种应用涉及面非常广，限于译者的水平和不可避免的主观片面性，翻译不当或表述不清之处在所难免，恳请广大读者及专家不吝指教，提出修改意见，我们将不胜感激。

译者
2014 年 2 月
于西安交通大学

译者序

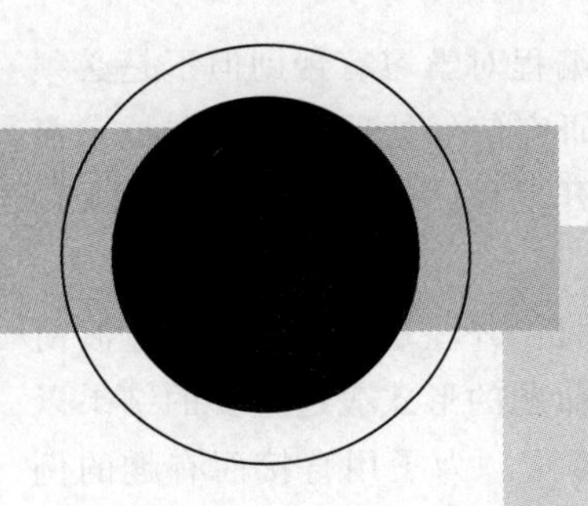

前言

数字信号处理，通常称之为 DSP(Digital Signal Processing)，是现代技术世界中应用越来越广泛的研究领域。本书重点讨论数字信号处理基本原理，强调原理的实际应用。《数字信号处理导论》这本书包括图 1 所示的三个部分。

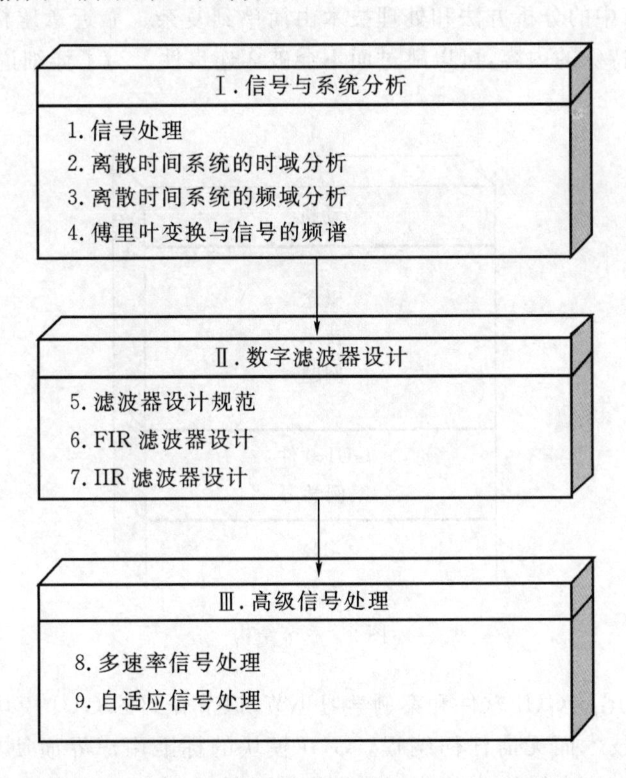

图 1　本书的结构

读者对象和先决条件

本书主要面向电气与计算机工程及数字信号处理相关领域的大三下学期或大四的学生以及一年级的研究生。学生应该已修完一门电路课程，或者信号与系统，或者包含介绍傅里叶变换和拉普拉斯变换的数学课程。本书包括了丰富的内容并提供了足够的灵活性，教师可以安排不同课时数的课程而无需额外的补充材料。掌握MATLAB编程对学习有帮助但不是必须的。每章末尾的图形用户界面(GUI)模块使学生可以交互式地研究信号处理的概念与技术而不需要任何编程。本书还为那些熟悉MATLAB并有兴趣自己开发程序的读者提供了MATLAB计算习题。

本书采用了非常规的写作方式,致力于阐明每个新主题的动机,并注重主题之间的过渡衔接。本书通过使用边注和定义突出重要的术语以方便参考。用命题的形式表述重要的结果以突出它们的重要性,并将用于实现重要设计的过程步骤总结为算法。为了用直接而有趣的例子激发学生,本书大量的例题都来源于语音和音乐信号处理。课程软件也将语音和音乐信号处理作为重点研究对象,读者可以在标准PC上使用该软件方便地录制语音及声音并进行回放。学生可以通过这种方式直接体验各种信号处理技术的效果。

章节结构

本书的每一章都遵循图2所示的章节结构模板。每章的第一节通过介绍一个或多个可以用本章技术解决的实际问题来阐明学习动机。每章的主体部分则介绍一系列的分析工具与信号处理技术,这些节中的分析方法和处理技术由简单到复杂。靠近章尾标有“*”的小节表明本节包含更深入和特殊的内容,可以跳过而不会破坏连贯性。为了详细说明所涉及的原理,本书配有大量的例题。

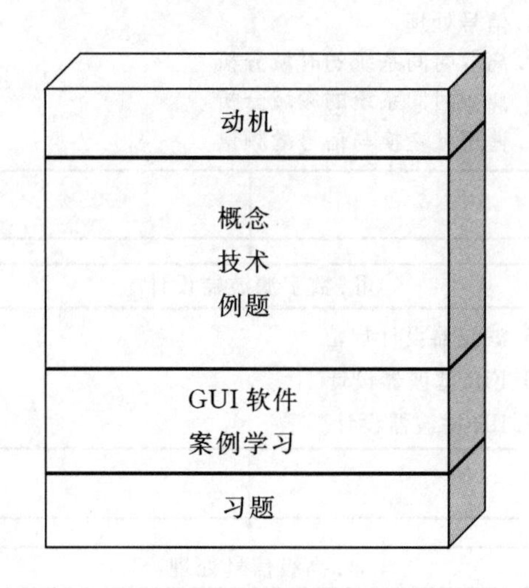

图2　章节结构

靠近每章的结尾是GUI软件和案例学习小节,该节介绍的GUI模块允许学生交互式地研究本章的概念和技术而无需任何编程。GUI模块的标准用户界面使用简便且易于学习。由一个模块作为输出创建的数据文件可以作为输入导入到其它的模块。本节还包含案例学习,它以MATLAB程序的形式给出了求解实际问题的完整过程。本章小结简练地回顾该章的重要概念,并以列表的形式给出每一节的学习要点。每章包括了大量的习题,这些习题分为三种类型并可以交叉索引到每一节。第一类习题是分析与设计问题,通过手动或计算器可以完成这些习题,它用于测试学生对本章内容的理解,其中的某些习题也是对本章内容的扩充。第二类习题是GUI仿真习题,它允许学生使用本章的GUI模块交互式地研究设计与处理技术。这些习题不要求学生编写程序。最后一类习题是 MATLAB 计算习题,这些习题要求读者使用本章的信号处理技术编写程序。

FDSP 工具箱

本书的一个独有特征是包含了一个被称为数字信号处理基础(Fundamentals of Digital Signal Processing, FDSP)工具箱的集成软件包,读者可以从出版社的网站 www. cengagebrain. com/international 下载该软件包。与本书以及本软件有关的问题和评论可以通过 schillin@clarkson. edu 联系作者。

FDSP 工具箱包括每章的 GUI 模块,信号处理函数库,书中出现的所有的 MATLAB 例子、图和表格,以及在线帮助。读者可以通过一个简单的基于菜单的 FDSP 驱动程序方便地使用所有课程软件,使用下面的命令可以由 MATLAB 的命令提示符运行该驱动程序。

```
>> f_dsp
```

从仅需要标准 MATLAB 解释器的意义上来说,FDSP 工具箱是自包含的。对用户来说,不需要获取可选的 MATLAB 工具箱,如信号处理和滤波器设计工具箱。教师可以索取 PDF 格式的习题答案。

支撑材料

读者访问 www. cengagebrain. com 可以获取额外的课程材料。在 cengagebrain. com 主页顶部的搜索框中输入扉页或封底上的 ISBN 进行搜索。该操作将把你带到产品页面,在那里可以找到上述资源。

致谢

本书的写作持续了一些年,它的完成得到了许多人的帮助。Brooks/Cole 和 Cengage Learning 委托的审阅专家提出了大量富有思想且有洞察力的建议,最后的书稿吸收了这些建议。感谢研究生 Joe Tari, Rui Guo, 和 Lingyun Bai,他们测试了最初的 FDSP 工具箱软件。我们还要感谢 Brooks/Cole 的许多职员,他们始终关注本项目直至本书的出版。特别感谢 Bill Stenquist,他始终与我们紧密合作,我们还要感谢 Rose Kernan。由 Cengage Learning 出版的第二版自始至终得到了热忱的出版社全球工程师计划(Global Engineering Program)团队的大力支持,包括 Swati Meherishi, Hilda Gowans, Lauren Bersos, Tanya Altieri, 和 Chris Shortt。

Robert J. Schilling
Sandra L. Harris
Potsdam, NY

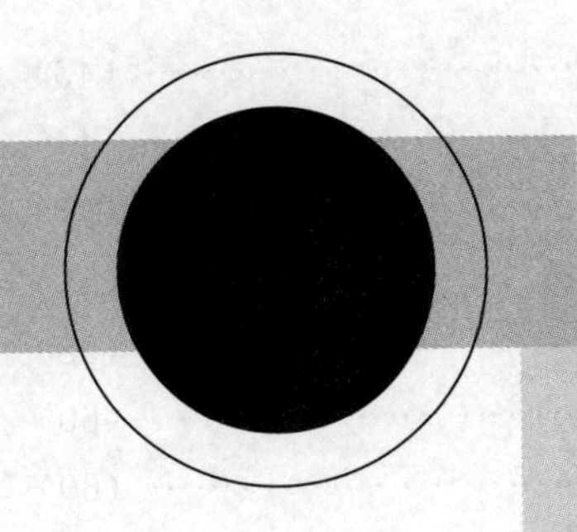

目 录

第二部分 数字滤波器设计

第三部分　高级信号处理

第一部分　信号与系统分析

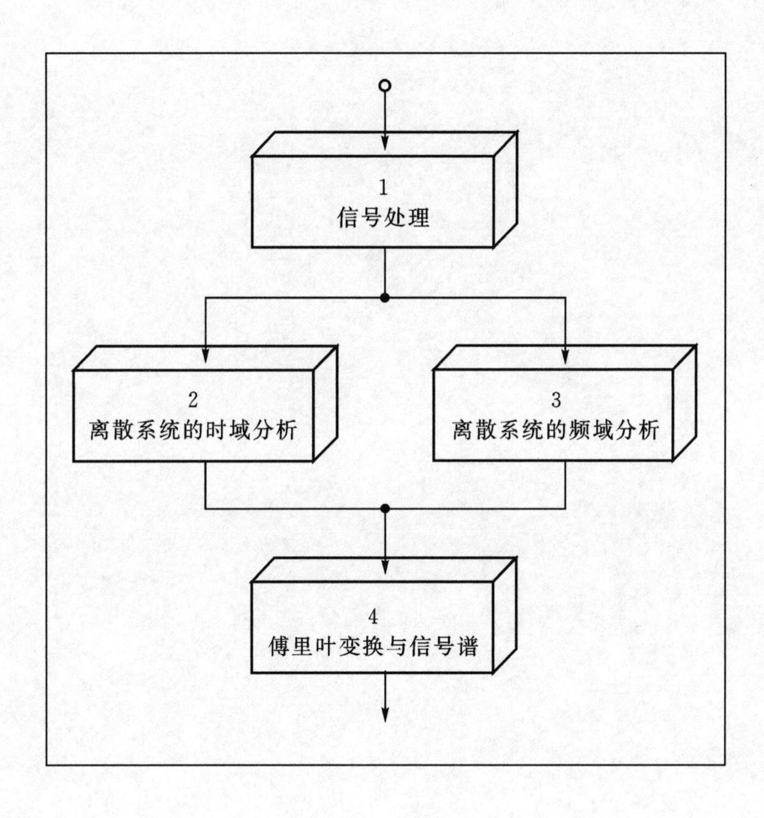

第1章 信号处理

本章内容

1.1 动机

信号是一个值会随时间和空间变化的物理变量。如果信号的值随连续的时间变化，则称为连续时间信号或者模拟信号。日常生活中连续信号的例子有温度、压力、水位、化学浓度、电压与电流、位置、速度、加速度、力以及扭矩。如果信号仅在离散时间点上取值有效，这样的信号被称为离散时间信号。尽管一些信号如经济数据本身就是一个离散时间信号，但更为一般的产生离散时间信号 $x(k)$ 的方法是对如下模拟信号 $x_a(t)$ 进行采样。

$$x(k) \triangleq x_a(kT), \quad |k| = 0, 1, 2, \cdots$$

这里 T 定义为采样间隔或样本间的时间，$\triangleq$ 定义为两端相等。如果 $x(k)$ 的幅度取值用有限精度的数来表述，则这种幅度有限精度量化取值的序列称为数字信号。当一个系统或算法的输入是一个数字信号 $x(k)$，而它的输出是另一个数字信号 $y(k)$ 时，它被称为数字信号处理器。数字信号处理(DSP)技术有着广泛的应用，并且在现代社会中起到了越来越重要的作用。其应用范围包括语音识别，雷达和声纳中的目标检测，音乐和视频的处理、石油和天然气的地震勘探、医学信号处理如 EEG、EKG，以及超声波、通信中的信道均衡和卫星图像处理。本书将侧重于现代数字信号处理技术的开发、实现和应用。

这里我们以数字信号处理和模拟信号处理的比较来引出本章内容。然后将给出一些可以用数字信号处理技术解决的实际问题，紧接着的是信号的表征与分类，而后提出包括带限的概念和白噪声信号在内的信号频谱的基本概念。在此基础上，自然地引入采样过程，即一个连续时间信号产生一个等效的离散时间信号。给出了保证一个模拟信号能通过它的采样进行重建的简单条件。当这些条件不能满足时，就会出现混叠现象。我们将讨论使用保护滤波器降低混叠影响的问题。其后是模数转换器和数模转换器等 DSP 硬件的研究。硬件的讨论包括与有限精度转换器相关的量化误差的建模方法。本章还介绍 MATLAB 中一个称为 FDSP 的工具箱，使用它可以方便地编写简单的 DSP 脚本程序。FDSP 工具箱还提供了大量的图形用户界面(GUI)模块，它能够在不需要任何编程的情况下浏览实例和研究数字信号处理技术。图形用户界面模块 *g_sample* 用于研究信号的采样过程，而相伴模块 *g_reconstruct* 则用于研究信号的重建过程。本章内容包括了一个案例研究的例题和连续时间与离散时间信号处理的小结。

1.1.1 数字和模拟处理

在过去的很长一段时间里，几乎所有的信号处理都是用模拟电路来实现的，如图 1.1 所示。这种模拟电路用运算放大器、电阻和电容来实现频率选择性滤波器。

图 1.1 模拟处理电路

随着具有嵌入数据转化电路的专用微型处理器的出现(Papamichalis，1990)，现在更常见的是如图 1.2 所示的数字化信号处理方式。模拟信号的数字处理比模拟处理更为复杂，从图 1.2 可以看到，它至少需要三个组成部分。前置的模数转换器(ADC)将输入的模拟信号 $x_a(t)$ 转化为相应的数字信号 $x(k)$。通过一个由软件实现的算法完成对 $x(k)$ 的处理。对于滤波操作，DSP 算法可由差分方程完成。而其他类型的操作也是有可能的而且被经常遇到。最后输出的数字信号 $y(k)$ 还要由数模转换器(DAC)转化回相应的模拟信号 $y_a(t)$。

图 1.2 数字信号处理

尽管比起模拟信号处理 DSP 方法要求更多的步骤，但数字形式的处理信号的确有着更大的优势。关于两种方法优缺点的比较在表 1.1 中列出。

表 1.1　模拟与数字信号处理的比较

特点	模拟处理	数字处理
速度	快	中等
成本	低到中	中等
灵活性	低	高
性能	中等	高
自我校正性能	无	有
数据记录能力	无	有
自适应能力	有限	有

模拟信号处理的主要优点在于它的速度和成本。数字信号处理不如模拟信号处理迅速是由于受到 A/D 变换电路的采样速率限制。除此之外,如果有大量的运算在两采样之间执行,那么处理器的时钟频率也是限制因素。速度在实时应用中是一个问题,当可用时,第 k 个输出采样 $y(k)$ 必须在来自于 ADC 中第 k 个输入采样 $x(k)$ 有效期结束前完成其计算并结束其发送到 DAC 的工作。但实际中也还有预先输入存储整个完整信号而事后离线处理方式。在这种离线批处理模式中,速度就没有那么重要了。

DSP 硬件往往会比模拟硬件更贵一些,这是因为专用于模拟硬件的印刷电路板上几乎就看不见任何离散电路元件。DSP 硬件的成本代价则要取决于所需硬件系统的特征性能。有些情况下,可以运用已有的 PC 去执行实现给定的其它函数功能,而在这样的系统中,附加的 DSP 硬件在总的成本代价中并不算大。

尽管有这些制约,使用 DSP 技术的优势还是非常明显的。事实上有关 DSP 超出模拟处理的所有其他特性均在表 1.1 中罗列。其中最重要的一个优点就是由于 DSP 利用软件执行而所固有的灵活性。尽管模拟电路可以通过电位器在有限的范围内调整它的性能,DSP 算法却可以根据环境变化的需要,完全替换更新自适应调整。

DSP 还可以提供比模拟信号处理更高的性能。例如任意幅度响应和线性相位响应的数字滤波器都是容易设计实现的,而模拟滤波器却做不到。

困扰模拟系统的一个常见问题是元件的数值会随着使用时间和环境条件如温度的改变出现漂移现象。这使得我们需要定期对元件进行校正和调整。而使用 DSP 就不会有漂移现象,因此也不需要人工校准。

当数据在 DSP 系统中已经以数字形式就绪时,可以通过很少或者不用额外的花费就可以利用系统的操作登入记录数据,因此我们可以监控数据的执行,既可以在本地也可以通过网络连接进行远程控制。如果检测到一个异常的操作情况,当时的准确时间与种类就能测定,则一个更高级别的控制系统将会发出警报。而对于模拟系统而言,尽管可以给其增加一个带状纸条记录机,但这实际上增加了成本,否认了其成本低廉的潜在优势。

软件固有的灵活性使其可以随时改变 DSP 算法的参量,以适应输入信号的特性和处理任务的变化。对于系统的识别和噪声的主动控制这样的自适应信号处理的应用问题将在第 9 章中讨论。

1.1.2 总谐波失真(THD)

随着数字计算机的广泛使用,DSP 的应用现在很常见了。举一个简单的例子,考虑这样一个问题,设计一个能使输入信号幅度增强而不使信号形状产生失真的音频放大器。该放大器如图 1.3 中所示,假设输入信号 $x_a(t)$是一个振幅为 a 频率为 F_0 Hz 的纯正弦音频信号。

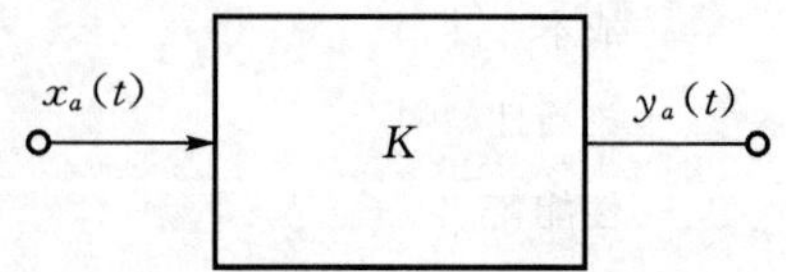

图 1.3 音频放大器

$$x_a(t) = a\cos(2\pi F_0 t) \tag{1.1.1}$$

一个理想的放大器将会产生一个与输入信号成比例并且有一定时延的信号 $y_a(t)$。例如,如果比例因子为 K 且时延为 τ,则得到的输出为

$$y_a(t) = Kx_a(t-\tau) = Ka\cos[2\pi F_0(t-\tau)] \tag{1.1.2}$$

在一个实际的放大器中,输入与输出之间的关系只是近似线性的,所以一些额外的项会出现在实际的输出 y_a 中。

$$\begin{aligned} y_a(t) &= F[x_a(t)] \\ &\approx \frac{d_0}{2} + \sum_{i=1}^{M-1} d_i\cos(2\pi i F_0 t + \theta_i) \end{aligned} \tag{1.1.3}$$

额外谐波的存在说明被放大的信号有失真,这是由于放大器的非线性所致。例如,如果用一个振幅 a 太大的输入激励该放大器,那么放大器将会饱和,导致其输出成为一种削顶正弦波形,从而使得扬声器的音频失真。为了定量分析这个失真程度,我们注意到第 i 个谐波中的平均功率是 $d_i^2/2$, $i\geqslant 1$;而对于直流分量的平均功率为 $d_i^2/4$, $i=0$。因此,信号 $y_a(t)$的平均功率是

$$P_y = \frac{d_0^2}{4} + \frac{1}{2}\sum_{i=1}^{M-1} d_i^2 \tag{1.1.4}$$

输出信号 $y_a(t)$的总谐波失真(THD)定义为伪谐波成分的功率占总功率的百分比。因此,可以用下面的式子来衡量放大器输出的质量。

$$\mathrm{THD} \triangleq \frac{100(P_y - d_1^2/2)}{P_y}\% \tag{1.1.5}$$

对一个理想的放大器来说,其 $i\neq 1$, $d_i=0$;而且

$$d_1 = Ka \tag{1.1.6a}$$

$$\theta_1 = -2\pi F_0 \tau \tag{1.1.6b}$$

因此,对一个高质量的放大器来说,总谐波失真很小,而当没有失真现象时其 THD=0。假设放大器的输出被采样成如此长度 $N=2M$ 的数字信号。

$$y(k) = y_a(kT), \quad 0\leqslant k < N \tag{1.1.7}$$

如果采样间隔设为 $T=1/(Nf_0)$，那么这相应于 $y_a(t)$ 的一个周期。通过用离散傅里叶变换(DFT)处理数字信号 $x(k)$，就能测定 d_i 和 θ_i，$0\leqslant i<M$。用这样的方法就能够测量总谐波失真。DFT 作为重要的分析工具将在第 4 章中介绍。

1.1.3 陷波器

作为 DSP 应用的第二个例子，假设你要在实验室中设置麦克风进行声音的测量。由于测量方法具有很高的灵敏度，周围环境中任何我们感兴趣频率范围的背景声音都有可能成为非期望的噪声破坏测量。早期的测量发现头顶上开着的荧光灯会发出相应于 60Hz 交流电源二次谐波 120Hz 的嗡嗡声。问题是如何在尽可能少的影响 120Hz 附近的其他频率成分的前提下消除 120Hz 的频率成分。这就需要设计一个陷波器，处理声音数据样本，消除荧光灯的影响。通过计算，可以得到下面数字滤波器，它可以用于处理测量样本 $x(k)$，得到滤波后的信号 $y(k)$。

$$\begin{aligned}y(k)=&1.6466y(k-1)-0.9805y(k-2)+0.9905x(k)\\&-1.6471x(k-1)+0.9905x(k-2)\end{aligned}\tag{1.1.8}$$

式(1.1.8)中的滤波器是一个带宽为 4Hz 的陷波器，陷波频率为 $f_n=120$ Hz，而相应的采样频率为 $f_s=1280$ Hz。滤波器的频率响应如图 1.4 所示，在 120 Hz 处有一个尖锐的陷波点。注意到除了 f_n 附近的频率，$x(k)$ 的其他频率成分都能无衰减地通过滤波器。陷波器的设计将在第 7 章讨论。

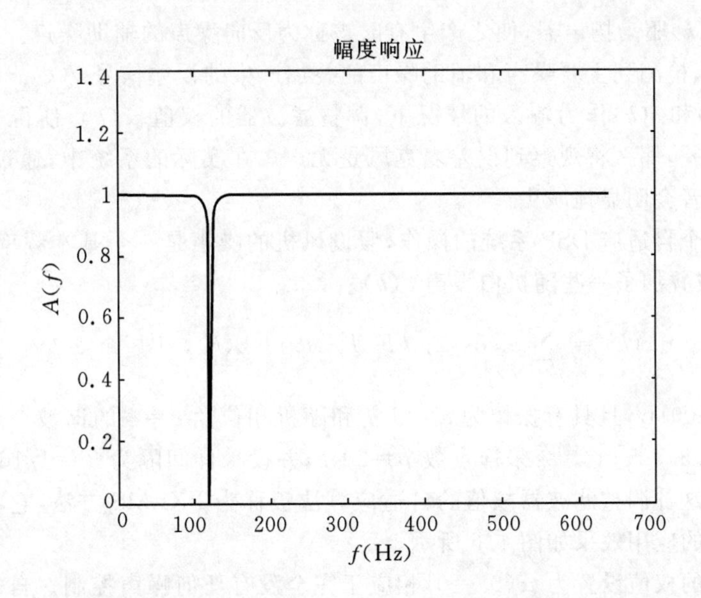

图 1.4 具有陷波频率为 $F_n=120$Hz 的陷波器幅度响应

1.1.4 有源噪声控制

自适应信号处理的一类 DSP 应用是对声音噪声的的有源控制。这类例子包括旋转机器，螺旋桨，喷气机引擎，道路机动车以及热风、通风、空调系统中的空气流动等引起的噪声。图1.5展示了一个有源噪声控制系统，它由一个空气管道，两个麦克风和一个扬声器组成。有源噪声控制的基本原理就是在环境中注入另外一种辅助噪声，用于抵消主噪声，从而起到抑制主噪声的作用。

图1.5中参考麦克风的作用是用来接收由噪声源或风机产生的主噪声 $x(k)$，主噪声信号通过一个如下形式的数字滤波器：

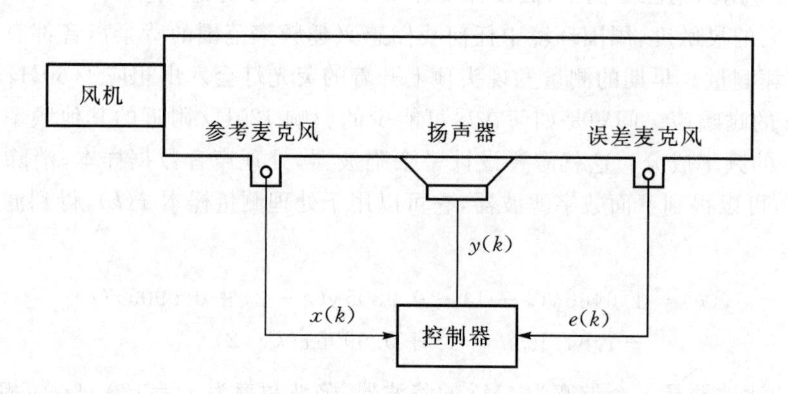

图1.5　通风管道的有源噪声控制系统

$$y(k)=\sum_{i=0}^{m}w_i(k)x(k-i) \tag{1.1.9}$$

滤波器的输出 $y(k)$ 驱动扬声器，使之产生有时被称为反向噪声的辅助噪声。放置在扬声器下游的误差麦克风，检测到主要噪声和辅助噪声的叠加产生的误差信号 $e(k)$。自适应算法的目的就是在以 $x(k)$ 和 $e(k)$ 作为输入的情况下，调整滤波器的权值 $w(k)$，使得 $e^2(k)$ 趋向于零。如果能达到零误差，那么将观察到误差麦克风是无声。在实际的系统中，通过有源噪声控制，误差或残余的声音会明显地减少。

为了阐述这个自适应DSP系统的操作，假设风机的噪声是一个基本频率为 F_0 的周期信号，且其 r 次谐波叠加了一些随机白噪声 $v(k)$。

$$x(k)=\sum_{i=1}^{r}a_i\cos(2\pi ikF_0T+\theta_i)+v(k),\ 0\leqslant k<p \tag{1.1.10}$$

例如，假设 $F_0=100\text{Hz}$，且具有振幅为 $a_i=1/i$ 和随机相位角 $r=4$ 的谐波。随机白噪声均匀分布在区间[-0.5,0.5]上。令采样点数 $p=2048$，并设采样间隔为 $T=1/1600$ 秒，且滤波器的阶数 $m=40$。这种调整滤波器权值的自适应算法被称为FXLMS方法，它将在第9章中详细讨论。该算法的应用效果如图1.6所示。

开始滤波器的权值设置为 $w(0)=0$，相应于完全没有任何噪声控制。自适应算法直到采样点 $k=512$ 时才被激活，因此，图1.6中的前四分之一部分显示为误差麦克风检测到的背景噪声或者主要噪声。一旦自适应被性激活后，误差开始快速地减少并在一个很短的过渡期内达到一个稳定水平，尽管不为零，但已是一个比主噪声本身小两个数量级水平了。我们可以使用如下整体噪声抑制的测量方法度量噪声消除的效果。

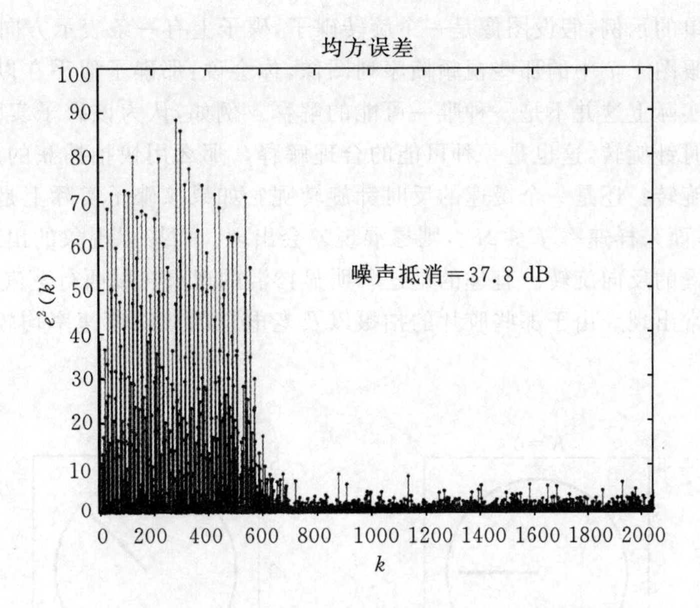

图 1.6　在 $k=512$ 点后被激活的有源噪声控制的误差信号

$$E = 10\log_{10}\Big(\sum_{i=0}^{\frac{p}{4}-1} e^2(i)\Big) - 10\log_{10}\Big(\sum_{i=\frac{3p}{4}}^{p-1} e^2(i)\Big)\ \text{dB} \tag{1.1.11}$$

整体噪声消除 E 是采样第一个四分之一的平均噪声功率与采样最后一个四分之一的平均噪声功率的比值,用分贝表示。利用这式子,可知图 1.6 中噪声消除的值为 $E=37.8$ dB。

1.1.5　视频掺混

在第 1 章的后部,我们将侧重讨论采样问题。对连续时间信号 $x_a(t)$以 T ($T>0$)为时间间隔,以 $f_s=1/T$ 为频率的采样就形成了相应的离散时间信号。

$$x(k) = x_a(kT), \qquad |k| = 0, 1, 2, \cdots \tag{1.1.12}$$

与采样处理密切相关的一个重要的理论和实际问题是:满足什么样条件的采样样本 $x(k)$才包含恢复重建信号 $x_a(t)$所需的全部信息?香农采样定理(命题 1.1)表明:如果信号 $x_a(t)$是带限的,且采样速率 f_s 高于带宽或最高频率分量频率的两倍,则可以通过对 $x(k)$的内插精确恢复重建 $x_a(t)$。因此,如果采样频率太低,则采样样本就不完备,这样的采样处理被称为掺混。解释掺混现象的一个简单方法就是观察随时间变化 $M\times N$ 大小的视频图像 $I_a(t)$。这里视频图像 $I_a(t)$是由一幅幅随时间变化,具有 $M\times N$ 像素阵列的图像组成,其中 M 是像素阵列的行数,而 N 是列数,它们的大小取决于所用的视频格式。如果以间隔 T 对视频信号 $I_a(t)$采样,则所得到的 MN 维离散时间信号可以表示为

$$I(k) = I_a(kT), \qquad |k| = 0, 1, 2, \cdots \tag{1.1.13}$$

这里 $f_s=1/T$ 是以每秒帧数为量纲的采样速率。为了避免掺混现象,采样速率应足够高。而采样速率 f_s 是否足够的高了,这要取决于图像的内容。

作为一个简单的示例,假设图像是一个旋转碟子,碟子上有一条表示方向的黑线如图 1.7 所示。粗略看一眼图 1.7 中的那些视频帧序列图像,你会说:那碟子似乎在以每帧 45°的速率反时针旋转呢。实际上这并不是一种唯一可能的解释。例如,认为该碟子实际是以每帧 315°的旋转速率在顺时针旋转,这也是一种可能的合理解释。那么用快拍捕获的旋转运动到底是一个快速顺时针旋转?还是一个慢速的反时针旋转呢?如果该碟子实际上是以每秒 F_0 圈的速率顺时针旋转,而采样速率 $f_s \leqslant 2F_0$,则掺混现象会出现。而掺混现象的出现会导致那碟子看起来似乎在慢慢的反向旋转。有趣的是这种明显掺混的现象在以西行蒸汽火车头为标志的老西部影片中经常出现。由于那些胶片的拍摄以及老电视的放映帧速率均较低,车轮轮辐有时看上去会倒转。

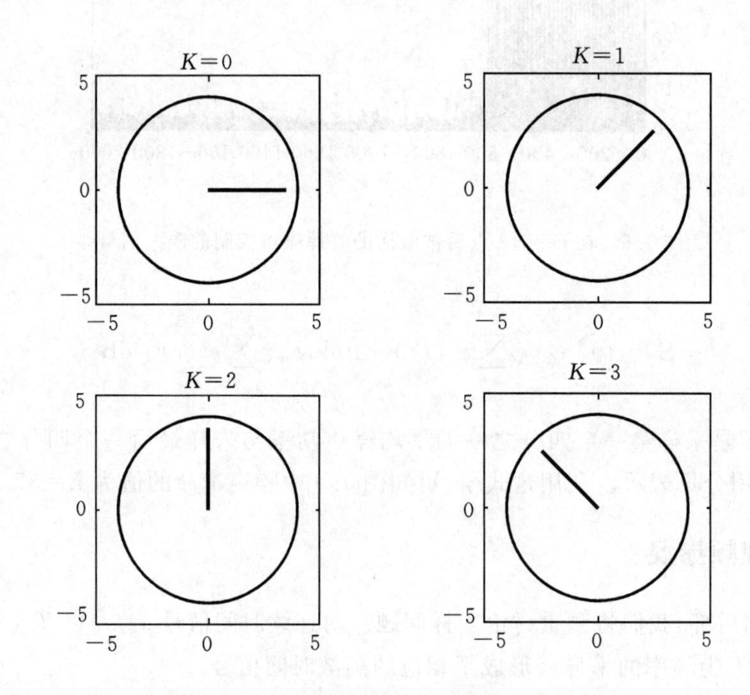

图 1.7　有向旋转碟子的顺序四幅视频帧图像

1.2　信号与系统

1.2.1　信号分类

我们说:信号就是取值随着时间或空间的变化而改变的物理变量。为了能更加简洁的表述这个概念,除非特殊说明我们总假定该自变量代表时间。如果这个信号的值(即因变量)在一段连续时间上是有效可取的,$0 \leqslant t \leqslant \tau$,那么我们称该信号为一个连续时间信号。图 1.8 给出的 $x_a(t)$,就是一个连续时间信号的例子。

在许多感兴趣的实际应用中,信号仅在一些离散时刻取值有效,这就是我们所说的离散时间信号。也就是说,根据自变量的取值是连续还是离散,可以将信号分为连续时间信号和离散

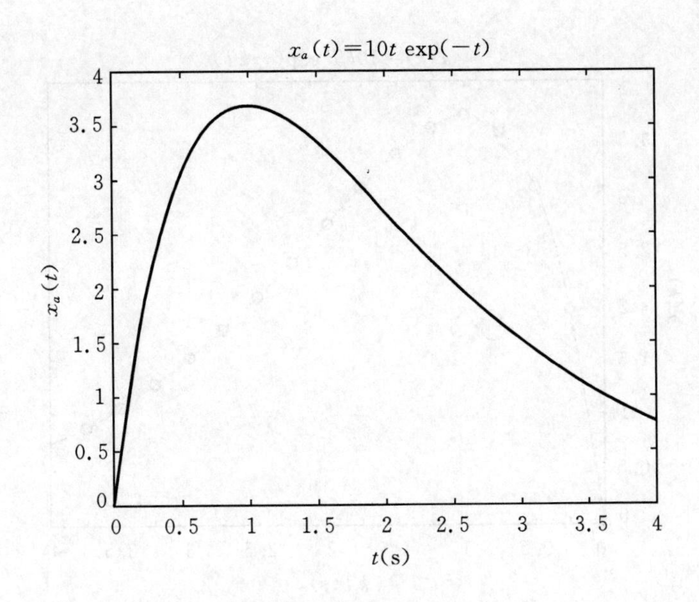

图 1.8　连续时间信号 $x_a(t)$

时间信号。经济统计数据就是日常生活中一个离散时间信号的例子，比如个人存款帐户的日报表，月通货膨胀率等。在数字信号处理应用中，一个普遍用来产生离散时间信号 $x(k)$ 的方法，就是通过对连续时间信号 $x_a(t)$ 进行如下采样：

$$x(k) = x_a(kT), \quad k = 0, 1, 2, \cdots \tag{1.2.1}$$

这里 $T>0$，是采样之间即采样间隔的时间，单位为秒。采样间隔也可以用 T 的倒数来表示，此时我们称之为采样频率 f_s。

$$f_s \triangleq \frac{1}{T}\ \text{Hz} \tag{1.2.2}$$

单位 Hz 代表每秒的采样点数。注意到式(1.2.1)中的整数 k 代表离散时间，换而言之就是采样序号。式(1.2.1)左端的表达式已经暗含了采样间隔 T。在那些 T 的取值大小非常重要的场合，我们会单独说明。一个采样的例子如图 1.8 和 1.9 所示：对图 1.8 所示的连续时间信号以间隔 $T=0.25$ s 进行采样，那么我们得到如图 1.9 所示的离散时间信号。

正如自变量可以分为连续和离散，因变量或信号的幅度也可以是连续或离散的。如果用来代表 $x(k)$ 的取值是有限精度，那么我们说 $x(k)$ 是一量化或离散幅度信号。比方说，我们用 N bits 来表示 $x(k)$ 的取值，那么 $x(k)$ 的最大取值个数为 2^N。假设 $x(k)$ 的取值范围为$[x_m, x_M]$，那么量化台阶，或者说 $x(k)$ 的相邻值点之间的间隔是

$$q = \frac{x_M - x_m}{2^N} \tag{1.2.3}$$

量化的过程可以想象为将信号通过一分段常数的阶梯式函数。举例说，如果量化过程是基于四舍五入原则，那么该过程可以用如下的量化算子来代表。

$$Q_N(x) \triangleq q \cdot \text{round}\left(\frac{x}{q}\right) \tag{1.2.4}$$

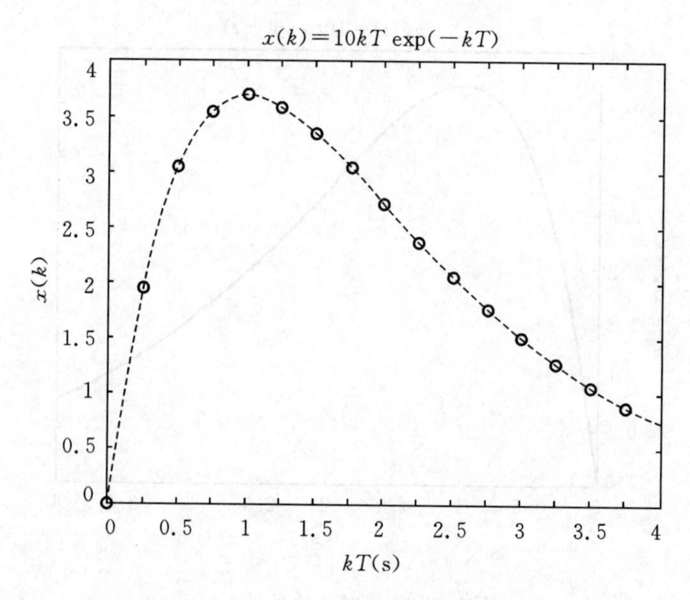

图 1.9　采样间隔 $T=0.25$ 秒的离散时间信号 $x(k)$

假设 x 取值范围为[−1,1]，$N=5$ bits，图 1.10 图示了对应的量化算子 $Q_N(x)$。量化的离散时间信号被称作数字信号，也就是说数字信号 $x_q(k)$ 的时间和幅度取值都是离散的。

$$x_q(k) = Q_N[x_a(kT)] \tag{1.2.5}$$

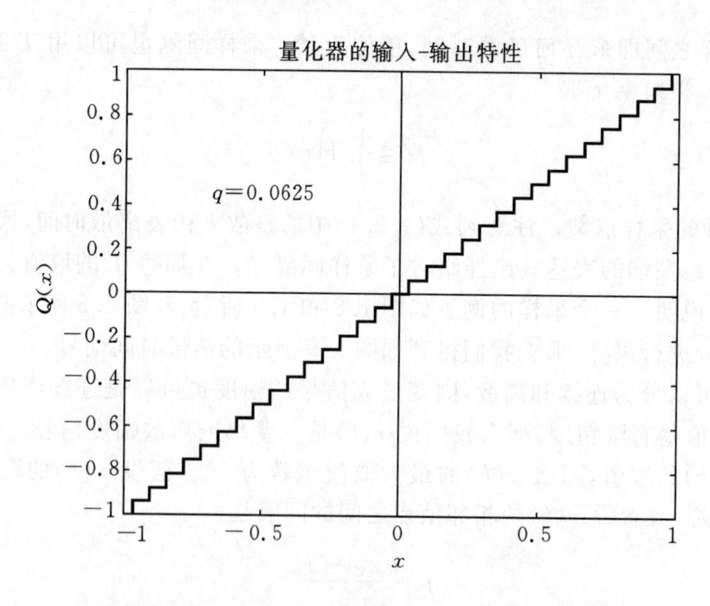

图 1.10　$N=5$ Bits 区间为[−1, 1]的量化函数

反之，一个信号如果其时间和幅度取值都是连续的，那么我们称其为模拟信号。例如，对图1.9中的离散时间信号的幅度进行量化，就得到一个数字信号如图 1.11 所示。在这个例子中，我们利用了图 1.10 所示的 5 bits 量化算子。仔细观察图 1.11 我们可以发现在一些采样点上

$x_q(k)$ 和 $x_a(kT)$ 有着明显的差异。如果我们用的是四舍五入，那么最大的幅度误差为 $q/2$。

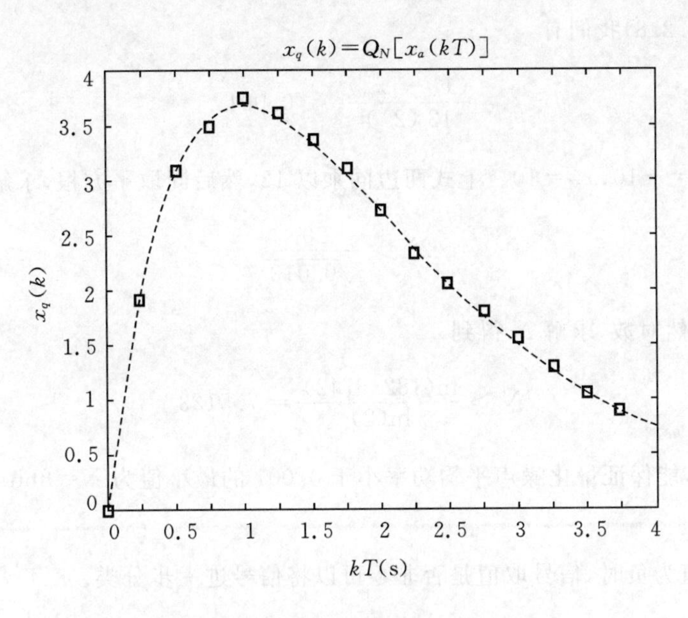

图 1.11　数字信号 $x_q(k)$

本书中大部分的分析都是基于离散时间信号而不是数字信号，也就是说信号值的表示是无限精度的。关于有限精度或有限字长效应，我们将会在涉及数字滤波器设计内容的第 6 章和第 7 章讨论。在 MATLAB 中运行数字滤波器时一般默认为双精度运算，它应对于 64Bits 精度（十进制的 16 位字长）。在大多数的应用中这样高的精度就不会产生明显的有限字长效应。一个数字信号 $x_q(k)$ 可以用一离散时间信号 $x(k)$ 加上随机量化噪声 $v(k)$ 来表示。

$$x_q(k) = x(k) + v(k) \tag{1.2.6}$$

一个用来衡量量化噪声强度的有效方式就是测量量化噪声的平均功率，量化噪声的平均功率定义为 $v^2(k)$ 的期望值或均值。一般而言 $v(k)$ 可以用一在区间 $[-q/2, q/2]$ 内均匀分布的随机变量来建模，其概率密度 $p(x)=1/q$。在这种情况下，$v^2(k)$ 的期望值为

$$\begin{aligned} E[v^2] &= \int_{-\infty}^{+\infty} p(x) \cdot x^2 \, \mathrm{d}x \\ &= \frac{1}{q}\int_{-q/2}^{q/2} x^2 \, \mathrm{d}x \end{aligned} \tag{1.2.7}$$

那么这意味着，量化噪声的平均功率与量化台阶的平方成正比

$$E(v^2) = \frac{q^2}{12} \tag{1.2.8}$$

例 1.1　量化噪声

设有一离散时间信号 $x(k)$ 幅度取值在 $[-10, 10]$ 区间之内，量化台阶为 q，记 $x(k)$ 量化后得到的数字信号为 $x_q(k)$，考虑以下问题：假设量化噪声的平均功率小于 0.001，那么至少要用多少比特的数字来表示 $x_q(k)$？对量化噪声的平均功率的约束条件为

$$E[v^2] < 0.001$$

由式(1.2.3)和(1.2.8)我们有

$$\frac{(x_M - x_m)^2}{12\,(2^N)^2} < 0.001$$

信号取值范围 $x_m=-10$,$x_M=10$。上式两边同乘以 12,然后同取平方根,求解 2^N 得到

$$2^N > \frac{20}{\sqrt{0.012}}$$

最后,两边同取自然对数,求解 N 得到

$$N > \frac{\ln(182.5742)}{\ln(2)} = 7.5123$$

考虑到 N 为整数,能保证量化噪声平均功率小于 0.001 的最小值为 $N=8$bits。

根据自变量值为负时,信号取值是否非零可以将信号进一步分类。

定义 1.1　因果信号

一个信号 $x_a(t)$,$t\in R$ 是因果的,当且仅当 t 为负时,信号值为零。否则信号是非因果的。

$$x_a(t)=0 \quad \text{对 } t<0 \text{ 时}$$

我们所处理的大部分信号都是因果信号。单位阶跃信号就是一种简单而非常重要的因果信号,它记为 $\mu_a(t)$,其定义为

$$\mu_a(t) \triangleq \begin{cases} 0, & t<0 \\ 1, & t\geqslant 0 \end{cases} \tag{1.2.9}$$

注意任何信号都可以通过与单位阶跃信号相乘变成一个因果信号。例如,$x_a(t)=\exp(-t/\tau)\mu_a(t)$ 是时间常数为 τ,成指数衰减的因果信号。另一种重要的因果信号就是单位冲激,记为 $\delta_a(t)$。严格地说,单位冲激并不是一个普通函数因为它在 $t=0$ 处没有确切定义。尽管如此,单位冲激可以利用如下方程来定义

$$\int_{-\infty}^{t} \delta_a(\tau)\mathrm{d}\tau = \mu_a(t) \tag{1.2.10}$$

也就是说 $\delta_a(t)$ 是这样的一个信号,对它进行积分可以产生单位阶跃 $\mu_a(t)$。因此,我们可以粗略地认为单位冲激是单位阶跃的导数,注意单位阶跃的导数在 $t=0$ 是没有定义的。从式(1.2.10)可以得到单位冲激两个最基本的性质

$$\delta_a(t) = 0, \quad t \neq 0 \tag{1.2.11a}$$

$$\int_{-\infty}^{+\infty} \delta_a(\tau)\mathrm{d}\tau = 1 \tag{1.2.11b}$$

另一个非规范的看法就是将单位冲激视为一起始点为 $t=0$,宽度为 $\in$,高度为 $1/\in$ 的窄脉冲。

当宽度∈趋近于0时，该脉冲序列的极限就是单位冲激。为了方便，在波形图中，我们用一垂直箭头来表示单位冲激，箭头的高度等于脉冲强度或面积，如图1.12所示。

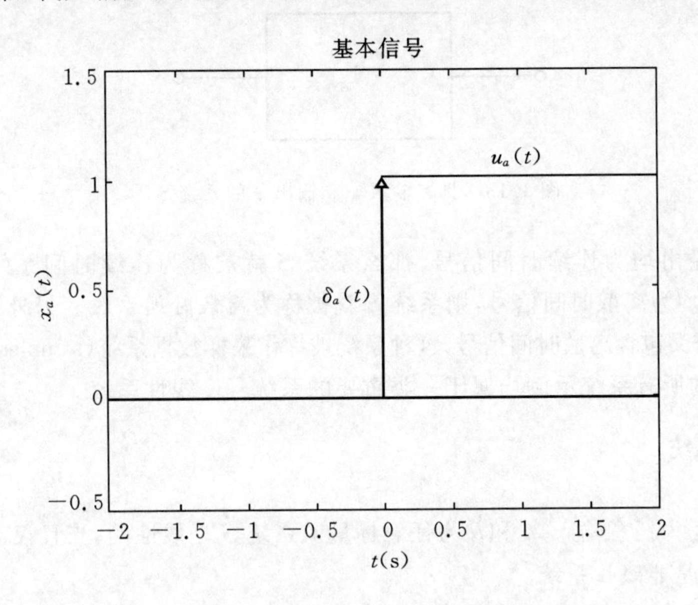

图1.12 单位冲激$\delta_a(t)$和单位阶跃$\mu_a(t)$

由式(1.2.11)我们可以直接得到单位冲激的一个重要性质。假设$x_a(t)$是一个连续函数，那么有

$$\begin{aligned}\int_{-\infty}^{+\infty} x_a(\tau)\delta_a(\tau-t_0)\mathrm{d}\tau &= \int_{-\infty}^{+\infty} x_a(t_0)\delta_a(\tau-t_0)\mathrm{d}\tau \\ &= x_a(t_0)\int_{-\infty}^{+\infty}\delta_a(\tau-t_0)\mathrm{d}\tau \\ &= x_a(t_0)\int_{-\infty}^{+\infty}\delta_a(\alpha)\mathrm{d}\alpha\end{aligned} \tag{1.2.12}$$

由单位冲激下的面积为1性质，可以得到单位冲激的筛选性质。

$$\int_{-\infty}^{+\infty} x_a(t)\delta_a(t-t_0)\mathrm{d}t = x_a(t_0) \tag{1.2.13}$$

从式(1.2.13)我们可以看到，将一个时间上连续的函数与单位冲激相乘，然后积分，其效果相当于筛选出脉冲出现时刻的函数值，或者相当于在脉冲发生时刻对函数值的采样。

1.2.2 系统分类

正如信号可以分类一样，处理这些信号的系统也可以根据不同的性质进行分类。考虑一输入为x且输出为y的系统S，如图1.13所示。在某些场合如生物医学系统中，输入被称为激励，而输出被称为响应。我们可以把图1.13所示的系统当作一个算子S，它作用于输入信号x，产生输出信号y。

$$y = Sx \tag{1.2.14}$$

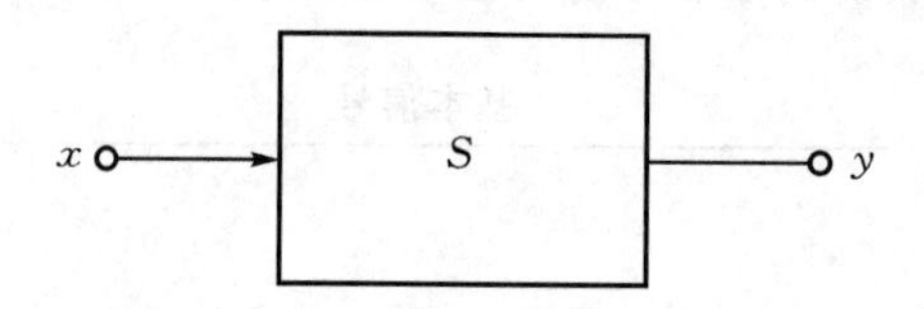

图 1.13　具有输入 x 和输出 y 的系统 S

如果输入和输出均为连续时间信号，那么系统 S 就被称为连续时间系统。而如果输入 $x(k)$ 和输出 $y(k)$ 均为离散时间信号，则系统 S 就被称为离散时间系统。另外还有一类系统既包含连续时间信号又包含离散时间信号，这种系统被称作采样数据系统(sampled-data system)。

几乎本书中的所有系统示例均属于一类重要的系统——线性系统。

定义 1.2　线性系统

假设 x_1 和 x_2 为任意输入，a 和 b 为任意标量。系统 S 是线性的，当且仅当其满足下列条件，否则该系统就是非线性系统。

$$S(ax_1+bx_2)=aSx_1+bSx_2$$

线性系统有两个最显著的特征。当 $a=1$ 和 $b=1$ 时，我们可以看到：输入信号的和的响应等于输入响应的和。同样的，当 $b=0$ 时，我们看到：乘比例的输入的响应正是原输入响应乘以此比例。前序式(1.1.8)中的陷波器和式(1.1.9)中的自适应滤波器均属于线性离散时间系统。另一方面，如果图 1.3 中的模拟音频放大器过载且其输出因饱和产生如同等式(1.1.3)中的谐波，那么它就是一个非线性连续时间系统。还有一类重要的系统——时不变系统。

定义 1.3　时不变系统

一个输入为 $x_a(t)$，输出为 $y_a(t)$ 的系统 S 是时不变的，当且仅当如果输入在时间上超前或延迟了 τ，输出也只是在时间上超前或延迟了同样的 τ，而并不影响输出的形状。否则系统就称为时变的。

$$Sx_a(t-\tau)=y_a(t-\tau)$$

对时不变系统来说，输入的延迟或超前将导致输出同样数目的延迟或超前，而输出信号的形状不会发生改变。因此一个输入输出测试实验的结果并不取决于何时开始。时不变系统可以用常系数微分或差分方程来描述。更一般地说，物理可实现的时不变系统具有恒定的参数。式(1.1.8)中的陷波器是既满足线性也满足时不变特性的离散时间系统的例子。而另一方面，式(1.1.9)中的自适应滤波器则由于其权值 $w(k)$ 在系统调整时随时间变化，就是一个时变系统。以下的例子说明线性和时不变的概念有时候取决于系统特征的表述。

例 1.2　系统分类

考虑图 1.14 所示的运算放大器电路。在这里输入电阻 R_1 值是不变的，但反馈电阻 R_2 表示阻抗可变的传感器或转换器，其阻抗随感知环境变量如温度、压力等的变化而变化。针对

这一反相放大器，输出电压 $y_a(t)$ 可以表示为

$$y_a(t)=-\left[\frac{R_2(t)}{R_1}\right]x_1(t)$$

由于参数 $R_2(t)$ 随着温度或压力而变化，这是一个时变的线性连续时间系统。而另一种对这一系统建模的方法是将传感器变化的阻抗看作另一个输入 $x_2(t)=R_2(t)$，据此该系统输出为

$$y_a(t)=-\frac{x_1(t)x_2(t)}{R_1}$$

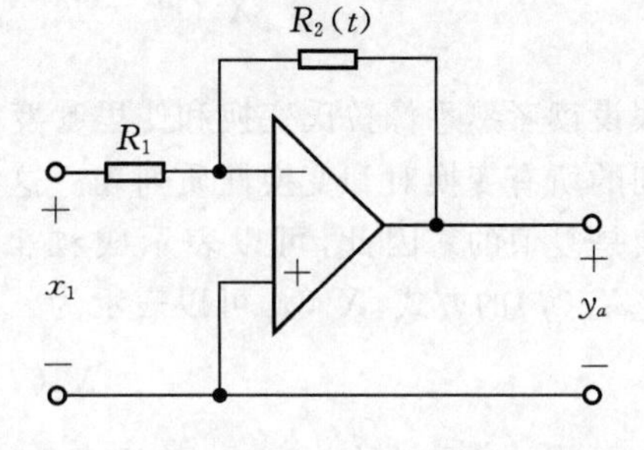

图 1.14 具有反馈电阻的反向放大器

这种模型结构就是非线性时不变系统，只是有两个输入。因此，在引入第二个输入后我们可以将一个单输入时变线性系统转化为双输入非线性时不变系统。

另一类重要的系统分类着重考虑随时间的增长信号会如何变化的问题。我们说信号 $x_a(t)$ 是有界的，当且仅当存在 $B_x>0$ 的界限，使得

$$|x_a(t)|\leqslant B_x \qquad t\in R \tag{1.2.15}$$

定义 1.4 稳定系统

从有界输入有界输出(BIBO)的角度来看，对于输入为 $x_a(t)$，输出为 $y_a(t)$ 的系统，当且仅当每一个有界的输入均产生有界的输出时该系统是稳定的，否则它称为不稳定系统。

不稳定系统是至少对一个有界输入会产生振幅无限大输出的系统。

例 1.3 稳定性

对于一个简单的系统来说，它可以是稳定的，也可以是非稳定的，是否稳定取决于其参数的取值。让我们来考察如下一阶线性连续时间系统，其中 $a\neq 0$

$$\frac{\mathrm{d}y_a(t)}{\mathrm{d}t}+ay_a(t)=x_a(t)$$

设输入是单位阶跃 $x_a(t)=\mu_a(t)$，输入是有界的，其界 $B_x=1$。用直接代入法可以验证在 $t\geqslant 0$ 时的方程解是

$$y_a(t)=y_a(0)\exp(-at)+\frac{1}{a}[1-\exp(-at)]$$

如果 $a<0$，则指数项增长无界，这意味着：有界输入 $\mu_a(t)$ 产生了一个无界的输出 $y_a(t)$。因此在 BIBO 的意义下，当 $a<0$ 时该系统是不稳定的。

正如白光可以分解为有色的光谱，信号也包含分布在某一频段不同频率分量的能量。为了将连续时间信号 $x_a(t)$ 分解为其谱分量，我们使用傅里叶变换。

$$X_a(t) = F\{x_a(t)\} \triangleq \int_{-\infty}^{\infty} x_a(t)\exp(-j2\pi ft)\mathrm{d}t \tag{1.2.16}$$

假设读者熟悉像拉氏变换和傅里叶变换那样的基本连续时间变换。书后附录1给出了本书用到的所有变换对和变换性质列表。这里 $f\in R$ 是以周期/秒或Hz表示的频率。通常傅里叶变换是复值的。因此,可以表示成极坐标形式,按照幅值 $A_a(f)=|X_a(f)|$ 和相角 $\phi_a(f)=\angle X_a(f)$ 的方式,$X_a(f)$ 可以表示为

$$X_a(f) = A_a(f)\exp[\mathrm{j}\phi_a(f)] \tag{1.2.17}$$

实函数 $A_a(f)$ 被称为 $x_a(t)$ 的幅度谱,而实值函数 $\phi_a(f)$ 则被称为 $x_a(t)$ 的相位谱。更为常见的是,$X_a(f)$ 本身被称作 $x_a(t)$ 的频谱。就实信号 $x_a(t)$ 而言,其幅度谱是 f 的偶函数,而相位谱是 f 的奇函数。

当信号通过一个线性系统时,其频谱形状会发生改变。一种以特殊的方式重塑频谱形状为目的而设计的系统被称为滤波器。线性系统的效果就是可以用其自身的频率响应改造输入信号的频谱。

定义 1.5 频率响应

令 S 是一个稳定的线性时不变连续时间系统,输入为 $x_a(t)$,输出是 $y_a(t)$。用 $H_a(f)$ 表示系统 S 的频率响应,其定义为

$$H_a(f) \triangleq \frac{Y_a(f)}{X_a(f)}$$

这样,线性系统的频率响应刚好是输出的傅里叶变换除以输入的傅里叶变换。由于 $H_a(f)$ 是复值的,它可以用幅度 $A_a(f)=|H_a(f)|$ 和相位 $\phi_a(f)=\angle H_a(f)$ 值表述

$$H_a(f) = A_a(f)\exp[\mathrm{j}\phi_a(f)] \tag{1.2.18}$$

函数 $A_a(f)$ 被称作系统的幅频响应,而 $\phi_a(f)$ 被称作系统的相频响应。幅频响应表示 $x_a(t)$ 中的每一频率分量通过系统时的增益。也就是说,$A_a(f)$ 是系统在频率 f 处的增益。同理,相频响应表示 $x_a(t)$ 的每一频率分量通过系统时获得的相位超量。也就是说,$\phi_a(f)$ 是系统在频率 f 处的相移。因此如果一个稳定系统的输入是一个纯正弦 $x_a(t)=\sin(2\pi F_0 t)$,则该稳定系统的稳态输出为

$$y_a(t) = A_a(F_0)\sin[2\pi F_0 t + \phi_a(F_0)] \tag{1.2.19}$$

一个实系统的幅频响应是 f 的偶函数,而相频响应是 f 的奇函数。这与实信号的幅度谱和相位谱很相似。的确,在系统的频率响应和信号的频谱之间有一种简单的关系。为了看到这一点,我们来考察冲激响应。

定义 1.6 冲激响应

假设一个连续时间系统 S 的初始状态为0,则对于单位脉冲输入的系统输出表示为 $h_a(t)$,它被称为系统的冲激响应。

$$h_a(t)=S\delta_a(t)$$

由式(1.2.13)中单位冲激的筛选特性我们可以证明单位冲激的傅里叶变换仅是$\Delta_a(f)=1$。从而可以从定义1.5推出，当输入为单位冲激时，系统输出的傅里叶变换就是$Y_a(f)=H_a(f)$。这就是表述频率响应的另一个办法，即频率响应是其冲激响应的傅里叶变换。

$$H_a(f) = F\{h_a(t)\} \tag{1.2.20}$$

再观察式(1.2.17)，一个系统的幅频响应刚好就是冲激响应的幅度谱，而其相频响应也恰好就是冲激响应的相位谱。因此，我们用同样的符号$A_a(f)$，既表示信号的幅度谱，又表示系统的幅频响应。同理，我们用$\phi_a(f)$既表示信号的相位谱，又表示是系统的相频响应。

例 1.4 理想低通滤波器

理想低通滤波器是重要连续时间系统的一例。截止频率为B Hz的理想低通滤波器是一个频率响应高度为1的频域脉冲，其中心频率$f=0$，而带宽覆盖半径为B。

$$\rho_B(f) \triangleq \begin{cases} 1, & |f| \leqslant B \\ 0, & |f| > B \end{cases}$$

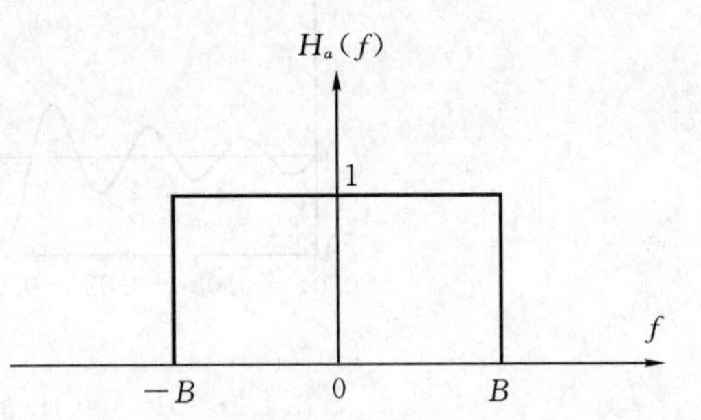

图 1.15 理想低通滤波器的频率

理想低通频率响应如图1.15所示。

根据定义1.5中$Y_a(f)=H_a(f)X_a(f)$的关系式，图1.15中的滤波器将允许$[-B, B]$频带内的所有$x_a(t)$的频率分量无失真通过，甚至没有任何相移。而且$x_a(t)$其余在频带$[-B, B]$之外的全部频率分量会完全被滤波器滤除。考察该滤波器的冲激响应，其理想化的特性会明显呈现。为了由频率响应计算其冲激响应，我们必须用到傅里叶反变换。用附录1中的傅里叶变换对列表，可以得到

$$h_a(t) = 2B \cdot \text{sinc}(2Bt)$$

这里标准化的sinc函数定义为

$$\text{sinc}(x) \triangleq \frac{\sin(\pi x)}{\pi x}$$

sinc函数是一个被$1/(\pi x)$包络所限的两边衰减正弦。因此，当$k \neq 0$时$\text{sinc}(k)=0$。$\text{sinc}(x)$在$x=0$时的值用洛比达(L'Hospital)法则推出，即$\text{sinc}(0)=1$。有些作者会将sinc函数定义为$\text{sinc}(x)=\sin(x)/x$。理想低通滤波器的冲激响应由幅度为$2B$的$\text{sinc}(2\pi BT)$。$B=100$ Hz的冲激响应如图1.16所示。

注意到sinc函数以及相关的冲激响应都不是因果信号。而$h_a(t)$却是一个$t=0$时刻单位冲激输入所产生的滤波器输出。所以，就理想滤波器而言，我们得到了：因果输入导致非因果输出的结果。对于实际物理系统这是不可能的。这意味着：图1.15中的频率响应就不可能用物理硬件实现。在1.4节中，我们考察了一些可以物理实现且能逼近理想频率响应特性的低

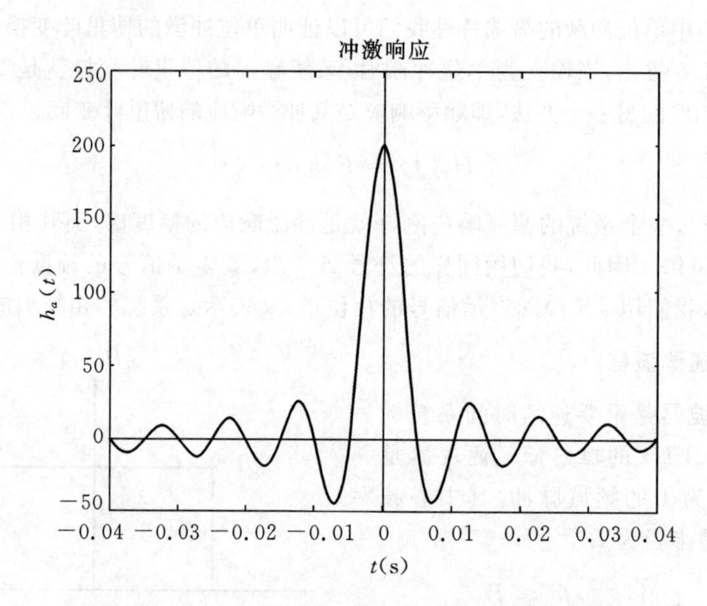

图 1.16 $B=100$ Hz 的理想低通滤波器冲激响应

通滤波器。

1.3 连续时间信号的采样

1.3.1 调制式采样

采样一个连续时间信号 $x_a(t)$以产生一个离散时间信号 $x(k)$的过程可以被看作是一种幅度调制。为此，我们定义 $\delta_T(t)$为一周期冲激序列，其周期为 T。

$$\delta_T(t) \triangleq \sum_{k=-\infty}^{\infty} \delta_a(t-kT) \tag{1.3.1}$$

可见，$\delta_T(t)$是由在整数倍采样间隔 T 处的冲激序列组成。$x_a(t)$采样后的信号由 $\hat{x}_a(t)$表示，它可以表示为如下乘积形式：

$$\hat{x}_a(t) \triangleq x_a(t)\delta_T(t) \tag{1.3.2}$$

$\hat{x}_a(t)$是由 $x_a(t)$乘以一周期信号 $\delta_T(t)$获得的，所以这一过程具有对 $\delta_T(t)$进行振幅调制的形式。如此，$\delta_T(t)$就扮演了类似于 AM 广播中高频载波的角色，而 $x_a(t)$表示携带信息的低频信号。图 1.17 给出了采样冲激模型的框图。

利用式(1.2.11)所表示的单位冲激的基本性质，对 $x_a(t)$的采样可以表示如下：

$$\begin{aligned}\hat{x}_a(t) &= x_a(t)\delta_T(t)\\ &= x_a(t)\sum_{k=-\infty}^{\infty}\delta_a(t-kT)\end{aligned}$$

$$= \sum_{k=-\infty}^{\infty} x_a(t)\delta_a(t-kT)$$

$$= \sum_{k=-\infty}^{\infty} x_a(kT)\delta_a(t-kT) \qquad (1.3.3)$$

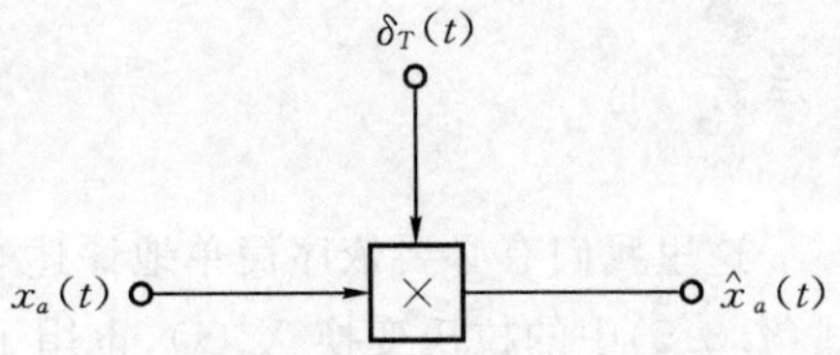

这样经采样后的 $x_a(t)$ 就是如下的幅度调制冲激序列。

$$\hat{x}_a(t) = \sum_{k=-\infty}^{\infty} x(k)\delta_a(t-kT) \qquad (1.3.4)$$

$\delta_T(t)$

$x_a(t)$ ○—×—○ $\hat{x}_a(t)$

图 1.17 冲激序列幅度调制式采样

其中 $\delta_T(t)$ 是等幅或者均匀冲激序列，$\hat{x}_a(t)$ 是非均幅冲激序列，其第 k 个脉冲的面积等于采样 $x(k)$ 的值。图 1.18 给出了在 $x_a(t)=10t\exp(-t)u_a(t)$ 时，$\delta_T(t)$ 与 $\hat{x}_a(t)$ 的关系图。

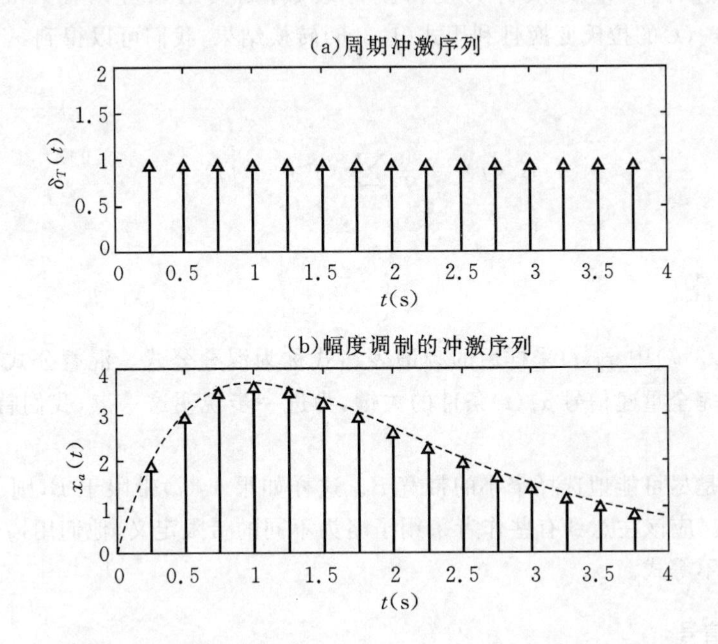

图 1.18 周期冲激序列与对 $x_a(t)$ 冲激采样后的幅度调制冲激序列

我们注意到在式(1.3.4)中，$\hat{x}_a(t)$ 实际上是一个连续时间信号而不是离散时间信号。然而，它却是一个特别的连续时间信号，除了在采样位置处的冲激脉冲面积对应于采样值外其余位置处的值都为零。因此在连续时间信号 $\hat{x}_a(t)$ 与离散时间信号 $x(k)$ 之间存在着简单的一一对应关系。如果 $\hat{x}_a(t)$ 是一个因果连续时间信号，我们可以对它进行拉氏变换，一个因果连续时间信号 $x_a(t)$ 的拉氏变换用 $X(s)$ 表示如下：

$$X_a(s) = L\{x_a(t)\} \triangleq \int_0^{\infty} x_a(t)\exp(-st)\,\mathrm{d}t \qquad (1.3.5)$$

假定读者熟悉基本的拉氏变换。在附录 1 中给出了常见的拉氏变换对和拉氏变换性质。比较式(1.3.5)和式(1.2.16)我们可以看出对于因果信号，其傅里叶变换就是拉氏变换，只不过是复变量 s 被 $\mathrm{j}2\pi f$ 所代替而已了。因此，因果信号的频谱可以从其如下拉氏变换中得到。

$$X_a(f) = X_a(s)\big|_{s=\mathrm{j}2\pi f} \qquad (1.3.6)$$

这里我们有必要依序简单地评述上述表达方式。注意到同样的基本符号 X_a，即用于表述式(1.3.5)中的拉氏变换 $X_a(s)$，也用于表述式(1.2.16)中的傅里叶变换 $X_a(f)$。显然，另一种表述方法会是针对每一种变换引入不同的符号。然而，附加符号的需求在后续章节中会反复出现，如此对每一种情况均采用不同的符号会使符号数和样式激增，导致符号本身的混乱。这里所采用的习惯表示方式是依赖自变量类型，如复 s 或实 f，来区别这两种情况，规定 X_a 的含义。这里的下标 a 表示连续时间或模拟量。而无下标的 X 则留给离散时间量的后续引用。

如果将周期脉冲串 $\delta_T(t)$ 展开为复傅里叶级数，则其结果可以代入 $\hat{x}_a(t)$ 的定义式(1.3.2)中。取 $\hat{x}_a(t)$ 的拉氏变换且利用式(1.3.6)转换结果，我们可以得到 $x_a(t)$ 采样后的频谱表达式如下

$$\hat{X}_a(f)=\frac{1}{T}\sum_{i=-\infty}^{\infty}X_a(f-if_s) \tag{1.3.7}$$

1.3.2 混叠

我们将式(1.3.7)中 $x_a(t)$ 采样后的频谱表达式称为混叠公式。混叠公式是确定由 $x(k)$ 包含所有信息来完全重建信号 $x_a(t)$ 条件的关键，为进一步说明这一点，我们首先考虑带限信号概念。

典型的做法是尽可能地选择窄小的带宽 B。这样如果 $x_a(t)$ 带限于 B，则 $x_a(t)$ 中的最高频率成分就是 B。应该注意到有些作者采用了略为不同的带限定义，他们用 $|f|\geq B$ 取代了定义 1.7 中的严格不等式。

定义 1.7　带限信号

当且仅当连续时间信号 $x_a(t)$ 的幅度谱满足 $|f|>B$，$|x_a(f)|=0$，

$$|X_a(f)|=0,\ |f|>B$$

则称 $x_a(t)$ 是带宽为 B 的带限信号。

当混叠公式(1.3.7)应用在带限信号上时，其含义是非常明显的。其说明采样得到的信号的频谱仅仅是原信号频谱经过幅度的尺度变换，且在采样频率 f_s 整数倍上的重复频移所产生众多 $X_a(f)$ 版本的组合。这就是幅度调制的特性，其未移位的谱($i=0$)叫做基带，移位的谱($i\neq0$)叫做边带。图 1.19 比较了 $x_a(t)$ 和 $\hat{x}_a(t)$ 的频谱。

图 1.9 中的是采样频率 $f_s=3B/2$，由于 $f_s<2B$ 我们称其为欠采样。偶函数 $|X_a(f)|$ 在 $[-B,B]$ 之间形状细节并不重要，为了简便我们采用三角谱。注意观察图 1.19b 中边带是如何相互重叠以及与基带重叠的。这种重叠是我们不期望看到的，我们称其为"混叠"现象。重叠的结果使得在 $[-B,B]$ 区间内的 $\hat{x}_a(t)$ 频谱已经改变，它已不同于图 1.19a 中 $x_a(t)$ 的频谱。最终导致任何与信号无关的滤波器都无法从 $\hat{x}_a(t)$ 的频谱中恢复重建 $x_a(t)$ 的频谱。这

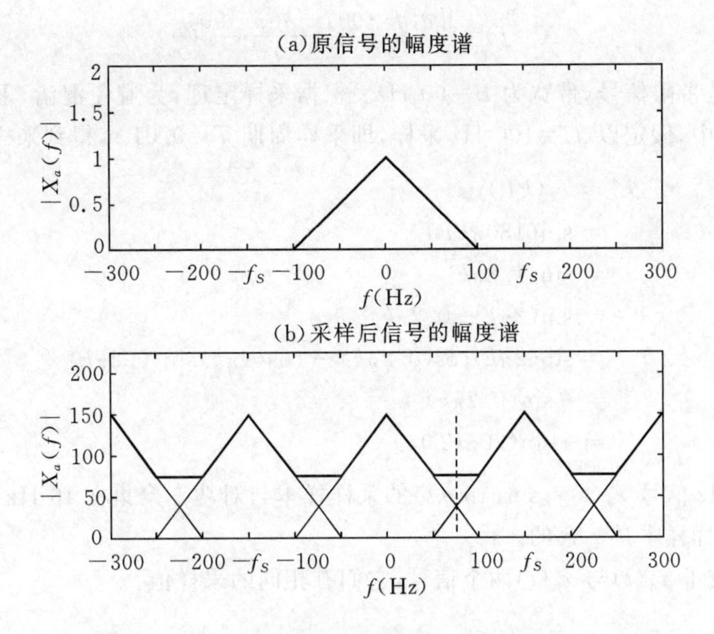

图 1.19 $x_a(t)$的幅度谱与$\hat{x}_a(t)$的幅度谱($B=100$, $f_s=3B/2$)

就是说,重叠或者混叠所造成采样样本损毁程度已经到了无法从采样中恢复原信号 $x_a(t)$的地步了。因为 $x_a(t)$是带限的,如果采样率足够高,那么很明显混叠现象是不会发生的。香农采样定理总结了这一基本结论。

命题 1.1 信号采样

假定连续时间信号 $x_a(t)$是带限信号,带宽为 B Hz。用 $\hat{x}_a(t)$表示以采样频率 f_s 对$x_a(t)$进行冲激采样后的输出信号。如果 $f_s>2B$,则采样样本 $x(k)$包含了恢复原信号 $x_a(t)$所需的所有信息。

从采样理论看,如果信号是带限的并且采样频率超过信号带宽的两倍,则此连续时间信号是可以从其采样样本中完全恢复的。当 $f_s>2B$,$\hat{X}_a(f)$的边带不会相互交叠,也不会与基带交叠。通过对$\hat{X}_a(f)$的适当滤波,是可以恢复基带的,再通过尺度变换就可以得到 $X_a(f)$。在我们考虑如何实现之前,我们先考虑当由于采样频率过低,而导致混叠发生时,在时域会发生什么样的情况。如果混叠发生,则意味着存在一个能产生相同采样样本却具有更低频率的信号。在所有可以产生给定采样序列的信号中,只有一个信号带限低于采样频率的一半。而能产生相同采样样本的其他所有信号都是高频混淆信号,即混叠,下面的例子就说明了这一点。

例 1.5 混叠

将所有的能量都集中在单一频率 f_0 处的纯正弦单音是最简单的带限信号。作为示例,我们考虑如下 $F_0=90$ Hz 的信号。

$$x_a(t)=\sin(180\pi t)$$

从附录 1 的傅里叶变换对表中可以查到 $x_a(t)$的频谱为

$$X_a(f)=\frac{\mathrm{j}[\delta(f+90)-\delta(f-90)]}{2}$$

可见 $x_a(t)$是带限信号，带宽为 $B=90$ Hz。根据采样定理，为避免混淆，采样频率应 $f_s>180$ Hz。在此例中，假定以 $f_s=100$ Hz 采样，即采样周期 $T=0.01$ s，得到采样输出为

$$\begin{aligned}x(k)&=x_a(kT)\\&=\sin(180\pi kT)\\&=\sin(1.8\pi k)\\&=\sin(2\pi k-0.2\pi k)\\&=\sin(2\pi k)\cos(0.2\pi k)-\cos(2\pi k)\sin(0.2\pi k)\\&=-\sin(0.2\pi k)\\&=-\sin(20\pi kT)\end{aligned}$$

这样一来对 90 Hz 信号 $x_a(t)=\sin(180\pi t)$的采样样本与对功率聚集在 10 Hz 低频信号 $x_b(t)=-\sin(20\pi t)$采样样本是一致的。

图 1.20 比较了 $x_a(t)$与 $x_b(t)$两个信号，它们有相同的采样值。

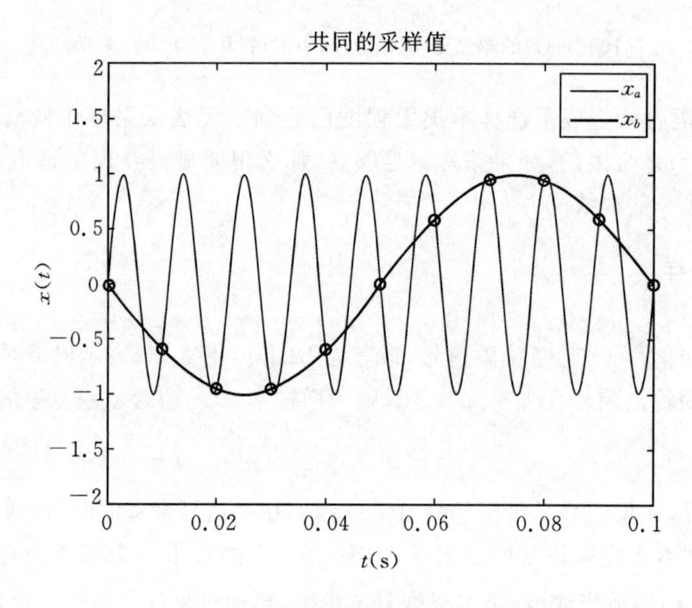

图 1.20 两个带限信号具有共同的采样值

与采样样本 $x(k)$相关的低频信号的存在可以很明确地由混叠公式得到说明。理解式(1.3.7)的有一种简单的方法，就是引入折叠频率的概念。

$$f_d\triangleq\frac{f_s}{2}\tag{1.3.8}$$

折叠频率只是采样频率的一半。如果 $x_a(t)$含有超过 f_d 的任意频率分量，则 $\hat{x}_a(t)$中的这些频率分量将在 f_d 处反射，并折叠回$[-f_d,f_d]$范围内。对于例 1.5 的情况，其折叠频率 $f_d=50$ Hz。因此，$f_0=90$ Hz 的原频率分量会在 f_d 处反射，产生 10 Hz 的频率分量。注意图 1.19

中的折叠频率是第一个交叠区域的中点频率。$x_a(t)$频谱超出折叠频率部分会混叠回$[-f_d, f_d]$范围内,导致交叠的结果。

1.4 连续时间信号的重建

1.4.1 重建公式

当信号$x_a(t)$是带限信号,并且以高于两倍带宽的频率f_s采样,则得到的采样序列$x(k)$包含重建信号$x_a(t)$所需的所有信息。为说明重建过程,我们考虑幅度谱如图1.21(a)所示的带限信号。我们以过采样为例,选择采样频率为带宽的三倍,这里带宽$B=100$ Hz。采样后信号$\hat{x}_a(t)$的幅度谱如图1.21(b)所示。注意到当采样频率f_s在远大于两倍带宽范围增长时,边带间会散开,这使得每个边带之间以及每个边带与基带之间不再会交叠。在这种情况下,$x_a(t)$中就没有超出折叠频率$f_d=f_s/2$而混叠回$[-f_d, f_d]$范围的频谱分量了。

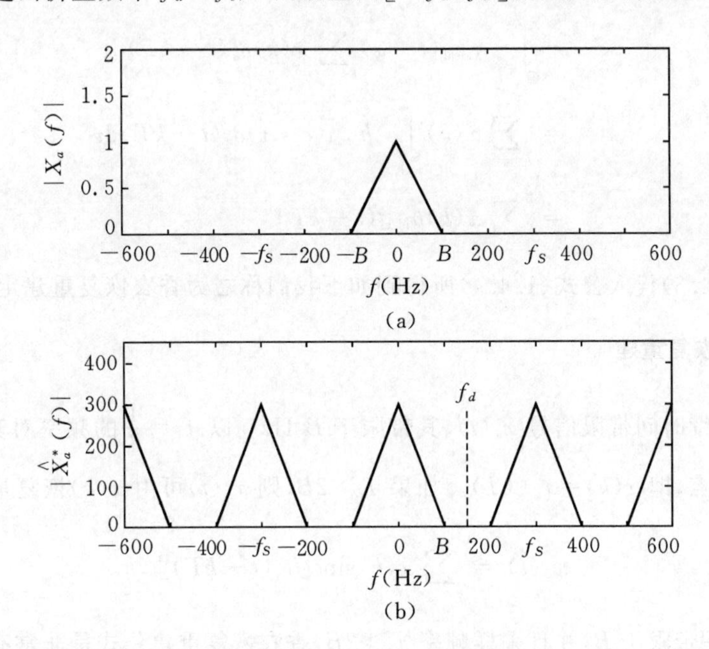

图1.21 图(a)中$x_a(t)$和图(b)中$\hat{x}_a(t)$的幅度谱,其中$B=100$,$f_s=3B$

由$\hat{x}_a(t)$恢复重建信号$x_a(t)$的问题可以简化为由$\hat{X}_a(f)$的频谱恢复$X_a(f)$频谱的问题。让$\hat{x}_a(t)$通过一个理想低通滤波器$H_{\text{ideal}}(f)$,滤除所有的边带并重新变换基带的尺度就可以实现信号的恢复重建。图1.22给出了重建恢复滤波器所需的频率响应。要滤除所有的边带,重建恢复滤波器的截止频率应该等于折叠频率。由混叠公式(1.3.7)可知,恢复滤波器的增益应为T。这样所需理想低通频率响应为

$$H_{\text{ideal}}(f) \triangleq \begin{cases} T, & |f| \leqslant f_d \\ 0, & |f| > f_d \end{cases} \tag{1.4.1}$$

按照混叠公式(1.3.7)，$x_a(t)$的频谱恢复重建如下：

$$X_a(f) = H_{\text{ideal}}(f)\hat{X}_a(f) \quad (1.4.2)$$

利用式(1.2.20)和附录1中的傅里叶变换对表，理想恢复滤波器的冲激响应为

$$\begin{aligned} h_{\text{ideal}}(t) &= F^{-1}\{H_{\text{ideal}}(f)\} \\ &= 2Tf_d \operatorname{sinc}(2\pi f_d t) \\ &= \operatorname{sinc}(\pi f_s t) \quad (1.4.3) \end{aligned}$$

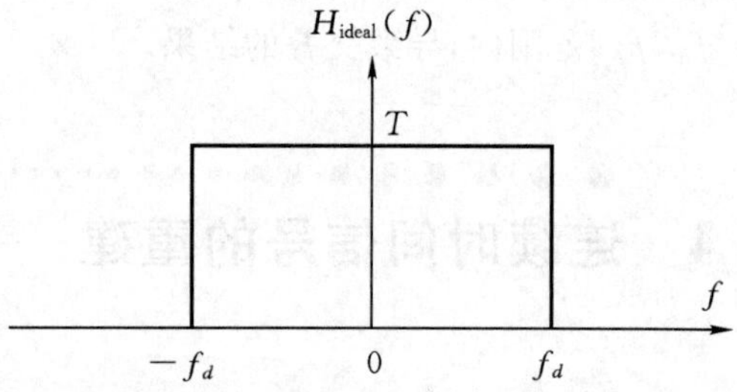

图1.22 理想低通恢复滤波器的频率响应

下面我们对式(1.4.2)的两边进行逆傅里叶变换。利用公式(1.3.4)的单位冲激筛选特性以及傅里叶变换的卷积性质(附录1)，可以得到

$$\begin{aligned} x_a(t) &= F^{-1}\{H_{\text{ideal}}(f)\hat{X}_a(f)\} \\ &= \int_{-\infty}^{\infty} h_{\text{ideal}}(t-\tau)\hat{x}_a(\tau)\mathrm{d}\tau \\ &= \int_{-\infty}^{\infty} h_{\text{ideal}}(t-\tau)\sum_{k=-\infty}^{\infty} x(k)\delta_a(t-kT)\mathrm{d}\tau \\ &= \sum_{k=-\infty}^{\infty} x(k)\int_{-\infty}^{\infty} h_{\text{ideal}}(t-\tau)\delta_a(t-kT)\mathrm{d}\tau \\ &= \sum_{k=-\infty}^{\infty} x(k)h_{\text{ideal}}(t-kT) \quad (1.4.4) \end{aligned}$$

最后，将公式(1.4.3)代入公式(1.4.4)所得到如下我们称之为香农恢复重建定理的公式。

命题1.2 信号恢复重建

假定有一连续时间带限信号$x_a(t)$，其带限于B Hz。以$f_s=\frac{1}{T}$的频率对其采样，令$x(k)$表示第k个采样点，即$x(k)=x_a(kT)$。如果$f_s>2B$，则$x_a(t)$可由$x(k)$恢复重建如下：

$$x_a(t) = \sum_{k=-\infty}^{\infty} x(k)\operatorname{sinc}[f_s(t-kT)]$$

只要信号$x_a(t)$是带限于B，并且采样频率$f_s>2B$，香农恢复重建公式是非常有用的结果。注意sinc函数用来在采样点间进行内插。香农恢复重建公式的重要性在于它证明了：只要$x_a(t)$是带限的并且采样频率大于其带宽的两倍，则采样$x(k)$包含了$x_a(t)$所有本质的信息。

例1.6 信号恢复重建

考虑如下的信号，采样间隔T在什么样的范围下取值，我们才可以利用采样完全恢复重建原信号？

$$x_a(t)=\sin(5\pi t)\cos(3\pi t)$$

在附录1的傅里叶变换对表中并没有以上的信号$x_a(t)$，但是我们可以利用附录2中的三角恒等变换得到

$$x_a(t)=\frac{\sin(8\pi t)+\sin(2\pi t)}{2}$$

由于 $x_a(t)$是两个正弦信号的和并且傅里叶变换是线性的，我们可以得到信号 $x_a(t)$是带限的并且带宽 $B=4$ Hz。由采样定理可知，如果 $f_s>2B$ 或$\frac{1}{T}>8$，我们就可以从采样完全恢复重建原信号 $x_a(t)$。因此，从采样 $x(k)$完全恢复 $x_a(t)$所需要的采样间隔范围为

$$0<T<0.125 \text{ s}。$$

1.4.2　零阶保持

利用采样样本来精确地恢复重建信号 $x_a(t)$需要用到理想滤波器。我们只能用实际的滤波器近似恢复重建信号 $x_a(t)$。注意到描述线性时不变连续时间系统的一个有效方法是其传递函数，这里，我们从传递函数的讨论开始。

定义 1.8　传递函数

在零初始状态下，以 $x_a(t)$表示连续时间系统的因果非零输入，$y_a(t)$为相应的输出，则系统的传递函数定义为

$$H_a(s)\triangleq\frac{Y_a(s)}{X_a(s)}$$

由上定义可见系统的传递函数就是在零初始状态下，系统输出的拉氏变换除以输入的拉氏变换。附录1给出了常见的拉氏变换对列表。根据式(1.2.13)单位冲激的筛选特性，单位冲激的拉氏变换为$\Delta_a(s)=1$。按照定义1.8的观点，传递函数 $H_a(s)$是系统冲激响应 $h_a(t)$的拉氏变换。

$$H_a(s)=L\{h_a(t)\} \tag{1.4.5}$$

同样也要注意到，相同的基底符号 H_a，既用于表述定义1.8中的传递函数 $H_a(s)$，也用于表述定义1.5中的频率响应 $H_a(f)$。这里所采用的习惯表示方式是依赖自变量类型，如复 s 或实 f，来区别这两种情况，规定 H_a 的含义。

例 1.7　传输延时

作为连续时间系统以及其传递函数的实例，我们考虑一个将输入延迟 τ 秒的系统。

$$y_a(t)=x_a(t-\tau)$$

这种类型的系统可以用来为过程控制系统建立传输延迟模型，也可以在电信系统中建立信号传播延迟模型。利用公式(1.3.5)中拉氏变换的定义，在 $x_a(t)$是因果信号的条件下，我们可以得到

$$
\begin{aligned}
Y_a(s) &= L\{x_a(t-\tau)\} \\
&= \int_0^{\infty} x_a(t-\tau)\exp(-st)\,dt \\
&= \int_{-\tau}^{\infty} x_a(\alpha)\exp[-s(\alpha+\tau)]\,d\alpha \Big\rangle\ \alpha = t-\tau \\
&= \exp(-s\tau)\int_0^{\infty} x_a(\alpha)\exp(-s\alpha)\,d\alpha \\
&= \exp(-s\tau)X_a(s)
\end{aligned}
$$

这样根据定义1.8具有τ秒传输延迟的传递函数可以表示为

$$H_a(s)=\exp(-s\tau)$$

图1.23给出了传输延迟的方框图。

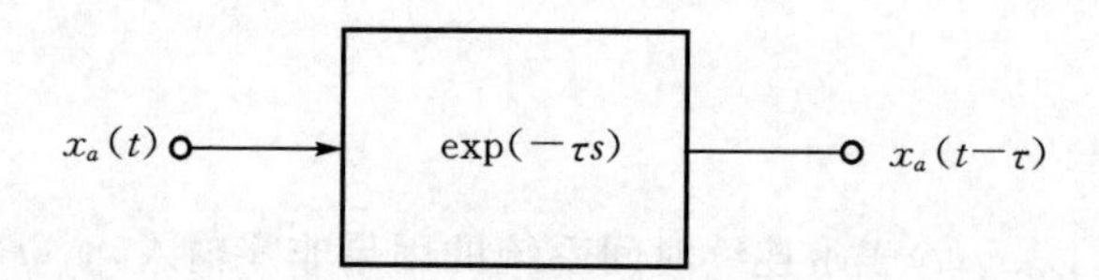

图1.23　传输延迟τ秒的传递函数

由定理1.2，信号$x_a(t)$的重建恢复是在采样样本之间用sinc函数进行的内插处理。一种简单形式的内插就是用能拟合样本的低阶多项式。为此，我们考虑如下被称为零阶保持的延迟线性系统。

$$y_a(t)=\int_0^t [x_a(\tau)-x_a(\tau-T)]\,d\tau \tag{1.4.6}$$

考虑到单位冲激的积分是单位阶跃，此系统的冲激响应为

$$
\begin{aligned}
h_0(t) &= \int_0^t [\delta_a(\tau)-\delta_a(\tau-T)]\,d\tau \\
&= \int_0^t \delta_a(\tau)\,d\tau-\int_0^t \delta_a(\tau-T)\,d\tau \\
&= u_a(t)-u_a(t-T)
\end{aligned}
\tag{1.4.7}
$$

因此零阶保持系统的冲激响应是时宽为T，高度为1的脉冲，其起始时间$t=0$如图1.24所示。

因为零阶保持滤波器是线性时不变的，它对在$t=kT$时刻，强度为$x(k)$的冲激响应是从$t=kT$时刻开始，时宽为T，幅度为$x(k)$的脉冲。当输入是$\hat{x}_a(t)$时，我们只是简单地将零阶保持滤波器对不同大小、不同时移的冲激响应加在一起，从而得到$x_a(t)$的分段常量近似，如图1.25所示。这等价于在采样样本间用零阶多项式内插。为此式(1.4.6)的系统被称为零阶保持系统。它将最近的样本值保持并使用零阶多项式向后外推保持至下一个样本。虽然这里也

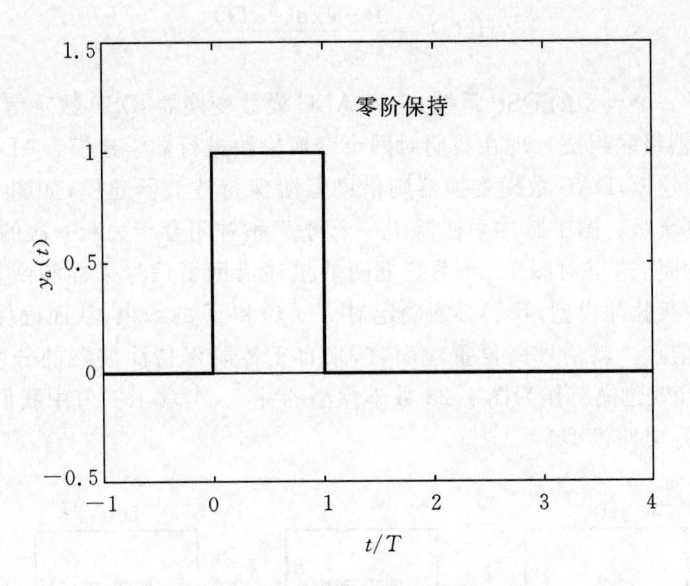

图 1.24　零阶保持滤波器的脉冲响应

可以采用高阶保持滤波器(Proakis and Manolakis,1992),但零阶保持还是最常用的。

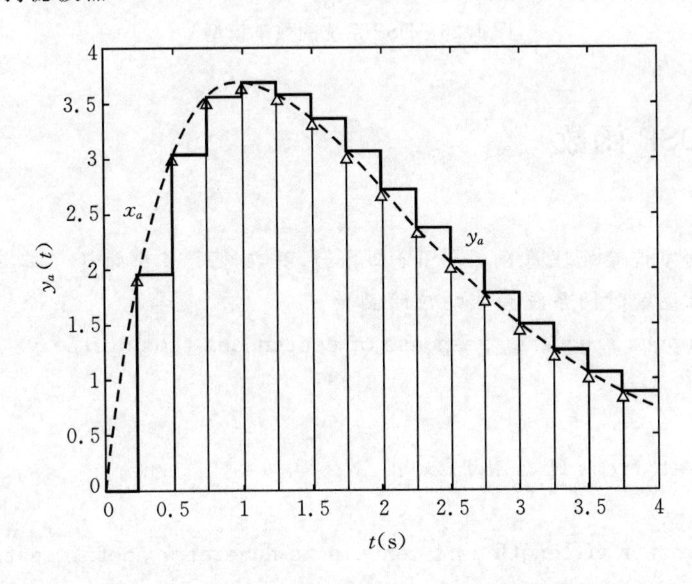

图 1.25　采用零阶保持滤波器的信号 $x_a(t)$ 恢复重建

零阶保持滤波器也可以由其传递函数来描述。依据式(1.4.5)传递函数就是式(1.4.7)所示冲激响应的拉氏变换。利用拉氏变换的线性性质以及例 1.7 的结论,可以得到

$$\begin{aligned} H_0(s) &= L\{h_0(t)\} = L\{\mu_a(t)\} - L\{\mu_a(t-T)\} \\ &= [1-\exp(-Ts)]L\{\mu_a(t)\} \end{aligned} \tag{1.4.8}$$

最终,从查阅附录 1 的拉氏变换对表可以解得零阶保持滤波器的传递函数

$$H_0(s)=\frac{1-\exp(-Ts)}{s} \tag{1.4.9}$$

图 1.2 展示了一个典型的 DSP 系统，它由 ADC 模数变换器、DSP 数字信号处理程序模块和 DAC 数模变换器级联组成。现在我们对两个变换模块进行数学建模。ADC 模数变换器可以通过冲激采样器建模，DAC 数模变换器则借助零阶保持滤波器建模，如图 1.26 所示，该图是前序图 1.2 的更新版。图中脉冲采样器用一个每 T 秒钟闭合一关断一次的开关符号表示。

特别要强调的是：这里对图 1.26 系统框图的描述借助了信号采样和恢复重建的数学模型。涉及采样的冲激脉冲模型，我们必须确定对 $X_a(f)$ 和 T 的约束，从而确保采样样本 $x(k)$ 包含 $x_a(t)$ 的所有信息。就信号恢复重建而言，来自于零阶保持滤波器的分段常数输出是对 DAC 输出信号的有效建模。作为图 1.26 数学模型的补充，本章 1.6 节中我们还研究了 ADC 和 DAC 模块的实际电路模型。

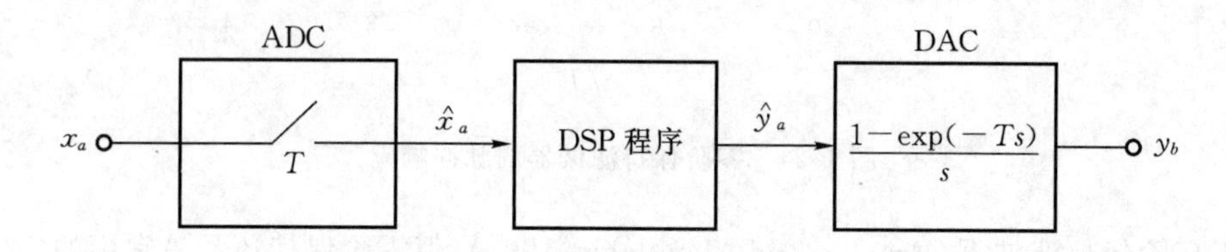

图 1.26 DSP 系统的数学模型

FDSP 函数

本书提供了数字信号处理基础(FDSP)工具箱，并在 1.7 节中讨论了其基本功能。它包含了如下计算线性连续时间系统频率响应的函数。

```
% F_FREQS: Compute frequency response of continuous-time system
%
% Usage:
%       [H,f]=f_freqs (b,a,N,fmax);
% Pre:
%       b   =vector of length m+1 containing numerator coefficients
%       a   =vector of length n+1 containing denominator coefficients
%       N   =number of discrete frequencies
%       fmax=maximum frequency (0<=f<=fmax)
% Post:
%       H=1 by N complex vector containing the frequency response
%       f=1 by N vector the containing frequencies at which H is evaluated
```

```
% Notes:
% H(s) must be stable.
```

要在一个屏幕上画出幅频响应与相频响应，我们可以用如下 MATLAB 内置函数。

```
A = abs (H);          % magnitude response
phi = angle(H);       % phase response
subplot(2,1,1)        % top half of screen
plot(f,A)             % magnitude response plot
subplot(2,1,2)        % bottom half of screen
plot (f,phi)          % phase response plot
```

1.5 前置滤波器和后置滤波器

命题 1.1 中采样定理告诉我们为了避免在采样过程中出现混叠现象，信号 $x_a(t)$ 必须是带限的，并且采样速率必须大于两倍带宽。然而我们浏览一下附录 1 中的傅里叶变换对表，就不难发现这些信号中的大部分事实上都是非带限的。只有正弦和余弦信号的功率是聚集在一个单频上的。当然，一般的周期信号可以表示成一个傅里叶级数，只要截取其中有限个谐波分量，那么相应的信号就是带限的。而对于一个非周期信号而言，要避免混叠，我们就必须使信号通过如图 1.27 所示的模拟低通滤波器，对其频带进行限制。

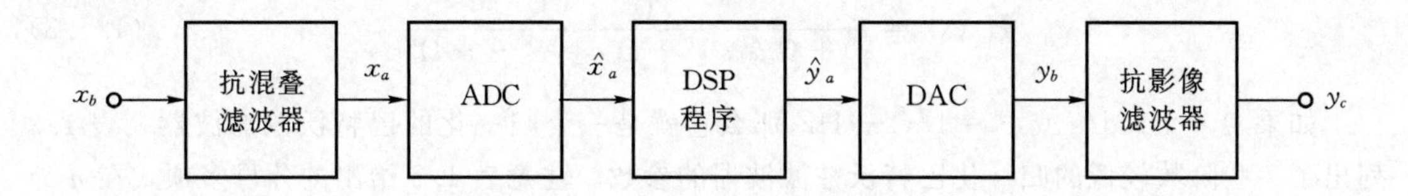

图 1.27 具有模拟前置滤波器和后置滤波器的 DSP 系统

1.5.1 抗混叠滤波器

图 1.27 所示的前置滤波器被称为抗混叠滤波器或保护滤波器。它的作用是去除区间 $[-F_c, F_c]$ 以外的所有频率分量，其中 $F_c < f_d$，使采样不会产生混叠现象。抗混叠滤波器的最佳选择就是理想低通滤波器。考虑到理想低通滤波器是物理不可实现的，我们用近似理想低通来代替。例如，一类被广泛运用的低通滤波器就是巴特沃兹滤波器(Ludeman，1986)。一个 n 阶的巴特沃兹低通滤波器的幅频响应如下：

$$|H_a(f)| = \frac{1}{\sqrt{1+(f/F_c)^{2n}}}, \ n \geqslant 1 \tag{1.5.1}$$

注意 $|H_a(F_c)| = 1/\sqrt{2}$，F_c 被称作该滤波器的 3 dB 截止频率。这是因为当滤波器增益用公贝即 dB 为单位表示时，我们有

$$20\log_{10}\{|H_a(F_c)|\}\approx -3\text{dB} \tag{1.5.2}$$

图1.28给出了一些巴特沃兹滤波器的幅频响应。可以看到随着阶数 n 增加，幅频响应会越来越逼近理想低通特性。尽管如此，不像理想低通滤波器，巴特沃兹滤波也会引入相移。

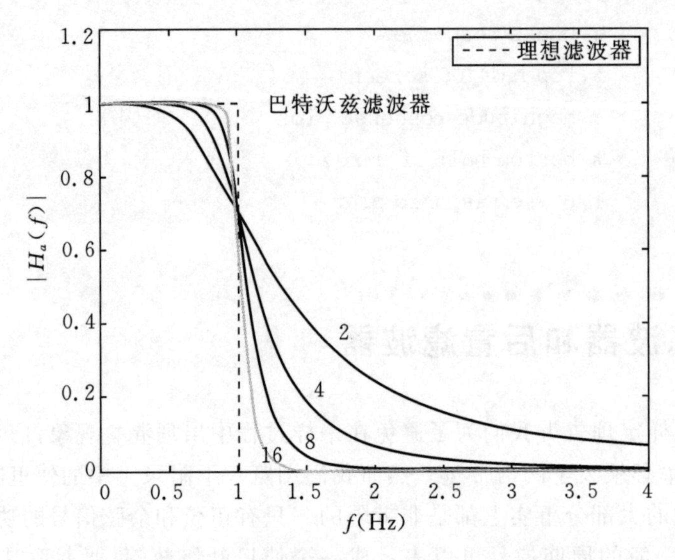

图1.28 $F_c=1$ 的低通巴特沃兹滤波器的幅频响应

具有截止频率半径为 $\Omega_c=2\pi F_c$ 的 n 阶巴特沃兹低通滤波器的传递函数可以表述如下。

$$H_a(s)=\frac{\Omega_c^n}{s^n+\Omega_c a_1 s^{n-1}+\Omega_c^2 a_2 s^{n-2}\cdots+\Omega_c^n} \tag{1.5.3}$$

如果 $\Omega_c=1$ rad/s 或 $F_c=1/(2\pi)$Hz，那么它就是一个归一化的巴特沃兹滤波器。表1.2列出了一些阶数较低的归一化巴特沃兹滤波器的参数。注意表1.2给出的分母多项式在 n 为偶数时表示成多个二阶项之积，在 n 为奇数时为多个二阶项和线性项之积。这样便于 $H_a(s)$ 的电路实现，常用的电路实现方式是将数个一阶和二阶单元电路级联在一起。这样可以使整个传递函数对电路元件精度的敏感度降低。

表1.2 归一化巴特沃兹低通滤波器二阶项因子表

阶	$a(s)$
1	$(s+1)$
2	$(s+1.5142s+1)$
3	$(s+1)(s^2+s+1)$
4	$(s^2+1.8478s+1)(s^2+0.7654s+1)$
5	$(s+1)(s^2+1.5180s+1)(s^2+0.6180s+1)$
6	$(s^2+1.9318s+1)(s^2+1.5142s+1)(s^2+0.5176s+1)$
7	$(s+1)(s^2+1.8022s+1)(s^2+1.2456s+1)(s^2+0.4450s+1)$
8	$(s^2+1.9622s+1)(s^2+1.5630s+1)(s^2+1.1110s+1)(s^2+0.3986s+1)$

例 1.8　一阶滤波器

我们考虑如何用电路来实现一个阶数 $n=1$ 的低通巴特沃兹滤波器问题。从表 1.2 我们可以查得 $a_1=1$,这样由式(1.5.3)可知其一阶传递函数为

$$H_1(s)=\frac{\Omega_c}{s+\Omega_c}$$

这样的传递函数可以用一个简单的 RC 电路来实现,其中 $RC=1/\Omega_c$。但是,用无源电路实现 $H_1(s)$,在它与其他电路模块级联实现一个更通用的滤波器时,会产生前后级阻抗失配的电路负载效应问题。因此我们考虑用如图 1.29 所示由 3 个运算放大器(运放)组成的有源电路来实现。该电路输入高阻输出低阻,这意味着该电路与其他电路连接时不会引入明显的阻抗失配负载效应。该电路的传递函数(Dorf and Svoboda, 2000)为

$$H_1(s)=\frac{1/(RC)}{s+1/(RC)}$$

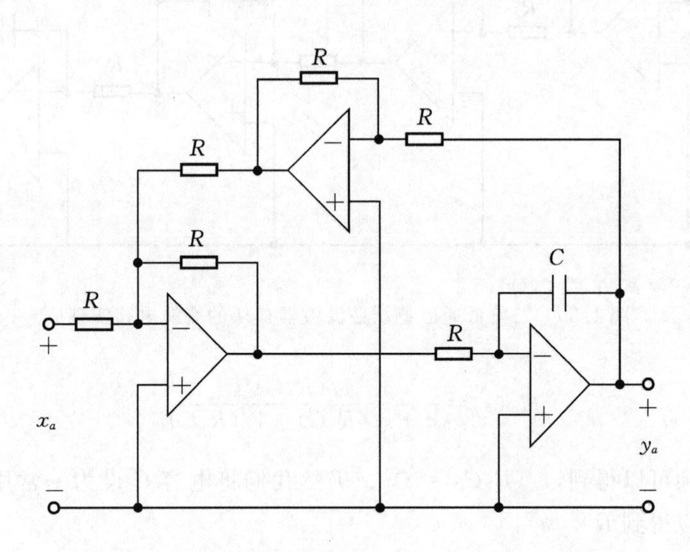

图 1.29　一阶低通巴特沃兹滤波器模块的有源电路实现

这里 $1/(RC)=\Omega_c$。一般而言,是给电容 C 选择一个方便的取值,而电阻 R 则可以通过下式计算

$$R=\frac{1}{\Omega_c C}$$

例如:设截止频率 $F_c=1000$ Hz,即 $\Omega_c=2000\pi$。如果电容值按常用规格选取为 $C=0.01\ \mu$F,则电阻值应为 $R=15.915\ k\Omega$。

常见的集成运放电路芯片中包含四个运算放大器。所以,这里的一阶滤波器单元可以用一片集成运放电路芯片和 7 个独立元件实现。由于这里的电阻阻值全一样,电路实现时可以选用一个电阻排片。

既然表 1.2 给出的所有一阶滤波单元都有 $a_1=1$,那么图 1.29 所示的滤波器可以作为一

个通用一阶滤波单元。除此之外，n 阶的巴特沃兹滤波器还包含若干个二阶滤波单元。

例 1.9 二阶滤波器

让我们考虑一下如何用电路来实现一个阶数 $n=2$ 的低通巴特沃兹滤波器。从式(1.5.3)我们可以得到通用形式的二阶巴特沃兹传递函数

$$H_2(s)=\frac{\Omega_c^2}{s^2+\Omega_c a_1 s+\Omega_c^2}$$

运用 $H_2(s)$的状态方程，这里二阶滤波器单元可以用如图 1.30 所示的有源电路来实现，该电路包含了四个运算放大器。其传递函数为(Dorf and Svoboda)：

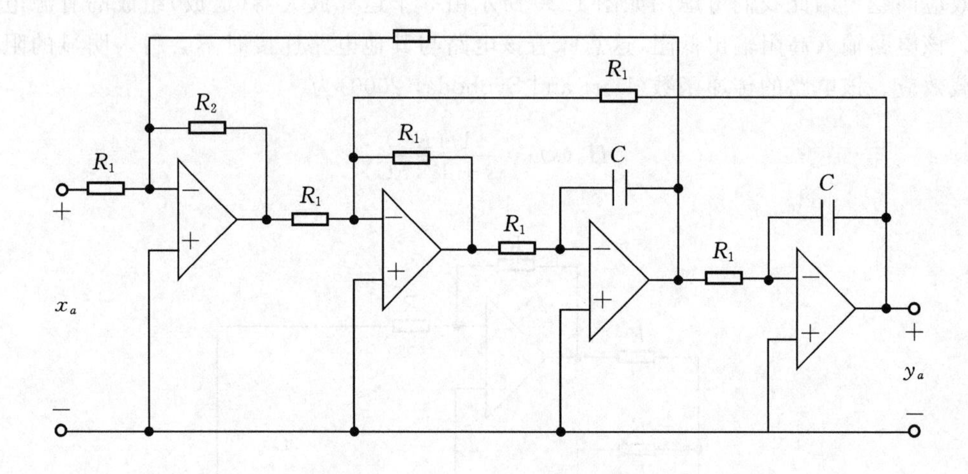

图 1.30 二阶低通巴特沃兹滤波器模块的有源电路实现

$$H_2(s)=\frac{1/(R_1C)^2}{s^2+s/(R_2C)+1/(R_1C)^2}$$

由分母的最后一项可以得到，$1/(R_1C)^2=\Omega_c^2$。仍然我们将电容 C 设为一常用规格化值，那么通过计算我们可以得到 R_1

$$R_1=\frac{1}{\Omega_c C}$$

然后从分母的线性项，可以得到 $1/(R_2C)=\Omega_c a_1$。最后代入 R_1 的值求解 R_2 为

$$R_2=\frac{R_1}{a_1}$$

例如，假设我们需要的截止频率 $F_c=5000$ Hz，即 $\Omega_c=10^4\pi$。且由表 1.2 可以查得 $a_1=1.5142$。如果选择 $C=0.01\ \mu F$，那么所需要的电阻阻值为

$$R_1\approx 3.183\text{k}\Omega$$
$$R_2\approx 2.251\text{k}\Omega$$

该滤波器也可以用一片运放集成电路芯片和 10 个分立元件来实现。

一个普通的低通巴特沃兹滤波器可以用多个一阶和二阶的电路单元通过将前一模块的输

出作为下一模块的输入级联的方式来实现。用这种方式可以综合实现任何阶数为 n 的抗混叠滤波器。

巴特沃兹低通滤波器是众多经典模拟滤波器中的一种(Lam,1979)。此外一些可以用作抗混叠滤波器的经典模拟滤波器还包括切比雪夫滤波器和椭圆滤波器。传统的模拟低通滤波器将在第 8 章详细讨论,在那里我们还通过模拟滤波器到等价数字滤波器的转换研究数字滤波器设计技术。

由于在集成电路中使用开关电容技术,传统的模拟滤波器已经被广泛应用(Jameco,2010)。比如国家半导体公司(National Semiconductor)推出的 LMF6-100 就是一个六阶低通巴特沃兹滤波器,其截止频率可调的,与外部时钟频率有这样的关系:$f_{\text{clock}}=100F_C$。其中,开关电容技术包括以速率 f_{clock} 进行的内部采样或转换。因此,如果信号 $x_a(t)$ 在期望的采样频率 50 倍以外不包含明显的频率分量,那么开关电容滤波器可以用作抗混叠滤波器来滤除 $[f_s/2, 50f_s]$ 区间的频谱内容。例如,一个采样速率为 2 kHz,开关电容滤波器可以滤除(或者说是显著削弱)1 kHz 到 100 kHz 范围内的频率分量。

1.5.2　抗镜像滤波器

如图 1.27 所示的后置滤波器被称作*抗镜像滤波器*或*平滑滤波器*。该滤波器的功能是滤除 $y_b(t)$ 多余的高频分量。DAC 的零阶保持的作用就是削弱 $\hat{y}_a(t)$ 边带幅度,而这部分可以看作是基带频谱的镜像。尽管如此,这并不能完全消除它们。零阶保持的幅度响应如图 1.31 所示,它具有低通性质,旁瓣的出现使得它有别于理想的重建滤波器。对一个如图 1.31 所示的低通滤波器,其输出为如图 1.27 所示的分段常量信号 $y_b(t)$,而不是理想重建后的信号 $y_a(t)$。

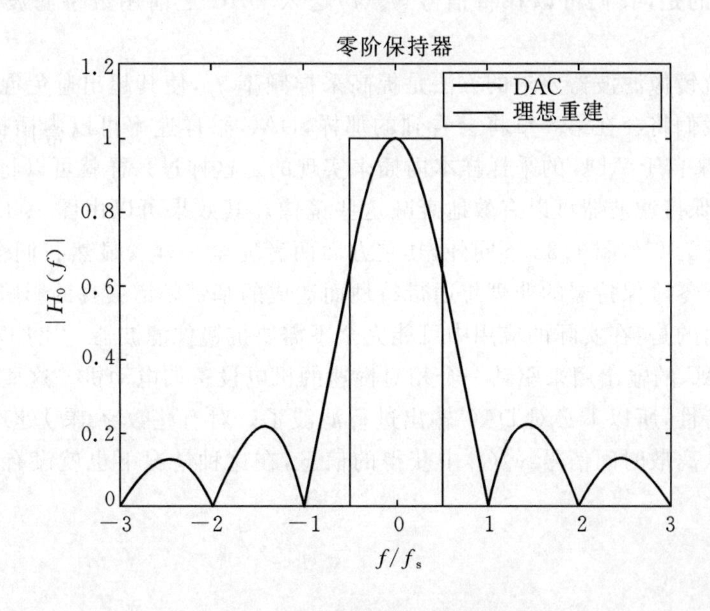

图 1.31　零阶保持器的幅频响应

注意从图 1.31 我们可以看到零阶保持在采样频率整数倍点上,即边带谱影像的中心处,其增益为0。低通滤波的作用就是削弱边带的大小,如图1.32所示。在图1.32a图示了具有三角形谱的离散时间DAC输入,而图1.32b则图示了分段常数的DAC输出频谱。

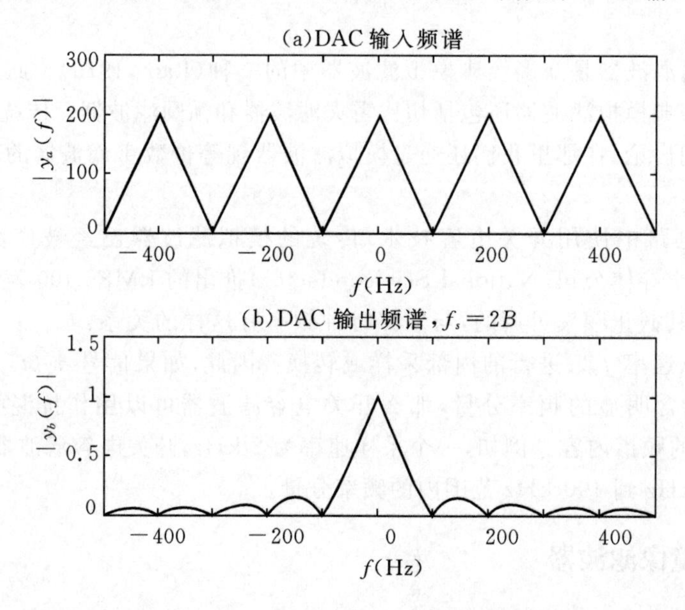

图1.32 在 $f_s=2B$ 的情况下DAC输入(图a)和输出(图b)的幅频谱

抗镜像滤波器的作用是为了更进一步的削弱中心位于采样频率整数倍上的冗余边带镜像谱。类似于抗混叠滤波器,这里的抗镜像滤波也可以用低通滤波器实现。仔细观察图1.32所示 $y_b(t)$ 的基带频谱部分可以发现它有点失真,这是由于零阶保持在通带内是不平坦的,如图1.31所示。有趣的是,我们可以在将信号 $\hat{y}_a(t)$ 送入DAC之前用数字滤波器进行补偿预处理。

一种降低对抗镜像滤波器要求的方法是提高采样频率 f_s,使其超出避免混叠所需的最低采样频率。正如我们将会在第8章将会看到的那样,DAC采样速率可以内插提高,这里则是通过DSP算法对来自于ADC的采样样本内插来实现的。这样过采样就可以将镜像沿频率轴散开,从而使零阶保持滤波器可以有效地衰减这些镜像。其效果可以由图1.33所示,图中信号除了过采样因子为2与图1.32不同外,其它方面两者完全一样。显然我们会注意到:过采样会明显减小由于零阶保持器的非理想通带特性而造成的基带频谱失真的影响。

最后应该说明的是:在实际的应用中可能完全不需要抗镜像滤波器。比如,在一个数字控制应用环境下,DAC的输出用来驱动一个相对慢速的机电设备如电动机。这些设备本身就具有低通频率响应特性,所以不必对DAC输出进行滤波了。对有些数字信号处理应用,期望的输出是可以直接从离散时间信号 $\hat{y}_a(t)$ 中获得的信息,在这种情况下也就没有必要将数字再转换成模拟了。

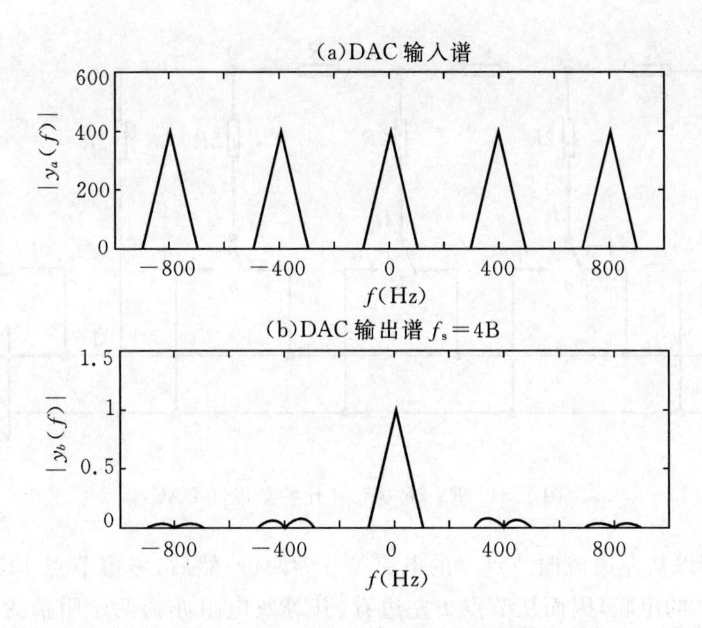

图 1.33　$f_s=4B$ 时的 DAC 的输入谱(a)和输出谱(b)

*1.6　DAC 与 ADC 电路

本节将介绍数/模和模/数变换器的电路实现。它主要是针对那些对硬件感兴趣的读者，所以本节跟其它带 * 的章节一样，其存在与否并不影响本书的连贯性。

1.6.1　数/模变换器

回忆前面的章节，数/模变换器(DAC)可以通过数学模型为公式(1.4.9)所示的零阶保持，而其物理电路模型则完全不同。这是因为其输入是 Nbit 的二进制数，即 $b=b_{N-1}b_{N-2}\cdots b_1b_0$，而不是一幅度调制脉冲序列。数模变换器是将输入的二进制数转化为其所表示的十进制数值，以模拟信号 y_a 输出。DAC 电路可以分为两类，一类是 $y_a\geqslant 0$，称为单极性电路，另一类是 y_a 取值有正，也有负，则称为双极性电路。对于一个简单的单极性 DAC 例子，其输入的二进制数据的等效十进制数值为

$$x=\sum_{k=0}^{N-1}b_k 2^k \tag{1.6.1}$$

双极性 DAC 的输入二进制数所表示的负数由两部分组成，即偏置二进制或有符号数据格式(Grover and Deller,1999)。图 1.34 画出了一种最常见的 R - $2R$ 梯形 $N=4$ 的 DAC 电路。电阻的配置如图所示。电路的每一个梯位由一个单刀双抛开关(SPDT)控制，当 $b_k=1$ 时，接通运算放大器的反向输入端，当 $b_k=0$ 时，接通其正向输入端。

下面我们分析图 1.34 所示的电路，我们从其终端开始，反向分析。首先，对于一个理想运算放大器而言，其正反向输入端的电压是相等的，即 $V=0$。因而流过第 k 个开关的电流 I_k 与开关的所置的方向无关。从节点 0 左边看，其等效电阻为 $R_0=R$，因为它由两个阻值为 $2R$ 的

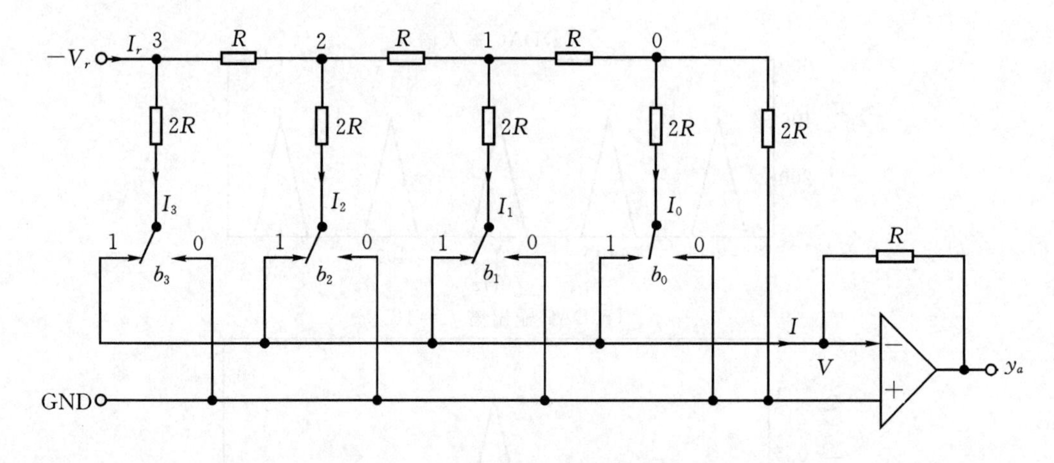

图 1.34 R-$2R$ 梯形 4 比特单极性 DAC

电阻并联而成，所以从左边流向节点 0 的电流等分为两份；然后，考虑节点 1，其右边的等效电阻为电阻 R_0 和 R 的串联，因而从节点 1 左边看，其等效电阻亦为两个阻值为 $2R$ 的电阻的并联即 $R_1=R$，同样从左边流向节点 1 的电流等分为两份；以此类推，我们得到从节点 $N-1$ 左边看入的等效电阻为 R。在不考虑开关所置位置情况下，图中 1.34 所示电流为

$$I_r=\frac{-V_r}{R} \tag{1.6.2}$$

其中 V_r 为参考点压。因为流进每个节点的电流都被等分为两份，所以流过第 k 个开关的电流为 $I_k=I_r/2^{N-k}$。利用公式(1.6.1)，流进运算放大器的总电流为

$$I=\sum_{k=0}^{N-1}b_k I_k=\sum_{k=0}^{N-1}b_k I_r 2^{k-N}=\frac{I_r}{2^N}\sum_{k=0}^{N-1}b_k 2^k=(\frac{I_r}{2^N})x \tag{1.6.3}$$

最后，理想运算放大器的输入阻抗为无穷大，这意味着反向输入端的驱动电流为 0，因而利用公式(1.6.2)和(1.6.3)，可以算得运放的输出

$$y_a=-RI=(\frac{-RI_r}{2^N})x=(\frac{V_r}{2^N})x \tag{1.6.4}$$

令式(1.6.4)中的二进制输入 $x=1$，我们可以得到 DAC 的量化台阶 $q=V_r/2^N$。图 1.34 所示的 DAC 输出值的范围为

$$0\leqslant y_a\leqslant(\frac{2^N-1}{2^N})V_r \tag{1.6.5}$$

由式(1.6.5)看，图 1.34 所示的 DAC 为单极性 DAC。如果用 $2V_r$ 代替 V_r，并且在输出端增加一个理想运算放大器实现电平搬移，则其可以变为输出范围为 $-V_r\leqslant y_a\leqslant V_r$ 的双极性 DAC(见习题 P1.15)，在这个例子中，b 解释为偏置二进制输入，其十进制等效数值为

$$x_{\text{bipolar}}=x-2^{N-1} \tag{1.6.6}$$

这里的 x 为式(1.6.1)中的输入。

在通常情况下，可以将信号调理电路加到图 1.34 所示的 DAC 电路中，它起到幅度放大衰

减，电平偏置，和阻抗匹配的作用(Dorf and Svoboda，2000)。对 DAC 而言，低输出阻抗是非常必要的，它使 DAC 能够提供足够的电流来驱动负载。

1.6.2　模/数变换器(ADC)

顾名思义，模数转换器是将模拟输入 $-V_r \leqslant x_a \leqslant V_r$ 转变为二进制数字输出 b，并保证 b 的等价十进制数值为 x_a。图 1.35 展示了 $N=4$，$V_r=5$ 的双极性 ADC 的输入-输出特性。

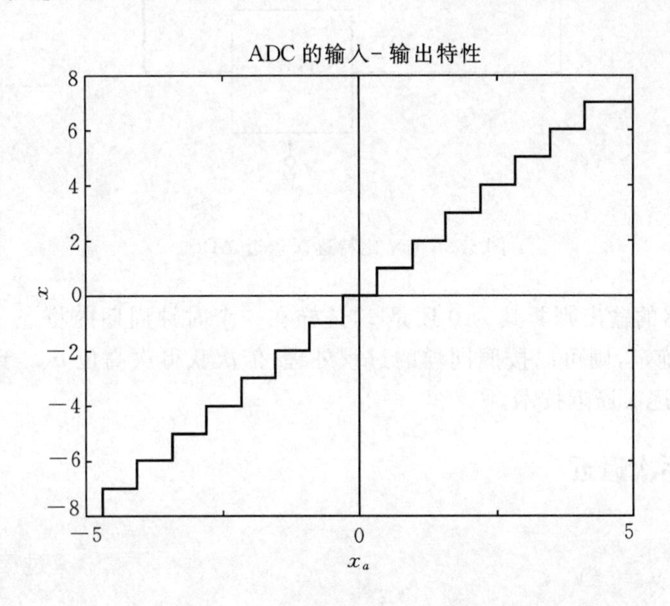

图 1.35　$N=4$，$V_c=5$ 的双极性 ADC 的输入-输出特性

注意，这里的阶梯曲线向左平移了半步(半个台阶长度)，这使得 ADC 的输出对 $x_a=0$ 处的低电平噪声是不敏感的。对双极性 ADC 而言，台阶的水平长度等于量化水平，即

$$q = \frac{V_r}{2^{N-1}} \tag{1.6.7}$$

逐次逼近变换器

最常用的 ADC 电路由一个比较器电路和一个 DAC 组成，如图 1.36 所示。输入是要转换的模拟电压 x_a，输出是等价的 N 位二进制数 b。

如果我们用一个二进制计数器代替图中被称为 SAR 逻辑的模块，就可以得到一个 ADC 更为简单的实现方案，这里计数器用来计数周期脉冲串的脉冲或者时钟信号，f_{clock}。随着计数器输出 b 从 0 增加到 2^{N-1}，则 DAC 的输出 y_a 的变化范围为 $-V_r$ 到 V_r。当 y_a 大于输入 x_a 时，比较器输出 u_a 将从 1 变为 0，此时计数器将停止计数。这样，按照式(1.6.6)所示的偏置二进制编码，计数器实际输出 b 即为模拟输入 x_a 的等价数字值。

尽管采用计数器的 ADC 概念简单，更为人们所接受，但是它的应用存在一个缺憾。其转换时间是一个变量，可以很长。对于一个均值为零的随机输入，它将平均占用 2^{N-1} 个时钟脉冲完成转换；而当 $x_a=V_r$ 时，它将会占用 2^N 个时钟脉冲才能完成。一种更有效的转换方案是采用逐次逼近寄存器(SAR)进行二进制搜索寻找合适的 b，其基本的思想是从最高位 b_{N-1} 开

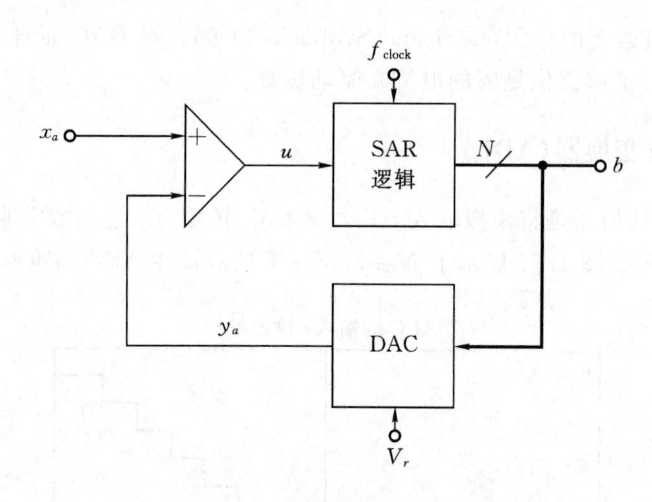

图 1.36　N 比特逐次逼近 ADC

始，首先通过比较器的输出判断其为 0 还是 1，这样在一个时钟周期内将 x_a 的不确定性减小了一半，一旦 b_{N-1} 确定，则可以按照同样的过程处理，依次获得次高位 b_{N-2} 到最低位 b_0，下面的算法 1.1 总结了逐次逼近技术。

算法 1.1　逐次逼近

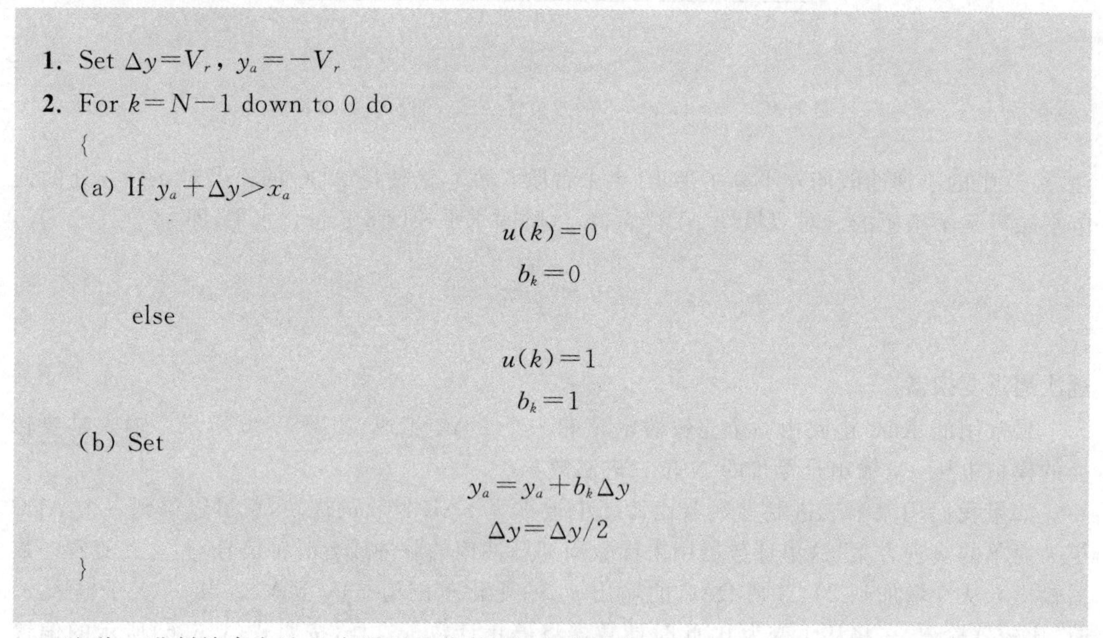

1. Set $\Delta y = V_r$，$y_a = -V_r$

2. For $k = N-1$ down to 0 do

{

(a) If $y_a + \Delta y > x_a$

$$u(k) = 0$$
$$b_k = 0$$

else

$$u(k) = 1$$
$$b_k = 1$$

(b) Set

$$y_a = y_a + b_k \Delta y$$
$$\Delta y = \Delta y / 2$$

}

这种二进制搜索方法具有明显的优势，它完成转换只用了 N 个时钟脉冲，而与 x_a 值大小无关。所以此方法的转换时间是一个常数，处理速度很快。例如，对一个输出位数为 $N=12$ 的转换器，与计数器方法相比，转换时间平均减少一个因子 $2^{11}/12=170.7$，或者两个数量级。

例 1.10　逐次逼近

作为介绍逐次逼近变换技术一个示例，这里假定参考电压 $V_r=5$ 伏，变换器位数 $N=10$，

输入模拟电压值 $x_a=2.891$ 伏。当采用算法 1.1 时，$y_a(k)$ 和 $u_a(k)$ 的变化曲线如图 1.37 所示，其中 $0\leqslant k<N$。要注意 DAC 输出是如何通过在每个时钟脉冲间隔内将不确定性减少一半来快速调整到 x_a 的值。由式(1.6.7)，这个例子的 量化电平台阶为

$$q=\frac{V_r}{2^{N-1}}=\frac{5}{512}=9.8\ \text{mV}$$

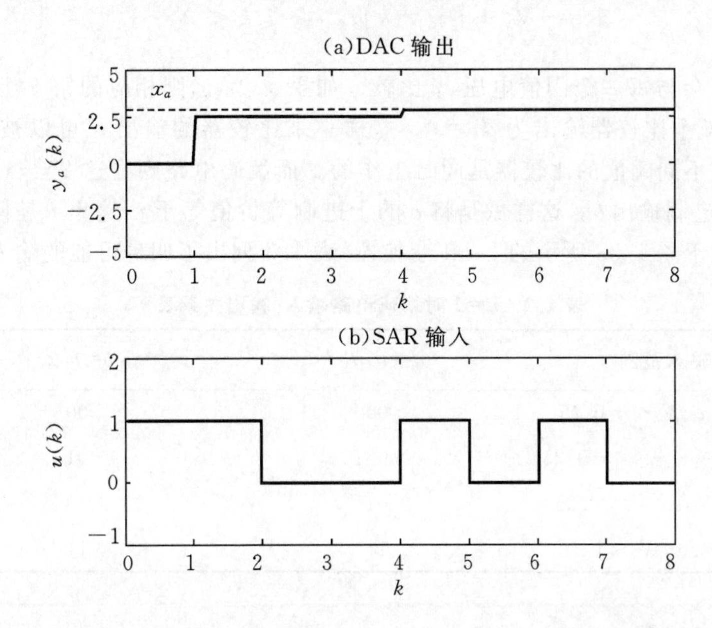

图 1.37　在逐次逼近步序间的 DAC 输出(a)与 SAR 输入(b)

快闪变换器

这是另外一种类型的 ADC，常常用于高速转换系统中，例如数字示波器。图 1.38 示出了

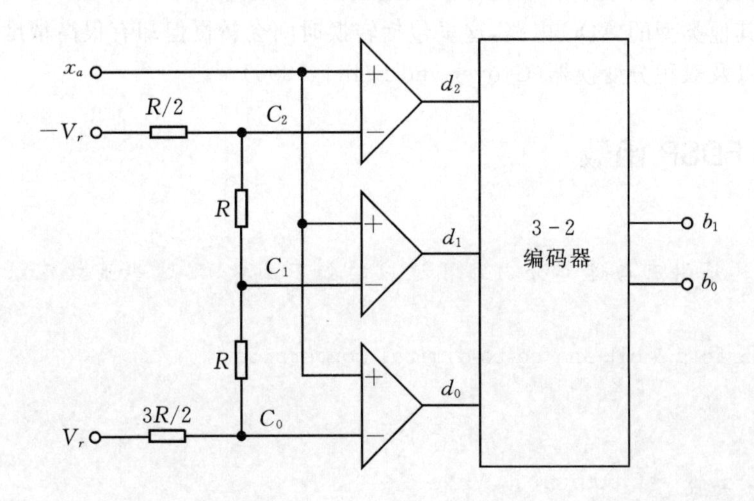

图 1.38　2-bit 快闪变换器

一个简单的2位快闪变换器，它由线性电阻阵列、比较电路阵列和编码电路三部分组成。

电阻阵列中电阻值的选择要满足相序比较器反相输入端间电压降等于式(1.6.7)的量化电平值 q。电阻阵列两端的分数电阻值是因为我们按照图1.35将输入-输出特性左移 $q/2$ 所致。这样第 k 个比较器反相输入端的电压为

$$c_k = -V_k + \left(\frac{5}{2} - k\right)q, \quad 0 \leqslant k < N-1 \tag{1.6.8}$$

模拟输入 x_a 会与每一个阈值电压 c_k 比较。如果 $x_a > c_k$，则相应的第 k 个比较器输出为 $d_k=1$；否则这第 k 个比较器输出为 $d_k=0$。这样一来比较器的输出 d 可以被看作一个条图码，这里所有对应不同阈值的比较器是同时工作的。而编码电路则将这 2^N-1 个比较器输出 d 转换为 N 位二进制输出 b。这样做是将 b 的十进制等价值等于 i，这里 i 是使最高位 $d_i=1$ 的下标。例如，对于图1.38所示的2-bit变换器，表1.3列出了四种可能的输入-输出关系。

表1.3　$n=2$ 时编码电路输入-输出关系表

输入范围	$d=d_2d_1d_0$	$b=b_1b_0$
$-1 \leqslant x_a/V_r < -0.75$	000	00
$-0.75 \leqslant x_a/V_r < -0.25$	001	01
$-0.25 \leqslant x_a/V_r < 0.25$	011	10
$25 \leqslant x_a/V_r \leqslant 1$	111	11

这种快闪变换器的优势在于其整个变换过程可以在一个时钟脉冲期内完成。更具体地说，转换时间仅仅只是受到比较器电路的调整时间和编码电路的传输延时限制的。不幸的是，极快速的转换时间的获得是有代价的。图1.38所示的变换电路仅有2位的精度。通常，对于一个 N 位的变换器将需要一共 2^{N-1} 个比较器，编码器电路也需要 2^{N-1} 个输入。因而，随着 N 的增加，快闪变换器的硬件会变得很复杂。所以与逐次逼近变换器相比，实用的高速快闪变换器的精度一般较低(6到8位)，而中速逐次逼近变换器一般较高(8到16位)。

还有一些其他类型的ADC电路，这里包括转换时间会较慢但却有很高精度的Σ-Δ变换器(见第8章)以及双积分变换器(Grover and Deller，1999)。

FDSP 函数

FDSP 工具箱附有与这部分内容相适应的如下函数，用这些函数可以实现模/数以及数/模变换。

```
% F_ADC: Perform N-bit analog-to-digital conversion
%
% Usage:
%       [b, d, y]=f_adc (x, N, Vr);
% Pre;
```

```
%        x = analog input
%        N = number of bits
%        Vr = reference voltage (-Vr<= x < Vr)
% Post:
%        b = 1 by N vector containing binary output
%        d = decimal output (offset binary)
%        y = quantized analog output
% F_DAC: Perform N-bit digital to analog conversion
%
% Usage:
%        Y = f_dac (b, N, Vr);
% Pre:
%        b = string containing N-bit binary input
%        N = numberof bits
%        Vr = reference voltage (-Br <= y <Br)
% Post:
%        y = analog output
```

1.7 FDSP 工具箱

与本书内容相伴的软件可以从出版商的网站获得。它包括数字信号处理基础(FDSP)工具箱,还包括运行本书开发的信号处理算法所需的 MATLAB 函数。提供该软件的目的是为了辅助学生完成每章后面的计算类习题和 GUI 仿真类习题。FDSP 工具箱也给用户提供了一个方便的途径来运行本书中的例题并再现书中的 MATLAB 图片。图形用户接口模块(GUI)是该工具箱所提供的一个比较新颖的部分,用户可以在不需要任何编程的情况下,利用此模块来研究探索每个章节中所提到的数字信号处理技术。软件中也包括 FDSP 工具箱函数的源程序,这便于用户编写自己的 MATLAB 程序。

FDSP 本身是利用 MATLAB 来安装的(Marwan,2003)。当 FDSP 压缩文件由出版商网站下载并解压缩后,它会在预设的文件夹 c:\fdsp_net. 中放置几个文件。然后在 MATLAB 命令提示符下键入如下命令,就完成了 FDSP 工具箱的安装。

```
>>cd c:\fdsp_net
>>setup
```

1.7.1 FDSP 驱动模块

所有的课程软件都可以很方便地通过驱动模块 *f_dsp* 访问。驱动模块可以在 MATLAB 命令提示符下键入如下命令来启动:

```
>>f_dsp
```

f_dsp 的启动界面如图 1.39 所示。这里位于菜单工具条上的大多数选项会产生选项的子菜单。设置选项允许用户通过选择用于装载、存储和打印用户数据的预设文件夹，来规划设置 *f_dsp*。GUI 模块的选项用于运行章节图形用户界面模块。应用"Examples"选项，书中出现的所有 MATLAB 例题的程序均可以看到，并且可以运行。同理，"Figures"与"Tables"选项可以用于重新创建并显示书中的图与表。"Help"选项针对工具箱函数和 GUI 模块提供了在线帮助。对于有兴趣获得更新版本以及辅助课程资料的用户而言，网站选项可以将用户连接到出版商的网站。如下作者网站也可以用来下载最新版本的 FDSP 软件。

www.clarkson.edu/～rschilli/fdsp

1.7.2 工具箱函数

FDSP 工具箱函数给出了本书所涉及的算法，而这里的库函数是通过已有标准 MATLAB 编译解释功能辅助实现的。这些函数将在各章中详细介绍。它们可以分为两大类：主程序支持函数和章内专用函数。主程序支持函数由一些通用底层应用功能函数组成，这类程序设计的目的是使得执行例行任务时，相应的 MATLAB 脚本编写得以简化。表 1.4 给出了这些主程序支持函数的简要描述。

表 1.4　FDSP 主程序支持函数

名称	描述
f_caliper	利用鼠标十字标线测量图片上的点间距
f_clip	将取值限制在某区间内，检查调用语句
f_getsound	录制 PC 机麦克风信号
f_labels	标注图形输出
f_prompt	提示落入指定范围内的标量
f_randinit	初始化随机数发生器
f_randg	高斯白噪声矩阵
f_randu	均匀分布白噪声矩阵
f_wait	暂停，检查输出显示
soundsc	通过 PC 机扬声器播放声音信号

第二类工具箱函数是那些用来完成各章算法所编写的函数。这些专用函数是针对标准版本 MATLAB 编译解释器部分中所没有的内置函数。为了减少学生的费用，这里假设没有附加的 MATLAB 数字信号处理工具箱或者没有滤波器设计工具箱。而 FDSP 工具箱本身就提供了这些必需函数。对于那些确实要用到附加 MATLAB 工具箱的同学，这些工具箱可以无冲突地调用，这是因为所有的 FDSP 函数均遵循 *f_xxx* 的命名规则，如表 1.4 所示。应用驱动程序 *f_dsp* 中的菜单选项可以获得每个函数的源程序列表和用户文档。附录 3 提供了各章 FDSP 工具箱函数的概要简述。

图 1.39 中驱动模块的"Help"选项提供了主程序支持函数和章内函数的文档。另一种获

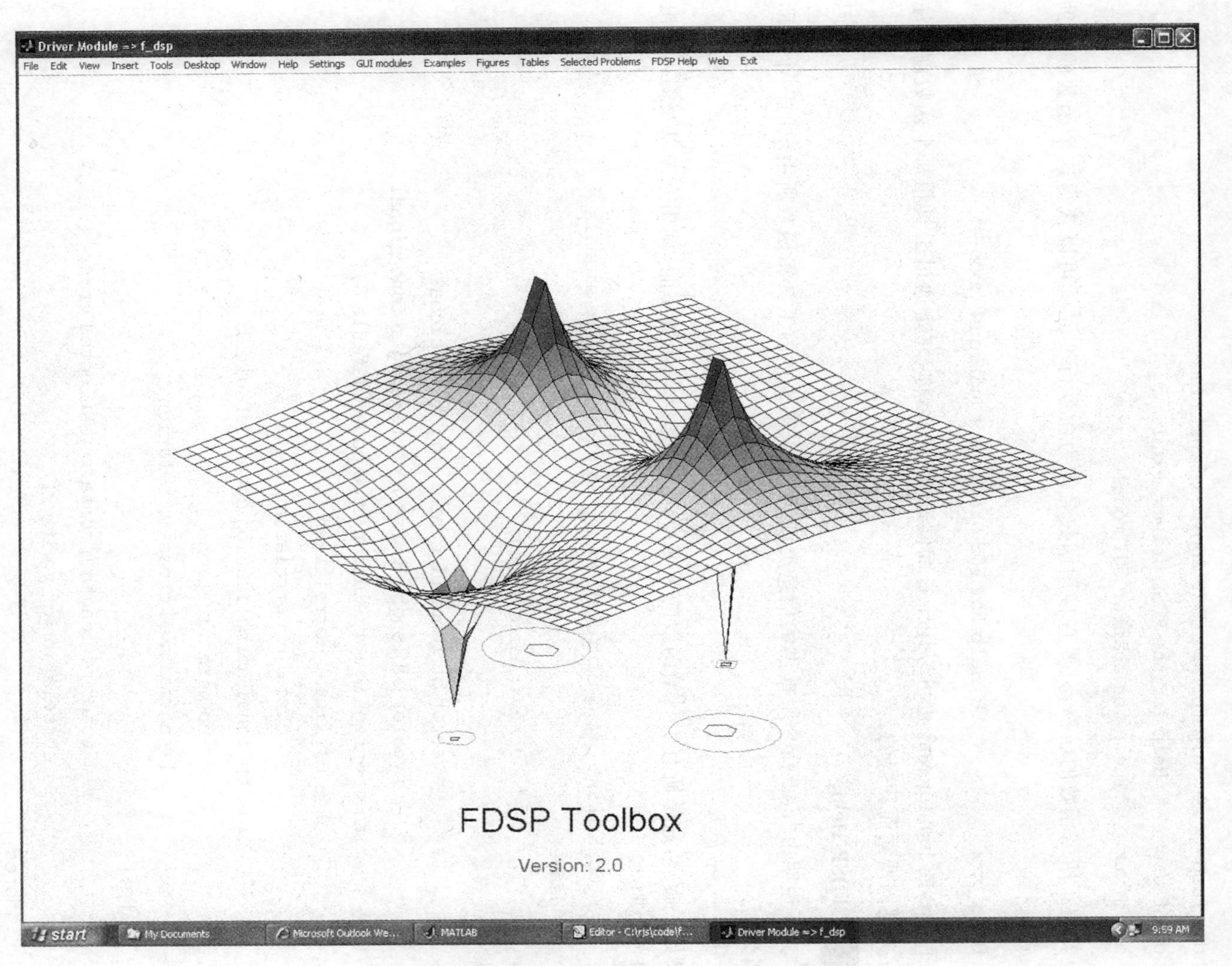

图 1.39　FDSP 工具箱的驱动模块 f_dsp

得工具箱函数文档的方法是直接在 MATLAB 命令提示符下使用 MATLAB help,helpwin,或 doc 这样的命令。

```
doc fdsp     % Help for all FDSP toolbox functions
doc f_dsp    % Help for the FDSP driver module
doc g_xxx    % Help for chapter GUI module g_xxx
```

一旦知道了所需函数的名称,只要直接用函数名作为命令行变元就可以获得这个函数的帮助窗了。

```
Doc f_xxx            % Help for FDSP toolbox function f_xxx
```

MATLAB 的 lookfor 命令也可以用于查询候选函数的名称,它是通过工具箱每个函数前的注释行关键词搜索而获得的。

例 1.11 FDSP Help

为了说明由"doc"命令所提供的信息类型,我们以第 4 章的工具箱函数所引出的一个帮助文档为例:

```
doc f_corr
```

结果如下所示,这是所有工具箱函数的标准格式。它包括该函数功能、调用方法以及输入输出变量的说明。

```
F_CORR: Fast cross-correlation of two discrete-time signals
Usage:
        r=f_corr(y,x,circ,norm)
Pre:
     y     =vector of length L containing first signal
     x     =vector of length M <= L containing second signal
     circ  =optional correlation type code (default 0):
              0=linear correlation
              1=circular correlation
     norm=optional normalization code (default 0):
              0=no normalization
              1=normalized cross-correlation
Post:
          r=vector of length L contained selected cross-
             correlation of y with x.
Notes:
          To compute auto-correlation use x=y.
See also: f_corrcoef, f_conv, f_blockconv, conv, corrcoef
```

FDSP 函数

所有 FDSP 工具箱函数均使用了选择输入变元的标准 MATLAB 规范。如果选择变元出现在列项的最后，则它可以简单地被丢弃。而如果它出现在列项的中间，则它可以用空矩阵[ ]取代。例如：例 1.11 中函数 f_corr 的如下调用是等价的。

```
r = f_corr(x, y);            % default values for circ, norm
r = f_corr(x,y,0);
r = f_corr(x,y,[ ], 0);     % [ ]for default value of circ
r = f_corr(x,y,0,0);
```

1.7.3 GUI 模块

为了便于用户程序的开发，我们这里提供了所有的 FDSP 工具箱函数。另一种更高层次的方法是应用图形用户界面(GUI)模块，这种方法用起来更简便一些，但灵活性差。当从 FDSP 驱动模块中选择了 GUI 模块选项后，用户就会看到像表 1.5 那样的各章 GUI 模块列表概述。

每个 GUI 模块会在表右端标注的相应章内得到详尽的介绍。GUI 模块的设计就是要给用户提供一种无需任何编程而方便地学习研究该章所覆盖的信号处理概念和方法的环境。那些熟悉 MATLAB 编程的用户也可以利用 FDSP 工具箱函数编写他们自己的 MATLAB 程序。

表 1.5 中的 GUI 模块具有标准化的用户界面，它学起来简单，用起来方便。启动屏幕由一些 GUI 参数控制窗所覆盖组成。一个典型的 GUI 模块启动屏如图 1.40 所示。表 1.6 给出了各章 GUI 模块公共用户界面特点概述。在屏幕的左上方是"*Block diagram*"窗，它显示所研究系统或信号处理过程。在这个方框下边是一个被称为"*edit boxes*"的编辑框，它包括了那些仿真参数。每个编辑框的内容均可以由用户直接修改，用户只要改变参数并敲击回车键就可以激活所改变的参数。任何 MATLAB 计算参数的基本指令均可以由用户直接键入执行。

表 1.5 FDSP 工具箱的 GUI 模块

模块名	描述	章号
g_sample	信号采样	1
g_reconstruct	信号重建恢复	1
g_correlate	信号相关	2
g_systime	时域离散时间系统	2
g_sysfreq	频域离散时间系统	3
g_spectra	信号谱分析	4
g_filter	滤波器规格与特性	5
g_fir	FIR 滤波器设计	6
g_iir	IIR 滤波器设计	7
g_multirate	多速率信号处理	8
g_adapt	自适应信号处理	9

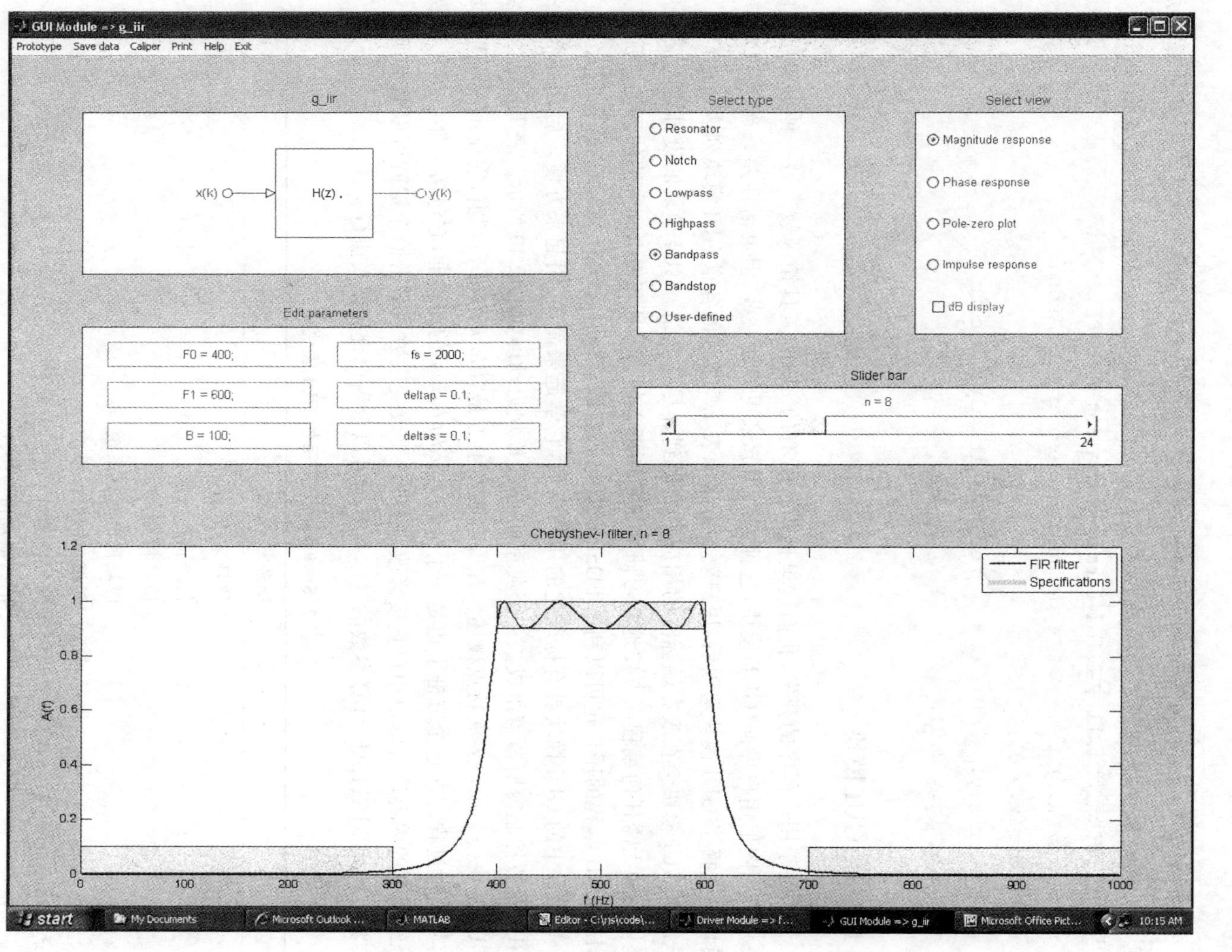

图 1.40 GUI 模块 g_iir 的屏幕示例

表 1.6 各章 GUI 模块的用户界面特征

特征名	描述	评述
Block diagram	正在研究的系统或算法	彩色编码的
Parameters	编辑框里的仿真参数	标量与矢量
Type	选择信号或系统的类型	多选按键
View	选择绘图窗的内容	多选按键
Plot	显示所选的图形结果	屏幕下半部
Slider	调整设计参数的大小	固定的范围
Menu	卡尺、存储数据、打印、帮助、退出	屏幕顶端

在"Block diagram"窗右边的是"Type"窗(类型窗),那里提供的多选键控制,允许用户选择信号或系统类型。除了预先定义的类型外,还有用户自定义类型的选项,用户可以将定义的信号或系统信息记入一个用户提供的 MATLAB 文件,再将该文件名提交并完成用户自定义选项。对于信号选项,也可以选择通过 PC 机的麦克风录制信号的选项。为了检验录制信号的效果,这里可以由一个按键控制通过 PC 机扬声器播放该信号。

在"Type"窗的右边是被称为"View"的窗口(观察窗),这里提供的多选键控制允许用户选择仿真结果的观察类型。被选的输出图形会出现在位于下半个屏幕被称为"Plot"(绘图窗)的窗口内。在那个类型窗和观察窗下边是一水平的"Slider bar"(滑动条),它允许用户直接调整设计参数的大小,像采样频率、采样样本点数、数据精度位数或者滤波器阶次。在上述参数、类型和观察窗里还有选择开关控制,它允许用户开关控制选项特性,像是否采用 dB 显示,是否要信号削波,是否加入加性噪声等都可以通过这种开关控制选择。

屏幕顶端的菜单条有 GUI 模块特定的选项。公共选项有"Caliper"(卡尺)、"Save"(保存),"Print"(打印),"Help"(帮助)和"Exit"(退出)。所提供的卡尺选项使用户可以利用十字标线和鼠标测量图片上的点间距。保存选项允许用户将数据存储在用户指定的 MAT 文件中。通过使用类型窗的用户定义选项,这种 MAT 文件的内容可以装载回同一个或其它 GUI 模块。用这样的方法,结果都可以在 GUI 模块间输出。由 GUI 模块生成的 MAT 文件均采用了常用的格式。打印选项提供了现图硬拷贝图形输出的功能。帮助选项则可以在屏幕上显示如何高效运用 GUI 模块的说明书。最后,退出选项可以控制退出返回至调用程序。

1.8 GUI 软件与案例学习

这一节我们侧重于连续时间信号的采样和恢复重建。而这里信号采样和信号恢复重建分别对应两个 GUI 模块。两个模块均允许用户在不需要任何编程的情况下互动性地探索研究本章所涉及的概念和方法。本章提供了学习案例,并给出了求解的 MATLAB 程序。

g_sample: 连续时间信号采样

图形用户界面模块的设计允许用户互动式地探究采样过程。GUI 模块 *g_sample* 生成了如图 1.41 所示,具有多个窗框铺开的显示屏幕。在左上角的"*Block diagram*"(块框图)窗展

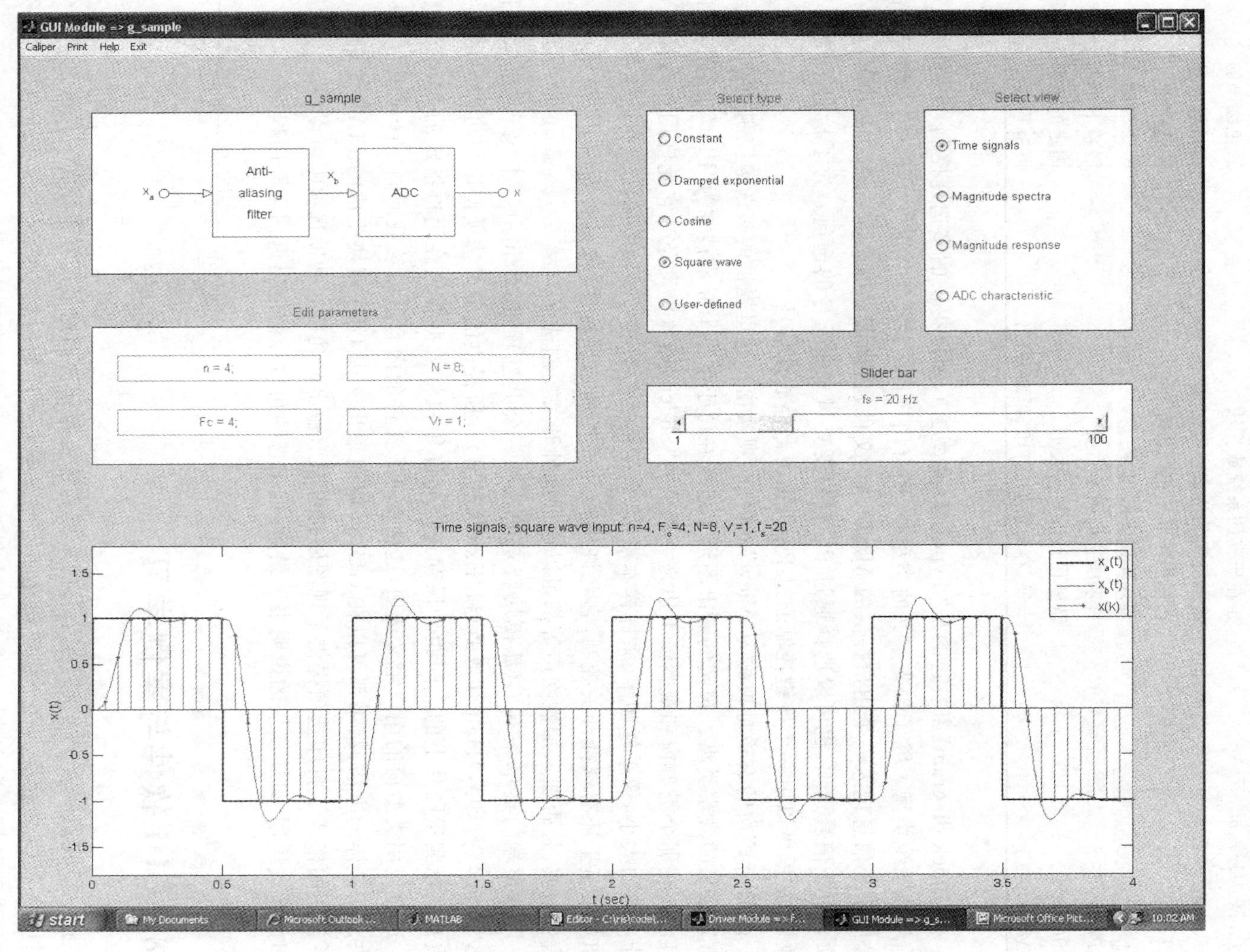

图 1.41 各章 GUI 模块 g_sample 的显示屏幕

示了包括两个信号处理块的块框图，这两个信号处理块分别对应抗混叠滤波器和ADC。在块框图下边是一组编辑框，它使用户可以改变各信号处理块的参数。敲击回车键就可以激活调整变化的参数。这里的抗混叠滤波器是低通巴特沃兹滤波器，用户可以选择滤波器的阶次 n 和截止频率 F_c。如果选择 $n=0$，则等价于完全取消滤波器，使得输出等于输入，即 $x_b=x_a$。对于ADC用户可选的参数是转换精度位数 N 和参考电压 V_r。输入信号幅度大于 V_r 就会被削波，而如果 N 选小了，其量化误差就会很明显。

通过屏幕右上角的类型窗和观察窗用户可以选择输入信号 x_a 的类型和观察模式。输入信号可选择几种常见的信号类型，也可以选择用户自定义的输入。对于后者的选择，用户应提供用户M-file函数的无扩展文件名，通过M-file函数可以返回对应于时间矢量 t 的输入矢量 xa 取值。例如，如果下述文件是以文件名为 *user1. m* 保存的，则GUI模块 *g_sample* 可以产生其采样样本并分析之。

```
Function  xa = user1(t)          % Example user function
Xa  =  t. * exp( - t)            % t can be a vector
```

观察窗选项包括彩色编码的时间信号(x_a，x_b，x)和它们的幅频谱。其它观察选项描绘了两信号处理块的特性，这些特性包括抗混叠滤波器的幅频响应和ADC的输入-输出特性。屏幕下半部的绘图窗展示出选择的观察曲线。

屏幕顶端的菜单条涉及几个菜单选项。卡尺选项使用户可以在当前绘图上，通过移动鼠标十字标线和点击鼠标测量两点之间的距离。打印选项用来打印输出绘图窗的内容至打印机，或打印输出至某个文件。最后，帮助选项就如何有效使用 *g_sample* 模块为用户提供了内容丰富的帮助信息和建议。

g_reconstruct：连续时间信号重建

图形用户界面模块 *g_reconstruct* 是与 *g_sample* 相伴的模块，用户可以使用该模块互动式地研究信号重建过程。图1.42展示了GUI模块 *g_reconstruct* 的屏显界面窗口。屏幕左上角的块框图窗里包括两个信号处理块，一个是DAC，另一个是一个抗影像滤波器。在块框图下边是一组编辑框，它使用户可以改变各信号处理块的参数。敲击回车键就可以激活调整变化的参数。对于DAC用户可选的参数是转换精度位数 N 和参考电压 V_r。如果 N 选小了，其量化误差就会很明显。对于抗影像巴特沃兹滤波器用户可选择的参数是滤波器阶次数 n 以及截止频率 F_c。选择 $n=0$ 意味着完全取消滤波器，使得输出等于输入，即 $y_a=y_b$。

通过屏幕右上角的类型窗和观察窗用户可以选择输入信号 y_a 的类型和观察模式。输入信号可选择几种常见的信号类型，也可以选择用户自定义的输入。对于后者选择，用户应提供用户M-file函数的文件名，这与GUI模块 *g_sample* 一样。观察窗选项包括彩色编码的时间信号(x_a，x_b，x)和它们的幅频谱。其它观察选项描绘了DAC与抗影像滤波器的幅频响应特性。屏幕下半部的绘图窗展示出选择的观察曲线。

屏幕顶端的菜单条涉及几个菜单选项。卡尺选项使用户可以在当前绘图上，通过移动鼠标十字标线和点击鼠标，测量两点之间的距离。打印选项用来打印输出绘图窗的内容至打印机，或打印输出至某个文件。最后，帮助选项就如何有效使用 *g_reconstruct* 模块为用户提供了内容丰富的帮助信息和建议。

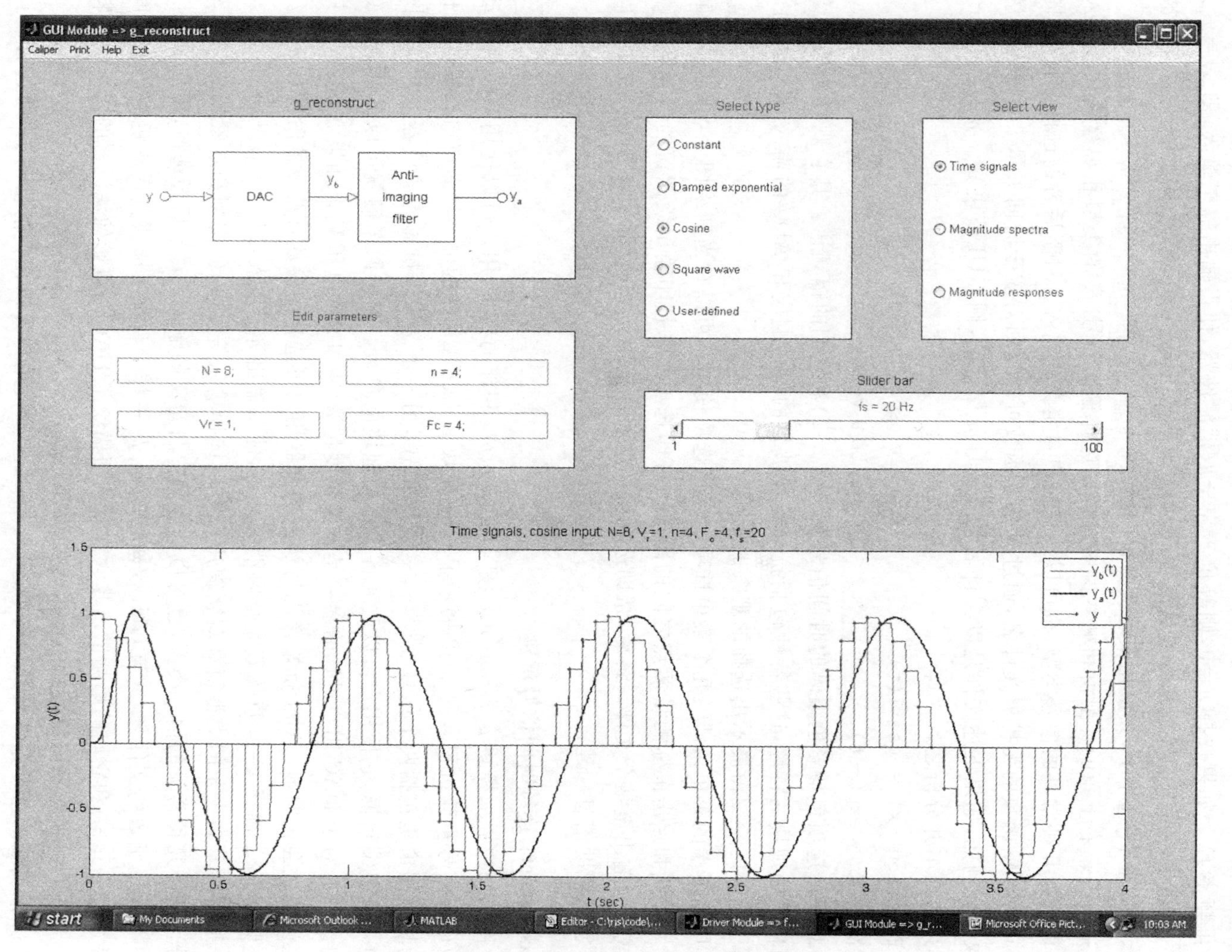

图 1.42 各章 GUI 模块 g_reconstruct 的屏幕显示

案例学习 1.1 抗混叠滤波器设计

抗混叠滤波器也称为保护滤波器，是一种模拟低通滤波器，它位于 ADC 模块的前端，用于降低减少非带限信号采样的混叠影响。现在考虑配置如图 1.43 所示位于 ADC 前端的 n 阶低通巴特沃兹滤波器。假定巴特沃兹滤波器的截止频率为 F_c，而 ADC 是双极性 N 位模数转换器，其参考电压为 V_r。因为巴特沃兹滤波器不是一个理想的低通滤波器，所以我们要用到过采样，

$$f_s = 2\alpha F_c \quad \alpha > 1 \tag{1.8.1}$$

下面开始设计，首先寻找确定滤波器的最低阶次 n，以保证混淆误差的幅度不大于 ADC 的误差量。

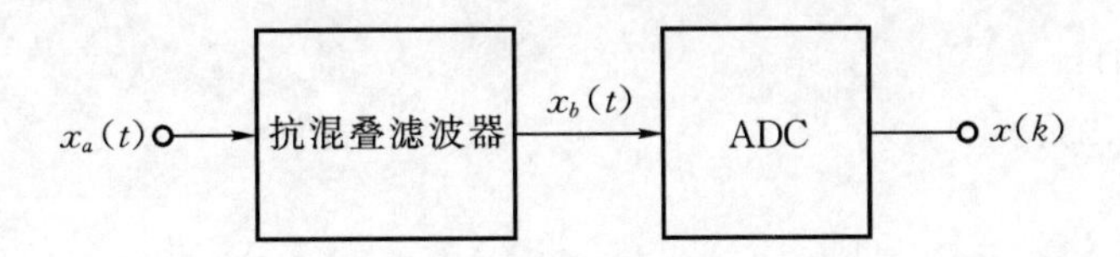

图 1.43 抗混叠滤波器的前置处理

由巴特沃兹滤波器幅频响应的单调递减特性（见图 1.28），最大混叠误差会出现在折叠频率处即 $f_d = f_s/2$。ADC 可以处理的信号的最大幅度为 V_r，由公式（1.5.1）和公式（1.8.1）可得，最大混叠误差为

$$E_a = V_r \left| H_a\left(\frac{f_s}{2}\right) \right| = V_r \left| H_a(\alpha F_c) \right| = \frac{V_r}{\sqrt{1+\alpha^{2n}}} \tag{1.8.2}$$

如果双极性 ADC 的输入输出特性被左移偏置了 $q/2$，如前面图 1.35 所示，则量化误差 $|e_q| \leqslant q/2$，其中 q 为量化电平。由式（1.6.7）可得最大量化误差为

$$E_q = \frac{q}{2} = \frac{V_r}{2^N} \tag{1.8.3}$$

令 $E_a^2 = E_b^2$，以上两式中的参考电压 V_r 将会抵消，即

$$1 + \alpha^{2n} = 2^{2N} \tag{1.8.4}$$

最后，求解抗混叠滤波器所需要的阶数 n，它必须满足

$$n \geqslant \frac{\ln(2^{2N} - 1)}{2\ln(\alpha)} \tag{1.8.5}$$

当然，这里的阶数 n 必须取整数，这样阶数 n 的取值由下式决定，

$$n = \mathrm{ceil}\left[\frac{\ln(4^N - 1)}{2\ln(\alpha)}\right] \tag{1.8.6}$$

其中 ceil 表示上取整。下面的 MATLAB 案例 1.1 程序会按照式（1.8.6）计算在过采样速率 $2 \leqslant \alpha \leqslant 4$ 和 ADC 位数 $10 \leqslant N \leqslant 16$ 情况下的阶次 n。它可以在 FDSP 驱动程序 f_dsp 的菜单中直接运行。

```
function casel_1
```

```
% CASE STUDY 1.1: Anti-aliasing filter design

f_header ('Case Study 1.1: Anti-aliasing filter design')
F_c = 1;

% Compute minimum filter order

alpha = [2 : 4]
N = [8 : 12]
r = length(N);
n = zeros (r,3);
for i = 1 : r
    for j = 1 : 3
      n(i,j) = ceil(log(4^N(i) - 1)/(2* log(alpha(j))));
    end
end
n

% Display results
plot (N, n, 'o-', 'LineWidth', 1.5)
f_labels ('Anti-aliasing filter order, \alpha = .5f_s/F_c', 'N 'n(bits)',…
        'n (filter order)')
text (9.5, 5.5,'\alpha = 4')
text (9.5, 7.3,'\alpha = 3')
text (9.5, 10.3,'\alpha = 2')
f_wait
```

当运行案例 case1_1 时，就会输出图 1.44。它显示了在三种不同过采样率情况下，所需要的滤波器阶数与ADC位数的对应关系。正如我们所期望的，随着过采样率 α 的提高，所需要的阶数将会下降。

案例学习 1.2 视频掺混

在本章 1.1.5 节中我们讨论了视频掺混现象，视频 $I_a(t)$ 可以被表示为随时间变化的 $M\times N$ 的图像。这里 $I_a(t)$ 是由 M 行 N 列个图像元素或像素构成的阵列，M 和 N 的大小取决于视频图像的规格。每个象素表示一个彩色点。例如：如果是RGB真彩色格式，其色彩用 24bit 表示，其中 8bit 为红色，8bit 为绿色，8bit 为蓝色。这样每个像素就有一个整数色彩值，其取值范围是 $0\leqslant c<2^{24}$，虽然较大，但却是个有限字长的数。这就使得 $I_a(t)$ 成为一个量化了的信号。如果对 $I_a(t)$ 以 T 的采样间隔采样，则输出就会在时间和幅度上均被离散，在这种情况

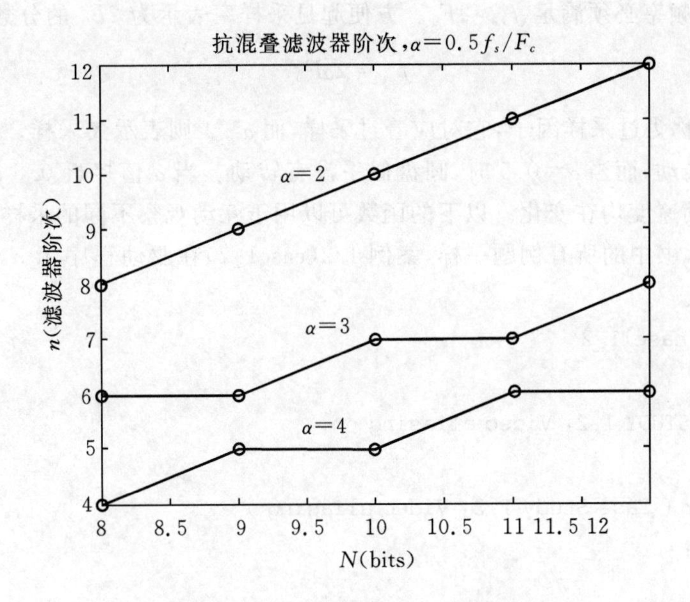

图 1.44 几种不同水平的过采样速率 α，能确保混叠误差幅度与 ADC 量化误差相匹配的抗混叠滤波器的最小阶次

下，它就是一个 MN 维的数字信号。

$$I(k) = I_a(kT), \quad k \geqslant 0 \tag{1.8.7}$$

为了图示说明采样过程的掺混现象，假设图像 $I_a(t)$ 是一个旋转的圆盘，圆盘上的黑色半径线表示初始的方位，如图 1.7 所示。设圆盘以每秒 F_0 圈的速率顺时针旋转。如果圆盘上的标线起始于水平位置向右转，这对应于初始角度 $\theta(0)=0$。对于顺时针旋转，t 时刻的角度为

$$\theta_a(t) = -2\pi F_0 t \tag{1.8.8}$$

然后我们假设图像 $I_a(t)$ 是以每秒 f_s 帧的速率采样。由观测者看到的第 k 帧图像的标线角度为

$$\theta(k) = \frac{-2\pi F_0 k}{f_s} \tag{1.8.9}$$

由于圆盘是以 F_0 Hz 恒速率旋转，我们将半径长 r 的标线端点作为考察点，它可以被看作为一个二维信号 $x_a(t) \in R^2$，可以用如下直角坐标系表述。

$$x_a(t) = \begin{bmatrix} r\cos[\theta_a(t)] \\ r\sin[\theta_a(t)] \end{bmatrix} \tag{1.8.10}$$

以下我们均假设信号 $x_a(t)$ 是带限于 F_0 Hz 的。由采样定理 1.1 可知，如果 $f_s > 2F_0$，则掺混现象不会出现。根据式(1.8.9)这时的情形是对应于标线旋转小于 π 弧度。这样当 $f_s > 2F_0$ 时，我们观看图像序列会觉得那个圆盘在顺时针转动，这与事实相符。但是，对于 $f_s \leqslant 2F_0$ 的情况，掺混现象就会出现了。对于 $f_s = 2F_0$ 的临界情况，圆盘在每一幅图像中都刚好旋转了半圈，所以说不清楚圆盘的转向。而当 $f_s = F_0$ 时，圆盘看上去就根本不转。因此为了避免掺混

现象的出现，采样频率必须满足 $f_s>2F_0$。方便起见采样率表示为 $2F_0$ 的分数，即

$$f_s = 2\alpha F_0 \tag{1.8.11}$$

这里 $\alpha>1$ 时的 α 称为过采样因子，它对应着过采样，而 $\alpha\leqslant1$ 则表示欠采样。当 $\alpha>1$ 时，圆盘看上去在顺时针转动，而当 $\alpha=0.5$ 时，圆盘似乎没有转动。当 α 值接近 0.5 时我们会感觉到其转动方向和转动速度均在变化。以下的函数可以用于互动观察不同的采样速率下转动圆盘的掺混现象。与本书中的所有例题一样，案例 1.2(case1_2)在驱动程序 f_dsp 中运行。试试看，你会有收获的。

```
fuction case11_2

 % CASE STUDY 1.2: Video aliasing


f_header ('Case Study 1.2: Video aliasing')
quit = 0;
tau = 4;
theta = 0;
phi = linspace(0,360,721)/(2*pi);
r1 = 4;
x = r1*cos(phi);
y = r1*sin(phi);
r2 = r1 - .5
alpha = 2;
F0 = 2;
fs = alpha*2*abs(F0);
T = 1/fs;

 % Main loop

while ~quit

 % Select an option

    choice = menu('Case Study 1.2: Video aliasing',...
                  'Enter the oversampling factor, alpha',...
                  'Create and play the video',...
                  'Exit');
 % Implement it

    switch (choice)
```

```
        case 1,
            alpha = f_prompt('Enter the oversampling factor, alpha', 0, 4, al-
            pha);
            fs = alpha* 2* abs(F0);
            T = 1/fs;
        Case 2,
            k = 1;
            hp = plot(x,y,'b', 'LineWidth', 1.5);
            axis square
            axis([-5 5 -5 5])
            hold on
            caption = sprintf('oversampling factor \alpha = %.2f', alpha);
            title(caption)
            frames = fs* tau;
            for i = 1 : frames
                theta = -2* pi* F0* K* T;
                x1 = r2* cos(theta);
                y1 = r2* sin(theta);
                if k>1
                    plot ([0, x0], [0 y0], 'w', 'LineWidth', 1.5);
                end
                plot([0 x1], [0, y1], 'k', 'LineWidth', 1.5);
                x0 = x1;
                y0 = y1;
                M(k) = getframe;
                k = k + 1;
                tic
                while(toc<T) end
            end
            f_wait
        case 3,
          quit = 1;
      end
  end
```

1.9 本章小结

本章侧重于介绍信号、系统以及采样和恢复重建过程。信号实际上是一个值随时间或者空间而变的物理变量。尽管我们这里偏重于时间信号，但 DSP 技术也可以用于二维空间信号如图像信号。

信号与系统

一个*连续时间信号* $x_a(t)$，它的自变量 t 取值是连续的。一个*离散时间信号* $x(k)$，它的自变量只在一些离散点 $t=kT$ 上取值有效，这里 T 为采样时间间隔。如果 $x(k)$ 是由 $x_a(t)$ 采样得到的，那么有

$$x(k) = x_a(kT), \quad |k| = 0, 1, 2, \cdots \tag{1.9.1}$$

正如自变量可以是连续或离散的，因变量或者说信号幅度也可能是连续或离散的。当一个离散时间信号用有限精度来表示，那么我们说这个信号被*量化*了，因为它只能在一些离散点上取值。一个量化了的离散时间信号被称作*数字信号*。也就是说，数字信号在时间和幅度上都是离散的。幅度量化中相邻离散取值点之间的距离被称作量化台阶 q。对于一个取值范围为$[x_m, x_M]$的 N 比特信号，其量化台阶为

$$q = \frac{x_M - x_m}{2^N} \tag{1.9.2}$$

正如白光可以被分解为彩色谱一样，信号 $x_a(t)$ 也包含着分布在某一频率区间的各种频率分量的能量。这些谱分量就是由傅里叶变换所产生的复值频域表示的信号 $X_a(f)$，我们称之为信号谱。$X_a(f)$ 的幅度被称作*幅度谱*，$X_a(f)$ 的相位被称作*相位谱*。一个输入为 $x_a(t)$，输出为 $y_a(t)$，线性连续时间系统，其系统的频率响应为输出信号的信号谱除以输入信号的信号谱

$$H_a(f) = \frac{Y_a(f)}{X_a(f)} \tag{1.9.3}$$

频率响应是复值的，幅度 $A_a(f)=|H_a(f)|$ 被称作系统的*幅度响应*，相位 $\phi_a(f)=\angle H_a(f)$ 被称作系统的*相位响应*。一个被称作频率选择性滤波器的线性系统，其设计的目的是为了以某种需求的方式改变或重塑输入信号的谱。

连续时间信号采样

对连续时间信号 $x_a(t)$ 采样产生离散时间信号的过程可以数学建模为对均匀周期冲激串 $\delta_T(t)$ 的幅度调制，即

$$\hat{x}_a(t) = x_a(t)\delta_T(t) \tag{1.9.4}$$

采样会使 $x_a(t)$ 的频谱幅度比例变化 $1/T$ 倍，并且会使 $x_a(t)$ 的频谱以采样频率 $f_s=1/T$ 为间隔周期重复，其中 T 为采样时间间隔。如果 $|f|>B$，其频谱为零，则称信号 $x_a(t)$ 为*带限信号*，带宽为 B Hz。一个带宽 B 的带限信号可以由其采样样本恢复重建，这一恢复重建过程

要求采样样本通过一个增益为 T，截止频率位于折叠频率 $f_d=f_s/2$ 处的理想低通滤波器，还要求采样频率满足

$$f_s > 2B \tag{1.9.5}$$

因而我们可以得出这样的结论，对于带限信号，如果采样频率大于其两倍带宽，那么我们可以通过其采样样本完全恢复重建信号。这就是 Shannon 采样理论。当 $x_a(t)$不是带限信号，或者采样频率不超过两倍的带宽时，$\hat{x}_a(t)$频谱将是 $x_a(t)$频谱周期延拖并且相邻周期会相互重叠，所以这种相互重叠了的频谱就不可能从 $x_a(t)$的采样样本完全恢复重建信号。这种重叠现象就称为掺混。

通常，我们感兴趣的信号都是非带限信号。为了减小掺混现象的影响，我们用 ADC 对信号采样之前首先进行预处理，即用低通滤波器对信号进行滤波，我们称这种滤波器为抗混叠滤波器。实际上，我们所采用的低通滤波器，例如巴特沃兹滤波器，并不能完全消除高于截止频率为 F_c 的频率分量。尽管如此，我们可以通过过采样来进一步减小残留掺混的影响，即以频率 $f_s=2\alpha F_c$ 过采样，其中 α 是过采样率因子，且 $\alpha>1$。

连续时间信号的恢复重建

一旦由 ADC 得到的数字输入信号 $x(k)$经过 DSP 算法处理过后，相应的输出信号 $y(k)$一般需要通过数模变换器将其变为模拟信号。正如 ADC 可以数学建模为冲激脉冲采样器一样，DAC 也可以建模为零阶保持滤波器，其传递函数为

$$H_0(s) = \frac{1-\exp(-Ts)}{s} \tag{1.9.6}$$

DAC 的传递函数是假定在零初始状态下，输出的拉普拉斯变换除以输入的拉普拉斯变换得到的。DAC 分段常数输出是包含高频谱分量的，称为镜像，它们集中在整数倍采样频率处。这可以通过用第二个模拟低通滤波器后置处理，滤除高频部分，我们称其为抗镜像滤波器。

DAC 的电路如前所示，由 $R-2R$ 电阻网络、运算放大器和一组数控模拟开关组成。这里介绍的 ADC 电路有逐次逼近 ADC 和快闪 ADC。逐次逼近 ADC 是一种广泛应用、高精度的中速变换器，它完成 N 位转换需要用 N 个时钟周期。相比而言，快闪 ADC 是一种中精度、硬件复杂的高速转换器，它需要 2^{N-1}个比较电路，但它却可以在一个时钟周期内完成转换。

FDSP 工具箱

本章的最后介绍了 FDSP 工具箱，这个工具箱实际上是为那些具有基本的 MATLAB 编译器的用户而设计的 MATLAB 函数与图像用户界面(GUI)模块的组合套装。用户程序可以利用这一工具箱函数，这些工具箱函数包括便于编程开发所用到的通用支撑函数，也包括执行每章所提出 DSP 算法的各章专用函数。这里提供的 GUI 模块使用户可以无需任何编程互动地浏览各章中的 DSP 示例。例如，FDSP 工具箱包括了调用名为 *g_sample* 和 *g_reconstruct* 的 GUI 模块，这使得用户可以互动地探索研究连续时间信号的采样和恢复重建过程，研究混叠和量化效果。FDSP 工具箱软件可以从出版商公司网站下载。通过驱动模块 *f_dsp* 可以方便地对其访问。这包括：运行 GUI 模块、观察和执行所有出现在本书中的 MATLAB 例题与图形，也包括浏览具有 pdf 文件格式位于各章后的部分习题解。

学习要点

表 1.7 总结归纳了本章的学习要点和难点，供读者和同学参考。

表 1.7　第 1 章学习要点

序号	学习要点	节
1	了解数字信号处理的优点与缺点	1.1
2	熟悉如何根据变量的独立性与非独立性来分类信号	1.2
3	熟悉如何对量化误差建模并了解误差来源	1.2
4	理解信号带限的含义并熟悉如何带限一个信号	1.5
5	熟悉采样定理的条件和意义，了解如何避免混叠问题	1.5
6	熟悉如何从信号样本恢复重建原信号	1.6
7	了解如何对抗混叠滤波器和抗镜像滤波器提出指标要求，并如何使用它们	1.7
8	了解模/数变换器和数/模变换器的操作与局限性	1.8
9	熟悉如何使用 FDSP 工具箱编写 MATLAB 脚本	1.9
10	会使用图形用户界面模块中的 *g_sample* 和 *g_reconstruct* 来研究信号采样与恢复重建	1.9

1.10　习题

这里的习题可以分为三种类型。第一类是可以用手工或计算器求解的分析与设计问题；第二类是借助于 GUI 模块的 *g_sample* 和 *g_reconstruct* 求解的 GUI 仿真问题；第三类是需要用户编程的 MATLAB 计算问题。

1.10.1　分析与设计

1.1　如果一个模拟实信号 $x_a(t)$是平方可积的，则包含于频带$[F_0, F_1]$内的信号能量可以由下式计算，这里 $F_0 \geqslant 0$。

$$E(F_0, F_1) = 2\int_{F_0}^{F_1} |X_a(f)|^2 \mathrm{d}f$$

考虑如下双边指数信号，其中 $c>0$。

$$x_a(t) = \exp(-c|t|)$$

(a)计算信号的总能量 $E(0, \infty)$。

(b)计算分布在频率区间$[0, 2]$ Hz 的信号能量占总能量的百分比。

1.2　考虑如下符号函数，它返回了自变量的符号。

$$\mathrm{sgn}(t) \triangleq \begin{cases} 1, & t>0 \\ 0, & t=0 \\ -1 & t<0 \end{cases}$$

(a)利用附录1,求其幅度谱。

(b)计算其相位谱。

1.3 设放大器输入为 $x_a(t)=\sin(2\pi F_0 t)$,其稳态输出为

$y_a(t)=100\sin(2\pi F_0 t+\phi_1)-2\sin(4\pi F_0 t+\phi_2)+\cos(6\pi F_0 t+\phi_3)$

(a)放大器是一个线性系统?还是非线性系统?

(b)如何计算放大器的增益?

(c)求输出信号的平均功率。

(d) 如何计算放大器总的谐波失真?

1.4 证明:因果信号 $x_a(t)$ 的谱可以在其拉氏变换 $X_a(s)$ 中将 s 替换为 $\mathrm{j}2\pi f$ 而获得。如此方法对非因果信号也成立吗?

1.5 帕斯瓦尔等式表述了一个信号与其谱的关系,如下式所示。

$$\int_{-\infty}^{\infty} |x_a(t)|^2 \mathrm{d}t = \int_{-\infty}^{\infty} |X_a(f)|^2 \mathrm{d}f$$

请利用帕斯瓦尔等式计算如下积分:

$$J = \int_{-\infty}^{\infty} \mathrm{sinc}^2(2Bt)\,\mathrm{d}t$$

1.6 考虑下面的离散时间信号,采样样本用 N bits 表示。

$$x(k)=\exp(-ckT)\mu(k)$$

(a)要保证量化台阶小于0.001,需要多少 bit?

(b)假设 $N=8$ bits。量化噪声的平均功率是多少?

1.7 考虑下面给出的周期信号

$$x_a(t)=1+\cos(10\pi t)$$

(a)计算 $x_a(t)$ 的幅度谱。

(b)假定以 $f_s=8$ Hz 对信号 $x_a(t)$ 采样,画出信号 $x_a(t)$ 以及采样后信号 $\hat{x}_a(t)$ 的幅度谱图。

(c)当 $x_a(t)$ 的采样频率 $f_s=8$ Hz 时,是否存在掺混?此时折叠频率是多少?

(d)为防止掺混现象的发生,采样间隔 T 的取值范围为多少?

(e)当采样频率 $f_s=8$ Hz 时,找出能与 $x_a(t)$ 有一样采样值的更低频信号 $x_b(t)$。

1.8 考虑因果指数信号

$$x_a(t)=\exp(-ct)\mu_a(t)$$

(a)利用附录1,求其幅度谱。

(b)求其相位谱。

(c)当 $c=1$ 时,画出其幅度谱和相位谱草图。

1.9 $x_a(t)$ 是一个周期信号,周期为 T_0。$x_a(t)$ 的平均功率可定义如下:

$$P_x = \frac{1}{T_0}\int_0^{T_0} |x_a(t)|^2 \mathrm{d}t$$

计算下列周期连续时间信号的平均功率。

(a) $x_a(t)=\cos(2\pi F_0 t)$

(b) $x_a(t)=c$

(c) 一个周期脉冲序列，幅度为 a，脉冲宽度为 T，周期为 T_0。

1.10 考虑如下带限信号

$$x_a(t)=\sin(4\pi t)[1+\cos^2(2\pi t)]$$

(a)利用附录 2 中的三角恒等变换，计算找出信号 $x_a(t)$ 的最高频率。

(b)利用要采样样本恢复重建信号 $x_a(t)$，采样间隔 T 的取值范围为多少？

1.11 对于一些特殊的谱形状，尽管其采样速率低于其带宽的两倍，仍有可能由其采样样本恢复重建原信号。为了看到这一现象，我们考虑具有如图 1.45 中所示谱 $X_a(f)$ 的信号 $x_a(t)$，其谱在带内具有“孔”，即零谱段。

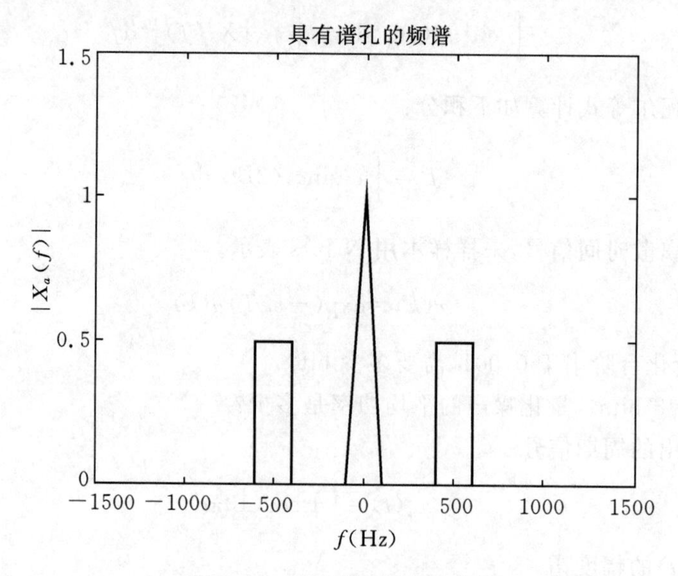

图 1.45 具有带内谱孔的信号

(a)如图 1.45 所示，谱脉冲半径为 100 Hz，该谱所对应信号 $x_a(t)$ 的带宽是多少？

(b)设采样速率 $f_s=750$ Hz。画出采样后信号 $\hat{x}_a(t)$ 的谱图。

(c)设计一个输入为 $\hat{x}_a(t)$，输出为 $x_a(t)$ 的理想化的重建滤波器，画出该理想重建滤波器的幅频响应，验证 $x_a(t)$ 可由 $\hat{x}_a(t)$ 恢复重建。

(d)采样频率落在低于 $2f_s$ 的哪个区间，利用(c)中的重建滤波器类型可以由采样样本恢复重建原信号？

1.12 某些同学常常会将命题 1.1 中的采样定理重述为“为了避免掺混，必须以信号最高频率的两倍频率采样”。这种随意的表达是错误的。为了证明这一点，我们考虑如下信号

$$x_a(t)=\sin(2\pi t)$$

(a)计算并画出 $x_a(t)$ 的幅度谱图，验证其最高频率为 $F_0=1$ Hz。

(b)假定以 $f_s=2$ Hz 对信号采样，画出信号 $x_a(t)$ 与采样后信号 $\hat{x}_a(t)$ 的幅度谱图，其

谱是否存在混叠?

(c)在采样频率 $f_s=2$ Hz 时,计算采样值 $x(k)=x_a(kT)$。在这种情况下,利用命题1.2给出的重建公式,是否可以从 $x(k)$ 中恢复重建信号 $x_a(t)$?

(d)请按最高频率来正确地重新表述采样定理。

1.13 为什么在实际中不能构建理想低通滤波器。利用冲激响应 $h_a(t)$ 来解释你的答案。

1.14 考虑如图 1.46 所示的抗混叠滤波器。假设抗混叠滤波器是一个巴特沃兹低通滤波器,阶数 $n=4$,截止频率为 $F_c=2$ kHz。

(a) 为确保混叠误差减少 0.005,求最低采样频率 f_L。

(b) 这个最低采样频率 f_L 表示多少倍过采样率?

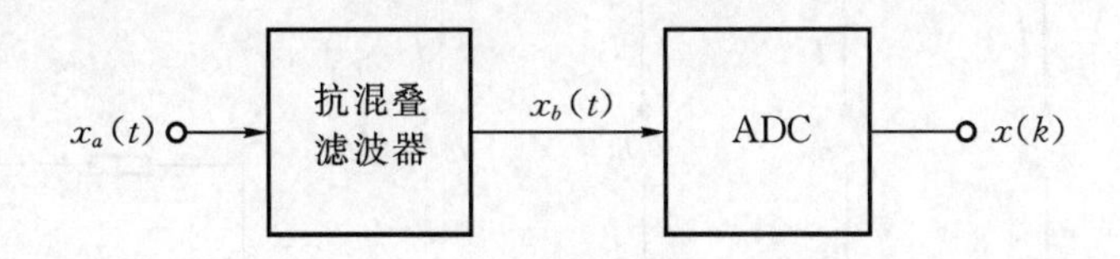

图 1.46 具有抗混叠滤波器的前置处理

1.15 通过在单极性 DAC 的输出端插入一个运算放大器,就可以构建一个双极性放大器,如图 1.47 所示。注意单极性 N 位 DAC 的参考电压为 $2V_R$,而不是图 1.34 所示的 $-V_r$。这意味着此 DAC 的输出为 $-2y_a$,其中 y_a 由式(1.6.4)给出。加入运算放大器后,双极性 DAC 的输出变为

$$z_a=2y_a-V_r$$

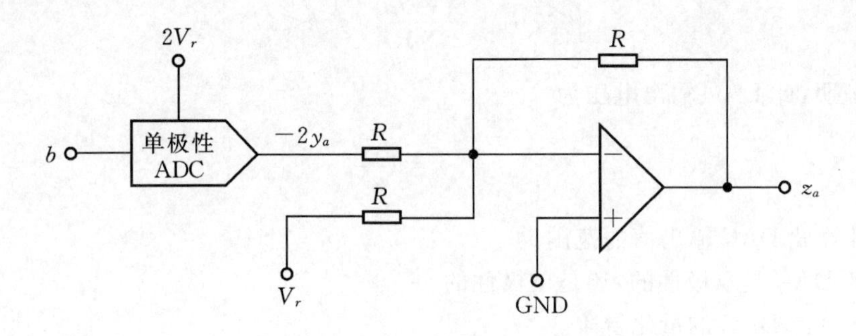

图 1.47 N 位双极性 ADC

(a)求 z_a 的取值范围。

(b)假定二进制输入为 $b=b_{N-1}b_{N-2}\cdots b_0$,则当 b 为何值时 $z_a=0$?

(c)此 DAC 的量化台阶是多少?

1.16 证明一个连续时间线性系统的传递函数是其冲激响应的拉氏变换。

1.17 假定双极性 ADC 转换精度 $N=12$ 位,参考电压 $V_r=10$ 伏。

(a)计算量化台阶 q。

(b)假定 ADC 的输入-输出特性偏置 $q/2$,如图 1.35 所示,则量化噪声幅度的最大值为多少?

(c)计算量化噪声的平均功率。

1.18 图1.48所示的是另一种电阻加权 $R-2R$ 梯形DAC电路，$N=4$。这里的开关是分别由对应的第 b_k 位的值所控制，当 b_k 为0时开关打开，当 b_k 为1时开关闭合。输入 b 的等价十进制数值为

$$x=\sum_{k=0}^{N-1}b_k 2^k$$

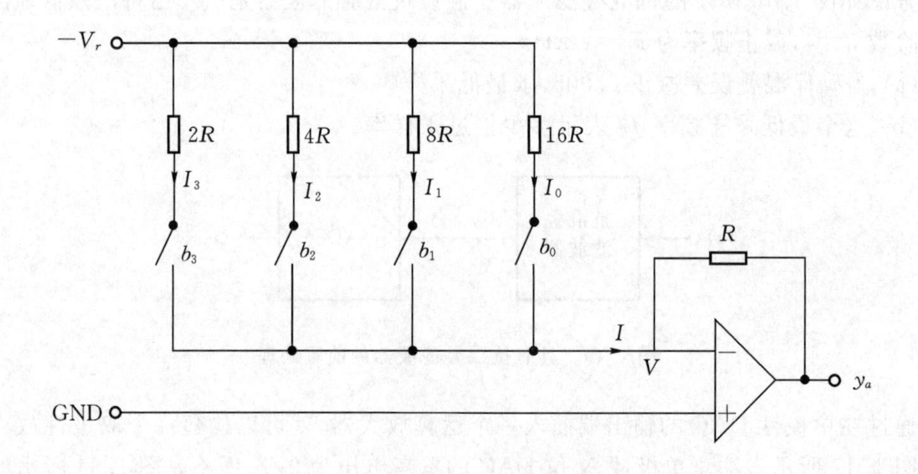

图1.48 四位电阻加权ADC电路

(a)证明：在此电路中，通过第 k 个开关的电流为

$$I_k=\frac{-V_r b_k}{2^{N-k}R},\ 0\leqslant k<N$$

(b)证明：此DAC输出电压为

$$y_a=(\frac{V_r}{2^N})x$$

(c)计算此DAC输出值的范围。

(d)此DAC是双极性的，还是单极性的？

(e)计算此DAC的量化台阶。

表1.8 逐次逼近参量表

k	b_{n-k}	μ_k	y_k
0			
1			
2			
3			
4			
5			
6			
7			

1.19 给定一个8位双极性逐次逼近ADC,其参考电压为$V_r=10$ V。

(a)如果模拟输入为$x_a=-3.941$ V,请在表1.8中填写逐次逼近的结果。

(b)如果时钟频率为$f_{clock}=200$ kHz,此ADC的采样率为多少?

(c)计算此ADC的量化台阶。

(d)计算量化噪声的平均功率。

1.10.2 GUI仿真

1.20 考虑参数$c=1,F_s=1$的指数衰减的正弦波

$$x_a(t)=\exp(-ct)\sin(2\pi F_0 t)\mu_a(t)$$

(a)编写一个调用名为$u-sample2$的M格式文件函数,其返回值为$x_a(t)$。

(b)利用GUI模块*g_sample*中的自定义选项,对上面的信号以$f_s=12$ Hz采样,画出此时间信号。

(c)调整采样频率$f_s=4$ Hz,截止频率$F_d=1$ Hz,画出此时的幅度谱图。

1.21 利用GUI模块*g_sample*,画出用户在文件*u_sample*1中自定义信号的幅度谱图。令$F_d=1$,在下面的两种采样频率下,哪一个有明显的掺混现象出现?

(a)$f_s=2$ Hz。

(b)$f_s=10$ Hz。

1.22 考虑习题1.20给出的指数衰减正弦波。

(a)编写一个调用名为*user*1的M格式文件函数,返回值为$x_a(t)$。

(b)利用GUI模块*g_reconstruct*中的自定义选项,对信号以$f_s=8$ Hz采样,画出此时间信号。

(c)调整采样频率$f_s=4$ Hz,并且设置$F_d=2$ Hz。画出此时的幅度谱图。

1.23 利用GUI模块中的*g_reconstruct*将用户自定义信号载入调用名为*u_reconstruct*1的文件。调整$f_s=12$ Hz,$V_r=4$。

(a)画出该时间信号,并且使用卡尺选项来显示输出峰值的大小及出现的时间。

(b)画出其幅度谱图。

1.24 利用GUI模块中的*g_sample*,画出方波时间信号和$f_s=10$ Hz条件下其幅度谱图。在幅度谱图上,使用Caliper(卡尺)选项来显示$x(k)$三次谐波分量的幅度和频率。在这个方波信号中是否有偶次谐波分量呢?

1.25 利用GUI模块中的*g_reconstruct*,画出给定如下不同参数情况下抗影像滤波器的幅度响应,并计算每种情况下的过采样率α。

(a)$n=2$, $F_c=1$。

(b)$n=6$, $F_c=2$。

1.26 利用GUI模块中的*g_reconstruct*,针对指数衰减信号输入,画出对于下面不同DAC参数情况,DAC输出的时间信号。并写出每种情况下的量化台阶。

(a)$N=4$, $V_r=0.5$。

(b)$N=12$, $V_r=2$。

1.27 利用GUI模块中的*g_sample*,针对指数衰减信号输入,画出对于下面不同ADC参数

情况，ADC输出的时间信号。并回答在哪种情况下ADC的输出是饱和的？写出每一情况下的量化台阶。

(a)$N=4$，$V_r=1.0$。

(b)$N=8$，$V_r=0.5$。

(c)$N=8$，$V_r=1.0$。

1.28 利用GUI模块中的 *g_reconstruct*，针对下面每组条件，画出参考电压 $V_r=10$ V 12位DAC的幅频响应，并画出截止频率为 $F_c=2$ Hz的六阶巴特沃兹抗镜像滤波器的幅度响应，其中设置过采样率 $\alpha=2$。

1.29 利用GUI模块中的 *g_sample*，针对如下每一组参数情况，画出所对应的抗混叠滤波器的幅度响应谱图。并求对应每组情况的过采样率因子 α。

(a)$n=2$，$F_c=1$，$f_s=2$。

(b)$n=6$，$F_c=2$，$f_s=12$。

1.10.3 MATLAB计算

1.30 编写一个调用名为 *u_sinc* 的MATLAB函数，其返回归一化sinc函数值

$$\mathrm{sinc}(x)=\frac{\sin(\pi x)}{\pi x}$$

注意，根据洛必达法则，有 $\mathrm{sinc}(0)=1$。认真地检查在 $x=0$ 处你的函数取值，确保你编写的函数是正确的。在 $-1\leqslant t\leqslant 1$ 范围内，时域采样样本数 $N=401$，画出 $\mathrm{sinc}(2t)$。

1.31 本习题的目的是要数值验证命题1.2中的信号重建公式。考虑如下带限周期信号，它可以被认为是一个截断的傅里叶级数。

$$x_a(t)=1-2\sin(\pi t)+\cos(2\pi t)+3\cos(3\pi t)$$

编写MATLAB程序，使用习题1.25中的调用名为 *u_sinc* 的函数，近似重建 $x_a(t)$，如下式：

$$x_p(t)=\sum_{k=-p}^{p} x_a(t)\mathrm{sinc}[f_s(t-kT)]$$

在采样速率 $f_s=6$ Hz的条件下，针对时间区间[−2, 2]中的101个等距分布点，在同一幅图上画出 $x_a(t)$ 和 $x_p(t)$。这里请使用 *f_prompt*，根据如下三种 p 值画图。

(a) $p=5$。

(b) $p=10$。

(c) $p=20$。

1.32 考虑如下选自第7章的椭圆低通滤波器：

$$H_a(s)=\frac{2.0484s^2+171.6597}{s^3+6.2717s^2+50.0487s+171.6597}$$

用FDSP工具箱函数 *f_freqs* 编写一个MATLAB程序，计算该滤波器的幅度响应。在[0,3]Hz区间画出其幅度响应谱。这个滤波器在通带和阻带等波纹意义下是最优的。

1.33　考虑如下选自第7章的切比雪夫Ⅱ型低通滤波器。

$$H_a(s)=\frac{3s^4+499s^2+15747}{s^5+20s^4+203s^3+1341s^2+5150s+15747}$$

用FDSP工具箱函数 *f_freqs* 编写一个MATLAB程序，计算该滤波器的幅度响应。在[0,3]Hz区间画出其幅度响应谱。这个滤波器在阻带等波纹意义下是最优的。

1.34　巴特沃兹滤波器最优的含义是指在给定滤波器的阶数条件下，其幅度响应在通带内应尽可能平。如果通带特性允许波动，那么一个具有陡峭截止特性模拟滤波器是可实现的。考虑如下选自第7章的切比雪夫Ⅰ型低通滤波器。

$$H_a(s)=\frac{1263.7}{s^5+6.1s^4+67.8s^3+251.5s^2+934s+1263.7}$$

用FDSP工具箱函数 *f_freqs* 编写一个MATLAB程序，计算该滤波器的幅度响应。在[0,3]Hz区间画出其幅度响应谱。这个滤波器在通带等波纹意义下是最优的。

离散时间系统的时域分析

本章内容

2.1 动机

离散时间系统是处理离散时间输入信号 $x(k)$ 产生离散时间输出信号 $y(k)$ 的实体物理装置。回顾第 1 章内容我们知道，如果输入-输出信号 $x(k)$ 和 $y(k)$ 均为时间上离散，幅值上（离散）量化的，那么它们被称为数字信号，而相应的系统则是数字信号处理器或数字滤波器。在这一章里我们将侧重分析讨论线性时不变（LTI）离散时间系统的输入-输出性质。这是后续章节中的数字滤波器设计和数字信号处理（DSP）算法开发的数学基础。一个有限维 LTI 离散时间系统可以表示为时域常系数*差分方程*。

$$y(k) + \sum_{i=1}^{n} a_i y(k-i) = \sum_{i=0}^{m} b_i x(k-i)$$

很多重要的 DSP 应用均涉及到一对信号的处理。例如，如果 $h(k)$ 是一个线性离散时间系统

的单位脉冲响应,则其零初始条件下对任意输入信号 $x(k)$ 的响应就是其脉冲响应与该输入信号的卷积:

$$y(k)=\sum_{i=0}^{k}h(i)x(k-i),\quad k\geqslant 0$$

另外一种非常类似卷积的操作也涉及到一对信号的处理过程。要测量一个 L 点信号 $h(k)$ 与一个 M 点信号 $x(k)$ 的相似程度,我们可以计算 h 和 x 的互相关。

$$r_{hx}(k)=\frac{1}{L}\sum_{i=0}^{L-1}h(i)x(i-k),\quad 0\leqslant k<L,M\leqslant L$$

比较卷积与互相关,我们看到,除相差一个比例因子外,两者的主要差异在于求和中的第二项自变量的符号不同。互相关有非常重要的应用。例如,在雷达或声纳信号处理中,互相关可以用来判决接收信号中是否含有发射信号的反射回波。

在本章中,我们将首先考察一些能够利用差分方程建模为离散时间系统的实际问题。接下来介绍时域求解差分方程的技巧。一个线性差分方程的完整解可分为两部分:零输入响应是完整解中由非零初始条件产生的部分;而零状态响应则是与非零的输入有关的部分。简单的离散时间系统通过相互连接可以构成更复杂的系统,这可以用方框图来表示。LTI 系统的零状态响应可以完全由它对于单位脉冲信号输入的响应来表征。根据这个响应可将离散时间系统划分为两类:脉冲响应为有限长的 FIR 系统和拥有无限长脉冲响应的 IIR 系统。此后我们讨论线性卷积、圆周卷积以及相关,研究它们的关系并介绍其基于矩阵乘法的实现。稳定性是离散时间系统最要的性质之一,这是因为实际中的系统几乎都是稳定的。一个 LTI 离散时间系统的稳定性可直接由其脉冲响应来判定。最后将介绍 GUI 模块 *g_systime* 和 *g_correlate*,用户无需任何编程就可以通过它们交互式地研究离散时间系统的时域特性,实现卷积和相关运算。我们给出一些案例学习和离散时间系统时域分析小结作为本章的结尾。

2.1.1　家庭抵押贷款

为了简单地说明一个影响着许多家庭的离散时间系统,让我们考虑通过抵押贷款购买房屋的问题。假设申请了一份固定利率的抵押贷款,其年利率为 r 且按月计复利(注意这里 r 是一个分数而非百分数)。记 $y(k)$ 为到第 k 个月底仍欠贷款机构的余额,$x(k)$ 为每月还款金额。那么到第 k 个月底的欠款余额,等于到第 $k-1$ 个月底的欠款余额加上该余额产生的月利息,再减去第 k 个月所还金额

$$y(k)=y(k-1)+\left(\frac{r}{12}\right)y(k-1)-x(k)\tag{2.1.1}$$

这里初始条件 $y(-1)=y_0$ 代表抵押贷款的总金额。看到差分方程式(2.1.1),每一个需要买房的人都可能会有许多实际问题要问。比如,如果贷款金额为 D 美元而期限为 N 个月,所需的每月还款金额是多少?另一个问题是要过多少个月后每月还款金额的大部分才用于还本而不是付息?一旦我们掌握了求解这个系统的方法,此类问题将很好回答。以后我们将看到,抵押贷款系统是非稳定的离散时间系统的一个代表。

2.1.2　雷达测距

利用雷达测量与目标的距离有时会用到相关运算。考虑如图 2.1 所示的雷达装置。

这里雷达天线向空间发射电磁波信号 $x(k)$。当雷达波照射到目标时，一部分信号能量将反射回来被雷达接收机收到。接收信号 $y(k)$可用以下差分方程表示：

$$y(k) = cx(k-d) + v(k) \tag{2.1.2}$$

式(2.1.2)中第一项代表发射信号的回波。通常回波信号强度很弱($0<c\ll1$)，因为只有一小部分能量被反射回来，而大部分能量散射到空间中耗散掉了。d 个采样间隔的延时代表信号经发射天线到达目标再返回的传播时间，所以 d 与信号传播时间成正比。式(2.1.2)中第二项代表被接收机接收到并放大的随机大气测量噪声。实际上，式(2.1.2)描述了有回波被接收到时由发射机到接收机之间的信道模型。

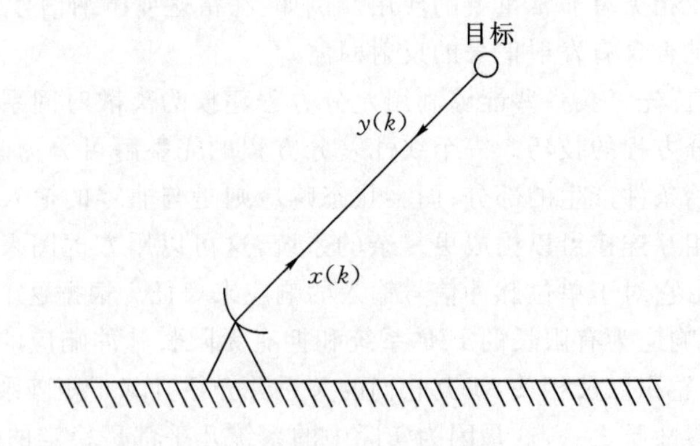

图 2.1　雷达照射目标

在雷达对接收信号 $y(k)$的处理中，首先是要判决是否有回波出现。一旦检测到回波，则其与目标的距离可通过检测延时 d 获得。若 T 为采样间隔，则信号传播时间是 $\tau=\mathrm{d}T$。设 γ 表示信号传播速度(对雷达来说就是光速)，则与目标的距离可通过下式计算：

$$r = \frac{\gamma \mathrm{d}T}{2} \tag{2.1.3}$$

其中因子 2 表示信号经历了往返行程。

为了检测被噪声污染的接收信号 $y(k)$中是否含有回波，我们计算 $y(k)$与 $x(k)$的归一化互相关函数。如果测量噪声 $\upsilon(k)$不存在，则归一化互相关函数将在 $i=d$ 时达到单位幅度的峰值。当 $\nu(k)\neq0$ 时，峰值将会减小。

作为示例，假设发射信号 $x(k)$含有 $M=512$ 点的白噪声，噪声大小服从$[-1,1]$上的均匀分布。其他宽带信号，如多频鸟声信号也可以使用。接下来，令接收信号 $y(k)$包含 $N=2048$ 点，并设衰减因子 $c=0.05$。令 $\nu(k)$是标准离差为 $\sigma=0.05$ 的零均值高斯白噪声。图 2.2 给出了一个接收信号的波形。

我们注意到，若直接考察图 2.2，基本上不可能看出 $y(k)$中是否含有延迟并衰减了的回波 $x(k)$，更不用说它的位置了。然而，如图 2.3 所示，如果我们计算 $y(k)$和 $x(k)$的归一化互相关函数，那么回波的存在性和位置就很明显了。接下来使用 MATLAB 的 *max* 函数，我们可以找到此例中的 $d=939$(采样点)。然后与目标的距离就可以通过式(2.1.3)求得了。

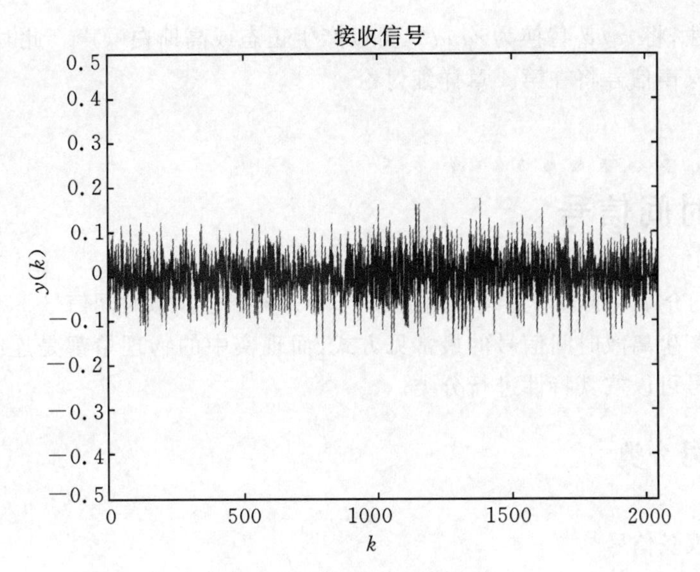

图 2.2　雷达端的接收信号

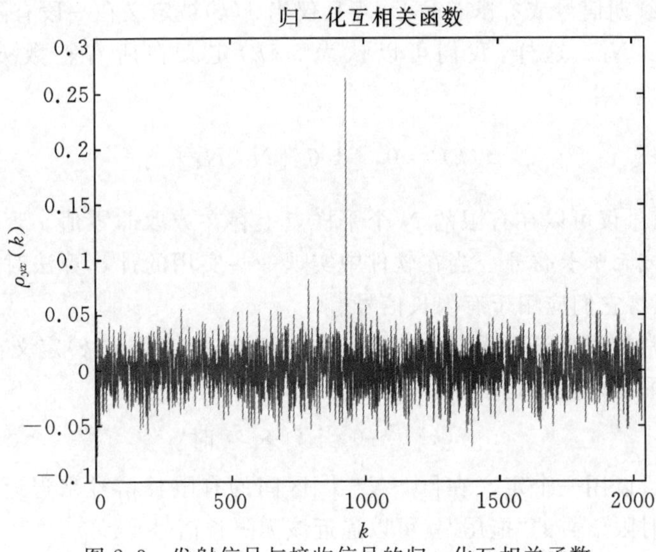

图 2.3　发射信号与接收信号的归一化互相关函数

MATLAB 函数

MATLAB 中有两个内嵌的函数用于产生白噪声信号。下面的程序段能够产生取值服从 a 到 b 之间均匀分布的 N 点白噪声信号 ν。

```
N = 100;                      % number of points
a = -1;                       % lower limit
b = 1;                        % upper limit
v = a + (b-a) * rand(N,1)     % uniform white noise in [a,b]
```

用类似的方法，将 *rand* 替换为 *randn*，可以产生正态或高斯白噪声。此时 a 将是均值而 b 是标准离差。白噪声信号将在第 4 章详细讨论。

2.2 离散时间信号

在第 1 章我们介绍了通过对连续时间信号 $x_a(t)$ 采样产生离散时间信号 $x(k)=x_a(kT)$ 的过程。这是现实中产生离散时间信号的最常见方式，而现实中的物理量都是连续时间域上的函数。离散时间信号可以按其特性进行分类。

2.2.1 信号分类

有限长信号和无限长信号

计算信号包含的采样点数是一种最基本的描述离散时间信号性质的方法。一个信号 $x(k)$ 被称为有限持续期信号或有限长信号，当且仅当 $x(k)$ 被定义在一段有限长的区间 $N_1 \leqslant k \leqslant N_2$ 上，其中 $N_2 \geqslant N_1$。这样，我们可以认为 $x(k)$ 定义在所有整数 k 上，只是在区间 $[N_1, N_2]$ 以外取值为零：

$$x(k) = 0, \quad k \notin [N_1, N_2] \tag{2.2.1}$$

因此，一个有限长信号仅可以在有限的 N 个采样点上存在或取非零值。否则，该信号就被称为无限持续期信号或无限长信号。当在软件中实现一些实用的计算算法时，比如快速傅里叶变换(FFT)，我们仅将它们应用于有限长信号。

有限长信号经常被用来逼近无限长信号。举个例子，设信号 $x(k)$ 定义在 $0 \leqslant k < \infty$ 上，但是随 k 趋于无穷其取值渐进地趋于零

$$|x(k)| \to 0 \text{ 当 } k \to \infty \text{ 时} \tag{2.2.2}$$

这样的无限长信号可以用一个定义在 $[0, N-1]$ 区间的有限长信号来逼近，只要 N 足够大，这样截断或移去非时限信号的"拖尾"就可以逼近该无限长信号了。

因果与非因果信号

当我们研究离散时间系统时，仅考虑在负时间轴上取值为零的输入信号通常是很方便的。输入信号负时间轴部分对系统的贡献可以视作系统的初始条件。信号 $x(k)$ 在 $k<0$ 时没有样本点或取值为零，则它被称为因果信号

$$x(k) = 0, \quad k < 0 \tag{2.2.3}$$

也就是说，因果信号 $x(k)$ 就是非零采样值总是从 $k=0$ 开始的信号。否则，信号被称为非因果信号。注意，若信号定义在区间 $[0, N-1]$ 上，则它既是有限长的又是因果的。

周期与非周期信号

在定义在全体整数 k 上的信号中，有一个由周期信号构成的子集。信号 $x(k)$ 是周期信号，当且仅当存在称之为周期的整数 $N>0$，满足

$$x(k+N)\equiv x(k) \tag{2.2.4}$$

其中全等符号≡表示该等式对自变量 k 的全部取值都成立。若不仔细考虑，读者可能会认为，如果连续时间信号 $x_a(t)$ 是周期的，那么由对它采样产生的离散时间信号也一定是周期的。然而实际情况不一定是那样的，接下来的例子会让我们看到这一点。

例 2.1　周期信号

设离散时间信号 $x(k)$ 由连续时间信号 $x_a(t)$ 按照采样频率 $f_s=1/T$ Hz 采样产生。例如，考虑如下周期信号和它的采样样本：

$$x_a(t)=\cos(2\pi F_0 t)$$
$$x(k)=\cos(2\pi F_0 kT)$$

这里 $x_a(t)$ 是周期为 $T_0=1/F_0$ 秒的周期信号。然而，若 $x(k)$ 也是周期的，则必须存在整数 $N>0$ 满足 $x(k+N)\equiv x(k)$，而这只有在 $x_a(t)$ 的每个周期包含整数个采样点时才成立，即

$$f_s=NF_0,\quad N\geqslant 3$$

回忆采样定理，为了防止混叠，对带限信号 $x_a(t)$ 的采样率需满足 $f_s>2F_0$。于是能够产生未混叠的离散时间信号的最低采样率为 $f_s=3F_0$。这里离散时间信号的周期以秒记为 $\tau=NT$，连续时间信号的周期为 $T_0=1/F_0$。

很有趣的是，有可能产生一个周期比 $x_a(t)$ 的周期还长的 $x(k)$。考虑采样频率 f_s 是基频 F_0 乘以一个有理因子 L/M 的情况，其中 L 和 M 都是正整数：

$$f_s=\frac{LF_0}{M},\quad L>2M$$

此时有 $Mf_s=LF_0$ 或 $LT=MT_0$。于是 L 个采样点正好对应 $x_a(t)$ 的 M 个周期。在这个例子中，$x(k)$ 是周期的且周期为 L。当然比值 f_s/F_0 也有可能是无理数。若 f_s 和 F_0 相差一个无理因子，如 $f_s=\sqrt{5}F_0$，则 $x(k)$ 就是非周期的。

有界与无界信号

在本章后面我们将讨论重要的概念——稳定性。尽管稳定性有多种不同的定义方式，但其中最有用的一种就是有界输入-有界输出(BIBO)稳定性。信号 $x(k)$ 是*有界信号*，当且仅当存在称作界的常数 $B_x>0$，对所有 k 满足：

$$|x(k)|\leqslant B_x \tag{2.2.5}$$

否则 $x(k)$ 就是*无界信号*。这样，有界信号的波形就夹在半径为 B_x 的水平带状区域内，其中 B_x 为界，如图 2.4 所示；而无界信号则可以任意地增长。举例来说，周期信号 $x(k)=\sin(2\pi F_0 kT)$ 就是有界信号，其界为 $B_x=1$，而非衰减的指数信号 $x(k)=2^k$ 则是无界信号。

对于所有定义在全体整数 k 上的信号 $x(k)$ 来说，我们可以将它们视为矢量空间中的序列矢量。一种度量这种矢量长度或*范数*的方法是使用 l_1 范数

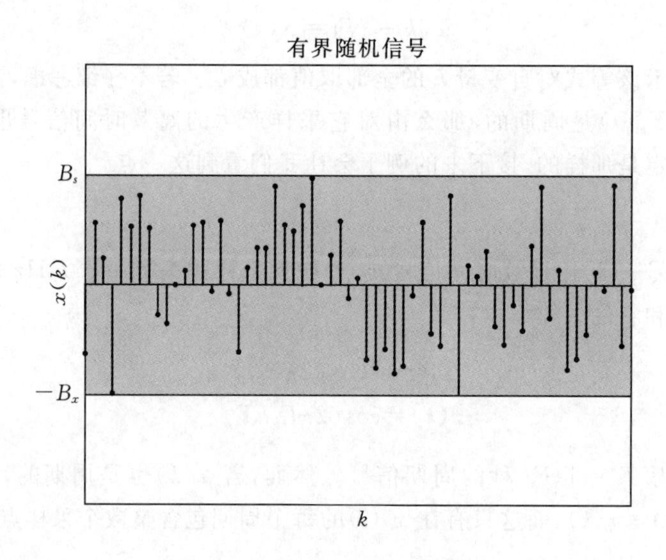

图 2.4　有界信号 $x(k)$

$$\|x\|_1 \triangleq \sum_{k=-\infty}^{\infty} |x(k)| \tag{2.2.6}$$

若 $\|x\|_1<\infty$，则我们说信号 $x(k)$ 是绝对可和的。另一种度量 x 长度的方式是使用 l_2 范数

$$\|x\|_2 \triangleq \left[\sum_{k=-\infty}^{\infty} |x(k)|^2\right]^{1/2} \tag{2.2.7}$$

若 $\|x\|_2<\infty$，则 $x(k)$ 被称为平方可和的。注意由于交叉项的出现，则有不等式 $(|a|+|b|)^2 \geqslant |a|^2+|b|^2$ 成立。据此，我们可以看到平方可和信号只是绝对可和信号的一个子集。

$$\|x\|_1<\infty \quad \Rightarrow \quad \|x\|_2<\infty \tag{2.2.8}$$

能量与功率信号

能量和功率是与平方可和信号密切相关的一对概念。设 $x(k)$ 表示 k 时刻一个 1 欧姆电阻两端的电压值，如图 2.5 所示。那么 $p(k)=x^2(k)$ 可以理解为 k 时刻电阻上消耗的瞬时功率。对于连续时间信号而言，功率对时间的积分就是总能量。对离散时间信号，我们按照如下方式定义信号 $x(k)$ 的能量：

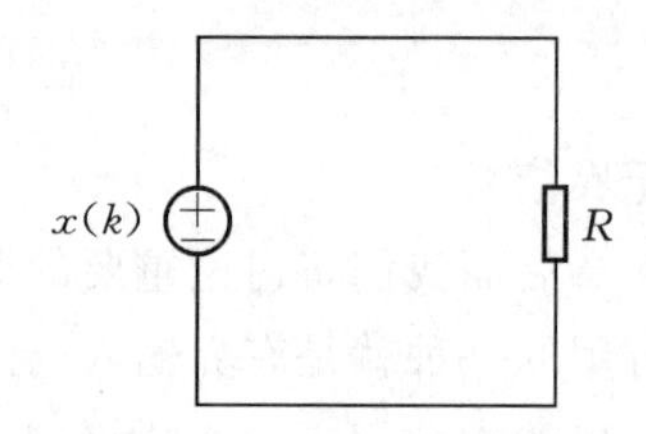

图 2.5　信号的瞬时功率 $p(k)=x^2(k)/R$

$$E_x \triangleq \sum_{k=-\infty}^{\infty} |x(k)|^2 \tag{2.2.9}$$

对比式(2.2.9)和式(2.2.7)，可以看到 $E_x=\|x\|_2^2$。所以能量 E_x 是有限的当且仅当信号 $x(k)$ 是平方可和的。若信号 $x(k)$ 的能量 $E_x<\infty$ 则称该信号为能量信号。很明显并非所有信

号都是能量信号。比如，常值信号 $x(k)=c(c\neq 0)$ 就有无穷的能量，而不是能量信号。当信号趋于零的速度不够快以至于不满足平方可和时，计算其瞬时功率 $p(k)=|x(k)|^2$ 的平均值就显得更加有用。信号 $x(k)$ 的*平均功率*记作 P_x，定义为

$$P_x \triangleq \lim_{N\to\infty}\frac{1}{2N+1}\sum_{k=-N}^{N}|x(k)|^2 \tag{2.2.10}$$

当信号 $x(k)$ 的平均功率 P_x 是非零的有限值时，它被称为*功率信号*。如果信号 $x(k)$ 由于具有无穷的能量而不是能量信号，那么它仍有可能满足功率信号的条件。仍以常值信号 $x(k)=c$ 为例，它具有无穷的能量但其平均功率 $P_x=|c|^2$ 却是有限的。

当 $x(k)$ 是因果信号、周期信号或有限长信号时，其平均功率的计算可以简化。对于因果信号，其平均功率为

$$P_x = \lim_{N\to\infty}\frac{1}{N+1}\sum_{k=0}^{N}|x(k)|^2 \tag{2.2.11}$$

相似地，若信号 $x(k+N)\equiv x(k)$ 是周期为 N 的周期信号，则计算其平均功率只需用到其一个周期内的值

$$P_x = \frac{1}{N}\sum_{k=0}^{N-1}|x(k)|^2 \tag{2.2.12}$$

最后，若信号 $x(k)$ 是因果的有限长信号，且仅有 N 个非零值，则其平均功率也可以用式(2.2.12)来计算。注意到所有限长信号 $x(k)$ 都有相应的*周期延拓信号* $x_p(k)$，也就是说，它是定义在全体整数 k 上，并且以 $0\leqslant k<N$ 上的 $x(k)$ 作为其一个周期而延拓展开的信号。此时式(2.2.12)就代表 $x_p(k)$ 一个周期内的平均功率。

能量和功率之间存在着简单的关系。对于有限长因果信号 $x=[x(0),\cdots,x(N-1)]^{\mathrm{T}}$，其能量和平均功率都是有限的且具有如下关系：

$$E_x = NP_x \tag{2.2.13}$$

这个关系在 $N\to\infty$ 时依然存在，解释如下：如果 $x(k)$ 是能量信号，那么它的平均功率是 $P_x=0$；而如果 $x(k)$ 是功率信号，那么它的能量就是无穷。非零的有限长信号既是能量信号又是功率信号。

几何级数

众所周知，几何级数在数学领域十分重要，而它在计算一类常见信号的能量时又十分有用。令 z 是一实的或复的标量，则以下幂级数收敛当且仅当 $|z|<1$（见习题3.17）

$$\sum_{i=0}^{\infty}z^i = \frac{1}{1-z}, \quad |z|<1 \tag{2.2.14}$$

式(2.2.14)中的幂级数称为*几何级数*。很明显在 $|z|\geqslant 1$ 时几何级数不会收敛，这是由于有无穷多项相加，且每一项都不小于1的缘故。实际中的许多离散时间信号都可以分解为一些项的和，而其中每一项都可以借助几何级数来分析。

例 2.2 几何级数

考虑如下具有增益因子 A 和指数因子 c 的因果信号：

$$x(k)=A\ (c)^k,\quad k\geqslant 0$$

首先考虑在什么条件下 $x(k)$是绝对可和的。根据式(2.2.13)

$$\|x\|_1=\sum_{k=0}^{\infty}|A\ (c)^k|=\sum_{k=0}^{\infty}|A|\cdot|c^k|=|A|\sum_{k=0}^{\infty}|c|^k=\frac{|A|}{1-|c|},\quad |c|<1$$

所以，当且仅当$|c|<1$时，$x(k)$是绝对可和的。由式(2.2.8)可知，绝对可和的信号也是平方可和的。于是，$x(k)$是一个能量信号，且其能量为

$$\begin{aligned}E_x&=\sum_{k=0}^{\infty}|A\ (c)^k|^2\\&=\sum_{k=0}^{\infty}|A|^2\cdot|c^k|^2\\&=|A|^2\sum_{k=0}^{\infty}(|c|^2)^k\\&=\frac{|A|^2}{1-|c|^2},\quad |c|<1\end{aligned}$$

2.2.2 常见信号

单位脉冲信号

有一些常见信号会在应用和举例中反复出现。也许其中最简单的就是单位脉冲信号，它仅在一个点上取非零值

$$\delta(k)\triangleq\begin{cases}1, & k=0\\0, & k\neq 0\end{cases}\tag{2.2.15}$$

单位脉冲信号 $\delta(k)$在离散时间域中扮演的角色与连续时间域中的单位冲激信号或狄拉克函数 $\delta_a(t)$相当。注意单位脉冲信号既是有限长的又是因果的。它的波形如图 2.6(a) 所示。

单位阶跃信号

另一种很常见并且与单位脉冲信号有着简单关系的信号是单位阶跃信号，它是因果的，但不是有限长的

$$\mu(k)\triangleq\begin{cases}1, & k\geqslant 0\\0, & k<0\end{cases}\tag{2.2.16}$$

信号 $\mu(k)$的波形如图 2.6(b)所示。在连续时间域中，单位阶跃信号 $\mu_a(t)$是单位冲激信号 $\delta_a(t)$的积分，在离散时间域中也是如此，只不过需要将积分替换为求和

$$\mu(k)=\sum_{i=-\infty}^{k}\delta(i)\tag{2.2.17}$$

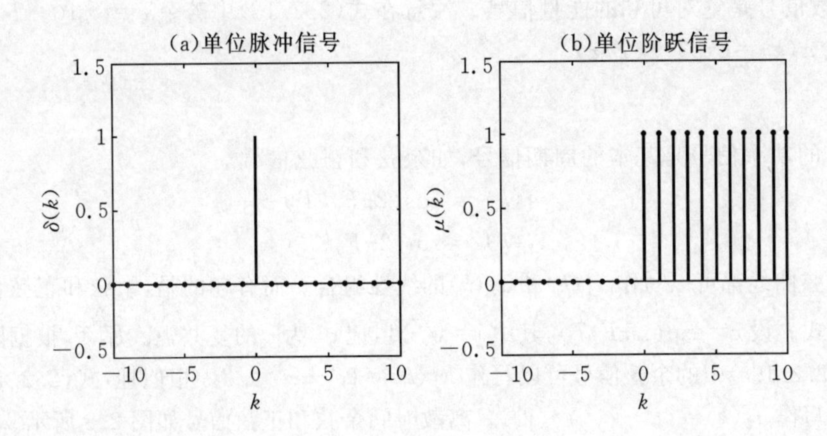

图 2.6　(a)单位脉冲信号；(b)单位阶跃信号

注意对定义在全体整数 k 上的信号 $x(k)$ 来说，信号 $x(k)\mu(k)$ 是一个因果信号，因为与 $\mu(k)$ 相乘使得负时间轴上的所有采样值都变为零了。

因果指数信号

在许多应用中以不同形式出现的因果指数信号，也许要算是最常见的离散时间信号了

$$x(k) = c^k \mu(k) \tag{2.2.18}$$

其中 c 是可正可负的实数或复数。当 $|c| \leqslant 1$ 时因果指数信号是有界的，否则就是无界的；当 $c<0$ 时，$x(k)$ 的值正负震荡，这些不同情形如图 2.7 所示。从例 2.2 可知，当且仅当 $|c|<1$

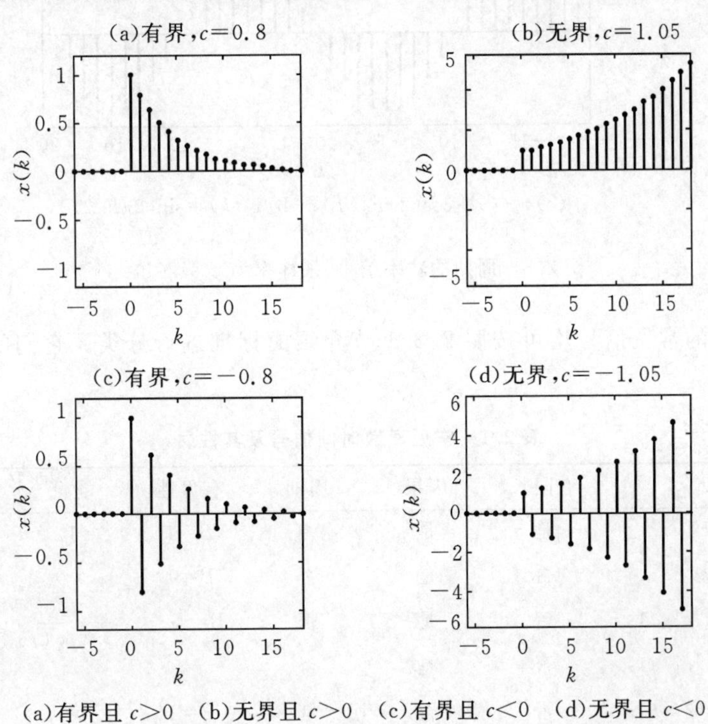

(a)有界且 $c>0$　(b)无界且 $c>0$　(c)有界且 $c<0$　(d)无界且 $c<0$

图 2.7　因果指数信号 $x(k)=c^k\mu(k)$

时，因果指数信号是绝对可和的能量信号。注意在式(2.2.18)中若令 $c=\exp(-T/\tau)$，则可得到指数形式 $x(k)=\exp(-kT/\tau)$。

功率信号

最常见的功率信号是基本的周期信号，如余弦和正弦信号

$$x_1(k) = \cos(2\pi F_0 kT) \tag{2.2.19a}$$

$$x_2(k) = \sin(2\pi F_0 kT) \tag{2.2.19b}$$

任意正弦曲线都可以写作 $x_1(k)$和 $x_2(k)$的线性组合。而有趣的是，余弦和正弦信号也能被写作指数形式。设 $c=\exp(\mathrm{j}2\pi F_0 T)$，其中 $\mathrm{j}=\sqrt{-1}$，记 c^* 为 c 的复共轭。那么，根据附录 2 的欧拉公式，式(2.2.19a)中的余弦信号可以写作 $x_1(k)=(c^k+c^{*k})/2$。相似地，式(2.2.19b)中的正弦信号可以写作 $x_2(k)=(c^k-c^{*k})/(\mathrm{j}2)$。离散时间余弦和正弦信号如图 2.8 所示。

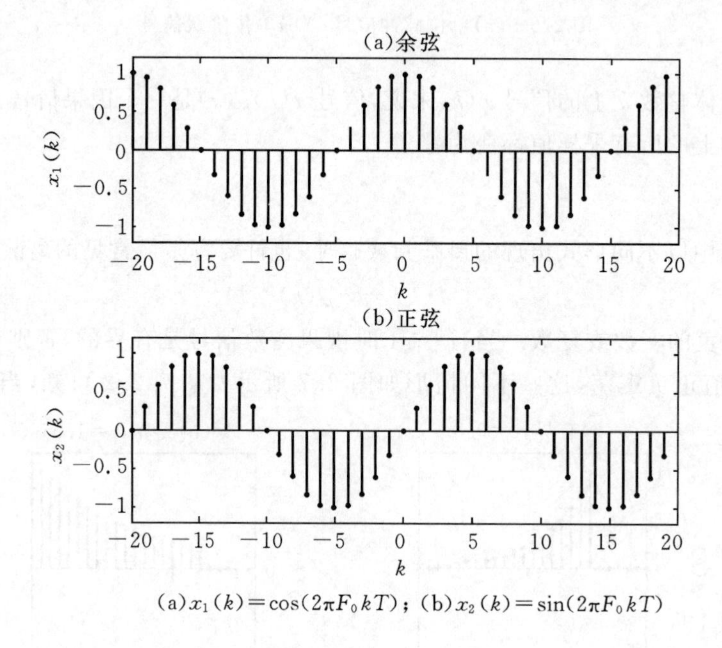

(a) $x_1(k)=\cos(2\pi F_0 kT)$；(b) $x_2(k)=\sin(2\pi F_0 kT)$

图 2.8 周期的功率信号，采样率为 $f_s=20F_0$

本节中介绍的常见信号均可按照 2.2.1 节介绍的标准进行分类。它们的性质总结于表 2.1 中。

表 2.1 常见离散时间信号及其性质

$x(k)$	有限长	因果	周期	有界性	能量	平均功率
$\delta(k)$	是	是	否	$B=1$	1	1
$\mu(k)$	否	是	否	$B=1$	∞	1
$c^k\mu(k),\lvert c\rvert<1$	否	是	否	$B=\lvert c\rvert$	$\frac{1}{1-\lvert c\rvert^2}$	0
$c^k\mu(k),\lvert c\rvert>1$	否	是	否	∞	∞	∞
$\cos(2\pi k/N)$	否	否	是	$B=1$	∞	0.5
$\sin(2\pi k/N)$	否	否	是	$B=1$	∞	0.5

2.3 离散时间系统

离散时间系统 S 会对输入的离散时间信号 $x(k)$ 加工处理，得到输出的离散时间信号 $y(k)$，这一过程如图 2.9 所示。离散时间系统可以按照多种有用的方式进行分类。

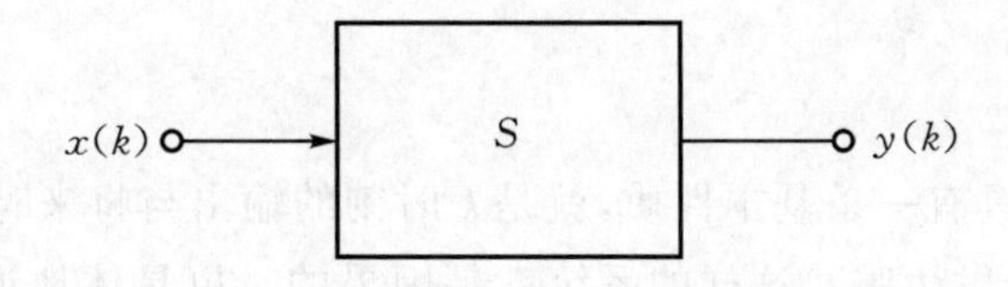

图2.9 输入为 $x(k)$ 输出为 $y(k)$ 的离散时间系统 S

线性与非线性系统

与连续时间系统相同，离散时间系统也可以是线性的或者非线性的。假设 $y_i(k)$ 是输入为 $x_i(k)$ 时系统 S 的输出或响应，其中 $1\leqslant i\leqslant 2$，那么 S 是线性系统当且仅当

$$x(k) = ax_1(k) + bx_2(k) \quad \Rightarrow \quad y(k) = ay_1(k) + by_2(k) \tag{2.3.1}$$

否则系统 S 就是非线性系统。图 2.10 展示了一个线性的离散时间系统的方框图。满足式(2.3.1)的系统被称为服从叠加定律。该定律有两个重要的特例。当式(2.3.1)中 $b=0$ 时，输入信号为 $x(k)=ax_1(k)$，产生的输出信号为 $y(k)=ay_1(k)$。也就是说，当系统 S 是线性系统时，对输入乘以比例因子 a 将导致输出也乘以相同的 a。比如，当 $a=0$ 时，该性质意味着零输入产生零输出。相似地，当 $a=b=1$ 时，输入信号 $x(k)=x_1(k)+x_2(k)$ 将产生输出信号 $y(k)=y_1(k)+y_2(k)$。也就是说，线性系统对两信号和的响应等于对两个信号各自响应的和。这里我们讨论的离散时间系统几乎都是线性的。

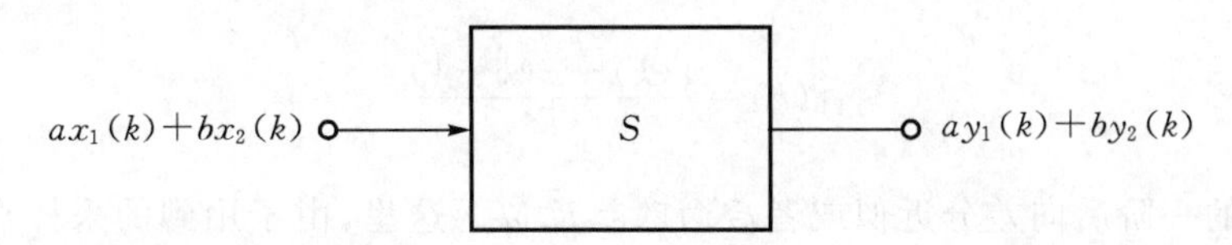

图 2.10 线性离散时间系统

时不变与时变系统

另一种重要的分类方式与系统 S 的输入输出关系是否随时间变化有关。设 $y(k)$ 是对应于输入 $x(k)$ 的输出。离散时间系统 S 是时不变的，当且仅当对任意整数 m，输入的时移 $x(k-m)$ 产生的输出为 $y(k-m)$。否则，S 就是一个时变系统。

对于时不变系统，输入的时移将使输出产生同样大小的时移，除此之外不改变输出的性质。图 2.11 展示了一个时不变系统的方框图。时不变系统的参数是不变的常数。例如，对于一个用差分方程表示的离散时间系统，它是时不变的当且仅当差分方程的每个系数都是不变的常数。而在第9章中介绍的自适应滤波器，就是时变系统的代表。

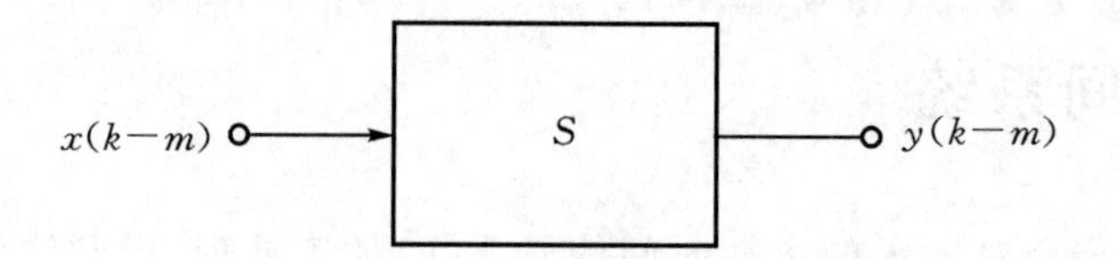

图2.11　时不变离散时间系统

因果与非因果系统

实际中的物理系统具有一条基本性质，就是k时刻的输出与将来时刻$i(i>k)$的输入$x(i)$无关，因为那个输入尚未发生呢。这样的系统就是因果的。更具体地说，假设$y_i(k)$是对应于输入$x_i(k)$的输出$(1\leqslant i\leqslant 2)$，一个离散时间系统是因果的，当且仅当对所有$k$

$$x_1(i)=x_2(i),\quad i\leqslant k \quad\Rightarrow\quad y_1(k)=y_2(k) \tag{2.3.2}$$

对于因果系统S，若k时刻之前的输入全部相同，则k时刻的输出也一定相同，否则S就是非因果系统。这也就是说，对于因果系统，当前时刻的输出$y(k)$不会取决于未来的输入$x(i)(i>k)$。

在一些实例中，信号处理并非在线实时地进行。在这些情况下，可以用非因果系统离线地以批处理方式进行数据处理，也就可以使用输入信号在“将来”的样本。下面举例说明这两类系统。

例2.3　因果与非因果系统

实际中有一类问题需要使用连续时间信号$x_a(t)$的采样信号$x(k)=x_a(kT)$对该连续时间信号的导数进行数值估计。比如，希望通过位置采样样本估计速度时，一种最简单并且可以实时实现的方法是用当前时刻采样值$x(k)$与前一时刻采样值$x(k-1)$的连线斜率来近似$\mathrm{d}x_a(t)/\mathrm{d}t$。

$$y_1(k)=\frac{x(k)-x(k-1)}{T}$$

这被称为导数的一阶后向差分近似或者*后向欧拉近似*。这里，由于用到的采样点间隔最大为1，所以称为一阶；由于用到当前时刻之前的采样，所以称为后向。这种后向差分式微分器是一个因果系统，因为当前时刻的输出$y_1(k)$与输入$x(k)$将来的采样值无关。

尽管后向差分近似很简单而且可以实时实现，但它的缺点在于估计出的是采样点$x(k)$和$x(k-1)$之间的导数，也就是说，这种估计有着半个采样间隔或$T/2$秒的延迟。这个问题可以通过以下二阶中心差分近似来解决，它使用采样值$x(k+1)$和$x(k-1)$连线的斜率进行估计

$$y_2(k)=\frac{x(k+1)-x(k-1)}{2T}$$

它叫做中心差分是因为用到的采样点以$x(k)$为中心，因此这种导数估计不会产生延迟。然

而，这种数值微分器付出的代价是它无法实时实现，因为它是一个非因果系统。注意到当前的输出 $y_2(k)$ 与将来的输入 $x(k+1)$ 有关，所以只有当 $x(k)$ 的采样值被记录保存后，这种中心差分近似才能离线地实现。为举例说明数值微分器，考虑以下连续时间输入信号：

$$x_a(t)=\sin(\pi t)$$

采样频率为 $f_s=10$ Hz。这里 $dx_a(t)/dt=\pi\cos(\pi t)$。图 2.12 绘出了 $dx_a(t)/dt$、$y_1(k)$ 和 $y_2(k)$ 的波形。注意观察后向差分 $y_1(k)$ 延迟了半个采样间隔，而 $y_2(k)$ 没有延迟。中心差分 $y_2(k)$ 也要更精确一些，因为它是二阶近似。最后，需要注意的是，数值微分本身对噪声十分敏感，这是处理实际信号时需要考虑的问题。尽管噪声本身的幅度可能很小，但噪声信号的变化率（导数）仍然可能很大。于是，微分将放大噪声的高频部分。第 6 章中会更详细地讨论设计数字滤波器逼近微分器的问题。

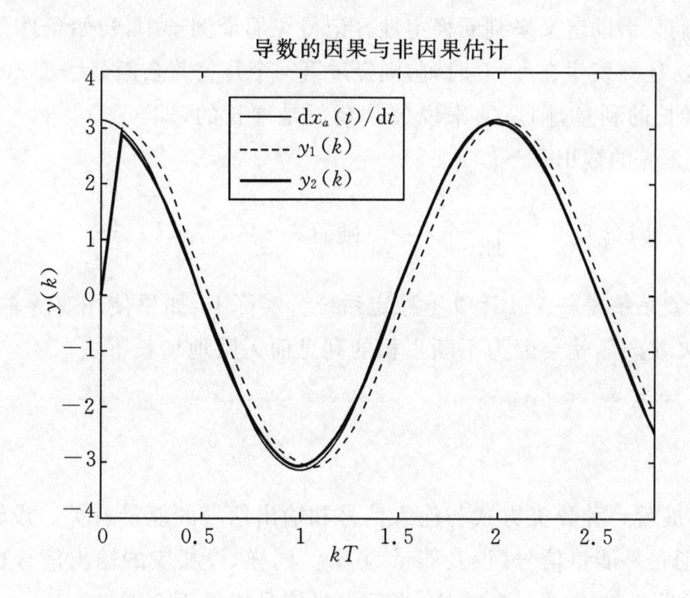

图 2.12　$x_a(t)=\sin(\pi t)$ 导数的因果估计和非因果估计

稳定与非稳定系统

基于稳定性的概念可得到离散时间系统的另一种基本分类。回忆有界性的定义：输入信号 $x(k)$ 是有界的，当且仅当存在称为界的常数 $B_x>0$，使得对于全体 k 有 $|x(k)|\leqslant B_x$。我们说离散时间系统 S 是有界输入-有界输出(BIBO)稳定的，当且仅当任意有界输入 $x(k)$ 产生的输出 $y(k)$ 也是有界的。

$$|x(k)|\leqslant B_x \quad \Rightarrow \quad |y(k)|\leqslant B_y \tag{2.3.3}$$

若至少存在一个有界的输入能够产生无界的输出，则系统 S 是 BIBO 不稳定的。

例 2.4　稳定与非稳定系统

作为 BIBO 稳定的离散时间系统的简单示例，考虑如下 $M-1$ 阶滑动平均滤波器。

$$y(k)=\frac{1}{M}\sum_{i=0}^{M-1}x(k-i)$$

设有界输入信号 $x(k)$ 的界为 B_x，则

$$|y(k)|=\left|\frac{1}{M}\sum_{i=0}^{M-1}x(k-i)\right|\leqslant\frac{1}{M}\sum_{i=0}^{M-1}|x(k-i)|=B_x$$

即输出信号 $y(k)$ 也是有界的，且 $B_y=B_x$。作为对比，考虑2.1节介绍的家庭抵押贷款系统。

$$y(k)=y(k-1)+\left(\frac{r}{12}\right)y(k-1)-x(k)=\left(1+\frac{r}{12}\right)y(k-1)-x(k)$$

其中 $x(k)$ 为每月的还款金额，$y(k)$ 为到第 k 个月底的欠款余额，$r>0$ 是分数表示的年利率。这是BIBO非稳定系统的一个例子。在本章后面部分和第3章中，我们会提出稳定性的直接判定方法。而现在我们只借助定义来判断稳定性。记得在那个例子中，初始条件 $y(-1)$ 代表总贷款金额。如果第一次还款发生在 $k=0$ 时刻，则经过第一个月欠款余额会增长 $ry(-1)/12$。若还款金额 $x(0)$ 小于增长的利息，则总的来说欠款余额是增长的，即 $y(0)>y(-1)$。于是，以下有界的输入可产生无界的输出：

$$|x(k)|<\frac{ry(-1)}{12}\quad\Rightarrow\quad 随着\ k\to\infty,\ |y(k)|\to\infty$$

这说明抵押贷款系统是一个BIBO不稳定系统。实际上，如果使用有界输入 $x(k)=0$，即根本不还款，那么欠款余额就会因为不断累积的利息而无限地增长下去。

无源与有源系统

我们要考虑的最后一种分类方式与输入信号和输出信号的能量有关。设输入信号平方可和，如式(2.2.9)，则它是能量信号，设其能量为 E_x。同样，设相应的输出信号也是能量信号且能量为 E_y。离散时间系统 S 是*无源系统*，当且仅当信号能量不会增加。

$$E_y\leqslant E_x \tag{2.3.4}$$

因此，在输入信号经过无源系统产生输出信号的过程中，系统不会给信号增加能量。否则，S 就称为有源系统。有源的物理系统需要能源，而无源系统不需要。无源系统的一个特例是*无损耗系统*，也就是信号能量不变的离散时间系统：

$$E_y=E_x \tag{2.3.5}$$

无损耗物理系统通常包含能量存储元件，如电容、电感、弹簧和刚体质量块，而不包含能量耗散元件，如电阻和阻尼器。

2.4　差分方程

每一个有限阶线性时不变(LTI)系统都可以在时域用一个常系数差分方程表示,其中输入为 $x(k)$,输出为 $y(k)$。

$$y(k)+\sum_{i=1}^{n}a_i y(k-i)=\sum_{i=0}^{m}b_i x(k-i) \tag{2.4.1}$$

这里 $M=\max\{n,m\}$ 是系统的阶次(dimension)。为方便起见,我们把式(2.4.1)所表示的系统称为系统 S。注意,当前的输出 $y(k)$ 的系数已经被归一化为 $a_0=1$。如有必要,这一步也可以通过一开始就在式(2.4.1)两边同除以 a_0 来实现。k 时刻系统 S 的输出可表示如下:

$$y(k)=\sum_{i=0}^{m}b_i x(k-i)-\sum_{i=1}^{n}a_i y(k-i) \tag{2.4.2}$$

系统 S 除了是线性和时不变的以外,还是因果的,因为当前的输出 $y(k)$ 并不依赖于将来的输入 $x(i),\ i>k$。

当我们考虑离散时间系统的输入时,关注因果信号是比较方便的,即 $x(k)=0,\ k<0$。输入因果信号时,离散时间系统的输出或者响应将依赖于输入 $x(k)$ 和系统初始状态,初始状态可以表示成由过去输出组成的一个向量 $y_0\in R^n$。

$$y_0\triangleq[y(-1),y(-2),\cdots,y(-n)]^{\mathrm{T}} \tag{2.4.3}$$

通常,全响应 $y(k)$ 会依赖于 y_0 和输入 $x(i)$,$0\leqslant i\leqslant k$,如图 2.13 所示。对于系统 S,初始状态 y_0 和输入 $x(k)$ 对输出的贡献可以分开考虑。由于系统是线性的,将它们相加就可以得到系统全响应 $y(k)$。

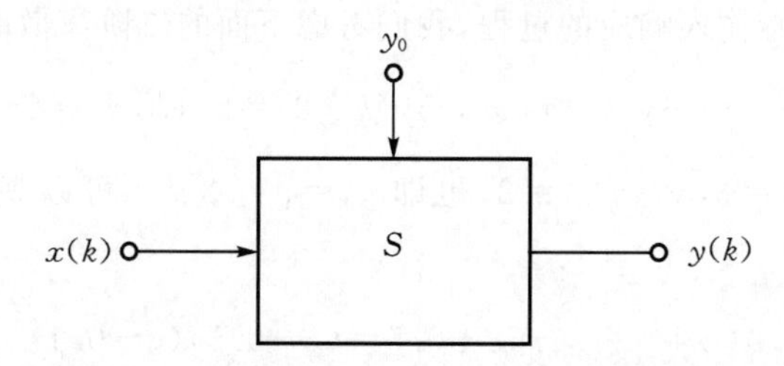

图 2.13　系统 S 的全响应依赖于初始状态 y_0 和输入 $x(k)$

2.4.1　零输入响应

对应于输入 $x(k)=0$ 的离散时间系统输出称为零输入响应,离散时间系统 S 的零输入响应记为为 $y_{zi}(k)$。于是,这个零输入响应便是该简化系统的解。

$$y(k)+\sum_{i=1}^{n}a_i y(k-i)=0,\quad y_0\neq 0 \tag{2.4.4}$$

零输入响应 $y_{zi}(k)$是由初始状态 y_0 所产生的所有响应中的一部分。为了求解零输入响应,我们考虑形式如 $y(k)=z^k$ 的通解,其中复数 z 待定。将 $y(k)=z^k$ 代入式(2.4.4)并且两边同乘以 z^{n-k}得

$$a(z)=z^n+a_1 z^{n-1}+\cdots+a_n=0 \tag{2.4.5}$$

多项式 $a(z)=z^n+a_1 z^{n-1}+\cdots+a_n$ 被称为系统的特征多项式。如果我们对 $a(z)$进行因式分解,得到其 n 个根 $p_1,p_2,\cdots,p_n$,则系统 S 的特征多项式的因式分解形式为

$$a(z)=(z-p_1)(z-p_2)\cdots(z-p_n) \tag{2.4.6}$$

我们可以假设这些根是非零的,因为如果 $a_n=0$,这将使 $a(z)$在乘以 z^{-1}后变成一个阶次低于 n 的多项式。特征多项式是确定零输入响应的关键所在。当且仅当 z 是特征多项式的一个根时,对于任意数 c,信号 $y(k)=cz^k$ 都是式(2.4.4)的一个解。最简单的例子是有 n 个相异的根,这里称它们为单根。对于 n 个单根,可以把形如 $c_i p_i^k$ 的各个解相加以得到零输入响应

$$y_{zi}(k)=\sum_{i=1}^{n}c_i p_i^k,\quad k\geqslant -n \tag{2.4.7}$$

式(2.4.7)中具有 $c_i p_i^k$ 形式的项称为系统的自然模式。特征多项式 $a(z)$的每个单根在零输入响应中产生一个简单自然模式。

$$\text{简单模式}=c\,(p)^k \tag{2.4.8}$$

式(2.4.7)中的权系数 $c=[c_1,c_2,\cdots,c_n]^T$ 依赖于初始状态。特别是假定 $y_{zi}(k)=y(k)$,$-n\leqslant k\leqslant -1$,则可以得到 n 个方程,其 n 个未知数就构成了系数向量 $c\in R^n$。

例 2.5 零输入响应:单根

为了说明求解一个零输入响应的过程,我们考虑下面的二阶离散时间系统。

$$y(k)-0.6y(k-1)+0.5y(k-2)=2x(k)+x(k-1)$$

假设初始状态为 $y(-1)=3$,$y(-2)=2$,也即 $y_0=[3,\ 2]^T$。可以观察到,系统的特征多项式为

$$a(z)=z^2-0.6z+0.5=(z-0.5)(z-0.1)$$

于是,单根组成的向量为 $p=[0.5,\ 0.1]^T$,零输入响应的形式为

$$y_{zi}(k)=c_1\,(0.5)^k+c_2\,(0.1)^k$$

为了求解系数向量 $c\in R^2$,我们利用初始状态 $y_{zi}(-1)=3$ 和 $y_{zi}(-2)=2$。这两个方程可以写成矩阵形式

$$\begin{bmatrix}2 & 10\\ 4 & 100\end{bmatrix}c=\begin{bmatrix}3\\ 2\end{bmatrix}$$

第二个方程减去 2 倍的第一个方程可解得 $80c_2=-4$，即 $c_2=-1/20$。同样，第二个方程减去 10 倍的第一个方程可解得 $-16c_1=-28$，即 $c_1=7/4$。于是，与这个初始状态对应的零输入响应为

$$y_{zi}(k)=1.75\,(0.5)^k-0.05\,(0.1)^k$$

另外一种使用 MATLAB 计算系数向量 c 的方法是

```
A = [2 10; 4 100];
y0 = [3; 2];
c = A\ y0
```

式(2.4.7)中的自然模式相当于是最简单和最常见的特殊例子。更复杂的例子出现在当式(2.4.6)中某个根是重复出现的。例如，假设 $a(z)$ 的一个根 p 出现了 r 次。在这个例子中，称 p 为 r 次重根，它生成了具有如下形式的一个多重自然模式项。

$$\text{多重模式}=(c_1+c_2k+\cdots+c_rk^{r-1})p^k \tag{2.4.9}$$

我们看到 r 重根的系数是一个 $r-1$ 阶多项式 $c(k)$。同样的，$c(k)$ 的 r 个系数也由初始状态确定。对于特例，当 $r=1$ 时，系数多项式 $c(k)$ 就被缩减为一个零阶的多项式，即为一常数，如式(2.4.8)所示。式(2.4.9)的表达式表示了一个阶次为 r 的通用自然模式，而对于单根而言，其自然模式都是阶次为 1 的，如式(2.4.8)所示。

例 2.6 零输入响应:重根

为了说明特征多项式有重根时的情况，我们考虑下面的二阶离散时间系统 。

$$y(k)+y(k-1)+0.25y(k-2)=3x(k)$$

假设初始状态为 $y(-1)=-1, y(-2)=6$，也即 $y_0=[-1,\ 6]^T$。系统的特征多项式为

$$a(z)=z^2+z+0.25=(z+0.5)^2$$

于是根向量为 $p=[-0.5,\ -0.5]^T$，这意味着 $p=-0.5$ 是一个 2 次重根。这样，零输入响应的形式为

$$y_{zi}(k)=(c_1+c_2k)(-0.5)^k$$

为了求解系数向量 $c\in R^2$，我们利用初始条件 $y_{zi}(-1)=-1$ 和 $y_{zi}(-2)=6$。这两个方程可以写成矩阵形式

$$\begin{bmatrix}-2 & 2\\ 4 & -8\end{bmatrix}c=\begin{bmatrix}-1\\ 6\end{bmatrix}$$

第二个方程加上 2 倍的第一个方程可解得 $-4c_2=4$，即 $c_2=-1$。第二个方程加上 4 倍的第一个方程可解得 $-4c_1=2$，即 $c_1=-0.5$。于是，对这个初始条件的零输入响应为

$$y_{zi}(k)=-(0.5+k)(-0.5)^k$$

特征多项式的根可以是实的,也可以是复的。由于 $a(z)$ 的系数是实的,复根总会以共轭成对出现。对应于一对复共轭根的两个自然模式项可以通过欧拉等式联合起来。

$$\exp(\pm \mathrm{j}\theta)=\cos(\theta)\pm \mathrm{j}\sin(\theta) \tag{2.4.10}$$

注意,欧拉等式的左边是一个模值 $r=1$ 的复变量的极坐标形式,右边是直角坐标形式。当复根以共轭对出现时,它们的系数也构成复共轭对。假设一对复共轭根用极坐标形式表示为 $p_{1,2}=r\exp(\pm \mathrm{j}\theta)$。通过使用欧拉等式,可以看到联合这对自然模式项可以构成如下的衰减正弦形式,我们称其为复模式。

$$\text{复模式}=r^k[c_1\cos(k\theta)+c_2\sin(k\theta)] \tag{2.4.11}$$

例 2.7 零输入响应:复根

作为特征多项式具有复根的离散时间系统的实例,我们考虑下面的二阶系统。

$$y(k)+0.49y(k-2)=3x(k)$$

假设初始状态为 $y(-1)=4, y(-2)=-2$,即 $y_0=[4,-2]^{\mathrm{T}}$。系统的特征多项式为

$$a(z)=z^2+0.49=(z-\mathrm{j}0.7)(z+\mathrm{j}0.7)$$

于是根为 $p_{1,2}=\pm \mathrm{j}0.7$。如果把它表示成极坐标形式,则模值为 $r=0.7$,相角为 $\theta=\pi/2$,即 $p_{1,2}=0.7\exp(\pm \mathrm{j}\pi/2)$。对照式(2.4.11),零输入响应的形式为

$$y_{zi}(k)=0.7^k[c_1\cos(\pi k/2)+c_2\sin(\pi k/2)]$$

接下来,利用初始条件 $y(-1)=4, y(-2)=-2$ 得到

$$-c_2/0.7=4$$
$$-c_1/0.49=-2$$

于是,$c_1=0.98, c_2=-2.8$,而零输入响应为

$$y_{zi}(k)=0.7^k[0.98\cos(k\pi/2)-2.8\sin(k\pi/2)]$$

对于特征多项式既有些单根,又有些重根的情况,零输入响应就由一阶和高阶模式组合构成,这些模式可以是实的,也可以是复的。它们共同含有 n 个未知系数,这些未知数可以通过利用 n 个初始条件解出。

2.4.2 零状态响应

通常,一个 LTI 离散时间系统 S 的输出也包含一部分由于输入 $x(k)$ 激励而产生的分量。当初始条件向量为零时,对应于任意输入 $x(k)$,系统 S 的输出表示为 $y_{zs}(k)$,并称其为零状态响应。

$$y(k)+\sum_{i=1}^{n}a_i y(k-i)=\sum_{i=0}^{m}b_i x(k-i),\quad y_0=0 \tag{2.4.12}$$

计算零状态响应要比计算零输入响应更为复杂,因为前者可能需要考虑无穷多种输入。在 2.7 节中,我们会给出求解任何输入零状态响应的系统化程式。而现在,我们通过考虑如下重要的一类输入来说明求解零状态响应的过程。

$$x(k)=Ap_0^k\mu(k) \tag{2.4.13}$$

这里 $x(k)$是一个幅值为 A,指数因子为 p_0 的因果指数函数。为了简化最后结果,我们假设特征多项式 $a(z)$的根是相异的,且不等于 p_0。正如特征多项式 $a(z)$可以通过观察式(2.4.12)中的输出系数而得到,另一个多项式 $b(z)$也可以从输入系数中产生,我们称其为输入多项式。作为 $m\leqslant n$ 的例子,这个多项式可以表示为

$$b(z)=b_0z^n+b_1z^{n-1}+\cdots+b_mz^{n-m} \tag{2.4.14}$$

给定如式(2.4.13)中的输入和 $n+1$ 个互异的根,零状态响应通常具有一个类似于零输入响应的形式。

$$y_{zs}(k)=\sum_{i=0}^{n}d_i p_i^k\mu(k) \tag{2.4.15}$$

权系数向量 $d\in R^{n+1}$可以直接由多项式 $a(z)$和 $b(z)$的按下式计算。

$$d_i=\left.\frac{A(z-p_i)b(z)}{(z-p_0)a(z)}\right|_{z=p_i},\quad 0\leqslant i\leqslant n \tag{2.4.16}$$

注意:这里通常 $d_i\neq 0$,因为式(2.4.16)中,p_i, $(0\leqslant i\leqslant n)$是分母多项式的根。

例 2.8　零状态响应

考虑例 2.5 中的二阶离散时间系统,输入 $x(k)$如下:

$$y(k)=0.6y(k-1)-0.5y(k-2)+2x(k)+x(k-1)$$
$$x(k)=0.8^{k+1}\mu(k)$$

系统的特征多项式为

$$a(z)=z^2-0.6z+0.05=(z-0.5)(z-0.1)$$

观察输入项,可得输入多项式 $b(z)$为

$$b(z)=2z^2+z=2z(z+0.5)$$

在这个例子中我们有 $A=0.8$ 且

$$\frac{Ab(z)}{(z-p_0)a(z)}=\frac{1.6z(z+0.5)}{(z-0.8)(z-0.5)(z-1)}$$

由式(2.4.16)可得权系数为

$$d_0=\frac{1.6(1.8)(1.3)}{0.3(0.7)}=7.92$$

$$d_1=\frac{1.6(0.5)(1.0)}{0.3(0.4)}=-6.67$$

$$d_2=\frac{1.6(0.1)(0.6)}{-0.7(-0.4)}=0.343$$

如果我们利用式(2.4.15)，则输入 $x(k)$对应的零状态响应为

$$y_{zs}(k)=[7.92(0.8)^k-6.67(0.5)^k+0.343(0.1)^k]\mu(k)$$

因为式(2.4.1)的系统 S 是线性的，所以与一个非零初始状态 y_0 和一个非零输入 $x(k)$对应的全响应就是零输入响应和零状态响应的和。

$$y(k)=y_{zi}(k)+y_{zs}(k) \tag{2.4.17}$$

我们后面研究的绝大多数离散时间系统都有一个性质，即它们是 BIBO(有界输入有界输出)稳定的。对于一个稳定系统，当 k 趋于无穷大时，零输入响应将趋于 0。

$$|y_{zi}(k)|\to 0 \quad 当 \quad k\to\infty \tag{2.4.18}$$

如果一个稳定系统的输入为一个功率信号，则零状态响应将在全响应中占主导地位，所以，我们将侧重关注零状态响应。然而，当感兴趣与初始条件相关的瞬变状态时，也必须计算零输入响应。

例 2.9 全响应

再次考虑例 2.5 和例 2.8 中的二阶离散时间系统。假设初始状态为 $y_0=[3,\ 2]^T$，输入为

$$x(k)=0.8^{k+1}\mu(k)$$

与初始状态对应的零输入响应在例 2.5 中计算得到，而与输入对应的零状态响应在例 2.8 中也计算得到。于是，根据式(2.4.17)，系统全响应为

$$\begin{aligned}y(k)&=y_{zi}(k)+y_{zs}(k)\\&=1.75(0.5)^k-0.05(0.1)^k+[7.92(0.8)^k-6.67(0.5)^k+0.343(0.1)^k]\mu(k)\end{aligned}$$

为了验证 $y(k)$满足初始条件 $y_0=[3,2]^T$，我们有

$$y(-1)=1.75(0.5)^{-1}-0.05(0.1)^{-1}=3$$

$$y(-2)=1.75(0.5)^{-2}-0.05(0.1)^{-2}=2$$

图 2.14 展示了零输入响应、零状态响应以及全响应的图形。注意，对于 $k\gg 1$，零状态响应在全响应中占主导地位，因为零输入响应很快消失了。

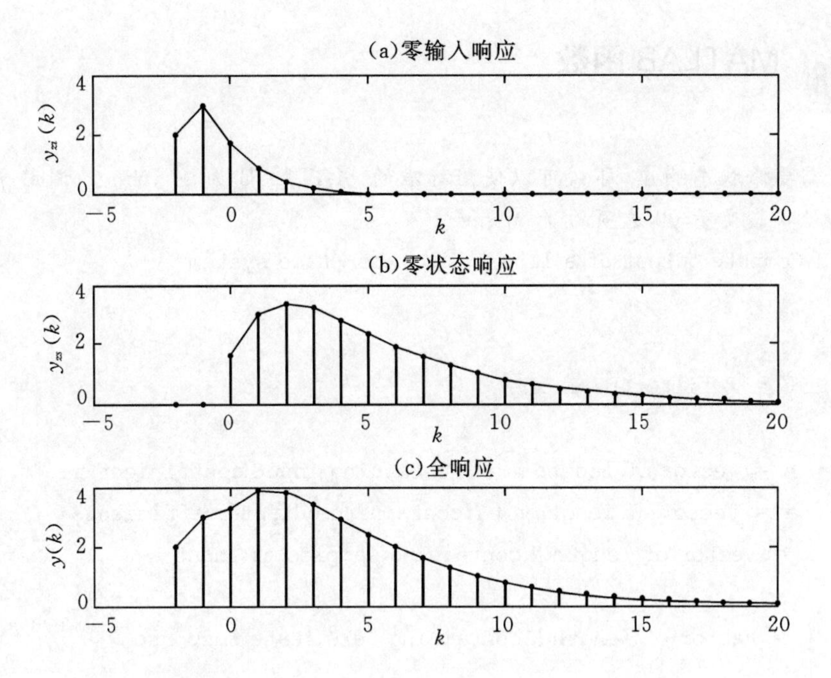

图 2.14 系统的输出。(a) $y_0=[3,2]^T$ 的零输入响应；(b) $x(k)=10(0.8)^k\mu(k)$ 的零状态响应；(c)全响应

FDSP 函数

求解全响应的一种简便方法是利用 FDSP 函数 *f_filter0* 进行数值计算。

```
% F_FILTER0 Compute the complete response of a discrete-time system
%
% Usage:
%        y = f_filter0 (b, a, x, y0);
% Pre:
%        b = vector of length m+1 containing input coefficients
%        a = vector of length n+1 containing output coefficients
%        x = vector of N input samples x = [x(0), . . . , x(N-1)]
%        y0 = optional vector of n past outputs y0 = [y(-1), . . . ,y(-n)]
% Post:
%        y = vector of length p containing the output samples. If
%           y0 is present, then y = [y(-n), y(-n+1, . . . , y(N-1)),
%           otherwise y = [y(0), y(1), . . . , y(N-1)].
```

MATLAB 函数

如果只需要零状态响应，那么可以使用标准的 MATLAB 函数 *filter*。调用 *filter* 等同于调用无初始状态变量 $y0$ 选项的 *f_filter0*。

```
% FILTER:Compute output of a linear discrete - time system
%
% Usage:
%          y = f_filter(b, a, x);
% Pre:
%          b = vector of length m + 1 containing input coefficients
%          a = vector of length n + 1 containing output coefficients
%        x = vector of length N containing samples of input
% Post:
%        y = vector of length N containing zero state response
```

数值计算技术的优势在于它适用于任何输入 $x(k)$。此外，对于任意 $n\geqslant0$ 和任意 $m\geqslant0$，函数 *filter* 和 *f_filter0* 都是有效的。所以这种数值计算方法的应用非常广泛。可它无法给出系统输出的解析表达式(闭式)。可它却给出了输出样本的数值解。

例 2.10　零状态响应数值解

考虑如下的输入为 $x(k)$ 的四阶离散时间系统。

$$y(k)=3y(k-1)-3.49y(k-2)+1.908y(k-3)-0.4212y(k-4)+x(k)-2x(k-3)$$

$$x(k)=2k(0.7)^k\sin(2\pi k/10)\mu(k)$$

两个系数向量为

$$a=[1,\ -3,\ 3.49,\ -1.908,\ 0.4212]^{\mathrm{T}}$$

$$b=[1,0,0,-2]^{\mathrm{T}}$$

如果我们使用 MATLAB 函数 $p=roots(a)$，则特征多项式的根为

$$p=\begin{bmatrix}0.9\\0.9\\0.6+\mathrm{j}0.4\\0.6-\mathrm{j}0.4\end{bmatrix}$$

这样就有一个二重根 $p_{1,2}=0.9$ 和一对复共轭的根 $p_{3,4}=0.6\pm\mathrm{j}0.4$。运行驱动程序 *f_dsp* 中的 *exam*2_10，可以得到图 2.15。它画出了输入的前 $N=50$ 个样本点和零状态响应。

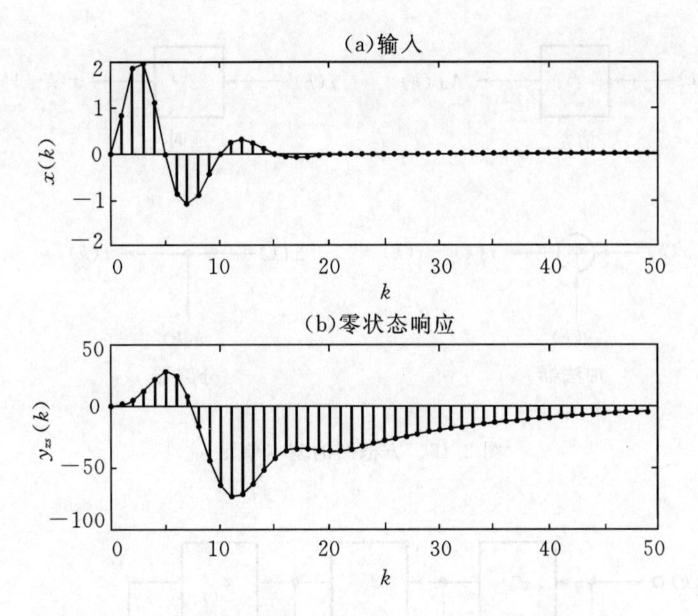

图 2.15 四阶离散时间系统零状态响应的数值解，输入 $x(k)=2k(0.7)^k\sin(2\pi k/10)\mu(k)$

2.5 方框图

离散时间系统可以用方框图的形式图形化表示。有了方框图，信息流和子系统间的互联就可以直观化。方框图是由一系列代表处理单元的方框通过代表信号的有向线段相互连接而成的。图 2.16 示出了四种基本组成部分。增益方框根据方框上标记规定的常数对信号进行尺度缩放处理。延迟方框，标记的是 z^{-1}，将信号延迟一个采样时刻。加法器或者说求和点方框将两个或更多的信号相加或相减，正如标记所示。最后，分支点或分路器分路提取出了信号的复制。

为了给出线性离散时间系统的方框图，首先考虑输出是过去输入加权求和的例子。

$$y(k)=\sum_{i=0}^{m}b_i x(k-i) \tag{2.5.1}$$

有时这被称为*滑动平均*或 MA 模型，因为当 $b_i=1/(m+1)$ 时，输出是过去 $m+1$ 个输入样本的滑动平均。一般情况下，它是一个由系数向量 b 为权值的加权平均。MA 模型有个简单的方框图，如图 2.17 所示，图中给出的是 $m=3$ 的 MA 模型。由于每个 z^{-1} 方框将输入延迟一个样本，图 2.17 的结构有时也被称作为*抽头延时线*。

接下来考虑更一般的 LTI 系统方框图，其当前输出 $y(k)$ 既依赖于过去的输入，又依赖于过去的输出。

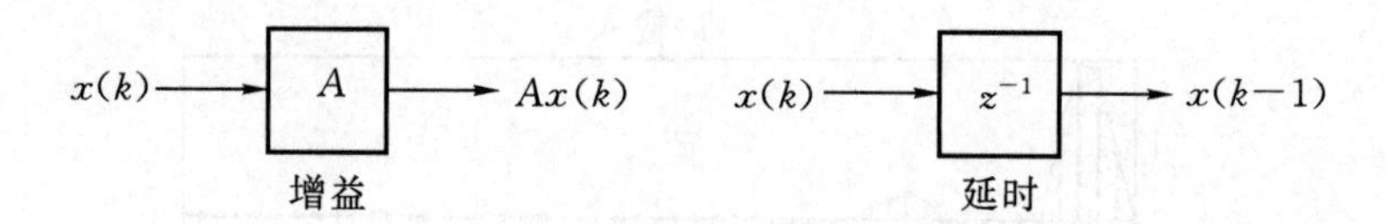

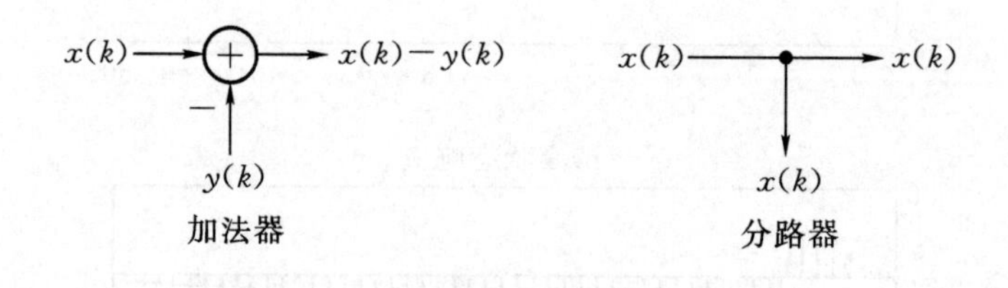

图 2.16　方框图的基本单元

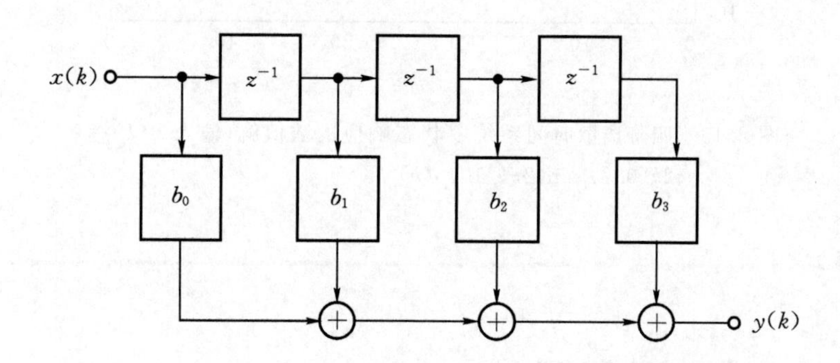

图 2.17　三阶($m=3$)MA 系统方框图

$$y(k)=\sum_{i=0}^{m}b_i x(k-i)-\sum_{i=1}^{n}a_i y(k-i) \tag{2.5.2}$$

这里 $M=\max\{m,n\}$是系统的阶次，假设 $m\leqslant n$。在这个例子中，我们可以给系数向量 $b\in R^{m+1}$补上 $n-m$ 个零，于是 $b\in R^{n+1}$。同理，如果 $m>n$，我们可以给系数向量 $a\in R^{n+1}$补上 $m-n$ 个零，于是 $a\in R^{m+1}$。这样不管在哪种情况下，补零的系数向量 a 和 b 的长度都是 $M+1$，$M=\max\{m,n\}$是系统的阶数。式(2.5.2)的差分方程可以只用一个求和表示如下：

$$y(k)=b_0x(k)+\sum_{i=1}^{m}[b_i x(k-i)-a_i y(k-i)] \tag{2.5.3}$$

利用这个公式，系统 S 可以用如图 2.18 所示的方框图形式表示，图 2.18 展示了二阶($M=2$)系统的方框图。注意，通常中间信号 $u_i(k)$和输出 $y(k)$可以递归方式定义如下：

$$\begin{aligned}u_M(k)&=b_Mx(k)-a_My(k)\\ u_{M-1}(k)&=b_{M-1}x(k)-a_{M-1}y(k)+u_M(k-1)\\ &\vdots\\ u_1(k)&=b_1x(k)-a_1y(k)+u_2(k-1)\end{aligned} \tag{2.5.4}$$

$$y(k)=b_0x(k)+u_1(k-1) \tag{2.5.5}$$

向量 $u(-1)\in R^M$ 可以被视为系统 S 的广义初始条件向量。图 2.18 所示的方框图是一种变形的直接Ⅱ型实现结构。在后面的第 6,7 章中,我们将介绍一些其他种类的实现结构,每一种都会有自己的优缺点。图 2.18 中方框图的一个重要特性是它所需延迟单元数是最少的。所以,它在内存使用方面是最理想的。MATLAB 函数 *filter* 就是基于图 2.18 中结构实现的。

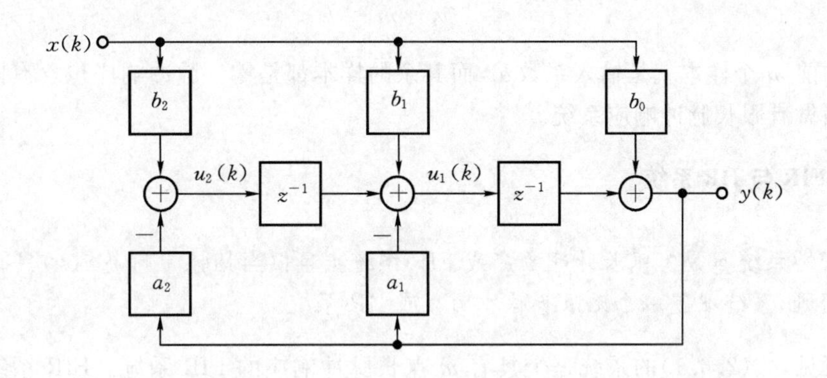

图 2.18　基于方程(2.5.3)的二阶($M=2$)系统方框图

2.6　脉冲响应

对于离散时间系统而言,单位脉冲 $\delta(k)$是一种最简单的非零输入信号。当系统 S 的初始条件为零时,应用一个脉冲输入会激励起系统的自然模式。从而其输出被称为脉冲响应。

定义 2.1　脉冲响应

一个线性时不变系统 S 的脉冲响应是由单位脉冲输入引起的零状态响应 $h(k)$。

$$x(k)=\delta(k) \quad \Rightarrow \quad h(k)=y_{zs}(k)$$

应该注意到:如果系统 S 是个因果系统,那么它的脉冲响应 $h(k)$将是个因果信号。正如我们将会看见的一样,对于任意类型的输入 $x(k)$,脉冲响应 $h(k)$都是求解零状态响应的关键。在讨论这个求解过程之前,有必要研究两类重要的系统的脉冲响应。

2.6.1　FIR 系统

考虑差分方程(2.4.1)所表示的离散时间系统 S,但是此处的输出系数向量只是简单的$a=1$。

$$y(k)=\sum_{i=0}^{m} b_i x(k-i) \tag{2.6.1}$$

这类系统的脉冲响应可以直接由定义 2.1 求得

$$h(k) = \sum_{i=0}^{m} b_i \delta(k-i) \tag{2.6.2}$$

回想一下,对于 $k \neq i, \delta(k-i)=0$ 且 $\delta(0)=1$。于是,式(2.6.2)中的 $h(k)$ 只有在 $0 \leqslant k \leqslant m$ 时才不为零。具体说来,对于式(2.6.1)中的FIR系统,其脉冲响应为

$$h(k) = \begin{cases} b_k, & 0 \leqslant k \leqslant m \\ 0, & m < k < \infty \end{cases} \tag{2.6.3}$$

脉冲响应的前 m 个样本就是输入系数 b_i,而其余的样本都是零。脉冲响应包含有限个非零样本的系统叫做有限长脉冲响应系统。

定义 2.2　FIR与IIR系统

> 一个线性系统 S 是有限长脉冲响应或FIR系统当且仅当其脉冲响应 $h(k)$ 具有有限个非零样本。否则,系统 S 是一个无限长脉冲响应或IIR系统。

由此可见,式(2.6.1)的系统是个具有 m 点长脉冲响应的FIR系统。FIR系统因其具有一些重要且十分有用的性质而在数字滤波器中占有明显优势。第6章介绍了FIR滤波器的设计,第7章介绍了IIR滤波器的设计。

例 2.11　FIR系统的脉冲响应

作为FIR系统的一个实例,考虑例2.4中介绍的滑动平均滤波器。这里 k 时刻滤波器的输出是过去 M 个输入样本的平均。

$$y(k) = \frac{1}{M}\sum_{i=0}^{M-1} x(k-i)$$

滑动平均滤波器试图依靠 M 的取值来平滑输入信号的波动性。按照式(2.6.3),滑动平均滤波器的脉冲响应为

$$h(k) = \begin{cases} \frac{1}{M} & 0 \leqslant k < M \\ 0 & M \leqslant k < \infty \end{cases}$$

这样一来,滑动平均滤波器的效果是取一个高为1宽为1的脉冲输入样本,然后将其扩展开,构成一个高为 $1/M$ 宽为 M 的脉冲样本。在两个例子中,高度乘以宽度都是1。当 $M=10$ 时,滑动平均脉冲响应如图2.19所示。

2.6.2　IIR系统

接下来考虑一个式(2.4.1)所示的线性时不变系统 S,其输出项的个数 $n \geqslant 1$。

$$y(k) = \sum_{i=0}^{m} b_i x(k-i) - \sum_{i=1}^{n} a_i y(k-i) \tag{2.6.4}$$

系统化求解这类常见系统脉冲响应的技术将在第3章中介绍,在那里运用了 z 变换。现

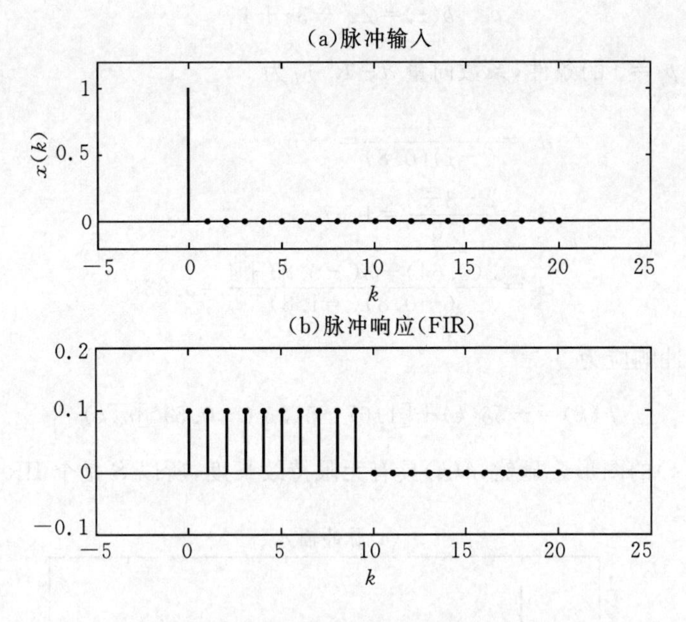

图 2.19　滑动平均滤波器的脉冲响应($M=10$)

在,为了说明计算 $h(k)$ 的过程,假设 $m\leqslant n$ 且特征多项式 $a(z)$ 的根均为非零单根。$a(z)$ 的因式分解形式为

$$a(z)=(z-p_1)(z-p_2)\cdots(z-p_n) \tag{2.6.5}$$

当 $m\leqslant n$ 且特征多项式具有非零单根时,其脉冲响应的形式为

$$h(k)=d_0\delta(k)+\sum_{i=1}^{n}d_i\,(p_i)^k\mu(k) \tag{2.6.6}$$

系数向量 $d\in R^{n+1}$ 的计算如下,其中的 $b(z)$ 是式(2.4.14)中定义的输入多项式且 $p_0=0$

$$d_i=\left.\frac{(z-p_i)b(z)}{za(z)}\right|_{z=p_i},\quad 0\leqslant i\leqslant n \tag{2.6.7}$$

如果对于一些 $i>0$,$d_i\neq 0$,那么脉冲响应 $h(k)$ 的持续长度将是无限的,于是系统 S 是个 IIR 系统。

例 2.12　IIR 系统的脉冲响应

作为 IIR 系统的一个例子,考虑以下的二阶离散时间系统 S

$$y(k)=2x(k)-3x(k-1)+4x(k-2)+0.2y(k-1)+0.8y(k-2)$$

S 的特征多项式为

$$a(z)=z^2-0.2z-0.8=(z-1)(z+0.8)$$

于是 S 有非零单根 $p=[1,\ -0.8]^{\mathrm{T}}$。根据式(2.6.6),其脉冲响应为

$$h(k)=d_0\delta(k)+[d_1+d_2\,(-0.5)^k]\mu(k)$$

可以看到,其输入项的多项式为

$$b(z)=2z^2-3z+4$$

利用式(2.6.7)和 $p_0=0$ 的条件，系数向量 $d\in R^3$ 应为

$$d_0=\frac{4}{(-1)(0.8)}=-5$$

$$d_1=\frac{2-3+4}{1.8}=1.67$$

$$d_2=\frac{2(0.64)-3(-0.8)+4}{(-0.8)(-1.8)}=5.33$$

最后，系统 S 的脉冲响应为

$$h(k)=-5\delta(k)+[1.67-5.33\,(-0.5)^k]\mu(k)$$

图 2.20 展示了 $h(k)$的图形。显然，$h(k)$具有无限持续长度，所以 S 是个 IIR 系统。

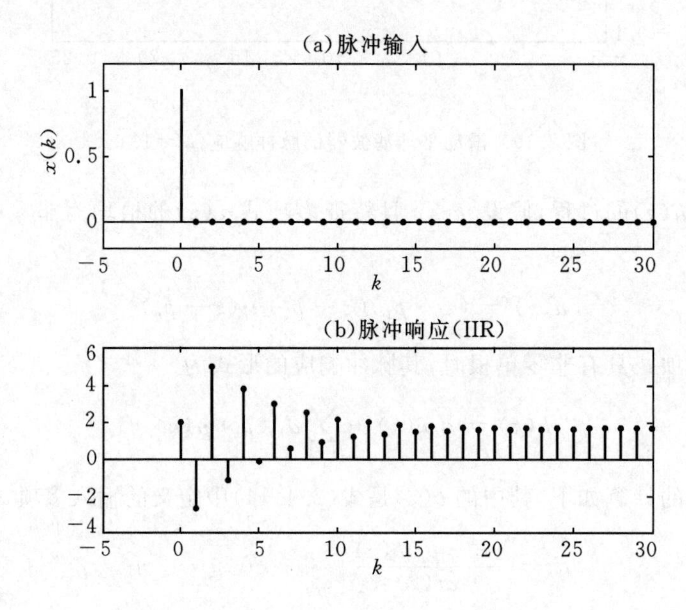

图 2.20 IIR 系统的脉冲响应

FDSP 函数

FDSP 工具箱中含有以下计算线性离散时间系统脉冲响应的函数。

```
% F_IMPULSE: Compute impulse response
%
% Usage:
%          [h, k] = f_impulse (b, a, N);
```

```
% Pre:
%           b = vector of length m + 1 containing input coefficients
%           a = vector of length n + 1 containing output coefficients
%           N = number of samples
% Post:
%          h = vector of length N containing the impulse response
%          k = vector of length N containing the discrete solution times
```

2.7　卷积

2.7.1　线性卷积

当脉冲响应已知时,对于任意给定的输入 $x(k)$的零状态响应便可计算得到。为说明这一点,首先注意到一个因果信号可以写成以下脉冲加权和的形式。这称之为单位脉冲的筛选性质。

$$x(k) = \sum_{i=0}^{k} x(i)\delta(k-i) \tag{2.7.1}$$

这里第 i 项为幅度为 $x(i)$时间在 $k=i$ 处的脉冲。回忆一下对于一个发生于 $k=0$ 时刻具有单位幅度的脉冲的零状态响应为 $h(k)$。如果系统是线性时不变的,那么输入乘以 $x(i)$并延时 i 个样点将产生一个同样乘以 $x(i)$并延时 i 个样点的输出。这样式(2.7.1)中的第 i 项的输出可以简单的写成 $x(i)h(k-i)$。并且,S 为线性系统,式(2.7.1)中输入和的响应即为各个输入响应的和。因此由式(2.7.1)中 $x(k)$输入产生的零状态响应可以写成

$$y(k) = \sum_{i=0}^{k} h(k-i)x(i) \tag{2.7.2}$$

式(2.7.2)的右边被称之为信号 $h(k)$与信号 $x(k)$的线性卷积。注意到如果 $x(k)$是非因果的,那么求和下限将变为 $i=-\infty$;而如果 $h(k)$为非因果的,那么求和上限将变为 $i=\infty$。

定义 2.3　线性卷积

令 $h(k)$和 $x(k)$为因果离散时间信号。$h(k)$和 $x(k)$的线性卷积由 $h(k) * x(k)$表示并定义为

$$h(k) * x(k) \triangleq \sum_{i=0}^{k} h(k-i)x(i),\ k \geqslant 0$$

符号 * 称之为卷积运算符。对比定义 2.3 和式(2.7.2),我们可以看到离散时间系统的零状态响应可以表示成卷积形式

$$y_{zs}(k) = h(k) * x(k) \tag{2.7.3}$$

这样,零状态响应即为脉冲响应与输入的线性卷积。卷积操作具有很多非常有用的性质。例如,从定义 2.3 出发,通过变量代换有

$$\begin{aligned} h(k) * x(k) &= \sum_{i=0}^{k} h(k-i)x(i) \\ &= \sum_{m=k}^{0} h(m)x(k-m),\ m = k-i \\ &= \sum_{m=0}^{k} h(m)x(k-m) \\ &= x(k) * h(k) \end{aligned} \tag{2.7.4}$$

因此卷积具有交换律性质,互换二者后结果不变。这样,零状态响应也可写成

$$y(k) = \sum_{i=0}^{k} h(i)x(k-i) \tag{2.7.5}$$

当系统 S 为式(2.6.1)中的 FIR 系统并且脉冲响应持续期为 m 时,式(2.7.5)中的上限可以用 m 来替换,并且脉冲响应可以用输入系数 $h(k)=b_k$ 来替换。

除了具有交换律性质外,线性卷积还具有结合律和分配律性质,总结于表 2.2。另外两个性质也可通过定义 2.3 得到,在此留做练习。(习题 2.29,2.30)

表 2.2 线性卷积的性质

名称	性质
交换律	$f * g = g * f$
结合律	$f * (g * h) = (f * g) * h$
分配律	$f * (g + h) = f * g + f * h$

MATLAB 函数

两个有限长离散时间信号 h 和 x 的线性卷积可以通过 MATLAB 函数 *conv* 计算如下

```
% CONV: Perform linear convolution
%
% Usage:
%       y = conv(h, x);
% Pre:
%       h = vector of length L
%       x = vector of length M
% Post:
%       y = vector of length L + M - 1 containing convolution of h with x
```

例 2.13　线性卷积

设例 2.12 中系统输入为如下的因果正弦信号

$$x(k)=10\sin(0.1\pi k)\mu(k)$$

如果初始条件为零，该系统的输出用卷积表示为

$$\begin{aligned} y(k) &= \sum_{i=0}^{k} h(i)x(k-i) \\ &= 10\sum_{i=0}^{k}\{-5\delta(i)+[1.67-5.33(-0.5)^i]\}\sin[0.1\pi(k-i)], \quad k\geqslant 0 \end{aligned}$$

运行 *exam2_13* 得到的零状态响应示于图 2.21 中。这里离散时间信号直接由函数 *filter* 产生，内插后的结果由卷积函数 *conv* 得到。

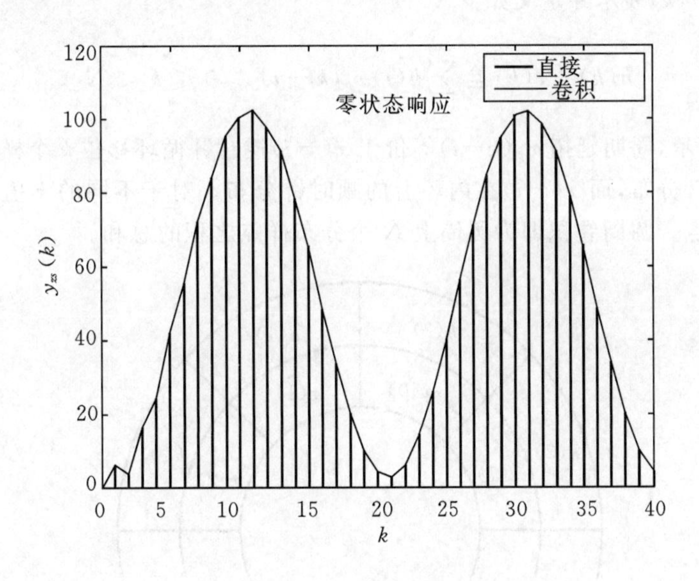

图 2.21　例 2.13 的零状态响应

2.7.2　圆周卷积

实际中的卷积运算都是数值计算，信号 $h(k)$ 和 $x(k)$ 必须是有限长的。假设 $h(k)$ 在所有的 k 均有定义，但仅在 $0\leqslant k<L$ 处为非零。同样，设 $x(k)$ 仅在 $0\leqslant k<M$ 处为非零。这样式(2.7.5)中的线性卷积可以表示成

$$y(k)=\sum_{i=0}^{L-1}h(i)x(k-i), \quad 0\leqslant k<L+M-1 \tag{2.7.6}$$

求和上限已经由 k 变为 $L-1$，因为 $i\geqslant L$ 时 $h(i)=0$。注意到当 $i=L-1$ 时，对于所有的 $L-1\leqslant k<L+M$ 均有 $x(k-i)\neq 0$。这样一来，一个 L 点的信号和一个 M 点信号的线性卷积就是一个长度为 $L+M-1$ 点的信号。

还有另外一种定义卷积的方法，其结果的长度和两个运算对象的长度相同。为定义这种

形式的卷积,我们首先介绍一个有限长信号 $x(k)$ 的周期延拓。对于 N 点长信号 $x(k)$ 来说,其周期延拓信号 $x_p(k)$ 在所有的整数点 k 的定义如下:

$$x_p(k) \triangleq x[\mathrm{mod}(k,N)] \tag{2.7.7}$$

这里 MATLAB 函数 $\mathrm{mod}(k,N)$ 读作 k 模 N。对于固定的整数 N,函数 $\mathrm{mod}(k,N)$ 是以 N 为周期的周期斜坡函数,当 $0 \leqslant k < N$ 时 $\mathrm{mod}(k,N)=k$。因此,当 $0 \leqslant k < N$ 时周期延拓信号 $x_p(k)=x(k)$,并且 $x_p(k)$ 将 $x(k)$ 沿着正负两个方向周期延拓。以下便是这种称之为圆周卷积的卷积定义方法。

定义 2.4　圆周卷积

设 $h(k)$ 和 $x(k)$ 都为 N 点信号,并设 $x_p(k)$ 为 $x(k)$ 的周期延拓。$h(k)$ 和 $x(k)$ 的圆周卷积用 $y_c(k)=h(k)\circ x(k)$ 表示并定义如下

$$h(k) \circ x(k) \triangleq \sum_{i=0}^{N-1} h(i)x_p(k-i), \quad 0 \leqslant k < N$$

如图 2.22 所示,周期延拓 $x_p(k-i)$ 等价于 $x(-i)$ 逆时针循环移位 k 个样点。注意到 $h(i)$ 在外环上的逆时针分布,而 $x(-i)$ 在内环上的顺时针分布。对于不同的 k 值,信号 $x(-i)$ 逆时针移位 k 个样点。圆周卷积即为圆周上 N 个分布样点之积的总和。

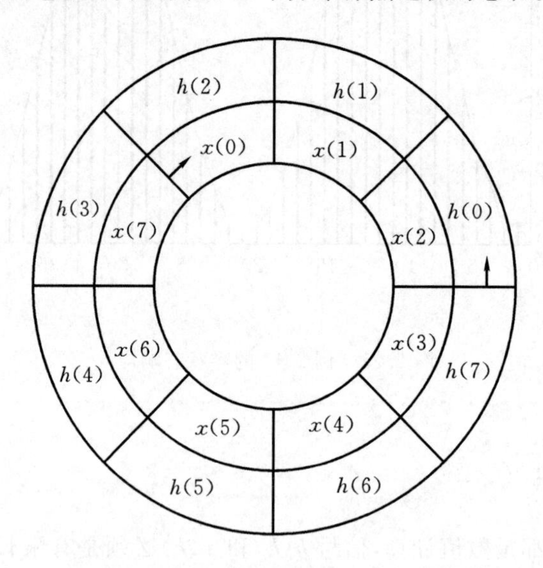

图 2.22　8 点($N=8$)$x(-i)$ 逆时针圆周移位 2 点($k=2$)的圆周卷积示意图

我们可以用矩阵乘法来表示圆周卷积。设 h 和 y_c 分别为包含样点 $h(k)$ 和 $y_c(k)=h(k)\circ x(k)$ 的 $N\times 1$ 的列向量。

$$h = [h(0),h(1),\cdots,h(N-1)]^{\mathrm{T}} \tag{2.7.8a}$$

$$y_c = [y_c(0),y_c(1),\cdots,y_c(N-1)]^{\mathrm{T}} \tag{2.7.8b}$$

由于圆周卷积是一个从 h 到 y_c 的线性变换,它就可以由一个 $N\times N$ 的矩阵 $C(x)$ 来表示。具

体到 $N=5$ 的情况，我们考虑如下对应的矩阵。

$$C(x)=\begin{bmatrix} x(0) & x(4) & x(3) & x(2) & x(1) \\ x(1) & x(0) & x(4) & x(3) & x(2) \\ x(2) & x(1) & x(0) & x(4) & x(3) \\ x(3) & x(2) & x(1) & x(0) & x(4) \\ x(4) & x(3) & x(2) & x(1) & x(0) \end{bmatrix} \tag{2.7.9}$$

注意圆周卷积矩阵 $C(x)$ 的列仅仅是 $x(i)$ 向下滚动移位。利用式(2.7.8)和式(2.7.9)，我们可以将圆周卷积的定义 2.4 写成向量形式

$$y_c=C(x)h \tag{2.7.10}$$

注意到式(2.7.9)，如果精心选择输入 $x(k)$，那么圆周卷积矩阵 $C(x)$ 将会是非奇异的，这样我们可以通过 y_c 用 $h=C^{-1}(x)y_c$ 恢复 h。

例 2.14　圆周卷积

为说明怎样运用矩阵式计算圆周卷积，考虑以下两个长为 $N=3$ 的有限长信号。

$$h=[2,\ -1,\ 6]^{\mathrm{T}},\quad x=[5,\ 3,\ -4]^{\mathrm{T}}$$

由式(2.7.9)，3×3 的圆周卷积矩阵 $C(x)$ 为

$$C(x)=\begin{bmatrix} 5 & -4 & 3 \\ 3 & 5 & -4 \\ -4 & 3 & 5 \end{bmatrix}$$

利用式(2.7.10)，如果 $y_c(k)=h(k)\circ x(k)$，那么

$$y_c(k)=C(x)h=\begin{bmatrix} 5 & -4 & 3 \\ 3 & 5 & -4 \\ -4 & 3 & 5 \end{bmatrix}\begin{bmatrix} 2 \\ -1 \\ 6 \end{bmatrix}=[32,\ -23,\ 19]^{\mathrm{T}}$$

2.7.3　补零延拓

在第 4 章中，高速的圆周卷积是通过快速傅里叶变换(FFT)实现的。但不幸的是，直接运用圆周卷积不会产生一个线性离散时间系统的零状态响应，即便它是一个 FIR 系统，还有一个有限长的输入，直接运用也会有问题。为说明这一点，注意到定义 2.4 中如果考虑 $k\geqslant N$ 的 $y_c(k)$。我们会发现圆周卷积是以 N 为周期的。

$$y_c(k+N)=y_c(k) \tag{2.7.11}$$

由于零状态响应通常来讲不是周期的。这意味着圆周卷积与线性卷积相比会产生不同的结果。幸运的是，有一种可执行的简单预处理步骤允许我们利用圆周卷积来完成线性卷积。为了不失一般性，设 $h(k)$ 为 L 点的信号，$x(k)$ 为 M 点的信号。假设我们通过**补零延拓**创建两个新的信号，每个信号的长度都为 $N=L+M-1$。具体来说，我们可以为 $h(k)$ 补 $M-1$ 个零并

为 $x(k)$ 补 $L-1$ 个零。

$$h_z=[h(0),h(1),\cdots,h(L-1),\overbrace{0,\cdots,0}^{M-1}]^{\mathrm{T}} \tag{2.7.12a}$$

$$x_z=[x(0),x(1),\cdots,x(M-1),\underbrace{0,\cdots,0}_{L-1}]^{\mathrm{T}} \tag{2.7.12b}$$

这样 h_z 和 x_z 均为长度 $N=L+M-1$ 的补零延拓向量。然后，考虑 $h_z(k)$ 与 $x_z(k)$ 的圆周卷积。如果 $x_{zp}(k)$ 为 $x_z(k)$ 的周期延拓，那么

$$\begin{aligned} y_c(k)&=h_z(k)\circ x_z(k)\\ &=\sum_{i=0}^{N-1}h_z(i)x_{zp}(k-i)\\ &=\sum_{i=0}^{L-1}h_z(i)x_{zp}(k-i),\ 0\leqslant k<N \end{aligned} \tag{2.7.13}$$

由于 $0\leqslant i<L$ 并且 $0\leqslant k<N$，$k-i$ 在 $k=0$ 和 $i=L-1$ 处取得最小值 $-(L-1)$。但 $x_z(i)$ 在其末尾补有 $L-1$ 个零。所以当 $0\leqslant i<L$ 时 $x_{zp}(-i)=0$ 。这意味着式(2.7.13)中的 $x_{zp}(k-i)$ 可用 $x_z(k-i)$ 来替换。这样结果就为 $h_z(k)$ 与 $x_z(k)$ 的线性卷积。

$$h_z(k)\circ x_z(k)=h(k)*x(k),\ 0\leqslant k<N \tag{2.7.14}$$

总之，两信号的线性卷积可以通过计算补零延拓后的圆周卷积来完成。因此，零状态响应就可以利用圆周卷积来计算了。下面这个例题就展示了这项技术。

例 2.15 补零延拓

考虑例 2.14 的信号。在本例中 $L=3$，$M=3$，则 $N=L+M-1=5$。补零延拓后的信号为

$$h_z=[2,\ -1,\ 6,\ 0,\ 0]^{\mathrm{T}},\qquad x_z=[5,\ 3,\ -4,\ 0,\ 0]^{\mathrm{T}}$$

由式(2.7.9)，5×5 的圆周卷积矩阵 $C(x)$ 为

$$C(x)=\begin{bmatrix}5&0&0&-4&3\\3&5&0&0&-4\\-4&3&5&0&0\\0&-4&3&5&0\\0&0&-4&3&5\end{bmatrix}$$

因此由式(2.7.10)和(2.7.14)，$h(k)$ 与 $x(k)$ 的线性卷积为

$$y=C(x_z)h_z=\begin{bmatrix}5&0&0&-4&3\\3&5&0&0&-4\\-4&3&5&0&0\\0&-4&3&5&0\\0&0&-4&3&5\end{bmatrix}\begin{bmatrix}2\\-1\\6\\0\\0\end{bmatrix}=[10,\ 1,\ 19,\ 22,\ -24]^{\mathrm{T}}$$

FDSP 函数

有限长信号 h 和 x 的线性卷积与圆周卷积均可以用 FDSP 工具箱中的如下函数 *f_conv* 计算。

```
% F_CONV:  Fast linear or circular convolution
%
% Usage:
%            y = f_conv (h, x, circ)
% Pre:
%            h = vector of length L containing impulse response signal
%            x = vector of length M containing input signal
%            circ = optional convolution type code (default: 0)
%                   0 = linear convolution
%                   1 = circular convolution (requires M = L)
% Post:
%            y = vector of length L + M - 1 containing the convolution of h
%                with x. If circ = 1, y is of length L.
% Note:
%            If h is the impulse response of a discrete - time linear system and
%            x is the input, then y is the zero - state response when circ  =  0.
```

如第 4 章讨论的那样，函数 *f_conv* 基于 FFT 算法实现了快速形式的卷积。线性卷积与圆周卷积的关系总结在表 2.3 中。

表 2.3　线性卷积与圆周卷积

性质	公式
线性卷积	$h(k)*x(k)=\sum_{i=0}^{k}h(i)x(k-i)$
圆周卷积	$h(k)\circ x(k)=\sum_{i=0}^{N-1}h(i)x_p(k-i)$
补零延拓	$h(k)*x(k)=h_z(k)\circ x_z(i)$

2.7.4　反卷积

在有些应用中系统的脉冲响应 $h(k)$ 和输出 $y(k)$ 是已知的，信号处理的目标是恢复重建输入 $x(k)$。这种给定脉冲响应 $h(k)$ 和输出 $y(k)$ 求解输入 $x(k)$ 的过程称之为*反卷积*。反卷积也包括给定输入 $x(k)$ 和输出 $y(k)$ 求解脉冲响应 $h(k)$。这是一类更为常见且被称之为系统辨识问题的特例,我们将在第 3 章和第 9 章讨论。当 $h(k)$ 和 $x(k)$ 均为因果无噪信号时,$h(k)$ 的恢复相对来说较为简单。假设输入 $x(k)$ 选择为 $x(0)\neq 0$。分析式(2.7.5)在 $k=0$ 时得 $y(0)=h(0)x(0)$,或者

$$h(0)=\frac{y(0)}{x(0)} \tag{2.7.15}$$

一旦 $h(0)$ 已知,$h(k)$ 剩下的样点可以递归的得到。例如,分析式(2.7.5)在 $k=1$ 时得

$$y(1)=h(0)x(1)+h(1)x(0) \tag{2.7.16}$$

解式(2.7.16)中的 $h(1)$ 我们有

$$h(1)=\frac{y(1)-h(0)x(1)}{x(0)} \tag{2.7.17}$$

这个过程可以重复对于所有的 $2\leqslant k<N$。一般的情况下的表达式可以通过将式(2.7.5)中的求和项分解为 $i<k$ 的项和 $i=k$ 的项。求解 $h(k)$ 我们可以得到以下关于脉冲响应的递推公式:

$$h(k)=\frac{1}{x(0)}\left[y(k)-\sum_{i=0}^{k-1}h(i)x(k-i)\right],\ k\geqslant 1 \tag{2.7.18}$$

由式(2.7.15)初始化条件,式(2.7.18)可以求解出反卷积问题,从而由输入和输出恢复重建脉冲响应。接下来的这个例题展示了这项技术。

例 2.16 反卷积

考虑例 2.14 的信号。在本例中,$h(k)$ 和 $x(k)$ 长度都为 $N=3$,分别表示如下:

$$h=[2,\ -1,\ 6]^{\mathrm{T}},\quad x=[5,\ 3,\ -4]^{\mathrm{T}}$$

设 $y(k)=h(k)*x(k)$。在例 2.15 中运用补零延拓的圆周卷积,解得了如下的零状态响应。

$$y=[10,\ 1,\ 19,\ 22,\ -24]^{\mathrm{T}}$$

为了利用反卷积由 $x(k)$ 和 $y(k)$ 恢复出 $h(k)$,我们从式(2.7.15)开始。脉冲响应的第一个样点 $h(0)=y(0)/x(0)=2$。然后,利用式(2.7.18),当 $k=1$ 时得

$$h(1)=\frac{y(1)-h(0)x(1)}{x(0)}=\frac{1-2(3)}{5}=-1$$

最后,利用式(2.7.18),当 $k=2$ 时得

$$\begin{aligned}h(2)&=\frac{y(2)-h(0)x(2)-h(1)x(1)}{x(0)}\\&=\frac{19-2(-4)-(-1)3}{5}\\&=6\end{aligned}$$

因此脉冲响应向量为

$$h=[2,\ -1,\ 6]^{\mathrm{T}}$$

2.7.5　多项式算法

线性卷积按多项式算法会有一个简便且十分有意义的解释。假设 $a(z)$ 和 $b(z)$ 是阶次(degree)分别为 L 和 M 多项式。

$$a(z)=a_0 z^L+a_1 z^{L-1}+\cdots+a_L \tag{2.7.19a}$$

$$b(z)=b_0 z^M+b_1 z^{M-1}+\cdots+b_M \tag{2.7.19b}$$

这样系数向量 a 和 b 的长度分别为 $L+1$ 和 $M+1$。这样 $c(z)$ 则为如下乘积多项式

$$c(z)=a(z)b(z) \tag{2.7.20}$$

在这种情况下，$c(z)$ 的阶次则为 $N=L+M$，其系数向量长度为 $L+M+1$。即为

$$c(z)=c_0 z^{L+M}+c_1 z^{L+M-1}+\cdots+c_{L+M} \tag{2.7.21}$$

$c(z)$ 的系数向量可以由 $a(z)$ 和 $b(z)$ 的系数向量通过如下的线性卷积直接获得。

$$c(k)=a(k)*b(k),\ 0\leqslant k<L+M+2 \tag{2.7.22}$$

因此线性卷积等价于多项式乘法。由于反卷积允许我们由 $b(k)$ 和 $c(k)$ 恢复 $a(k)$，反卷积则等价于多项式除法。

例 2.17　多项式乘法

为说明线性卷积与多项式算法之间的关系，考虑以下两个多项式

$$a(z)=2z^2-z+6,\quad b(z)=5z^2+3z-4$$

该例中系数向量 $a=[2,\ -1,\ 6]^{\mathrm{T}}$ 而 $b=[5,\ 3,\ -4]^{\mathrm{T}}$。假设 $c(k)=a(k)*b(k)$，那么由例 2.15 知

$$c=[10,\ 1,\ 19,\ 22,\ -24]^{\mathrm{T}}$$

因此 $a(z)$ 与 $b(z)$ 的乘积多项式阶次为 4，它的系数向量由 c 给出。即为

$$c(z)=a(z)b(z)=10z^4+z^3+19z^2+22z-24$$

利用 $a(z)$ 与 $b(z)$ 直接相乘，我们可以证实这一结果。

$$c(z)=\left\{\begin{array}{ccccc} 10z^4 & -5z^3 & +30z^2 & & \\ & 6z^3 & -3z^2 & +18z & \\ & & -8z^2 & +4z & -24 \\ \hline 10z^4 & +z^3 & +19z^2 & +22z & -24 \end{array}\right\}$$

MATLAB函数

两个有限长离散时间信号 h 和 x 的反卷积可通过如下 MATLAB 函数 *deconv* 计算。

```
% DECONV:  Perform linear deconvolution
%
% Usage:
%              [h, r] = deconv (y, x);
% Pre:
%              y = vector of length N containing output
%              x = vector of length M < N containing input
% Post:
%              y = vector of length N containing impulse response
% Note:
%              If y and x represent the coefficients of polynomials, then
%              h contains the coefficients of the quotient polynomial and
%              r contains the coefficients of the remainder polynomial.
%
%              y(z) = h(z)x(z) + r(z)
```

2.8 相关

2.8.1 线性互相关

接下来我们将注意力转移到一种针对有限长信号，且被称为相关的运算，它与卷积有着密切关系。

定义 2.5 线性互相关

设 $y(k)$ 为 L 点信号，而 $x(k)$ 为 M 点信号，这里 $M\leqslant L$。那么 $y(k)$ 与 $x(k)$ 之间的线性互相关由 $r_{yx}(i)$ 表示，其定义为

$$r_{yx}(k) \triangleq \frac{1}{L}\sum_{i=0}^{L-1} y(i)x(i-k), \quad 0\leqslant k < L$$

由于 $x(k)$ 为因果的，定义 2.5 中的求和下限可以写成 $i=k$。变量 k 有时被称之为滞后量因为它代表了在进行求积求和运算之前 $x(i)$ 向右移或者说延迟的样点数。

定义 2.5 告诉我们应该如何计算两个确定性离散时间信号的互相关。在有些线性互相关

定义中没有 $1/L$ 的比例因子。这里定义 2.5 采用了比例因子，因为这种定义方式可以与两个随机信号统计互相关函数的定义保持一致。运用数学期望算子的随机信号统计互相关运算将在第 9 章中介绍。定义 2.5 中的公式适用于有限长的因果信号。对于实际计算而言，这是最为重要且具体的情况。然而，可以通过将定义 2.5 中求和上下限扩展的方式来分别定义非因果信号和无限长信号（功率信号）的互相关函数。

正如卷积情况一样，这里也有矩阵形式的互相关函数。设 y 和 r_{yx} 分别为包含样点 $y(k)$ 和 $r_{yx}(k)$ 的 $L\times1$ 列向量。

$$y=[y(0),\ y(1),\ \cdots,\ y(L-1)]^{\mathrm{T}} \tag{2.8.1a}$$

$$r_{yx}=[r_{yx}(0),\ r_{yx}(1),\ \cdots,\ r_{yx}(L-1)]^{\mathrm{T}} \tag{2.8.1b}$$

互相关函数是从 y 到 r_{yx} 的线性变换。因此，它可由 $L\times L$ 的矩阵 $D(x)$ 来表示。考虑如下 $L=5$ 和 $M=3$ 情况下的矩阵：

$$D(x)=\frac{1}{5}\begin{bmatrix} x(0) & x(1) & x(2) & 0 & 0 \\ 0 & x(0) & x(1) & x(2) & 0 \\ 0 & 0 & x(0) & x(1) & x(2) \\ 0 & 0 & 0 & x(0) & x(1) \\ 0 & 0 & 0 & 0 & x(0) \end{bmatrix} \tag{2.8.2}$$

注意这里 $D(x)$ 的行是通过 $x(k)$ 右移构建的。尽管如此，与(2.7.9)式中的圆周卷积矩阵不同，当样点 x 移到 $D(x)$ 的右端时，它们并不绕回重新出现在左端。利用式(2.8.1)、式(2.8.2)和定义 2.5，$y(k)$ 和 $x(k)$ 的线性互相关可以写成向量形式

$$r_{yx}=D(x)y \tag{2.8.3}$$

注意到(2.8.2)式中如果 $x(0)\neq0$，那么互相关函数的矩阵 $D(x)$ 为非奇异的，这意味着可以从互相关函数中利用 $y=D^{-1}(x)r_{yx}$ 恢复信号 $y(k)$。

线性互相关函数可以用来度量一个信号与另外一个信号的相似程度。下面的这个例题说明了这一点。

例 2.18　线性互相关

为了说明怎样通过矩阵公式来计算互相关函数，考虑如下一对离散时间信号。

$$x=[0,\ 2,\ 1,\ 2,\ 0]^{\mathrm{T}}$$

$$y=[4,\ -1,\ -2,\ 0,\ 4,\ 2,\ 4,\ 0,\ -2,\ 2]^{\mathrm{T}}$$

这里 $L=10$，$M=5$。信号 $y(k)$ 和 $x(k)$ 示于图 2.23。

$x(k)$ 的图形为一个平的“M”形的信号。而且较长的信号 $y(k)$ 中包含了一个大“M”波形，它从 $k=3$ 点开始，是 $x(k)$ 缩放和位移。为验证 $y(k)$ 包含有缩放和位移了的 $x(k)$，我们来计算线性互相关函数。由式(2.8.2)和式(2.8.3)，$y(k)$ 和 $x(k)$ 的线性互相关为

$$r_{yx}=D(x)y$$

$$= \frac{1}{10}\begin{bmatrix} 0 & 2 & 1 & 2 & 0 & 0 & 0 & 0 & 0 & 0 \\ 0 & 0 & 2 & 1 & 2 & 0 & 0 & 0 & 0 & 0 \\ 0 & 0 & 0 & 2 & 1 & 2 & 0 & 0 & 0 & 0 \\ 0 & 0 & 0 & 0 & 2 & 1 & 2 & 0 & 0 & 0 \\ 0 & 0 & 0 & 0 & 0 & 2 & 1 & 2 & 0 & 0 \\ 0 & 0 & 0 & 0 & 0 & 0 & 2 & 1 & 2 & 0 \\ 0 & 0 & 0 & 0 & 0 & 0 & 0 & 2 & 1 & 2 \\ 0 & 0 & 0 & 0 & 0 & 0 & 0 & 0 & 2 & 1 \\ 0 & 0 & 0 & 0 & 0 & 0 & 0 & 0 & 0 & 2 \\ 0 & 0 & 0 & 0 & 0 & 0 & 0 & 0 & 0 & 0 \end{bmatrix}\begin{bmatrix} 4 \\ -1 \\ -2 \\ 0 \\ 4 \\ 2 \\ 4 \\ 0 \\ -2 \\ 2 \end{bmatrix}$$

$$= [-0.4, 0.4, 0.8, 1.8, 0.8, 0.4, 0.2, -0.2, 0.4, 0.0]^{T}$$

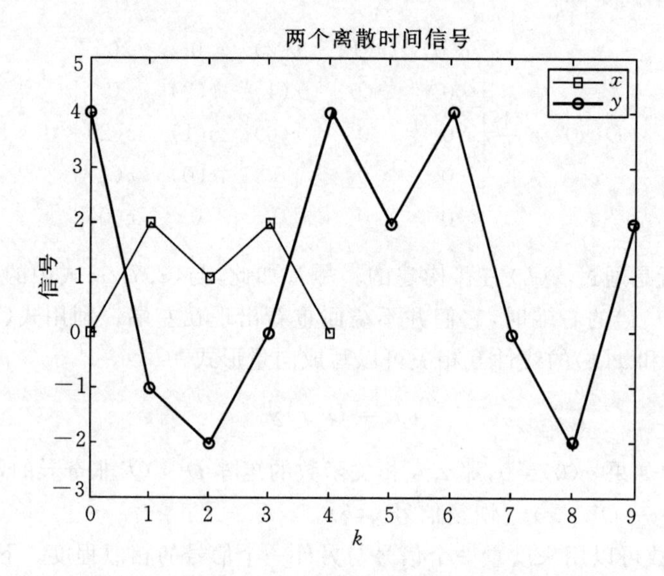

图 2.23　两个有限长离散时间信号

该例中 $r_{yx}(k)$ 在 $k=3$ 处达到最大值，这通过图 2.24 中 $r_{yx}(k)$ 的曲线可以明显看出。$r_{yx}(k)$ 在 $k=3$ 处有明显峰值的事实表明：$y(k)$ 和 $x(k-3)$ 有很强的正相关性。实际上，除了一个比例因子外，这两个信号在这种情况下是完全匹配的。

$$y(k)=2x(k-3),\quad 3\leqslant k<3+M$$

因此 $r_{yx}(k)$ 的波形在 $k=p$ 处有一个主峰表明：信号 $y(k)$ 从 $k=p$ 开始有一个与信号 $x(k)$ 相似的波形出现。

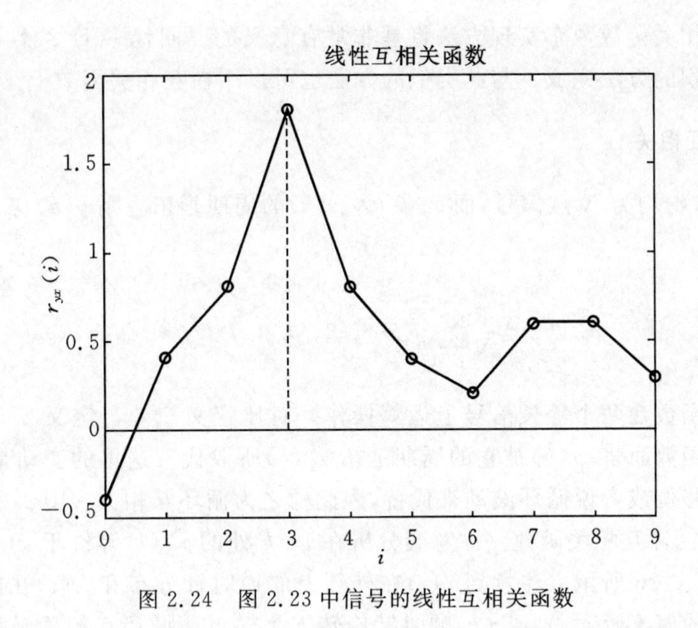

图 2.24　图 2.23 中信号的线性互相关函数

尽管定义 2.5 中的互相关函数可以用来检测一个信号在另一个信号中的存在性，它仍然有实用性的问题。当 $y(k)$包含缩放和移位了的 $x(k)$时，互相关函数会有明显的尖峰。然而，尖峰的高度取决于 $y(k)$和 $x(k)$的具体数据。例如，将 $y(k)$或 $x(k)$缩放 a 倍同样会缩放尖峰幅度 a 倍。因此，问题来了，尖峰到底要多高才能认为存在着明显的相关性呢？一个简单的解决该问题的方法为建立归一化的互相关函数。可以证明(*Proakis and Manolakis*, 1988)互相关函数的平方上界由下式确定

$$r_{yx}^2(k) \leqslant \left(\frac{M}{L}\right) r_{xx}(0) r_{yy}(0), \quad 0 \leqslant k < L \tag{2.8.4}$$

利用式(2.8.4)，我们可以引入以下缩放后的 $y(k)$和 $x(k)$的互相关函数，称之为*归一化线性互相关*

$$\rho_{yx}(k) \triangleq \frac{r_{yx}(k)}{\sqrt{(M/L) r_{xx}(0) r_{yy}(0)}}, \quad 0 \leqslant k < L \tag{2.8.5}$$

通过构造，归一化互相关的幅度是由 $B_\rho = 1$ 界定的。即归一化互相关可以确保落在以下区间

$$-1 \leqslant \rho_{yx}(k) \leqslant 1, \ 0 \leqslant k < L \tag{2.8.6}$$

如果运用归一化互相关函数，不管一个信号与另一个信号相比是很小还是很大，只要出现接近于最大值 1 的尖峰，即预示着 $y(k)$和 $x(k)$之间有很强的正相关性。对于图 2.24 所示的互相关的例子，归一化互相关函数尖峰为 $\rho_{yx}(3) = 0.744$，意味着 $y(k)$与 $x(k-3)$之间有着很强的正相关性。

2.8.2　循环互相关

实际互相关函数常常是对长信号而言的，所以如果开发出比按定义 2.5 直接计算方法更

为高效的线性互相关函数数字实现方法将是非常有意义的。回忆一下,线性卷积可以通过补零延拓的圆周卷积的方法完成。与此类似的方法也可以用在互相关函数上。

定义 2.6 循环互相关

设 $y(k)$ 和 $x(k)$ 均为 N 点信号,而 $x_p(k)$ 为 $x(k)$ 的周期延拓。则 $y(k)$ 与 $x(k)$ 的循环互相关 $c_{yx}(k)$ 定义为

$$c_{yx}(k) \triangleq \frac{1}{N}\sum_{i=0}^{N-1} y(i)x_p(i-k),\ 0 \leqslant k < N$$

循环互相关函数在两个等长信号上运算操作。对比定义 2.6 与定义 2.5,我们可以看到对于循环互相关函数而言,$x(k)$ 被它的周期延拓 $x_p(k)$ 所取代。这里的变动是将 $x(k)$ 的线性移位由圆周循环移位或者说循环滚动来代替,因此称之为循环互相关。图 2.25 图示出了 $N=8, k=2$ 情况下的循环互相关函数。注意到分析在 $i-k$ 处的 $x_p(i)$ 等价于 $x(i)$ 顺时针圆周移位 k 个样点,如图 2.25 所示。注意到 $y(i)$ 在外环上的逆时针分布和 $x(i)$ 在内环上的逆时针分布。对于不同的值 k,信号 $x_p(i-k)$ 顺时针旋转 k 个样点。循环互相关函数即为圆周上 N 个样点对之积的总和。

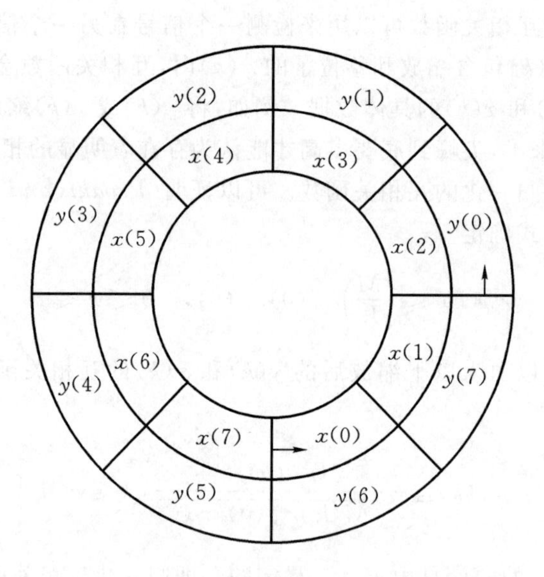

图 2.25　$x(i)$ 的顺时针圆周位移($k=2$, $N=8$)

正如线性互相关函数的情况一样,我们可以缩放 $c_{yx}(k)$ 来产生如下的归一化循环互相关函数,其值被严格限定在[−1, 1]区间(参见习题 2.34)。

$$\sigma_{yx}(k) = \frac{c_{yx}(k)}{\sqrt{c_{xx}(0)c_{yy}(0)}} \tag{2.8.7}$$

循环互相关函数有很多有用的性质。例如,考虑 $y(k)$ 和 $x(k)$ 互换位置后的效果。注意到:按照定义 2.6,$y(k)$ 可由它的周期延拓 $y_p(k)$ 替代而不影响结果。因此,

利用变量代换 $q=i-k$,有

$$
\begin{aligned}
c_{xy}(k) &= \frac{1}{N}\sum_{i=0}^{N-1} x(i)y_p(i-k) \\
&= \frac{1}{N}\sum_{i=0}^{N-1} x_p(i)y_p(i-k) \\
&= \frac{1}{N}\sum_{q=-k}^{N-1-k} x_p(q+k)y_p(q) \} \quad q = i-k \\
&= \frac{1}{N}\sum_{q=0}^{N-1} y_p(q)x_p(q+k) \\
&= \frac{1}{N}\sum_{q=0}^{N-1} y(q)x_p(q+k)
\end{aligned} \tag{2.8.8}
$$

注意式(2.8.8)中的求和在延拓的一个周期内进行。因此,求和的开始样点可转变为从 $q=-k$ 到 $q=0$ 而不影响结果。由定义 2.6 知,式(2.8.8)的最后一行即为 $c_{yx}(-k)$。因此循环互相关有如下对称性质,即互换 y 和 x 的顺序等价于改变滞后变量的符号。

$$
c_{xy}(k) = c_{yx}(-k),\ 0 \leqslant k < N \tag{2.8.9}
$$

循环互相关与圆周卷积之间有一种简单明了的关系。对比定义 2.6 和定义 2.5 的表达式,不难看出:$y(k)$与 $x(k)$的循环互相关只不过是 $y(k)$与 $x(-k)$的圆周卷积缩放后的结果。即

$$
c_{yx}(k) = \frac{y(k) \circ x(-k)}{N},\ 0 \leqslant k < N \tag{2.8.10}
$$

利用补零延拓,线性互相关可以用循环互相关来计算。设 $y(k)$为 L 点信号,而 $x(k)$为 M 点信号,且 $M \leqslant L$。令 $y_z(k)$为 $y(k)$末尾补 $M+p$ 个零延拓后的信号,这里 $p \geqslant -1$。同样,令 $x_z(k)$为 $x(k)$尾部补 $L+p$ 个零延拓的信号。这样 y_z 和 x_z 都是长 $N=L+M+p$ 的信号了。

$$
x_z = [x(0),\ x(1),\ \cdots,\ x(M-1),\ \overbrace{0,\ \cdots,\ 0}^{L+p}]^{\mathrm{T}} \tag{2.8.11a}
$$

$$
y_z = [y(0),\ y(1),\ \cdots,\ y(L-1),\ \underbrace{0,\ \cdots,\ 0}_{M+p}]^{\mathrm{T}} \tag{2.8.11b}
$$

然后,令 x_{zp} 为 $x_z(k)$按式(2.7.7)的方式的周期延拓,并考虑 $y_z(k)$与 $x_z(k)$循环互相关。

$$
c_{y_z x_z}(k) = \frac{1}{N}\sum_{i=0}^{N-1} y_z(i)x_{zp}(i-k),\ 0 \leqslant k < N \tag{2.8.12}
$$

如果我们限制 $c_{y_z x_z}(k)$在 $0 \leqslant k < L$ 范围内,可以证明它与定义 2.5 中的线性卷积是成比例的。特别是当 $y(k)$是 L 点长信号时,有

$$
c_{y_z x_z}(k) = \frac{1}{N}\sum_{i=0}^{L-1} y_z(i)x_{zp}(i-k),\ 0 \leqslant k < L \tag{2.8.13}
$$

由于 $0 \leqslant k < L$,$i-k$ 的最小值为$-(L-1)$。而 $x_z(k)$在末尾处有 $L+p$ 个零延拓。所以对于所有的 $0 \leqslant k \leqslant L+p$ 有 $x_{zp}(-k)=0$。这样只要 $p \geqslant -1$,式(2.8.13)中的 $x_{zp}(i-k)$可由 $x_z(i-k)$替换。其结果就是 $y_z(k)$与 $x_z(k)$的线性互相关。而进一步我们可以看到:对于 $0 \leqslant k < L$ 而

言，除了一个缩放因子 L/N 外，$y_z(k)$ 与 $x_z(k)$ 的线性互相关和 $y(k)$ 与 $x(k)$ 的线性互相关完全相同。

$$r_{yx}(k)=\left(\frac{N}{L}\right)c_{y_z x_z}(k),\ 0\leqslant k<L \tag{2.8.14}$$

线性互相关和循环互相关的关系以及循环互相关的性质总结在表 2.4 中。

表 2.4　线性互相关与循环互相关

性质	公式
线性互相关	$r_{yx}(k)=\frac{1}{L}\sum_{i=0}^{L-1}y(i)x(i-k)$
循环互相关	$c_{yx}(k)=\frac{1}{N}\sum_{i=0}^{N-1}y(i)x_p(i-k)$
时间反转	$c_{yx}(-k)=c_{xy}(k)$
圆周卷积	$c_{yx}(k)=\frac{y(k)\circ x(-k)}{N}$
补零延拓	$r_{yx}(k)=\left(\frac{N}{L}\right)c_{y_z x_z}(k)$

FDSP 函数

如果 MATLAB 安装了信号处理工具箱，就可以直接调用函数 *xcorr* 实现线性互相关运算。做为选择，FDSP 工具箱也提供了线性和循环互相关两种如下的实现程式。

```
% F_CORR: Fast cross - correlation of two discrete - time signals
%
% Usage:
%         r    = f_corr (y,x,circ,norm)
% Pre:
%         y    = vector of length L containing first signal
%         x    = vector of length M <= L containing second signal
%         circ = optional correlation type code (default 0):
%
%              0 = linear correlation
%              1 = circular correlation
%
%         norm = optional normalization code (default 0):
%
%                0 = no normalization
%                1 = normalized cross - correlation
```

```
% Post:
%          r    = vector of length L contained selected cross -
%                     correlation of y with x.
% Notes:
%          To compute auto - correlation use x = y.
```

2.9　时域稳定性

实际的离散时间系统,尤其是数字滤波器,通常都有一个定性的特征:它们是稳定的。根据2.2节所述,信号$x(k)$有界的充要条件是存在某个有限界$B_x>0$使得$|x(k)|\leqslant B_x$。

定义2.7　BIBO稳定

当且仅当离散时间系统的每一个有界输入均产生一个有界输出时,则称该系统BIBO(Bounded-Input Bounded-Output,有界输入有界输出)稳定;否则,系统就是不稳定的。

离散时间系统的稳定性可以依据其脉冲响应$h(k)$判断。首先,考虑脉冲响应。假设输入$x(k)$为有界信号,其界为B_x。根据式(2.7.5),输出是输入信号和脉冲响应的卷积,再按照附录2中的不等式关系,我们有

$$\begin{aligned}|y(k)| &= \left|\sum_{i=0}^{k}h(i)x(k-i)\right| \leqslant \sum_{i=0}^{k}|h(i)x(k-i)| \\ &= \sum_{i=0}^{k}|h(i)|\cdot|x(k-i)| \leqslant B_x\sum_{i=0}^{k}|h(i)| \leqslant B_x\sum_{i=0}^{\infty}|h(i)| \qquad (2.9.1)\end{aligned}$$

根据式(2.9.1)可知,当右侧的无限项级数收敛于一个有限值时,系统就是BIBO稳定的。该项条件不仅是BIBO稳定性的充分条件,也是必要条件(见习题2.39)。因此,我们有如下基本的稳定性判据。

命题2.1　时域BIBO稳定性

一个线性时不变离散时间系统是BIBO稳定的充要条件是其脉冲响应$h(k)$是绝对可和的。

$$\|h\|_1 = \sum_{k=-\infty}^{\infty}|h(k)| < \infty$$

有一类重要的离散时间系统,它们总是稳定的。考虑FIR系统

$$y(k) = \sum_{i=0}^{m}b_i x(k-i) \qquad (2.9.2)$$

由式(2.6.3)可知,该系统的脉冲响应对于$0\leqslant k\leqslant m$,有$h(k)=b_k$,而对于$k>m$,$h(k)=0$。这

样就 FIR 系统而言，其脉冲响应是绝对可和的。

$$\| h \|_1 = \sum_{i=0}^{m} |b_i| \tag{2.9.3}$$

所以 FIR 系统总是 BIBO 稳定的。这一特点使得 FIR 系统成为一种非常有用的数字滤波器（见第 6 章），特别是由此形成一种自适应数字滤波器（见第 9 章）。而更为一般的 IIR 系统，则不行，它们可能是稳定的，也可能是非稳定的。

例 2.19 BIBO 稳定性时域分析

考虑 2.1 节中介绍的家庭抵押贷款系统，这里 k 表示月份，而分数 $r>0$ 表示年利率。

$$y(k) = \left(1+\frac{r}{12}\right) y(k-1) - x(k)$$

首先我们利用式(2.6.6)计算脉冲响应。观察上式，其特征多项式为

$$a(z) = z - p_1$$

$$p_1 = 1 + \frac{r}{12}$$

由此脉冲响应式为

$$h(k) = d_0 \delta(k) + d_1 (p_1)^k \mu(k)$$

与输入项相关的多项式为 $b(z) = -z$。利用式(2.6.7)和 $p_0 = 0$ 的条件，我们求解系数向量 $d \in R^2$ 如下：

$$d_0 = 0$$

$$d_1 = \frac{-1}{p_1}$$

因此，家庭抵押贷款系统的脉冲响应为

$$h(k) = -(1 + r/12)^{k-1} \mu(k)$$

因为 $r>0$，$h(k)$ 的样本值会随时间增长，所以很明显 $h(k)$ 不是绝对可和的。由此看来家庭抵押贷款系统就不是 BIBO 稳定的。

2.10 GUI 软件与案例学习

本节将着重讨论离散时间系统的应用。这里介绍被称为 *g_systime* 和 *g_correlate* 的图像用户接口模块，应用这些模块，用户无需任何编程，就可以研究线性离散时间系统在时域的输入输出行为，也可以求解互相关与卷积运算。在此基础上，给出了案例学习的实例，并用 MATLAB 程序求解之。

g_systime:离散时间系统的时域分析

图形用户界面模块 *g_systime* 允许用户在时域研究线性离散时间系统的输入-输出行为。GUI模块 *g_systime* 可以构建由多个分块窗口组成的显示界面,如图2.26所示。界面中左上角方块图窗里有要进行分析的彩色系统框图。方框图下面是一些可以由用户进行调整修改的编辑栏。用户可以在 a 与 b 编辑栏中选择如下差分方程对应的特征多项式 $a(z)$ 和输入多项式 $b(z)$ 的系数,这里 $a_0=1$。

$$y(k) = \sum_{i=0}^{m} b_i x(k-i) - \sum_{i=1}^{n} a_i y(k-i), \qquad y_0 \in R^n \tag{2.10.1}$$

这里初始条件向量 $y_0=[y(-1), \cdots, y(-n)]^T$,而系数向量 a 和 b 可以通过点击阴影区域直接编辑与输入新值。在编辑栏可以键入任何定义 a、b 和 y_0 的MATLAB语句。例如,可以清除编辑栏,然后由所需的根向量用MATLAB函数 *poly* 计算系数向量如下:

```
a = poly([0.7 * j, - 0.7 * j,0.9, - 0.4]);
```

回车键用以激活参数的更改。出现在编辑栏中的还有其它一些幅度参数,用于表示因果指数和因果衰减的余弦输入信号。

$$x(k) = c^k \mu(k) \tag{2.10.2}$$

$$x(k) = c^k \cos(2\pi F_0 kT)\mu(k) \tag{2.10.3}$$

这里,输入信号频率满足 $0 \leqslant f_0 \leqslant f_s/2$,$c$ 为指数衰减因子,其范围限制在 $[-1, 1]$ 内,f_s 为采样频率。系数窗口有两个控制按钮。按钮可以控制在PC的扬声器上以当前的采样率播放 $x(k)$ 与 $y(k)$ 信号。这个选项使用户可以听到系统 S 对于各种类型输入信号的滤波效果。

用户可以通过屏幕右上角的类型(Type)与显示(View)窗口选择输入信号的类型和显示模式。输入包括了零输入、单位脉冲、单位阶跃、衰减余弦输入、$[-1, 1]$ 间均匀分布的白噪声、由PC麦克风录制的声音、以及用户自定义的MAT格式文件输入。单位脉冲输入,单位阶跃输入,式(2.101)的指数衰减的余弦输入,以及在MAT文件中用户定义的输入。录制声音选项以 $f_s=8192$ Hz的采样速率录制长达1秒钟的声音信号。在用户定义选项中,用户必须提供包含输入向量 x、采样频率 f_s 和系数向量 a 与 b 的MAT格式文件。

显示(view)选项有输入 $x(k)$ 与输出 $y(k)$ 的时间波形图,也有特征多项式 $a(z)$ 和输入多项式 $b(z)$ 的根图,还有与多项式相乘等价的卷积图和与多项式相除等价的反卷积图。其中时间自变量是采用连续的,还是采用离散的要依据选择控制框的选择状态。$a(z)$ 和 $b(z)$ 的根图中也包括 $|b(z)/a(z)|$ 的曲线图,它可以是线性的,也可以选择 $20\log_{10}(|b(z)/a(z)|)$ 的dB刻度图。位于下半屏幕的绘图(Plot)窗显示了所选择的图形。图形曲线的颜色与方块图中符号的颜色相同。用户可以利用在类型(Type)和显示(View)窗口下方的滚动条更改样本个数 N 的值。

在屏幕顶端的菜单(Menu)条中有几个菜单选项。卡尺(Caliper)选项允许用户测量当前图中任意点的值,用时只要移动鼠标使十字光标对准测点,单击鼠标即可。保存数据(Save data)选项用于将当前 a, b, x, y 和 f_s 等数据,还有乘积、商和余数多项式的系数保存至用户指定的MAT文件中,以备日后使用。用户定义的输入选项可以用于读取重载这些数据。打

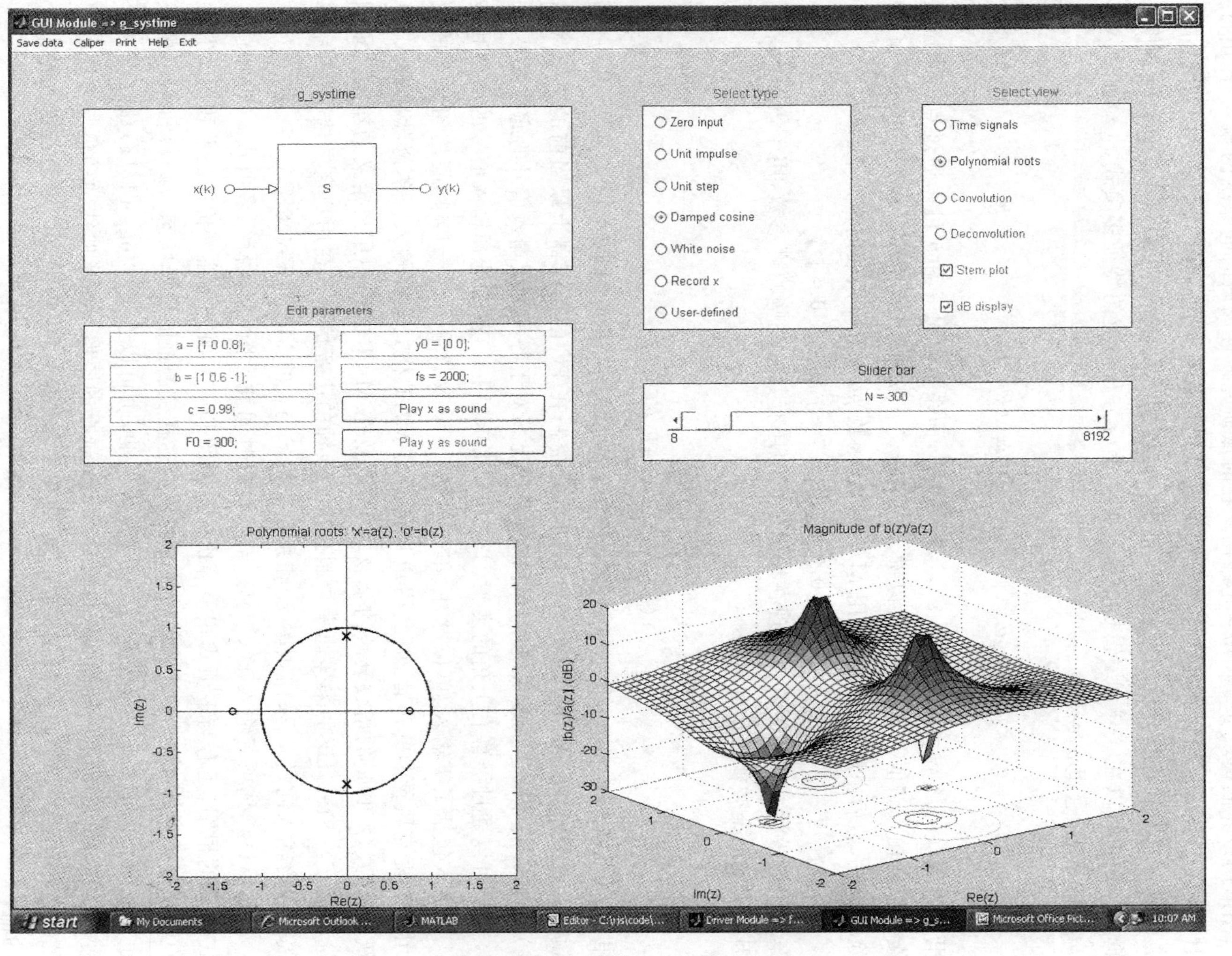

图 2.26　本章 GUI 模块 g_systime 的屏幕显示

印选项用于打印绘图窗中的内容。最后，帮助(Help)选项为用户提供了些如何高效使用 *g_systime* 模块的帮助建议和指导。

g_correlate：**相关与卷积**

所设计的图形用户界面模块 *g_correlate* 可以用于研究信号对的互相关与卷积，也可以用于研究信号的自相关。GUI 模块 *g_correlate* 可以构建由多个窗口组成的显示界面，如图2.27所示。屏幕左上角是一个方框图，它描述了要执行的操作。不同的信号用不同的颜色表示，符号的改变取决于信号处理操作的选择。

位于方框图下面的参数(Parameters)窗有三个编辑栏。在那里用户可以直接编辑参数L、M 和 c，其中 $M \leqslant L$。参数 c 是个尺度因子，用于施加一个缩放和位移的 $x(k)$ 于 $y(k)$，使得其互相关易于检测。这些参数的更改可以用回车键激活。控制按钮按下可以在 PC 的扬声器上以当前的采样率播放 $x(k)$ 与 $y(k)$ 信号。第一个选择框允许用户在线性与圆周(循环)之间选择相关或卷积的类型。第二个选择框允许用户在常规与归一化之间选择互相关和自相关的类型。

用户可以通过屏幕右上角的类型(Type)与显示(View)窗口选择输入信号的类型和显示模式。输入类型包括白噪声输入、周期输入、伴随 x 同步脉冲串的周期信号 y、由 PC 麦克风采集录制的输入信号、以及用户自定义的 MAT 格式文件输入。录制选项会以 $f_s = 8192$ Hz 的采样速率录制长达 0.5 秒钟的信号 x 和 2 秒钟的信号 y。在用户定义选项中，用户必须提供包含向量 x、y 和采样频率 f_s 的 MAT 格式文件。对于白噪声输入，信号 $y(k)$ 应该包括一个缩放和延时了的 $x(k)$。也就是说，$y(k)$ 会按下式计算，这里 $x_z(k)$ 是 $x(k)$ 的补零延拓。

$$y(k) = cx_z(k-d) + \nu(k),\ 0 \leqslant k < L \tag{2.10.4}$$

参数(Parameters)中的尺度因子 c 可以由用户来调整修改。通过类型(Type)和显示(View)窗下的水平滚动条的拨动调整，可以将延时 d 置于 0 至 L 间任何位置。

显示(View)选项中有：$x(k)$ 和 $y(k)$；$x(k)$ 与 $y(k)$ 的卷积；$y(k)$ 与 $x(k)$ 的互相关；以及 $y(k)$ 的自相关等单选框。位于屏幕下半部的绘图(Plot)窗展示出所选的曲线图形。各条曲线的颜色与方框图中对应的符号标示色彩相同。

在屏幕顶端的菜单(Menu)条中有几个菜单选项。卡尺(Caliper)选项允许用户测量当前图中任意点的值，用时只要移动鼠标使十字光标对准测点，单击鼠标即可。保存数据(Save data)选项用于将当前 a，b，x，y 和 f_s 等数据保存至用户指定的 MAT 文件中，以备日后使用。用这种方式创建的文件可以按照用户自定义的输入选项读取重载这些数据。打印选项用于打印绘图窗中的内容。最后，帮助(Help)选项为用户提供了些如何高效使用 *g_correlate* 模块的帮助建议和指导。

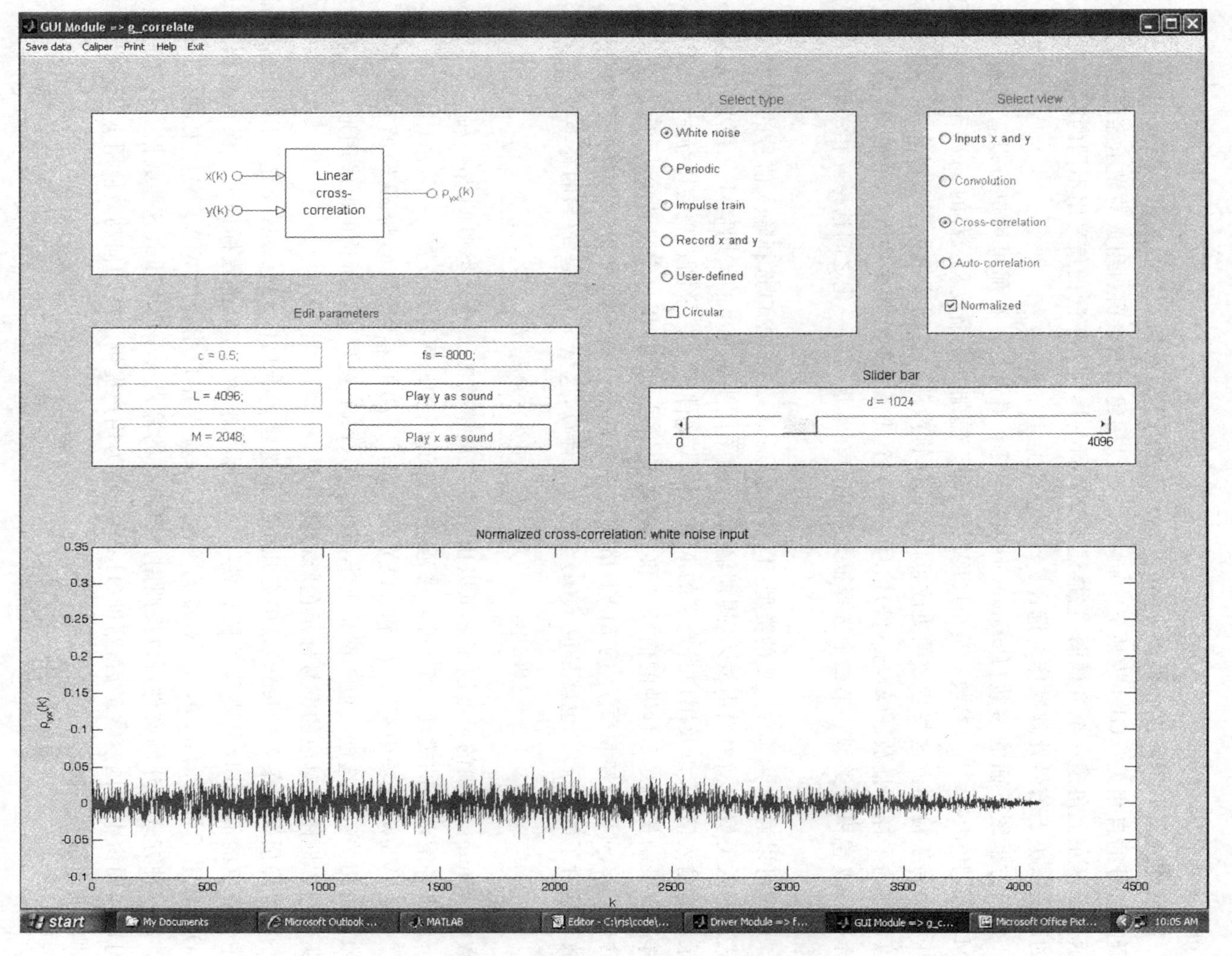

图 2.27 本章 GUI 模块 g_correlate 的屏幕显示

案例学习 2.1 家庭抵押贷款

回顾 2.1 小节，家庭抵押贷款可以建模为如下离散时间系统。

$$y(k)=y(k-1)+\left(\frac{r}{12}\right)y(k-1)-x(k)$$

这里，$y(k)$表示在第 k 月底的所欠款余额，r 用分数来表示年利率，$x(k)$为第 k 月还付抵押贷款金额。在 2.1 小节中提出的一个问题如下：如果抵押贷款金额是 y_0 元，抵押贷款期是 N 个月，那么每月需要付多少钱呢？现在既然我们手中已经有了必要的工具，我们就能够回答这些相关的问题。为了简化公式标注，令

$$p_1=1+\frac{r}{12}$$

于是，差分方程可以简写成

$$y(k)=-p_1y(k-1)-x(k)$$

这里，初始条件 $y(-1)=y_0$ 就是抵押贷款的总金额。该系统的特征和输入多项式为

$$a(z)=z-p_1$$
$$b(z)=-z$$

所以响应的零输入部分可以表示为

$$y_{zi}(k)=c_1\ (p_1)^k$$

令 $y(-1)=y_0$ 可推出 $c_1/p_1=y_0$。因此，由初始条件引起的零输入响应为

$$y_{zi}(k)=y_0\ (p_1)^{k+1},\ k\geqslant -1$$

下一步我们考察零状态响应。令 A 为月还付抵押贷款金额，则输入 $x(k)$是一个幅度为 A 的阶跃函数。应该注意到：这里指数因子 $p_0=1$，它是式(2.4.13)中因果指数输入一种特例。由此根据式(2.4.15)零状态响应可以表示为

$$y_{zs}(k)=[d_0+d_1\ (p_1)^k]\mu(k)$$

如果我们将 $p_0=1$ 代入式(2.4.16)，则求解系数向量 $d\in R^2$ 为

$$d_0=\frac{A(-1)}{1-p_1}$$
$$d_1=\frac{A(-p_1)}{p_1-1}$$

所以由输入 $x(k)=A\mu(k)$产生的零状态响应可以表示为

$$y_{zs}(k)=\frac{A(1-p_1^{k+1})\mu(k)}{p_1-1}$$

最后，零输入和零状态响应可以组合产生全响应：

$$
\begin{aligned}
y(k) &= y_{zi}(k) + y_{zs}(k) \\
&= y_0\,(p_1)^{k+1} + \frac{A(1-p_1^{k+1})\mu(k)}{p_1-1}, \quad k \geqslant -1
\end{aligned}
$$

如果抵押贷款时长为 N 个月，令 $y(N)=0$，解出所需的每月还付贷款金额为

$$
A = \frac{y_0\,(1-p_1)\,p_1^{N+1}}{1-p_1^{N+1}}
$$

案例 2.1case 2-1 的第一部分给出了用户所感兴趣的利率，并且针对不同的贷款金额和不同的贷款期限计算了所需的月还付贷款金额。这些结果示于图 2.28。

```
Function case2_1
% CASE STUDY 2.1:  Home mortgage
f_header('Case Study 2.1: Home Mortgage')
N = 31
b = linspace(0, 300, N)';                    % size of mortgage
d = [15, 20, 30];                            % duration in years
p = zeros(N, 3);                             % monthly payments
% Cpmpute monthly payments

r = f_prompt('Enter interest rate in percent:', 0, 20, 6.0)/100;
p1 = 1 + r/12;
c = p1.^(12 * d + 1);
for k = 1 : N
   for j = 1 : length(d)
      p(k, j) = 1000 * b(k) * c(j) * (p1 - 1)/(c(j) - 1);
   end
end
figure
plot(b, p, 'LineWidth', 1.5)
f_labels ('Monthly mortgage payments', 'Size of mortgage ($1000)', ...
          'Monthly payment ($)')
Hold on
for j = 1 : length(d)
    duration = sprint ('%d year', d(j));
    text (b(N) + 3, p(N, j), duration)
end
f_wait

% Compute balance vs time
```

```
q = 12 * d(3) + 1;                  % number of months
k = [0 : q-1]';                     % discrete time
y_zi = b(21) * p1.^(k+1)            % zero-input response
num = [-1 0];                       % numerator coefficients
den = [1 - p1];                     % denominator coefficients
A = p(21, 3);                       % $200,000,   30 years
x = A * ones(q, 1);                 % step of amplitude A
y_zs = filter (num, den, x)/1000;   % zero-state response
y(:, 1) = y_zi + y_zs;
y(:, 2) = (6 * A/(1000 * r)) * ones(q, 1);
figure
h = plot (k, y(:, 1), k, y(:, 2));
set (h(1), 'LineWidth', 1.5)
f_labels ('Balance due on 30 year $200,000 mortgage', 'Month', 'Balance($1000)')

 % Find crossover month

Text (k(q)+5, y(q, 2), '6A/r')
Crossover = min(find(y(:, 1)  < y(:, 2)))
Hold on
Plot ([k(crossover), k(crossover)], [0, y(crossover, 2)], 'k--', 'LineWidth', 1.0)
Plot (k(crossover), y(crossover), '.')
Legend ('Balance due')
Axis ([0 400 0 200])
F_wait
```

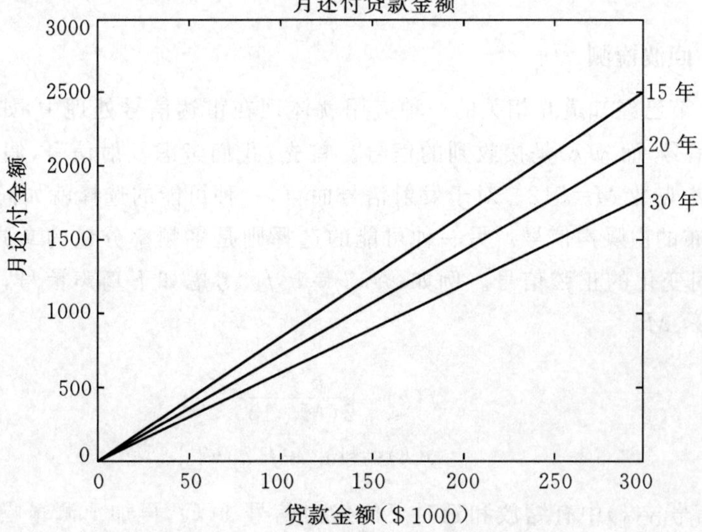

图 2.28　月还付贷款金额(6%的利率)

2.1 节中的另一个问题是：要过多少个月后每月半数以上的还款金额才用于还本而不是付息呢？月息是$(r/12)y(k)$。所以我们要求$(r/12)y(k)<A/2$或者

$$y(k)<\frac{6A}{r}$$

满足该不等式最小的k是交叉月（曲线交叉点对应的月）。Case2_1（案例 2.1）的第二部分直接计算出零输入响应，并利用 MATLAB 中的标准函数 filter 计算出对应贷款额为 200,000 美元、期限为 30 年的零状态响应。图 2.29 展示了欠款额随月变化的曲线。注意到交叉月份出现在第 220 个月，超过了 30 年偿还期的中间点。

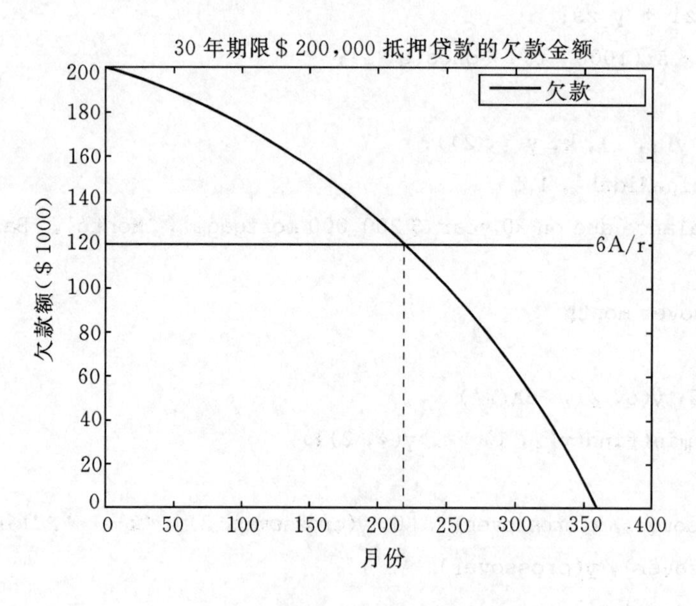

图 2.29 抵押贷款期间欠款金额变化曲线

案例学习 2.2 回波检测

我们从 2.1 节已经知道互相关的一种应用就体现在雷达信号处理中，如图 2.1 所示。这里$x(k)$是发射信号，而$y(k)$是接收到的信号。首先，我们考虑发射信号，假设采样频率$f_s=1$ MHz，发射样本点数$M=512$。对于发射信号而言，一种可能的选择就如同 2.1 节中使用的信号，即均匀分布的白噪声信号。另一种可能的选择则是多频率分量的鸟声（chirp）信号，即一种频率随时间变化的正弦信号。例如：令$T=1/f_s$，考虑如下鸟声信号，它具有可变频率$f(k)$，这里$0\leqslant k<M$。

$$f(k)=\frac{k f_s}{2(M-1)}$$

$$y(k)=\sin[2\pi f(k)kT]$$

接收到的信号$y(k)$中有缩放和延时了的发射信号$x(k)$，再加上测量噪声。假设接收信号是$L=2048$个信号样本。如果用$x_z(k)$表示补零延拓至L点的发射信号，则接收信号可以

表示如下。

$$y(k)=cx_z(k-d)+\nu(k),\ 0\leqslant k<L$$

$y(k)$中的第一项是发射信号经由目标反射的回波。由于信号的弥散，典型的回波信号是衰减的，所以这里的 $c\ll 1$。此外，回波会在时间上延时 d 个样本，这 d 个样本的延时是信号经雷达发射到目标，再经目标反射返回雷达所花费的时间总和。$y(k)$中的第二项是接收机端采集到的随机空域环境测量噪声。例如，可以假设 $\nu(k)$是一个均匀分布在$[-0.1, 0.1]$区间的白噪声。

为了确定目标的距离，令 γ 为发射信号的传播速度。对于雷达应用而言，它对应于光速，或者 $\gamma=1.86\times10^8$ 英里/秒。信号传播的时间则为 $\tau=dT$ 秒。用信号的传播速度乘以 τ，再除以 2(往返行程的一半)，我们就得到了如下目标距离的表达式：

$$r=\frac{\gamma dT}{2}$$

这样一来求解目标距离的关键就是检测与定位接收信号 $y(k)$中发射信号 $x(k)$的回波。由 FDSP 驱动程序中运行 *case2_2*(案例 2.2)就可以实现这一处理过程。

```
function case2_2
  % CASE STUDY 2.2: Echo detection

  f_header('Case Study 2.2: Echo detection')
  rand('state', 1000)

  % Construct transmitted signal x

  M = 512;
  fs = 1.e7;
  T = 1/fs;
  k = 0 : M-1;
  freq = (fs/2) * k/(M-1);
  x = sin(2 * pi * freq. * k * T);
  figure
  plot (k, x)
  set(gca, 'Ylim', [-1.5 1.5])
  f_labels ('Transmitted chirp signal', 'k', 'x(k)')
  f_wait

  % Construct received signal y

  L = 2048;
  c = 0.02;
```

```
d = 1304;
y = f_randu(1, L, -0.1, 0.1);
y(d+1: d+M) = y(d+1: d+M) + c*x;
k = 0: L-1;
figure
plot (k, y)
f_labels ('Received signal', 'k', 'y(k)')
f_wait

% Locate echo and compute range

rho = f_corr (y, x, 0, 1);
figure
plot (k, rho)
f_labels ('Normalized linear cross-correlation', 'k', '\rho_{yx}(k)')
[rmax, kmax] = max(rho)
delay = kmax - 1
gama = 1.86e5;
r = gama * delay * T/2
precision = gama * T/2
f_wait
```

运行 *case2_2*(案例 2.2),它会首先产生鸟声信号 $x(k)$,如图 2.30 所示。注意频率是如何随时间变化的。然后,函数 *case2_2* 会生成接收信号 $y(k)$,并计算 $x(k)$与 $y(k)$。我们观察图 2.31 中的归一化互相关曲线,可以清楚地看到淹没在 $y(k)$中的 $x(k)$回波。在该例中,$a=$

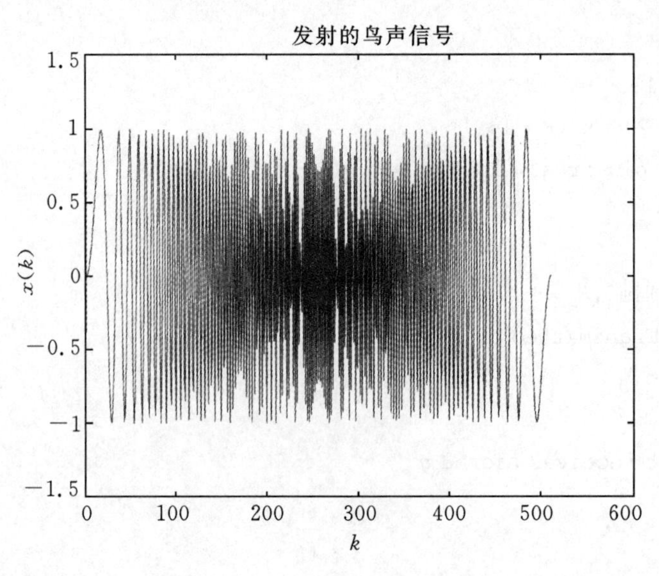

图 2.30 发射的多频鸟声信号

0.02，而 $d=1304$。尽管其归一化互相关的峰值 $\rho_{yx}(d)=0.147$ 与噪声相比并不是很大，但其峰是很明显的。如果我们用 MATLAB 函数 max 确定互相关峰的位置，目标距离值为

$$r=12.13 \text{ 英里}$$ [①]

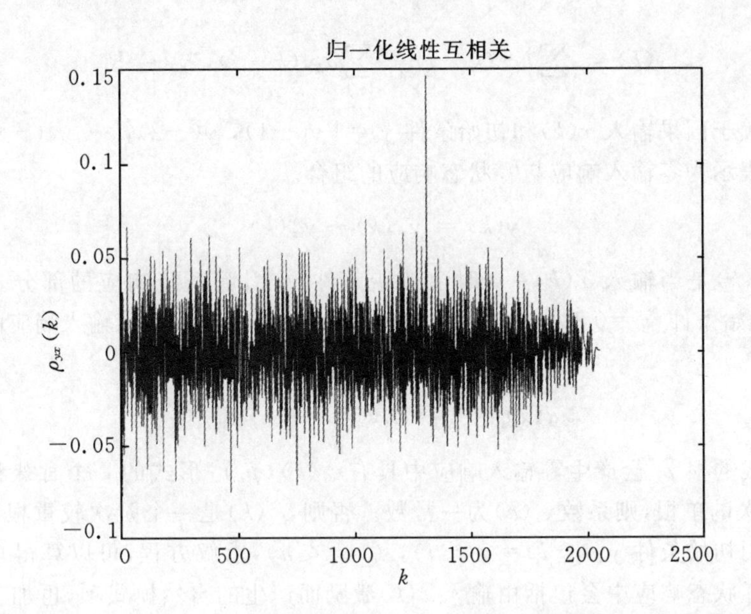

图 2.31　接收信号 $y(k)$ 与发射信号 $x(k)$ 的归一化线性互相关函数

目标距离的测量精度取决于采样频率 f_s 和传播速度 γ。距离 r 的最小增量对应于采样间隔 $d=1$ 的延时，这样就有

$$\Delta r=0.0093 \text{ 英里}$$

2.11　本章小结

信号与系统

本章我们侧重于线性时不变离散时间系统的时域分析。离散时间信号可以有很多不同用途的分类方法，包括有限长与无限长信号、因果与非因果信号、周期与非周期信号、有界与无界信号以及能量和功率信号等等。我们最常用的信号包括单位脉冲 $\delta(k)$、单位阶跃 $\mu(k)$、因果指数信号和周期功率信号。离散时间系统 S 会将离散时间输入信号 $x(k)$ 处理生成离散时间输出信号 $y(k)$。离散时间系统也可以有不同的分类方法，例如可以分为线性与非线性系统，也可以分为时不变与时变系统，因果与非因果系统，稳定与非稳定系统以及无源与有源系统等等。

① 1 英里＝1.609 公里

差分方程

一个有限阶的线性时不变(LTI)离散时间系统 S 可以在时域由一个常系统差分方程来描述。

$$y(k)=\sum_{i=0}^{m}b_ix(k-i)-\sum_{i=1}^{n}a_iy(k-i),\ y_0\in R^n \tag{2.11.1}$$

系统的输出依赖于因果输入 $x(k)$和初始条件 $y_0=[y(-1),\ y(-2),\ \cdots,\ y(-n)]^{\mathrm{T}}$。$S$ 的输出或响应可以表示为零输入响应与零状态响应的组合。

$$y(k)=y_{zi}(k)+y_{zs}(k) \tag{2.11.2}$$

零输入响应 $y_{zi}(k)$是当输入 $x(k)=0$ 时由初始条件 y_0 引起系统响应的部分。零状态响应 $y_{zs}(k)$则是当初始条件 $y_0=0$ 时由输入 $x(k)$引起系统响应的部分。零输入响应的关键是系统 S 的特征多项式。

$$a(z)=z^n+a_1z^{n-1}+\cdots+a_n \tag{2.11.3}$$

每个特征多项式的根 p_i 会产生零输入响应中具有 $c_i(k)(p_i)^k$ 形式的一个自然模式项。如果 p_i 是仅出现一次的单根,则系数 $c_i(k)$为一常数。否则,$c_i(k)$是一个阶次较重根次数低一的 k 阶多项式。运用初始条件 $y_{zi}(-i)=y(-i)$,$(1\leqslant i\leqslant n)$,求解方程,可以算得自然模式项的系数。系统的零状态响应中会包括由输入 $x(k)$激励而产生的自然模式项,再加上一些与输入类型相关的模式项。对于任意输入的零状态响应均可以由其脉冲响应通过卷积计算。

脉冲响应与卷积

*脉冲响应*是系统对于单位脉冲输入 $\delta(k)$的零状态响应。如果一个系统的脉冲响应在一段有限个样本后均为零,则该系统被称为 *FIR 系统*。否则,它就是一个 *IIR 系统*。一个 FIR 系统的脉冲响应可以直接由输入差分方程的系数获得。一个系统是 *BIBO 稳定*的充要条件是每一个有界输入均保证产生一个有界的输出。否则,系统是*非稳定的*。系统 S 是稳定的充要条件是其脉冲响应 $h(k)$是绝对可和的。据此,所有的 FIR 系统都是稳定的,而 IIR 系统可能是稳定的,也可能是非稳定的。

对于给定的脉冲响应 $h(k)$,系统 S 对任意输入的零状态响应均可以通过线性卷积求解。如果 $h(k)$和 $x(k)$均为因果信号,则 $h(k)$与 $x(k)$的线性卷积定义为

$$h(k)*x(k)=\sum_{i=0}^{k}h(i)x(k-i),\ k\geqslant 0 \tag{2.11.4}$$

当 $h(k)$是一个线性离散时间系统的脉冲响应,而 $x(k)$是该系统的输入时,这个系统的零状态响应就是 $h(k)$与 $x(k)$的线性卷积。

$$y_{zs}(k)=h(k)*x(k) \tag{2.11.5}$$

卷积运算是可交换的,所以 $h(k)*x(k)=x(k)*h(k)$。再者,如果 $x(0)\neq 0$,则由 $x(k)$和 $y(k)$通过称为*反卷积*处理恢复 $h(k)$。如果设 $h(0)=y(0)/x(0)$,其脉冲响应的其余样本可以通过下式迭代获得。

$$h(k)=\frac{1}{x(0)}\left\{y(k)-\sum_{i=0}^{k-1}h(i)x(k-i)\right\},\ k\geqslant 1 \tag{2.11.6}$$

按照计算方法的观点，卷积对应于多项式的乘法，而反卷积对应于多项式的除法。如果 $h(k)$ 和 $x(k)$ 均为 N 点长的信号，而且 $x(k)$ 用它的周期延拓 $x_p(k)$ 取代，则称为 $h(k)$ 与 $x(k)$ 的圆周卷积可以表示为

$$h(k) \circ x(k) = \sum_{i=0}^{N-1} h(i) x_p(k-i), \ 0 \leqslant k < N \tag{2.11.7}$$

圆周卷积可以表示为矩阵相乘的形式，因此是一种高效的卷积方式。两个有限长信号的线性卷积可以通过补零延拓信号的圆周卷积来实现。

$$h(k) * x(k) = h_z(k) \circ x_z(k) \tag{2.11.8}$$

相关

与卷积密切相关的一种运算操作或算子就是相关。一个 L 点长信号 $y(k)$ 与一个 M 点长信号 $x(k)$ 的线性交叉相关定义如下，这里假设 $M \leqslant L$。

$$r_{yx}(k) = \frac{1}{L} \sum_{i=0}^{L-1} y(i) x(i-k), \ 0 \leqslant k < L \tag{2.11.9}$$

这里 k 表示上式右端计算乘积和之前第二个信号的延时量，所以 k 记为延时(lag)变量。线性交叉相关可以用于测量信号 $x(k)$ 波形与信号 $y(k)$ 波形的相似程度。特别是如果 $y(k)$ 中包含一段延时 d 且缩放了的 $x(k)$ 版本，则 $r_{yx}(k)$ 函数必然在 $k=d$ 处出现一个尖峰。如下归一化的线性互相关函数的值域在[-1, 1]之间。

$$\rho_{yx}(k) = \frac{r_{yx}(k)}{\sqrt{(M/L) r_{xx}(0) r_{yy}(0)}}, \quad 0 \leqslant k < L \tag{2.11.10}$$

正如我们有圆周卷积一样，对于互相关，这里也有一种循环(也可以称为圆周)互相关。假设 $x(k)$ 和 $y(k)$ 均为 N 点的序列，且我们用 $x(k)$ 的周期拓展 $x_p(k)$ 取代 $x(k)$，则可以获得如下的循环互相关表达式。

$$c_{yx}(k) = \frac{1}{N} \sum_{i=0}^{N-1} y(i) x_p(i-k), \ 0 \leqslant k < N \tag{2.11.11}$$

如下式的归一化循环交叉相关函数的值域在[-1, 1]之间：

$$\sigma_{yx}(k) = \frac{c_{yx}(k)}{\sqrt{c_{xx}(0) c_{yy}(0)}}, \ 0 \leqslant k < N \tag{2.11.12}$$

在循环相关与圆周卷积之间存在着一种简单的关系：$y(k)$ 与 $x(k)$ 的循环交叉相关就是 $y(k)$ 与 $x(-k)$ 的圆周卷积的缩放。

$$c_{yx}(k) = \frac{y(k) \circ x(-k)}{N}, \ 0 \leqslant k < N \tag{2.11.13}$$

GUI 模块

FDSP 工具箱中包含有 GUI 模块 *g_systime* 和 *g_correlate*，使得用户无需任何编程就可

以互动地在时域研究离散时间系统的输入-输出行为，和实现卷积与相关的方法。这些模块中还有一些常见的输入信号，也有由PC麦克风录制的信号和保存于MAT文件中的用户自定义信号。

学习要点

表2.5总结归纳了本章的学习要点和难点，供读者和同学参考。

表2.5 第2章学习要点

序号	学习要点	节
1	能够按不同的需求对离散时间信号进行分类	2.2
2	熟悉常见的离散时间信号和它们的特性	2.2
3	了解如何求解任意初始条件下差分方程的零输入响应	2.3
4	了解如何求解非零输入条件下差分方程零状态响应	2.3
5	了解如何解析和数值求解差分方程的全响应	2.3
6	能够运用方框图图形表述离散时间线性时不变系统	2.4
7	了解如何计算脉冲响应，如何根据脉冲响应的持续期进行系统分类	2.5
8	了解如何实现线性和圆周卷积，如何运用卷积计算零状态响应	2.6
9	理解一个系统的稳定意味着什么，能够由脉冲响应确定系统稳定性	2.7
10	掌握如何运用GUI模块 *g_systime* 和 *g_correlate* 互动地研究离散时间系统的输入-输出行为	2.8

2.12 习题

这里的习题可以分为三种类型。第一类是可以用手工或计算器求解的分析与设计问题；第二类是借助于GUI模块 *g_systime* 和 *g_correlate* 求解的GUI仿真问题；第三类是需要用户编程的MATLAB计算问题。

2.12.1 分析与设计

2.1 计算如下信号的平均功率。

(a) $x(k)=10$

(b) $x(k)=20\mu(k)$

(c) $x(k)=\mathrm{mod}(k, 5)$

(d) $x(k)=a\cos(\pi k/8)+b\sin(\pi k/8)$

(e) $x(k)=100[u(k+10)-u(k-10)]$

(f) $x(k)=\mathrm{j}^k$

2.2 将如下系统分为线性或非线性两类：

(a) $y(k)=4[y(k-1)+1]x(k)$

(b) $y(k)=6kx(k)$

(c) $y(k)=-y(k-2)+10x(k+3)$

(d) $y(k)=0.5y(k)-2y(k-1)$

(e) $y(k)=0.2y(k-1)+x^2(k)$

(f) $y(k)=-y(k-1)x(k-1)/10$

2.3　将如下系统分为时不变或时变两类：

(a) $y(k)=[x(k)-2y(k-1)]^2$

(b) $y(k)=\sin[\pi y(k-1)]+3x(k-2)$

(c) $y(k)=(k+1)y(k-1)+\cos[0.1\pi x(k)]$

(d) $y(k)=0.5y(k-1)+\exp(-k/5)\mu(k)$

(e) $y(k)=\log[1+y^2(k-1)x^2(k+2)]$

(f) $h(k)=\mu(k+3)-\mu(k-3)$

2.4　将如下系统分为因果与非因果两类。

(a) $y(k)=[3x(k)-y(k-1)]^3$

(b) $y(k)=\sin[\pi y(k-1)]+3x(k+1)$

(c) $y(k)=(k+1)y(k-1)+\cos[0.1\pi x(k^2)]$

(d) $y(k)=0.5y(k-1)+\exp(-k/5)\mu(k)$

(e) $y(k)=\log[1+y^2(k-1)x^2(k+2)]$

(f) $y(k)=\mu(k+3)-\mu(k-3)$

2.5　考虑一个增益为 A 且具有 d 个样本延时的如下系统：

$$y(k)=Ax(k-d)$$

(a) 求该系统的脉冲响应 $h(k)$。

(b) 判断它是属于 FIR，还是属于 IIR 系统呢？

(c) 该系统是 $BIBO$ 稳定的吗？如果是，请给出 $\|h\|_1$。

(d) 对于什么样的 A 和 d 的取值，系统是无源的？

(e) 对于什么样的 A 和 d 的取值，系统是有源的？

(f) 对于什么样的 A 和 d 的取值，系统是无耗的？

2.6　考虑如下因果指数信号的组合。

$$x(k)=[c_1(p_1)^k+c_2(p_2)^k]\mu(k)$$

(a) 利用附录 2 中的不等式证明下式

$$|x(k)|\leqslant|c_1|\cdot|p_1|^k+|c_2|\cdot|p_2|^k$$

(b) 证明如果 $|p_1|<1$ 且 $|p_2|<1$，则 $x(k)$ 是绝对可和的。求 $\|x\|_1$ 的上界。

(c) 假设 $|p_1|<1$ 且 $|p_2|<1$。求解总能量 E_x 的上界。

2.7　针对如下每个信号，判断它是否有界；对于有界信号，求其界 B_x。

(a) $x(k)=[1+\sin(5\pi k)]\mu(k)$

(b) $x(k)=k(0.5)^k\mu(k)$

(c) $x(k)=\left[\dfrac{(1+k)\sin(10k)}{1+(0.5)^k}\right]\mu(k)$

(d) $x(k)=[1+(-1)^k]\cos(10k)\mu(k)$

2.8 将如下信号分为有界与无界两类。

(a) $x(k)=k\cos(0.1\pi k)/(1+k^2)$

(b) $x(k)=\sin(0.1k)\cos(0.2k)\delta(k-3)$

(c) $x(k)=\cos(\pi k^2)$

(d) $x(k)=\tan(0.1\pi k)[\mu(k)-\mu(k-10)]$

(e) $x(k)=k^2/(1+k^2)$

(f) $x(k)=k\exp(-k)\mu(k)$

2.9 将如下信号分为周期与非周期两类,并求解周期信号的周期 M。

(a) $x(k)=\cos(0.02\pi k)$

(b) $x(k)=\sin(0.1k)\cos(0.2k)$

(c) $x(k)=\cos(\sqrt{3}k)$

(d) $x(k)=\exp(j\pi/8)$

(e) $x(k)=\mathrm{mod}(k, 10)$

(f) $x(k)=\sin^2(0.1\pi k)\mu(k)$

(g) $x(k)=j^{2k}$

2.10 将如下信号分为因果与非因果两类。

(a) $x(k)=\max\{k, 0\}$

(b) $x(k)=\sin(0.2\pi k)\mu(-k)$

(c) $x(k)=1-\exp(-k)$

(d) $x(k)=\mathrm{mod}(k, 10)$

(e) $x(k)=\tan(\sqrt{2}\pi k)[\mu(k)+\mu(k-100)]$

(f) $x(k)=\cos(\pi k)+(-1)^k$

(g) $x(k)=\sin(0.5\pi k)/(1+k^2)$

2.11 将如下信号分为有限长信号与无限长信号,对于有限长信号,请求解 N 的最小整数值,这里 $|k|>N$,则 $x(k)=0$。

(a) $x(k)=\mu(k+5)-\mu(k-5)$

(b) $x(k)=\sin(0.2\pi k)\mu(k)$

(c) $x(k)=\min(k^2-9, 0)\mu(k)$

(d) $x(k)=\mu(k)\mu(-k)/(1+k^2)$

(e) $x(k)=\tan(\sqrt{2}\pi k)[\mu(k)-\mu(k-100)]$

(f) $x(k)=\delta(k)+\cos(\pi k)-(-1)^k$

(g) $x(k)=k^{-k}\sin(0.5\pi k)$

2.12 考虑图 2.32 所示的方框图。

(a) 求表述该系统的一个差分方程式。

(b) 求表述该系统,且以 $u_i(k)$ 和 $y(k)$ 为中间输出变量的差分方程组。

2.13 考虑如下线性时不变离散时间系统 S。

$$y(k)=1.8y(k-1)-0.81y(k-2)-3x(k-1)$$

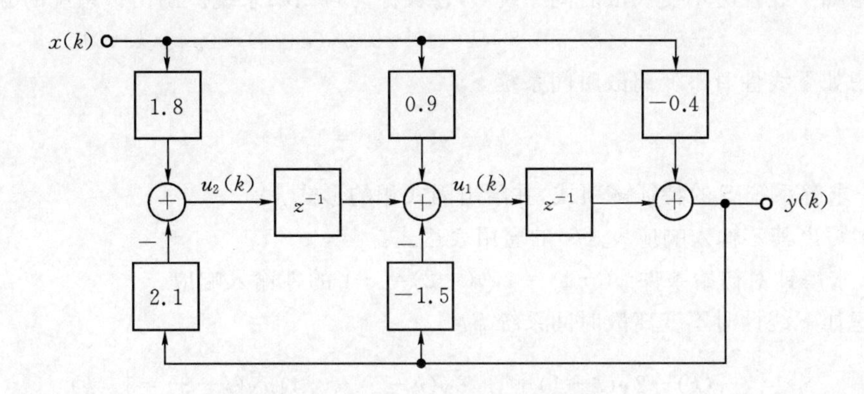

图 2.32　习题 2.12 中的系统方框图

(a) 求解特征多项式 $a(z)$，并给出因式积的形式。

(b) 写出零输入响应 $y_{zi}(k)$ 的通用表达式。

(c) 求解针对初始条件 $y(-1)=2, y(-2)=2$ 的零输入响应。

2.14　考虑如下线性时不变离散时间系统 S。

$$y(k)=y(k-1)-0.21y(k-2)+3x(k)+2x(k-2)$$

(a) 求解特征多项式 $a(z)$ 和输入多项式 $b(z)$，并给出 $a(z)$ 的因式积表达式。

(b) 写出零输入响应 $y_{zi}(k)$ 的通用表达式。

(c) 求解针对初始条件 $y(-1)=1, y(-2)=-1$ 的零输入响应。

(d) 写出输入为 $x(k)=2\,(0.5)^{k-1}\mu(k)$ 的零状态响应通用表达式。

(e) 利用(d)中的输入，求解零状态响应。

(f) 利用(c)的初始条件和(d)的输入，求解系统的全响应。

2.15　考虑如下线性时不变离散时间系统 S，画出这个 IIR 系统的方框图。

$$y(k)=3y(k-1)-2y(k-2)+4x(k)+5x(k-1)$$

2.16　考虑如下线性时不变离散时间系统 S。

$$y(k)=-0.64y(k-2)+x(k)-x(k-2)$$

(a) 求解特征多项式 $a(z)$，并给出因式积表达式。

(b) 写出零输入响应 $y_{zi}(k)$ 的通用表达式，并给出实信号的表达式。

(c) 求解针对初始条件 $y(-1)=3, y(-2)=1$ 的零输入响应。

2.17　考虑如下线性时不变离散时间系统 S。

$$y(k)-0.9y(k-1)=2x(k)+x(k-1)$$

(a) 求解特征多项式 $a(z)$ 和输入多项式 $b(z)$。

(b) 写出输入为 $x(k)=3\,(0.4)^{k-1}\mu(k)$ 的零状态响应通用表达式。

(c) 求解零状态响应。

2.18　考虑如下线性时不变离散时间系统 S，画出这个 FIR 系统的方框图。

$$y(k)=x(k)-2x(k-1)+3x(k-2)-4x(k-4)$$

2.19 考虑如下线性时不变离散时间系统 S,它被称为自回归系统。画出该系统的方框图。

$$y(k)=x(k)-0.8y(k-1)+0.6y(k-2)-0.4y(k-3)$$

2.20 考虑如下线性时不变离散时间系统 S。

$$y(k)-y(k-2)=2x(k)$$

(a) 求解系统 S 的特征多项式,并给出因式积的形式。

(b) 写出其零输入响应 $y_{zi}(k)$的通用表达式。

(c) 求解针对初始条件 $y(-1)=4,y(-2)=-1$ 的零输入响应。

2.21 考虑如下线性时不变离散时间系统 S。

$$y(k)-2y(k-1)+1.48y(k-2)-0.416y(k-3)=5x(k)$$

(a) 求解特征多项式 $a(z)$,并利用 MATLAB 求根函数 *roots*,给出 $a(z)$的因式积表达式。

(b) 写出其零输入响应 $y_{zi}(k)$的通用表达式。

(c) 写出 $Ac=y_0$ 形式求解未知系数向量 $c\in R^3$ 的方程组,这里 $y_0=[y(-1),\ y(-2),\ y(-3)]^T$ 是初始条件向量。

2.22 考虑如下线性时不变离散时间系统 S。

$$y(k)=y(k-1)-0.24y(k-2)+3x(k)-2x(k-1)$$

(a) 求解特征多项式 $a(z)$和输入多项式 $b(z)$。

(b) 假设输入为单位阶跃 $x(k)=\mu(k)$,写出零状态响应 $y_{zs}(k)$的通用表达式。

(c) 求解对于单位阶跃输入的零状态响应。

2.23 假设 $h(k)$和 $x(k)$分别是 L 点长和 M 点长的如下信号:

$$h=[3,\ 6,\ -1]^{\mathrm{T}}$$
$$x=[2,\ 0,\ -4,\ 5]^{\mathrm{T}}$$

(a) 令 h_z 和 x_z 分别是补零延拓的 $h(k)$和 $x(k)$,它们均为 $N=L+M-1$ 长的信号。请构造这样的 h_z 和 x_z。

(b) 令 $y_c(k)=h_z(k)\circ x_z(k)$,求解使得 $y_c=C(x_z)h_z$ 的圆周卷积矩阵 $C(x_z)$。

(c) 利用 $C(x_z)$求解 $y_c(k)$。

(d) 利用 $y_c(k)$求解线性卷积 $y(k)=h(k)*x(k),0\leqslant k<N$。

2.24 考虑如下线性时不变离散时间系统 S,计算并画出该 FIR 系统的脉冲响应。

$$y(k)=\mu(k-1)+2\mu(k-2)+3\mu(k-3)+2\mu(k-4)+\mu(k-5)$$

2.25 利用线性卷积的定义证明对于任意信号 $h(k)$,有

$$h(k)*\delta(k)=h(k)$$

2.26 考虑一个输入为 $x(k)$,输出为 $y(k)$的线性离散时间系统 S。假设有限长输入 $x(k)$,$0\leqslant k<N$,激励该系统产生零状态输出 $y(k)$。如果 $x(k)$和 $y(k)$如下,利用反卷积求解

脉冲响应 $h(k)$，$0\leqslant k<L$。

$$x=[2,\ 0,\ -1,\ 4]^{\mathrm{T}}$$
$$y=[6,\ 1,\ -4,\ 3]^{\mathrm{T}}$$

2.27　假设 $x(k)$ 和 $y(k)$ 为如下有限长信号：

$$x=[5,\ 0,\ -4]^{\mathrm{T}}$$
$$y=[10,\ -5,\ 7,\ 4,\ -12]^{\mathrm{T}}$$

(a) 分别写出多项式 $x(z)$ 和 $y(z)$，它们的系数向量分别是 x 和 y。最前面的系数对应于 z 的最高功率(Highest power)。

(b) 用长除法，计算商多项式 $q(z)=y(z)/x(z)$。

(c) 利用式(2.7.15)和式(2.7.18)反卷积 $y(k)=h(k)*x(k)$ 求解 $h(k)$，并与(b)中的 $q(z)$ 比较结果。

2.28　考虑如下线性时不变离散时间系统 S：

$$y(k)=-0.25y(k-2)+x(k-1)$$

(a) 求解特征多项式与输入多项式。

(b) 写出脉冲响应的表达式。

(c) 求解脉冲响应，并运用附录 2 给出 $h(k)$ 的实数表达式。

2.29　利用定义 2.3 证明线性卷积算子的分配律。

$$f(k)*[g(k)+h(k)]=f(k)*g(k)+f(k)*h(k)$$

2.30　利用定义 2.3 和可交换性质证明线性卷积算子的结合律。

$$f(k)*[g(k)*h(k)]=[f(k)*g(k)]*h(k)$$

2.31　考虑如下线性时不变离散时间系统 S，假设 $0<m\leqslant n$，而且其特征多项式 $a(z)$ 仅有单阶非零根。

$$y(k)=\sum_{i=0}^{m}b_i x(k-i)-\sum_{i=1}^{n}a_i y(k-i)$$

(a) 求解特征多项式 $a(z)$ 和输入多项式 $b(z)$。

(b) 求解 $b(z)$ 的约束，以便确保脉冲响应 $h(k)$ 中没有一个脉冲项。

2.32　假设 $h(k)$ 和 $x(k)$ 按如下定义：

$$h=[2,\ -1,\ 0,\ 4]^{\mathrm{T}}$$
$$x=[5,\ 3,\ -7,\ 6]^{\mathrm{T}}$$

(a) 令 $y_c(k)=h(k)\circ x(k)$，求解圆周卷积矩阵 $C(x)$ 使得 $y_c=C(x)h$。

(b) 运用 $C(x)$ 求解 $y_c(k)$。

2.33　考虑如下线性时不变离散时间系统 S：

$$y(k)=0.6y(k-1)+x(k)-0.7x(k-1)$$

(a) 求解特征多项式与输入多项式。

(b) 写出脉冲响应 $h(k)$ 的表达式。

(c) 求解脉冲响应。

2.34 本习题建立了归一化循环互相关不等式 $|\sigma_{yx}(k)|\leqslant 1$。令 $x(k)$ 和 $y(k)$ 均为 N 点长的序列，而 $x_p(k)$ 是 $x(k)$ 的周期延拓。

(a) 考虑信号 $u(i,k)=ay(i)+x_p(i-k)$，其中 a 为任意。证明

$$\frac{1}{N}\sum_{i=0}^{N-1}[ay(i)+x_p(i-k)]^2=a^2c_{yy}(0)+2ac_{yx}(k)+c_{xx}(0)\geqslant 0。$$

(b) 证明(a)中的不等式可以有如下矩阵形式

$$[a,1]\begin{bmatrix}c_{yy}(0) & c_{yx}(k)\\ c_{yx}(k) & c_{xx}(0)\end{bmatrix}\begin{bmatrix}a\\ 1\end{bmatrix}\geqslant 0。$$

(c) 由于对于任意 a 而言(b)中的不等式均成立，则 2×2 的系数矩阵 $C(k)$ 是半正定的，这意味着 $\det[C(k)]\geqslant 0$。利用这一特点证明

$$c_{yx}^2(k)\leqslant c_{xx}(0)c_{yy}(0),\quad 0\leqslant k<N$$

(d) 运用(c)中的结果和归一化互相关的定义证明

$$-1\leqslant\sigma_{yx}(k)\leqslant 1,\quad 0\leqslant k<N。$$

2.35 令 $x(k)$ 是一个平均功率为 P_x 的 N 点长信号。

(a) 证明 $r_{xx}(0)=c_{xx}(0)=P_x$。

(b) 证明 $\rho_{xx}(0)=\sigma_{xx}(0)=1$。

2.36 假设 $y(k)$ 为如下序列。

$$y=[5,7,-2,4,8,6,1]^{\mathrm{T}}$$

(a) 构造一个3点长的信号 $x(k)$，使得 $r_{yx}(k)$ 在 $k=3$ 处产生正峰值，且 $|x(0)|=1$。

(b) 构造一个4点长的信号 $x(k)$，使得 $r_{yx}(k)$ 在 $k=2$ 处产生正峰值，且 $|x(0)|=1$。

2.37 考虑如下FIR系统。

$$y(k)=\sum_{i=0}^{5}(1+i)^2x(k-i)$$

令 $x(k)$ 是一个有界输入，其界为 B_x。证明输出 $y(k)$ 是有界的，且界为 $B_y=cB_x$；求解最小比例因子 c。

2.38 有些书上用如下表达式定义 L 点信号 $y(k)$ 与 M 点信号 $x(k)$ 的线性互相关。运用变量代换证明这与定义2.5等价。

$$r_{yx}(k)=\frac{1}{L}\sum_{n=0}^{L-1-k}y(n+k)x(n)$$

2.39　根据命题 2.1，一个线性时不变离散时间系统 S 是 BIBO 稳定的充要条件是脉冲响应 $h(k)$ 绝对可和，即 $\|h\|_1<\infty$。证明 $\|h\|_1<\infty$ 是稳定性的必要条件。也就是说，假设 S 是稳定的，但 $h(k)$ 却不是绝对可和的。考虑如下输入，这里 $h^*(k)$ 表示 $h(k)$ 的复共轭。(Proakis and Manolakis, 1992)

$$x(k)=\begin{cases}\dfrac{h^*(k)}{|h(k)|}, & h(k)\neq 0\\ 0, & h(k)=0\end{cases}$$

(a) 通过求解 $x(k)$ 的界 B_x 证明 $x(k)$ 是有界的。

(b) 通过验证当 $k=0$ 时 $y(k)$ 是无界的，证明系统 S 不是 BIBO 稳定的。

2.40　假设 $y(k)$ 为如下序列：

$$y=[8,\ 2,\ -3,\ 4,\ 5,\ 7]^{\mathrm{T}}$$

(a) 构造一个 6 点长的信号 $x(k)$，使得 $\sigma_{yx}(2)=1$，且 $|x(0)|=6$。

(b) 构造一个 6 点长的信号 $x(k)$，使得 $\sigma_{yx}(3)=-1$，且 $|x(0)|=12$。

2.41　假设 $x(k)$ 和 $y(k)$ 分别为如下序列：

$$x=[4,\ 0,\ -12,\ 8]^{\mathrm{T}}$$

$$y=[2,\ 3,\ 1,\ -1]^{\mathrm{T}}$$

(a) 求解循环互相关矩阵 $E(x)$，使得 $c_{yx}=E(x)y$。

(b) 利用 $E(x)$ 求解循环互相关 $c_{yx}(k)$。

(c) 求解归一化循环互相关 $\sigma_{yx}(k)$。

2.42　假设 $x(k)$ 和 $y(k)$ 分别为如下序列：

$$x=[5,\ 0,\ -10]^{\mathrm{T}}$$

$$y=[1,\ 0,\ -2,\ 4,\ 3]^{\mathrm{T}}$$

(a) 求解线性互相关矩阵 $D(x)$，使得 $r_{yx}=D(x)y$。

(b) 利用 $D(x)$ 求解线性互相关 $r_{yx}(k)$。

(c) 求解归一化线性互相关 $\rho_{yx}(k)$。

2.43　考虑具有如下脉冲响应的线性时不变离散时间系统 S。求解 A 和 p 应满足的条件，使得 S 是稳定的。

$$h(k)=A\,(p)^k\mu(k)$$

2.12.2　GUI 仿真

2.44　考虑如下离散时间系统，这是一个窄带谐振滤波器，其采样频率 $f_s=800$ Hz。

$$y(k)=0.704y(k-1)-0.723y(k-2)+0.141x(k)-0.141x(k-2)$$

针对如下初始条件，利用 GUI 模块 *g_systime* 求解零输入响应，画出 50 点的零输入响应图。

(a) $y_0 = [10, -3]^T$。

(b) $y_0 = [-5, -8]^T$。

2.45 考虑具有如下特征多项式和输入多项式的离散时间系统。用 GUI 模块 *g_systime* 绘出 $N=100$ 点的阶跃响应图。利用 MATLAB 的 *poly* 函数可以以根因子的形式给出系数向量 a 和 b，正如 2.9 节讨论的那样。

$$a(z) = (z+0.5 \pm j0.6)(z-0.9)(z+0.75)$$
$$b(z) = 3z^2 (z-0.5)^2$$

2.46 考虑如下线性离散时间系统。

$$y(k) = 1.7y(k-2) - 0.72y(k-4) + 5x(k-2) + 4.5x(k-4)$$

利用 GUI 模块 *g_systime* 绘出 $N=300$ 点的如下衰减余弦输入信号和相应的零状态响应图。令 $2\pi F_0 kT = 0.3\pi k$，这里 $T=1/f_s$，通过求解 F_0/f_s 确定 F_0 的值。

$$x(k) = 0.97^k \cos(0.3\pi k)$$

2.47 考虑如下线性离散时间系统。

$$y(k) = -0.4y(k-1) + 0.19y(k-2) - 0.104y(k-3) + 6x(k) - 7.7x(k-1) + 2.5x(k-2)$$

创建一个调用名为 *prob2_47* 的 MAT 文件，它包含 $f_s=100$，相应的系数向量 a 和 b，还有如下输入样本。这里 $v(k)$ 是均匀分布于$[-0.2, 0.2]$之间的白噪声。均匀分布白噪声可以用 MATLAB 函数 *rand* 来产生。

$$x(k) = k\exp(-k/50) + v(k), \quad 0 \leqslant k < 500$$

(a) 复制 MATLAB 程序，创建 *prob2_47.mat*。

(b) 利用 GUI 模块 *g_systime* 和用户定义的选项，绘制特征多项式与输入多项式的根图。

(c) 绘制针对输入 $x(k)$ 的零状态响应图。

2.48 考虑如下离散时间系统。用 GUI 模块 *g_systime* 仿真该系统。提示：你可以在编辑栏中键入 b 向量，可以在一行里写两句，如：`i = 0:8;b = cos(pi * i/4)`。

$$y(k) = \sum_{i=0}^{8} \cos(\pi i/4) x(k-i)$$

(a) 绘制多项式根图。

(b) 绘制 $N=40$ 点的 $y(k)$ 以及脉冲响应。

2.49 考虑如下两个多项式。用 *g_systime* 计算、绘图，并保存商多项式 $q(z)$ 和余数多项式 $r(z)$ 的系数至一个数据文件中，这里 $b(z)=q(z)a(z)+r(z)$。然后，读取保存的文件，并且显示商多项式和余数多项式的系数。

$$a(z) = z^2 + 3z - 4$$
$$b(z) = 4z^4 - z^2 - 8$$

2.50　考虑如下离散时间系统，这是一个陷波器，其采样间隔为 $T=1/360$ s。

$$y(k)=0.956y(k-1)-0.914y(k-2)+x(k)-x(k-1)+x(k-2)$$

针对正弦输入 $x(k)=\cos(2\pi F_0 kT)\mu(k)$，利用 GUI 模块 *g_systime*，求解相应的系统输出。采用卡尺(*Caliper*)选项估计每种情况下的稳态幅度。

(a) 绘制 $F_0=10$ Hz 的输出波形。

(b) 绘制 $F_0=60$ Hz 的输出波形。

2.51　考虑如下两个多项式，用 *g_systime* 计算、绘制，以及保存乘积多项式 $c(z)=a(z)b(z)$ 的系数至一个数据文件中。然后，读取保存的文件并显示乘积多项式的系数。

$$a(z)=z^2-2z+3$$
$$b(z)=4z^3+5z^2-6z+7$$

2.52　利用 GUI 模块 *g_correlate* 录制元音序列"A"，"E"，"I"，"O"，"U"于 y 中。播放 y 试听并确定这五个元音的录制效果。然后，录制元音"O"于 x。回放 x 试听并确定 x 中录制的元音"O"的声音类似于 y 中"O"的那段声音。将这些数据保存于名为 *my_vowels* 的 MAT 文件中。

(a) 绘制输入 x 和 y 显示这些元音的波形。

(b) 绘制 y 与 x 的归一化互相关波形，用卡尺(Caliper)选项标注那些 x 在 y 中位置对应的尖峰。

(c) 基于(a)中的波形图，估计与 x 中"O"相对于 y 中"O"的延时 d_1。将它与(b)中尖峰位置 d_2 比较，求解相对于所估计延时 d_1 的百分比误差。由于 x 总会与相邻元音交叠并在录制形成 y 的过程中产生边缘过渡效应，所以总会存在一些误差。

2.53　文件 *prob2_53.mat* 包含两个信号，x 和 y，以及他们的采样频率 f_s。用 GUI 模块 *g_correlate*读取 x，y，和 f_s。

(a) 绘制 $x(k)$和 $y(k)$的波形图。

(b) 绘制归一化的线性互相关 $\rho_{yx}(k)$波形图。在 $y(k)$中是否有 $x(k)$的缩放和位移片段？确定有多少个这样的片段，并用卡尺(Caliper)选项估计 $y(k)$中 $x(k)$的位置。

2.12.3　MATLAB 计算

2.54　考虑如下离散时间系统：

$$a(z)=z^4-0.3z^3-0.57z^2+0.115z+0.0168$$
$$b(z)=10\,(z+0.5)^3$$

该系统有四个非零单根。因此零状态响应是由如下四个自然模式项组成：

$$y_{zi}(k)=c_1\,(p_1)^k+c_2\,(p_2)^k+c_3\,(p_3)^k+c_4\,(p_4)^k$$

这些系数可以由初始条件确定

$$y_0=[y(-1),\ y(-2),\ y(-3),\ y(-4)]^{\mathrm{T}}$$

对于 $1 \leqslant k \leqslant 4$，令 $y_{zi}(-k)=y(-k)$，就形成了系数向量 $c=[c_1, c_2, c_3, c_4]^{\mathrm{T}}$ 的如下线性代数系统：

$$\begin{bmatrix} p_1^{-1} & p_2^{-1} & p_3^{-1} & p_4^{-1} \\ p_1^{-2} & p_2^{-2} & p_3^{-2} & p_4^{-2} \\ p_1^{-3} & p_2^{-3} & p_3^{-3} & p_4^{-3} \\ p_1^{-4} & p_2^{-4} & p_3^{-4} & p_4^{-4} \end{bmatrix} \begin{bmatrix} c_1 \\ c_2 \\ c_3 \\ c_4 \end{bmatrix} = y_0$$

用函数 *roots* 编写求解特征多项式根的 MATLAB 程序。然后，针对初始条件 y_0，运用 MATLAB 左除或者“\”算子求解该线性代数系统的系数向量 c。打印输出根与系数向量 c。并对于 $0 \leqslant k \leqslant 40$，采用 *stem* 方式绘制零输入响应 $y_{zi}(k)$ 的波形图。

2.55 考虑如下信号对。

$$h=[1, 2, 3, 4, 5, 4, 3, 2, 1]^{\mathrm{T}}$$
$$x=[2, -1, 3, 4, -5, 0, 7, 9, -6]^{\mathrm{T}}$$

编写 MATLAB 程序验证线性卷积与圆周卷积会产生不同的结果，这里用 FDSP 函数 *f_conv* 计算线性卷积 $y(k)=h(k) * x(k)$ 和圆周卷积 $y_c(k)=h(k) \circ x(k)$。在同一屏幕上，一上一下绘制 $y(k)$ 和 $y_c(k)$ 的波形图。

2.56 考虑习题 2.54 中的离散时间系统。运用 FDSP 函数 *f_filter0* 编写计算零状态响应的 MATLAB 程序，这里的初始条件如下。采用 *stem* 方式绘制零输入响应 $y_{zi}(k)$ 的波形图，这里 $-4 \leqslant k \leqslant 40$。

$$y_0=[y(-1), y(-2), y(-3), y(-4)]^{\mathrm{T}}$$

2.57 考虑如下多项式：

$$a(z)=z^4+4z^3+2z^2-z+3$$
$$b(z)=z^3-3z^2+4z-1$$
$$c(z)=a(z)b(z)$$

令 $a \in R^5$，$b \in R^4$，$c \in R^8$ 分别是 $a(z)$，$b(z)$，$c(z)$ 的系数向量。

(a) 直接用手工相乘解得 $c(z)$ 的系数向量。

(b) 运用函数 *conv* 编写计算 $c(z)$ 系数向量的 MATLAB 程序，即通过 a 与 b 的线性卷积计算 c。

(c) 在该 MATLAB 程序中，验证通过 MATLAB 函数 *deconv* 实现的反卷积可以由 b 和 c 恢复 a。

2.58 考虑如下离散时间系统。

$$\begin{aligned} y(k) = & 0.95y(k-1)+0.035y(k-2)-0.462y(k-3)+0.351y(k-4) \\ & +0.5x(k)-0.75x(k-1)-1.2x(k-2)+0.4x(k-3)-1.2x(k-4) \end{aligned}$$

运用 *filter* 和 *plot* 编写 MATLAB 程序，计算针对如下输入该系统的零状态响应。在同一幅图中绘制出输入和输出的波形。

$$x(k)=(k+1)^2\ (0.8)^k\mu(k),\qquad 0\leqslant k\leqslant 100$$

2.59 考虑如下 FIR 滤波器,编写实现如下任务的 MATLAB 程序。

$$y(k)=\sum_{i=0}^{20}\frac{(-1)^i x(k-i)}{10+i^2}$$

(a) 运用函数 *filter* 计算并绘制 $N=50$ 点长的脉冲响应 $h(k)$ 波形图,这里 $0\leqslant k<N$。

(b) 计算并绘制如下周期输入波形图。

$$x(k)=\sin(0.1\pi k)-2\cos(0.2\pi k)+3\sin(0.3\pi k),\qquad 0\leqslant k<N$$

(c) 调用函数 *conv*,针对输入 $x(k)$ 借助卷积计算零状态响应。另外,还可以借助于函数 *filter* 计算 $x(k)$ 输入的零状态响应。最后,在同一幅图中绘制两种响应的波形。

2.60 考虑如下滑动平均滤波器,编写实现如下任务的 MATLAB 程序。

$$y(k)=\frac{1}{10}\sum_{i=0}^{9}x(k-i),\qquad 0\leqslant k\leqslant 100$$

(a) 调用 *filter* 和 *plot* 计算并绘制针对如下输入的零状态响应,这里 $\nu(k)$ 是均匀分布于[−0.1, 0.1]区间的随机白噪声。在同一幅图中一上一下绘制 $x(k)$ 和 $y(k)$ 的波形图。均匀白噪声可以调用 MATLAB 函数 *rand* 产生。

(b) 调用函数 *conv* 通过卷积计算并绘制零状态响应,并将这第三幅波形曲线加入(a)部分的图中。

2.61 考虑如下信号对:

$$h=[1,\ 2,\ 4,\ 8,\ 16,\ 8,\ 4,\ 2,\ 1]^{\mathrm{T}}$$
$$x=[2,\ -1,\ -4,\ -4,\ -1,\ 2]^{\mathrm{T}}$$

编写 MATLAB 程序,通过在这些信号后填补适当数目的零,再调用 FDSP 工具箱函数 *f_conv* 比较线性卷积 $y(k)=h(k)*x(k)$ 与圆周卷积 $y_{zc}(k)=h_z(k)\circ x_z(k)$ 的结果,从而验证线性卷积可以由补零后的圆周卷积来实现。绘制如下波形图:

(a) 在同一幅图中绘制补零信号 $h_z(k)$ 和 $x_z(k)$。

(b) 绘制线性卷积 $y(k)=h(k)*x(k)$。

(c) 绘制补零圆周卷积 $y_{zc}(k)=h_z(k)\circ x_z(k)$。

2.62 考虑如下 $N=8$ 点长的信号对。

$$x=[2,\ -4,\ 7,\ 3,\ 8,\ -6,\ 5,\ 1]^{\mathrm{T}}$$
$$y=[3,\ 1,\ -5,\ 2,\ 4,\ 9,\ 7,\ 0]^{\mathrm{T}}$$

编写 MATLAB 程序,实现如下任务:

(a) 调用 FDSP 工具箱函数 *f_corr*,计算并绘制循环互相关 $c_{yx}(k)$。

(b) 运用周期延拓 $x_p(k)$ 计算并打印 $u(k)=x(-k)$。

(c) 调用 FDSP 工具箱函数 *f_conv* 计算并绘制比例化的圆周卷积 $w(k)=[u(k)\circ x(k)]/N$,从而验证 $c_{yx}(k)=[y(k)\circ x(-k)]/N$。最后,在同一屏幕中一上

一下绘制 $c_{yx}(k)$和 $w(k)$。

2.63 考虑如下信号对：

$$x=[2, -1, -4, -4, -1, 2]^{T}$$
$$y=[1, 2, 4, 8, 16, 8, 4, 2, 1]^{T}$$

编写 MATLAB 程序，使其在这些信号后填补适当数目的零，再调用 FDSP 工具箱函数 *f_corr* 计算线性互相关 $r_{yx}(k)$和循环互相关 $c_{y_z x_z}(k)$，从而验证线性互相关可以由补零后的循环互相关来实现。绘制如下波形图：

(a) 在同一幅图中绘制补零后的信号 $x_z(k)$和 $y_z(k)$。

(b) 在同一幅图中绘制线性互相关 $r_{yx}(k)$和有比例因子的补零后循环互相关 $(N/L)c_{y_z x_z}(k)$。

2.64 考虑如下信号对：

$$x=[2, -4, 3, 7, 6, 1, 9, 4, -3, 2, 7, 8]^{T}$$
$$y=[3, 2, 1, 0, -1, -2, -3, -2, -1, 0, 1, 2]^{T}$$

编写 MATLAB 程序，调用 FDSP 工具箱函数 *f_corr* 计算线性互相关 $r_{yx}(k)$和循环互相关 $c_{yx}(k)$，从而验证线性互相关与循环互相关会产生不同的结果。并在同一屏幕一上一下绘制 $r_{yx}(k)$和 $c_{yx}(k)$的波形图。

离散时间系统的频域分析

本章内容

3.1 动机

前面提到离散时间系统就是对离散时间输入信号 $x(k)$ 进行处理，产生离散时间输出信号 $y(k)$ 的系统。如果信号 $x(k)$ 和 $y(k)$ 在时间和幅度上都是离散的，那么它们是数字信号，相应的系统就是数字信号处理器或数字滤波器。在本章中，我们主要分析线性时不变离散时间系统在频域的输入输出特性，其与第2章一起，为我们在后续章节中进行数字滤波器设计和数字信号处理(DSP)算法的开发打下数学基础。

分析离散时间系统必备的工具之一就是 Z 变换。Z 变换能够将离散时间信号 $x(k)$ 映射或转换成复变量 z 的函数。

$$X(z)=Z\{x(k)\}$$

通过 Z 变换，在第 2 章中描述离散时间系统的差分方程就能转换成简单的代数方程，从而很容易求解出系统输出的 Z 变换 $Y(z)$。对 $Y(z)$ 进行 Z 反变换，即得系统的零状态响应 $y_{zs}(k)$。通过 Z 变换还能得到一些离散时间系统的重要性质。例如，一个离散时间系统只有在每一个有界输入信号下确保产生有界输出信号，我们才认为它是稳定的。稳定性是实际数字滤波器的一个重要特征，判断系统是否稳定的最方便方法就是 Z 变换。

本章首先分析几个可以用离散时间系统建模并通过 Z 变换求解的实际问题，然后给出了 Z 变换的定义及其收敛域。在一张 Z 变换对表的基础上，通过引入一些重要的 Z 变换特性，逐渐扩展这张表。分别用长除法、部分分式展开法和留数定理进行 Z 反变换。接着，本章介绍了两种新的离散时间系统的表示方法。第一种是传递函数及相应的零极点及模式，第二种是简洁的图形表示方法——信号流图。本章还给出了一种简单的确定系统是否为有界输入有界输出 BIBO 稳定的频域标准和 Jury 稳定性检验。之后本章介绍频率响应，并通过传递函数和周期信号的稳态响应对其进行了解释。本章最后，给出一个 GUI 模块 *g_system*，以供读者不需要编程就能在频域观察离散时间系统的输入输出特性。本章以一些学习实例和离散时间系统分析技术的总结结束。

3.1.1 卫星姿态控制

作为一个离散时间系统的实例，让我们为数据采样系统建立离散等效模型。第一章曾提到数据采样系统是既包含连续时间信号又包含离散时间信号的系统。因此任何包含数模转换器(DAC)或模数转换器(ADC)的系统就是数字采样系统，例如图 3.1 所示的反馈控制系统，其既包含了 DAC 又包含了 ADC。

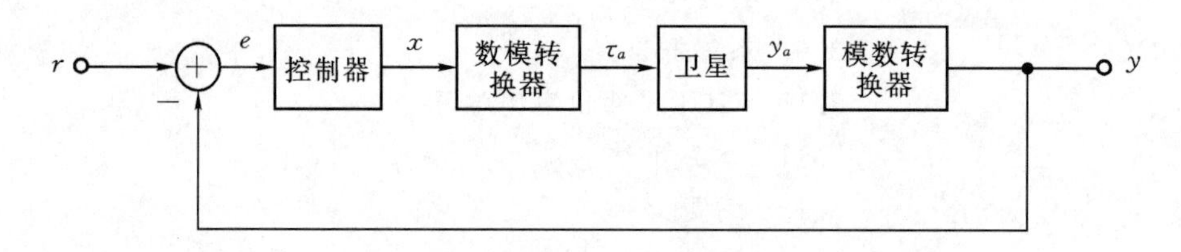

图 3.1 单轴卫星姿态控制系统

这个反馈系统的任务就是控制如图 3.2 所示在太空中环绕一个轴旋转的卫星的角度位置。设 $r(k)$ 是离散时间 k 时卫星的预定角度位置，而 $y(k)$ 是实际的角度位置。由于不存在摩擦力，卫星的运动状态可用牛顿第二定律建模。

$$J\frac{d^2y_a(t)}{dt^2}=\tau_a(t) \tag{3.1.1}$$

其中 $\tau_a(t)$ 是由推进器产生的转矩，J 是绕轴旋转的惯量。图 3.1 中的数字控制器对输入的“误差”信号 $e(k)=r(k)-y(k)$ 进行处理，产生一个控制信号 $x(k)$。假设使用如下差分方程来实现一个简单的控制器：

$$x(k)=c[e(k)-e(k-1)] \tag{3.1.2}$$

其中控制器增益 c 是工程设计参数，它的合理选择可以使得控制器达到某种性能要求。式

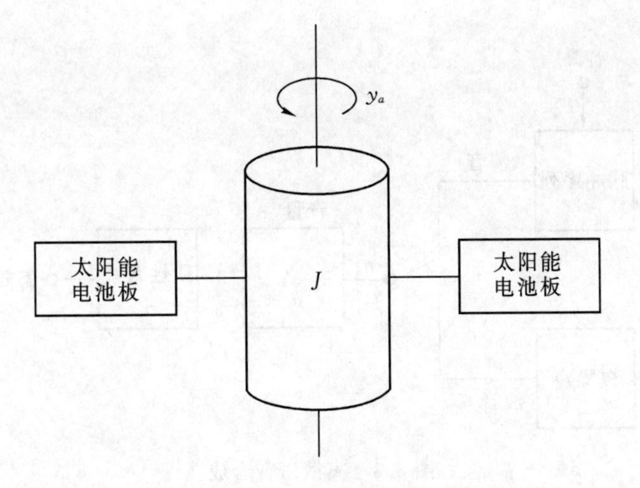

图 3.2 旋转中的卫星

(3.1.2)中的控制器就是一种有限脉冲响应(FIR)离散时间系统的例子。

假设数模转换器(DAC)采用第1章中零阶保持模型，那么数模转换器(DAC)和卫星的离散等效形式可用如下“保持等效”离散时间系统表示(Franklin et al., 1990)，这里 $y(k)=y_a(kT)$。

$$y(k)=2y(k-1)-y(k-2)+(\frac{T^2}{2J})[x(k-1)+x(k-2)] \tag{3.1.3}$$

将式(3.1.2)代入式(3.1.3)中并注意到 $e(k)=r(k)-y(k)$，整个闭环反馈系统就能用如下离散等效系统来建模，其输入为预定角度 $r(k)$，输出为实际角度 $y(k)$。

$$y(k)=(d-1)y(k-1)-dy(k-2)+d[r(k-1)+r(k-2)] \tag{3.1.4a}$$

$$d=\frac{cT^2}{2J} \tag{3.1.4b}$$

因此，基于采样数据的控制系统包含三个离散时间系统：式(3.1.2)表示的控制器，式(3.1.3)表示的数模转换器DAC和卫星的保持等效系统，以及式(3.1.4)表示的总的闭环离散等效系统。在本章中稍后部分，我们将看到这个控制系统是稳定的，因此当控制增益取值在如下范围时，系统可以成功运行。

$$0<c<\frac{2J}{T^2} \tag{3.1.5}$$

3.1.2 声道建模

人类语音信号的分析和合成是DSP现在的应用领域之一，语音识别和语音合成作为人机交互的手段变得越来越普遍。一种产生合成语音信号的有效技术是使用离散时间信号表示来自声带的输出，然后利用慢时变的数字滤波器来模型化声道，其方框图如图3.3所示。(Rabiner and Schafer. 1978；Markel and Gray，1976)。

语音信息可以分解成称为音位的基本单元，这些基本单元或者有语音或者无语音。有语

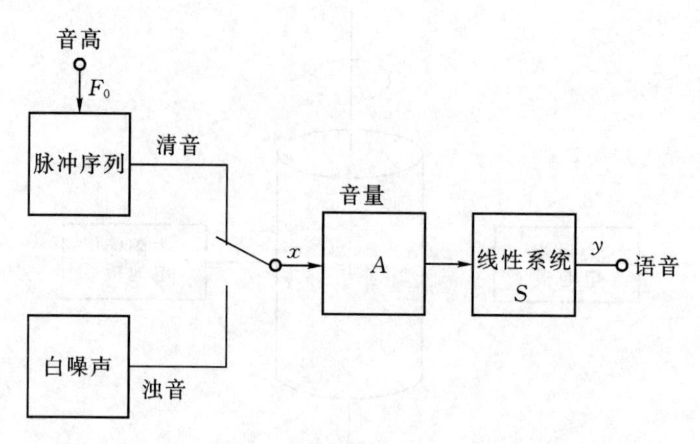

图 3.3 离散语音合成

音的音位是和声道中的扰动相关联的，因此使用滤波的白噪声进行建模。无语音的音位包括摩擦声，例如 s，sh 和 f 声，和清辅音 p，t 和 k。有语音的音位和声道的周期激励相关。它们包含元音、鼻音和浊辅音，例如 b，d 和 g。有语音的音位可以通过数字滤波器对周期为 M 的脉冲序序列的响应来建模。

$$x(k) = \sum_{i=0}^{\infty} \delta(k - iM) \tag{3.1.6}$$

如果 T 是采样间隔，那么脉冲序列的周期为 $T_0 = MT$，说话者的基本频率或者音高为：

$$F_0 = \frac{1}{MT} \tag{3.1.7}$$

说话者的音高往往从 50 Hz 变化到 400 Hz，平均来说，男性语音的音高比女性语音的音高更低些。元音“O”的一段短暂的片段如图 3.4 所示。为了估计说话者的音高，我们测量了

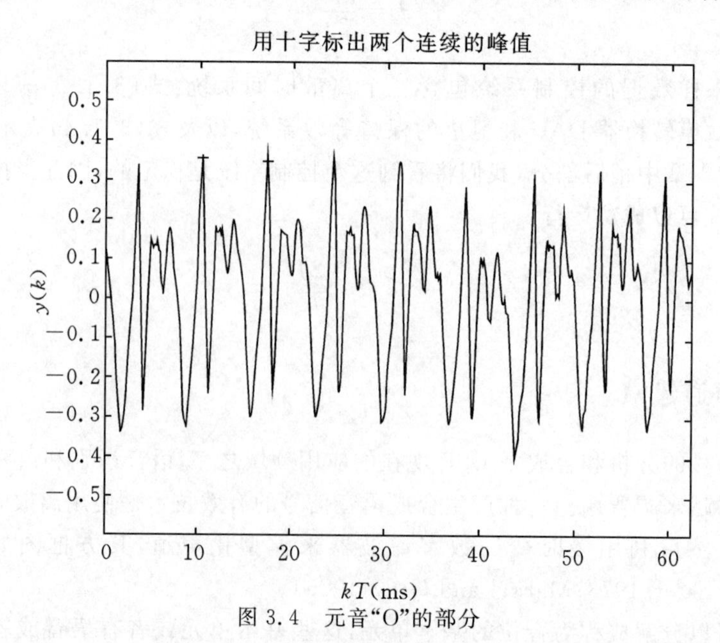

图 3.4 元音“O”的部分

图 3.4 中峰值间的距离。通过使用 FDSP 工具箱函数 *f_caliper*，在图 3.4 中使用＋号标出的周期大约为 $T_0=6.9$ ms，相应的音高为：

$$F_0 \approx 145\ \text{Hz} \tag{3.1.8}$$

图 3.3 中的线性系统 S 模拟了声道腔，包括喉咙、嘴和唇。对于大部分声音来说，一种有效的模型是 n 阶自回归系统，其中，输入多项式的系数向量被简单地设为 $b=1$。

$$y(k) = x(k) - \sum_{i=1}^{n} a_i y(k-i) \tag{3.1.9}$$

如何在给出的输入 $x(k)$，输出 $y(k)$ 中找到声道模型合适的参数向量 $a \in R^{n+1}$，就是一个系统辨识的例子，这将在 3.9 节中讨论。

3.2　Z 变换对

Z 变换是分析和求解线性离散时间系统的一个强大的工具。

定义 3.1　Z 变换

随机离散时间信号 $x(k)$ 的 Z 变换是复变量 z 的函数 $X(z)$

$$X(z) \triangleq \sum_{k=-\infty}^{\infty} x(k) z^{-k}$$

从定义 3.1，我们可以发现 Z 变换是变量 z^{-1} 的指数序列。Z 变换同样也可以用 Z 变换操作符 Z 表示如下：

$$Z\{x(k)\} = X(z) \tag{3.2.1}$$

注意，依据惯例，相应的大写字母用来表示信号的 Z 变换。对于大多数实际信号，Z 变换可用两个多项式之比来表示

$$X(z) = \frac{b_0(z-z_1)(z-z_2)\cdots(z-z_m)}{(z-p_1)(z-p_2)\cdots(z-p_m)} \tag{3.2.2}$$

其中，分子多项式的根称为 $X(z)$ 的零点，分母多项式的根称为 $X(z)$ 的极点。如果要直接从定义 3.1 中计算 Z 变换，那么，如下的广义几何级数将是非常有帮助的，其中 z 可以是任意的实数或复数(参见问题 3.17)。

$$\sum_{k=m}^{\infty} z^k = \frac{z^m}{1-z},\ m \geqslant 0 \text{ 且 } |z| < 1 \tag{3.2.3}$$

3.2.1 收敛域

对于某一给定的 z 值，定义 3.1 的幂级数有可能收敛也有可能不收敛。为了讨论复平面上的收敛域，我们首先将信号分解成两项的和。

$$x(k) = x_c(k) + x_a(k) \tag{3.2.4}$$

其中 $x_c(k)$是因果信号，$x_a(k)$是反因果信号。

$$x_c(k) \triangleq x(k)\mu(k) \tag{3.2.5}$$

$$x_a(k) \triangleq x(k)\mu(-k-1) \tag{3.2.6}$$

对于通常的信号 $x(k)$，因果信号 $x_c(k)$有一个特定的收敛域，反因果信号 $x_a(k)$也有一个特定的收敛域。总的收敛域 Ω_{ROC} 包括了两个收敛域的交集。

例 3.1 收敛域

为了说明 Z 变换的收敛域，考虑如下双边指数信号：

$$x(k)=\begin{cases} a^k, & k\geqslant 0 \\ b^k, & k<0 \end{cases}$$

注意到该信号可以写成下面因果信号与反因果信号的和：

$$x(k)=\underbrace{a^k\mu(k)}_{x_c(k)}+\underbrace{b^k\mu(-k-1)}_{x_a(k)}$$

因为 Z 变换是线性的运算，可以将两部分的变换分别计算然后相加。运用式(3.2.3)的几何级数

$$\begin{aligned} X_c(z) &= \sum_{k=0}^{\infty} a^k z^{-k} = \sum_{k=0}^{\infty} (a/z)^k \\ &= \frac{1}{1-a/z},\ |a/z|<1 \\ &= \frac{z}{z-a},\ |z|>|a| \end{aligned}$$

因此，因果部分的收敛域是以原点为圆心，$|a|$为半径的圆的外部。反因果的 Z 变换的计算可用同样的方式。

$$\begin{aligned} X_a(z) &= \sum_{k=-\infty}^{-1} b^k z^{-k} \\ &= \sum_{i=\infty}^{1} b^{-i} z^{-k},\ i=-k \\ &= \sum_{i=1}^{\infty} (z/b)^i \\ &= \frac{z/b}{1-z/b},\ |z/b|<1 \end{aligned}$$

$$=\frac{-z}{z-b},\ |z|<|b|$$

在这种情况下，反因果部分的收敛域是以原点为圆心，$|b|$为半径的圆的内部。总的 Z 变换为

$$\begin{aligned}X(z)&=X_c(z)+X_a(z)\\&=\frac{z}{z-a}-\frac{z}{z-b}\\&=\frac{z(z-b)-z(z-a)}{(z-a)(z-b)}\\&=\frac{(a-b)z}{(z-a)(z-b)},\ |a|<|z|<|b|\end{aligned}$$

因此，$X(z)$的收敛域是以复平面上原点为圆心，$|a|$为内层半径，$|b|$为外层半径的圆环。如果$|a|\geqslant|b|$，则圆环不存在，因为收敛域是空集故 Z 变换不存在。这种情况的确会发生，比如当 $b=a$ 时。

例 3.1 的结果可以用如下方法推广。假设$\{p_1,\cdots p_n\}$是因果部分 $x_c(k)$的极点，$\{q_1,\cdots q_n\}$是反因果部分 $x_a(k)$的极点，在 $X_c(z)+X_a(z)$存在零极点相消的情况。定义反因果极点的最内层半径以及因果极点的最外层半径如下：

$$R_m \triangleq \max_{i=1}^{r}\{|q_i|\} \tag{3.2.7}$$

$$R_M \triangleq \max_{i=1}^{n}\{|p_i|\} \tag{3.2.8}$$

因果部分的收敛域是$|z|>R_M$，反因果部分的收敛域是$|z|<R_m$。这就是说，因果部分的收敛域是最外层极点的外部，而反因果部分的收敛域是最内层极点的内部。若 $x(k)$是因果的，则收敛域是$|z|>R_M$，若 $x(k)$是反因果的，则收敛域是$|z|<R_m$，更一般地，收敛域为

$$\Omega_{ROC}=\{z\in C:\ R_M\leqslant|z|\leqslant R_m\} \tag{3.2.9}$$

图 3.5 给出了两类重要的收敛域图。如果 $x(k)$是有限长信号，这将是一类重要的特例。对于长度为 m 的有限长因果信号，其 Z 变换为

$$\begin{aligned}X(z)&=x(0)+x(1)z^{-1}+\cdots+x(m-1)z^{1-m}\\&=\frac{x(0)z^{m-1}+x(1)z^{m-2}+\cdots+x(m-1)}{z^{m-1}}\end{aligned} \tag{3.2.10}$$

因此，长度为 $m>1$ 的有限长因果信号在 $z=0$ 处有 $m-1$ 个极点，这就是说，其收敛域是$|z|>0$。如果 $m=1$，$x(k)=\delta(k)$，则收敛域为整个复平面。对于长度为 r 的有限长反因果信号，其 Z 变换为

$$X(z)=x(-r)z^{r}+x(-r+1)z^{r-1}+\cdots+x(-1) \tag{3.2.11}$$

因此，长度为 $r>1$ 的有限长反因果信号没有极点，这就是说，其收敛域是整个复平面 $z\in C$。最后，同时包含正负半轴采样的一般有限长信号有$|z|>0$ 的联合收敛域。大多数情况下的收

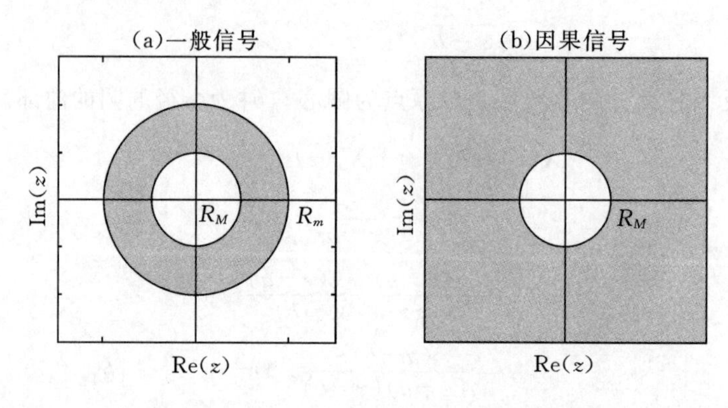

图 3.5　收敛域 (a)一般信号；(b)因果信号
R_m 是反因果极点的最内层半径，R_M 是因果极点的最外层半径

敛域在表 3.1 都有描述。实际中遇到的信号几乎都是因果的，有限的长的或无限长的。这些信号的收敛域简洁表示为：

$$\Omega_{ROC}=\{z\in C:|Z|>R_M\} \tag{3.2.12}$$

表 3.1　收敛域

信号	长度	Ω_{ROC}
因果的	无限	$\|Z\|>R_M$
反因果的	无限	$\|Z\|<R_m$
一般的	无限	$R_M<\|Z\|<R_m$
因果的	有限，$m>1$	$\|Z\|>0$

3.2.2　基本 Z 变换对

下面的例子是用几何级数来计算 2.2 节所介绍的离散时间信号的 Z 变换。

例 3.2　单位脉冲

单位脉冲用 $\delta(k)$ 表示，是除 $k=1$ 处值为 1 外，其余各处值均为 0 的信号。由定义 3.1，我们发现级数中唯一的非零项是常数项，系数为 1。

$$Z\{\delta(k)\}=1$$

由于单位脉冲的 Z 变换为常数，没有极点，所以其 ROC 为整个复平面 $z\in C$。

回顾一下，当单位脉冲 $\delta(k)$ 从 $-\infty$ 到 k 求和时，就得到了单位阶跃 $\mu(k)$。

例 3.3　单位阶跃

单位阶跃，用 $\mu(k)$ 表示，是当 $k\geqslant0$ 时其值为 1 的无限长因果信号。

由定义3.1以及式(3.2.3)中的几何级数，有

$$\begin{aligned} U(z) &= \sum_{k=0}^{\infty} z^{-k} \\ &= \sum_{k=0}^{\infty} (z^{-1})^k \\ &= \frac{1}{1-z^{-1}}, \ |z^{-1}|<1 \end{aligned}$$

分子分母同乘以 z，式中不再有 z 的负指数项，得

$$Z\{\mu(k)\}=\frac{z}{z-1}, \ |z|>1$$

注意其 Z 变换在 $z=0$ 处为零点，在 $z=1$ 处为极点。信号 $\mu(k)$ 及其 Z 变换的零极点图如图3.6所示。

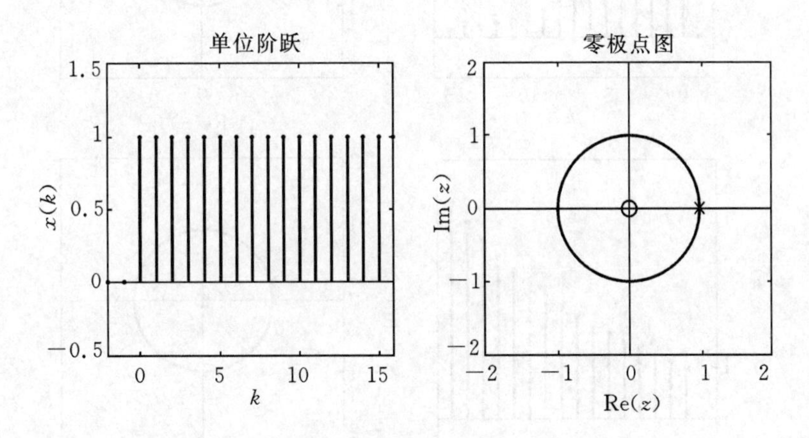

图3.6 单位阶跃信号 $\mu(k)$ 及其零极点图

单位阶跃函数 $\mu(k)$ 很有用处，因为如果我们将某一信号与 $\mu(k)$ 相乘，就能得到因果信号。将单位阶跃函数进行推广，我们就能得到最重要的 Z 变换对。

例 3.4 因果指数序列

c 为实数或复数，考虑如下以 c 为底数的因果指数信号。

$$x(k)=c^k\mu(k)$$

由定义3.1及式(3.2.3)中的几何级数，有

$$\begin{aligned} X(z) &= \sum_{k=0}^{\infty} c^k z^{-k} \\ &= \sum_{k=0}^{\infty} (c/z)^k \\ &= \frac{1}{1-c/z}, \ |c/z|<1 \end{aligned}$$

分子分母同乘以 z，式中不再有 z 的负指数项，因果指数信号的 Z 变换即为

$$Z\{c^k\mu(k)\}=\frac{z}{z-c},\quad |z|>c$$

因果指数信号及其零极点分布如图 3.7 所示。第一种情况 $c=0.8$ 对应于指数衰减序列。第二种情况 $c=1.1$ 对应于指数增长序列。如果在 $z=c$ 处的极点为负，那么信号在正负之间震荡，随时间衰弱或增强。$c=1$ 时的因果指数与例 3.3 中的单位阶跃相同。

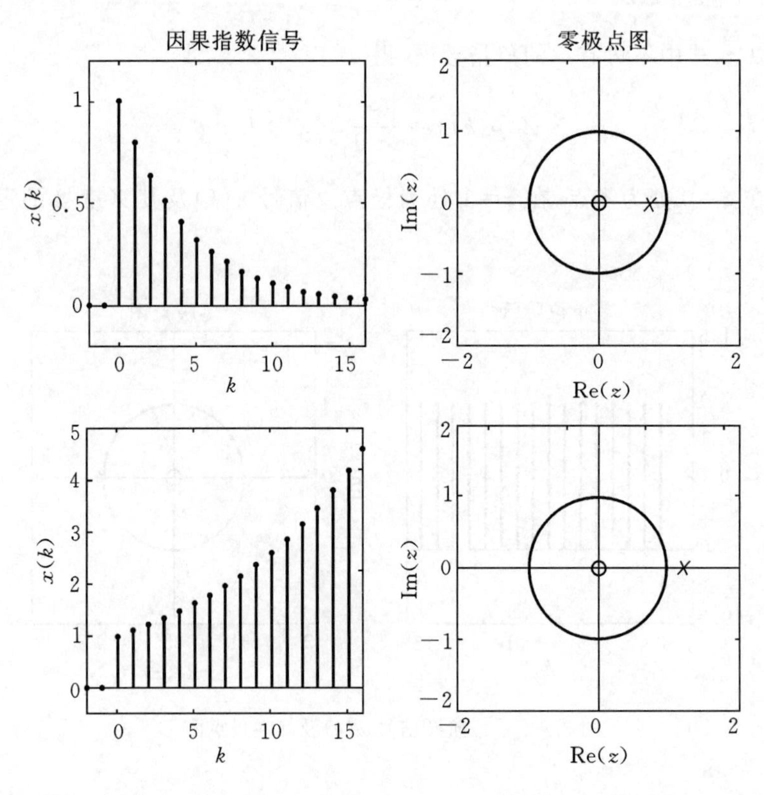

图 3.7　例 3.2.3 中因果指数信号在 $c=0.8$（有界）和 $c=1.1$（无界）时的时域图和零极点分布

因果指数信号只有单个实数极点。另一个重要的情况对应于复共轭对极点。相应的信号被称作指数衰减正弦信号。

例 3.5　指数衰减正弦信号

设 c,d 均为实数且 $c>0$，考虑如下因果指数衰减正弦波。

$$x(k)=c^k\sin(dk)\mu(k)$$

由附录 2 中的欧拉公式，我们将 $\sin(dk)$ 表示成复指数形式：

$$\sin(dk)=\frac{\exp(\mathrm{j}dk)-\exp(-\mathrm{j}dk)}{\mathrm{j}2}$$

这样，信号 $x(k)$ 可以表示为

$$x(k)=\frac{c^k[\exp(\mathrm{j}dk)-\exp(-\mathrm{j}dk)]}{\mathrm{j}2}$$
$$=\frac{[c\exp(\mathrm{j}d)]^k u(k)-[c\exp(-\mathrm{j}d)]^k\mu(k)}{\mathrm{j}2}$$

从定义 3.1 中可以看出 Z 变换是线性运算。即信号和的变换等于信号变换的和，加权信号的变换等于先变换，再加权。应用这一性质，欧拉公式以及例 3.4 的结果，

$$X(z)=Z\left\{\frac{[c\exp(\mathrm{j}d)]^k\mu(k)-[c\exp(-\mathrm{j}d)]^k\mu(k)}{\mathrm{j}2}\right\}$$
$$=\frac{Z\{[c\exp(\mathrm{j}d)]^k\mu(k)\}}{\mathrm{j}2}-\frac{Z\{[c\exp(-\mathrm{j}d)]^k\mu(k)\}}{\mathrm{j}2}$$
$$=\frac{1}{\mathrm{j}2}\left\{\frac{z}{z-c\exp(\mathrm{j}d)}-\frac{z}{z-c\exp(-\mathrm{j}d)}\right\},\ |z|>c$$
$$=\frac{cz[\exp(\mathrm{j}d)-\exp(-\mathrm{j}d)]}{\mathrm{j}2[z-c\exp(\mathrm{j}d)][z-c\exp(-\mathrm{j}d)]},\ |z|>c$$
$$=\frac{c\sin(d)z}{(z^2-c[\exp(\mathrm{j}d)+\exp(-\mathrm{j}d)]+c^2)},\ |z|>c$$

注意到 $X(z)$ 有幅度为 c，相位角为 $\pm d$ 的极点。最后，如果应用欧拉公式对分母进行变形，即可得指数衰减正弦信号的 Z 变换为

$$X(z)=\frac{c\sin(d)z}{(z^2-2c\cos(d)z+c^2)},\ |z|>c$$

指数衰减正弦波波形及其零极点分布如图 3.8 所示。注意极点的模 c 决定信号是否衰减到 0 以及衰减速度，极点的角度 d 决定振荡频率。

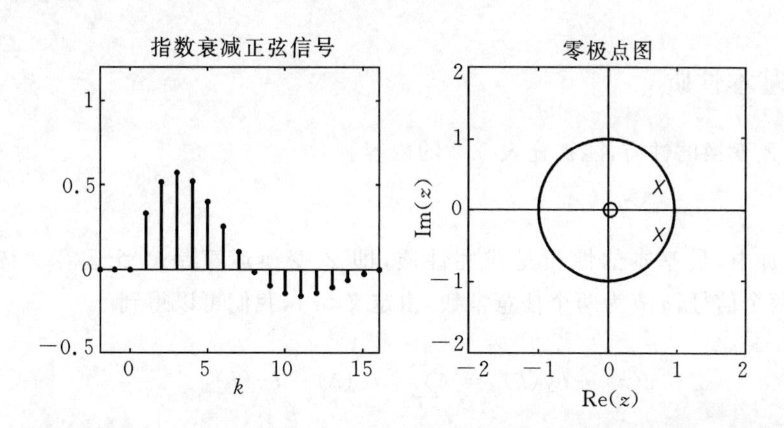

图 3.8　例 3.5 中 $c=0.8$，$d=0.6$ 时指数衰减正弦波的波形和零极点分布

表 3.2 给出了一些最重要的 Z 变换对。注意，单位阶跃函数是因果指数函数 $c=1$ 的特例。类似地，sin 和 cos 的变换可由 $c=1$ 时的指数衰减正弦和余弦信号的变换得到。附录 1 给出了更完整的 Z 变换对表。

表 3.2 基本 Z 变换对

信号	Z 变换	极点	收敛域
$\delta(k)$	1	无	$z\in c$
$\mu(k)$	$\dfrac{z}{z-1}$	$z=1$	$\|Z\|>1$
$k\mu(k)$	$\dfrac{z}{(z-1)^2}$	$z=1$	$\|Z\|>1$
$c^k\mu(k)$	$\dfrac{z}{z-c}$	$z=c$	$\|Z\|>\|c\|$
$kc^k\mu(k)$	$\dfrac{cz}{(z-c)^2}$	$z=c$	$\|Z\|>\|c\|$
$\sin(dk)\mu(k)$	$\dfrac{\sin(d)z}{z^2-2c\cos(d)z+1}$	$z=\exp(\pm jd)$	$\|z\|>1$
$\cos(dk)\mu(k)$	$\dfrac{[z-c\cos(d)]z}{z^2-2c\cos(d)z+1}$	$z=\exp(\pm jd)$	$\|z\|>1$
$c^k\sin(dk)\mu(k)$	$\dfrac{c\sin(d)z}{z^2-2c\cos(d)z+c^2}$	$z=c\exp(\pm jd)$	$\|z\|>c$
$c^k\cos(dk)\mu(k)$	$\dfrac{[z-c\cos(d)]z}{z^2-2c\cos(d)z+c^2}$	$z=c\exp(\pm jd)$	$\|z\|>c$

3.3 Z 变换性质

3.3.1 基本性质

通过运用 Z 变换的性质，能扩充表 3.2 的内容。

线性性质

Z 变换性质中，最基本的性质是线性性质，即 Z 变换运算是线性运算。特别的，假设 $x(k)$，$y(k)$ 为两个信号，a，b 为两个任意常数，由定义 3.1，我们可以得到

$$Z\{ax(k)+by(k)\}=\sum_{k=-\infty}^{\infty}[ax(k)+by(k)]z^{-k}$$

$$=a\sum_{k=-\infty}^{\infty}x(k)z^{-k}+b\sum_{k=-\infty}^{\infty}y(k)z^{-k} \tag{3.3.1}$$

这样，两个信号之和的 Z 变换即为两信号的 Z 变换之和。同样一个加权信号的 Z 变换也就是信号 Z 变换的加权。

$$Z\{ax(k)+by(k)\}=aX(z)+bY(z) \tag{3.3.2}$$

实际上，例 3.5 就是运用线性性质计算 Z 变换的例子。$ax(k)+by(k)$ 的收敛域包括 $X(z)$ 和

$Y(z)$收敛域的交集。

时移性质

Z变换性质中，应用最广泛的是时移性质，尤其是在分析线性差分方程时。用$r\geqslant 0$表示因果离散信号$x(k)$延迟的采样数。由定义3.1，运用变量代换$i=k-r$，得到

$$
\begin{aligned}
Z\{x(k-r)\} &= \sum_{k=0}^{\infty} x(k-r)z^{-k} \\
&= \sum_{i=-r}^{\infty} x(i)z^{-(i+r)}, i=k-r \\
&= z^{-r}\sum_{i=0}^{\infty} x(i)z^{-i}
\end{aligned} \tag{3.3.3}
$$

因此，将信号延迟r个采样等效于其Z变换乘以z^{-r}。

$$Z\{x(k-r)\} = z^{-r}X(z) \tag{3.3.4}$$

以时移性质的观点来看，我们可以将z^{-1}看作单位延迟操作，而将如图3.9所示的z^{-r}看作r个采样点的延迟操作。

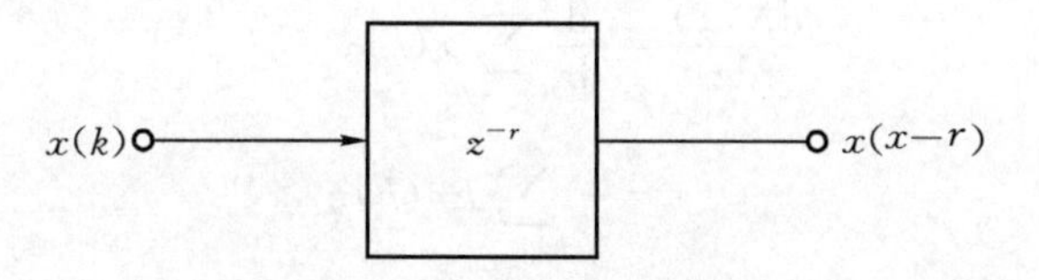

图3.9　r个采样点的延迟操作

例3.6　**脉冲**

作为线性和时移性质的简单示例，对高度为b，持续期为r，初始时刻$k=0$的脉冲进行Z变换。这一脉冲信号能写成一个在时刻$k=0$向上，幅度为b的阶跃和一个在时刻$k=r$向下的幅度为b的阶跃。

$$x(k)=b[\mu(k)-\mu(k-r)]$$

运用Z变换的线性，时移性质以及表3.2，我们得到

$$
\begin{aligned}
X(z) &= b(1-z^{-r})Z\{\mu(k)\} \\
&= \frac{b(1-z^{-r})z}{z-1} \\
&= \frac{b(z^{r}-1)}{z^{r-1}(z-1)},\ |z|>1
\end{aligned}
$$

注意当$b=1$，$r=1$时，上式简化为$X(z)=1$即为单位脉冲的Z变换。

Z域伸缩性质

Z域伸缩性质可以用来将离散时间信号与衰减指数相乘以获得新的Z变换对。令c为常

数，考虑信号 $c^k x(k)$ 的 Z 变换。

$$Z\{c^k x(k)\} = \sum_{k=-\infty}^{\infty} c^k x(k) z^{-k} = \sum_{k=-\infty}^{\infty} x(k) \left(\frac{z}{c}\right)^{-k} \tag{3.3.5}$$

即将时间信号乘以 c^k 等效于按 $1/c$ 的比例伸缩 Z 变换的变量 z。

$$Z\{c^k x(k)\} = X\left(\frac{z}{c}\right) \tag{3.3.6}$$

在表 3.2 中可以找到 Z 域伸缩性质的简单示例。注意因果指数信号的 Z 变换可以通过将单位阶跃的 Z 变换 $\frac{z}{z-1}$ 中用 z/a 代替 z 获得。将 $X(z)$ 收敛域的 z 换成 z/a 就可得到 $c^k x(k)$ 的 Z 变换的收敛域。

时间相乘性质

考虑对某一信号的 Z 变换取微分，我们可以为表 3.2 增加一项重要的内容。

$$\begin{aligned}\frac{\mathrm{d}X(z)}{\mathrm{d}z} &= \frac{\mathrm{d}}{\mathrm{d}z}\sum_{k=-\infty}^{\infty} x(k) z^{-k} \\ &= -\sum_{k=-\infty}^{\infty} kx(k) z^{-(k+1)} \\ &= -z^{-1}\sum_{k=-\infty}^{\infty} kx(k) z^{-k}\end{aligned} \tag{3.3.7}$$

由于式(3.3.7)中求和部分即为 $kx(k)$ 的 Z 变换，我们可将式(3.3.7)重新写为

$$Z\{kx(k)\} = -z\frac{dX(z)}{dz} \tag{3.3.8}$$

因此将离散时间信号与时间变量 k 相乘等效于对其 Z 变换取微分再乘以 $-z$。

例 3.7 单位斜坡

除单位脉冲，单位阶跃以外，另一有用的测试信号就是单位斜坡，定义为

$$x(k) \triangleq k\mu(k)$$

运用时间相乘特性，得到

$$\begin{aligned}X(z) &= -z\frac{\mathrm{d}}{\mathrm{d}z}Z\{\mu(k)\} \\ &= -z\frac{\mathrm{d}}{\mathrm{d}z}\left\{\frac{z}{z-1}\right\} \\ &= \frac{z}{(z-1)^2}\end{aligned}$$

因此，单位斜坡的 Z 变换为

$$Z\{k\mu(k)\}=\frac{z}{(z-1)^2},\ |z|>1$$

时间相乘特性能重复使用，得到类似 $k^m\mu(k)(m\geqslant 0)$ 的信号。$0\leqslant m\leqslant 2$ 的 Z 变换对请参见附录 1。

应用单位斜坡的 Z 变换，可以将 Z 域伸缩性质做进一步的推广。考虑如下具有线性系数的因果指数信号：

$$x(k)=k\,(c)^k\mu(k)$$

由 Z 域伸缩性质和单位斜坡的 Z 变换，

$$\begin{aligned}X(z)&=Z\{k\mu(k)\}\big|_{z=z/c}\\&=\frac{z}{(z-1)^2}\bigg|_{z=z/c}\\&=\frac{z/c}{(z/c-1)^2}\\&=\frac{cz}{(z-c)^2}\end{aligned}$$

因此，具有线性系数的因果指数信号的 Z 变换为

$$Z[k\,(c)^k\mu(k)]=\frac{cz}{(z-c)^2},\ |z|>|c|$$

注意当 $c=1$ 时，该结果就是单位斜坡的 Z 变换。

卷积性质

如果要求解差分方程，就要用到 Z 变换非常重要的性质：卷积性质。假设如果需要，对 $h(k)$ 和 $x(k)$ 进行零扩展使其在所有 k 上都有定义。通过交换求和顺序和变量代换，可以得到两个信号的卷积就是这两个信号的 Z 变换的乘积。应用定义 2.3 和 3.1 有

$$\begin{aligned}Z\{h(k)*x(k)\}&=\sum_{k=-\infty}^{\infty}[h(k)*x(k)]z^{-k}\\&=\sum_{k=-\infty}^{\infty}\Big[\sum_{i=-\infty}^{\infty}h(i)x(k-i)\Big]z^{-k}\\&=\sum_{i=-\infty}^{\infty}h(i)\sum_{k=-\infty}^{\infty}x(k-i)z^{-k}\\&=\sum_{i=-\infty}^{\infty}h(i)\sum_{m=-\infty}^{\infty}x(m)z^{-(m+i)},\ m=k-i\\&=\sum_{i=-\infty}^{\infty}h(i)z^{-i}\sum_{m=-\infty}^{\infty}x(m)z^{-m}\end{aligned}\tag{3.3.9}$$

因此，时域的卷积对应于 Z 变换域的乘积。Z 变换域也被称为复频域。

$$Z\{h(k)*x(k)\}=H(z)X(z)\tag{3.3.10}$$

时间反转性质

能有效扩展 Z 变换对表的另一个性质是通过 $x(-k)$ 替换 $x(k)$ 将时间反转。

$$
\begin{aligned}
Z\{x(-k)\} &= \sum_{k=-\infty}^{\infty} x(-k)z^{-k} \\
&= \sum_{i=\infty}^{-\infty} x(i)z^{i}, i=-k \\
&= \sum_{i=-\infty}^{\infty} x(i)(1/z)^{-i}, i=-k
\end{aligned} \tag{3.3.11}
$$

因此时间的反转等价于将 z 取倒数。

$$Z\{x(-k)\}=X(1/z) \tag{3.3.12}$$

例如，由时间反转性质，可以将因果信号的 Z 变换转化为非因果信号的 Z 变换。注意，要确定 $x(-k)$ 的 Z 变换的收敛域，只需将 $X(z)$ 的收敛域的 z 换成 $1/z$。

相关性质

时域的卷积对应于 Z 变换域的乘积。因为互相关和卷积是类似的运算，因而相关运算在频域也会变得非常简单。为了说明这点，我们考虑两个有限长信号 $y(k)$ 和 $x(k)$，其长度分别为 L 和 M，将它们进行零扩展使得对所有的 k 都有定义。由定义 2.5，$y(k)$ 和 $x(k)$ 的互相关可表示如下：

$$
\begin{aligned}
r_{yx}(k) &= \frac{1}{L}\sum_{i=-\infty}^{\infty} y(i)x(i-k) \\
&= \frac{1}{L}\sum_{i=-\infty}^{\infty} y(k)x[-(k-i)] \\
&= \frac{y(k) * x(-k)}{L}
\end{aligned} \tag{3.3.13}
$$

因此 $y(k)$ 和 $x(k)$ 的互相关是 $y(k)$ 与 $x(-k)$ 卷积的尺度变换的版本。由卷积的性质可得，

$$Z\{r_{yx}(k)\} = \frac{Y(z)Z\{x(-k)\}}{L} \tag{3.3.14}$$

但 $x(-k)$ 是 $x(k)$ 的时间反转。由时间反转的性质可得互相关的性质。

$$Z\{r_{yx}(k)\} = \frac{Y(z)Z(1/z)}{L} \tag{3.3.15}$$

注意到这实质上就是卷积的性质，只是在其基础上有个 $1/L$ 的尺度变换，同时将 $X(z)$ 换成 $X(1/z)$ 而已。

3.3.2 因果性质

上述的 Z 变换性质都能用来扩展 Z 变换对表的规模。还有一些 Z 变换性质可用于检查 Z 变换是否正确。注意在定义 3.1 中，令 $z\to\infty$，除代表因果信号 $x(k)$ 初值的常数项外，所有

项均归于零。这样我们就有了初值定理。

$$x(0)=\lim_{z\to\infty}X(z) \tag{3.3.16}$$

初值 $x(0)$ 可看作是 $x(k)$ 在时间区间一端的值。假设 $x(k)$ 是有限的，$x(k)$ 在另一端（$k\to\infty$）的值也能从 $X(z)$ 中得到。考虑如下关于 z 的函数

$$X_1(z) = (z-1)X(z) \tag{3.3.17}$$

假设 $X_1(z)$ 的极点都在复平面的单位圆内，因此，$X(z)$ 除了可能的单极点 $z=1$ 外，其它极点都在单位圆内。尽管 $x(k)$ 与单位圆内的极点有关，但即使它们是多极点的，当 $k\to\infty$ 它们将会衰减到 0。相关内容在 3.4 会有叙述。因此当 $k\to\infty$ 时的稳态值将要么是零，要么是与极点 $z=1$ 有关的一项。3.4 讨论了 $x(k)$ 中与单极点 $z=1$ 有关的部分仅是 $X_1(1)$。因此，当 $(z-1)X(z)$ 的极点都在复平面的单位圆内，$x(k)$ 的终值或稳态值能按如下的方法从其 Z 变换中得到，这就称为终值定理。

$$x(\infty)=\lim_{z\to 1}(z-1)X(z) \tag{3.3.18}$$

必须强调终值定律只适用于 $(z-1)X(z)$ 的收敛域包含单位圆的情况。

例 3.8 初值和终值定理

考虑例 3.6 曾计算过的高度为 b（原文误为 a——译者注），持续期为 M 的脉冲的 Z 变换。

$$x(k)=b[u(k)-u(k-M)]$$

$$X(z)=\frac{b(z^M-1)}{z^{M-1}(z-1)}$$

由式(3.3.11)，$x(k)$ 的初值为

$$\begin{aligned} x(0) &= \lim_{z\to\infty}X(z) \\ &= \lim_{z\to\infty}\frac{b(z^M-1)}{z^{M-1}(z-1)} \\ &= b \end{aligned}$$

同样由式(3.3.13)，注意所有的极点 $(z-1)X(z)$ 都在单位圆内，$x(k)$ 的终值为

$$\begin{aligned} x(\infty) &= \lim_{z\to 1}(z-1)X(z) \\ &= \lim_{z\to 1}\frac{b(z^M-1)}{z^{M-1}} \\ &= 0 \end{aligned}$$

这些值与高度为 b，持续期为 M 的 $x(k)$ 一致。

表 3.3 是 Z 变换基本性质的总结，其中复共轭性质的证明留做练习(见习题 3.7)

表 3.3　Z 变换的基本性质

性质	描述
线性	$Z\{ax(k)+by(k)\}=aX(z)+bY(z)$
时移	$Z\{x(k-r)\}=z^{-r}X(z)$
时间相乘	$Z\{kx(k)\}=-z\dfrac{\mathrm{d}X(z)}{\mathrm{d}z}$
时间反转	$Z\{x(-k)\}=X(1/z)$
Z 域伸缩	$Z\{a^k x(k)\}=X(\dfrac{z}{a})$
复共轭	$Z\{x^*(k)\}=X^*(z^*)$
卷积	$Z\{h(k)*x(k)\}=H(z)X(z)$
相关	$Z\{r_{yx}(k)\}=\dfrac{Y(z)X(1/z)}{L}$
初值	$x(0)=\lim\limits_{z\to\infty}X(z)$
终值	$x(\infty)=\lim\limits_{z\to 1}(z-1)X(z)$,稳态

3.4　Z 反变换

在某些应用领域,求解 Z 变换相对容易。但是为了找到正确的解 $x(k)$,我们必须回到时域对 $X(z)$进行 Z 反变换。

$$x(k) = Z^{-1}\{X(z)\} \tag{3.4.1}$$

3.4.1　非因果信号

线性时不变系统的 Z 变换的形式是两个含 z 多项式的比。在 Z 域中,他们都是有理多项式。出于习惯,把分母多项式归一化,使首项系数都为 1。

$$X(z) = \frac{b_0 z^m + b_1 z^{m-1} + \cdots + b_m}{z^n + a_1 z^{n-1} + \cdots + a_n} = \frac{b(z)}{a(z)} \tag{3.4.2}$$

如果 $x(k)$是因果信号,那么 $X(z)$就可以写成真正的有理多项式,其中 $m\leqslant n$,也就是说零点的个数小于等于极点的个数。如果 $m>n$,$X(z)$可以被预先加工,用长除法使分母多项式 $a(z)$除分子多项式 $b(z)$。回忆 2.7 节中提到的商多项式 $Q(z)$和余数多项式 $R(z)$,我们有

$$X(z) = Q(z) + \frac{R(z)}{a(z)} \tag{3.4.3}$$

这里商多项式的阶数为 $m-n$,表达式为

$$Q(z) = \sum_{i=0}^{m-n} q_i z^i \tag{3.4.4}$$

对于特殊情况 $m=n$ 时，商多项式简化为常数 b_0。将上式与定义式 3.1 中的幂级数做个比较，可得商多项式的 Z 反变换是

$$q(k) = \sum_{i=0}^{m-n} q_i \delta(k+i) \tag{3.4.5}$$

因此 $Q(z)$ 代表的是信号中的反因果部分，加上一个常数项。对于(3.4.4)式中的余下部分的 Z 反变换，代表的是信号 $k>0$ 的部分，这部分可以通过后面介绍的方法获得。对于这余下的部分，假设 $X(z)$ 代表的是一个因果信号，或者是一个因果信号的一部分，也就意味着 $X(z)$ 可以由(3.4.2)式表达，其中 $m \leqslant n$。

3.4.2　长除

长除法

如果只需要有限个 $x(k)$ 的采样，可采用长除法进行 Z 反变换。首先，将式 3.4.2 写为 z 的负指数形式。由于 $m \leqslant n$，将分子分母同乘 z^{-n}，得到

$$X(z) = \frac{z^{-r}(b_0 + b_1 z^{-1} + \cdots + b_m z^{-m})}{1 + a_1 z^{-1} + \cdots + a_n z^{-n}} \tag{3.4.6}$$

其中，$r=n-m$ 是零极点个数之差。长除法的基本原理就是将(3.4.6)分子多项式对分母多项式进行长除，产生一个无限长的商多项式。

$$X(z) = z^{-r}[q_0 + q_1 z^{-1} + q_2 z^{-2} + \cdots] \tag{3.4.7}$$

若信号 $q(k)$ 的第 k 个采样是 q_k，由定义 3.1，对照(3.4.7)易见，$x(k)$ 就是 $q(k)$ 延迟了 r 个采样点。因此用长除法，$X(z)$ 的 Z 反变换为

$$x(k) = q(k-r)u(k-r) \tag{3.4.8}$$

例 3.9　长除法

作为长除法的一个示例，考虑如下的 Z 变换

$$X(z) = \frac{z+1}{z^2 - 2z + 3}$$

$X(z)$ 有两个极点，一个零点。上下同乘 z^{-2}，得到

$$X(z) = \frac{z^{-1}(1+z^{-1})}{1 - 2z^{-1} + 3z^{-2}}$$

本例中 $r=n-m=1$，进行长除运算有

$$
\begin{array}{r}
1+3z^{-1}+3z^{-2}-3z^{-3}-15z^{-4}+\cdots \\
1-2z^{-1}+3z^{-2}\overline{\big)1+z^{-1}} \\
\underline{1-2z^{-1}+3z^{-2}} \\
3z^{-1}-3z^{-2} \\
\underline{3z^{-1}-6z^{-2}+9z^{-3}} \\
3z^{-2}-9z^{-3} \\
\underline{3z^{-2}-6z^{-3}+9z^{-4}} \\
-3z^{-3}-9z^{-4} \\
\underline{-3z^{-3}+6z^{-4}-9z^{-5}} \\
-15z^{-4}-9z^{-5}
\end{array}
$$

因此将 $r=1$ 代入(3.4.8),$X(z)$的 Z 反变换为

$$x(k)=[0,1,3,3,-3,-15,\cdots],\qquad 0\leqslant k\leqslant 5$$

脉冲响应法

在 3.7 节,将会用一种简单的计算方法去求 $X(z)$的反 Z 变换的有限采样点。这是基于 $x(k)$是特征多项式为 $a(z)$输入多项式为 $b(z)$的离散时间系统的脉冲响应。脉冲响应可由 MATLAB 中的 *filter* 函数求得。

```
N = 100;                            % number of points
delta = [1;zeros(N - 1,1)];         % unit impulse input
x = filter(b,a delta);              % impulse response
stem(x)                             % plot x in discrete time
```

3.4.3 部分分式法

尽管长除法和脉冲响应法很有用,但它们的缺点在于得不到关于 k 的函数 $x(k)$的闭式解。它们仅能求得 $x(k)$的有限采样值。如果求 $X(z)$的反 Z 变换的闭式解的话,可以用部分分式展开法。

单重极点

进行 Z 反变换最简单的方法就是查找 $X(z)$在 Z 变换对表中的相应的 $x(k)$。然而,对于大多数关心的问题,其 $X(z)$并不在表中。部分分式方法的基本原理就是将 $X(z)$写成多项之和,各项均在 Z 变换表中可以找到。为了便于讨论,假设 $X(z)$有 n 个单重非零极点,式(3.4.2)的 $X(z)$就能写成如下形式:

$$X(z)=\frac{b(z)}{(z-p_1)(z-p_2)\cdots(z-p_n)} \tag{3.4.9}$$

然后,将 $X(z)/z$ 用部分分式表示:

$$\frac{X(z)}{z} = \sum_{i=0}^{n} \frac{R_i}{z - p_i} \tag{3.4.10}$$

在这种情况下，$X(z)/z$ 有 $n+1$ 个单重极点。系数 R_i 称为 $X(z)/z$ 在极点 $z=p_i$ 的留数，其中，$p_0=0$ 是 $X(z)$除以 z 后增加的极点。求留数的惯用办法是将 $n+1$ 个分式项通分，类似于(3.4.9)，然后令分子相等。通过比较同指数 z 的系数，得到 $n+1$ 个未知留数的 $n+1$ 个方程。尽管这种方法可以实施，但更简单的办法是直接计算每一个留数。将式(3.4.10)两边同乘 $(z-p_k)$，并在点 $z=p_k$ 计算结果，得到

$$R_k = \left.\frac{(z-p_k)X(z)}{z}\right|_{z=p_k}, \quad 0 \leqslant k \leqslant n \tag{3.4.11}$$

留数 R_i 是在 $z=p_i$ 处的极点被约去后，$X(z)/z$ 在 $z=p_i$ 点的值。一旦(3.4.10)的部分分数表示式得到，就可以简单地求得 Z 反变换。首先，给(3.4.10)式两端同乘以 z，

$$X(z) = R_0 + \sum_{i=1}^{n} \frac{R_i z}{z - p_i} \tag{3.4.12}$$

利用 Z 变换的线性性质，并查表 3.2，可求得 $X(z)$的反变换为

$$x(k) = R_0\delta(k) + [R_1\,(p_1)^k + R_2\,(p_2)^k + \cdots R_n\,(p_n)^k]\mu(k) \tag{3.4.13}$$

例 3.10　单重极点 部分分式

作为部分分式展开方法的示例，考虑如下的 Z 变换：

$$\frac{X(z)}{z} = \frac{10(z^2+4)}{z(z^2-2z-3)} = \frac{10(z^2+4)}{z(z+1)(z-3)}$$

$X(z)/z$ 在 $p_0=0$，$p_1=-1$，$p_2=3$ 有单重实极点。用式(3.4.11)，留数为

$$R_0 = \left.\frac{10(z^2+4)}{(z+1)(z-3)}\right|_{z=0} = \frac{-40}{3}$$

$$R_1 = \left.\frac{10(z^2+4)}{z(z-3)}\right|_{z=-1} = \frac{50}{4}$$

$$R_2 = \left.\frac{10(z^2+4)}{z(z+1)}\right|_{z=3} = \frac{130}{12}$$

然后由式(3.4.13)得到 Z 反变换的闭式解为

$$x(k) = \frac{-40}{3}\delta(k) + \left[\frac{25(-1)^k}{2} + \frac{65(3)^k}{6}\right]\mu(k)$$

多重极点

若 $X(z)/z$ 的极点包含有多重极点，即极点的次数不止出现一次，则部分分式的展开式具有不同的形式。假设在 p 点是 $m \geqslant 1$ 重极点，由第 2 章可知，零输入响应的通解的形式为 $c(k)p^k\mu(k)$。其中 $c(k)$ 是 $m-1$ 阶多项式。这样的项在 $x(k)$ 中也会出现。例如，假设 $X(z)$ 有一个非零 n 重极点，则部分分式的展开式为

$$\frac{X(z)}{z} = \frac{R_0}{z-p_0} + \frac{c_1}{z-p_1} + \frac{c_2}{(z-p_1)^2} \cdots + \frac{c_n}{(z-p_1)^n} \tag{3.4.14}$$

留数 R_0 可以和以前一样用式(3.4.11)求得。为了求得系数向量 $c \in R^n$，将(3.4.14)各项通分并令分子相同，从 $n+1$ 个方程中求得 $n+1$ 个变量 $\{R_0, c_1, \cdots, c_n\}$。

例 3.11 多重极点 部分分式

为了说明多重极点的部分分式展开法，考虑如下的 Z 变换：

$$\frac{X(z)}{z} = \frac{2(z+3)}{z(z^2-4z+4)} = \frac{2(z+3)}{z\,(z-2)^2}$$

$\dfrac{X(z)}{z}$ 在 $p_0=0$ 有单极点，在 $p_1=2$ 有多重极点，重数 $m_1=2$。由(3.4.14)，部分分式展开为

$$\frac{X(z)}{z} = \frac{R_0}{z} + \frac{c_1}{z-2} + \frac{c_2}{(z-2)^2}$$

由(3.4.11)，可求得极点 $p_0=0$ 的留数为

$$R_0 = \left.\frac{2(z+3)}{(z-2)^2}\right|_{z=0} = \frac{6}{4} = 1.5$$

接下来，代入 $R_0=1.5$，通分并将部分分式展开得

$$\begin{aligned}\frac{X(z)}{z} &= \frac{1.5\,(z-2)^2 + c_1 z(z-2) + c_2 z}{z\,(z-2)^2} \\ &= \frac{1.5(z^2-4z+4) + c_1(z^2-2z) + c_2 z}{z\,(z-2)^2} \\ &= \frac{(1.5+c_1)z^2 + (c_2-2c_1-6)z + 6}{z\,(z-2)^2}\end{aligned}$$

$\dfrac{X(z)}{z}$ 的分子为 $b(z)=2z+6$。由 z 的同幂指数对应系数相等得，$6=6$，且

$$\begin{aligned}1.5+c_1&=0\\ c_2-2c_1+6&=2\end{aligned}$$

由第一个等式得 $c_1=-1.5$。代入第二个等式可得 $c_2=-7$。若给 $\dfrac{X(z)}{z}$ 两端同乘以 z，在这种情况下的部分分式展开为

$$X(z) = 1.5 + \frac{-1.5}{z-2} + \frac{-7z}{(z-2)^2}$$

$$= 1.5 - \frac{1.5}{z-2} - \frac{(3.5)2z}{(z-2)^2}$$

由表3.2，$X(z)$的反变换为

$$x(k) = 1.5\delta(k) - [1.5\,(2)^k + 3.5k\,(2)^k]\mu(k) = 1.5\delta(k) - [1.5 + 3.5k]2^k\mu(k)$$

注意到在这种情况下，$z=2$处二重极点的多项式系数为$c(k) = -(1.5+3.5k)$

一般地，$X(z)$既有单极点又有多极点。在这种情况下，$X(z)/z$的部分分式展开式中既有像(3.4.10)式单极点的项，又有像(3.4.14)式多极点的项共有$n+1$项。用(3.4.11)式可直接计算出单极点。为了计算剩余的系数，可将所有的项通分，然后令分子相等。

复极点

$X(z)$的极点有可能为实的也有可能为复的。若信号$x(k)$是实的，则复极点会共轭成对出现。单重极点和多重极点的技术同样可以用到复极点上。当复极点会共轭成对出现时，它们的留数也是复共轭的。$x(k)$中与复共轭有关的项可用欧拉公式合并，其结果为实衰减的正弦项。尽管这样做比较简单，但是还有一种替代的方法，它可以避开复数的运算。当出现复极点时，更为容易的是按实的二阶项来直接运算。比如，若$X(z)$由如下严格有理多项式($m<n$)组成，其极点为$z=c\exp(\pm \mathrm{j}d)$。

$$X(z) = \frac{b_0 z + b_1}{[z - c\exp(\mathrm{j}d)][z - c\exp(-\mathrm{j}d)]} \tag{3.4.15}$$

注意，若$X(z)$分子的阶数$m=2$，我们总是可用长除法将其化成常数项加上像(3.4.15)的余项的形式。

基本的思想是将$X(z)$表示为表3.2中衰减的正余弦和的形式。因为分子不含任何常数项，这种形式可以通过给$X(z)$同时乘以除以z得到，

$$X(z) = \frac{1}{z}\left\{\frac{b_0 z^2 + b_1 z}{[z - c\exp(\mathrm{j}d)][z - c\exp(-\mathrm{j}d)]}\right\} \tag{3.4.16}$$

注意，因式$1/z$可视为采样的一阶延迟。下面考虑(3.4.16)的分子项。为了将$X(z)$表示为表3.2中衰减的正余弦和的形式，需要找到f_1和f_2，使得

$$\begin{aligned} b_0 z^2 + b_1 z &= f_1[c\sin(d)z] + f_2[z - c\cos(d)]z \\ &= f_2 z^2 + c[f_1\sin d - f_2\cos d]z \end{aligned} \tag{3.4.17}$$

对照z的指数项前的系数可得$f_2=b_0$，$f_1=[b_1/c+f_2\cos(d)]/\sin(d)$，因此线性组合中正余弦项的权系数分别为

$$f_1 = [b_1/c + b_0\cos(d)]/\sin(d) \tag{3.4.18a}$$

$$f_2 = b_0 \tag{3.4.18b}$$

利用表3.2，回忆(3.4.16)式的延迟，得到二次项的反变换为

$$x(k) = c^{k-1}\{f_1\sin[d(k-1)] + f_2\cos[d(k-1)]\}\mu(k-1) \tag{3.4.19}$$

从(3.4.19)可得，$x(0)=0$，与用初值定理作用到(3.4.15)的结果是一致的。

例 3.12 复极点:查表

为了说明复极点的情况,考虑如下的 Z 变换

$$X(z)=\frac{3z+5}{z^2-4z+13}$$

$X(z)$的极点是

$$p_{1,2}=\frac{4\pm\sqrt{16-4(13)}}{2}=2\pm \mathrm{j}3=c\exp(\pm \mathrm{j}d)$$

在极坐标系下,模 c 和相位 d 是

$$c=\sqrt{4+9}=3.61$$

$$d=\arctan(3/2)=0.983$$

由(3.4.20),衰减的正弦余弦项的权系数为

$$f_1=\frac{5+3.61(3)\cos(0.983)}{\sin(0.983)}=13.2$$

$$f_2=3$$

最后,由(3.4.19)式,Z 反变换是

$$x(k)=3.61^{k-1}\{13.2\sin[0.983(k-1)]+3\cos[0.983(k-1)]\}\mu(k-1)$$

3.4.4 留数法

部分分式的方法在单重极点的情况下是有效的,但是在多重极点的情况下,这种方法就变得不太有效甚至需要查 Z 变换表。有另外一种可选的方法,其不需要查表而且对于多重极点可以使得计算更加简单。它是基于下列由复变函数理论得到的 Z 反变换公式:

$$Z^{-1}\{X(z)\}=\frac{1}{\mathrm{j}2\pi}\oint_C X(z)z^{k-1}\,\mathrm{d}z \tag{3.4.20}$$

这里(3.2.40)是围线积分,其中 C 是一条在 $X(z)$收敛域内包含所有极点的反时针方向的闭合曲线。在(3.4.20)中,逆 Z 反变换是基于柯西积分定理的(参见习题 3.32)。式(3.4.20)中的 $x(k)$的估计通过使用柯西留数定理得到。

$$x(k)=\sum_{i=1}^{q}\mathrm{Res}(p_i,k) \tag{3.4.21}$$

式中 $p_i(1\leqslant i\leqslant q)$是 $X(z)z^{k-1}$的 q 个不同的极点。$\mathrm{Res}(p_i,k)$表示 $X(z)z^{k-1}$在极点 $z=p_i$ 处的留数。利于便于计算留数,首先按下式分解分母多项式:

$$X(z)=\frac{b(z)}{(z-p_1)^{m_1}(z-p_2)^{m_2}\cdots(z-p_q)^{m_q}} \tag{3.4.22}$$

这里 p_i 是 m_i 重极点($1\leqslant i\leqslant q$)。存在如下两种情况。如果 p_i 是单重极点,即重数 $m_i=1$,那么留数等于 $X(z)z^{k-1}$ 在极点移除后在此极点的残余。

$$\text{Res}(p_i,k)=(z-p_i)X(z)\,z^{k-1}\big|_{z=p_i}\quad \text{if}\quad m_i=1 \tag{3.4.23}$$

通过比较(3.4.23)式和(3.4.11)式,我们发现对于单重极点,留数定理方法和部分分式方法的计算量是一样的,实际上 $R_i=\text{Res}(p_i,1)$。然而,留数法没有必要使用 Z 变换对表,因为 $Res(p_i,k)$ 依赖于 k。

第二种情况是多重极点。当 p_i 是 $m_i>1$ 的重极点时,式(3.4.23)中留数的表达式不得不概括为如下的形式:

$$\text{Res}(p_i,k)=\frac{1}{(m_i-1)!}\frac{d^{m_i-1}}{dz^{m_i-1}}\{(z-p_i)^{m_i}X(z)z^{k-1}\}\bigg|_{z=p_i}\quad \text{for}\quad m_i>1 \tag{3.4.24}$$

于是,极点同样被消除了,但在计算该极点的结果前进行了 m_i-1 次微分,并用 $1/(m_i-1)!$ 加权。注意在式(3.4.24)中,当 $m_i=1$ 时,多重极点处的留数表达式变成式(3.4.23)中单极点留数的简单表达式。

对于单极点,留数法和部分分式方法运算量相同,但对于多重极点,因为只有一项与多重极点有关,其运算量比部分分式方法小。而且留数法还不需要使用 Z 变换对表。

但是留数法也有缺点。因为 $X(z)z^{k-1}$ 依赖于 k,因此可能存在多个 k 值,使得 $X(z)z^{k-1}$ 在 $z=0$ 处出现极点。一旦出现这种情况,其留数也必须包含在式(3.4.21)中。比如,如果 $X(0)\neq 0$,当 $k=0$ 时 $X(z)z^{k-1}$ 就会在 $z=0$ 处出现极点,但当 $k>0$,极点消失。幸运的是这个问题可以通过将 $x(k)$ 分成 $k=0$ 和 $k>0$ 两种情况而得到解决。初值定理可用来计算 $x(0)$。令 $z\to\infty$,由 $m\leqslant n$ 得

$$x(0)=\begin{cases}b_0,\ m=n\\ 0,m<n\end{cases} \tag{3.4.25}$$

注意,可将初始值更紧凑地写成 $x(0)=b_0\delta(n-m)$。算法 3.1 对留数法进行了总结。

算法 3.1

1. 按式(3.4.22)对分母多项式进行因式分解
2. 令 $x(0)=b_0\delta(n-m)$
3. i 从 1 到 q

{

如果 $m_i=1$,那么 p_i 就是单极点

$$\text{Res}(p_i,k)=(z-p_i)X(z)z^{k-1}\big|_{z=p_i}$$

否则 p_i 是多重极点

$$\text{Res}(p_i,k)=\frac{1}{(m_i-1)!}\frac{d^{m_i-1}}{dz^{m_i-1}}\{(z-p_i)^{m_i}X(z)z^{k-1}\}\bigg|_{z=p_i}$$

}

4.

$$令\ x(k)=x(0)\delta(k)+\Big[\sum_{i=1}^{q}\text{Res}(p_i,k)\Big]\mu(k-1)$$

例 3.13 单重极点:留数法

考虑 $X(z)$中有两个实数非零极点的例子:

$$X(z)=\frac{z^2}{(z-a)(z-b)}$$

$x(k)$的初始值为 $x(0)=1$

两个留数为

$$\mathrm{Res}(a,k)=\frac{z^{k+1}}{(z-b)}\bigg|_{z=a}=\frac{a^{k+1}}{a-b}$$

$$\mathrm{Res}(b,k)=\frac{z^{k+1}}{(z-a)}\bigg|_{z=b}=\frac{b^{k+1}}{b-a}$$

因此

$$\begin{aligned}x(k)&=x(0)\delta(k)+[\mathrm{Res}(a,k)+\mathrm{Res}(b,k)]\mu(k-1)\\&=\delta(k)+\frac{a^{k+1}-b^{k+1}}{a-b}\mu(k-1)\\&=\left(\frac{a^{k+1}-b^{k+1}}{a-b}\right)\mu(k)\end{aligned}$$

例 3.14 混合极点:留数法

下面,考虑 $X(z)$中既有单重又有多重极点的情况

$$X(z)=\frac{1}{(z-a)^2(z-b)}$$

$x(k)$的初值为

$$x(0)=0$$

在 $z=a$,多重极点的留数为

$$\begin{aligned}\mathrm{Res}(a,k)&=\frac{d}{dz}\left\{\frac{z^{k-1}}{z-b}\right\}\bigg|_{z=a}\\&=\frac{(z-b)(k-1)z^{k-2}-z^{k-1}}{(z-b)^2}\bigg|_{z=a}\\&=\frac{(a-b)(k-1)a^{k-2}-a^{k-1}}{(a-b)^2}\\&=\frac{[(a-b)(k-1)-a]a^{k-2}}{(a-b)^2}\end{aligned}$$

在 $z=b$,单重极点的留数为

$$\mathrm{Res}(b,k)=\frac{z^{k-1}}{(z-a)^2}\bigg|_{z=b}=\frac{b^{k-1}}{(b-a)^2}$$

因此,$X(z)$的反变换为

$$
\begin{aligned}
x(k) &= x(0)\delta(k) + [\mathrm{Res}(a,k) + \mathrm{Res}(b,k)]\mu(k-1) \\
&= \left[\frac{[(a-b)(k-1)-a]a^{k-2}}{(a-b)^2} + \frac{b^{k-1}}{(b-a)^2}\right]\mu(k-1) \\
&= \left[\frac{[(a-b)(k-1)-a]a^{k-2} + b^{k-1}}{(a-b)^2}\right]\mu(k-1)
\end{aligned}
$$

MATLAB 函数

下面是 MATLAB 自带函数 residue，用于部分分式展开中计算留数项。

```
%   RESIDUE: Compute residues and poles
%
%   Usage:
%        [r,p,q] = residue(b,a);
%   Pre:
%        b = vector of length m + 1 containing numerator coefficients(m< = n)
%        a = vector of length n + 1 containing numerator coefficients
%   Post:
%        r = vector of length n containing the residues R_i in (3.4.13)
%        p = vector of length n containing the poles
%        q = residue R_0.
%   Note:
%        If X(z)contains multiple poles, then the corresponding elements
%        of r are the coefficients c_i in (3.4.14)
```

3.5 传递函数

3.5.1 传递函数

前面介绍的离散时间系统都是下面通用系统 S 的线性时不变差分方程的特例。

$$
y(k) + \sum_{i=1}^{n} a_i y(k-i) = \sum_{i=0}^{m} b_i x(k-i) \tag{3.5.1}
$$

为了方便，通过给方程两端同时除以 a_0 将当前输出 $y(k)$ 的系数归一化。由第 2 章可知，式

(3.5.1) 完整的解与因果输入 $x(k)$和初始条件 $y_0=[y(-1),y(-2),\cdots,y(-n)]^{\mathrm{T}}$ 都有关。也就是说,通常,输出可以分解为两部分之和。

$$y(k) = y_{zi}(k) + y_{zs}(k) \tag{3.5.2}$$

第一项,$y_{zi}(k)$被称作零输入响应。它是由初始条件产生的输出部分。当输入为零,$y(k)=y_{zi}(k)$。对于一个稳定系统:

$$y_{zi}(k) \to 0,\ k \to \infty \tag{3.5.3}$$

第二项,$y_{zs}(k)$被称作零状态响应。零状态响应是由输入 $x(k)$产生的输出部分。当初始条件为 0 时,输出 $y(k)= y_{zs}(k)$。考虑式(3.5.3),如果要测量稳定系统的零状态响应,我们可以首先等待 $y_{zi}(k)$逐渐消失,然后用输入激活系统,并测量输出。

式(3.5.1)中的差分方程只是表示离散时间系统的一种方法。下面基于 Z 变换的表示方法,其代数描述更加紧凑。

定义 3.2 传递函数

用 $x(k)$表示线性时不变离散时间系统非零输入,$y(k)$表示初始条件为零的输出。那么系统的传递函数定义为:

$$H(z) \triangleq \frac{Y(z)}{X(z)}$$

传递函数 $H(z)$只是零状态响应的 Z 变换与输入的 Z 变换之比,是系统简明的代数表达方式。将上式两侧同乘 $X(z)$,得到频域输入输出表达式

$$Y(z)=H(z)X(z) \tag{3.5.4}$$

离散时间系统的输入、输出和传递函数间的关系如图 3.10 所示。

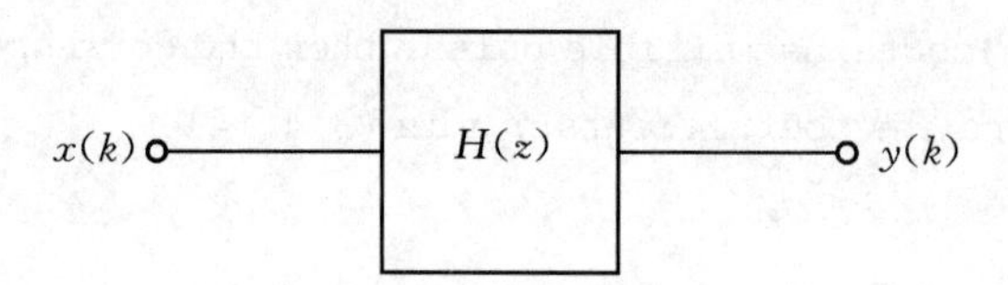

图 3.10 传递函数表示

系统 S 的传递函数能用 Z 变换的时延性质确定。对式(3.5.1)两端进行 Z 变换,得

$$Y(z) + \sum_{i=1}^{n} a_i z^{-i} Y(z) = \sum_{i=0}^{m} b_i z^{-i} X(z) \tag{3.5.5}$$

对等式左边提取公因子 $Y(z)$,对等式右边提取公因子 $X(z)$得到

$$\left(1 + \sum_{i=1}^{n} a_i z^{-i}\right) Y(z) = \left(\sum_{i=0}^{m} b_i z^{-i}\right) X(z) \tag{3.5.6}$$

最后对 $Y(z)/X(z)$求解,产生如下离散时间系统 S 的传递函数。

$$H(z)=\frac{b_0+b_1z^{-1}+\cdots+b_mz^{-m}}{1+a_1z^{-1}+\cdots+a_nz^{-n}} \tag{3.5.7}$$

比较式(3.5.7)和式(3.5.1)，显然传递函数可直接从差分方程的检验得到。式(3.5.7)中的传递函数表达式是 z^{-1} 的形式。为了将其转换成两个 z 的多项式之比，我们将分子分母同乘 z^n，

$$H(z)=\frac{z^{n-m}(b_0z^m+b_1z^{m-1}+\cdots+b_m)}{z^n+a_1z^{n-1}+\cdots+a_n} \tag{3.5.8}$$

注意，当 $m\leqslant n$ 时，传递函数 $H(z)$ 在 $z=0$ 有 $n-m$ 个零点。当 $m>n$ 时，在 $z=0$ 有 $m-n$ 个极点。

例 3.15　传递函数

作为计算传递函数的简单示例，考虑如下的离散时间系统：

$$y(k)=1.2y(k-1)-0.32y(k-2)+10x(k-1)+6x(k-2)$$

由式(3.5.7)得：

$$H(z)=\frac{10z^{-1}+6z^{-2}}{1-1.2z^{-1}+0.32z^{-2}}$$

注意当表示输出的延迟项在差分方程的右侧时，$H(z)$的分母多项式中系数必须正负反向。为了将 $H(z)$表示为 z 的正指数形式，我们将分子分母同乘 z^2，得到传递函数的正指数形式。

$$H(z)=\frac{10z+6}{z^2-1.2z+0.32}$$

3.5.2　零状态响应

传递函数表达式的一个有效用途就是能为我们提供一个简单的方法来计算离散时间系统当任意输入 $x(k)$时的零状态响应。对式(3.5.4)两侧均进行 Z 反变换，得到如下的零状态响应形式：

$$y_{zs}(k)=Z^{-1}\{H(z)X(z)\} \tag{3.5.9}$$

因此，如果初始状态为 0，系统的输出就正好是传递函数和输入的 Z 变换乘积的 Z 反变换。下面的示例将说明如何运用这种方法计算输出。

例 3.16　零状态响应

考虑例 3.15 的离散时间系统。假设输入是单位阶跃 $x(k)=\mu(k)$，初始状态为 0。那么输出的 Z 变换为

$$Y(z)=H(z)X(z)=\left(\frac{10z+6}{z^2-1.2z+0.32}\right)\frac{z}{z-1}=\frac{(10z+6)z}{(z^2-1.2z+0.32)(z-1)}$$

为了得到 $y(k)$，对 $Y(z)$用算法 3.1 中留数法进行 Z 反变换。$Y(z)$的分母多项式已经进行了

因式分解，运用求解二次方程的公式，两根为

$$\begin{aligned} p_{1,2} &= \frac{1.2 \pm \sqrt{1.44-1.28}}{2} \\ &= \frac{1.2 \pm 0.4}{2} \\ &= \{0.8, 0.4\} \end{aligned}$$

输出的初值是

$$y(0)=b_0\delta(m-n)=0$$

在三个极点处的留数为

$$\mathrm{Res}(0.8,k)=\left.\frac{(10z+6)z^k}{(z-0.4)(z-1)}\right|_{z=0.8}=\frac{14\,(0.8)^k}{0.4(-0.2)}=175\,(0.8)^k$$

$$\mathrm{Res}(0.4,k)=\left.\frac{(10z+6)z^k}{(z-0.8)(z-1)}\right|_{z=0.4}=\frac{10\,(0.4)^k}{-0.4(-0.6)}=41.7\,(0.4)^k$$

$$\mathrm{Res}(1,k)=\left.\frac{(10z+6)z^k}{(z-0.4)(z-0.8)}\right|_{z=1}=\frac{16}{0.2(0.6)}=133.3$$

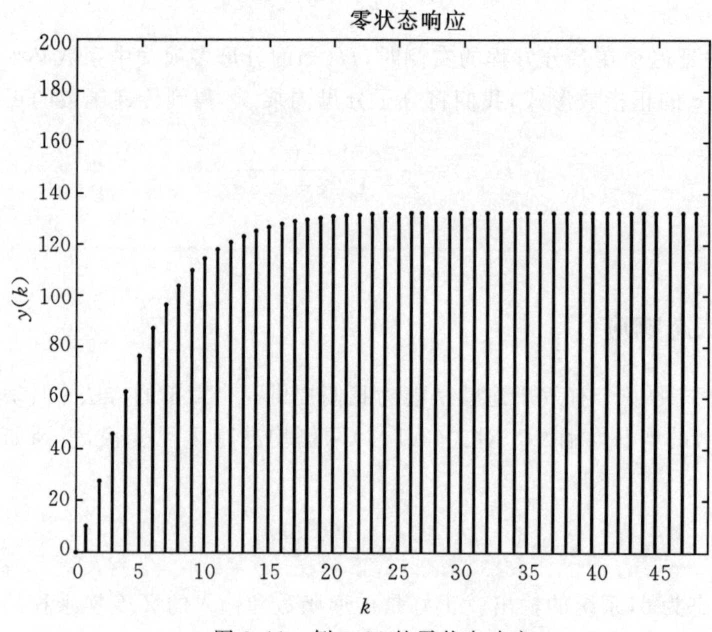

图 3.11　例 3.16 的零状态响应

最后，得到零状态响应为

$$\begin{aligned} y(k) &= y(0)\delta(k) + [\mathrm{Res}(0.8,k) + \mathrm{Res}(0.6,k) + \mathrm{Res}(1,k)]\mu(k-1) \\ &= [133.3 - 175(0.8)^k + 41.7(0.4)^k]\mu(k-1) \\ &= [133.3 - 175(0.8)^k + 41.7(0.4)^k]\mu(k) \end{aligned}$$

例 3.16 的阶跃响应图可以通过运行 exam3 - 16 生成。如图 3.11 所示。

3.5.3 极点，零点和模式

在本章第二节中我们曾定义了信号的零极点，这一概念同样可通过传递函数运用于离散时间系统。如果我们将(3.5.8)式中 $H(z)$ 的分子分母同乘 z^m，然后对分子分母进行因式分解，这就产生了如下的传递函数因式分解形式。

$$H(z)=\frac{b_0 z^{n-m}(z-z_1)(z-z_2)\cdots(z-z_m)}{(z-p_1)(z-p_2)\cdots(z-p_n)} \tag{3.5.10}$$

分子多项式的根称为离散时间系统的零点，分母多项式的根称为极点。多重极点和零点的重数对应于其出现的次数。

例 3.17　极点和零点

考虑案例学习 2.2 中的家庭借贷离散时间系统。其借贷差分方程为

$$y(k)=y(k-1)+\left(\frac{r}{12}\right)y(k-1)-x(k)$$

系统的传递函数为

$$H(z)=\frac{-1}{1-(1+r/12)z^{-1}}=\frac{-z}{z-(1+r/12)}$$

家庭借贷系统在 $z=0$ 处有一个零点，在 $z=1+r/12$ 处有一个极点，r 为年利率，表示为分数形式。

极点和零点在时域也有简单的解释。假设 $Y(z)=H(z)X(z)$，输出 $y(k)$ 可被分解为被称为模式的两项之和：

$$y(k) = \text{自由模式} + \text{受迫模式} \tag{3.5.11}$$

每一个自由模式项由 $H(z)$ 的极点产生，每一个受迫模式项由输入或受迫函数 $X(z)$ 的极点产生。对于 $z=p$ 处的单重极点，相应的模式是 $c\,(p)^k$ 的形式，其中 c 为某一常数。更一般地，如果在 $z=p$ 处有 r 重极点，其模式的形式为

$$\text{多重模式} = (c_0+c_1k+\cdots+c_{r-1}k^{r-1})\,p^k\mu(k),\ r\geqslant 1 \tag{3.5.12}$$

因此，除 p^k 的系数为 k 的 $r-1$ 阶多项式外，多重极点与单重极点模式形式非常相似。对于单重极点，$r=1$，系数简化为零阶多项式，即一个常数。将 $Y(z)$ 的极点解释为 $y(k)$ 的模式很有用，因为它使得我们可以直接从 $Y(z)$ 写出 $y(k)$ 的形式，即得出其与 k 的关系。例如，如果 $H(z)$ 有极点 $p_i(1\leqslant i\leqslant n)$，$X(z)$ 有极点 $q_i(1\leqslant i\leqslant r)$，且都是单重的，则 $y(k)$ 可以表示为

$$y(k) = \sum_{i=1}^{n} c_i\,(p_i)^k\mu(k) + \sum_{i=1}^{r} d_i\,(q_i)^k\mu(k) \tag{3.5.13}$$

式(3.5.13)的第一项表示自由模式，第二项表示受迫模式。当然，如果是多重极点，包括 $H(z)$ 与 $X(z)$ 有相同的极点，那么式(3.5.13)将会少些项，但一些项会有多项式系数。

$H(z)$和$X(z)$的零点也能用$y(k)$进行简单的解释。由于$Y(z)=H(z)X(z)$，有可能$H(z)$和$X(z)$的零极点相互抵消(对消)。比如，如果$H(z)$在$z=q$处有一个零点，$X(z)$在$z=q$处有一个极点，那么$Y(z)$将不会在$z=q$处出现极点，这表示在$y(k)$中没有相应的受迫模式项。可见，$H(z)$的零点可以抑制(suppress)某些受迫模式项，避免它们出现在$y(k)$中。

同样的，选择合适的$x(k)$，也可以抑制$y(k)$中的自由模式项。尤其是当$H(z)$在$z=p$处有一个极点，$X(z)$在$z=p$有一个零点时，如果初始条件为零，由$H(z)$的极点产生的自由模式项将不会出现在输出$y(k)$中。最后，如果$X(z)$与$H(z)$有相同的极点，则$Y(z)$中的重数会增加。称这种现象为谐波激励，下面用下例来说明这一点。

例 3.18 相消模式

考虑例3.16中介绍的离散时间系统。其传递函数的因式分解形式为

$$H(z)=\frac{10(z+0.6)}{(z-0.8)(z-0.4)}$$

因此，$y(k)$中有两个自由模式项。然后考虑如下的输入信号：

$$x(k)=10\,(-0.6)^k\mu(k)-4\,(-0.6)^{k-1}\mu(k-1)$$

运用Z变换的性质和表3.2，其Z变换为

$$\begin{aligned}X(z)&=10\left\{\frac{z}{z+0.6}\right\}-4z^{-1}\left\{\frac{z}{z+0.6}\right\}\\&=\frac{10z-4}{z+0.6}\\&=\frac{10(z-0.4)}{z+0.6}\end{aligned}$$

因此，在$y(k)$中有一个自由模式项将不存在。运用式(3.5.9)，零状态响应为

$$\begin{aligned}y(k)&=Z^{-1}\{H(z)X(z)\}\\&=Z^{-1}\left\{\frac{100}{z-0.8}\right\}\\&=y(0)\delta(k)+\mathrm{Res}(0.8,k)\mu(k-1)\\&=100\,(0.8)^{k-1}\mu(k-1)\end{aligned}$$

对于这个特殊的输入，由于零极点抵消，由$z=0.4$处的极点产生的自由模式项和由$z=-0.6$处极点产生的受迫模式项都不存在，均没有出现在$y(k)$的零状态输出中。

注意，如果输入$x(k)=0.8\mu(k)$，则$Y(z)$会在$z=0.8$处出现二重极点。当$X(z)$的与$H(z)$的极点一致时，称这种现象为谐波激励。

稳定模式

下面我们讨论当$k\to\infty$时，多重模式的变化情况。多重模式可写为$c(k)p^k u(k)$，其中$c(k)$是$r-1$阶的多项式，r为极点的重数。对于$r>1$，随着$k\to\infty$，多项式因式$c(k)$满足$|c(k)|\to\infty$。但是，若$|p|<1$，随着$k\to\infty$，指数因式满足$|p^k|\to 0$。为了求得$k\to\infty$时，$c(k)p^k$的极

限,首先注意到

$$\begin{aligned}\lim_{k\to\infty}|c(k)p^k| &= \lim_{k\to\infty}\frac{|c(k)|}{|p|^{-k}}\\ &= \lim_{k\to\infty}\frac{|c(k)|}{\exp[-k\log(|p|)]}\end{aligned} \tag{3.5.14}$$

应用洛必达法则来求该极限。式(3.5.12)中多项式 $c(k)$的$(r-1)$阶导数是常数$(r-1)!\ c_{r-1}$。指数的$(r-1)$阶导数是$[-\log(|p|)]^{r-1}\exp[-k\log(|p|)]$。因为 $\log(|p|)<0$,由洛必达法则得极限为

$$\lim_{k\to\infty}|c(k)p^k| = 0 \Leftrightarrow |p|<1 \tag{3.5.15}$$

因此,当且仅当$|p|<1$时,指数因子 p^k 趋于0的速度比多项式因子 $c(k)$趋于无穷的速度快。注意到,(3.5.15)就是(3.5.3)式中关于 $y_{zi}(k)$结论的证明。总之,稳定模式与单位圆内极点有关。

3.5.4 直流增益

当系统的极点都在单位圆内,从式(3.5.15)中可以看出所有的自由模式项均随时间逐渐衰减到零。在这种情况下,我们认为系统是稳定的。对于一个稳定系统,可以直接从 $H(z)$得到系统阶跃输入的稳态响应。假设输入是幅度为 c 的阶跃。然后运用式(3.5.4)和终值定理,得

$$\begin{aligned}\lim_{k\to\infty}y(k) &= \lim_{z\to 1}(z-1)Y(z)\\ &= \lim_{z\to 1}(z-1)H(z)Z\{C\mu(k)\}\\ &= \lim_{z\to 1}(z-1)H(z)\left(\frac{cz}{z-1}\right)\\ &= H(1)c\end{aligned} \tag{3.5.16}$$

这样,幅度为 a 的阶跃的稳态响应为常数 $H(1)c$。单位阶跃输入可看作频率为 $f_0=0$ Hz 的余弦输入 $x(k)=\cos(2\pi f_0 k)\mu(k)$。也就是说,阶跃或常数输入实际上就是直流输入。系统产生的稳态输出与直流输入的幅度之比称为系统的直流增益。从式(3.5.16),很明显可以看出

$$\text{直流增益} = H(1) \tag{3.5.17}$$

也就是说,传递函数 $H(z)$的稳态系统直流增益就是 $H(1)$。在本章第八节中,我们将通过计算某些特定点 z 的 $H(z)$得到其他频率的系统增益。

例 3.19 梳状滤波器

作为极点,零点和直流增益的例子,考虑如下的传递函数:

$$H(z)=\frac{z^n}{z^n-r^n}$$

其中 $0<r<1$。这就是梳状滤波器的传递函数。注意 $H(z)$有 n 个极点和 n 个零点。零点都在原点,n 个极点等间隔地围绕在半径为 r 的圆上。$n=6$,$r=0.9$ 时$|H(z)|$如图 3.12 所示。

注意六个极点的位置(图中将$|H(z)|\leqslant 2$的部分截下)和原点处的多重零点。梳状滤波器的直流增益就是

$$\text{直流增益}=H(1)=\frac{1}{1-r^n}=2.134$$

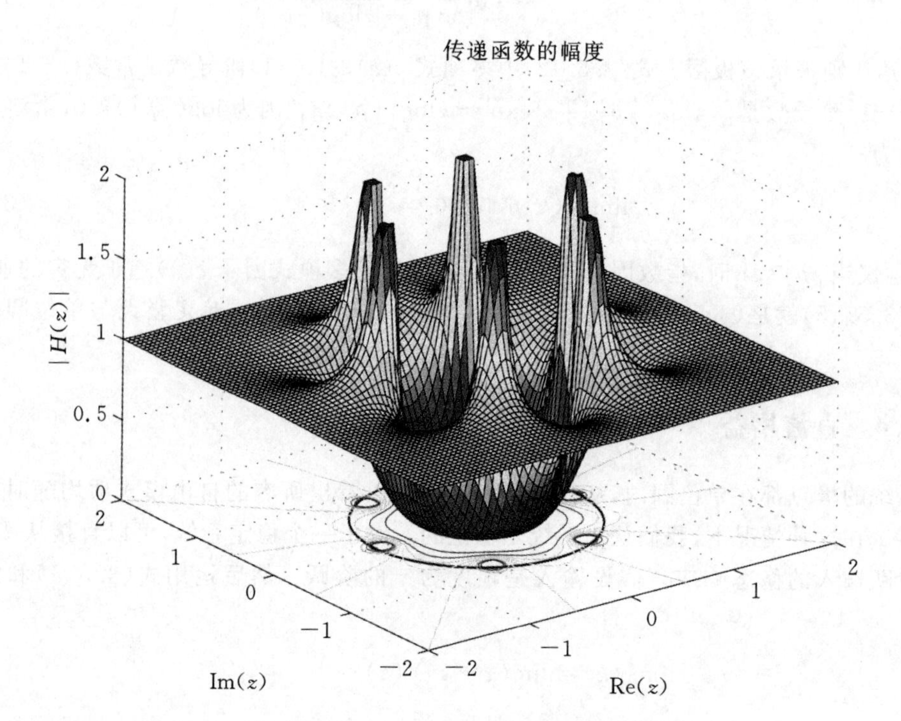

图 3.12 $n=6, r=0.9$ 的梳状滤波器传递函数的幅度

3.6 信号流图

工程师经常用图表来表示变量和子系统之间的关系。在第 2 章,这种关系用方框图来表示。离散时间系统也可以用另外一种称为*信号流图*的特殊的框图有效地表示。信号流图由一组用*支路*连接起来的*节点*组成。每一个节点用一个点来表示,每一个支路用一段直线段来表示。接入节点的是输入支路,离开节点的是输出支路。每一个支路按照它所指示的方向传送信号。当有两个或者更多的支路接入同一个节点时,它们的信号相叠加,就是说节点对输入它的信号起到相加的作用。输出支路携载着离开节点的信号的值。支路上方的标注说明当信号经过该支路时所进行的处理。例如,一个信号可能被按照一个常数比例缩放,或者被一个传递函数所作用。作为一个简单的例子,图 3.13 给出了由四个节点和三个支路组成的信号流图。

观察 x 节点,它有两个输入支路和一个输出支路。因此,离开 x 节点的信号值是 $x=au+bv$。如果一个支路上没有标注,那么默认的相乘系数是 1。因此,输出节点的信号值是

$$y=x=au+bv \tag{3.6.1}$$

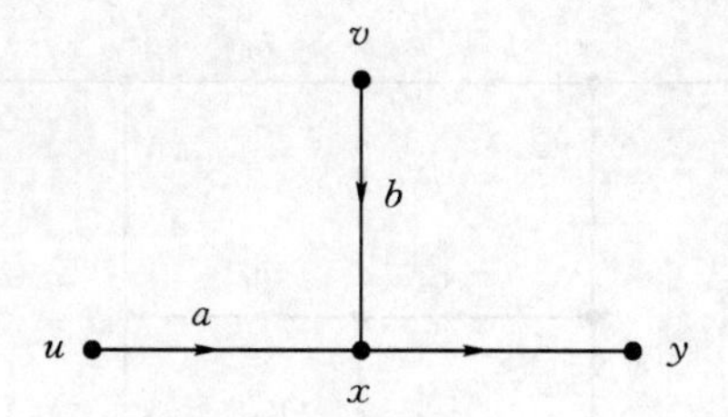

图 3.13　一个简单的信号流图

为了给出离散时间系统 S 的信号流图，我们首先把传递函数 $H(z)$ 表示成两个传递函数的乘积的形式：

$$
\begin{aligned}
H(z) &= \frac{b_0 + b z^{-1} + \cdots + b_m z^{-m}}{1 + a_1 z^{-1} + \cdots a_n z^{-n}} \\
&= \left(\frac{b_0 + b_1 z^{-1} + \cdots + b_m z^{-m}}{1}\right)\left(\frac{1}{1 + a_1 z^{-1} + \cdots + a_n z^{-n}}\right) \\
&= H_b(z) H_a(z)
\end{aligned}
\tag{3.6.2}
$$

$H(z)$由两个串联的子系统组成，一个与分子多项式有关，另一个与分母多项式有关，如图3.14所示。这里的中间变量，$U(z)=H_a(z)X(z)$，是第一个子系统的输出和第二个子系统的输入。

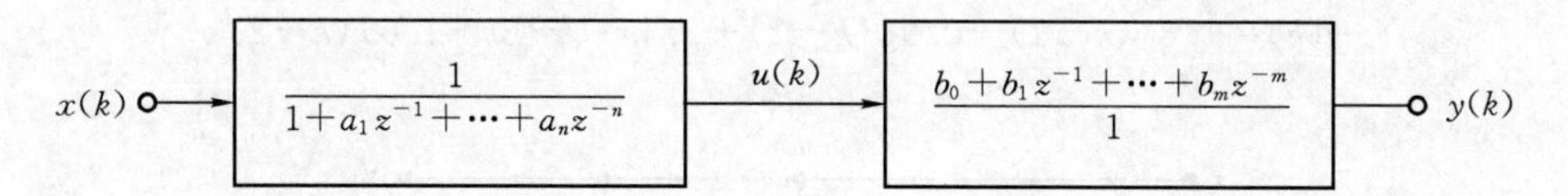

图 3.14　传递函数 $H(z)$的分解

子系统 $H_a(z)$将输入信号 $x(k)$变为输出信号 $u(k)$，然后子系统 $H_b(z)$作用于 $u(k)$产生输出信号 $y(k)$。图 3.14 的分解可以用下面一对差分方程来表示：

$$u(k) = x(k) - \sum_{i=1}^{n} a_i u(k-i) \tag{3.6.3a}$$

$$y(k) = \sum_{i=0}^{m} b_i u(k-i) \tag{3.6.3b}$$

根据式(3.6.3)所表示的分解，整个系统可以用图 3.15 所示的信号流图来表示，其中 $m=n=3$。

最上面的中心的节点的输出信号是 $u(k)$，它下面的节点的输出是 $u(k)$的延迟信号。左边的信号流梯状图是反馈系统，该系统按照式(3.6.3a)产生信号 $u(k)$；右边是前馈系统，该系统按照式(3.6.3b)来产生信号 $y(k)$。通常情况下，信号流图的阶数是 $r=\max\{m,n\}$。如果 $m\neq n$，那么一些支路将会被忽略或者标注系数 0。

例 3.20　信号流图

考虑一个具有如下传递函数的离散时间系统：

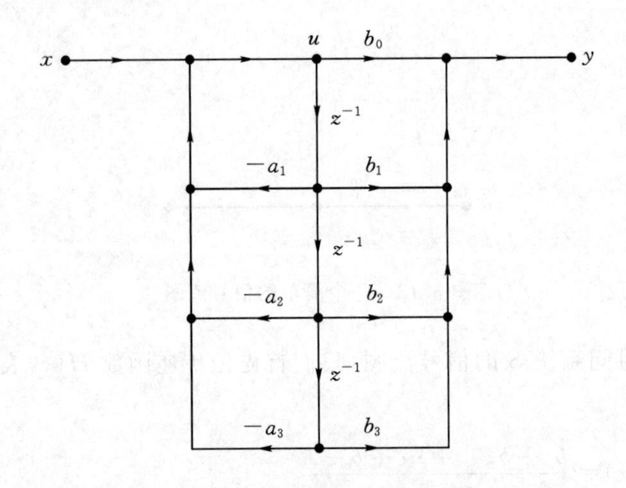

图 3.15　离散时间系统信号流图，$m=n=3$

$$H(z)=\frac{2.4z^{-1}+1.6z^{-2}}{1-1.8z^{-1}+0.9z^{-2}}$$

观察图 3.15，很容易得到该系统的信号流图，如图 3.16 所示。注意它的右边的一条支路的系数是 0，因为它的分子比分母少一项。给定 $H(z)$，则系统的差分方程表示为

$$y(k)=1.8y(k-1)-0.9y(k-2)+2.4x(k-1)+1.6x(k-2)$$

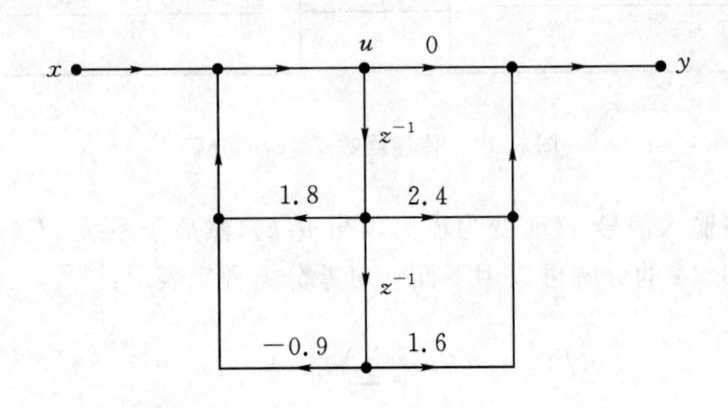

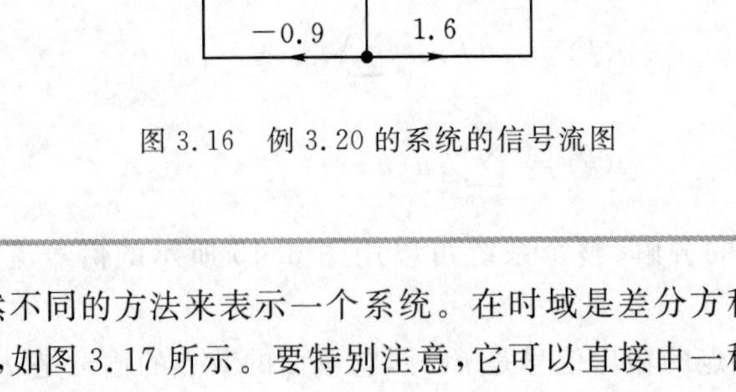

图 3.16　例 3.20 的系统的信号流图

注意：有三种截然不同的方法来表示一个系统。在时域是差分方程；在频域是传递函数，而在图域是信号流图，如图 3.17 所示。要特别注意，它可以直接由一种表达方式转换为另一种表达方式。

ARMA 模型

图 3.14 的第一个子系统的传递函数是下面这个特殊结构的一个特例。

$$H_{AR}(z)=\frac{b_0}{1+a_1z^{-1}+\cdots a_nz^{-n}} \tag{3.6.4}$$

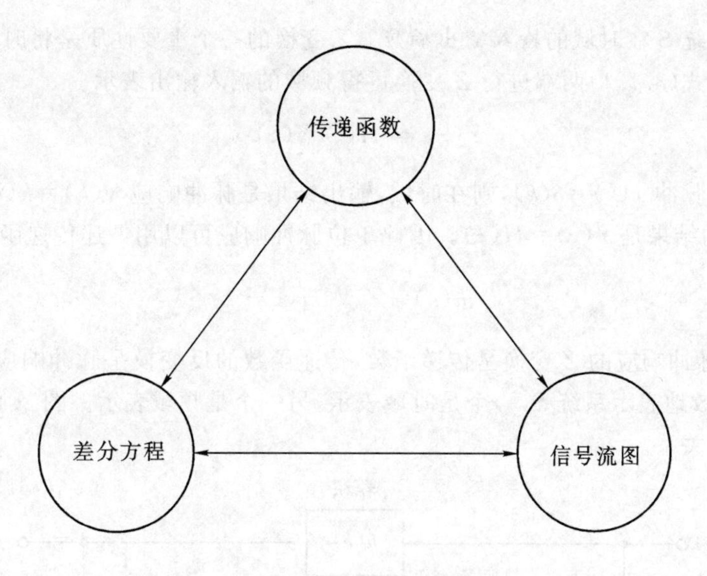

图 3.17　可以互换的离散时间系统的表示方法

系统 $H_{AR}(z)$称为一个自回归模型或者 AR 模型，它的分子多项式是一个常数。同样，图 3.14 的第二个子系统有如下的特殊结构。

$$H_{MA}(z)=b_0+b_1z^{-1}+\cdots+b_mz^{-m} \tag{3.6.5}$$

系统 $H_{MA}(z)$称为一个滑动平均模型或者 MA 模型，它的分母多项式是 1。“滑动平均”的称法是这样得来的，如果 $b_k=1/(m+1)$，那么输出是最后 $m+1$ 个采样的滑动平均。更一般的说，如果 b_k 不相等，那么 $H_{MA}(z)$代表最后 $m+1$ 个采样的加权滑动平均。

一般情况下，式(3.6.2)的传递函数 $H(z)$被称为自回归滑动平均或者 ARMA 模型。从图 3.14 可知，一个一般的 ARMA 模型可以分解为一个 AR 模型和一个 MA 模型的乘积

$$H_{ARMA}(z)=H_{AR}(z)H_{MA}(z) \tag{3.6.6}$$

在图 3.15 的信号流图中，格子的左边是 AR 部分，格子的右边是 MA 部分。注意到式(3.6.5)的模型是上一章讨论的 FIR 系统。式(3.6.4)的 AR 模型以及(3.6.2)的 ARMA 模型都为 IIR 系统的例子，且 AR 模型是一种特殊情况。关于 AR 模型的一个应用在 3.1 节人类声道建模中有过介绍。

3.7　频域稳定性

3.7.1　输入输出表示

回忆第 2 章系统的零状态响应在时域中可以表示成脉冲响应 $h(k)$和输入 $x(k)$的卷积

$$y(k)=h(k)*x(k) \tag{3.7.1}$$

这有时被称为系统 S 在时域的输入输出响应。Z 变换的一个重要性质是将时域的卷积转化成频域的乘积。对式(3.7.1)两端进行 Z 变换可得频域的输入输出表示。

$$Y(z) = H(z)X(z) \tag{3.7.2}$$

假设输入是单位脉冲 $x(k)=\delta(k)$,则在时域,输出结果是脉冲响应 $y(k)=h(k)$。然而在频域 $X(z)=1$,输出的结果是 $Y(z)=H(z)$。因此单位脉冲响应可以用下述传递函数来表示:

$$h(k)=Z^{-1}\{H(z)\} \tag{3.7.3}$$

这就是说,脉冲响应的 Z 变换是传递函数,传递函数的反变换是脉冲响应。事实上,$h(k)$ 和 $H(z)$可以等效地表示系统 S,一个是时域表示,另一个是频域表示。图 3.18 说明了这两种等价表示方法的关系。

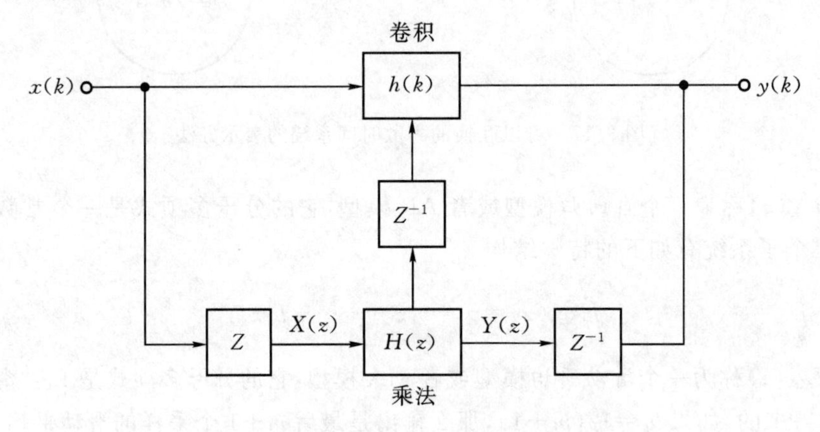

图 3.18　线性系统 S 的两种输入-输出表示

由式(3.7.3),求 $H(z)$反变换的一种方法是将 $H(z)$视作线性时不变系统的传递函数。反变换 $h(k)$是系统的脉冲响应。而脉冲响应可以用 MATLAB 的 *filter* 函数计算。这就是 3.4 节所述的(利用数值计算求解 z 反变换的脉冲响应方法的)基本思想。

3.7.2　BIBO 稳定性

实际的离散时间系统,尤其是数字滤波器,都有一个特征:它们是稳定的。回忆上一章的一个结论:当且仅当系统的每一个有界输入均产生一个有界输出时这个系统是 BIBO 稳定的。命题 2.1 提供了一个在时域判断稳定性的准则:当且仅当脉冲响应绝对可加时系统是 BIBO 稳定的。在频域中有更简单的判定准则。考虑一输入信号为 $x(k)$,其 Z 变换为

$$X(z) = \frac{d(z)}{(z-q_1)^{n_1}\ (z-q_2)^{n_2} \cdots (z-q_r)^{n_r}} \tag{3.7.4}$$

为了确定该信号有界的条件,首先注意到 $X(z)$的每个极点 q_i 对应于 $x(k)$中形如 $c_i(k)q_i{}^k$ 的项,其中 $c_i(k)$为阶数小于 n_i 的多项式。由式(3.5.15),当且仅当极点在单位圆内时,随着 $k\to\infty$,这些项趋于 0。因此,极点在单位圆内对应的 $x(k)$中的项是有界的。而单位圆外的极点所对应的项是无界的。

下面考虑在单位圆上的点。对于在单位圆上的单极点,其系数多项式 $c_i(k)$为常数且模

$|q_i|=1$,因此与这些极点有关的项尽管不趋于 0 ,但它们仍是有界的。最后对于在单位圆上有多重极点对应的项,其多项式系数随着时间增加并且指数因子 q_i^k 不再趋于 0,所以 $x(k)$是无界的。因此,信号是有界的充分必要条件是当且仅当其 Z 变换的极点在单位圆内或在单位圆上有单重极点。

接下来讨论系统的输出。如果传递函数 $H(z)$有极点 p_i,$1\leqslant i\leqslant n$,则 $Y(z)$可以表示为

$$Y(z)=\frac{b(z)d(z)}{(z-p_1)^{m_1}\cdots(z-p_s)^{m_s}(z-q_1)^{n_1}\cdots(z-q_r)^{n_r}} \tag{3.7.5}$$

假设 $x(k)$是有界的,若 $H(z)$的所有极点都在单位圆内时,$y(k)$是有界的。若 $H(z)$有极点都在单位圆外或单位圆上时,对任意有界的 $x(k)$,$y(k)$都是无界的。后一种情况 $y(k)$无界的原因是 $H(z)$位于单位圆上的单极点将可能与 $X(z)$的单极点匹配,所得结果为二重极点,为不稳定的解。由此可得到下面的频域稳定性准则。

命题 3.1　频域 BIBO 稳定性判据:

当且仅当线性时不变离散时间系统 S 的传递函数 $H(z)$的极点满足

$$|p_k|<1,\quad 1\leqslant k\leqslant n$$

时,系统是 BIBO 稳定的。

稳定系统的极点,不论是单重极点还是多重极点,必须都落在单位圆内,如图 3.19 所示。由式(3.5.15)我们知道,上述条件也表明系统所有的自由模式都必然衰减到零。

FIR 系统

从第 2 章的时域分析我们可以得到,有一类系统始终是稳定的:FIR 系统

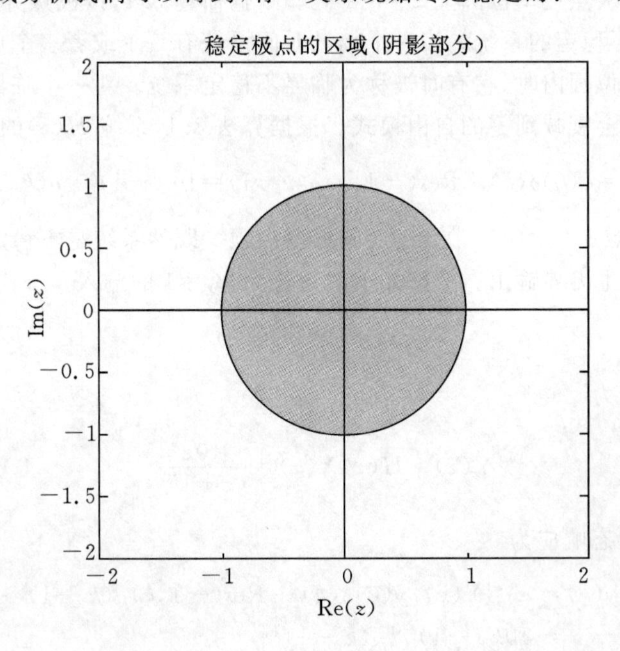

图 3.19　稳定极点的区域

$$y(k) = \sum_{i=0}^{m} b_i x(k-i) \tag{3.7.6}$$

当输入是单位脉冲时，输出是 FIR 系统的脉冲响应。

$$h(k) = \sum_{i=0}^{m} b_i \delta(k-i) \tag{3.7.7}$$

由命题 2.1，当且仅当脉冲响应 $h(k)$绝对可加时系统是 BIBO 稳定的。由定义可知，FIR 系统的脉冲响应是有限长的，是绝对可加的。因此，所有的 FIR 系统是 BIBO 稳定的。对(3.7.7)两端进行 Z 变换，由时移的性质可得 FIR 的传递函数是

$$H(z) = \sum_{i=0}^{m} b_i z^{-i} = \frac{1}{z^m}\sum_{i=0}^{m} b_i z^{m-i} \tag{3.7.8}$$

这里，$H(z)$所有的极点都在 $z=0$，即都在单位圆内，由命题 3.1 可知，FIR 系统是 BIBO 稳定的。

IIR 系统

对于 IIR 系统，无论其是 AR 模型，还是更一般的 ARMA 模型，稳定与否取决于分母多项式的系数。

例 3.21 不稳定传递函数

考虑一个有如下传递函数的离散时间系统

$$H(z)=\frac{10}{z+1}$$

该系统有一个单极点在单位圆上 $z=-1$ 处。根据命题 3.1，该极点并不是严格落在单位圆内，因此这是一个不稳定的系统。当一个离散时间系统有一个或者多个单极点在单位圆上，并且其余的极点在单位圆内时，它有时被称为临界不稳定系统。对一个临界不稳定系统，存在既不会无限增大也不会衰减到零的自由模式。根据算法 3.1，系统 $H(z)$的单位脉冲响应是

$$h(k)=h(0)\delta(k)+\mathrm{Res}(-1,k)\mu(k-1)=10\,(-1)^{k-1}\mu(k-1)$$

因此，$z=-1$ 处的极点产生了一个在± 1 之间振荡的项。既然系统是不稳定的，则必然存在至少一个有界输入会产生无界输出。考虑如下的边界为 $B_x=1$ 的输入

$$x(k)=(-1)^k\mu(k)$$

零状态响应的 Z 变换为

$$Y(z)=H(z)X(z)=\frac{10z}{(z+1)^2}$$

应用算法 3.1，其零状态响应为

$$\begin{aligned} y(k) &= z^{-1}\{Y(z)\}y(0)\delta(k) + \mathrm{Res}(-1,k)\mu(k-1) \\ &= 10k\,(-1)^{k-1}\mu(k-1) \\ &= 10k\,(-1)^{k-1}\mu(k) \end{aligned}$$

很明显，$y(k)$不是有界的。可以发现，由 $X(z)$在 $z=-1$ 处导致的受迫模式和 $H(z)$ 在 $z=-1$ 处的临界不稳定自由模式完全相同。这使得 $Y(z)$在 $z=-1$ 处有一个重极点，从而产生了一个随时间增长的模式。用系统的一个自由模式来激励系统的现象有时候称为谐波激励。由于输入增强了系统的自由运动，谐波激励通常会引起一个很大的响应。

3.7.3　Jury 判据

命题 3.1 的稳定性判据为我们提供了一个验证系统稳定性的简易方法。若用 $a=[1,a_1,a_2,\cdots,a_n]^T$ 来表示 $H(z)$的分母多项式的$(n+1)\times 1$ 维系数向量，那么下面的 MATLAB 指令可返回最大的极半径：

```
r = max(abs(roots(a)))            % radius of largest pole
```

当且仅当 $r<1$ 时，系统稳定。很多情况下，对于一个有一个或多个待定设计参数的离散时间系统，我们需要确定这些参数的取值范围来保证系统的稳定性。下面我们举例说明如何确定参数的取值范围。设 $a(z)$表示传递函数 $H(z)$的分母多项式，为了方便起见，我们令 $a_0>0$。

$$a(z)=a_0z^n+a_1z^{n-1}+\cdots+a_n \tag{3.7.9}$$

我们的目标是确定 $a(z)$是否为稳定的多项式：该多项式的根是否都在单位圆内。稳定多项式必须满足的两个简单的必要条件为

$$a(1)>0 \tag{3.7.10a}$$

$$(-1)^n a(-1)>0 \tag{3.7.10b}$$

如果这个多项式不满足条件(3.7.10a)和(3.7.10b)的话，那么就没有必要对之做进一步的判断了，因为此时已经可以确定它不稳定了。

假设 $a(z)$已经满足式(3.7.10)的必要条件，此时我们需要对其进行稳定性进行进一步的判定。接下来，我们用 $a(z)$的系数构造一个表格，称为 Jury 表。$n=3$ 情况下的 July 表如表 3.4 所示。

表 3.4　Jury 表，$n=3$

行	系数			
1	a_0	a_1	a_2	a_3
2	a_3	a_2	a_1	a_0
3	b_0	b_1	b_2	
4	b_2	b_1	b_0	
5	c_0	c_1		
6	c_1	c_0		
7	d_0			
8	d_0			

可以发现 Jury 表的前两行可以由 $a(z)$的系数直接得到。所有的偶数行都是由于其直接相邻的上一行奇数行倒序得到。奇数行由如下的 2×2 的行列式得到：

$$b_0=\frac{1}{a_0}\begin{vmatrix}a_0 & a_3\\ a_3 & a_0\end{vmatrix},\quad b_1=\frac{1}{a_0}\begin{vmatrix}a_0 & a_2\\ a_3 & a_1\end{vmatrix},\quad b_2=\frac{1}{a_0}\begin{vmatrix}a_0 & a_1\\ a_3 & a_2\end{vmatrix} \tag{3.7.11a}$$

$$c_0=\frac{1}{b_0}\begin{vmatrix}b_0 & b_2\\ b_2 & b_0\end{vmatrix},\quad c_1=\frac{1}{b_0}\begin{vmatrix}b_0 & b_1\\ b_2 & b_1\end{vmatrix} \tag{3.7.11b}$$

$$d_0=\frac{1}{c_0}\begin{vmatrix}c_0 & c_1\\ c_1 & c_0\end{vmatrix} \tag{3.7.11c}$$

为方便起见，所有的奇数行都可以按某个正值进行缩放。一旦Jury表构建完毕，就可以很容易的确定多项式是否稳定。如果Jury表所有奇数行的第一个元素均为正值，则多项式 $a(z)$ 是稳定的。稳定条件

$$a_0>0,b_0>0,c_0>0,\cdots \tag{3.7.12}$$

例 3.22 Jury 判据

考虑一个一般的二阶离散时间系统，其设计参数为 a_1，a_2。假设在 $a(z)$ 和 $b(z)$ 之间没有零极点相消

$$H(z)=\frac{b(z)}{z^2+a_1z+a_2}$$

对于这个系统

$$a(z)=z^2+a_1z+a_2$$

Jury 表的前两行是

$$J_2=\begin{bmatrix}1 & a_1 & a_2\\ a_2 & a_1 & 1\end{bmatrix}$$

由式(3.7.11a)，第三行的元素是

$$b_0=\begin{vmatrix}1 & a_2\\ a_2 & 1\end{vmatrix}=1-a_2^2$$

$$b_1=\begin{vmatrix}1 & a_1\\ a_2 & a_1\end{vmatrix}=a_1(1-a_2)$$

根据稳定性条件 $b_0>0$，可得

$$|a_2|<1$$

给定 b_0 和 b_1 后，Jury 表的前四行是

$$J_4=\begin{bmatrix}1 & a_1 & a_2\\ a_2 & a_1 & 1\\ 1-a_2^2 & a_1(1-a_2) & \\ a_1(1-a_2) & a-a_2^2 & \end{bmatrix}$$

由式(3.7.11b)，Jury 表的第五行的元素是

$$c_0=\frac{1}{1-a_2^2}\begin{vmatrix}1-a_2^2 & a_1(1-a_2)\\ a_1(1-a_2) & 1-a_2^2\end{vmatrix}$$

$$=\frac{(1-a_2^2)^2-a_1^2(1-a_2)^2}{1-a_2^2}$$

$$=\frac{(1-a_2)^2[(1+a_2)^2-a_1^2]}{1-a_2^2}$$

因为$|a_2|<1$，故上式分母为正，并且分子的第一个因式为正。为使$c_0>0$，要求

$$(1+a_2)^2>a_1^2$$

分两种情况对这个不等式进行讨论。如果$a_1\geqslant 0$，那么$(1+a_2)>a_1$，或者

$$a_2>a_1-1,\quad a_1\geqslant 0$$

那么，在a_1，a_2平面中，当$a_1\geqslant 0$时，a_2必须位于斜率为1截矩为-1的直线之上。如果$a_1<0$，那么$1+a_2>-a_1$，或者

$$a_2>-a_1-1,\quad a_1<0$$

当$a_1<0$时，a_2必须位于斜率为-1截矩为-1的直线上方。加上第三行的限制条件$|a_2|<1$，便得到了图3.20所示的参数空间中的稳定区域。如果两个系数都位于阴影区域中，则该二阶系统就是BIBO稳定的。

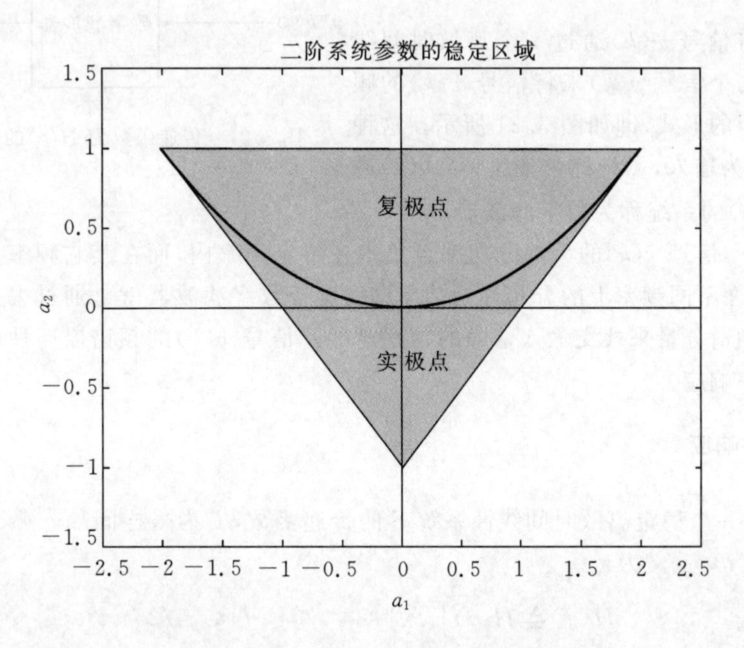

图3.20　二阶系统参数的稳定区域

图3.20中划分实极点和复极点的抛物线是通过对二阶分母多项式$a(z)=z^2+a_1z+a_2$进行因式分解得到的，因式分解得到如下极点：

$$p_{1,2}=\frac{-a_1 \pm \sqrt{a_1^2-4a_2}}{2} \tag{3.7.13}$$

当 $4a_2>a_1^2$，极点由实数变为复数。抛物线 $a_2=a_1^2/4$ 将图 3.20 中的阴影部分划分为两个区域。根据前面的章节我们已经知道稳定的实极点产生按指数衰减的自由模式。一对共轭复极点也产生一种自由模式，该模式是按指数衰减的正弦信号。尽管图 3.20 的结果只适用于二阶系统，但它很有用。因为我们可以将一个高阶的传递函数 $H(z)$ 写成一些二阶或一阶的因式的乘积

$$H(z)=H_1(z)H_2(z)\cdots H_r(z) \tag{3.7.14}$$

这叫做级联形式，在第 7 章会有讨论。这种实现结构能克服高阶滤波器多项式系数的误差对极点位置敏感的缺点因而具有实用价值。所以，因为有限精度的影响，利用直接型实现的高阶 IIR 系统有可能会变得不稳定，而级联形式仍是稳定的。

3.8 频率响应

3.8.1 频率响应

我们可以将信号 $x(k)$ 通过一个离散时间线性系统得到第二个信号 $y(k)$ 来将信号 $x(k)$ 的频谱特性变为期望的形式，即如图 3.21 所示。这种情况下，$x(k)$ 称为输入，$y(k)$ 称为输出，对 $x(k)$ 进行处理产生 $y(k)$ 的系统称为数字滤波器。

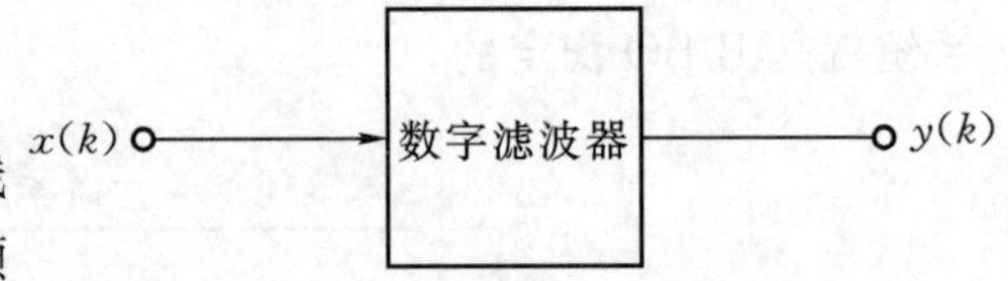

图 3.21　传递函数为 $H(z)$ 的数字滤波器

典型情况下，信号 $x(k)$ 的大部分功率会集中在特定频率内，而在其它频率上功率很小或没有功率，功率在不同频率上的分布称为功率谱密度。数字滤波器就是通过去掉某些频谱分量而增强其他频谱分量来改变输入信号的功率谱的。信号 $x(k)$ 的频谱以何种方式改变取决于滤波器的频率响应。

定义 3.3　频率响应

设 $H(z)$ 为一个稳定离散时间线性系统 S 的传递函数，T 为采样间隔。那么系统的频率响应表示为 $H(f)$，定义为

$$H(f) \triangleq H(z)\big|_{z=\exp(j2\pi fT)},\ 0\leqslant|f|\leqslant f_s/2$$

当频率 f 在 $[-f_s/2,\ f_s/2]$ 内取值时，参数 $z=\exp(j2\pi fT)$ 按逆时针方向绘出单位圆的上半周，如图 3.22 所示。换句话说，频率响应就是传递函数沿单位圆的上半周的取值。注意频率上限 $f_s/2$ 是保证采样以后的信号频谱不产生混叠的信号最高频率。在第 1 章中，我们称 $f_s/2$ 为折叠频率。为了使得 $H(f)$ 满足稳定的性质，$H(z)$ 的收敛域必须包括单位圆。这和系统 S 是 BIBO 稳定的是同样的结果。

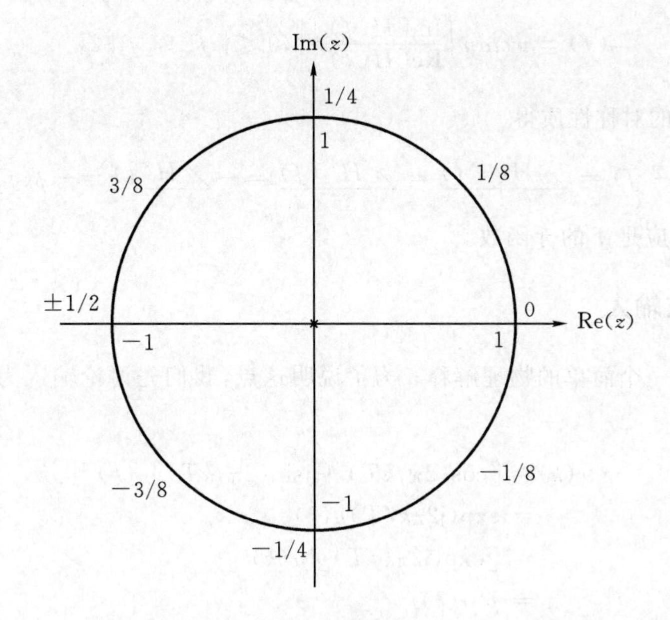

图 3.22　沿着$|z|=1$分布的频率响应示意，外面标号表示 f/f_s

下面对符号进行必要的说明。注意相同的基本符号 H，既用来表征传递函数 $H(z)$，又用来表征频率响应 $H(f)$，二者有区别又有关系。我们当然可以用完全不同的符号来表征它们，然而，有很多情况需要用不同的符号，如果每种情况都用完全不同的符号，会导致符号太多容易混淆。因此，我们按照习惯，用参数类型，复数 z 或实数 f 来区分 H 的含义。一些作者用 $H(e^{j\omega})$表示频域响应。

频率响应定义在频率范围$[-f_s/2, f_s/2]$内，其中负频率对应于单位圆的下半部分而正频率对应于单位圆的上半部分。然而，如果 $H(z)$由一个实系数差分方程得到，那么关于 $H(f)$的所有信息都包含在正频率范围$[0,\quad f_s/2]$内。更具体一些，如果 $H(z)$的系数是实数，那么频率响应满足如下的对称特性：

$$H(-f)=H^*(f),\ 0\leqslant|f|\leqslant f_s/2 \tag{3.8.1}$$

由于 $H(f)$是复的，因此可以用极坐标形式写成 $H(f)=A(f)\exp[\phi(f)]$，$H(f)$的模被称为滤波器的幅度响应

$$A(f)\triangleq\sqrt{\mathrm{Re}^2[H(f)]+\mathrm{Im}^2[H(f)]}\ 0\leqslant|\ f\ |\leqslant f_s/2 \tag{3.8.2}$$

由式(3.8.1)所示的对称性质得

$$A(-f)=|H(-f)|=|H^*(f)|=|H(f)|=A(f) \tag{3.8.3}$$

实滤波器的幅度响应是 f 的偶函数。类似地，相角 $\phi(f)$称为滤波器的相位响应。

$$\phi(f) \triangleq arctan\left\{\frac{\mathrm{Im}[H(f)]}{\mathrm{Re}[H(f)]}\right\}, 0 \leqslant |f| \leqslant f_s/2 \tag{3.8.4}$$

由 (3.8.1)式所示的对称性质得

$$\phi(-f) = \angle H(-f) = \angle H^*(f) = -\angle H(f) = -\phi(f) \tag{3.8.5}$$

实滤波器的相位响应是 f 的奇函数。

3.8.2 正弦输入

对频率响应有一个简单的物理解释。为了说明这点,我们先讨论输入为复正弦信号时系统 S 的稳态响应。

$$\begin{aligned} x(k) &= [\cos(2\pi fkT) + \mathrm{j}\sin(2\pi fkT)]\mu(k) \\ &= \exp(\mathrm{j}2\pi kfT)\mu(k) \\ &= [\exp(\mathrm{j}2\pi kfT)]^k\mu(k) \\ &= p^k\mu(k) \end{aligned} \tag{3.8.6}$$

因此复正弦信号是复指数因子为 $p=\exp(\mathrm{j}2\pi fT)$的因果指数输入信号。如果系统 S 是稳定的,则当 $k\to\infty$ 时 ,所有的自由模式将趋于 0。所以稳态响应是由与 $X(z)$的极点 $p=\exp(\mathrm{j}2\pi fT)$有关的受迫响应构成。由算法 3.1,稳态响应为

$$y_{ss}(k) = \mathrm{Res}(p,k) \tag{3.8.7}$$

$x(k)$的 Z 变换为 $X(z)=z/z-p$。由于 $H(z)$是稳定的,且 $|p|=1$,在 $z=p$ 点的极点为单极点,留数为

$$\begin{aligned} \mathrm{Res}(p,k) &= (z-p)Y(z)z^{k-1}\big|_{z=p} \\ &= (z-p)H(z)X(z)z^{k-1}\big|_{z=p} \\ &= H(z)z^k\big|_{z=p} \\ &= H(p)p^k \end{aligned} \tag{3.8.8}$$

将(3.8.8)和 $p=\exp(\mathrm{j}2\pi fT)$代入(3.8.7),用 $H(f)$的极坐标形式可得,

$$\begin{aligned} y_{ss}(k) &= H(p)p^k \\ &= H(f)\exp(\mathrm{j}2\pi kfT) \\ &= A(f)\exp[\mathrm{j}\phi(f)]\exp(\mathrm{j}2\pi kfT) \\ &= A(f)\exp[\mathrm{j}2\pi kfT + \phi(f)] \end{aligned} \tag{3.8.9}$$

结果是,输入频率为 f 的复正弦信号经过一个稳定系统 S,稳态响应仍是频率为 f 的复正弦信号,但是幅度变为 $A(f)$,相位平移 $\phi(f)$。对实正弦输入,稳态响应有类似的结果。设

$$x(k) = \cos(2\pi kfT) = 0.5[\exp(\mathrm{j}2\pi kfT) + \exp(-\mathrm{j}2\pi kfT)] \tag{3.8.10}$$

因为系统是线性的,用附录 2 的等式,$x(k)$的稳态响应为

$$\begin{aligned} y_{ss}(k) &= 0.5[H(f)\exp(\mathrm{j}2\pi kfT) + H(-f)\exp(-\mathrm{j}2\pi kfT)] \\ &= 0.5\{H(f)\exp(\mathrm{j}2\pi kfT) + [H(f)\exp(\mathrm{j}2\pi kfT)]^*\} \end{aligned}$$

$$
\begin{aligned}
&= \mathrm{Re}\{H(f)\exp(\mathrm{j}2\pi kfT)\} \\
&= \mathrm{Re}\{A(f)\exp[(\mathrm{j}2\pi kfT)+\phi(f)]\} \\
&= A(f)\cos[2\pi kfT+\phi(f)]
\end{aligned} \tag{3.8.11}
$$

因此,实的正弦信号与复正弦信号经过同一系统 S 的方式是一样的。

命题 3.2　频域响应:

令 $H(f)=A(f)\exp[\mathrm{j}\phi(f)]$为线性系统 S 的频域响应,$x(k)=\cos(2\pi kfT)$是复正弦输入,其中 T 为采样间隔,$0\leqslant|f|\leqslant f_s/2$。则 $x(k)$的稳态响应为 $y_{ss}(k)=A(f)\cos[2\pi kfT+\phi(f)]$。

依据命题 3.2 的观点,幅度响应和相位响应可以得到直观的解释和直接测量。幅度响应 $A(f)$表示频率为 f 时系统的增益,其结果是使得输入正弦信号 $x(k)$放大或缩小。相位响应 $\phi(f)$表示频率为 f 时系统的相移,若弧度为正,则相位前移,否则后移。

通过设计一个具有指定幅度响应的滤波器,可以去除某些频率成分而增强其它频率成分。数字 FIR 滤波器的设计是第六章的重点,而数字 IIR 滤波器的设计是第 7 章的重点。

例 3.23　频率响应

作为计算离散时间系统频率响应的例子,考虑具有如下传递函数的二阶数字滤波器:

$$H(z)=\frac{z+1}{z^2-0.64}$$

令 $\theta=2\pi fT$,那么根据定义 3.3 和欧拉公式,可得频率响应为

$$
\begin{aligned}
H(z) &= \left(\frac{z+1}{z^2-0.64}\right)\bigg|_{z=\exp(j\theta)} \\
&= \frac{\exp(\mathrm{j}\theta)+1}{\exp(\mathrm{j}2\theta)-0.64} \\
&= \frac{\cos(\theta)+1+\mathrm{j}\sin(\theta)}{\cos(2\theta)-0.64+\mathrm{j}\sin(2\theta)}
\end{aligned}
$$

因此,滤波器的幅度响应为

$$A(f)=|H(f)|=\frac{\sqrt{[\cos(2\pi fT)+1]^2+\sin^2(2\pi fT)}}{\sqrt{[\cos(4\pi fT)-0.64]^2+\sin^2(4\pi fT)}}$$

滤波器的相位响应为

$$\phi(f)=\angle H(f)=\arctan\left[\frac{\sin(2\pi fT)}{\cos(2\pi fT)+1}\right]-\arctan\left[\frac{\sin(4\pi fT)}{\cos(4\pi fT)-0.64}\right]$$

当 $f_s=2000\mathrm{Hz}$ 时,幅度响应和相位响应曲线如图 3.23 所示。可以看出 $f=500\mathrm{Hz}$ 附近的频率成分被滤波器增强,同时 $f=1000\mathrm{Hz}$ 附近的频率成分被消除。

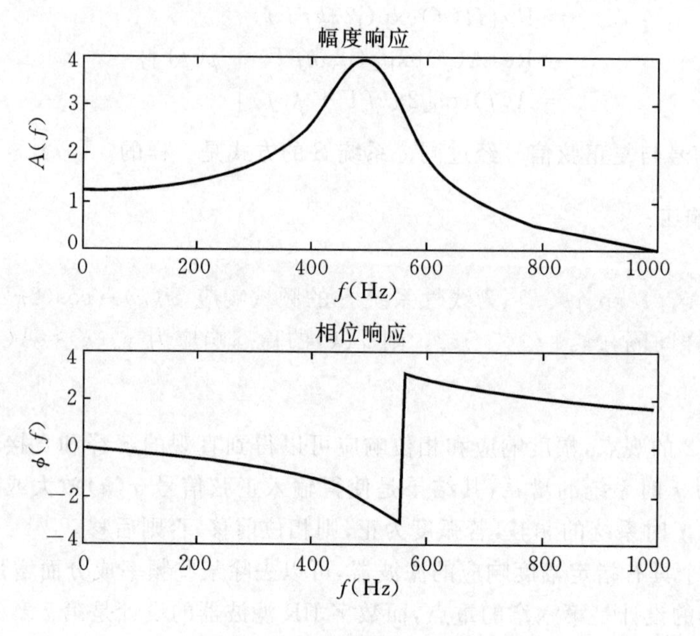

图 3.23　滤波器的频率响应

3.8.3　周期输入

命题 3.2 中的正弦稳态输出表达式可以推广到输入为周期信号的情况。假设信号 $x_a(t)$ 周期为 T_0，基波频率为 $F_0=1/T_0$，信号 $x_a(t)$ 可以用如下的截断傅里叶级数近似：

$$x_a(t) \approx \frac{d_0}{2} + \sum_{i=1}^{M} d_i \cos(2\pi i F_0 t + \theta_i) \tag{3.8.12}$$

用 c_i 表示 $x_a(t)$ 的第 i 个复傅里叶系数，即

$$c_i = \frac{1}{T_0} \int_{-T_0/2}^{T_0/2} x_a(t) \exp(-\mathrm{j}2\pi i F_0 t) \mathrm{d}t, \quad i \geqslant 0 \tag{3.8.13}$$

根据附录 1，$x_a(t)$ 的第 i 阶谐波分量的幅度 d_i 和相位 θ_i 可通过 c_i 得到，其中 $d_i=2|c_i|$，$\theta_i=\angle c_i$。接下来，用采样 $x(k)=x_a(kT)$ 表示传递函数为 $H(z)$ 的线性稳定系统的离散时间输入

$$x(k) = \frac{d_0}{2} + \sum_{i=1}^{M} d_i \cos(2\pi i F_0 kT + \theta_i) \tag{3.8.14}$$

由于 $H(z)$ 是线性的，那么它对一组输入的和的稳态响应等于对每一个单独输入的稳态响应的和。命题 3.2 中，令 $f_a=iF_0$，我们可以得出：$\cos(2\pi i F_0 kT+\theta_i)$ 的稳态响应为其幅度按 $A(iF_0)$ 缩放，而相位改变为 $\phi(iF_0)$。因此，周期输入的采样 $x(k)$ 的稳态响应为

$$y_{ss}(k) = \frac{A(0)d_0}{2} + \sum_{i=1}^{M} A(iF_0) d_i \cos[2\pi i F_0 kT + \theta_i + \phi(iF_0)] \tag{3.8.15}$$

需要指出的是谐波的阶次 M 是有上限的。如果折叠频率($f_s/2$)以上存在谐波的话，那么采样将会导致频谱混叠。因此，为确保式(3.8.15)的有效性，必须对谐波阶次加以限制：

$$M<\frac{f_s}{2F_0} \tag{3.8.16}$$

例 3.24 **稳态响应**

作为用式(3.8.15)计算稳态响应的例子，考虑如下的一阶稳定滤波器：

$$H(z)=\frac{0.2z}{z-0.8}$$

令 $\theta=2\pi fT$。那么，根据定义3.3和欧拉公式，该滤波器的频率响应为

$$H(f)=\frac{0.2z}{z-0.8}\bigg|_{z=\exp(\mathrm{j}\theta)}=\frac{0.2\exp(\mathrm{j}\theta)}{\exp(\mathrm{j}\theta)-0.8}$$

$$=\frac{0.2\exp(\mathrm{j}\theta)}{\cos(\theta)-0.8+\mathrm{j}\sin(\theta)}$$

滤波器的幅度响应为

$$A(f)=|H(f)|=\frac{0.2}{\sqrt{[\cos(2\pi fT)-0.8]^2+\sin^2(2\pi fT)}}$$

滤波器的相位响应为：

$$\phi(f)=\angle H(f)=2\pi fT-\arctan\left[\frac{\sin(2\pi fT)}{\cos(2\pi fT)-0.8}\right]$$

下面假设输入 $x_a(t)$ 是周期为 T_0 的偶周期脉冲序列，其中脉冲为单位幅度，半径范围为 $0\leqslant a\leqslant T_0/2$。根据附录1，$x_a(t)$ 的截断傅里叶级数为

$$x_a(t)\approx\frac{2a}{T_0}+\frac{4a}{T_0}\sum_{i=1}^{M}\mathrm{sinc}(2iF_0a)\cos(2\pi iF_0t)$$

其中 $\mathrm{sinc}(x)=\sin(\pi x)/(\pi x)$。假设周期 $T_0=0.01$ 秒，$a=T_0/4$，即基波频率为 $F_0=100\mathrm{Hz}$ 的方波。如果我们以 $f_s=2000\mathrm{Hz}$ 的频率采样，那么为了避免发生混叠，所有 M 个谐波的频率都必须低于1000Hz。则根据式(3.8.16)，用于逼近 $x_a(t)$ 的最高谐波阶次为 $M=9$。那么 $x_a(t)$ 的采样可表示为

$$x(k)=\frac{1}{2}+\sum_{i=1}^{9}\mathrm{sinc}\left(\frac{i}{2}\right)\cos(0.1\pi ik)$$

最后，根据(3.8.13)式，周期输入 $x(k)$ 的稳态响应为

$$y_{ss}(k)=\frac{1}{2}+\sum_{i=1}^{9}A(100i)\,\mathrm{sinc}\left(\frac{i}{2}\right)\cos[0.1\pi ik+\phi(100i)]$$

$x(k)$ 和 $y_{ss}(k)$ 的图可以通过运行驱动程序 *f_dsp* 中的脚本 *exam3_25* 得到，如图3.24所示。可以看到，由于使用有限阶的谐波来逼近方波，致使方波图形含有微小的波动(吉布斯(Gibbs)现象)。由于低通滤波器 $H(z)$ 的作用，稳态输出要比 $x(k)$ 平缓得多。

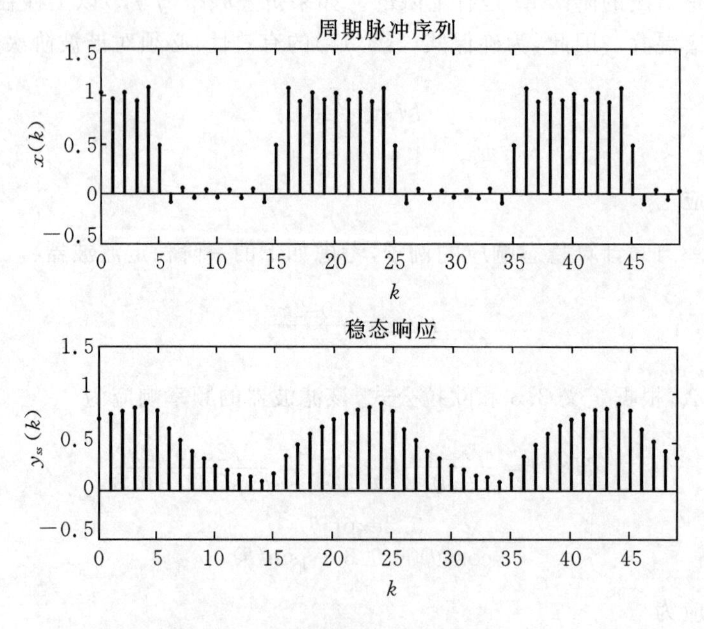

图 3.24 周期脉冲序列的稳态响应

FDSP 函数

FDSP 工具箱包含下面的函数，调用该函数，可以求得稳定的离散时间线性系统的频率响应。

```
% F_FREQZ:Compute the frequency response of a discrete-time system
% Usage:
%         [H,f] = f_freqz(b,a,n,fs);
% Pre:
%         b   = numerator polynomial coefficient vector
%         a   = denominator polynomial coefficient vector
%         N   = frequency precision factor:df = fs/N
%         fs   = sampling frequency(default = 1)
% Post:
%         H = 1 by  (N + 1) complex vector containing discrete
%            frequency response
%         f = 1 by  (N + 1) vector containing discrete
%            frequency at which H is evaluated
```

```
% Notes:
%         1.The frequency response is evaluated along the
%           top half of the unit circle. Thus f ranges
%           from 0 to fs/2
%         2. H(z) must be stable. Thus the roots of a(z) must
%           lie inside the unit circle
```

注意，*f_freqz* 是第1章介绍的连续时间函数 *f_freqs* 的离散时间版本。要计算幅度响应和相位响应可以调用下面标准的MATLAB函数。

```
A = abs(H) ;                % magnitude response
Subplot(2,1,1)              % place above
Plot(f,A)                   % magnitude response plot
Phi = angle(H)              % phase response
Subplot(2,1,2)              % place below
Plot(f,phi)                 % phase response plot
```

3.9 系统辨识

在有些情况下，系统的输入输出行为是知道的，但是传递函数、差分方程以及信号流图是不知道的。例如，3.1节的语音系统，语音的输入输出是可以测量的，但所生成语音的系统是未知的。从输入 $x(k)$ 和输出 $y(k)$ 确定系统的传递函数 $H(z)$ 的过程称为*系统辨识*。在这里系统可以认为是黑盒子，如图3.25所示。说黑盒子是指不知道系统内部的具体细节。

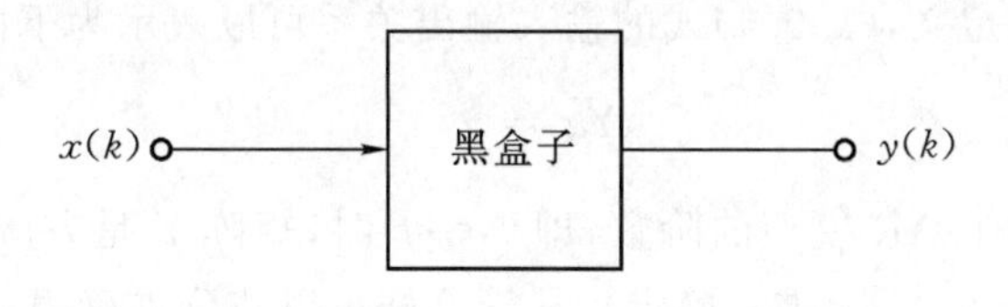

图3.25 黑盒子系统

一种可以确定传递函数的有效办法是先假设黑盒子为某一特定结构。比如，可以假定MA模型，AR模型或ARMA模型。一旦模型确定下来，模型的阶数也必须随之而定。如果选择的模型有充分的代表性，并且阶数足够大的话，则有可能将这一模型和数据进行拟合。

3.9.1 最小二乘拟合

我们用自回归或AR模型作为系统辨识的例子，这样做的好处是：一来它足够通用来表示无限脉冲响应；二来在求取最优的参数值方面，它比ARMA模型简单。在第9章，还会深入讨论系统辨识问题，届时我们将讨论自适应MA模型。AR模型的传递函数可表示如下：

$$H(z) = \frac{1}{a_0 + a_1 z^{-1} + \cdots + a_n z^{-n}} \tag{3.9.1}$$

注意到这个AR模型的传递函数中，分子为1，而不是b_0，分母并没有归一化成$a_0=1$。这样做可以将系统辨识的问题简化成系数向量$a \in R^{n+1}$的求解问题。当然，将(3.9.1)的分子分母同除以a_0，就可以得到AR模型的标准形式，其中$b_0=1/a_0$。$H(z)$相应的差分方程为

$$\sum_{i=0}^{n} a_i y(k-i) = x(k) \tag{3.9.2}$$

系统辨识基于输入输出的一系列测量值，通常这些测量值是实的，但是在有些情况下它们也可以表示虚的系统。假设有如下的输入输出系统：

$$D = \{[x(k), y(k)] \in R^2 \mid 0 \leqslant k < N\} \tag{3.9.3}$$

对给定的D中的数据，如果

$$\sum_{i=0}^{n} a_i y(k-i) = x(k), \quad 0 \leqslant k < N \tag{3.9.4}$$

则(3.9.2)中的AR模型将精确地拟合于这些数据。

令$p=n+1$表示参数的个数，(3.9.4)的N个方程可以表示成矩阵的形式。定义一个$N \times p$维的系数矩阵Y，一个$N \times 1$维的列向量x如下：

$$Y = \begin{bmatrix} y(0) & y(-1) & \cdots & y(-n) \\ y(1) & y(0) & \cdots & y(1-n) \\ \vdots & \vdots & & \vdots \\ y(N-1) & y(N-2) & \cdots & y(N-1-n) \end{bmatrix}, x = \begin{bmatrix} x(0) \\ x(1) \\ \vdots \\ x(N-1) \end{bmatrix} \tag{3.9.5}$$

请注意Y的第i列的起始值为$y(-i)$。Y中负时间对应的元素与系统的初始条件有关，它们可以为0。由x和Y的定义，(3.9.4)式的输入输出关系可以表示为下面的简洁形式：

$$Ya = x \tag{3.9.6}$$

当测量值的个数等于AR模型的阶数，即$N=p$时，矩阵Y是方阵。若方阵Y是非奇异阵，则系数向量a可由$a=Y^{-1}x$唯一确定。尽管这样可以找到准确值，但在实际中不实用，因为它只对于有限的采样点是可行的。实验表明，对于$k>N$的数据，拟合是不理想的。

一种较好的逼近办法是使用很长的输入输出值($N \gg p$)，换句话说使用更多的表示未知系统特性的观测值。当$N>p$时，系统有N个方程，p个未知数。因此这是个*超定线性系统*，一般来说没有解。在这种情况下，Ya和x将会有个非零的*残留误差*向量。记

$$r(a) \triangleq Ya - x \tag{3.9.7}$$

当且仅当a精确拟合D中的输入输出数据时，残留误差向量$r(a)=0$。因为约束条件的个数大于未知数的个数，因此超定系统一般没有准确的解。下一步要做的是找出$a \in R^p$使得误差最小，即使得欧几里得范数的平方最小。这就是最小二乘误差准则。

$$E_N = \sum_{i=0}^{N-1} r_i^2(a) \tag{3.9.8}$$

为了使得误差 E_N 最小，将 $p \times N$ 阶矩阵 Y^T 乘到(3.9.6)的两端，Y^T 表示 Y 的转置。

$$Y^T Y a = Y^T x \tag{3.9.9}$$

这里，$Y^T Y$ 是较小的 p 维方阵。假设 D 中的输出值使得系数矩阵 Y 中的 p 列相互独立，即 Y 是满秩的。故方阵 $Y^T Y$ 是非奇异的，给(3.9.9)式左右两端同时乘以 $Y^T Y$ 的逆，得最小二乘参数向量为

$$a = (Y^T Y)^{-1} Y^T x \tag{3.9.10}$$

矩阵 $Y^{\dagger} = (Y^T Y)^{-1} Y^T$ 称为 Y 的伪逆或 Moore-Penrose 逆(Noble，1969)。由线性代数的知识可知，通过伪逆可求得的参向量 a 是(3.9.5)式的最小二乘解，也就是使 E_N 最小的解。

尽管使用(3.9.10)式可以很方便的去求解最优参量，如果想计算 a，其实不必求出 $Y^T Y$ 的值，然后求逆，再做矩阵乘法。在实际计算中，用 MATLAB 中的左除或反斜线命令就可求得超定系统的最小二乘解。

```
a = Y\x;             % Least - squares solution of Ya = x
```

例 3.25　系统辨识

作为用最小二乘 AR 模型来进行系统辨识的事例，假设采样点数为 N=100 的输入输出数据 D 是从如下的黑盒子系统生成的。

$$H_{dam}(z) = \frac{2z^2 - 0.8z + 0.64}{z^2 - 1.2728z + 0.81}$$

假设输入为均匀分布在区间[-1,1]上的白噪声。由于黑盒子内系统的阶数未知，故可用不同阶的 AR 模型进行系统辨识。图 3.26 给出了由程序 exam3_26 得到的 $1 \leqslant n \leqslant 10$ 时的误差 E_N。

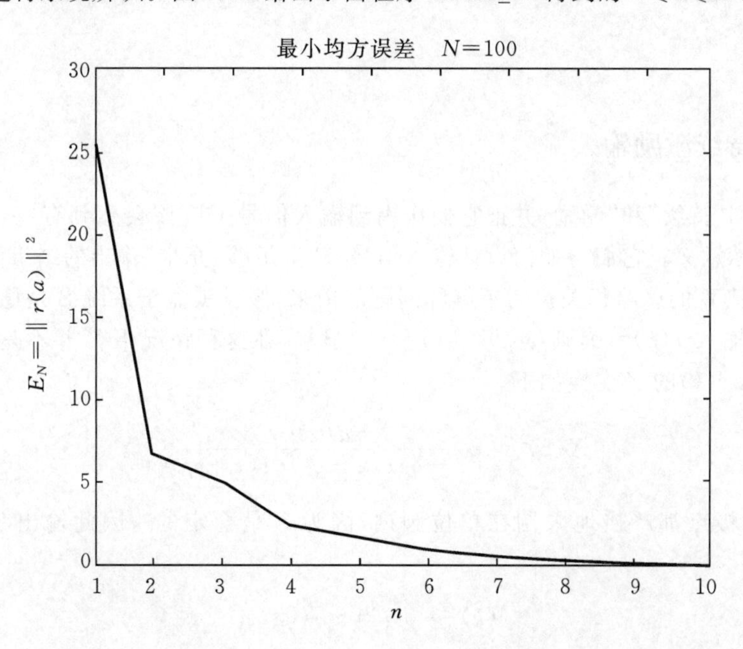

图 3.26　$N=100$ 时系统的最小二乘误差 E_N

注意随着 n 的增加误差减小表明了 AR 模型和黑盒子间的更好的近似。黑盒子系统中参数的个数是 5，而 AR 模型里的参数有 $p=n+1$ 个。当 $n=4$ 时，它们具有相同个数的参数。当然，黑盒子系统的结构比 AR 模型结构更一般，故在 $n=4$ 时，我们不能期望得到精确的拟合。然而，当 $n=10$ 时，最小二乘误差已经非常小了。图 3.27 比较了 $n=10$ 时待测系统与模型系统的频域响应。尽管不能完全拟合，但整个的频率响应和相位响应特征均吻合很好。

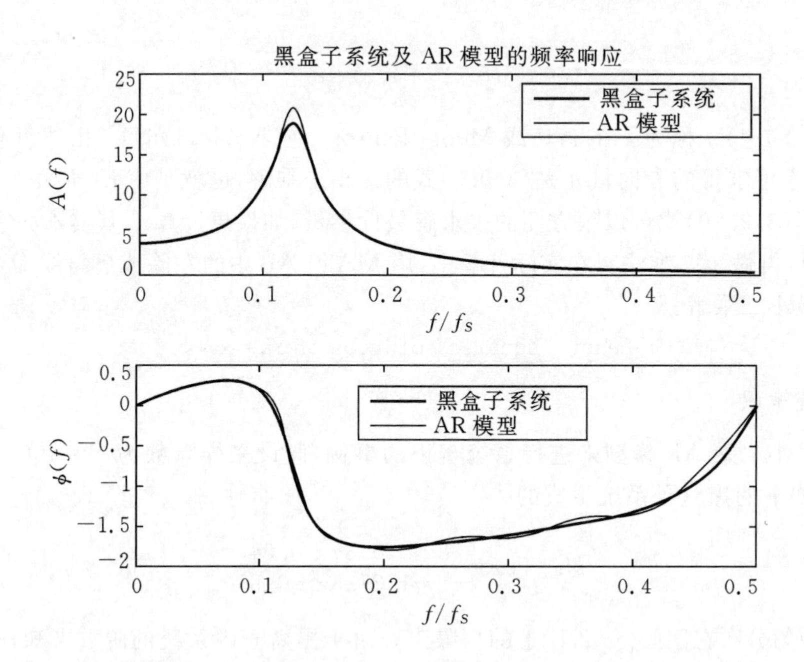

图 3.27　阶数 $n=10$ 时，黑盒子系统和 AR 模型的幅度和相位的比较

3.9.2 持续激励输入

第一次看到“持续”和“激励”并把它们作用到输入信号上应该会感到有些奇怪，但是它们拥有重要的实际意义。它们与如何设计输入信号，产生足够“充足”输出的结果而保证(3.9.5)中的矩阵 Y 是满秩的思路相关。为了解释问题的由来，假设黑盒子系统 S 是稳定的并且初始条件为 0，如果输入 $x(k)=0$，则 $y(k)=0, Y=0$。显然，在这种情况下 Y 并不是满秩的。更一般的，假设输入 $x(k)$ 的 Z 变换如下

$$X(z)=\frac{d(z)}{(z-q_1)(z-q_2)\cdots(z-q_n)} \tag{3.9.11}$$

若 $X(z)$ 的极点都严格地限制在单位圆内，因为 S 是稳定的，因此输出 $y(k)$ 将会衰减到 0。

$$y(k)\to 0\text{ ，当 } x\to\infty \tag{3.9.12}$$

在这种情况下，Y 的最后一行趋于 0，故增加采样点的个数 N 不会改善 a 的估计。这是因为：由输入 $x(k)$ 产生的 $y(k)$ 的受迫模式不是持续的，它们有衰减。为了产生持续但是不随时间

增大的受迫模式，$X(z)$的极点必须是落在单位圆上的单极点，从而产生 $y(k)$的正弦项。例如，极点 $q_{1,2}=\exp(j2\pi fT)$产生了 $y(k)$中关于频率 f 的稳态正弦项。注意，上述结果表明输入 $x(k)$应该是功率信号而不是能量信号。

为了得到 a 的准确值，另外需要通过输入对所有系统的自由模式进行激励。这可以通过对系统激励频率范围为 $[0, f_s/2]$的输入信号来实现。虽然可以通过输入不同的正弦信号来完成，但更为有效的是输入白噪声。在第 4 章中我们将会看到，白噪声是带宽很宽，能量遍布整个频率的信号，这就是在例 3.25 中输入白噪声的原因。

考虑识别一个昂贵的实际系统，如制造过程系统，一般不会允许系统离线工作来输入测试信号 $x(k)$得到输入输出数据 D。而往往会让系统正常运行，在输入信号端加少量白噪声进行在线识别。若 $u(k)$表示正常运行所需的输入，$v(k)$是少量的白噪声信号，则

$$x(k) = u(k) + v(k) \tag{3.9.13}$$

这里所讨论的持续激励输入仅是一个简要介绍，目的是让读者意识到选择输入时要考虑这一因素。可以在如 Haykin(2002)的参考文献中找到更为详尽的资料。

FDSP 函数

FDSP 工具箱包含 f_idar 函数，其可以利用 AR 模型来进行系统辨识。

```
%F_IDAR:Identity an AR systems using input - output data
%
% Usage:
%        [a,E] = f_idar(x,y,n);
% Pre:
%         x = arry of length N containing the input samples
%         y = arry of length N containing the output samples
%         x = the order of the AR model (n<N)
%  Post:
%        a = 1 by  (n + 1)coefficient vector of the AR system
%        E = the least square error
%  Note:
%        1. For a good fit,use N>>n
%        2. The input x must be persistently exciting such as white
%           noise or a broadband input
```

3.10 GUI 软件和案例学习

这部分将介绍离散时间系统的应用。这里介绍一个被称为 $g\_sysfreq$ 的图形用户界面模

块,该模块可以使用户不需要任何编程就可以研究线性离散时间系统的输入输出行为。接着,给出了一些案例学习的事例并通过使用MATLAB给与解决。

3.10.1 g_sysfreq: 离散时间系统的频域分析

图形用户界面模块 *g_sysfreq* 可帮助用户深入了解离散时间线性系统的输入输出行为。GUI模块 *g_sysfreq* 有包含多个分块窗口的显示界面,如图3.28所示。

界面中左上角的方框图窗包含一个要进行分析的系统框图。框图下面是一些可以由用户进行编辑的编辑栏。用户可以在 a 与 b 编辑栏中选择以下传递函数的分母多项式和分子多项式的系数。

$$H(z) = \frac{b_0 + b_1 z^{-1} + \cdots + b_m z^{-m}}{1 + a_1 z^{-1} + \cdots + a_n z^{-n}} \tag{3.10.1}$$

分子和分母系数向量可以通过直接点击阴影区域并输入新值进行更改。可以使用任何定义 a 与 b 的MATLAB语句。回车键用以使更改的参数有效。出现在编辑栏中的还有其它一些幅度参数,用于表示随指数衰减的余弦输入信号。

$$x(k) = c^k \cos(2\pi F_0 kT)\mu(k) \tag{3.10.2}$$

其中,输入频率满足 $0 \leqslant F_0 \leqslant f_s/2$,$c$ 为指数衰减因子,其范围限制在$[-1,1]$内,f_s 为采样频率。参数窗口有两个控制按钮,按钮可以控制在PC的扬声器上以采样率为 $f_s=8000$Hz播放 $x(k)$与 $y(k)$信号。这个选项在任何有声卡的PC机上都是有效的。使用者可以据此听到不同的输入经过 $H(z)$滤波的效果。

用户可以通过屏幕右上角的类型与显示窗口选择输入信号的类型和显示模式。输入包括了在$[-1,1]$间均匀分布的白噪声、单位冲激输入、单位阶跃输入、式(3.10.2)的指数衰减的余弦输入、经PC麦克风存储的声音以及在MAT文件中用户定义的输入等。其中,存储声音选项可以记录在采样频率 $f_s=8000$Hz条件下长达1秒钟的声音。在用户定义选项中,输入向量 x 包含在MAT文件中,采样频率 f_s 和系数向量 a 与 b 都必须由用户提供。

显示选项包含了输入 $x(k)$与输出 $y(k)$的绘图样式设置,这包括了幅频响应 $A(f)$,相频响应 $\phi(f)$与零极点图。根据dB选择框是否选中,幅频响应图可以按照对数或者线性绘出。类似的,根据stem绘图选择框的情况,输入输出的绘图可以采用连续时间或者离散时间来绘制。零极点图还包括了传递函数$|H(z)|$的表面图。屏幕下半部分的图形窗显示所选择的图形。图形曲线的颜色与方框图标号的颜色相匹配。用户可以利用在类型和显示选择窗口下方的滚动条更改样值个数 N。

屏幕上方的菜单栏中包括了很多菜单选项。量尺选项允许用户测量图中的任一点,方法是移动鼠标十字线到图形中要测量的点的位置并点击。保存数据选项用以将当前的 x、f_s、a 与 b 保存到用户命名的mat文件中作以后使用。用户定义的输入选项可以用来重新载入这些数据。用打印选项可以打印绘图窗的内容。最后,帮助选项为用户提供关于如何有效使用 *g_sysfreq*的一些有用建议。

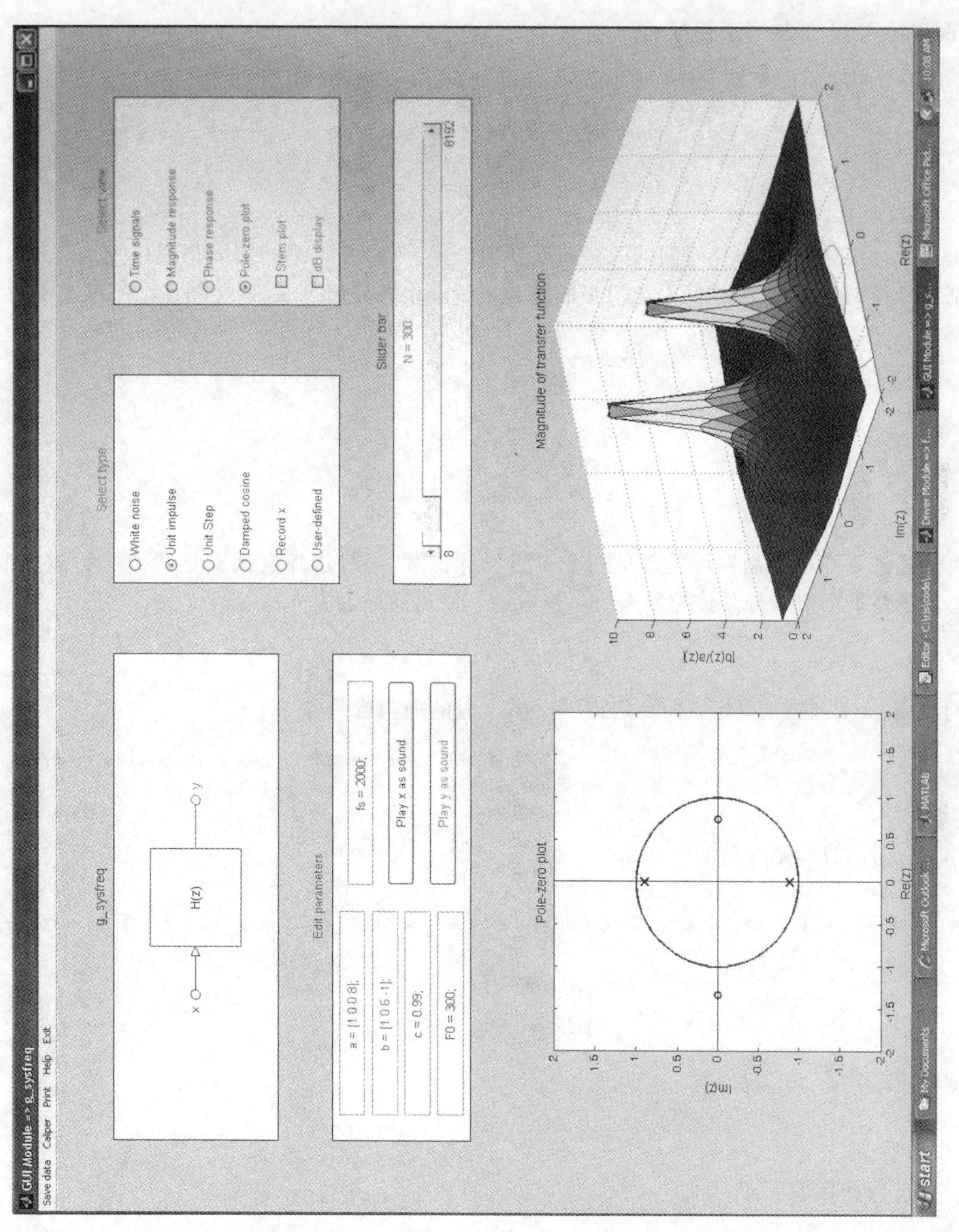

图 3.28 GUI 模块 g_sysfreq 的界面

案例学习 3.1 卫星姿态控制

3.1节中介绍的单轴卫星姿态控制系统可以表述成如下的离散时间模型。

$$y(k)=(1-d)y(k-1)-dy(k-2)+d[r(k-1)+r(k-2)]$$

$$d=\frac{cT^2}{2J}$$

这里，$r(k)$是在第k个采样时间的卫星角度期望位置，$y(k)$是卫星的实际角度位置。c、T与J分别表示控制器增益、采样间隔与卫星的转动惯量。由方程组可知，该控制系统的传递函数为

$$\begin{aligned}H(z)&=\frac{Y(z)}{R(z)}\\&=\frac{d(z^{-1}-z^{-2})}{1-(1-d)z^{-1}+dz^{-2}}\\&=\frac{d(z+1)}{z^2+(d-1)z+d}\end{aligned}$$

表达式d中的控制器增益c是一个工程设计参数，通过选择它来满足特定的性能规范。最基本的性能限制条件是该控制系统是稳定的。该传递函数的分母是：

$$a(z)=z^2+(d-1)z+d$$

我们可用Jury判据来确定c的稳定范围。Jury表的前两行是

$$J_2=\begin{bmatrix}1 & d-1 & d\\ d & d-1 & 1\end{bmatrix}$$

利用式(3.7.11a)，第三行的元素是

$$b_0=\begin{vmatrix}1 & d\\ d & 1\end{vmatrix}=1-d^2$$

$$b_1=\begin{vmatrix}1 & d-1\\ d & d-1\end{vmatrix}=-(1-d)^2$$

根据稳定条件$b_0>0$，我们有

$$|d|<1$$

Jury表的前四行为

$$J_4=\begin{bmatrix}1 & d-1 & d\\ d & d-1 & 1\\ 1-d^2 & -(1-d)^2 & \\ -(1-d)^2 & 1-d^2 & \end{bmatrix}$$

由(3.7.11b)Jury表的第五行元素为

$$c_0=\frac{1}{1-d^2}\begin{vmatrix}1-d^2 & -(1-d)^2\\ -(1-d)^2 & 1-d^2\end{vmatrix}$$

$$= \frac{(1-d^2)^2-(1-d)^4}{1-d^2}$$

$$= \frac{(1-d^2)[(1+d)^2-(1-d)^2]}{1-d^2}$$

$$= \frac{4d(1-d)^2}{1-d^2}$$

由于$|d|<1$,所以分母是正的,并且分子的第二项也是正的。因此稳定条件 $c_0>0$ 简化为 $d>0$。结合$|d|<1$ 可得 $0<d<1$。根据原始差分方程中关于 d 的定义,我们可得控制器增益在以下范围内时该控制系统是 BIBO 稳定的。

$$0<c<\frac{2J}{T^2}$$

为了验证该控制系统的效果,设 $T=0.1$ s,$J=5$ N·m·s^2,则 $0<c<1000$ 是稳定范围。设地面控制站发出将卫星旋转 1/4 周的指令,则期望角度姿态信号为

$$r(k)=(\frac{\pi}{2})\mu(k)$$

MATLAB 函数 *case*3_1 计算了三个控制器增益系数 c 对应的零状态响应结果。它可在 FDSP 驱动程序 *f_dsp* 中直接运行。

```
function  case 3_1
 % CASE STUDY 3.1: Satellite attitude control
clc
f_header('Case Study 3.1:Satellite attitude control')
n = 21;
T = .1;                                    % sampling interval
J = 5;                                     % moment of inertia
C = [.13 - sqrt(8) - .5] * (2 * J/T2)      % controller gains
d = (T^2/(2 * J)) * c;
m = length(c);

 % Compute step response

r = (pi/2) * ones(n,1);
for i = 1:m
   a = [1 d(i) - 1 d(i)];
   b = [0 d(i) d(i)];
   pole = roots(a);
   y(:,i) = (180/pi) * filter(b,a r);
end
```

```
% Plot curves

figure
k = [0:n - 1];
for i = 1:3
   subplot(3,1,i)
   hp = stem(k,y(:,i),'filled','.');
   set(hp,'LineWidth',1.5)
   axis([k(1) k(n) 0 150])
   box on
   switch i
   case 1,
       title('Satellite step response')
       text(10,120,'Overdamped','HorizontalAlignment','center')
   case 2,
       ylabel('{y(k)} (deg)')
       text(10,120,'Criticallydamped','HorizontalAlignment','center')
   case 3,
       xlabel('{k}')
       text(10,120,'Underdamped','HorizontalAlignment','center')
   end
   hold on
   plot(k,(180/pi) * r,'r');
end
f_wait
```

case 3_1 运行的结果图见 3.29。对于三个不同控制器增益，MATLAB 函数计算了三个控制器增益系数对应的零状态响应。注意，对三个控制增益，卫星都转向 90 度的方向，系统的极点位置在表 3.5 中给出。

表 3.5 不同增益处的极点位置

c	极点	情况
100	$p_{1,2}=0.770,\ 0.130$	过阻尼
171.6	$p_{1,2}=0.414,\ 0.414$	临界阻尼
500	$p_{1,2}=0.25\pm 0.661j$	欠阻尼

当 $c=100$ 时，有两个不同的实极点，并且得到的是过阻尼响应。当 $c=171.6$ 时，有一个实的二重极点，得到的是临界阻尼响应。这是不超过最终位置的所有阶跃响应中最快的。当 $c=500$ 时，有一对互为共轭的复极点，这会得到振荡的欠阻尼响应。

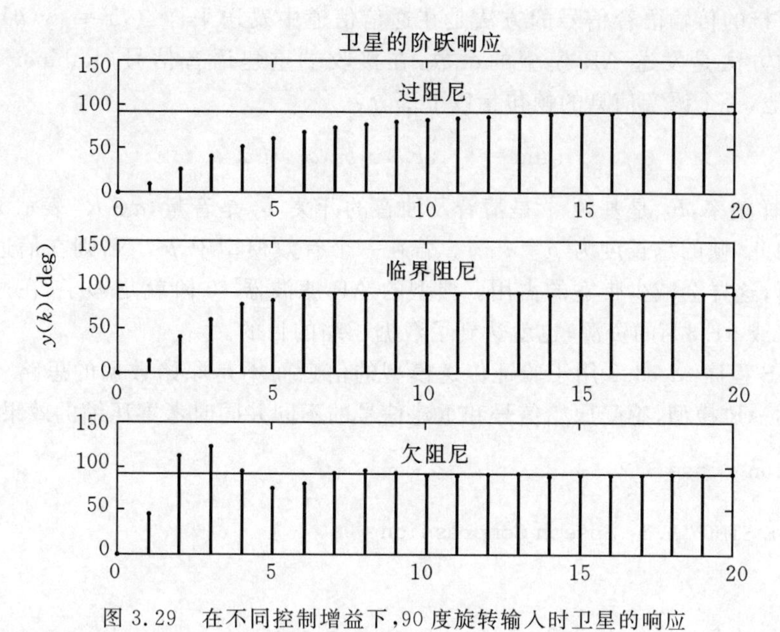

图 3.29　在不同控制增益下，90 度旋转输入时卫星的响应

案例学习 3.2　语音压缩

回忆第 3.1 节，可用离散时间 AR 系统对语音生成建模，如图 3.3。语音基本单元或音素是清音和浊音。对于浊音，比如摩擦音，如 s，sh 以及 f；或者爆破音，如 p，t 以及 k，相应的 AR 模型被高斯白噪声激励。对于清音比如元音，鼻音以及短音，如 b，d 以及 g；输入 AR 模型的信号为周期为 M 的脉冲序列。

$$x(k) = \sum_{i=0}^{\infty}\delta(k - iM)$$

若采样间隔为 T，则脉冲序列的周期为 $T_0 = MT$，于是基频即说话者的音高为

$$F_0 = \frac{1}{MT}$$

通常说话者的音高范围为 50 Hz 到 3400 Hz。图 3.4 给出了元音“O”的部分频率图，其中音高大概为 $F_0 \approx 113.6$ Hz。图 3.3 是气流经过喉，嘴以及唇等声道时的线性模型，可用下面的 AR 模型来建模。

$$y(k) = b_0 x(k) - \sum_{i=1}^{n} a_i y(k - i)$$

从记录的 $y(k)$ 中求得恰当的 $b_0(x)$ 和 a 是系统辨识问题，在 3.9 节讨论过求解方法。对 AR 模型参数的有效期而言，仅有一小段语音信号可以用。例如，用长度为 $\tau = 20$ ms 的部分，语音的统计特性为有效的常数。这就是说，在这个时间段内，语音信号可以认为是平稳的信号。典型的语音采样频率为 $f_s = 8000$ Hz，因此持续期为 τ 的时间段所包含的采样点为

$$N = f_s \tau = 160$$

一种最直接的传输语音信号的方法是在通信信道中发送采样点，$Y=\{y(k)\mid 0\leqslant k<N\}$。另一种有效的方法是发送AR模型的系数，在接收端重建语音信号（Rabiner and Schafer，1978）。典型地，一个语音信息的帧包括以下部分：

$$\text{frame}=\{f_s,F_0,v,b_0,a_1,\cdots a_n\}$$

这里，f_s 是采样频率，F_0 是基频，v 是清音及浊音的开关，b_0 是音量，$a\in R^n$ 表示AR滤波器的剩余系数。因此，帧的总长度为 $p=n+4$。若在一个有效模型中 $p<N$，则在信道中传送更少的比特数即可，这样会减少带宽的占用。典型的AR滤波器10阶就足够了，在这种情况下可节约146/160或91.3%的资源，也就达到了数据压缩的目的。

MATLAB程序 *case*3_2 用于验证传送模型的信息而不是原始数据的思路。读者可以使用不同阶数的AR模型，感受原始信号和重建信号的不同并同时考察压缩的效果。

```
function  case 3_2

% CASE STUDY 3.2: Speech Compression

clc
f_header(´Case study 3.2: Speech Compression)
load case3_2              % audio data
tau = .02;                % segment duration
N = round(fs * tau );     % samples/segment

% Find model for voiced sound
n = f_prompt('Enter model order n',1,12,10);
m = f_prompt('Enter pitch period M',1,120,59);
x = zeros(N,1);
for  i = 1:N
     if  mod(i - 1,M) = = 0
          x(i) = 1;
     end
end
q = round(length(y)/2);
yseg = y(q + 1:q + N);
[a,E] = f_idar(x,yseg,n);
y = filter(1,a,x)
pole_radius = abs(roots(a));
if max(pole_radius)> = 1
   fprintf('The AR model is unstable.\')
end

% Play original and reconstructed sounds
```

```
P = 25;
f_wait
fprintf(Repeated sound segment…\n)
Yseg = repmat(yseg,P,1)
Wavplay(Yseg)
f_wait
fprintf ('Repeated AR model ...\n)
y = repmat(y,p,1);
wavplay(Y)
Compress = 100 * (N - n - 4)/N;
fprintf('\nCompression = %.1f percent\n\n',compress)
```

在运行 *case* 3_2 时，读者可以增加 AR 模型的阶数和基音的周期 M。开始时建议使用默认值，鼓励读者观察取不同值时的变化情况。在变化中可能会出现滤波器变得不稳定的情况。当滤波器的阶数增加以及基音周期变化时，这种情况更容易发生。

案例学习 3.3　斐波那契序列和黄金比例

下面是一个简单的离散时间系统，该系统可以产生著名的斐波那契数字序列：

$$y(k)=y(k-1)+y(k-2)+x(k)$$

该系统的脉冲响应就是斐波那契序列。注意到 $x(k)=\delta(k)$ 且是零初始条件，我们有 $y(0)=1$。对于 $k>0$，序列中的下一个数字都是它前两个数字之和。这样得到了下列脉冲响应。

$$h(k)=\{1,1,2,3,5,8,13,21,34,55,89,\cdots\}$$

斐波那契于 1202 年引入此模型，用来描述在理想环境下兔子的繁殖速度有多快(Cook，1979)。他假设初始有一对雌兔和雄兔，并假设每月月底它们繁殖。一个月后雌兔生产一对雌兔和雄兔，此过程继续。每个月月底的雌雄兔对数符合斐波那契的形式。斐波那契数列在自然界中以惊人的数量存在着。例如，不同花的花瓣数量通常是如表 3.6 的一组斐波那契数列。

表 3.6　斐波那契数和花瓣

花	花瓣数
鸢尾花	3
野玫瑰	5
飞燕草	8
鞘冠菊	13
紫菀	21
除虫菊	34
米迦勒雏菊	55

用以生成斐波那契序列的系统是一个不稳定系统，$h(k)$ 随 $k\to\infty$ 时增长，是无界的。然而，分析相邻脉冲响应间的比值是很有意思的。该比值收敛到一个特殊的、被称为黄金比例的数。

$$\gamma \triangleq \lim_{k\to\infty}\{\frac{h(k)}{h(k-1)}\}\approx 1.618$$

黄金比例之所以值得注意是因为它曾在公元前430年出现在希腊帕德教神殿的修建中，该神殿是为供奉女神雅典娜兴建。该神殿前面的宽与高之比正是γ。

下面考虑如何计算黄金比例的准确值的问题。从差分方程中可以看出，斐波那契系统的传递函数为

$$H(z)=\frac{1}{1-z^{-1}-z^{-2}}=\frac{z^2}{z^2-z-1}$$

分解该分母，得到该系统极点在

$$p_{1,2}=\frac{1\pm\sqrt{5}}{2}$$

由算法3.1以及初始值$h(0)=1$，得到两个极点的留数为

$$\mathrm{Res}(p_1,k)=\frac{p_1^{k+1}}{p_1-p_2}$$

$$\mathrm{Res}(p_2,k)=\frac{p_2^{k+1}}{p_2-p_1}$$

因此，脉冲响应为

$$\begin{aligned}h(k)&=h(0)\delta(k)+[\mathrm{Res}(p_1,k)+\mathrm{Res}(p_2,k)]\mu(k-1)\\&=\delta(k)+(\frac{p_1^{k+1}-p_2^{k+1}}{p_1-p_2})\mu(k-1)\\&=(\frac{p_1^{k+1}-p_2^{k+1}}{p_1-p_2})\mu(k)\end{aligned}$$

注意到$|p_1|>1$且$|p_2|<1$。因此，随着$k\to\infty$，$p_2^{k+1}\to 0$。故可得

$$\gamma=\lim_{k\to\infty}\{\frac{p_1^{k+1}}{p_1^k}\}=p_1$$

因此，黄金比例值为

$$\gamma=\frac{1+\sqrt{5}}{2}=1.6180339\cdots$$

MATLAB程序*case*3_3计算斐波那契系统的脉冲响应。同时直接或通过求$g(k)=h(k)/h(k-1)$的极限得到黄金比例。

```
function  case 3_3
 % CASE STUDY 3.3: Fibonacci sequence and the golden ration
clc
f_header('Case study 3.3: Fibonacci sequence and the Golden Ration')
N = 21;
gamma = (1 + sqrt(5))/2;              % golden ration
g = zeros(N,1);                       % estimates of gamma
```

```
a = [1  -1  -1]                      % denominator coeffients
b = 1;                               % numerator coefficients

% Estimate golden ratio with pulse response

[h,k] = f_impulse(b,a,N);
h
for i = 2:N
   g(i) = h(i)/h(i-1);
end
figure
hp = stem(k(2:N),g(2:N),'filled','.');
set(hp,'LineWidth',1.5)
f_labels('The golden ratio','{k}','{h(k)/h(k-1)}')
axis([k(1) k(N) 0 3])
hold on
plot(k,gamma * ones(N),'r');
golden = sprintf('\\gamma = %.6f',gamma);
text(10,2.4,golden,'HorizontalAlignment','center')
box on
f_wait
```

程序 *case*3_3 运行的结果见图 3.30，其中 $g(k)=h(k)/h(k-1)$，易见，$g(k)$很快收敛到黄金比 γ。

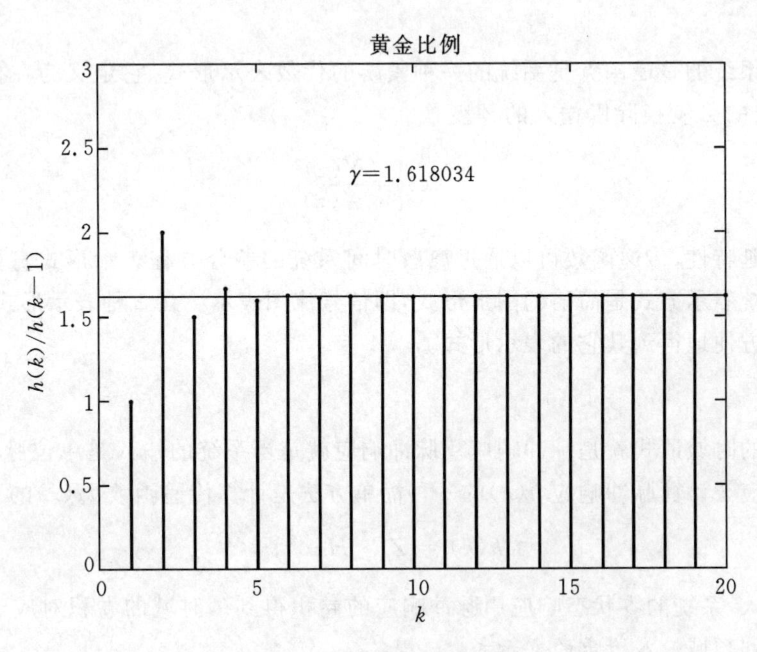

图 3.30　黄金比的近似数值

3.11 本章小结

Z 变换

本章主要介绍了在频域用 Z 变换分析线性时不变离散时间系统的方法。Z 变换是数字信号处理中一个必要的分析工具。它是一个将离散时间信号 $x(k)$ 映射为以复数 z 为变量的代数函数 $X(z)$ 的变换。

$$X(z) = \sum_{k=-\infty}^{\infty} x(k) z^{-k}, \ z \in \Omega_{ROC} \tag{3.11.1}$$

通常，$X(z)$ 是关于 z 的两个多项式的比值。分子多项式的根称为 $X(z)$ 的*零点*，分母多项式的根称为 $X(z)$ 的*极点*。一般来说，非因果信号的*收敛域* Ω_{ROC} 在复平面上是环状区域。对于 $k<0$ 时非零的反因果信号，收敛域位于最里层极点的内部，对于 $k \geqslant 0$ 时非零的因果信号，收敛域位于最外层极点的外部。

可以通过查 Z 变换对表得到 Z 变换。利用 Z 变换的性质可以有效地扩充该变换对表。初值和终值定理允许我们从 Z 变换 $X(z)$ 中直接得到信号 $x(k)$ 的初值和终值。更一般的，有限长的 $x(k)$ 可以通过长除法进行 Z 反变换得到。如果需要 $x(k)$ 的闭式表示，那么 Z 反变换应该通过部分分式法或者留数法计算得到

$$x(k) = \frac{1}{\mathrm{j}2\pi} \int_C X(z) z^{k-1} \mathrm{d}z \tag{3.11.2}$$

留数法对于多极点的情况是一个不错的选择，因为它的计算量比部分分式法的计算量要小。此外，与部分分式法不同的是，它不需要使用 Z 变换对表。

传递函数

离散时间系统的*传递函数*是系统的一种紧凑的代数表示形式，它定义为在初始条件为零的假设下，输出的 Z 变换除以输入的 Z 变换。

$$H(z) = \frac{Y(z)}{X(z)} \tag{3.11.3}$$

利用线性与时延特性，传递函数可以通过离散时间系统的差分方程表示形式直接得到。第三种离散时间系统表示方式是简洁的图形形式，即信号流图表示。在三种表示形式中，从其中的一种形式可很方便地得到其它的表示形式。

BIBO 稳定性

传递函数的时域形式就是脉冲响应。脉冲响应就是当系统的输入是单位脉冲 $\delta(k)$ 时，系统的零状态响应。计算脉冲响应 $h(k)$ 的一种简单方法是计算传递函数 $H(z)$ 的 Z 反变换：

$$h(k) = Z^{-1}\{H(z)\} \tag{3.11.4}$$

对任何输入，系统的零状态响应用脉冲响应的卷积得到。时域的卷积对应于频域中的乘积。由此可得到频域*输入输出的表示式*

$$Y(z) = H(z)X(z) \tag{3.11.5}$$

当且仅当对于每一个有界的输入能得到有界的输出，这个系统是 BIBO 稳定的。否则，系统是不稳定的。$H(z)$的每个极点都会生成 $y(k)$的自由模式。对于稳定系统，自由模式都将衰减到零。当且仅当 $H(z)$的每个极点都位于复平面的单位圆内，系统是 BIBO 稳定的。Jury 判据是可以用以决定参数在何种范围内系统稳定的一种表格化的稳定性检测方法。所有的 FIR 系统都是稳定的，因为它们所有的极点都落在原点上。但 IIR 系统不一定稳定。

频率响应

稳定的离散时间系统的频率响应是传递函数在单位圆上的值。如果 f_s 是采样频率，$T=1/f$ 是采样间隔，则频率响应为

$$H(f) = H(z)\big|_{z=\exp(j2\pi fT)}, \qquad 0 \leqslant |f| \leqslant f_s/2 \tag{3.11.6}$$

数字滤波器就是指按照预定的频率响应来设计的离散时间系统。幅度 $A(f)=|H(f)|$被称为滤波器的幅度响应，相角 $\phi(f)=\angle H(f)$称为滤波器的相位响应。当一个稳定系统受到频率为 $0\leqslant f_a\leqslant f_s/2$ 的正弦输入激励时，稳定状态的输出是频率为 f，幅度乘以 $A(f)$，相位旋转 $\phi(f)$的正弦。

$$y_{ss}(k) = A(f)\cos[2\pi fkT + \phi(f)] \tag{3.11.7}$$

通过设计具有特定幅度特性的数字滤波器，可以消除输入信号中的特定的频率，而其它的一些频率可以被增强。

系统辨识

系统辨识是用输入输出的测量值来得到离散时间系统参数的过程。可以应用不同的模型，包括：自回归(AR)模型，滑动平均(MA)模型以及自回归滑动平均(ARMA)模型。

$$H(z) = \frac{b_0 + b_1 z^{-1} + \cdots b_m z^{-m}}{1 + a_1 z^{-1} + \cdots a_n z^{-n}} \tag{3.11.8}$$

只要采样的输入输出值个数至少和系统参数个数一样大时，用最小二乘误差准则可以求得最优参数。

GUI 模型

FDSP 工具箱包括了一个被称为 *g_sysfreq* 的 GUI 模块，通过该模块，用户不需要编程就可以在频域分析观测离散时间系统的输入输出特性。其中包括一些常用输入信号，PC 机上存的信号以及 MAT 文件中自定义的信号。视图选项包括时域信号，谱的幅度和相位，零极点图。

学习要点

本章的学习要点见表 3.7。

表 3.7 第三章的学习要点

序号	学习要点	节
1	知道如何用几何级数去计算 Z 变换	3.2
2	理解用 Z 变换的性质去扩展 Z 变换对表	3.3
3	会用长除法,部分分式展开法及留数法求 Z 反变换	3.4
4	会进行差分方程,传递函数,脉冲响应和信号流图间的相互转化	3.5—3.7
5	理解线性系统的零点,极点与自由模式,受迫模式之间的关系	3.5
6	会求脉冲响应,会用其计算任何输入的零状态响应	3.7
7	理解 FIR 系统和 IIR 系统的区别,知道哪种系统始终是稳定的	3.7
8	领会 Z 平面上单位圆的重要性,知道如何用 Jury 判据去讨论稳定性	3.8
9	会从传递函数中计算频率响应	3.9
10	会计算稳定离散系统周期输入的稳态输出	3.9
11	会用 GUI 模块 *g_sysfreq* 研究离散时间系统的输入输出特性	3.10

3.12 习题

这里的习题被分为分析性和设计性习题,可以通过手算或计算器计算得到解答;以及 GUI 仿真习题,可通过 GUI 模块 *g_sysfreq* 得到解答;还有 MATLAB 计算的习题,需要编程完成。

3.12.1 分析和设计

3.1 考虑如下非因果信号。证明对任意的标量 c,$X(z)$都不存在,也就是说,$X(z)$的收敛域是空集。

$$x(k)=c^k$$

3.2 考虑如下离散时间信号。

$$x(k)=a^k\sin(bk+\theta)\mu(k)$$

(a) 利用表 3.1 和附录 2 中的三角恒等式求解 $X(z)$。

(b) 验证在 $\theta=0$ 时 $X(z)$为表 3.2 中某一行,哪行呢?

(c) 验证在 $\theta=\pi/2$ 时 $X(z)$化简为表 3.2 中的另一行,哪行呢?

3.3 考虑如下信号。

$$x(k)=\begin{cases}10,0\leqslant k<4\\-2,4\leqslant k<\infty\end{cases}$$

(a) 将 $x(k)$写为两个阶跃信号的差。

(b) 利用延时特性求解 $X(z)$。将得到的答案表示为两个 z 多项式的比。

(c) 求解 $X(z)$的收敛域。

3.4　考虑如下信号：

$$x(k)=\begin{cases}2k,\ 0\leqslant k<9\\18,\ 9\leqslant k<\infty\end{cases}$$

(a) 将 $x(k)$写为两个斜坡信号的差。

(b) 利用延时特性求解 $X(z)$。将得到的最终答案表示为两个 z 多项式的比。

(c) 求解 $X(z)$的收敛域。

3.5　利用附录1和 Z 变换的性质求下面立方指数信号的 Z 变换，尽量简化你的结果。

$$x(k)=k^3\ (c)^k\mu(k)$$

3.6　假设 $X(z)$的收敛域 $\Omega_x=\{z/|z|>R_x\}$，$Y(z)$的收敛域 $\Omega_y=\{z/|z|<R_y\}$

(a) 将 $x(k)$和 $y(k)$分类：因果，反因果，非因果

(b) 求 $ax(k)+by(k)$的收敛域

(c) 求 $c^kx(k)$的收敛域

(d) 求 $y(-k)$的收敛域

3.7　$x^*(k)$表示 $x(k)$的复共轭，证明用 $x(k)$的 Z 变换可以将 $x^*(k)$的 Z 变换表示为如下式。这个性质也称为复共轭性质。

$$Z\{x^*(k)\}=X^*(z^*)$$

3.8　考虑如下的有限离散时间反因果信号，其中 $x(-1)=4$。

$$x=\{\cdots,0,0,3,-7,2,9,4\}$$

(a) 求其 Z 变换 $X(z)$，并用两个 z 多项式之比的形式来表示。

(b) 求 $X(z)$的收敛域。

3.9　考虑如下的有限离散时间因果信号，其中 $x(0)=8$。

$$x=\{8,-6,4,-2,0,0,\cdots\}$$

(a) 求其 Z 变换 $X(z)$，并用两个 z 多项式之比的形式来表示。

(b) 求 $X(z)$的收敛域。

3.10　考虑如下因果信号，$x(k)=2\ (0.8)^{k-1}\mu(k)$

(a) 求其 Z 变换 $X(z)$，并用两个 z 多项式之比的形式来表示。

(b) 求 $X(z)$的收敛域。

3.11　考虑如下反因果信号，$x(k)=5\ (-0.7)^{k+1}\mu(-k-1)$

(a) 求其 Z 变换 $X(z)$，并用两个 z 多项式之比的形式来表示。

(b) 求 $X(z)$的收敛域。

3.12　考虑如下非因果信号，$x(k)=10\ (0.6)^k\mu(k+2)$

(a) 求其 Z 变换 $X(z)$，并用两个 z 多项式之比的形式来表示。

(b) 求 $X(z)$的收敛域。

3.13　考虑如下的有限离散时间非因果信号，其中 $x(0)=3$。

$$x=\{\cdots,0,0,1,2,3,2,1,0,0,\cdots\}$$

(a) 求其 Z 变换 $X(z)$，并用两个 z 多项式之比的形式来表示。

(b) 求 $X(z)$ 的收敛域。

3.14 考虑下面两个有限离散时间因果信号，采样从 $k=0$ 开始。

$$x(k)=\{1,2,3\}$$
$$y(k)=\{7,2,4,6,1\}$$

(a) 用两个 z 多项式之比的形式来表示 $X(z)$，并求收敛域。

(b) 用两个 z 多项式之比的形式来表示 $Y(z)$，并求收敛域。

(c) 考虑 $y(k)$ 与 $x(k)$ 的互相关

$$r_{yx}(k)=\frac{1}{5}\sum_{i=0}^{4}y(i)x(i-k),\quad 0\leqslant k<5,$$

利用互相关的性质，将 $r_{yx}(k)$ 的 Z 变换表示成关于 z 的多项式之比的形式，并求收敛域。

3.15 考虑下面的 Z 变换：

$$X(z)=\frac{10\,(z-2)^2\,(z+1)^3}{(z-0.8)^2(z-1)(z-0.2)^2}$$

(a) 不用 $X(z)$ 的反变换求解 $x(0)$。

(b) 不用 $X(z)$ 的反变换求解 $x(\infty)$。

(c) 通过 $X(z)$ 写出 $x(k)$ 的形式。你可以不必具体求出 $X(z)$ 的每一项的系数。

3.16 一个学生试图将终值定理应用于如下的 Z 变换中，并得到了稳态值 $x(\infty)=-5$。请问是否正确？如果不正确，那么当 $k\to\infty$，$x(k)$ 的值是多少？请对答案进行解释。

$$X(z)=\frac{10z^3}{(z^2-z-2)(z-1)}\quad,\quad |z|>2$$

3.17 式(2.2.14)的基本几何级数通常用来计算 Z 变换。生成方法有很多种。

(a) 通过证明下式，证明当 $|z|<1$ 时，式(2.2.14) 的级数收敛于 $\frac{1}{1-z}$。

$$\lim_{N\to\infty}(1-z)\sum_{k=0}^{N}z^k=1\Leftrightarrow |z|<1$$

(b) 用式(2.2.14) 表示式(3.2.3)。即证明

$$\sum_{k=m}^{\infty}z^k=\frac{z^m}{1-z},\ m\geqslant 0,\ |z|<1$$

(c) 用(b)的结果表示下式。提示：将级数写成两个不同级数的和

$$\sum_{k=m}^{n}z^k=\frac{z^m-z^{n+1}}{1-z},\ n\geqslant m\geqslant 0,\ |z|<1$$

(d) 通过对(c)两端同时乘以 $1-z$,并且化简左端来证明(c)中结果对所有的复数 z 都成立。

3.18　考虑如下的 Z 变换:

$$X(z)=\frac{z^4+2z^3+3z^2+2z+1}{z^4}\quad,\quad |z|>0$$

(a) 将 $X(z)$ 重新写成 z 的负幂的形式。

(b) 利用定义 3.1 来求 $x(k)$。

(c) 检查 $x(k)$ 是否符合初值定理。

(d) 检查 $x(k)$ 是否符合终值定理。

3.19　$h(k)$ 和 $x(k)$ 是下面的信号对,

$$h(k)=[1-(0.9)^k]\mu(k)\qquad x(k)=(-1)^k\mu(k)$$

(a) 用两个 z 多项式之比的形式来表示 $H(z)$,并求收敛域。

(b) 用两个 z 多项式之比的形式来表示 $X(z)$,并求收敛域。

(c) 用卷积性质,用两个 z 多项式之比的形式来表示 $h(k)*x(k)$ 的 Z 变换,并求收敛域。

3.20　在习题 3.19 中,$h(k)*x(k)$ 的 Z 变换的收敛域为 $\Omega_{ROC}=\Omega_H\cap\Omega_X$。其中 Ω_H 是 $H(z)$ 的收敛域,Ω_X 是 $X(z)$ 的收敛域。这个结论成立吗?若不,用一个 $H(z)$ 和 $X(z)$ 的事例说明 Ω_{ROC} 比收敛域 $\Omega_H\cap\Omega_X$ 大。

3.21　考虑如下 Z 变换

$$X(z)=\frac{2z}{z^2-1}\quad,\quad |z|>1$$

(a) 在 $0\leqslant k\leqslant 5$ 的范围内,利用长除法求 $x(k)$。

(b) 利用部分分式法求 $x(k)$。

(c) 利用留数法求 $x(k)$。

3.22　考虑如下 Z 变换。利用留数法求 $x(k)$。

$$X(z)=\frac{100}{z^2\ (z-0.5)^3}\quad,\quad |z|>0.5$$

3.23　考虑如下 Z 变换

$$X(z)=\frac{z^4+1}{z^2-3z+2}\quad,\quad |z|>2$$

(a) 求 $x(k)$ 的因果部分。

(b) 求 $x(k)$ 的反因果部分。

3.24　考虑如下非因果信号

$$x(k)=c^k\mu(-k)$$

(a) 利用定义 3.1 和几何级数,用两个 z 多项式之比的形式来表示 $X(z)$,并求收敛域。

(b) 用表 3.2 和时域反转的性质求 $X(z)$,验证(a)的结论。

3.25 考虑如下 Z 变换。利用算法 3.1 求 $x(k)$，将答案表达为一个实信号。

$$X(z)=\frac{1}{z^2+1}\quad,\quad |z|>1$$

3.26 利用表 3.2 和 Z 变换的性质，重新做习题 3.25。

3.27 考虑如下的 Z 变换。求 $x(k)$。

$$X(z)=\frac{5z^3}{(z^2-z+0.25)(z+1)}\quad,\quad |z|>1$$

3.28 考虑由下面的差分方程表达的离散时间系统。

$$y(k)=y(k-1)-0.24y(k-2)+2x(k-1)-1.6x(k-2)$$

(a) 求传递函数 $H(z)$

(b) 写出这个系统的自由模式项。

(c) 求出这个系统对阶跃输入 $x(k)=10\mu(k)$ 的零状态响应。

(d) 求出指数衰减输入 $x(k)=(0.8)^k\mu(k)$ 的零状态响应。受迫项是否出现在 $y(k)$ 中？如果没有，请说明原因。

(e) 求出指数衰减输入 $x(k)=(0.4)^k\mu(k)$ 的零状态响应。这是一个谐波激励的例子吗？为什么是或为什么不是？

3.29 考虑 $M-1$ 阶滑动平均滤波器

$$y(k)=\frac{1}{M}\sum_{i=0}^{M-1}x(k-i)$$

(a) 求传递函数 $H(z)$，并表示为关于 z 的两个多项式的商。

(b) 用公式(3.2.3)中的几何级数来证明下式是传递函数的一种表达形式。提示：将 $y(k)$ 写成两个求和公式的差。

$$H(z)=\frac{z^M-1}{M(z-1)z^{M-1}}$$

(c)将(b)中的传递函数变换成为差分方程。

3.30 考虑如下传递函数所描述的离散时间系统。

$$H(z)=\frac{3(z-0.4)}{z+0.8}$$

(a) 若输入 $x(k)$ 的零状态响应是 $y(k)=u(k)$，求 $X(z)$。

(b) 求 $x(k)$。

3.31 考虑如下传递函数所描述的离散时间系统。

$$H(z)=\frac{z}{z-1}$$

(a) 若收敛域 $|z|>1$ 求 $x(k)$。

(b) 若收敛域 $|z|<1$ 求 $x(k)$。

3.32　式(3.4.20)用围线积分求反 Z 变换的依据是柯西积分定理。该定理可论述为对于包含原点的任意逆时针环线 C，都有 $\frac{1}{2\pi \mathrm{j}}\oint_C z^{k-1-i}\mathrm{d}z=\begin{cases}1 & i=k\\ 0 & i\neq k\end{cases}$

用定义 3.1 及柯西积分定理证明 Z 变换可用(3.4.20)表示。即

$$x(k)=\frac{1}{2\pi \mathrm{j}}\oint_C X(z)z^{k-1}\mathrm{d}z$$

3.33　考虑如下传递函数所描述的离散时间系统：

$$H(z)=\frac{z+0.5}{z-0.7}$$

(a) 求输入 $x(k)$ 使得受迫模式的形式为 $c\,(0.3)^k$，并且零状态响应中的自由模式趋于 0。

(b) 求无零点的输入 $x(k)$ 使得受迫模式的形式为 $(c_1k+c_2)(0.7)^k$。

3.34　两信号相乘，对应于用其中一个信号去调制另外的一个信号。下面的 Z 变换的性质也称为调制性质。

$$Z\{h(k)x(k)\}=\frac{1}{2\pi \mathrm{j}}\oint_C H(u)X\left(\frac{z}{u}\right)u^{-1}\mathrm{d}u$$

用习题 3.32 中围线积分的表示式证明调制性质。

3.35　考虑如下传递函数所描述的离散时间系统。

$$H(z)=\frac{4z^2+1}{z^2-1.8+0.81}$$

(a) 求差分方程。

(b) 求脉冲响应 $h(k)$。

(c) 绘出信号流图。

3.36　考虑由图 3.31 的信号流图所描述的离散时间系统。

(a) 求传递函数 $H(z)$。

(b) 求脉冲响应 $h(k)$。

(c) 求差分方程。

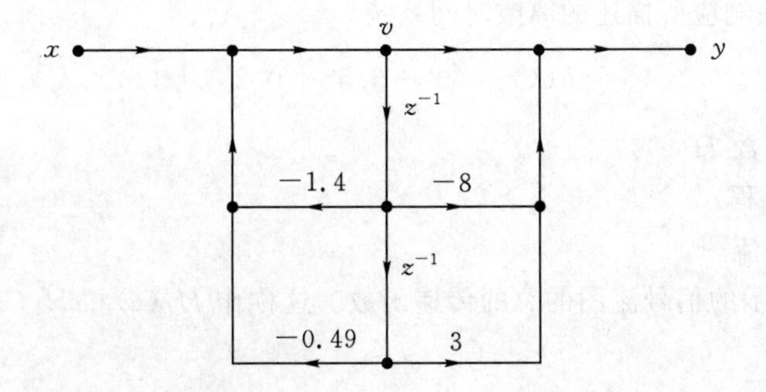

图 3.31　习题 3.36 的信号流图

3.37 求图3.32所示的信号流图的总的传递函数 $H(z)=Y(z)/X(z)$。这称作 $H_1(z)$ 和 $H_2(z)$ 的并联结构。

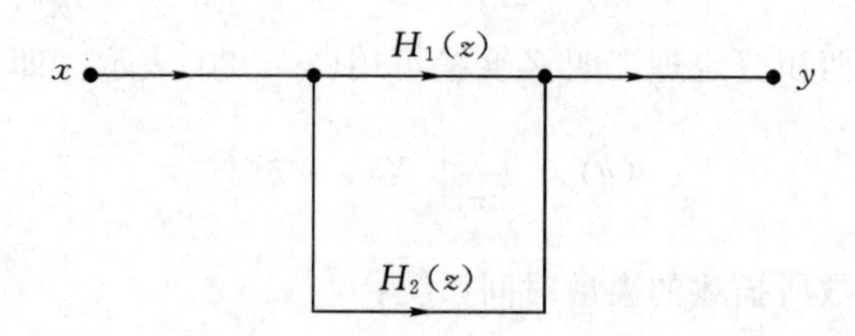

图3.32 并联结构信号流图

3.38 一个离散时间系统的极点位于 $z=\pm 0.5$，零点位于 $z=\pm j2$，系统的直流增益是20。

(a) 求传递函数 $H(z)$。

(b) 求脉冲响应 $h(k)$。

(c) 求差分方程。

(d) 绘制信号流图。

3.39 考虑由图3.33的信号流图所描述的离散时间系统。

(a) 求传递函数 $H(z)$。

(b) 把差分方程写成两个方程。

(c) 把差分方程写成一个方程。

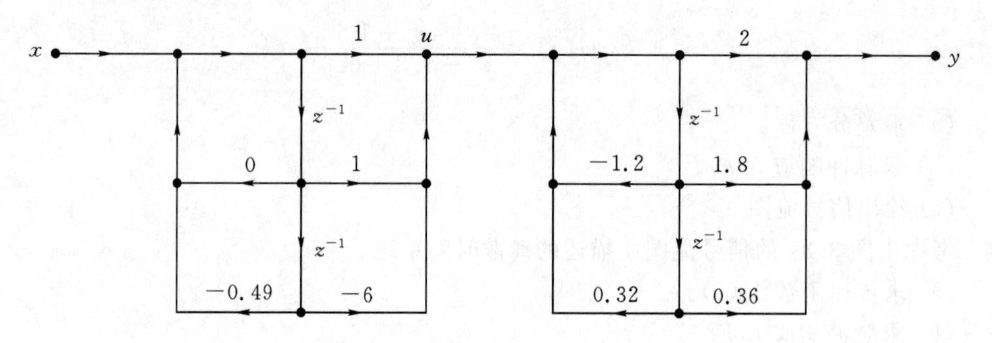

图3.33 习题3.39的信号流图

3.40 考虑如下脉冲响应所描述的离散时间系统。

$$h(k)=[2-0.5^k+0.2^{k-1}]\mu(k)$$

(a) 求传递函数 $H(z)$。

(b) 求差分方程。

(c) 绘制信号流图。

3.41 求图3.34所示的信号流图的总的传递函数。这称作 $H_1(z)$ 和 $H_2(z)$ 的反馈结构。

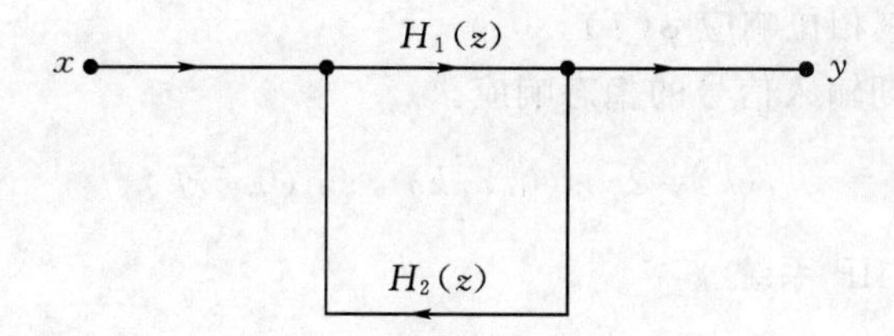

图 3.34　反馈结构信号流图

3.42　考虑由如下差分方程描述的离散时间系统

$$y(k)=0.6y(k-1)-0.16y(k-2)+10x(k-1)-5x(k-2)$$

(a) 求传递函数 $H(z)$。

(b) 求脉冲响应 $h(k)$。

(c) 绘制信号流图。

3.43　求图 3.35 所示的信号流图的总的传递函数 $H(z)=Y(z)/X(z)$。这称作 $H_1(z)$和 $H_2(z)$的串联结构。

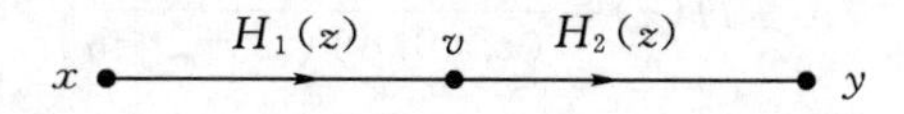

图 3.35　串联结构信号流图

3.44　考虑如下脉冲响应所描述的离散时间系统。

$$h(k)=10\,(0.5)^k\mu(k)$$

(a) 求传递函数。

(b) 求幅度和相位响应。

(c) 求下面周期输入信号的基波频率 F_0，将其表示成 f_s 的分数形式。

$$x(k)=\sum_{i=0}^{9}\frac{1}{1+i}\cos(0.1\pi ik)$$

(d) 求(c)中周期输入的稳态响应。将最后的结果表示成 F_0 的形式。

3.45　对于习题 3.44 中的系统，考虑如下复正弦输入。

$$x(k)=\cos(k\pi/3)+\mathrm{j}\sin(k\pi/3)$$

(a) 求 $x(k)$的基频 F_0，将其表示成 f_s 的分数形式。

(b) 求稳态输出 $y_{ss}(k)$。

3.46　考虑下面的一阶 FIR 数字滤波器，它叫做反向欧拉差分器。

$$H(z)=\frac{z-1}{Tz}$$

(a) 求 $H(f)$的频率响应。

(b) 求出并且绘制幅度响应 $A(f)$。

(c) 求出并且绘制相位响应 $\phi(f)$。

(d) 求下面的周期输入信号的稳态响应。

$$x(k)=2\cos(0.8\pi k)-\sin(0.5\pi k)$$

3.47 考虑下面的一阶 IIR 系统。

$$H(z)=\frac{z+0.5}{z-0.5}$$

(a) 求 $H(f)$的频率响应。

(b) 求出并且绘制幅度响应 $A(f)$。

(c) 求出并且绘制相位响应 $\phi(f)$。

3.48 下面的系统是不是有限输入有限输出的稳定系统,请证明。

$$H(z)=\frac{5z^2(z+1)}{(z-0.8)(z^2+0.2z-0.8)}$$

3.49 考虑如下含有参数 α 的传递函数。

$$H(z)=\frac{z^2}{(z-0.8)(z^2-z+\alpha)}$$

(a) 在图 3.20 上绘出稳定的三角区域,求系统 BIBO 稳定的参数 α 的取值范围。

(b)对于(a)中的稳定的极限值,求 $H(z)$的极点。

3.50 考虑由如下脉冲响应描述的系统

$$h(k)=(-1)^k\mu(k)$$

(a) 求传递函数 $H(z)$。

(b) 求使得零状态响应无界的输入 $x(k)$。

(c) 求 $x(k)$的界。

(d) 证明零状态响应 $y(k)$是无界的。

3.51 考虑下面的离散时间系统

$$H(z)=\frac{10z}{z^2-1.5z+0.5}$$

(a) 求 $H(z)$的零极点。

(b) 证明这个系统是 BIBO 不稳定的。

(c) 求一个能导致输出无界的输入 $x(k)$,证明 $x(k)$是有界的。提示:用谐波激励。

(d)求在(c)的输入下的零状态响应,并证明它是无界的。

3.52 考虑如下具有增益 A 和延迟 d 的系统

$$y(k)=Ax(k-d)$$

(a) 求传递函数,极点,零点和直流增益。

(b) 系统是 BIBO 稳定的吗?为什么?

(c) 求系统的脉冲响应。

(d) 求系统的频率响应。

(e) 求系统的幅度响应。

(f) 求系统的相位响应。

3.53　考虑下面的二阶数字滤波器：

$$H(z)=\frac{3(z+1)}{z^2-0.81}$$

(d) 求 $H(f)$ 的频率响应。

(e) 求出并且绘制幅度响应 $A(f)$。

(f) 求出并且绘制相位响应 $\phi(f)$。

(g) 求下面的周期输入信号的稳态响应。

$$x(k)=10\cos(0.6\pi k)$$

3.54　考虑含有参数 β 的传递函数

$$H(z)=\frac{z^2}{(z+0.7)(z^2+\beta z+0.5)}$$

(a) 在图 3.20 上绘出稳定的三角区域，求系统 BIBO 稳定的参数 β 的取值范围。

(b) 对于(a)中的稳定的极限值，求 $H(z)$ 的极点。

3.55　考虑下面的离散时间系统

$$H(z)=\frac{1}{z^2+1}$$

(a) 证明该系统不是 BIBO 稳定的。

(b) 求使得零状态输出无界的 $x(k)$，其中 $x(k)$ 的界 $B_x=1$。

(c) 输入为(b)时，求零状态输出的 Z 变换。

3.56　除使用 AR 模型进行系统辨识外，还可使用 MA 模型。MA 模型的一个重要特点是它始终是稳定的。

$$H(z)=\sum_{i=0}^{m}b_i z^{-i}$$

(a) 记 D 为式(3.9.3)的输入输出值。设 $y=[y(0),\cdots,y(N-1)]^{\mathrm{T}}$，$b\in R^{m+1}$ 为参数向量。求系数矩阵 U 使得当 $N=m+1$ 且

$$Ub=y$$

时，所建立的 MA 模型能够满足输入输出数据 D 的关系，其中 U 类似于(3.9.5)式的 Y，为 $N\times(m+1)$ 矩阵。

(b) 当 $N>m+1$ 时，求最小二乘最优解 b 的表达式。

3.12.2　GUI 仿真

3.57　考虑习题 3.53 中的系统。利用 GUI 模块 *g_sysfreq* 绘制阶跃响应。利用 Caliper 选

项对阶跃响应的直流增益进行估计。

3.58 考虑习题 3.53 中的系统。利用 GUI 模块 *g_sysfreq* 回答以下问题

(a) 绘制零极点图。这个系统是 BIBO 稳定系统吗?

(b) 绘制白噪声响应图,利用 Caliper 选项找出最小值点。

3.59 考虑下面的离散时间线性系统。

$$H(z)=\frac{5z^{-2}+4.5z^{-4}}{1-1.8z^{-2}+0.81z^{-4}}$$

利用 GUI 模块 *g_sysfreq* 绘制下面的衰减余弦输入和它的零状态响应。

$$x(k)=(0.96)^k\cos(0.4\pi k)$$

3.60 考虑习题 3.29 的滑动滤波器。设 $M=10$,利用 GUI 模块 *g_sysfreq* 完成下列问题

(a) 绘制 $N=100$ 时的脉冲响应图和柱状图。

(b) 用线性坐标绘制幅度响应图。

(c)用对数坐标绘制幅度响应图。

(d) 绘制相位响应图。

3.61 考虑下面的线性离散时间系统。假设采样频率是 $f_s=1000\text{Hz}$。利用 GUI 模块 *g_sysfreq* 绘制幅度响应和相位响应。

$$H(z)=\frac{10(z^2+0.8)}{(z^2+0.9)(z^2+0.7)}$$

3.62 考虑下面的线性离散时间系统。利用 GUI 模块 *g_sysfreq* 绘制幅度响应和相位响应。设 $f_s=100\text{Hz}$,幅度响应使用对数坐标。

$$H(z)=\frac{5(z^2+0.9)}{(z^2-0.9)^2}$$

3.63 考虑下面的离散时间线性系统:

$$H(z)=\frac{6-7.7z^{-1}+2.5z^{-2}}{1-1.7z^{-1}+0.8z^{-2}-0.1z^{-3}}$$

创建一个名为 *prob*3_59 的 MAT 文件,包含 $f_s=100\text{Hz}$,适当的系数矢量 a 和 b,以及下面的的输入的采样,其中 $v(k)$ 为均匀分布在[−0.5,0.5]上的白噪声。

$$x(k)=k\exp(-k/50)+v(k),\quad 0\leqslant k<500$$

利用 GUI 模块 *g_sysfreq* 和用户定义选项绘制输入信号和零状态响应。

3.12.3 MATLAB 计算

3.64 考虑下面的离散时间系统

$$H(z)=\frac{2z^5+0.25z^4-0.8z^3-1.4z^2+0.6z-0.9}{z^5+0.055z^4-0.85z^3-0.04z^2+0.49z-0.32}$$

编写一个 MATLAB 程序,完成下列任务。

(a) 计算并显示下面的离散时间系统的零极点和直流增益。这个系统是稳定的吗?

(b) 利用 FDSP 工具箱函数 *f_pzplot* 绘制零极点图。

(c) 利用 *f_pzsurf* 绘制传递函数的 *surface* 图。

3.65　考虑下面的离散时间系统

$$H(z)=\frac{10z^3}{z^4-0.81}$$

编写一个 MATLAB 程序,完成下列任务。

(a) 设 $f_s=200$Hz,采样点数 $M=500$ 用 *f_freqz* 计算幅度响应以及相位响应,将它们绘成上下两个分图形式的图形。

(b) 用 *filter* 计算 $F_0=10$Hz 时下面周期信号的零状态响应。用 $f=F_0$ 时的幅度和相位响应计算 $x(k)$的稳态响应 $y_{ss}(k)$。将零状态响应和稳态响应绘在同一个图中并使用图例。

$$x(k)=3\cos(2\pi F_0 kT)\mu(k),\quad 0\leqslant k\leqslant 100$$

3.66　考虑下面的离散时间系统

$$H(z)=\frac{1.5z^4-0.4z^3-0.8z^2+1.1z-0.9}{z^4-0.95z^3-0.035z^2+0.462z-0.351}$$

编写 MATLAB 程序,使用 *filter* 和 *plot* 计算和绘制系统对下面输入信号的零状态响应。将输入和输出绘制在同一张图上。

$$x(k)=(k+1)^2\ (0.9)^k\mu(k),\quad 0\leqslant k\leqslant 100$$

3.67　MAT 文件 *prob*3_67 包含一个输入信号 x,输出信号 y,采样频率 f_s。用如上数据编写进行系统辨识的 MATLAB 程序,完成以下任务:

(a) 从 *prob*3_67 中载入 x,y 及 f_s,利用 *f_idar* 计算阶数 $n=8$ 的 AR 模型,打印出系数向量 a。

(b) 在一个图中绘出 $y(k)$及 AR 模型的输出 $Y(k)$的前 100 个数据。

3.68　MA 模型可以替代在 3.9 节中讨论的 AR 模型进行系统辨识。这也正是习题 3.65 关注的事情。

(a) 类似于 *f_idar* 函数,写个 *f_idma* 函数,用 MA 模型进行系统辨识。调用过程如下:

```
%  F_IDMA: MAsystem identification
%
%  Usage:
%       [b,E] = f_ideam(x,y,m);
%  Pre:
%       x = vector of length N containing the input samples
%       y = vector of length n + 1 containing the output samples
%       m = the order of the MAmodel(m<n)
```

```
%  Post:
%        b = vector of length m + 1 containing the least - squres
%        coefficients
%        E = least square error
```

(b) 通过习题 3.67 来测试你编写的 f_idma 函数，只需将其中的函数 f_idar 换为 f_idma即可。MA 模型的阶数 m 取为 20

(c) 为函数 f_idma 编写用户文档并用命令 $help\ f\_idma$ 打印。

第4章 离散傅里叶变换与谱分析

本章内容

4.1 动机

回顾一下在 Z 变换中，由一个离散时间信号 $x(k)$ 出发，把它变成一个复变量 z 的函数 $X(z)$。在本章中，我们集中研究 Z 变换重要的特殊情况——包括单位圆的收敛域。第一个特殊情况是，我们沿着单位圆计算 Z 变换的值。这就得到了离散时间傅里叶变换，DTFT

$$X(f)=\sum_{k=-\infty}^{\infty}x(k)\exp(-\mathrm{j}2\pi kfT),\ -f_s/2\leqslant f\leqslant f_s/2$$

DTFT，记为 $X(f)=\mathrm{DTFT}\{x(k)\}$，是信号 $x(k)$ 的谱。它展示了 $x(k)$ 的平均功率在频率间隔

$[-f_s/2, f_s/2]$上的分布情况。线性系统脉冲响应的谱就是它的频率响应。

第二个特殊情况是，我们将 Z 变换应用到 N 点信号上；并在 N 个等间隔地分布于脉冲面的单位圆上的点上计算 Z 变换的值。这就得到了离散傅里叶变换或 DFT。

$$X(i) = \sum_{i=0}^{N-1} x(k)\exp(\mathrm{j}2\pi ikT), \ 0 \leqslant i \leqslant N$$

DFT，记为 $X(i)=\mathrm{DFT}\{x(k)\}$，是 DTFT 的采样。DFT 提供了与 DTFT 相同类型的谱信息，但分辨率要低一些。特别地，$|X(i)|^2/N$ 是 $x(k)$ 在 $f_i=if_s/N(0\leqslant i<N)$ 这一频点上的平均功率。从计算的角度上看，DFT 比 DTFT 要有效一些，这是因为它的求和仅仅只包括 N 项，而且也只计算 N 点的值。DFT 有一种高效的实现——快速傅里叶变换或 FFT。DFT 的计算量随着信号长度 N 的平方增加，但 FFT 的计算量仅随着 $N\log_2(N)$ 缓慢增加。可以用 FFT 来开发卷积和相关的快速算法。

在本章的开始，我们介绍一些谱分析应用的例子。接下来介绍了 DTFT 和它的逆变换。DTFT 被用来计算具有无限长持续期离散时间信号的谱。DTFT 的很多性质直接继承于 Z 变换。接下来，定义了 DFT 和它的逆变换。由对称性，我们得出了一些 DFT 有用的性质。使用一个简单的图形展示了 Z 变换，DTFT，DFT 之间的关系。由时间上的抽取方式得到了 DFT 的高效实现形式 FFT。接下来，用浮点数（FLOPs）比较了 FFT 和 DFT 的相对计算开销。

随后，介绍了用 DFT 计算有限离散时间信号的幅度谱、相位谱和功率谱密度。然后，介绍了白噪声。白噪声是一种重要的随机信号形式，它在信号建模和系统测试中很有用。从自相关和功率谱的角度出发，可以优雅地刻画白噪声。接下来考察了使用 DFT 来近似一个离散时间系统的频率响应，并使用补零在离散频率间进行插值。介绍了谱图，它用来刻画谱特性随时间变化的信号。接下来考察了可以用于在数值上估计连续时间功率密度谱的技术。最后，介绍了 GUI 的一个模块 *g_spectra*，这个模块可以用来对很多离散时间信号进行交互地研究它的谱特性而无需编程。本章用一些应用举例和 DFT 及谱分析的概述来结束。

4.1.1 傅里叶级数

考察一个周期为 T_0 的周期性连续时间信号 $x_a(t)$。例如，$x_a(t)$可以表示正在转动机器的嗡嗡声，其中基频 $F_0=1/T_0$ 随着机器转动的速度发生变化。因为 $x_a(t)$是周期性的，它可以用一个含 M 个谐波的截断傅里叶级数来近似

$$x_a(t) \approx \sum_{i=-(M-1)}^{M-1} c_i \exp(\mathrm{j}i2\pi F_0 t) \tag{4.1.1}$$

这是复数形式的傅里叶级数，第 i 项的傅里叶系数为

$$c_i = \frac{1}{T_0}\int_0^{T_0} x_a(t)\exp(-\mathrm{j}i2\pi F_0 t)\,\mathrm{d}t \tag{4.1.2}$$

常用周期信号的傅里叶级数的系数可以从附录 1 中查到。接下来，假设以抽样频率 $f_s=NF_0$ 把 $x_a(t)$转换为 $N=2M$ 点的离散信号 $x(k)$。那么，抽样间隔为 $T=T_0/N$，并且

$$x(k) = x_a(kT), \ 0 \leqslant k < N \tag{4.1.3}$$

需要注意的是 N 个样本的 $x_a(t)$ 的占据了一个周期。为了计算 $x_a(t)$ 的第 i 个傅里叶系数，我们用求和来近似式(4.1.2)中的积分。利用 $F_0=f_s/N$ 及 $T=T_0/N$ 我们得到：

$$
\begin{aligned}
c_i &= \frac{1}{T_0}\int_0^{T_0} x_a(t)\exp(-\mathrm{j}i2\pi F_0 t) \\
&\approx \frac{1}{T_0}\sum_{k=0}^{N-1} x_a(kT)\exp(-\mathrm{j}i2\pi F_0 kT)T, \quad N\gg 1 \\
&= \frac{T}{T_0}\sum_{k=0}^{N-1} x(k)\exp(-\mathrm{j}i2\pi f_s kT/N) \\
&= \frac{1}{N}\sum_{k=0}^{N-1} x(k)\exp(-\mathrm{j}ik2\pi/N), \quad 0<|i|<N/2
\end{aligned}
\tag{4.1.4}
$$

因此，周期信号 $x_a(t)$ 的傅里叶系数可以用样本 $x(k)$ 来近似。令人感兴趣的是，式(4.1.4)的求和部分是样本的离散傅里叶变换。令 $X(i)=\mathrm{DFT}\{x(k)\}$，则 $x_a(t)$ 的傅里叶系数可以用下式来近似：

$$
c_i \approx \frac{X(i)}{N}, \quad 0\leqslant i<N/2 \tag{4.1.5}
$$

离散傅里叶变换产生 $M=N/2$ 个复数傅里叶系数 $\{c_0,c_1,\cdots,c_{M-1}\}$。为获得式(4.1.1)中余下的其他系数，从式(4.1.2)可知，对于实信号 $x_a(t)$ 来说，对应于负值 i 的系数是对应于正值 i 的系数的复共轭。因此，

$$
c_{-i} \approx \frac{X^*(i)}{N}, \quad 0\leqslant i<N/2 \tag{4.1.6}
$$

4.1.2　直流屏变换器

许多电子仪器需要从电池或直流屏获得电源。一个直流屏是一个像电池一样能提供近似恒定电压的廉价的电源设备。图4.1是一个典型的直流屏变换器的框图。

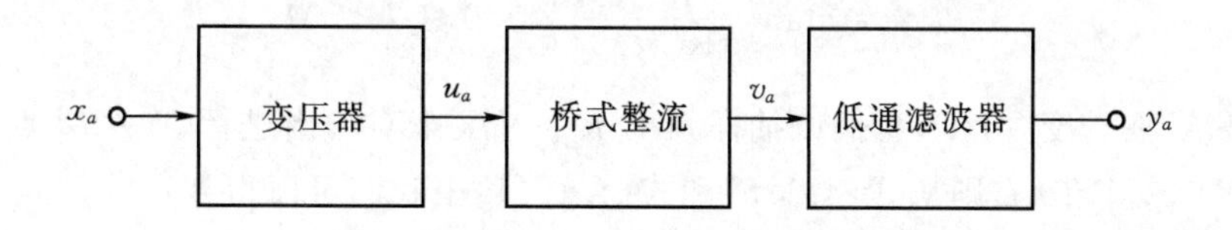

图4.1　直流屏变换器

变压器把120V60Hz的正弦交流输入信号 x_a 降压为较低的交流信号 u_a。全波桥式整流器由四只二极管组成，以获得交流信号 u_a 的有效值。因此，对信号 $x_a(t)$，$u_a(t)$ 和 $v_a(t)$ 可以建立以下的数学模型，其中 $0\leqslant\alpha<1$ 取决于期望的直流电压。

$$
x_a(t)=120\sqrt{2}\sin(120\pi t) \tag{4.1.7a}
$$

$$
u_a(t)=\alpha x_a(t) \tag{4.1.7b}
$$

$$
v_a(t)=|u_a(t)| \tag{4.1.7c}
$$

桥式整流器的输出 v_a 为 $d_0/2$ 的直流分量或平均值，以及一个基频为 $F_0=120$ Hz 的周期性分量。为了获得像电池一样纯净的直流输出，v_a 非恒定的部分必须用 RC 低通滤波器滤掉，RC 低通滤波器的传输函数为

$$H_a(s)=\frac{1}{RCs+1} \tag{4.1.8}$$

当然，低通滤波器并不是理想的滤波器，因此一些 v_a 的非恒定部分以小幅度交流纹波的形式存在于直流屏变换器的输出 y_a 中。直流屏最终的输出结果可以建模为 $d_0/2$ 的直流分量，加上一个基频为 120 Hz 的小幅度周期性纹波分量。

$$y_a(t)=\frac{d_0}{2}+\sum_{i=1}^{M-1}d_i\cos(240i\pi t+\theta_i) \tag{4.1.9}$$

对于一个理想的直流屏变换器来说，不存在交流纹波，因此当 $i>0$ 时，应有 $d_i=0$。因此，我们可以用总的谐波畸变 THD 来度量直流屏变换器(或任何此类的直流电源)的质量。

$$P_y=\frac{d_0^2}{4}+\frac{1}{2}\sum_{i=1}^{M-1}d_i^2 \tag{4.1.10a}$$

$$\text{THD}=\frac{100(P_y-d_0^2/4)}{P_y}\% \tag{4.1.10b}$$

需要注意的是，总谐波畸变的这个定义与第 1 章中理想放大器的定义是类似的，除了在式(4.1.10b)中分子部分要减去 $d_0^2/4$ 项，而在式(1.1.5)中，分子部分要减去的是 $d_1^2/2$ 项。这是因为，对于一个直流电源来说，输出应该是零次谐波；而对于理想放大器来说，输出应该是一次谐波。$d_0^2/4$ 项代表直流项或零次谐波的功率；而对于 $i>0$，$d_i^2/2$ 代表第 i 次谐波的功率。

由附录 1，式(4.1.9)中余弦级数的系数 d_i 和 θ_i 可以从式(4.1.2)的复傅里叶级数系数中得到：

$$d_i=2|c_i|,\quad 0\leqslant i<M \tag{4.1.11a}$$

$$\theta_i=\arctan\left(\frac{-\text{Im}\{c_i\}}{\text{Re}\{c_i\}}\right),\quad 0\leqslant i<M \tag{4.1.11b}$$

为了度量谐波畸变 THD，我们以抽样频率 $f_s=Nf_0$ 来对输出进行 $N=2M$ 点的抽样。如果 $Y(i)=\text{DFT}\{y_a(kT)\}$，则从式(4.1.5)和式(4.1.11)中我们可以得到：

$$d_i=\frac{2|Y(i)|}{N},\quad 0\leqslant i<M \tag{4.1.12a}$$

$$\theta_i=\arctan\left(\frac{-\text{Im}\{Y(i)\}}{\text{Re}\{Y(i)\}}\right),\quad 0\leqslant i<M \tag{4.1.12b}$$

4.1.3 频率响应

离散傅里叶变换也可以用来刻画一个线性离散时间系统或数字滤波器。考察如图 4.2 中所示的离散时间系统。回想一下在第 3 章中，系统的传递函数是零状态输出的 z 变换除以输入的 z 变换：

$$H(z)=\frac{Y(z)}{X(z)} \tag{4.1.13}$$

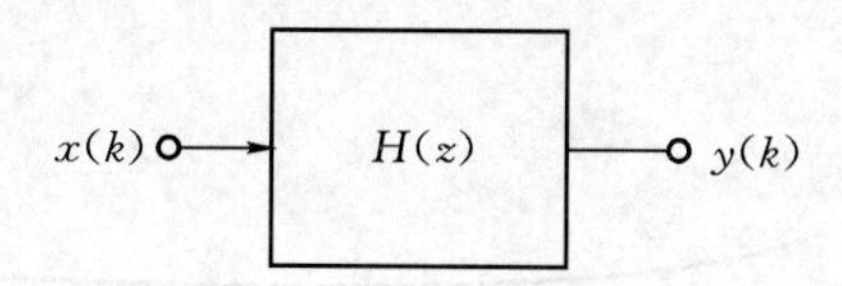

图 4.2　传递函数为 $H(z)$ 的线性离散时间系统

同样地回想一下在第 3 章中，如果系统是稳定的，我们沿着单位圆用 $z=\exp(\mathrm{j}2\pi fT)$ 来估计传输函数，所得到的并于 f 的函数称之为*频率响应*。频率响应的抽样可以容易地用离散傅里叶变换来近似。特别地，如果 $X(i)=\mathrm{DFT}\{x(k)\}$ 而且 $Y(i)=\mathrm{DFT}\{y(k)\}$，则频率响应可以近似地在离散频率 $f_i=if_s/N\ Hz$ 上进行如下的估计，其中近似的精度随着 N 的增加而提高。

$$H(i)=\frac{Y(i)}{X(i)},\quad 0\leqslant i<N \tag{4.1.14}$$

频率响应说明的是每个谐波输入通过系统后，幅度及相移变化的多少。对于用式(4.1.14)估计频率响应的 DFT 方法，输入信号 $x(k)$ 应选择为在所有感兴趣频率上的功率不能为零，以避免式中分母为零。例如，我们可以使 $x(k)$ 为单位冲激或随机白噪声信号。因为 $H(k)$ 是复的，可以用它的幅度和相位角表示为极坐标的形式。

$$H(i)=A(i)\exp[\mathrm{j}\phi(i)],\quad 0\leqslant i<N \tag{4.1.15}$$

一旦 $H(i)$ 已知，系统在一个离散频率上谐波输入的稳态响应可以从观察来得到。例如，对于 $0\leqslant n<N$，假设 $x(k)=c\sin(2\pi f_n kT)$。则由这个输入产生的稳态输出可以表示为幅度因子 $A(n)$ 和相移 $\phi(n)$。

$$y_{ss}(k)=A(n)c\sin[2\pi f_n kT+\phi(n)] \tag{4.1.16}$$

作为一个例子，考察一个用以下传递函数刻画的稳定的二阶离散时间系统：

$$H(z)=\frac{10+20z^{-1}-5z^{-2}}{1-0.2z^{-1}-0.63z^{-2}} \tag{4.1.17}$$

这个系统是稳定的，它的极点位于 $z=0.5$ 和 $z=-0.9$。假设抽样频率为 $f_s=100\mathrm{Hz}$，用 $N=256$ 点来估计它的离散傅里叶变换。对于 $0\leqslant i\leqslant N/2$，得到的幅度响应 $A(i)$ 和相位响应 $\phi(i)$ 如图 4.3 所示。注意图中只画出了正频率部分。在 $N/2<i<N$ 范围的 i 的值，对应的 $z=\exp(\mathrm{j}2\pi f_i T)$ 的值是在单位圆的下半部分，因此表示负频率。

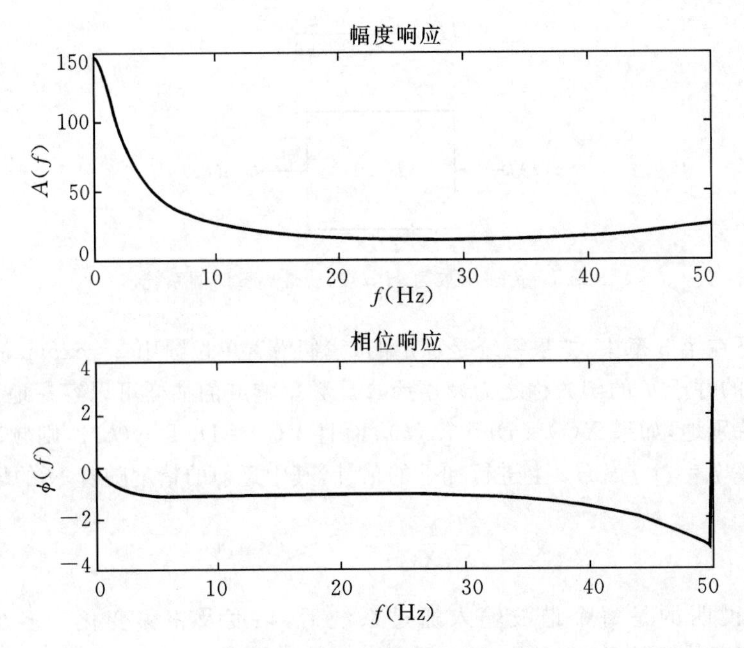

图 4.3 式(4.1.17)中系统的幅度响应和相位响应，其中 $f_s=100$ Hz，$N=256$

4.2 离散时间傅里叶变换(DTFT)

在第2和第3章中，我们着重从当输入为 $x(k)$ 输出为 $y(k)$ 的角度考察了数字信号处理过程。在本章中，我们将仔细考察信号自身的特性。

4.2.1 DTFT

每一个离散时间信号都可以用平均功率在频段$[-f_s/2, f_s/2]$上的分布情况来刻画。此时一个特别有用的工具就是离散时间傅里叶变换，或者 DTFT。它用如下的方式将一个离散时间信号映射到连续的频率信号。

定义 4.1 DTFT

一个因果离散时间信号 $x(k)$ 的离散时间傅里叶变换(DTFT)，表示为 $X(f)=\text{DTFT}\{X(k)\}$，并定义为：

$$X(f) \triangleq \sum_{k=-\infty}^{\infty} x(k)\exp(-\text{j}k2\pi fT), \quad 0 \leqslant |f| \leqslant f_s/2$$

注意到 DTFT 就是它的 Z 变换 $X(z)$ 当 $z=\exp(\text{j}2\pi fT)$ 时沿单位圆的估计。即

$$X(f)=X(z)\big|_{z=\exp(\text{j}2\pi fT)}, \quad 0\leqslant |f| \leqslant f_s/2 \tag{4.2.1}$$

因此，当且仅当 $X(z)$ 的收敛域包括单位圆时，$X(f)$ 才有意义。基于第 2 和第 3 章的分析，这意味着对于一个因果信号，它的 DTFT $X(f)$ 存在的条件是 $x(k)$ 绝对可求和的或者说 $X(z)$ 的所有极点都严格地位于单位圆内。

$x(k)$ 的 DTFT 代表的就是信号 $x(k)$ 的谱。因为 $X(f)$ 是复的，所以它可以表示成极坐标的形式 $X(f)=A_x(f)\exp[\mathrm{j}\phi_x(f)]$，其中，

$$A_s(f) = |X(f)| \tag{4.2.2a}$$

$$\phi_x(f) = \angle X(f) \tag{4.2.2b}$$

在这里，$A_x(f)$ 称为 $x(k)$ 的幅度谱，$\phi_x(f)$ 称为 $x(k)$ 的相频谱。

通过逆变换，可以把时间信号 $x(k)$ 从它的谱 $X(f)$ 中恢复出来。为了得到 $x(i)$，将 $X(f)$ 与一个复共轭指数 $\exp(\mathrm{j}i2\pi fT)$ 相乘，并且在一个周期内积分。

$$\begin{aligned}\int_{-f_s/2}^{f_s/2} X(f)\exp(\mathrm{j}i2\pi fT)\mathrm{d}f &= \int_{-f_s/2}^{f_s/2} \sum_{k=0}^{\infty} x(k)\exp(-\mathrm{j}k2\pi fT)\exp(\mathrm{j}i2\pi fT)\mathrm{d}f \\ &= \sum_{k=0}^{\infty} x(k)\int_{-f_s/2}^{f_s/2} \exp[\mathrm{j}(i-k)2\pi fT]\mathrm{d}f \\ &= \sum_{k=0}^{\infty} x(k) f_s \delta(i-k) \\ &= x(i) f_s \end{aligned} \tag{4.2.3}$$

以上推导利用了一个事实：当 $i \neq k$ 时，纯虚的复指数函数是以 f_s 为周期的。因为 $x(k)$ 是绝对可和的，所以交换求和与积分的次序是可行的。从式(4.2.3)中求出 $x(i)$，我们可以求得逆 DTFT 或 IDTFT 为：

$$x(k) = \frac{1}{f_s}\int_{-f_s/2}^{f_s/2} X(f)\exp(\mathrm{j}k2\pi fT)\mathrm{d}f, \quad |k| \geqslant 0 \tag{4.2.4}$$

因为 DTFT 把一个信号分解为它的谱分量，所以 DTFT 有时也被称作分析方程。逆 DTFT 用信号的谱分量重建或合成信号，因此逆 DTFT 也被称作综合方程。

由欧拉恒等式，$\exp(\mathrm{j}2\pi fT)$ 是以 f_s 为周期的。那么根据定义 4.1，$x(k)$ 的谱也是以 f_s 为周期的。

$$X(f+f_s) = X(f) \tag{4.2.5}$$

$X(f)$ 是周期的这一属性也可以从 $X(f)$ 是 $X(z)$ 沿单位圆求值这一事实中观察出来，其中每个周期对应着沿着单位圆转一圈。正是因为 $X(f)$ 是以 f_s 为周期的，所以频率被限制在范围 $[-f_s/2,\ f_s/2]$ 内。

如果时间信号 $x(k)$ 是实的，则可以进一步地限定频率范围。这是 DTFT 对称性的一个结果。当 $x(k)$ 是实的，由定义 4.1 可以得到

$$X^*(f) = X(-f) \tag{4.2.6}$$

于是，$x(k)$ 在负频率处的谱，只是 $x(k)$ 在正频率处谱的复共轭。与第 3 章频率响应中的例子类似，利用对称性，我们可以证明一个实信号的幅度谱是 f 的偶函数，一个实信号的相位谱是 f 的奇函数。

$$A_x(-f)=A_x(f) \tag{4.2.7a}$$

$$\phi_x(-f)=-\phi_x(f) \tag{4.2.7b}$$

因此，对于实信号来说，关于谱的所有信息都包含在非负频率范围$[0,f_s/2]$内。DTFT 的对称性被总结在表 4.1 中。

表 4.1 DTFT 的对称性

性质	方程	$x(k)$
周期性	$X(f+f_s)=X(f)$	通用
对称性	$X^*(f)=X(-f)$	实数
偶幅度	$A_x(-f)=A_x(f)$	实数
奇相位	$\phi_x(-f)=-\phi(f)$	实数

例 4.1 因果指数信号的谱

作为用 DTFT 分析离散时间信号的一个说明，考察如下的因果指数信号。

$$x(k)=c^k\mu(k)$$

由表 4.1，该信号的 Z 变换为

$$X(z)=\frac{z}{z-c}=\frac{1}{1-cz^{-1}}$$

在这里，$X(z)$在 $z=c$ 处有一个极点。因此，为了使 DTFT 收敛，必须有$|c|<1$。由式(4.2.1)，$x(k)$的谱为

$$X(f)=\frac{1}{1-c\exp(-\mathrm{j}2\pi fT)}$$

利用欧拉恒等式，该因果指数信号的幅度谱为

$$\begin{aligned}A_x(f)&=|X(f)|\\&=\frac{1}{\sqrt{[1-c\cos(2\pi fT)]^2+c^2\sin^2(2\pi fT)}}\\&=\frac{1}{\sqrt{1-2c\cos(2\pi ft)+c^2}}\end{aligned}$$

类似地，得到的相位谱为：

$$\phi_x(f)=\angle X(f)=\arctan\left[\frac{c\sin(2\pi fT)}{1-c\cos(2\pi fT)}\right]$$

运行程序 *exam4_1*，在图 4.4 中画出了幅度谱和相位谱。注意为什么幅度谱是偶的，而相位谱是奇的。同样要注意的是，因为 $x(k)$可以来自于也可以不来自于对一个连续时间信号的采样，沿横坐标画出的是*归一化频率*。因此，独立的变量为

$$\hat{f}\triangleq\frac{f}{f_s}$$

使用归一化频率，$-0.5\leqslant\hat{f}\leqslant0.5$ 等效于采样间隔设定为 $T=1$ 秒。

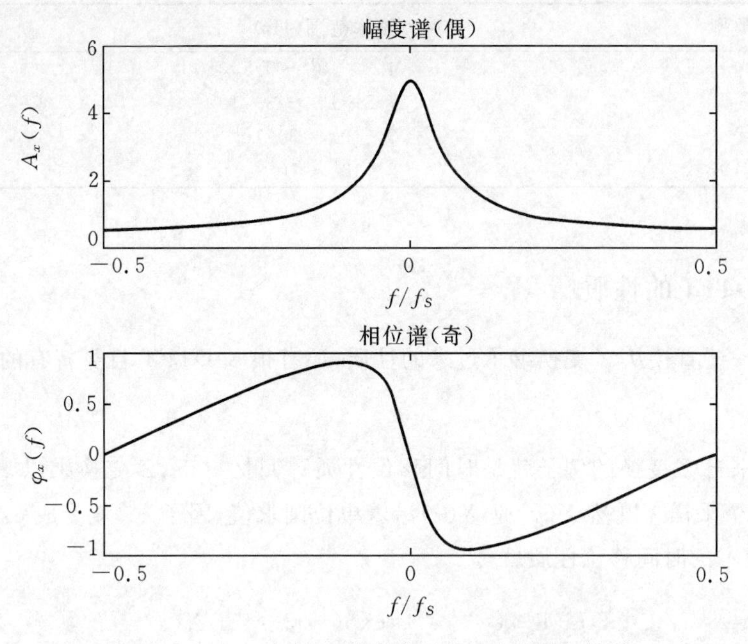

图 4.4　$c=0.8$ 时因果指数信号的幅度谱和相位谱

信号可以用它们频谱所占的部分来归类或分类(Proakis and Manolakis，1992)。表中归纳了一些实际信号，包括生物医学、地质学和通信应用方面的例子。注意表中频率的表示范围(分成了 26 个量级)，从大约每天波动一个周期的生理节奏开始，到高于 10^{21} Hz 的伽马射线。

表 4.2　一些实际信号的频率范围

信号类型	频率范围(Hz)
生理节律	$1.1\times10^{-5}\sim1.2\times10^{-5}$
地震信号	$10^{-2}\sim10^{1}$
心电图(ECG)	$0\sim10^{2}$
脑电图(EEG)	$0\sim10^{2}$
交流电源	$5\times10^{2}\sim6\times10^{2}$
风	$10^{2}\sim10^{3}$
语音	$10^{2}\sim4\times10^{3}$
音频信号	$2\times10^{1}\sim2\times10^{4}$
调幅无线电波	$5.4\times10^{5}\sim1.6\times10^{6}$
调频无线电波	$8.8\times10^{7}\sim1.08\times10^{8}$
蜂窝电话	$8.1\times10^{8}\sim9\times10^{8}$
电视	$3\times10^{8}\sim9.7\times10^{8}$
全球定位系统	$1.52\times10^{9}\sim1.66\times10^{9}$
短波无线电	$3\times10^{6}\sim3\times10^{9}$
雷达，微波	$3\times10^{9}\sim3\times10^{12}$
红外光	$3\times10^{12}\sim4.3\times10^{14}$

续表 4.2

信号类型	频率范围(Hz)
可视光	$4.3\times10^{14}\sim7.5\times10^{14}$
紫外线	$7.5\times10^{14}\sim3\times10^{17}$
X射线	$3\times10^{17}\sim3\times10^{19}$
伽马射线	$5\times10^{19}\sim10^{21}$

4.2.2 DTFT的性质

DTFT 有一些直接从 Z 变换继承过来的性质，还有很多 DTFT 自身特有的性质。

时间移位性质

一个直接来自 Z 变换的例子就是时间移位性质。回忆一下，Z 变换乘以 z^{-r} 等效于将信号 $x(k)$ 延迟 r 个采样。既然 $X(f)$ 是 $X(z)$ 沿着单位圆求值，因子 z^{-r} 就变成 $\exp(-\mathrm{j}2\pi rfT)$。那么，DTFT 版本的时间移位性质就是

$$\mathrm{DTFT}\{x(k-r)\}=\exp(-\mathrm{j}2\pi rfT)X(f) \tag{4.2.8}$$

频率移位性质

时间移位性质的对偶就是频率移位性质。使用式(4.2.4)中的 IDFT，并进行变量替换，可得

$$\begin{aligned}\mathrm{IDFT}\{X(f-F_0)\}&=\frac{1}{f_s}\int_{-f_s/2}^{f_s/2}X(f-F_0)\exp(\mathrm{j}k2\pi fT)\mathrm{d}f\\&=\frac{1}{f_s}\int_{-f_s/2+F_0}^{f_s/2+F_0}X(F)\exp[(\mathrm{j}k2\pi(F+F_0)T]\mathrm{d}F,\ F=f-F_0\\&=\frac{\exp(\mathrm{j}k2\pi F_0T)}{f_s}\int_{-f_s/2}^{f_s/2}X(F)\exp(\mathrm{j}k2\pi FT)\mathrm{d}F\\&=\exp(\mathrm{j}k2\pi F_0T)x(k)\end{aligned} \tag{4.2.9}$$

那么，DTFT 的频率移位性质就是

$$\mathrm{DTFT}\{\exp(\mathrm{j}k2\pi F_0T)x(k)\}=X(f-F_0) \tag{4.2.10}$$

帕斯瓦尔恒等式

从第 2 章我们知道，绝对可和的信号是平方可和的，也称为能量信号。对能量信号，在时间信号和它的谱之间有一个简单的关系。使用定义 4.1，我们有

$$\begin{aligned}\int_{-f_s/2}^{f_s/2}X(f)Y^*(f)\mathrm{d}f&=\int_{-f_s/2}^{f_s/2}\sum_{k=-\infty}^{\infty}x(k)\exp(-\mathrm{j}2\pi kfT)\sum_{i=-\infty}^{\infty}y^*(i)\exp(\mathrm{j}2\pi ifT)\mathrm{d}f\\&=\sum_{k=-\infty}^{\infty}\sum_{i=-\infty}^{\infty}x(k)y^*(i)\int_{-f_s/2}^{f_s/2}\exp[-\mathrm{j}2\pi(k-i)fT]\mathrm{d}f\end{aligned}$$

$$= \sum_{k=-\infty}^{\infty}\sum_{i=-\infty}^{\infty} x(k)y^*(i)f_s\delta(k-i)$$

$$= f_s \sum_{k=-\infty}^{\infty} x(k)y^*(k) \tag{4.2.11}$$

这就导出了 DTFT 版本的下列结果，也被称为帕斯瓦尔恒等式。

命题 4.1　帕斯瓦尔恒等式

令 $x(k)$ 和 $y(k)$ 是绝对可和的信号，它们的离散时间傅里叶变换分别是 $X(f)$ 和 $Y(f)$。那么

$$\sum_{k=-\infty}^{\infty} x(k)y^*(k) = \frac{1}{f_s}\int_{-f_s/2}^{f_s/2} X(f)Y^*(f)\mathrm{d}f$$

注意到在命题 4.1 中，当 $x(k)=y(k)$ 时，左边就简化为信号 $x(k)$ 的能量。

$$\sum_{k=-\infty}^{\infty} |x(k)|^2 = \frac{1}{f_s}\int_{-f_s/2}^{f_s/2} |x(f)|^2\mathrm{d}f \tag{4.2.12}$$

那么帕斯瓦尔恒等式给我们提供了另一条计算能量 E_x 的方法——使用谱 $X(f)$。基于此，定义 $x(k)$ 的能量密度如下：

$$S_x(f) \triangleq |X(f)|^2 \tag{4.2.13}$$

注意到一个信号总的能量就是能量密度的积分。更一般地，对一个实信号，它的能量密度是一个偶函数，在非负频率范围 $[f_1, f_2]$ 上的总能量为

$$E(f_1, f_2) = 2\int_{f_1}^{f_2} S_x(f)\mathrm{d}f \tag{4.2.14}$$

考虑到负频率，式(4.2.14)中的因子为2。总能量为 $E_x=E(0,\ f_s/2)$。回忆一下，$x(k)$ 的自相关在 $k=0$ 的取值是另一种表示总能量的方法 $E_x=r_{xx}(0)$。

维纳-辛钦定理

一个从 Z 变换中继承来的属性是相关属性。回忆一下，当 $z=\exp(\mathrm{j}2\pi fT)$ 时，使用 $1/z$ 代替 z 等效于使用一个 $-f$ 代替 f。因此，从表 3.3 中得知，L 长信号的互相关 $r_{yx}(k)$ 的 DTFT 为

$$R_{yx}(f)=\frac{Y(f)X(-f)}{L} \tag{4.2.15}$$

因为一些作者使用无限长信号来定义互相关，所以就不能除以信号长度 L。这里使用了第2章中定义的有限互相关的定义，这是因为它与第9章中使用的随机信号的广义互相关定义更加一致。

考虑当 $y(k)=x(k)$ 时自相关是有趣的。此时，$X(f)X(-f)=|X(f)|^2=S_x(f)$。这就得到了维纳-辛钦定理，它指出 $x(k)$ 自相关的 DTFT 与 $x(k)$ 能量谱密度之间只差一个系数。

$$R_{xx}(f) = \frac{S_x(f)}{L} \tag{4.2.16}$$

表 4.3 总结了 DTFT 的性质。这些性质的绝大多数都同表 3.3 所示 Z 变换的性质直接类似，将 $z=\exp(j2\pi fT)$ 带入就可以得到它们。

表 4.3 DTFT 性质

性质	时间信号	DTFT
线性	$ax(k)+by(k)$	$aX(f)+bY(f)$
时间移位	$x(k-r)$	$\exp(-j2\pi rfT)X(f)$
频率移位	$\exp(jk2\pi F_0T)x(k)$	$X(f-F_0)$
时间反转	$x(-k)$	$X(-f)$
复共轭	$x^*(k)$	$X^*(-f)$
卷积	$h(k)*x(k)$	$H(f)X(f)$
相关	$r_{yx}(k)$	$\frac{Y(f)X(-f)}{L}$
维纳-辛钦	$r_{xx}(k)$	$\frac{S_x(f)}{L}$
帕斯瓦尔	$\sum_{k=-\infty}^{\infty} x(k)y^*(k)$	$\frac{1}{f_s}\int_{-f_s/2}^{f_s/2} X(f)Y^*(f)\mathrm{d}f$
	$\sum_{k=-\infty}^{\infty} \lvert x(k)\rvert^2$	$\frac{1}{f_s}\int_{-f_s/2}^{f_s/2} \lvert X(f)\rvert^2\mathrm{d}f$

例 4.2 理想低通特性的 IDFT

一个截止频率为 $F_c(0<F_c<f_s/2)$ 理想低通滤波器有相位响应 $\phi(f)=0$，其幅度响应包括一个半径为 F_c 的矩形窗。

$$H_{\text{low}}(f)=\mu(f+F_c)-\mu(f-F_c),\quad 0\leqslant|f|\leqslant f_s/2$$

这里，矩形窗表示为一个在 $f=-F_c$ 处的上升沿和一个在 $f=F_c$ 处的下降沿。考虑一下求脉冲响应 $h_{\text{low}}(k)$ 的问题。使用式(4.2.4)中的 IDFT 表达式和附录 2 中的恒等式

$$\begin{aligned}
h_{\text{low}}(k)&=\frac{1}{f_s}\int_{-f_s/2}^{f_s/2} H_{\text{low}}(f)\exp(j2\pi kfT)\mathrm{d}f\\
&=\frac{1}{f_s}\int_{-F_c}^{F_c}\exp(j2\pi kfT)\mathrm{d}f\\
&=\frac{1}{f_s}\left.\frac{\exp(j2\pi kfT)}{j2\pi kT}\right|_{-F_c}^{F_c}\\
&=\frac{\exp(j2\pi kF_cT)-\exp(-j2\pi kF_cT)}{j2\pi k}\\
&=\frac{\sin(2\pi kF_cT)}{\pi k}\\
&=\frac{2F_cT\sin(2\pi kF_cT)}{2\pi kF_cT}
\end{aligned}$$

回忆在 1.2 节中 $\text{sinc}(x)=\sin(\pi x)/(\pi x)$。那么理想低通滤波器的脉冲响应可以用 sinc 函数

写为

$$h_{\text{low}}(k)=2F_cT\sin(2\pi kF_cT)$$

图 4.5 画出了当 $F_c=f_s/4$ 时的 $h_{\text{low}}(k)$ 和 $H_{\text{low}}(f)$。注意到这个脉冲响应是非因果的。因此，不能使用一个物理可实现的滤波器来达到理想的低通滤波。在第 6 章和第 7 章我们将讨论使用 FIR 和 IIR 数字滤波器来近似达到理想低通滤波器的效果。

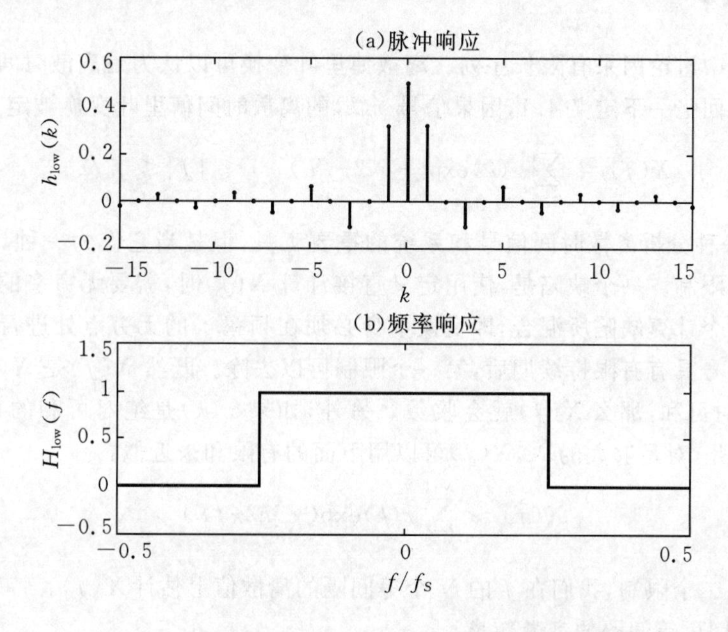

图 4.5　截止频率为 $F_0=f_s/4$ 时理想低通滤波器的

表 4.4 给出了一个基本 DTFT 变换对的列表。它是从表 3.2 中的稳定 Z 变换对开始，并补充了一些附加的变换对。

表 4.4　基本 DTFT 变换对

$x(k)$	$X(f)$	参数
$\delta(k)$	1	—
$c^k\mu(k)$	$\dfrac{\exp(\mathrm{j}2\pi fT)}{\exp(\mathrm{j}2\pi fT)-c}$	$\|c\|<1$
$k(c)^k\mu(k)$	$\dfrac{c\exp(\mathrm{j}2\pi fT)}{[\exp(\mathrm{j}2\pi fT)-c]^2}$	$\|c\|<1$
$2F_cT\mathrm{sinc}(2kF_cT)$	$\mu(f+F_c)-\mu(f-F_c)$	$0<F_c<f_s/2$
$\mu(k+r)-\mu(k-r-1)$	$\dfrac{\sin[\pi(2r+1)f]}{\sin(\pi f)}$	—

4.3 离散傅里叶变换(DFT)

4.3.1 DFT

本节我们集中讨论因果有限长序列。离散傅里叶变换可以认为是离散时间傅里叶变换的一种特殊情形。回忆一下定义 4.1,因果信号 $x(k)$的离散时间傅里叶变换被定义为

$$X(f) = \sum_{k=0}^{\infty} x(k)\exp(-\mathrm{j}k2\pi fT),\ 0 \leqslant |f| \leqslant f_s/2 \tag{4.3.1}$$

虽然 DTFT 是一种分析离散时间信号和系统的重要工具,但是当它作为一种计算工具时,将受到某些实际的限制。一个缺陷是,使用定义直接计算 $X(f)$时,需要无穷多的浮点计算。这一缺陷还与第二个计算缺陷所混合,即变换本身必须在频率 f 的无穷点处进行估计。在限定我们所考虑的信号具有有限持续期后,第一个限制可以去除。既然 $X(f)$是 $X(z)$沿单位圆求值,如果信号绝对可和,那么 $X(f)$就会收敛。另外,如果 $x(k)$是绝对可和的,则当 $k\to\infty$时 $|x(k)|\to 0$。因此,对足够大的 N,$X(f)$可以用下面的有限和来近似:

$$X(f) \approx \sum_{k=0}^{N-1} x(k)\exp(-\mathrm{j}k2\pi fT) \tag{4.3.2}$$

为了说明第二个限制,我们在 f 的 N 个等间隔的离散值上估计 $X(f)$。特别地,考察以下在 $X(f)$一个周期里等间隔的离散频率。

$$f_i = \frac{if_s}{N},\quad 0 \leqslant i < N \tag{4.3.3}$$

离散频率 f_i有时也被称为"箱频率"。令复平面上的点 z_i与这些离散频率 f_i对应,我们得到

$$z_i = \exp(\mathrm{j}i2\pi/N) \tag{4.3.4}$$

注意到$|z_i|=1$。因此,式(4.3.4)中的 N 个估计点等间隔地分布于单位圆上,如图 4.6 所示的当 $N=8$ 时的情形。注意单位圆是按逆时针旋转的,其中的 $z_0=1, z_{N/4}=j, z_{N/2}=-1$ 和 $z_{3N/4}=-j$。如果我们引入如下当 $i=-1$ 时对应于 z_i 的因子,则离散傅里叶变换的表示可以

$$W_N \triangleq \exp(-\mathrm{j}2\pi/N) \tag{4.3.5}$$

利用欧拉恒等式,明显可得 $W_N^N=1$。因此,因子 W_N 可以看作是 1 的 N 次方根。注意到 W_N^{ik} 可以被看做是 i 和 k 的函数。这个函数有很多有趣的对称特性,比如下面的正交属性,它的证明在习题中(参见习题 4.19)。

$$\sum_{i=0}^{N-1} W_n^{ik} = N\delta(k),\ 0 \leqslant k < N \tag{4.3.6}$$

式(4.3.4)中离散的 z 值可以使用 1 的 N 次方根来重新表示为 $z_i=W_N^{-i}$。当把 z_i的值代入式(4.3.2)中 DTFT 的截断表达式中后,这个将离散时间 $x(k)$变成离散频率 $X(i)$的变换就

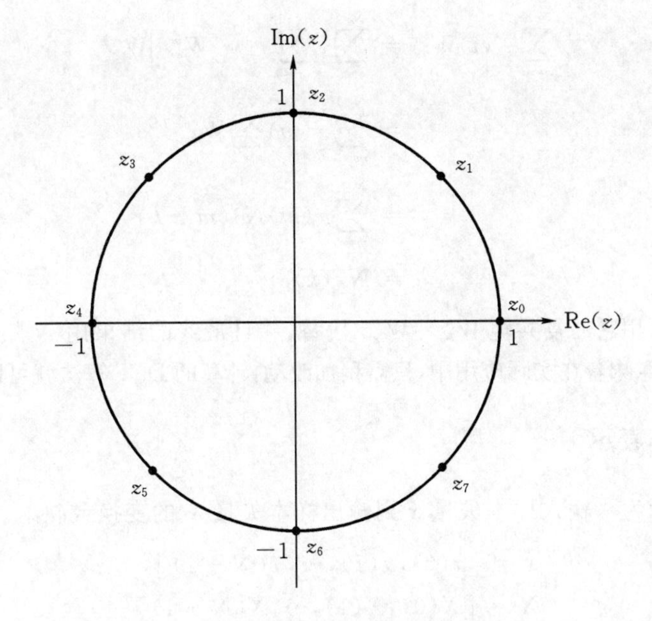

图 4.6　$N=8$ 时 DFT 的估计点

被称为离散傅里叶变换或者 DFT。

定义 4.2　DFT

设 $x(k)$ 是 N 点的因果信号，且 $W_N=\exp(-j2\pi/N)$。则 $x(k)$ 的离散傅里叶变换表示为 $X(i)=\mathrm{DFT}\{x(k)\}$，其定义为

$$X(i)\triangleq\sum_{k=0}^{N-1}x(k)W_N^{ik},\quad 0\leqslant i<N$$

在符号的表示方面，需要指出的是，同一基本符号用于表示 Z 变换，$X(z)$；DTFT，$X(f)$；以及 DFT，$X(i)$。这是与早期习惯采用的变量形式——复数用 z，实数用 f，整数用 i，来区别不同的情形并规定 X 的含义是一致的。这个方法是为了避免使用过多的不同符号，而造成其本身的混淆。

连续时间傅里叶变换 $X_a(f)=F\{x_a(t)\}$ 的逆变换与原变换有着几乎相同的形式。离散傅里叶变换也是如此。DFT 的逆变换表示为，$x(k)=\mathrm{IDFT}\{X(i)\}$，用下式计算。

$$x(k)=\frac{1}{N}\sum_{i=0}^{N-1}X(i)W_N^{-ki},\quad 0\leqslant k<N \tag{4.3.7}$$

为了验证式(4.3.7)的确代表了 IDFT，我们使用式(4.3.6)和定义 4.2

$$\begin{aligned}\sum_{i=0}^{N-1}X(i)W_n^{-ik} &= \sum_{i=0}^{N-1}\Big[\sum_{m=0}^{N-1}x(m)W_N^{im}\Big]W_N^{-ki}\\ &= \sum_{m=0}^{N-1}x(m)\sum_{i=0}^{N-1}W_N^{(m-k)i}\\ &= \sum_{m=0}^{N-1}x(m)N\delta(m-k)\\ &= Nx(k)\end{aligned} \tag{4.3.8}$$

因此,除了 W_N 用它的复共轭 $W_N^*=W_N^{-1}$ 代替,并且最终的结果用 N 归一化以外,IDFT 与 DFT 是一致的。这意味着在实际应用中,只需稍加改动,计算的 DFT 算法就可以用于计算 IDFT。

4.3.2 矩阵表示

DFT 可以表示为一输入样本矢量 $\boldsymbol{x}$ 到输出样本矢量 $\boldsymbol{X}$ 的变换或映射。

$$\boldsymbol{x}=[x(0),x(1),\cdots,x(N-1)]^{\mathrm{T}} \tag{4.3.9a}$$

$$\boldsymbol{X}=[X(0),X(1),\cdots,X(N-1)]^{\mathrm{T}} \tag{4.3.9b}$$

这里 x 和 X 是 $N\times1$ 的列向量,但为了节省空间都写成了行向量的转置形式。因为 DFT 是 x 到 X 的线性变换,它可以表示成 $N\times N$ 的矩阵。特别地,考察矩阵 $W_{ik}=W_N^{ik}$,其中列标号 k 和行标号 i 假设从 0 开始。例如,对于 $N=5$ 的情形,我们得到

$$\boldsymbol{W}=\begin{bmatrix}W_N^0 & W_N^0 & W_N^0 & W_N^0 & W_N^0\\ W_N^0 & W_N^1 & W_N^2 & W_N^3 & W_N^4\\ W_N^0 & W_N^2 & W_N^4 & W_N^6 & W_N^8\\ W_N^0 & W_N^3 & W_N^6 & W_N^9 & W_N^{12}\\ W_N^0 & W_N^4 & W_N^8 & W_N^{12} & W_N^{16}\end{bmatrix} \tag{4.3.10}$$

注意到 W 是对称的,把式(4.3.9)和式(4.3.10)与定义 4.2 对比可以得出,DFT 可以表示成向量的形式:

$$X=Wx \tag{4.3.11}$$

对于较小的 N,可用式(4.3.11)来计算 DFT。正如我们将要看到的,当 N 的值较大时,应选择 DFT 更有效的实现方式——FFT。

DFT 的向量形式也可以用来计算 IDFT。在式(4.3.7)的两边左乘 $\boldsymbol{W}^{-1}$ 得,$\boldsymbol{x}=\boldsymbol{W}^{-1}\boldsymbol{X}$。如果把该式与式(3.34)相比,我们发现不需要显式求出 $\boldsymbol{W}$ 的逆,因为有 $\boldsymbol{W}^{-1}=\boldsymbol{W}^*/N$。因此,IDFT 的矩阵形式为:

$$\boldsymbol{x}=\frac{\boldsymbol{W}^*\boldsymbol{X}}{\boldsymbol{N}} \tag{4.3.12}$$

以下例子说明当 N 的值比较小时,DFT 和 IDFT 的计算过程。

例 4.3 DFT

作为用向量形式计算 DFT 的例子,假设输入样本如下:

$$\boldsymbol{x}=[3,-1,0,2]^{\mathrm{T}}$$

因此，$N=4$，并且由式(4.3.5)

$$\boldsymbol{W}_4=\cos\left(\frac{2\pi}{4}\right)-j\sin\left(\frac{2\pi}{4}\right)=-\mathrm{j}$$

然后，由式(4.3.10)和式(4.3.11)，x 的 DFT 为

$$\begin{aligned}
\boldsymbol{X}&=\boldsymbol{W}\boldsymbol{x}\\
&=\begin{bmatrix} W_4^0 & W_4^0 & W_4^0 & W_4^0\\ W_4^0 & W_4^1 & W_4^2 & W_4^3\\ W_4^0 & W_4^2 & W_4^4 & W_4^6\\ W_4^0 & W_4^3 & W_4^6 & W_4^9 \end{bmatrix}\\
&=\begin{bmatrix} 1 & 1 & 1 & 1\\ 1 & -\mathrm{j} & -1 & \mathrm{j}\\ 1 & -1 & 1 & -1\\ 1 & \mathrm{j} & -1 & -\mathrm{j} \end{bmatrix}\begin{bmatrix} 3\\ -1\\ 0\\ 2 \end{bmatrix}\\
&=\begin{bmatrix} 4\\ 3+\mathrm{j}3\\ 2\\ 3-\mathrm{j}3 \end{bmatrix}
\end{aligned}$$

注意，即使信号 $x(k)$是实的，它的 DFT $X(i)$也可能是复的。

例 4.4 IDFT

作为数字上的检查，我们计算例 4.3 结果的 IDFT。

$$X=[4,3+\mathrm{j}3,2,3-\mathrm{j}3]^{\mathrm{T}}$$

由 $N=4$，例 4.3 中的 $\boldsymbol{W}$ 矩阵和式(4.3.12)，我们得到

$$\begin{aligned}
x&=\frac{W^{*}X}{N}\\
&=\frac{1}{4}\begin{bmatrix} 1 & 1 & 1 & 1\\ 1 & -\mathrm{j} & -1 & \mathrm{j}\\ 1 & -1 & 1 & -1\\ 1 & \mathrm{j} & -1 & -\mathrm{j} \end{bmatrix}^{*}\begin{bmatrix} 4\\ 3+\mathrm{j}3\\ 2\\ 3-\mathrm{j}3 \end{bmatrix}\\
&=\frac{1}{4}\begin{bmatrix} 1 & 1 & 1 & 1\\ 1 & \mathrm{j} & -1 & -\mathrm{j}\\ 1 & -1 & 1 & -1\\ 1 & -\mathrm{j} & -1 & \mathrm{j} \end{bmatrix}\begin{bmatrix} 4\\ 3+\mathrm{j}3\\ 2\\ 3-\mathrm{j}3 \end{bmatrix}
\end{aligned}$$

$$= \frac{1}{4}\begin{bmatrix} 12 \\ -4 \\ 0 \\ 8 \end{bmatrix} = \begin{bmatrix} 3 \\ -1 \\ 0 \\ 2 \end{bmatrix} \quad \checkmark$$

4.3.3 傅里叶级数和离散谱

周期信号有一种特殊形式的谱——离散谱。假设 $x_a(t)$是一周期的连续时间信号，且周期为 T_0，基频为 $F_0=1/T_0$。那么，从附录1得知，$x_a(t)$可以被展开成一个复傅里叶级数

$$x_a(t) = \sum_{i=-\infty}^{\infty} c_i \exp(\mathrm{j}i2\pi F_0 t) \tag{4.3.13}$$

这是复数形式的傅里叶级数，第 i 项的傅里叶系数为

$$c_i = \frac{1}{T_0}\int_0^{T_0} x_a(t)\exp(-\mathrm{j}i2\pi F_0 t)\mathrm{d}t, 0 \leqslant i < \infty \tag{4.3.14}$$

令 $x(k)=x_a(kT)$是抽样间隔为 T 时 $x_a(t)$的第 k 个采样。既然 $x(k)$是一个功率信号，为了研究它的谱，我们需要推广 $X(f)$，使它包含类似于 $\delta_a(f-F_0)$这样的脉冲项。让我们从 $X(f)=\delta_a(f-F_0)$出发，并使用逆 DTFT，使用单位脉冲的移位特性，这样我们就能够证明：一个时域为复正弦信号的 DTFT 对应着频域的脉冲移位。

$$\mathrm{DTFT}\{f_s\exp(\mathrm{j}2\pi F_0 kT)\} = \delta_a(f - F_0) \tag{4.3.15}$$

从式(4.3.15)和 DTFT 的线性特性我们知道，周期信号 $x(k)$的谱为

$$x(f) = \frac{1}{f_s}\sum_{i=-\infty}^{\infty} c_i\delta_a(f - iF_0) \tag{4.3.16}$$

注意到式(4.3.16)中的 $X(f)$除了在“泛音”iF_0上以外，其余都为0。也就是说，它包含强度为 c_i/f_s 的脉冲。既然 $X(f)$ 除了在 F_0的整数倍频率以外，其余都为0，这就说明它是一个离散频率谱，或者简称为*离散谱*。对一个有离散谱的周期信号，所有的功率都集中于基频 F_0和它的泛音上。如果 $x(k)$的直流分量或者说均值不为0，那么它的谱也包括零阶泛音。

傅里叶系数

式(4.3.13)中周期的连续时间信号 $x_a(t)$可以用会有 M 个谐波的截断傅里叶级数来近似。

$$x_a(t) \approx \sum_{i=-(M-1)}^{M-1} c_i \exp(\mathrm{j}i2\pi F_0 t) \tag{4.3.17}$$

假设使用采样率为 $f_s=NF_0$对 $x_a(t)$进行采样，采样点为 $N=2M$。此时 N 个采样点覆盖了 $x_a(t)$的一个周期，且 $T_0=NT$。当每周期的采样点数足够大，式(4.3.14)中第 i 个采样间隔上的积分可以用初值来近似计算。这就得到了第 i 个傅里叶系数的近似：

$$c_i \approx \frac{1}{NT}\sum_{k=0}^{N-1} x_a(kT)\exp(-\mathrm{j}i2\pi F_0 kT)T$$

$$= \frac{1}{N}\sum_{k=0}^{N-1} x(k)\exp(-\mathrm{j}ik2\pi/N)$$

$$= \frac{1}{N}\sum_{k=0}^{N-1} x(k)W_N^{ik}$$

$$= \frac{X(i)}{N},\ 0 \leqslant i < M \tag{4.3.18}$$

因此，$x_a(t)$的傅里叶系数可以从 $x_a(t)$的 DFT 来得到。对一个实信号 $x_a(t)$，式(4.3.14)说明了 $c_{-i}=c_i^*$。那么傅里叶系数的完整集合为

$$c_i = \begin{cases} \dfrac{X(i)}{N},\ 0 \leqslant i < M \\ \dfrac{X^*(i)}{N},\ -M < i < 0 \end{cases} \tag{4.3.19}$$

傅里叶系数经常使用正弦和余弦或者带相移的余弦表示为实函数形式。

$$X_a(t) = \frac{d_0}{2} + \sum_{i=1}^{\infty} d_i \cos(2\pi i F_0 t + \theta_i) \tag{4.3.20}$$

第 i 个谐波的幅度 d_i 和相角 θ_i 也可以使用 DFT 来获得。从附录 1 和式(4.3.19)，我们有

$$d_i \approx \frac{2|X(i)|}{N} \tag{4.3.21a}$$

$$\theta_i \approx \angle X(i) \tag{4.3.21b}$$

一般说来，DFT 的抽样 $X(i)$说明了 $x(k)$的第 i 个谱分量的幅度和相位角。$x(k)$可以被看作是一个长周期信号 $x_p(k)$的一个周期。DFT 可以写作极坐标的形式，$X(i)=A_x(i)\exp[\mathrm{j}\phi_x(i)]$。此时，对于 $0 \leqslant i < N$，幅度谱 $A_x(i)$和相位谱 $\phi_x(i)$定义如下：

$$A_x(i) \triangleq |X(i)| \tag{4.3.22a}$$

$$\phi_x(i) \triangleq \angle X(i) \tag{4.3.22b}$$

$x(k)$在频率 $f_i = if_s/N$ 处所含的平均功率可以从功率谱密度来确定，它是幅度谱的平方并用 N 归一化。

$$S_x(i) \triangleq \frac{|X(i)|^2}{N},\quad 0 \leqslant i < N \tag{4.3.23}$$

例 4.5 谱

作为一个非常简单的离散时间信号和它的谱的例子，考察单位脉冲 $x(k)=\delta(k)$。利用定义 4.2，我们得到

$$X(i) = \sum_{k=0}^{N-1} x(k)W_N^{ik}$$

$$= \sum_{k=0}^{N-1} \delta(k)W_N^{ik}$$

$$= 1,\quad 0 \leqslant i < N$$

然后由式(4.3.22)和式(4.3.23)，对于 $0\leqslant i<N$，单位脉冲的幅度、相位和功率谱密度为

$$A_x(i)=1$$
$$\phi_x(i)=0$$
$$S_x(i)=\frac{1}{N}$$

$S_x(i)$对所有的 i 是一个非零的常数意味着，单位脉冲的功率均匀地分布于所有 N 个离散频率上。

FDSP 函数

FDSP 工具箱含有以下函数，可以用于估计一有限长离散时间信号谱的幅度、相位和功率谱密度。

```
% F_SPEC: Compute magnitude, phase, and power density spectra
%
% Usage:
%       [A, phi, S, f] = f_spec (x,N, fs);
% Pre:
%       x  = vector of length M containing signal samples
%       N  = optional integer specifying number of points
%            in spectra (default M). If N>M, then N - M
%            zeros are padded to x.
%       fs  = optional sampling frequency in Hz (default 1)
% Post:
%       A  = vector of length N containing magnitude spectrum
%       phi  = vector of length N containing phase spectrum (radians)
%       S  = vector of length N containing power density spectrum
%       f  = vector of length N containing the discrete evaluation
%            frequencies: 0< = f(i) < = (N - 1) * fs/N.
```

对连续时间信号，使用傅里叶变换 $X_a(f)=F\{x_a(t)\}$来计算它的谱。再加上 DTFT 和 DFT，我们有三种进行傅里叶变换的工具。作为对比，在表 4.5 中进行了总结。它们由独立变量的类型是连续的还是离散的而区别开来。

DTFT 是一种 Z 变换的特殊情况，它是沿着单位圆求值的。对因果的有限长信号，DFT 是 DTFT 的采样版本。为了保证 DFT 和 DTFT 的存在，Z 变换的收敛域必须包含单位圆。如果 $x(k)$是因果的，那么 $x(k)$必须绝对可求和，或者等价地说，$X(z)$的极点必须严格地位于单位圆内。$X(z)$，$X(f)$和 $X(i)$的关系被总结在图 4.7 中。

表 4.5　信号谱计算变换的比较

变　换	符号	时间	频率
傅里叶变换	$X_a(f)$	连续	连续
离散时间傅里叶变换	$X(f)$	离散	连续
离散傅里叶变换	$X(i)$	离散	离散

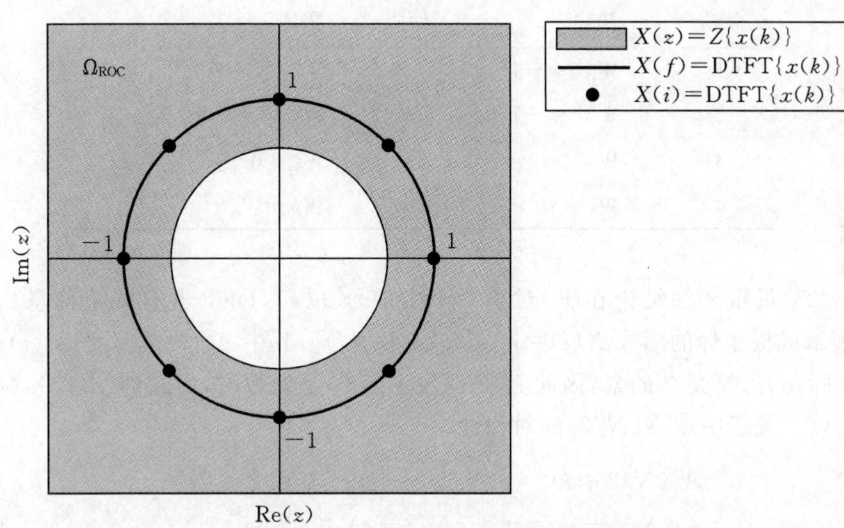

图 4.7　因果信号的 Z 变换、DTFT 和 DFT 之间的关系

4.3.4　DFT 的性质

像 Z 变换和 DTFT 一样，DFT 有一些重要的性质。作为开始，1 的 N 次方根 W_N 满足一些有用的对称性。为方便参考，在表 4.6 中对 W_N 的对称性进行了总结。其中每一项都可用式(4.3.5)来证明。注意前 4 个性质证明当 k 在 0 到 N 范围变化时，W_N^k 沿单位圆顺时针变化。其余的性质对于推导 DFT 的重要特性和快速傅里叶变换是有用的。

周期性

由定义 4.2 注意到，$X(i)$ 的自变量 i 仅出现在指数 W_N 中。因此，可以认为 $X(i)$ 是所有 i 的整数值的函数，而不仅仅针对 $0 \leqslant i < N$。值得考察的是当超出 0 到 $N-1$ 的范围后，会出现什么结果。首先由表 4.6 的第四条，对于每一个整数 k，$W_N^{Nk}=1$。我们可以利用这个结果证明 $X(i)$ 是周期的。

$$X(i+N) = \sum_{k=0}^{N-1} x(k) W_N^{(i+N)k} = \sum_{k=0}^{N-1} x(k) W_N^{ik} = X(i) \qquad (4.3.24)$$

因此，DFT 是以 N 为周期的。类似地，$X(f)$ 也是周期的，其周期为 f_s。

中心点对称性

如果信号 $x(k)$ 是实的，则重建 N 点 $x(k)$ 所需要的所有信息都包含在 $X(i)$ 的前 $N/2$ 个复数点中。为证实这一点，我们从末端计算 DFT，然后再向后进行。特别地，由定义 4.2，表 4.6

和式(4.3.24),可以得到

$$X(N-i)=\sum_{k=0}^{N-1}x(k)W_N^{(N-i)k}=\sum_{k=0}^{N-1}x(k)W_N^{-ik}W_N^{Nk}$$
$$=\sum_{k=0}^{N-1}x(k)W_N^{-ik}=X^*(i) \tag{4.3.25}$$

表 4.6 W_N的对称性

性质	描述	性质	描述
1	$W_N^{N/4}=-j$	5	$W_N^{(i+N)k}=W_N^{ik}$
2	$W_N^{N/2}=-1$	6	$W_N^{i+N/2}=-W_N^i$
3	$W_N^{3N/4}=j$	7	$W_N^{2i}=W_{N/2}^i$
4	$W_N^N=1$	8	$W_N^*=W_N^{-1}$

式(4.3.25)最重要的结论在于,对于一个实信号 $x(k)$,DFT 含有冗余信息。回想一下 $X(i)$可以表示成极坐标的形式 $X(i)=A_x(i)\exp[j\phi_x(i)]$,其中 $A_x(i)$是幅度,$\phi_x(i)$是相位角。在大多数实际场合,N 是 2 的幂,因此 N 是偶数。当 N 是偶数时,由式(4.3.25),幅度谱和相位谱表现为以下关于中点 $X(N/2)$的对称性。

$$A_x(N/2+i)=A_x(N/2-i),\quad 0\leqslant i<N/2 \tag{4.3.26a}$$
$$\phi_x(N/2+i)=-\phi_x(N/2-i),\quad 0\leqslant i<N/2 \tag{4.3.26b}$$

因此,幅度谱 $A_x(i)$表现出关于中点的偶对称性,而相位谱 $\phi_x(i)$表现为关于中点的奇对称性。下面的例子说明这个重要的推断。

例 4.6 DFT 的中心点对称性

考虑如下的长为 $N=256$ 的实信号

$$x(k)=[(0.8)^k-(0.9)^k]\mu(k),\quad 0\leqslant k<256$$

该信号的 DFT 可以运行程序 *exam4_6* 来求取。在图 4.8 中,对于 $0\leqslant i<N$ 画出了幅度谱 $A_x(i)$和相位谱 $\phi_x(i)$。注意 $A_x(i)$关于 $N/2=128$ 的偶对称性和 $\phi_x(i)$关于 $N/2$ 的奇对称性。此时,256 点 $x(k)$的所有信息都包含在 $X(i)$的前 128 个复数点中。

表 4.7 中总结了 DFT 的对称性。它们与表 4.3 中的无限维 DTFT 的对称性很类似。

表 4.7 DFT 的对称性

性质	表达式	注释
周期性	$X(i+N)=X(i)$	通用
对称性	$X(N-i)=X^*(i)$	实数 x
偶幅度	$A_x(N/2+i)=A_x(N/2-i)$	实数 x,N 为偶数
奇相位	$\phi_x(N/2+i)=-\phi_x(N/2-i)$	实数 x,N 为偶数

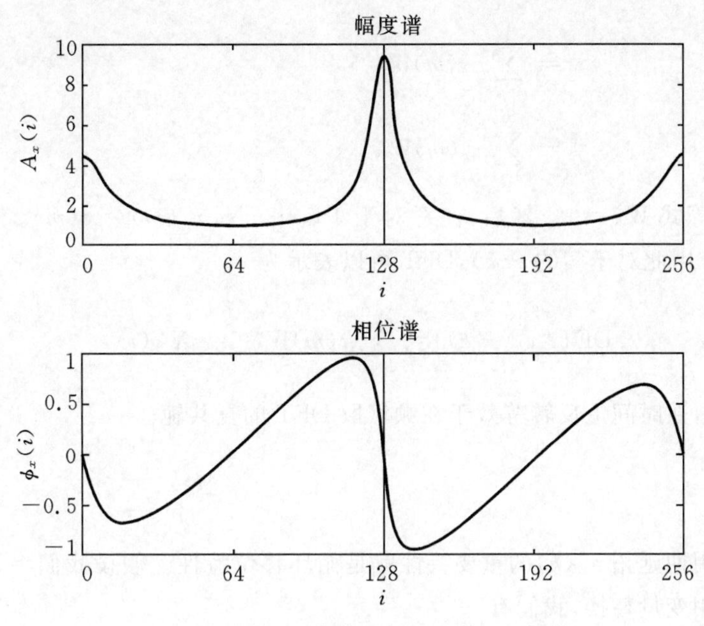

图 4.8　例 4.6 中信号的幅度谱和相位谱

线性特性

DFT 是一个线性变换，它把一个 N 点的序列映射为另一个 N 点序列。这意味着，如果 $x(k)$和 $y(k)$是信号，a 和 b 是常数，则由定义 4.2，有

$$\begin{aligned}\mathrm{DFT}\{ax(k)+by(k)\} &= \sum_{k=0}^{N-1}[ax(k)+by(k)]W_N^{ik} \\ &= a\sum_{k=0}^{N-1}x(k)W_N^{ik}+b\sum_{k=0}^{N-1}y(k)W_N^{ik} \\ &= aX(i)+bY(i)\end{aligned}\tag{4.3.27}$$

因此，两个信号和的 DFT 只是这两个信号 DFT 的和。类似地，一个信号缩放的 DFT 是此信号 DFT 的缩放。

时间反转特性

下一个属性需要 $x(k)$的周期延拓。回忆在 2.7 节中讨论的圆周卷积，$x(k)$的周期延拓被记为 $x_p(k)$，它可以使用 MATLAB 的 mod 函数来定义

$$x_p(k) \triangleq x[\mathrm{mod}(k,N)]\tag{4.3.28}$$

所以当 $0 \leqslant k < N$ 时，$x_p(k)=x(k)$。$x_p(k)$在正负两个方向都进行延拓。如果对所有的 k，$x_p(k)$都有定义，那么考虑使用 $-k$ 代替 k，这就得到了时间反转或者反射属性。利用 $x_p(k+N)=x_p(k)$，表 4.6 以及变量替换，可得

$$\mathrm{DFT}\{x_p(-k)\} = \sum_{k=0}^{N-1}x_p(-k)W_N^{ik}$$

$$= \sum_{k=0}^{N-1} x_p(N-k) W_N^{ik}, \quad m = N-k$$

$$= \sum_{m=N}^{1} x_p(m) W_N^{i(N-m)}$$

$$= \sum_{m=1}^{N} x_p(m) W_N^{-im} \tag{4.3.29}$$

在这里利用了恒等式 $W_N^N=1$。然后，注意对于 $1 \leqslant m < N$，$x_p(m)=x(m)$。并且，$x_p(N)=x(0)$，$W_N^{iN}=W_N^{i0}$。因此对于实的 $x(k)$，DFT 可以表示为

$$\text{DFT}\{x_p(-k)\} = \sum_{m=0}^{N-1} x(m) W_N^{-im} = X^*(i) \tag{4.3.30}$$

所以，对于实信号，在时间上反转等效于在频域取 DFT 的复共轭。

循环移位特性

另一个使用周期延拓 $x_p(k)$ 的重要特性就是循环移位特性。假设我们将 $x_p(k)$ 移位 r 个采样点。那么使用变量替换，我们有

$$\text{DFT}\{x_p(k-r)\} = \sum_{k=0}^{N-1} x_p(k-r) W_N^{ik}$$

$$= \sum_{q=-r}^{N-1-r} x_p(q) W_N^{i(q+r)}, \quad q = k-r$$

$$= W_N^{ir} \sum_{q=-r}^{N-1-r} x_p(q) W_N^{iq} \tag{4.3.31}$$

正如 $x_p(q)$ 是一个周期为 N 的关于 q 的周期函数，从表 4.6 可以得知因子 W_N^{iq} 也是一个周期为 N 的关于 q 的周期函数。因此，式(4.3.26)中的项 $x_p(q)W_N^{iq}$ 的周期也是 N。它说明一个周期可以从 $q=0$ 而不是 $q=-r$ 开始，这样并不影响结果。那么

$$\text{DFT}\{x_p(k-r)\} = W_N^{ir} \sum_{q=0}^{N-1} x_p(q) W_N^{iq} = W_N^{ir} X(i) \tag{4.3.32}$$

因为 $x_p(k)$ 是 $x(k)$ 的周期扩展，r 采样的时移被称作循环移位。可以把的 N 个样点想象为环绕于前面图 4.6 所示的复平面上的单位圆上。则信号 $x_p(k-r)$ 表示对 $x(k)$ 逆时针移位 r 个采样点。

圆周卷积属性

回忆 2.7 节中的定义 2.4，使用 $x(k)$ 的周期延拓 $x_p(k)$，$x(k)$ 和 $h(k)$ 的圆周卷积定义为

$$h(k) \circ x(k) = \sum_{i=0}^{N-1} h(i) x_p(k-i) \tag{4.3.33}$$

正如在 Z 变换和 DTFT 中，卷积都被映射为乘法。在 DFT 中，圆周卷积也被映射为乘法。使用圆周移位属性和定义 4.2，

$$
\begin{aligned}
\mathrm{DFT}\{h(k)\circ x(k)\} &= \mathrm{DFT}\left\{\sum_{m=0}^{N-1} h(m)x_p(k-m)\right\} \\
&= \sum_{m=0}^{N-1} h(m)\mathrm{DFT}\{x_p(k-m)\} \\
&= \sum_{m=0}^{N-1} h(m)W_N^{im}X(m) \\
&= H(i)X(i)
\end{aligned} \tag{4.3.34}
$$

由此，时域的圆周卷积通过 DFT 转换为频域的直接乘积。它与 Z 变换和 DTFT 中的线性卷积属性类似。

循环相关属性

与圆周卷积相近的操作就是循环相关。回忆 2.8 节中的定义 2.6，使用 $x(k)$ 的周期延拓 $x_p(k)$，$x(k)$ 和 $h(k)$ 的圆周卷积定义如下：

$$
c_{yx}(k) \triangleq \frac{1}{N}\sum_{i=0}^{N-1} y(i)x_p(i-k), 0 \leqslant k < N \tag{4.3.35}
$$

第 2 章表 2.4 中循环互相关属性之一就是它可以用圆周卷积来进行计算

$$
c_{yx}(k) = \frac{y(k)\circ x(-k)}{N} \tag{4.3.36}
$$

使用圆周卷积属性和实信号的时间反转属性，我们就得出了循环相关属性

$$
\mathrm{DFT}\{c_{yx}(k)\} = \frac{X(i)Y^*(i)}{N} \tag{4.3.37}
$$

帕斯瓦尔恒等式

帕斯瓦尔定理是时间信号和它的变换之间的一个简单而精妙的关系。取决于独立变量是连续的还是离散的，及信号的持续其是有限的还是无限的，帕斯瓦尔定理有不同的形式。例如，命题 4.1 中给出的 DTFT 形式的帕斯瓦尔定理。帕斯瓦尔定理的 DFT 形式是非常类似的。从式(4.3.6)我们有

$$
\begin{aligned}
\sum_{i=0}^{N-1} X(i)Y^*(i) &= \sum_{i=0}^{N-1}\left[\sum_{k=0}^{N-1} x(k)W_N^{ki}\sum_{m=0}^{N-1} y^*(m)W_N^{-mi}\right] \\
&= \sum_{k=0}^{N-1}\sum_{m=0}^{N-1} x(k)y^*(m)\sum_{i=0}^{N-1} W_N^{-(k-m)i} \\
&= \sum_{k=0}^{N-1}\sum_{m=0}^{N-1} x(k)y^*(m)N\delta(k-m) \\
&= N\sum_{k=0}^{N-1} x(k)y^*(k)
\end{aligned} \tag{4.3.38}
$$

最终的结果就是 DFT 版本的帕斯瓦尔定理。

命题 4.2　帕斯瓦尔定理

设 $x(k)$和 $y(k)$是两个 N 点的时间信号,它们的离散傅里叶变换分别是 $X(i)$和 $Y(i)$。那么

$$\sum_{k=0}^{N-1} x(k)y^*(k) = \sum_{i=0}^{N-1} X(i)Y^*(i)$$

注意到在命题 4.2 中当 $x(k)=y(k)$时,等式的左边是信号 $x(k)$的能量

$$\sum_{k=0}^{N-1} |x(k)|^2 = \frac{1}{N}\sum_{i=0}^{N-1} |X(i)|^2 \tag{4.3.39}$$

作为如何使用帕斯瓦尔定理的一个说明,回忆一下,一个 N 长信号的平均功率定义为

$$P_x \triangleq \frac{1}{N}\sum_{k=0}^{N-1} |x(k)|^2 \tag{4.3.40}$$

比较式(4.3.40)和式(4.3.39),我们看到帕斯瓦尔定理给我们提供了平均功率的另一种频域形式。特别地,回顾一下 $S_x(i)=|X(i)|^2/N$ 是功率谱密度,可以证明

$$P_x = \frac{1}{N}\sum_{i=0}^{N-1} S_x(i) \tag{4.3.41}$$

因此,平均功率只是 $x(k)$的功率谱密度的平均值,因而称 S_x 为功率谱密度。

例 4.7　帕斯瓦尔定理

用一个特别的信号来证实帕斯瓦尔定理,考虑例 4.3 中的信号 $x(k)$。

$$x=[3,-1,0,2]^{\mathrm{T}}$$

这时,$N=4$。由式(4.3.40)直接从时域计算周期扩展 $x_p(k)$的平均功率得到

$$P_x = \frac{1}{N}\sum_{k=0}^{N-1} |x(k)|^2 = \frac{1}{4}(9+1+0+4) = 3.5$$

由例 4.3,$x(k)$的 DFT 为

$$X=[4,3+\mathrm{j}3,2,3-\mathrm{j}3]^{\mathrm{T}}$$

因此,由式(4.3.23),功率谱密度为

$S_x=0.25*[16,18,4,18]^{\mathrm{T}}=[4,4.5,1,4.5]^{\mathrm{T}}$

最后,由式(4.3.41),由频域方法得到的平均功率为

$$P_x = \frac{1}{N}\sum_{i=0}^{N-1} S_x(i) = 0.25(4+4.5+1+4.5) = 3.5\checkmark$$

表 4.8 总结了 DFT 性质。最后一个性质是维纳－辛钦定理,将在 4.7 节中证明。

表 4.8　DFT 性质

性质	时间信号	DFT	注释
线性	$ax(k)+by(k)$	$aX(i)+bY(i)$	通用
时间反转	$x_p(-k)$	$X^*(i)$	x 为实数
循环移位	$x_p(k-r)$	$W_N^{ir}X(i)$	通用
圆周卷积	$x(k)\circ y(k)$	$X(i)Y(i)$	通用
循环相关	$C_{yx}(k)$	$Y(i)Y^*(i)/N$	x 为实数
维纳-辛钦定理	$C_{xx}(k)$	$S_x(i)$	通用
帕斯瓦尔	$\sum_{k=0}^{N-1}x(k)y^*(k)$	$\frac{1}{N}\sum_{i=0}^{N-1}X(i)Y^*(i)$	
	$\sum_{k=0}^{N-1}\mid x(k)\mid^2$	$\frac{1}{N}\sum_{i=0}^{N-1}\mid X(i)\mid^2$	

4.4　快速傅里叶变换(FFT)

离散傅里叶变换(DFT)是一个广泛应用于 DSP(数字信号处理)中的重要计算工具。就像任何一个计算方法一样,它可以用其计算量如何随问题规模增长来衡量性能。我们知道一个 N 点的信号 $x(k)$ 可以写为

$$X(i)=\sum_{k=0}^{N-1}x(k)W_N^{ik},0\leqslant i<N \tag{4.4.1}$$

其中,N^2 个 W_N^{ik} 的值与 $x(k)$ 无关,所以可以将它们预先计算出来并保存在一个 $N\times N$ 的矩阵 $\boldsymbol{W}$ 中。所以每个 $X(i)$ 只需要 N 次复数乘法即可。因为 i 有 N 个取值,所以完成整个 DFT 所需要的复数浮点运算(FLOP)的次数是

$$n_{\mathrm{DFT}}=N^2\quad \mathrm{FLOPs} \tag{4.4.2}$$

也就是说,如果以浮点运算的次数来衡量的话,DFT 的计算复杂度随着问题的规模(即 N 的大小)的平方而增加。在这种情况下,我们说 DFT 的计算量是 $O(N^2)$ 数量级的。推而广之,我们说一个算法的计算复杂度是 $O(N^p)$ 的,如果它对于特定的常数 c,计算量 n 满足:

$$n\approx cN^p,N\gg 1 \tag{4.4.3}$$

4.4.1　时间抽取法 FFT

DFT 之所以得到了普遍的应用是因为它有一种实现方法可以戏剧性地(大幅度地)减少计算时间,特别是当 N 很大时效果更明显。为了清楚地看出(这种实现方式)能在计算速度上有多大的提高,我们先假设点数 N 是 2 的整数次幂。也就是说,$N=2^r$,其中 r 为整数

$$r = \log_2(N) \tag{4.4.4}$$

然后我们可以将 N 点的信号 $x(k)$ 分解成偶数项和奇数项两个 $N/2$ 点的信号：$x_e(k)$ 和 $x_o(k)$。

$$x_e \triangleq [x(0), x(2), \ldots, x(N-2)]^{\mathrm{T}} \tag{4.4.5a}$$

$$x_o \triangleq [x(1), x(3), \ldots, x(N-1)]^{\mathrm{T}} \tag{4.4.5b}$$

于是式(4.4.1)所示的 DFT 可以写成两组之和：一组对应于 k 取偶数，另外一组对应于 k 取奇数。由表 4.6 中 $W_N^{2k} = W_{N/2}^k$，我们有

$$\begin{aligned} X(i) &= \sum_{k=0}^{N/2-1} x(2k) W_N^{2ki} + \sum_{k=0}^{N/2-1} x(2k+1) W_N^{(2k+1)i} \\ &= \sum_{k=0}^{N/2-1} x_e(k) W_N^{2ki} + W_N^i \sum_{k=0}^{N/2-1} x_o(k) W_N^{2ki} \\ &= \sum_{k=0}^{N/2-1} x_e(k) W_{N/2}^{ki} + W_N^i \sum_{k=0}^{N/2-1} x_o(k) W_{N/2}^{ki} \\ &= X_e(i) + W_N^i X_o(i), 0 \leqslant i < N \end{aligned} \tag{4.4.6}$$

式中 $X_e(i) = \mathrm{DFT}\{x_e(k)\}$ 和 $X_o(i) = \mathrm{DFT}\{x_o(k)\}$ 分别是 $x(k)$ 变换后的偶数和奇数部分，长度为 $N/2$ 点。于是式(4.4.6)将原先 N 点的问题转换成两个 $N/2$ 点的子问题，(在分别求出 $X_e(i)$ 和 $X_o(i)$ 后)需要 N 次复数乘法和 N 次加法来进行合并。由于每个 $N/2$ 点的 DFT 需要 $N^2/4$ 个 FLOPs，所以当 N 较大时，实现式(4.4.6)所示的奇偶分解需要的浮点计算量是

$$n_{\mathrm{eo}} \approx \frac{N^2}{2} \text{ FLOPs}, \; N \gg 1 \tag{4.4.7}$$

比较式(4.4.7)和式(4.4.2)，我们发现当 N 较大时计算量减少了近一半。将式(4.4.6)中的合并公式分解成 $0 \leqslant i < N/2$ 的两部分：

$$X(i) = X_e(i) + W_N^i X_o(i) \tag{4.4.8a}$$

$$X(i+N/2) = X_e(i+N/2) + W_N^{i+N/2} X_o(i+N/2) \tag{4.4.8b}$$

因为 $X_e(i)$ 和 $X_o(i)$ 是 $N/2$ 点的变换，我们从表 4.7 中的周期性可知 $X_e(i+N/2) = X_e(i)$，对于 $X_o(i)$ 也存在着类似的关系。更进一步地，从表 4.6 我们得到 $W_N^{i+N/2} = -W_N^i$。因此当 $0 \leqslant i < N/2$ 时，式(4.4.8)可以简化为

$$Y(i) = W_N^i X_o(i) \tag{4.4.9a}$$

$$X(i) = X_e(i) + Y(i) \tag{4.4.9b}$$

$$X(i+N/2) = X_e(i) - Y(i) \tag{4.4.9c}$$

式中 $0 \leqslant i < N/2$。合并公式就写成了用一个临时变量 $Y(i)$ 表达的三个等式。这样增加了一个复数标量的存储量，但是将复数乘法的次数从 2 减少到了 1。式(4.4.9)所示的计算过程被称之为一个 i 阶的蝶形算法。这个名字是由图 4.9 所示的式(4.4.9)的信号流图的形状而得来的。我们可以稍微想象一下，蝴蝶的翅膀是显然的。

式(4.4.9)中的奇偶分解 DFT 算法由两个 $N/2$ 点的 DFT 算法加上 $N/2$ 次交叉存取的蝶形运算。图 4.10 给出了 $N=8$ 时的计算流图。

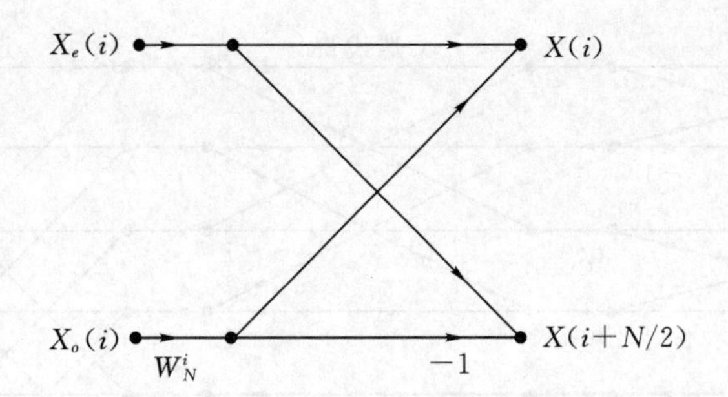

图 4.9　第 i 阶蝶形算法的信号流图

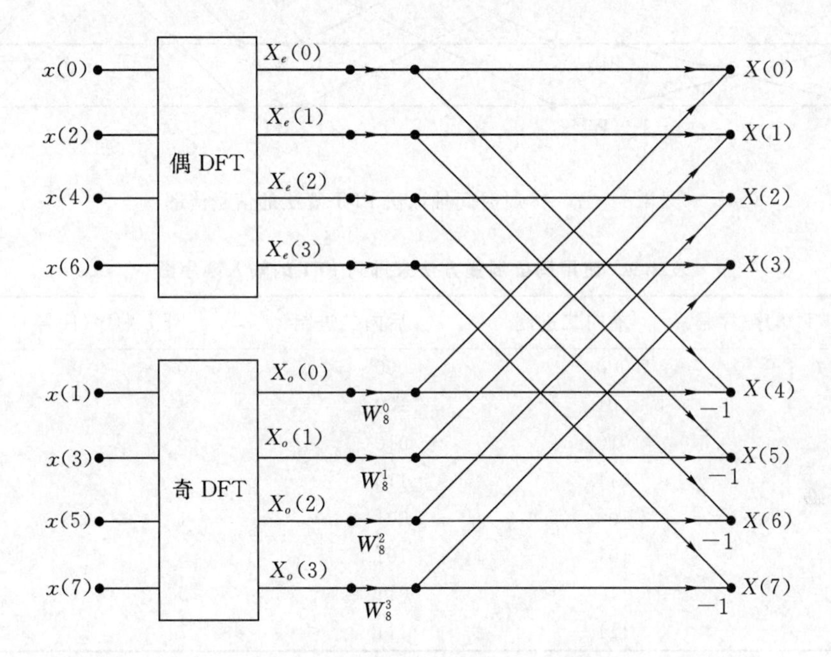

图 4.10　$N=8$ 式 DFT 算法的奇偶分解

图 4.10 中奇偶分解技术所展现出来的优点是没有什么可以阻止我们再次使用这种算法！比如说，偶数项 $x_e(k)$ 和奇数项 $x_o(k)$ 也可以再被分解成偶数项和奇数项部分。通过这种方法，我们可以将每个 $N/2$ 点的变换分解成 $N/4$ 点的变换。由于 $N=2^r$，这个分解过程可以一直重复 r 次。到最后，我们可以得到一系列的 2 点 DFT。令人感到有意思的是，2 点 DFT 其实就是一个 0 阶的蝶形算法。最终得到的完整算法就称为时间抽取法快速傅里叶变换或者是 FFT(Cooley and Tukey，1965)。当 $N=8$ 时 FFT 的信号流图如图 4.11 所示。注意这里有 r 次迭代，每个迭代包含了 $N/2$ 次蝶形运算。

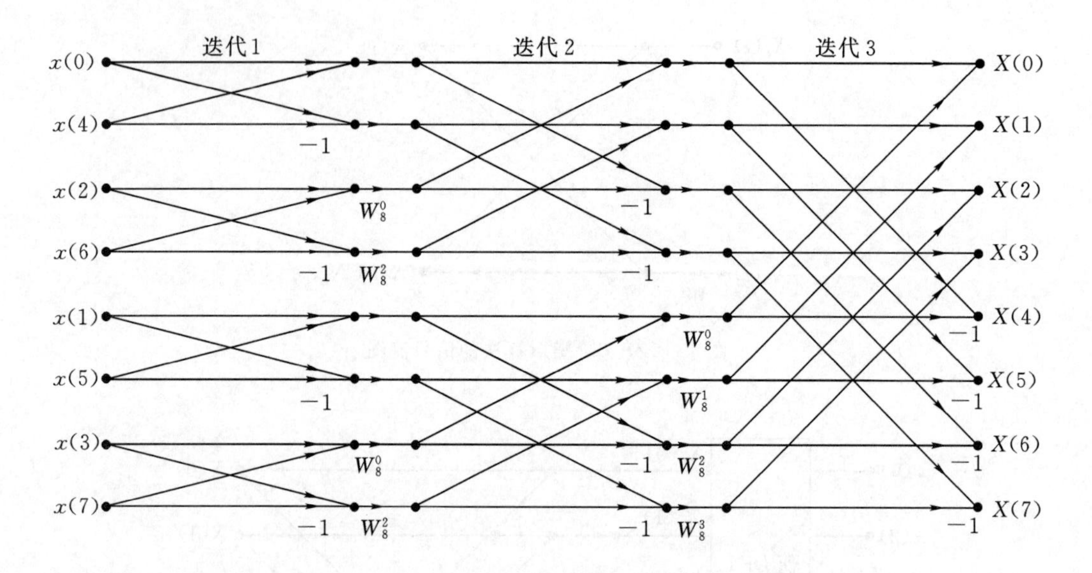

图 4.11　$N=8$ 时时间抽取法 FFT 算法的信号流图

表 4.9　使用码位倒置方法来排列 FFT 的输入顺序图

DFT 顺序(序号)	前向二进制	后向二进制	FFT 顺序(序号)
0	000	000	0
1	001	100	4
2	010	010	2
3	011	110	6
4	100	001	1
5	101	101	5
6	110	011	3
7	111	111	7

从图 4.11 中可以发现,由于需要将输入信号重复地抽取成奇数和偶数部分,因此第一次迭代时信号的顺序被扰乱了。其实在原先 DFT 中的信号顺序和被扰乱的 FFT 中的信号顺序之间有一个简单的数字关系。当我们用二进制来表示信号的下标(顺序)时,比如在表 4.9 中 $N=8$,这个关系就很容易看出了(这个关系是明显的)。注意如何通过普通 DFT 中信号的顺序(下标)来获得扰乱的 FFT 的下标:将其转成二进制表示,将二进制数字倒序排列,再将其转成十进制数字。

下面这个算法使用了表 4.9 中所示的位倒置方法来交换输入向量 x 中的元素。

算法 4.1: 码位倒置

```
1.b = dec2bin(x,N);          % 转化成二进制串
2.c = b(N: - 1:1);           % 位倒置
3. x = bin2dec(c);           % 转换回十进制数
```

MATLAB函数 *dec2bin* 将十进制值 x 转化为一个包含0和1的二进制字符串。第二步将字符串的元素倒置，第三步的 *bin2dec* 将位倒置的字符串转换回一个十进制的值。如果将算法4.1执行两次，就会得到初始的 x。也就是说，算法4.1是自己的逆算法。

用算法4.2来总结时间抽取法FFT。在第一步中通过调用算法4.1得到的码位倒置的输入向量。在第二步中执行 $rN/2$ 次蝶形算法，最后在第三步中将最终结果从 x 复制到 X。我们借助于图4.11来分析第二步。第二步包括了三个循环。最外一层循环执行了图4.11中从左到右的 r 次迭代。注意到每次迭代都的包括了成组的蝶形算法。在第二步中，s 是每个组中的距离，g 是组的个数，b 是每组中蝶形算法的个数。参数 b 同时也是蝶形算法的翼展。第二层循环执行了当前迭代的 g 组算法，第三层(即最内层)循环执行了每组中的 b 个蝶形算法。最内层循环的头三个等式计算权值 w 和蝶形算法的位置，后三个等式是按照式(4.4.9)计算蝶形算法的输出。

算法4.2：FFT

1. 调用算法4.1对输入矢量 x 进行排序。

2. For i=0 to r do　　%迭代

{

(a) 计算

$s=2i$　　%组间距离

$g=N/s$　　%z组的个数

$b=s/2$　　%每组中蝶形算法的个数

(b) For $k=0$ to $g-1$ do

{

For $m=0$ *to* $b-1$ *do*

{

$$\theta=-2\pi mg/N$$

$$\omega=\cos(\theta)+\mathrm{j}\sin(\theta)$$

$$n=ks+m$$

$$y=\omega x(n+b)$$

$$x(n)=x(n)+y$$

$$x(n+b)=x(n)-2y$$

}

}

}

3. For $k=0$ to $N-1$ set $X(k)=x(k)$.

4.4.2 FFT计算量

尽管在FFT的推导过程中有一些细节需要注意，但所付出的代价是值得的。这是因为最终的结果是对于实际中所采取的 N 而言，算法的速度比 DFT 有着极大的提高。为了看出它到底快了多少，我们对图 4.11 进行分析。图中有 r 次迭代，每次迭代中有 $N/2$ 次蝶形算法。给定权值 W_N^i，式(4.4.9)中的蝶形计算需要一次复数相乘。因此，整个 FFT 需要 $rN/2$ 次复数相乘。由式(4.4.4)可得 FFT 的计算量为：

$$n_{\text{FFT}}=\frac{N\log_2(N)}{2}\ \text{FLOPs}, \tag{4.4.10}$$

所以 FFT 的算法是 $O(N\log_2(N))$阶的，而 DFT 的算法是 $O(N^2)$阶的。图 4.12 给出了当 $1\leqslant N\leqslant 256$ 时 DFT 和 FFT 所需 FLOP 次数的比较。从图中可以看出，甚至在 N 的取值范围不是很大的情况下，与 DFT 相比较，FFT 计算速度的提高量也是相当巨大的。在许多实际问题中，N 经常会有从 1024 到 8192 比较大的取值。当 $N=1024$ 时，DFT 需要 1.049×10^6 个 FLOP，而 FFT 只需要 5.12×10^3 个 FLOP。在这种情况下，FFT 的计算速度提高了 204.8 倍，或者说提高了两个数量级。

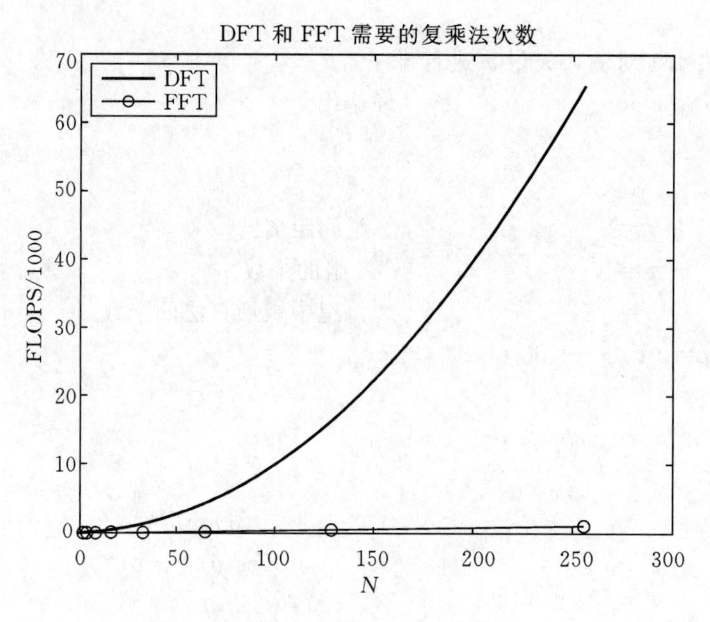

图 4.12　$1\leqslant N\leqslant 256$ 时 DFT 和 FFT 的计算量

有了高效率的 FFT 之后，就会有一些 DSP 应用。在这些应用中用来解决时域问题的最好方法就是使用以下步骤。

算法 4.3：时域问题

1. 使用 FFT 将时域问题转换到频域；
2. 在频域中解决问题；
3. 使用 IFFT 将频域中得到的结果转换回到时域。

回忆一下逆离散傅里叶变换或 IDFT 的表达式与 DFT 非常接近，即

$$x(k) = \frac{1}{N}\sum_{i=0}^{N-1} X(i) W_N^{-ki} \tag{4.4.11}$$

一种计算 IDFT 的方法就是修改算法 4.2，即增加一个输入参数来指定我们希望进行变换的方向：是正向还是反向。另外一种方法就是直接使用算法 4.2 本身，并不进行修改。在表 4.6 中，W_N 的共轭是 $W_N^* = W_N^{-1}$。因此我们可以重新将式(4.4.11)写成 FFT 的形式。

$$\begin{aligned} x(k) &= \frac{1}{N}\sum_{i=0}^{N-1} X(i) W_N^{-ki} = \frac{1}{N}\sum_{i=0}^{N-1} X(i)\ (W_N^{ki})^* \\ &= \frac{1}{N}\left(\sum_{i=0}^{N-1} X^*(i) W_N^{ki}\right)^* \\ &= \left(\frac{1}{N}\right) FFT^*\{X^*(i)\} \end{aligned} \tag{4.4.12}$$

于是我们就可以通过对 $X^*(i)$的 FFT 取复共轭并用 N 进行归一化的方法来计算 $X(i)$的 IFFT。这些步骤总结在下述的算法中。注意到这种方法利用了可以对实信号和复信号都可以进行 FFT 的特点。

算法 4.4：IFFT

1. For $k=0$ to $N-1$ set $x(k)=X^*(k)$
2. 调用算法 4.2 来计算 $X(i)=\text{FFT}\{x\{k\}\}$
3. For $k=0$ to $N-1$ set $x(k)=X^*(k)/N$

4.4.3　其它 FFT 实现方法

从图 4.11 中可以明显的看出上述实现的 FFT 有一个缺点。对于 FFT，点数 N 必须是 2 的整数次幂，而 DFT 则是对于所有的 $N \geqslant 1$ 都是适用的。在通常情况下这并不是一个严重的缺陷，这是因为用户可以自主地选择一个 N 值，也就是说在实验中自主地收集数据采样数。在一些情况下，可以对信号 $x(k)$进行补零使得信号的总长度成为 2 的整数次幂。由于 N 是 2 的整数次幂，算法 4.2 中 FFT 被称之为*以 2 为基数的* FFT。实际上 N 也可以是别的数，相应的得到其它版本的 FFT(Ingle and Proakis，2000)。这些版本的 FFT 的计算速度介于 DFT 和图 4.11 所示的以 2 为基数的 FFT 之间。

另一种与算法 4.2 所示的时间抽取 FFT 等效的算法是频率抽取 FFT(可以参照 *Schilling and Harris* 中的例子)。频率抽取法 FFT 将 $x(k)$分解成 $0 \leqslant k < N/2$ 和 $N/2 \leqslant k < N$ 两部分。它的合并规则是 $X(2i)=\text{DFT}\{a(k)\}$和 $X(2i+1)=\text{DFT}\{b(k)\}$，其中

$$a(k) = x(k) + x(k+N/2) \tag{4.4.13a}$$

$$b(k) = x(k) - x(k+N/2) W_N^k \tag{4.4.13b}$$

其它的处理过程和时间抽取法 FFT 是完全类似的，也包含了 $rN/2$ 次的蝶形算法。在这种情况下，是输出向量 $X(i)$的顺序被扰乱了，这也是频率抽取法叫法的由来。

MATLAB 函数

有一些简单易用的 MATLAB 函数来计算 FFT 和信号的频谱。

```
FFT: Compute a fast Fourier transform
%
% Usage:
%          X = fft(x,N);
% Pre:
%          x = vector of length M containing samples to be transformed
%          N = optional number of samples to transform, If N>M, x is
%            zero-padded with N - M samples. The spacing between
%            discrete frequencies is Delta_F = f_s/N;
% Post:
%          X = complex vector containing the DFT of x.
```

还有一个函数 x=ifft(X)来计算逆 FFT。一旦 FFT 得到了,幅度、相位和功率谱密度就很容易得到。回忆一下,FDSP 函数 *f_spec* 也可以用来做同样的事情。

```
x = fft(x,N);                  %用来计算 N 点的 FFT
A = abs(X);                    %求出频谱的幅度
phi = angle(X);                %求出频谱的相位
S = A.^2/N                     %功率谱密度
```

4.5 快速卷积和相关

本节我们同样考察因果有限长信号。FFT 为我们提供了一种非常有效去实现两种重要运算的途径。两种重要运算是卷积和相关。它们的基本思想是将问题使用 FFT 转换到频域,在频域运算,然后再用 IFFT 变换回时域。

4.5.1 快速卷积

假定 $h(k)$是一个 L 点信号。$x(k)$是一个 M 点信号。从式(2.7.6)可知,$h(k)$同 $x(k)$的线性卷积为

$$h(k) * x(k) = \sum_{i=0}^{L} h(i)x(k-i),\ 0 \leqslant k < L+M+1 \tag{4.5.1}$$

为了计算方便,可以利用第二章中最重要的结果:通过补零,有限长信号的线性卷积可以用圆周卷积来实现。

$$h(k) * x(k) = h_z(k) \circ x_z(k) \tag{4.5.2}$$

这里,$h_z(k)$为$h(k)$补$M+p$个零后的序列;$x_z(k)$为$x(k)$补$L+p$个零后的序列,其中$p\geqslant -1$。这样,$h_z(k)$和$x_z(k)$的共同长度为$N=M+L+p$。接下来,回忆表4.8中DFT的性质:

$$\mathrm{DFT}\{h_z(k) \circ x_z(k)\} = H_z(i)X_z(i) \tag{4.5.3}$$

由此,时域的圆周卷积通过DFT转换为频域的直接乘积。因此,一种实现圆周卷积的有效方法为:

$$h_z(k) \circ x_z(k) = \mathrm{IDFT}\{H_z(i)X_z(i)\},\ 0 \leqslant k < N \tag{4.5.4}$$

观察式(4.5.4),现在我们有了各种需要的工具来实现一种计算两个有限长信号线性卷积的实用高效的算法。现在我们需要让信号长度$N=M+L+p$为2的幂。既然对于任何$p\geqslant -1$,式(4.5.2)都成立,那么考虑如下的N:

$$N = \mathrm{nextpow2}(L+M-1) \tag{4.5.5}$$

这里MATLAB函数*nextpow*2找到不小于输入参数并且是2的整数幂次的最小值。因此,通过式(4.5.5)选择的N可以保证N是在满足条件$N\geqslant L+M-1$下的最小的2的整数幂。对这个N值,在计算$h_z(k)$和$x_z(k)$的DFT时候可以使用高效的2的整数幂的FFT。下面线性卷积的版本我们称之为*快速卷积*。

$$h(k) * x(k) = \mathrm{IFFT}\{H_z(i)X_z(i)\},0\leqslant k<L+M-1 \tag{4.5.6}$$

图4.13是实现快速卷积运算的框图。注意到它是算法4.3应用的一个例子,这类问题在频域会更有效地解决。尽管快速卷积包括的步骤很多,但是当N超过某个值时,快速卷积的效率远远高于直接计算线性卷积的效率。

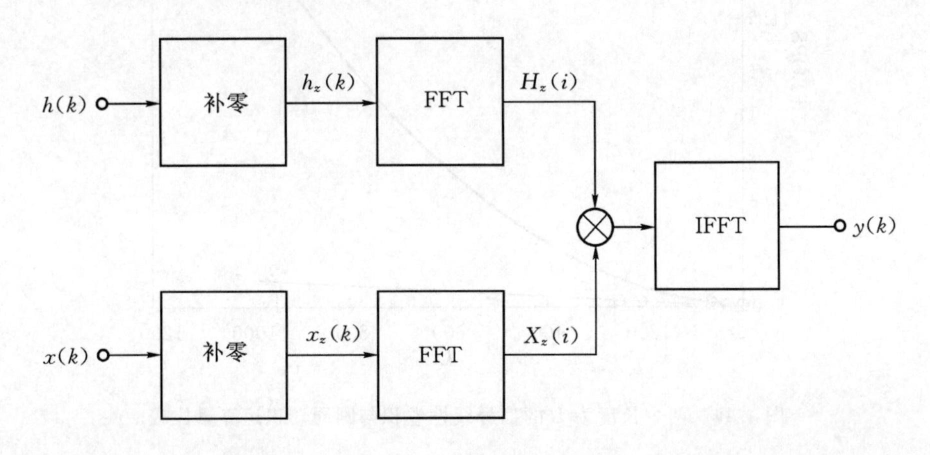

图4.13 快速线性卷积

计算复杂度

为了简化快速卷积运算量分析,我们假定信号$h(k)$和$x(k)$是长度为L的信号,并且L是2的整数幂。在这种情况下,通过补零使信号长度为$N=2L$时效率较高。根据式(4.4.10),图4.13中两个FFT运算各需要$(N/2)\log_2(N)$次复乘,同时快速傅里叶变换反变换(IFFT)需要$(N/2)\log_2(N)+1$次复乘。当$0\leqslant i<N$时$H_z(i)$和$X_z(i)$的乘积需要N次复乘。这样,整

个运算量为$(3N/2)\log_2(N)+N+1$次复乘。直接计算线性卷积并不涉及任复数运算，所以，为了使二者能有可比性，所以我们需要计算实乘的运算量。两个复数的乘积可以表述如下：

$$(a+jb)(c+jd)=ac-bd+j(ad+bc) \tag{4.5.7}$$

因此，每一个复数想乘需要四次实数相乘。由于$N=2L$，为了实现两个长度为L信号的快速线性卷积所需要的实数运算量如下(FLOPs表示实数相乘)：

$$n_{\text{fast}}=12L\log_2(2L)+8L+4\text{FLOPs} \tag{4.5.8}$$

接着，考虑直接进行线性卷积所需要的实数相乘的次数。假定在式(4.5.1)中我们令$M=L$，所需要的实数相乘的次数为

$$n_{\text{dir}}=2L^2\quad\text{FLOPs} \tag{4.5.9}$$

比较式(4.5.9)和式(4.5.8)，我们可以看到，对于L的值较小的时候，直接计算线性卷积快一些。然而，因为$2L^2$的增长速度大于$L\log_2(2L)$的增长速度，所以最终快速卷积将优于直接卷积。图4.14表示了信号长度$2\leqslant L\leqslant 1024$变化时，两个方法需要的实数相乘的次数。当$L\leqslant 32$时，二者的运算量基本相同。然而，当$L\geqslant 64$时，快速卷积明显好于直接线性卷积，并且随着$L$的增加，这种优势将变得更明显。

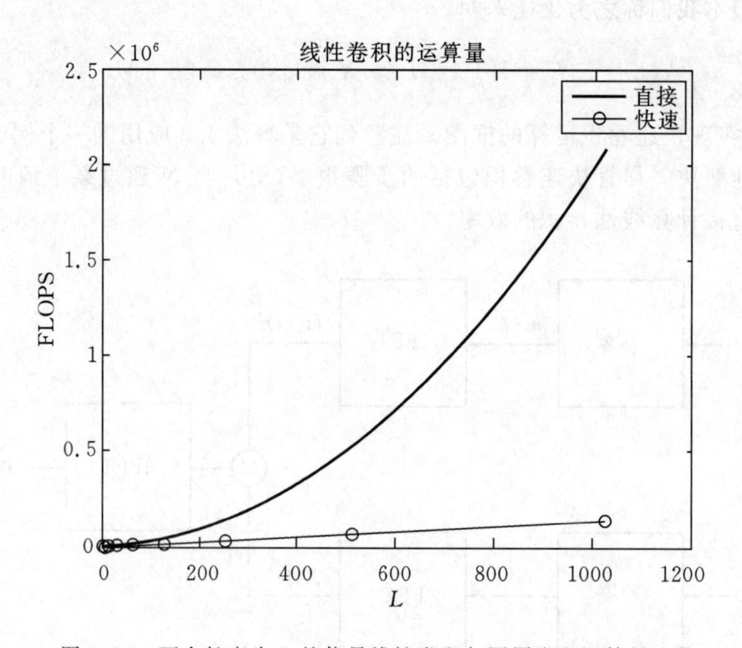

图4.14　两个长度为L的信号线性卷积与圆周卷积运算量比较

例4.8　快速卷积

为了说明快速卷积的使用方法，考虑传递函数如下的线性离散时间系统：

$$H(z)=\frac{0.98\sin(\pi/24)z}{z^2-1.96\cos(\pi/24)z+0.9604}$$

利用表3.2的Z变换对，可以得到这个系统的脉冲响应为

$$h(k)=0.98^k\sin(\pi k/24)\mu(k)$$

接着，假设系统由下面的指数阻尼正弦信号所激励。

$$x(k)=k^2\ (0.99)^k\cos(\pi k/48)\mu(k)$$

由于 $h(k)$ 和 $x(k)$ 都衰减到零，当 L 足够大的时候，我们可以将它们近似为 L 点的信号。通过运行 *exam4_8* 的程序可以得到系统的零状态响应。程序中用 $L=512$ 的快速卷积计算了 $h(k)$ 和 $x(k)$ 的线性卷积。图 4.15 画出了输入信号 $x(k)$ 和零状态响应 $y(k)$。在这种情况下，所需要的总的实数相乘运算次数为 $n_{fast}=4.67\times10^4$。而与此形成对比的是，直接线性卷积需要 $n_{dir}=5.24\times10^5$ 次实数计算，这相当于节省了 91.1%的计算量。

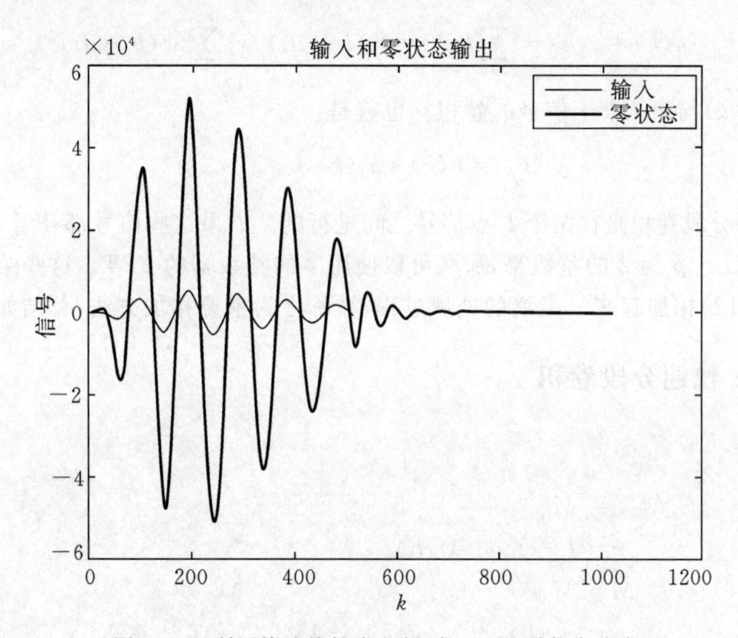

图 4.15　利用快速线性卷积得到 $x(k)$ 的零状态响应

4.5.2　快速分段卷积

基于 FFT 的高效卷积公式假定两个信号都是有限持续期。在一些应用中，输入信号 $x(k)$ 可能是连续的，或者是无限长持续期的。例如，输入信号可能代表来自麦克风的长语音信号。在这种情况下，输入信号的点数 M 将非常大，那么计算长度为 $N=L+M+p$ 的 FFT 可能是不切实际的。另一个潜在的障碍在于，直到所有的 N 点输入处理完之后滤波器才能输出采样点。

这种长输入信号所带来的困难可以通过一种叫分段卷积的技术来解决。假定脉冲响应包含 L 个点，输入信号包含 M 点 $(M\geqslant L)$。基本的思想是将输入信号分成长度为 L 的段。每一段都与点数为 L 的脉冲响应 $h(k)$ 相卷积。如果这些结果能够以合适的方式连接起来，那么原始的 $L+M-1$ 点卷积结果是可以恢复出来的。

为了观察这是如何实现的，首先注意到如果需要的话，可以给 $x(k)$ 补上 $L-1$ 个零使得补零后的序列 $x_z(k)$ 长度为 QL 且 $Q>1$。补零后的输入信号可以表述为 Q 段长度为 L 的序列之和，如下：

$$x_z(k) = \sum_{i=0}^{P-1} x_i(k-iL), 0 \leqslant k < M \tag{4.5.10}$$

这里 Q 段，或者说是长度为 L 的子信号，是用一个长度为 L 的窗从原始信号 $x(k)$ 中提取出来的

$$x_i(k) \triangleq \begin{cases} x(k+iL), & 0 \leqslant k < L \\ 0, & \text{其它} \end{cases} \tag{4.5.11}$$

子信号 $x_i(k)$ 是 $x(k)$ 的一部分，且起始于 $k=Li$，但是通过移位使其起始于 $k=0$。利用式(4.5.10)和(4.5.1)，$h(k)$ 和 $x(k)$ 的线性卷积如下：

$$h(k) * x(k) = \sum_{i=0}^{Q-1} h(k) * x_i(k-iL) = \sum_{i=0}^{Q-1} y_i(k-iL) \tag{4.5.12}$$

这里 $y_i(k)$ 是 $h(k)$ 与第 i 个子信号的卷积。也就是：

$$y_i(k) = h(k) * x_i(k), 0 \leqslant i < Q \tag{4.5.13}$$

式(4.5.13)中的分段卷积是在两个 L 点信号之间进行的。如果这些信号都补了 $L+P(p \geqslant -1)$ 个零且能够使 $2L+p$ 为 2 的整数幂，那么可以使用 2 的整数幂的 FFT。这些结果也必须平移且根据式(4.5.12)相加起来。最终的处理过程，被称之为重叠相加方法，总结如下。

算法 4.5：快速分段卷积

1. 计算

$$M_{\text{save}} = M$$
$$r = L - \text{mod}(M, L)$$
$$M = M + r$$
$$x_z = [x(0), \ldots, x(M_{\text{save}}-1), 0, \ldots, 0]^{\mathrm{T}} \in R^M$$
$$Q = \frac{M}{L}$$
$$N = 2^{\text{ceil}[\log_2(2L-1)]}$$
$$h_z = [h(0), \ldots, h(L-1), 0, \ldots, 0]^{\mathrm{T}} \in R^N$$
$$H_z = \text{FFT}\{h_z(k)\}$$
$$y_0 = [0, \ldots, 0]^{\mathrm{T}} \in R^{L(Q-1)+N}$$

2. For $i=0$ to $Q-1$ 计算

$$x_i(k) = x_z(k+iL), 0 \leqslant k < L$$
$$x_{iz}(k) = [x_i(0), \ldots, x_i(L-1), 0, \ldots, 0]^{\mathrm{T}} \in R^N$$
$$X_{iz}(i) = \text{FFT}\{x_{iz}(k)\}$$
$$y_i(k) = \text{IFFT}\{H_z(i) X_{iz}(i)\}$$
$$y_0(k) = y_0(k) + y_i(k-Li), Li \leqslant k < Li + 2N - 1$$

3. 令

$$y(k) = y_0(k), 0 \leqslant k < L + M_{\text{save}} - 1$$

在算法 4.5 的第一步中，输入信号采样点的原始个数是保存在 M_{save} 中的。如果 $\mathrm{mod}(M, L)>0$，那么 M 就不是 L 的整数倍。在这种情况下，信号 x 的尾部需要补 r 个零以使得 $x_z(k)$ 的长度 $M=QL$，其中整数 Q 代表分段数。接着计算 N，以便使补零后的 h 的长度满足 $N\geqslant 2L-1$ 且为 2 的整数幂。由于 H_z 只计算一次，因此也在第一步中完成。Q 个分段卷积运算在第二步中运算，利用 y_0 作为存储把这些结果覆盖相加。最后，在第三步中提取了 $y_0(k)$ 中有关的一部分。除了算法 4.5 中总结的重叠相加法，还有一个称为重叠保存法的分段卷积。有兴趣的读者可以参阅(Oppenheim et al.，1999)。

例 4.9　快速分段卷积

为了阐述快速分段卷积技术，假定脉冲响应为

$$h(k)=(0.8)^k\sin\left(\frac{\pi k}{4}\right), 0\leqslant k<12$$

这样，$L=12$。接着，令输入信号为均匀分布在$[-1,1]$内的白噪声构成。

$$x(k)=v(k), 0\leqslant k<70$$

在这种情况下，$M_{save}=70$。补零后的的采样点数为

$$M=M+[L-\mathrm{mod}(M,L)]=70+12-\mathrm{mod}(70,12)=82-10=72$$

因此，$Q=72/12$，且在 $x_z(k)$ 中有 6 段且长度都为 12。由于 h 和 x_i 都是长度为 L 的序列，h 和 x_i 补零后的最小长度为 $L+L+p(p\geqslant -1)$。我们可以通过下面的方法选择 $N=2L+p$ 使得其为 2 的幂。

$$q=\mathrm{nextpow2}(2L-1)=32$$

图 4.16 画出了脉冲响应 $h(k)$，补零后的输入 $x_z(k)$ 以及输出 $y(k)$。通过运行 *exam4_9* 我们

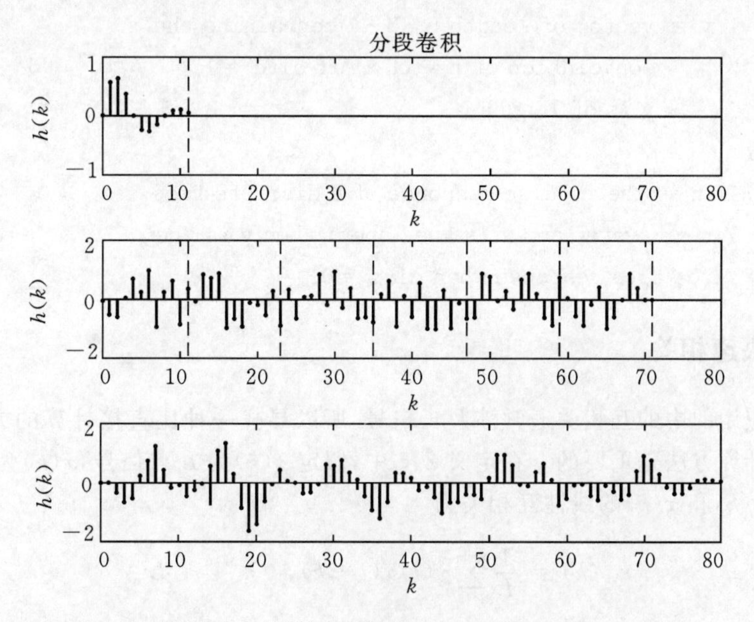

图 4.16　$h(k)$ 与 $x(k)$ 的分段卷积，$L=12$，$M=72$，$Q=6$，$N=32$

可以得到这些。补零后的输入被分为长度为 L 的 Q 段。*exam*4_9 中的程序也能直接计算卷积。两种方法的输出都在图 4.16 中，可以看出它们是相同的。对于这个例子，我们选择了一个合适的 M 值，比较容易体现分段卷积的优越性。

FDSP 函数

FDSP 工具箱包含了以下快速卷积和快速分段卷积的函数：

```
% F_CONV：        Fast linear or circular convolution
% F_BLOCKCONV：Fast linear block convolution
%
% Usage：
%           y = f_conv (h, x, circ);
%           y = f_blockconv (h,x);
% Pre：
%           h      = vector of length L containing pulse
%                    response signal
%           x      = vector of length M containing input signal
%           circ   = optional convolution type code (default：0)
%
%                    0  =  linear convolution
%                    1  =  circular convolution (requires M = L)
% Post：
%           y  =  vector of length L + M - 1 containing the
%                 convolution of h with x. If circ  = 1,
%                 y is of length L.
% Note：
%         If h is the impulse response of a discrete-time
%         linear system and x is the input, then y is the
%         zero-state response when circ  = 0.
```

4.5.3 快速相关

因为实际应用的中的互相关通常涉及长信号，所以寻找一种比直接计算的方法更为高效的线性互相关计算方法是重要的。在定义 2.5 中，假定 $y(k)$为 L 点信号，$x(k)$为 M 点信号且 $M \leqslant L$。那么，$y(k)$和 $x(k)$的线性互相关为

$$r_{yx}(k) = \frac{1}{L}\sum_{i=0}^{L-1} y(i)x(i-k),\ 0 \leqslant k < L \tag{4.5.14}$$

与卷积相同,线性互相关也可以使用补零的循环互相关来实现。特别地,根据表 2.4

$$r_{yx}(k) = \left(\frac{N}{L}\right)c_{y_z x_z}(k) \tag{4.5.15}$$

这里 $y_z(k)$是末尾补了 $M+p$ 个 0 的 $y(k)$。类似地,$x_z(k)$是末尾补了 $L+p$ 个 0 的 $x(k)$,其中 $p\geqslant -1$。这样,x_z和 y_z的长度都是 $N=L+M+p$。接下来回忆表 4.8 中的 DFT 性质:

$$\text{DFT}\{c_{y_z x_z}(k)\} = \frac{Y_z(i)X_z^*(i)}{N} \tag{4.5.16}$$

因此,一种有效计算循环互相关的方法为

$$c_{y_z x_z}(k) = \frac{\text{IDFT}\{Y_z(i)X_z^*(i)\}}{N} \tag{4.5.17}$$

为了将式(4.5.17)转化为一个更有效的实现,即基于 FFT,我们需要让 $N=L+M+p$ 是 2 的整数幂。既然式(4.5.15)对于任意的 $p\geqslant -1$ 都成立,考虑如下所定义的 N 值:

$$N = \text{nextpow2}(L+M-1) \tag{4.5.18}$$

对这样的 N 值,2 的整数幂的 FFT 可以取代 DFT。应用式(4.5.15)和式(4.5.17),我们可以得到如下基于算法 4.3 的线性互相关的高效实现形式,称之为:快速线性互相关:

$$r_{yx}(k)=\frac{\text{IFFT}\{Y_z(i)X_z^*(i)\}}{L},\quad 0\leqslant k<L \tag{4.5.19}$$

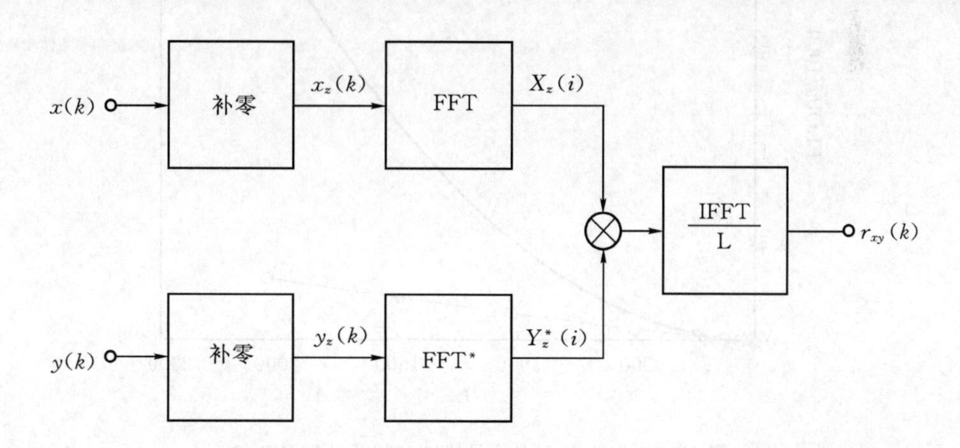

图 4.17 快速线性互相关

注意到式(4.5.6)中的快速卷积和式(4.5.19)中的快速相关很相似。唯一的不同之处就是 $Y_z(i)$被它的复共轭 $Y_z^*(i)$替代,并且最后的结果缩小 $1/L$ 倍,且只能在 $0\leqslant k<L$ 处取值。图 4.17 表示了快速相关运算的方框图。与快速卷积相同的是,在 L 超过一定值时,快速相关的效率远远高于利用定义(4.5.14)直接计算互相关。

计算量

分析快速相关的计算量与分析快速卷积时相似。为了简化分析,假设 $x(k)$和 $y(k)$都是

长度为 L 的信号，且长度都为 2 的整数幂。从式(4.5.18)可以看出，补零到长度为 $N=2L$ 更为有效。如果我们使用与卷积相同的分析方法，两个长度为 L 的信号的快速线性互相关所需要的实数 FLOP 如下：

$$n_{\text{fast}} = 12L\log_2(2L) + 8L + 6\text{FLOPs} \tag{4.5.20}$$

接着，考虑直接计算线性互相关所需要的实数计算量。直接使用式(4.5.14)，将需要 L^2+L 次乘法。然而，因为 $x(k)$ 是因果的，所以式(4.5.14)中的下限可以用 $i=k$ 来替代 。那么实乘计算量将大约减少一半

$$n_{\text{dir}} = \frac{L^2}{2} + L\ \text{FLOPs} \tag{4.5.21}$$

比较式(4.5.21)和式(4.5.20)，我们在一次看到，L 值较小时，直接计算线性互相关更快一些。然而，因为 L^2 的增长速度大于 $L\log_2(2L)$ 的增长速度，所以最终快速互相关将优于直接互相关。两种方法在 $2\leqslant L\leqslant 2048$ 内所需要的实数 FLOP 数量绘制于图 4.18 中。两种方法在 $L=256$ 处所需要的实数 FLOP 数量差不多相同。然而，当信号长度 $L\geqslant 256$ 时，快速线性互相关明显优于直接线性互相关，并且，随着 L 的增加，优势更加明显。

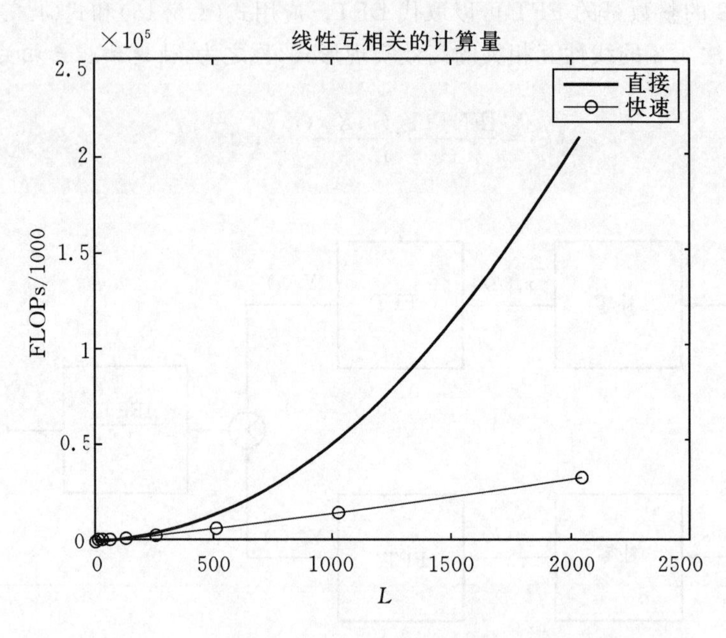

图 4.18 与两个 L 点信号线性互相关计算量比较

例 4.10 快速线性相关

为了说明如何使用快速相关，令 $L=1024$ 且 $M=512$，考虑下面一对信号，其中 $v(k)$ 是均匀分布在区间[−1,1]内的白噪声。

$$x(k)=\frac{3k}{M}\exp\left(\frac{-4k}{M}\right)\sin\left(\frac{5\pi k^2}{M}\right),\ 0\leqslant k<M$$

$$y(k)=x_z(k-p)+v(k),\ 0\leqslant k<L$$

我们取 $y(k)$ 为多频鸟声信号，这是因为随着 sin 项中的 k^2 因子的不同，信号有一系列不同

的频率。这里 $x_z(k)$ 代表 $x(k)$ 的补零后的信号。那么 $x_z(k-p)$ 只是将 $x(k)$ 向右移动 p 个采样点。在这个例子中，$p=279$。通过运行 *exam*4_10 所绘制的两个信号如图 4.19 所示。我们也计算了 $x(k)$ 和 $y(k)$ 的归一化线性互相关，表示在图 4.20 中。观察到相关的峰值与预料的相同，出现在 $\rho_{yx}(279)=0.173$。这表明互相关成功地检测和辨识了鸟声信号 $x(k)$ 在 $y(k)$ 中的位置。在这种情况下，快速互相关所需要的实乘数量为 $n_{fast}=1.02\times10^5$。而与其形成对比的是，利用定义(4.5.14)直接计算的话，需要 $n_{dir}=5.24\times10^5$ 次实乘。这说明计算量节省了 80.6%。

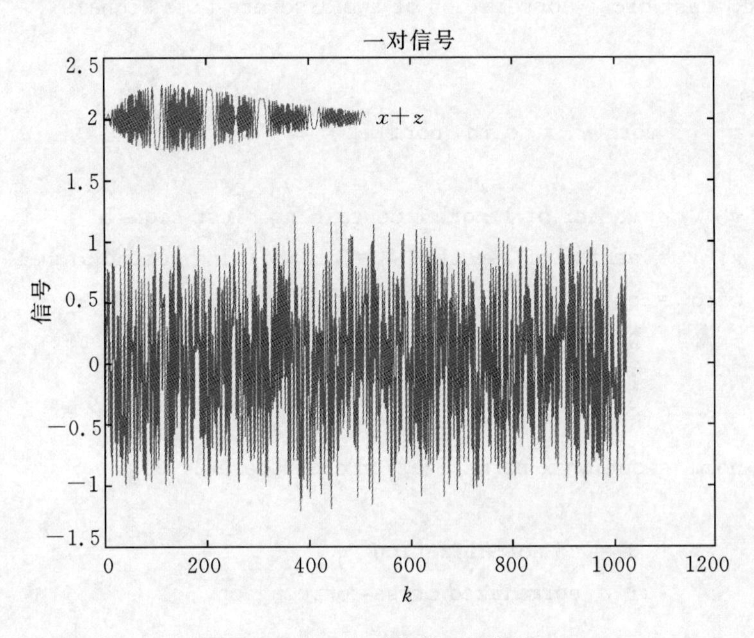

图 4.19　一对离散时间信号

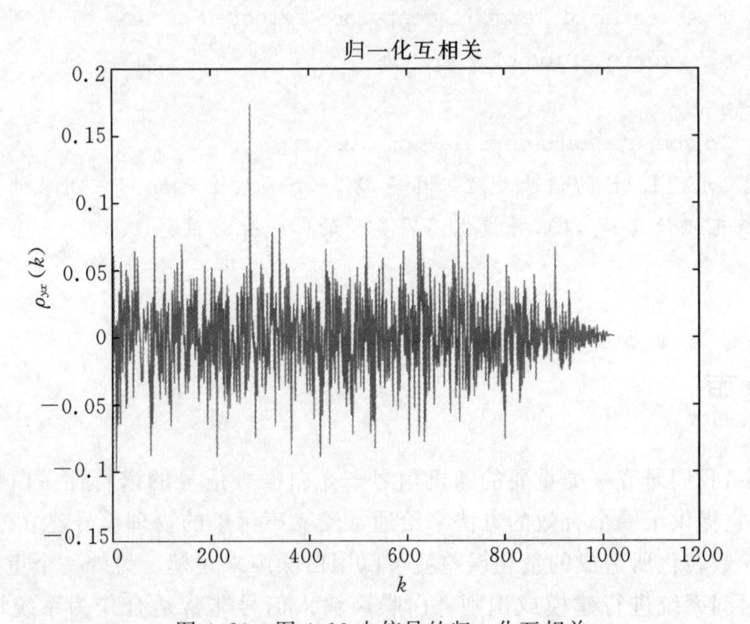

图 4.20　图 4.19 中信号的归一化互相关

FDSP 函数

FDSP 工具箱包括了如下的计算快速线性相关和循环相关的函数：

```
% F_CORR：Fast cross-correlation of two discrete-time signals
%
% Usage：
%       r = f_corr(y, x, circ, norm)
% Pre：
%       y    = vector of length L containing first signal
%       x    = vector of length M <= L containing second signal
%       circ = optional correlation type code (default 0)：……
%              0 = linear correlation
%              1 = circular correlation
%
%       norm = optional normalization code (default 0)：
%
%              0 = no normalization
%              1 = normalized cross-correlation
% Post：
%       r = vector of length L contained selected cross-
%           correlation of y with x.
% Notes：
%       To compute auto-correlation use x = y.
```

如果安装了 MATLAB 的信号处理工具箱，有一个函数 *x_corr* 可以用来计算互相关。它对正的负的 k 都可以计算 $r_{yx}(k)$，并提供不同类型的归一化方法。

4.6 白噪声

在这小节中，我们研究一类重要的随机信号——白噪声信号的谱特性。白噪声信号是非常有用的，因为它提供了一个有效的方法来给通常受噪声污染的物理信号建立模型。比如说，有限精度的模－数转化所造成的量化误差就可以用白噪声来建模。另外一个重要的应用场合是对线性离散时间系统进行建模或识别。白噪声输入信号非常适合作为系统识别的检验信号，因为它在所有频率上都有功率，这可以用来激励被研究系统的所有本征模式。

4.6.1　均匀白噪声

假设 x 是一个在$[a, b]$区间中的随机变量。如果 x 取各个值的概率都相等，那么我们就说 x 在区间$[a, b]$中均匀分布。一个均匀分布的随机变量可以用如下的概率密度函数来描述：

$$p(k)=\begin{cases}\dfrac{1}{b-a}, & a\leqslant x\leqslant b\\ 0, & 其它\end{cases} \tag{4.6.1}$$

图4.21给出了一个均匀概率密度函数的图示，这里$[a, b]=[-3, 7]$。注意概率密度函数曲线下的面积始终为1。对于任意的概率密度函数，随机变量 x 处于区间$[c, d]$中的概率可以用下式来计算：

$$P_{[c,d]}=\int_c^d p(x)\mathrm{d}x \tag{4.6.2}$$

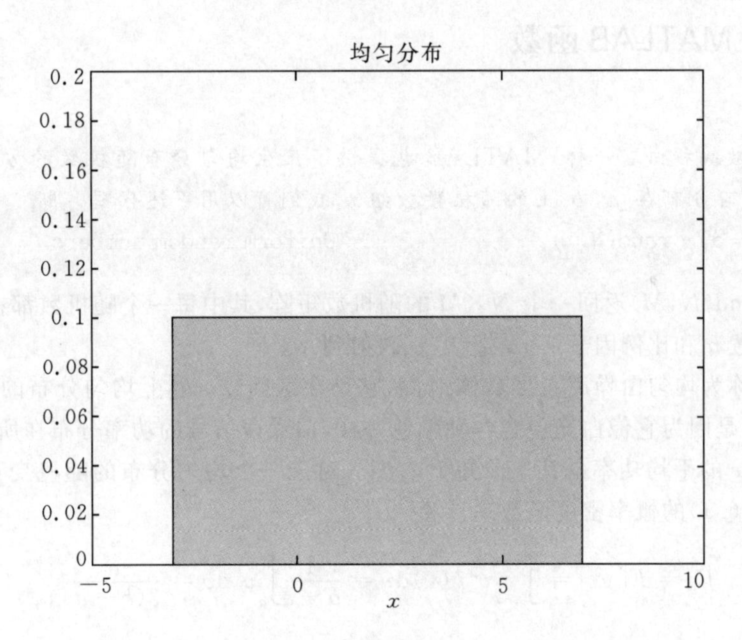

图4.21　均匀分布概率密度函数，其中$[a, b]=[-3, 7]$

随机数可以用它们的统计特性来描述。为了定义统计特性，如下的操作是非常有用的。

定义4.3　期望

假设 x 为一个概率密度为 $p(x)$ 的随机变量，那么 $f(x)$ 的期望值 $E[f(x)]$ 定义为

$$E[f(x)]\triangleq\int_{-\infty}^{\infty}f(x)p(x)\mathrm{d}x$$

注意到对于均匀加权，$f(x)$的期望值可以被解释为 $f(x)$在$[a, b]$上的均值。更一般地，期望

值代表了使用权重 $p(x)$ 的一个加权平均。定义了期望值后，x 的 k 阶矩定义为 $E[x^k]$，$k\geqslant 1$。也就是说，k 阶矩其实就是多项式 x^k 的期望值。最基本的矩就是1阶矩，通常称之为 x 的均值。

$$\mu \triangleq E[x] \tag{4.6.3}$$

均值 μ 是对随机变量的分布求平均。对于在区间 $[a, b]$ 内均匀分布的随机变量，直接应用定义4.3可得均值为 $\mu=(a+b)/2$。

一旦均值确定后，我们就可以计算出关于矩的第二个集合，即中心矩。k 阶中心矩定义为 $E[(x-\mu)^k]$。中心矩表明了 x 在均值附近的分布情况。第一个非零中心矩是二阶中心矩，称之为 x 的方差。

$$\sigma^2 \triangleq E[(x-\mu)^2] \tag{4.6.4}$$

方差 σ^2 是随机变量关于均值扩展的一个测度。它的平方根 σ 叫做 x 的标准差。

MATLAB函数

同绝大多数编程语言一样，MATLAB也提供了产生均匀分布随机数的方法。为了产生一个含 N 个均匀分布在 $[a, b]$ 上的随机数数组 v，我们可以用下述代码片断。

```
V = a + (b - a) * rand(N,1);                % Uniform random numbers
```

一般地，rand(N,M) 返回一个 $N\times M$ 的随机数矩阵，其中每一个随机数都在 $[0,1]$ 区间内均匀分布。偏置 a 和比例因子 $b-a$ 把 $[0,1]$ 映射到 $[a, b]$。

信号 v 被称为均匀白噪声。更具体地说，它是在区间 $[a, b]$ 上均匀分布的白噪声。之所以称之为“白”，是因为它像白光包含各种颜色一样，白噪声信号的功率分布在所有频率上。

随机变量 x 的平均功率是其二阶矩 $E[x^2]$。对于一个均匀分布的随机变量 v，可以用定义4.3和式(4.6.1)的概率密度函数来计算。

$$P_v = E[v^2] = \int_{-\infty}^{\infty} v^2 p(v)\mathrm{d}v = \frac{1}{b-a}\int_a^b v^2\mathrm{d}v = \frac{v^3}{3(b-a)}\Bigg|_a^b \tag{4.6.5}$$

因此在区间 $[a, b]$ 均匀分布的白噪声信号的平均功率为

$$P_v=\frac{b^3-a^3}{3(b-a)} \tag{4.6.6}$$

对特殊情况 $[a, b]=[-c, c]$，此时有 $P_v=c^2/3$。为方便参考，这些结果被总结在附录2中。回想到式(4.3.18)中对于功率谱密度的定义，$S_x(i)=|X(i)|^2$ 表明了在频率 $f_i=if_s/N$ 处的功率值。可以从下面的例子可以看出，一个白噪声信号功率谱密度是平坦的。

例4.11 均匀白噪声

假设 $a=-5$，$b=5$，$N=512$。于是根据式(4.6.6)，白噪声信号 $v(k)$ 的平均功率是

$$P_v=\frac{5^3-(-5)^3}{3(5-(-5))}=\frac{250}{30}=8.333$$

运行 *exam*4_11 就可以得到一个均匀分布的白噪声信号及其功率谱密度。图 4.22 给出了当 $0 \leqslant k < N$时信号 $v(k)$的波形，图 4.23 给出了当 $0 \leqslant i < N/2$ 时对应的功率谱密度 $S_v(i)$。注意一下功率谱的样子，粗粗地看，它是平坦的而且不为零，这表明在整个 $N/2$ 个离散频率上都有功率。我们将在后面的小节中讨论为什么由图 4.22 中信号计算得到的功率谱密度是不平坦的，届时我们将介绍一个更平滑的估计功率谱密度的方法。

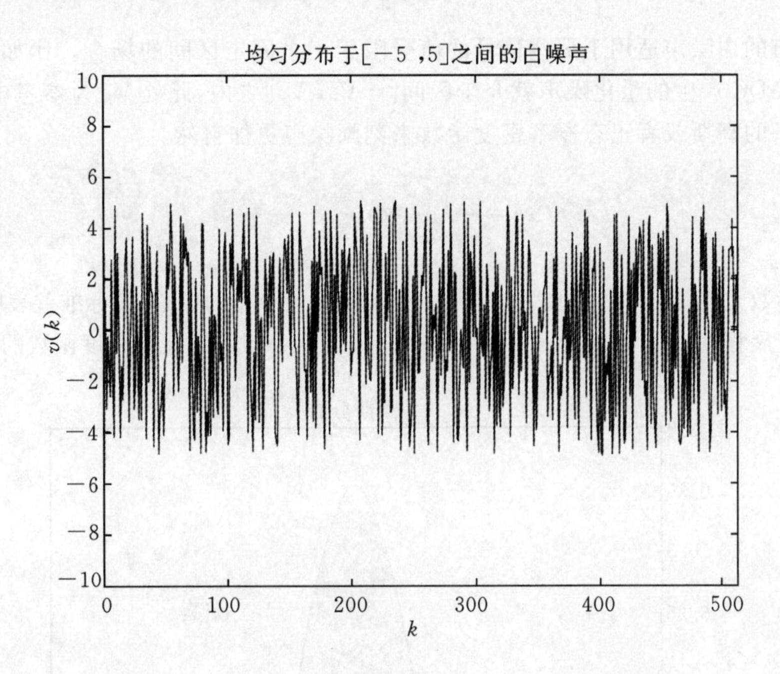

图 4.22　$N=512$ 时，均匀分布于[－5,5]之间的白噪声

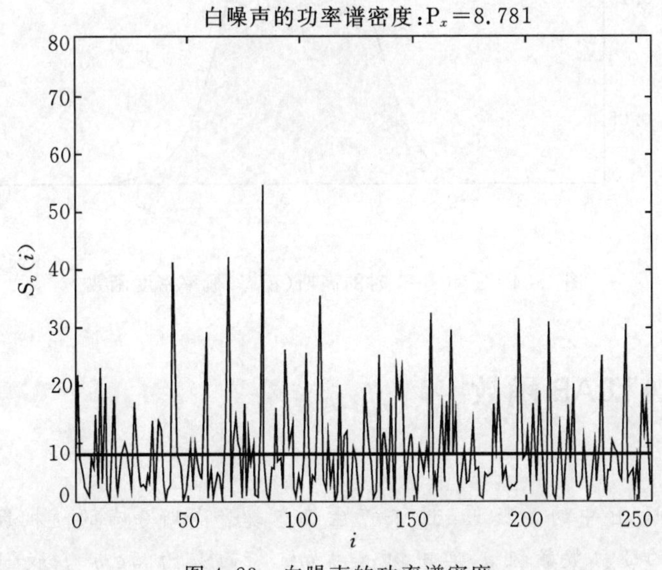

图 4.23　白噪声的功率谱密度

图 4.23 中的水平线表明了根据式(4.6.6)所得到的理论平均功率 P_v。信号 $x(k)$精确的平均功率可以直接由比较计算得来。应用式(4.3.40)中的时域表达式可得：

$$P_v = \frac{1}{N}\sum_{i=0}^{N-1} v^2(k) = 8.781$$

当信号长度 N 增加的时候,实际平均功率 P_V 和理论平均功率 P_v 之间的差异将逐渐减小。

4.6.2 高斯白噪声

均匀分布的白噪声适用于那些信号的值受限于一个固定区间的场合。比如说,一个由双极性 n 比特 ADC 产生的量化噪声就介于区间$[-V_r, V_r]$之内,此处 V_r 为参考电压。其他的场合使用如下的高斯或者正态概率密度函数来刻画噪声更加自然。

$$p(x)=\frac{1}{\sigma\sqrt{2\pi}}\exp\left[\frac{-(x-\mu)^2}{\sigma^2}\right] \tag{4.6.7}$$

式中的两个参数是均值 μ 和标准差 σ。均值表明了随机值分布的中心,而标准差表明了随机值与其均值之间扩展程度。图 4.24 给出了 $\mu=0$ 和 $\sigma=1$ 时正态或高斯概率密度函数的钟形图。

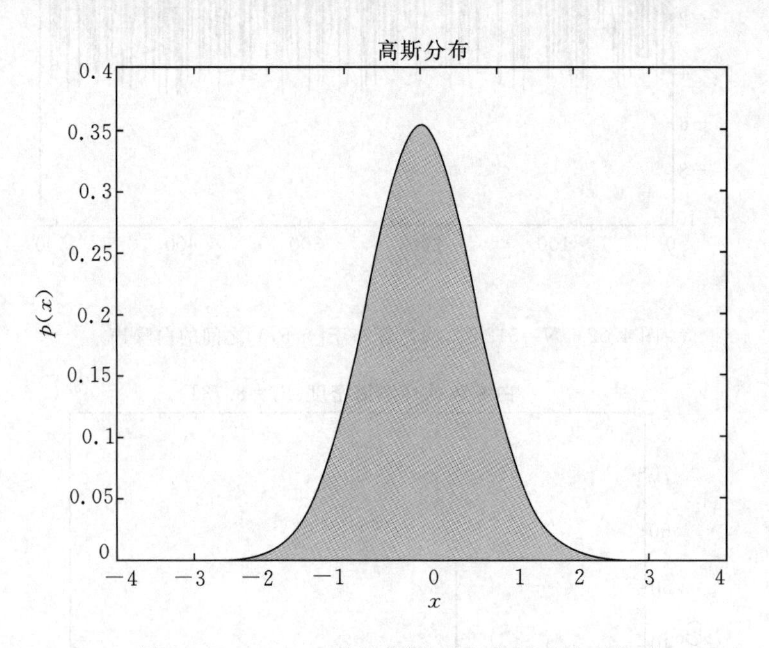

图 4.24 $\mu=0\sigma=1$ 时的高斯(正态)概率密度函数

MATLAB 函数

可以用 MATLAB 中的函数 randn 来产生正态或者高斯分布的随机数。为了产生一个含 N 个高斯分布的随机数数组 v,其中均值为 mu,标准差为 $sigma$。我们可以用下述代码片断。

```
v = mu + sigma * randn(N,1);          % Gaussian random numbers
```

一般地，randn(N,M)返回一个 $N\times M$ 的随机数矩阵，其中每一个随机数都是0均值和标准差为1的正态或者高斯分布的。偏置 *mu* 和比例因子 *sigma* 将它映射到需要的均值和标准差。

随机变量 v 被称之为均值为 μ 方差为 σ 的高斯白噪声。之所以被称为白噪声是因为 $v(k)$ 的功率包含了所有频率分量。后面我们将看到如何对其进行滤波以产生有色噪声。

对于一个高斯随机变量 v，可以用式(4.6.7)中的概率密度函数来计算它的功率 $E[v^2]$。为简化计算，我们将注意力集中在噪声均值为零的重要特例上。使用积分表(Dwight，1961)，我们有

$$\begin{aligned} P_v &= E[v^2] \\ &= \int_{-\infty}^{\infty} v^2 p(v)\mathrm{d}v \\ &= \frac{2}{\sigma\sqrt{2\pi}}\int_0^{\infty} v^2 \exp\left(\frac{-v^2}{2\sigma^2}\right)\mathrm{d}v,\ \mu = 0 \\ &= \frac{2}{\sigma\sqrt{2\pi}}\left(\frac{\sqrt{8\pi}\sigma^3}{4}\right) \end{aligned} \tag{4.6.8}$$

因此当 N 较大时，零均值、方差为 σ 高斯白噪声的平均功率就是 σ^2：

$$p_v = \sigma^2 \tag{4.6.9}$$

例 4.12　高斯白噪声

考虑如下由输入频率为 F_1 和 F_2 的AM混频器产生的连续时间周期信号。

$$x_a(t) = \sin(2\pi F_1 t)\cos(2\pi F_2 t)$$

从附录2的三角恒等式中得知，两个正弦信号相乘产生和信号和差信号。

$$x_a(t) = \frac{\sin[2\pi(F_1+F_2)t] + \sin[2\pi(F_1-F_2)t]}{2}$$

假设 $F_1=300$ Hz，$F_2=100$ Hz，$x_a(t)$ 被均值为零、标准差为 $\sigma=0.8$ 的加性高斯噪声 $v(k)$ 所污染。如果对其进行频率为 $f_s=1$ kHz的采样，采样长度 $N=1024$，相应的离散时间信号为

$$x(k) = \sin(0.3\pi k)\cos(0.1\pi k) + v(k),\ 0\leqslant k\leqslant N$$

根据式(4.6.9)，噪声项的平均功率为

$$P_v = 0.64$$

可以运行 *exam4_12* 来获得信号 $x(k)$ 及其功率谱密度 $S_x(i)$。图4.25给出了噪声污染时间信号的1/4个周期，图4.26给出了其功率谱密度。注意到由于噪声的存在，要从图4.25的时间曲线中分辨出信号 $x(k)$ 包含了一个周期分量是相当困难的。然而，在功率谱曲线图4.26中，和频率 $F_1+F_2=400$ Hz和差频率 $F_1-F_2=200$ Hz处的两个谱分量是非常明显的：在相应的位置处有两个尖峰。图4.26中的高斯白噪声也是很明显的，它们分布在所有频率分量上，且功率很小。

图4.26中功率密度谱曲线使用了独立的变量 $f=if_s/N$ 而不是 i，这是为了更方便地在

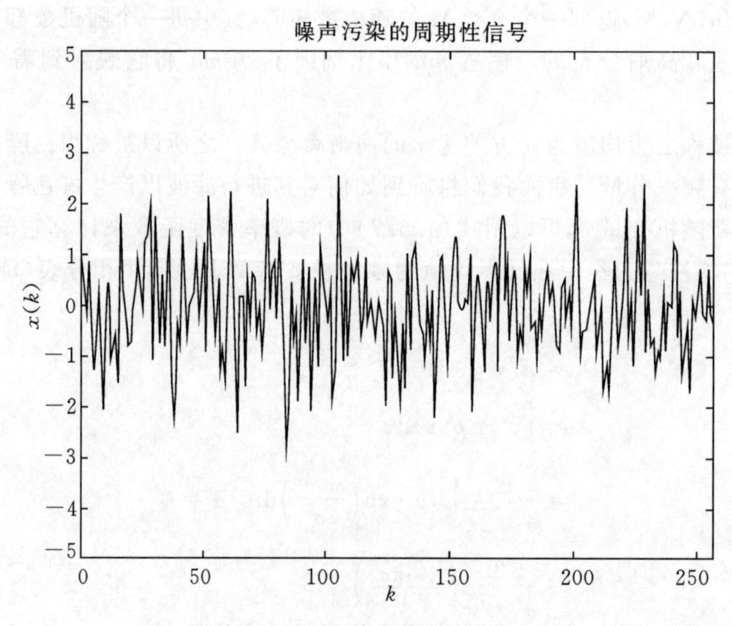

图 4.25 被零均值高斯白噪声污染的周期性信号

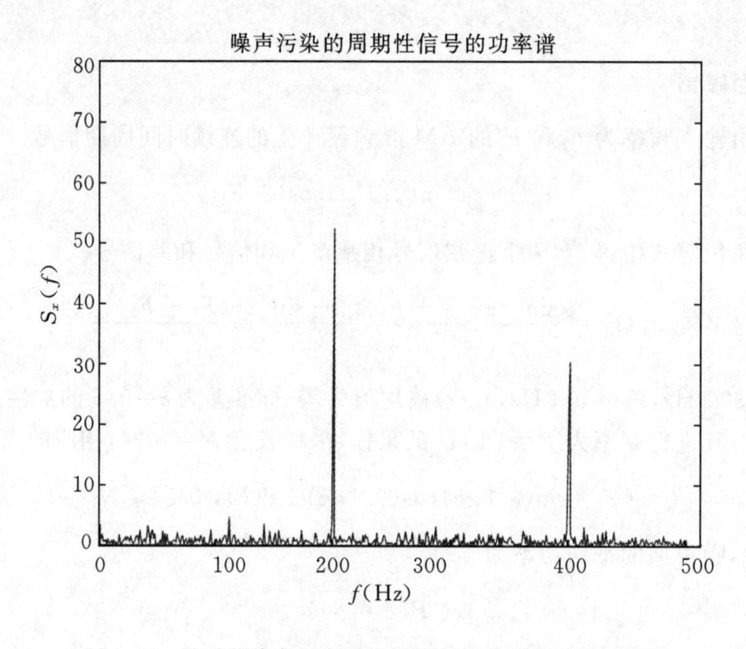

图 4.26 被零均值高斯白噪声污染的周期性信号的功率谱

频域中进行解释。因此该图的纵横坐标分别是 $S_X(f)-f$ 而不是 $S_X(i)-i$。

FDSP 函数

为便于读者使用，FDSP 工具箱包含了下述的函数以产生均匀分布和高斯分布的白噪声信号。

```
% F_RANDINIT: Initialize the random number generator
% F_RANDU: Generate uniform random numbers
% F_RANDG: Generate Gaussian random numbers
%
% Usage:
%           f_randinit (seed)
%       A = f_randu (m, n, a, b);
%       A = f_randg (m, n, mu, sigma);
% Pre:
%       seed    = nonnegative integer. Each seed produces a
%                 different pseudo-random sequence.
%       m       = number of rows
%       n       = number of columns
%       a       = lower limit for the uniform distribution
%       b       = upper limit for the uniform distribution
%       mu      = mean of the Gaussian distribution
%       sigma   = standard deviation of the Gaussian distribution
% Post:
%       A       = m by n matrix of random numbers
```

在调用 *f_randu* 和 *f_randg* 之前，可以使用 MATLAB 函数 *rand* 来控制后续即将产生的随机数序列。

```
rand ('state',s)              % Initialize random number generator
```

当使用'state'为 *rand* 的第一个参数时，第二个参数是一个整数 s 来表述随机数产生器的初始状态。默认的状态 $s=0$。每个 $s\geqslant 0$ 将产生一个不同的伪随机序列。

4.7　自相关

在本节中，我们使用相关技术来处理噪声污染的信号。回忆一下，一个信号和自己的相关被称为自相关。下面我们考虑圆周自相关的情况。

定义 4.4 圆周自相关

设 $x(k)$ 是一个长度为 N 的信号，$x_p(k)$是它的周期延拓。$x(k)$的圆周自相关运算表示为 $c_{xx}(k)$，并定义为

$$c_{xx}(k) \triangleq \frac{1}{N}\sum_{i=k}^{n-1} x(i)x_p(i-k), \quad 0 \leqslant k \leqslant N$$

正如记号所暗示的那样，自相关就是互相关在 $y=x$ 时的特殊情况。既然 $x_p(0) = x(0)$，从定义 4.4 中可知，当 $k=0$ 时，圆周自相关就是 $x(k)$的平均能量。因此，平均能量可以用圆周自相关函数表示如下：

$$P_x = c_{xx}(0) \tag{4.7.1}$$

与互相关函数相同、自相关函数也可以被归一化。从式(4.7.1)中可以看出，归一化的圆周自相关 $\sigma_{xx}(k)$，可以被表示成

$$\sigma_{xx}(k) = \frac{c_{xx}(k)}{P_x}, \ 0 \leqslant k < N \tag{4.7.2}$$

观察(4.7.1)，可以看出 $\sigma_{xx}(0)=1$。既然$|\sigma_{xx}(k) \leqslant 1|$，这就意味着归一圆周自相关总是在 $k=0$ 时达到峰值。

4.7.1 白噪声的自相关

白噪声有特别简单的自相关。为了看出这一点，令 $v(k)$是一个均值为 $\mu=0$ 长度为 N 的随机白噪声。回顾一下，随机信号的均值就是这个信号的期望值，$E[v(k)]$。如果这个信号有各态历经性，那么函数 $f\{v(k)\}$的期望值可以近似的用简单时间平均代替总体时间均值（取决于概率密度）如下：

$$E[f\{v(k)\}] \approx \frac{1}{N}\sum_{k=0}^{N-1} f\{v(k)\} \tag{4.7.3}$$

根据定义 4.4，$v(k)$的圆周自相关可以被表示成如下期望值：

$$c_{vv}(k) = \frac{1}{N}\sum_{i=0}^{N-1} v(i)v_p(i-k) \approx E[v(i)v_p(i-k)] \tag{4.7.4}$$

随机白噪声的采样是统计独立的。对于统计独立的随机变量，乘积的均值等于均值的乘积。由于信号 $v(i)$均值为 0，这就意味着当 $k \neq 0$ 时，有

$$c_{vv}(k) \approx E[v(i)v_p(i-k)] = E[v(i)]E[v_p(i-k)] = 0, \ k \neq 0 \tag{4.7.5}$$

当两个信号统计独立并且至少有一个信号是零均值的时候，它们乘积的期望是 0。此时我们说这两个信号是不相关的。

在 $k=0$ 的情况下，有 $c_{vv}(0)=P_v$，P_v 是 $v(k)$的平均能量。结合这两种情况，我们推断均值为 0 的白噪声和平均能量 P_v 的圆周自相关可以被表示为

$$c_{vv}(k) \approx P_v\delta(k), \ 0 \leqslant k < N \tag{4.7.6}$$

因此，0 均值白噪声的圆周自相关可以简单被表示成一个在 $k=0$ 时的冲激 P_v。随着 N 的增

大，式(4.7.6)中的近似越准确。同样的，式(4.7.6)也可以近似的表示线性自相关，结果是相同的。那么，当 $N \gg 1$ 时，均值为 0 的白噪声的线性自相关可以被近似表示为

$$r_{vv}(k) \approx P_v \delta(k),\ 0 \leqslant k \leqslant N \tag{4.7.7}$$

为了通过数字方法来验证式(4.7.7)，设 $v(k)$ 是一个均值 $\mu=0$，标准差 $\sigma=1$ 的高斯白噪声。图 4.27 表示的是 $N=1024$ 时的归一化线性自相关。因为自相关是归一化的，理论的结果应该是 $\rho_{vv}(k)=\delta(k)$。当使用圆周自相关时，唯一的区别是 k 值较大时 $\sigma_{vv}(k)$ 所对应的拖尾并没有变窄。

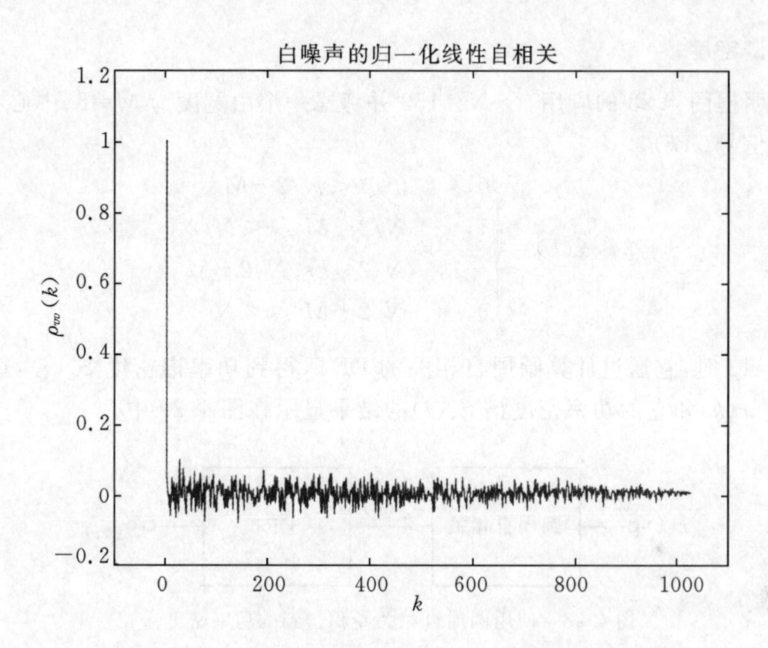

图 4.27　零均值高斯白噪声的归一化线性自相关

4.7.2　功率谱密度

功率谱密度和圆周自相关间有着简单而优雅的关系。回顾一下，功率谱密度给出了能量在离散频率上的分布。对于一个 N 点的信号 $x(k)$，功率谱密度可以表示如下，其中 $X(i)$ 是 $x(k)$ 的 DFT：

$$S_x(i) \triangleq \frac{|X(i)|^2}{N},\ 0 \leqslant i < N \tag{4.7.8}$$

为了确定 $S_x(i)$ 和 $c_{xx}(k)$ 的关系，我们使用表 4.8 列出的 DFT 的互相关特性，并令 $y=x$。计算 $c_{xx}(k)$ 的 DFT，我们有

$$C_{xx}(i) = \mathrm{DFT}\{c_{xx}(k)\} = \frac{X(i)X^*(i)}{N} = \frac{|X(i)|^2}{N},\ 0 \leqslant i < N \tag{4.7.9}$$

比较式(4.7.9)和式(4.7.8)，可以得出功率密度谱的另一个公式如下：

$$S_x(i) = C_{xx}(i),\ 0 \leqslant i < N \tag{4.7.10}$$

因此，$x(k)$ 的圆周自相关的 DFT 即为功率谱密度。这就是 DFT 版本的维纳-辛钦定理，它在

表 4.8 中也被列为 DFT 的一个性质。在图 4.28 中使用框图解释了维纳-辛钦定理。

把(4.7.10)式用于白噪声同样有用。假设 $v(k)$均值为 0,平均能量为 p_v。使用式(4.7.6)和式(4.7.10),有

$$S_v(i)=C_{vv}(i)\approx \mathrm{DFT}\{P_v\delta(x)\}=P_v \tag{4.7.11}$$

因此,均值为 0、平均功率为 P_v 的白噪声有平坦的功率谱密度,并且这个功率谱密度等于 P_v。正是这个原因,我们认为把噪声称为白的,因为它在所有频率上都有功率,就像白光包含所有颜色一样。

例 4.13 功率谱密度

为举例说明框图 4.28 的应用,令 $N=152$ 并考虑一个由宽度为 $M=8$、中心在 $k=N/2$ 的双脉冲构成的信号 $x(k)$。

$$x(k)=\begin{cases}0, & 0\leqslant k<N/2-M\\ 1, & N/2-M\leqslant k<N/2\\ -1, & N/2\leqslant k<N/2+M\\ 0, & N/2+M\leqslant k<N\end{cases}$$

当运行 *exam*4_13 时,它通过计算圆周自相关的 DFT,得到功率谱密度 $S_x(i)$,这个过程表示在图 4.28 中。$x(k)$和它的功率密度谱 $S_x(i)$的结果显示在图 4.29 中。

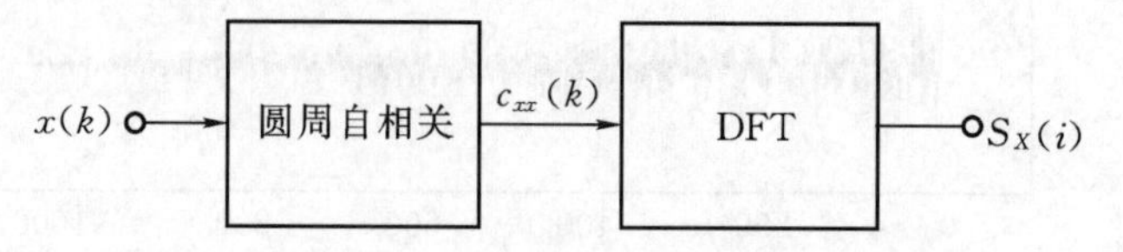

图 4.28 使用圆周自相关卷积得到的功率密度谱

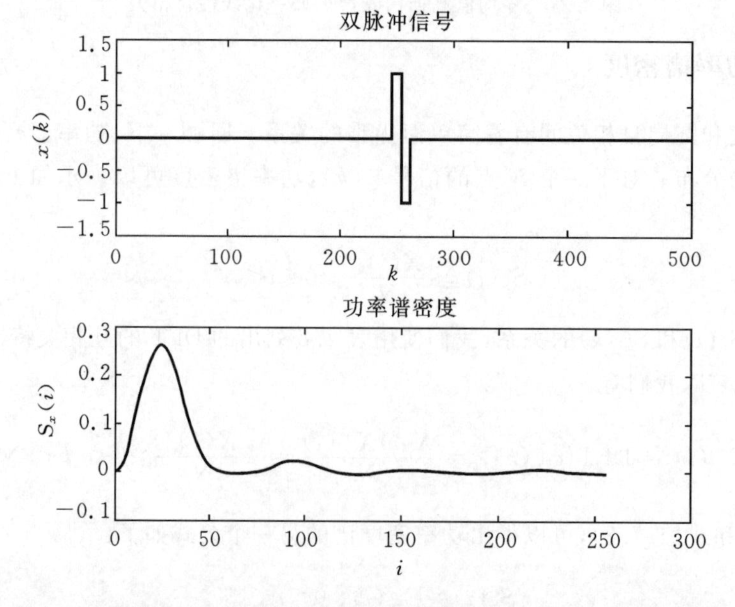

图 4.29 宽度为 8 的双脉冲信号通过圆周自相关卷积得到的功率谱密度

4.7.3　从噪声中提取出周期信号

实际中的信号总是被噪声污染。设 $x(k)$是一个周期为 M 的周期信号。我们可以构造一个 $x(k)$的含噪信号如下：

$$y(k) = x(k) + v(k),\ 0 \leqslant k < N \tag{4.7.12}$$

这里的 $v(k)$代表均值为 0 的加性白噪声，这个白噪声可能是由于度量方法引起的，也可能是因为 $x(k)$通过一个含噪的通信信道引起的。

周期估计

我们最初的目标是通过 $x(k)$的周期来求 $y(k)$的周期。因为 $v(k)$在所有频率上都有能量，通过滤波操作移除 $v(k)$是不可行的。我们用相关技术来实现这一点。我们首先观察含噪信号 $y(k)$的圆周自相关。令 $y_p(k)$和 $v_p(k)$是长度为 N 的信号 $y(k)$和 $v(k)$的周期延拓。使用式(4.7.4)、定义 4.4 和期望值操作是线性的事实，可以得到

$$\begin{aligned} c_{yy}(k) &\approx E[y(i)y_p(i-k)] \\ &= E[\{x(i)+v(i)\}\{x_p(i-k)+v_p(i-k)\}] \\ &= E[x(i)x_p(i-k)+x(i)v_p(i-k)+v(i)x_p(i-k)+v(i)v_p(i-k)] \\ &= E[x(i)x_p(i-k)]+E[x(i)v_p(i-k)]+E[v(i)x_p(i-k)]+E[v(i)v_p(i-k)] \\ &\approx c_{xx}(k)+c_{xv}(k)+c_{vx}(k)+c_{vv}(k) \end{aligned} \tag{4.7.13}$$

典型通常情况下，噪声信号 $v(k)$和信号 $x(k)$是统计独立的。既然 $E[v(k)]=0$，这就意味着圆周互相关项 $c_{xv}(k)$和 $c_{vx}(k)$都是 0。那么使用式(4.7.6)，含噪信号 $y(k)$的圆周自相关可以简化为

$$c_{yy}(k) \approx c_{xx}(k) + P_v\delta(k) \tag{4.7.14}$$

因此，$c_{yy}(0)=P_x+P_v$，这里 P_x 是信号的平均功率，P_v 是噪声的平均功率。当 $k>0$ 时，有 $c_{yy}(k)\approx c_{xx}(k)$。也就是说，自相关平均掉或者说消减了噪声。$y(k)$的自相关比 $y(k)$本身受噪声信号的影响更小。圆周自相关不仅消减了噪声，而且它和 $x(k)$具有相同的周期。为了看出这一点，令 $x(k+M)=x(k)$，有

$$\begin{aligned} c_{xx}(k+M) &= \frac{1}{N}\sum_{i=0}^{N-1} x(i)x_p(i-k-M) \\ &= \frac{1}{N}\sum_{i=1}^{N-1} x(i)x_p(i-k) \\ &= c_{xx}(k) \end{aligned} \tag{4.7.15}$$

所以，一个周期信号的圆周自相关和它本身有着相同的周期，但噪声的影响小多了。

$$c_{xx}(k+M) = c_{xx}(k),\ 0 \leqslant k < N-M \tag{4.7.16}$$

因为 $c_{xx}(k)$ 周期为 M,并且在 $k>0$ 时有 $c_{yy}(k)\approx c_{xx}(k)$,那么 $y(k)$ 的圆周自相关是周期的,并且周期为 M。我们可以通过观察 $c_{yy}(k)$ 的一个明确的参考点比如峰值来估计 $x(k)$ 的周期。

例 4.14 周期估计

假如 $N=256$。考虑如下的周期信号,它包括两个正弦信号分量。

$$x(k)=\cos\left(\frac{32\pi k}{N}\right)+\sin\left(\frac{48\pi k}{N}\right)$$

其中的 cos 信号周期为 $N/16$,sin 信号的周期为 $N/24$。因此,$x(k)$ 的周期为

$$M=\frac{N}{8}=32$$

假设 $y(k)$ 是形如式(4.7.12)的 $x(k)$ 的含噪版本,这里 $v(k)$ 是一个均匀分部在区间[−0.5, 0.5]的白噪声。通过运行 *exam*4_11 得到的 $y(k)$ 表示在图 4.30 中。注意到信号 $x(k)$ 的周期性是很明显的,但是因为噪声的原因不能够很准确的估计出周期。作为对比,$y(k)$ 的圆周自相关的噪声要低得多,正如从图 4.31 中看到的那样。通过 FDSP 的功能 *f_caliper* 测量若干个周期,我们可以估计出 $c_{yy}(k)$ 的周期近似为 31.91,大约为 $M=32$。

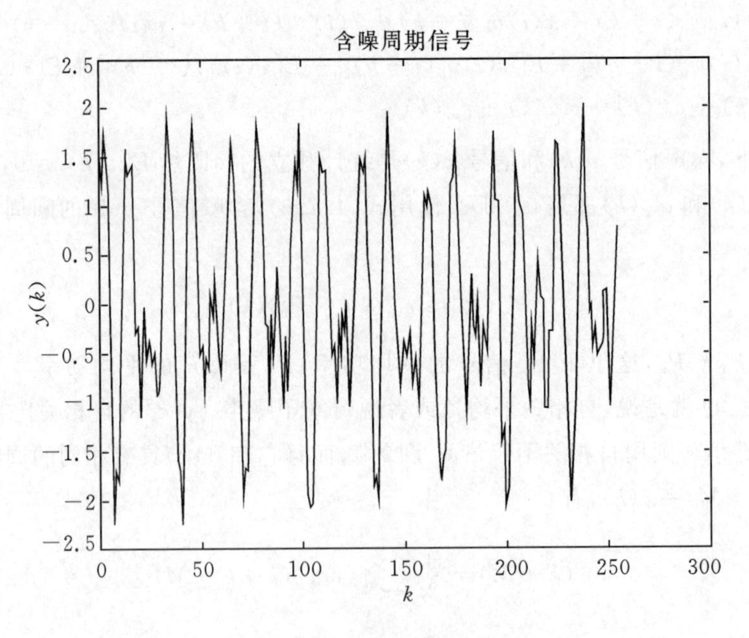

图 4.30 含噪周期信号

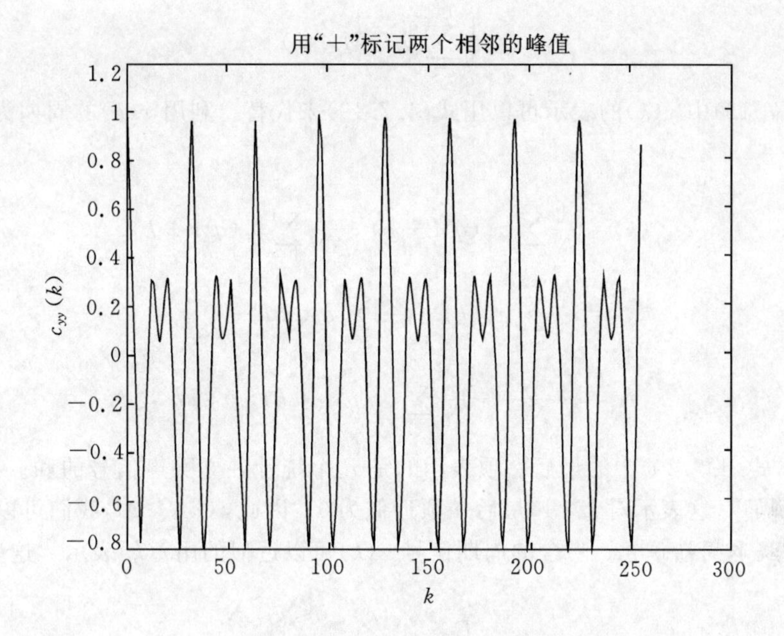

图 4.31　在图 4.30 中含噪周期信号的圆周自相关

信号估计

一旦确定了一个受噪声影响的周期信号的周期，我们就可以通过这个信息从噪声信号中提取出这个信号。假设 $x(k)$是一个 N 点的周期为M 的信号，并且 $M \ll N$。在 $y(k)$中 $x(k)$的完整的周期数为

$$L = \mathrm{floor}(\frac{N}{M}) \tag{4.7.17}$$

接下来，令 $\delta_M(k)$是一个周期为 M 的 N 点周期脉冲序列。我们可以用下面的公式来表示$\delta_M(k)$。

$$\delta_M(k) = \sum_{i=0}^{L-1} \delta(k - iM),\ 0 \leqslant k < N \tag{4.7.18}$$

假如 $y(k)$是一个形如式(4.7.12)中的伴有零均值白噪声 $v(k)$的 $x(k)$的含噪表示形式。那么隐含的周期信号 $x(k)$可以通过 $\delta_M(k)$和 $y(k)$的卷积从 $y(k)$中提取出来。为了看出这一点，令 $y_p(k)$为 $y(k)$的周期性延拓。回想一下表 2.4 中，圆周互相关的时间反转特性和定义 4.4，我们可以发现 $y(k)$和 $\delta_M(k)$的圆周卷积为

$$\begin{aligned}
c_{y\delta_M}(k) &= c_{\delta_M y}(-k) \\
&= \frac{1}{N}\sum_{i=0}^{N-1} \delta_M(i)\, y_p(i+k) \\
&= \frac{1}{N}\sum_{i=0}^{N-1} \Big[\sum_{q=0}^{L-1} \delta(i - qM)\Big] y_p(i+k)
\end{aligned}$$

$$=\frac{1}{N}\sum_{q=0}^{L-1}y_p(qM+k) \tag{4.7.19}$$

下一步,式(4.7.12)中 $y(k)$的表示可以用式(4.7.19)来代替。利用 $x(k)$的周期为 M,我们可以得到

$$\begin{aligned}c_{y\delta_M}(k)&=\frac{1}{N}\sum_{q=0}^{L-1}x_p(qM+k)+\frac{1}{N}\sum_{q=0}^{L-1}v_p(qM+k)\\&=\frac{1}{N}\sum_{q=0}^{L-1}x_p(k)+\frac{1}{N}\sum_{q=0}^{L-1}v_p(qM+k)\\&=\frac{Lx(k)}{N}+\frac{1}{N}\sum_{q=0}^{L-1}v_p(qM+k),\ 0\leqslant k<N\end{aligned} \tag{4.7.20}$$

对于每一个 k,式(4.7.20)中的最后一项表示的是 L 个统计独立噪声信号的和。因为 $v(k)$是均值为 0 的白噪声,这表示对 $L\gg1$,最后一项近似为 0。因此,对 $N\geqslant M$,我们可以通过下面的方法从噪声中提取周期信号。隐含的周期信号 $x(k)$可以近似的用$\hat{x}(k)$表示。这里

$$\hat{x}(k)=(\frac{N}{L})c_{y\delta_M}(k),\ 0\leqslant k<N \tag{4.7.21}$$

通过使用循环互相关卷积的方法提取周期信号的步骤总结在图 4.32 的方框图中。

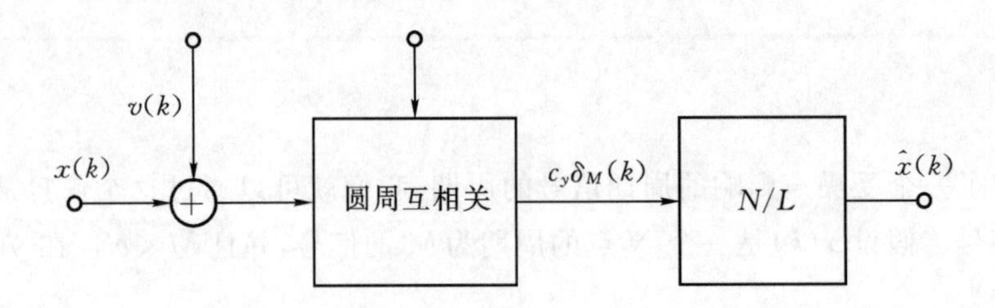

图 4.32　通过圆周互相关从噪声信号中提取周期为 M 的信号

例 4.15　从噪声中提取周期信号

我们通过例子来解释图 4.32 如何从噪声中提取周期信号的过程,令 $N=256$,考虑如下含有噪声的周期信号

$$x(k)=\cos(\frac{32\pi k}{N})+\sin(\frac{48\pi k}{N})$$

$$y(k)=x(k)+v(k)$$

假设 $v(k)$是一个均匀分布在区间[−0.5, 0.5]的白噪声。信号 $y(k)$与前面例 4.14 中的相同,并且被表示在图 4.30 中。图 4.31 中关于 $y(k)$的自相关卷积的分析得到 $x(k)$的周期为 $M=32$。因此,$y(k)$中 $x(k)$完整的周期数为

$$L=\text{floor}(\frac{N}{M})=8$$

用图 4.32 从含有噪声的信号 $y(k)$抽取信号 $x(k)$的过程可以通过在运行 *exam*4_15 进行。通

过循环互相关来估计 $x(k)$ 如下：

$$\hat{x}(k)=\left(\frac{N}{L}\right)c_{y\delta_M}(k)$$

图 4.33 中绘出了信号 $x(k)$ 和估计信号 $\hat{x}(k)$ 前两个周期的对比。这种情况下重建是可行的但并不精确，这是因为式(4.7.20)中噪声项只是近似为 0。注意到随着 N/M 增加，估计的 $\hat{x}(k)$ 也会改善。

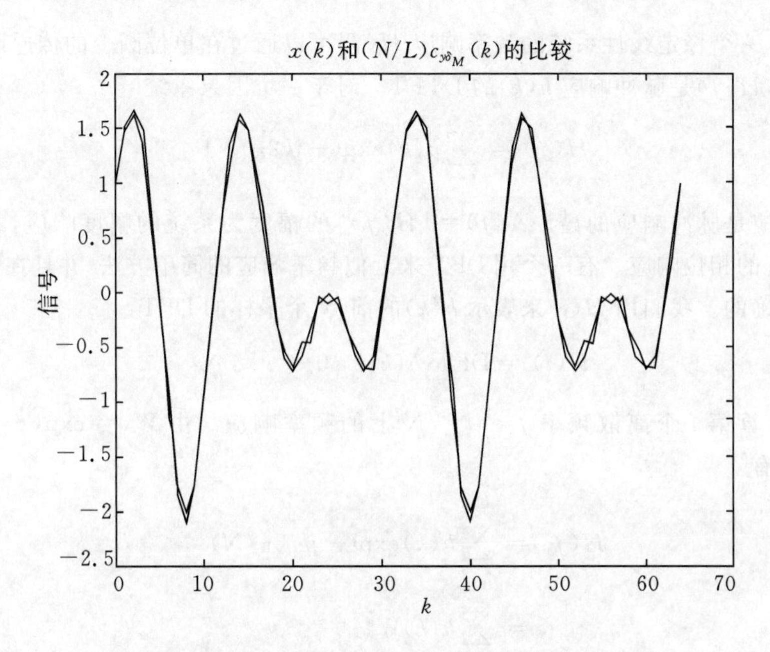

图 4.33　周期信号 $x(k)$ 和由圆周相关提取出来的 $\hat{x}(k)$ 的比较

对例 4.15 中的周期信号提取，周期分量 $y(k)$ 的周期包括一个整的采样数 M。周期分量 $y(k)$ 的周期 T_0 不是 T 的整数倍也是可能的。在更加一般的情况下，可以应用图 4.32 所示技术的一个修改的版本。当对任意的整数 M，$T_0\neq MT$，那么周期脉冲序列 $\delta_M(k)$ 可以被这样推广：一对临近的小脉冲它们的幅度之和为单位 1 将来代替在 M 倍数处的长脉冲。一般地，令

$$M=\mathrm{floor}\left(\frac{T_0}{T}\right)\tag{4.7.22}$$

那么在整数倍 M 的采样处会出现一个小的单位脉冲，高度为 α。剩下的高度为 $1-\alpha$ 的小脉冲将会出现在 $M+1$ 采样数的倍数处，其中

$$\alpha=1-\frac{T_0}{T}+M\tag{4.7.23}$$

注意到如果 $T_0=MT$，则 $\alpha=1$，这说明所有的单位脉冲都在采样 M 的倍数处使用。此外，当 $T_0\to M(T+1)$ 时，$\alpha\to 0$ 并且 $1-\alpha\to 1$。

4.8 补零和谱分辨率

4.8.1 使用DFT获得离散时间频率响应

回忆一下,一个稳定线性系统的频率响应 $H(f)$ 可以通过在单位圆上的传递函数 $H(z)$ 来求得。或者说,$H(f)$ 是脉冲响应 $h(k)$ 的DTFT。对于一个因果系统

$$H(f)=\sum_{k=0}^{\infty}h(k)\exp(-jk2\pi fT) \tag{4.8.1}$$

这说明频率响应是脉冲响应的谱。$A(f)=|H(f)|$ 的幅度为系统的幅度响应,相角 $\phi(f)=\angle H(f)$ 是系统的相位响应。有一个用DFT来近似频率响应的简单方法,并且在一些实例中,这个近似是准确的。我们用 $H(i)$ 来表示 $h(k)$ 的前 N 个采样的DFT:

$$H(i)=\mathrm{DFT}\{h(k)\},\ 0\leqslant i<N \tag{4.8.2}$$

然后,我们来计算第 i 个离散频率 $f_i=if_s/N$ 上的频率响应。由 $W_N=\exp(-j2\pi/N)$ 和式(4.8.1),我们有

$$\begin{aligned}H(f_i)&=\sum_{k=0}^{\infty}h(k)\exp(-jki2\pi/N)\\&=\sum_{k=0}^{\infty}h(k)W_N^{ik}\\&=\sum_{k=0}^{N-1}h(k)W_N^{ik}+\sum_{k=N}^{\infty}h(k)W_N^{ik}\\&=H(i)+\sum_{k=N}^{\infty}h(k)W_N^{ik}\end{aligned} \tag{4.8.3}$$

这样,$H(f_i)$ 和 $H(i)$ 之间的差别就可以用脉冲响应 $h(k)$ 的DFTF的尾数(tail)来表示了。这个差别的幅度可以用下述的方式给出其上界。

$$\begin{aligned}|H(f_i)-H(i)|&=\left|\sum_{k=N}^{\infty}h(k)W_N^{ik}\right|\\&\leqslant\sum_{k=N}^{\infty}\left|h(k)W_N^{ik}\right|\\&=\sum_{k=N}^{\infty}|h(k)|\cdot|W_N^{ik}|\\&=\sum_{k=N}^{\infty}|h(k)|\end{aligned} \tag{4.8.4}$$

注意到式(4.8.4)右端的上界与 i 是无关的。对于一个稳定的滤波器,脉冲响应是绝对可和的,因此当 $N\to\infty$ 时式(4.8.4)右端是有限的而且趋近于0。因此,当采样点的个数 N 足够大

时，脉冲响应的 DFT 可以用来近似离散时间频率响应。

$$H(i) \approx H(f_i), \quad 0 \leqslant i \leqslant \frac{N}{2} \tag{4.8.5}$$

在式(4.8.5)中，我们将 i 限制在区间 $0 \leqslant i \leqslant \frac{N}{2}$ 内，这是因为对于一个拥有实系数的系统来说，$H(i)$ 就像表 4.7 所示的那样是关于中间点 $i \leqslant N/2$ 对称的。这样，所有必要的信息都包含在子区间 $0 \leqslant i \leqslant \frac{N}{2}$ 内了，这个子区间对应于正频率。

对一类重要的数字滤波器而言，式(4.8.5)所示的是近似准确的。为了看出这一点，我们知道 $H(z)$ 是一个 m 阶的 FIR 滤波器，当 $k>m$ 时 $h(k)=0$。由式(4.8.4)得知当 $N>m$ 时误差的上界为 0。也就是说，如果 $H(z)$ 是一个 m 阶的 FIR 滤波器且 $N>m$，那么式(4.8.2)中的 $H(i)$ 是频率响应 N 点采样的准确表述。频率响应 $H(i)$ 可以用极坐标形式 $H(i)=A(i)\exp[\mathrm{j}\varphi(i)]$ 进行表示，其中 $A(i)$ 为幅度响应，$\phi(i)$ 为相位响应。

$$A(i) \triangleq |H(i)| \tag{4.8.6a}$$

$$\phi(i) \triangleq \angle H(i) \tag{4.8.6b}$$

例 4.16　离散时间频率响应

作为一个利用式(4.8.2)来寻找频率响应的例子，这里考虑一个 $M-1$ 阶的滑动平均滤波器。

$$y(k) = \frac{1}{M}\sum_{i=0}^{M-1} x(k-i)$$

这个 FIR 滤波器的脉冲响应是一个幅度为 $1/M$，从 $k=0$ 开始持续期为 M 采样的脉冲。

$$h(k) = \frac{1}{M}\sum_{i=0}^{M-1} \delta(k-i)$$

*exam*4_16 给出了当 $M=8$，$N=1024$，$f_s=200$ Hz 时的的频率响应 $H(i)=\mathrm{DFT}\{h(k)\}$。注意到由于 $N=2^{10}$，所以可以采用 FFT 进行运算。图 4.34 给出了幅度响应 $A(f)$ 和相位响应 $\phi(f)$ 的结果。幅度响应总共有 $M/2$ 个波瓣，在两个波瓣之间相位响应发生了跳变，但是在每个波瓣之间相位响应是线性的。图 4.34 中使用了独立参数 $f=if_s/N$。

幅度响应中相对较大的旁瓣说明滑动平均作为低通滤波器并不是特别有效，这是因为主瓣外截止带的增益相对较大。如果使用最后 M 个采样的加权平均的方法来代替它，可以减少旁瓣的大小。例如，考虑如下的加权平均，这个权值基于汉明窗。

$$y(k) = \frac{1}{M}\sum_{I=0}^{M-1}\left[1-\cos\left(\frac{2\pi k}{M-1}\right)\right]x(k-i)$$

图 4.35 画出了加权平均滤波器的幅度响应。注意到作为加权的一个结果，旁瓣的幅度被大幅压低了，但是主瓣也变宽了。

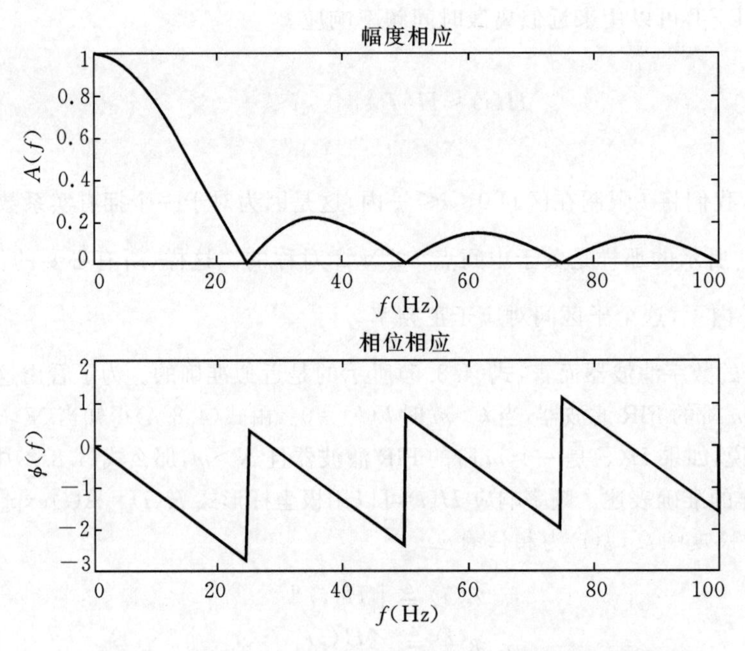

图 4.34 $m=8$，$N=4$，$f_s=200$ Hz 时滑动平均滤波器的频率响应

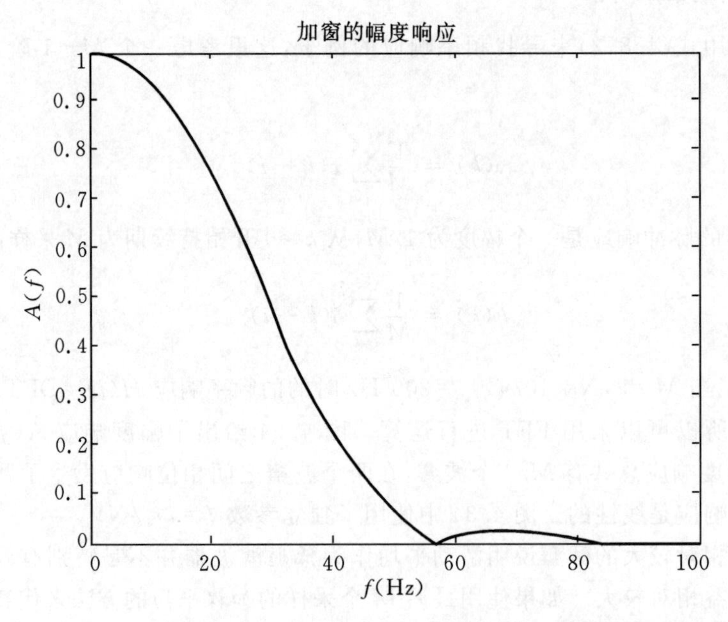

图 4.35 $m=8, N=4, f_s=200$ Hz 时用汉宁窗加权平均滤波器的幅度响应

分贝标度(dB)

由于横坐标和纵坐标都使用线性刻度，所以图 4.34 所示的幅度响应曲线被称为线性坐标图。如果频率范围或者幅度响应的值很大，通常使用对数坐标。在绘制滤波器的幅度响应或者信号的幅度谱时，通常使用的对数坐标是分贝，简写为 dB。dB 定义为信号功率取对数（以

10 为底)的 10 倍。由于信号功率正比于$|H(i)|^2$,因此它表示了$|H(i)|$取 $\log_{10}$ 的 20 倍

$$A(i) \triangleq 20\log_{10}(|H(i)|)\mathrm{dB} \tag{4.8.7}$$

使用 dB 的一个好处就是它使我们可以更好地量化幅度响应趋近于 0 的程度。由式(4.8.7),注意到增益为 1 对应于 0 dB,|H(i)|每减少十倍对应于－20 dB 的变化。对于一个理想滤波器,在截止带内信号的衰减是彻底的,也就是说幅度响应为 0。然而,在实际中 Wiener 和 Paley (1934)的研究表明一个因果系统的幅度响应不可能在一段连续的频率上为 0,只可能在一些孤立的点上为 0。使用分贝做单位,我们就可以清楚地看出幅度响应趋近于 0 的程度。然而,当使用分贝作单位的时候会有一个问题。如果幅度响应像图 4.34 那样在一些孤立的点上确实为 0,那么根据式(4.8.7)这些点处的分贝数为负无穷。为了适应这种情况,我们通常用下式来代替式(4.8.7)中的$|H(i)|$:

$$A_\varepsilon(i) = 20\log_{10}(\max\{|H(i)|, \varepsilon\})\ \mathrm{dB} \tag{4.8.8}$$

这里 $\varepsilon>0$ 是一个非常小的数。比如说,可以用单精度机器最小值 $\varepsilon_M=1.19\times10^{-7}$。图 4.36 给出了例子 4.16 中当使用 $\varepsilon=\varepsilon_M$ 和对数 dB 坐标时的滤波器幅度响应。

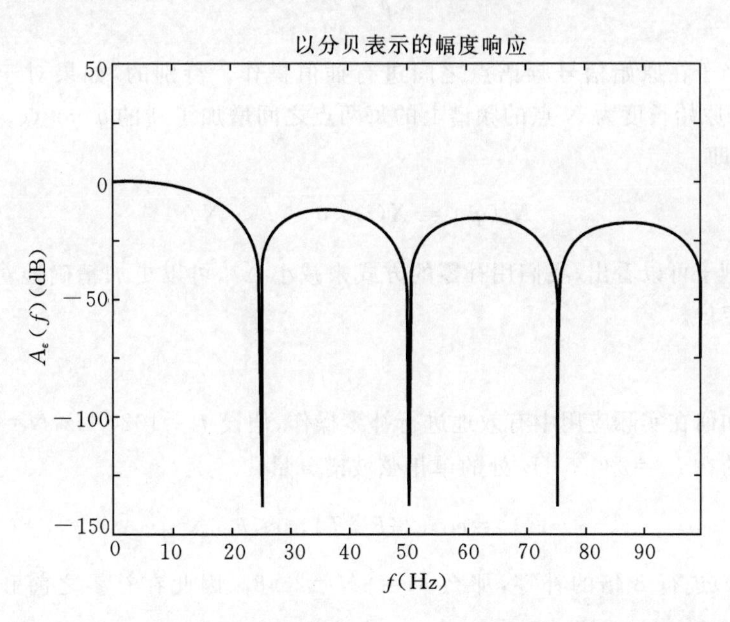

图 4.36　使用对数分贝坐标时例子 4.16 中滑动平均滤波器的幅度响应

FDSP 函数

3.8 节说明 FDSP 函数 *f_freqz* 可以用来计算离散时间频率响应。函数 *f_freqz* 是第 1 章中介绍的连续时间频率响应 *f_freqs* 的离散版本。当安装 MATLAB 的信号处理工具箱后,一个名为 *freqz* 的函数可以用来计算离散频率响应。

4.8.2 补零

有一种简便的方法对信号频谱进行内插而不用增加采样速率。对信号补上 $M-N$ 个零，将信号 $x(k)$ 的长度从 N 点增加到 M 点

$$x_z(k) \triangleq \begin{cases} x(k), & 0 \leqslant k < N \\ 0, & N \leqslant k < M \end{cases} \tag{4.8.9}$$

这里 $x_z(k)$ 表示为经过补零操作的 $x(k)$。假设 $S_z(i)$ 是 $x_z(k)$ 的功率谱密度，它要除上一个系数 M/N，因为补零操作并没有增加新的功率。也就是说

$$S_z(i) = \frac{|X_z(i)|^2}{N}, \quad 0 \leqslant i < M \tag{4.8.10}$$

此处 $X_z(i)=\text{DFT}\{x_z(k)\}$。因此，$S_z(i)$ 的频率精度(或者说两个相邻的离散频率点之间的距离)为

$$\Delta f_z = \frac{f_s}{M} \tag{4.8.11}$$

补零就相当于在原始信号频谱点之间进行插值操作。特别的，如果对于某个整数 q 有 $M=qN$，那么在原始长度为 N 点的频谱上的每两点之间增加了新的 $q-1$ 点。原始的那些点没有发生改变，即

$$X_z(qi) = X(i), \quad 0 \leqslant i < N \tag{4.8.12}$$

从下面的例子可以看出，我们用补零的方式来减小 Δf，可以更加精确地对某个独立的正弦谱分量进行定位。

例 4.17 补零

为了说明如何在实际应用中有效地进行补零操作，假设 $f_s=1024$ Hz，$N=256$。考虑一个没有噪声干扰的在 $F_0=330.5$ Hz 处的单正弦波谱分量：

$$x(k)=\cos(2\pi F_0 kT), \quad 0 \leqslant k < N$$

如果我们对 $x(k)$ 进行 8 倍的补零，那么 $M=8N=2048$。因此在补零之前和之后的频率精度为

$$\Delta f_x = \frac{f_s}{N} = 4 \text{ Hz}$$

$$\Delta f_z = \frac{f_s}{M} = 0.5 \text{ Hz}$$

这两种情况下相应的离散时间频率的序号为

$$i_x = \frac{F_0}{\Delta f_x} = 82.625$$

$$i_z = \frac{F_0}{\Delta f_z} = 661$$

注意到 i_x 不是一个整数，所以必须使用它的取整值，83。其功率谱密度的尖峰各自出现在

$$f_x = 83\Delta f_x = 332 \text{ Hz}$$
$$f_z = 661\Delta f_z = 330.5 \text{ Hz}$$

因此，当频率精度为 $\Delta f_z = 0.5$ Hz 时，补零操作之后的功率密度谱可以准确地对正弦波进行定位。上面的两个功率谱密度可以通过运行 *exam*4_17 来计算，结果见图 4.37。为清晰地显示起见，图中只画出了频率范围在 $300 \leqslant f \leqslant 360$ Hz 之间的部分。图中离散的小圆圈表示低精度的功率密度谱 $S_x(f)$，连线表示高精度的功率密度谱 $S_z(f)$。请注意 $S_z(f)$ 是如何在 $S_x(f)$ 的点之间进行插值的。这里 $M/N = 8$，所以 $S_x(f)$ 的每两点之间有 $S_z(f)$ 的 7 个点。

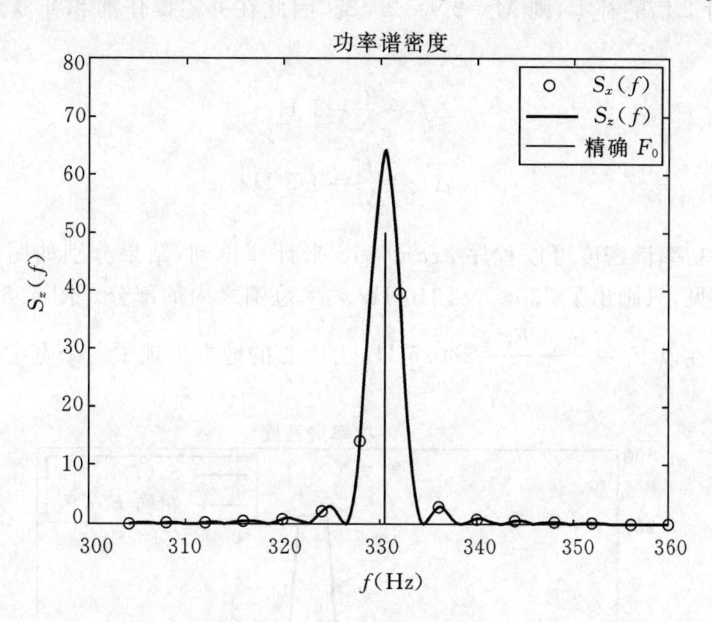

图 4.37　补零操作之后的功率谱密度，$N=256$，$M=2048$。

由于我们将无限长的 $x(t)$ 乘以一个矩形窗来得到 $x_s(t)$，所以 $S_s(f)$ 有振铃效应。在后面的章节中我们可以看到，乘以其它的窗口函数可以减小旁瓣，然而代价是主瓣将会展宽。

4.8.3　谱分辨率

尽管补零操作使得我们可以更加精确地识别一个孤立的正弦频率分量，然而当试图来分辨出两个互相靠近的正弦分量时它就作用不大了。当两个正弦分量彼此靠近时，它们对应的两个功率谱密度尖峰通常会合并成一个稍微宽些的单个尖峰。补零操作的本质问题是它并没有对信号增加任何信息。频率分辨率，或者说是我们能检测出来的最小频率差，取决于抽样频率和非零样本的个数。下面这个比例式叫做瑞利界，它给出了频率分辨率。

$$\Delta F = \frac{f_s}{N} \tag{4.8.13}$$

因此，频率精度和*频率分辨率*之间还是有区别的，前者是指 DFT 中离散频率的间隔，而后

者是指可以被检测到的最小频率差。补零操作在区分两个谱分量时是有用的,但是不能超出式(4.8.13)所示的瑞利界。注意到 $f_s=1/T$,因此瑞利界实际上正好是原始信号长度的倒数,$\tau=NT$。那么,对于一个给定的采样频率,要想提高频率分辨率我们就必须增加更多的样本值。

例 4.18 频率分辨率

作为一个检测两个邻近的正弦分量的例子,此处假设 $f_s=1024$ Hz,$N=1024$。考虑下述两个无噪声信号,$F_0=330$ Hz, $F_1=331$ Hz。

$$x(k)=\sin(2\pi F_0 kT)+\cos(2\pi F_1 kT),\ 0\leqslant k<N$$

如果对 $x(k)$进行 2 倍的补零,则 $M=2N=2048$。因此在补零操作前和补零之后的频率精度分别为

$$\Delta f_x=\frac{f_s}{N}=1\ \text{Hz}$$

$$\Delta f_z=\frac{f_s}{M}=0.5\ \text{Hz}$$

上述信号的功率谱密度可以程序 *exam*4_18 来计算得到,结果分别如图 4.38 和图 4.39 所示。为简洁起见,只画出了 $320\leqslant f\leqslant 340$ Hz 频率范围之内的部分。图 4.38 所示的低精度功率谱密度表明在以 $F_m=\frac{F_0+F_1}{2}=330.5$ Hz 为中心的地方出现了一个宽尖峰。

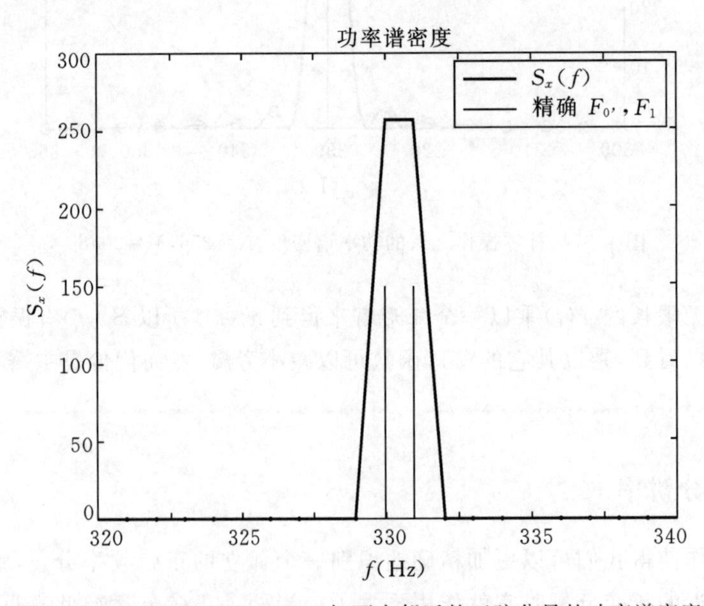

图 4.38 $f_s=1024$, $N=1024$ 时,两个邻近的正弦分量的功率谱密度

通过补零,我们可以将频率精度从 1 Hz 减小到 0.5 Hz。这导致在图 3.22 中有两个开始出现但又是相互重叠的尖峰。两个尖峰之间的功率谱密度明显减小,使得这两个尖峰容易辨别,但是在两个尖峰之间不会降到零。由式(4.8.13)知,瑞利界为

$$\Delta F=\frac{f_s}{N}=1\ \text{Hz}$$

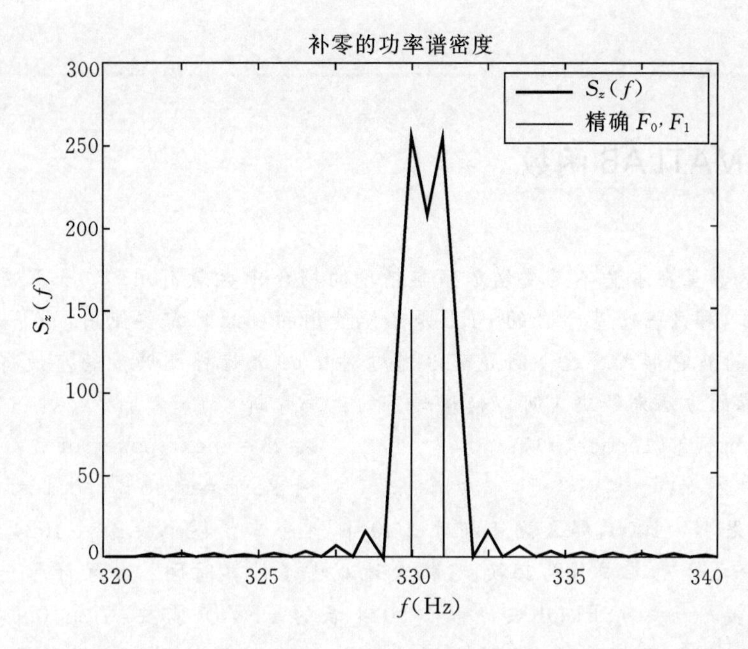

图 4.39　$f_s=1024$, $N=1024$, $M=2048$,使用补零时两个邻近的正弦分量的谱分辨率

有意思的是,继续增加 M 使之大于 2048 并不能使得两个尖峰更加容易辨别,这是因为 F_0 和 F_1 之间的间隔刚好是瑞利界

$$|F_1-F_0|=\Delta F$$

当然,我们可以通过添加更多样本的方式来减小瑞利界。如果采样数倍增到 $N=2048$,相应的没有补零信号的功率谱密度显示在图 4.40 中。这里可以清楚地看出两个尖峰是实实在在

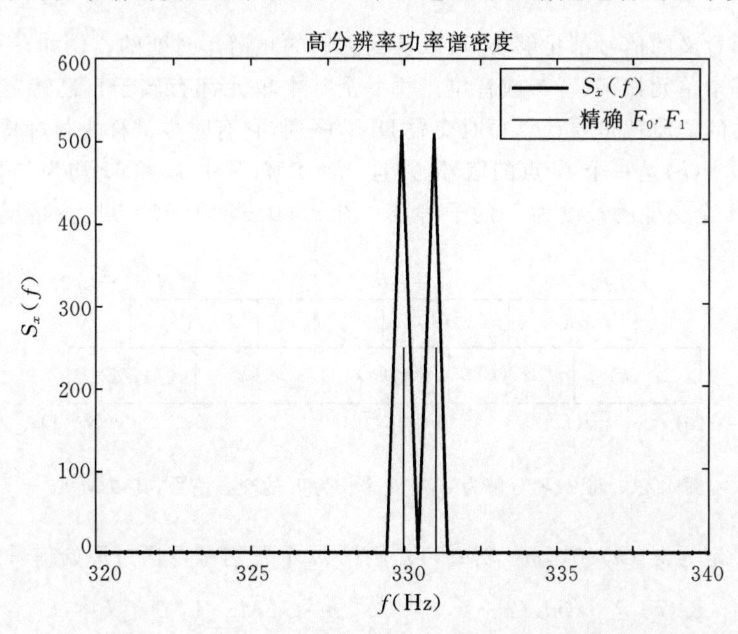

图4.40　$f_s=1024$, $N=2048$,使用改进的频率分辨率时两个邻近的正弦分量的谱分辨率

地分开了。

MATLAB函数

补零的概念甚至在本意不是要增加频率精度的场合中也是有用的。如果采样点数 N 不是 2 的整数次幂，那么一个基于 2 的 FFT 是不能使用的。此时需要使用 DFT 或者一些效率比较低的 FFT 的其它形式。这个问题可以通过对 $x(t)$ 进行补足够多的零使得新长度 M 成为 2 的整数次幂的方法来解决。可以使用如下的代码片断

```
M = nextpow2 (length(x));          % M = next power of 2
X = fft(x, M);                     % Zero-pad to M samples
```

比如说，如果 $N=1000$，那么就可以对 $x(t)$ 补 24 个零使得 $N=2^{10}=1024$。这使得存储要求增加了百分之 2.4，但是作为交换，它极大地减少了计算时间。如果计算一个 1000 点的 DFT，这大概需要 $N^2=10^6$ FLOPs；而一个 1024 点的 FFT 只需要 $N\log_2(N)=1.03\times10^4$ FLOPs。这样，以增加百分之 2.4 存储空间的代价，我们使得计算速度提高了 99.5 倍，非常合算的交易。

4.9 谱图

4.9.1 数据窗

许多有实际意义的信号都足够长，可以认为它们的频谱是时变的。例如，一段语音记录可以分为更多的基本单元如字、音节或音位。每一个基本单元都有属于自己特定的谱特性。要抓住时变谱特性的实质就是要计算短时交叠 DFT 序列，它有时也被称为短时傅里叶变换或者 STFT。例如，设 $x(k)$ 是一个 N 点的信号，并且 $N=LM$，其中 L 和 M 均为整数。那么 $x(k)$ 可划分为 $2M-1$ 个交叠的长度为 L 的子信号。图 4.41 表示了 $M=5$ 时的情况。

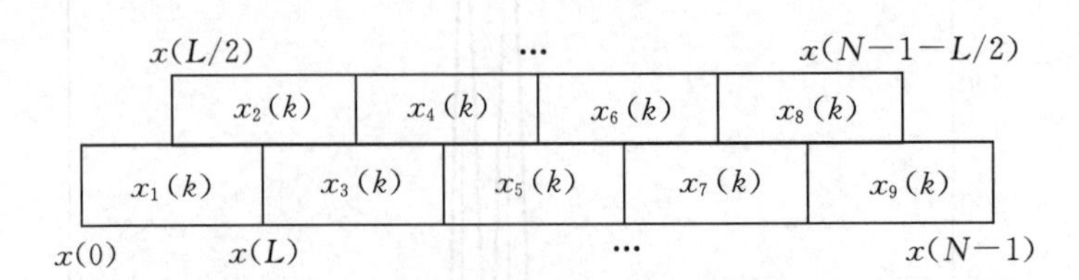

图 4.41　将 $x(k)$ 分解为 $2M-1$ 个长为 L 的交叠信号，其中 $M=5$

若将子信号记为 $x_m(k)(0\leqslant m<2M-1)$，则第 m 个子信号可通过原始信号 $x(k)$ 提取出来

$$x_m(k) \triangleq x(mL/2+k),\quad 0\leqslant m<2M-1,\ 0\leqslant k<L \tag{4.9.1}$$

一种有效研究子信号的方法是将 $x_m(k)$ 看做原始信号 $x(k)$ 与一个窗函数 $w_R(k)$ 的乘积

$$x_m \triangleq w_R(k-mL/2)x(k) \tag{4.9.2}$$

比较式(4.9.2)和式(4.9.1),窗函数是一个单位幅度矩形窗,在除了 $0 \leqslant k < L$ 以外其余的 k 处都为 0。它可以写为阶跃函数的形式

$$w_R(k)=\mu(k)-\mu(k-L) \tag{4.9.3}$$

当一个信号在时域乘以矩形窗,在频域就会造成谱泄漏。例 4.16 中的滑动平均滤波器可以在频域看出这一现象。对于一个高为 $1/M$ 宽为 M 的矩形脉冲,图 4.34 画出了幅度响应。它除了有一个较大的主瓣以外,还出现了几个旁瓣。这些旁瓣说明了当在时域有突变或者垂直边沿时,谱泄漏就发生了。

通过使用一个"软"的或者较少突变的窗,可以减小旁瓣,然而其代价是主瓣会变宽。正如图 4.35 所示使用汉明窗的情况。非矩形窗在从最高点变到 0 时比矩形窗更加缓慢,对于它们而言,主瓣外频域的泄漏会减少。表 4.10 总结了用于产生数据窗的一些流行的宽为 L 窗函数。

图 4.42 画出了当 $L=256$ 时表 4.10 中的矩形窗、汉宁窗、汉明窗和布莱克曼窗。注意到除了矩形窗,其余窗 $w_R(k)$ 都是逐渐下降的。除了汉明窗,在时域上它们都在窗的边沿处下降到 0。第 6 章详细检验了数据窗的谱特性,它们也会应用到数字 FIR 滤波器的设计中。

表 4.10 宽为 L 的数据窗的窗函数

序号	函数名	$w(k), 0 \leqslant k < L$
0	矩形	$w_R(k)$
1	汉宁	$[0.5-0.5\cos(2\pi k/L)]w_R(k)$
2	汉明	$[0.54-0.46\cos(2\pi k/L)]w_R(k)$
3	布莱克曼	$[0.42-0.5\cos(2\pi k/L)+0.05\sin(4\pi k/L)]w_R(k)$

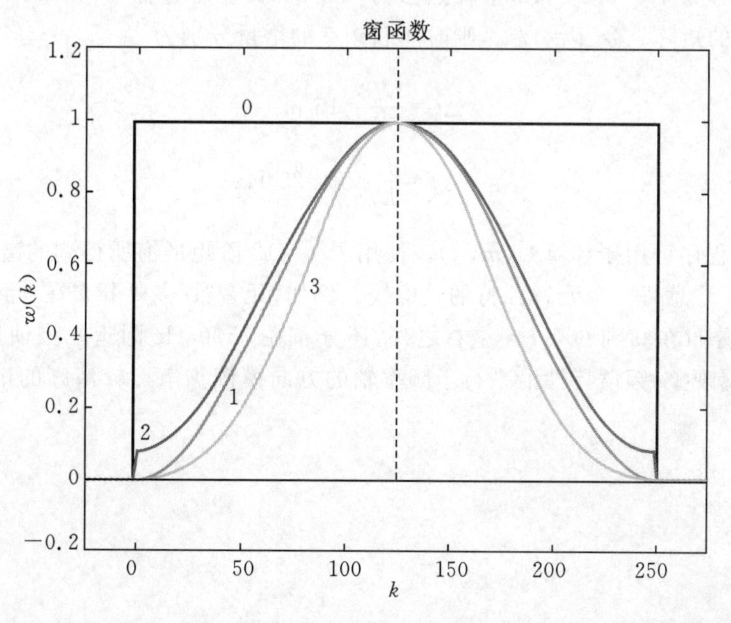

图 4.42 $L=250$ 时的窗函数:0:矩形窗 1:汉宁窗 2:汉明窗 3:布莱克曼窗

4.9.2 谱图

式(4.9.1)中长为 L 的 $2M-1$ 个子信号，这些子信号相互重叠 $L/2$ 个采样点。如果对 $x_m(k)(0\leqslant m<2M-1)$作 DFT 并把它们按行排列成一个矩阵。这个矩阵，就被称为谱图，它展示了信号 $x(k)$的谱特性是怎样随时间变化的。

定义 4.5　谱图

令 $x(k)$为一 N 点信号，且被划分为 $2M-1$ 个交叠的长度为 L 的子信号 $x_m(k)$，如式(4.9.1)所示，$w(k)$为表 4.10 中的某个窗函数。则 $x(k)$的谱图是一个$(2M-1)\times L$ 的矩阵，并以 G 表示，其定义为

$$G(m,i)\triangleq|\mathrm{DFT}\{w(k)x_m(k)\}|,\quad 0\leqslant m<2M-1,\ 0\leqslant i<L$$

谱图 $G(m, i)$是一个参数为起始时间的短时 DFT 集。第一个自变量 m 指定起始时间，增量为 $L/2$，第二个变量 i 指定频率，增量为 f_s/L。窗函数 $w(k)$的目的是减少泄漏的影响。当使用基本的矩形窗函数时，$G(m, i)$将沿频率轴扩散或模糊。

典型的谱图通常为二维轮廓线图。注意：$G(m, i)\geqslant 0$。二维显示运用不同颜色或有色阴影来表示某波段或某水平范围内 $G(m, i)$的值。所以，谱图就是加窗幅度谱的垂直或水平面轮廓线。请注意若 $x(k)$是实的，则 $G(m, i)$关于 $i=L/2$ 对称。因此，对于实的 $x(k)$只需画出一个维数为$(2M-1)\times L/2$ 的子矩阵。

例 4.19　谱图

对于图 4.43 中的信号 $x(k)$，它包括了四秒长的元音发音，顺序为$\{A,E,I,O,U\}$。在此情况下，采样频率为 $f_s=8000$ Hz，采样点数为 $N=32000$。若选择 $L=256$，则 $M=125$，G 为一个 250×256 的矩阵。令 $T=1/f_s$，则时间和频率的增量分别为

$$\Delta t=\frac{LT}{2}=16\ \mathrm{ms}$$

$$\Delta f=\frac{f_s}{L}=31.25\ \mathrm{Hz}$$

*exam*4_19 程序可用于计算 $G(m, i)$。使用了 $p=12$ 阶矩形窗所得到的谱图如图 4.44 所示(只有一半)。注意每一个元音独特的轮廓线。例如，元音"I"主要分布在 0 到 1500 Hz 范围内，元音"A"除分布在 0 到 600 Hz 左右之外，还分布在 2500 Hz 附近。当使用矩阵窗(无收尾)时，由于泄漏现象，频谱特性沿平行于频率轴的方向模糊扩散。较清晰的谱图可通过使用汉明窗获得，

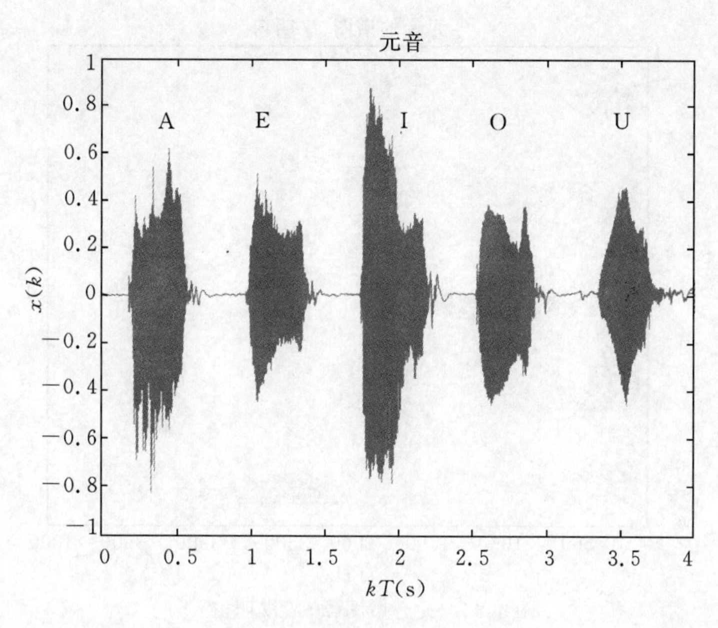

图 4.43　元音记录 $f_s=8000$ Hz

如图 4.45 所示。幅值响应中峰值对应的独立个体间的间隔更大。

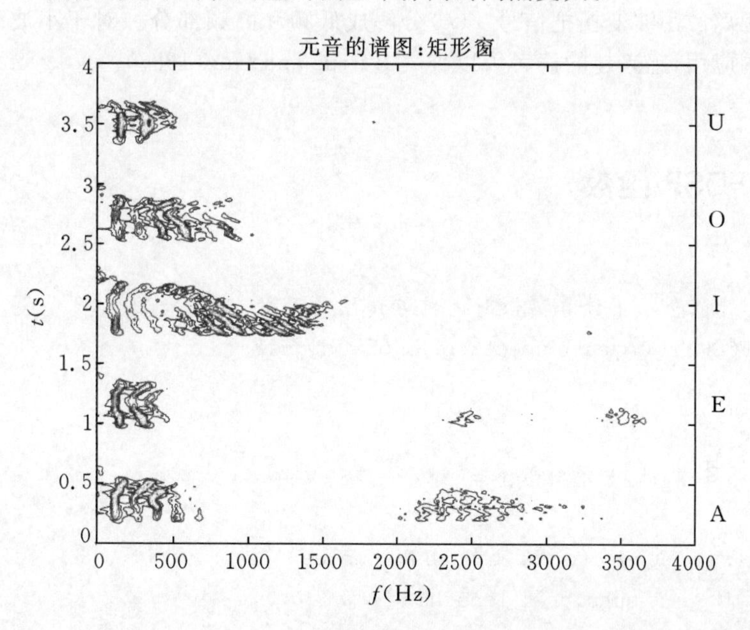

图 4.44　元音谱图(20 阶矩形窗)

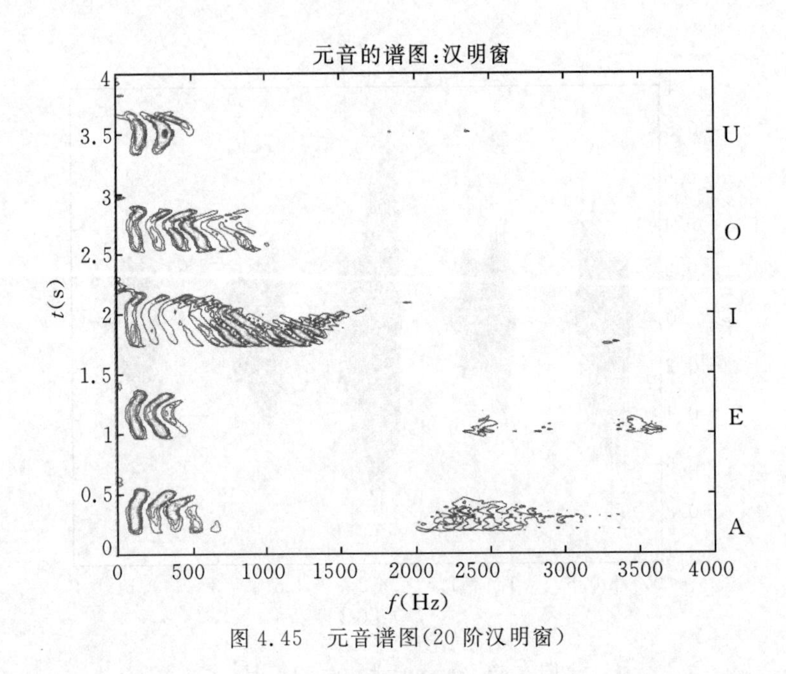

图 4.45　元音谱图(20 阶汉明窗)

需要指出的是,图 4.41 中的信号重叠程度不是 $L/2$ 也可用来计算频谱图。一种更灵活的途径就是利用离散小波变换把信号 $x(k)$ 分解成低频和高频部分。对于小波的讨论和它们在时频分析中的应用,感兴趣的读者可以查阅 Burrus and Guo(1997)。

FDSP 函数

FDSP 工具箱包含如下计算离散时间信号谱图的函数。

```
% F_SPECGRAM: Compute spectrogram of a signal
%
% Usage:
%       [G, f, t] = f_specgram (x, L, fs, win)
% Pre:
%       x     =  vector of length N samples
%       L     = subsignal length
%       fs    =  sampling frequency
%       win   = window type
%               0 =  rectangular
%               1 =  Hanning
%               2 =  Hamming
%               3 =  Blackman
```

```
% Post:
%        G = (2M - 1) by L matrix containing spectrogram where M = N/L.
%        f = vector of length L/2 containing frequency values
%        t = vector of length 2M - 1 containing time values
```

4.10　功率谱密度估计

在这节中，当数据序列的长度 N 很大时，我们采用几种方法来估计信号的连续时间功率谱密度(PDS)。此外，我们将关注在被噪声污染并被信号淹没的环境中检测是否有正弦信号及确定一个或几个正弦信号频率的实际问题。当未知正弦分量的频率不对应于任何一个离散频率 $f_i = if_s/N$ 时，这也被称为箱频率，这个问题将更加具有挑战性。

我们这里所讨论的功率谱密度估计已经有人进行过相当深度的研究(Proakis and Manolakis，1992；Ifeachor and Jervis，2002；Prat，1997)。此处所展示的是一种经典的非参数化估计方法。由以前的知识可知一个 N 点信号的功率谱密度由下式给出：

$$S_x(i) = \frac{|X(i)|^2}{N}, \quad 0 \leqslant i < N \tag{4.10.1}$$

这里 $S_x(i)$ 给出了信号 $x(k)$ 第 i 阶谐波 $x_p(k)$ 中所包含的平均功率。$x(k)$ 的平均功率就是功率谱密度的均值

$$P_x = \frac{1}{N}\sum_{i=0}^{N-1} S_x(i) \tag{4.10.2}$$

4.10.1　巴特利特方法

式(4.10.1)所给出的功率谱密度计算表达式通常被称之为周期图。如果序列 $x(k)$ 很长，那么估计功率谱密度的一个更可靠方法是将 $x(k)$ 分成数个子信号。设 $N = LM$，M 和 L 都是正整数。那么 $x(k)$ 可以被分解成为 M 个长度都是 L 的子信号，如图 4.46 所示。

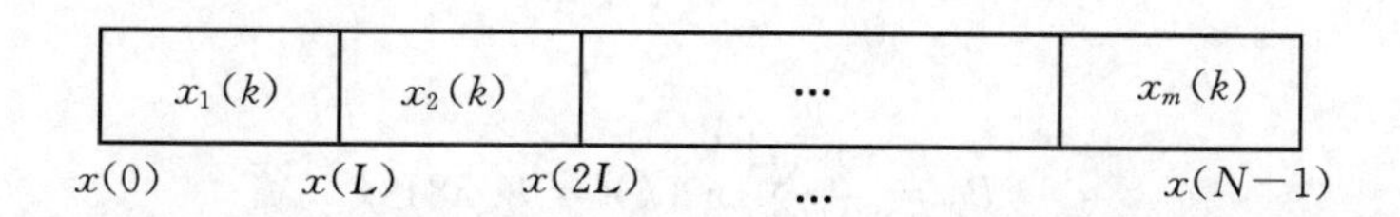

图 4.46　将 $x(k)$ 分段成为 M 个长度为 L 的子信号

如果将子信号记为 $x_m(k)$，$0 \leqslant m < M$，则第 m 个子信号可以以下述方式从原始信号 $x(k)$ 中截取：

$$x_m(k) \triangleq x(mL + k), \ 0 \leqslant k < L \tag{4.10.3}$$

然后令 $X_m(i) = \mathrm{DFT}\{x_m(k)\}$。$0 \leqslant m < M$。对 M 个功率谱密度求平均就得到 $x(k)$ 的功率谱

密度的估计值。

$$S_B(i)=\frac{1}{LM}\sum_{m=0}^{M-1}|X_m(i)|^2,\quad 0\leqslant i<L \tag{4.10.4}$$

功率谱密度估计值 $S_B(i)$ 被称之为平均周期图，或者巴特利特方法(Bartlett 1948)。注意到巴特利特方法的一个直接后果就是它改变了功率谱密度的频率精度。如果 f_s 为采样频率，那么频率精度或者说是相邻离散频率的间隔为

$$\Delta f=\frac{f_s}{L} \tag{4.10.5}$$

与式(4.10.1)所描述的周期图方法相比，在周期图方法中频率精度为 $\Delta f=f_s/N$。既然 $N=LM$，那么巴特利特方法中的频率精度增大了 M 倍。虽然精度有所降低，但是该方法所估计的功率谱密度的方差减小了相同的系数(M 倍)。我们可以近似地给出估计的方差为

$$\sigma_B^2=\frac{1}{L}\sum_{i=0}^{L-1}[S_B(i)-P_x]^2 \tag{4.10.6}$$

理想情况下，白噪声的功率谱密度是一条水平的直线，即 $S_x(i)=P_x$，见式(4.7.11)。在下述的例子中我们可以看到，通过减小功率谱密度计算的方差，巴特利特方法可以非常接近于理想值。

例 4.20 巴特利特方法：白噪声

为解释平均周期图如何提高功率谱密度估计的性能，令 $x(k)$ 为分布在[-5, 5]之间的白噪声。由式(4.6.6)可知这个白噪声的平均功率为

$$P_v=\frac{5^3-(-5)^3}{3[5-(-5)]}=\frac{250}{30}=8.333$$

设 $x(k)$ 的长度为 $N=2048$。令 $L=256$，则 $M=N/L=8$。在这种情况下，我们计算 8 个周期图，每个长度为 256。最终的平均周期图可以由程序 *exam4_20* 计算获得。功率谱密度的估计值 $S_B(i)$ 如图 4.47 所示。由于该白噪声在例 4.11 中就已经分析过了，对比图 4.47(a) 和图 4.23，我们可以看出平均周期图估计很明显地比较平坦而且接近于理想值 $P_v=8.333$。由于计算是在一个较长的信号序列中进行的，$N=2048$，所以真实的平均功率也接近于理论值 P_v。此处有

$$P_x=\frac{1}{N}\sum_{k=0}^{N-1}x^2(k)=8.581$$

估计方差的减小是由于对 M 个周期图做平均所造成的。使用(4.10.6)式得此例中估计的方差为

$$\sigma_B^2=\frac{1}{L}\sum_{i=0}^{L-1}[S_B(i)-P_x]^2=8.979$$

好奇的读者对此有疑问：如果将例 4.11 中的 $N=512$ 增加到例 4.20 中的 $N=2048$ 并计算单个的周期图，那么所得到的功率谱密度估计的性能是否会有同样的提高？这是一个直观

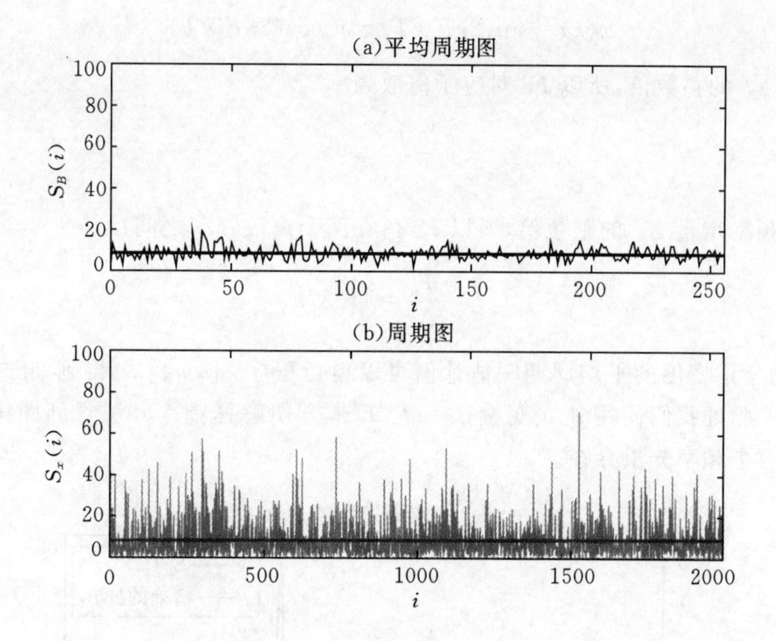

图 4.47　(a) $N=4096, L=512, M=8$, $\sigma_B^2=9.940$ 均匀分布于$[-5,5]$之间的白噪声的平均周期图；(b) $N=4096, L=4096, M=1, \sigma_N^2=9.940$ 均匀分布于$[-5,5]$之间的白噪声的单个周期图

上很吸引人的猜想，但是很不幸，这个猜想是不成立的。我们可以从图 4.47(b)看出这一点，此时 $L=2048$，$M=1$。从图中可以看出尽管当 N 增大时平均功率 P_x 接近 P_v，但也可以明显地看出功率谱密度曲线的方差并不随着 N 的增大而减小。特别地，由式(4.10.6)可得 $N=2048$ 时单个周期图的方差为

$$\sigma_x^2=73.621$$

如果我们计算这两个方差的比值，可得 $\sigma_x^2/\sigma_B^2=8.200$，因此巴特利特平均周期图方法的性能近似提高了 $M=8$ 倍。

下面我们将来考虑一个实际问题：在有噪声的情况下检测信号 $x(k)$ 中是否有正弦分量以及它频率的精确位置。

例 4.21　巴特利特方法：周期性输入

假设采样频率为 $f_s=1024$ Hz，样本数 N 为 512。如果使用巴特利特方法并设 $L=128$，$M=4$，则由式(4.10.5)可得频率精度为

$$\Delta f=\frac{f_s}{L}=8\ \text{Hz}$$

考虑一个包含了两个正弦分量的信号 $x(k)$，一个在频率 $F_0=200$ Hz 处，另外一个在 $F_1=331$ Hz 处，即

$$x(k)=\sin(2\pi F_0 kT)-\sqrt{2}\cos(2\pi F_1 kT)$$

注意到 F_0 为 Δf 的整数倍,所以 F_0 对应于离散频率 i_0

$$i_0=\frac{F_0}{\Delta f}=25$$

然而 F_1 不是频率增量 Δf 的整数倍,所以 F_1 落在两个离散频率之间:

$$i_1=\frac{F_1}{\Delta f}=41.375$$

$x(k)$的功率谱密度的平均周期图估计值可以运行程序 $exam4\_21$ 得到,相应的 $S_B(f)$如图 4.48 所示。此处我们使用独立变量 $f=if_s/L$ 来方便解释频率。注意到图中有两个细尖峰,它表示有两个频率分量存在。

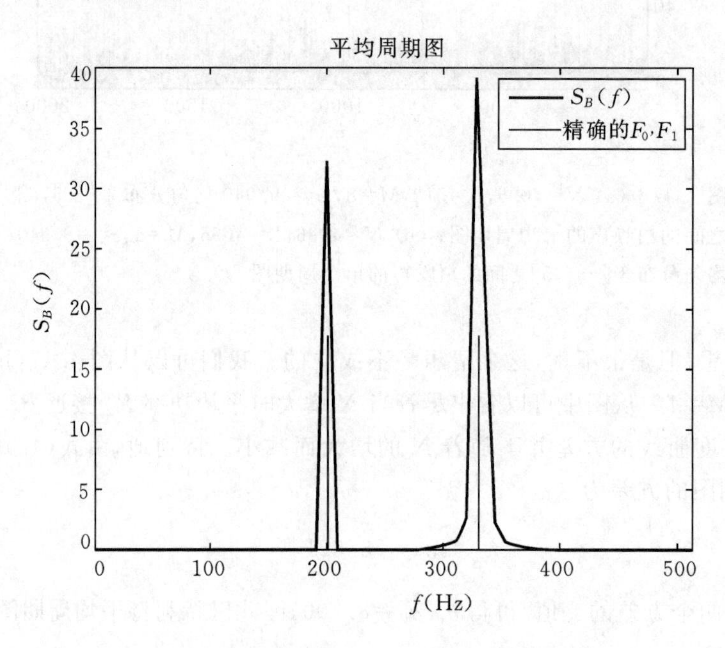

图 4.48　当 $N=512,L=128,M=4$ 时的平均周期图

正如我们所希望的那样,第一个细尖峰出现在 $F_0=200$ 处。该尖峰关于 $f=F_0$ 对称,而且其宽度相当窄,只有±8 Hz,刚好对应于频率增量 Δf。下面来考察与 F_1 相关的谱峰。很不幸的是,这个尖峰并不像低频处的尖峰那样窄,特别是在底部更是如此。更进一步地,该尖峰也不是以 $F_1=331$ Hz 为中心的。实际上,这个尖峰出现在比 F_1 低的离散频率

$$f_{41}=\frac{41f_s}{L}=328\ \text{Hz}$$

处。第二个谱分量的估计比其真值小了百分之 0.91。因此,功率谱密度估计确实可以有效地用来检测处于离散频率上的正弦分量,但是如果当频率落在离散频率之间时性能不是那么令人印象深刻。

4.10.2　韦尔奇方法

图 4.48 中所示的宽尖峰对应着一个没有与离散频率对准的谱分量 $f_i = if_s/L$，它是所谓的"泄漏现象"的一种。也就是说，原本应该集中在某单个频率上的谱功率扩散或者泄漏到了相邻的频率上。为了减小这个泄漏，韦尔奇(Welch, 1967)提出了从两个途径来改进周期图的方法。首先，我们不是像图 4. 46 所示的那样将信号分段成为 M 个不同的子信号，而是将 $x(k)$分解成为数个互相重叠的子信号。如果 $N=LM$，则我们可以得到 $2M-1$ 个长度为 L 的子信号，其中每个子信号的重叠长度为 $L/2$，如图 4.41 所示。如果将子信号记为 $x_m(k)$，$0 \leqslant m < 2M-1$，则第 m 个信号可以按照如下方式从原始信号 $x(k)$中截取：

$$x_m(k) \triangleq x(mL/2+k),\ 0 \leqslant k < L \tag{4.10.7}$$

由前文可知，从 $x(k)$中截取 $x_0(k)$的过程可以当作是将 $x(k)$乘以一个长度为 L 的矩形窗：其他子信号可用类似的方法通过一个移动矩形窗来抽取。

$$w_R(k) = \mu(k) - \mu(k-L) \tag{4.10.8}$$

计算子信号 $x_m(k)$的 DFT，就是求 $x_m(k)$周期扩展的傅里叶系数。但如果子信号不是给定正弦分量周期的整数倍，则 $x_m(k)$的周期扩展将会有不连续的跳跃点出现。当重建信号时，这些跳跃将会导致众所周知的傅里叶级数的吉布斯现象，还会引起跳跃附近的振荡或者振铃。频域内的泄漏表明振荡的存在，这可在图 4.49 中的第二个谱峰中观察到。

若 T 为采样间隔，则子信号 $x_m(k)$的长度为 $\tau = LT$。所以，对于一个频率为 F_0 的正弦分量，每一个子信号的周期数为

$$i_0 = F_0\tau = \frac{LF_0}{f_s} \tag{4.10.9}$$

由于 $f_i = if_s/L$，故每个子信号的离散频率 f_i 精确包含 i 个周期。对于例 4.21 中的第一个频谱分量，在 $F_0 = 200$ Hz 处，每个子信号的周期为 $i_0 = 25$。但是，对于较为麻烦的频谱组成，如 $F_1 = 331$ Hz 处，每个子信号的周期则为 $i_1 = F_1\tau = 41.375$。所以，第二个频谱分量有一个不连续的跳跃点。

为了减少不连续跳跃点在子信号周期扩展中的影响，韦尔奇提出子信号应在与矩形窗相乘之外还与另一个窗函数相乘。若此窗函数逐渐趋于零，而不是如式(4.10.8)中那样突降至零，这样可消除子信号周期扩展时的不连续跳跃点。表 4.10 中给出了一些常用的窗函数。图 4.42 显示了表中各窗函数的特性。给定一个宽度为 L 的窗函数 $w(k)$，我们可以计算 $x(k)$的第 m 个加窗子序列的 DFT。$2M-1$ 个重叠的加窗周期图的平均值可得到功率密度谱估计值，即

$$S_W(i) = \frac{1}{L(2M-1)} \sum_{m=0}^{2M-2} |\,\mathrm{DFT}\{w(k)x_m(k)\}\,|^2,\ 0 \leqslant i < L \tag{4.10.10}$$

功率谱密度估计 $S_W(i)$被称为"改进平均周期图或韦尔奇方法"。子信号间的重叠可增加或减少。不过，50%的重叠可改善估算值的某些统计特性(Welch, 1967)。对汉明窗而言，50%的重叠意味着所有采样的权值都相等(见习题 4.40)。

例 4.22 韦尔奇方法:输入周期噪声

作为韦尔奇方法的一个例子,考虑例 4.21 中的有噪信号。假设 $F_0=200$ Hz, $F_1=331$ Hz, $v(k)$为均匀分布在$[-3,3]$的白噪声。

$$x(k)=\sin(2\pi F_0 kT)-\sqrt{2}\cos(2\pi F_1 kT)+v(k),\ 0\leqslant k<N$$

假设$N=1024$,对N进行分解得$L=256$,$M=N/L=4$。则韦尔奇方法使用$2M-1=7$个子信号,每个子信号长度为$L=256$。由式(4.10.5),频率精度为

$$\Delta f=\frac{f_s}{L}=4\ \text{Hz}$$

此时,F_0和F_1的离散频率索引为

$$i_0=\frac{F_0}{\Delta f}=50$$

$$i_1=\frac{F_1}{\Delta f}=82.75$$

运行 *exam*4_22 的程序代码可得到应用加汉明窗的韦尔奇方法得到的$x(k)$的功率谱密度的估计值。得到的$S_W(f)$显示在图 4.49 中,这里,我们使用了自变量$f=if_s/L$以便方便地解释频率。注意到图中的两个尖峰,这说明两个正弦分量的存在。除此之外,在整个频带中均匀分布的功率则对应着白噪声$v(k)$。图中水平线所示,白噪声的平均功率为$P_v=3$。两个尖峰分别出现在

$$f_{50}=50\Delta f=200\ \text{Hz}$$

$$f_{83}=83\Delta f=332\ \text{Hz}$$

两处。在这种情况下,与例 4.21 相比较F_1的估算值有所改进,这只是因为L增加了一倍,使得频率精度由 8 Hz 降至 4 Hz。图 4.49 与图 4.48 的重要区别在于第二个尖峰宽度与第一个

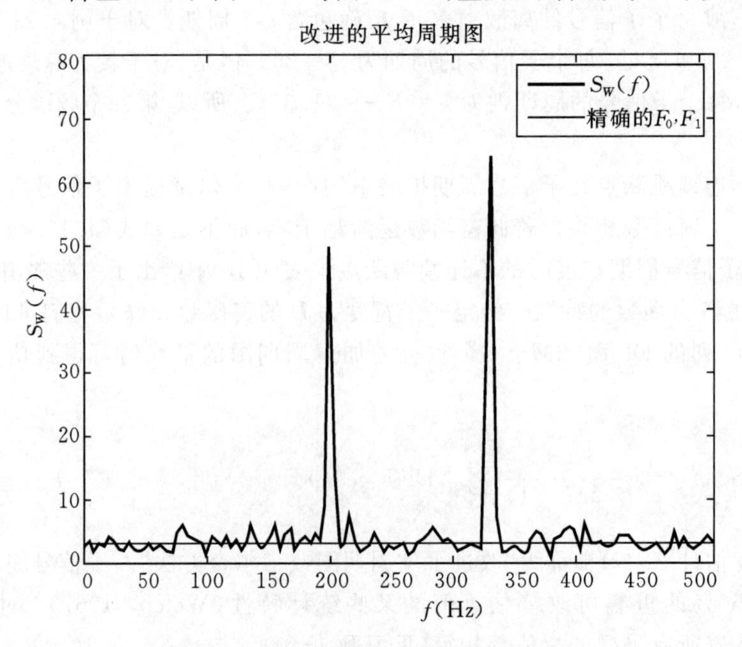

图 4.49 有噪周期信号的改进平均周期图

尖峰宽度是可比的。尖峰宽度的减小是由于加窗从而减少了向附近频率的泄漏。事实上，图 4.49 中的尖峰要比频率精度±4 Hz 要稍微宽。这是通过窗函数减少泄漏所付出的代价。我们将在第 6 章应用它们提高数字 FIR 滤波器性能时，对窗函数的频谱特性做更详细地研究。

FDSP 函数

FDSP 工具箱包括如下估算功率谱密度的函数，它们均使用了巴特利特方法或韦尔奇方法。

```
% F_PDS: Compute estimated power density spectrum
%
% Usage:
%       [S, f, Px] = f_pds (x, N, L, fs, win, meth);
% Pre:
%       x     = vector of length n containing input samples
%       N     = total number of samples. If N>n, then x is padded
%               with N - n zeros.
%       L     = length of subsequence to use. L must be an integer factor
%               of N. That is N = LM for a pair of integers L and M.
%       fs    = sampling frequency
%       win   = window type to be used
%
%               0 = rectangular
%               1 = Hanning
%               2 = Hamming
%               3 = Blackman
%
%       meth = an integer method selector.
%
%               0 = Bartlett's average periodogram
%               1 = Welch's modified average periodogram
% Post:
%       S     = 1 by L vector containing estimate of power density spectrum
%       f     = 1 by L vector containing frequencies at which S is
%               evaluated (0 to (L - 1)fs/L).
%       Px    = average power of x
```

如果在 MATLAB 中安装了信号处理工具箱，那么对象 *spectrum* 和它的方法 *psd* 可以被用来计算功率谱密度。

4.11 GUI 软件和案例学习

本节集中讨论 DFT 以及离散时间信号的频谱分析的应用。GUI 模块 *g_spectra* 不用编程就能分析离散时间信号的幅度谱,相位谱和功率谱密度。接下来给出了应用举例并使用 MATLAB 解答了这些问题。

$g\_spectra$:离散时间信号的谱分析

GUI 模块 *g_spectra* 允许用户查看多种离散时间信号的频谱特性。GUI 模块 *g_spectra* 的特色就是平铺的窗口,如图 4.50 所示。显示屏左上角的框图窗口包含即将被执行的用不同色彩作标记的框图。此模块可计算 N 点信号 $x(k)$的 DFT。

$$X(i) = \text{DFT}\ \{x(k)\},\ 0 \leqslant i < N \tag{4.11.1}$$

框图窗口下方是一些编辑框,这些编辑框包含可被用户修改的参量,包括采样频率 fs,输入余弦的频率 $F0$,均匀分布的零均值加性白噪声的幅值 b 和截断阈值 c。改变参量需要通过回车键激活。编辑框的右边是一些控制按钮和选择框。这里的声音按钮(play x)通过 PC 扬声器来播放信号 $x(k)$。分贝显示选择框控制图形的显示在线性刻度和对数 dB 尺度之间切换。加噪选择框给输入 $x(k)$添加在$[-b,\ b]$上均匀分布的白噪声。最后,截断选择框激活对输入 $x(k)$的截断,截断范围为$[-c,c]$。

显示屏右上角的类型(Type)窗口和查看(View)窗口允许用户选择输入信号 $x(k)$的类型和查看模式。输入包括一些常用信号,是否包含白噪声取决于附加噪声检查框的状态。用户可定制两个输入。语音记录输入允许用户从从 PC 机上的麦克风录制一秒钟的语音,且采样频率为 $fs= 8192$ Hz。可通过语音按钮(play x)验证录音。将用户自定义的输入命名为由用户提供的 MAT 文件,此文件包含 $x(k)$的 8192 个采样以及采样频率 fs。若在 MAT 文件中没有采样频率 fs,则使用当前的采样频率值。在类型窗口和查看窗口底部附近有一滚动条,它允许用户控制采样数 N。当 N 增加时,现在选择的输入将被补 0。如果输入再选择一次,将重新计算信号,产生 N 个非 0 采样值。

查看选项包括时间信号 $x(k)$,幅度谱 $A(f)$,相位谱 $\phi(f)$和估计的功率谱密度 $S_W(f)$,其中

$$f_i = i\frac{f_s}{N},\ 0 \leqslant i \leqslant N/2 \tag{4.11.2}$$

功率谱密度估计使用 $L=N/4$ 的韦尔奇改进平均周期图法。查看选项中还包含显示数据窗口和 x 的频谱图,其中 x 使用了长度为 $L=N/8$ 的重叠子信号。显示屏底部的绘图窗口显示的曲线由选定的查看选项确定。用不同颜色标记曲线以匹配显示屏左上方的结构图。幅值响应和功率密度谱曲线可以线性刻度或对数 dB 刻度显示,具体的选择由 dB 显示检查框的状态决定。

显示屏顶部的菜单(Menu)条中包括一些选项。*Data window* 选项允许用户选择用于功率密度谱估计的数据窗。*Caliper* 选项可测量当前曲线上的任意一点,该点可通过移动鼠标的十字光标并点击确定。*Save data* 选项用于保存用户指定 MAT 文件中的 x 和 fs 的当前值以便将来使用。用户自定义输入选项可重新装载用这种方式创建的文件。*Print* 选项用于打印图窗中的内容。最后,*Help* 选项给出如何更有效使用 *g_spectra* 模块的一些有益的建议。

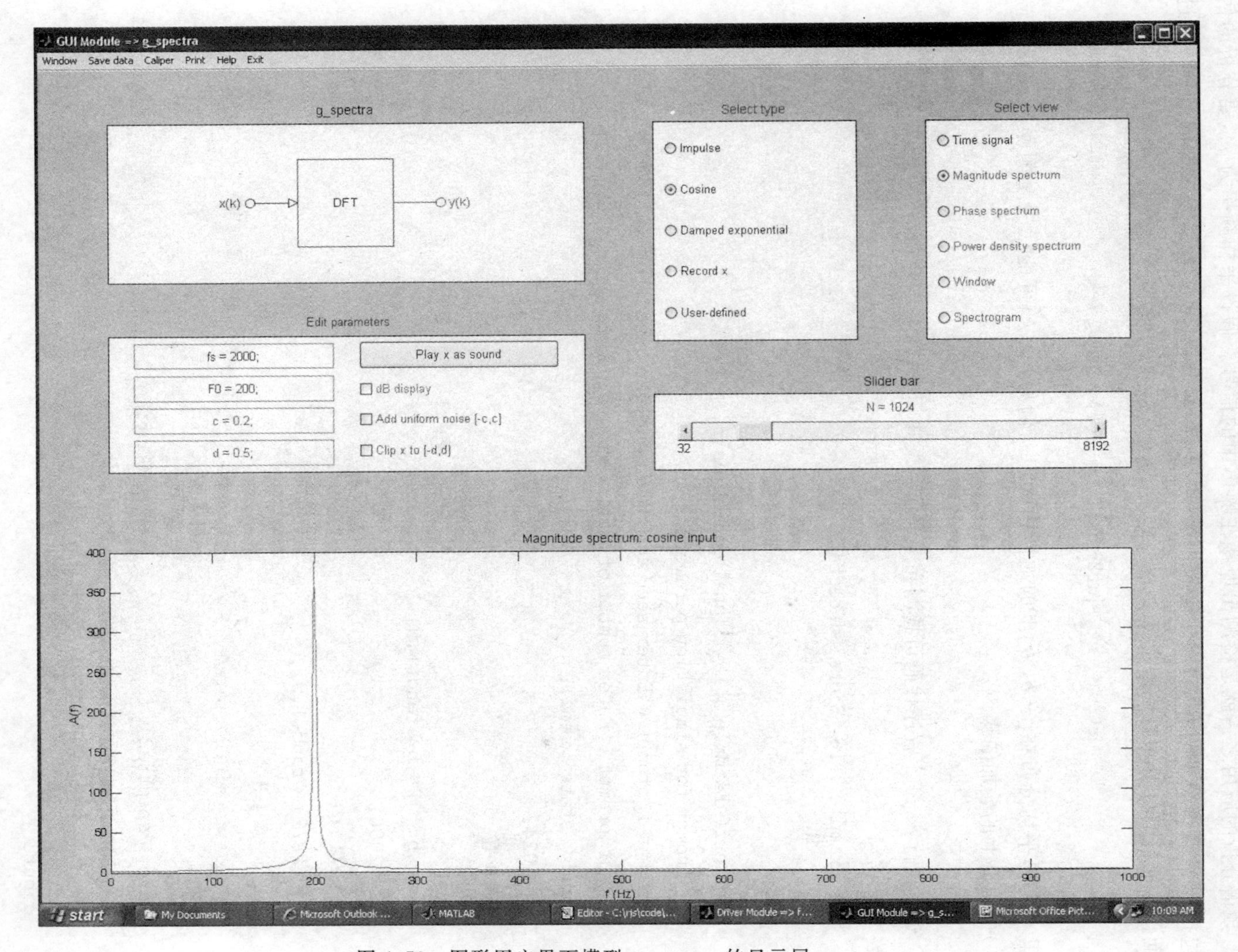

图 4.50　图形用户界面模型 $g\_spectra$ 的显示屏

案例研究 4.1 信号检测

频谱分析的应用之一就是检测出埋藏在噪声中的信号。假设采样频率为 f_s，要分析的信号包括 M 个频率分别为 F_1，F_2，…，F_M 的正弦分量，其中 $0 \leqslant F_i \leqslant f_s/2$ 是未知的且必须通过下面信号的频谱分析才能检测出来。

$$x(k) = \sum_{i=1}^{M} \sin(2\pi F_i k T) + v(k), \quad 0 \leqslant k < N$$

这里 $v(k)$ 是平均分布在 $[-b, b]$ 上的加性白噪声。例如，$v(k)$ 可能代表量测噪声或在传输 $x(k)$ 的信道上的叠加的噪声。

通过执行 *case4*_1 程序代码可检测和确定那些未知频率，其中 $N=1024$，$=2000$ Hz，$b=2$。

函数 case4_1

```
% Example 3.16: Signal detection
clear
clc
fprintf('Example 3.16: Signal detection\n')
% Prompt for simulation parameters
seed = f_prompt ('Enter seed for random number generator',0,10000,3000);
M = f_prompt ('Enter number of random sinusoidal terms',0,10,3);
rand ('state',seed);
N = 1024;
k = 0:N - 1;
b = 2;
x = - b + 2 * b * rand(1,N);
fs = 2000;
T = 1/fs;
F = (fs/2) * rand(1,M);
for i = 1 : M
    x = x + sin(2 * pi * F(i) * k * T);
end
save u_spectra2 x fs                    % MAT file
% Plot portion of signal

figure
t = k * T;
plot (t(1:N/8),x(1:N/8))
axis([t(1),t(N/8), - 5,5])
f_labels('Noisytime signal with sinusoidal components','{\itt} (sec)','\it{x
(t)}')
```

```
f_wait

% Compute and plot power density spectrum

figure
a = abs(fft(x));
S_N = A.^2/N;
f = linspace (0,(N - 1) * fs/N,N);
plot (f(1:N/2),S_N(1:N/2))
set(gca,'Xlim',[0,fs/2])
f_labels ('Power density spectrum','{\itf} (Hz)','\it{S_N(f)}')

% Find frequencies with user - supplied threshold

S_max = max(S_N);
s = f_prompt ('Enter threshold for locating peaks',0,S_max,.7 * S_max);
ipeak = S_N > s;
for i = 1 : N/2
    if ipeak(i) = = 1
        fprintf ('f =  %.0f Hz\n',f(i))
    end
end
f_wait
```

程序代码的第一部分提示用户输入随机数生成器的整数种子和未知频率的个数 M。每个原始值生成一系列不同的 M 个随机频率。使用缺省响应生成的信号 $x(k)$的前 $N/8$ 个采样的图形显示于图 4.51 中。注意由于有加性白噪声,使得我们在直接观察 $x(k)$时不能非常清晰地判断它是否含有正弦分量,也不能判断含有多少正弦分量以及它们的位置。但是,观察图 4.52 的功率谱密度曲线 $S_x(f)$,我们可以肯定正弦频谱分量是存在的。

在这种情况下,有三个正弦分量对应三个明显的尖峰。为了确定这些尖峰的位置,将提示用户输入阈值 s,则所有 $S_x(f)>s$ 的 f 值均被显示出来。当使用默认的阈值时,可确定这三个未知频率分别为

$$F_1 = 432 \text{ Hz}$$
$$F_2 = 809 \text{ Hz}$$
$$F_3 = 881 \text{ Hz}$$

案例研究 4.2　截断失真

许多父母都有这样的经历,即他们的孩子常把音乐音量开得很大导致声音失真。失真是由于扩音器或扬声器过负荷而不再工作在线性范围所造成的。这类的失真属于非线性饱和,

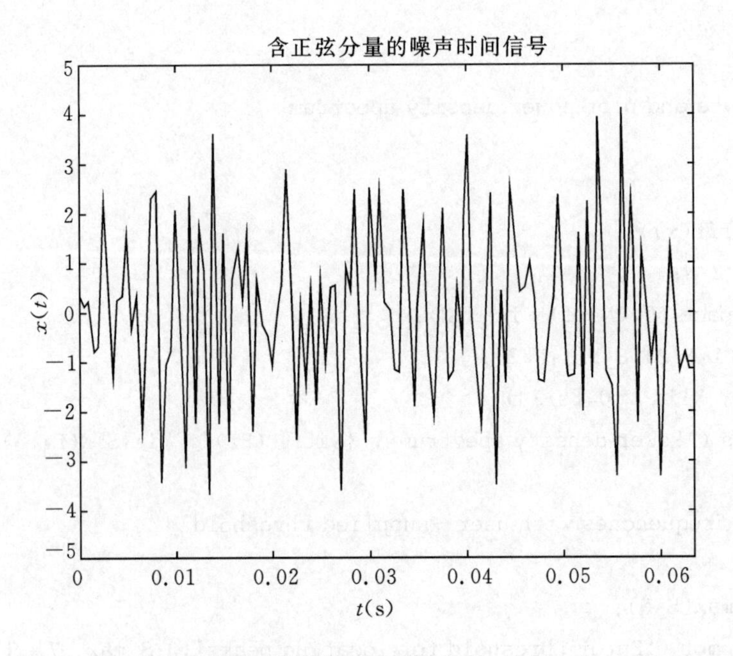

图 4.51 含未知正弦分量的混合噪声信号 $N=1024$，$f_s=2000$ Hz

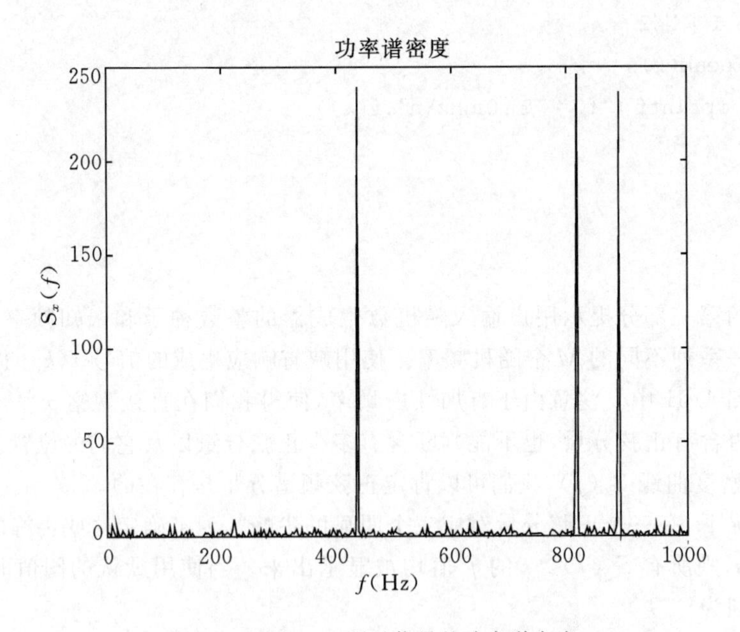

图 4.52 图 4.51 所示信号的功率谱密度

且它的输出在低限和高限部分均被截断。

$$y = \text{clip}(x,a,b) \triangleq \begin{cases} a, & -\infty < x < a \\ x, & a \leqslant x \leqslant b \\ b, & b < x < \infty \end{cases} \tag{4.11.3}$$

当输入 x 的范围为$[a, b]$时，存在一个简单的线性关系，即 $y=x$。超出此范围时 y 饱和，即 $x<a$ 时 $y=a$，$x>b$ 时 $y=b$。在$[a, b]=[-0.7, 0.7]$时的非线性截断如图 4.53 所示。

在一个语音系统中，产生的典型截断是因为放大后的输出信号的幅值超出放大器所能提供的直流电源所能提供的水平。为说明此现象，给定一个单位幅值的余弦输入，频率为 $f_a=625$ Hz。生成一个周期的 $x(k)$，且采样频率 $f_s=20$ kHz，$N=32$。

$$x(k) = \cos(1300\pi kT, 0 \leqslant k < N$$

假定此信号通过范围为$[-c, c]$的非线性饱和区

$$y(k) = \text{clip}[x(k), -c, c], 0 \leqslant k < N$$

当 $c=0.7$ 时的输入输出曲线图如图 4.53 所示。我们可以计算总谐波失真(THD)来确定由截断引起的失真量，输出 $y(k)$是下面周期信号 $y_a(t)$的采样，而 $y_a(t)$可由截断傅里叶级数近似，即：

$$y_a(t) = \frac{d_0}{2} + \sum_{i=1}^{N/2-1} d_i \cos(2\pi F_0 t + \theta_i)$$

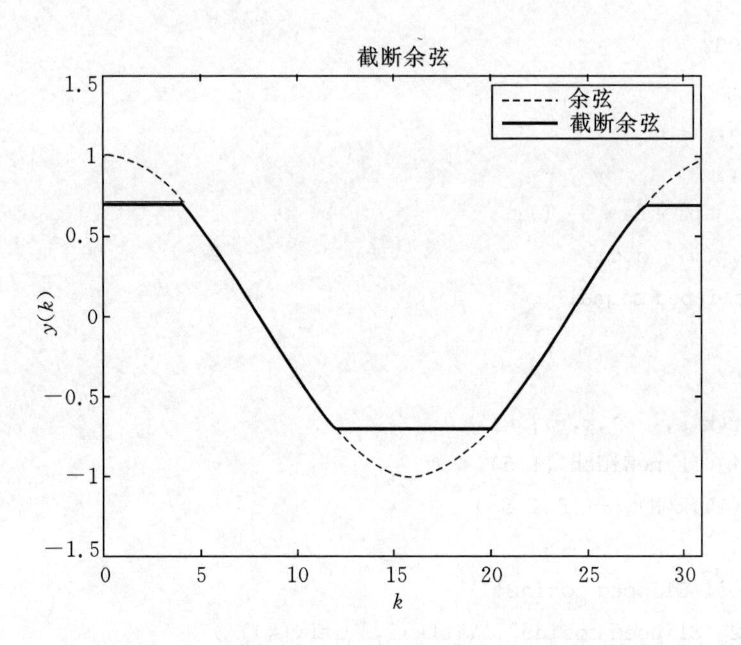

图 4.53　截断范围为$[-0.7, 0.7]$的 x 饱和状态

由式(4.1.12)，傅里叶级数的系数可由 $y(k)$的 DFT 直接获得。当 $A(i)$是 $y(k)$的幅频响应时，则

$$d_i=\frac{2A(i)}{N}, 0\leqslant i<N/2$$

傅里叶级数每一项的平均功率均与上式有关。由式(4.1.10a)，$y_a(t)$的总平均功率为

$$P_y = \frac{d_0^2}{4} + \frac{1}{2}\sum_{i=1}^{N/2} d_i^2$$

总谐波失真(THD)是不需要的谐波平均功率与总平均功率的百分比。所以，由式(4.1.10b)，有：

$$\mathrm{THD}=\frac{100(P_y-d_1^2/2)}{P_y}\% \tag{4.11.4}$$

总谐波失真可通过运行 *case*4_2 来获得。

函数 *case*4_2

```
%Example 3.17: Distortion due to clipping
Clear
Clc
Fprintf('Example 3.17: Distortion due to clipping\n')
%construct input and output

N = 32;
k = 0:N - 1;
fs = 20000;
T = 1/fs;
fa = fs/N;
c = 0.70;
x = cos(2 * pi * fa * l * T);
y = f_clip(x, - c,c);
%plot clipped signal

Figure
hp = plot(k,x,' - ',k,y);
set(hp(1),'LineWidth',1.5)
axis([k(1),k(N), - 1.5,1.5])
legend
('Cosine','Clipped cosine')
F_labels('Clipped cosine','\it(k)','\it(y(k))')
F_wait

%compute total harmonic distortion

A = abs(fft(y));
d = 2 * A/N;
Delta_f = fs/N;
i = round(fa/Delta_f) + 1;
p_y = d(1)^2/4 + (1/2) * sum(d(2:N/2).^2)
```

```
D = 100 * (p_y - (d(i)^2)/2)/p_y
 % compute and plot magnitude spectrum
Figure
i = 1:N/2
hp = stem(i - 1,A(i),'filled','.');
set (hp,'LineWidth',1.5)
f_labels('Magnitude spectrum','\it(i)','\it(A(i))')
set (gca,'Xlim',[0,N/2])
f_wait
```

运行程序代码 *case*4_2 后，得到的截断如图 4.53 所示，幅度谱如图 4.54 所示。注意第 3、第 5 和其它奇数处存在功率是由截断操作造成的。若截断阈值 $c=0.7$，则总谐波失真为

THD＝1.93％

对语音信号，单音调的 THD 是测量声音质量的一个方法。

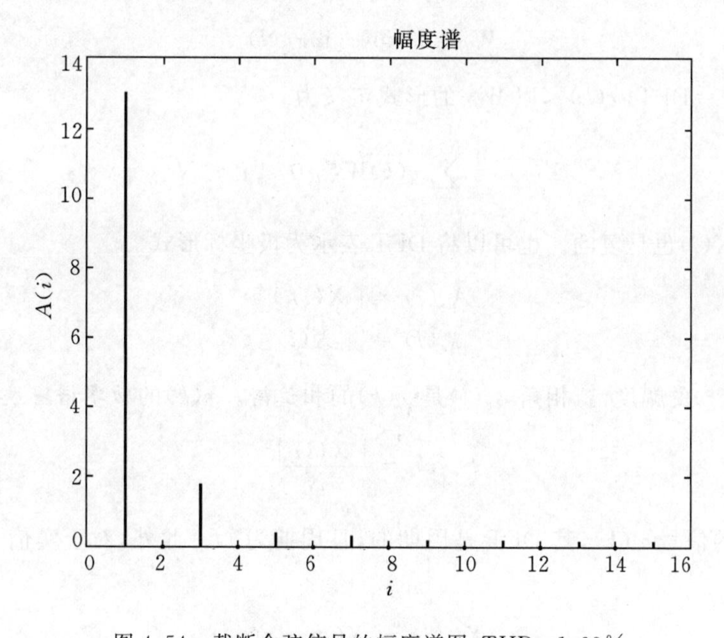

图 4.54　截断余弦信号的幅度谱图，THD＝1.93％

4.12　本章小结

离散时间傅里叶变换(DTFT)

本章集中讨论傅里叶变换和离散时间信号的谱分析。对于绝对可和的信号，Z 变换的收敛域包括单位圆。离散时间傅里叶变换是通过对信号 $x(k)$ 沿复平面上单位圆求 Z 变换并使

用令 $z=\exp(\mathrm{j}2\pi f T)$获得。它将产生一个离散时间到连续频率的映射，被称为 DTFT

$$X(f)=\sum_{k=-\infty}^{\infty} x(k)\exp(\mathrm{j}2\pi k f T), \quad -f_s/2 \leqslant f \leqslant f_s/2 \tag{4.12.1}$$

所得的 f 的函数是 $x(k)$的频谱。幅度 $A(f)=|X_x(f)|$称为幅度谱，相角 $\phi_x(f)=\angle X(f)$称为相位谱。谱 $X(f)$是周期的，其周期为 f_s。对实信号，谱满足对称条件

$$X(-f)=X^*(f) \tag{4.12.2}$$

这暗示了实信号有偶的幅度谱和奇的相位谱。对实信号，$0\leqslant f \leqslant f_s/2$ 就包含了所有需要的信息。这对应了单位圆的上半部分或者说是正频率。DTFT 从 Z 变换中继承了很多性质，当然它也有它附加的其它性质包括帕斯瓦尔恒等式。

离散傅里叶变换(DFT)

当对 N 点信号作 DTFT 且用单位圆上等间隔的 N 点离散频率计算 $X(f)$时，得到的变换称为离散傅里叶变换，即 DFT。设 W_N 为单位 1 的 N 次方根

$$W_N=\exp(-\mathrm{j}2\pi/N) \tag{4.12.3}$$

则 DFT，即 $X(i)=\mathrm{DFT}\{x(k)\}$，以 W_N 的形式定义为

$$X(i)=\sum_{k=0}^{N-1} x(k)W_N^{ik}, \ 0\leqslant i < N \tag{4.12.4}$$

W_N 是复的，故 $X(i)$也是复的。也可以将 DFT 表示为极坐标形式

$$A_x(i)=|X(i)| \tag{4.12.5a}$$

$$\phi_x(i)=\angle X(i) \tag{4.12.5b}$$

幅度 $A_x(i)$是 $x(k)$的幅度谱，相角 $\phi_x(i)$是 $x(k)$的相位谱。$x(k)$的功率谱密度定义为

$$S_x(i)=\frac{|X(i)|^2}{N} \tag{4.12.6}$$

对于一个 N 点的信号 $x(k)$，其 DFT 是周期的，且周期为 N。此外，对于实信号，谱满足中点对称条件

$$X^*(i)=X(N-i) \tag{4.12.7}$$

幅度谱和功率谱密度关于中点 $i=N/2$ 偶对称，相位谱关于中点奇对称。因此，实信号的所有需要的信息都包含在区间 $0\leqslant i\leqslant N/2$ 中，此区间对应着正离散频率，也被称为箱频率

$$f_i=\frac{i f_s}{N}, \ 0\leqslant i\leqslant N/2 \tag{4.12.8}$$

这里，$f_s=1/T$ 是采样频率，最高离散频率，$f_{N/2}$是折叠频率 $f_s/2$。

就像光可分解成不同颜色，信号也能分解成功率沿不同频率的分布。若 $x_p(k)$是 $x(k)$的周期延拓，$x_p(k)$在离散频率 f_i 处的功率为 $P_i=S_x(i)$，$x(k)$的总平均功率为

$$P_x=\frac{1}{N}\sum_{i=0}^{N-1} S_x(i) \tag{4.12.9}$$

白噪声 $v(k)$，其平均功率为 P_v，是一个随机信号。其功率谱密度是平坦的，并且等于 P_v。根据维纳-辛钦定理，信号圆周自相关的DFT等于该信号的功率谱密度。那么白噪声的圆周自相关为

$$c_{vv}(k) = P_v\delta(k) \tag{4.12.10}$$

快速傅里叶变换(FFT)

当采样点数 N 是2的整数次幂时，有一种高效率的快速实现DFT的方法，被称为快速傅里叶变换，即FFT。当N值较大时，完成DFT时所需的复浮点运算FLOPs的次数近似为 N^2，而完成FFT时只需 $(N/2)\log_2(N)$ FLOPs。因此FFT比DFT快 P 倍，即

$$P = \frac{N}{2\log_2(N)} \tag{4.12.11}$$

当 $N=1024$ 时，FFT比DFT快200倍，当 $N=8192$ 时快1200倍。

信号的谱分析

传递函数为 $H(z)$ 的稳定线性离散时间系统的频率响应可以在离散频率 $f_i=if_s/N$ 处用DFT来近似，即 $H(i)=\text{DFT}\{h(k)\}$，$h(k)$ 是系统的脉冲响应。对于一个IIR系统，近似的准确程度随着采样点数 N 的增加而上升。而阶次为 m 的FIR系统当 $N>m$ 时，近似变为准确地相等。

离散频率间的间隔，$\Delta f=f_s/N$ 称为*频率精度*，若向 N 点信号 $x(k)$ 中末尾补0，它的频率精度会增加。如果增加了 $M-N$ 个0，这就得到了一个 M 点的补零信号 $x_z(k)$，它的谱同 $x(k)$ 是相同的，但有一个更好的频率精度

$$\Delta f = f_s/M \tag{4.12.12}$$

使用补零，$x(k)$ 中的孤立正弦频率分量可以被更准确地检测和定位。由于*谱泄漏*，在功率谱密度中，临近频率的正弦信号会倾向于合并成一个宽的谱峰。可以检测出来的最小的频率差值称为*频率分辨率*，频率分辨率 ΔF 是信号持续期的倒数并被称为*瑞利界*

$$\Delta F = \frac{f_s}{N} \tag{4.12.13}$$

谱图

许多实际的信号，如声音或音乐，它们足够长以至于它们的谱特性可以被认为是时变的。一个长信号 $x(k)$ 可以被分割成长度为 L 的 $2M-1$ 个交叠的子信号。给这些子信号加窗并作 L 点的DFT。得到的幅度谱按行排列成 $(2M-1)\times L$ 的矩阵，称之为 $x(k)$ 的谱图

$$G(m,i) = |\text{DFT}|\{w(k)x(mL/2+k)\}| \tag{4.12.14}$$

谱图显示出频谱如何随时间变化。第一个独立变量 m 指定在增量为 $L/2$ 采样点时的起始时间，第二个独立变量 i 指定在频率增量为 f_s/L 时的离散频率。

功率谱密度估计

已有众多方法被用来得到改进的信号连续时间功率谱密度估计，式(4.12.6)中 $S_x(i)$ 的

基本定义称为周期图法。改进方法有巴特利特的平均同期图法和韦尔奇的改进平均周期图法。平均周期图法是将长信号 $x(k)$ 分割成长度为 L 的子信号。在巴特利特方法中，子信号间不交叠，而在韦尔奇方法中，交叠程度为 $L/2$ 个采样点，且子信号与每端逐渐收敛到 0 的数据窗相乘。使用数据窗是为了降低谱泄漏现象的影响，它是由在估计功率谱密度时一个计算上处理导致的，其结果是谱峰变宽，而且有交叠。

GUI 模块

FDSP 工具箱包括一个名为 *g_spectra* 的 GUI 模块，它可以在不用编程的情况下进行离散时间信号的谱分析。它能处理的信号包括了几种常用的信号，再加上从 PC 麦克风上录下的信号和用户自定义保存在 MAT 文件中的信号。信号可以是有噪的，无噪的，截断的和未截断的。查看选项包括幅度谱，相位谱，估计出的功率谱密度和谱图。

学习要点

表 4.11 总结了本章提供并希望学生掌握的学习要点。

表 4.11　第 4 章的学习要点

序号	学习要点	节
1	掌握如何利用时间离散的傅里叶变换(DTFT)来计算离散时间信号的谱。	4.2
2	掌握如何用离散傅里叶变换或 DFT 求得有限长信号的幅度谱、相位谱和功率谱密度	4.3
3	掌握如何应用和使用离散傅里叶变换或 DFT 的性质	4.3—4.4
4	掌握如何使用时间抽取来计算快速傅里叶变换(FFT)	4.5
5	可以使用 FLOPs 的数目比较 DFT 和 FFT 的计算量	4.5
6	理解如何刻画白噪声及为什么这个随机信号对于信号建模和系统测试是有用的	4.6
7	掌握如何利用 DFT 来计算一个线性稳定的离散时间系统的频率响应	4.7
8	理解补零是如何被用来在离散频率间插值并提高频率精度	4.8
9	掌握如何用巴特利特法和韦尔奇法估计信号的功率谱密度	4.10
10	理解什么是谱图以及谱图是如何被用来刻画具有时变谱的信号的	4.9
11	掌握如何用 GUI 模块 *g_spectra* 去对一个离散时间信号和系统进行谱分析	4.11

4.13　习题

这些习题可以被分成通过手工或者计算器来实现的分析和设计问题。GUI 仿真类问题使用 GUI 模块中的 *g_correlate* 和 *g_spectra*，MATLAB 计算问题需要编制程序。

4.13.1　分析和设计

4.1　检验表 4.6 中出现的如下的 $W_N^k = \exp(-\mathrm{j}2\pi k/N)$ 值

$$W_N^k = \begin{cases} -\mathrm{j},\ k=N/4 \\ -1,\ k=N/2 \\ \mathrm{j},\ k=3N/4 \\ 1,\ k=N \end{cases}$$

4.2　使用习题 4.1 的结果，证明表 4.6 中 $W_N = \exp(-\mathrm{j}2\pi/N)$ 的下列特性。

(a) $W_N^{(i+N)k} = W_N^{ik}$

(b) $W_N^{i+N/2} = -W_N^i$

(c) $W_N^{2i} = W_{N/2}^i$

(d) $W_N^* = W_N^{-1}$

4.3　下面的标量 c 是实数，求出它的值。提示：使用欧拉恒等式。

$$c = \mathrm{j}^{\mathrm{j}}$$

4.4　设一个信号 $x(k)$ 有如下的幅度谱

$A_x(f) = \cos(\pi fT) \quad 0 \leqslant |f| \leqslant f_s/2$

(a) 求能量谱密度 $S_x(f)$

(b) 求总能量 E_x

(c) 求当 $0 \leqslant \alpha \leqslant 0.5$ 时包含在 $0 \leqslant |f| \leqslant \alpha f_s$ 中的能量。

4.5　考虑下面的因果有限长信号，其中 $x(0)=1$

$$x(k) = [1,\ 2,\ 1]^{\mathrm{T}}$$

(a) 求谱 $X(f)$。

(b) 计算幅度谱 $A_x(f)$。

(c) 计算相位谱 $\phi_x(f)$。

4.6　周期函数 $x_a(t)$ 的周期为 T_0，$x(k)$ 是 $x_a(t)$ 的采样样本且采样间隔为 T

(a) T 为何值时 $x(k)$ 是周期的？给出例子；

(b) T 为何值时 $x(k)$ 不是周期的？给出例子；

4.7　当允许 $X(f)$ 中包含 $\delta_a(f)$ 这种形式时，DTFT 变换对的表可以扩充。利用冲激 $\delta_a(f)$ 的逆 DTFT，找到 $x(k)$ 的 DTFT，其中 c 是一个任意的常数。

$x(k) = c$

4.8　利用欧拉公式，求出如下信号的逆 DTFT

(a) $X_1(f) = \dfrac{\delta_a(f-F_0) + \delta_a(f+F_0)}{2}$

(b) $X_2(f) = \dfrac{\delta_a(f-F_0) - \delta_a(f+F_0)}{\mathrm{j}2}$

4.9　考虑如下的离散时间信号：

$$x(k)=c\cos(2\pi F_0 kT+\theta)$$

(a) 找到满足 $x(k)=a\cos(2\pi F_0 kT)+b\sin(2\pi F_0 kT)$ 的 a 和 b。

(b) 使用(a) 和题目 4.8 的结果求出 $X(f)$。

4.10 考虑下面离散时间信号。

$$x=[2,\ -1,\ 3]^{\mathrm{T}}$$

(a) 求单位"1"的立方根,W_3。

(b)求 3×3DFT 变换矩阵 W。

(c) 利用 W 求 x 的 DFT。

(d)求 DFT 逆变换矩阵 W^{-1}。

(e)求 DFT 为 $X=[3,\ -\mathrm{j},\ \mathrm{j}]^{\mathrm{T}}$ 的离散时间信号 x。

4.11 求出当 $|c|<1$ 时下列信号的 DTFT

(a) $x(k)=c^k\cos(2\pi F_0 kT)\mu(k)$

(b) $x(k)=c^k\sin(2\pi F_0 kT)\mu(k)$

4.12 考虑当 $|c|<1$ 时的如下信号

$$x(k)=k^2c^k\mu(k)$$

(a) 利用附录 1,求谱 $X(f)$。

(b) 计算幅度谱 $A_x(f)$。

(c) 计算相位谱 $\phi_x(f)$。

4.13 请证明 DTFT 满足如下的频率微分性质:

$$\mathrm{DTFT}\{kTx(k)\}=\left(\frac{\mathrm{j}}{2\pi}\right)\frac{\mathrm{d}X(f)}{\mathrm{d}f}$$

4.14 回忆一下,问题 3.34 说明 Z 变换满足如下的调制属性:

$$Z\{h(k)x(k)\}=\frac{1}{\mathrm{j}2\pi}\oint_c H(u)X\left(\frac{z}{u}\right)u^{-1}\,\mathrm{d}u$$

使用这个结果以及 Z 变换同 DTFT 之间的关系证明 DTFT 的调制属性,即时域的相乘对应着频域的卷积。

$$\mathrm{DTFT}\{h(k)x(k)\}=\frac{1}{f_s}\int_{-f_s/2}^{f_s/2}H(\lambda)X(f-\lambda)\,\mathrm{d}\lambda$$

4.15 对 N 点信号 $x(k)$,在计算速度以 FLOPs 测量的情况下,求最小的整数 N,满足 $x(k)$ 的 2 基数 FFT 至少比 $x(k)$ 的 DFT 快 100 倍:

4.16 给定如下离散时间信号且 $|c|<1$

$$x(k)=c^k,\ 0\leqslant k<N$$

(a) 求 $X(i)$。

(b) 使用几何级数尽可能简化 $X(i)$。

4.17 给定下面的离散时间信号

$$x=[1,\ 2,\ 1,\ 0]^{\mathrm{T}}$$

(a) 求 $X(i)=\mathrm{DFT}\{x(k)\}$。

(b) 计算幅度谱 $A_x(i)$。

(c) 计算相位谱 $\phi_x(i)$。

(d) 计算功率谱密度 $S_x(i)$。

4.18　设 $x(k)$是实数，并且 $X(i)=\mathrm{DFT}\{x(k)\}$

(a) 证明 $X(0)$是实数

(b) 证明当 N 是偶数时，$X(N/2)$是实数。

4.19　下面的 W_N 的正交特性可以被用来导出 IDFT

$$\sum_{i=0}^{N-1} W_N^{ik} = N\delta(k),\ 0 \leqslant k < N$$

问题3.17d中的有限几何序列对任意的复数 z 都是有效的。使用它来证明 W_N 的正交特性。

4.20　回忆一下，N 点信号的 DFT 是以 N 为周期的。DFT 的特性之一就是共轭属性

$$\mathrm{DFT}\{x^*(k)\}=X^*(-i)$$

这一属性可以将计算两个 N 长实序列的 DFT 转化成计算一个 N 长复序列。设 $a(k)$ 和 $b(k)$是实的并考虑如下的复信号：

$$c(k)=a(k)+\mathrm{j}b(k),\ 0\leqslant k<N$$

利用附录2的等式和共轭特性，试证明

(a) $A(i)=\dfrac{C(i)-C^*(-i)}{2}$

(b) $B(i)=\dfrac{C(i)-C^*(-i)}{\mathrm{j}2}$

4.21　给定如下离散时间信号

$$x=[-1,\ 2,\ 2,\ 1]^{\mathrm{T}}$$

(a) 求平均功率 P_x。

(b) 求 x 的 DFT。

(c) 在此情况下验证帕斯瓦尔定理。

4.22　求 N 点信号的 DFT 对。

(a) $x(k)=\delta(k)\Rightarrow X(i)=?$

(b) $X(i)=\delta(i)\Rightarrow x(k)=?$

4.23　设 $x(k)$是一个实的 N 点信号。试证明 $x(k)$的谱满足如下的对称属性：

(a) $\mathrm{Re}\{X(i)\} = \mathrm{Re}\{X(N-i)\}$

(b) $\mathrm{Im}\{X(i)\} = -\mathrm{Im}\{X(N-i)\}$

4.24　若 $x(k)$是 N 点信号，从(4.3.4)中的平均功率的定义出发，使用帕斯瓦尔恒等式证明 $x(k)$的平均功率就是功率谱密度的平均值。

4.25　考虑如下的离散时间信号

$$x=[12,\ 4,\ -8,\ 16]^{\mathrm{T}}$$

(a) 从式(2.8.2)开始，但使用 x_p 代替 x。求出圆周自相关矩阵 $E(x)$，使 $c_{xx}=E(x)x$。

(b) 使用 $E(x)$求出圆周自相关 $c_{xx}(k)$。

(c) 求出归一化圆周自相关 $\sigma_{xx}(k)$。

4.26 白噪声 $v(k)$均匀分布在区间$[-a, a]$上。设 $v(k)$有如下的圆周自相关：

$$c_{vv}(k)=8\delta(k),\ 0\leqslant k<1024$$

(a) 求出区间界 a。

(b) 画出 $v(k)$功率谱密度的草图。

4.27 设 $v(k)$是一个 N 点的白噪声，其均值为 μ_v，方差为 σ_v^2。证明平均功率、均值和方差之间有如下的关系：

$$P_v\approx\mu_v^2+\sigma_v^2$$

4.28 设 $v(k)$是一个 N 点的白噪声，其均值为 μ_v，方差为 σ_v^2。证明 $v(k)$的圆周自相关为

$$c_{vv}(k)\approx\mu_v^2+\sigma_v^2\delta(k)$$

4.29 设 $v(k)$是一个 N 点的白噪声，其均值为 μ_v，方差为 σ_v^2。利用 4.28 的结论证明 $v(k)$的功率谱密度为

$$S_v(i)\approx\sigma_v^2+N\mu_v^2\delta(i)$$

4.30 设 v 是一个随机变量，均匀分布在区间$[a, b]$上

(a) 求出 $m(m\geqslant 0)$阶矩 $E[v^m]$。

(b) 验证当 $m=2$ 时，$E[v^m]$同(4.6.6)中的 P_v 相等。

4.31 设 x 是随机变量，其概率密度函数由图 4.55 给出。

(a) $-0.5\leqslant x\leqslant 0.5$ 的概率是多少？

(b) 求 $E[x^2]$

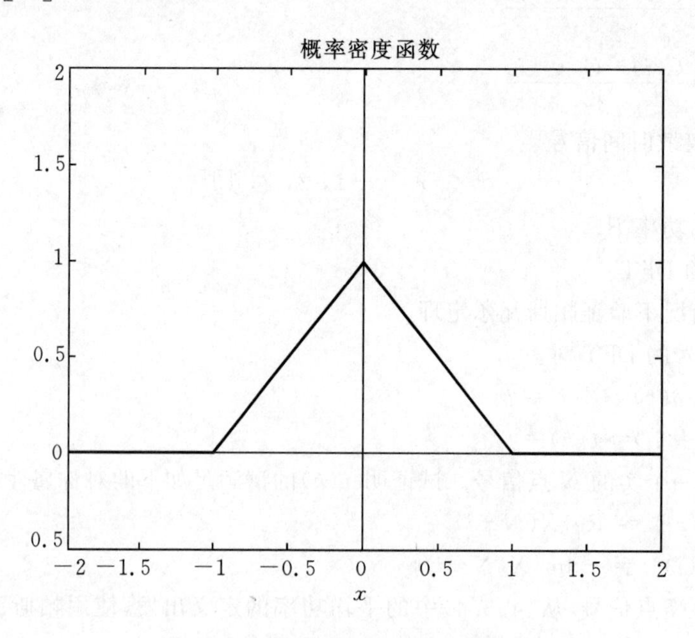

图 4.55 问题 4.31 的概率密度函数

4.32 考虑如下的离散时间信号

$$x=[10, -5, 20, 0, 15]^{\mathrm{T}}$$

(a) 试用式(2.8.2)，求出线性自相关矩阵 $D(x)$，使 $r_{xx}=D(x)x$。

(b) 试用 $D(x)$求出线性自相关 $r_{xx}(k)$。

(c) 试用定义 2.5,求出归一化线性自相关 $\rho_{xx}(k)$。

(d) 求出平均功率 P_x。

4.33　设 $h(k)$和 $x(k)$的长度均为 $L=2048$

(a) 求出计算 $h(k)$和 $x(k)$的快速线性卷积时所需的实数 FLOPs。

(b) 求出直接计算 $h(k)$和 $x(k)$的线性卷积时所需的实数 FLOPs。

(c) 将(a)的答案表示成(b)答案的百分比形式。

4.34　设 $h(k)$的长度为 L,$x(k)$的长度为 M。L 和 M 均为 2 的幂次并且有 $M\geqslant L$

(a) 求出计算 $h(k)$和 $x(k)$的快速线性卷积时所需的实数 FLOPs。当 $M=L$ 时,你的答案同式(4.5.8)相符吗?

(b) 求出直接计算 $h(k)$和 $x(k)$的线性卷积时所需的实数 FLOPs。当 $M=L$ 时,你的答案同式(4.5.9)相符吗?

4.35　设 L 为 2 的幂次,$M=QL$ 其中 Q 为正整数。设 n_{block} 为计算 L 点的 $h(k)$和 M 点的 $x(k)$的快速块卷积时所需的实数 FLOPs。求 n_{block}。

4.36　使用 DFT 解决如下问题

(a) 已知 $c_{yx}(k)$和 $y(k)$,求 $x(k)$。

(b) 已知 $c_{yx}(k)$和 $x(k)$,求 $y(k)$。

4.37　设 $x(k)$和 $y(k)$的长度均为 $L=4096$

(a) 求出计算 $h(k)$和 $x(k)$的快速线性互相关时所需的实数 FLOPs。

(b) 求出直接计算 $h(k)$和 $x(k)$的线性互相关时所需的实数 FLOPs。

(c) 将(a)的答案表示成(b)答案的百分比形式。

4.38　设 $y(k)$的长度为 L,$x(k)$的长度为 M,有 $M\leqslant L$

(a) 求出计算 $y(k)$和 $x(k)$的快速线性互相关时所需的实数 FLOPs。当 $M=L$ 时,你的答案同式(4.5.20)相符吗?

(b) 求出直接计算 $h(k)$和 $x(k)$的线性互相关时所需的实数 FLOPs。当 $M=L$ 时,你的答案同式(4.5.21)相符吗?

4.39　给定数字滤波器,$|a|<1$

$$H(z)=\frac{1}{1-az^{-1}}$$

(a) 求脉冲响应 $h(k)$。

(b) 求频率响应 $H(f)$。

若 $H(i)$是 $h(k)$的 N 点 DFT,且 $f_i=if_s/N$。给定任意 $\varepsilon>0$,利用等式(4.8.4)在 $N\geqslant n$ 的条件下求 n 的下限,满足

$$|H(i)-H(f_i)|\leqslant\varepsilon\quad 0\leqslant i\leqslant N$$

4.40　使用数据窗来降低周期扩展的 N 点信号 $x(k)$的吉布斯现象存在着一个问题:在计算功率谱密度估计时采样不再是等权值加权的,这种现象在子信号没有交叠时尤其显著。

(a) 利用附录 2 中的三角恒等式证明表 4.10 中的汉明窗可以表示为

$$w(k)=0.5+0.5\cos\left[\frac{2\pi(k-L/2)}{L}\right],\ 0\leqslant k<L$$

(b) 如果用交叠程度为50%的子信号估计功率谱密度,则每个交叠采样计算两次,一次的权值为 $w(k)$,另一次的权值为 $w(k+L/2)$。证明:如果使用汉明窗交叠采样是等权值的,并求出每个交叠采样的总权值。

(c) 表4.10中是否有其它窗可以在交叠程度为50%的情况下使交叠采样的总权值是相同的?如果有,是哪个?

4.41 考虑定义4.5中的谱图。设 $x(k)$ 是一个实信号

(a) 设使用DFT时求出所需要的复FLOPs数目

(b) 设使用FFT时求出所需要的复FLOPs数目

4.42 信号 $xa(t)$ 在采样速率 $f_s=1600$ Hz下采样 $N=300$ 点,而 $x_z(k)$ 是对 $x(k)$ 补 $M-N$ 个0后得到的样本,用2基数FFT求 $X_z(i)$。

(a) 求满足 $X_z(i)$ 的频率精度不大于2 Hz的 M 的下限。

(b) $x_z(k)$ 的FFT与 $x(k)$ 的DFT相比快多少或慢多少?将结果表示为FFT与DFT计算量之比。

4.43 考虑定义4.5中的谱图。

(a) 使用补0来修改谱图的定义使频率精度提高2倍。

(b) 计算当使用改进的定义时,计算量增加的百分比,假设使用的是FFT。使用复FLOP在假定 $x(k)$ 是一个实信号时来度量计算量。

(c) 修改的谱图算法提高频率分辨率了吗?如果没有,如何提高频率分辨率并有什么代价?

4.13.2 GUI仿真

4.44 对下列情况,利用GUI模块 *g_spectra* 绘出使用默认参数值且输入为无噪余弦的功率谱密度,使用dB尺度。

(a)矩形窗。

(b)海明窗。

(c)汉明窗。

(d)布莱克曼窗。

4.45 使用GUI模块 *g_correlate*,选择脉冲序列输入。这将 $y(k)$ 设为周期输入,$x(k)$ 设为脉冲序列输入,并且它的周期与 $y(k)$ 相同。令 $L=4096$,$M=4096$,

(a) 画出含噪的周期输入 $y(k)$ 和周期脉冲序列输入 $x(k)$。

(b) 画出 $y(k)$ 归一化圆周自相关。

(c) 画出归一化循环互相关 $\sigma_{yx}(k)$。它将与 $y(k)$ 成一个比例,但是噪声减少了。

4.46 利用GUI模块 *g_spectra* 绘出使用默认参数且输入为含噪衰减指数的下列特性,使用线性尺度。

(a)时间信号。

(b)幅度谱。

(c)功率谱密度(布莱克曼窗)。

(d)布莱克曼窗。

4.47　利用 GUI 模块 *g_spectra* 绘出下列信号的谱图。对每个信号取：$f_s=3000$Hz，采样点 $N=2048$。

(a) 单位振幅的余弦且频率为 $F_0=400$ Hz。

(b) 单位振幅的余弦且频率为 $F_0=400$ Hz，截断区间为[−0.5，0.5]。

(c) 单位振幅的余弦且频率为 $F_0=400$ Hz，混有均匀分布在[−1.5，1.5]上的加性白噪声。

4.48　利用 GUI 模块 *g_spectra*，录下单词 HELLO，并回放以确定正确，将其保存为名为 *hello.mat* 的 MAT 文件。将其重新加载并作为用户自定义输入，绘出下列频谱特性。

(a)幅度谱。

(b)功率谱密度(海明窗)。

(c)谱图。

4.49　图 4.56 中画出了含白噪声包括一个或多个正弦分量的信号，全部信号 $x(k)$ 和采样频率 f_s 储存在 *prob4_49.mat* 文件中。利用 GUI 模块的 *g_spectra* 绘出下列频谱特性。

(a)功率谱密度(海明窗)。采用 Caliper 方法估计正弦成分的频率。

(b)谱图(海明窗)。

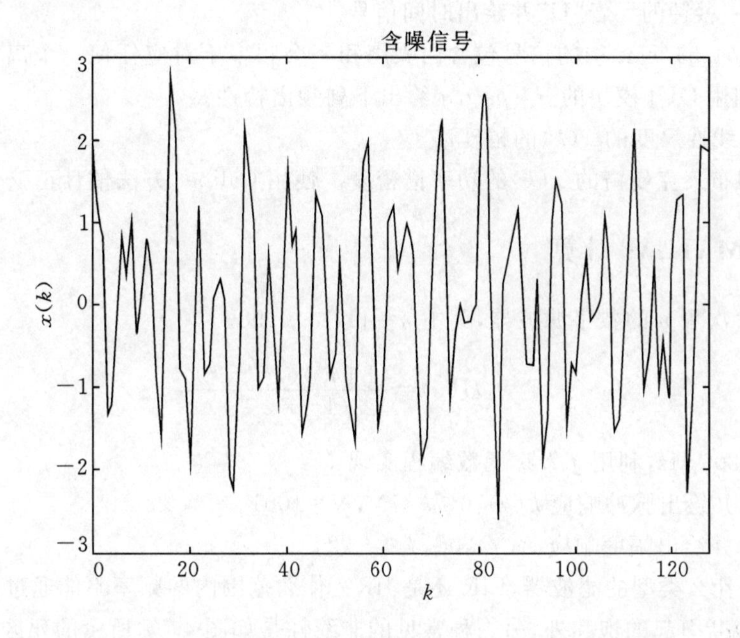

图 4.56　有未知正弦分量的含噪信号(从 0 到 $N/8$ 的采样)

4.50　使用 GUI 模块 *g_correlate*，选择白噪声输入。将比例因子设为 $c=0$。

(a) 画出 $x(k)$ 和 $y(k)$。均匀分布的白噪声分布的范围是多少？

(b) 通过画出 $y(k)$ 的自相关来验证 $r_{yy}(k)\approx P_y\delta(k)$。

(c) 使用 *Caliper* 选项来估计 P_y。

(d) 验证估计出的 P_y 与式(4.6.6)中的理论值相符程度。

4.51　使用 GUI 模块 *g_correlate*，选择周期输入。

(a) 画出 $x(k)$ 和 $y(k)$。

(b) 画出归一化圆周自相关 $\sigma_{yy}(k)$。请注意是怎样减少噪声的。

(c) 使用估计 $\sigma_{yy}(k)$的周期来估计 $y(k)$的周期(以秒为单位)。

4.52 考虑有噪周期信号的采样频率为 $f_s=1600$ Hz,$N=1024$。$v(k)$是均匀分布在$[-1,1]$上的白噪声。

$$x(k)=\sin(600\pi kT)\cos^2(200\pi kT)+v(k),\ 0\leqslant k\leqslant N$$

创建一个包含 x 和 f_s 的名为 *prob*4_52 的 MAT 文件,利用 *g_spectra* 绘出:

(a)幅度谱。

(b)使用韦尔奇方法的功率谱密度(矩形窗)。

(c)使用韦尔奇方法的功率谱密度(布莱克曼窗)。

4.53 利用 GUI 模块的 *g_spectra* 完成下列元音分析。每种情况下都重放声音以保证记录的正确。

(a)记录一秒钟的元音"A"并绘出时间信号。

(b)记录一秒钟的元音"E"并绘出时间信号。

(c)记录一秒钟的元音"I"并绘出时间信号。

(d)记录一秒钟的元音"O"并绘出时间信号。

(e)记录一秒钟的元音"U"并绘出时间信号。

4.54 文件 *prob*4_54.*mat* 中的信号包含白噪声和一个频率不对应任何一个离散频率的正弦分量。利用 GUI 模块的 *g_spectra* 绘出下列频谱特性。

(a) 使用线性尺度的 $x(k)$的幅度谱。

(b) 使用布莱克曼窗的 $x(k)$的功率谱密度。使用 Caliper 方法估计正弦分量的频率。

4.13.3 MATLAB 计算

4.55 对下面阶次为 n 的数字滤波器,其中 $n=11,r=0.98$。

$$H(z)=\frac{(1+r^n)(1-z^{-n})}{2(1-r^n z^{-n})}$$

若 $f_s=2200$ Hz,利用 *filter* 函数编程实现:

(a) 计算并绘出脉冲响应 $h(k)$,$0\leqslant k<N$,$N=1001$。

(b) 计算并绘出幅度响应 $A(f)$,$0\leqslant f\leqslant f_s/2$。

(c) 这是什么类型的滤波器,FIR 还是 IIR? 什么范围内的频率不能通过此滤波器?

4.56 除了由截断引起的饱和外,另一种常见的非线性是如图 4.57 所示的死区非线性。一个半径为 a 的死区代数表达式为

$$F(x,\ a)\triangleq\begin{cases}0, & 0\leqslant|x|\leqslant a\\ x, & a\leqslant|x|<\infty\end{cases}$$

若 $f_s=2000$ Hz,$N=100$。在 $0\leqslant k<N$ 的情况下下面的输入信号对应一个周期信号。

$$x(k)=\cos(40\pi kT),\ 0\leqslant k<N$$

设死区半径 $a=0.25$。写出 MATLAB 脚本完成以下任务:

以 k 为自变量计算并绘出 $y(k)=F[x(k),\ a]$。

(a) 计算并绘出 $y(k)$的幅度谱。

(b) 计算并打印由死区引起的 $y(k)$总谐波失真。当 $0\leqslant i<M$, $M=N/2$ 时,若 d_i, θ_i 是 $y(k)$的余弦形式的傅里叶系数时,有

$$\mathrm{THD}=\frac{100(P_y-d_1^2/2)}{P_y}\%$$

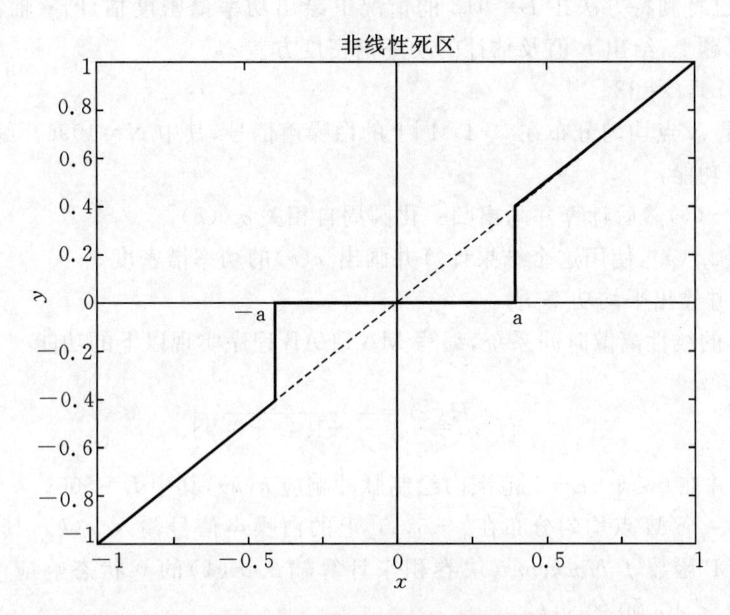

图 4.57　半径为 a 的非线性死区

4.57　考虑如下的周期为 M 的 N 点信号。假设 $M=128$ 且 $N=1024$

$$x(k)=1+3\cos\left(\frac{2\pi k}{M}\right)-2\sin\left(\frac{4\pi k}{M}\right),\ 0\leqslant k<N$$

设 $y(k)$是 $x(k)$的加噪版本,其中 $v(k)$是均匀分布在[−1,1]上的白噪声。

$$y(k)=x(k)+v(k),\ 0\leqslant k<N$$

本题目的目的是研究使用周期信号提取技术估计周期 M 的敏感性

$$\hat{x}_m(k)=\left(\frac{N}{L}\right)c_{y\delta_m}(k)$$

写一个程序来完成下面的任务:

计算并画出含噪信号 $y(k)$

计算并在一幅图上使用标注画出 $x(k)$和$\hat{x}_m(k)$,其中 $m=M-5$

计算并在一幅图上使用标注画出 $x(k)$和$\hat{x}_m(k)$,其中 $m=M$

计算并在一幅图上使用标注画出 $x(k)$和$\hat{x}_m(k)$,其中 $m=M+5$

4.58　$x(k)$和 $h(k)$是两个 N 点均匀分布在[−1, 1]上的白噪声信号。MATLAB 函数 *conv* 可以计算线性卷积。利用 *tic* 和 *toc*,编写一个程序分别计算 *conv* 函数所用的时间 t_{dir}, FDSP 函数 *f_conv* 函数所用的时间 t_{fast}。考虑在 $N=4096$, $N=8192$, 和 $N=16384$ 的情况下

(a) 输出两个计算所需时间 t_{dir} 和 t_{fast}。

(b) 在同一幅图中画出 $t_{\mathrm{dir}}-N/1024$ 和 $t_{\mathrm{fast}}-N/1024$，并进行标注。

4.59 编程创建一个均匀分布在[−0.5, 0.5]上的大小为 1×2048 的白噪声向量，程序需计算并显示以下内容：

(a)平均功率 P_x，预期的平均功率 P_v，P_x 的百分比误差。

(b)使用巴特利特方法在 $L=512$ 的情况下绘出功率谱密度估计，y 轴范围为[0, 1]。在图的标题上，给出 L 值及估计的功率谱密度方差 σ_B^2。

(c)重复(b)，$L=32$。

4.60 令 $x(k)$ 是 N 点均匀分布在[−1, 1]上的白噪声信号，其中 $N=4096$。编写一个程序实现以下的功能：

(a) 生成 $x(k)$ 然后计算并画出归一化圆周自相关 $\sigma_{xx}(k)$。

(b) 计算 $c_{xx}(k)$，使用这个结果计算并画出 $x(k)$ 的功率谱密度。

(c) 计算并输出平均功率 P_x。

4.61 考虑如下的线性离散时间系统，编写 MATLAB 程序实现以下的功能

$$H(z)=\frac{z}{z^2-1.4z+0.98}$$

(a) 计算并在 $0\leqslant k<L-1$ 范围内绘制脉冲响应 $h(k)$，其中 $L=500$。

(b) 生成一个 M 点均匀分布在[−5, 5]上的白噪声信号输入 $x(k)$，其中 $M=10000$。使用 FDSP 函数 *f_blockconv* 块卷积来计算输入 $x(k)$ 的 0 状态响应 $y(k)$。画出在 $9500\leqslant k<10000$ 的 $y(k)$。

4.62 对下面阶次为 $m=2p$ 的数字滤波器，其中 $p=20$。

$$H(z)=\sum_{i=0}^{2p}b_i z^{-i}$$

$$b_p=0.5$$

$$b_i=\frac{[0.54-0.46\cos(\pi i/p)]\{\sin[0.75\pi(i-p)]-\sin[0.25\pi(i-p)]\}}{\pi(i-p)},\ i\neq p$$

若 $f_s=200$ Hz，编写程序利用 *filter* 实现：

(a) 计算并绘出脉冲响应 $h(k)$，$0\leqslant k\leqslant N$，$N=64$。

(b) 计算并绘出幅度响应 $A(f)$，$0\leqslant f\leqslant f_s/2$。

(c) 这是什么类型的滤波器，FIR 还是 IIR？什么范围内的频率可以通过此滤波器？

4.63 $x_a(t)$ 是周期为 T_0 的脉冲串，设脉冲幅度 $a=10$，持续时间 $\tau=T_0/5$。图 4.58 给出了 $T_0=1$ 时的 $x_a(t)$ 图。$x_a(t)$ 可以用下面的余弦形式的傅里叶级数表示：

$$x_a(t)=\frac{d_0}{2}+\sum_{i=1}^{\infty}d_i\cos\left(\frac{2\pi it}{T_0}+\theta_i\right)$$

写出利用 DFT，计算系数 d_0、(d_i, θ_i)，$1\leqslant i\leqslant16$ 的 MATLAB 脚本并使用 MATLAB 函数 *stem* 和 2×1 的数组画图绘出 d_i，θ_i。

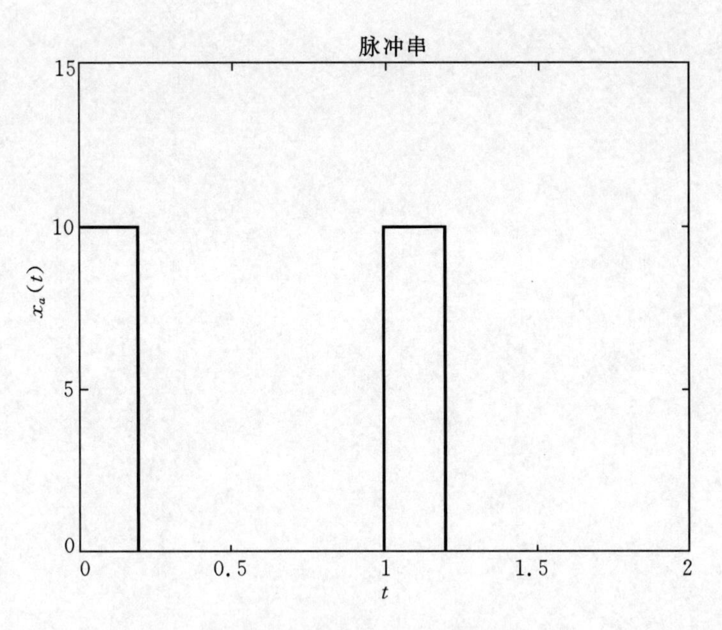

图 4.58　周期脉冲串，$a=10$，$T_0=1$

4.64　考虑如下的含噪周期信号的采样频率为 $f_s=1600$ Hz，$N=1024$。

$$x(k)=\sin^2(400\pi kT)\cos^2(300\pi kT)+v(k),\ 0\leqslant k<N$$

其中，$v(k)$是零均值，标准差 $\sigma=1/\sqrt{2}$的高斯白噪声。编程实现：

(a) 计算并绘出功率谱密度 $S_x(f)$，$0\leqslant f\leqslant f_s/2$。

(b) 分别计算并打印 $x(k)$，$v(k)$的平均功率。

4.65　重复习题 4.56，但使用 $f_s=1000$ Hz，$N=50$ 采样点，三次非线性：

$$F(x)=x^3$$

第二部分　数字滤波器设计

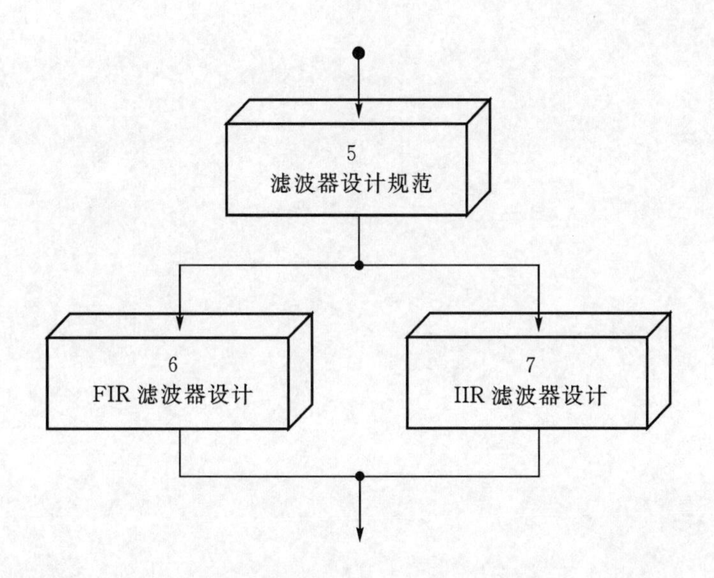

滤波器设计规范

本章内容

5.1 动机

以下章节主要讨论各种数字滤波器的设计与应用。为了给滤波器设计打好基础，首先讨论滤波器所共有的一些基本特性是非常重要的。频率选择性滤波器是为了满足某些设计规范而构造的。例如：设计规范规定了输入的哪些频率或者频谱分量能够通过滤波器而哪些分量不能通过，以及不能通过滤波器的频率被阻止的程度。我们可以用期望的幅度响应 $A(f)$ 对这些特征进行规范。

$$H(f) = A(f)\exp[j\phi(f)]$$

通常不对相位响应 $\phi(f)$ 制定规范，但在某些情况下设计规范也会指定某些特殊的相位类型，例如线性相位响应 $\phi(f) = -2\pi\tau f$，这相当于信号通过系统后被延时了 τ；或者零相位响应 $\phi(f)=0$，零相位响应只能用非因果滤波器实现。

不管使用哪一种滤波器结构，每个滤波器都能通过硬件物理地实现或者通过软件数学地实现。例如：FIR 和 IIR 传递函数都可以用如下的级联结构实现，其中的 L 个单元为二阶子系统。

$$H(z) = b_0 H_1(z) H_2(z) \cdots H_L(z)$$

当使用无限精度运算时，所有这些不同结构的滤波器的输入输出特性都是等效的。然而，当使用有限精度运算实现滤波器时，由于这些滤波器结构对有害的有限字长效应的敏感度不同，一些结构就会优于另外一些结构。

本章从介绍滤波器规范和结构的例子入手。然后，通过对期望的幅度响应 $A(f)$ 提供一组线性的或对数的滤波器设计规范将频率选择性滤波器的设计问题公式化。接下来，我们引入线性相位滤波器的概念，给出了四种 FIR 线性相位滤波器。在此之后，本章讨论了一个滤波器可以分解为最小相位部分（即其相位延迟尽可能小）和全通部分（即幅度响应是常数）。接下来，我们介绍希尔伯特变换器。对于正弦输入，希尔伯特变换器产生一个延迟了四分之一周期的正弦输出，所以输入和输出的相位是正交的。随后，讨论了阻止或通过单一频率分量的滤波器，分别被称为陷波器和谐振器。然后给出了用多速率技术实现用于频分复用的窄带滤波器和滤波器组。再之后，本章介绍了自适应横向滤波器，以及自适应滤波器在求解特性随时间变化的问题方面的应用。最后，我们介绍了一种被称为 *g_filters* 的 GUI 模块，它允许用户根据设计规范构建滤波器并对诸如系数量化这样的有限精度效应进行分析，所有这些都不需要用户编程。本章末尾总结了滤波器设计规范和滤波器类型，并给出了使用本章给出的技术解决实际问题的例子。

5.1.1 滤波器设计规范

或许最常用的数字滤波器是低通滤波器。数字低通滤波器阻止高频分量而允许低频分量通过。图 5.1 给出了一个数字低通滤波器的幅度响应。这是一个 4 阶切比雪夫 Ⅰ 型滤波器。FIR 滤波器的设计将在第 6 章中讨论，IIR 滤波器（包括切比雪夫滤波器）的设计将在第 7 章讨论。

通带

我们用图 5.1 中的阴影区域来说明滤波器设计规范。左上角的阴影区域是滤波器通带，右下角的阴影区域代表滤波器阻带。通带的宽度为 F_p、高度为 δ_p。即所期望的幅度响应必须满足或者超过如下的通带规范

$$1-\delta_p \leqslant A(f) \leqslant 1,\ 0 \leqslant f \leqslant F_p \tag{5.1.1}$$

其中 $0<F_p<f_s/2$ 是通带截止频率，$\delta_p>0$ 是通带纹波。通带纹波可以取得足够小，但对于一个物理可实现的滤波器而言必须是正的。因为滤波器的幅度响应有时会如图 5.1 所示的那样在通带内震荡，所以我们把它称为纹波系数。然而，对类似巴特沃斯和切比雪夫 Ⅱ 型这样的滤波器来说，幅度响应在通带内是单调递减的。对于图 5.1 所示的滤波器，通带截止频率为 $F_p/f_s=0.15$，通带纹波系数 $\delta_p=0.08$。

阻带

与通带相似，图 5.1 中右下角宽为 $f_s/2-F_s$ 高为 δ_s 的阴影区域即为滤波器的阻带。因

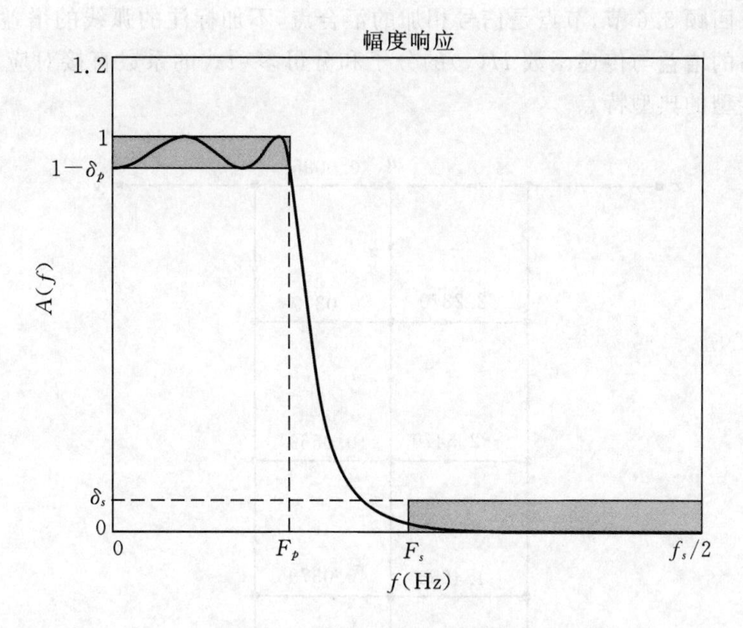

图 5.1 四阶切比雪夫Ⅰ型低通滤波器的幅度响应

此,期望的幅度响应必须满足或者超过如下的阻带规范

$$0 \leqslant A(f) \leqslant \delta_s,\ F_s \leqslant f \leqslant f_s/2 \tag{5.1.2}$$

显然,图 5.1 的通带恰好满足上面的规范,而阻带超过了规范要求。其中,$F_p < F_s < f_s/2$ 是阻带截止频率,$\delta_s > 0$ 是阻带衰减。同样要说明的是,阻带衰减可以取得足够小,但是对一个物理可实现的滤波器而言必须是正的。对图 5.1 所示的滤波器而言,阻带截止频率为 $F_s/f_s = 0.25$,阻带衰减为 $\delta_s = 0.08$。

过渡带

读者可能已经注意到图中还有一部分重要的频谱没有说明。我们把介于通带和阻带之间的频带$[F_p, F_s]$称为过渡带。过渡带的宽度可以选得足够小,但是对一个物理可实现的滤波器而言必须是正的。实际上,随着通带纹波、阻带衰减、过渡带宽都趋于零,所需的滤波器阶数趋于无穷大。极限情况下,$\delta_p = 0$,$\delta_s = 0$ 并且 $F_s = F_p$ 的滤波器为理想低通滤波器。

5.1.2 滤波器实现结构

每个数字滤波器都有多种可选的实现形式,这依赖于我们选用哪种滤波器结构。在第 6 章和第 7 章的末尾将会分别详细讨论 FIR 和 IIR 的滤波器实现结构。当使用无限精度数运算时,所有的滤波器实现结构彼此相互等效。为了详细说明滤波器的实现结构,考虑图 5.1 的 4 阶低通滤波器。使用第 7 章的设计方法,这个切比雪夫Ⅰ型低通滤波器的传递函数为

$$H(z) = \frac{0.0095 + 0.0379z^{-1} + 0.0569z^{-2} + 0.0379z^{-3} + 0.0095z^{-4}}{1 - 2.2870z^{-1} + 2.5479z^{-2} - 1.4656z^{-3} + 0.3696z^{-4}} \tag{5.1.3}$$

直接Ⅱ型

滤波器实现结构可用 3.6 节介绍的信号流图直观地描述。例如,$H(z)$的直接 II 型实现

如图 5.2 所示。回顾 3.6 节，节点是信号相加的汇合点，不加标注的弧线的增益缺省为 1。我们注意到各支路的增益与传递函数 $H(z)$的分子和分母多项式的系数直接对应。这是直接型实现区别于间接型的典型特点。

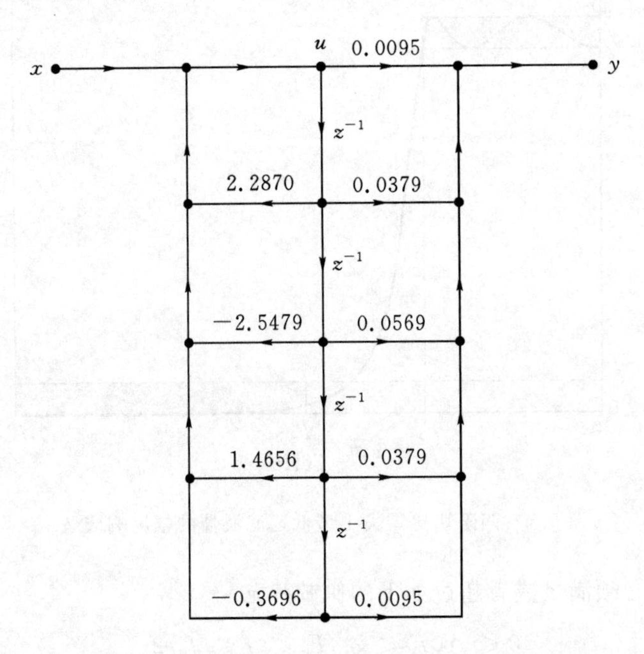

图 5.2　四阶切比雪夫Ⅰ型滤波器直接Ⅱ型实现的信号流图

滤波器的实现也可以用与信号流图相关的差分方程以数学的方式来表示，图 5.2 所示的直接 II 型实现可以用以下的差分方程对表示，其中 $u(k)$是中间变量。

$$u(k) = x(k) + 2.2870u(k-1) - 2.5479u(k-2) + 1.4656u(k-3) - 0.3696u(k-4) \tag{5.1.4a}$$

$$y(k) = 0.0095u(k) + 0.0379u(k-1) + 0.0569u(k-2) + 0.0379u(k-3) + 0.0095u(k-4) \tag{5.1.4b}$$

级联型

为了得到与图 5.2 中直接 II 型不同的实现结构，我们首先把 5.1.3 中的传递函数改写成 z 的正幂形式，可得

$$H(z) = \frac{0.0095z^4 + 0.0379z^3 + 0.0569z^2 + 0.0379z + 0.0095}{z^4 - 2.2870z^3 + 2.5479z^2 - 1.4656z + 0.3696} \tag{5.1.5}$$

然后把分子中的系数 0.0095 提出来。再把所得到的分子和分母多项式分解为零极点形式。假设把互为共轭的零点对放在一组，并对复共轭极点对也做类似的处理。那么，该传递函数就可以写成两个实系数二阶传递函数的乘积。通常称之为级联型实现。

$$H(z) = 0.0095H_1(z)H_2(z) \tag{5.1.6}$$

由于零点或者极点的组合顺序以及组合方式不同，两个二阶单元会有几种可能的形式。第 7

章给出了如下的组合方法：

$$H_1(z)=\frac{1+2z^{-1}+z^{-2}}{1-1.0328z^{-1}+0.7766z^{-2}} \tag{5.1.7}$$

$$H_2(z)=\frac{1+2z^{-1}+z^{-2}}{1-1.2542z^{-1}+0.4759z^{-2}} \tag{5.1.8}$$

每个二阶单元都可以用一种直接型实现。例如，使用 3.6 节中的直接 II 型实现的两个二阶单元的信号流图如图 5.3 所示。

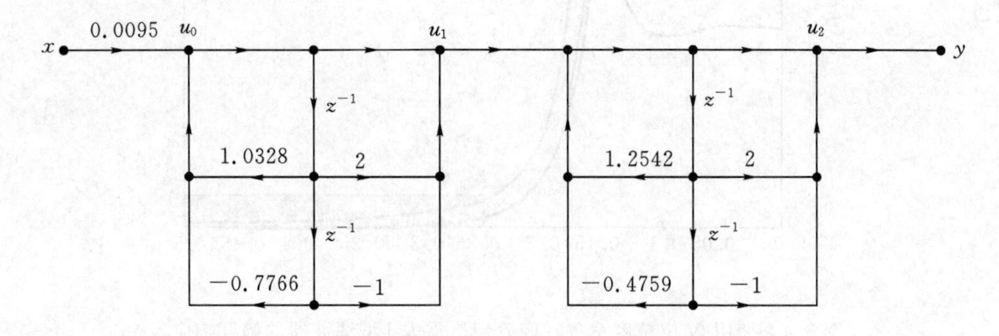

图 5.3　四阶切比雪夫 I 型滤波器级联型实现的信号流图，二阶单元使用直接 II 型实现

与高阶直接型实现类似，级联型实现的信号流图可以用如下的差分方程来表示。

$$u_0(k)=0.0095x(k) \tag{5.1.9a}$$

$$u_1(k)=u_0(k)+2u_0(k-1)-u_0(k-2)+1.0328u_1(k-1)-0.7766u_1(k-2) \tag{5.1.9b}$$

$$u_2(k)=u_1(k)+2u_1(k-1)-u_1(k-2)+1.2542u_2(k-1)-0.4749u_2(k-2) \tag{5.1.9c}$$

$$y(k)=u_2(k) \tag{5.1.9d}$$

量化误差

当使用 MATLAB 以软件的方式实现滤波器时，所有的计算都是 64 位双精度浮点运算。双精度浮点数通常具有 64 位的精度，这大约相当于用 16 位十进制数表示尾数或者小数部分，而用其余的位数表示指数。为了显示的方便，图 5.2 和图 5.3 中只给出了四位小数。在大多数情况下，双精度数都可以很好地近似无限精度数，因此没有明显的有限字长效应。然而，当使用专用 DSP 硬件实现滤波器时，或者当存储空间以及速度要求使用单精度浮点运算或整型定点运算时，有限字长效应将会变得非常明显。

为了阐明有限精度带来的不利影响，假设用 N 比特来表示图 5.1 的四阶切比雪夫 I 型低通滤波器的系数。图 5.4 所示为 N 取三种不同值时所得到的幅度响应。对比图 5.1 和图 5.4，我们可以看到当 $N=12$ 时幅度响应基本正确，但对精度更低的情况，如 $N=6$，$N=9$ 时的幅度响应与图 5.1 中双精度的幅度响应相比就有明显的差异。更有趣的是，如果精度进一步降低到 $N=4$ 时，系数量化误差就大到使滤波器的极点移到了单位圆外，这时所实现的滤波器就不稳定了。

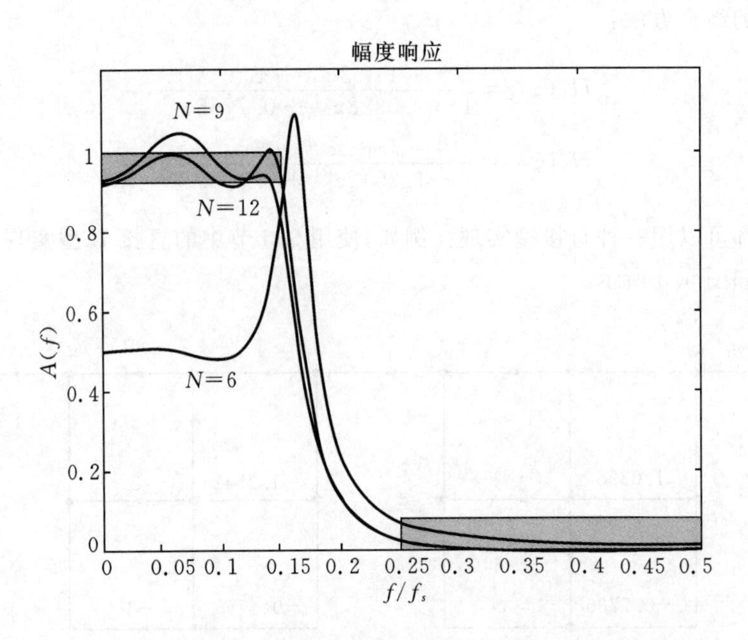

图 5.4 使用 N 位精度系数时四阶切比雪夫 I 型滤波器的幅度响应

5.2 频率选择性滤波器

数字滤波器是一个离散的时间系统，它可以改变输入信号的频谱从而在输出信号中产生所期望的频谱特性。由定义 3.3，一个传递函数为 $H(z)$ 的稳定系统具有如下的频率响应，其中的 f_s 为采样频率。

$$H(f) \triangleq H(z)\big|_{z=\exp(j2\pi fT)}, \ 0 \leqslant |f| \leqslant \frac{f_s}{2} \tag{5.2.1}$$

因此，频率响应恰好是传递函数在单位圆上的值。复值函数 $H(f)$ 可以用极坐标形式表示为 $H(f)=A(f)\exp[j\phi(f)]$，其中 $A(f)$ 表示滤波器的幅度响应，$\phi(f)$ 表示相位响应。

$$A(f) \triangleq |H(f)|, \ 0 \leqslant |f| \leqslant f_s/2 \tag{5.2.2a}$$

$$\phi(f) \triangleq \angle H(f), \ 0 \leqslant |f| \leqslant f_s/2 \tag{5.2.2b}$$

命题 3.2 已经证明，一个稳定系统 $H(z)$ 对正弦输入 $x(k)=\sin(2\pi F_0 kT)$ 的稳态响应为

$$y(k) = A(F_0)\sin[2\pi F_0 kT + \phi(F_0)] \tag{5.2.3}$$

因此幅度响应 $A(F_0)$ 可以解释为滤波器在频率 F_0 处的增益。它精确指明了一个频率为 F_0 的正弦信号通过滤波器后被缩放的程度。相应地，相位响应 $\phi(F_0)$ 可以解释为滤波器在频率 F_0 处的相移。它精确指明了当频率为 F_0 的正弦信号通过滤波器后相位滞后的弧度数。

通过设计具有精确的 $A(f)$ 或 $\phi(f)$ 的滤波器，我们可以控制输出信号 $y(k)$ 的频谱特性。大多数数字滤波器的设计是为了获得一个所期望的幅度相应 $A(f)$。然而有一些特殊的滤波

器,例如全通滤波器的设计是为了产生一个期望的相位响应。一种非常有用的相位响应是线性相位响应

$$\phi(f)=-2\pi\tau f \tag{5.2.4}$$

线性相位滤波器的特点是所有频谱分量具有相同的延迟量,即 τ 秒。因此滤波器输出中仍然存在的输入信号的频谱分量不会失真。虽然某些 IIR 滤波器(如贝塞尔滤波器)在通带可以近似为线性相位滤波器,但是使用 FIR 滤波器来设计线性相位滤波器将会更加简便。线性相位 FIR 滤波器将在 5.3 节中详细讨论。

5.2.1 线性设计规范

我们可以讨论的特殊的频率选择性滤波器有很多种。然而最常见的滤波器可分为四种基本类型:低通、高通、带通和带阻。图 5.5 给出了四种基本滤波器类型的理想幅度响应。

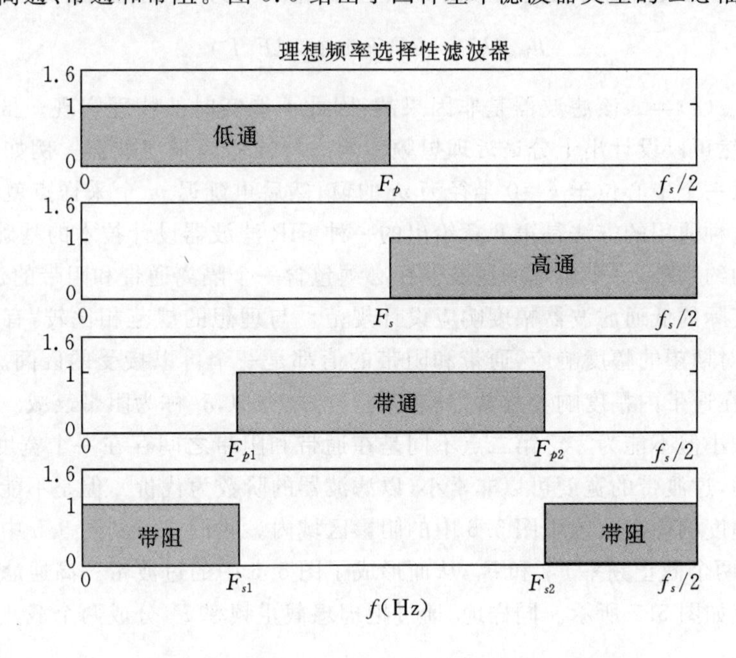

图 5.5 四种基本滤波器类型的理想幅度响应

我们注意到在每种情况下,上限频率均为折叠频率 $f_s/2$,因为这是数字滤波器所能处理的最高频率。回忆第 1 章的内容,较高频率的模拟信号在采样过程中会混叠到$[0,f_s/2]$范围内。使 $A(f)=1$ 的频率范围称作通带,使 $A(f)=0$ 的频率范围称作阻带。数字滤波器的一个优势是,如果需要的话可以把通带增益设为大于 1 的值从而可以放大通带内的信号。模拟滤波器也可以使通带增益大于 1,但是必须用有源滤波器而不是无源滤波器来实现。

关于如何实现图 5.5 中理想的频率响应特性有一个重要的结果,该结果限制了可以使用的滤波器类型,称之为佩利-维纳(*Payley-Weiner*)定理。

命题 5.1　佩利-维纳定理

若 $H(f)$为一个因果稳定滤波器的频率响应,滤波器的幅度响应 $A(f)=|H(f)|$,则

$$\int_{-f_s/2}^{f_s/2} |\log[A(f)]| \mathrm{d}f < \infty$$

图 5.5 中所有的理想频率选择性滤波器都有一个共同的特点,它们均要求完全衰减具有非零长度的阻带上的信号($\delta_s=0$)。由于 $\log(0)=-\infty$,根据佩利-维纳定理,任何理想滤波器都不可能是因果的。即,因果滤波器的幅度响应只能在某些孤立的频率点上等于零(如例4.16中滑动平均滤波器的 $m/2$ 个频点),而不能在一段非零的频率范围上等于零。注意到,这与例4.2 中对理想低通滤波器的分析是一致的。那里,截止频率为 F_c 的滤波器的脉冲响应为

$$h_{\text{low}}(k) = 2F_c T \sin(2\pi k F_c T) \tag{5.2.5}$$

由于 $k<0$ 时,$h_{\text{low}}(k)\neq 0$,该滤波器是非因果的,因此不能实时的物理实现。虽然有命题 5.1 的限制,我们仍然可以设计出十分逼近理想频率响应特性的因果滤波器。例如,对(5.2.5)中的脉冲响应乘以一个中心位于 $k=0$ 半径为 m 的窗,然后再延迟 m 个采样点就可以使之成为因果滤波器。这种通用的方法是第 6 章给出的一种 FIR 滤波器设计技术的基础。

除对阻带的约束外,一个实际的滤波器还必须包含一个隔离通带和阻带的过渡带。图5.6给出了更符合实际的低通滤波器幅度响应设计规范。与理想的规范相比较,有两点值得注意的不同。首先,对期望的幅度响应,通带和阻带的值都是一个可以接受的区间。参数 δ_p 称作通带纹波,因为在通带内幅度响应通常是震荡的。与之类似,δ_s 称为阻带衰减。通带纹波和阻带衰减可以非常小但不能为零。第二点不同是在通带和阻带之间存在一个宽度为 F_s-F_p 的过渡带。同样的,过渡带的宽度可以非常小(以滤波器的阶数为代价),但是不能为零。

所期望的幅度响应必须位于图 5.6 中的阴影区域内。我们注意到图 5.5 中的理想截止频率 F_p 被分割为两个截止频率 F_p 和 F_s,从而形成了图 5.6 中的过渡带。高通滤波器幅度响应的实际设计规范如图 5.7 所示。同样地,通过把理想截止频率 F_s 分成两个截止频率 F_p 和 F_s 形成了过渡带。

带通滤波器幅度响应的设计规范需要更多的参数,因为它有两个包夹着通带的过渡带,如图 5.8 所示。因此,带通滤波器的设计规范有四个截止频率加上一个通带纹波 δ_p 和一个阻带衰减 δ_s。带阻滤波器的幅度响应设计规范也有两个包夹着阻带的过渡带,如图 5.9 所示。

例 5.1　线性设计规范

我们通过一个例子简单地说明期望幅度响应的设计规范,考虑如下的一阶 IIR 滤波器:

$$H(z) = \frac{0.5(1-c)(1+z^{-1})}{1-cz^{-1}}$$

把 $H(z)$改写成 z 的正幂形式,有

$$H(z) = \frac{0.5(1-c)(z+1)}{z-c}$$

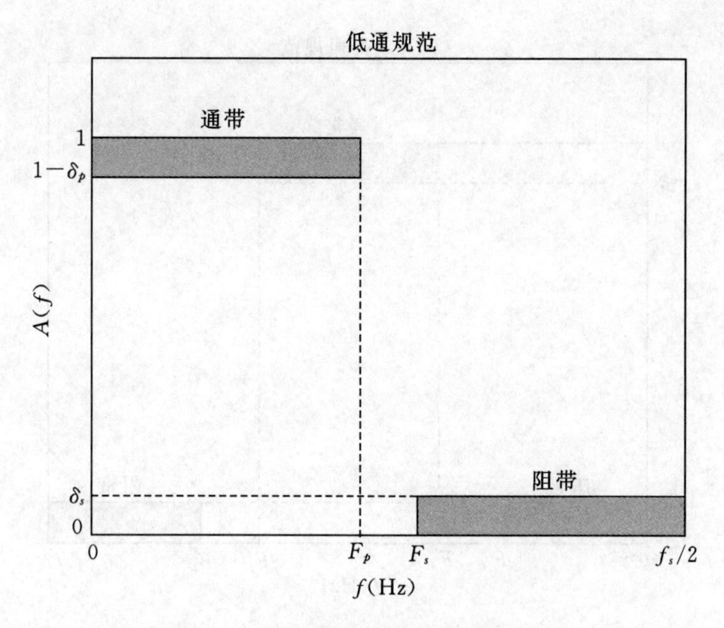

图 5.6　低通滤波器的线性幅度响应规范

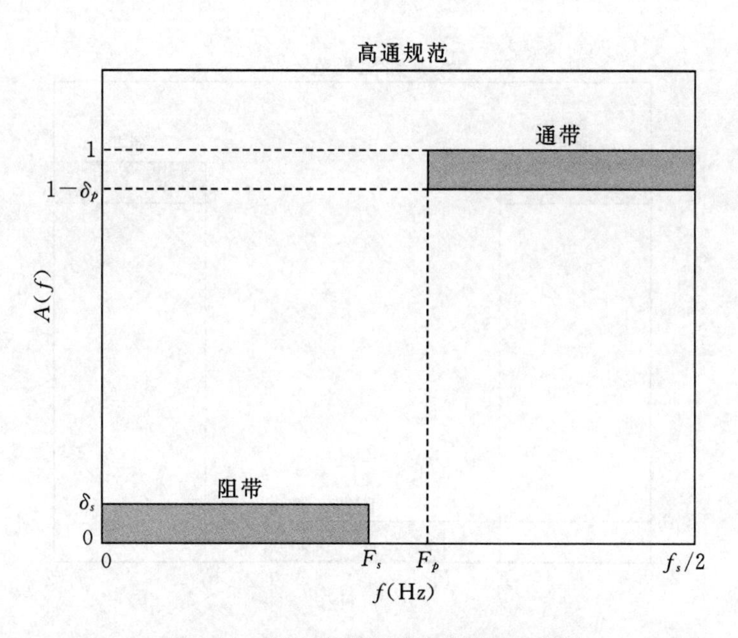

图 5.7　高通滤波器的线性幅度响应规范

所以 $H(z)$在 $z=-1$ 处有一个零点且在 $z=c$ 处有一个极点。为了使滤波器稳定，极点必须满足$|c|<1$。在计算完整的频率响应之前，我们可以估算出频谱两端的滤波器增益。令 $z=\exp(\mathrm{j}2\pi fT)$中的 $f=0$ 得 $z=1$。因此，滤波器的低频或直流(DC)增益为

$$A(0)=|H(z)|_{z=1}=\frac{0.5(1-c)2}{1-c}=1$$

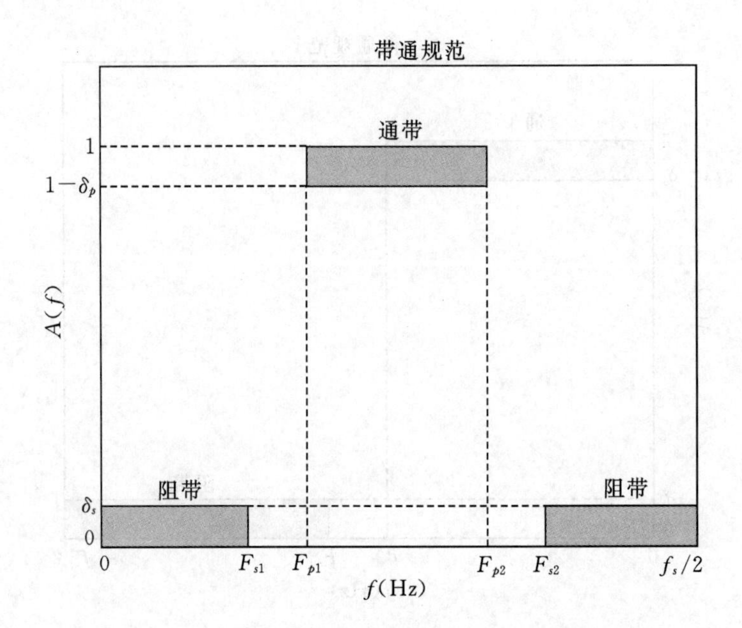

图 5.8　带通滤波器的线性幅度响应规范

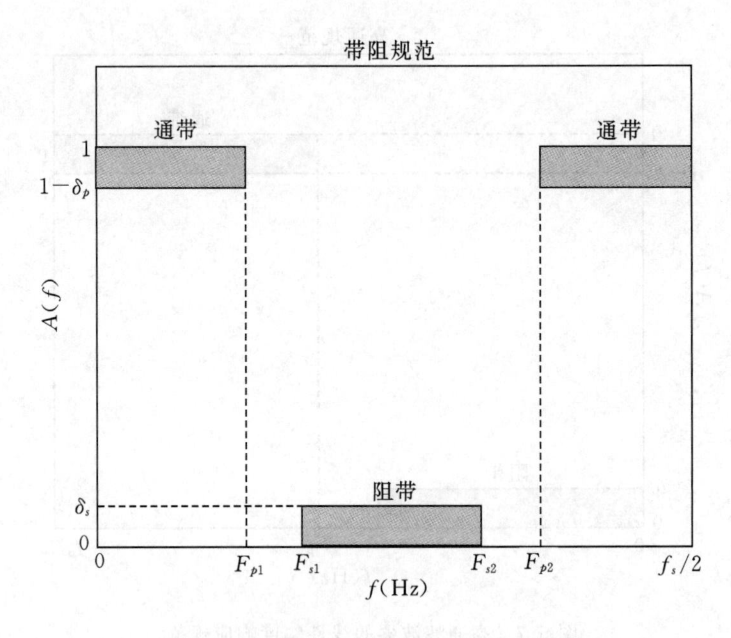

图 5.9　带阻滤波器的线性幅度响应规范

接下来，令 $z=\exp(\mathrm{j}2\pi fT)$ 中的 $f=f_s/2$ 可得 $z=-1$。因此，滤波器的高频增益为

$$A(f_s/2)=\left|H(z)\right|_{z=-1}=\frac{0.5(1-c)0}{-1-c}=0$$

由此可见，$H(z)$ 是一个低通滤波器，且其通带增益为 1。为了使这个例子具体化，设 $c=0.5$。那么由式(5.2.1)可得此 IIR 滤波器的频率响应为

$$
\begin{aligned}
H(f) &= H(z)\big|_{z=\exp(j2\pi fT)} \\
&= \frac{0.25[\exp(j2\pi fT)+1]}{\exp(j2\pi fT)-0.5} \\
&= \frac{0.25[(\cos(2\pi fT)+1)+j\sin(2\pi fT)]}{(\cos(2\pi fT)-0.5)+j\sin(2\pi fT)}
\end{aligned}
$$

那么,此低通滤波器的幅度响应为

$$
\begin{aligned}
A(f) &= |H(f)| \\
&= \frac{0.25\sqrt{[\cos(2\pi fT)+1]^2+\sin^2(2\pi fT)}}{\sqrt{[\cos(2\pi fT)-0.5]^2+\sin^2(2\pi fT)}}
\end{aligned}
$$

对此简单的一阶滤波器,假设过渡带截止频率取为

$$
F_p = 0.1f_s
$$

$$
F_s = 0.4f_s
$$

在本例中,幅度响应单调递减。因此,通带纹波满足 $1-\delta_p = A(F_p)$ 或者

$$
\begin{aligned}
\delta_p &= 1-A(F_p) \\
&= 1-\frac{0.25\sqrt{[\cos(0.2\pi)+1]^2+\sin^2(0.2\pi)}}{\sqrt{[\cos(0.2\pi)-0.5]^2+\sin^2(0.2\pi)}} \\
&= 0.2839
\end{aligned}
$$

类似地,由图 5.6,阻带衰减满足

$$
\delta_s = A(F_s) = \frac{0.25\sqrt{[\cos(0.8\pi)+1]^2+\sin^2(0.8\pi)}}{\sqrt{[\cos(0.8\pi)-0.5]^2+\sin^2(0.8\pi)}} = 0.1077
$$

该一阶滤波器的幅度响应曲线如图 5.10 所示。为了方便起见,本例使用归一化频率 $\hat{f} = f/f_s$

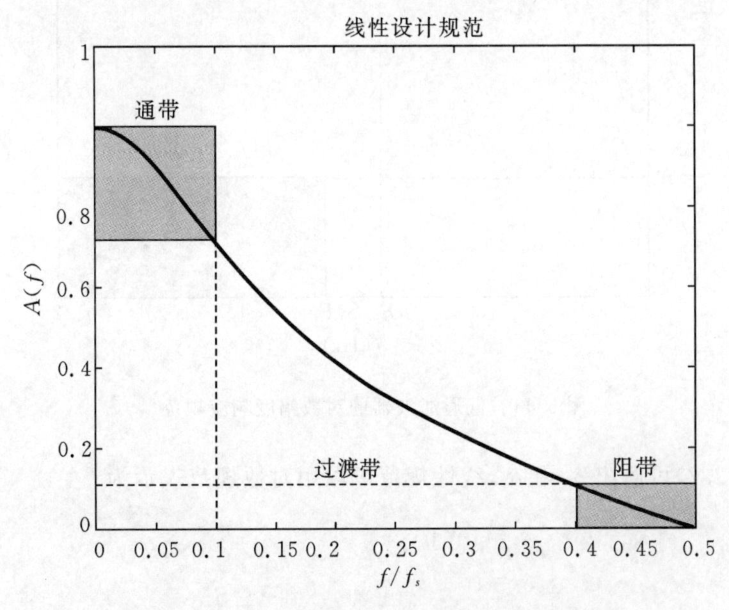

图 5.10　一阶 IIR 低通滤波器的幅度响应

作为自变量。对此滤波器,通带纹波、阻带衰减和过渡带宽相对都比较大,这是因为它是可能的阶数最低的 IIR 滤波器。

5.2.2 对数设计规范(dB)

图 5.6 到图 5.9 中的滤波器设计规范被称为线性规范,因为它们使用的是 $A(f)$的实际值。另一种常用的规范是对数规范,它用分贝或 dB 表示幅度响应的值。

$$A(f) \triangleq 10 \log_{10}\{|H(f)|^2\} \text{ dB} \tag{5.2.6}$$

图 5.11 所示为低通滤波器幅度响应的对数设计规范。我们注意到用 dB 表示的通带纹波为 A_p,而用 dB 表示的阻带衰减为 A_s。dB 在表示阻带衰减程度方面相当有用。图 5.6 和图 5.11 的低通设计规范是等效的。利用式(5.2.6),我们发现对数规范可以用线性规范表示如下:

$$A_p = -20 \log_{10}(1-\delta_p) \text{ dB} \tag{5.2.7a}$$

$$A_s = -20 \log_{10}(\delta_s) \text{ dB} \tag{5.2.7b}$$

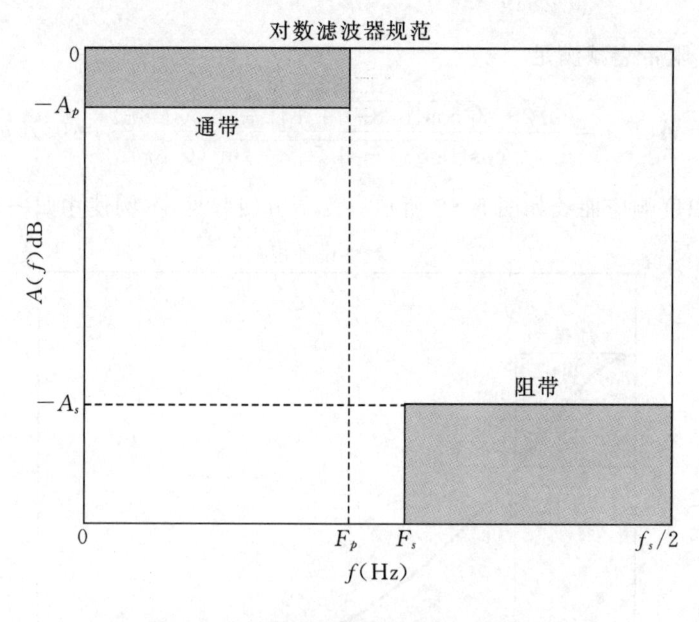

图 5.11 低通滤波器的对数幅度响应规范

类似地,由式(5.2.7)可解出 δ_p 和 δ_s,线性规范可以用对数规范表示为

$$\delta_p = 1 - 10^{-A_p/20} \tag{5.2.8a}$$

$$\delta_s = 10^{-A_s/20} \tag{5.2.8b}$$

例 5.2　对数设计规范

为了方便对两种滤波器设计规范进行比较，考虑如下的一阶 IIR 系统：

$$H(z)=\frac{0.25(1+z^{-1})}{1-0.5z^{-1}}$$

例 5.1 中讨论过这个滤波器，其通带截止频率 $F_p=0.1f_s$，阻带截止频率 $F_s=0.4f_s$。使用式(5.2.7a)和例 5.1 中得到的线性通带纹波系数，可以得到如下用 dB 表示的等效的通带纹波。

$$A_p=-20\log_{10}(1-0.2839)=2.901\text{ dB}$$

接下来，使用式(5.2.7b)和例 5.1 中得到的线性阻带衰减，可得等效的对数阻带衰减为

$$A_s=-20\log_{10}(0.1077)=9.358\text{ dB}$$

运行 *exam*5_2 可以得到用 dB 表示的幅度响应曲线，如图 5.12 所示。我们注意到显示范围被限制在 0 到 −40dB 之间，这是因为 $A(f_s/2)=0$，它意味着 $A(f_s/2)=-\infty$dB。

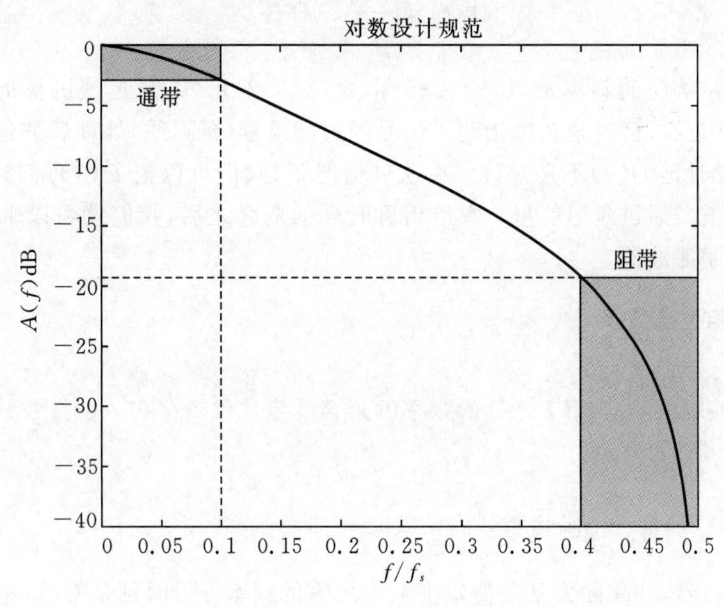

图 5.12　用 dB 表示的一阶 IIR 低通滤波器的幅度响应

5.3　线性相位和零相位滤波器

5.3.1　线性相位

截至目前所讨论的滤波器设计规范都是对滤波器的期望幅度响应进行规范。我们也可以根据预先描述的相位响应来设计滤波器。为了阐明希望得到的和能够实现的相位响应类型，

我们考虑如下的模拟系统：

$$H_a(s) = \exp(-\tau s) \tag{5.3.1}$$

根据拉普拉斯变换的性质(见附录 I)，$H_a(s)$表示延时为 τ 的理想延迟线。这样，系统使输入延时 τ 但不会引起失真。延迟线的频率响应 $H_a(f)=\exp(-j2\pi\tau f)$。因此，如果我们把延迟线看作滤波器，则它是一个幅度响应 $A(f)=1$ 的全通滤波器，其相位响应为

$$\phi_a(f) = -2\pi\tau f \tag{5.3.2}$$

式(5.3.2)中的线性相位响应描述的是一个单纯的延时。为了解释非线性相位响应的含义，首先引入群时延的概念。

定义 5.1　群时延

令 $\phi(f)$为线性系统的相位响应，系统的群时延记为 $D(f)$，定义如下：

$$D(f) \triangleq \left(\frac{-1}{2\pi}\right)\frac{d\phi(f)}{df}$$

群时延是相位响应的斜率乘以 $-1/2\pi$。由式(5.3.2)可知，延迟线的群时延 $D(f)=\tau$。也就是说，对于延迟线，群时延精确指明了信号经过滤波器(延迟线)处理后被延迟的量。对于大多数滤波器，群时延 $D(f)$不是常数。在这种情况下，我们可以把 $D(f)$解释为频率为 f 的频谱分量经过滤波器后被延迟的量。在给出群时延的概念之后，我们就可以来定义什么是广义的线性相位数字滤波器。

定义 5.2　线性相位滤波器

令 F_z 表示使幅度响应 $A(f)=0$ 的频率的集合。当且仅当存在一个常数 τ 满足

$$D(f)=\tau,\ f\notin F_z$$

时，数字滤波器 $H(z)$是一个线性相位滤波器。

一个数字滤波器，如果除去某些使幅度响应为零的频率外群时延是常数，则它是一个线性相位滤波器。这些使幅度响应为零的频谱分量不会出现在滤波器的输出中，所以群时延对所有的 $f\in F_z$ 没有意义。典型地，F_z 是一个有限的，孤立的频率集合，而且 F_z 通常是一个空集。我们应该注意到定义 5.1 和定义 5.2 隐含着线性相位响应具有如下的广义形式

$$\phi(f) = \alpha + \beta(f) - 2\pi\tau f \tag{5.3.3}$$

其中 α 是一个常数，$\beta(f)$是分段常数且在频率集合 F_z 中允许有跳跃间断点，在 F_z 上 $A(f)=0$。

振幅响应

描述线性相位滤波器的另一种方法是使用如下广义形式的频率响应。

$$H(f) = A_r(f)\exp[j(\alpha - 2\pi\tau f)] \tag{5.3.4}$$

其中的系数 $A_r(f)$是实的，但既可以是正的也可以是负的。我们把它称为 $H(z)$的振幅响应。这是为了将其与非负的幅度响应 $A(f)$区分开来。对式(5.3.4)两边同时取模，我们看到振幅响应 $A_r(f)$和幅度响应 $A(f)$有如下的相互关系。

$$|A_r(f)| = A(f) \tag{5.3.5}$$

在集合 F_z 中的频点上 $A_r(f)=0$，在这些频点处，当 $A_r(f)$改变符号时，相位会发生大小为 π 的突变。因此，式(5.3.3)中的分段常量函数 $\beta(f)$在零与 π 之间每跳变一次，振幅响应 $A_r(f)$ 就改变一次符号。

在模拟域，通过 IIR 贝塞尔滤波器可以获得通带内的线性相位特性。然而，线性相位特性不能在模拟到数字的转换过程中保持。因此，最好由如下的数字 FIR 滤波器开始。

$$H(z) = \sum_{i=0}^{m} b_i z^{-i} \tag{5.3.6}$$

对于 FIR 滤波器，存在一种简单的可以保证线性相位响应的系数对称条件。我们首先用一个特例来说明这一点。

例 5.3 偶对称

考虑一个四阶 FIR 滤波器，其传递函数为

$$H(z) = c_0 + c_1 z^{-1} + c_2 z^{-2} + c_1 z^{-3} + c_0 z^{-4}$$

由前述可知，对 FIR 滤波器而言，当 $0 \leqslant k \leqslant m$ 时，$h(k)=b_k$。因此，其脉冲响应为 $h=[c_0, c_1, c_2, c_1, c_0]^T$，本例中的 $h(k)$关于中点 $k=m/2$ 呈现偶对称。令 $\theta=2\pi fT$，该滤波器的频率响应为

$$\begin{aligned}
H(f) &= H(z)\big|_{z=\exp(j\theta)} \\
&= c_0 + c_1\exp(-j\theta) + c_2\exp(-j2\theta) + c_1\exp(-j3\theta) + c_0\exp(-j4\theta) \\
&= \exp(-j2\theta)[c_0\exp(j2\theta) + c_1\exp(j\theta) + c_2 + c_1\exp(-j\theta) + c_0\exp(-j2\theta)]
\end{aligned}$$

合并具有相同系数的项，并利用欧拉公式，有

$$\begin{aligned}
H(f) &= \exp(-j2\theta)\{c_0[\exp(j2\theta) + \exp(-j2\theta)] + c_1[\exp(j\theta) + \exp(-j\theta)] + c_2\} \\
&= \exp(-j2\theta)\{2c_0\cos(2\theta) + 2c_1\cos(\theta) + c_2\} \\
&= \exp(-j4\pi fT)A_r(f)
\end{aligned}$$

与式(5.3.4)比较，我们可以看到这是一个相位偏移 $\alpha=0$，延迟 $\tau=2T$ 的线性相位系统。在这个例子中，振幅响应 $A_r(f)$是如下的可正可负的偶函数：

$$A_r(f) = 2c_0\cos(4\pi fT) + 2c_1\cos(2\pi fT) + c_2$$

$h(k)$关于中点 $k=m/2$ 的偶对称性是实现线性相位滤波器的一种方法。另一种方法是利用关于中点 $k=m/2$ 奇对称的 $h(k)$，参见下面的例子。

例 5.4 奇对称

考虑一个四阶 FIR 滤波器，其传递函数为

$$H(z)=c_0+c_1z^{-1}-c_1z^{-3}-c_0z^{-4}$$

由 $h(k)=b_k$，可以得到这个滤波器的脉冲响应为 $h=[c_0,c_1,0,-c_1,-c_0]^{\mathrm{T}}$，它关于中点 $k=m/2$是奇对称的。令 $\theta=2\pi fT$，这个滤波器的频率响应为

$$\begin{aligned}H(f)&=H(z)\big|_{z=\exp(\mathrm{j}\theta)}\\&=c_0+c_1\exp(-\mathrm{j}\theta)-c_1\exp(-\mathrm{j}3\theta)-c_0\exp(-\mathrm{j}4\theta)\\&=\exp(-\mathrm{j}2\theta)[c_0\exp(\mathrm{j}2\theta)+c_1\exp(\mathrm{j}\theta)-c_1\exp(-\mathrm{j}\theta)-c_0\exp(-\mathrm{j}2\theta)]\end{aligned}$$

合并具有相同系数的项，并利用欧拉公式，有

$$\begin{aligned}H(f)&=\exp(-\mathrm{j}2\theta)\{c_0[\exp(\mathrm{j}2\theta)-\exp(-\mathrm{j}2\theta)]+c_1[\exp(\mathrm{j}\theta)-\exp(-\mathrm{j}\theta)]\}\\&=\mathrm{j}\exp(-\mathrm{j}2\theta)[2c_0\sin(2\theta)+2c_1\sin(\theta)]\\&=\exp[\mathrm{j}(\pi/2-4\pi fT)]A_r(f)\end{aligned}$$

与式(5.3.4)比较可知，这是一个相位偏移 $\alpha=\pi/2$，延迟 $\tau=2T$ 的线性相位系统。在本例中，振幅响应 $A_r(f)$是如下的可正可负的奇函数：

$$A_r(f)=2c_0\sin(4\pi fT)+2c_1\sin(2\pi fT)$$

例 5.3 和例 5.4 的结果可以推广。特别地，通过考察其它的例子可以证明，当一个 m 阶 FIR 滤波器满足如下的对称性条件时，它就是一个线性相位滤波器。

命题 5.2　线性相位 FIR 滤波器

令 $H(z)$为 m 阶 FIR 滤波器。则当且仅当脉冲响应满足对称条件

$$h(k)=\pm h(m-k),\ 0\leqslant k\leqslant m$$

时，$H(z)$是一个群时延 $D(f)=mT/2$ 的线性相位滤波器。

命题 5.2 中的对称性约束表明，如果符号取正号，脉冲响应必然关于中点 $k=m/2$ 偶对称，而如果符号取负号，则其关于中点奇对称。根据滤波器阶数 m 的奇偶情况可以对对称条件做进一步分解，总共可以得到四类线性相位滤波器，详见表 5.1。

表 5.1　线性相位 FIR 滤波器，$D(f)=mT/2$

类型	中点对称性 $h(k)$	滤波器阶数 m	相位偏移 α	振幅响应 $A_r(f)$	端点零点	通带
1	偶	偶	0	偶	无	所有
2	偶	奇	0	偶	$H(-1)=0$	低通
3	奇	偶	$\pi/2$	奇	$H(\pm1)=1$	带通
4	奇	奇	$\pi/2$	奇	$H(1)=0$	高通

通过观察可知，当滤波器阶数 m 为偶数时，有一个中间样本 $h(m/2)$，脉冲响应关于它呈偶对称或者奇对称。当滤波器阶数 m 为奇数时，脉冲响应关于一对样本的中间点对称。针对

$h(k)=k^2$，$k\leqslant \text{floor}(m/2)$的情况，图 5.13 给出了这四类线性相位滤波器的脉冲响应。我们注意到第三类滤波器的中间样本必须满足 $h(m/2)=-h(m/2)$，这就意味着在此情况下 $h(m/2)=0$。对偶对称的滤波器，式(5.3.4)中的相位偏移 $\alpha=0$，振幅响应是一个偶函数。对奇对称的滤波器，$\alpha=\pi/2$，振幅响应为一个奇函数。对于第一类和第二类滤波器，脉冲响应具有数字回文(palindrome)的形式，所谓回文即为顺读和倒读都一样的词语。

保证线性相位响应的对称性条件也对 FIR 滤波器的零点施加了某些约束。为了理解这一点，我们由式(5.3.6)开始，利用命题 5.2 并进行变量替换。

$$\begin{aligned}H(z) &= \sum_{i=0}^{m} h(i)z^{-i} \\ &= \pm \sum_{i=0}^{m} h(m-i)z^{-i} \\ &= \pm \sum_{k=m}^{0} h(k)z^{-(m-k)}, \quad k=m-i \\ &= \pm\, z^{-m}\sum_{k=0}^{m} h(k)z^{k}\end{aligned} \tag{5.3.7}$$

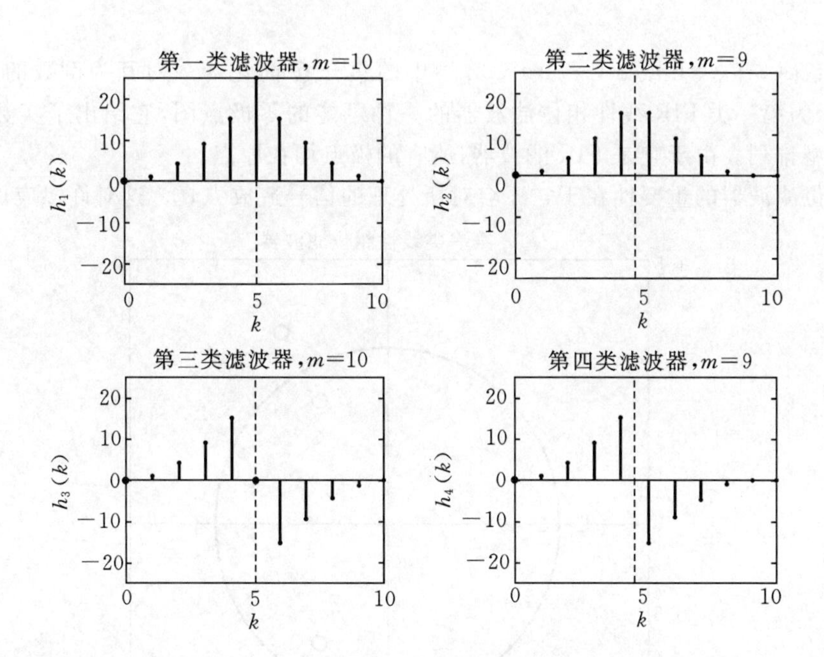

图 5.13　四类线性相位滤波器的脉冲响应

式(5.3.7)右边的最后一个求和等于 $H(z^{-1})$。因此，线性相位对称条件可以用传递函数表示如下。

$$H(z)=\pm\, z^{-m}H(z^{-1}) \tag{5.3.8}$$

式(5.3.8)中的正号适用于关于中点 $m/2$ 呈偶对称特性的第一、第二类滤波器，而负号适用于呈奇对称特性的第三、第四类滤波器。式(5.3.8)的频域对称条件对 $H(z)$的零极点位置施加了约束。例如，考虑奇数阶偶对称的第二类滤波器。选用正号计算式(5.3.8)在 $z=-1$

处的值可得 $H(-1)=-H(-1)$。因此，每一个第二类线性相位滤波器在 $z=-1$ 处都有一个零点。所以，第二类滤波器可以用于低通或带通滤波器。

接下来，考虑偶数阶奇对称的第三类滤波器。选用负号计算式(5.3.8)在 $z=-1$ 处的值可得 $H(-1)=-H(-1)$，这意味着 $z=-1$ 也是第三类滤波器的零点。选用负号计算式(5.3.8)在 $z=1$ 处的值可得 $H(1)=-H(1)$。因此，第三类滤波器在 $z=\pm1$ 处均有零点。由此可知，第三类滤波器可以用作带通滤波器。

最后，考虑奇数阶奇对称的第四类滤波器。选用负号计算式(5.3.8)在 $z=1$ 处的值可得 $H(1)=-H(1)$，这意味着 $z=1$ 是 $H(z)$ 的零点。因此，第四类滤波器可以用作高通或者带通滤波器。我们把四类线性相位滤波器的零点和通带总结于表 5.1 的最后两列。很显然第一类滤波器(偶数阶偶对称)是最通用的，因为它在频率范围的任一端都不包含零点。

除了频率范围两端的零点之外，式(5.3.8)对于 $H(z)$ 的约束还意味着复数零点必然会以一定的模式出现。设 $z=r\exp(j\phi)$ 为 $H(z)$ 的一个复零点且 $r>0$。由式(5.3.8)，$z^{-1}=r^{-1}\exp(-j\phi)$ 必然也是 $H(z)$ 的一个零点。进一步地，如果系数向量 b 是实的，那么零点一定以复共轭对的形式出现。因此，对于 $r\neq0$，零点将以四个一组的形式出现，且满足如下的倒数对称性：

$$Q=\{r\exp(\pm j\phi), r^{-1}\exp(\mp j\phi)\} \tag{5.3.9}$$

当零点是实数时，有 $\phi=0$ 或 $\phi=\pi$，式(5.3.9)中的集合 Q 简化为一对互为倒数的实数零点。图 5.14 所示为第一类 FIR 线性相位滤波器的一种可能的零极点图，它给出了实数零点和复数零点的典型排列。由于它是 FIR 滤波器，所有的极点均在原点。

线性相位滤波器的重要性在于它不会对所处理的信号造成失真。这对许多应用有重要的

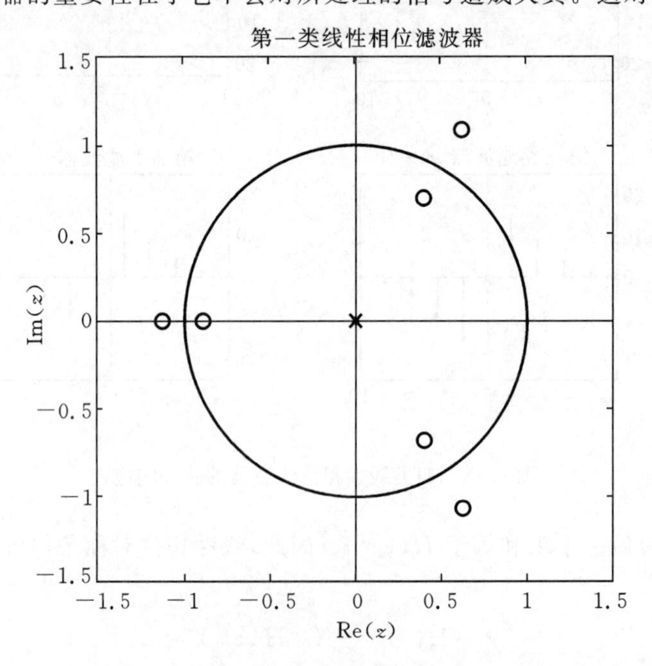

图 5.14　6 阶第一类线性相位滤波器的零极点图

意义，例如相位失真对语音或音乐的影响比较显著。为了验证线性相位滤波器对单个谱分量的影响，设 $x(k)=\cos(2\pi fkT)$。对一个群时延 $D(f)=mT/2$ 的滤波器，相位响应 $\phi(f)=-\pi mTf$。因此，由命题 3.2，滤波器的稳态输出为

$$\begin{aligned} y_{ss}(k) &= A(f)\cos[2\pi fkT+\phi(f)] \\ &= A(f)\cos(2\pi fkT-\pi mTf) \\ &= A(f)\cos[2\pi f(k-m/2)T] \\ &= A(f)x(k-m/2) \end{aligned} \tag{5.3.10}$$

因此，频率 f 处的谱分量在幅度上被缩放了 $A(f)$，同时在时间上延迟了 $D(f)=mT/2$，但滤波器不会影响到其它方面。我们把线性相位滤波器的稳态输入输出特性总结于图 5.15 中。

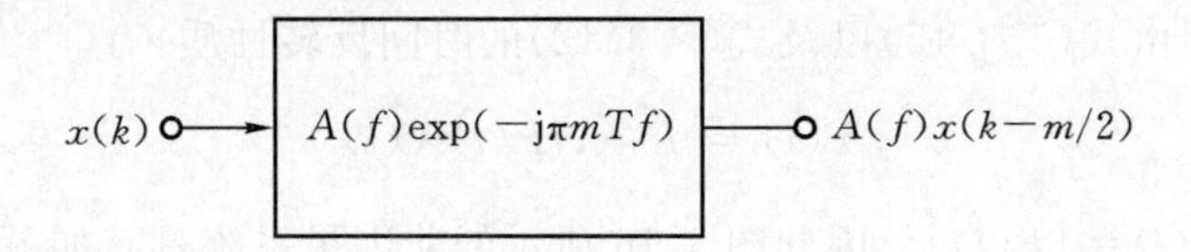

图 5.15　输入 $x(k)=\cos(2\pi fkT)$ 时，群时延 $D(f)=mT/2$ 的线性相位 FIR 滤波器的稳态输出

5.3.2　零相位滤波器

假设频率响应 $H(f)$ 是实的且非负的。由于虚部恒等于零，这意味着 $H(z)$ 是一个零相位滤波器。

$$\phi(f)=0,\ 0\leqslant|f|\leqslant f_s/2 \tag{5.3.11}$$

零相位滤波器是群时延为零的线性相位滤波器。与理想频率选择性滤波器一样，零相位滤波器也不能用因果系统实现。然而，如果我们放松对因果性的约束，且主要讨论有限长的输入信号，那么我们就可以用一个相对简单的步骤实现零相位响应滤波器。其中的关键在于 DFT 的时间反转性质。由表 4.8 可知，对一个 N 点实信号 $x(k)$ 周期延拓后的信号 $x_p(k)$，

$$\text{DFT}\{x_p(-k)\}=X^*(i) \tag{5.3.12}$$

对 $0\leqslant k<N$，$x(k)$ 周期延拓信号的时间反转即为 $x(N-k)$，其中 $x(N)=x(0)$。假设 $F(z)$ 为 m 阶线性相位 FIR 滤波器。那么 $F(z)$ 的频率响应为 $F(i)$，群时延 $D(f)=mT/2$。设滤波器的输入为 $x(k)$，输出为 $q_1(k)$，如图 5.16 所示。则在频域有

$$Q_1(i)=F(i)X(i) \tag{5.3.13}$$

接下来，假设对滤波器的输出 $q_1(k)$ 进行时间反转从而产生一个新的信号 $q_2(k)=q_1(N-k)$。利用式(5.3.13)以及式(5.3.12)的时间反转性质，有

$$Q_2(i)=F^*(i)X^*(i) \tag{5.3.14}$$

然后，将时间反转后的输出作为图 5.16 中第二个滤波器（传递函数也是 $F(z)$）的输入。由式(5.3.14)可得如下输出：

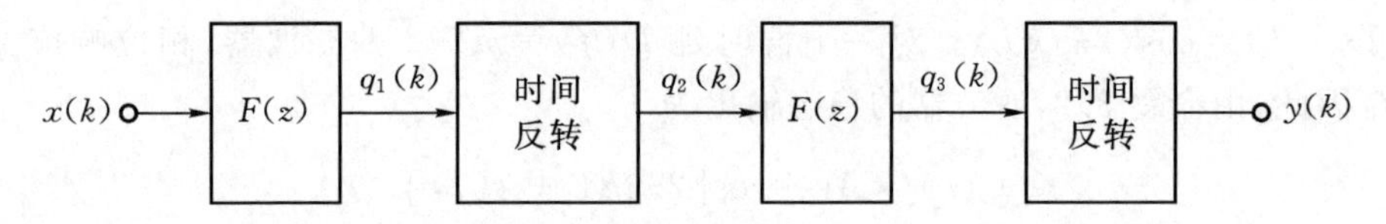

图 5.16　2m 阶非因果零相位 FIR 滤波器

$$Q_3(i) = F(i)F^*(i)X^*(i) \tag{5.3.15}$$

我们注意到，第一次使用 $F(z)$ 导致输出 $q_1(k)$ 与输入相比延迟了 $mT/2$。通过反转 $q_1(k)$ 产生 $q_2(k)$，然后再次用 $F(z)$ 处理 $q_2(k)$，这造成了时间超前 $mT/2$ 的效果，从而抵消了第一次滤波导致的时间延迟。最后，对输出 $q_3(k)$ 进行时间反转以抵消原先的时间反转，得到的输出为 $y(k)=q_3(N-k)$。由式(5.3.15)以及式(5.3.12)的时间反转性质，有

$$Y(i) = F^*(i)F(i)X(i) \tag{5.3.16}$$

最后，由于 $F^*(i)F(i)=|F(i)|^2$，因此图 5.16 所示的非因果系统具有如下非负的实的频率响应，且其相位响应 $\phi(i)=0$。

$$H(i) = |F(i)|^2 \tag{5.3.17}$$

由于 FIR 滤波器 $F(z)$ 对信号处理了两次，所以非因果滤波器 $H(z)$ 是 $2m$ 阶的。我们可以使用如下的算法设计并实现具有零相位及指定幅度响应的非因果 FIR 滤波器。

算法 5.1　零相位滤波器

1. 取期望的幅度响应，对 $0\leqslant i<N, A_d(i)\geqslant 0$。
2. 使用第 6 章的技术设计一个幅度响应 $A(i)=\sqrt{A_d(i)}$ 的 m 阶线性相位滤波器 $F(z)$。
3. 对 $0\leqslant k<N$，按以下步骤实现非因果滤波器 $H(z)$，其中对 $1\leqslant i\leqslant 3, q_i(N)=q_i(0)$。

$$q_1(k) = \sum_{i=0}^{m} f_i x(k-i)$$

$$q_2(k) = q_1(N-k)$$

$$q_3(k) = \sum_{i=0}^{m} f_i q_2(k-i)$$

$$y(k) = q_3(N-k)$$

例 5.5　零相位滤波器

为了进一步阐明零相移滤波器，设 $f_s=200$ Hz 并且考虑由两个正弦分量合成的输入，两个正弦的频率分别为 $F_0=20$ Hz，$F_1=60$ Hz。

$$x_1(k)=2\cos(2\pi F_0 kT)$$
$$x_2(k)=-3\sin(2\pi F_1 kT)$$
$$x(k)=x_1(k)+x_2(k)$$

使用第 6 章的设计技术，设 $F(z)$ 是一个 30 阶 FIR 低通滤波器，其截止频率为

$$F_c = \frac{F_0 + F_1}{2}$$

非因果滤波器 $H(z)$阻止分量 $x_2(k)$，而不失真地通过分量 $x_1(k)$且在输出与输入间的相移为零。图 5.17 所示为由 *exam*5_5 生成的 $x(k)$和滤波器输出 $y(k)$的曲线。

我们注意到在一个短暂的初始过渡过程之后，输出 $y(k)$如预期的那样与分量 $x_1(k)$准确地匹配。然而，除初始过渡之外，在时间信号的结尾还有一个长度约为 $m/2$ 的过渡过程。这是一个典型的零相位滤波器。末尾的过渡过程实际上是图 5.16 中第二阶段的初始过渡过程，在第二阶段，信号反向通过 $F(z)$以抵消时延。如果对第二阶段选择适当的初始条件，可以缩小第二个过渡过程。另外，如果信号长度 N 比滤波器阶数 m 大很多，那么过渡过程在滤波器输出信号中仅占一小部分。

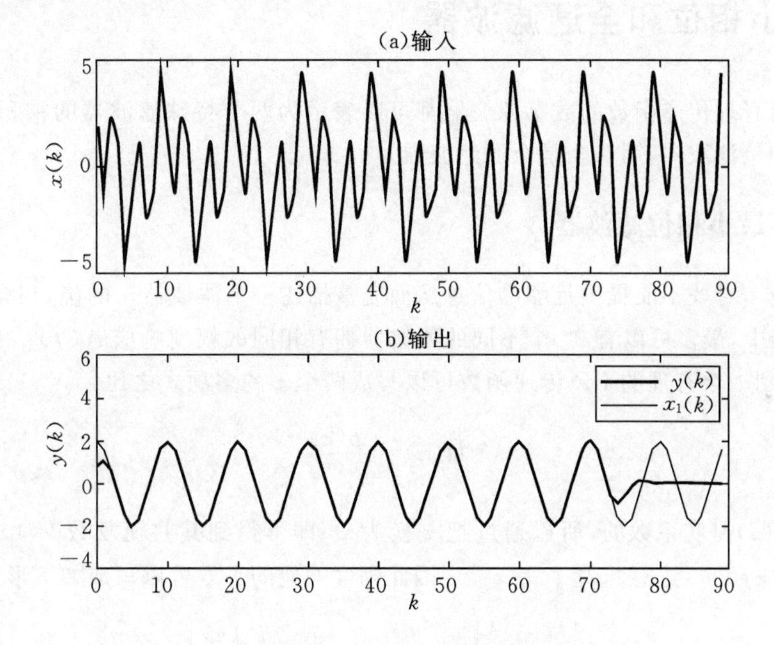

图 5.17 60 阶非因果零相位 FIR 滤波器的输入与输出

FDSP 函数

FDSP 工具箱包含如下实现算法 5.1 的函数，通过它可以实现零相位滤波。如果你有可用的 MATLAB 信号处理工具箱，那么可以用函数 *filtfilt* 实现零相位滤波。

```
% F_ZEROPHASE Compute the output of noncausal zero-phase filter
%
% Usage:
```

```
%       y = f_zerophase(b,x);
% Pre:
%       b = array of length m + 1 containing the FIR filter coefficients
%       x = array of length N containing the input samples
% Post:
%       y = array of length N containing the output samples
```

5.4 最小相位和全通滤波器

每个具有有理传递函数的数字滤波器都可以表示为两个特殊滤波器的乘积，其中第一个被称为最小相位滤波器，第二个是全通滤波器。

5.4.1 最小相位滤波器

幅度响应本身并不能提供足够的信息从而完整描述一个滤波器。的确，在含有 m 个零点的IIR滤波器中，最多可以有 2^m 个不同的滤波器拥有相同的幅度响应 $A(f)$。为了理解这一点，我们注意到一个有理的IIR传递函数可以写成两个 z 的多项式之比

$$H(z)=\frac{b(z)}{a(z)} \tag{5.4.1}$$

由于多项式 $b(z)$ 是实系数的，所以通过把 z 换为 z^* 即可得到其共轭复数 $b^*(z)$。在单位圆上，$z=\exp(\mathrm{j}2\pi fT)$，这意味着 $z^*=z^{-1}$。因此幅度响应的平方可以写成如下形式：

$$\begin{aligned}A^2(f)&=\left.\frac{|b(z)|^2}{|a(z)|^2}\right|_{z=\exp(\mathrm{j}2\pi fT)}=\left.\frac{b(z)b^*(z)}{|a(z)|^2}\right|_{z=\exp(\mathrm{j}2\pi fT)}\\&=\left.\frac{b(z)b(z^{-1})}{|a(z)|^2}\right|_{z=\exp(\mathrm{j}2\pi fT)}\end{aligned} \tag{5.4.2}$$

接下来，假设 $H(z)$ 在 $z=c(c\neq o)$ 处有一零点，那么 $b(z)$ 和 $b(z^{-1})$ 可以写成如下的部分分式形式：

$$b(z)=(z-c)b_0(z) \tag{5.4.3a}$$

$$b(z^{-1})=(z^{-1}-c)b_0(z^{-1}) \tag{5.4.3b}$$

如果将 $b(z)$ 中的因式 $z-c$ 和 $b(z^{-1})$ 中对应的因式 $z^{-1}-c$ 交换，乘积 $b(z)b(z^{-1})$ 不变，这就意味着，式(5.4.2)中的 $A^2(f)$ 也不会发生变化。用因式 $z^{-1}-c$ 替换因式 $z-c$ 等效于把 $z=c$ 处的零点用它的倒数处的零点 $z=c^{-1}$ 代替，然后再乘一个比例常数。为了确定该常数，我们首先注意到

$$z^{-1}-c=z^{-1}(1-cz)=-cz^{-1}(z-c^{-1}) \tag{5.4.4}$$

当计算 $H(z)$的幅度响应时,我们是沿单位圆计算 $H(z)$的值,这意味着$|z^{-1}|=1$。因此,一个新的不改变 $H(z)$的幅度响应的分子多项式为

$$B(z)=\frac{-c(z-c^{-1})b(z)}{(z-c)} \tag{5.4.5}$$

由于对 $b(z)$的 m 个零点中的任何一个都可以这样做,所以有多达 2^m 种 $H(z)$的不同零点组合都可以得到具有相同幅度响应的滤波器。这些滤波器之间的区别在于它们的相位响应 $\phi(f)$。

定义 5.3　最小相位滤波器

当且仅当一个数字滤波器 $H(z)$的所有零点都在单位圆内或单位圆上时,称之为最小相位滤波器。否则它是一个非最小相位滤波器。

通过把单位圆外的零点用它们的倒数代替,每个 IIR 滤波器 $H(z)$都能转换为具有相同幅度响应的最小相位滤波器。术语最小相位来自于如下的事实,在频率区间$[0,f_s/2]$内,最小相位滤波器的净相位变化为

$$\phi(f_s/2)-\phi(0)=0 \tag{5.4.6}$$

非最小相位滤波器至少有一个零点在单位圆外。可以证明(Proakis and Manolakis,1992),如果 $H(z)$有 p 个零点在单位圆外,那么净相位变化为 $\phi(f_s/2)-\phi(0)=-p\pi$。因此,在所有具有相同幅度响应的滤波器中,最小相位滤波器是具有最小相位滞后量的滤波器。

例 5.6　最小相位滤波器

为了进一步说明不同滤波器会有相同的幅度响应,考虑下面的二阶 IIR 滤波器。

$$H_{00}(z)=\frac{2(z+0.5)(z-0.5)}{(z-0.5)^2+0.25}$$

这是一个稳定的 IIR 滤波器,其极点位于 $z=0.5\pm j0.5$。因为其零点 $z=\pm 0.5$ 都在单位圆内,所以也是一个最小相位滤波器。还有另外三种具有相同幅度响应的 IIR 滤波器,可以通过对第一个零点、第二个零点或两个零点取倒数再乘以负的原始零点得到它们,就像式(5.4.5)所示的那样。因此,这三个滤波器的传递函数为

$$H_{10}(z)=\frac{(z+2)(z-0.5)}{(z-0.5)^2+0.25}$$

$$H_{01}(z)=\frac{-(z+0.5)(z-2)}{(z-0.5)^2+0.25}$$

$$H_{11}(z)=\frac{-0.5(z+2)(z-2)}{(z-0.5)^2+0.25}$$

图 5.18 所示为四个等效滤波器的零极点图。只有 $H_{00}(z)$是最小相位滤波器。由于 $H_{11}(z)$的所有零点都在单位圆外,因此称之为最大相位滤波器,而 $H_{10}(z)$和 $H_{01}(z)$被称为混合相位滤波器。

四个滤波器的幅度响应曲线如图 5.19 所示,很明显它们是完全相同的。然而,从图 5.20

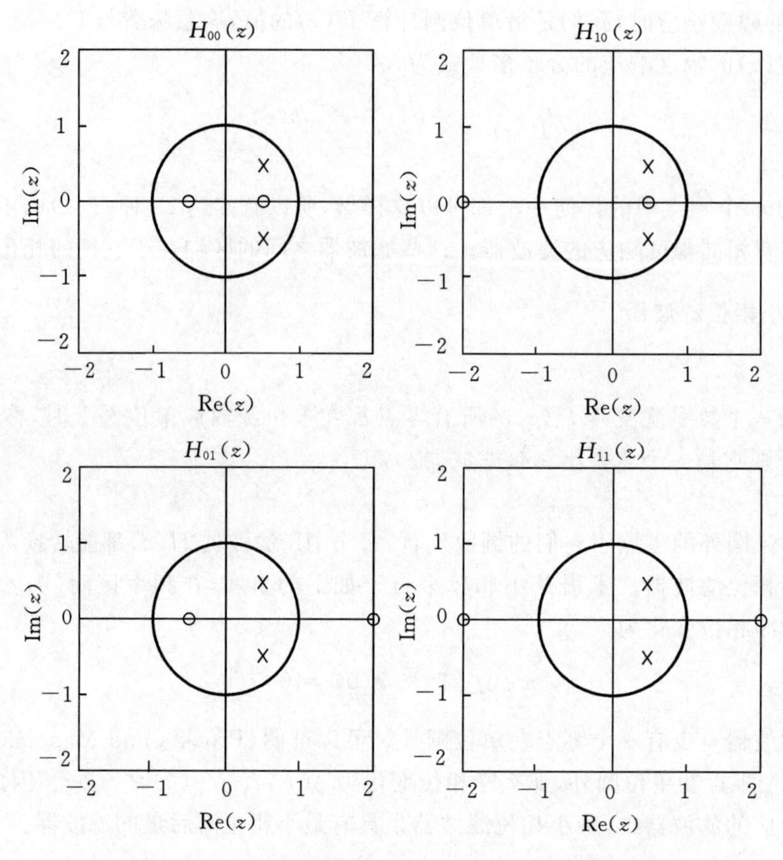

图 5.18　四个具有相同 $A(f)$ 的滤波器的零极点图(译者注:此图原书有误,已做了修改)

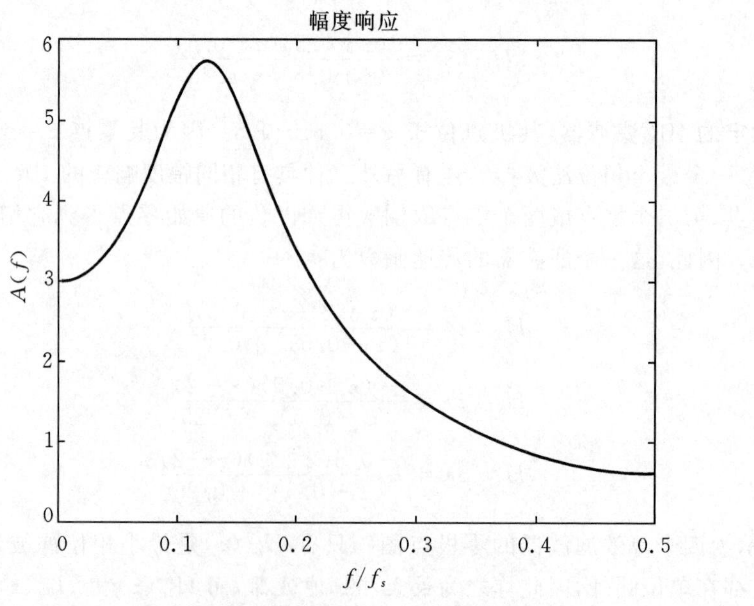

图 5.19　四个滤波器具有一致的幅度响应

中的曲线可以看出四个滤波器的相位响应是互不相同的。注意到最小相位滤波器的净相位变化量为零。对两个混合相位滤波器 $H_{10}(z)$ 和 $H_{01}(z)$，净相位变化量为 $-\pi$。最后，最大相位滤波器 $H_{11}(z)$ 的净相位变化量为 -2π。

通过把单位圆外的零点用它的倒数代替并乘以负的原始零点，每个有理 IIR 滤波器都可以转化成最小相位的形式。如果原滤波器在 $z=r\exp(\pm j\theta)(r>1)$ 有一对复共轭零点，则这对零点应同时被 $z=r^{-1}\exp(\mp j\theta)$ 处的零点替换以确保新滤波器的系数仍然是实数。

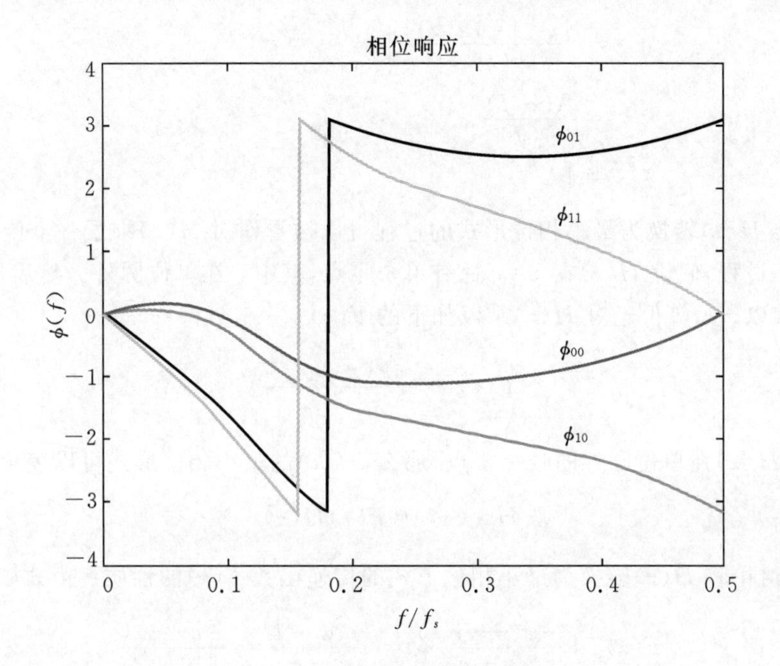

图 5.20　四个滤波器的相位响应

5.4.2　全通滤波器

另一类重要的可以用来进行相位补偿的 IIR 滤波器是全通滤波器。顾名思义，全通滤波器可以让所有频谱分量相等地通过，这是因为它具有平坦的幅度响应。

定义 5.4　全通滤波器

当且仅当一个实系数数字滤波器 $H(z)$ 具有如下的幅度响应时，就称之为全通滤波器。

$$A(f)=1,\ 0\leqslant f\leqslant\frac{f_s}{2}$$

对全通滤波器的相位响应没有特别的限制。全通滤波器传递函数的系数具有如下的反射结构(reflective structure)：

$$H_{\text{all}}(z)=\frac{a_n+a_{n-1}z^{-1}+\cdots+z^{-n}}{1+a_1z^{-1}+\cdots+a_nz^{-n}}=\frac{z^{-n}a(z)}{a(z^{-1})} \tag{5.4.7}$$

我们注意到，除了系数顺序颠倒外，分子多项式正是分母多项式 $a(z^{-1})$。为了理解这种形式为什么会产生平坦的幅度响应，我们用 $A(f)$表示与式(5.4.7)的分母多项式对应的 FIR 滤波器 $H(z)=a(z^{-1})$的幅度响应。由于幅度响应是偶函数且在单位圆上$|z|=1$，式(5.4.7)所代表的滤波器的幅度响应为

$$\begin{aligned}A_{\text{all}}(f) &= |H_{\text{all}}(z)|_{z=\exp(j2\pi fT)} = \left|\frac{z^{-n}a(z)}{a(z^{-1})}\right|_{z=\exp(j2\pi fT)} \\ &= \left.\frac{|z^{-n}|\cdot|a(z)|}{|a(z^{-1})|}\right|_{z=\exp(j2\pi fT)} \\ &= \frac{A(-f)}{A(f)} \\ &= 1 \end{aligned} \tag{5.4.8}$$

将滤波器 $H(z)$转换为最小相位形式的过程可以被看作对 $H(z)$乘了一个传递函数$F(z)$。为了说明这个过程，假设 $H(z)$在 $z=c$ 处有单个零点，其中 c 在单位圆外。然后用$z=c^{-1}$代替这个零点并乘以$-c$，等价于对 $H(z)$乘以如下的 $F(z)$

$$F(z) = \frac{-c(z-c^{-1})}{z-c} \tag{5.4.9}$$

如果 $z=c$ 是 $H(z)$在单位圆外的唯一零点，那么，$H(z)$的最小相位形式可以表示为

$$H_{\min}(z) = F(z)H(z) \tag{5.4.10}$$

接下来，讨论将 $H(z)$转换为最小相位形式的传递函数 $F(z)$的性质。由式(5.4.9)可得

$$F(z) = \frac{-c(z-c^{-1})}{z-c} = \frac{-cz+1}{z-c} = \frac{-c+z^{-1}}{1-cz^{-1}} \tag{5.4.11}$$

比较式(5.4.11)和式(5.4.7)，我们发现 $F(z)$是一个全通滤波器，其系数向量 $a=[1,-c]^{\mathrm{T}}$。虽然在推导 $F(z)$时只使用了一个单位圆外的零点，但对任意的零点数可以通过重复这一过程得到全通滤波器，它具有与式(5.4.9)相似的因式。

一个逆滤波器的幅度响应是滤波器幅度响应的逆。因此，如果 $H_{\text{all}}(z)=F^{-1}(z)$，则 $H_{\text{all}}(z)$是一个全通滤波器。进一步地，在式(5.4.10)两边同时左乘以 $H_{\text{all}}(z)$，我们可以得出如下结论：每个具有有理传递函数 $H(z)$的 IIR 滤波器都可以分解为一个全通滤波器 $H_{\text{all}}(z)$和一个最小相位滤波器 $H_{\min}(z)$的乘积。

定理 5.3　最小相位全通分解

假设 $H(z)$是一个具有有理传递函数的 IIR 滤波器，$H_{\min}(z)$是 $H(z)$的最小相位形式，则存在一个稳定的全通滤波器 $H_{\text{all}}(z)$，使得

$$H(z)=H_{\text{all}}(z)H_{\min}(z) \tag{5.4.12}$$

图 5.21 所示是把 IIR 滤波器分解为全通部分和最小相位部分的方框图。最小相位部分是 $H(z)$的最小相位形式。因此，$H_{\min}(z)$的幅度响应与 $H(z)$的幅度响应是一致的。全通部

分是把 $H(z)$转换成其最小相位形式的系统的逆。因此全通部分 $H_{all}(z)$总是稳定的。

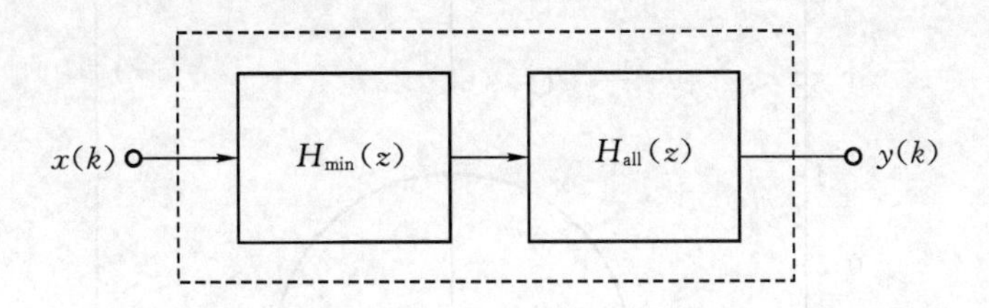

图 5.21　将 IIR 滤波器 $H(z)$分解为全通和最小相位部分

描述全通滤波器的另一种方法是使用它的零极点。对于 $H_{all}(z)$在 $z=c$ 处的每个极点，在它的倒数 $z=c^{-1}$处有一个与之匹配的零点。因此，全通滤波器总是具有相同数目的零点和极点，而且零点和极点互相构成倒数对。把一个通用 IIR 滤波器分解为全通部分和最小相位部分所需的步骤可以总结为如下的算法。

算法 5.2　最小相位分解

1. 令 $H_{min}(z)=H(z)$及 $H_{all}(z)=1$。对 $H(z)$的分子多项式进行如下的因式分解

$$b(z)=b_0(z-z_1)(z-z_2)\cdots(z-z_m)$$

2. i 从 1 增加到 m，执行

{

If $|z_i|>1$ then compute

$$F(z)=\frac{-z_i z+1}{z-z_i}$$

$$H_{min}(z)=F(z)H_{min}(z)$$

$$H_{all}(z)=F^{-1}(z)H_{all}(z)$$

}

例 5.7　**最小相位全通分解**

下面举例说明把一个 IIR 滤波器传递函数分解成全通部分和最小相位部分的过程。我们考虑如下的数字滤波器。

$$H(z)=\frac{0.2[(z+0.5)^2+1.5^2]}{z^2-0.64}$$

这是一个稳定的 IIR 滤波器，在 $p_{1,2}=\pm 0.8$ 处有两个实极点，复共轭零点位于 $z_{1,2}=-0.5\pm$ j1.5，如图 5.22 表示。由于两个零点均在单位圆之外，这是一个最大相位滤波器。通过用原零点的倒数代替原零点并乘以负的原零点可以得到其最小相位形式。新的零点为

$$z_{3,4}=\frac{1}{z_{1,2}}=\frac{1}{-0.5\pm j1.5}=\frac{-0.5\mp j1.5}{0.25+2.25}=-0.2\mp j0.6$$

两个原零点的积是 $z_1 z_2=|z_1|^2$。因此，$H(z)$的最小相位形式是

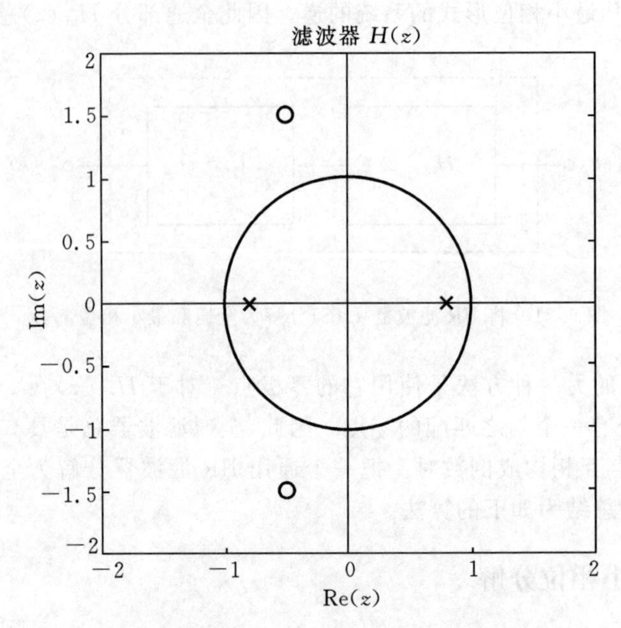

图 5.22 系统的零极点图

$$H_{\min}(z)=\frac{|z_1|^2 0.2(z-z_3)(z-z_4)}{z^2-0.64}$$

$$=\frac{(0.25+2.25)0.2[(z+0.2)^2+0.6^2]}{z^2-0.64}=\frac{0.5[(z+0.2)^2+0.6^2]}{z^2-0.64}$$

由于两个零点均被替换，全通部分恰好就是原来的分子除以 $H_{\min}(z)$的分子。

$$H_{\text{all}}(z)=\frac{0.2[(z+0.5)^2+1.5^2]}{0.5[(z+0.2)^2+0.6^2]}=\frac{0.4[(z+0.5)^2+1.5^2]}{(z+0.2)^2+0.6^2}$$

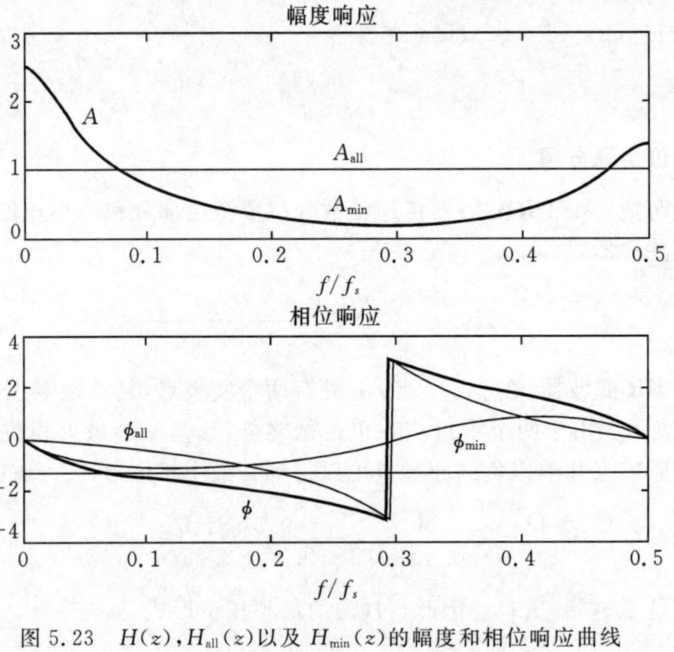

幅度响应

相位响应

图 5.23 $H(z)$，$H_{\text{all}}(z)$以及 $H_{\min}(z)$的幅度和相位响应曲线

原始的和分解后的幅度响应曲线和相位响应曲线如图5.23所示。我们注意到，正如期望的那样 $A_{\min}(f)=A(f)$，$A_{\text{all}}(f)=1$。很明显，$\phi_{\min}(f)$的相位滞后小于 $\phi(f)$的相位滞后。

5.4.3　逆系统和均衡

最小相位系统的一种应用是构造逆系统。设 $H(z)=b(z)/a(z)$是一个稳定系统，其频率响应为 $H(f)$。$H(z)$的逆是传递函数为 $H(z)$的倒数的系统 $H^{-1}(z)=a(z)/b(z)$。如果 $H^{-1}(z)$是稳定的，则其频率响应为 $H^{-1}(f)=1/H(f)$。因此，这两个系统级联或串联后的频率响应为 $H^{-1}(f)H(f)=1$。在此情形下，我们称 $H^{-1}(z)$是系统 $H(z)$的均衡器，它抵消了 $H(z)$的影响。

$$H^{-1}(z)H(z)=1 \tag{5.4.13}$$

当 $H^{-1}(z)$不稳定时会有一些问题。如果 $H(z)$在单位圆上或单位圆外有零点就会出现这种情况，因为原系统中的零点在逆系统中会变为极点。假设对均衡器的设计目标再加一些限制条件。例如，如果设计目标只是抵消 $H(z)$的幅度响应特征，那么就可以使用 $H(z)$的最小相位形式。尤其是若 $A(f)>0$，这意味着 $H(z)$在单位圆上没有零点，此时 $H_{\min}(z)$在单位圆上或单位圆外没有零点，这意味着 $H_{\min}^{-1}(z)$是稳定的。我们考虑如下的均衡系统：

$$H_{\text{equal}}(z)=H_{\min}^{-1}(z)H(z) \tag{5.4.14}$$

为了考察均衡系统的幅度响应，首先由式(5.4.12)中的最小相位全通分解可得

$$H_{\text{equal}}(z)=H_{\text{all}}(z) \tag{5.4.15}$$

由算法5.2可知，$H_{\text{all}}(z)$的极点是 $H(z)$位于单位圆外的零点的倒数，因此 $H_{\text{all}}(z)$是稳定的。由于 $H_{\text{all}}(z)$是一个全通滤波器，所以 $H_{\min}^{-1}(z)$可以用作幅度均衡器，均衡后系统的幅度响应为

$$A_{\text{equal}}(f)=1 \tag{5.4.16}$$

因此，$H_{\min}^{-1}(z)$均衡了或者说抵消了 $H(z)$的幅度响应，但没有均衡相位响应。第6章将会给出一种两级正交滤波器设计技术，我们可以使用该技术设计一个能够同时均衡稳定系统 $H(z)$的幅度和相位响应的滤波器，但所设计的均衡器 $H_{\text{equal}}(z)$引入了时延。我们也可以用第9章讨论的自适应滤波器设计有时延的均衡器。

FDSP 函数

FDSP 工具箱包含如下函数，使用它可以把传递函数分解为最小相位部分和全通部分。

```
% F_MINALL: Factor a filter into minimum-phase and allpass parts
%
% Usage:
%       [B_min, A_min, B_all, A_all] = f_minall (b,a)
% Pre:
%       b     = vector of length m + 1 containing coefficients
%                 of numerator polynomial.
```

```
%        a      = vector of length n + 1 containing coefficients
%                 of denominator polynomial (n> = m).
% Post:
%        B_min = (q + 1) by 1 vector containing numerator
%                 coefficients of minimum-phase part
%        A_min = (r + 1) by 1 vector containing denominator
%                 coefficients of minimum-phase part
%        B_all = (s + 1) by 1 vector containing numerator
%                 coefficients of allpass part
%        A_all = (s + 1) by 1 vector containing denominator
%                 coefficients of allpass part
```

5.5 正交滤波器

5.5.1 微分器

一对周期信号，如果其中的一个信号超前或滞后另一个信号四分之一个周期，则称它们是相位正交的。常见的正交对的例子是正弦和余弦。某些特殊滤波器的稳态输出与输入是相位正交的。最简单的例子或许是微分器。连续时间微分器的传递函数 $H_a(s)=s$，频率响应 $H_a(f)=\mathrm{j}2\pi f$。为了用 m 阶因果线性相位滤波器近似微分器，考虑延时为 $mT/2$ 的离散时间频率响应。

$$H(f) = \mathrm{j}2\pi fT\exp(\mathrm{j}\pi mfT) \tag{5.5.1}$$

在诸如数字反馈控制这样的实时应用中，通常用如下的一阶后向欧拉差分器逼近 PID 控制器的微分项：

$$y(k) \approx \frac{x(k) - x(k-1)}{T} \tag{5.5.2}$$

该数值近似是用连接采样点 $x(k-1)$ 与 $x(k)$ 的直线的斜率代替 $t=kT$ 时的 $\mathrm{d}x(t)/\mathrm{d}t$。后向欧拉差分器的 FIR 传递函数为

$$H(z) = \frac{1 - z^{-1}}{T} = \frac{z - 1}{Tz} \tag{5.5.3}$$

因此，$H(z)$ 在 $z=0$ 有一个极点，在 $z=1$ 有一个零点。利用欧拉公式，频率响应为

$$H(f) = \frac{1 - \exp(-\mathrm{j}2\pi fT)}{T}$$

$$= \mathrm{j}2\exp(-\mathrm{j}\pi fT)\left[\frac{\exp(\mathrm{j}\pi fT)-\exp(-\mathrm{j}\pi fT)}{\mathrm{j}2T}\right]$$

$$= \left[\frac{\mathrm{j}2\sin(\pi fT)}{T}\right]\exp(-\mathrm{j}\pi fT) \tag{5.5.4}$$

图 5.24 所示为后向欧拉差分器以及理想差分器的幅度响应曲线。在归一化频率区间[0,0.1]内,幅度响应逼近得非常好;但对较高的频率,逼近效果越来越差。

由于后向欧拉差分近似是一个一阶线性相位 FIR 滤波器,因此输出会有 $T/2$ 或半个采样点的延迟。如果我们忽略该延迟的影响,则余下的相位响应与微分器的相位响应完全匹配。这是因为后向欧拉差分器的脉冲响应为

$$h = \frac{1}{T}[1, -1] \tag{5.5.5}$$

因此,$h(k)$关于中点 $k=m/2$ 呈现奇对称。由于 $H(z)$是奇数阶的,由表 5.1 可知后向欧拉差分器是第四类线性相位 FIR 滤波器,因此其相位偏移 $\alpha=\pi/2$,这恰好是差分器所需要的。

为了更精确地近似幅度响应曲线,我们可以使用更高阶的第四类线性相位滤波器。利用第 6 章的设计技术可以得到如下的五阶 FIR 滤波器:

$$\begin{aligned} y(k) =\ & 0.0509x(k) - 0.1415x(k-1) + 1.2732x(k-2) \\ & - 1.2732x(k-3) + 0.1415x(k-4) - 0.0509x(k-5) \end{aligned} \tag{5.5.6}$$

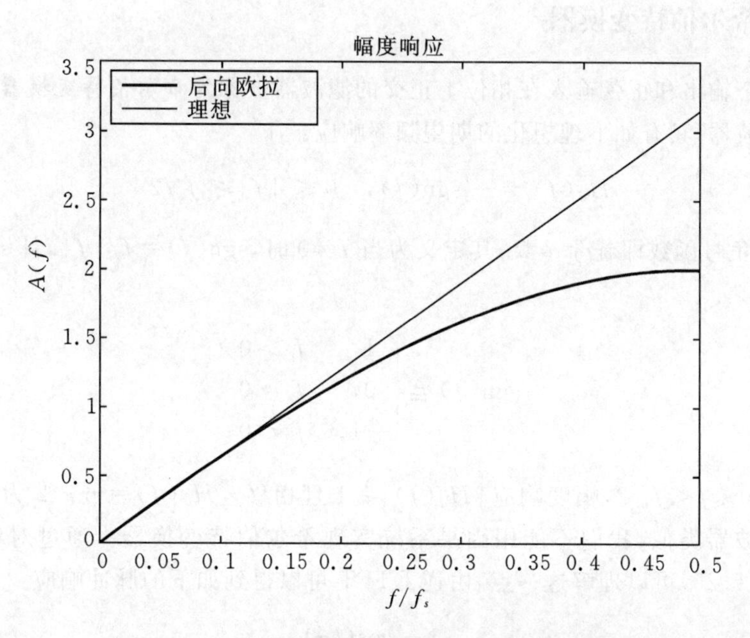

图 5.24 用后向欧拉差分逼近微分器的幅度响应

我们注意到系数向量 $b\in R^6$(即脉冲响应)是奇对称的。该五阶 FIR 滤波器的幅度响应曲线如图 5.25 所示。虽然滤波器的幅度响应不是精确匹配理想微分器的响应,但与后向欧拉差分器相比有了显著改善,尤其是高频部分。如果忽略 2.5 个采样点的延迟,则该相位响应(相位偏移 $\alpha=\pi/2$)与理想微分器的相位响应完全匹配。

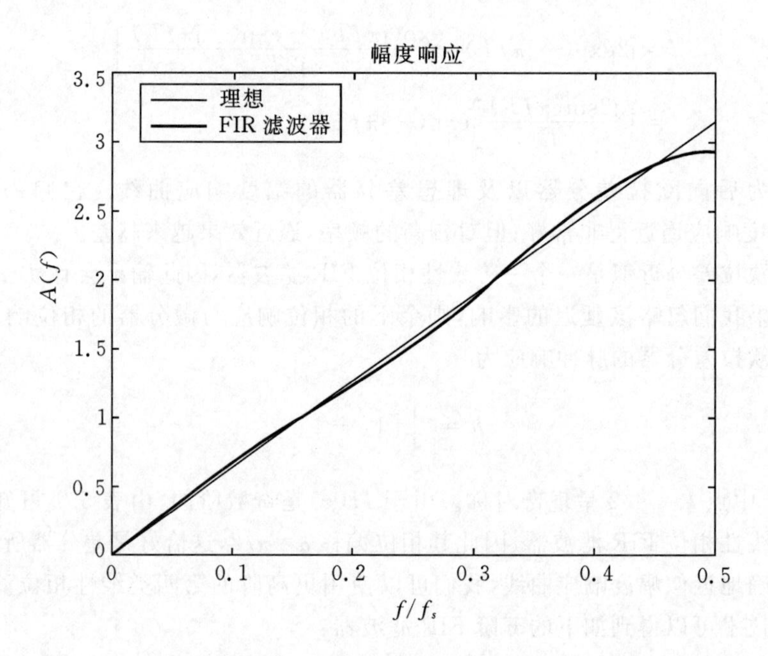

图 5.25　用五阶第四类 FIR 线性相位滤波器近似微分器的幅度响应

5.5.2　希尔伯特变换器

另一种稳态输出和正弦输入在相位上正交的滤波器被称为希尔伯特变换器或移相器。它是一个全通滤波器，具有如下理想化的期望频率响应：

$$H_d(f) = -\mathrm{jsgn}(f),\quad 0 \leqslant |f| \leqslant f_s/2 \tag{5.5.7}$$

其中，sgn 是正负号函数即符号函数，其定义为当 $f \neq 0$ 时，$\mathrm{sgn}(f) = f/|f|$，且 $\mathrm{sgn}(0) = 0$。因此

$$\mathrm{sgn}(f) \triangleq \begin{cases} 1, & f > 0 \\ 0, & f = 0 \\ -1, & f < 0 \end{cases} \tag{5.5.8}$$

我们注意到对 $0 \leqslant f < f_s/2$，幅度响应 $|H_d(f)| = 1$ 且相移 $\angle H_d(f) = -\pi/2$ 为常数。与理想频率选择性滤波器类似，我们不能用因果系统实现希尔伯特变换器。通过对频率响应作逆 DTFT（见习题 5.25）可以理解这一点，由逆 DTFT 可以得到如下的脉冲响应：

$$h_d(k) = \begin{cases} \dfrac{1-\cos(k\pi)}{k\pi}, & k \neq 0 \\ 0, & k = 0 \end{cases} \tag{5.5.9}$$

为了用 m 阶 FIR 滤波器近似因果的线性相位系统，我们可以在期望的频率响应中引入 $mT/2$ 的延迟。

$$H_h(f) = -\mathrm{jsgn}(f)\exp(-\mathrm{j}\pi mfT),\ 0 < |f| \leqslant f_s/2 \tag{5.5.10}$$

由于式(5.5.10)中的系数 j 引入了 $-\pi/2$ 的相移,由表 5.1,这就意味着我们使用的线性相位滤波器应该有 $\alpha=\pi/2$ 的相位偏移且幅度响应 $A_r(f)=-1$。因此我们可以使用第三类或第四类线性相位滤波器。作为一个例子,我们用第 6 章的技术设计一个 40 阶第三类线性相位滤波器,所得到的幅度响应如图 5.26 所示。很显然这种对希尔伯特变换器的近似实际上是一个宽带带通滤波器而不是理想的全通滤波器。这是因为第三类滤波器在频率区间的两个端点 $z=\pm1$ 均有零点,即 $H(\pm1)=0$。随着滤波器阶数 m 的增加,通带会变宽,但在直流(DC)和 $f_s/2$处的增益始终为零。

为了得到一对相位正交的信号 $x_1(k)$ 和 $x_2(k)$,假设输入是频率为 f 的余弦。

$$x(k)=\cos(2\pi fkT) \tag{5.5.11}$$

式(5.5.10)的希尔伯特变换器将 $x(k)$ 的相位搬移了 $-\pi/2$,但它还将信号延迟了 $mT/2$。因此,希尔伯特变换器的总相移为

$$\phi(f)=-\frac{\pi}{2}-\pi mfT \tag{5.5.12}$$

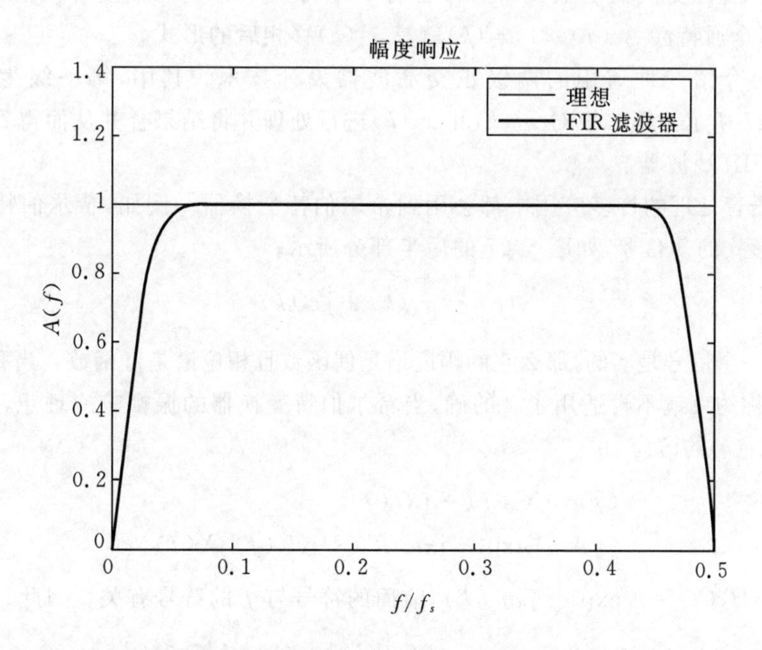

图 5.26　用 40 阶第三类线性相位 FIR 滤波器近似希尔伯特变换器的幅度响应

假设 $x_2(k)$ 是由 $x(k)$ 通过希尔伯特变换器 $H_h(z)$ 产生的信号,如图 5.27 所示。为了确保 $x_1(k)$ 和 $x_2(k)$ 的相位准确相差 $\pi/2$,$x_1(k)$ 必须是 $x(k)$ 延迟 $mT/2$ 的结果,让 $x(k)$ 通过一个对输入延迟 $mT/2$ 的全通滤波器就可以实现这一点,从而使 $x_1(k)$ 和 $x_2(k)$ 的延迟相匹配。由于 m 是偶数,所以可以用一个产生 $m/2$ 个采样点整数延迟的滤波器来实现,其传递函数为

$$F(z)=z^{-m/2} \tag{5.5.13}$$

对式(5.5.11)的余弦输入,图 5.27 中 $x_1(k)$ 和 $x_2(k)$ 的稳态值为如下的带延迟的余弦和正弦函数。

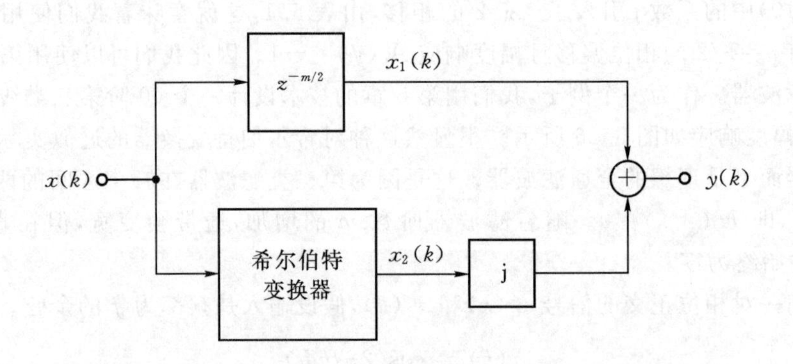

图 5.27 用希尔伯特变换器生成相位正交信号和半带输出

$$x_1(k) = \cos[2\pi f(k - m/2)T] \tag{5.5.14a}$$

$$x_2(k) = A_h(f)\sin[2\pi f(k - m/2)T] \tag{5.5.14b}$$

我们注意到希尔伯特变换器的输出 $x_2(k)$ 含有一个与频率有关的幅度 $A_h(f)$。因此，只要 $A_h(f)$ 近似具有全通特性 $A_h(f)\approx 1$，$x_2(k)$ 就是 $x_1(k)$ 移相后的形式。

第 6 章将会介绍一种通用的两级正交滤波器设计技术。其中，第一级生成 $x_1(k)$ 和 $x_2(k)$，如图 5.27 所示。第二级对 $x_1(k)$ 和 $x_2(k)$ 进行处理并将结果合并从而得到幅度和相位都符合规范的 FIR 滤波器。

在通信和语音处理的许多应用中都会用到希尔伯特变换器。例如，希尔伯特变换器可以用于产生如下形式的复信号，如图 5.27 的后半部分所示。

$$y(k) = x_1(k) + jx_2(k) \tag{5.5.15}$$

我们知道，如果一个信号是实的，那么它的幅度谱是偶函数且相位谱是奇函数。当我们推广到复信号时，上述对称约束就不再适用了。的确，当希尔伯特变换器的振幅响应理想，即 $A_h(f)=1$ 时，输出复信号 $y(k)$ 的谱为

$$\begin{aligned} Y(f) &= X_1(f) + jX_2(f) \\ &= [\exp(-j\pi mfT) + jH_h(f)]X(f) \end{aligned} \tag{5.5.16}$$

由式(5.5.10)，$jH_h(f)=\pm\exp(-j\pi mfT)$，前面的符号与 f 的符号有关。因此，$y(k)$ 的谱为

$$Y(f) = \begin{cases} 2\exp(-j\pi mfT)X(f), & 0 \leqslant f \leqslant f_s/2 \\ 0, & -f_s/2 \leqslant f \leqslant 0 \end{cases} \tag{5.5.17}$$

我们注意到，在负频率区间上，输出复信号 $y(k)$ 的谱为零。换句话说，在单位圆的下半部分，$Y(z)=0$。正是由于这个原因，我们称图 5.27 中的 $y(k)$ 为半带信号。

复信号 $y(k)$ 是解析信号的离散等效，因为在 $-f_s/2<f<0$ 的频率区间内它的谱为零。由式(5.5.17)，$y(k)$ 显然包含了重建原始信号 $x(k)$ 所需的全部信息，但它只占用一半的带宽。因此，传送 $y(k)$ 比传送 $x(k)$ 更有效。由表 4.3 中 DTFT 的频移性质，如果一个信号被复指数信号调制，则只是对它的频谱进行了搬移。

$$q(k) = \exp(j2\pi F_0 kT)y(k) \tag{5.5.18}$$

$$Q(f) = Y(f - F_0) \tag{5.5.19}$$

使用该技术,可以把几个半带信号搬移到频谱的不同区间上再同时传送。该技术被称为频分复用,将会在第8章讨论。

5.5.3 数字振荡器

在固定频率 F_0 产生相位正交对的离散时间系统被称为数字振荡器。频率为 F_0 的正弦振荡器产生如下的正交对:

$$x_1(k) = \cos(2\pi F_0 kT) \tag{5.5.20a}$$
$$x_2(k) = \sin(2\pi F_0 kT) \tag{5.5.20b}$$

为了获得输出 $x_1(k)$ 的线性系统,我们将 $x_1(k)$ 表示为 $x_1(k-1)$ 和 $x_2(k-1)$ 的线性组合。为方便起见,令 $\alpha=2\pi F_0 T$。利用附录2中和的余弦三角恒等式,

$$\begin{aligned} x_1(k) &= \cos[2\pi F_0(k-1)T + \alpha] \\ &= \cos[2\pi F_0(k-1)T]\cos(\alpha) - \sin[2\pi F_0(k-1)T]\sin(\alpha) \\ &= \cos(\alpha)x_1(k-1) - \sin(\alpha)x_2(k-1) \end{aligned} \tag{5.5.21}$$

用和的正弦三角恒等式对 $x_2(k)$ 作类似的分析,得

$$x_2(k) = \sin(\alpha)x_1(k-1) + \cos(\alpha)x_2(k-1) \tag{5.5.22}$$

注意到 $\alpha=2\pi F_0 T$,我们发现式(5.5.20)中的正交对满足如下的向量差分方程。

$$\begin{bmatrix} x_1(k) \\ x_2(k) \end{bmatrix} = \underbrace{\begin{bmatrix} \cos(2\pi F_0 T) & -\sin(2\pi F_0 T) \\ \sin(2\pi F_0 T) & \cos(2\pi F_0 T) \end{bmatrix}}_{C(F_0)} \begin{bmatrix} x_1(k-1) \\ x_2(k-2) \end{bmatrix} \tag{5.5.23}$$

我们注意到式(5.5.23)中的二维系统(方程)没有输入。取而代之,它由一个非零的初始条件启动振荡。如果我们计算式(5.5.20)在 $k=0$ 处的值,则所要求的初始条件为 $x_1(0)=1$ 和 $x_2(0)=0$。式(5.5.22)中的系数矩阵 $C(F_0)$ 有一个简单的解释。令 $X(k)\in R^2$ 为 2×1 的列向量,其元素为 $x_1(k)$ 和 $x_2(k)$。那么式(5.5.23)及初始条件可以写成如下的向量形式:

$$X(k) = C(F_0)X(k-1), \quad X(0) = [1,0]^{\mathrm{T}} \tag{5.5.24}$$

2×2 的系数矩阵 $C(F_0)$ 是一个旋转矩阵。当向量 $X(k-1)$ 乘以 $C(F_0)$ 时,它将 $X(k-1)$ 关于原点逆时针旋转一个角度 $\alpha=2\pi F_0 T$ 从而产生 $X(k)$。照此方法,式(5.5.24)的解由 $X(0)=[1,\ 0]^{\mathrm{T}}$ 开始并沿着 x_2 对 x_1 平面上的单位圆逆时针旋转。

一旦由数字滤波器生成一个正交对,就可以通过对 $x_1(k)$ 和 $x_2(k)$ 进行后处理以生成谐波,使用这种方法可以合成更一般的周期信号。为了理解如何实现这一点,考虑如下被称为第一类切比雪夫多项式的经典正交多项式族。前两个第一类切比雪夫多项式为 $T_0(x)=1$ 和 $T_1(x)=x$。后面的多项式按如下方法递归生成:

$$T_i(x) = 2xT_{i-1}(x) - T_{i-2}(x), \quad i \geqslant 2 \tag{5.5.25}$$

切比雪夫多项式有许多有趣的性质,这里使用的一个性质是它们在生成偶次谐波方面的应用。

$$T_i[\cos(\theta)]=\cos(i\theta),\quad i\geqslant 0 \tag{5.5.26}$$

由于 $x_1(k)$ 是余弦,这意味着利用第一类切比雪夫多项式的合适的线性组合可以由 $x_1(k)$ 生成任意的偶的周期函数。

为了生成奇的周期函数,我们可以使用**第二类切比雪夫多项式**。前两个第二类切比雪夫多项式是 $U_0(x)=1$ 和 $U_1(x)=2x$。生成其余切比雪夫多项式的递归关系类似于式(5.5.25),即

$$U_i(x)=2xU_{i-1}(x)-U_{i-2}(x),\quad i\geqslant 2 \tag{5.5.27}$$

为了用第二类切比雪夫多项式生成奇次谐波,必须有一对可以作为正交对使用的余弦和正弦信号。

$$\sin(\theta)U_{i-1}[\cos(\theta)]=\sin(i\theta),\quad i\geqslant 1 \tag{5.5.28}$$

假设频率 $F_0\ll f_s$。为了避免混叠,i 次谐波必须小于折叠频率 $f_s/2$。因此,在不混叠的条件下可以生成的谐波数是

$$r<\frac{f_s}{2F_0} \tag{5.5.29}$$

一个周期 $T_0=1/F_0$ 的一般周期信号可以通过如下截断的傅里叶级数用 r 次谐波来近似:

$$y(k)=a_0+\sum_{i=1}^{r}a_i\cos(2\pi iF_0T)+b_i\sin(2\pi iF_0T) \tag{5.5.30}$$

给定式(5.5.20)的正交对以及式(5.5.26)和式(5.5.28)的谐波生成性质,周期信号 $y(k)$ 可以表示如下:

$$y(k)=f_e[x_1(k)]+x_2(k)f_o[x_1(k)] \tag{5.5.31}$$

其中 $f_e(x)$ 和 $f_o(x)$ 是多项式。图 5.28 所示为生成周期输出 $y(k)$ 所需要的数字振荡器和后处理操作框图。多项式 $f_e(x)$ 和 $f_o(x)$ 分别表示 $y(k)$ 的偶部和奇部。由式(5.5.30),它们由切比雪夫多项式按如下方式形成:

$$f_e(x)=\sum_{i=0}^{r}a_iT_i(x) \tag{5.5.32}$$

$$f_o(x)=\sum_{i=1}^{r}b_iU_{i-1}(x) \tag{5.5.33}$$

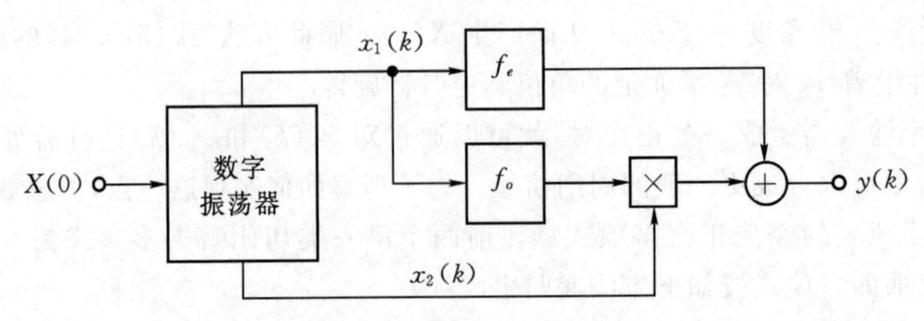

图 5.28　由正交对生成周期输出

作为用数字振荡器生成任意周期波形的一个例子，假设 $f_s=1000$ Hz 且 $F_0=25$ Hz。在不混叠的条件下，最多可以生成 $r=19$ 次谐波。假设系数向量 $a=[0, 1, 0.5, 0.25]^T$ 和 $b=[1, -0.5, 0.25]^T$ 并且计算 $N=200$ 点。所得输出 $y(k)$ 对第一个正交信号 $x_1(k)$ 的曲线如图 5.29 所示。图中还绘出了 $x_2(k)$ 对 $x_1(k)$ 的曲线，正如期望的那样它是一个圆。与 $y(k)$ 对 $x_1(k)$ 对应的闭曲线表明 $y(k)$ 的确是周期的且周期为 $F_0=25$ Hz。

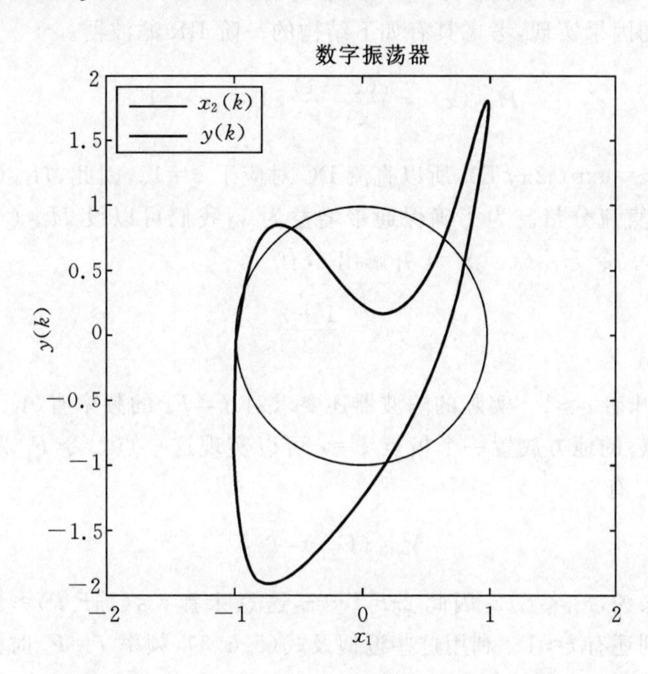

图 5.29 正交对以及由它们生成的周期输出的数值示例

5.6 陷波器和谐振器

5.6.1 陷波器

5.2 节中的频率选择性滤波器的共同特点是阻带是非零长度的。有一类被称为陷波器的滤波器其阻带仅为单个频率。使用如下单位脉冲的连续频率形式有助于我们定义陷波器的设计规范，称之为单位冲激(unit pulse)。

$$\delta_1(f) \triangleq \begin{cases} 1, & f=0 \\ 0 & f\neq 0 \end{cases} \tag{5.6.1}$$

我们注意到除了在 $f=0$ 取 1 之外，$\delta_1(f)$ 与单位冲激 $\delta_a(f)$ 类似。给定式(5.6.1)中的单位冲激函数，零陷位于 F_0 的陷波器的幅度响应为

$$A_{\text{notch}}(f) \triangleq 1-\delta_1(f-F_0),\ 0\leqslant |f| \leqslant f_s/2 \tag{5.6.2}$$

因此，陷波器是通过除 F_0 外所有频率的滤波器，而 F_0 被滤波器完全阻塞。我们注意到对相位响应没有施加显式的约束。利用第 7 章讨论的技术可以用低阶 IIR 滤波器近似陷波器。最简单的陷波器的例子或许是阻止 DC(直流)的滤波器，即滤波器的陷波点为 $F_0=0$ Hz。如果可以使用非因果的滤波器，那么就可以很容易地实现精确阻止直流的滤波器。需要完成的所有操作是令输出 $y(k)$ 等于输入 $x(k)$ 减去它的均值。

对 DC 陷波器的因果实现，考虑具有如下结构的一阶 IIR 滤波器。

$$H_{\mathrm{DC}}(z)=\frac{c(z-1)}{z-r},\ 0\ll r<1 \tag{5.6.3}$$

注意到沿着单位圆 $z=\exp(\mathrm{j}2\pi fT)$，所以直流 DC 对应于 $z=1$。因此，$H_{\mathrm{DC}}(z)$ 在 $z=1$ 的零点确保阻止了 $x(k)$ 的直流分量。为了确保通带增益为 1，我们可以设 $H_{\mathrm{DC}}(-1)=1$，其中 $z=-1$ 对应于折叠频率。令 $H_{\mathrm{DC}}(-1)=1$ 并解出 c，有

$$c=\frac{1+r}{2} \tag{5.6.4}$$

由于 $0\ll r<1$，这意味着 $c\approx1$。实际的陷波器还要求对 $f\neq F_0$ 的频率有 $A_{\mathrm{notch}}(f)\approx1$。通过在很接近于 $z=1$(零点)的地方放置一个极点 $z=r$ 可以实现这一点。令 F_c 为陷波器的 3dB 截止频率，即对频率 F_c 有

$$A_{\mathrm{notch}}^2(F_c)=0.5 \tag{5.6.5}$$

对 DC 陷波器来说，$F_c\ll f_s/2$，因此 $2\pi F_cT\ll\pi$，这意味着 $\cos(2\pi F_cT)\approx1$ 且 $\sin(2\pi F_cT)\approx 2\pi F_cT$。我们注意到还有 $r\approx1$。利用这些近似及式(5.6.3)，频率 $f=F_c$ 时幅度响应的平方为

$$\begin{aligned}A_{\mathrm{notch}}^2(F_c)&=\frac{|c[\exp(\mathrm{j}2\pi F_cT)-1]|^2}{|\exp(\mathrm{j}2\pi F_cT)-r|^2}\\&=\frac{c^2\{[\cos(2\pi F_cT)-1]^2+\sin^2(2\pi F_cT)\}}{[\cos(2\pi F_cT)-r]^2+\sin^2(2\pi F_cT)}\\&\approx\frac{(2\pi F_cT)^2}{(1-r)^2+(2\pi F_c)^2}\end{aligned} \tag{5.6.6}$$

令 $A_{\mathrm{notch}}^2(F_c)=0.5$ 可得：

$$(2\pi F_cT)^2\approx(1-r)^2 \tag{5.6.7}$$

阻带宽度或者陷波带宽 $\Delta F=2F_c$。求解(5.6.7)式得到 r，用陷波带宽表示最终的结果可以得到如下针对 r 的设计公式。

$$r\approx1-\frac{\pi\Delta F}{f_s} \tag{5.6.8}$$

因此，为了设计一个陷波宽度为 ΔF 的 IIR 直流陷波器，我们用式(5.6.8)确定极点半径 r，然后用式(5.6.4)确定增益 c。

例 5.8 DC 陷波器

作为直流陷波器的一个例子，假设 $f_s=100$ Hz，考虑陷波带宽为 $\Delta F=[0.1, 0.2, 0.4]$Hz 的三个滤波器。由式(5.6.8)和式(5.6.4)，对应的极点和增益为

$$r = [0.9969, 0.9937, 0,9874]$$
$$c = [0.9984, 0.9969, 0,9937]$$

幅度响应曲线如图5.30所示。要注意的是，为了更清楚地观察凹陷，图中只绘出了4%的频率范围。虽然在设计陷波器时没有指定相位规范，但由于零点和极点非常接近，所以除在靠近直流的地方外，零点和极点对相位的影响几乎抵消了。因此，$H_{DC}(z)$在通带内的相位响应接近于零。

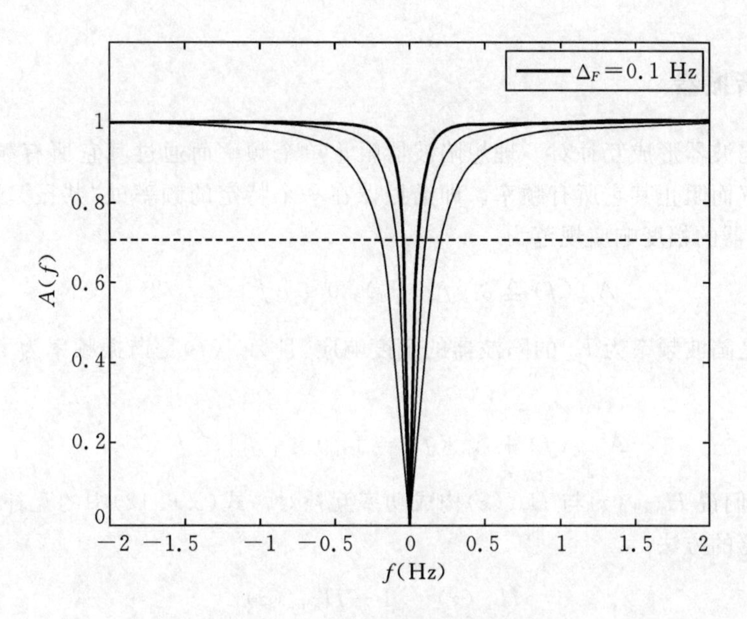

图5.30　直流陷波器的幅度响应

对于大多数陷波器，陷波频率不是 $F_0=0$ 而是 $0<F_0\leqslant f_s/2$ 范围内的某个频率。如果陷波频率为 F_0，那么在单位圆上的 $z=\exp(j2\pi F_0 T)$ 处必须有一个零点。因此，零点的半径是1且辐角为

$$\theta_0=2\pi F_0 T \tag{5.6.9}$$

由于 $z=\exp(j\theta_0)$ 是复的，所以一定有一对互为共轭的零点对位于 $z=\exp(\pm j\theta_0)$，与之匹配的复共轭极点对位于 $z=r\exp(\pm j\theta_0)$，其中 $0\ll r<1$。因此，陷波器的通用形式为

$$H_{\text{notch}}(z)=\frac{c[z-\exp(j\theta_0)][z-\exp(-j\theta_0)]}{[z-r\exp(j\theta_0)][z-r\exp(-j\theta_0)]} \tag{5.6.10}$$

零点和极点均以共轭对的形式出现，所以 H_{notch} 的系数是实的。第7章中将会给出确定 c 和 r 的技术以及设计实例。给定式(5.6.2)的陷波器幅度响应规范，可以通过多个单陷波点陷波器的串联配置实现具有多个陷波点的陷波器，也称为级联配置。图5.31所示为用两个陷波器的串联配置实现陷波频率分别为 F_0 和 F_1 的双陷波点滤波器。如果多个陷波频率是等间隔的，包括基频 F_0 及其各次谐波，则可以使用一种被称为*逆梳状滤波器*的特殊结构。梳状滤波器

的设计将会在第7章讨论。

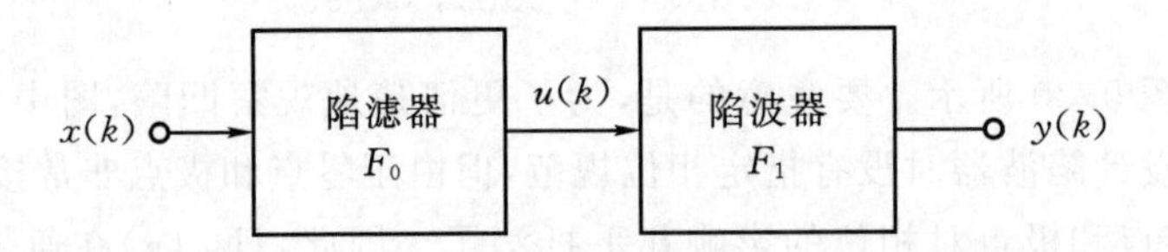

图 5.31 用两个陷波器的串联配置实现陷波点在 F_0 和 F_1 的双陷波点滤波器

5.6.2 谐振器

谐振器和陷波器形成互补对。理想陷波器阻止单个频率而通过其它所有频率，理想谐振器通过单个频率而阻止其它所有频率。即谐振器在一个特定的频率处"共振"。因此，谐振频率为 F_0 的谐振器的幅度响应规范为

$$A_{\text{res}}(f) \triangleq \delta_1(f-F_0),\ 0 \leqslant |f| \leqslant f_s/2 \tag{5.6.11}$$

如果 $A_{\text{notch}}(f)$是陷波频率为 F_0 的陷波器的幅度响应，且 $A_{\text{res}}(f)$是谐振频率为 F_0 的谐振器的幅度响应，那么

$$A_{\text{notch}}^2(f) + A_{\text{res}}^2(f) = 1,\ 0 \leqslant |f| \leqslant f_s/2 \tag{5.6.12}$$

在此情形下，我们说 $H_{\text{notch}}(z)$与 $H_{\text{res}}(z)$构成功率互补对。式(5.6.12)中的互补对关系提供了一种设计谐振器的方法。

$$H_{\text{res}}(z) = 1 - H_{\text{notch}}(z) \tag{5.6.13}$$

如果将该方法应用于式(5.6.3)的 DC 陷波器，再用式(5.6.4)进行化简，可得到如下的直流谐振器。

$$H_{\text{dc}}(z) = \frac{0.5(1-r)(z+1)}{z-r} \tag{5.6.14}$$

注意到分子的系数会很小。通过直接代入可得 $H_{\text{dc}}(1)=1$ 及 $H_{\text{dc}}(-1)=0$。

生成谐振频率 $0<F_0\leqslant f_s/2$ 的一般谐振器的另一种方法是在 $z=r\exp(\pm j\theta_0)$处放置产生谐振的极点，而在 $z=\pm1$ 设置零点以确保通带特性。

$$H_{\text{res}}(z) = \frac{c(z^2-1)}{[z-r\exp(j\theta_0)][z-r\exp(-j\theta_0)]} \tag{5.6.15}$$

第7章将给出确定 c 和 r 的技术以及设计实例。给定式(5.6.11)的谐振器幅度响应规范，通过使用多个单频谐振器的并联配置可以实现具有多个谐振点的谐振器。图 5.32 所示为用两个谐振器的并联配置实现谐振频率分别为 F_0 和 F_1 的双谐振点滤波器。如果多个谐振频率是等间隔的，包括基频 F_0 及其各次谐波，则可以使用第7章所述的被称为梳状滤波器的特殊结构。

例 5.9 功率互补对

作为功率互补对的例子，考虑用式(5.6.14)设计直流谐振器。为了更清楚地观察谐振器

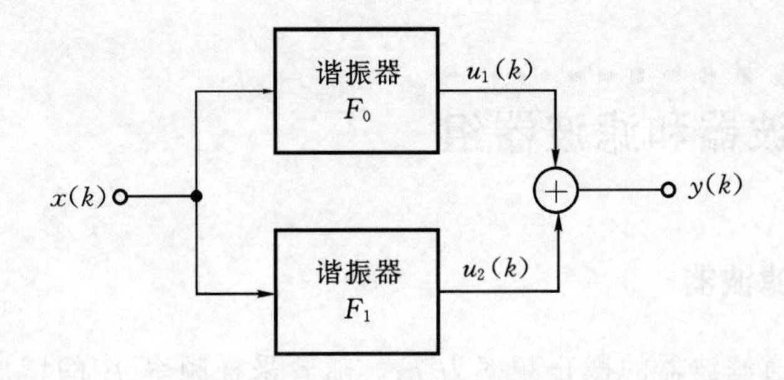

图 5.32 用两个谐振器的并联配置实现谐振点在 F_0 和 F_1 的双谐振点滤波器

的形状，假设使用一个相当宽的谐振带宽 $\Delta F = f_s/20$，这表明谐振带宽为频率范围的 5%。由式(5.6.8)，可得极点半径为

$$r = 0.8429$$

所得直流谐振器 $H_{dc}(z)$ 的幅度响应和相位响应曲线如图 5.33 所示。图中还绘出了互补的直流陷波器 $H_{DC}(z)$ 的幅度和相位响应曲线。我们注意到即使这些滤波器不是理想的，幅度响应仍然形成了功率互补对。还可以清楚地看到，在远离谐振点和陷波点的频率上相位响应是平的。

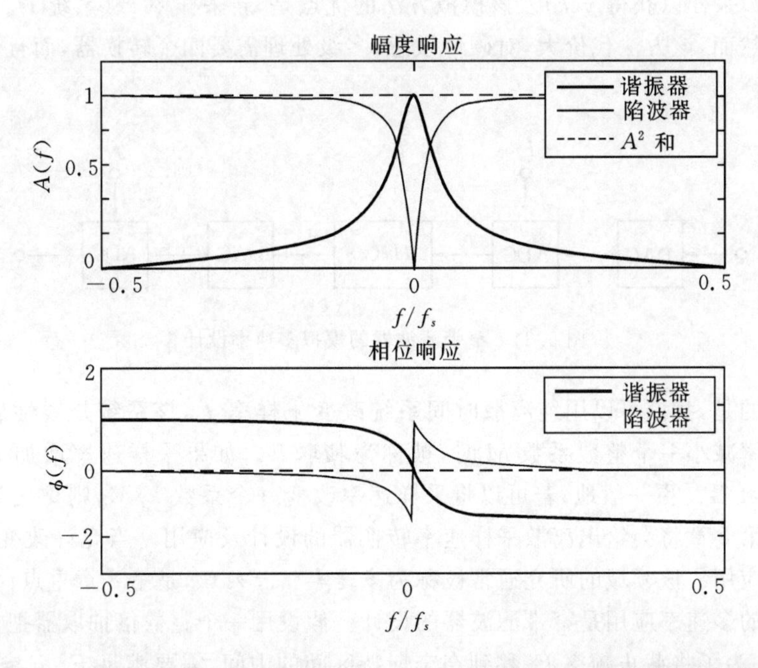

图 5.33 带宽 $\Delta F = f_s/20$ 的功率互补对直流陷波器和直流谐振器的频率响应

5.7 窄带滤波器和滤波器组

5.7.1 窄带滤波器

假设低通或高通滤波器的截止频率为 F_c。随着采样频率 f_s 的增加,归一化截止频率 F_c/f_s将趋于零。归一化截止频率很小的滤波器被称为*窄带滤波器*。窄带滤波器在实际中应用广泛,但它们的设计具有挑战性。实现窄带滤波器的一种有效的方法是将其转换为归一化截止频率位于奈奎斯特区间中点附近的滤波器,即 $F_c/f_s\approx0.25$。由于截止频率 F_c 通常是由应用所确定的,这就需要改变采样频率 f_s。然而,下面我们假设已经有了可以使用的采样后的输入$x(k)$而且必须使用它。

图 5.34 给出了一种降低采样率的强有力的模拟方法。首先用 DAC 把输入 $x(k)$转换回模拟形式 $x_a(t)$。接下来,用一个具有更低采样率 F_s 的 ADC 对 $x_a(t)$重新采样。再用滤波器 $H_0(z)$对所得到的新的离散时间信号 $x_0(k)$进行滤波产生 $y_0(k)$。然后将上述过程反过来做一遍从而恢复原始采样率。首先,用 DAC 将 $y_0(k)$转换为 $y_a(t)$。接下来,用 ADC 以原始采样率 f_s 对 $y_a(t)$采样以获得 $y(k)$。该模拟方法的优点是,新采样率 F_s(系统 $H_0(z)$所用的)可以是任意的。然而,该方法代价大,对硬件敏感,多级处理需要四个转换器,而且每次转换都会引入量化噪声。

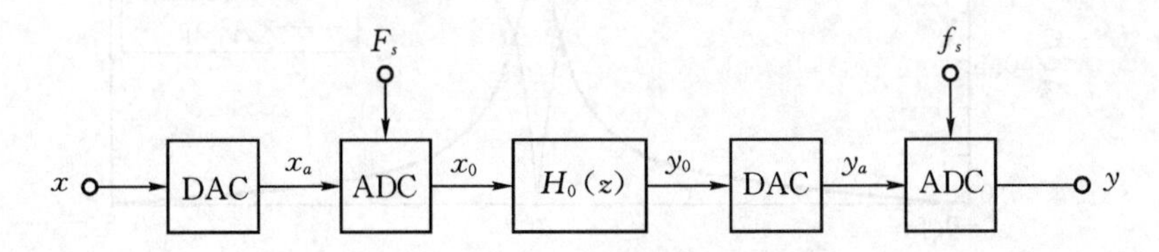

图 5.34 窄带滤波器的模拟多速率设计

非常有趣的是,我们可以用纯离散时间系统改变采样率 f_s,该系统是线性的但也是时变的。当采样速率减小一个整数系数 M 时,被称为*抽取器*。如果采样速率增加一个整数系数 L,则被称为*内插器*。更一般地,若可以将采样速率改变一个系数 L/M,则称之为*有理数采样速率转换器*。第 8 章将会给出离散采样速率转换器的设计及应用。当允许改变采样速率时,就出现了很多应用。该领域的研究通常被称为*多速率信号处理*,是第 8 章重点讨论的内容。

本节讨论的多速率应用是窄带滤波器的设计。假设用一个整数倍抽取器把采样速率降低到 $F_s=f_s/M$。为了将截止频率 F_c 移到奈奎斯特区间的中间,需要满足 $F_c/F_s\approx0.25$。因此,采样速率缩减系数 M 可以通过下式计算:

$$M=\text{round}\left(\frac{f_s}{4F_c}\right) \tag{5.7.1}$$

图 5.35 概述了多速率窄带滤波器的设计技术。首先,用抽取器对输入 $x(k)$进行 M 倍的减采样,在图 5.35 中用符号$\downarrow M$来表示。接下来,减采样后的信号 $x_0(k)$通过一个截止频率

$F_c \approx F_s/4$ 的滤波器。最后，使用内插器对 $y_0(k)$ 进行 M 倍的增采样(用符号 $\uparrow M$ 表示)以恢复原始采样率，从而得到 $y(k)$。

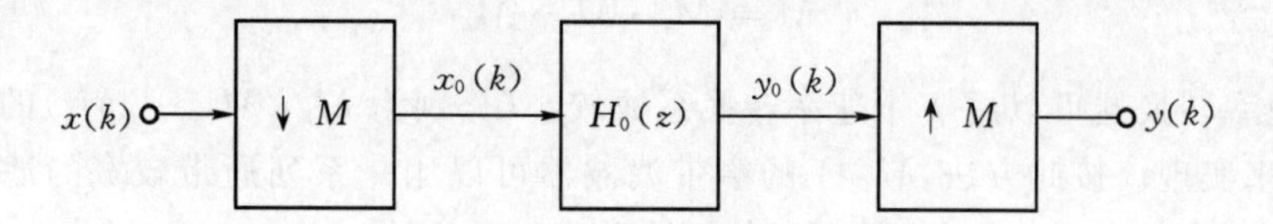

图 5.35　使用抽取器和内插器实现窄带滤波器的多速率设计

例 5.10　窄带滤波器

下面举例说明窄带滤波器的设计。假设原始采样率 $f_s = 1000$ Hz，我们期望设计一个截止频率 $F_c = 25$ Hz(折叠频率的 1/20)的低通滤波器。由式(5.7.1)，抽取器和内插器的速率转换系数为

$$M = \text{round}\left[\frac{1000}{4(25)}\right] = 10$$

利用第 6 章和第 8 章给出的技术，我们可以用汉明窗设计一个 80 阶线性相位 FIR 滤波器 $H_0(z)$。所得到的多速率窄带低通滤波器的幅度响应如图 5.36 所示。很明显，所得到的幅度响应与期望的幅度响应十分接近。

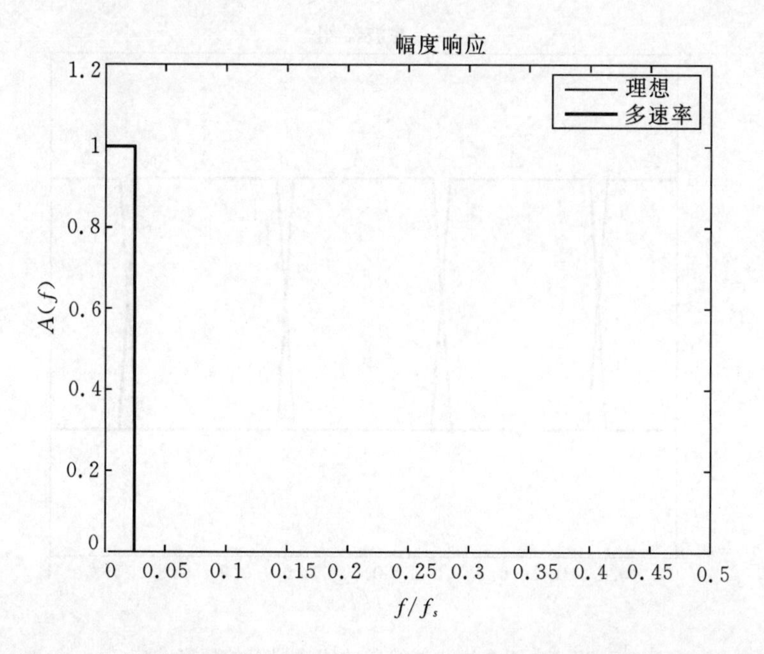

图 5.36　速率转换系数 $M=10$ 的 80 阶多速率窄带低通滤波器的幅度响应

第 8 章将会证明速率转换系数为 M 的采样速率转换器需要截止频率为 $f_s/(2M)$ 的抗混叠或抗镜像数字低通滤波器。当 $M \gg 1$ 时，该滤波器本身就是一个窄带滤波器，因此我们仍然

会面临窄带滤波器的实现问题。然而，当 $M \gg 1$ 时，总的速率转换系数 M 可以分解为多个较小的整数系数的乘积。

$$M = M_1 \cdot M_2 \cdots M_p \tag{5.7.2}$$

因此，采样速率转换器可以用 p 个速率转换系数较小（分别为 $M_1, M_2, \cdots, M_p$）的采样速率转换器的串联来实现。按此方法，$M \gg 1$ 的窄带滤波器可以用一系列通带较宽的滤波器的串联来实现。例如，当 $M > 10$ 的时候就可以使用这种多级的方法。

5.7.2 滤波器组

除了截止频率较小的窄带滤波器外，一些应用需要使用通带狭窄的带通滤波器。滤波器组是由通带不重叠的多个滤波器并联而成的，这些滤波器并联后的通带占用了整个奈奎斯特区间。

$$\sum_{i=0}^{N-1} A_i(f) = 1 \tag{5.7.3}$$

作为一个例子，图5.37所示为由四个滤波器组成的滤波器组的幅度响应。通过并联配置构成滤波器组的 N 个滤波器要么有一个公共输入要么有一个公共输出。考虑 N 个滤波器具有相同输入 $x(k)$ 的情形，如图5.38所示。注意到输出 $y_i(k)$ 表示的是输入 $x(k)$ 在第 i 个子带中的频谱。由于图5.38中的配置将输入分解为多个子信号，因此被称为分析滤波器组。

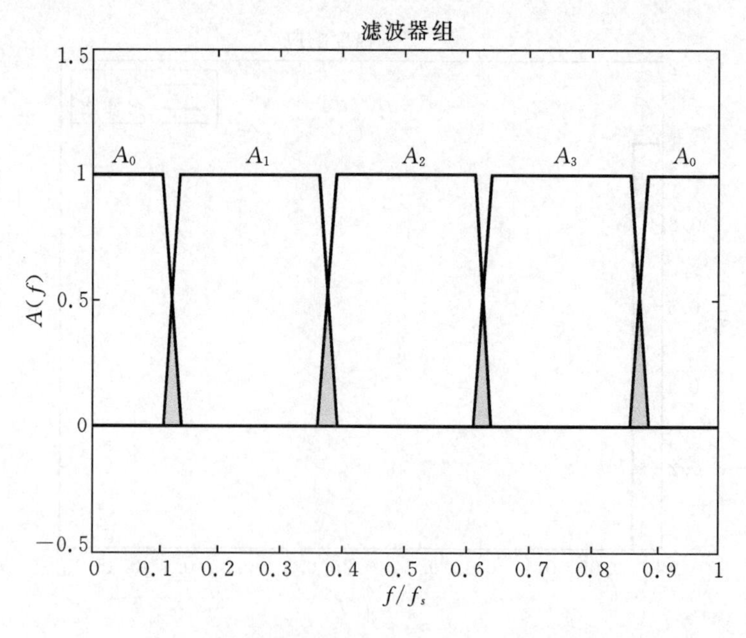

图5.37 由四个滤波器组成的滤波器组的幅度响应

当我们试图在一个高带宽的通信信道上同时传送几个低带宽的信号时，就要用到分析滤波器组。假设 $x_i(k)$ 表示要传输的信息，它是带宽为 B 的带限信号。用 $-B \leqslant f \leqslant B$ 表示子信号 $x_i(k)$ 占用的频谱，其中 $B \ll f_s$。接下来，用频率为 iF_0 的复指数信号调制 $x_i(k)$ 得到一个新的复子信号 $u_i(k)$，其中 $F_0 \geqslant 2B$。

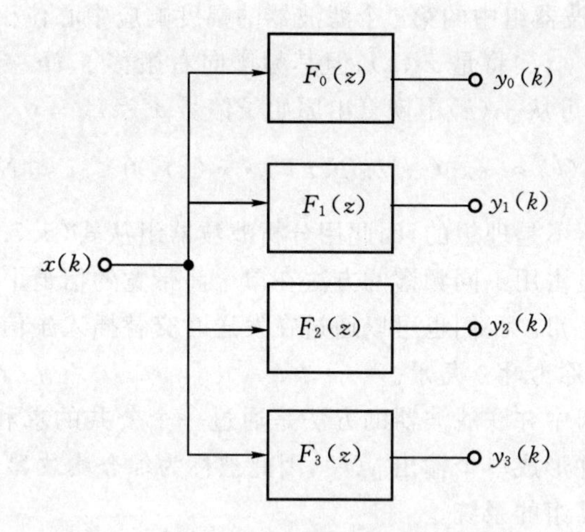

图 5.38 由四个滤波器组成分析滤波器组

$$u_i(k) = \exp(\mathrm{j}2\pi i F_0 kT) \cdot x_i(k),\ 0 \leqslant i < N \tag{5.7.4}$$

回顾 DTFT 的频移性质，若 $x_i(k)$被该复指数信号调制，则 $x_i(k)$的频谱向右搬移 iF_0 Hz。

$$U_i(f) = X_i(f - iF_0),\ 0 \leqslant i < N \tag{5.7.5}$$

由于 $F_0 \geqslant 2B$，移位后各子信号的幅度谱 $A_i = |U_i|$不会重叠。特别地，频谱 $U_i(f)$的中心位于 iF_0，半径为 B，图 5.39 所示为 $N=4$ 时的情形。最后对已调信号求和即可得到合成输入$x(k)$。

$$x(k) = \sum_{i=0}^{N-1} u_i(k) \tag{5.7.6}$$

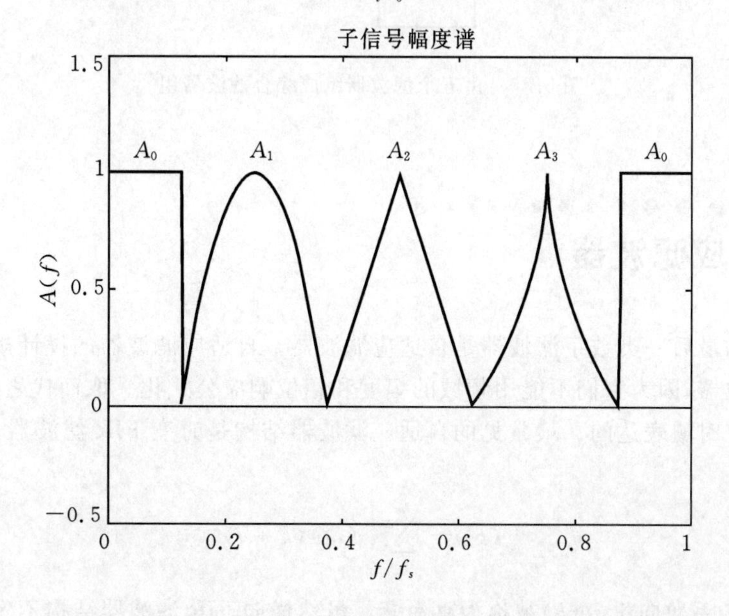

图 5.39 子信号幅度谱 $A_i = |U_i|$占用奈奎斯特谱的不同部分

对 $0 \leqslant i < N$,假设分析滤波器组中的第 i 个滤波器的幅度响应中心位于 iF_0。当合成输入 $x(k)$ 进入该滤波器组时,输出 $y_i(k)$ 将是 $x_i(k)$,但其频谱向右搬移了 iF_0。因此,用前述复指数信号的复共轭调制 $y_i(k)$ 即可从 $y_i(k)$ 中恢复出原始子信号 $x_i(k)$。

$$x_i(k) \approx \exp(-\mathrm{j}2\pi iF_0kT) \cdot y_i(k),\ 0 \leqslant i < N \tag{5.7.7}$$

由于滤波器组中的滤波器不是理想的,因此用分析滤波器组从式(5.7.6)中抽取的 $x_i(k)$ 只是近似的。使用每个子信号占用不同频谱的方法在单个高带宽的信道上同时传送几个低带宽子信号的技术被称为*频分复用*。我们也可以通过在发送时交替插入子信号的采样来实现多路信号的同时传输,该技术被称为*时分复用*。

另一种配置滤波器组中并联滤波器的方法是通过一个公共的求和输出,如图 5.40 所示。由于是将多个子信号合并形成单个输出 $y(k)$,因此被称为*综合滤波器组*。第 8 章将会讨论同时使用分析和综合滤波器组的系统。

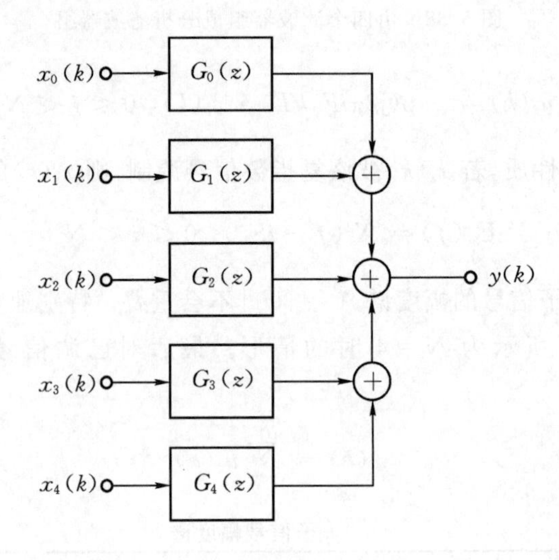

图 5.40 由五个滤波器组成综合滤波器组

5.8 自适应滤波器

我们讨论的最后一类数字滤波器是自适应滤波器。自适应滤波器的设计规范不同于其它类型的数字滤波器,因为它们不能用频域的幅度和相位响应公式化。取而代之,自适应滤波器的设计规范是在时域表达的。最常见的自适应滤波器结构是时变 FIR 滤波器,通常被称为横向滤波器。

$$y(k) = \sum_{i=0}^{m} w(i)x(k-i) \tag{5.8.1}$$

$(m+1)\times 1$ 维的系数向量 $w(k)$ 被称为*权向量*。虽然横向 FIR 滤波器结构不像 IIR 滤波器结构那么通用,但它有一个重要的可取之处:只要 $w(k)$ 有界,横向滤波器就是稳定的,即有界输入得到有界输出(BIBO)。

通过为设计者提供一对时间信号,输入 $x(k)$和期望输出 $d(k)$,就可以将自适应滤波器的设计问题公式化。自适应滤波器的应用领域包括:系统辨识,信道均衡,信号预测以及噪声抵消,所有这些都会在第 9 章中讨论。它们之间的区别主要在于输入和期望输出的使用方式不同。自适应滤波器的框图如图 5.41 所示。

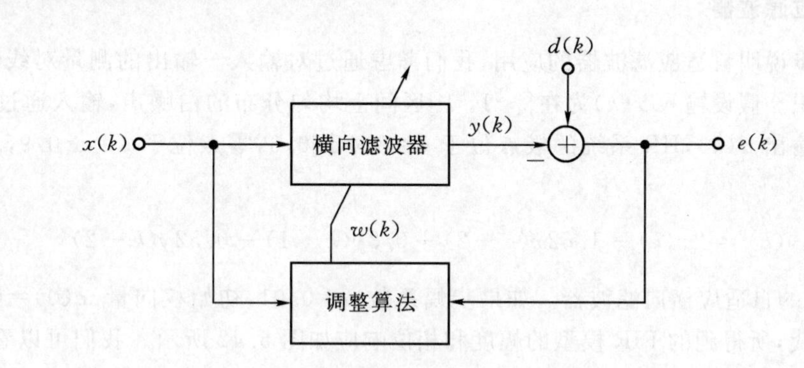

图 5.41 自适应滤波器

我们用不常见的符号(穿过横向滤波器框的对角箭头)表示"调谐器",其中转动调谐器对应于调节横向滤波器的参数。为了用一种紧凑的方式对横向滤波器的输出公式化,我们引入如下由过去的输入组成的向量,并称之为状态向量。

$$u(k) \triangleq [x(k), x(k-1), \cdots, x(k-m)]^{\mathrm{T}} \tag{5.8.2}$$

给定权向量 $w(k)$和状态向量 $u(k)$,滤波器输出可以用 $w(k)$和 $u(k)$的向量点积简单地表示。

$$y(k) = w^{\mathrm{T}}(k)u(k) \tag{5.8.3}$$

为了调整参数向量 $w(k)$,需要一个优化过程。由图 5.41,误差信号 $e(k)$是期望输出$d(k)$和滤波器输出 $y(k)$的差。

$$e(k) = d(k) - y(k) \tag{5.8.4}$$

由于我们的目标是使滤波器的输出准确地跟随期望输出,这等价于使误差最小化。特别地,自适应滤波器的时域设计规范是使误差平方的期望值最小化,误差平方的期望值又被称为均方误差。

$$\varepsilon(w) \triangleq E[e^2(k)] \tag{5.8.5}$$

为了求得使均方误差 $\varepsilon(w)$最小的权向量,我们使用如下的迭代优化过程。假设权向量的初始值 $w(0) \in R^{m+1}$随机设置,我们使用最陡下降法搜索最优的 w。

$$w(k) = w(k-1) - \mu \nabla\varepsilon[w(k-1)],\ k \geqslant 1 \tag{5.8.6}$$

其中,$\mu > 0$ 是步幅系数,为了确保收敛它必须足够小。梯度向量$\nabla\varepsilon(w) = \partial\varepsilon(w)/\partial w$ 表示均方误差增大的方向。为了简便地计算梯度,可以使用误差平方 $e^2(k)$的瞬时值。这种简化使我们得到了如下的权向量调整公式,通常被称为最小均方算法或者 LMS 算法(Widrow and Sterns, 1985)。

$$w(k) = w(k-1) + 2\mu e(k)u(k),\ k \geqslant 1 \tag{5.8.7}$$

LMS算法的详细分析以及算法的收敛性分析可以参见第9章。例如，第9章证明了步幅系数 μ 的选择在收敛速度以及稳态解中残留噪声的大小之间存在一个折衷。第9章还讨论了允许 μ 随 k 变化的技术。

例5.11 自适应滤波器

为了进一步说明自适应滤波器的应用，我们考虑通过对输入－输出的测量对线性离散时间系统进行辨识。假设输入 $x(k)$ 为在[−1, 1]区间上均匀分布的白噪声，输入通过如下IIR系统产生期望输出 $d(k)$，IIR系统的极点位于 $z=0.4\pm j0.6$，零点位于 $z=\pm 0.9$，增益系数为2。

$$y(k) = 2x(k) - 1.62x(k-2) + 0.8y(k-1) - 0.52y(k-2)$$

假设使用12阶的自适应横向滤波器。如果步幅系数 $\mu=0.01$，初始权向量 $w(0)=0$，共进行 $N=1000$ 次迭代，所得到的FIR模型的幅度和相位响应如图5.42所示。我们可以看到，虽然有一些误差，但无论是幅度响应还是相位响应都拟合得非常好，尽管期望的响应实际上是由更一般的IIR系统生成的。我们通过增加阶数 m 可以提高拟合效果，但代价是使用了阶数更高的模型。

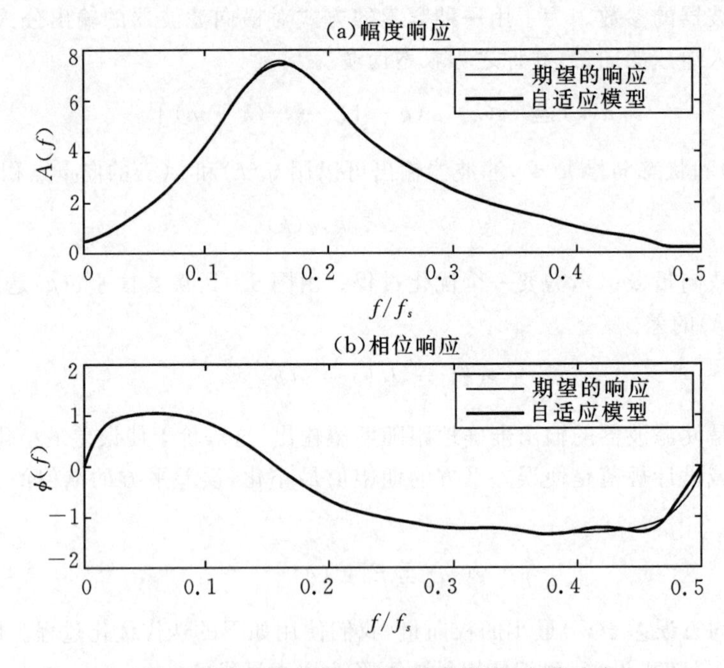

图5.42　12阶自适应滤波器的幅度和相位响应

伪滤波器

虽然自适应滤波器的设计规范是以最小化均方误差的形式在时域描述的，但使用伪滤波器的概念可以将其变为更熟悉的形式。令 $F=\{f_0, f_1, \cdots, f_{N-1}\}$ 为区间 $[0, f_s/2]$ 内的一组频率。考虑由这些频率的正弦组成的合成输入 $x(k)$。

$$x(k)=\sum_{i=0}^{N-1}\cos(2\pi f_i kT) \tag{5.8.8}$$

对 $0\leqslant i<N$,假设对频率 f_i 的期望增益为 A_i 且期望相移为 φ_i。则输入 $x(k)$时期望的稳态响应为

$$d(k)=\sum_{i=0}^{N}C_i A_i\cos(2\pi f_i kT+\phi_i) \tag{5.8.9}$$

其中常数 $C_i>0$ 是相对权值,设计者可以用它表明一个频率比其它频率更重要。我们通常使用均匀加权,即对 $0\leqslant i<N, C_i=1$。然而,如果对频率 f_j 的拟合很难达到期望的幅度和相位响应,那么通过增加 C_j 就可以在优化过程中增加频率 f_j 的权重。由于产生式(5.8.9)的期望响应的滤波器并不需要真的存在,故称之为伪滤波器。

5.9　GUI 软件和案例学习

本章主要讨论各类数字滤波器的设计规范。接下来,我们介绍图形用户界面(GUI)模块 *g_filters*,它允许用户以交互的方式研究数字滤波器的幅度和相位特性、零极点以及脉冲响应而不需要任何编程。我们还给出了一个实际的案例并使用 MATLAB 予以解答。

5.9.1　g_filters:数字滤波器性能评估

GUI 模块 *g_filters* 允许用户根据一些设计规范构建滤波器,并估算系数量化的影响,所有这些都不需要用户编程。图 5.43 所示为 GUI 模块 *g_filters* 的平铺窗口显示界面。

左上角的"Block diagram"(框图)窗口中显示的是当前被研究滤波器的方框图,它可以是 FIR 滤波器,IIR 滤波器,或者是用户自定义的滤波器。第 6 章将会讨论用窗口法设计 FIR 滤波器,而 IIR 滤波器是用第 7 章中讨论的双线性变换法构建的巴特沃斯滤波器。我们使用如下的传递函数,当 $a=1$ 时即为 FIR 滤波器:

$$H(z)=\frac{b_0+b_1z^{-1}+\cdots+b_mz^{-m}}{1+a_1z^{-1}+\cdots+a_nz^{-n}} \tag{5.9.1}$$

方框图下面的"Parameters"(参数)窗口显示的是滤波器参数编辑框。用户可以直接修改每个编辑框中的内容,然后通过回车键激活这些参数变化。参数 $F0$,$F1$,B 和 fs 分别表示滤波器的下截止频率,上截止频率,过渡带宽和采样频率。低通滤波器使用截止频率 $F0$,而高通滤波器使用截止频率 $F1$,带通和带阻滤波器要同时使用 $F0$ 和 $F1$。参数 *deltap* 和 *deltas* 分别表示通带纹波和阻带衰减。

用户可以通过屏幕右上角的"Type"和"View"窗口选择滤波器的类型和观察方式。共有两类滤波器类型。首先,用户必须选择使用 FIR 滤波器还是 IIR 滤波器。在每一种滤波器中,都可以选择一些基本的滤波器类型:低通,高通,带通或者带阻。用户还可以通过提供含有滤波器参数 a,b,fs 的 MAT 文件自定义滤波器。"View options"(视图选项)包括幅度响应,相

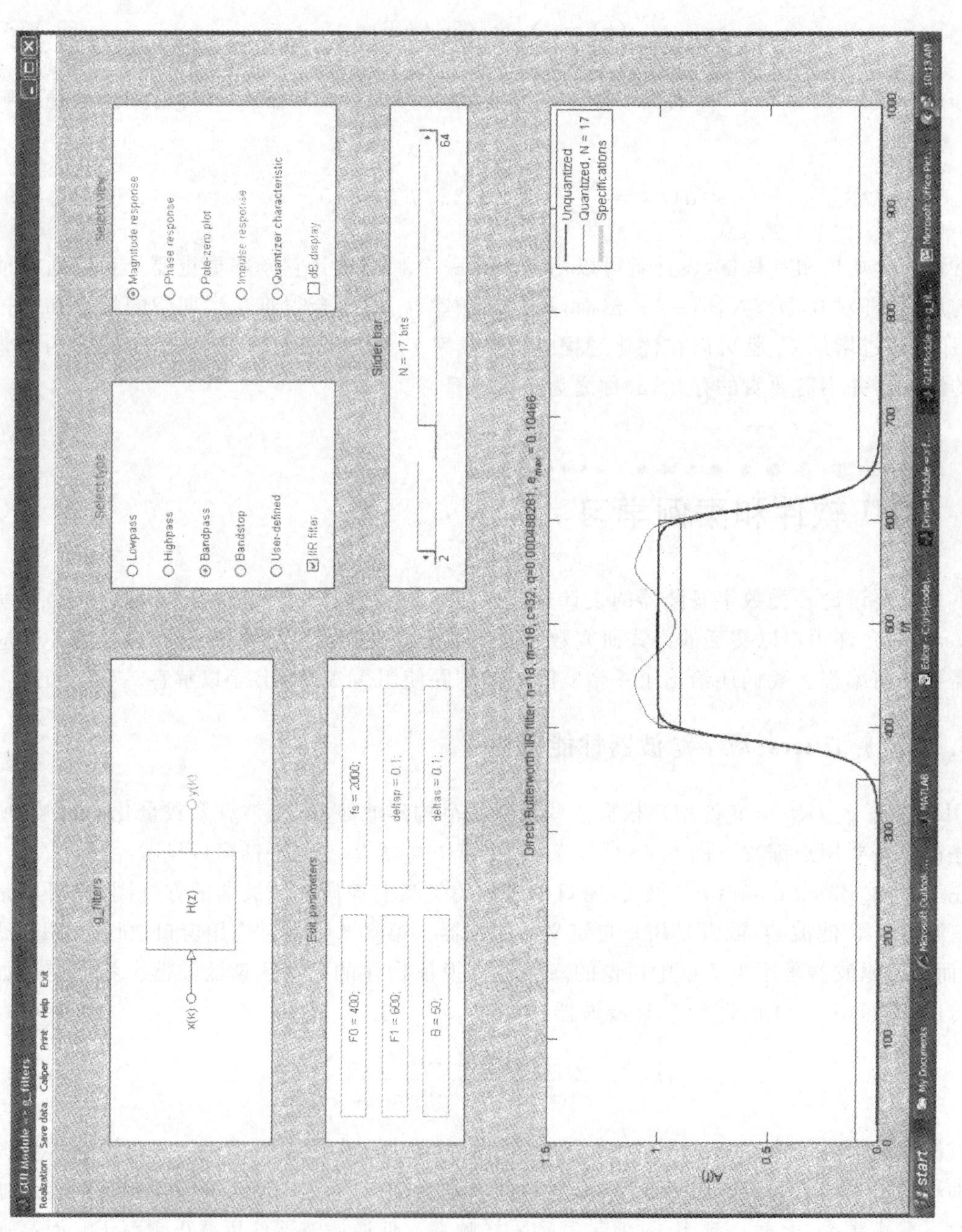

图 5.43 本章 GUI 模块 $g\_filters$ 的显示界面

位响应，零极点图，脉冲响应以及系数量化器输入输出特性。使用 dB 选择框可以选择是用对数坐标(dB)还是线性坐标来显示幅度响应。当选中 dB 选择框时，"Parameters"窗口中的通带纹波和阻带衰减系数也都相应地转换为等效的对数形式，Ap 和 As。

使用"Type"和"View"窗口正下方的水平滚动条可以控制系数量化的精度位数 N。为了确定量化水平，首先要用下试计算 $c_{\max}$。

$$c_{\max} = \max\{|a_1|, \cdots, |a_n|, |b_1|, \cdots, |b_m|\} \tag{5.9.2}$$

然后把比例系数 c 设置为大于等于 $c_{\max}$ 的 2 的最小整数幂次，即

$$c = \text{nextpow2}(c_{\max}) \tag{5.9.3}$$

在此情况下，滤波器系数 a 和 b 的定点表示用 $M=\log_2(c)$ 位表示整数部分，而用 $N-M$ 位表示小数部分。这相当于如下的系数量化水平。

$$q = \frac{c}{2^{N-1}} \tag{5.9.4}$$

随着用于表示 a 和 b 的二进制精度位数的减少，滤波器性能开始变差。有限精度对 FIR 滤波器和 IIR 滤波器的影响分别在第 6 章和第 7 章的末尾讨论。

除量化器特性外，所有的视图选项都显示两种情况以方便对照。第一种是双精度浮点数滤波器，我们用它近似不量化的情况，第二种是使用 N 位定点量化系数的滤波器。对较小的 N 值，高阶 IIR 滤波器可能会变得不稳定。当发生这种情况时，使用零极点图选项可以清楚地看到量化后的极点移到了单位圆外。位于屏幕下半部分的"Plot"(绘图)窗口显示所选择的视图。

屏幕顶部的菜单条包含几个菜单选项。使用"Caliper"(测量)选项，用户可以把鼠标十字移动到当前曲线上的任一点并单击来对相应的点进行测量。使用"Save data"(保存数据)选项可以把当前滤波器的参数 a, b, fs, x 和 y 保存到用户指定的 MAT 文件中，以供将来使用。用这种方式创建的文件可以通过用户自定义输入选项加载到其他 GUI 模块中。"Realization"(实现)选项允许用户选择使用直接型结构还是级联型结构。级联实现使用 $L=\text{ceil}\{N/2\}$ 个串联的二阶滤波器实现 N 阶滤波器。

$$H(z) = b_0 H_1(z) \cdots H_L(z) \tag{5.9.5}$$

与直接实现相比，级联实现具有更好的数值特性，我们通过改变量化精度对二者进行比较可以验证这一点。选择"Print"(打印)选项打印当前绘图窗口中的内容。最后，"Help"(帮助)选项为用户提供了一些如何有效使用 *g_filters* 模块的有益的建议。

案例学习 5.1　椭圆高通滤波器

为了进一步说明滤波器设计规范的使用和系数量化的影响，假设 $f_s=200$ Hz，考虑构建一个满足如下设计规范的高通数字滤波器。

$$F_s = 40\text{Hz} \tag{5.9.6a}$$

$$F_p = 42\text{Hz} \tag{5.9.6b}$$

$$\delta_p = 0.05 \tag{5.9.6c}$$

$$\delta_s = 0.05 \tag{5.9.6d}$$

很多滤波器都能满足或超过这些规范。FIR滤波器的设计技术将在第6章讨论，而IIR滤波器的设计技术将在第7章讨论。我们注意到上述规范的过渡带宽度相对比较小：

$$\begin{aligned} B &= |F_p - F_s| \\ &= 2Hz \end{aligned} \tag{5.9.7}$$

随着B，δ_p，和δ_s值的减小，所要求的滤波器阶数会增大。正如我们在第7章将要看到的那样，满足这些规范的阶数最小的滤波器是椭圆滤波器。在通带和阻带的幅度响应都包含等幅纹波的意义下，椭圆滤波器是最优的IIR滤波器。使用第7章给出的FDSP工具箱函数*f_ellipticz*可以求得椭圆滤波器的系数。第7章将会详细地讨论椭圆滤波器的设计，并介绍*f_ellipticz*中所用到的理论。

```
function case 5_1

% EXAMPLE 5.12: Highpass elliptic filter

f_header ('Example 5.12: Highpass elliptic filter')
fs = 200;
F_s = f_prompt ('Enter stopband cutoff frequency', 0, fs/2, 40);
F_p = f_prompt ('Enter passband cutoff frequency', F_s, fs/2, 42);
delta_p = f_prompt ('Enter passband ripple factor', 0, .5, .05);
delta_s = f_prompt ('Enter stopband attenuation factor', 0, .5, .05);
N = f_prompt ('Enter number of bits of precision', 2, 64, 10);

% Compute filter coefficients

f_type = 1;
[b,a] = f_ellipticz (F_p, F_s, delta_p, delta_s, f_type, fs);
n = length(a) - 1

% Compute quantized filter coefficients

c = max(abs([a(:); b(:)]));
c = 2^ceil(log(c)/log(2))
q = c/2^(N - 1)
a_q = f_quant (a, q, 0);
b_q = f_quant (b, q, 0);

% Compute and plot magnitude responses
```

```
p = 250;
[H, f] = f_freqz(b, a, p, fs);
A = abs(H);
[H_q, f] = f_freqz(b_q, a_q, fs);
A_q = abs(H_q);
figure
h = plot(f, A, f, A_q);
set (h(1), 'LineWidth', 1.5)
f_labels ('Magnitude responses', '\it{f}', '\it{A(f)}')
q_str = sprintf ('Quantized, {\\itN} = %d', N);
legend ('Unquantized', q_str)
hold on
fill ([0, F_s F_s 0], [0, 0 delta_s delta_s], 'c')
fill ([F_p fs/2 fs/2 F_p], [1 - delta_p 1 - delta_p 1 1], 'c')
h = plot (f, A, f, A_q)
set (h(1), 'LineWidth', 1.5)
f_wait
 % Ploz-zeros plots

figure
subplot (2,2,1)
f_pzplot(b, a, 'Unquantized filter');
axis ([ - 1.5 1.5  - 1.5 1.5])
for N = [10 8 6]
    q = c/(2^(N - 1));
    a_q = f_quant (a, q, 0);
    b_q = f_quant (b, q, 0);
    switch N
        case 10, subplot (2, 2, 2);
        case 8, subplot (2, 2, 3);
        case 6, subplot (2,2,4)
    end
    caption = sprintf ('Quantized filter, {\\itN} = %d', N);
    f_pzplot (b_q, a_q, caption);
    axis ([ - 1.5 1.5  - 1.5 1.5])
end
f_wait
```

运行 case 5_1，将会生成一个 6 阶椭圆滤波器。然后计算并画出如图 5.44 所示的两种幅度响应。其中第二种幅度响应是使用量化系数的椭圆高通滤波器的幅度响应，其中比例系数

$c=4$,量化位数 $N=10$。我们注意到不量化(双精度浮点)的滤波器满足设计规范,而量化后的滤波器显然不满足规范。

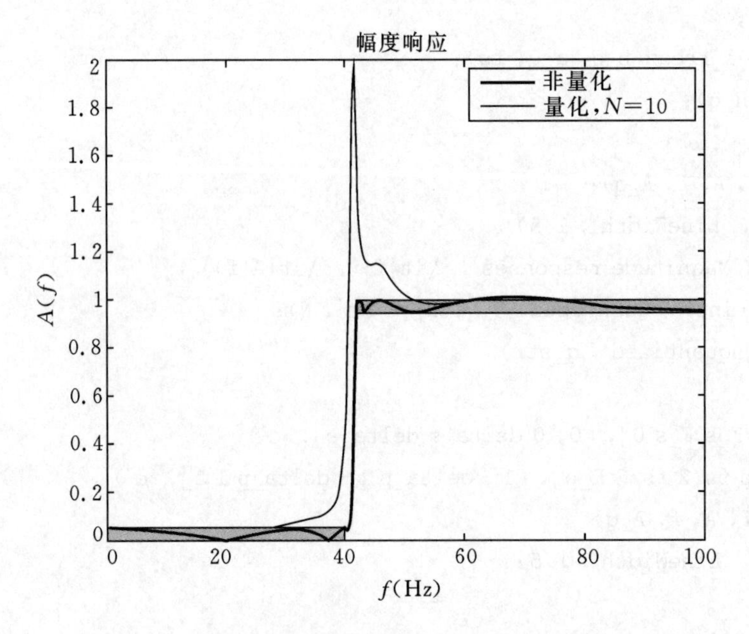

图 5.44　非量化和量化的 6 阶椭圆高通滤波器的幅度响应

幅度响应的失真是因为随着量化水平的增加,量化滤波器的零极点逐渐远离它们的最佳位置。运行 case 5_1 可以生成 4 幅不同量化水平的零极点图,如图 5.45 所示。观察表明随着系数量化位数从 $N=10$ 减小到 $N=6$,零极点都明显地移动了。这是由于多项式的根对多项

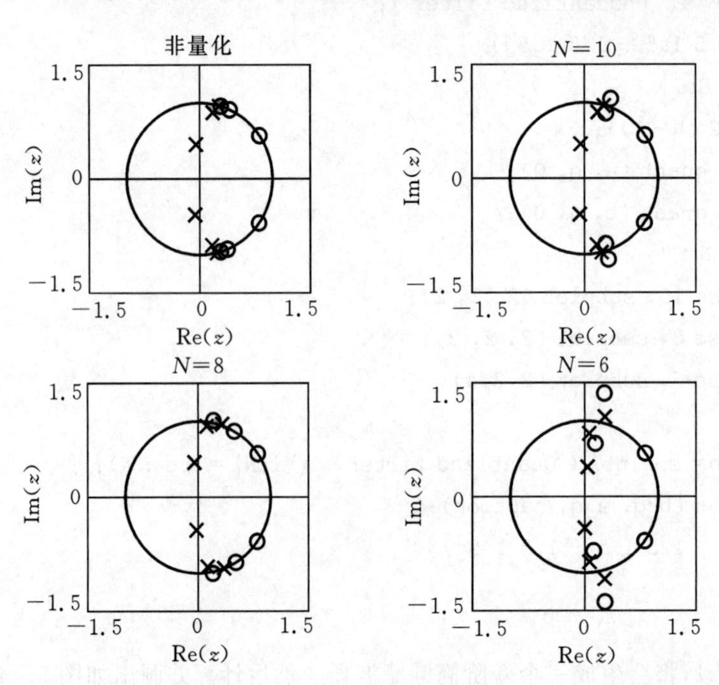

图 5.45　使用非量化或量化系数的 6 阶椭圆高通滤波器的零极点图

式系数的值很敏感。对最后一种 $N=6$ 的情况，极点已经移出了单位圆，这意味着这种实现的频率响应根本不存在，因为这个滤波器已经不稳定了。

5.10 本章小结

幅度响应规范

本章主要讨论滤波器设计规范以及数字滤波器的类型。我们主要研究了FIR和IIR滤波器。如果对 $1\leqslant i\leqslant n, a_i=0$，那么如下的IIR传递函数就简化为FIR传递函数。

$$H(z)=\frac{b_0+b_1z^{-1}+\cdots+b_mz^{-m}}{1+a_1z^{-1}+\cdots+a_nz^{-n}} \tag{5.10.1}$$

滤波器设计规范通常按照所期望的幅频响应 $A(f)=|H(f)|$ 公式化。频率选择性滤波器的基本类型包括低通、高通、带通和带阻滤波器。对低通滤波器来说，设计规范可描述如下：

$$1-\delta_p\leqslant A(f)\leqslant 1, \quad 0\leqslant f\leqslant F_p \tag{5.10.2a}$$

$$0\leqslant A(f)\leqslant \delta_s, \qquad F_s\leqslant f\leqslant f_s/2 \tag{5.10.2b}$$

其中，式(5.10.2a)是通带规范，式(5.10.2b)是阻带规范。对于通带，$0<F_p<f_s/2$ 是通带截止频率，$\delta_p>0$ 是通带纹波系数。对于阻带，$F_p<F_s<f_s/2$ 是阻带截止频率，$\delta_s>0$ 是阻带衰减系数。其余未说明的介于通带与阻带之间的频带称为过渡带。过渡带的宽度为

$$B=|F_s-F_p| \tag{5.10.3}$$

随着过渡带宽 B，通带纹波 δ_p 以及阻带衰减 δ_s 趋于零，满足规范的滤波器的阶数趋于无穷大。$B=0, \delta_p=0$ 及 $\delta_s=0$ 时的极限特殊情况是理想低通滤波器。带通滤波器是两个阻带中间夹着一个通带，而带阻滤波器是两个通带中间夹着一个阻带。滤波器幅频响应通常用对数(dB)表示如下：

$$A(f)=20\log_{10}\{|H(f)|\}\text{dB} \tag{5.10.4}$$

纹波和衰减系数，即 δ_p 和 δ_s 也有以dB为单位的等效对数表示 A_p 和 A_s。对数尺度在显示阻带的衰减程度时非常有用。

相位响应规范

通常，我们不指定滤波器的期望相位响应。一个值得注意的例外是线性相位滤波器的设计。线性相位滤波器的相位响应 $\phi(f)=-\tau f$，它对输入的所有频谱分量延迟常数 τ，因此它不会对通过滤波器的频谱分量造成失真。虽然IIR贝塞尔滤波器可以在通带内近似线性相位特性，但是设计精确的线性相位滤波器的最简单的方法是使用脉冲响应满足如下线性相位对称性约束的FIR滤波器。

$$h(k)=\pm h(m-k), \quad 0\leqslant k\leqslant m \tag{5.10.5}$$

满足式(5.10.5)对称性约束的滤波器的群时延是常数 $\tau=mT/2$。该约束是对 FIR 系数的直接约束,因为对 FIR 滤波器,脉冲响应的非零部分可以用分子的系数确定。

$$h(k)=\begin{cases}b_k, & 0\leqslant k\leqslant m\\ 0, & m<k<\infty\end{cases} \tag{5.10.6}$$

如果在式(5.10.5)中使用的是正号,那么脉冲响应 $h(k)$ 是关于中点 $k=m/2$ 偶对称的回文(即顺读和倒读都一样);否则脉冲响应是奇对称的。根据是奇对称还是偶对称以及滤波器阶数 m 是奇数还是偶数,可以得到四种类型的线性相位 FIR 滤波器。最常见的线性相位滤波器是第一类滤波器,它是偶数阶偶对称的。其它三种类型的滤波器在频率区间的一端或两端有零点,它们用于一些特殊的应用。线性相位 FIR 滤波器不在单位圆上的零点以 4 个为一组出现,因为对每个在 $z=r\exp(\mathrm{j}\phi)$ 处的零点,有一个倒数零点位于 $z=r^{-1}\exp(-\mathrm{j}\phi)$。

每个 IIR 传递函数 $H(z)$ 都有一个最小相位形式 $H_{\min}(z)$,其幅度响应与 $H(z)$ 的一致,但是相位响应是可能的最小相位延迟量。$H(z)$ 的最小相位形式可以用下式求得。

$$H_{\min}(z)=H_{\mathrm{all}}^{-1}(z)H(z) \tag{5.10.7}$$

其中 $H_{\mathrm{all}}(z)$ 是用 $H(z)$ 位于单位圆外的零点构造的全通滤波器。全通滤波器的幅度响应 $A_{\mathrm{all}}(f)=1$,它相等地通过所有的频谱分量。

滤波器类型

除了四种基本的频率选择性滤波器外,还有许多种特殊的滤波器。对正弦输入,正交滤波器的稳态输出是输入移位四分之一周期的结果。例如,微分器就是一种正交滤波器。另一种重要的正交滤波器是希尔伯特变换器,其频率响应为

$$H_h(f)=\begin{cases}-j, & 0\leqslant f\leqslant f_s/2\\ j, & -f_s/2<f<0\end{cases} \tag{5.10.8}$$

借助于希尔伯特变换器可以生成频谱仅占用原始信号带宽一半的复信号。

另一类有用的滤波器包括陷波器和谐振器。陷波器是一个被设计成阻止单个孤立的频率 F_0 而通过其它所有频率的滤波器。

$$H_{\mathrm{notch}}(f)=1-\delta_1(f-F_0) \tag{5.10.9}$$

与之相反,谐振器是陷波器的对偶,它通过单个频率 F_0 而阻止其它所有频率。

$$H_{\mathrm{res}}(f)=\delta_1(f-F_0) \tag{5.10.10}$$

陷波器和谐振器可以用低阶 IIR 滤波器实现。我们可以用多个单陷波点的滤波器的串联或级联配置实现具有多个陷波点的陷波器。类似地,也可以用多个单谐振点的谐振器的并联配置实现具有多个谐振频率的谐振器。具有一组等间隔(谐振或陷波)频率的谐振器或陷波器被称为梳状滤波器。

归一化截止频率 $F_c/f_s\ll 1$ 的低通或高通滤波器即为窄带滤波器。使用采样速率转换器可以有效地实现窄带滤波器,采样速率转换器把采样速率降低到 $F_s=f_s/M$,其中 $F_c/F_s\approx 0.25$。降低采样率的采样速率转换器是抽取器,而提高采样率的采样速率转换器是内插器。

我们通过把通带狭窄的带通滤波器并联实现滤波器组,它将整个奈奎斯特频谱分割成一

组互不重叠的幅度响应。

$$\sum_{i=0}^{N-1} A_i(f) = 1 \tag{5.10.11}$$

我们把具有公共输入端的滤波器组称为分析滤波器组,因为它把一个信号分解为多个部分。而将产生公共输出的滤波器组称为综合滤波器组,因为它把多个信号重建为一个信号。通过用复指数信号调制带限信号并利用分析滤波器组,几个低带宽的信号可以在一个高带宽的信道上同时传送。上述过程被称为频分复用。

自适应滤波器在许多方面都不同于其它滤波器。它们是时变离散时间系统,自适应滤波器的设计规范是在时域而不是在频域表达的。自适应横向滤波器是一个 FIR 滤波器,通过迭代地调整滤波器的权值从而最小化滤波器输出 $y(k)$ 和期望输出 $d(k)$ 之间的均方误差。自适应滤波器在诸如系统辨识,逆滤波或均衡,信号预测以及噪声抵消等领域都有广泛应用。

本书的其余各章将详细讨论各种不同类型滤波器的设计,分析和应用。滤波器类型及其对应的讨论章节参见表 5.2。

表 5.2 滤波器类型

类型	章
频率选择性滤波器	6,7
线性相位滤波器和零相位滤波器	6
正交滤波器	6
谐振器	7
陷波器	7
窄带滤波器	8
滤波器组	8
自适应滤波器	9

FDSP 工具箱包含一个被称为 *g_filters* 的 GUI 模块,它允许用户由设计规范构建滤波器并测试系数量化的不利影响,所有这些都不需要任何编程。滤波器包括 FIR 和 IIR 滤波器,低通,高通,带通和带阻滤波器,以及用户定义滤波器。

学习要点

本章希望学生达到的学习目标总结于表 5.3 中。

表 5.3 第 5 章学习要点

编号	学习目标	节
1	了解如何规范频率选择性滤波器的设计特性	5.2
2	能在线性和对数设计规范之间相互转换	5.2
3	理解什么是线性相位滤波器以及它对 FIR 的脉冲响应有什么样的要求	5.3
4	了解如何把一个一般的传递函数分解为最小相位因式和全通因式	5.4
5	理解信号在相位上正交是什么意思以及如何用数字振荡器生成它们	5.5
6	了解陷波器、谐振器及梳状滤波器分别实现什么功能	5.6
7	理解什么是窄带滤波器以及如何利用采样速率转换器设计窄带滤波器	5.7
8	了解如何构建和使用分析与综合滤波器组	5.7
9	理解自适应和固定滤波器之间的差异	5.8
10	能使用 GUI 模块 *g_filters* 研究滤波器设计规范和滤波器类型	5.9

5.11 习题

习题分为可以用计算器或手动求解的分析和设计问题，需要用 GUI 模块 *g_filters* 求解的 GUI 仿真问题，以及 MATLAB 计算问题。

5.11.1 分析与设计

5.1 考虑一个系数向量 $b=[1, 1, 1]^T$ 的二阶第一类线性相位 FIR 滤波器。

(a) 求传递函数 $H(z)$。

(b) 求振幅响应 $A_r(f)$。

(c) 求 $H(z)$的零点。

5.2 一个采样频率 $f_s=2000$ Hz 的带通滤波器满足如下设计规范：

$$[F_{s1}, F_{p1}, F_{p2}, F_{s2}, \delta_p, \delta_s]=[200, 300, 600, 700, 0.15, 0.05]$$

(a) 求对数通带纹波 A_p。

(b) 求对数阻带衰减 A_s。

(c) 在对数坐标上，用阴影粗略地标出 $A(f)$的通带和阻带所处的区域。

5.3 考虑一个系数向量 $b=[1, 0, -1]^T$ 的二阶第三类线性相位 FIR 滤波器。

(a) 求传递函数 $H(z)$。

(b) 求振幅响应 $A_r(f)$。

(c) 求 $H(z)$的零点。

5.4 考虑一个系数向量 $b=[1, 1]^T$ 的一阶第二类线性相位 FIR 滤波器。

(a) 求传递函数 $H(z)$。

(b) 求振幅响应 $A_r(f)$。

(c) 求 $H(z)$的零点。

5.5　考虑如下 FIR 滤波器。

$$H(z)=1+2z^{-1}+3z^{-2}-3z^{-3}-2z^{-4}-z^{-5}$$

(a) 它是线性相位滤波器吗？如果是，是哪一类？

(b) 如 5.1 节那样，绘出 $H(z)$的直接 II 型实现的信号流图。

5.6　考虑一个系数向量 $b=[1, -1]^T$ 的一阶第四类线性相位 FIR 滤波器。

(a) 求传递函数 $H(z)$。

(b) 求振幅响应 $A_r(f)$。

(c) 求 $H(z)$的零点。

5.7　设 $H(z)$是任意一个 m 阶 FIR 传递函数。证明 $H(z)$可以被写作两个线性相位传递函数 $H_e(z)$与 $H_o(z)$的和，其中 $h_e(k)$关于 $k=m/2$ 偶对称，而 $h_o(k)$关于 $k=m/2$ 奇对称。提示：加上或减去 $h(m-k)$。

$$H(z)=H_e(z)+H_o(z)$$

5.8　考虑如下 FIR 滤波器

$$H(z)=1+z^{-1}-5z^{-2}+z^{-3}-6z^{-4}$$

(a) 它是线性相位滤波器吗？如果是，是哪一类？

(b) 如 5.1 节那样，粗略绘出 $H(z)$的直接 II 型实现的信号流图。

(c) 使用 MATLAB 函数 *roots*，求出 $H(z)$的零点。然后绘出 $H(z)$的级联型实现的信号流图。

5.9　本题聚焦于滤波器振幅响应的概念。

(a) 说明如何由振幅响应计算幅度响应。

(b) 假设对 $0\leqslant f\leqslant F_0$，幅度响应等于振幅响应，但 $f>F_0$ 时二者不同，那么在 $f=F_0$ 时相位响应会出现什么情况？

5.10　回顾表 5.1，第二类到第四类线性相位 FIR 滤波器均有零点位于 $z=-1$ 或 $z=1$ 或 $z=\pm1$。第一类线性相位滤波器更通用。对第一类线性相位 FIR 滤波器，证明：

(a) 式(5.3.8)的对称性约束不意味着 $H(z)$在 $z=-1$ 有零点。

(b) 式(5.3.8)的对称性约束不意味着 $H(z)$在 $z=1$ 有零点。

5.11　设 $H(z)$为第四类线性相位 FIR 滤波器。

$$H(z)=c_0+c_1z^{-1}+c_2z^{-2}+c_3z^{-3}$$

(a) 求该滤波器的振幅响应。

(b) 求该滤波器的相位偏移 α 和群时延 $D(f)$。

5.12　设 $H(z)$为第二类线性相位 FIR 滤波器。

$$H(z)=c_0+c_1z^{-1}+c_2z^{-2}+c_3z^{-3}$$

(a) 求该滤波器的相位偏移 α 和群时延 $D(f)$。

(b) 求该滤波器的振幅响应。

5.13　考虑如下滑动平均滤波器：

$$H(z)=\frac{1}{10}\sum_{i=0}^{9}z^{-i}$$

(a) 写出该滤波器的差分方程。

(b) 将该滤波器转换为一个非因果零相位滤波器。即写出滑动平均滤波器零相位形式的差分方程。在算法 5.1 中,你可以使用 $f_i=\sqrt{1/10}$。

5.14 假设某五阶 FIR 滤波器的脉冲响应为

$$h=[2,\ 4,\ 2,\ X,\ X,\ X]$$

其中,X 表示待定项。

(a) 假设 $H(z)$是线性相位滤波器,绘出完整的脉冲响应。如果有多种解,则绘出所有的。

(b) 对(a) 中的每一种解,指明线性相位 FIR 滤波器的类型。

(c) 对(a) 中的每一种解,求相位偏移 α 和群时延 $D(f)$。

5.15 考虑如下称为滑动平均滤波器的 m 阶 FIR 滤波器:

$$H(z)=\frac{1+z^{-1}+\cdots+z^{-(M-1)}}{M}$$

(a) 求此滤波器的脉冲响应。

(b) 这是一个线性相位滤波器吗? 如果是,是哪一类?

(c) 求此滤波器的群时延。

5.16 假设 $H(z)$是一个稳定的滤波器,且对 $0.1\leqslant f/f_s\leqslant 0.2$,有 $A(f)=0$。证明 $H(z)$是非因果的。

5.17 一个采样频率 $f_s=200$ Hz 的带阻滤波器满足如下设计规范:

$$[F_{p1},F_{s1},F_{s2},F_{p2},A_p,A_s]=[30,40,60,80,2,30]$$

(a) 求线性通带纹波 δ_p。

(b) 求线性阻带衰减 δ_s。

(c) 在线性坐标上,用阴影粗略地标出 $A(f)$的通带和阻带所处的区域。

5.18 一个 8 阶线性相位 FIR 滤波器 $H(z)$的零点位于 $z=\pm j0.5$ 和 $z=\pm 0.8$。

(a) 求出 $H(z)$的其余零点并在复平面上绘出零极点。

(b) 该滤波器的直流增益为 2。求滤波器传递函数 $H(z)$。

(c) 假设输入信号通过该滤波器后被延迟了 20 ms。采样频率 f_s 是多少?

5.19 考虑如下的一阶 IIR 滤波器

$$H(z)=\frac{0.4(1-z^{-1})}{1+0.2z^{-1}}$$

(a) 计算幅度响应 $A(f)$并画出草图。

(b) 它是哪种类型的滤波器(低通、高通、带通还是带阻)?

(c) 假设 $F_p=0.4f_s$,求通带纹波 δ_p。

(d) 假设 $F_s=0.2f_s$,求阻带衰减 δ_s。

5.20 设 $X(k)=[x_1(k),\ x_2(k)]^{\mathrm{T}}$。使用如下形式的一阶二维系统可以得到一个数字振荡器，它可以产生两个相位正交的正弦输出 $x_1(k)$ 和 $x_2(k)$。

$$X(k)=AX(k-1),\ X(0)=c$$

(a) 求系数矩阵 A，使振荡器的振荡频率 $F_0=0.3f_s$。

(b) 求产生如下解的初始条件向量 c：

$$X(k)=\begin{bmatrix}\cos(0.6\pi k)\\ \sin(0.6\pi k)\end{bmatrix}$$

(c) 求生成如下解的系数矩阵 A 和初始条件向量 c

$$X(k)=\begin{bmatrix}d\cos(2\pi F_0 kT+\psi)\\ d\sin(2\pi F_0 kT+\psi)\end{bmatrix}$$

5.21　设有如下频率为 F_0 幅度为1的正交正弦信号对：

$$X(k)=\begin{bmatrix}\cos(2\pi F_0 kT)\\ \sin(2\pi F_0 kT)\end{bmatrix}$$

(a) 对 $0\leqslant i\leqslant 3$，求第一类切比雪夫多项式 $T_i(x)$。

(b) 对 $0\leqslant i\leqslant 3$，求第二类切比雪夫多项式 $u_i(x)$。

(c) 设 $X(k)=[x_1(k),\ x_2(k)]^{\mathrm{T}}$，求多项式 f 和 g 使得

$$f[x_1(k)]+x_2(k)g[x_1(k)]=\cos^3(2\pi F_0 kT)+2\sin^2(2\pi F_0 kT)$$

5.22　考虑如下 IIR 滤波器：

$$H(z)=\frac{10(z^2-4)(z^2+0.25)}{(z^2+0.64)(z^2-0.16)}$$

(a) 求 $H(z)$ 的最小相位形式 $H_{\min}(z)$。

(b) 绘出 $H_{\min}(z)$ 的零极点。

(c) 求全通滤波器 $H_{\mathrm{all}}(z)$，使得 $H(z)=H_{\mathrm{all}}(z)H_{\min}(z)$

(d) 绘出 $H_{\mathrm{all}}(z)$ 的零极点。

5.23　设 $H(z)$ 是输入 $x(k)$ 输出 $y(k)$ 的全通滤波器，其幅度响应满足如下约束：

$$A(f)=1,\ |f|\leqslant f_s/2$$

(a) 证明 $|Y(f)|=|X(f)|$。

(b) 用帕斯瓦尔恒等式证明 $H(z)$ 是一个无损系统。即证明 $y(k)$ 的能量等于 $x(k)$ 的能量。

$$\sum_{k=-\infty}^{\infty}y^2(k)=\sum_{k=-\infty}^{\infty}x^2(k)$$

5.24　考虑如下 IIR 滤波器：

$$H(z)=\frac{2z^2+5z+2}{z^2-1}$$

(a) 求 $H(z)$ 的最小相位形式。

(b) 求幅度均衡器 $G(z)$ 使得 $G(z)H(z)$ 是幅度响应 $A(f)=1$ 的全通滤波器。

5.25　理想希尔伯特变换器具有如下频率响应：

$$H_d(f) = -\mathrm{j}\,\mathrm{sgn}(f),\ 0 \leqslant |f| < f_s/2$$

(a) 证明希尔伯特变换器是全通滤波器。

(b) 用逆 DTFT 证明理想希尔伯特变换器的脉冲响应为

$$h_d(k) = \begin{cases} \dfrac{1-\cos(k\pi)}{k\pi}, & k \neq 0 \\ 0, & k = 0 \end{cases}$$

5.26 设 $H(z)$是输入 $x(k)$输出 $y(k)$的滤波器,其幅度响应满足如下约束:

$$A(f) \leqslant 1,\ |f| \leqslant f_s/2$$

(a) 证明$|Y(f)| \leqslant |X(f)|$。

(b) 用帕斯瓦尔恒等式证明 $H(z)$是一个无源系统。即证明 $y(k)$的能量小于等于 $x(k)$的能量。

$$\sum_{k=-\infty}^{\infty} y^2(k) \leqslant \sum_{k=-\infty}^{\infty} x^2(k)$$

5.27 设 $H(z)$是一个二阶非零线性相位 FIR 滤波器。

(a) $H(z)$是否有可能是一个最小相位滤波器?如果有可能,请举例。如果不可能,为什么?

(b) $H(z)$是否有可能是一个全通滤波器?如果有可能,请举例。如果不可能,为什么?

5.28 考虑如下 IIR 滤波器

$$H(z) = \frac{2(z+1.25)(z^2+0.25)}{z(z^2-0.81)}$$

(a) 求此系统的最小相位形式,并粗略画出它的零极点。

(b) 求此系统的最大相位形式,并粗略画出它的零极点。

(c) 与 $H(z)$幅度响应相同的具有实系数的传递函数有多少个?

5.29 如下的 IIR 滤波器有两个参数 α 和 β。当这两个参数取什么值时,它是一个全通滤波器?

$$H(z) = \frac{1+3z^{-1}+(\alpha+\beta)z^{-2}+2z^{-3}}{2+(\alpha-\beta)z^{-1}+3z^{-2}+z^{-3}}$$

5.30 式(5.6.10)给出了陷波点 $F_0 \neq 0$ 的陷波器的通用形式,其中 $\theta_0 = 2\pi F_0 T$。

$$H_{\text{notch}}(z) = \frac{c[z-\exp(\mathrm{j}\theta_0)][z-\exp(-\mathrm{j}\theta_0)]}{[z-r\exp(\mathrm{j}\theta_0)][z-r\exp(-\mathrm{j}\theta_0)]}$$

(a) 将 $H_{\text{notch}}(z)$改写为两个实系数多项式的比。

(b) 求使 $f=0$ 时 $H_{\text{notch}}(f)=1$ 的增益 c 的值。

5.31 考虑将均方误差性能准则用于图 5.41 的自适应滤波器。

$$\varepsilon(w) = E[e^2(k)]$$

(a) 设用 $\varepsilon(w) = e^2(k)$近似均方误差。求梯度向量$\nabla\varepsilon(w) = \partial\varepsilon(w)/\partial w$。用状态向量

(由过去的输入 u 组成)表示你的答案。

(b) 利用你在(a)中得到的 $\nabla\varepsilon(w)$ 表达式及步幅系数 μ，证明式(5.8.6)中用来逼近 w 的最陡下降算法简化为 LMS 算法。

5.32　设如下两个滤波器是谐振频率分别在 F_0 和 F_1 的谐振器。写出谐振频率在 F_0 和 F_1 的双谐振器的差分方程。

$$H_0(z)=\frac{b_0z^2+b_1z+b_2}{z^2+a_1z+a_2}$$

$$H_1(z)=\frac{B_0z^2+B_1z+B_2}{z^2+A_1z+A_2}$$

5.33　考虑式(5.6.14)中的直流谐振器。

$$H_{\mathrm{dc}}(z)=\frac{0.5(1-r)(z+1)}{z-r}$$

(a) 求脉冲响应 $h(k)$。

(b) 求差分方程。

5.34　设如下两个滤波器是陷波频率分别在 F_0 和 F_1 的陷波器。写出陷波频率在 F_0 和 F_1 的双陷波器的差分方程。

$$H_0(z)=\frac{b_0z^2+b_1z+b_2}{z^2+a_1z+a_2}$$

$$H_1(z)=\frac{B_0z^2+B_1z+B_2}{z^2+A_1z+A_2}$$

5.35　考虑式(5.6.3)中的直流陷波器

$$H_{\mathrm{DC}}(z)=\frac{0.5(1+r)(z-1)}{z-r}$$

(a) 求脉冲响应 $h(k)$。

(b) 求差分方程。

5.36　式(5.6.15)给出了谐振频率为 F_0 的谐振器的通用形式，其中 $\theta_0=2\pi F_0T$。

$$H_{\mathrm{res}}(z)=\frac{c(z^2-1)}{[z-r\exp(\mathrm{j}\theta_0)][z-r\exp(-\mathrm{j}\theta_0)]}$$

(a) 将 $H_{\mathrm{res}}(z)$ 改写为两个实系数多项式的比。

(b) 求使 $f=F_0$ 时 $|H_{\mathrm{res}}(f)|=1$ 的增益 c 的值。

5.37　利用习题5.30的结果和式(5.6.8)，设计一个陷波频率 $F_0=0.1f_s$，陷波带宽 $\Delta F_0=0.01f_s$ 的陷波器 $H_{\mathrm{notch}}(z)$。

5.38　考虑图5.46所示的自适应滤波器。这种结构可以用于设计带延迟的均衡器。其中 $G(z)$ 是稳定的 IIR 滤波器。假设自适应滤波器以误差 $e(k)=0$ 收敛到一个 FIR 滤波器 $H(z)$。设

$$G_{\mathrm{equal}}(z)=G(z)H(z)$$

(a) 证明 $G_{\mathrm{equal}}(z)$ 是 $A_{\mathrm{equal}}(f)=1$ 的全通滤波器。

(b) 证明 $G_{\text{equal}}(z)$ 是 $\phi_{\text{equal}}(f)=-2\pi MTf$ 的线性相位滤波器。

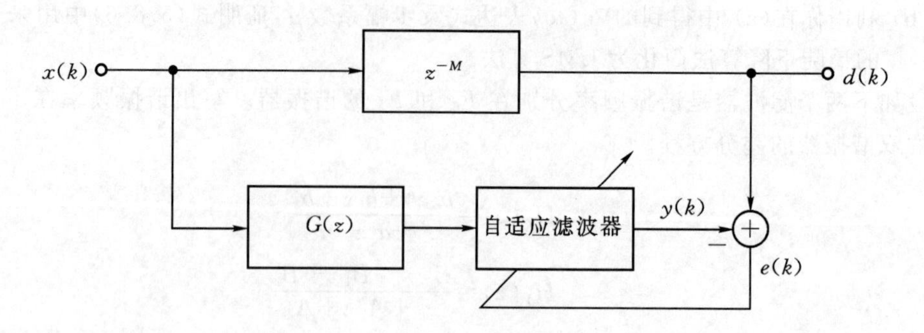

图 5.46　用自适应滤波器设计均衡器

5.39　利用习题 5.36 的结果和式(5.6.8),设计一个谐振频率 $F_0=0.4f_s$,带宽 $\Delta F=0.02f_s$ 的谐振器 $H_{\text{res}}(z)$。

5.40　考虑图 5.47 所示的具有两个滤波器的滤波器组。

(a) 求过渡带 $[0.22f_s, 0.28f_s]$ 内的幅度响应表达式 $A_0(f)$。

(b) 求第一个滤波器的 3dB 截止频率 F_0。

(c) 求过渡带 $[0.22f_s, 0.28f_s]$ 内的幅度响应表达式 $A_1(f)$。

(d) 求第二个滤波器的 3dB 截止频率 F_1。

(e) 证明两个滤波器形成*功率互补对*,即

$$A_0^2(f)+A_1^2(f)=1$$

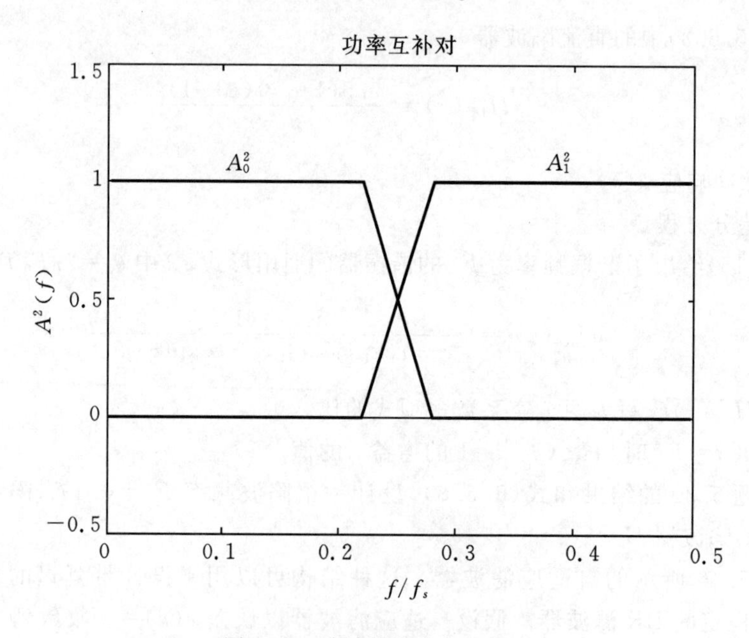

图 5.47　滤波器的功率互补对

5.41　考虑图 5.48 所示的具有两个滤波器的滤波器组。

(a) 求过渡带 $[0.2f_s, 0.3f_s]$ 内的幅度响应表达式 $A_0(f)$。

(b) 求第一个滤波器的 3dB 截止频率 F_0。

(c) 求过渡带$[0.2f_s, 0.3f_s]$内的幅度响应表达式 $A_1(f)$。

(d) 求第二个滤波器的 3dB 截止频率 F_1。

(e) 证明两个滤波器形成幅度互补对，即

$$A_0(f)+A_1(f)=1$$

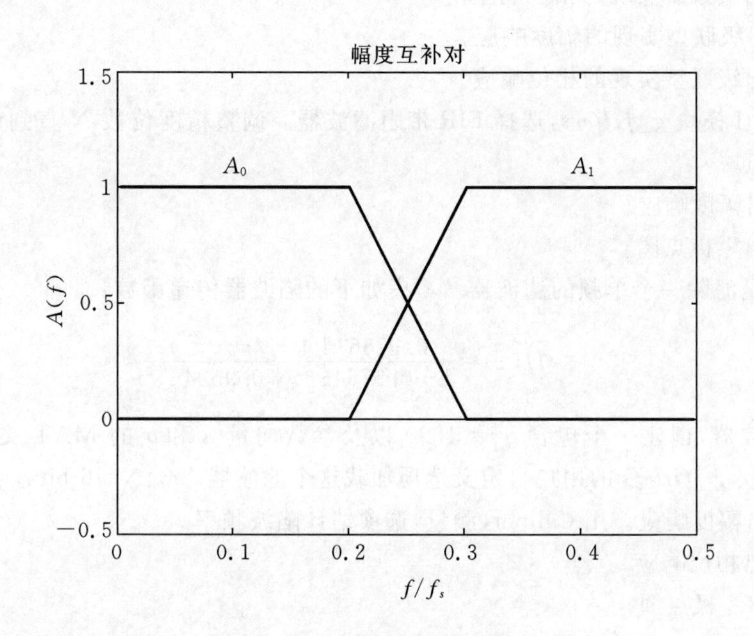

图 5.48　滤波器的幅度互补对

5.42　考虑窄带低通滤波器的设计问题。设采样频率 $f_s=20$ kHz。

(a) 期望的低通截止频率 $F_c=50$ Hz。求采样速率缩减系数 M 使得：若 $F_s=f_s/M$ 则新的归一化截止频率 $F_c=0.25F_s$。

(b) 用速率转换系数分别为 M_1，M_2，M_3 的三个速率转换器的级联配置实现多级速率转换器。(a) 中的系数 M 可以分解为如下形式，其中$\{M_1, M_2, M_3\}$的最大值应尽可能小。

$$M=M_1M_2M_3$$

5.11.2　GUI 仿真

5.43　使用 GUI 模块 *g_filters*，选择 FIR 低通滤波器。把参数值调整为 $f_s=100$ Hz，$F_0=30$ Hz，$B=10$ Hz。

(a) 使用 dB 坐标，画出幅度响应。

(b) 画出相位响应。

(c) 画出脉冲响应。这是一个线性相位滤波器吗？若是，是哪一类？

5.44　使用 GUI 模块 *g_filters*，选择 IIR 高通滤波器。把量化精度位数 N 调整到使量化后的滤波器不稳定的最大值。

(a) 画出不稳定的零极点图。

(b) 把 N 增加 1,使量化后的滤波器稳定,然后画出脉冲响应。

5.45 使用 GUI 模块 *g_filters*,选择用户定义滤波器选项。加载 MAT 文件 *prob5_45.mat* 中的滤波器。将系数量化位数设置为 $N=10$。

(a) 画出直接型实现的幅度响应。

(b) 画出直接型实现的相位响应。

(c) 画出级联型实现的幅度响应。

(d) 画出级联型实现的相位响应。

5.46 使用 GUI 模块 *g_filters*,选择 FIR 带阻滤波器。调整精度位数 N 直到量化水平 q 大于 0.005。

(a) 画出幅度响应。

(b) 画出零极点图。

5.47 陷波器是滤除一个单频的滤波器。考虑如下的陷波器传递函数:

$$H(z)=\frac{0.9766(1+z^{-1}+z^{-2})}{1+0.9764z^{-1}+0.9534z^{-2}}$$

对此滤波器,创建一个包含 $fs=1000$ 以及参数向量 a 和 b 的 MAT 文件。然后,用 GUI 模块 *g_filters* 的用户自定义选项加载这个滤波器。令 $N=6$ bits。

(a) 画出幅度响应。用 Caliper(测量)选项估计陷波频率。

(b) 画出相位响应。

(c) 画出零极点图。

5.48 考虑如下滑动平均滤波器。对此滤波器,创建一个包含 $fs=300$ 以及参数向量 a 和 b 的 MAT 文件 *prob5_48.mat*。

$$y(k)=\frac{1}{10}\sum_{i=0}^{9}x(k-i)$$

使用 GUI 模块 *g_filters* 的用户自定义选项加载该滤波器。

(a) 画出幅度响应。

(b) 画出相位响应。

(c) 画出零极点图。

(d) 画出脉冲响应。这是一个线性相位滤波器吗?如果是,是哪一类?

5.49 模拟信号 $x_a(t)$ 的导数可以使用如下一阶后向欧拉差分器取信号采样点之差以数值的方式近似计算。

$$y(k)=\frac{x(k)-x(k-1)}{T}$$

对此滤波器,创建一个包含 $fs=10$ 以及参数向量 a 和 b 的 MAT 文件 *prob5_49.mat*。使用 GUI 模块 *g_filters* 的用户自定义选项加载该滤波器。

(a) 画出幅度响应。

(b) 画出相位响应。

(c) 画出脉冲响应。这是一个线性相位滤波器吗?若是,是哪一类?

5.50　用 GUI 模块 *g_filters* 分析一个 IIR 带通滤波器。调整量化精度位数 N 直到量化后的滤波器开始不稳定，然后将量化精度 N 加 1。

(a) 画出幅度响应。

(b) 画出零极点图。

5.11.3　MATLAB 计算

5.51　逆梳状滤波器(参见第 7 章)是可以从信号中滤除一组孤立等间隔频率的滤波器。考虑如下的 n 齿逆梳状滤波器。

$$H(z)=\frac{b_0(1-z^{-n})}{1-r^n z^{-n}}$$

其中，滤波器增益 $b_0=(1+r^n)/2$。设 $n=8, r=0.96, f_s=300$ Hz。编写一个使用 *f_freqz* 计算频率响应的 MATLAB 程序。计算系数非量化时的频率响应(量化位数设为 64)，以及系数 8 位量化时的频率响应。使用线性坐标，在一个图上画出这两个幅度响应并用 MATLAB 的 *legend* 命令标注。

5.52　梳状滤波器(参见第 7 章)是可以从信号中提取一组孤立等间隔频率的滤波器。考虑如下的 n 齿梳状滤波器。

$$H(z)=\frac{b_0}{1-r^n z^{-n}}$$

其中，滤波器增益 $b_0=1-r^n$。设 $n=10, r=0.98$，且 $f_s=300$ Hz。编写一个用 *f_freqz* 计算频率响应 MATLAB 的程序。计算未量化的频率响应(量化位数设为 64)，以及系数 4 位量化时的频率响应。使用线性坐标，在一个图上画出这两个幅度响应并用 MATLAB 的 legend 命令标注。

5.53　考虑如下 FIR 系统：

$$G(z)=3-4z^{-1}+2z^{-2}+7z^{-3}+4z^{-4}+9z^{-5}$$

假设 $G(z)$ 受到 $N=500$ 个白噪声采样点 $x(k)$ 的激励，白噪声服从 $[-10, 10]$ 区间上均匀分布。令 $D(z)=G(z)X(z)$ 表示期望输出。编写一个 MATLAB 程序完成以下任务。

(a) 使用 LMS 算法计算 m 阶自适应横向滤波器的最优权向量 w。初值 $w(0)=0$ 且选择一个确保收敛的步幅系数。计算并显示以下三种情况的最终的权向量 w：$m=3$，$m=5$ 和 $m=7$。显示出 $G(z)$ 的系数向量 b。

(b) 设 $H(z)$ 是用 $m=7$ 时得到的最终权向量 w 构成的横向滤波器的传递函数。用 subplot 命令创建一个 2×1 的绘图阵列。在第一个子图上绘出 $G(z)$ 和 $H(z)$ 的幅度响应并用 legend 命令标注。在第二个子图上绘出 $G(z)$ 和 $H(z)$ 的相位响应并用 legend 命令标注。

5.54　考虑如下 IIR 滤波器。

$$H(z)=\frac{1+1.75z^{-2}-0.5z^{-4}}{1+0.4096z^{-4}}$$

(a) 编写一个 MATLAB 程序，用 *f_minall* 计算并输出 $H(z)$ 的最小相位部分和全通部分的系数。

(b) 使用 MATLAB 的 *subplot* 命令在单个屏幕上用三个分离的图绘出幅度响应

$A(f)$,$A_{\min}(f)$以及 $A_{\mathrm{all}}(f)$。

(c) 对相位响应重复(b)。

(d) 利用 *f_pzplot* 在单个屏幕上用三个分离的正方形图画出 $H(z)$,$H_{\min}(z)$,及 $H_{\mathrm{all}}(z)$的零极点图。

第6章 FIR滤波器设计

本章内容

6.1 动机

数字滤波器是一个离散时间系统，它对输入信号的频谱进行整形，从而在输出信号中产生期望的频谱特征。在本章中，我们讨论一种特殊类型的数字滤波器：有限长脉冲响应或 FIR 滤波器。m 阶的 FIR 滤波器是一个离散时间系统，它具有如下通用的传递函数。

$$H(z)=b_0+b_1z^{-1}+\cdots+b_mz^{-m}$$

与 IIR 滤波器相比，FIR 滤波器有许多重要的优点。FIR 滤波器脉冲响应的非零部分非常简单，即 $h(k)=b_k, 0\leqslant k\leqslant m$。因此，通过观察传递函数或者差分方程可以直接得到 FIR 滤波器的脉冲响应。又由于 FIR 滤波器的极点全部位于复平面的原点处，所以 FIR 滤波器总是稳定的。FIR 滤波器对有限字长效应不太敏感。与 IIR 滤波器不同，量化后的 FIR 滤波器不会变得不稳定,也不会出现极限环振荡(limit cycle oscillations)现象。如果滤波器的阶数足够大,FIR 滤波器可以逼近任意的幅度响应。更进一步,如果利用对称性,FIR 滤波器的相位响应还可以设计为线性的。这是一个很重要的特征,其意味着输入信号经过滤波器处理后,输入的不同频谱分量都有相同的延迟量。线性相位滤波器不会对通带内的信号造成失真,而只是引入了信号延迟。只要允许足够的延迟,那么我们就可以使用正交滤波器方法设计出同时满足幅度和相位规范的 FIR 滤波器。

虽然 FIR 滤波器能够对频率响应进行灵活的控制,但与 IIR 滤波器相比,它仍然有一些局限性。当我们试图设计一个类似 IIR 椭圆滤波器那样具有狭窄陡峭过渡带的频率选择性滤波器时,就会发现一个重要的缺陷。为了满足同样的设计规范,FIR 滤波器需要更高的阶数。滤波器阶数的增加意味着需要更大的存储空间和更长的计算时间。在实时应用中,计算时间尤其重要,因为在每个新的模数转换器(ADC)采样到达之前必须完成采样点间的信号处理。高阶 FIR 滤波器更适合用于所有输入信号预先已知的离线(脱机)批处理过程。

在本章的一开始,我们先介绍一个 FIR 滤波器应用的例子。接着给出几种 FIR 滤波器的设计方法。大多数设计方法设计的线性相位 FIR 滤波器会带来 $\tau=mT/2$ 的传播延迟,其中 m 是滤波器的阶数,T 是采样间隔。第一种设计方法是窗口法,它是一种对延迟后的脉冲响应进行软地或渐变截断的简单而有效的技术。接下来给出了频率采样法,它使用 IDFT 来计算滤波器的系数。通过引入过渡带采样可以对频率采样法进行优化。再之后是最小二乘法,这是一种使用任意离散频率集合以及用户选取的加权函数的优化方法。另一种优化方法是基于 Parks-McClellan 算法的方法,它可以用于设计类似于 IIR 椭圆滤波器的陡峭的等纹波频率选择性 FIR 滤波器。所有这些方法都可以被用于构建一个具有指定的幅度响应和线性相位响应的滤波器。接下来,我们将注意力集中于特殊的线性相位 FIR 滤波器,如能产生相位正交信号的希尔伯特转换器。这些正交信号是设计通用两级正交滤波器的基础,只要允许足够的延迟,两级正交滤波器可以同时满足幅度响应和相位响应规范。最后,我们介绍 GUI 模块 g_fir,它允许用户设计并评估各种 FIR 滤波器而不需要任何编程。在本章的末尾,我们给出了实际案例并总结了 FIR 滤波器的设计技术。

6.1.1 数值微分器

在许多工程应用中,利用信号的采样点获得模拟信号的导数非常有用。例如,通过测量位置得到速度的估计,或者通过测量速度来估计加速度。由于这种处理过程对噪声非常敏感,因此数值微分一直是具有挑战性的实际问题。作为本章内容的介绍,下面我们讨论如何用简单的低阶 FIR 滤波器以数值的方式近似微分过程。我们的目标是设计一个与下面模拟系统等效的数字系统。

$$H_a(s)=s \tag{6.1.1}$$

假设待微分的模拟信号 $x_a(t)$ 在 $t=kT$ 的邻域内可以用线性多项式近似。

$$x_a(t)\approx x(k)+c(t-kT) \tag{6.1.2}$$

我们注意到 $x(k)=x_a(kT)$。用 $\dot{x}_a(t)=\mathrm{d}x_a(t)/\mathrm{d}t$ 表示 $x_a(t)$ 的微分。那么由(6.1.2)式,我们有 $\dot{x}_a(kt)=c$。在 $t=(k-1)T$ 时刻计算式(6.1.2),并解出 c,可以得到如下微分的一阶近似表达:

$$y_1(k) = \frac{x(k) - x(k-1)}{T} \tag{6.1.3}$$

式(6.1.3)的方程被称为微分的后向欧拉数值近似。我们注意到这是一个一阶 FIR 滤波器，其系数向量 $b=[1/T,\ -1/T]$。一阶后向欧拉微分器的框图如图 6.1 所示。

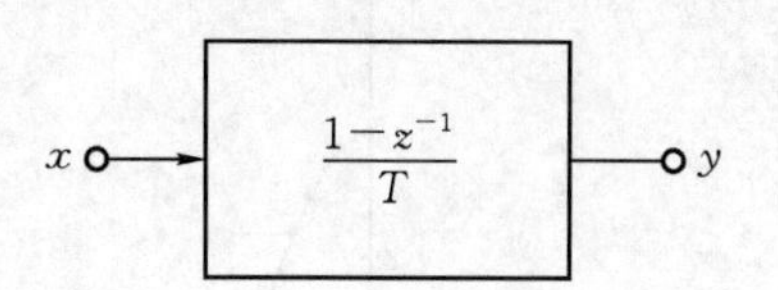

图 6.1　一阶后向欧拉微分器的框图

如果我们用如下的二次多项式来近似 $x_a(t)$，那么就可以改进实现微分的 FIR 滤波器模型。

$$x_a(t) \approx x(k) + c(t-kT) + d\,(t-kT)^2 \tag{6.1.4}$$

同样地，$\dot{x}_a(kT)=c$。为了确定参数 c，我们计算式(6.1.4)在 $t=(k-1)T$ 和 $t=(k-2)T$ 时刻的值，可得

$$x(k-1) = x(k) - Tc + T^2 d \tag{6.1.5a}$$

$$x(k-2) = x(k) - 2Tc + 4T^2 d \tag{6.1.5b}$$

如果式(6.1.5a)两边同乘以 4，然后减去式(6.1.5b)，就消去了与 d 相关的项。利用所得到的方程解出 c，可得如下的二阶微分器。

$$y_2(k) = \frac{3x(k) - 4x(k-1) + x(k-2)}{2T} \tag{6.1.6}$$

该 FIR 滤波器被称为*二阶后向微分器*，之所以称之为后向，是因为它只用当前的和过去的采样值，而不使用将来的采样值。如果微分器用于诸如反馈控制这样的实时应用，这一点就非常重要。二阶后向微分器的框图如图 6.2 所示。

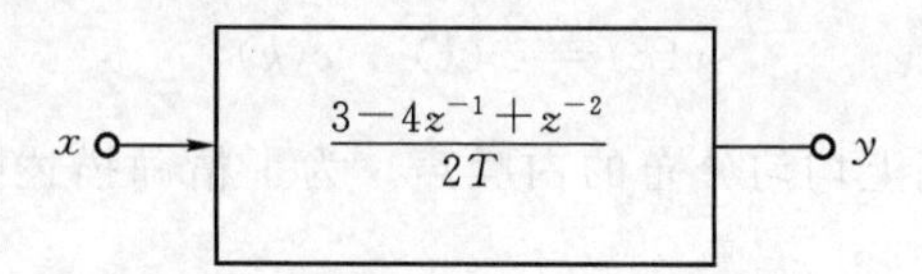

图 6.2　二阶后向微分器框图

似乎可以使用更高阶的多项式近似 $x_a(t)$ 继续上述过程。不幸的是，这样很快会达到一个精度的收益递减点。这是因为使用高次多项式对信号的潜在趋势进行建模并不是一种有效的方法。即使使用高次多项式建立的模型可以穿过所有采样点，但随着多项式次数的增加，所建立的模型也只是通过采样点间的无规律的振荡使拟合的曲线穿过这些采样点。稍后，我们将讨论一种不同的设计方法，并用它近似微分器的延迟形式。为了验证图 6.2 所示微分器的有效性，考虑如下的无噪输入信号：

$$x_a = \sin(\pi t) \tag{6.1.7}$$

$x_a(t)$，$\dot{x}_a(t)$ 和 $y_2(k)$ 的曲线如图 6.3 所示。其中采样频率 $f_s=20$ Hz。在经过一个短暂的初始过渡过程后，本例中的近似是有效的。

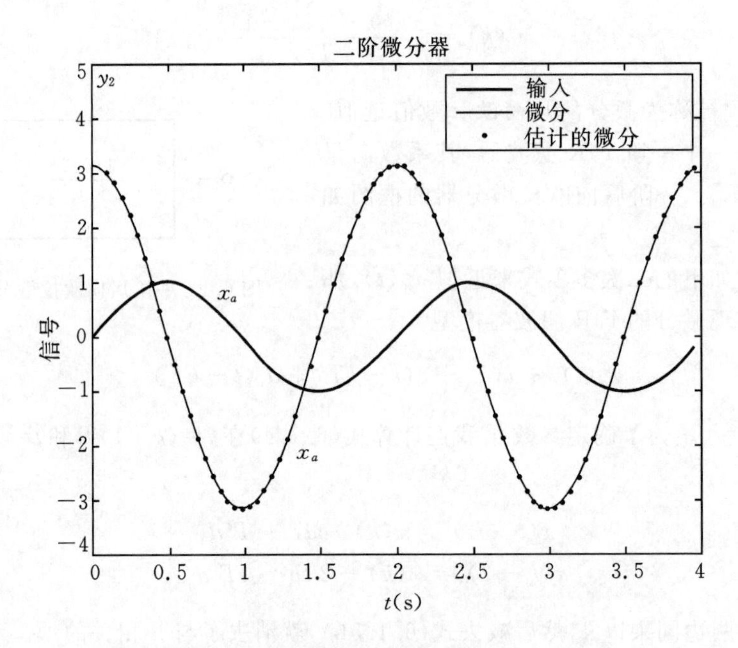

图 6.3　用 FIR 滤波器对正弦输入的微分进行数值近似

6.1.2　信噪比(SNR)

虽然对式(6.1.7)中的无噪信号,上述的微分近似方法是有效的,如图 6.3 所示,但是当给 $x_a(t)$加上噪声后,上述的微分数值近似效果会迅速恶化。为了说明这一点,考虑如下有噪声干扰的信号:

$$y(k) = x(k) + v(k) \tag{6.1.8}$$

其中,$v(k)$是在$[-c,c]$区间上均匀分布的白噪声。为了精确描述噪声与信号之间的相对大小关系,使用如下的概念。

定义 6.1　信噪比

用 $y(k)=x(k)+v(k)$表示信号 $x(k)$受到了噪声 $v(k)$的干扰。如果 P_x 是信号的平均功率,P_v 是噪声的平均功率,那么信噪比定义为

$$\mathrm{SNR}(y) \triangleq 10\log_{10}\left(\frac{P_x}{P_v}\right)\ \mathrm{dB}$$

平均功率是信号平方的平均或期望值 $P_x=E[x^2(k)]$。一个只含噪声的信号的信噪比为负无穷,而一个不含噪声的信号的信噪比为正无穷。信噪比为 0 dB时,信号功率等于噪声功率。

利用附录 2 中的三角恒等式,可以证明幅度为 A 的正弦函数的平均功率是 $A^2/2$。由式(4.6.6)或附录 2,在$[-c,c]$区间上均匀分布的白噪声的平均功率为 $P_v=c^2/3$。假设 $c=0.01$,这仅是中等大小的噪声,那么由定义 6.1,式(6.1.8)中受噪声干扰的正弦信号的信噪比为

$$\begin{aligned}\text{SNR}(y) &= 10\log_{10}\left[\frac{1/2}{(0.01)^2/3}\right] \\ &= 10\log_{10}\left(\frac{3\times10^4}{2}\right) \\ &= 41.76\ \text{dB}\end{aligned} \tag{6.1.9}$$

使用二阶微分器处理式(6.1.8)中受噪声干扰的正弦信号，所得结果如图 6.4 所示。我们注意到由于信噪比相对比较大，所以 $x_a(t)$本身并没有明显的失真。然而，与图 6.3 中无噪的情况相比$\dot{x}_a(t)$的数值近似却产生了较大的失真。这是因为微分过程放大了噪声的高频部分。在本特例中，可以先通过谐振频率 $F_0=0.5Hz$ 的窄带谐振器对 $y(k)$进行预处理从而滤除大部分噪声。谐振器将在第 7 章讨论。然而，对于更常见的宽带信号 $x_a(t)$，这并不是可行的选择，因为滤波也会滤除 $x_a(t)$本身的重要谱分量。

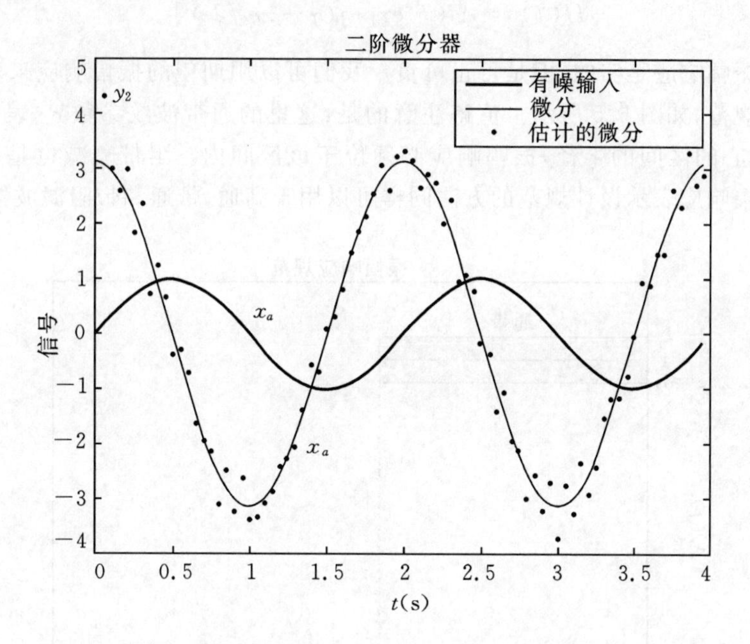

图 6.4　用二阶 FIR 滤波器对有噪正弦输入的微分进行数值近似

通常，加性白噪声 $v(k)$是零均值的且与信号 $x(k)$统计独立，这意味着 $E[x(k)v(k)]=E[x(k)]E[v(k)]$。在此情况下，有噪信号的平均功率和无噪信号的平均功率之间有一个简单的关系。

$$\begin{aligned}P_y &= E[y^2(k)] = E[\{x(k)+v(k)\}^2] \\ &= E[x^2(k)+2x(k)v(k)+v^2(k)] \\ &= E[x^2(k)]+E[2x(k)v(k)]+E[v^2(k)] \\ &= P_x+2E[x(k)]E[v(k)]+P_v\end{aligned} \tag{6.1.10}$$

对零均值噪声，$E[v(k)]=0$，此时式(6.1.10)简化为

$$P_y=P_x+P_v \tag{6.1.11}$$

因此，对一个被零均值白噪声 $v(k)$干扰的信号 $x(k)$，干扰后的有噪信号 $y(k)$的平均功率恰好

是信号的平均功率加上噪声平均功率的和。通常，$y(k)$是已知的或者可以通过测量得到。如果信号 $x(k)$或者噪声 $v(k)$的平均功率也是已知的，或者可以通过计算得到，那么就可以通过式(6.1.11)确定另一个的平均功率，然后再用定义 6.1 确定 $y(k)$的信噪比。

6.2 窗口法

在本节中，我们讨论一种简单的滤波器设计技术，使用它可以设计满足规定幅度响应的线性相位 FIR 滤波器。首先，我们简要回顾一下第 5 章介绍的滤波器设计规范。对于 m 阶线性相位 FIR 滤波器，设计规范通常用 5.3.2 节引入的振幅响应 $A_r(f)$来表示。

$$H(f) = A_r(f)\exp[j(\alpha - \pi mfT)] \tag{6.2.1}$$

如前所述振幅响应是实的，但是可正可负。我们可以用期望的振幅响应来表示 FIR 低通滤波器的设计规范，如图 6.5 所示。值得注意的是：这里的通带波纹参数 δ_p 表示的是一个以 $A_r(f)=1$ 为中心的区间的半径，振幅响应必须位于该区间内。阻带衰减也是按此方式定义的。这种用振幅响应表示设计规范的方法同样可以用于高通，带通和带阻滤波器。

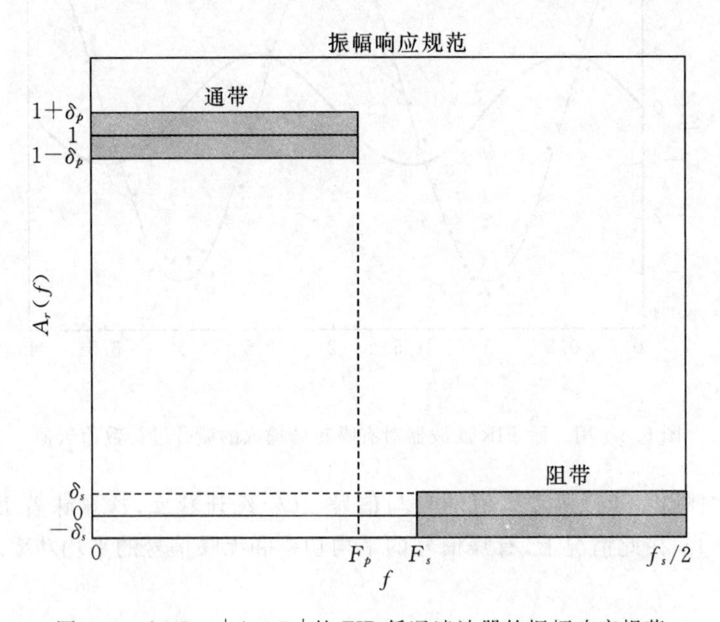

图 6.5 $A(f)=|A_r(f)|$ 的 FIR 低通滤波器的振幅响应规范

6.2.1 截断的脉冲响应

窗口法的基本思想是首先对期望的脉冲响应进行截断得到有限采样点的脉冲响应，并按照需要对所得到的脉冲响应进行延迟，从而得到一个因果的脉冲响应。然后设计一个脉冲响应和延迟的截断脉冲响应匹配的滤波器。除了零相位滤波器外，到目前为止，我们所讨论的滤波器都是因果的，即当 $k<0$ 时 $h(k)=0$。为了基于理想化滤波器得到一种通用的设计方法，

我们也会讨论非因果滤波器。当 $h(k)$ 非因果时，使用 DTFT 可以得到如下 $h(k)$ 的频率响应：

$$H(f)=\sum_{k=-\infty}^{\infty}h(k)\exp(-\mathrm{j}2\pi kfT) \tag{6.2.2}$$

对式(6.2.2)使用欧拉公式，可以看到 $H(f)$ 是以 f_s 为周期的周期函数。因此，我们可以把式(6.2.2)看作是周期函数 $H(f)$ 的复的傅里叶级数，该傅里叶级数的第 k 个系数为

$$h(k)=\frac{1}{f_s}\int_{-f_s/2}^{f_s/2}H(f)\exp(\mathrm{j}2\pi kfT)\mathrm{d}f,\ -\infty<k<\infty \tag{6.2.3}$$

利用式(6.2.3)，我们可以由期望的频率响应 $H(f)$ 恢复脉冲响应 $h(k)$。由于我们感兴趣的是设计一个不对输入信号造成失真的线性相位滤波器，因此频率响应必须满足第 5 章介绍的线性相位对称性约束。

第一类和第二类滤波器

设 m 为滤波器阶数，并且假设 $h(k)$ 关于 $k=m/2$ 偶对称。那么由式(6.2.1)和表 5.1，群时延 $\tau=mT/2$ 的第一类或第二类线性相位因果滤波器的期望频率响应为

$$H(f)=A_r(f)\exp(-\mathrm{j}\pi mfT)\}\ \text{第一类和第二类} \tag{6.2.4}$$

对于第一类或者第二类线性相位滤波器，振幅响应 $A_r(f)$ 是由滤波器设计者指定的实的偶函数。期望的幅度响应 $A(f)=|A_r(f)|$。利用式(6.2.4)，欧拉公式，以及 $A_r(f)$ 是偶函数的事实，式(6.2.3)中 $h(k)$ 的表达式可以变为

$$\begin{aligned}h(k)&=\frac{1}{f_s}\int_{-f_s/2}^{f_s/2}A_r(f)\exp(-\mathrm{j}\pi mfT)\exp[\mathrm{j}2\pi kfT]\mathrm{d}f\\&=T\int_{-f_s/2}^{f_s/2}A_r(f)\exp[\mathrm{j}2\pi(k-0.5m)fT]\mathrm{d}f\\&=T\int_{-f_s/2}^{f_s/2}A_r(f)\{\cos[2\pi(k-0.5m)fT]+\mathrm{j}\sin[2\pi(k-0.5m)fT]\}\mathrm{d}f\\&=T\int_{-f_s/2}^{f_s/2}A_r(f)\cos[2\pi(k-0.5m)fT]\mathrm{d}f\end{aligned} \tag{6.2.5}$$

由于式(6.2.5)中的被积函数是偶对称的，可以只在正频率上积分然后再乘以 2 求得积分。因此我们得到如下 m 阶第一类或第二类线性滤波器的脉冲响应：

$$h(k)=2T\int_0^{f_s/2}A_r(f)\cos[2\pi(k-0.5m)fT]\mathrm{d}f,\ 0\leqslant k\leqslant m \tag{6.2.6}$$

第三类和第四类滤波器

接下来，假设脉冲响应关于 $k=m/2$ 奇对称。由式(6.2.1)和表 5.1，群时延 $\tau=mT/2$ 的第三类或第四类线性相位因果滤波器的期望频率响应为

$$H(f)=\mathrm{j}A_r(f)\exp(-\mathrm{j}\pi mfT)\}\ \text{第三类和第四类} \tag{6.2.7}$$

注意到我们已经利用了 $\exp(\mathrm{j}\pi/2)=\mathrm{j}$ 这个事实。对于第三类和第四类线性相位滤波器，

振幅响应 $A_r(f)$ 是由设计者指定的实的奇函数，由此得到期望的幅度响应 $A(f)=|A_r(f)|$。利用式(6.2.7)，欧拉公式，以及 $A_r(f)$ 是奇函数的事实，式(6.2.3)中的脉冲响应表达式可以变为

$$\begin{aligned} h(k) &= \frac{\mathrm{j}}{f_s}\int_{-f_s/2}^{f_s/2} A_r(f)\exp[\mathrm{j}2\pi(k-0.5m)fT]\mathrm{d}f \\ &= \mathrm{j}T\int_{-f_s/2}^{f_s/2} A_r(f)\{\cos[2\pi(k-0.5m)fT]+\mathrm{j}\sin[2\pi(k-0.5m)fT]\}\mathrm{d}f \\ &= -T\int_{-f_s/2}^{f_s/2} A_r(f)\sin[2\pi(k-0.5m)fT]\mathrm{d}f \end{aligned} \tag{6.2.8}$$

这里我们利用了 $\exp(\mathrm{j}\pi)/2)=\mathrm{j}$ 的事实。同样地，式(6.2.8)中的被积函数也是偶对称的，因此也可以用只对正频率积分再加倍的方法求得积分。因此，我们可以得到如下的 m 阶第三类或第四类线性相位滤波器脉冲响应：

$$h(k) = -2T\int_{0}^{f_s/2} A_r(f)\sin[2\pi(k-0.5m)fT]\mathrm{d}f,\ 0\leqslant k\leqslant m \tag{6.2.9}$$

如前所述，从在 $f=0$ 或 $f=f_s/2$ 没有零点这个意义上来说，第一类线性滤波器(偶对称，偶数阶)是最通用的。令式(6.2.6)中的 $m=2p$，我们将四种理想的频率选择性(第一类线性相位)滤波器的脉冲响应总结在表6.1中。

表6.1　$m=2p$ 阶理想频率选择性第一类线性相位滤波器的脉冲响应

滤波器	$h(p)$	$h(k),0\leqslant k\leqslant m,\ k\neq p$
低通	$2F_0T$	$\dfrac{\sin[2\pi(k-p)F_0T]}{\pi(k-p)}$
高通	$1-2F_0T$	$\dfrac{-\sin[2\pi(k-p)F_0T]}{\pi(k-p)}$
带通	$2[F_1-F_0]T$	$\dfrac{\sin[2\pi(k-p)F_1T]-\sin[2\pi(k-p)F_0T]}{\pi(k-p)}$
带阻	$1-2[F_1-F_0]T$	$\dfrac{\sin[2\pi(k-p)F_0T]-\sin[2\pi(k-p)F_1T]}{\pi(k-p)}$

例6.1　截断脉冲响应滤波器

作为用截断脉冲响应法设计FIR滤波器的一个例子，设 $f_s=100$ Hz，考虑一个截止频率 $F_0=f_s/4$ 的低通滤波器设计问题。我们用40阶滤波器近似 $H(f)$，因此 $p=20$。由表6.1，滤波器系数为 $h(p)=0.5$ 以及

$$\begin{aligned} h(k) &= \frac{\sin[0.5\pi(k-p)]}{\pi(k-p)} \\ &= 0.5\mathrm{sinc}[0.5(k-p)],\ 0\leqslant k\leqslant m \end{aligned}$$

在此情况下，滤波器的延时为

$$\tau=pT=0.2\ \mathrm{s}$$

通过 f_dsp 运行 $exam6\_1$ 可以得到该滤波器的脉冲响应。由图 6.6 所示的结果曲线，我们可以看出这的确是第一类线性相位 FIR 滤波器，其脉冲响应 $h(k)$ 具有回文形式，中心位于 $k=20$。我们注意到理想的 sinc 函数脉冲响应被截断成半径为 $p=m/2$ 个采样点的区间，然后再对其延迟 p 个采样点使之成为因果的。

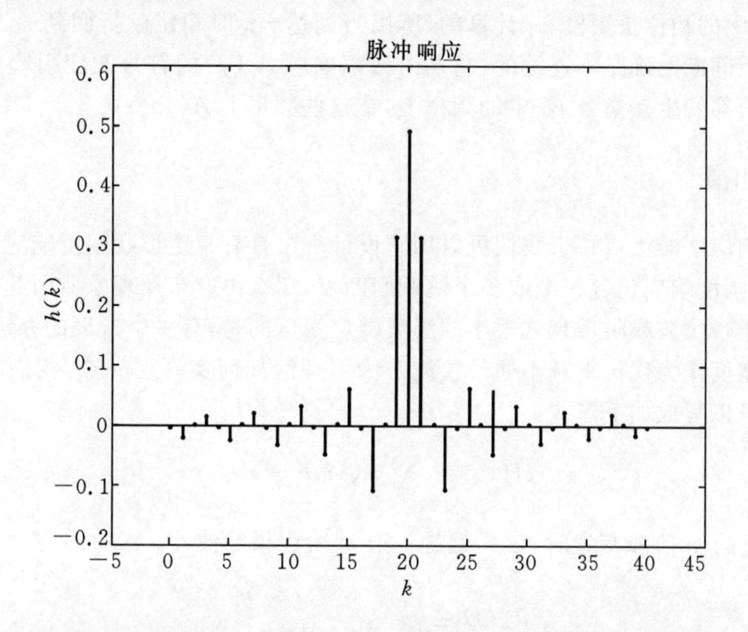

图 6.6　$m=40$ 的第一类线性相位 FIR 滤波器的回文形式的脉冲响应

由 $exam6\_1$ 生成的幅度响应和相位响应如图 6.7 所示。虽然幅度响应有效地近似了理想低通特性，但是有明显的波动或振荡，尤其是在截止频率 $F_0=25$ Hz 附近。通过增加滤波

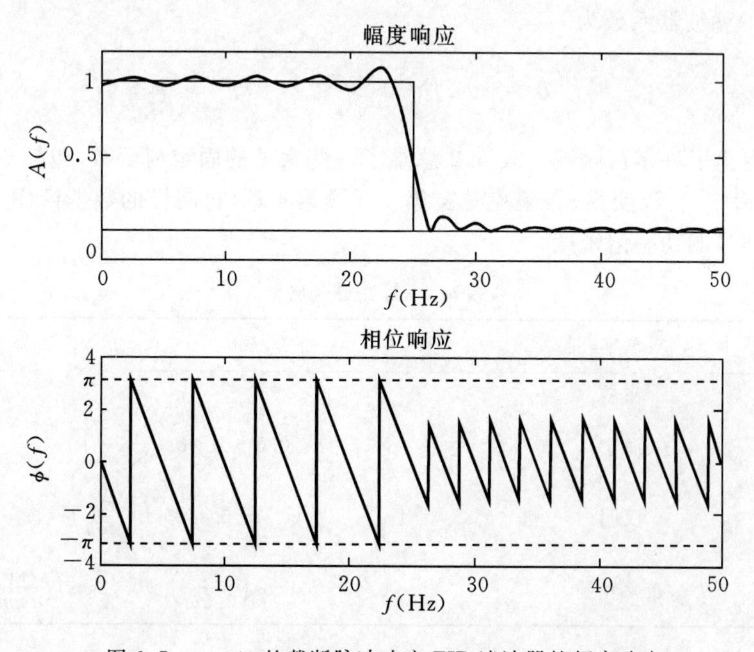

图 6.7　$m=40$ 的截断脉冲响应 FIR 滤波器的频率响应

器的阶数可以改善对理想低通特性的近似效果。然而，即使对于大的 p 值，在 $f=F_0$ 附近仍然有明显的波动。这是截断脉冲响应的固有特征，只要被近似的函数有跳跃间断点就会出现这种波动。这种在跳跃间断点附近的波动被称为吉布斯现象。

我们仔细观察相位响应会看到一个有趣的现象。通带内发生在 $\varphi=-\pi$ 的跳跃间断是人为现象，因为图中的相位是用模 2π 计算的，所以当到达 $-\pi$ 时相位就折回到 π。然而，阻带内幅度为 π 的跳跃间断的确是不连续的，它是由振幅响应 $A_r(f)$ 的符号改变引起的。我们注意到所有这些跳跃都发生在集合 F_z 中的频率上，在这些频率上 $A(f)=0$。

6.2.2 加窗

截断脉冲响应法的优点在于我们可以用它设计一个具有指定形状幅度响应的滤波器。然而，如果期望的幅度响应包含一个或多个跳跃间断点，那么由吉布斯现象所引起的波动就使我们难以设计出通带纹波或阻带衰减很小的滤波器。幸运的是，有一个折衷的办法，使我们可以用增加过渡带宽度作为代价来减小通带纹波。为了理解如何实现这一点，我们首先注意到滤波器传递函数可以写成如下形式：

$$H(z)=\sum_{i=-\infty}^{\infty} w_R(i)h(i)z^{-i} \tag{6.2.10}$$

当 $w_R(i)$ 是如下的 m 阶矩形窗时，该式就是一个 m 阶因果滤波器。

$$w_R(i) \triangleq \begin{cases} 1, & 0 \leqslant i \leqslant m \\ 0, & \text{其它} \end{cases} \tag{6.2.11}$$

因此，将脉冲响应截断为 $0\leqslant i\leqslant m$ 等价于给脉冲响应乘了一个矩形窗。正是这种脉冲响应的突然截断导致了吉布斯现象。通过把脉冲响应逐渐减小到零可以减小波动的幅度。如前所述对 FIR 滤波器，其传递函数的分子系数 $b_i=h(i)$。因此，如果 $w(i)$ 是一个 m 阶的窗函数，那么锥化的(tapered)滤波器系数为

$$b_i = w(i)h(i),\ 0\leqslant i\leqslant m \tag{6.2.12}$$

至今已经提出了许多窗函数。表 6.2 总结了一些常见的固定窗函数，包括矩形窗(也被称为 boxcar 窗)，海宁窗、汉明窗、布莱克曼窗等。回顾第 4 章，将同样的数据窗用于谱图并用韦尔奇方法估计信号的功率谱密度。

表 6.2　m 阶窗函数

类型	名字	$w(i),0\leqslant i\leqslant m$
0	矩形	1
1	海宁	$0.5-0.5\cos\left(\frac{\pi i}{0.5m}\right)$
2	汉明	$0.54-0.46\cos\left(\frac{\pi i}{0.5m}\right)$
3	布莱克曼	$0.42-0.5\cos\left(\frac{\pi i}{0.5m}\right)+0.08\cos\left(\frac{2\pi i}{0.5m}\right)$

图 6.8 所示为 $m=60$ 时几种窗函数的曲线。我们注意到它们都是关于 $i=m/2$ 对称的，并且在中点达到峰值 $w(i)=1$。除矩形窗以外，海宁窗和布莱克曼窗在端点 $i=0$ 和 $i=m$ 都逐渐减小到零，而汉明窗是接近于零。与矩形窗的硬的或突然的截断相比，对脉冲响应乘以锥形窗函数可以看作是一种软截断形式。由于这些窗函数全都具有 $w(i)=w(m-i)$ 这样的回文形式，所以使用式(6.2.12)中加窗系数的滤波器仍然是线性相位的。

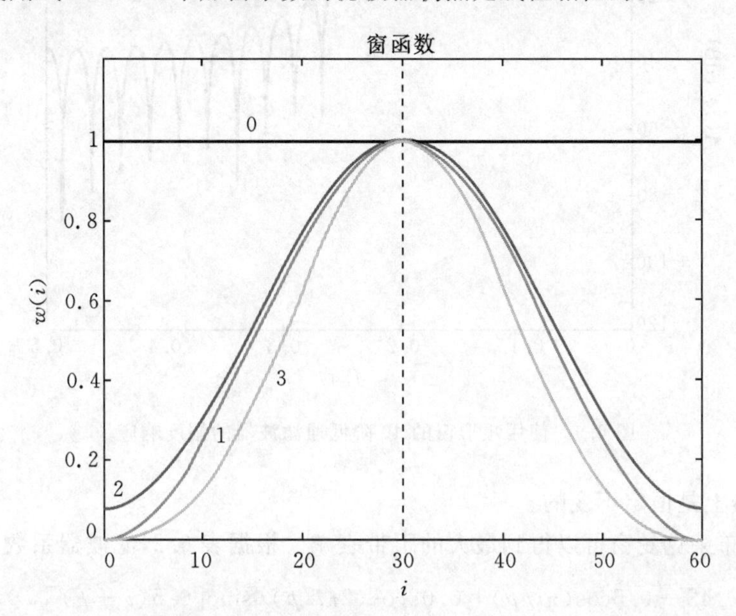

图 6.8 用于锥形截断脉冲响应的窗函数：0=矩形，1=海宁，2=汉明，3=布莱克曼

例 6.2 加窗的低通滤波器

为了进一步说明不同窗函数的效果，考虑截止频率 $F_0=f_s/4$ 的低通滤波器的设计问题。假设 $m=40$，$p=m/2$，那么由表 6.1，表 6.2 和式(6.2.12)，使用矩形窗函数的滤波器系数为

$$b_i = 0.5\mathrm{sinc}[0.5(i-p)],\ 0 \leqslant i \leqslant m$$

通过运行 *exam6_2* 可以得到使用矩形窗的幅度响应曲线，图 6.9 所示为使用归一化频率 f/f_s 的曲线。这里我们使用对数刻度表示幅度响应，因为它可以更好地显示出阻带内的衰减量，在本例中阻带衰减为 21dB 或者说衰减系数大约等于 10。

接着讨论相同的滤波器，但是使用海宁窗，由表 6.2，滤波器系数为

$$b_i = 0.25[1-\cos(\pi i/p)]\mathrm{sinc}[0.5(i-p)],\ 0 \leqslant i \leqslant m$$

图 6.10 所示为使用海宁窗的幅度响应。我们注意到阻带内的衰减变为 44 dB，而且进一步地，与图 6.9 中使用矩形窗的幅度响应相比，该响应在通带内更加平坦。然而，获得这种通带纹波和阻带衰减的改善是以过渡带的明显加宽为代价的。

使用汉明窗可以获得更好的阻带衰减，由表 6.2，滤波器系数为

$$b_i = 0.5[0.54-0.46\cos(\pi i/p)]\mathrm{sinc}[0.5(i-p)],\ 0 \leqslant i \leqslant m$$

图 6.11 所示为使用汉明窗的幅度响应曲线。在此情况下，阻带衰减是 53 dB，并且在大部分

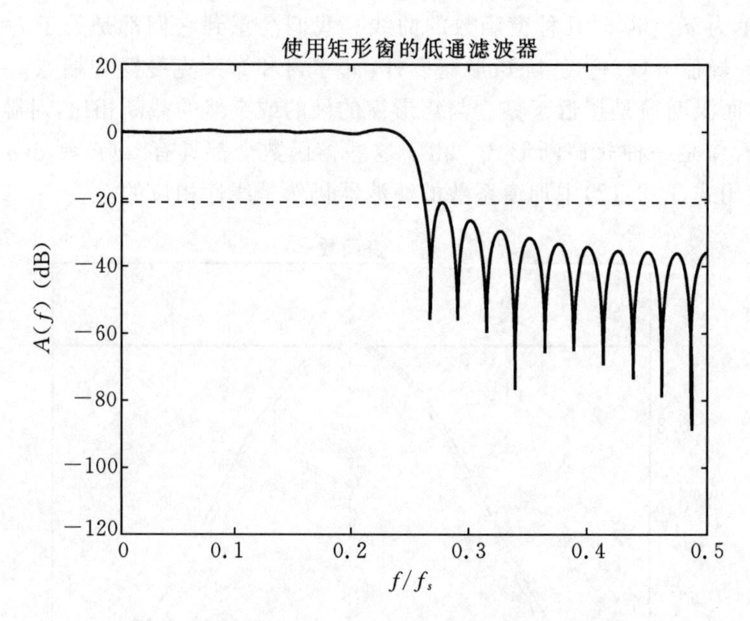

图 6.9　使用矩形窗的 40 阶低通滤波器的幅度响应

阻带内波瓣大体上是恒定不变的。

最后，使用布莱克曼窗可以得到最大的阻带衰减。根据表 6.2，滤波器系数为

$$b_i = 0.5[0.42 - 0.5\cos(\pi i/p) + 0.08\cos(2\pi i/p)]\mathrm{sinc}[0.5(i-p)],\ 0 \leqslant i \leqslant m$$

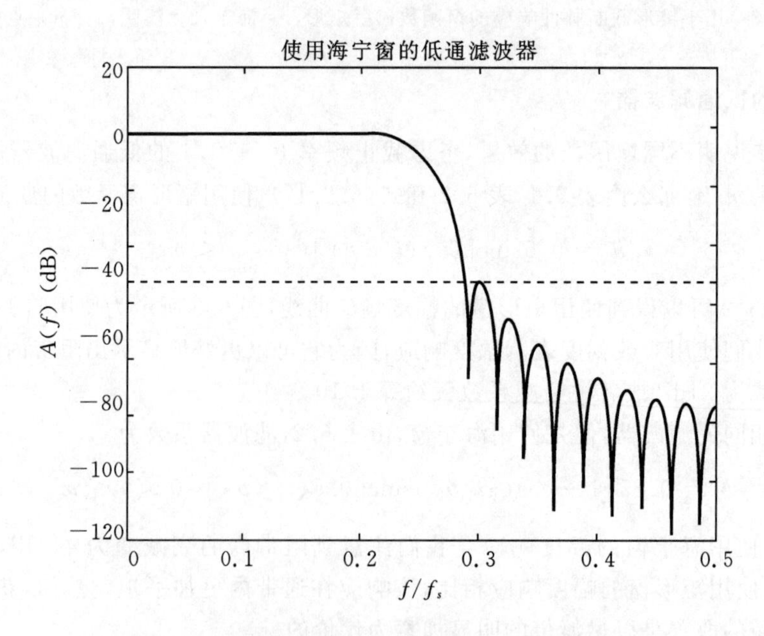

图 6.10　使用海宁窗的 40 阶低通滤波器的幅度响应

图 6.12 所示为使用布莱克曼窗的幅度响应曲线。其中的阻带衰减为 75 dB，比矩形窗提高了 54 dB。然而，选择布莱克曼窗的滤波器不能实现陡峭的频域截断，因为这种情况下过渡带的

宽度是最大的。

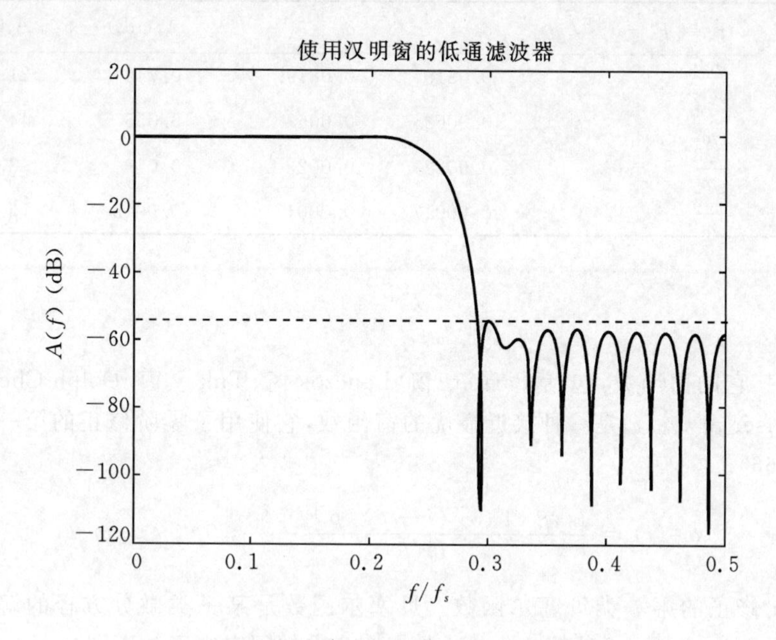

图 6.11 使用汉明窗的40阶低通滤波器的幅度响应

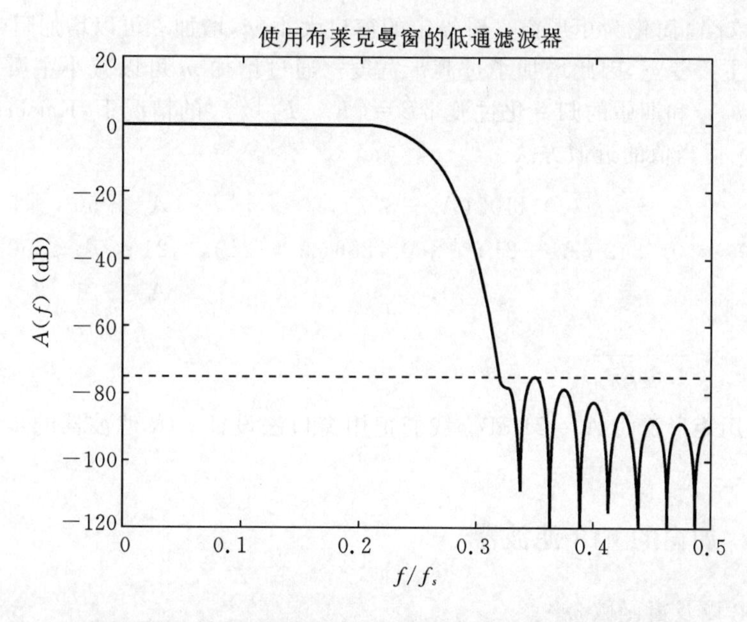

图 6.12 使用布莱克曼窗的40阶低通滤波器的幅度响应

使用窗函数法得到通带纹波和阻带衰减的改善是以增加过渡带宽度为代价的。然而，我们可以通过滤波器阶数 m 控制每种窗函数的过渡带宽度。表6.3总结了使用不同窗函数时的滤波器设计特性。

表 6.3 窗函数的设计特性

窗函数类型	$\hat{B}=\|F_s-F_p\|/f_s$	δ_p	δ_s	A_p(dB)	A_s(dB)
矩形窗	$\frac{0.9}{m}$	0.0819	0.0819	0.742	21
海宁窗	$\frac{3.1}{m}$	0.0063	0.0063	0.055	44
汉明窗	$\frac{3.3}{m}$	0.0022	0.0022	0.019	53
布莱克曼窗	$\frac{5.5}{m}$	0.00017	0.00017	0.0015	75.4

Kaiser 窗

还有一些其它的窗函数,包括 Bartlett 窗、Lanczos 窗、Tukey 窗、Dolph-Chebyshev 窗和 Kaiser 窗。Kaiser 窗 $w_K(i)$是一种接近最优的窗函数,它使用了零阶修正的第一类贝塞尔函数(Kaiser, 1966)。

$$w_K(i)=\frac{I_0\{\beta(1-[(i-p)/p]^2)^{1/2}\}}{I_0(\beta)},\ 0\leqslant i\leqslant m \tag{6.2.13}$$

其中,I_0 是零阶修正的第一类贝塞尔函数。贝塞尔函数是某一类微分方程的解。可以使用 MATLAB 函数 besseli(0, x)计算 $I_0(x)$。与表 6.2 中的固定窗函数不同,Kaiser 窗包含一个可以调整形状的参数 $\beta\geqslant0$,用户可以通过控制该参数实现主瓣宽度和旁瓣幅度之间的折衷。当 $\beta=0$ 时,Kaiser 窗简化为矩形窗。对给定的窗口大小 m,增加 β 可以增加阻带衰减 A_s。然而,这同时会使主瓣变宽,因此增加了过渡带宽度。通过增加 m 可以减小主瓣宽度。在给定期望的阻带衰减 A_s 和期望的归一化过渡带$\hat{B}=|F_s-F_p|/f_s$ 的情况下,Kaiser(1974)给出了一种确定 β 和 m 适当值的近似方法。

$$\beta\approx\begin{cases}0.1102(A_s-8.7), & A_s>50\\ 0.5842\,(A_s-21)^{0.4}+0.7886(A_s-21), & 21\leqslant A_s\leqslant 50\\ 0, & A_s<21\end{cases} \tag{6.2.14}$$

$$m\approx\frac{A_s-8}{4.568\pi\,\hat{B}} \tag{6.2.15}$$

如前所述,当使用矩形窗时 $A_s=21$ dB。我们把用窗口法设计 FIR 滤波器的步骤总结为如下算法:

算法 6.1 加窗的 FIR 滤波器

1. 选取 $m>0$ 以及窗函数 ω。

2. 从 $i=0$ 到 m 计算

$$b_i=w(i)2T\int_0^{f_s/2}A_r(f)\cos[2\pi(i-0.5m)fT]\mathrm{d}f$$

3. 令

$$H(z)=\sum_{i=0}^{m}b_iz^{-i}$$

由算法 6.1 得到的 FIR 滤波器是第一类或第二类线性相位滤波器，其延迟为 $\tau=mT/2$，振幅响应 $A_r(f)$是偶对称的。为了设计第三类或第四类滤波器，期望的振幅响应应该是奇对称的，步骤 2 中 b_i 的表达式应该用式(6.2.9)代替式(6.2.6)。

例 6.3 加窗的带通滤波器

考虑一个截止频率为 $F_0=f_s/8$ 和 $F_1=3f_s/8$ 的带通滤波器设计问题。假设使用布莱克曼窗，由表 6.1，表 6.2 和算法 6.1，滤波器的系数 $b_p=0.5$ 且对 $0\leqslant i\leqslant m, i\neq p$

$$b_i=\frac{[0.42-0.5\cos(\pi i/p)+0.08\cos(2\pi i/p)]\{\sin[0.75\pi(i-p)]-\sin[0.25\pi(i-p)]\}}{\pi(i-p)}$$

设 $m=80$。运行 *exam6_3* 得到的幅度响应曲线如图 6.13 所示。很明显，与图 6.7 相比，通带和阻带内的纹波都被有效地减小了。由表 6.3，本例中的归一化过渡带宽度为

$$\frac{\Delta F}{f_s}=\frac{5.5}{80}=0.069$$

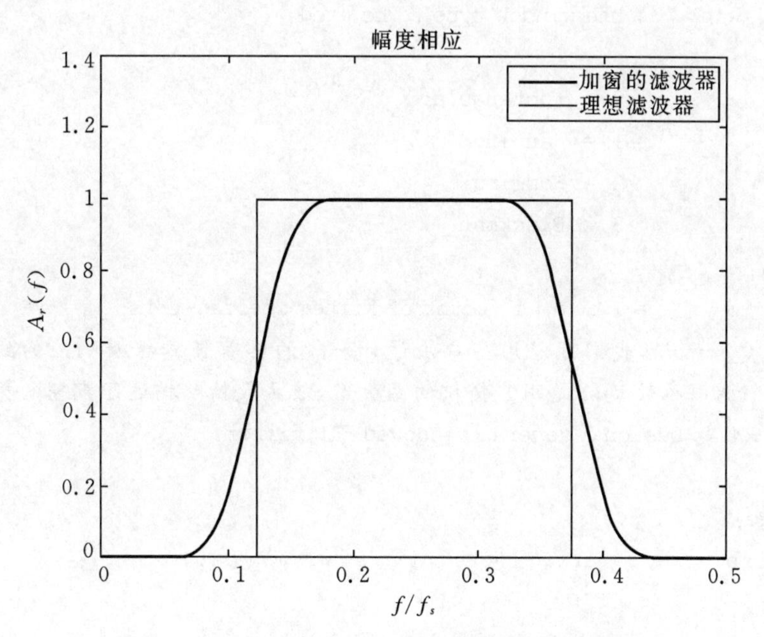

图 6.13 使用汉明窗的 80 阶带通滤波器的幅度响应

FDSP 函数

FDSP 工具箱包含两个用窗口法设计线性相位 FIR 滤波器的函数。第一个函数 *f_firideal* 使用理想频率选择性滤波器的设计规范。

```
% F _ FIRIDEAL Design an ideal linear-phase frequency-selective windowed
FIR filter
%
```

```
% Usage:
%       b = f_firideal (f_type, F, m, fs, win)
% Pre:
%       f_type =  integer selecting the frequency-selective filter type
%                 0 = lowpass
%                 1 = highpass
%                 2 = bandpass
%                 3 = bandstop
%
%       F      = scalar or vector of length two containing the
%                cutoff frequency or frequencies.
%       m      = filter order (even)
%       fs     = sampling frequency
%       win    = the window type to be used:
%
%                 0 = rectangular
%                 1 = Hanning
%                 2 = Hamming
%                 3 = Blackman
% Post:
%       b      = 1 by m + 1 vector of filter coefficients.
```

使用函数 *f_firwin*,我们可以用窗口法设计一般的具有任意振幅响应的线性相位 FIR 滤波器。第一个调用参数 *fun* 是用户提供的函数名,该函数精确描述了期望的振幅响应。

```
% F_FIRWIN: Design a general windowed FIR filter
%
% Usage:
%       b    = f_firwin (@fun, m, fs, win, sym, p)
% Pre:
%       fun  = name of user-supplied function that
%              specifies the desired amplitude
%              response of the filter. Usage:
%
%              [A, theta] = fun(f, fs, p)
%
%              Here f is the frequency, fs is the sampling
%              frequency, and p is an option parameter
%              vector containing things like cutoff
%              frequencies, etc. Output A is a the
```

```
%              desired amplitude response. Optional output theta
%              is included for compatability with f_firquad.
%              Set theta = zeros (size(f)) for a
%              linear-phase filter.
%
%       m    = the filter order
%       fs   = sampling frequency
%       win  = the window type to be used:
%
%              0 = rectangular
%              1 = Hanning
%              2 = Hamming
%              3 = Blackman
%
%       Sym  = symmetry of impulse response.
%
%              0 = even symmetry of h(k) about k = m/2
%              1 = odd symmetry of h(k) about k = m/2
%
%       p    = an optional vector of length contained
%              design parameters to be passed to fun.
%              For example p might contain cutoff
%              frequencies or gains.
% Post:
%       b = 1 by m + 1 vector of filter coefficients.
```

6.3　频率采样法

另一种设计具有指定幅度响应的线性相位 FIR 滤波器的方法是频率采样法。正如其名称所指出的那样，该方法使用了期望频率响应的采样。

6.3.1　频率采样

假设 N 个频率采样点均匀分布在区间 $0\leqslant f<f_s$ 上，第 i 个离散频率为

$$f_i=\frac{if_s}{N},\ 0\leqslant i<N \tag{6.3.1}$$

回顾 4.8.1 节，我们可以通过脉冲响应的 DFT 直接得到 FIR 滤波器频率响应的采样值。尤其是，对于一个 $m=N-1$ 阶的 FIR 滤波器，当 $0\leqslant i<N$ 时有 $H(f_i)=H(i)$，其中 $H(i)=$

DFT$\{h(k)\}$。对 $H(f_i)$取离散傅里叶反变换(IDFT),我们可以得到如下期望的FIR滤波器脉冲响应的表达式:

$$h(k)=\mathrm{IDFT}\{H(f_i)\},\ 0\leqslant k<N \tag{6.3.2}$$

式(6.3.2)中滤波器的频率响应为 $H(f)$,通过对 N 个采样点内插可以得到它,或者说 $H(f)$穿过 N 个采样点。接下来,考虑如何对 $H(f)$设置约束条件以确保滤波器是线性相位的。假设 $h(k)$是关于 $k=m/2$ 偶对称的线性相位脉冲响应,那么由式(6.2.4),该第一类或第二类滤波器($\alpha=0$)的频率响应如下:

$$H(f)=A_r(f)\exp(-\mathrm{j}\pi mfT) \tag{6.3.3}$$

其中的振幅响应 $A_r(f)$是实的偶函数,由它可以确定期望的幅度响应 $A(f)=|A_r(f)|$。回想式(4.3.7)的IDFT表达式,由式(6.3.1)至式(6.3.3),脉冲响应的第 k 个采样可以写作

$$\begin{aligned}
h(k)&=\frac{1}{N}\sum_{i=0}^{N-1}H(f_i)\exp(\mathrm{j}2\pi ik/N)\\
&=\frac{1}{N}\sum_{i=0}^{N-1}A_r(f_i)\exp(-\mathrm{j}\pi mf_iT)\exp(\mathrm{j}2\pi ik/N)\\
&=\frac{1}{N}\sum_{i=0}^{N-1}A_r(f_i)\exp(-\mathrm{j}\pi mi/N)\exp(\mathrm{j}2\pi ik/N)\\
&=\frac{1}{N}\sum_{i=0}^{N-1}A_r(f_i)\exp[\mathrm{j}2\pi i(k-0.5m)/N]\\
&=\frac{1}{N}\sum_{i=0}^{N-1}A_r(f_i)\{\cos[2\pi i(k-0.5m)/N]+\mathrm{j}\sin[2\pi i(k-0.5m)/N]\}
\end{aligned} \tag{6.3.4}$$

对于实的 $h(k)$,式(6.3.4)中的正弦项相互抵消。第 $i=0$ 项可以单独处理,此时(6.3.4)式中 $h(k)$的表达式可以简化为

$$h(k)=\frac{A_r(f_0)}{N}+\frac{1}{N}\sum_{i=1}^{N-1}A_r(f_i)\cos[2\pi i(k-0.5m)/N] \tag{6.3.5}$$

利用表4.7中 DFT 的对称性质,可以证明第 i 项和第 $N-i$ 项是相等的,这意味着可以将它们合并在一起。再注意到对FIR滤波器来说系数 $b_k=h(k)$,我们得到如下的 m 阶线性相位频率采样滤波器的系数表达式,其中 $m=N-1$。

$$b_k=\frac{A_r(0)}{m+1}+\frac{2}{m+1}\sum_{i=1}^{\mathrm{floor}(m/2)}A_r(f_i)\cos\left[\frac{2\pi i(k-0.5m)}{m+1}\right],\ 0\leqslant k\leqslant m \tag{6.3.6}$$

我们注意到对第一类滤波器,阶数 m 是偶数,此时 $\mathrm{floor}(m/2)=m/2$。对第二类滤波器,m 是奇数。

例 6.4 频率采样低通滤波器

为了进一步说明频率采样法,考虑一个截止频率 $F_0=f_s/4$ 的低通滤波器设计问题。假设滤波器的阶数 $m=20$,在此情况下,期望的振幅响应的采样为

$$A_r(f_i)=\begin{cases}1, & 0\leqslant i\leqslant 5\\ 0, & 6\leqslant i\leqslant 10\end{cases}$$

接下来，由式(6.3.6)，滤波器系数为

$$b_k = \frac{1}{21} + \frac{2}{21}\sum_{i=1}^{5}\cos\left[\frac{2\pi i(k-10)}{21}\right],\ 0 \leqslant k \leqslant 20$$

图 6.14 所示为运行 *exam*6_4 得到的幅度响应曲线。我们注意到采样点之间的幅度响应有明显的纹波。我们通过对数图可以清楚地看到阻带衰减 $A_s = 15.6$ dB。

6.3.2　过渡带优化

期望的幅度响应从通带到阻带的陡峭过渡导致了图 6.14 中幅度响应的明显波动。减小这些波动的一种方法是使用数据窗逐渐减小滤波器的系数。前述曾经提到，使用窗函数减小纹波的代价是加宽了过渡带。对于频率采样法，我们可以放弃使用窗函数，而通过包含一个或多个过渡带采样点显式地指定过渡带内的 $A(f)$。这种增加过渡带宽度的方法具有改善通带纹波和阻带衰减的效果，通过下面的例子可以看到这一点。

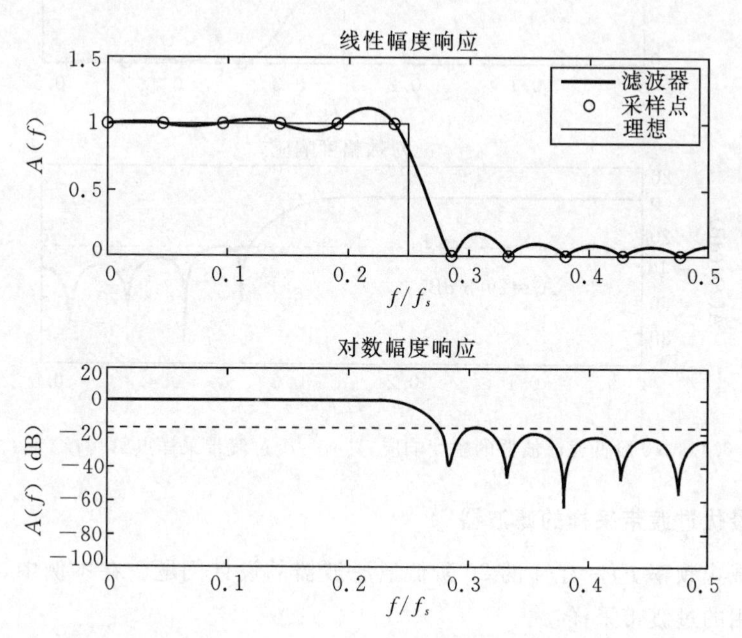

图 6.14　20 阶频率采样低通滤波器的幅度响应

例 6.5　具有过渡带采样的滤波器

再次考虑截止频率 $F_0 = f_s/4$ 的低通滤波器设计问题。与例 6.4 一样，假设滤波器的阶数 $m=20$。然而，在本例中我们插入一个过渡带采样，如下式所示：

$$A_r(f_i) = \begin{cases} 1, & 0 \leqslant i \leqslant 5 \\ 0.5, & i = 6 \\ 0, & 7 \leqslant i \leqslant 10 \end{cases}$$

由式(6.3.6)，我们求得滤波器系数为

$$b_k=\frac{1}{21}+\frac{2}{21}\left\{\sum_{i=1}^{5}\cos\left[\frac{2\pi i(k-10)}{21}\right]+0.5\cos\left[\frac{2\pi 6(k-10)}{21}\right]\right\},\ 0\leqslant k\leqslant 20$$

图 6.15 所示为运行 *exam6_5* 得到的幅度响应曲线。与图 6.14 中的结果比较，我们可以清楚地看到阻带衰减从 15.6dB 增加到了 29.5dB。通带纹波也减小了，但代价是加宽了过渡带。

例 6.5 中插入期望幅度响应的过渡带采样点是 $A_r(f_6)=0.5$，这相当于在理想通带的终点与理想阻带的起点之间进行了直线内插。很明显，还可以选择其它的过渡带采样值。我们可以利用这个额外的自由度来控制过渡带内的幅度响应形状，从而使阻带衰减最大化，正如下面的例子中所见到的一样。

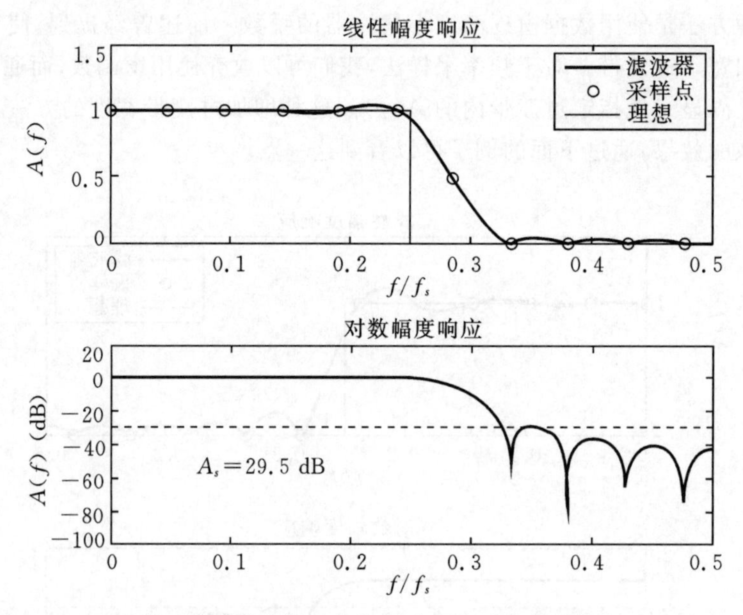

图 6.15　20 阶低通滤波器的幅度响应，具有一个过渡带采样点 $A_r(f_6)=0.5$

例 6.6　具有最优过渡带采样的滤波器

再次考虑截止频率 $F_0=f_s/4$ 的 20 阶低通滤波器的设计问题。在本例中，我们插入一个如下所示的通用的过渡带采样：

$$A_r(f_i)=\begin{cases}1, & 0\leqslant i\leqslant 5\\ x, & i=6\\ 0, & 7\leqslant i\leqslant 10\end{cases}$$

由式(6.3.6)，可以求得滤波器系数为

$$b_k(x)=\frac{1}{21}+\frac{2}{21}\left\{\sum_{i=1}^{5}\cos\left[\frac{2\pi i(k-10)}{21}\right]+x\cos\left[\frac{2\pi 6(k-10)}{21}\right]\right\},\ 0\leqslant k\leqslant 20$$

问题是找到一个最大化阻带衰减 A_s 的 x 值。求解该问题的一种简单的方法是对 $0<x<1$ 区间内三个不同的 x 值，分别计算阻带衰减 $A_s(x)$。例如，假设使用 $x=[0.25,0.5,0.75]^T$。

考虑通过这三个数据点的二次多项式：

$$A_s(x)=c_1+c_2x+c_3x^2$$

用于内插数据点的多项式系数向量 $c=[c_1,c_2,c_3]^T$ 必须满足如下的线性代数方程组：

$$\begin{bmatrix}1 & x_1 & x_1^2\\ 1 & x_2 & x_2^2\\ 1 & x_3 & x_3^2\end{bmatrix}\begin{bmatrix}c_1\\ c_2\\ c_3\end{bmatrix}=\begin{bmatrix}A_s(x_1)\\ A_s(x_2)\\ A_s(x_3)\end{bmatrix}$$

求解该方程组得到 c，我们就可以得到一个阻带衰减是过渡带采样点的函数的多项式模型。通过对 $A_s(x)$ 求导并令结果为 0 解出 x，从而得到最大化阻带衰减的 x。所得到的最优过渡带采样值如下式所示：

$$x_{\max}=\frac{-c_2}{2c_3}$$

*exam*6_6 实现了上述优化过程。从 *f_dsp* 运行 *exam*6_6 可以得到系数向量 $c=[18.35, 62.74, -80.83]^T$。因此，最优的过渡带采样值是：

$$A_r(f_6)=x_{\max}=\frac{-62.74}{2(-80.83)}=0.388$$

图 6.16 所示为最优幅度响应曲线。通过使用最优的过渡带采样值，我们发现阻带衰减增加到了 $A_s=39.9$ dB。

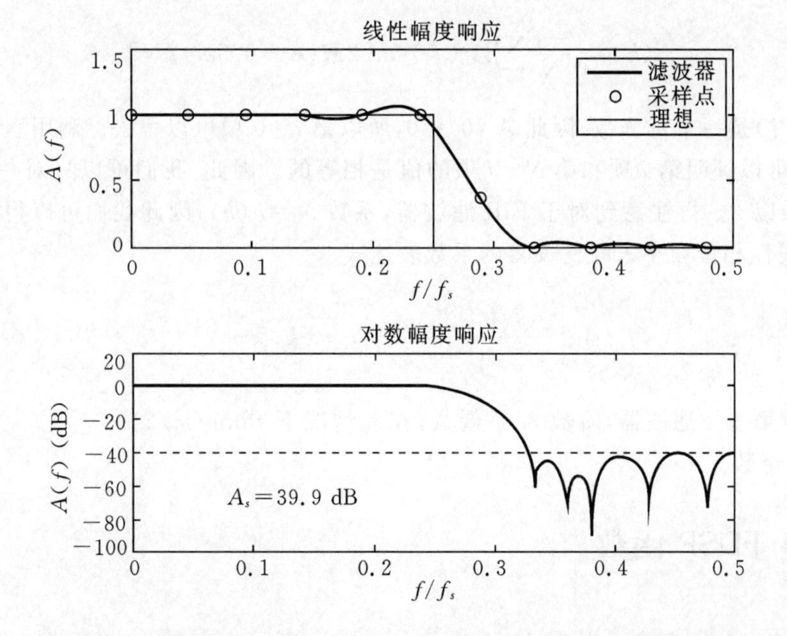

图 6.16 20 阶低通滤波器的幅度响应，使用最优过渡带采样点 $A_r(f_6)=0.388$

在过渡带内使用采样点的概念可以扩展到使用多个采样点，这可以使阻带衰减进一步得到改善。针对不同长度和不同过渡带采样点数的 FIR 滤波器，Rabiner 等(1970)已经以列表的形式给出了最优过渡带采样点。例如，当使用一个具有 5 个通带采样点和两个过渡带采样点的 15 阶滤波器时，阻带衰减可以超过 100 dB。

频率采样法也可以用于设计脉冲响应关于 $k=m/2$ 奇对称的线性相位 FIR 滤波器。由式(6.2.7)，它对应于一个具有如下频率响应类型的滤波器：

$$H(f)=\mathrm{j}A_r(f)\exp(-\mathrm{j}\pi mfT) \tag{6.3.7}$$

利用式(6.3.1)到式(6.3.3)，我们可以将脉冲响应的第 k 个采样写成下式，其中采样点数 $N=m+1$。

$$\begin{aligned}
h(k) &= \frac{1}{N}\sum_{i=0}^{N-1}H(f_i)\exp(\mathrm{j}2\pi ik/N) \\
&= \frac{j}{N}\sum_{i=0}^{N-1}A_r(f_i)\exp(-\mathrm{j}\pi mf_iT)\exp(\mathrm{j}2\pi ik/N) \\
&= \frac{j}{N}\sum_{i=0}^{N-1}A_r(f_i)\exp\{j[2\pi i(k-0.5m)/N]\} \\
&= \frac{j}{N}\sum_{i=0}^{N-1}A_r(f_i)\{\cos[2\pi i(k-0.5m)/N]+\mathrm{j}\sin[2\pi i(k-0.5m)/N]\}
\end{aligned} \tag{6.3.8}$$

对于一个实的 $h(k)$，式(6.3.8)中的余弦项互相抵消，我们有

$$h(k)=\frac{-1}{N}\sum_{i=0}^{N-1}A_r(f_i)\sin[2\pi i(k-0.5m)/N] \tag{6.3.9}$$

由于 $A_r(f)$ 是一个奇函数，因此 $A_r(0)=0$，所以第 $i=0$ 项可以舍去。利用表 4.7 中 DFT 的对称性质，可以证明第 i 项和第 $N-i$ 项的值是相等的。因此，我们可以只对一半项求和然后再对结果乘以 2。再注意到对于 FIR 滤波器，系数 $b_k=h(k)$，因此我们可以得到如下 m 阶 $(m=N-1)$ 线性相位频率采样滤波器的系数表达式。

$$b_k=\frac{-2}{m+1}\sum_{i=1}^{\mathrm{floor}(m/2)}A_r(f_i)\sin\left[\frac{2\pi i(k-0.5m)}{m+1}\right],\ 0\leqslant k\leqslant m \tag{6.3.10}$$

我们注意到对第三类滤波器，阶数 m 是偶数，在此情况下 $\mathrm{floor}(m/2)=m/2$。对第四类滤波器，阶数 m 是奇数。

FDSP 函数

FDSP 工具箱包含如下使用频率采样法设计线性相位 FIR 滤波器的函数。

```
% F_FIRSAMP: Design a frequency-sampled FIR filter
%
% Usage:
```

```
%        b    = f_firsamp (A, m, fs, sym)
% Pre:
%        A    = 1 by floor (m/2) + 1 array containing the
%               samples of the desired amplitude response.
%
%               |A(i)| = |H(f_i)|
%
%               Here the ith discrete frequency is
%
%               f_i = (i - 1)fs/(m + 1)
%
%        m    = order of filter
%        fs   = the sampling frequency in Hz
%        sym  = symmetry of pulse response.
%
%               0 = even symmetry of h(k) about k = m/2
%               1 = odd symmetry of h(k) about k = m/2
% Post:
%        b    = 1 by m + 1 vector of filter coefficients.
```

6.4 最小二乘法

数字滤波器的频率响应是以 f_s 为周期的周期函数。因为窗口法使用了期望振幅响应 $A_d(f)$的截断的傅里叶级数展开,因此使用该方法所得到的滤波器在最小化如下目标函数的意义上是最优的。

$$J = \int_0^{f_s/2} [A_d(f) - A_r(f)]^2 \mathrm{d}f \tag{6.4.1}$$

实际的振幅响应 $A_r(f)$是实的,但是可正可负。对第一类或第二类线性相位滤波器,振幅响应是偶对称的,而对第三类或第四类线性相位滤波器,它是奇对称的。另一种可供选择的滤波器设计方法是使用目标函数 J 的离散形式。设$\{F_0, F_1, \cdots, F_p\}$是由 $p+1$ 个不同的频率组成的集合,其中 $F_0=0, F_p=f_s/2$,且有

$$F_0 < F_1 < \cdots < F_p \tag{6.4.2}$$

离散频率之间的间隔通常是均匀的,如 $F_i = if_s/(2p)$,但这不是必须的。接下来,设 $w(i)>0$ 是一个*加权函数*,它指定离散频率 F_i 的相对重要性。把 $0\leqslant i\leqslant p, w(i)=1$ 的特殊情况称为*等加权*。式(6.4.1)中目标函数的离散加权形式可以用如下公式表示:

$$J_p = \sum_{i=0}^{p} w^2(i)\left[A_r(F_i) - A_d(F_i)\right]^2 \tag{6.4.3}$$

最小化 J_p 的滤波器设计技术被称为最小二乘法。滤波器的振幅响应取决于滤波器的系数向量 b，但这种依赖关系的准确形式还取决于所使用的线性相位滤波器的类型。为了详细说明最小二乘法，考虑最常用的线性相位滤波器，m 阶第一类滤波器，其中 $m \leqslant 2p$。

$$H(z) = \sum_{i=0}^{m} b_i z^{-i} \tag{6.4.4}$$

由表 5.1，对第一类滤波器，m 是偶的且脉冲响应满足偶对称条件 $h(m-k)=h(k)$。对于一般的 FIR 滤波器，$b_i=h(i)$，这意味着对 $0\leqslant i\leqslant m$，$b_{m-i}=b_i$。为方便起见，令 $\theta=2\pi fT$ 以及 $m=2r$。则我们可以将 $H(z)$的频率响应写成如下形式。

$$\begin{aligned} H(f) &= \sum_{i=0}^{m} b_i \exp(-\mathrm{j}i\theta) \\ &= \exp(-\mathrm{j}r\theta)\sum_{i=0}^{m} b_i \exp[-\mathrm{j}(i-r)\theta] \end{aligned} \tag{6.4.5}$$

由于 m 是偶的，中间项或第 r 项可以从求和中提取出来。再利用对称条件 $b_{m-i}=b_i$ 和欧拉公式，剩余项可以成对合并。

$$\begin{aligned} H(f) &= \exp(-\mathrm{j}r\theta)\left\{b_r + \sum_{i=0}^{r-1} b_i \exp[-\mathrm{j}(i-r)\theta] + b_{m-i}\exp[-\mathrm{j}(m-i-r)\theta]\right\} \\ &= \exp(-\mathrm{j}r\theta)\left\{b_r + \sum_{i=0}^{r-1} b_i [\exp[-\mathrm{j}(i-r)\theta] + \exp[\mathrm{j}(i-r-m+2r)\theta]]\right\} \\ &= \exp(-\mathrm{j}r\theta)\left\{b_r + \sum_{i=0}^{r-1} b_i [\exp[-\mathrm{j}(i-r)\theta] + \exp[\mathrm{j}(i-r)\theta]]\right\} \\ &= \exp(-\mathrm{j}r\theta)\left\{b_r + 2\sum_{i=0}^{r-1} b_i \cos[(i-r)\theta]\right\} \\ &= A_r(f)\exp(-\mathrm{j}r\theta) \end{aligned} \tag{6.4.6}$$

为方便起见，作如下定义对 $i\neq r$，$c_i=b_i$ 且 $c_r=b_r/2$。并注意到 $\theta=2\pi fT$，则我们可以得到如下 $2r$ 阶第一类线性相位 FIR 滤波器的振幅响应。

$$A_r(f) = 2\sum_{i=0}^{r} c_i \cos[2\pi(i-r)fT] \tag{6.4.7}$$

现在，我们得到了一个表示 $A_r(f)$与 c 之间依赖关系的表达式，接下来可以着手求得 c 的最优值，从而得到 b。由式(6.4.3)，目标函数为

$$J_p(c) = \sum_{i=0}^{p} w^2(i)\left[2\sum_{k=0}^{r} c_k \cos[2\pi(k-r)F_i T] - A_d(F_i)\right]^2 \tag{6.4.8}$$

为了求得系数向量 c 的最优值，令$\partial J_p(c)/\partial c=0$，并解出 c。为避免显式地求偏微分。我们用向量形式重新表示式(6.4.8)。设$(p+1)\times(r+1)$维的矩阵 G 和$(p+1)\times 1$ 维的列向量 d 定义如下：

$$G_{ik} \triangleq 2w(i)\cos[2\pi(k-r)F_iT],\ 0 \leqslant i \leqslant p, 0 \leqslant k \leqslant r \tag{6.4.9a}$$

$$d_i \triangleq w(i)A_d(F_i),\ 0 \leqslant i \leqslant p \tag{6.4.9b}$$

若 $c=[c_0,c_1,\cdots,c_r]^{\mathrm{T}}$ 是待求的系数向量，则式(6.4.8)中的目标函数可写成如下简洁的向量形式：

$$J_p(c) = (Gc-d)^{\mathrm{T}}(Gc-d) \tag{6.4.10}$$

由于 $p \geqslant r$，线性代数方程 $Gc=d$ 是过定的，即方程数比未知数多，因此一般来说不存在 c 满足 $Gc=d$，即方程组无解。为了求得使 $J_p(c)$ 最小化的系数向量 c，在 $Gc=d$ 的两边左乘 G^{T}，得到如下的正则方程(normal equations)：

$$G^{\mathrm{T}}Gc=G^{\mathrm{T}}d \tag{6.4.11}$$

式(6.4.11)的解即为最小二乘滤波器的系数向量，该滤波器最小化 $J_p(c)$。我们注意到 $G^{\mathrm{T}}G$ 是一个 $(r+1)\times(r+1)$ 维的满秩方阵。因此，最优系数向量可表示为：

$$c = (G^{\mathrm{T}}G)^{-1}G^{\mathrm{T}}d \tag{6.4.12}$$

矩阵 $G^{+}=(G^{\mathrm{T}}G)^{-1}G^{\mathrm{T}}$ 被称为 G 的伪逆。一般地，我们不使用伪逆求解 c，取而代之的是，直接求解式(6.4.11)的正则方程，这是因为对于大的 r，它仅需要大约三分之一的浮点运算量(*FLOPs*)。对于大的 r，正则方程可能变为病态的。一旦确定了 $(r+1)\times 1$ 维向量 c，则可以用下式得到原始的 $(m+1)\times 1$ 维系数向量 b。

$$b_i = \begin{cases} c_i, & 0 \leqslant i < r \\ 2c_r, & i=r \\ c_{2r-i}, & r < i \leqslant 2r \end{cases} \tag{6.4.13}$$

例 6.7 最小二乘带通滤波器

为了举例说明最小二乘法，考虑一个带通滤波器的设计问题，该滤波器的幅度响应是逐段线性的，其通带位于 $3f_s/16 \leqslant |f| \leqslant 5f_s/16$，过渡带宽度为 $f_s/32$。假设 $p=40$，并使用等间隔的离散频率点。

$$F_i = \frac{if_s}{2p},\ 0 \leqslant i \leqslant p$$

下面讨论两种情况。第一种使用等加权，第二种对通带内的采样点用 $w(i)=10$ 进行加权。在这两种情况中，FIR 滤波器的阶数 $m=40$。运行 *exam6_7* 所得到的结果如图 6.17 所示。我们注意到，通过对通带内的采样点使用更大的权系数，通带纹波减小了，但代价是阻带内的衰减也减小了。

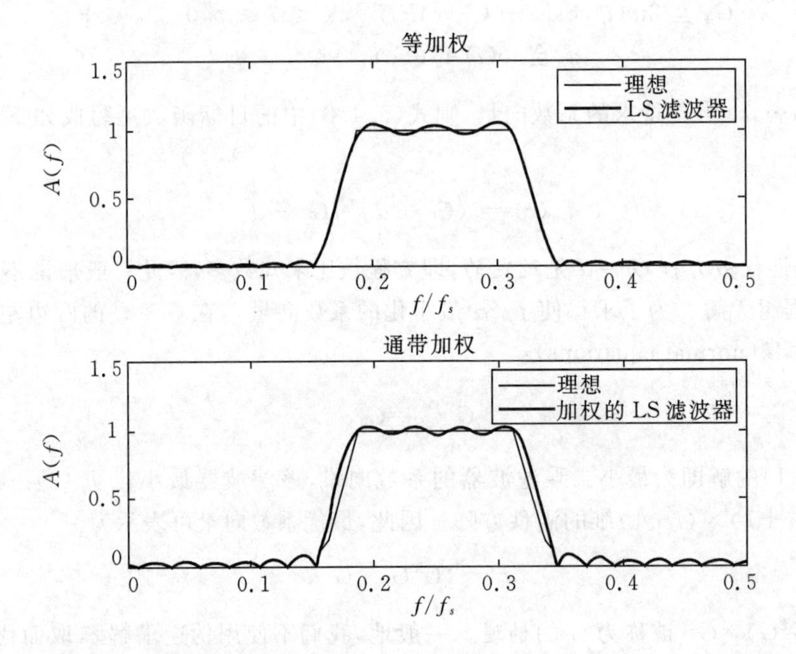

图 6.17 64阶最小二乘带通滤波器的幅度响应，使用 $p+1=129$ 个离散频率点，等加权及增加通带权重两种情况

FDSP 函数

FDSP 工具箱包含如下使用最小二乘法设计第一类或第二类线性相位 FIR 滤波器的函数。

```
% F_FIRLS: Design a least-squares FIR filter
%
% Usage:
%       b  = f_firls(F, A, m, fs, w)
% Pre:
%       F  = 1 by (p+1) vector containing discrete
%            frequencies with F(1) = 0 and F(p+1) = fs.2.
%       A  = 1 by (p+1) vector containing samples of
%            desired amplitude response at the discrete
%            frequencies.
%
%            |A(i)| = |H_d(F_i)|
%
%       m  = order of filter (1<=m<= 2*p)
%       fs = the sampling frequency in Hz
```

```
%         w = 1 by (p+1) vector containing weighting
%             factors. If w is not present, then
%             uniform weighting is used.
% Post:
%         b = 1 by m+1 vector of filter coefficients.
```

6.5 等纹波滤波器

迄今为止,所讨论的FIR滤波器设计方法都涉及某种性能的最优化。窗口法(使用矩形窗)最小化式(6.4.1)中的均方误差。频率采样法利用过渡带采样点的最优设置使阻带衰减最大化。最小二乘法使式(6.4.3)所示的离散频点处的误差平方的加权和最小化。本节,我们将讨论一种使通带和阻带内最大绝对误差最小化的优化技术。

6.5.1 最小最大误差准则

为了简化推导,我们主要讨论最一般的线性相位FIR滤波器——第一类滤波器。因此,滤波器阶数$m=2p$是偶的,脉冲响应$h(k)$关于中点$k=p$偶对称。由式(6.2.4),其频率响应可以表示为

$$H(f) = A_r(f)\exp(-\mathrm{j}2\pi pfT) \tag{6.5.1}$$

其中,滤波器的振幅响应$A_r(f)$是f的实的偶函数。与频率响应相同,振幅响应也是以f_s为周期的函数。因此,我们可以用如下截断的三角傅里叶级数逼近振幅响应。

$$A_r(f) = \sum_{i=0}^{p} d_i \cos(2\pi ifT) \tag{6.5.2}$$

注意到由于$A_r(f)$是偶函数,所以没有正弦项。对于使用矩形窗的滤波器,系数d_i即为傅里叶系数。在此情况下,所得到的滤波器使式(6.4.1)中的均方误差最小化。然而,还有最小化其它目标的计算d_i的方法。为了理解这一点,我们使用切比雪夫多项式重新表示式(6.5.2)中截断的余弦级数。回顾5.5节所述,第一类切比雪夫多项式的前两项为$T_0(x)=1$和$T_1(x)=x$,其余的切比雪夫多项式可以利用递归的形式定义如下:

$$T_k(x) = 2xT_{k-1}(x) - T_{k-2}(x),\ k \geqslant 2 \tag{6.5.3}$$

因此,$T_k(x)$为k次多项式。切比雪夫多项式是一类典型的正交多项式,具有很多有用的性质(Schilling and Lee,1988)。特别地,由式(5.2.25),

$$T_k[\cos(\theta)] = \cos(k\theta),\ k \geqslant 0 \tag{6.5.4}$$

按照上述谐波生成性质,式(6.5.2)中截断的余弦级数可以用切比雪夫多项式表示为

$$A_r(f) = \sum_{k=0}^{p} d_k T_k[\cos(2\pi fT)] \tag{6.5.5}$$

因此 $A_r(f)$可以看作一个三角多项式，多项式中的 $x=\cos(2\pi fT)$。为了定义不同的误差准则，令 $A_d(f)$为期望的振幅响应，并设 $w(f)>0$ 为加权函数。则频率 f 处的加权误差可以定义为

$$E(f) \triangleq w(f)[A_d(f)-A_r(f)] \tag{6.5.6}$$

一种合理的选择加权函数的方法是：令滤波器通带内的加权函数 $w(f)=1/\delta_p$，而阻带内的 $w(f)=1/\delta_s$。按此方法，如果某种规范比另一种要求更严格，那么它将被赋予更大的权值，因为大的权值更难以满足。由于用正的常数乘以式(6.5.6)中的加权函数不会改变该优化问题的特性，由此可以得到如下的归一化加权函数

$$w(f)=\begin{cases}\dfrac{\delta_s}{\delta_p}, & f\in \text{通带}\\ 1, & f\in \text{阻带}\end{cases} \tag{6.5.7}$$

频率选择性滤波器的设计规范对通带和阻带内的振幅响应均设置了约束，但没有对过渡带设置约束。令 F 表示指定了振幅响应的频率的集合(称为频带)，则 F 是$[0, f_s/2]$的如下子集，其中$\cup$表示两个集合的并集。

$$F \triangleq \text{通带} \cup \text{阻带} \tag{6.5.8}$$

表 6.4 总结了四种基本频率选择性滤波器的频带(frequency bands)。

表 6.4　四种基本频率选择性滤波器的频带

滤波器类型	F
低通	$[0, F_p]\cup[F_s, f_s/2]$
高通	$[0, F_s]\cup[F_p, f_s/2]$
带通	$[0, F_{s1}]\cup[F_{p1}, F_{p2}]\cup[F_{s2}, f_s/2]$
带阻	$[0, F_{p1}]\cup[F_{s1}, F_{s2}]\cup[F_{p2}, f_s/2]$

给定滤波器规范的频点以及加权函数，则设计目标就是求出满足如下优化问题的切比雪夫系数矢量 $d\in R^{p+1}$：

$$\min_{d\in R^{p+1}} \left[\max_{f\in F}\{|E(f)|\}\right] \tag{6.5.9}$$

由于式(6.5.9)中的性能准则使通带和阻带内的最大绝对误差最小化，因此被称为最小最大准则。

在求得最优的切比雪夫系数矢量 d 之后，我们接下来要考虑的是如何确定滤波器的脉冲响应。利用 DTFT 即可以实现这一点。由于滤波器的频率响应 $H(f)=\text{DTFT}\{h(k)\}$，因此使用逆 DTFT 即可由 $H(f)$恢复脉冲响应。

$$h(k)=\frac{1}{f_s}\int_{-f_s/2}^{f_s/2} H(f)\exp(\mathrm{j}k2\pi fT)\,\mathrm{d}f \tag{6.5.10}$$

若振幅响应具有式(6.5.2)的形式，则由式(6.5.1)，我们可以得到

$$
\begin{aligned}
h(k) &= \frac{1}{f_s}\int_{-f_s/2}^{f_s/2} A_r(f)\exp(-\mathrm{j}p2\pi fT)\exp(\mathrm{j}k2\pi fT)\mathrm{d}f \\
&= \frac{1}{f_s}\int_{-f_s/2}^{f_s/2} A_r(f)\exp[\mathrm{j}(k-p)2\pi fT]\mathrm{d}f \\
&= \frac{1}{f_s}\int_{-f_s/2}^{f_s/2} \sum_{i=0}^{p} d_i\cos(i2\pi fT)\exp[\mathrm{j}(k-p)2\pi fT]\mathrm{d}f \\
&= \frac{1}{f_s}\sum_{i=0}^{p} d_i\int_{-f_s/2}^{f_s/2} \cos(i2\pi fT)\exp[\mathrm{j}(k-p)2\pi fT]\mathrm{d}f
\end{aligned}
\qquad (6.5.11)
$$

首先考虑 $k=p$ 的情况。此时，由于式(6.5.11)中的指数为零，因此指数项就消失了，所以脉冲响应可以简化为

$$
h(p) = \frac{1}{f_s}\sum_{i=0}^{p} d_i\int_{-f_s/2}^{f_s/2} \cos(i2\pi fT)\mathrm{d}f = d_0 \qquad (6.5.12)
$$

接下来考虑 $k\neq p$ 的情况。利用欧拉公式展开(6.5.11)式中的复指数项，又由于积分区间关于 $f=0$ 对称，因此 f 的奇函数项的积分为零。再利用附录 2 中余弦的积化和差三角恒等式可以得到如下的脉冲响应：

$$
\begin{aligned}
h(k) &= \frac{1}{f_s}\sum_{i=0}^{p} d_i\int_{-f_s/2}^{f_s/2} \cos(i2\pi fT)\{\cos[(k-p)2\pi fT]+\mathrm{j}\sin[(k-p)2\pi fT]\}\mathrm{d}f \\
&= \frac{1}{f_s}\sum_{i=0}^{p} d_i\int_{-f_s/2}^{f_s/2} \cos(i2\pi fT)\cos[(k-p)2\pi fT]\mathrm{d}f \\
&= \frac{1}{2f_s}\sum_{i=0}^{p} d_i\int_{-f_s/2}^{f_s/2} \{\cos[(i+[k-p])2\pi fT]+\cos[(i-[k-p])2\pi fT]\}\mathrm{d}f \\
&= \frac{d_{p-k}}{2},\ 0\leqslant k<p
\end{aligned}
\qquad (6.5.13)
$$

类似地，对 $p<k\leqslant 2p$，只有 $i=k-p$ 项的积分存在，因此有 $h(k)=d_{k-p}/2$。综上所述，由切比雪夫系数向量 d 可以得到第一类线性相位滤波器的脉冲响应如下式所示：

$$
h(k) = \begin{cases} \dfrac{d_{p-k}}{2}, & 0\leqslant k<p \\ d_p, & k=p \\ \dfrac{d_{k-p}}{2}, & p<k\leqslant 2p \end{cases} \qquad (6.5.14)
$$

6.5.2　Parks-McClellan 算法

用 $x=\cos(2\pi fT)$ 的多项式表示振幅度响应 $A_r(f)$ 有效地将滤波器设计问题转化为集合 F 上的多项式逼近问题。令 δ 表示最小最大性能准则的最优值。

$$
\delta = \min_{d\in R^{p+1}}\left[\max_{f\in F}\{|E(f)|\}\right] \qquad (6.5.15)
$$

Parks 和 McClellan(1972a,b)应用交替定理由多项式逼近理论解出了 d。交替定理是由 Remez(1957)提出的。

命题 6.1　交替定理

当且仅当 F 中存在至少 $p+2$ 个极值频点 $F_0<F_1<\cdots<F_{p+1}$ 使得 $E(F_{i+1})=-E(F_i)$ 且

$$|E(F_i)|=\delta,\ 0\leqslant i<p+2$$

时,式(6.5.2)中的函数 $A_r(f)$ 即为式(6.5.15)中最小最大优化问题的解。

极值频点是指那些通带或阻带内误差的绝对值达到极大值的那些频率点。极值频点包含局部极小点,局部极大点,以及通带或阻带边缘的频点。交替定理这个名字来源于如下事实,每当从一个极值频点过渡到与之相邻的另一个极值频点时,误差的符号都会发生改变。图6.18所示为低通滤波器最优振幅响应的一个例子。注意到局部极值点与振幅响应纹波相伴,并且在每个频带(通带或阻带)内,这些纹波的大小相等。正是由于这个原因,最优最小最大滤波器也被称为等纹波滤波器。

对图 6.18 所示的等纹波滤波器,通带纹波 $\delta_p=0.06$,阻带衰减 $\delta_s=0.04$,滤波器阶数$m=12$。我们可以看到,通带和阻带内各有四个极值频点。因此,极值频点的个数为 $p+2=8$,由命题6.1,图 6.18 中的振幅响应是最优的。至少需要 $p+2$ 个极值频点来自于如下观察。由于 $A_r(f)$ 是 p 次多项式,所以有多达 $p-1$ 个局部极小点和局部极大点,在这些极值点处$A_r(f)$的斜率为零。对低通或高通滤波器,最优振幅响应还会经过通带和阻带内部的边缘频点。

$$A_r(F_p)=1-\delta_p \tag{6.5.16a}$$

$$A_r(F_s)=\delta_s \tag{6.5.16b}$$

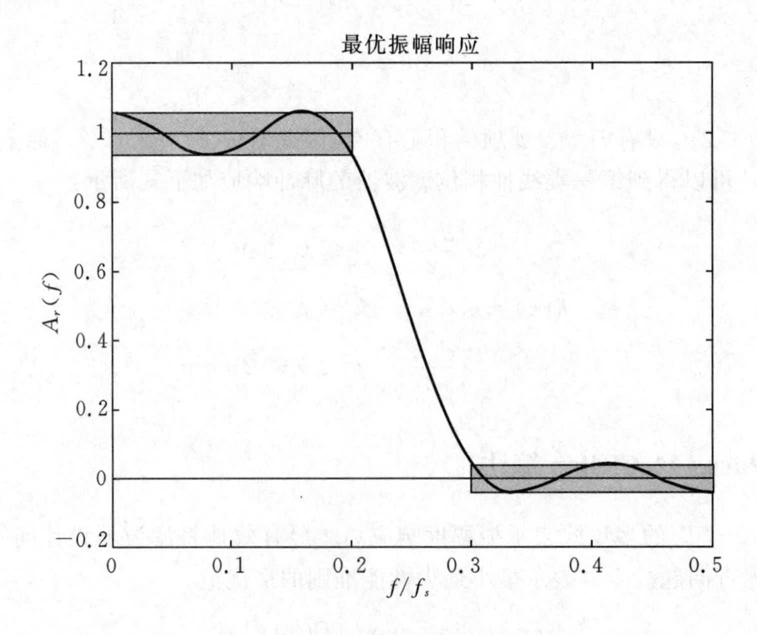

图 6.18　使用最小最大优化准则的最优振幅响应($m=12$)

这样就有 $p+1$ 个极值频点。除此之外,在两个端点频率 $F=0$ 和 $F=f_s/2$ 中,至少有一个是

(或者两个都是)极值频点。因此,对于低通或高通滤波器,最优振幅响应的极值频点数是 $p+2$ 或 $p+3$ 个。而对于带通或带阻滤波器,由于有两个额外的边缘频点,所以最多可以有 $p+5$ 个极值频点。由命题6.1,最优等纹波振幅响应至少必须有 $p+2$ 个极值频点。

为了确定最优切比雪夫系数向量 $d\in R^{p+1}$,我们从交替定理出发。使用式(6.5.6)中 $E(f)$ 的定义,我们有

$$w(F_i)[A_d(F_i)-A_r(F_i)]=(-1)^i\delta,\ 0\leqslant i<p+2 \tag{6.5.17}$$

上式可以改写为

$$A_r(F_i)+\frac{(-1)^i\delta}{w(F_i)}=A_d(F_i),\ 0\leqslant i<p+2 \tag{6.5.18}$$

对 $0\leqslant i<p+2$,令 $\theta_i=2\pi F_iT$。用式(6.5.2)代入上式替换 $A_r(F_i)$,可得

$$\sum_{k=0}^{p}d_k\cos(k\theta_i)+\frac{(-1)^i\delta}{w(F_i)}=A_d(F_i),\ 0\leqslant i<p+2 \tag{6.5.19}$$

接下来,用 $c=[d_0,\cdots,d_p,\delta]^{\mathrm{T}}$ 表示未知参数向量。则式(6.5.19)的 $p+2$ 个方程可以写成如下的向量形式:

$$\begin{bmatrix} 1 & \cos(\theta_0) & \cdots & \cos(p\theta_0) & \dfrac{1}{w(F_0)} \\ 1 & \cos(\theta_1) & \cdots & \cos(p\theta_1) & \dfrac{-1}{w(F_1)} \\ & & \vdots & & \\ 1 & \cos(\theta_p) & \cdots & \cos(p\theta_p) & \dfrac{(-1)^p}{w(F_p)} \\ 1 & \cos(\theta_{p+1}) & \cdots & \cos(p\theta_{p+1}) & \dfrac{(-1)^{p+1}}{w(F_{p+1})} \end{bmatrix}\underbrace{\begin{bmatrix} d_0 \\ d_1 \\ \vdots \\ d_p \\ \delta \end{bmatrix}}_{c}=\begin{bmatrix} A_d(F_0) \\ A_d(F_1) \\ \vdots \\ A_d(F_p) \\ A_d(F_{p+1}) \end{bmatrix} \tag{6.5.20}$$

给定一组极值频点,我们就可以通过求解式(6.5.20)得到切比雪夫系数向量 d 和参数 δ。不幸的是,我们不知道极值频点的位置,因此必须利用被称为Remez交换算法(Remez,1957)的迭代过程估计出极值频点。为了定位 $p+2$ 个极值频点,我们首先随机选择初始值。例如,可以假定这些极值频点在集合 F 上等间隔分布。接下来,求解式(6.5.20)得到 d 和 δ。一旦得到 d 的值,就可以计算式(6.5.6)中的误差函数 $E(f)$。计算 $E(f)$ 的网格要足够密,典型地,至少在 F 中选取 $16m$ 个点。如果对一些小的容限 ε,误差 $|E(f)|<\delta+\varepsilon$,那么迭代过程就收敛了。否则,需要重新设置一组新的极值频点再重复上述的过程。上述迭代过程可以总结如下。

算法 6.2　等纹波 FIR 滤波器

1. 选择滤波器阶数 $m=2p, N>0, \varepsilon>0$。设 $k=1$，并取 $M\geqslant 16m$。对 $0\leqslant i<p+2$，计算出在集合 F 上等间隔分布的初始极值频点 F_i。

2. 执行

{

(a) 求解式(6.5.20)得到 d 和 δ。

(b) 对 $0\leqslant p<M$，计算 $E_p=E(F_p)$，其中 F_p 在 F 上密集等间隔分布。计算误差峰值。

$$\| E \| = \max_{p=0}^{M-1}\{|E_p|\}$$

(c) 若 $\| E \| \geqslant \delta+\varepsilon$，则执行

(1)在集合 E_k 中找到极值频点(局部极小点和局部极大点)。

(2)删除多余的极值频点。

(d) $k=k+1$。

}

3. 当 $\| E \| \geqslant \delta+\varepsilon$ 且 $k<N$ 时，执行步骤 2。

4. 利用式(6.5.14)计算 h，并令

$$H(z) = \sum_{i=0}^{m} h(i) z^{-i}$$

若算法 6.2 在 $k=N$ 时中止，则应增大 ε 或 N。计算得到的最小最大值 δ 可能满足也可能不满足阻带规范 $\delta\leqslant\delta_s$，这与滤波器的阶数有关。如果所得到的振幅度响应中的纹波不满足滤波器规范，那么就应该增大滤波器的阶数 m。Kaiser 给出了满足给定设计规范所需的等纹波滤波器阶数的估计方法(Rabiner et al,1975)。

$$m \approx \text{ceil}\left\{\frac{-[10\log_{10}(\delta_p\delta_s)+13]}{14.6\,\hat{B}}+1\right\} \tag{6.5.21}$$

其中 $\hat{B}=|F_s-F_p|/f_s$ 为过渡带的归一化宽度。由上式得到的值可以用作 m 的初值。如果结果不满足滤波器规范，那么可以逐渐增大 m，直至满足或超过设计规范。

算法 6.2 的大多数运算量发生在步骤 $2a-b$，但我们可以提高这些步骤的效率。为了理解这一点，定义如下 α_i，其中符号 $\prod$ 表示连乘。

$$\alpha_i = \frac{(-1)^i}{\prod\limits_{k=0,k\neq i}^{p+1}[\cos(\theta_i)-\cos(\theta_k)]} \tag{6.5.22}$$

Parks 和 McClellan(1972a,b)证明了可以通过下式独立求出参数 δ。

$$\delta = \frac{\sum\limits_{i=0}^{p+1}\alpha_i A_d(F_i)}{\sum\limits_{i=0}^{p+1}\alpha_i/w(F_i)} \tag{6.5.23}$$

给定 δ，式(6.5.19)中包含 δ 的项可以移到等号右边。新的增广右边向量如下：

$$h_i = A_d(F_i) - \frac{(-1)^i \delta}{w(F_i)},\ 0 \leqslant i < p+1 \tag{6.5.24}$$

由此，式(6.5.19)可以重写为

$$A_r(F_i) = h_i,\ 0 \leqslant i < p+1 \tag{6.5.25}$$

因此，在 $p+1$ 个极值频点处 $A_r(f)$ 的值是已知的。由于已知 $A_r(f)$ 是一个 p 次多项式，因此没有必要在每次迭代中求解式(6.5.20)以得到参数向量 d。当 p 较大时，该步是可能的耗时步骤。取而代之，可以利用点 $A_r(F_i)$ 构造拉格朗日内插多项式(Parks and McClellan，1972a，b)。由 $\theta_i = 2\pi F_i T$ 以及 $\theta = 2\pi f T$，第 k 个拉格朗日内插多项式为

$$L_i(f) = \frac{\prod\limits_{k=0,\ k\neq i}^{p} [\cos(\theta) - \cos(\theta_k)]}{\prod\limits_{k=0,\ k\neq i}^{p} [\cos(\theta_i) - \cos(\theta_k)]} \tag{6.5.26}$$

注意到 $L_k(F_i) = \delta(i-k)$，其中 $\delta(i)$ 为单位脉冲。利用该正交性质以及式(6.5.25)，振幅响应可以表示为

$$A_r(f) = \sum_{i=0}^{p+1} h_i L_i(f) \tag{6.5.27}$$

这样一来，就可以不需要在步骤 2b 中求解线性代数方程组，该过程大约需要 $(p+1)^3/3$ 次浮点运算。一旦算法 6.2 收敛，就可以通过式(6.5.20)一次性解出最终的切比雪夫系数向量 d，然后再利用式(6.5.14)求出脉冲响应 $h(k)$。

例 6.8 等纹波滤波器

作为等纹波滤波器设计的一个例子，考虑带通滤波器设计问题，设采样频率 $f_s = 200\text{Hz}$ 且满足如下设计规范：

$$(F_{s1}, F_{p1}, F_{p2}, F_{s2}) = (36, 40, 60, 64)\ \text{Hz}$$
$$(\delta_p, \delta_s) = (0.02, 0.02)$$

本例中的过渡带相当窄，其归一化宽度为

$$\hat{B} = \frac{F_{p1} - F_{s1}}{f_s} = 0.02$$

由式(6.5.21)，满足上述设计规范的滤波器阶数的初始估计值为

$$m \approx \text{ceil}\left\{\frac{-[10\log_{10}(0.0004)+13]}{14.6(0.02)} + 1\right\} = 73$$

运行脚本 *exam6_8* 可以算出等纹波滤波器系数。估计的阶数 $m \approx 73$ 有点小，所得到的滤波器不能完全满足设计规范。图 6.19 所示为 $m=84$ 时的幅度响应，其等纹波性质是比较明显的。

由图 6.19 很难直观地看出幅度响应满足设计规范的程度。取而代之，如果使用对数坐标绘制幅度响应，就可以更容易地观察阻带衰减。由式(5.2.7)，以 dB 为单位的通带纹波和阻

带衰减为

$$A_p = 0.1755\text{dB}$$
$$A_s = 33.98\text{dB}$$

图 6.20 所示为以 dB 为单位的幅度响应曲线。显而易见，84 阶滤波器的幅度响应超过了指定的阻带衰减 A_s=33.98 dB。因此，在仍然满足设计规范的同时，滤波器阶数还可以减小一点。

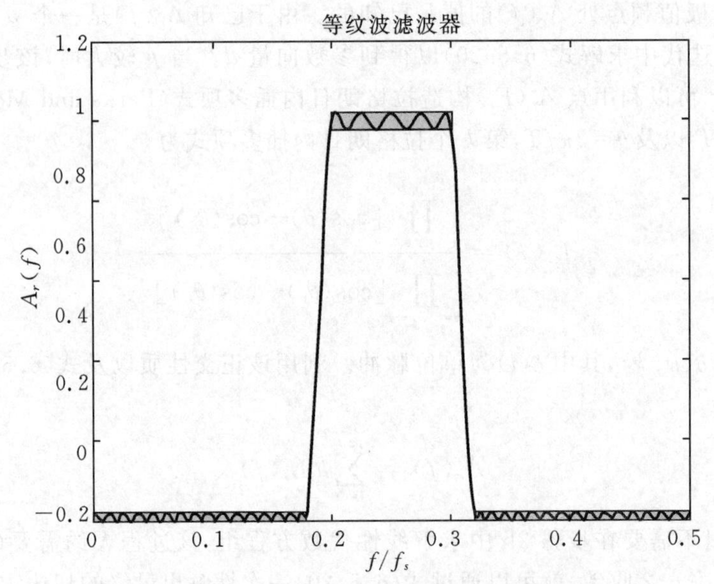

图 6.19　最优等纹波带通滤波器的线性幅度响应(m=84)

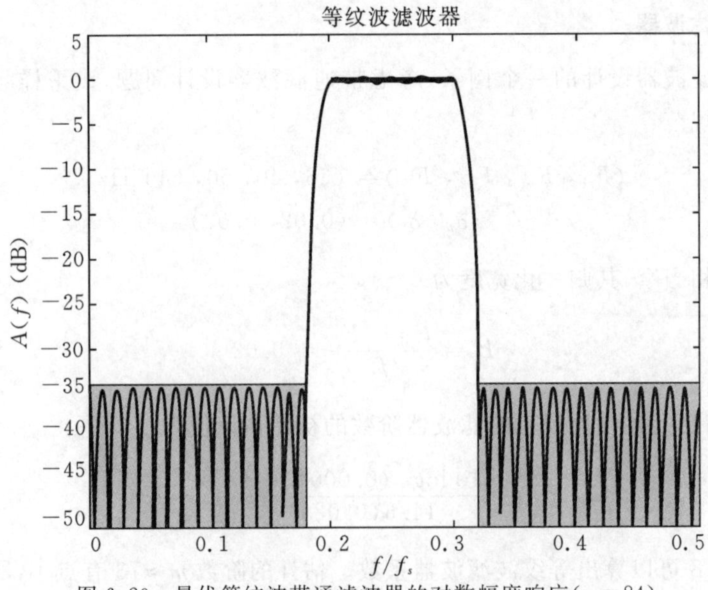

图 6.20　最优等纹波带通滤波器的对数幅度响应(m=84)

FDSP 函数

FDSP 工具箱包含如下利用 *Parks—McLellan* 算法设计最优等纹波 FIR 滤波器的函数。

```
% F_FIRPARKS: Design a Parks-McClellan equiripple FIR filter
%
% Usage:
% b = f_firparks(m, Fp,Fs,deltap, deltas, ftgpe,fs)
% Pre:
%       m       = filter order(m> = 2)
%       Fp      = passband cutoff frequency or frequencies
%       Fs      = stopband cutoff frequency or frequencies
%       deltap  = passband ripple
%       deltas  = stoppband attenuation
%       ftype   = filter type
%
%                 0 = lowpass
%                 1 = highpass
%                 2 = bandpass (Fp and Fs are vectors)
%                 3 = bandstop (Fp and Fs are vectors)
%
%       fs      = sampling frequency in Hz
% Post:
%       b       = 1 by (m + 1) coefficient vector of numerator
%                 polynomial
%       n       = optional estimate of filter order needed to
%                 meet specs.
%
% Note: This function uses an equiripple FIR filter
%       implementation based on a free C version developed
%       by Jake Janovetz (janovetz@uiuc.edu).
```

6.6　微分器和希尔伯特变换器

本节研究一些特殊的线性相位 FIR 滤波器，这些滤波器的脉冲响应和振幅响应是奇对称的。奇对称滤波器具有相位偏移 $\alpha=\pi/2$。因此，在去除群时延的影响之后，滤波器的稳态输出与正弦输入是相位正交的。

6.6.1 微分器

在 6.1 节中，我们讨论了利用对输入信号的斜率进行数值逼近的方法设计低阶微分器的问题。另一种可选的方法是，设计一个频率响应与微分器的频率响应相同的滤波器。如前所述，模拟微分器具有以下的频率响应

$$H_d(f) = \mathrm{j}2\pi f \tag{6.6.1}$$

因此，微分器具有恒定的相位响应 $\phi_a(f)=\pi/2$，且其幅度响应随 f 线性增长。如果使用一个因果的线性相位 FIR 滤波器近似微分器，那么我们必须允许系统存在群延时 $\tau=mT/2$。这样，微分器的设计问题就转化为设计一个具有如下频率响应的数字滤波器：

$$H_d(f) = \mathrm{j}2\pi fT\exp(-\mathrm{j}\pi mfT) \tag{6.6.2}$$

我们注意到由于数字微分器仅处理 $0\leqslant f\leqslant f_s/2$ 区间内的频率，因此振幅响应 $A_r(f)=2\pi fT$ 中包含有 T。本例中的群延时为 $\tau=mT/2$。

为了在第三类和第四类线性相位 FIR 滤波器之间做出选择，有必要考察 $H(f)$的零点。由表 5.1，第三类滤波器是偶数阶的，且在 $f=0$ 和 $f=f_s/2$ 处各有一个零点。而第四类滤波器是奇数阶的，且仅在 $f=0$ 处有一个零点。如果 $A_r(f)=2\pi fT$，则有 $A_r(0)=0, A_r(f_s/2)=\pi$。因此应该选择第四类线性相位滤波器。我们用下面的例子说明第四类滤波器比第三类滤波器更为有效。

例 6.9 **微分器**

考虑一个 m 阶线性相位滤 FIR 波器，其脉冲响应 $h(k)$关于中点 $k=m/2$ 奇对称。假设使用窗口法设计 $H_d(z)$。由于 $H(f)$不包含任何跳跃间断点，因此矩形窗就可以满足要求。由式(6.2.9)，滤波器系数为

$$b_i=-2T\int_0^{f_s/2}A_r(f)\sin[2\pi(i-0.5m)fT]\mathrm{d}f=-2T\int_0^{f_s/2}2\pi fT\sin[2\pi(i-0.5m)fT]\mathrm{d}f$$

为了简化积分，令 $\theta=2\pi fT$，则 b_i 的表达式变为

$$b_i=\frac{-1}{\pi}\int_0^{\pi}\theta\sin[(i-0.5m)\theta]\mathrm{d}\theta=\frac{-1}{\pi}\left\{\frac{\sin[(i-0.5m)\theta]}{(i-0.5m)^2}-\frac{\theta\cos[(i-0.5m)\theta]}{i-0.5m}\right\}\Bigg|_0^{\pi}$$

因此，微分器的滤波器系数为

$$b_i=\frac{\cos[\pi(i-0.5m)]}{i-0.5m}-\frac{\sin[\pi(i-0.5m)]}{\pi(i-0.5m)^2},\ 0\leqslant i\leqslant m$$

注意到，对第三类滤波器，m 为偶数且$(i-0.5m)\pi$ 是 π 的倍式。在此情况下，当 $i\neq 0.5m$ 时正弦项消失。对中点 $i=m/2$，我们将两项通分合并后再利用洛必达法则，可得 $b_{m/2}=0$。因此对第三类滤波器

$$b_i=\frac{\cos[\pi(i-0.5m)]}{i-0.5m},\ 0\leqslant i\leqslant m,\ i\neq 0.5m$$

对第四类滤波器，m 是奇数且因式 $i-0.5m$ 绝不会等于零。在此情况下，$(i-0.5m)\pi$ 是 $\pi/2$ 的奇数倍，所以余弦项消失。因此对第四类滤波器

$$b_i=-\frac{\sin[\pi(i-0.5m)]}{\pi(i-0.5m)^2},\ 0\leqslant i\leqslant m$$

图 6.21 所示为 $m=12$ 时第三类滤波器的幅度响应和脉冲响应。这些结果可以通过运行 exam6_9 得到。我们注意到 $f=f_s/2$ 处的零点导致了幅度响应的明显波动，这一点在高频处尤为显著。在此情况下，脉冲响应趋于零的速度相对比较慢，这意味着拟合效果比较差。

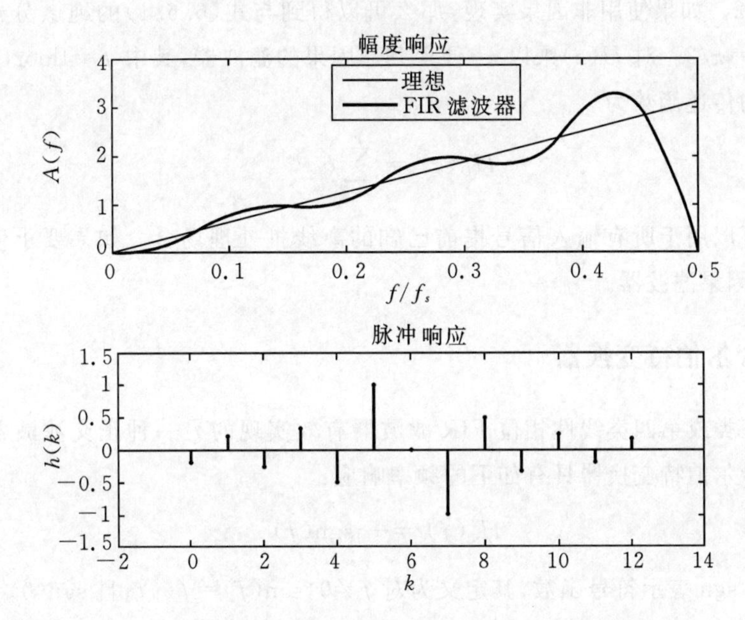

图 6.21　12 阶矩形窗第三类线性相位 FIR 滤波器用作微分器

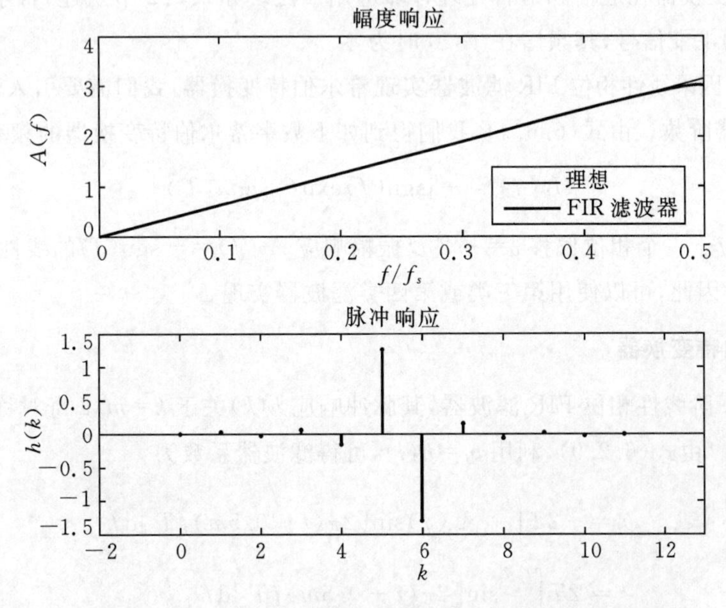

图 6.22　11 阶矩形窗第四类线性相位 FIR 滤波器用作微分器

当使用第四类滤波器时，所得到的结果更有效。图 6.22 所示为 $m=11$ 时的幅度响应和脉冲响应。尽管此时的滤波器阶数比上述第三类滤波器的阶数要低，但显然拟合效果却更好，只是在高频处有较明显的误差。我们注意到脉冲响应比 $m=12$ 时趋于零的速度更快。

非因果微分器

需要指出的是 FIR 微分器的相位响应为 $\phi(f)=\pi/2-\pi m f T$，这对应着 $\phi(0)=\pi/2$ 且群延时为 $\tau=mT/2$。如果使用非因果实现，那么可以得到与式(6.6.1)的纯微分器对应的常数相位响应 $\phi(f)=\pi/2$。对 $H(z)$ 乘以 z^p 便得到非因果的滤波器，其中 $p=\text{floor}(m/2)$。因此，非因果滤波器的传递函数为

$$H_D(z)=\sum_{i=0}^{m} b_i z^{p-i} \tag{6.6.3}$$

非因果滤波器可以用于所有输入信号提前已知的离线批处理场合。如果要求使用实时微分器，则必须使用因果滤波器。

6.6.2 希尔伯特变换器

可以用第三类或第四类线性相位 FIR 滤波器有效实现的另一种正交滤波器是希尔伯特变换器。模拟希尔伯特变换器具有如下的频率响应：

$$H_a(f)=-\text{j}\,\text{sgn}(f) \tag{6.6.4}$$

回顾式(5.5.8)，sgn 表示符号函数，其定义为对 $f\neq 0$，$\text{sgn}(f)=f/|f|$ 且 $\text{sgn}(0)=0$。因此，希尔伯特变换器对 $f>0$ 的频率赋予一个常数相移 $-\pi/2$，而对 $f<0$ 的频率赋予一个常数相移 $\pi/2$。希尔伯特变换器在通信和语音处理领域应用广泛。如 5.5.2 节所述，希尔伯特变换器可以用于生成复的半带信号，其频谱在 $f<0$ 时为零。

为了用一个因果线性相位 FIR 滤波器实现希尔伯特变换器，我们需要引入延时 $\tau=mT/2$，其中 m 为滤波器阶数。由式(6.6.4)，我们得到如下数字希尔伯特变换器的频率响应：

$$H_h(f)=-\text{j}\,\text{sgn}(f)\exp(-\text{j}\pi m f T) \tag{6.6.5}$$

由表 5.1，这对应于一个相位偏移 $\alpha=\pi/2$ 及振幅响应 $A_r(f)=-\text{sgn}(f)$ 的线性相位 FIR 滤波器的频率响应。因此，可以使用第三类或第四类滤波器实现。

例 6.10 希尔伯特变换器

考虑一个 m 阶线性相位 FIR 滤波器，其脉冲响应 $h(k)$ 关于 $k=m/2$ 奇对称。假设使用窗口法设计 $H(z)$。由式(6.2.9)，利用 $b_i=h(i)$，可得滤波器系数为

$$\begin{aligned} b_i &= -2T\int_0^{f_s/2} A_r(f)\sin[2\pi(i-0.5m)fT]\,\text{d}f \\ &= 2T\int_0^{f_s/2} \sin[2\pi(i-0.5m)fT]\,\text{d}f \end{aligned}$$

$$= \left\{ \frac{-2T\cos[2\pi(i-0.5m)fT]}{2\pi(i-0.5m)T} \right\} \Bigg|_0^{f_s/2}$$

因此,用矩形窗实现的希尔伯特变换器的滤波器系数为

$$b_i = \frac{1-\cos[\pi(i-0.5m)]}{\pi(i-0.5m)},\ 0 \leqslant i \leqslant m$$

当 m 为奇数,即选择第四类滤波器时,因式 $i-0.5m$ 绝不会等于零。在此情况下,$(i-0.5m)\pi$ 是 $\pi/2$ 的奇数倍,因此余弦项消失。所以对第四类滤波器

$$b_i = \frac{1}{\pi(i-0.5m)},\ 0 \leqslant i \leqslant m$$

对第三类滤波器,m 为偶数,对 $i=m/2$ 的情况应用洛必达法则可得 $b_{m/2}=0$。图 6.23 所示为使用矩形窗的 30 阶第三类滤波器的幅度响应和脉冲响应。通过运行 *exam*6_10 可以得到上述结果。我们注意到虽然这是希尔伯特变换器的一种近似,但只是在有限的频率范围内。通常情况下,这对某些应用来说已经足够了。通过使用数据窗逐渐减小系数值,可以减小纹波。图 6.24 所示为使用汉明窗的 30 阶第三类滤波器的幅度响应和脉冲响应。很明显,通带内的幅度响应更加平滑,但通带宽度也减小了一些。

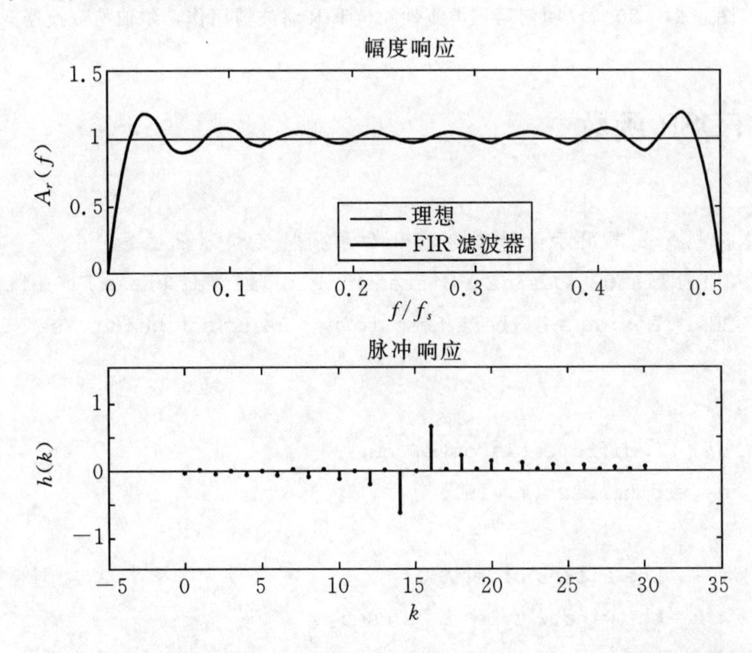

图 6.23　30 阶矩形窗第三类线性相位 FIR 滤波器用作希尔伯特变换器

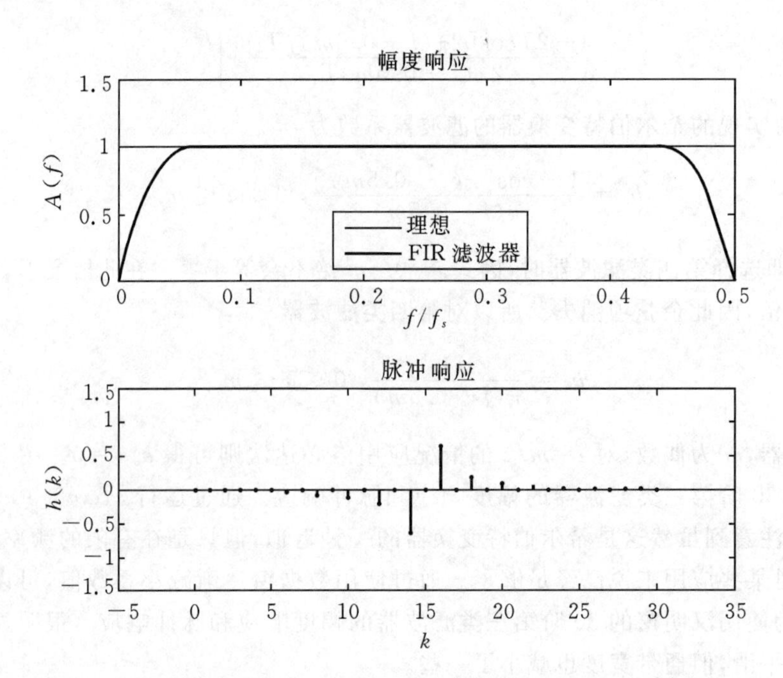

图 6.24　30 阶汉明窗第三类线性相位 FIR 滤波器用作希尔伯特变换器

FDSP 函数

FDSP 工具箱包含如下用于设计微分器和希尔伯特变换器的函数。

```
% F_DIFFERENTIATOR: Design a differentiator linear-phase FIR filter
% F_HILBERT: Design a Hilbert transformer using a linear-phase FIR filter
%
% Usage:
%       b   = f_differentiator(m, win);
%       b   = f_hilbert(m,win);
% Pre:
%       m   = the filter order
%       win = the window type to be used:
%
%            0 = rectangular
%            1 = Hanning
%            2 = Hamming
%            3 = Blackman
% Past:
%       b   = 1 by (m + 1)array of FIR filter coefficients
```

6.7　正交滤波器

本节讨论一种通用的两级正交滤波器，这种滤波器可以同时满足幅度响应和相位响应规范，但仍具有群时延特性。滤波器的第一级利用希尔伯特变换器产生一对相位正交的信号。第二级用线性相位滤波器处理这些信号从而生成期望频率响应的实部和虚部。

6.7.1　正交对的生成

两级正交滤波器的总体结构如图6.25所示。其主要特征是有两条并行的分支，每个支路均由两个线性相位滤波器级联而成。

第一级的目的是生成与正弦输入同步的正交对。假设输入是频率为f的余弦。

$$x(k) = \cos(2\pi fkT) \tag{6.7.1}$$

图6.25中左上角的FIR滤波器是一个单纯的延迟$m/2$个采样点的延迟器。假设m是偶数，那么$m/2$就是整数。因此，幅度响应$A(f)=1$，相位响应$\phi(f)=-\pi mfT$。第一级上支路的稳态输出即为$x(k)$延迟了$m/2$个采样点。

$$x_1(k) = \cos[2\pi f(k-0.5m)T] \tag{6.7.2}$$

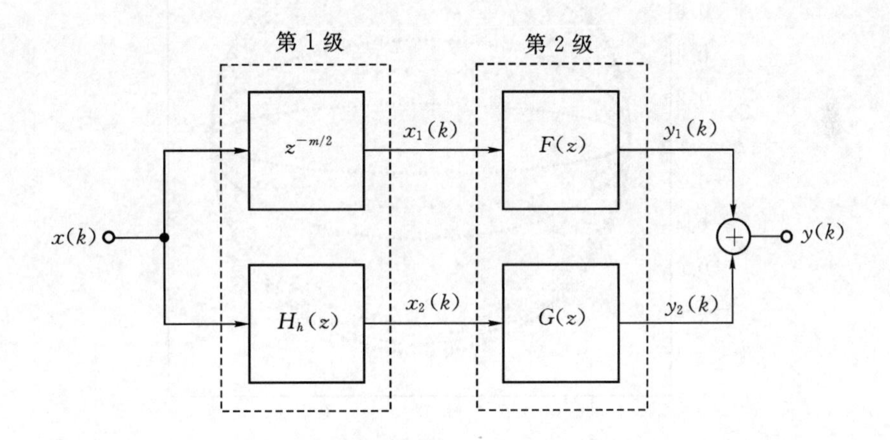

图6.25　两级正交滤波器

图6.25左下角的FIR滤波器是希尔伯特变换器。如果FIR滤波器的阶数是m，则该滤波器对应于第三类线性相位滤波器，其频率响应为

$$H_h(f) = A_h(f)\exp[-\mathrm{j}(\pi mfT+\pi/2)],\ 0<f<f_s/2 \tag{6.7.3}$$

对足够大的m，幅度响应$A_h(f)\approx 1$。我们注意到相位是线性的，群时延为$mT/2$，相位偏移为$-\pi/2$。因此，第一级下支路的稳态输出为

$$\begin{aligned} x_2(k) &= A_h(f)\cos[2\pi f(k-0.5m)T-\pi/2] \\ &= A_h(f)\sin[2\pi f(k-0.5m)T] \end{aligned}$$

$$\approx \sin[2\pi f(k-0.5m)T], \quad 0 < f < f_s/2 \tag{6.7.4}$$

由式(6.7.2)和式(6.7.4)可知第一级的输出 $x_1(k)$和 $x_2(k)$构成一个正交对。$\pi/2$ 的相对相位关系是准确的，$x_1(k)$的幅度 $A_1(f)=1$ 也是准确的。然而，在 $0<f<f_s/2$ 的区间上 $x_2(k)$的幅度 $A_2(f)\approx 1$。由于 $H_h(z)$是第三类线性相位 FIR 滤波器，$A_h(0)=A_h(f_s/2)=0$。

例 6.11 正交对

为了说明第一级生成正交对的有效性，考虑 30 阶汉明窗线性相位滤波器的情况。该希尔伯特变换器的幅度响应参见图 6.24。为了直接观察 $x_1(k)$和 $x_2(k)$的幅度和相位关系，假设滤波器 $H_h(z)$由式(6.7.1)的余弦输入激励。图 6.26 所示为 f 取 $N=100$ 个值时 $x_2(k)$对 $x_1(k)$的稳态曲线，其中

$$f_i = \frac{if_s}{2N}, \quad 0 \leqslant i < N$$

椭圆图案对应于靠近奈奎斯特区间两端的频率。深色的单位半径圆对应于两个正交信号均为单位幅度的那些频率。

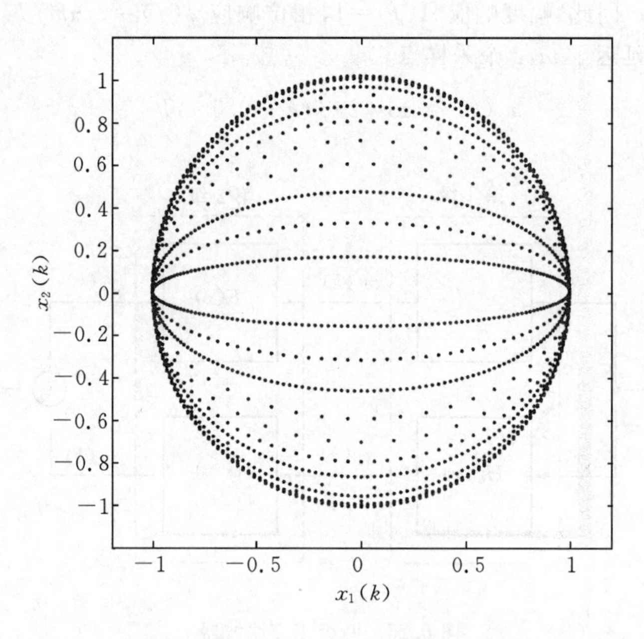

图 6.26 第一级希尔伯特变换器生成的不同频率正交对的相位平面图
希尔伯特变换器使用 30 阶汉明窗线性相位滤波器

6.7.2 正交滤波器

接下来，考虑在约束条件下具有期望幅度响应 $A_d(f)$和期望相位响应 $\theta_d(f)$的 FIR 滤波器的设计问题，所受到的约束是总的相位响应 $\phi_d(f)$还包含一个表示常数群时延 $\tau_q=mT$ 的线性相位项。因此，总的相位为

$$\phi_d(f)=\theta_d(f)-2\pi mfT \tag{6.7.5}$$

其中，$\theta_d(f)$被称为残留相位，它表示消除群时延影响后剩余的相位。假设图6.25中第二级的FIR滤波器$F(z)$和$G(z)$是m阶第一类线性相位滤波器。分别用$A_f(f)$和$A_g(f)$表示$F(z)$和$G(z)$的振幅响应。设输入$x(k)$是式(6.7.1)那样的频率为f的余弦。由于$F(z)$是线性相位的，由式(6.7.2)，$F(z)$的稳态输出为

$$y_1(k)=A_f(f)\cos[2\pi f(k-m)T] \tag{6.7.6}$$

然后，假设希尔伯特变换器的带宽足够大使得对感兴趣的频率有$A_h(f)\approx 1$。由于$G(z)$是线性相位的，由式(6.7.4)，$G(z)$的稳态输出为

$$y_2(k)\approx A_g(f)\sin[2\pi f(k-m)T] \tag{6.7.7}$$

如果我们利用附录2中和的余弦三角恒等式，具有幅度响应$A_d(f)$和相位响应$\phi_d(f)=\theta_d(f)-2\pi mfT$的正交滤波器的期望的稳态输出为

$$\begin{aligned}y(k)&=A_d(f)\cos[2\pi f(k-m)T+\theta_d(f)]\\&=A_d(f)\cos[\theta_d(f)]\cos[2\pi f(k-m)T]\\&\quad-A_d(f)\sin[\theta_d(f)]\sin[2\pi f(k-m)T]\end{aligned} \tag{6.7.8}$$

由式(6.7.6)，式(6.7.7)，以及图6.25，正交滤波器的输出为

$$\begin{aligned}y(k)&=y_1(k)+y_2(k)\\&\approx A_f(f)\cos[2\pi f(k-m)T]+A_g(f)\sin[2\pi f(k-m)T]\end{aligned} \tag{6.7.9}$$

令式(6.7.8)与式(6.7.9)中$y(k)$的表达式相等，我们可以求得第二级线性相位滤波器的期望的振幅响应为

$$A_f(f)=A_d(f)\cos[\theta_d(f)] \tag{6.7.10}$$

$$A_g(f)=-A_d(f)\sin[\theta_d(f)] \tag{6.7.11}$$

其中，$F(z)$和$G(z)$的设计应分别近似$A_f(f)$和$A_g(f)$。由图6.25，正交滤波器的传递函数为

$$H_q(z)=z^{-m/2}F(z)+H_h(z)G(z) \tag{6.7.12}$$

由于$z^{-m/2}$，$H_h(z)$，$F(z)$和$G(z)$均为m阶线性相位FIR滤波器，因此两级正交滤波器$H_q(z)$为$2m$阶FIR滤波器。其群时延$\tau_q=mT$，幅度响应近似为$A_d(f)$，且残留相位响应近似为$\theta_d(f)$。

为了说明$F(z)$和$G(z)$的作用，我们注意到期望的频率响应$H_d(f)$，减去延迟，可以用它的实部和虚部表示如下：

$$\hat{H}_d(f)=A_d(f)\cos[\theta_d(f)]+\mathrm{j}A_d(f)\sin[\theta_d(f)] \tag{6.7.13}$$

将式(6.7.13)与式(6.7.10)和式(6.7.11)比较，我们可以看到滤波器$F(z)$用于设计期望频率响应的实部，而滤波器$G(z)$用于设计虚部。总的来说，四个线性相位FIR滤波器组成了图6.25的正交滤波器。每个滤波器完成以下功能，左上角的FIR滤波器提供了用于同步的延迟$mT/2$，希尔伯特变换器$H_h(z)$提供了$\pi/2$的相移以产生正交对，$F(z)$近似期望频率响应的实部，而$G(z)$近似虚部。

由于希尔伯特变换器是第三类线性相位滤波器，因此其频率响应必须满足端点零点约束，$A_h(0)=A_h(f_s/2)=0$。由图 6.25，这意味着在稳态情况下，当 $f=0$ 和 $f=f_s/2$ 时，$y_2(k)=0$。首先，这并不像它看起来那样是一个严重的限制。回顾一下，两个频率限 $f=0$ 和 $f=f_s/2$ 对应于 $z=\pm 1$。然而，对一个期望传递函数为 $H_d(z)$ 的实际系统，端点 $H_d(\pm 1)$ 将是实的。因此对一个实际系统，期望的相位响应将满足：

$$\operatorname{mod}[\phi_d(f),\pi]=0,\ f\in\{0,f_s/2\} \tag{6.7.14}$$

由于实际滤波器在两个端点的期望的相角是 π 的倍数，因此当 $f=0$ 和 $f=f_s/2$ 时，期望的频率响应的虚部将是零。

例 6.12 正交滤波器

作为正交滤波器的一个例子，假设期望的幅度响应由如下的三段组成，其中 fT 表示归一化频率。

$$A_d(f)=\begin{cases}0.5(1+8fT), & 0\leqslant fT<0.125\\ 64\,(fT-0.25)^2, & 0.125\leqslant fT\leqslant 0.375\\ 1+0.5\sin[16\pi(fT-0.375)], & 0.375<fT\leqslant 0.5\end{cases}$$

接下来，设残留相位响应为

$$\theta_d(f)=\pi(1-0.25fT)+2\sin(8\pi fT)$$

假设线性相位滤波器是 160 阶汉明窗滤波器。它将产生总的群时延 $\tau=160T$。通过运行 *exam6_12* 得到的正交滤波器的幅度响应和残留相位响应如图 6.27 所示。虽然拟合得不是十分精确，但仍然有效地拟合了期望的幅度响应和残留相位响应。

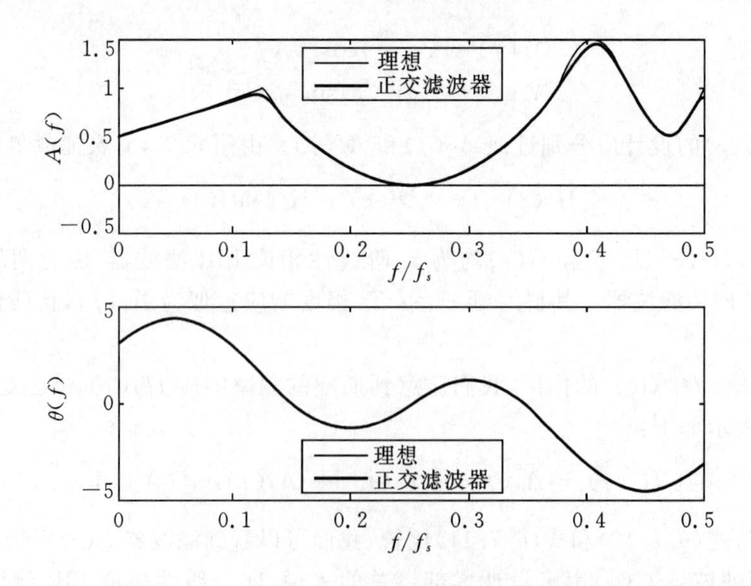

图 6.27 例 6.12 中的 160 阶汉明窗两级正交滤波器的幅度和残留相位响应

线性相位滤波器可以看作是正交滤波器的特例。通过观察可知当残留相位响应设置为 $\theta_d(f)=0$时，滤波器就对应于线性相位滤波器。由式(6.7.11)，这意味着 $A_g(f)=0$ 且 $A_f(f)=A_d(f)$，这说明 $F(z)$是一个 m 阶线性相位滤波器而$G(z)=0$。在第一级已经给定 $m/2$ 个采样点延迟的情况下，正交滤波器就是一个 m 阶线性相位滤波器，但群时延为 $\tau_q=mT$。

图 6.27 中期望的幅度响应仅在单个频点 $f=0.25f_s$ 处为零。回顾命题 5.1 的佩利-维纳定理，如果幅度响应在非零长度的区间上均为零，那么我们就不可能用因果滤波器精确实现它。这样的例子包括理想低通、高通、带通和带阻频率选择性滤波器。我们感兴趣的是观察当正交设计方法用于这样的滤波器时会发生什么现象。由式(6.7.10)和式(6.7.11)，正交滤波器的幅度响应和残留相位响应可以用第二级滤波器的振幅响应表示如下：

$$A_q(f) = \sqrt{A_f^2(f) + A_g^2(f)} \tag{6.7.15}$$

$$\theta_q(f) = \arctan\left[\frac{-A_g(f)}{A_f(f)}\right] \tag{6.7.16}$$

$A_q(f)$的表达式性态比较好，除了在奈奎斯特区间端点附近希尔伯特变换器的幅度响应开始下降之外，在其它地方都能得到比较好的近似。然而，当 $A_d(f)=0$ 时 $\theta_q(f)$的表达式性态不是很好。的确，如果在阻带区间上 $A_d(f)=0$，那么由式(6.7.10)和式(6.7.11)，立即可得：$A_f(f)=0$ 和 $A_g(f)=0$。但由式(6.7.16)，这意味着在理想化的阻带上的残留相位响应为 arctan(0/0)，这在数值上无明确定义。换句话说，当幅度为零时，相位角是没有意义的。作为一个简单的数值补救方法，设 $\delta_s>0$ 为一个小的阻带衰减系数。然后，我们可以用下式代替式(6.7.10)和式(6.7.11)中的期望幅度响应，有效地使 $A_d(f)$跳离零。

$$A_f(f) = \max\{A_d(f), \delta_S\}\cos[\theta(f)] \tag{6.7.17}$$

$$A_g(f) = -\max\{A_d(f), \delta_S\}\sin[\theta(f)] \tag{6.7.18}$$

例 6.13　频率选择性滤波器

为了进一步说明将正交方法用于理想化频率选择性滤波器，考虑如下高通滤波器：

$$A(f) = \mu(fT - 0.25)$$

作为期望的残留相位响应，考虑如下的正弦。

$$\theta(f) = \pi\sin[6\pi(fT)^2]$$

假设线性相位滤波器是 150 阶布莱克曼窗滤波器。设阻带衰减系数 $\delta_s=0.01$。通过运行 *exam6_13* 得到的幅度响应和残留相位响应曲线如图 6.28 所示。同样地，拟合不是非常精确，但它对期望的幅度响应和残留相位响应都是比较好的拟合，包括在阻带上。

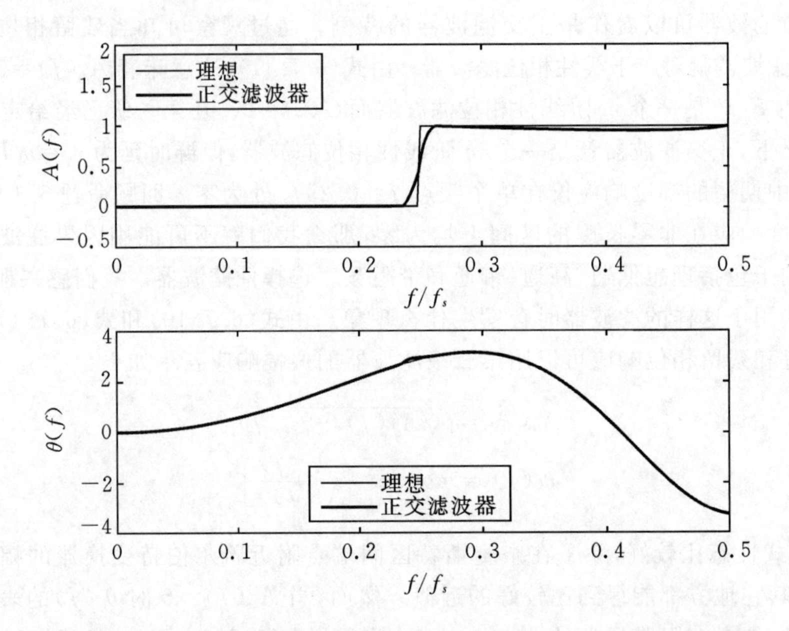

图 6.28 例 6.13 中的 150 阶布莱克曼窗两级正交滤波器的幅度和残留相位响应，$\delta_s=0.01$

另一种设计具有指定幅度响应和指定残留相位响应的滤波器的方法是推广 6.4 节的最小二乘设计方法。特别地，我们可以通过改进式(6.4.1)以实现这一点，方法是在目标函数 J 的被积函数中添加一项包含期望残留相位响应和实际残留相位响应差的平方的项。

6.7.3 均衡器设计

正交滤波器的一个非常好的应用是均衡器的设计。回顾命题 5.3，每个有理传递函数 $H(z)$都能分解为全通部分 $H_{\text{all}}(z)$和最小相位部分 $H_{\min}(z)$的乘积。在 5.4.3 节中，我们证明了最小相位部分的逆可以用作原系统的幅度均衡器。

$$H_{\text{equal}}(z)=H_{\min}^{-1}(z)H(z) \tag{6.7.19}$$

由命题 5.3，$H_{\text{equal}}(z)=H_{\text{all}}(z)$，这意味着 $A_{\text{equal}}(f)=1$。即，通过 $H(z)$的最小相位部分的逆处理之后消除了幅度响应的失真，但是没有消除相位部分的失真。

最优延迟

更完整的均衡器是同时消除幅度失真和相位失真的均衡器。为了实现这种完整形式的均衡器，假设原始系统的幅度响应为 $A_d(f)$，相位响应为 $\phi_d(f)$。

$$H(f)=A_d(f)\exp[\mathrm{j}\phi_d(f)] \tag{6.7.20}$$

首先，我们将总的相位响应 $\phi_d(f)$分解为线性相位部分 $-2\pi f\tau_d$ 和残留相位部分 $\theta_d(f)$。为了求得线性相位延迟 τ_d 的最优值，考虑在奈奎斯特区间上等间隔分布的 $N+1$ 个频率值。

$$f_i=\frac{if_s}{2N},\ 0\leqslant i\leqslant N \tag{6.7.21}$$

令 $f \in R^{N+1}$ 是列向量，其第 i 个元素是 f_i，设 $\phi \in R^{N+1}$ 是对应相位值的列向量。

$$\phi_i = \phi_d(f_i),\ 0 \leqslant i \leqslant N \tag{6.7.22}$$

假设选择延迟 τ 使 $\phi_d(f)$ 和 $-2\pi f\tau$ 之差的平方和最小化。

$$E(\tau) = \sum_{i=0}^{N} (\phi_i + 2\pi f_i \tau)^2 \tag{6.7.23}$$

令 $\mathrm{d}E(\tau)/\mathrm{d}\tau = 0$ 并解出 τ，可得如下的延迟 τ 的最小二乘值，其中用列向量 f 和 ϕ 的点积表示求和。

$$\tau = \left(\frac{-1}{2\pi}\right)\frac{\phi^T f}{f^T f} \tag{6.7.24}$$

如果 $\phi(f)$ 随 f 减小，这是许多物理系统的典型情况，则 $\phi^T f < 0$，这意味着最优延迟 τ 是正的。式(6.7.24)中的 τ 确保线性相位项 $-2\pi f\tau$ 在最小化 $E(\tau)$ 的意义上尽可能多地考虑总体相位 $\phi_d(f)$。一般情况下，τ 的值不是 T 的整数倍。令 τ_d 是距离 τ 最近的采样间隔 T 的整数倍。即

$$M = \mathrm{round}\left(\frac{\tau}{T}\right) \tag{6.7.25}$$

$$\tau_d = MT \tag{6.7.26}$$

则残留相位 $\theta_d(f)$ 为去除延迟 τ_d 的影响后剩余的相位。

$$\theta_d(f) = \phi_d(f) + 2\pi f \tau_d \tag{6.7.27}$$

从 $\phi_d(f)$ 中提取最优延迟项从而得到残留相位项 $\theta_d(f)$ 对通用的正交滤波器设计很有帮助，因为它倾向于最小化残留相位项的幅度。当 $|\theta_d(f)| \leqslant \pi$ 时，$\theta_d(f)$ 中将没有跳跃间断点，这就使我们可以用 m 阶第二级滤波器，$F(z)$ 和 $G(z)$，更方便地近似 $\theta_d(f)$。

均衡器设计

为了用正交滤波器设计均衡器，必须选择期望的幅度响应 $A_D(f)$ 和残留相位响应 $\theta_D(f)$。假设原始幅度响应 $A_d(f)$ 是正的。为求出 $A_d(f)$ 和 $\theta_d(f)$ 的逆，我们使用

$$A_D(f) = \frac{1}{A_d(f)} \tag{6.7.28}$$

$$\theta_D(f) = -\theta_d(f) \tag{6.7.29}$$

这将产生能均衡原始系统 $H(z)$ 的正交滤波器 $H_q(z)$。

$$H_{\mathrm{equal}}(z) = H_q(z)H(z) \tag{6.7.30}$$

从而，$2m$ 阶正交滤波器可以实现与 $A_D(f)$ 匹配的幅度响应以及与 $\theta_D(f)$ 一致的残留相位响应。均衡后的整个系统是一个具有单位幅度响应，零残留相位响应，以及群时延 $\tau_q = (M+m)T$ 的全通系统。因此，如果 $x(k)$ 整个均衡系统的输入，则稳态输出为

$$y(k) \approx x[k-(M+m)] \tag{6.7.31}$$

按此方法，$x(k)$ 通过 $H(z)$ 后产生的幅度和相位失真就会被抵消掉，从而恢复出原始信号

$x(k)$，但是有 $M+m$ 采样点的延迟。

例 6.14 均衡器

作为用正交滤波器设计均衡器或者幅度和相位补偿器的例子，考虑具有如下幅度和相位响应的系统：

$$A_d(f)=\frac{1.1}{0.1+(fT-0.2)^2/0.09}$$
$$\phi_d(f)=-20\pi fT+\pi\sin^2(2\pi kT)$$

假设采样频率 $f_s=100Hz$。由式(6.7.24)及 $N=300$，与相位响应有关的最优最小二乘延迟为

$$\tau=0.0925$$

由式(6.7.25)，使用 $M=9$ 个采样点的延迟计算式(6.7.27)中的期望残留相位响应 $\theta_d(f)$。假设使用 $2m$ 阶($m=100$)正交滤波器以及汉明窗。运行 *exam6_14* 得到图 6.29 所示的三条幅度响应曲线。其中，(a) 图为原始的幅度响应 $A_d(f)$；(b)图为均衡器的幅度响应 $A_q(f)$；而(c)为均衡后的幅度响应。可以看到除了靠近奈奎斯特区间两端的频率之外，幅度响应接近于1，在奈奎斯特区间的两端，希尔伯特变换器的近似精度比较低。三种残留相位响应如图 6.30 所示。同样地，(a) 图为原始的残留相位响应 $\theta_d(f)$；(b)图为均衡器的残留相位响应 $\theta_q(f)$；而(c)为均衡后的残留相位响应。均衡后的残留相位响应始终接近于零，这说明相位失真被有效地抵消了。

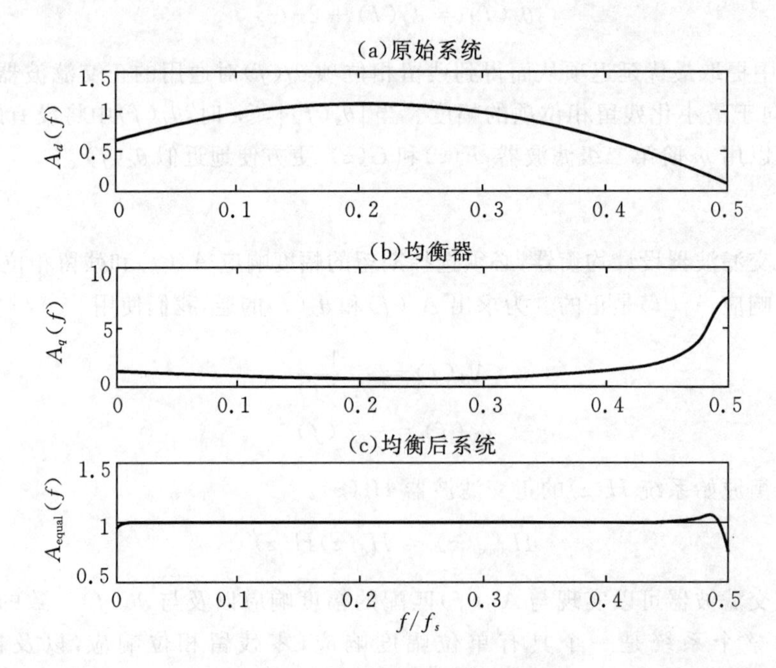

图 6.29 (a) 系统 $H(z)$；(b)均衡滤波器 $H_q(z)$，以及(c)均衡后系统 $H_{\text{equal}}(z)=H_q(z)H(z)$的幅度响应

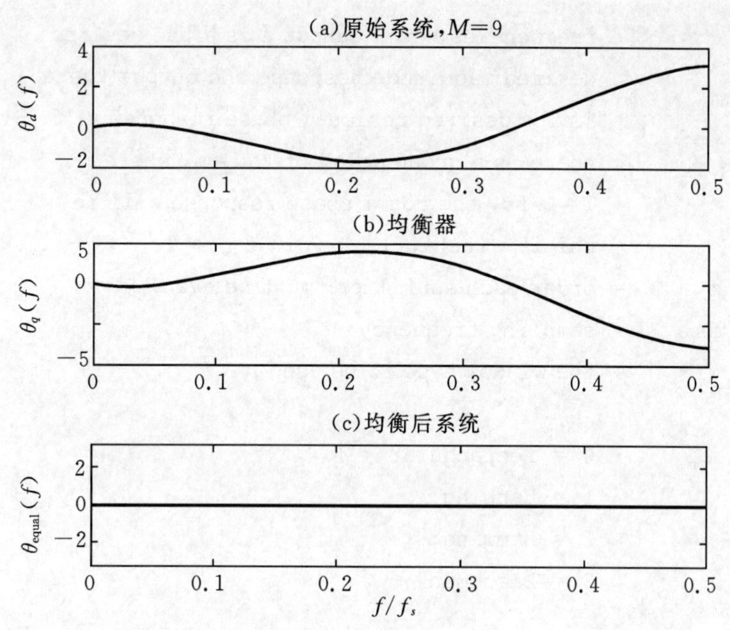

图 6.30 (a) 系统 $H(z)$；(b)均衡滤波器 $H_q(z)$，以及(c)均衡后系统 $H_{\text{equal}}(z)=H_q(z)H(z)$的残留相位响应

FDSP 函数

FDSP 工具箱包含了如下用于设计正交滤波器的函数。

```
% F_FIRQUAD: Design a general two-stage quadrature filter
%
% Usage:
%       b     = f_firquad (fsys, m, fs, win, deltas, q)
% Pre:
%       fsys  = handle of function that specifies the desired
%               magnitude response and residual phase response.
% Usage:
%
%               [A, theta] = fsys(f, fs, q);
%
%               Here f is the frequency, fs is the sampling
%               frequency, and q is an optional parameter
%               vector containing things like cutoff
```

```
%                   frequencies, etc. Output A is a the desired
%                   desired magnitude response and output theta
%                   is the desired residual phase response at f. Since
%                   there is a group delay of tau = mT where
%                   T = 1/fs, the total phase response will be:
%                   phi(f) = theta(f) - 2 * pi * f * m * T
%       m       =   order each subfilter (must be even)
%       fs      =   sampling frequency
%       win     =   the window type to be used:
%
%                   0 = rectangular
%                   1 = Hanning
%                   2 = Hamming
%                   3 = Blackman
%
%       deltas  =   stopband attenuation factor (0<deltas<<1)
%       q       =   an optional vector of length contained
%                   design parameters to be passed to fun.
%                   For example q might contain cutoff
%                   frequencies or gains.
% Post:
%       b       =   1 by 2m + 1 array of filter coefficients.
```

6.8 滤波器实现结构

在本节中，我们使用信号流图研究实现 FIR 滤波器的可选结构。这些滤波器实现结构在存储要求，运算时间以及对有限字长效应的敏感度等方面具有互不相同的性能。m 阶 FIR 滤波器具有如下的传递函数：

$$H(z) = b_0 + b_1 z^{-1} + \cdots + b_m z^{-m} \tag{6.8.1}$$

6.8.1 直接型

抽头延迟线(横截一型)

利用式(6.8.1)及时延性质对 $Y(z)=H(z)X(z)$ 做反 Z 变换，我们得到如下的 m 阶 FIR 滤波器的时域表达式：

$$y(k) = \sum_{i=0}^{m} b_i x(k-i) \tag{6.8.2}$$

式(6.8.2)是一种直接表达,这是因为通过观察传递函数可以直接得到差分方程的系数。图 6.31 所示为 $m=3$ 时直接型实现的信号流图。这种结构被称为**抽头延迟线**或**横向滤波器**。

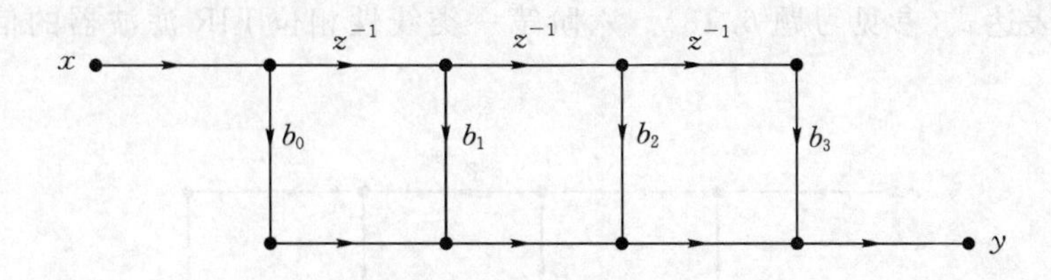

图 6.31　FIR 滤波器的抽头延迟线实现,$m=3$

转置抽头延迟线(横截二型)

所有的信号流图都满足所谓的流图反转定理。

命题 6.2　流图反转定理

> 如果把信号流图的每条边都反向并将输入与输出交换,则所得的信号流图与原信号流图等效。

把流图反转定理应用于图 6.31 中的直接型流图上,并将最终结果中的输入置于左边而不是右边,可以得到如图 6.32 所示的 FIR 滤波器实现结构,并将其称为**转置抽头延迟线滤波器**实现结构。

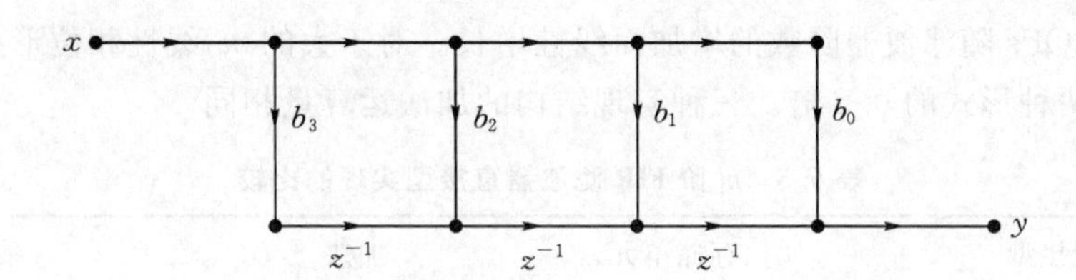

图 6.32　FIR 滤波器的转置抽头延迟线实现,$m=3$

线性相位型

图 6.31 和图 6.32 所示的抽头延迟线实现是对任意 FIR 滤波器都有效的通用实现结构。然而,很多 FIR 滤波器都被设计成线性相位滤波器。如前所述,FIR 滤波器的系数 $b_i=h(i)$。我们用 FIR 滤波器系数重新表示命题 5.2 中的线性相位对称性约束,可得:

$$b_k = \pm b_{m-k},\ 0 \leqslant k \leqslant m \tag{6.8.3}$$

利用这个对称性约束,我们可以给出一种滤波器实现结构,(与抽头延迟线实现相比)它只需要大约一半的浮点乘法运算(FLOPS)。为了进一步说明这个方法,考虑最通用的第一类线性相位滤波器,即偶数阶偶对称线性相位滤波器。设 $p=m/2$,式(6.8.2)可以改写为

$$y(k)=b_p x(k-p)+\sum_{i=0}^{p-1} b_p[x(k-i)+x(k-m+i)] \tag{6.8.4}$$

因此,乘法次数从 m 次减到了 $m/2+1$ 次。对其他三类线性相位 FIR 滤波器也可以推出类似的 $y(k)$的表达式(参见习题 6.18)。六阶第一类线性相位 FIR 滤波器的信号流图如图 6.33所示。

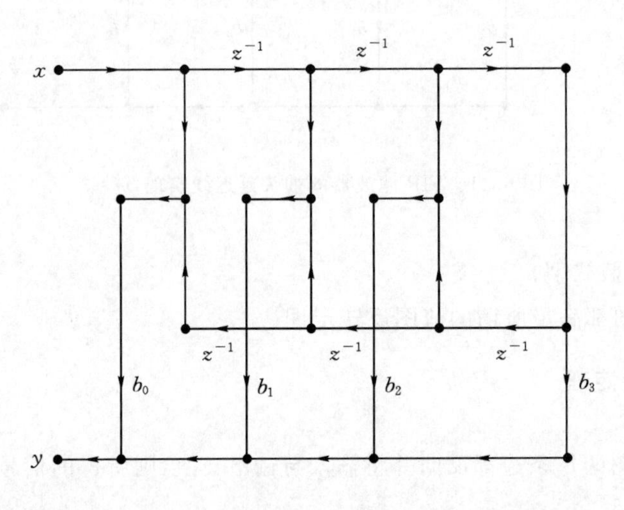

图 6.33　六阶第一类线性相位 FIR 滤波器的直接型实现

从图 6.33 可以看出共有 $m/2+1$ 次浮点乘法,每个乘法对应一个不同的系数。然而,延迟单元数为 m,所以对存储容量的要求没有减少。我们把各种直接型 FIR 滤波器实现的比较总结在表 6.5 中,从中可以看出三种实现结构对存储容量的需求是一致的。对每一种情况,浮点运算数或 FLOPs 随滤波器阶数的增加而线性增长。对于大的 m,线性相位形式所需的乘法运算约为其它两种形式的 0.5 倍。三种实现结构的加法运算量相同[①]

表 6.5　m 阶 FIR 滤波器直接型实现的比较

直接型	存储单元	加法[①]	乘法
抽头延迟线	m	m	$m+1$
转置抽头延迟线	m	m	$m+1$
线性相位	m	m	$m/2+1$

6.8.2　级联型

直接型结构有一个优点,通过直接观察传递函数就可以很容易地得到滤波器直接型实现。然而,在实际使用时,直接型结构也有缺点。随着滤波器阶数 m 的增大,直接型滤波器对 6.9 节将要讨论的有限字长效应会变得越来越敏感。例如,多项式的根对多项式系数的微小变化

① 原文此句明显有误,表 6.5 中的加法运算量也有误——译者注。

会非常敏感，随着多项式次数的增加尤其如此。为了设计出一种对有限字长效应较不敏感的实现结构，把式(6.8.1)中的传递函数改写成 z 的正幂形式是非常有用的。如果再对分子进行因式分解，那么可以得到如下的因式形式：

$$H(z) = \frac{b_0(z-z_1)(z-z_2)\cdots(z-z_m)}{z^m} \tag{6.8.5}$$

由于 $H(z)$ 在 $z=0$ 有 m 个极点，所以 FIR 滤波器总是稳定的。假设 $H(z)$ 的系数是实的，那么复数零点以共轭对的形式出现。式(6.8.5)可以改写为如下 M 个二阶子系统的乘积，其中 $M=\text{floor}[(m+1)/2]$。

$$H(z)=b_0 H_1(z)\cdots H_M(z) \tag{6.8.6}$$

这就是所谓的级联型实现，$M=2$ 时的框图如图 6.34 所示。二阶单元 $H_i(z)$ 由两个位于 $z=0$ 的极点与两个实零点或两个共轭的复零点组成。按这种组成方法，可以确保 $H_i(z)$ 的系数是实的。

$$H_i(z) = 1 + b_{i1}z^{-1} + b_{i2}z^{-2},\ 1 \leqslant i \leqslant M \tag{6.8.7}$$

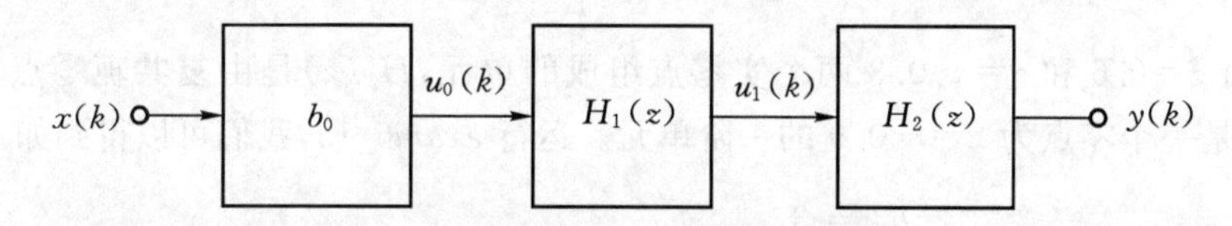

图 6.34　$M=2$ 时的级联型框图

如果 $H_i(z)$ 由零点 z_i 和 z_j 组成，那么对 $1\leqslant i\leqslant M$ 的每个二阶单元，其两个系数可以用下面的和式与乘积计算：

$$b_{i1} = -(z_i + z_j) \tag{6.8.8a}$$

$$b_{i2} = z_i z_j \tag{6.8.8b}$$

用 u_i 表示第 i 个二阶单元的输出。那么根据式(6.8.6)和(6.8.7)，级联型实现可以用如下的时域方程来描述：

$$u_0(k) = b_0 x(k) \tag{6.8.9a}$$

$$u_i(k) = u_{i-1}(k) + b_{i1}u_{i-1}(k-1) + b_{i2}u_{i-1}(k-2), \quad 1 \leqslant i \leqslant M \tag{6.8.9b}$$

$$y(k) = u_M(k) \tag{6.8.9c}$$

如果 m 为偶数，那么会有 M 个二阶子系统，如果 m 为奇数，那么有 $M-1$ 个二阶子系统和一个一阶子系统。通过令 $z_j=0$，可以由式(6.8.8)求得一阶系统的系数。

我们可以用任一种抽头延迟线形式实现式(6.8.7)的二阶单元，图 6.35 所示为 $M=3$ 时的完整的级联型实现结构框图。由于级联型中的系数需要用式(6.8.8)计算得到，而不是通过直接观察 $H(z)$ 得到，所以级联型实现是一种间接型实现。

例 6.15 **FIR 滤波器级联型实现**

作为 FIR 滤波器级联型实现的一个例子，考虑如下的 5 阶传递函数

$$H(z) = \frac{3(z-0.6)(z+0.3)[(z-0.4)^2+0.25](z+0.9)}{z^5}$$

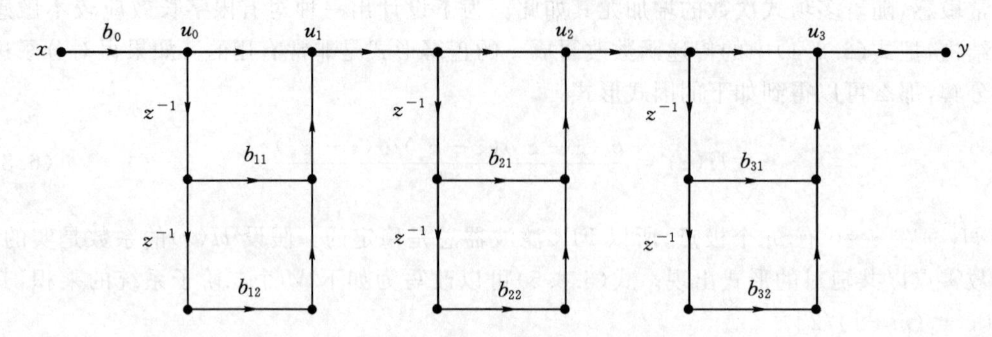

图 6.35　$M=3$ 时 FIR 滤波器的级联型实现

观察 $H(z)$ 可以得出零点如下：

$$z_1 = 0.6$$
$$z_2 = -0.3$$
$$z_{3,4} = 0.4 \pm \mathrm{j}0.5$$
$$z_5 = -0.9$$

设 $H_1(z)$ 为由 $z=0.6$ 和 $z=-0.3$ 两个实零点组成的单元，$H_2(z)$ 是由复共轭零点对组成的单元，而 $H_3(z)$ 是一个零点为 $z=-0.9$ 的一阶单元。运行 *exam*6_15，我们可以得到如下子系统：

$$b_0 = 3$$
$$H_1(z) = 1 - 0.3z^{-1} - 0.18z^{-2}$$
$$H_2(z) = 1 - 0.8z^{-1} + 0.41z^{-2}$$
$$H_3(z) = 1 + 0.9z^{-1}$$

所得到的五阶 FIR 滤波器的级联型实现结构的信号流图如图 6.36 所示。

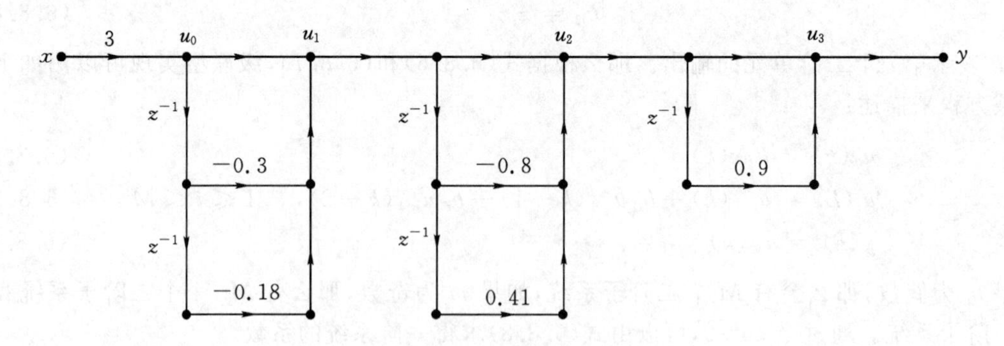

图 6.36　滤波器的级联型实现

6.8.3　网格型

在语音处理与自适应系统中使用的另一种间接形式是网格型实现，图 6.37 所示为 $m=2$ 的情况。m 阶网格型实现的时域方程可以用中间变量 u_i 和 v_i 表示。由图 6.37，我们有

$$u_0(k) = b_0 x(k) \tag{6.8.10a}$$

$$v_0(k) = u_0(k) \tag{6.8.10b}$$

$$u_i(k) = u_{i-1}(k) + K_i v_{i-1}(k-1),\ 1 \leqslant i \leqslant m \tag{6.8.10c}$$

$$v_i(k) = K_i u_{i-1}(k) + v_{i-1}(k-1),\ 1 \leqslant i \leqslant m \tag{6.8.10d}$$

$$y(k) = u_m(k) \tag{6.8.10e}$$

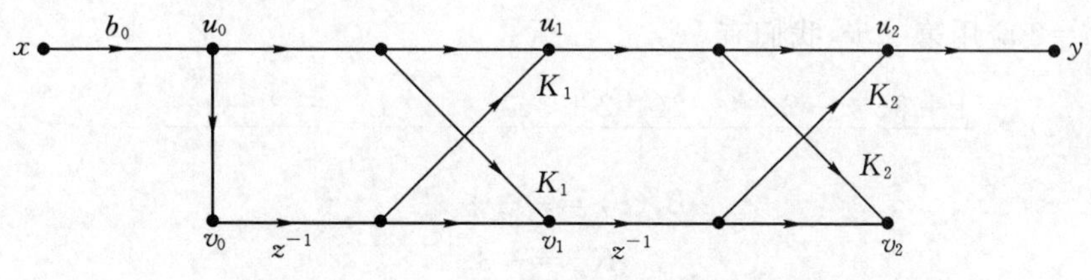

图 6.37　$m=2$ 时 FIR 滤波器的网格型实现

因此，一个 m 阶网格型实现结构具有 m 级。第 i 级的系数 K_i 被称为反射系数(reflection coefficient)。为了确定 m 维反射系数向量，我们引入如下适用于 m 阶 FIR 滤波器的运算：

$$z^{-m}H(z^{-1}) = \sum_{i=0}^{m} b_{m-i} z^{-i} \tag{6.8.11}$$

比较式(6.8.11)与式(6.8.1)，我们发现通过反转 $H(z)$ 的系数可以很简单地得到多项式 $z^{-m}H(z^{-1})$。下面的算法可以用来计算反射系数。

算法 6.3　网格型实现

1. 将 $H(z)$ 分解为 $H(z)=b_0 A_m(z)$ 并计算

$$B_m(z) = z^{-m} A_m(z^{-1})$$

$$K_m = \lim_{z\to\infty} B_m(z)$$

2. i 从 m 递减到 2，计算

{

$$A_{i-1}(z) = \frac{A_i(z) - K_i B_i(z)}{1-K_i^{\ 2}}$$

$$B_{i-1}(z) = z^{-(i-1)} A_{i-1}(z^{-1})$$

$$K_{i-1} = \lim_{z\to\infty} B_{i-1}(z)$$

}

只要对 $1 \leqslant i \leqslant m$，$|K_i| \neq 1$，利用算法 6.3 可以得到 b_0 和 $m \times 1$ 维的反射系数向量 $\boldsymbol{K}$。如果 $|K_i|=1$，则 $A_{i-1}(z)$ 在单位圆上有一个零点。在此情况下，可以通过因式分解提出该零点，并将上述算法用于次数降低后的多项式。

例 6.16 **FIR 滤波器网格型实现**

作为 FIR 滤波器网格型实现的一个例子，考虑如下二阶传递函数

$$H(z)=2+6z^{-1}-4z^{-2}$$

利用算法6.3的第一步,可以得到$b_0=2$,且

$$A_2(z)=1+3z^{-1}-2z^{-2}$$
$$B_2(z)=-2+3z^{-1}+z^{-2}$$
$$K_2=-2$$

接下来,对$i=2$应用第二步,我们有

$$A_1(z)=\frac{1+3z^{-1}-2z^{-2}+2(-2+3z^{-1}+z^{-2})}{1-4}=\frac{-3+9z^{-1}}{-3}=1-3z^{-1}$$
$$B_1(z)=-3+z^{-1}$$
$$K_1=-3$$

因此,$b_0=2$且反射系数向量为$K=[-3,-2]^T$。网格型实现的信号流图如图6.38所示。

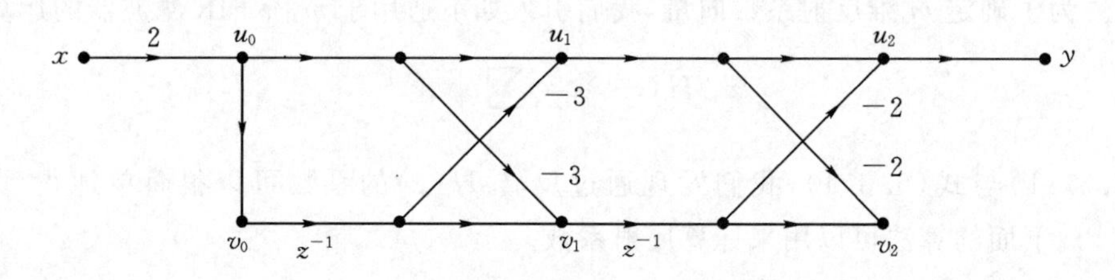

图6.38 FIR滤波器的网格型实现

还有其它的已经提出并使用的间接形式,其中包括频率采样实现结构和并联型实现结构(参见 Proakis and Manolakis, 1992)。

MATLAB函数

FDSP工具箱包含如下用于计算FIR传递函数的间接型实现的函数。

```
% F_CASCADE: Find cascade form digital filter realization
% F_LATTICE: Find lattice form FIR filter realization
%
% Usage:
%       [B, A, b_0] = f_cascade(b)
%       [k, b_0] = f_lattice(b)
% Pre:
%       b   = vector of length m + 1 containing coefficients
%             of numerator polynomial.
% Post:
```

```
%       B   = N by 3 matrix containing coefficients of
%             numerators of second-order blocks.
%       A   = N by 3 matrix containing coefficients of
%             denominators of second-order blocks.
%       b_o = numerator gain
%       k   = 1 by m vector containing reflection
%             coefficients
% Notes:
%       1. It is required that b(1)<>0. Otherwise factor
%          out a z^-1 and then find the cascade form
%       2. This algorithm assumes that $ |k(i)| ~= 1 $
%          for 1<= i <=m.
```

将调用 ***f_cascade*** 和 ***f_lattice*** 得到的输出作为如下滤波器评价函数的输入可以评价级联型和网格型滤波器。

```
% F_FILTCAS: Compute output of cascade form filter realization
% F_FILTLAT: Compute output of lattice form filter realization
%
% Usage:
%       y   = f_filtcas (B, A, b_o, x)
%       y   = f_filtlas (K, b_o, x)
% Pre:
%       B   = N by 2 matrix containing numerator
%             coefficients of second-order blocks.
%       A   = N by 3 matrix containing denominator
%             coefficients of second-order blocks.
%       b_o = numerator gain factor
%       x   = vector of length p containing samples of
%             input signal.
%       K   = 1 by m vector containing reflection
%             coefficients
% Post::
%       y   = vector of length p containing samples of
%             output signal assuming zero initial
%             conditions.
```

∗6.9 FIR 有限字长效应

当实现一个滤波器时,需要用有限精度数表示信号和滤波器系数的值。用有限精度数代替无限精度数所导致的滤波器性能的降低被称为*有限字长效应*。如果使用 MATLAB 以软件的方式实现滤波器,那么使用的是双精度浮点运算。这相当于 64 位二进制精度或者大约 16 位有效十进制数。在大多数情况下,双精度运算是对无限精度运算足够好的近似,因此没有明显的有限字长效应。然而,如果在专用 DSP 硬件上实现滤波器(Kuo and Gan, 2005),或者由于存储或速度的要求而必须使用单精度浮点运算或定点运算,那么有限字长效应就会变得明显起来。

6.9.1 二进制数表示

有限字长效应和数的表示方法有关。如果在 PC 机上用软件实现滤波器,那么通常使用数的二进制*浮点表示*,其中的一些位用来表示尾数或小数部分,而其余的位用于表示指数。例如,MATLAB 的双精度浮点数共 $N=64$ 位,其中的 53 位表示尾数,而其余 11 位表示指数。浮点表示的优势在于能够表示很大或很小的数字;因此,通常不会出现溢出和比例缩放问题。然而,相邻浮点值之间的间隔不是恒定的,而是与数的大小成正比。

一种可替代浮点表示的方法是*定点表示*,它没有表示指数的字段。浮点表示和定点表示都有相应的专用 DSP。与浮点表示相比,定点表示更快也更有效。而且,它的精度,或者说相邻值之间的间隔,在整个所能表示的数值范围内是一致的。然而不幸的是,定点表示所能表达的范围明显比浮点表示小,所以我们必须注意溢出的可能性。虽然使用浮点和定点运算都会出现有限字长效应,但使用浮点表示不像使用定点表示时那么严重,对 MATLAB 和 $C++$ 中使用的双精度表示来说更是如此。

在本节中,我们将把注意力集中于定点表示的使用上。由 N 个*二进制位*或比特组成的 N 位二进值定点数 b 可以表示如下:

$$b = b_0 b_1 \cdots b_{N-1}, \quad 0 \leqslant b_i \leqslant 1 \tag{6.9.1}$$

通常,数值 b 用位于 b_0 和 b_1 之间的二进制小数点归一化。在此情况下,正数的等效十进制为

$$x = \sum_{i=1}^{N-1} b_i 2^{-i} \tag{6.9.2}$$

b_0 用于保存 x 的符号,$b_0=0$ 表示正数,$b_0=1$ 表示负数。有几种对负数进行编码的方法,包括原码、反码、偏移二进制码(offset binary)和补码。最常用的方法是补码。补码表示负数的方法是对原码的每一位取反,然后在最低位加 1,并忽略符号位的进位。当我们对几个数进行相加时,补码运算的优点就体现出来了。如果和在 N 位以内,那么即使中间结果或部分和溢出,结果都将是正确的!

式(6.9.2)所能表示的值的范围是 $-1 \leqslant x < 1$。当然,许多需要使用的值可能落在了这个归一化的范围之外。通过使用固定的尺度因子 c 可以提供更大的值。从式(6.9.2)可以看到,

乘以 $c=2^M$ 等效于把二进制小数点向右移动了 M 位。这就把范围扩大到了 $-c\leqslant x\leqslant c$，但带来了精确度上的损失。精度，或着相邻值之间的间隔是个常数，称之为量化水平。

$$q=\frac{c}{2^{N-1}} \tag{6.9.3}$$

当使用尺度因子 $c=2^M$ 时，相当于保留了 $M+1$ 位用作整数部分(包括符号)，其余 $N-(M+1)$ 位表示小数部分，如图6.39所示。

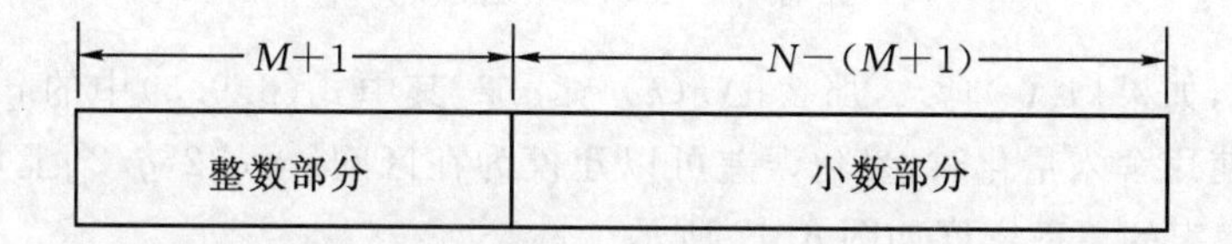

图6.39 尺度因子 $c=2^M$ 的 N 位数定点表示

6.9.2 输入量化误差

第1章我们曾提到，作为模数转换(ADC)的结果，输入信号 $x(k)$ 的值被量化为有限位的数。为了建立量化模型，我们引入如下的算子。

定义6.2 量化算子

设 N 是用来表示实数 x 的比特数，用 $Q_N(x)$ 表示 x 的量化形式，并定义为

$$Q_N(x)\triangleq q\text{floor}\left(\frac{x+q/2}{q}\right)$$

从分子中的 $q/2$ 项可以看出，定义6.2中的量化形式是舍入量化(四舍五入)。如果去掉这一项，那么所得的量化操作就是截断量化(舍去小数部分)。为方便起见，我们假定使用的是舍入到 N 比特的量化。图6.40所示为 $N=4$ 时量化算子的非线性输入输出特性。

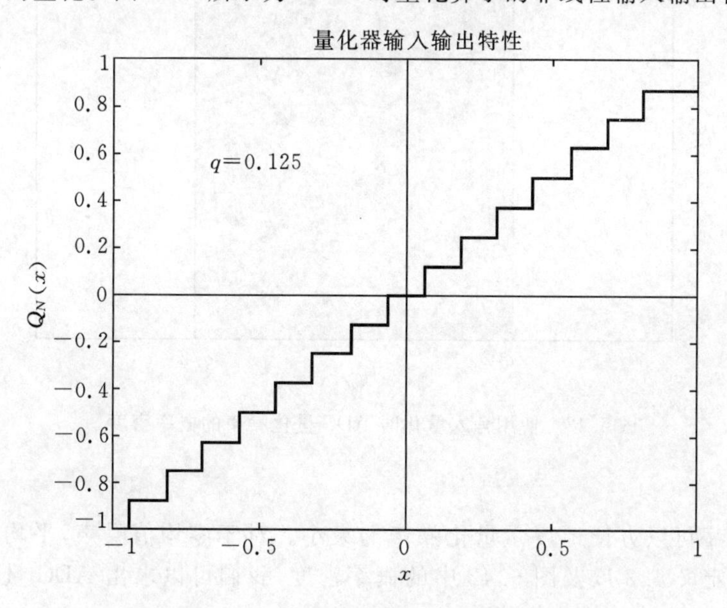

图6.40 $N=4$ 时舍入量化算子的输入输出特性

如果 ADC 具有 N 位精度，那么 ADC 的量化输出 $x_q(k)$ 可以用下式计算。

$$x_q(k) = Q_N[x(k)] \tag{6.9.4}$$

尽管(6.9.4)式中确定的非线性模型是精确的，但是为了分析的方便，我们通常使用等效的线性统计模型代替它。量化信号可以看作是无限精度信号 $x(k)$ 加上一个量化误差 $\Delta x(k)$，如图 6.41 所示。因此，量化信号可以表示为

$$x_q(k) = x(k) + \Delta x(k) \tag{6.9.5}$$

回顾第 1 章所述，如果 $|x_a(t)| \leqslant c$，那么 $|\Delta x(k)| \leqslant q/2$，其中式(6.9.3)中的 q 是 ADC 的量化水平。因此，当使用舍入量化时，量化误差可以建模为在区间 $[-q/2, q/2]$ 上均匀分布的白噪声。ADC 量化噪声的概率密度如图 6.42 所示。

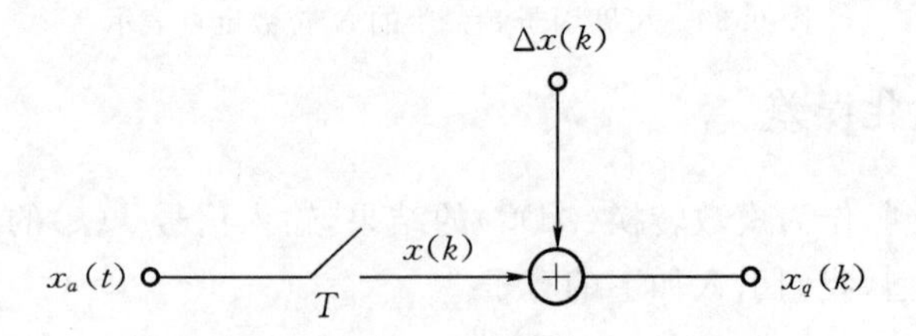

图 6.41　输入量化的线性统计模型

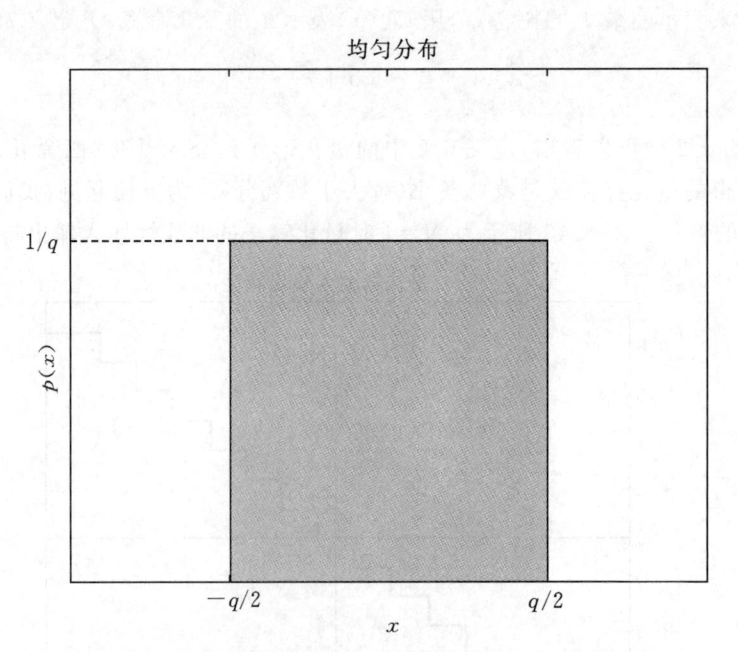

图 6.42　使用舍入量化时 ADC 量化噪声的概率密度

使用平均功率可以方便地度量量化噪声的大小。对于零均值噪声，平均功率就是方差 $\sigma_x^2 = E[\Delta x^2]$。由定义 4.3 以及图 6.42 中的概率密度，我们可以求出 ADC 量化噪声的平均功率：

$$\sigma_x^2 = \int_{-\infty}^{\infty} x^2 p(x)\mathrm{d}x = \frac{1}{q}\int_{-q/2}^{q/2} x^2 \mathrm{d}x = \frac{q^2}{12} \tag{6.9.6}$$

量化噪声和输入信号一起通过系统 $H(z)$的滤波，输出为

$$y_q(k) = y(k) + \Delta y(k) \tag{6.9.7}$$

为了确定输出噪声的平均功率，我们首先注意到，对于线性系统，输入噪声 $\Delta x(k)$的响应为输出噪声 $\Delta y(k)$。即，如果 $h(k)$是系统的脉冲响应，那么从总的输出中减去无噪输出可得

$$\Delta y(k) = \sum_{i=0}^{m} h(i)\Delta x(k-i) \tag{6.9.8}$$

输入量化噪声 $\Delta x(k)$是零均值白噪声。由此，输出噪声的平均功率是

$$\begin{aligned}
E[\Delta y^2(k)] &= E\Big[\sum_{i=0}^{m} h(i)\Delta x(k-i)\sum_{p=0}^{m} h(p)\Delta x(k-p)\Big] \\
&= \sum_{i=0}^{m}\sum_{p=0}^{m} h(i)h(p)E[\Delta x(k-i)\Delta x(k-p)] \\
&= \sum_{i=0}^{m} h^2(i)E[\Delta x^2(k-i)] \\
&= \Big[\sum_{i=0}^{m} h^2(i)\Big]E[\Delta x^2(k)]
\end{aligned} \tag{6.9.9}$$

因此，输出噪声的平均功率正比于输入量化噪声的平均功率，如下式所示：

$$\sigma_y^2 = \Gamma\sigma_x^2 \tag{6.9.10}$$

比例常数 Γ 被称为*功率增益*。由式(6.9.9)，功率增益可以用脉冲响应 $h(k)$计算如下：

$$\Gamma \triangleq \sum_{k=0}^{m} h^2(k) \tag{6.9.11}$$

例 6.17　输入量化噪声

作为 ADC 量化效应的一个例子，假设用 8 位精度的 ADC 对取值在$|x_a(t)| \leqslant 10$ 范围内的输入信号进行采样。由式(6.9.3)可得 ADC 的量化水平为

$$q = \frac{10}{2^7} = 0.0781$$

然后，根据式(6.9.6)可以求出输入的 ADC 量化噪声的平均功率为

$$\sigma_x^2 = \frac{0.0781^2}{12} = 5.0863 \times 10^{-4}$$

接下来，假设量化噪声通过如下的 FIR 滤波器：

$$H(z) = 10\sum_{i=0}^{30} (0.9)^i z^{-i}$$

该 FIR 滤波器的脉冲响应为

$$h(k) = 10\,(0.9)^k[\mu(k) - \mu(k-31)]$$

利用几何级数与式(6.9.11),可得滤波器的功率增益为

$$\begin{aligned}\Gamma &= \sum_{k=0}^{30}\left[10\,(0.9)^k\right]^2\\ &= 100\left[\sum_{k=0}^{\infty}(0.81)^k - \sum_{k=31}^{\infty}(0.81)^k\right]\\ &= 100\left[\frac{1}{1-0.81} - \frac{(0.81)^{31}}{1-0.81}\right]\\ &= 525.37\end{aligned}$$

最后再利用式(6.9.10),滤波器输出的ADC量化噪声的平均功率为

$$\sigma_y^2 = \Gamma\sigma_x^2 = 525.37(5.0863\times10^{-4}) = 0.2672$$

可以看出,即使输入的噪声功率相对比较小,输出的噪声功率也可能会很大。

6.9.3 系数量化误差

当使用定长内存单元存储时,FIR滤波器的系数也需要量化。设不量化或者无限精度的传递函数为

$$H(z) = \sum_{i=0}^{m} b_i z^{-i} \tag{6.9.12}$$

假设对系数向量的元素进行 N 位量化得到 $b_q = Q_N(b)$,其中 Q_N 是定义6.2中的 N 比特量化算子。量化后的系数向量 b_q 可表示如下:

$$b_q = b + \Delta b \tag{6.9.13}$$

其中 Δb 为系数量化误差。如果 $|b_i|\leqslant c$,那么向量 Δb 的元素可以建模为在区间 $[-q/2, q/2]$ 上均匀分布的随机数,其中 q 是式(6.9.3)给出的量化水平。对于FIR滤波器,系数量化的影响相对比较容易建模。用 $H_q(z)$ 表示采用量化系数的传递函数。由式(6.9.12)和(6.9.13),

$$\begin{aligned}H_q(z) &= \sum_{i=0}^{m}(b_i + \Delta b_i)z^{-i}\\ &= \sum_{i=0}^{m} b_i z^{-i} + \sum_{i=0}^{m}\Delta b_i z^{-i}\\ &= H(z) + \Delta H(z)\end{aligned} \tag{6.9.14}$$

其中的子系统 $\Delta H(z)$ 是系数量化误差传递函数。

$$\Delta H(z) = \sum_{i=0}^{m}\Delta b_i z^{-i} \tag{6.9.15}$$

从式(6.9.14),可以清楚地看到FIR滤波器系数的量化等价于引入了一个与非量化系统并联的误差系统 $\Delta H(z)$,如图6.43所示。

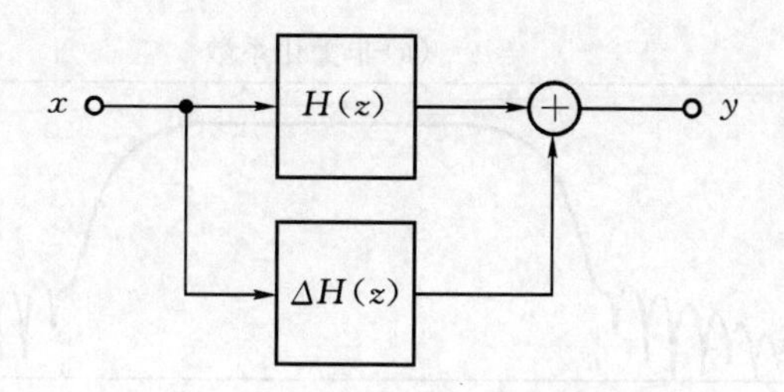

图 6.43　系数量化对 FIR 滤波器 $H(z)$的影响

我们可以给系数量化对频率响应 $H(f)$的影响估计一个简单的上界。如果使用$|\Delta b_i|\leqslant q/2$，那么系统幅度响应的误差具有如下的上界：

$$\begin{aligned}\Delta A(f) &= \left|\sum_{i=0}^{m}\Delta b_i \exp(-\mathrm{j}i2\pi fT)\right| \\ &\leqslant \sum_{i=0}^{m}|\Delta b_i \exp(-\mathrm{j}i2\pi fT)| \\ &= \sum_{i=0}^{m}|\Delta b_i| \leqslant \frac{(m+1)q}{2}\end{aligned} \tag{6.9.16}$$

由式(6.9.3)，对一个系数$|b_i|\leqslant c$ 的 m 阶 FIR 滤波器进行 N 位系数量化，幅频响应的误差满足：

$$\Delta A(f)\leqslant\frac{(m+1)q}{2^N} \tag{6.9.17}$$

式(6.9.17)中的上界是一个保守值，因为它假设的是最差情况，即每个系数量化误差均具有相同的符号并且取可能的最大值。

例 6.18　FIR 系数量化误差

作为 FIR 系数量化噪声的一个例子，考虑用最小二乘法设计的 64 阶带通滤波器。假设对系数使用 8 位量化，对$(m+1)$个系数的估算表明它们在$|b_i|\leqslant c$ 范围内，其中 $c=1$。使用式(6.9.17)，幅度响应误差的上界为

$$\Delta A(f)\leqslant\frac{64+1}{2^8}=0.2539$$

运行 *exam6_18*，将产生如图 6.44 所示的两条幅度响应曲线。第一条曲线是使用双精度浮点运算的情况，它近似于不量化的情况。第二条曲线是使用量化系数的抽头延迟线直接型实现的情况。根据观察可以明显看出使用 8 位量化的系数引入了误差，在阻带中的误差尤其明显。量化情况下阻带内的信号衰减幅度与不量化时的信号衰减幅度相比要差许多。

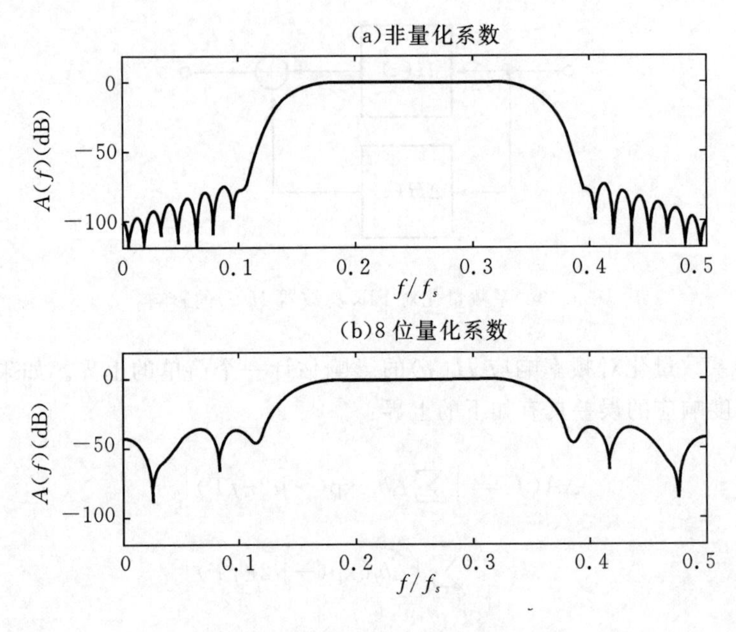

图 6.44　64 阶最小二乘带通滤波器的幅度响应
(a)非量化系数;(b)8 位量化系数

单位圆零点

另一种评估系数量化影响的方法是考察零点的位置。多项式的根对多项式系数的微小变化可能会非常敏感,对高次多项式来说尤其如此。因此,$H(z)$的高阶直接型实现对系数量化误差很敏感。对 FIR 滤波器而言,最重要的特性与单位圆上的零点相对应。单位圆上的零点之所以重要是因为它能完全衰减特定频率的输入信号。例如,假设我们期望滤除频率 F_0,这就可以通过在 $z=\pm\exp(\mathrm{j}\theta_0)$处放置零点来实现,其中 $\theta_0=2\pi F_0 T$。于是,完全衰减频率 F_0 的二阶 FIR 滤波器为

$$\begin{aligned}H(z)&=\frac{[z-\exp(\mathrm{j}\theta_0)][z-\exp(-\mathrm{j}\theta_0)]}{z^2}\\&=\frac{z^2-[\exp(\mathrm{j}\theta_0)+\exp(-\mathrm{j}\theta_0)]z+1}{z^2}\\&=\frac{z^2-2\cos(\theta_0)z+1}{z^2}\\&=1-2\cos(\theta_0)z^{-1}+z^{-2}\end{aligned}\tag{6.9.18}$$

我们注意到 $H(z)$的系数向量 $b=[1,-2\cos(\theta_0),1]^{\mathrm{T}}$。如果对 b 进行量化,那么这将引起 θ_0 的微小变化,但是由于 b_0 和 b_2 可以精确表示,因此它们没有变化。从而,量化后的零点仍然在单位圆上,虽然角度(即频率)可能会发生变化。由此可见,如果我们使用量化后的二阶单元的级联来实现 $H(z)$,那么单位圆上的零点仍然保留在单位元上(preserved),尽管它们的频率会有轻微的改变。

线性相位单元

大多数 FIR 滤波器是线性滤波器，因此考察系数量化对这一重要特性的影响有着重要的意义。前面曾提到，最一般的 m 阶第一类线性相位 FIR 滤波器可以用图 6.33 所示的直接型结构实现。由式(6.8.4)，该直接型线性相位实现的差分方程如下，其中 $p=m/2$

$$y(k)=b_p x(k-p)+\sum_{i=0}^{p-1} b_i[x(k-i)+x(k-m+i)] \tag{6.9.19}$$

为了保持第一类滤波器的线性相位响应，要求对 $0\leqslant i\leqslant m, b_i=b_{m-i}$。但是从式(6.9.19)可以看出，$b_i$ 和 b_{m-i} 是用相同的系数实现的。因此，如果对式(6.9.19)中的 $p+1$ 个系数进行量化，所得的量化后的滤波器将仍然是线性相位的，只有它的幅度响应会受到影响。也就是说，式(6.9.19)中直接型实现的线性相位特性不受系数量化的影响。

正如它所表现的那样，即使是使用级联型实现，也可以保持滤波器的线性相位响应。前面曾提到，线性相位滤波器有以下性质，如果 $z=r\exp(\mathrm{j}\phi), r\neq 1$ 是一个零点，那么其倒数 $z=r^{-1}\exp(-\mathrm{j}\phi)$ 也是一个零点。对一个实系数滤波器，复零点以共轭对的形式出现。因此，不在单位圆上的复零点以四个为一组的形式出现。为了保持这种分组形式，我们可以在级联型实现中采用如下的四阶单元。

$$\begin{aligned}
H(z)&=\frac{[z-r\exp(\mathrm{j}\phi)][z-r\exp(-\mathrm{j}\phi)][z-r^{-1}\exp(-\mathrm{j}\phi)][z-r^{-1}\exp(\mathrm{j}\phi)]}{z^4}\\
&=\frac{[z^2-2r\cos(\phi)z+r^2][z^2-2r^{-1}\cos(\phi)z+r^{-2}]}{z^4}\\
&=\frac{[z^2-2r\cos(\phi)z+r^2][r^2z^2-2r\cos(\phi)z+1]}{r^2z^4}\\
&=c_0(1+c_1z^{-1}+c_2z^{-2})(c_2+c_1z^{-1}+z^{-2})
\end{aligned} \tag{6.9.20}$$

我们注意到这种因式形式的四阶线性相位单元可以通过两个二阶单元的级联来实现，其中二阶单元的系数为 $c=[1,-2r\cos(\phi),r^2]^{\mathrm{T}}$。两个单元的系数顺序是相反的。如果对 c 进行量化，仍能保持这种互为倒数的零点关系。因此量化后的四阶单元仍然是线性相位系统。四阶线性相位单元的级联型实现框图如图 6.45 所示。

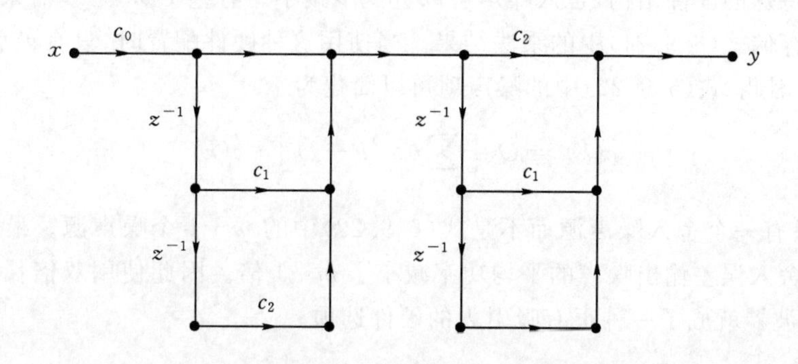

图 6.45 四阶线性相位单元的级联型实现

6.9.4 舍入误差,溢出和比例缩放

用于计算滤波器输出的运算也必须用有限精度实现。使用抽头延迟线直接型实现结构的 FIR 滤波器的时域表达式为

$$y(k) = \sum_{i=0}^{m} b_i x(k-i) \tag{6.9.21}$$

如果系数和信号均使用 N 位量化,那么式(6.9.21)中的每个乘积项的结果都要用 $2N$ 位来表示。当把乘积结果舍入到 N 位时就会产生误差,我们把这种误差称为*舍入误差*。对每个乘积输出,我们都可以用一个独立的白噪声源将其建模为白噪声。假设舍入噪声源是互相统计独立的,则与乘积有关的噪声源可以合并成如下简单的误差项,其中 Q_N 为 N 位量化算子。

$$e(k) = \sum_{i=0}^{m} \{Q_N[b_i x(k-i)] - b_i x(k-i)\} \tag{6.9.22}$$

对于抽头延迟线直接型实现结构,这将得到舍入误差的等效线性模型,图 6.46 所示是 $m=2$ 时的情况。

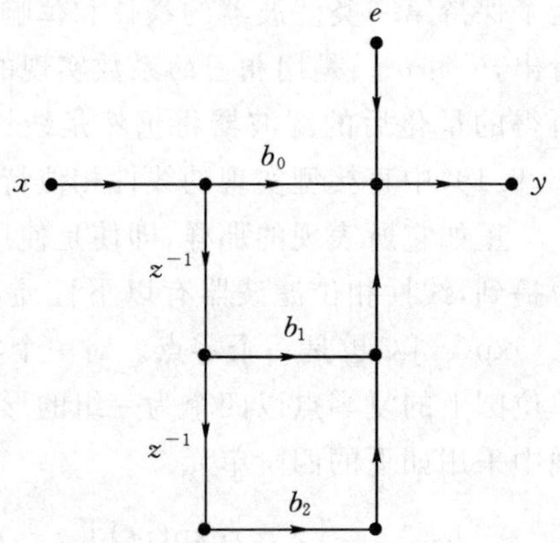

图 6.46 FIR 滤波器乘积舍入误差的线性模型,$m=2$

假设系数 b_i 和输入 $x(k-i)$ 均在 $[-c,c]$ 区间内。那么量化等级为 q,如式(6.9.3)给出的那样。每个舍入误差噪声都在 $[-q/2,q/2]$ 内均匀分布且平均功率 $\sigma_x^2=q^2/12$。由于我们假设 $m+1$ 个源是统计独立的,所以它们的贡献是可加的,这意味着滤波器输出中的噪声平均功率为

$$\sigma_y^2 = \frac{(m+1)q^2}{12} \tag{6.9.23}$$

如果使用特殊的硬件结构,舍入噪声可以进一步减小。有些 DSP 处理器采用 $2N$ 位的双倍长的累加器存储式(6.9.21)中的乘法结果。当使用这种硬件配置时,只有最后的和 $y(k)$ 被量化为 N 位。因此,式(6.9.22)中的噪声项可以简化为

$$e(k) = Q_N\left[\sum_{i=0}^{n} b_i x(k-i)\right] - y(k) \tag{6.9.24}$$

在此情况下,只有一个舍入噪声源而不是式(6.9.22)中的 $m+1$ 个噪声源。最终的结果是式(6.9.23)中的舍入误差输出噪声的平均功率减小了 $m+1$ 倍。因此使用双倍长的累加器实现直接型 FIR 滤波器就成了一种很有吸引力的硬件选项。

溢出

还有一种误差来源于式(6.9.21)中的求和运算。几个 N 位数的和不一定仍然在 N 位数的范围内。当由于和太大而超出范围时,就会产生*溢出误差*。溢出误差会导致滤波器输出的显著变化。通过对输入或者滤波器系数进行比列缩放,这种误差可以被消除或明显减小。如

果$|x(k)|\leqslant c$,那么式(6.9.21)的FIR滤波器输出具有如下的上界：

$$\begin{aligned}|y(k)| &= \left|\sum_{i=0}^{m} b_i x(k-i)\right| \\ &\leqslant \sum_{i=0}^{m} |b_i x(k-i)| \\ &= \sum_{i=0}^{m} |b_i| |x(k-i)| \\ &\leqslant c\sum_{i=0}^{m} |b_i| \end{aligned} \tag{6.9.25}$$

因此,$|y(k)|\leqslant c\|b\|_1$,其中 $\|b\|_1$ 为系数向量b的L_1范数,即

$$\|b\|_1 \triangleq \sum_{i=0}^{m} |b_i| \tag{6.9.26}$$

从式(6.9.25),我们可以看到对输入信号$x(k)$乘以比例系数$s_1=1/\|b\|_1$,就可以消除输出的加法溢出(即$|y(k)|\leqslant c$)。使用比例缩放防止溢出的三阶直接型FIR滤波器实现的信号流图如图6.47所示。

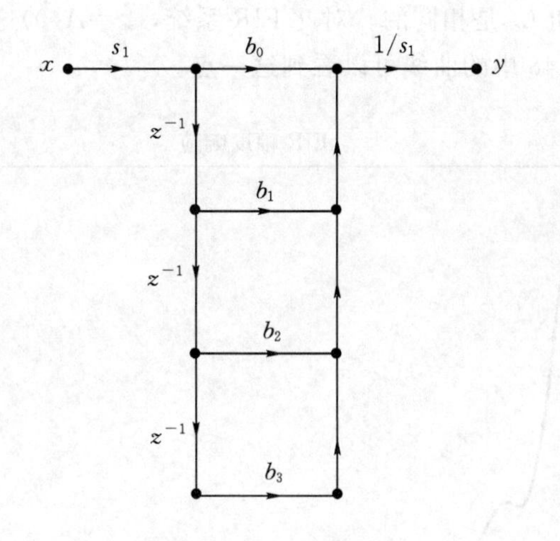

图6.47　使用比例缩放防止FIR滤波器的加法溢出,$m=3$

使用L_1范数进行比例缩放可以有效防止溢出,但是也有一些实际的不利因素。舍入噪声和ADC量化噪声不会明显受到比例缩放的影响。因此,当用因子s_1对输入进行缩放时,信号强度的减小会相应地导致信噪比的降低。较小的缩放比例可以被用来消除大部分溢出,但并非全部的溢出。例如,如果输入信号是纯正弦,那么通过使用基于滤波器幅度响应的比例缩放可以消除由此类周期输入引起的溢出。

$$\|b\|_\infty \triangleq \max_{0\leqslant f\leqslant f_s/2} \{A(f)\} \tag{6.9.27}$$

如果对输入信号$x(k)$乘以系数$s_\infty=1/\|b\|_\infty$,则可以消除由纯正弦输入引起的溢出。另一种常用的比例缩放系数是使用L_2范数或者欧氏范数。

$$\| b \|_2 \triangleq \left(\sum_{i=0}^{m} | b_i |^2 \right)^{1/2} \tag{6.9.28}$$

类似地，缩放系数 $s_2 = 1/\| b \|_2$。与 L_1 范数一样，使用 L_2 范数的一个优势是，它比较容易计算。可以证明三种范数满足如下关系：

$$\| b \|_2 \leqslant \| b \|_\infty \leqslant \| b \|_1 \tag{6.9.29}$$

例 6.19 FIR 滤波器的溢出和比例缩放

作为一个使用比例缩放避免溢出的例子，假设 $|x(k)| \leqslant 5$，考虑如下的 FIR 滤波器：

$$H(z) = \sum_{i=0}^{20} \frac{z^{-i}}{1+i}$$

其中 $c=5$。对此 20 阶滤波器，运行 *exam6_19* 可以得到如下的比例缩放系数：

$$s_1 = 3.6454$$

$$s_2 = 1.2643$$

$$s_\infty = 3.6454$$

在本例中，缩放系数 L_1 和 L_∞ 是相同的。对此 FIR 系统，$s_\infty = A(0)$ 这是因为幅度响应在 $f=0$ 时达到它的峰值，由图 6.48 中的曲线可以看到这一点。

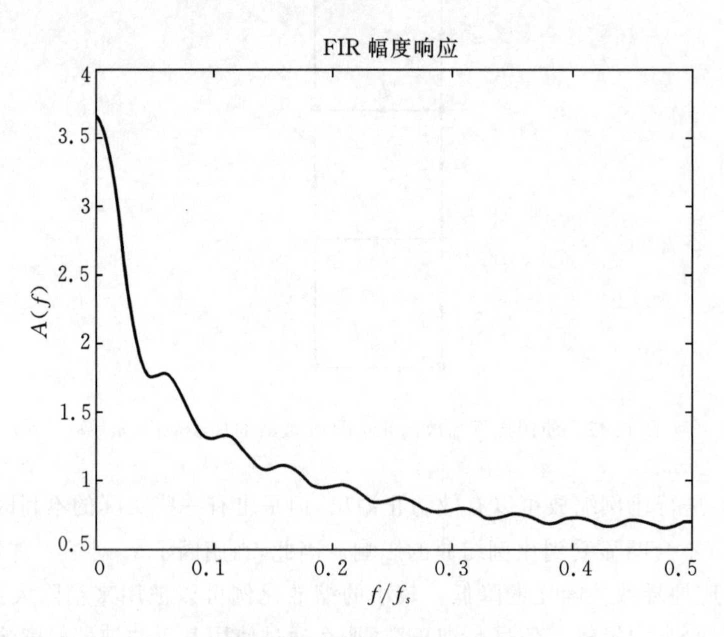

图 6.48 FIR 滤波器的幅度响应

6.10　GUI 软件和案例学习

本章主要讨论 FIR 滤波器的设计与实现。本节介绍一种被称为 *g_fir* 的图形用户界面，它允许用户设计和实现 FIR 滤波器而无需任何编程。我们还给出了一个实际案例及其 MATLAB 求解过程。

g_fir:设计与实现 FIR 滤波器

FDSP 工具箱包含一个名为 *g_fir* 的图形用户界面模块，用户使用它可以设计各种 FIR 滤波器。GUI 模块 *g_fir* 显示界面包含多个平铺的窗口，如图 6.49 所示。界面左上角的 "Block diagram"（框图）窗口显示当前研究的 FIR 滤波器的方框图。它是具有如下传递函数的 m 阶 FIR 滤波器。

$$H(z) = \sum_{i=0}^{m} b_i z^{-i} \tag{6.10.1}$$

框图窗口下面是"Parameters"（参数）窗口，其中显示了含有滤波器参数的编辑框。用户可以直接修改每个编辑框中的内容，并用回车键激活这些参数变化。参数 $F0$，$F1$，B 以及 fs 分别表示下截止频率、上截止频率、过渡带宽和采样频率。参数 deltap 和 deltas 分别为通带纹波系数和阻带衰减系数。低通滤波器的通带截止频率是 $F0$，高通滤波器的通带截止频率是 $F1$。带通滤波器的通带为 $[F0, F1]$，而带阻滤波器的阻带为 $[F0, F1]$。在所有情况下，B 均为过渡带的宽度。

用户可以通过右上角的"Type"（类型）和"View"（视图）窗口选择滤波器的类型和观察方式。滤波器类型包括低通、高通、带通和带阻滤波器，用户也可以自定义滤波器。用户自定义滤波器的期望的幅度响应和残留相位响应由用户提供的 M 文件精确描述，M 文件具有如下的参数调用顺序，其中 u_sys 是用户提供的函数名。

```
[A,theta] = u_sys(f,fs);   % 频率响应
```

当用频率 f 和采样频率 fs 作为参数调用函数 u_sys 时，该函数必须计算向量 f 上的期望幅度响应和残留相位响应，并分别用向量 A 和 theta 返回所得到的结果。只有正交滤波器才需要输出 theta。对其它类型的滤波器，残留相位响应 theta＝zeros(size(f))。

"View"选项包括幅度响应、相位响应、脉冲响应、零极点图以及采用窗口法设计滤波器时所使用的窗口类型。用户使用 dB 选择框可以选择用线性坐标还是对数坐标显示幅度响应。当选中 dB 选择框时，"Parameters"窗口中的通带纹波和阻带衰减将分别变成对应的等效对数值，A_p 和 A_s。界面的下半部分是"Plot"（绘图）窗口，用于显示用户选择的视图。在"Type"和"View"窗口的正下方有一个水平滑动条，用户可以通过它直接控制滤波器的阶数 m。

界面顶部的菜单条包含几个菜单选项。"Caliper"（测量）选项允许用户通过把鼠标移动到期望测量的点上并单击来对当前曲线上的点进行测量。"Save data"（保存数据）选项用于将当前的 a、b、fs、x 和 y 的值保存到用户指定的 MAT 文件以供将来使用。用这种方式创建的文件也可以加载到其它诸如 *g_filters* 这样的 GUI 模块中。"Method"（方法）选项允许用

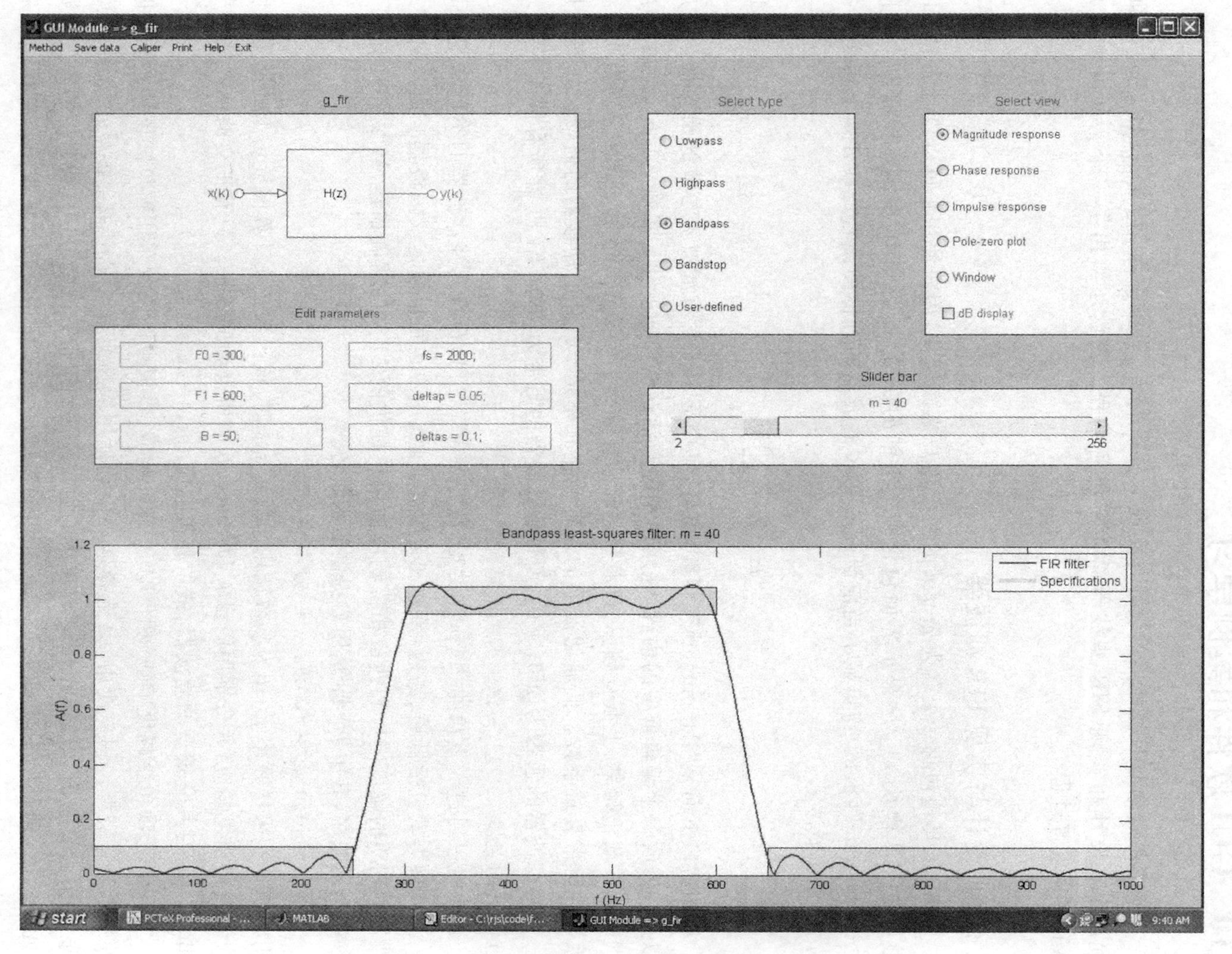

图 6.49 GUI 模块 g_fir 的显示界面

户选择滤波器设计方法，包括窗口法、频率采样法、最小二乘法、等纹波法以及正交法。"Print"(打印)选项打印绘图窗口中的内容。最后，"Help"(帮助)选项为用户提供一些如何有效使用 *g_fir* 模块的有用的建议。

回顾 5.9 节讨论的 GUI 模块 *g_filters*。使用 *g_filters* 可以研究不同的滤波器实现结构以及系数量化误差的影响。为了用 *g_filters* 分析 *g_fir* 模块设计的 FIR 滤波器，在 *g_fir* 中使用保存选项，然后在 *g_filters* 使用用户定义选项。所有的离散时间 GUI 模块都可以使用该方式输出和输入滤波器参数。

案例学习 6.1 带阻滤波器设计：一个比较

为了详细说明 FIR 滤波器的不同设计方法，假定 $f_s=2000$ Hz，考虑满足如下规范的带阻滤波器设计问题。

$$(F_{p1},\ F_{s1},\ F_{s2},\ F_{p2}) = (200,\ 300,\ 700,\ 800)\,\text{Hz} \tag{6.10.2a}$$

$$(\delta_p,\ \delta_s) = (0.04,\ 0.02) \tag{6.10.2b}$$

由式(5.2.7)，对应的以 dB 为单位的通带纹波和阻带衰减为

$$A_p = 0.36\text{dB} \tag{6.10.3a}$$

$$A_s = 33.98\text{dB} \tag{6.10.3b}$$

为了方便比较本章讨论的五种设计方法，对所有情况均使用相同的滤波器阶数 $m=80$。在驱动程序 *f_dsp* 中运行 *exam*6_20 可以得到幅度响应曲线。

```
function case6_1

% CASE STUDY 6.1: FIR bandstop filter design

f_header('Case Study 6.1: FIR bandstop filter design\n\n')
deltap = 0.04
deltas = 0.02
Ap = -20 * log10 (1 - deltap)
As = -20 * log10(deltas)
fs = 2000;
T = 1/fs;
Fp = [200 800]
Fs = [300 700]
sym = 0;
filt = 3;
win = 1;
m = f_prompt ('Enter filter order', 0, 120, 80);

% Compute windowed filter

p = [Fp(1), Fs(1), Fs(2), Fp(2)];
b = f_firwin (@bandstop, m, fs, win, sym, p);
```

```
show_filter (b, m, fs, Fp, Fs, Ap, As, 'Windowed Filter')

% Compute frequency-sampled filter

M = floor (m/2) + 1;
F = linspace (0, fs/2, M);
A = bandstop (F, fs, p);
b = f_firsamp (A, m, fs, sym);
show_filter (b, m, fs, Fp, Fs, Ap, As, 'Frequency-sampled Filter')

% Compute least-squares filter

w = (deltas/deltap) * ones(size (F));
istop = (F>=Fs(1)) & (F<=Fs(2));
w(istop) = 1;
b = f_firls (F, A, m, fs, w);
show_filter (b, m, fs, Fp, Fs, Ap, As, 'Least-squares Filter')

% Compute equiripple filter

b = f_firparks (m, Fp, Fs, deltap, deltas, filt, fs);
show_filter (b, m, fs, Fp, Fs, Ap, As, 'Equiripple Filter')

% Compute quadrature filter

win = 3;
deltaS = .0001;
b = f_firquad (@bandstop, m, fs, win, deltaS, p);
show_filter (b, m, fs, Fp, Ap, As, 'Quadrature Filter')

function [A, theta] = bandstop (f, fs, p)

% BANDSTOP: Amplitude response of bandstop filter
%
%        p(1) = Fp1
%        p(2) = Fs1
%        p(3) = Fs2
%        p(4) = Fp2

A = zeros (size(f));
for i = 1 : length(f)
    if (f(i) <= p(1) | f(i) >= p(4))
```

```
        A(i) = 1;
    elseif (f(i)>p(1)&f(i)<p(2))
        A(i) = 1 - (f(i) - p(1))/p(2) - p(1));
    elseif (f(i)>p(3) & f(i)<p(4))
        A(i) = (f(i) - p(3))/(p(4) - p(3));
    end
end

theta = zeros(size(f));

function show_filter(b, m, fs, Fp, Fs, Ap, As, caption)

 % SHOW_FILTER: Display the magnitude response in dB

figure N = 250;
Amin = 80;
Amax = 20;
[H, f] = f_freqz(b, 1, N, fs);
AdB = 20 * log10(max(abs(H), eps);
istop = (f >= Fs(1)) & (f<= Fs(2));
Astop = - max(AdB(istop))
cap2 = sprintf ([caption '{m} = %d, {As} = %.1f dB'], m, Astop);
f_labels (cap2, '{f} (hz)', '{A(f)} (dB)')
axis ([0, fs/2 - Amin Amax])
hold on
box on
fill ([0 Fs(1) Fs(1) 0], [- Ap - Ap Ap Ap], 'c')
fill ([Fs(1) Fs(2) Fs(2) Fs(1)], [- Amin - Amin - As - As], 'c')
fill ([Fs(2) fs/2 fs/2 Fs(2)], [- Ap - Ap Ap Ap], 'c')
plot (f, AdB, 'LineWidth', 1.5)
f_wait
```

由 *case*6_1 生成的第一条曲线为使用窗口法设计的滤波器的幅度响应,如图 6.50 所示。本例中使用的是海宁窗。显然,由于过渡带太宽,所得到的滤波器不满足阻带规范。本例中的阻带衰减 $A_{stop}=22.6\text{dB}$。

由 *case*6_1 生成的第二条曲线为用频率采样法设计的滤波器的幅度响应,如图 6.51 所示。其中,频率采样间隔为

$$\Delta F = \frac{f_s}{m} = 25\ \text{Hz} \tag{6.10.4}$$

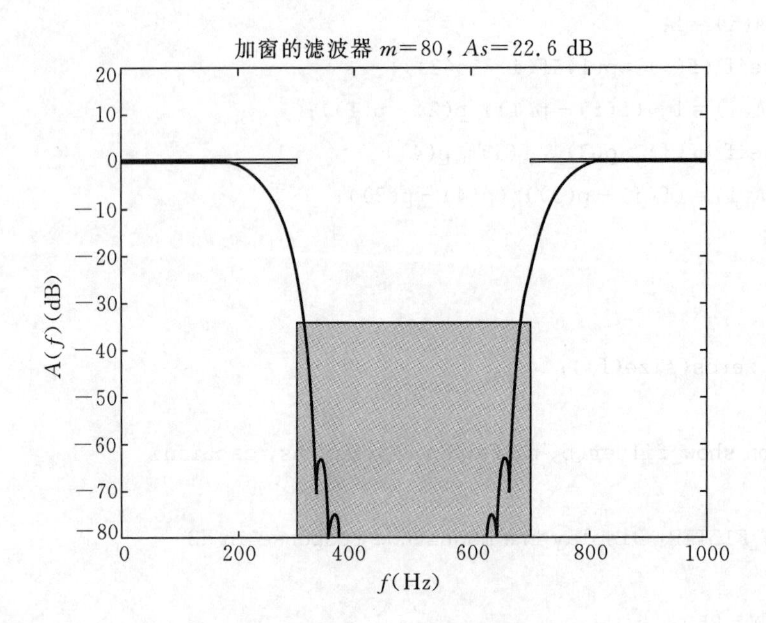

图 6.50　使用海宁窗的 80 阶带阻滤波器的幅度响应

由式(6.10.2)，过渡带宽度 $B=100$ Hz。因此，在每个过渡带内有三个采样点。表面上看，似乎用频率采样法设计的滤波器的幅度响应满足阻带规范。然而仔细观察图 6.51，可以看到在 $f=F_{s2}$ 附近，幅度响应的值大于规范所要求的 A_s，所以在此情况下最终的阻带衰减仅为 $A_{stop}=24.5$dB。

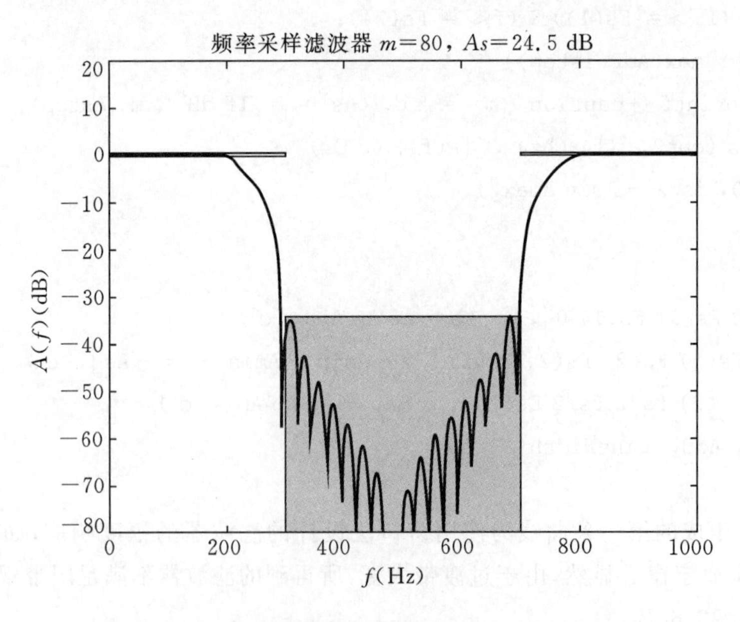

图 6.51　80 阶频率采样带阻滤波器的幅度响应

由 *case*6_1 生成的第三条曲线为用最小二乘法设计的滤波器的幅度响应，如图 6.52 所示。为了便于同等纹波法进行比较，用式(6.7.7)生成最小二乘法的加权向量。由式(6.10.2)，有 $\delta_s/\delta_p=0.5$，因此最终得到如下加权向量：

$$w(i)=\begin{cases}0.5, & f_i \in \text{通带} \\ 1, & f_i \in \text{阻带}\end{cases} \tag{6.10.5}$$

最小二乘法还要求指定过渡带的权值，本例中将其设置为与通带相同的值。图 6.52 中的 80 阶滤波器的幅度响应的阻带衰减 $A_{stop}=34.5$ dB，与规范要求的 $A_s=33.98$ dB 相比，用最小二乘法设计的滤波器满足设计规范。

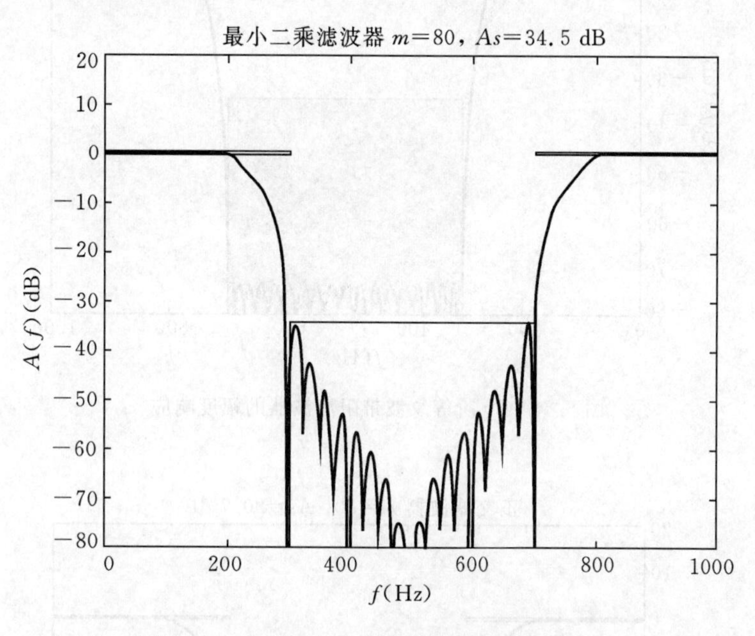

图 6.52 80 阶最小二乘带阻滤波器的幅度响应

由 *case*6_1 生成的第四条曲线为用最优等纹波法设计的滤波器的幅度响应，如图 6.53 所示。从图 6.53 可以明显地看出，等纹波滤波器不仅满足，而且实际上超过了阻带设计规范。本例中的阻带衰减 $A_{stop}=72.8$ dB。注意到每 20 dB 对应于增益减小了 10 倍。因此该滤波器的阻带增益介于10^{-4}和10^{-3}之间。

由 *case*6_1 生成的最后一条曲线为用正交法设计的滤波器的幅度响应，如图 6.54 所示。由于可以指定残留相位响应，正交法比其它方法更通用。为便于比较，将残留相位响应设置为零，即 $\theta_d(f)=0$。所得到的幅度响应如图 6.54 所示。滤波器为 80 阶布莱克曼窗滤波器。为了说明可以使用小的阻带衰减值，将阻带衰减设为 $\delta_s=0.0001$。我们注意到阻带衰减在大多数阻带内都可以准确地跟踪规范。然而，在阻带边缘的阻带衰减 $A_{stop}=20.7$dB，它不满足设计规范。

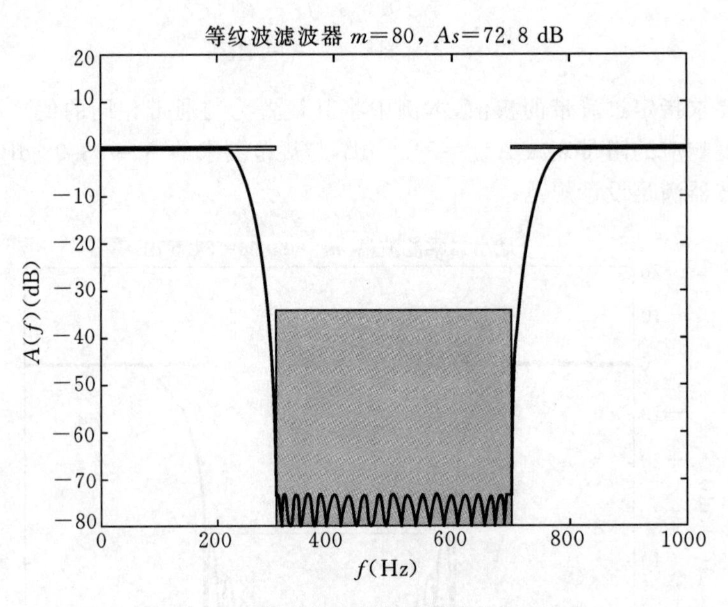

图 6.53　80阶等纹波带阻滤波器的幅度响应

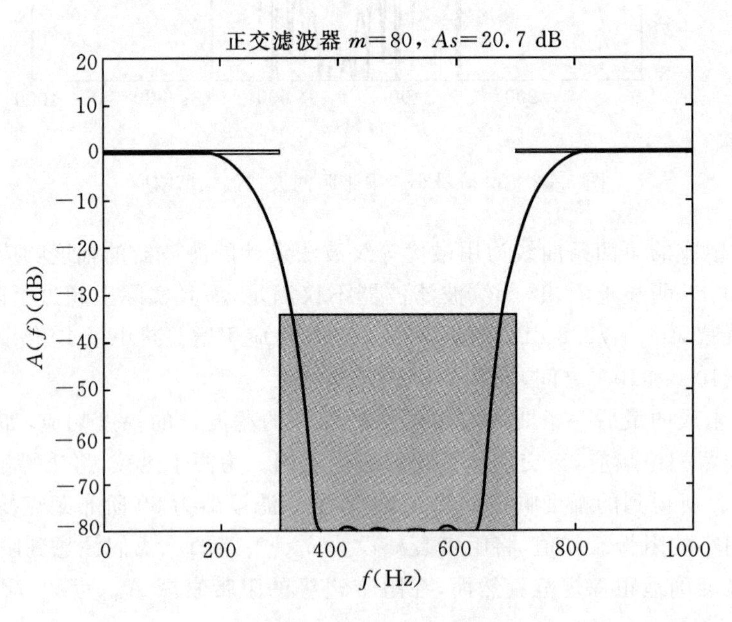

图 6.54　80阶布莱克曼窗正交滤波器的幅度响应，δ_s=0.0001

6.11 本章小结

有限长脉冲响应滤波器

本章重点讨论了有限长脉冲响应或FIR数字滤波器的设计问题，它具有如下的传递函数：

$$H(z)=\sum_{i=0}^{m}b_i z^{-i} \tag{6.11.1}$$

与IIR滤波器相比，FIR滤波器具有几个重要的优势。FIR滤波器总是稳定的，与滤波器系数的值没有关系。FIR滤波器对有限字长效应也不敏感。FIR滤波器的脉冲响应可以直接通过观察传递函数或微分方程得到。

$$h(k)=\begin{cases}b_k, & 0\leqslant k\leqslant m\\ 0, & m<k<\infty\end{cases} \tag{6.11.2}$$

如果允许滤波器的阶数足够大，那么利用已有的FIR滤波器设计技术可以准确地逼近任意的幅度响应。FIR滤波器的一个缺点是，为了满足同样的设计规范，使用FIR滤波器比使用IIR滤波器需要更高的滤波器阶数。这意味着需要更大的存储空间和更长的运算时间，对实时信号处理应用来说，这是需要考虑的重要因素。

线性相位滤波器

FIR滤波器的相位响应可以设计成线性的。线性相位响应是一个很重要的特性，它意味着输入信号的不同频谱分量在经过滤波器处理后具有相同的延迟。线性相位滤波器不会造成通带内的信号畸变，它仅是使输入信号延时了$\tau=mT/2$。如下对脉冲响应的对称性约束确保FIR滤波器具有线性相位。

$$h(k)=\pm h(m-k),\qquad 0\leqslant k\leqslant m \tag{6.11.3}$$

如果上式取正号，脉冲响应$h(k)$关于中点$k=m/2$偶对称；而如果取负号，则脉冲响应关于中点$k=m/2$奇对称。根据脉冲响应是奇对称还是偶对称以及滤波器是奇数阶还是偶数阶，总共有四类线性相位FIR滤波器。最通用的线性相位滤波器是偶对称偶数阶的第一类线性相位滤波器。其它三类滤波器在频率区间的一个或两个端点处存在零点，它们往往用于诸如微分器或希尔伯特变换器设计这样的特殊应用。

滤波器设计方法

本章给出了四种m阶线性相位FIR滤波器的设计技术以及一种$2m$阶FIR滤波器的设计技术。为了得到因果的脉冲响应，前四种方法都引入了常数群时延，其大小为滤波器长度的一半。窗口法是一种脉冲响应截断技术，它使用数据窗对滤波器系数进行锥化(逐渐减小)处理，从而降低了由吉布斯现象导致的振幅响应的振荡。在减小振荡和过渡带宽度之间存在一种折衷。常用的窗函数包括矩形窗、海宁窗、汉明窗以及布莱克曼窗。当使用矩形窗时，所得到的滤波器最小化如下的均方误差，其中 $A_d(f)$ 为期望的振幅响应，$A_r(f)$ 为实际振幅响应。

$$J = \int_0^{f_s/2} |A_d(f) - A_r(f)|^2 \mathrm{d}f \tag{6.11.4}$$

频率采样法使用 m 个等间隔的频点以及 IDFT 计算滤波器系数。通过在过渡带中包含一个或多个频率采样点可以减小幅度响应中的振荡。对过渡带采样点的值进行优化可以最大化阻带衰减。

最小二乘法是一种利用任意不同的离散频点集合的直接优化方法。该方法最小化振幅响应实际值与期望值之间误差平方的加权和。确定滤波器的系数需要求解一个 $p+1$ 阶的线性代数方程组，其中 $p=m/2$。如果在某些频点处存在比较大的误差，则可以通过对这些频点指定更大的权值以重新分配误差。窗口法、频率采样法和最小二乘法可以用来设计具有指定振幅响应的通用线性相位 FIR 滤波器。

第四种设计方法是最优等纹波法，该方法使通带和阻带内绝对误差的最大值最小化。等纹波滤波器的振幅响应在通带及阻带内具有相等幅度的纹波。对给定的一组频率选择性滤波器设计规范，等纹波滤波器的阶数比用窗口法、频率采样法和最小二乘法设计的滤波器的阶数更低。为了使通带与阻带内绝对误差的最大值最小化，最优等纹波滤波器的振幅响应必须满足下式。

$$A_r(F_i) + \frac{(-1)^i \delta}{w(F_i)} = A_d(F_i), \quad 0 \leqslant i < p+2 \tag{6.11.5}$$

其中 $w(f)>0$ 是加权函数，F_i 是通带和阻带内的极值频点，极值频点上的误差幅度达到其最大值 δ。可以证明：FIR 滤波器的振幅响应 $A_r(f)$ 是 $x=\cos(2\pi fT)$ 的 p 次多项式，其中 $p=\mathrm{floor}(m/2)$。我们可以使用如下的归一化加权函数设计等纹波频率选择性滤波器。

$$w(f) = \begin{cases} \dfrac{\delta_s}{\delta_p}, & f \in \text{通带} \\ 1, & f \in \text{阻带} \end{cases} \tag{6.11.6}$$

最后一种滤波器设计方法是设计 $2m$ 阶正交滤波器。正交滤波器不同于其它的滤波器，它的设计需要同时满足幅度响应和残留相位响应规范。残留相位响应是去除与常数群时延有关的相位后剩余的相位响应。$2m$ 阶正交滤波器具有如下的传递函数，其中 $p=m/2$。

$$H(z) = z^{-p}F(z) + H_h(z)G(z) \tag{6.11.7}$$

正交滤波器的第一级利用 $m/2$ 个采样点的延迟器和希尔伯特变换器 $H_h(z)$ 产生相位正交的信号对。然后，用线性相位 FIR 滤波器 $F(z)$ 和 $G(z)$ 对这些信号进行处理以分别近似期望频率响应的实部和虚部。为了使相位响应意义明确，期望的幅度响应 $A_d(f)$ 的阻带衰减必须满足 $\delta_s>0$。

滤波器实现结构

有许多种可以选择的 FIR 滤波器的信号流图实现结构。直接型实现具有如下性质，通过观察传递函数可以直接得到信号流图中的增益。对 FIR 滤波器，直接型实现结构包括抽头延迟线、转置抽头延迟线以及只需要一半浮点乘法运算的线性相位滤波器直接型实现。除此之外,还有许多种间接型实现结构,其参数需要通过对原始传递函数的计算得到。间接型实现通过合并复共轭零点对把原始传递函数分解为低阶的基本单元。例如,通过对 $H(z)$进行因式分解,FIR 波器可以使用如下的级联型实现。

$$H(z) = b_0 H_1(z) \cdots H_M(z) \tag{6.11.8}$$

其中 $M=\text{floor}[(m+1)/2]$,除了 $H_M(z)$外,$H_i(z)$是具有实系数的二阶单元,当滤波器阶数 m 为奇数时 $H_M(z)$为一阶单元。另一种 FIR 滤波器实现结构是由 m 个单元组成的网格型实现,其信号流图类似于网格阶梯结构。当使用无限精度运算时,就整体的输入输出特性来说,所有的滤波器实现结构都是等效的。

有限字长效应

当用硬件或软件实现滤波器时会引起有限字长效应。实现滤波器时必须用有限精度数表示滤波器参数和滤波器信号这一事实导致了有限字长效应的发生。实现滤波器时既可以使用浮点表示也可以使用定点表示。MATLAB 使用 64 位双精度浮点数使有限字长效应最小化。当用 N 比特定点数表示区间$[-c,c]$内的值时,量化水平或者说相邻值之间的间隔为

$$q = \frac{c}{2^{N-1}} \tag{6.11.9}$$

通常,对 $M \geqslant 0$ 的整数,比例系数 $c=2^M$。按此方法,用 $M+1$ 比特表示包括符号的整数部分,而用其余 $N-(M+1)$比特表示小数部分。

ADC 量化、输入量化、系数量化以及乘积舍入量化都可能导致量化误差。量化误差可以用在$[-q/2,q/2]$上均匀分布的加性白噪声来建模。另一种误差源是溢出误差,当几个有限精度数相加时有可能发生溢出误差。通过对输入进行适当的成比例缩放可以消除溢出误差。多项式的根对多项式系数的变化非常敏感,对高次多项式来说更是如此。由于所有的极点均在原点,所以量化后的 FIR 滤波器不会变得不稳定。更一般地,与 IIR 滤波器相比,FIR 滤波器对有限字长效应不太敏感。间接型实现对有限字长效应的敏感度更低,这是因为其中的每个单元传递函数只是二阶的。

GUI 模块

FDSP 工具箱包含一个被称为 *g_fir* 的 GUI 模块,它允许用户无需编程设计和实现 FIR 滤波器。可以实现的滤波器类型包含低通、高通、带通、带阻以及用户自定义滤波器,用户自定义滤波器的振幅响应和残留相位响应需要在一个 M 文件中指定。用户可以对不同的设计方法进行比较,而且还可以通过改变滤波器阶数 m 将所得结果与设计规范进行比较。滤波器设计方法包括窗口法、频率采样法、最小二乘法、最优等纹波法和正交法。FDSP 工具箱还包含一个被称为 *g_filters* 的 GUI 模块,已在 5.9 节中详细介绍,用户使用它可以研究不同的滤波器实现结构以及系数量化误差的影响。

学习要点

本章希望学生达到的学习目标总结于表 6.6 中。

表 6.6　第 6 章学习目标

编号	学习目标	节
1	理解 FIR 滤波器相对于 IIR 滤波器的优点与缺点	6.1
2	了解如何度量信噪比	6.1
3	会用窗口法设计具有指定幅度响应的线性相位 FIR 滤波器	6.2
4	理解为什么使用窗函数以及有哪些折衷方法	6.2
5	会用频率采样法设计具有指定幅度响应的线性相位 FIR 滤波器	6.3
6	了解如何通过在过渡带插入频率采样点控制滤波器性能	6.3
7	会用最小二乘法设计具有指定幅度响应的线性相位 FIR 滤波器	6.4
8	会用 Parks-McClellan 算法设计线性相位等纹波频率选择性滤波器	6.5
9	了解如何设计 FIR 微分器和希尔伯特变换器	6.6
10	会用正交法设计具有指定幅度响应和残留相位响应的 FIR 滤波器	6.7
11	理解不同滤波器实现结构的优点	6.8
12	意识到有限字长效应的不利影响并了解如何最小化他们	6.9
13	了解如何在无需编程情况下，使用 GUI 模块 *g_fir* 设计和分析数字 FIR 滤波器	6.10

6.12　习题

习题分为可以用计算器或手动求解的分析与设计问题，需要用 GUI 模块 *g_fir* 求解的 GUI 仿真问题，以及需要用户编程的 MATLAB 计算问题。

6.12.1　分析与设计

6.1　考虑用窗口法设计一个理想的线性相位 FIR 带阻滤波器。滤波器阶数 $m=40$ 并使用布莱克曼窗。求出具有如下截止频率的滤波器的系数：

$$(f_s, F_{s1}, F_{s2})=(10, 2, 4)\ \text{kHz}$$

6.2　考虑用窗口法设计一个具有如下期望振幅响应的第一类线性相位 FIR 滤波器。

$$A_r(f)=\cos(\pi fT),\ 0\leqslant|f|\leqslant f_s/2$$

设滤波器阶数 $m=2p$ 为偶数。求使用矩形窗的脉冲响应 $h(k)$。要求尽可能简化 $h(k)$ 的表达式。

6.3　假设用窗口法设计 m 阶低通 FIR 滤波器。可以选择的窗函数包括矩形窗、海宁窗、汉明窗和布莱克曼窗。

(a) 哪种窗的过渡带宽最小？

(b) 哪种窗的通带纹波 A_p 最小？

(c) 哪种窗的阻带衰减 A_s 最大？

6.4 考虑用窗口法设计一个满足如下设计规范的低通滤波器：

$$(f_s, F_p, F_s) = (200, 30, 50)\text{Hz}$$
$$(A_p, A_s) = (0.02, 50)\text{dB}$$

(a) 哪些窗函数可以满足以上设计规范？

(b) 对(a)中的每一种窗，求出满足上述设计规范的滤波器的最小阶数 m。

(c) 假设所用的振幅响应为理想的逐段常数，求出合适的截止频率 F_c。

6.5 假设使用窗口法设计一个10阶低通滤波器，采用海宁窗，采样频率 $f_s = 2000$ Hz。

(a) 估计过渡带的宽度。

(b) 估计线性通带纹波和阻带衰减。

(c) 估计对数通带纹波和阻带衰减。

6.6 考虑用窗口法设计一个具有如下振幅响应的 m 阶第三类线性相位 FIR 滤波器：

$$A_r(f) = \sin(2\pi fT), \quad 0 \leqslant f \leqslant f_s/2$$

(a) 设 $m = 2p$，p 为整数，求使用矩形窗时的滤波器系数。

(b) 求采用汉明窗时的滤波器系数。

6.7 考虑如下受噪声污染的周期信号，其中 $v(k)$ 是在$[-0.5, 0.5]$上均匀分布的白噪声。

$$x(k) = 3 + 2\cos(0.2\pi k)$$
$$y(k) = x(k) + v(k)$$

(a) 求无噪信号 $x(k)$ 的平均功率。

(b) 求 $y(k)$ 的信噪比。

(c) 假设 $y(k)$ 通过一个截止频率 $F_0 = 0.15 f_s$ 的理想低通滤波器后得到 $z(k)$。信号 $x(k)$ 是否会受到该滤波器的影响？求 $z(k)$ 的信噪比。

6.8 用窗口法设计一个线性相位 FIR 滤波器。采用海宁窗，当滤波器阶数 $m = 30$ 时恰好满足200 Hz的过渡带宽规范。

(a) 采样频率 f_s 是多少？

(b) 求使用汉明窗达到同样的过渡带宽所需要的滤波器阶数？

(c) 求使用布莱克曼窗达到同样的过渡带宽所需要的滤波器阶数？

6.9 考虑用滤波器逼近微分器的问题。用频率采样法设计一个延时为 $m/2$ 个采样点的40阶第三类线性相位滤波器逼近微分器。即，求出具有如下期望振幅响应的滤波器系数的简化表达式：

$$A_r(f) = 2\pi fT$$

6.10 对阶数 $m = 2p$ 的第三类线性相位 FIR 滤波器，求出类似于式(6.4.7)的振幅响应 $A_r(f)$ 的简化表达式。

6.11 考虑一个 40 阶等纹波带阻滤波器的设计问题。假设设计规范如下。

$$(f_s, F_{p1}, F_{s1}, F_{s2}, F_{p2}) = (200, 20, 30, 50, 60)\text{Hz}$$
$$(\delta_p, \delta_s) = (0.05, 0.03)$$

(a) 令 r 为最优振幅响应中极值频点的个数,求 r 的范围。

(b) 求出规范频率集合 F。

(c) 求出加权函数 $w(f)$。

(d) 求出期望的振幅响应 $A_d(f)$。

(e) 振幅响应 $A_r(f)$是 x 的多项式。求出用 f 表示的 x 并求出多项式的次数。

6.12 对用最小二乘法设计的第三类线性相位滤波器,利用习题 6.10 的结果推出其系数的正则方程。特别地,求出系数矩阵 G 和右边向量 d 的表达式,说明如何由正则方程的解求得滤波器系数。

6.13 用等纹波法设计一个满足如下规范的高通滤波器,估计所需的滤波器阶数。

$$(f_s, F_s, F_p) = (100, 20, 30)\ \text{kHz}$$
$$(A_p, A_s) = (0.2, 32)\text{dB}$$

6.14 考虑如下 FIR 滤波器:

$$H(z) = \frac{10(z^2 - 0.6z - 0.16)[(z-0.4)^2 + 0.25]}{z^4}$$

求出此滤波器的级联型实现并绘出信号流图。

6.15 考虑用频率采样法设计一个第一类线性相位 FIR 带通滤波器。假定滤波器阶数 $m=60$,求出满足如下理想设计规范的滤波器系数的简化表达式。

$$(f_s, F_{p1}, F_{p2}) = (1000, 100, 300)\text{Hz}$$

6.16 考虑构造一个满足如下设计规范的 4 阶等纹波低通滤波器:

$$(f_s, F_p, F_s) = (10, 2, 3)\text{Hz}$$
$$(\delta_p, \delta_s) = (0.05, 0.1)$$

假定极值频率的初始值为

$$(F_0, F_1, F_2, F_3) = (0, F_p, F_s, f_s/2)$$

(a) 对 $0 \leqslant i \leqslant 3$,求出权值 $w(F_i)$。

(b) 对 $0 \leqslant i \leqslant 3$,求出期望的振幅响应值 $A_d(F_i)$。

(c) 对 $0 \leqslant i \leqslant 3$,求出极值频点的幅角 $\theta_i = 2\pi F_i T$。

(d) 写出求解切比雪夫系数向量 d 和参数 δ 所必需的向量方程。只列出方程,不需要求解。

6.17 设 $F(z)$和 $G(z)$是如下的 FIR 滤波器。

$$F(z) = 1 + 2z^{-1} + z^{-2}$$
$$G(z) = 2 + z^{-1} + 2z^{-2}$$

(a) 证明 $F(z)$和 $G(z)$是第一类线性相位滤波器。

(b) 求振幅响应 $A_f(f)$和 $A_g(f)$。

(c) 假设使用 $F(z)$和 $G(z)$构建用作理想希尔伯特变换器的正交滤波器，求幅度响应 $A_q(f)$和残留相位响应 $\theta_q(f)$。

6.18 对阶数 $m=2p$ 的线性相位滤波器，求出一种类似于式(6.8.4)但适用于第三类线性相位滤波器的有效的直接型实现。绘出 $m=4$ 时的信号流图。

6.19 考虑如下 FIR 滤波器：

$$H(z)=3+4z^{-1}+6z^{-2}+4z^{-3}+3z^{-4}$$

设输入信号介于区间 $|x(k)|\leqslant 10$ 内。求在此输入情况下，确保滤波器输出不超出区间 $|y(k)|\leqslant 10$ 的比例缩放系数。

6.20 考虑如下 FIR 滤波器：

$$H(z)=\frac{(z^2+25)(z^2+0.04)}{z^4}$$

(a) 证明该滤波器是第一类线性相位滤波器。

(b) 绘出系数量化后仍是线性相位系统的 $H(z)$的信号流图。

6.21 对一个用二阶单元级联实现的高阶 FIR 滤波器，

(a) 假设采样率 $f_s=300$ Hz，且滤波器在 $z_0=\exp(j\pi/3)$有一个零点。求能被此滤波器完全衰减的一个非零周期信号 $x(k)$。

(b) 如果二阶单元的一个零点开始位于单位圆上，零点的半径是否会因系数量化而改变？即，零点是否仍位于单位圆上？

(c) 如果二阶单元的一个零点开始位于单位圆上，零点的幅角是否会因量化结果而改变？即，零点的频率会不会发生变化？

6.22 阶数 $m=30$ 的 FIR 滤波器的系数全部在 $|b_i|\leqslant 4$ 的范围内。假设对这些系数进行 $N=12$位量化，求由系数量化导致的幅频响应幅度误差的上界。

6.23 考虑如下 FIR 滤波器：

$$H(z)=1+2z^{-1}+3z^{-2}+4z^{-3}$$

求此滤波器的网格型实现并绘出信号流图。

6.24 考虑图 6.55 所示的系统。其中 ADC 为 10 位精度且输入范围是 $|x_a(t)|\leqslant 10$。数字滤波器的传递函数为

$$H(z)=\frac{3z^2-2z}{z^2-1.2z+0.32}$$

(a) 求 ADC 的量化水平。

(b) 求输入 x 的量化噪声的平均功率。

(c) 求 $H(z)$的功率增益。

(d) 求输出 y 的量化噪声的平均功率。

6.25 假设用 12 位定点数表示 $-10\leqslant x<10$ 区间内的值。

(a) 可以表示多少个不同的值？

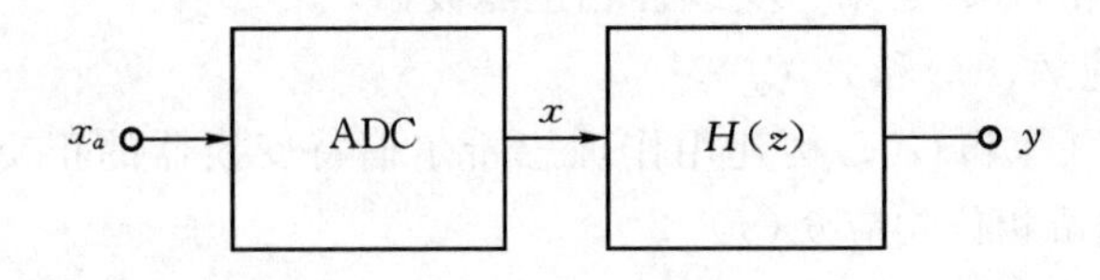

图 6.55 ADC量化噪声

(b) 量化水平或者相邻值的间隔是多少？

6.26 考虑具有如下频率响应的正交滤波器设计问题。为了简化最终的答案，你可以假设正交滤波器中的希尔伯特变换器是理想的。

$$H(f)=\begin{cases} 5\text{j}\exp(-\text{j}\pi 20fT), & 0<f<f_s/2 \\ 0, & f=0, 1\pm f_s/2 \\ -5\text{j}\exp(-\text{j}\pi 20fT), & -f_s/2<f<0 \end{cases}$$

(a) 求幅度响应 $A(f)$ 和残留相位响应 $\theta(f)$。

(b) 假设使用汉明窗，求 $F(z)$ 和 $G(z)$。

6.27 假设用16位定点制表示 $|x|\leqslant 8$ 范围内的值。

(a) 可以表示多少个不同的 x 值。

(b) 量化水平或者相邻值的间隔是多少？

(c) 用多少位表示整数部分(包括符号)？

(d) 用多少位表示小数部分？

6.12.2 GUI仿真

6.28 使用GUI模块 g_fir 构造一个使用汉明窗的高通滤波器。

(a) 绘出线性幅度响应，用“测量”选项测出过渡带的实际宽度。

(b) 绘出相位响应。

(c) 绘出脉冲响应。

6.29 使用GUI模块 g_fir 设计一个加窗的低通滤波器。设置过渡带宽度 $B=150$ Hz。对下面的每一种情况，求出满足设计规范的滤波器阶数 m 的最小值。绘出每一种情况的线性幅度响应。

(a) 矩形窗。

(b) 海宁窗。

(c) 汉明窗。

(d) 布莱克曼窗。

6.30 使用GUI模块 g_fir 设计一个满足如下规范的海宁窗带阻滤波器。在满足要求的前提下，调整滤波器阶数使其达到可能的最小值。

$$(f_s, F_{p1}, F_{s1}, F_{s2}, F_{p2})=(100, 20, 25, 35, 40)\text{Hz}$$
$$(\delta_p, \delta_s)=(0.05, 0.05)$$

(a) 在线性坐标上绘出幅度响应。

(b) 将滤波器参数 a、b 和 fs 保存在 $prob6\_30.mat$ 中。然后利用 GUI 模块 $g\_filters$ 将这些数据作为用户自定义滤波器载入。将滤波器系数量化位数调整为 $N=6$。绘出线性幅度响应。

6.31　使用 GUI 模块 g_fir 设计一个满足如下规范的频率采样带阻滤波器。在满足设计规范的前提下，调整滤波器阶数使其达到可能的最小值。

$$(f_s, F_{p1}, F_{s1}, F_{s2}, F_{p2})=(100, 20, 25, 35, 40)\text{Hz}$$
$$(\delta_p, \delta_s)=(0.05, 0.05)$$

(a) 在线性坐标上绘出幅度响应。

(b) 将滤波器系数 a、b 和 fs 保存在 $prob6\_31.mat$ 文件中。然后利用 GUI 模块 $g_filters$将这些数据作为用户自定义滤波器载入。将滤波器系数量化位数调整为 $N=6$。绘出线性幅度响应。

6.32　为如下的用户自定义滤波器(参考示例 u_fir1)编写一个振幅响应函数，命名为$prob6_32.m$。

$$A_r(f)=\frac{\cos(\pi f^2/100)}{1+f^2},\ 0\leqslant f\leqslant 10\ \text{Hz}$$

利用 GUI 模块 g_fir，设置采样频率 $f_s=20Hz$ 并选择频率采样滤波器。然后使用用户自定义选项加载该滤波器。对以下几种情况进行绘图。

(a) $m=10$ 时的幅度响应。

(b) $m=20$ 时的幅度响应。

(c) $m=40$ 时的幅度响应。

(d) $m=40$ 时的脉冲响应。

6.33　使用 GUI 模块 g_fir 设计一个满足如下规范的最小二乘带通滤波器。在满足设计规范的前提下，调整滤波器阶数使其达到可能的最小值。

$$(f_s, F_{s1}, F_{p1}, F_{p2}, F_{s2})=(2000, 300, 400, 600, 700)\text{Hz}$$
$$(A_p, A_s)=(0.4, 30)\text{dB}$$

(a) 在对数坐标上绘出幅度响应。

(b) 将滤波器参数 a、b 和 fs 保存在 $prob6\_33.mat$ 中。然后利用 GUI 模块 $g\_filters$ 将这些数据作为用户自定义滤波器载入。将滤波器系数量化位数调整为 $N=6$，绘出线性幅度响应。

6.34　使用 GUI 模块 g_fir 并通过用户自定义选项加载文件 u_fir1 中的滤波器。将滤波器阶数调整为 $m=90$。对下面每一种情况下绘出线性幅度响应。

(a) 使用布莱克曼窗的滤波器。

(b) 最小二乘滤波器。

6.35　为如下的用户自定义滤波器(参考示例 u_fir1)编写一个振幅响应函数，命名为 $prob6\_35.m$。

$$A_r(f)=2\left|\cos\left(\frac{2\pi f}{f_s}\right)\right|$$

然后利用GUI模块 g_fir 的用户自定义选项加载该滤波器。选择最小二乘滤波器，画出以下三种情况的线性幅度响应。

(a) $m=10$。

(b) $m=20$。

(c) $m=40$。

6.36 使用GUI模块 g_fir 设计一个满足如下规范的最优等纹波带通滤波器。在满足设计规范的前提下，调整滤波器阶数使其达到可能的最小值。

$$(f_s, F_{s1}, F_{p1}, F_{p2}, F_{s2}) = (2000, 300, 400, 600, 700)\text{Hz}$$
$$(A_p, A_s) = (0.4, 30)\text{dB}$$

(a) 在对数坐标上绘出幅度响应。

(b) 将滤波器参数保存在 *prob6_36.mat* 中。然后利用GUI模块 $g\_filters$ 将这些数据作为用户自定义滤波器载入。将滤波器系数量化位数调整为 $N=6$，绘出线性幅度响应。

6.37 为如下的用户自定义滤波器(参考示例 u_fir1)编写一个振幅响应和残留相位响应函数，并命名为 *prob6_37.m*

$$A_r(f) = 10f/f_s$$
$$\theta(f) = \pi\sin(20f/f_s)$$

设置滤波器阶数 $m=150$，并选择正交滤波器。然后利用GUI模块 g_fir 的用户自定义选项加载该滤波器。

(a) 打印输出你编写的振幅响应和残留相位响应函数。

(b) 绘出线性幅度响应。

(c) 绘出相位响应。

6.38 为如下的用户自定义滤波器(参考示例 u_fir1)编写一个振幅响应和残留相位响应函数，并命名为 *prob6_38.m*

$$A_r(f) = 0.5\{1+\text{sgn}[\sin(8\pi fT)]\}$$
$$\theta(f) = 0$$

设置 $\delta_s=0.001$ 及 $m=120$。然后利用GUI模块 g_fir 的用户自定义选项加载该滤波器。绘出以下图形。

(a) 最小二乘滤波器的线性幅度响应。

(b) 最小二乘滤波器的零极点图。

(c) 正交滤波器的线性幅度响应。

(d) 正交滤波器的零极点图。

6.12.3 MATLAB计算

6.39 编写一个利用 f_firwin 设计线性相位高通FIR滤波器的MATLAB程序。其中，滤波器阶数 $m=60$，阻带截止频率 $F_s=20$ Hz，通带截止频率 $F_p=30$ Hz，采样频率 $f_s=$

100 Hz。使用布莱克曼窗,并令期望的振幅响应是逐段常数的,且截止频率 $F_c=(F_s+F_p)/2$。

(a) 用 *f_freqz* 计算并在对数坐标上绘出幅度响应。

(b) 利用表 6.3,MATLAB 的 *hold on* 命令,以及函数 *fill* 在图上添加一块阴影区域,用它标明你预测的阻带衰减 A_s 的区域。

6.40 编写一个利用 *f_firideal* 设计线性相位低通 FIR 滤波器的 MATLAB 程序。滤波器阶数 $m=40$,通带截止频率 $F_p=f_s/5$,阻带截止频率 $F_s=f_s/4$,其中,采样频率 $f_s=100$ Hz。使用矩形窗,将理想截止频率设置为过渡带的中点。用 *f_freqz* 计算并在线性坐标上绘出幅度响应。然后利用表 6.3,MATLAB 的 *hold on* 命令,以及函数 *fill* 在幅度响应图上添加以下两项。

(a) 一块显示通带纹波 δ_p 的阴影区域。

(b) 一块显示阻带衰减 δ_s 的阴影区域。

6.41 编写一个构造如下信号的 MATLAB 程序。其中采样频率 $f_s=200$ Hz,$v(k)$ 为在 $[-1,1]$ 上均匀分布的白噪声,$F_1=10$ Hz,$F_2=30$ Hz,$N=4096$。用种子为 100 的随机数发生器产生 $v(k)$。

$$x(k)=4\sin(2\pi F_1 kT)\cos(2\pi F_2 kT),\ 0\leqslant k<N$$

$$y(k)=x(k)+v(k),\ 0\leqslant k<N$$

(a) 直接由采样点计算 P_x 和 P_v。用定义 6.1.1 计算并输出 $y(k)$ 的信噪比。

(b) 直接由采样点计算 P_y。利用 P_v、式(6.1.1)以及定义 6.1.1 计算并输出 $y(k)$ 的信噪比。

(c) 计算并输出(b)中信噪比估计值相对于(a)中信噪比的百分比误差。

(d) 画出显示信号和噪声的 $y(k)$ 的幅度谱。

6.42 利用 *f_firwin* 编写一个设计第一类线性相位 FIR 滤波器逼近如下振幅响应的 MATLAB 程序。其中,滤波器阶数 $m=80$,采样频率 $f_s=1000$ Hz,且使用汉明窗。用 *f_freqz* 计算幅度响应。

$$A_r(f)=\begin{cases}\left(\dfrac{f}{250}\right)^2,\ 0\leqslant|f|<250\\[2ex]0.5\cos\left[\dfrac{\pi(f-250)}{500}\right],\ 250\leqslant|f|<500\end{cases}$$

(a) 绘出线性幅度响应。

(b) 在同一幅图上,添加期望的幅度响应并用 legend 命令标注。

6.43 编写一段利用 *f_firideal* 设计线性相位高通 FIR 滤波器的 MATLAB 程序。其中,滤波器阶数 $m=30$,阻带截止频率 $F_s=20$ Hz,通带截止频率 $F_p=30$ Hz,采样频率 $f_s=100$ Hz。使用海宁窗,并将理想的截止频率设置为过渡带的中点。

(a) 用 *f_freqz* 计算并在对数坐标上绘出幅度响应。

(b) 利用表 6.3,*hold on* 命令,以及函数 *fill* 在图上添加一块阴影区域,用它标出你预测的阻带衰减 A_s 的位置。

6.44 编写一段利用 *f_firideal* 设计线性相位高通 FIR 滤波器的 MATLAB 程序。其中,滤

波器阶数 $m=40$,阻带截止频率 $F_s=20$ Hz,通带截止频率 $F_p=30$ Hz,采样频率 $f_s=100$ Hz。使用汉明窗,并将理想的截止频率设置为过渡带的中点。

(a) 用 *f_freqz* 计算并在对数坐标上绘出幅度响应。

(b) 利用表 6.3,*hold on* 命令,以及函数 *fill* 在上添加一块阴影区域,用它标出你预测的阻带衰减 A_s 的位置。

6.45 编写一段利用 *f_firsamp* 设计线性相位带通 FIR 滤波器的 MATLAB 程序。其中,滤波器阶数 $m=40$,并使用频率采样法。采样频率 $f_s=200$ Hz,通带 $F_p=[20, 60]$ Hz。利用 *f_freqz* 计算并绘出线性幅度响应。用离散的符号在图上标出频率采样点,并用 legend 命令标注。完成以下两种情况下的滤波器设计。

(a) 没有过渡带采样点(理想的振幅响应)。

(b) 通带的两边各有一个幅度为 0.5 的过渡带采样点。

6.46 切比雪夫多项式有几个有趣的性质。编写一段 MATLAB 程序,利用 FDSP 工具箱中的 *f_chebpoly* 函数和 *subplot* 命令,构建 2×2 的图形阵列,在子图上分别绘出 $1\leqslant k\leqslant 4$ 时的切比雪夫多项式 $T_k(x)$。绘图区间为 $-1\leqslant x\leqslant 1$。通过对图形进行观察和归纳,尽可能多地列出 $T_k(x)$ 的通用性质。利用 *help* 命令可以获得如何使用 *f_chebpoly* 的指导。

6.47 编写一个名为 *u_firorder* 的 MATLAB 函数,使用式(6.5.21)估计满足给定设计规范时所要求的等纹波滤波器的阶数。*u_firorder* 的参数调用顺序如下。

```
% U_FIRORDER: Estimate required order for FIR equiripple filter
%
% Usage:
%       m = u_firorder (deltap, deltas, Bhat);
% Pre:
%       deltap = passband ripple
%       deltas = stopband attenuation
%       Bhat = normalized transition bandwidth
% Post:
%       m = estimated FIR equiripple order
```

通过在一幅图上绘出一簇曲线测试你编写的函数。对第 k 条曲线使用 $deltap=deltas=\delta$,其中对 $1\leqslant k\leqslant 3$,$\delta=0.03k$。对 $0.01\leqslant Bhat\leqslant 0.1$,画出 m 关于 $Bhat$ 的曲线,并用 legend 命令予以标注。

6.48 编写一段利用函数 *f_firparks* 设计满足如下设计规范的等纹波低通滤波器的 MATLAB 程序,其中 $f_s=4000$ Hz。求出满足规范的滤波器的最低阶数。

$$(F_p, F_s)=(1200, 1400)\ \text{Hz}$$

$$(\delta_p, \delta_s)=(0.03, 0.04)$$

(a) 输出最小的滤波器阶数以及用式(6.5.21)估计出的阶数。

(b) 绘出线性幅度响应。

(c) 用 *fill* 在图上添加标明设计规范的阴影区域。

6.49 编写一段利用 f_firls 设计最小二乘线性相位 FIR 滤波器的 MATLAB 程序。其中，滤波器阶数 $m=30$，采样频率 $f_s=400$，且满足如下的振幅响应：

$$A_r(f)=\begin{cases}\dfrac{f}{100}, & 0\leqslant|f|<100\\ \dfrac{200-f}{100}, & 100\leqslant|f|<200\end{cases}$$

选择 $2m$ 个等间隔的离散频点，并使用等加权。利用 f_freqz 计算并在同一幅图上绘出理想的和实际的幅度响应。

6.50 编写一段利用 $f\_firsamp$ 设计线性相位带阻 FIR 滤波器的 MATLAB 程序。其中，滤波器阶数 $m=60$，且使用频率采样法。采样频率 $f_s=20$ kHz，阻带 $F_s=[3,\ 8]$ kHz。利用 f_freqz 计算并绘出线性幅度响应。用离散的符号在图上标出频率采样点，并用 legend 命令标注。完成以下两种情况下的滤波器设计。

(a) 没有过渡带采样点(理想的振幅响应)。

(b) 阻带的两边各有一个幅度为 0.5 的过渡带采样点。

6.51 考虑如下的 FIR 脉冲响应。设滤波器阶数 $m=30$。

$$h(k)=\frac{k+1}{m},\ 0\leqslant k\leqslant m$$

(a) 编写一段 MATLAB 程序，用 $f\_cascade$ 计算此滤波器的级联型实现。输出增益 b_0 以及单元系数向量 B 和 A。

(b) 假设采样频率 $f_s=400$ Hz。用 f_freqz 计算级联型实现的频率响应。计算未量化的频率响应(设置 bits=64)，以及使用 8 位系数量化的频率响应。在一幅图上使用对数坐标画出这两种幅度响应并用 MATLAB 的 legend 命令予以标注。

6.52 用函数 $f\_firquad$ 和例 6.14 作为出发点，编写一段 MATLAB 程序，为具有如下幅度和相位响应的系统 $H(z)$ 设计一个均衡器。其中，滤波器阶数 $m=160$，$\delta_s=0.001$ 并使用汉明窗。

$$A_d(f)=\exp[-(fT-0.25)^2/0.01]$$
$$\phi_d(f)=-10\pi(fT)^2+\sin(5\pi fT)$$

(a) 输出均衡器的最优延时 τ 和总延时 τ_q。

(b) 类似于图 6.29，在一个 3×1 的阵列图上显示原系统的幅度响应，均衡器的幅度响应，以及均衡后系统的幅度响应。

(c) 类似于图 6.30，在一个 3×1 的阵列图上显示原系统的残留相位响应，均衡器的残留相位响应，以及均衡后系统的残留相位响应。

(d) 绘出均衡滤波器的脉冲响应。

6.53 编写一段利用函数 $f\_firparks$ 设计满足如下设计规范的等纹波高通滤波器的 MATLAB 程序。其中采样频率 $f_s=300$ Hz。求出满足规范的最低的滤波器阶数。

$$(F_s,\ F_p)=(90,\ 110)\,\text{Hz}$$
$$(\delta_p,\ \delta_s)=(0.02,\ 0.03)$$

(a) 输出最小滤波器阶数以及用式(6.5.21)估计的阶数。

(b) 绘出线性幅度响应。

(c) 利用函数 *fill* 在图上添加标明设计规范的阴影区域。

6.54 考虑如下 FIR 传递函数：

$$H(z) = \sum_{i=0}^{20} \frac{z^{-i}}{1+i}$$

(a) 编写一段 MATLAB 程序，用 *f_lattice* 计算该滤波器的网格形实现。输出滤波器的增益及各单元的反射系数。

(b) 假设采样频率 $f_s=600$ Hz。用 *f_freqz* 计算网格型实现的频率响应。计算未量化的频率响应(如 64 位)，以及使用 $N=8$ 位系数量化的频率响应。在一幅图上使用对数坐标画出这两种幅度响应并用 MATLAB 的 legend 命令予以标注。

6.55 编写一段利用函数 *f_hilbert* 计算使用布莱克曼窗的希尔伯特变换器的 MATLAB 程序。完成以下两种情况下的滤波器设计。

(a) 用 *f_freqz* 计算并在同一幅图上绘出 $m=40$ 和 $m=80$ 两种情况下的幅度响应。同时绘出理想的幅度响应并用 *legend* 命令标注。在图题中指明滤波器类型。

(b) 用 *f_freqz* 计算并在同一幅图上绘出 $m=41$ 和 $m=81$ 两种情况下的幅度响应。同时绘出理想的幅度响应并用 legend 命令标注。在图题中指明滤波器类型。

第7章 IIR滤波器设计

本章内容

7.1 动机

正如过滤器用于阻止管道中某些微粒的通过一样,离散时间系统可以作为数字滤波器用于阻止某些信号的通过。数字滤波器其实就是一个离散时间系统,它的引入是为了改造输入信号的频谱,以便产生所需要的输出信号频谱特性。因此,数字滤波器就是一个频率选择滤波器,通过选择或增强某些频谱的组成并抑制其他的部分去改变幅度谱和相位谱。在这一章中,我们考察的数字无限脉冲响应滤波器的传递函数具有如下的一般形式:

$$H(z)=\frac{b_0+b_1z^{-1}+\ldots+b_mz^{-m}}{1+a_1z^{-1}+\ldots+a_nz^{-n}}$$

由第2章的知识我们知道,如果存在任一 i 使得 $a_i\neq0$,$H(z)$是一个IIR滤波器,否则,$H(z)$就是FIR滤波器。特定的IIR滤波器可以直接用增益匹配和合理的零极点排布来进行设计。一种更加通用的技术是从低通模拟滤波器开始,令其通过一系列的变换从而转化为需要的数字滤波器。首先,使用频率变换将标准的低通模拟滤波器映射为一个特定的频率选择性滤波器,然后紧跟的双线性变换器将这一模拟滤波器转换成等价的数字滤波器。

这一章我们首先介绍一些IIR滤波器实际应用的例子。接下来,我们会介绍基于零极点排布和增益匹配的简单技术,以此直接设计特定的IIR滤波器,例如谐振器、陷波器以及梳状滤波器。随后,我们将介绍一类经典的模拟低通滤波器,包括巴特沃兹、切比雪夫以及椭圆滤波器。接着,本章将给出模拟到数字的滤波器转换技术,即所谓的双线性变换法。然后本章将给出一种频率变换方法,它可以将标准的低通滤波器映射为低通、高通、带通以及带阻滤波器。最后,我们要介绍一个叫做 *g_iir* 的GUI组件,它为用户提供了无需编程就能设计和评估大量IIR滤波器的功能。本章以一个应用实例和IIR滤波器设计技术总结作为结尾。

7.1.1 可调谐拨弦型滤波器

计算机生成的音乐对于IIR滤波器设计来讲是一个很自然的应用领域(*Steiglitz*,1996)。图7.1所示的可调谐拨弦型滤波器正是一种用来合成乐器声的简单却高效的基本模块。例如,这种滤波器的输出可以用来合成像吉他这样的弦乐乐器的声音。

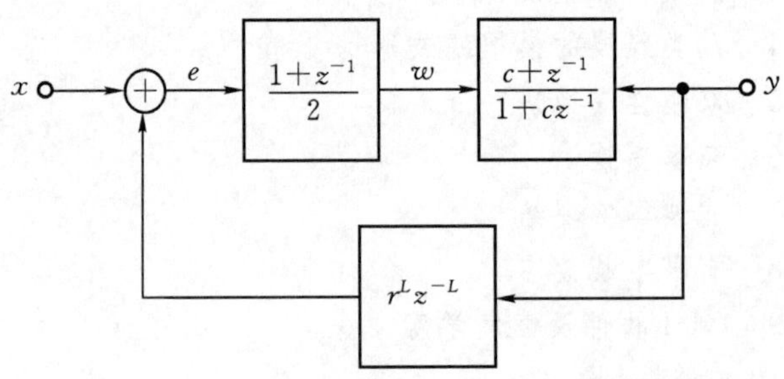

图7.1 可调谐拨弦型滤波器

图7.1中可调谐拨弦型滤波器的设计参数包括采样频率 f_s,基音参数 $0<c<1$,反馈延迟 L,和反馈衰减因子 $0<r<1$。我们会在后面的章节中细致地考察这种滤波器的构成。而眼下需要考虑的问题是为所有的拨弦型滤波器的传递函数 $H(z)=Y(z)/X(z)$ 构造一个表达式。带有输入 $e(k)$ 和输出 $w(k)$ 的模块是第一级低通滤波器,其传递函数为

$$F(z) \triangleq \frac{W(z)}{E(z)} = \frac{1+z^{-1}}{2} \tag{7.1.1}$$

回想一下式(5.4.7),具有输入 $w(k)$ 和输出 $y(k)$ 的模块是一阶全通滤波器。由于全通滤波器的幅频响应是平坦的,因此所有的频率都能通过它。全通滤波器的目的是改变输入的相位从而引入一些延迟。图7.1中全通滤波器的传递函数如下所示,其中 $0<c<1$ 是基音参数:

$$G(z) \triangleq \frac{Y(z)}{W(z)} = \frac{c+z^{-1}}{1+cz^{-1}} \tag{7.1.2}$$

找到总体传递函数的关键是计算出相加节点输出 $E(z)$ 的 Z 变换。根据等式(7.1.1)、(7.1.2)和图7.1,我们有

$$\begin{aligned} E(z) &= X(z) + r^L z^{-L} Y(Z) \\ &= X(z) + r^L z^{-L} G(z) W(z) \\ &= X(z) + r^L z^{-L} G(z) F(z) E(z) \end{aligned} \tag{7.1.3}$$

求解(7.1.3)得到 $E(z)$为

$$E(z) = \frac{X(z)}{1 - r^L z^{-L} G(z) F(z)} \tag{7.1.4}$$

根据式(7.1.1)和(7.1.2)，输出的 Z 变换就可以表示为

$$\begin{aligned} Y(z) &= G(z) W(z) \\ Y(z) &= G(z) F(z) E(z) \\ Y(z) &= \frac{G(z) F(z) X(z)}{1 - r^L z^{-L} G(z) F(z)} \end{aligned} \tag{7.1.5}$$

可调谐拨弦型滤波器的总体传递函数即为

$$H(z) = \frac{Y(z)}{X(z)} = \frac{G(z) F(z)}{1 - r^L z^{-L} G(z) F(z)} \tag{7.1.6}$$

为了证实这的确是一个 IIR 滤波器，根据式(7.1.1)和(7.1.2)，分别将 $F(z)$和 $G(z)$代入等式(7.1.6)可以得到

$$H(z) = \frac{\left(\dfrac{c + z^{-1}}{1 + cz^{-1}}\right)\left(\dfrac{1 + z^{-1}}{2}\right)}{1 - r^L z^{-L}\left(\dfrac{c + z^{-1}}{1 + cz^{-1}}\right)\left(\dfrac{1 + z^{-1}}{2}\right)} \tag{7.1.7}$$

用$(1+cz^{-1})$乘以等式(7.1.7)的分子和分母并将其展开，得到了以下的可调谐拨弦型滤波器的简化传递函数：

$$H(z) = \frac{0.5[c + (1+c)z^{-1} + z^{-2}]}{1 + cz^{-1} - 0.5r^L[cz^{-L} + (1+c)z^{-(L+1)} + z^{-(L+2)}]} \tag{7.1.8}$$

由于分母多项式满足 $a(z) \neq 1$，所以它是 IIR 滤波器。如果使用一个冲激或者一个白噪声的短脉冲去激励这一滤波器，它将会生成拨弦的声音。

拨弦型滤波器的频率响应由一系列的尖峰或者依据反馈衰减参数 r 逐渐减弱的若干谐振点组成。我们可以使用参数 L 和 c 来调整第一个谐振频率。假设采样频率是 f_s，要求第一个谐振点或基音的值为 F_0，那么 L 和 c 可以由下面的等式计算出来(Jaffe and Smith，1983)：

$$L = \text{floor}\left(\frac{f_s - 0.5F_0}{F_0}\right) \tag{7.1.9a}$$

$$\delta = \frac{f_s - (L + 0.5)F_0}{F_0} \tag{7.1.9b}$$

$$c = \frac{1 - \delta}{1 + \delta} \tag{7.1.9c}$$

为了使问题更加具体，令采样频率为 $f_s = 44.1$ kHz，这个数值通常用于数字录音机系统。

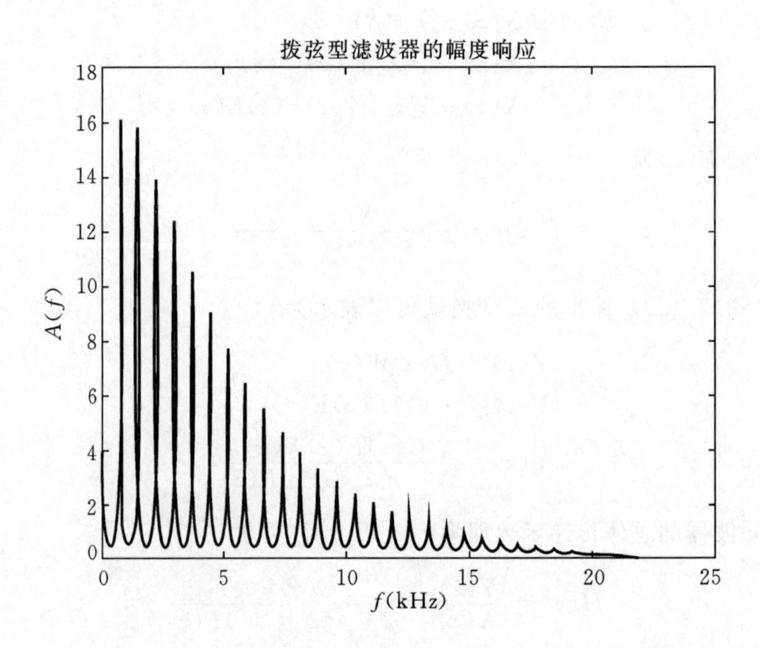

图 7.2 拨弦型滤波器的幅度响应：$L=59, c=0.8272, r=0.999$

然后，令第一级谐振点的位置 $F_0=740$ Hz，由式(7.1.9)即得到 $L=59, c=0.8272$。图 7.2 给出了反馈衰减因子 $r=0.999$ 时可调谐拨弦型滤波器幅度响应。有趣的是，谐振频率几乎但是并不完全谐波相关(Steiglitz，1996)。运行 f_dsp 中的脚本文件 *fig7_2*，图 7.2 即会显示出来，同时，滤波器输出产生的声音也将在 PC 机的扬声器上播放出来。你可以试一下，让自己的耳朵做出评判吧！

7.1.2 色噪声

作为 IIR 滤波器应用的另一个例子，我们要讨论的问题是如何生成一个具有特定频谱特性的测试信号。白噪声是最常见的一种测试信号，这是因为它在所有频率上都有能量。特别的，一个平均功率为 P_v 的 N 点白噪声信号 $v(k)$ 具有下面的能谱密度：

$$S_v(f) \approx P_v, 0 \leqslant f \leqslant \frac{f_s}{2} \tag{7.1.10}$$

白噪声中的“白”源于 $x(k)$ 包含了所有频率的成分，就像白光是由所有的颜色的光组成一样。如果一个线性系统的固有频率被限定在区间$[F_0, F_1]$之间，那么将激励这些自由模式的信号的能量限制于$[F_0, F_1]$之内会更加高效。因为其只体现了整个频率范围中的一个子集，故这种信号一般被称为色噪声。例如，低频噪声可以被当作红色而高频噪声可以被当作蓝色。区间$[F_0, F_1]$中色噪声的理想能谱密度为

$$S_x(f) = \begin{cases} 0, 0 \leqslant f < F_0 \\ P_x, F_0 \leqslant f \leqslant F_1 \\ 0, F_1 < f < f_s/2 \end{cases} \tag{7.1.11}$$

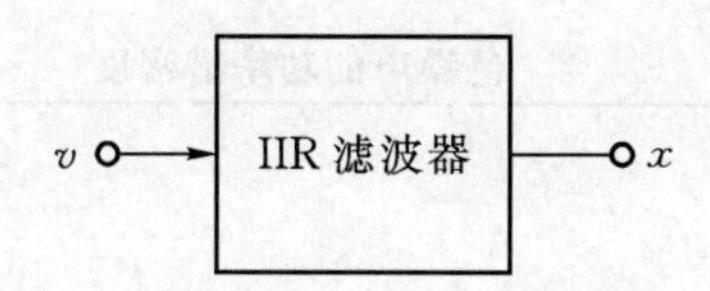

图 7.3　从白噪声 $v(k)$ 到色噪声 $x(k)$ 的生成方式

图 7.3 给出了一种产生理想能谱密度的色噪声的简易方案。基本的方法就是先以容易生成的白噪声开始，然后使其通过一个数字滤波器，去掉不需要的频谱成分。这个数字滤波器既可以是 IIR 滤波器也可以是 FIR 滤波器。然而由于其线性相位响应对于设计来讲不是决定条件，故我们可以用 IIR 滤波器更有效地产生色噪声。

理想滤波器是一个带通滤波器，其低频截止频率为 F_0、高频截止频率为 F_1，通带增益为 1，正如图 7.4 所示。去掉低于 F_0 Hz 和高于 F_1 Hz 信号的功率意味着色噪声 $x(k)$ 的平均功率将是白噪声 $v(k)$ 平均功率的一部分，如下所示：

$$P_x = \frac{2(F_1 - F_0)P_v}{f_s} \tag{7.1.12}$$

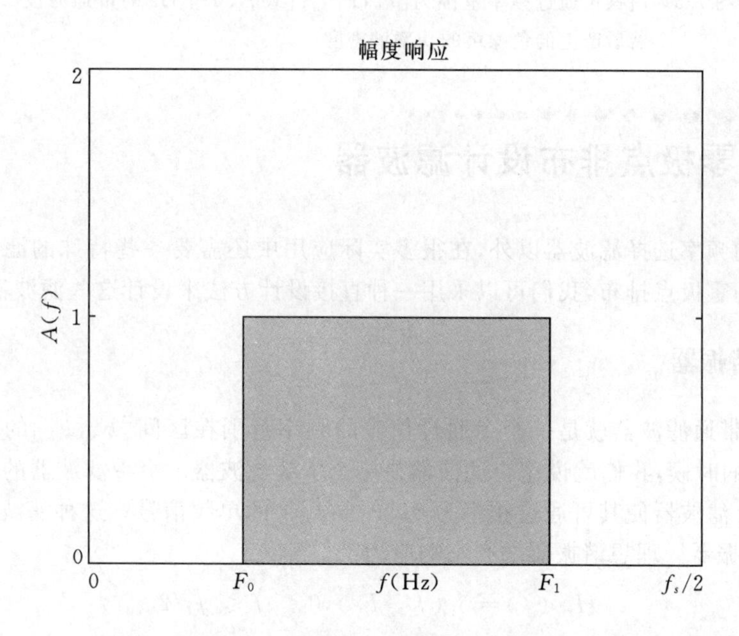

图 7.4　理想带通滤波器的幅度响应

为了让示例更加具体，可以假设采样频率为 $f_s=800$ Hz，色噪声的理想频带是 $[F_0, F_1]=[150, 300]$ Hz。令 $v(k)$ 为 $N=2048$ 个样本组成的在 $[-1, 1]$ 上均匀分布的白噪声。利用本章接下来要介绍的设计技术，我们可以构造出一个 10 阶的椭圆带通滤波器。当这个白噪声通过该 IIR 滤波器，色噪声的功率谱密度如图 7.5 所示。很显然，仍有少量的功率在要求的频率范围 $[150, 300]$ Hz 之外。事实上实际滤波器和理想滤波器不一样，这个现象源于通带和阻带之间有一个过渡带。过渡带的宽度可以通过增加滤波器的阶数来减小，但并不能完全消除。

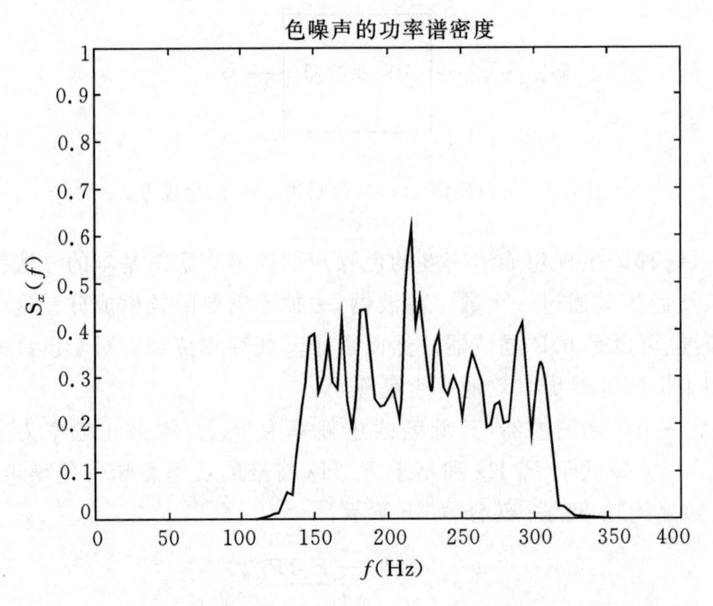

图 7.5　白噪声通过频率范围为$[F_0, F_1]=[150, 300]$ Hz 的带通滤波器后产生的色噪声的功率谱密度

7.2　通过零极点排布设计滤波器

除了基本的频率选择滤波器以外，在很多实际应用中还需要一些特殊的滤波器。基于增益匹配和合理的零极点排布，我们可以采用一种直接设计方法来设计这些滤波器。

7.2.1　谐振器

回想一下，带通滤波器就是一个令通过信号的频率范围在区间$[F_0, F_1]$的滤波器。当通带带宽比 f_s 小的时候，我们就说这个滤波器是一个窄带滤波器。窄带滤波器的一个重要的极端情况就是设计滤波器使其可通过频率为 $0<F_0<f_s/2$ 的单频信号。这种滤波器被称作谐振频率为 F_0 的谐振器。理想谐振器的频率响应为：

$$H_{\text{res}}(f)=\delta_1(f-F_0),0\leqslant f\leqslant f_s/2 \tag{7.2.1}$$

这里 $\delta_1(f)$表示单位脉冲 $\delta(k)$，但是用实自变量 f 代替了整数自变量 k。也就是

$$\delta_1(f)\triangleq\begin{cases}1, & f=0\\0, & f\neq 0\end{cases} \tag{7.2.2}$$

谐振器可以用来从信号中提取单一的频率成分或者一个范围非常窄的频率成分。一种设计谐振器的简易方法就是把极点放在单位圆的附近，其位置和谐振频率 F_0 对应。由以前的知识，动点沿着单位圆的上半部从 0 到 π 移动时，频率 F_0 的范围从 0 到 $f_s/2$。因此，频率 F_0 相应的相角为

$$\theta_0=\frac{2\pi F_0}{f_s} \tag{7.2.3}$$

对于滤波器传递函数 $H_{res}(z)$ 来说，为了使其稳定，极点至原点的距离必须小于 1。此外，如果 $H_{res}(z)$ 分母的系数是实数，那么复极点一定会以共轭对的形式出现。我们可以通过在 $z=1$ 和 $z=-1$ 处分别放置零点来保证在 $f=0$ 和 $f=f_s/2$ 这两个末端频率上谐振器是完全衰减的。在上述约束条件下，我们可得如下谐振器传递函数的因式分解形式：

$$H_{res}(z)=\frac{b_0(z-1)(z+1)}{[z-r\exp(\mathrm{j}\theta_0)][z-r\exp(-\mathrm{j}\theta_0)]} \tag{7.2.4}$$

运用欧拉公式，则谐振器传递函数可以简化为两个多项式的比：

$$\begin{aligned}H_{res}(z)&=\frac{b_0(z^2-1)}{z^2-r[\exp(\mathrm{j}\theta_0)+\exp(-\mathrm{j}\theta_0)]z+r^2}\\&=\frac{b_0(z^2-1)}{z^2-r2\mathrm{Re}\{\exp(\mathrm{j}\theta_0)\}z+r^2}\\&=\frac{b_0(z^2-1)}{z^2-2r\cos(\theta_0)z+r^2}\end{aligned} \tag{7.2.5}$$

这里仍然有两个设计参数需要确定，一个是极点至原点的距离 r，还有一个是增益因子 b_0。为了获得一个具有很好选择性的尖锐滤波器，我们需要使 $r\approx1$，但是为了稳定性，必须保证 $r<1$。假设 ΔF 表示带通滤波器的 3 dB 带宽，那么，对于在 $[F_0-\Delta F, F_0+\Delta F]$ 范围内的 f，$|H_{res}(f)|\geqslant1/\sqrt{2}$。在窄带滤波器的情况下，$\Delta F\ll f_s$，这时，可以使用下面 5.6 节导出的近似式来估计 r：

$$r\approx1-\frac{\Delta F\pi}{f_s} \tag{7.2.6}$$

引入 $H_{res}(z)$ 分子里的增益因子 b_0 是为了确保通带增益为 1。与通带中心相应的 z 的取值为 $z_0=\exp(\mathrm{j}2\pi F_0T)$。在式(7.2.5)中令 $|H(z_0)|=1$，可知 b_0 具有如下的表达式：

$$b_0=\frac{|\exp(\mathrm{j}2\theta_0)-2r\cos(\theta_0)\exp(\mathrm{j}\theta_0)+r^2|}{|\exp(\mathrm{j}2\theta_0)-1|} \tag{7.2.7}$$

将谐振器的传递函数以 z 的负幂次方的形式表示，有

$$H_{res}(z)=\frac{b_0(1-z^{-2})}{1-2r\cos(\theta_0)z^{-1}+r^2z^{-2}} \tag{7.2.8}$$

例 7.1　谐振滤波器

假设采样频率 $f_s=1200$ Hz，并且期望设计的谐振器能达到以下规范：

$$F_0=200\ \mathrm{Hz}$$
$$\Delta F=6\ \mathrm{Hz}$$

根据式(7.2.3)，极点的相角为

$$\theta_0=\frac{2\pi(200)}{1200}=\frac{\pi}{3}$$

显然，在这种情况下 $\Delta F<<f$。因此，根据式(7.2.6)，极点距原点的距离为

$$r=1-\frac{6\pi}{1200}=0.9843$$

接下来由式(7.2.7),使通带增益为1的因子 b_0 为

$$b_0=\frac{|\exp(\mathrm{j}2\pi/3)-2(0.9843)\cos(\pi/3)\exp(\mathrm{j}\pi/3)+(0.9843)^2|}{|\exp(\mathrm{j}2\pi/3)-1|}=0.0156$$

最后由式(7.2.8),谐振器的传递函数为

$$\begin{aligned}H_{\mathrm{res}}(z)&=\frac{0.0156(1-z^{-2})}{1-2(0.9843)\cos(\pi/3)z^{-1}+(0.9843)^2z^{-2}}\\&=\frac{0.0156(1-z^{-2})}{1-0.9843z^{-1}+0.9688z^{-2}}\end{aligned}$$

图7.6为谐振器的零极点图,可以通过运行脚本文件 *exam7_1* 得到。紧靠单位圆内的共轭成对的复极点使谐振器的幅度响应在 $f=F_0$ 附近达到峰值。这在图7.7谐振器幅度响应图中体现得很明显。

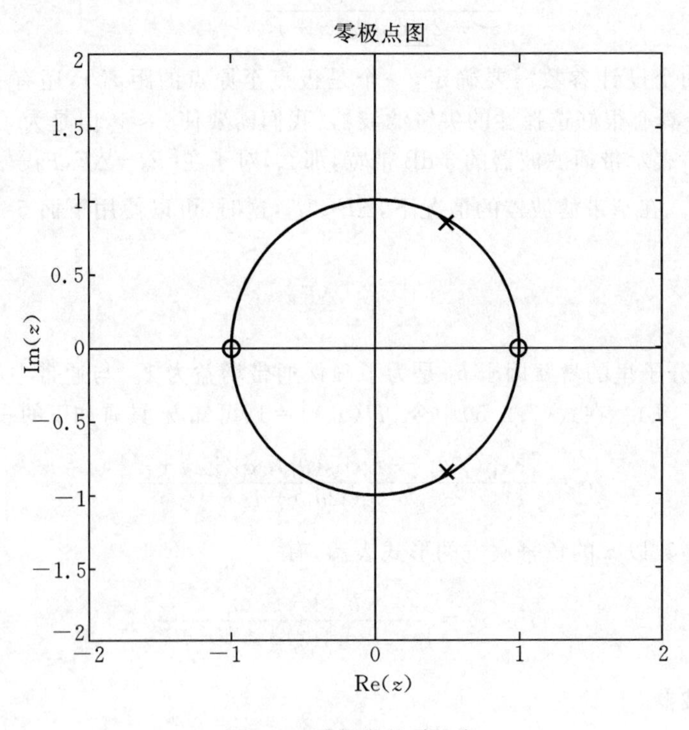

图7.6 谐振器的零极点

7.2.2 陷波器

实际应用中出现的另一种特殊的滤波器是陷波器。陷波器可以被看作带阻滤波器在阻带宽度趋于零的极端情况,也就是说,陷波器就是一个被设计为去掉单一频率的滤波器,而这个频率叫做陷波频率。理想陷波器的频率响应是

$$H_{\mathrm{notch}}(f)=1-\delta_1(f-F_0),\quad 0\leqslant f\leqslant f_s/2\tag{7.2.9}$$

我们可以通过在与陷波频率 F_0 相对应的单位圆的点上放置零点的方式来设计陷波器。式(7.2.3)已经给出了和频率 F_0 相应的相角 θ_0。把零点置于 $z_0=\exp(\mathrm{j}2\pi F_0T)$ 可以确保所期望的

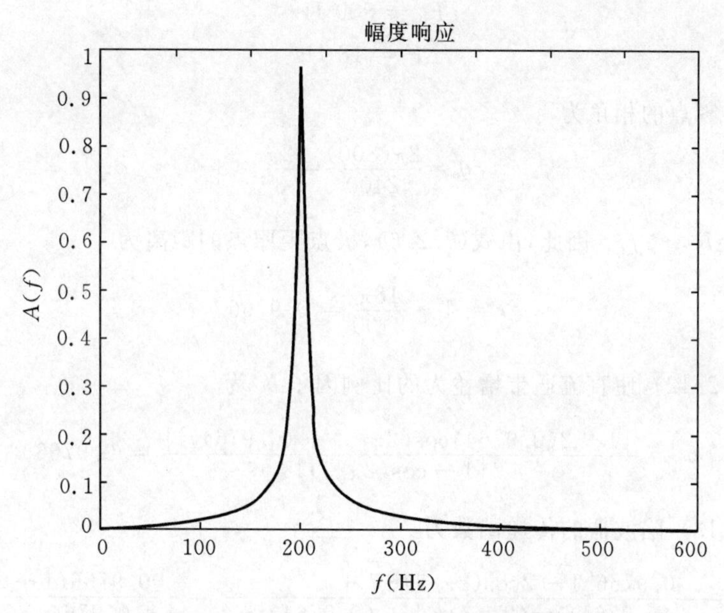

图 7.7 $F_0=200$ Hz 时谐振器的幅度响应

$H_{\text{notch}}(F_0)=0$。然而，这样做我们无法通过参数控制陷波器的 3 dB 阻带带宽。为此，我们需要在同一个相角 θ_0 处放置极点来达到上述目的，只是极点必须位于单位圆内，即 $r<1$。由于零极点必须以共轭成对出现(对于实系数来说)，我们可得如下陷波器传递函数的因式分解形式：

$$H_{\text{notch}}(z)=\frac{b_0[z-\exp(j\theta_0)][z-\exp(-j\theta_0)]}{[z-r\exp(j\theta_0)][z-r\exp(-j\theta_0)]} \tag{7.2.10}$$

利用欧拉公式，式(7.2.10)中的传递函数可以简化为两个多项式的比

$$H_{\text{notch}}(z)=\frac{b_0(z^2-2\cos(\theta_0)z+1)}{z^2-2r\cos(\theta_0)z+r^2} \tag{7.2.11}$$

这里有两个设计参数需要确定：极点距原点的距离 r 和增益因子 b_0。就像谐振器一样，为了获得具有很好选择性的滤波器，不仅需要使 $r\approx1$，而且为了保证稳定性和避免抵消零点，必须使 $r<1$。如果 ΔF 表示陷波器 3 dB 阻带带宽且 $\Delta F<<f_s$，那么式(7.2.6)中对 r 的近似同样适用。

引入 $H_{\text{notch}}(z)$分子上的增益因子 b_0 可以确保通带增益为 1。通带同时包括 $f=0$ 和 $f=f_s/2$，为了设置直流增益为 1，我们令式(7.2.11)中的$|H_{\text{notch}}(1)|=1$ 并解得 b_0 为

$$b_0=\frac{|1-2r\cos(\theta_0)+r^2|}{2|1-\cos(\theta_0)|} \tag{7.2.12}$$

另外的方法是令$|H_{\text{notch}}(-1)|=1$ 使高频增益为 1。陷波器传递函数以 z 的负幂次方形式表示，则有：

$$H_{\text{notch}}(z)=\frac{b_0[1-2\cos(\theta_0)z^{-1}+z^{-2}]}{1-2r\cos(\theta_0)z^{-1}+r^2z^{-2}} \tag{7.2.13}$$

例 7.2 陷波器

假设采样频率 $f_s=2400$ Hz，并且期望设计的谐振器能达到以下规范：

$$F_0 = 800 \text{ Hz}$$
$$\Delta F = 18 \text{ Hz}$$

根据式(7.2.3),零点的相角为

$$\theta_0 = \frac{2\pi(800)}{2400} = \frac{2\pi}{3}$$

在这种情况下,$\Delta F << f_s$。因此,由式(7.2.6),极点距原点的距离为

$$r = 1 - \frac{18\pi}{2400} = 0.9766$$

接下来,由式(7.2.12),使直流通带增益为的比例因子 b_0 为

$$b_0 = \frac{|1 - 2(0.9764)\cos(2\pi/3) + (0.9764)^2|}{2|1 - \cos(2\pi/3)|} = 0.9766$$

最后,由式(7.2.13),陷波器的传递函数为

$$H_{\text{notch}}(z) = \frac{0.9766[1 - 2\cos(2\pi/3)z^{-1} + z^{-2}]}{1 - 2(0.9764)\cos(2\pi/3)z^{-1} + (0.9764)^2 z^{-2}} = \frac{0.9766(1 + z^{-1} + z^{-2})}{1 + 0.9764z^{-1} + 0.9534z^{-2}}$$

图 7.8 就是谐振器的零极点图,可以通过运行脚本文件 *exam7_2* 得到。注意极点是怎样"差一点"抵消了零点的。单位圆上共轭成对的零点使陷波器的幅度响应在 $f = F_0$ 处等于零。这一点在图 7.9 陷波器幅度响应中体现得非常明显。

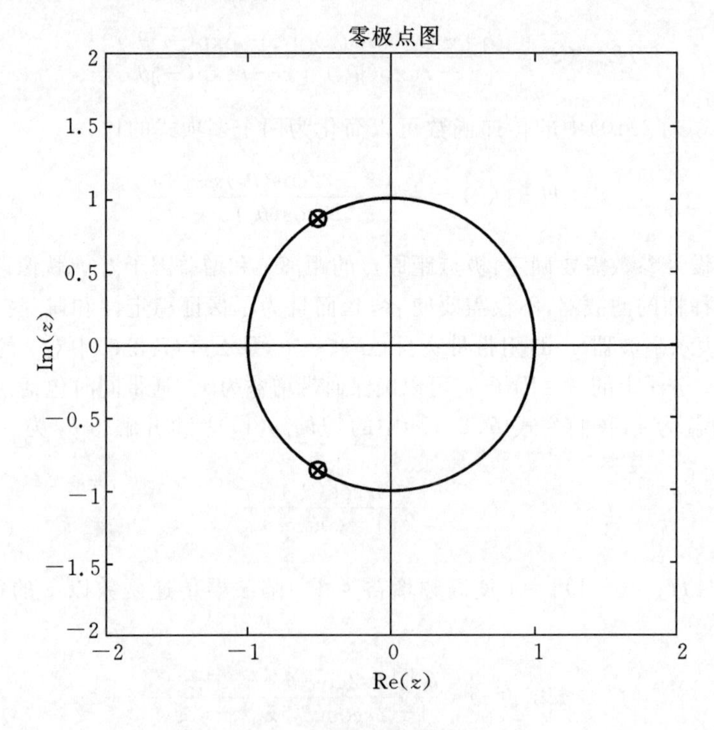

图 7.8 陷波器的零极点

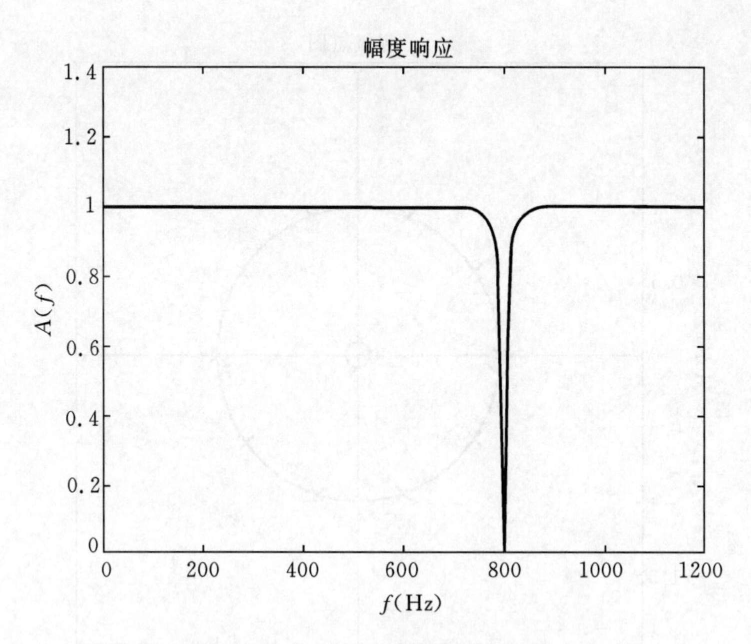

图 7.9 $F_0=800$ Hz 时陷波器的幅度响应

7.2.3 梳状滤波器

另一类特殊的滤波器是梳状滤波器，谐振器就是它的一种特例。梳状滤波器是一个窄带滤波器，它具有多个从 $f=0$ 开始等间隔的通带。当通带带宽趋近于零的极限情况下，梳状滤波器就是一个可以通过直流、基频 F_0 以及它的一些谐波的滤波器。因此，n 阶理想梳状滤波器在 $F_0=f_s/n$ 处具有以下频率响应：

$$H_{\text{comb}}(f)=\sum_{i=0}^{\text{floor}(n/2)}\delta_1(f-iF_0),\qquad 0\leqslant f\leqslant f_s/2 \tag{7.2.14}$$

注意，如果 n 是偶数，那么 $\text{floor}(n/2)=n/2$。所以，对于一个阶数为偶数的梳状滤波器，在$[0, f_s/2]$范围内共有 $n/2+1$ 谐振频率，阶数为奇数的梳状滤波器在 $f=f_s/2$ 处没有谐振频率。由于谐振频率是等间隔的，n 阶梳状滤波器具有非常简单的传递函数，也就是

$$H_{\text{comb}}(z)=\frac{b_0}{1-r^n z^{-n}} \tag{7.2.15}$$

这样，$H_{\text{comb}}(z)$在原点有 n 个零点，$H_{\text{comb}}(z)$的极点即对应于 r^n 的 n 个根。也就是说，极点等间隔地分布于半径小于 1 的圆上，即 $r<1$。图 7.10 示出了偶数情况下 $n=10$ 和 $r=0.9843$时极点的分布。

为了获取一个高选择性的梳状滤波器，我们要求 $r\approx1$，不过为了保证稳定，必须使 $r<1$。增益系数可以通过令直流处的通带增益为 1 来确定。在式(7.2.15)中令$|H_{\text{comb}}(1)|=1$，求解 b_0 得到

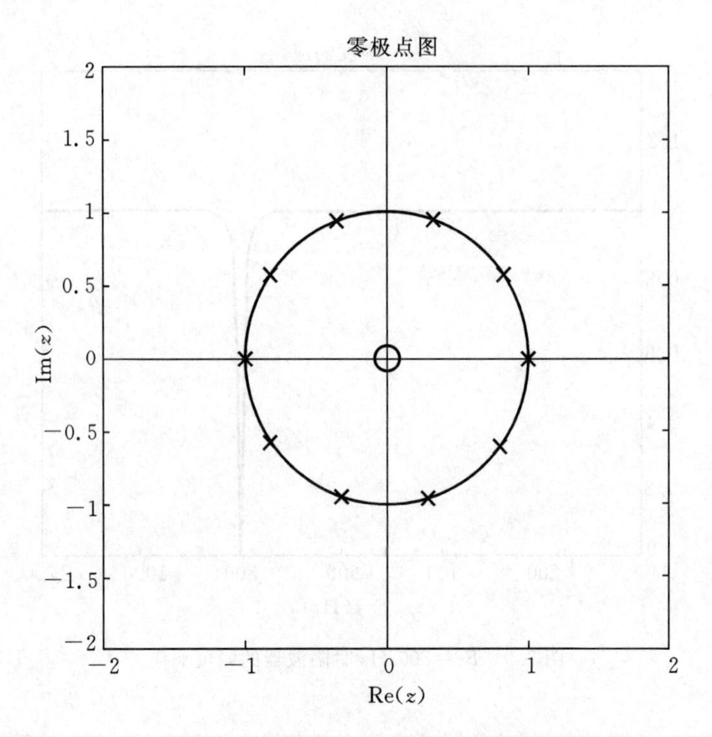

图 7.10　10 阶梳状滤波器的零极点图

$$b_0=1-r^n \tag{7.2.16}$$

图 7.11 给出了 $n=10$ 时图 7.10 所示梳状滤波器的幅度响应图。这里采样频率 $f_s=200$ Hz，3 dB带宽为 $\Delta F=1$ Hz。

正如梳状滤波器是谐振器的一般情况一样，一种被称作*逆梳状滤波器*的滤波器也可作为陷波器的一般情况，它可以消除直流、基频率 F_0 以及它的多次谐波。所以，一个 n 阶理想逆梳状滤波器在 $F_0=f_s/n$ 处具有以下频率响应：

$$H_{\text{inv}}(f)=1-\sum_{i=0}^{\text{floor}(n/2)}\delta_1(f-iF_0),\quad 0\leqslant f\leqslant f_s/2 \tag{7.2.17}$$

除了具有在单位圆上等间隔零点外，逆梳状滤波器在单位圆内也具有等间隔的极点。因此，n 阶反梳状滤波器的传递函数具有以下形式：

$$H_{\text{inv}}(z)=\frac{b_0(1-z^{-n})}{1-r^n z^{-n}} \tag{7.2.18}$$

图 7.12 中示出了奇数阶情况下，$n=11$ 和 $r=0.9857$ 时零极点的分布。注意由于 n 是奇数，故在 $z=-1$ 没有零点或是极点。

为了使 F_0 的谐波之间的频率通过，我们要求 $r\approx 1$，但为了保证稳定和避免零极点相消，必须使 $r<1$。增益系数可以通过令在 $f=F_0/2$ 的通带增益为 1 来确定，这里 $F_0=f_s/n$。与首个通带中点相对应的单位圆上的点应该是 $z_1=\exp(\text{j}\pi/n)$。令式(7.2.18)中的 $|H_{inv}(z_1)|=1$ 并解得 b_0 为

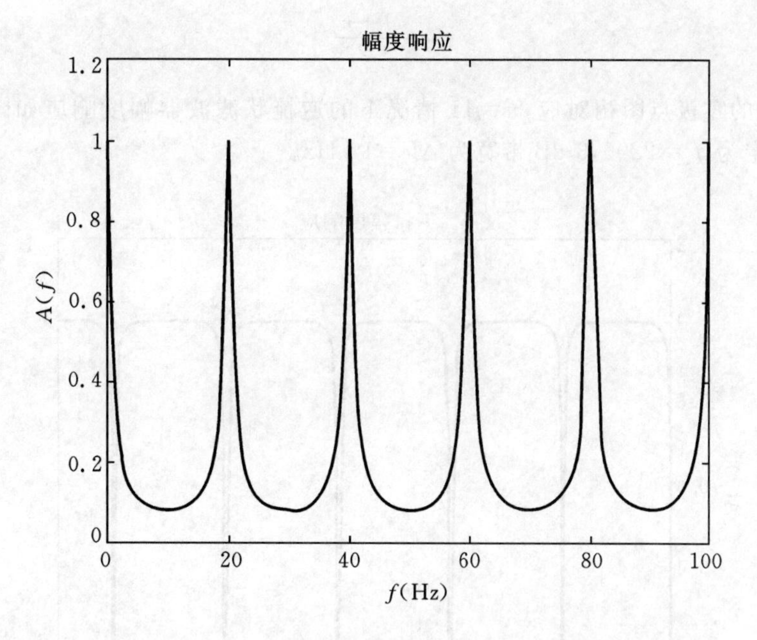

图 7.11　$n=10$，$f_s=200$ Hz 且 $\Delta F=1$ Hz 时梳状滤波器的幅度响应

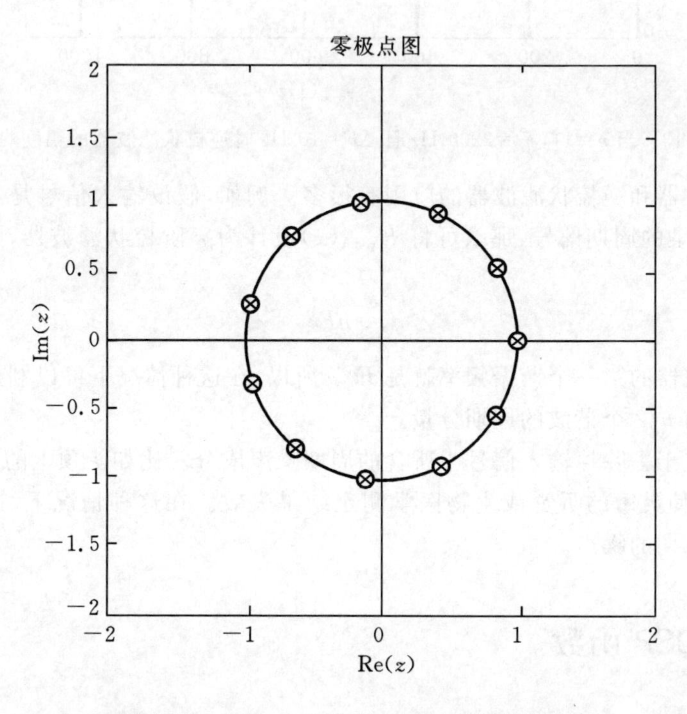

图 7.12　阶数 $n=11$ 的逆梳状滤波器的零极图

$$b_0=\frac{1+r^n}{2} \tag{7.2.19}$$

与图 7.12 所示的零极点图相对应，$n=11$ 情况下的逆梳状滤波器幅度响应如图 7.13 所示。这里采样频率定为 $f_s=2200$，3 dB 带宽为 $\Delta F=10$ Hz。

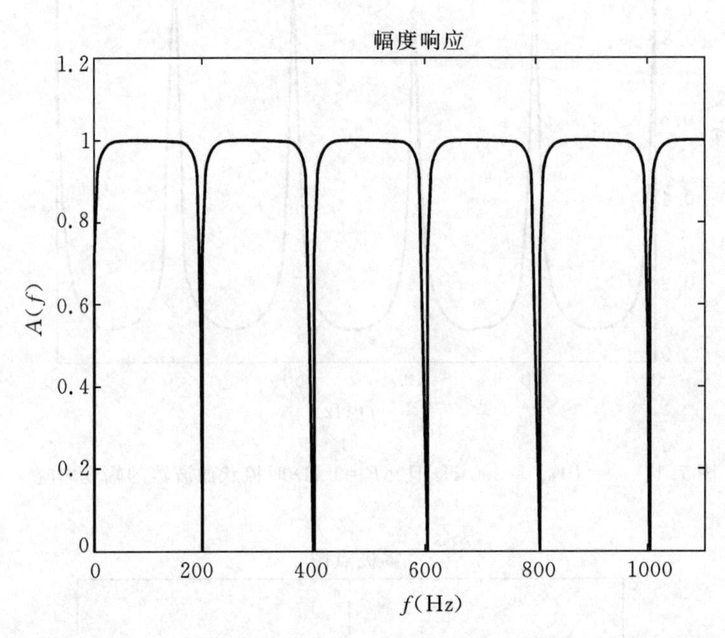

图 7.13　当 $n=11$，$f_s=2200$ Hz 且 $\Delta F=10$ Hz 时逆梳状滤波器的幅度响应

关于梳状滤波器和逆梳状滤波器的应用有很多。例如，假设输入信号是一个已知的基频为 F_0 的被噪声污染的周期信号，那么可将 $H_{\text{comb}}(z)$ 设计为 n 阶梳状滤波器，同时我们取的采样频率为

$$f_s=nF_0 \tag{7.2.20}$$

那么梳状滤波器的第一个谐振频率就是 F_0。所以，在这种情况下可以利用梳状滤波器来提取输入信号的前 $n/2$ 个谐波的周期分量。

另一个应用在于去除掉输入信号中所含的周期噪声成分。比如头顶上的荧光灯所发出的 60 Hz“嗡嗡声”会使灵敏的听觉或生物医学测定结果失效。在这种情况下，逆梳状滤波器可以用来去掉这些周期的噪声。

FDSP 函数

FDSP 工具箱包含了以下函数，可以由增益匹配和零极点排布来设计 IIR 滤波器。

```
% F_IIRRES:     Design an IIR resonator filter
% F_IIRNOTCH:   Design an IIR notch filter
```

```
% F_IIRCOMB:  Design an IIR comb filter
% F_IIRINV:   Design an IIR inverse comb filter
%
% Usage;
%        [b,a]  = f_iirres(F0,DeltaF,fs)
%        [b,a]  = f_iirnotch(F0,DeltaF,fs)
%        [b,a]  = f_iircomb(n,DeltaF,fs)
%        [b,a]  = f_iirinv(n,DeltaF,fs)
% Pre;
%        F0      = resonator or notch frequency
%        DeltaF  = 3 dB radius
%        fs      = sampling frequency
%        n       = filter order
% Post:
%        b = 1 by (n + 1) numerator coefficient vector
%        a = 1 by (n + 1) denominator coefficient vecotr
```

7.3 滤波器参数设计

对于数字 IIR 滤波器来说，应用最广泛的设计步骤往往从一个被称为原型滤波器的标准化低通模拟滤波器开始。然后，我们可以把这一原型滤波器转变为期望的频率选择性数字滤波器。四种经典的模拟低通滤波器往往被作为原型滤波器，并且其都是在某种意义上达到最优的滤波器。在我们考察这些滤波器之前，首先介绍滤波器设计规范中的两个设计参数。为方便起见，图7.14给出了在第5章介绍的低通滤波器设计规范。其中 F_p 为通带截止频率，F_s 为阻带截止频率，δ_p 为通带纹波，δ_s 为阻带衰减，剩下未具体说明的是带宽为 $B=F_s-F_p$ 的过渡带的幅度响应。令 $A_a(f)$ 代表理想的模拟幅度响应，那么，通带和阻带规范就可以分别用不等式表示如下：

$$1-\delta_p \leqslant A_a(f) \leqslant 1, 0 \leqslant |f| \leqslant F_p \tag{7.3.1a}$$

$$0 \leqslant A_a(f) \leqslant \delta_s, F_s \leqslant |f| < \infty \tag{7.3.1b}$$

式(7.3.1)中的设计规范是线性设计规范。为了更好地揭示阻带的衰减量，幅度响应有时用对数刻度 $A(f)=20\log_{10}\{|H(f)|\}$ 绘出并以 dB 为单位。通带纹波和阻带衰减的对数等价形式为

$$A_p = -20\log_{10}(1-\delta_p)\ \text{dB} \tag{7.3.2a}$$

$$A_s = -20\log_{10}(\delta_s)\ \text{dB} \tag{7.3.2b}$$

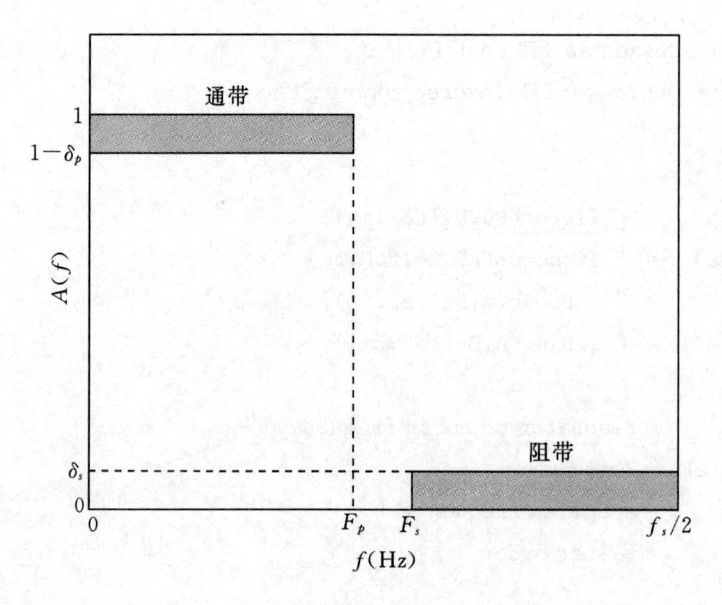

图 7.14　IIR 低通滤波器的设计指标

例如，阻带衰减 $\delta_s=0.01$ 相当于 $A_s=40$ dB，而且每衰减 10 倍就产生 20 dB 的增量。经典模拟滤波器的设计流程基于线性规范。可是如果用户刚好使用对数规范，那么它们就可以转化为如下等价的线性规范：

$$\delta_p = 1 - 10^{-A_p/20} \tag{7.3.3a}$$

$$\delta_s = 10^{-A_s/20} \tag{7.3.3b}$$

通过引入下面源于滤波器设计规范的两个设计参数，可以改进经典模拟滤波器设计公式(Porat，1997)。

$$r \triangleq \frac{F_p}{F_s} \tag{7.3.4a}$$

$$d \triangleq \left[\frac{(1-\delta_p)^{-2}-1}{\delta_s^{-2}-1}\right]^{1/2} \tag{7.3.4b}$$

第一个参数 $0<r<1$ 被称作选择因子。对于理想滤波器来说没有过渡带，因此 $F_S=F_P$，故对于理想滤波器而言，选择因子 $r=1$；而对于实际滤波器，$r<1$。

第二个参数 $d>0$ 被称为分辨因子。可看到 $\delta_p=0$ 时，式(7.3.4b)的分子趋向于零，所以 $d=0$。类似地，当 $\delta_s=0$ 时，式(7.3.4b)的分母趋于无穷大，所以仍然是 $d=0$。因此，对于理想滤波器来说，分辨因子 $d=0$，而对于实际滤波器来说，$d>0$。表 7.1 总结了滤波器参数设计的特性。

表 7.1　滤波器设计参数

滤波器类型	选择因子	分辨因子
理想滤波器	$r=1$	$d=0$
实际滤波器	$r<1$	$d>0$

例 7.3 滤波器设计参数

作为滤波器设计参数的简单示例，考虑一下这个问题：设计低通模拟滤波器从而满足以下对数设计规范：

$$(F_p, F_s) = (400, 500)\ \text{Hz}$$
$$(A_p, A_s) = (0.5, 35)\ \text{dB}$$

首先，我们将其从对数转为线性规范。根据式(7.3.3a)，要求的通带纹波是

$$\delta_p = 1 - 10^{-0.5/20} = 0.0559$$

同样，根据式(7.3.3b)，要求的阻带衰减为

$$\delta_s = 10^{-35/20} = 0.0178$$

对于这个滤波器，过渡带带宽为B=100 Hz。这样，选择因子r小于1，并且根据式(7.3.4a)我们得到：

$$r = 0.8$$

最后，通带纹波和阻带衰减都是正数。所以，分辨因子d也将为正数。根据式(7.3.4b)，我们得到

$$d = \left[\frac{(1-0.0559)^{-2}-1}{(0.0178)^{-2}-1}\right]^{1/2} = 0.006213$$

在经典的模拟滤波器设计中，首先确定，如果理想的幅度响应然后反过来确定零极点排布及增益。为了实施这个倒置的步骤，很有必要建立模拟传递函数$H_a(s)$和它的模平方响应之间的关系。由已有知识，模拟滤波器的频率响应定义为

$$H_a(f) = H_a(s)\big|_{s=\mathrm{j}2\pi f} \tag{7.3.5}$$

频率响应$H_a(f)$也可以由极坐标形式表示为$H_a(f)=A_a(f)\exp[\mathrm{j}\phi_a(f)]$，其中$A_a(f)$是幅度响应而$\varphi_a(f)$是相位响应。因为$H_a(s)$的系数是实的，幅度响应的平方可以如下表达，这里$H_a^*(s)$意思是$H_a(s)$的复共轭

$$\begin{aligned} A_a^2(f) &= |H_a(f)|^2 \\ &= |H_a(s)|^2_{s=\mathrm{j}2\pi f} \\ &= \{H_a(s)H_a^*(s)\}\big|_{s=\mathrm{j}2\pi f} \\ &= \{H_a(s)H_a(-s)\}\big|_{s=\mathrm{j}2\pi f} \end{aligned} \tag{7.3.6}$$

我们不用$j2\pi f$替代式(7.3.6)右边的s，而是用$s/\mathrm{j}2\pi$替代左边的f。这样就得到了如下的传递函数及其平方幅度响应之间的基本关系：

$$H_a(s)H_a(-s) = A_a^2(s/\mathrm{j}2\pi) \tag{7.3.7}$$

每个经典模拟滤波器都可以通过其平方幅度响应来特征化。式(7.3.7)将被用来进行滤波器传递函数的综合。

7.4 几类经典的模拟滤波器

对于 IIR 数字滤波器来讲，最常用的设计步骤是首先选取一个标准的低通模拟滤波器，然后把它转化为相应的频率选择性数字滤波器。

7.4.1 巴特沃兹滤波器

我们首先要讨论的一类模拟滤波器就是巴特沃兹滤波器。一个 n 阶巴特沃兹滤波器就是一个具有以下平方幅度响应的低通模拟滤波器：

$$A_a^2(f)=\frac{1}{1+(f/F_c)^{2n}} \tag{7.4.1}$$

式(7.4.1)中使 $A_a^2(F_c)=0.5$ 的频率 F_c 被称作 3 dB 截止频率，这是因为

$$20\log_{10}\{A_a(F_c)\}\approx -3\text{ dB} \tag{7.4.2}$$

图 7.15 给出了阶数为 $n=4$ 且 3 dB 截止频率为 $F_c=1$ Hz 的巴特沃兹滤波器的模平方响应图。

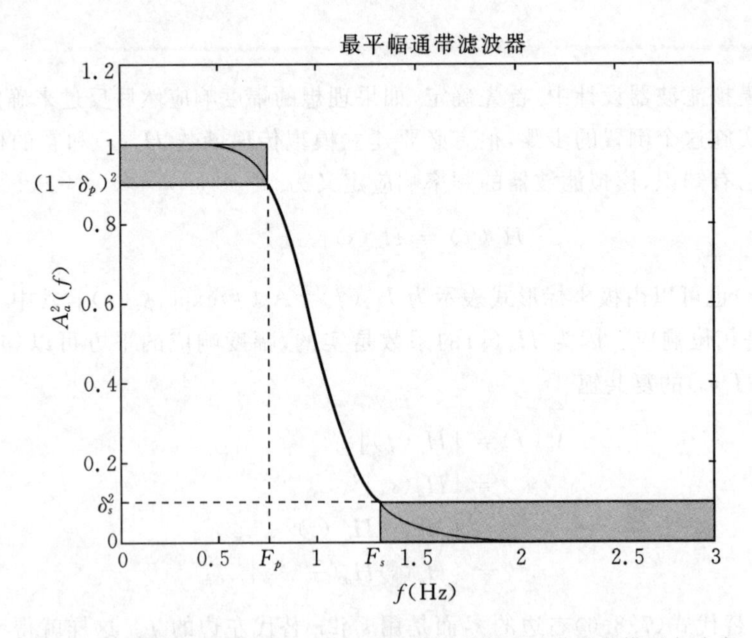

图 7.15　阶数 $n=4$ 且 $F_c=1$ Hz 的巴特沃兹低通滤波器的模平方响应

从模平方响应可以得到 $H_a(s)$ 的极点。利用式(7.4.1)和式(7.3.7)的关系，可得

$$H_a(s)H_a(-s)=A_a^2(f)\big|_{f=s/(j2\pi)}$$

$$= \frac{1}{1+[s/(\mathrm{j}2\pi F_c)]^{2n}}$$

$$= \frac{(\mathrm{j}2\pi F_c)^{2n}}{s^{2n}+(\mathrm{j}2\pi F_c)^{2n}}$$

$$= \frac{(-1)^n (2\pi F_c)^{2n}}{s^{2n}+(-1)^n (2\pi F_c)^{2n}} \tag{7.4.3}$$

这样 $H_a(s)H_a(-s)$的极点 p_k 就在半径为 $2\pi F_c$ 相角为θ_k 的圆上，其中

$$\theta_k = \frac{(2k+1+n)\pi}{2n}, 0 \leqslant k < 2n \tag{7.4.4a}$$

$$p_k = 2\pi F_c \exp(\mathrm{j}\theta_k), 0 \leqslant k < 2n \tag{7.4.4b}$$

一个标准的低通滤波器就是一个截止频率为 $F_c=1/(2\pi)$ Hz 的低通滤波器，它与截止角频率 $\Omega_c=1$ rad/s 相对应。对于一个标准低通巴特沃兹滤波器来讲，极点是以 π/n 弧度等间隔地分布在单位圆上。图 7.16 表示了奇数阶 $n=5$ 和偶数阶 $n=6$ 的两种情况。

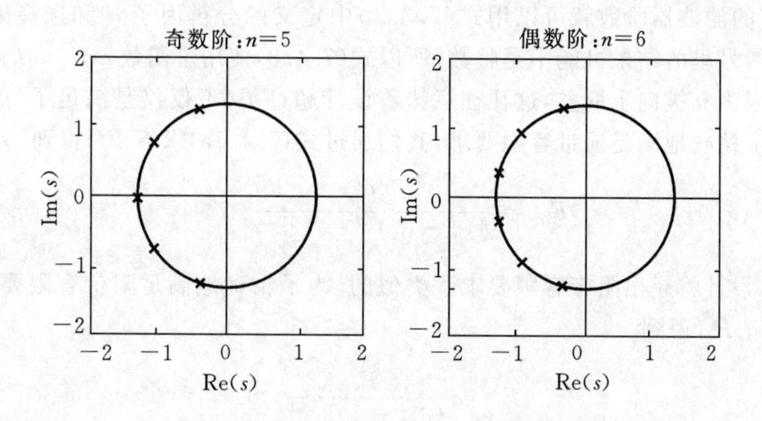

图 7.16　标准巴特沃兹低通滤波器的极点

注意到无论哪种情况，前 n 个极点都在复平面的左半边上。我们将左半平面的极点$\{p_0, p_1, \ldots, p_{n-1}\}$和式(7.4.3)中的 $H_a(s)$联系起来，将右半平面的极点$\{p_n, p_{n+1}, \ldots, p_{2n-1}\}$和 $H_a(-s)$联系起来。这样做是为了保证 $H_a(s)$的稳定性。那么截止频率为 F_c 的 n 阶巴特沃兹低通滤波器的传递函数就是

$$H_a(s) = \frac{(2\pi F_c)^n}{(s-p_0)(s-p_1)\cdots(s-p_{n-1})} \tag{7.4.5}$$

巴特沃兹滤波器具有很多有用的特性。其中一个特性就是幅度响应会从 $A_a(0)=1$ 开始单调递减。对于其高频来说，n 阶滤波器的渐近衰减是 $20n$ dB 每十倍频程。也就是

$$20\log_{10}\{A_a(10f)\} \approx 20\log_{10}\{A_a(f)\} - 20n \text{ dB} \tag{7.4.6}$$

巴特沃兹滤波器最显著的特性是在 $f=0$ 处，模平方响应的前 $2n-1$ 阶导数均为零。所以在阶数为 n 的滤波器中，巴特沃兹滤波器在 $f=0$ 是最平坦的。由于这个原因，巴特沃兹滤波器被称作最平幅滤波器。

巴特沃兹滤波器的两个可供调整的参数是滤波器阶数 n 和截止频率 F_c。假设在图 7.15 中需要设计一个满足线性设计规范的巴特沃兹低通滤波器，那么由式(7.4.1)，通带和阻带容限为

$$\frac{1}{1+(F_p/F_c)^{2n}} = (1-\delta_p)^2 \tag{7.4.7a}$$

$$\frac{1}{1+(F_s/F_c)^{2n}} = \delta_s^2 \tag{7.4.7b}$$

式(7.4.7a)的通带容限和式(7.4.7b)的阻带容限均可以分别解出 F_c^{2n}。通过令这两个表示 F_c^{2n} 的表达式相等，我们可以消去截止频率参数，进而求解出 n。利用式(7.3.4)中定义的设计参数可得出

$$n=\text{ceil}\left[\frac{\ln(d)}{\ln(r)}\right] \tag{7.4.8}$$

这样，所需的滤波器阶数就可以用式(7.3.4)中定义的分辨因子 d 和选择因子 r 直接表示。由于在方括号里的结果可能不是整数，所以式(7.4.8)使用了函数 *ceil*，*ceil* 函数可以将结果向上取整。因为 n 被向上取整，这往往意味着设计超过了(不仅仅是满足了)通带和阻带的规范要求。为了精确地满足通带容限要求，我们通过式(7.4.7a)求解 F_c，得到

$$F_{cp} = \frac{F_p}{[(1-\delta_p)^{-2}-1]^{1/(2n)}} \tag{7.4.9}$$

在这种情形下，设计将超出阻带容限要求。类似的，为了精确地满足阻带容限要求，我们通过式(7.4.7b)求解 F_c，得到

$$F_{cs} = \frac{F_s}{(\delta_s^{-2}-1)^{1/(2n)}} \tag{7.4.10}$$

在这种情况下，设计将超出通带容限要求。最后，我们可以让设计同时超出两种容限要求(假设 n 的表达式不是整数)，条件是求截止频率平均值

$$F_c = \frac{F_{cp}+F_{cs}}{2} \tag{7.4.11}$$

式(7.4.8)和式(7.4.11)的设计公式都是基于图 7.15 的线性设计规范。如果使用对数设计规范，那么应该首先应用式(7.3.3)分别把 A_p 和 A_s 变成 δ_p 和 δ_s。

例 7.4 巴特沃兹滤波器

作为使用设计公式的示例，可以考虑设计一个巴特沃兹低通滤波器，满足以下的线性设计规范：

$$\begin{aligned} F_p &= 1000\ \text{Hz} \\ F_s &= 2000\ \text{Hz} \\ \delta_p &= 0.05 \\ \delta_s &= 0.05 \end{aligned}$$

根据式(7.3.4)，选择因子和分辨因子为

$$r = 0.5$$

$$d = \left(\frac{0.95^{-2} - 1}{0.05^{-2} - 1}\right)^{1/2} = 0.0165$$

这样，根据式(7.4.8)得滤波器最小阶数为

$$n = \text{ceil}\left[\frac{\ln(0.0165)}{\ln(0.5)}\right] = \text{ceil}(5.9253) = 6$$

接下来，根据式(7.4.9)，能够最为精确地满足通带规范的截止频率为

$$F_{cp} = \frac{1000}{(0.95^{-2} - 1)^{1/12}} = 1203.8\ \text{Hz}$$

类似的，根据式(7.4.10)，能够最为精确地满足阻带规范的截止频率为

$$F_{cs} = \frac{2000}{(0.05^{-2} - 1)^{1/12}} = 1209.0\ \text{Hz}$$

任何在 $F_{cp} \leqslant F_c \leqslant F_{cs}$ 范围内的截止频率将会同时满足或是超出两种规范的要求。例如选择 $F_c = 1206$ Hz 就可以了。利用式(7.3.2)，等效的对数通带和阻带特性规范为

$$A_p = 0.4455\ \text{dB} \text{ 和 } A_s = 26.02\ \text{dB}。$$

巴特沃兹滤波器的传递函数可以直接利用式(7.4.4)和(7.4.5)来设计。另外一种基于表格的方法对于低阶滤波器来说也会得到较好的效果。这个方法首先设计一个标准的巴特沃兹低通滤波器，然后再使用简单的频率变换即可。令 $H_n(s)$ 表示一个 n 阶标准巴特沃兹低通滤波器，其中滤波器的 3 dB 截止频率为 $\Omega_c = 1$ rad/s：

$$H_n(s) = \frac{a_n}{s^n + a_1 s^{n-1} + \cdots + a_n} \tag{7.4.12}$$

表 7.2 给出了前几阶标准巴特沃兹低通滤波器分母多项式的系数。

表 7.2　标准巴特沃兹低通滤波器的分母系数，$a_0 = 1$

n	a_1	a_2	a_3	a_4	a_5	a_6	a_7	a_8
1	1	0	0	0	0	0	0	0
2	1.4142141	1	0	0	0	0	0	0
3	2	2	1	0	0	0	0	0
4	2.613126	3.414214	2.613126	1	0	0	0	0
5	3.236068	5.236068	5.236068	3.236068	1	0	0	0
6	3.863703	7.464102	9.14162	7.464102	3.863703	1	0	0
7	4.493959	10.09783	14.59179	14.59179	10.09783	4.493959	1	0
8	5.125831	13.13707	21.84615	25.68836	21.84615	13.13707	5.125831	1

接下来，让 F_c 以 Hz 为单位表示理想的 3 dB 截止频率。传递函数 $H_a(s)$可以通过用s/Ω_c代替式(7.4.12)中的 s 来获得，其中 $\Omega_c=2\pi F_c$。因此，假如 $a(s)$在表 7.2 给出，那么一个截止角频率为 Ω_c 的 n 阶巴特沃兹低通滤波器就具有如下传递函数：

$$H_a(s)=\frac{\Omega_c^n a_n}{s^n+\Omega_c a_1 s^{n-1}+\cdots+\Omega_c^n a_n} \tag{7.4.13}$$

以 s/Ω_c 替代 s 是一个由标准低通滤波器映射到一般低通滤波器的频率变换的例子。我们将在后续给出由标准低通滤波器转化到高通、带通和带阻滤波器的频率变换的例子。

例 7.5 巴特沃兹传递函数

作为使用表 7.2 进行频率变换方法的示例，考虑对截止频率为 $F_s=10$ Hz 的三阶巴特沃兹低通滤波器传递函数的设计问题。在这种情况下 $\Omega_c=20\pi$，并根据表 7.2 我们得到

$$H_a(s)=\frac{2.481\times10^5}{s^3+125.7s^2+7896s+1.481\times10^5}$$

7.4.2 切比雪夫 I 型滤波器

由于具有最平幅的特性，巴特沃兹滤波器的幅度响应很平滑。然而，平坦度最大化特性的缺点是巴特沃兹滤波器并没有尽可能地减小过渡带带宽。减小过渡带宽度的一个有效的办法就是允许通带或者阻带有纹波或是振荡。下面的 n 阶切比雪夫 I 型滤波器就被设计成了通带内允许有 n 个纹波的滤波器：

$$A_a^2(f)=\frac{1}{1+\varepsilon^2 T_n^2(f/F_p)} \tag{7.4.14}$$

这里 n 是滤波器的阶数，F_p 是通带频率，$\varepsilon>0$ 是纹波系数，$T_n(x)$是一个名叫切比雪夫 I 型多项式的 n 次幂多项式。在 5.5.3 节中我们知道，切比雪夫多项式可以递归产生。头两个切比雪夫多项式是 $T_0(x)=1$ 和 $T_1(x)=x$。然后剩下的多项式就可以根据下面的递归关系和之前的两个多项式计算出来：

$$T_{k+1}(x)=2xT_k(x)+T_{k-1}(x),k\geqslant1 \tag{7.4.15}$$

因此 $T_2(x)=2x^2-1$，后面的多项式以此类推。表 7.3 总结了一些低阶的切比雪夫 I 型多项式。

切比雪夫多项式具有很多有趣的特性。例如，当 n 为奇数时 $T_n(x)$是奇函数而 n 为偶数时 $T_n(x)$是偶函数。而且对于所有的 n 有 $T_n(1)=1$。就滤波器设计的目的来说，最重要的属性是当$|x|\leqslant1$ 时 $T_n(x)$于区间$[-1,1]$内振荡且$|x|>1$ 时 $T_n(x)$单调。这个振荡导致了切比雪夫 I 型滤波器模平方响应通带内具有大小一样的纹波，同时在通带外单调递减。图 7.17 所示的就是在 $n=4$ 且 $F_p=1$ Hz 的情况下的模平方响应。考虑到 $T_n(1)=1$ 和式(7.4.14)，其模平方响应在通带边缘服从下式：

$$A_a^2(F_p)=\frac{1}{1+\varepsilon^2} \tag{7.4.16}$$

表 7.3　切比雪夫Ⅰ型多项式

n	$T_n(x)$
0	1
1	x
2	$2x^2-1$
3	$4x^3-3x$
4	$8x^4-8x^2+1$
5	$16x^5-20x^3+5x$
6	$32x^6-48x^4+18x^2-1$
7	$64x^7-112x^5+56x^3-7x$
8	$128x^8-256x^6+160x^4-32x^2+1$

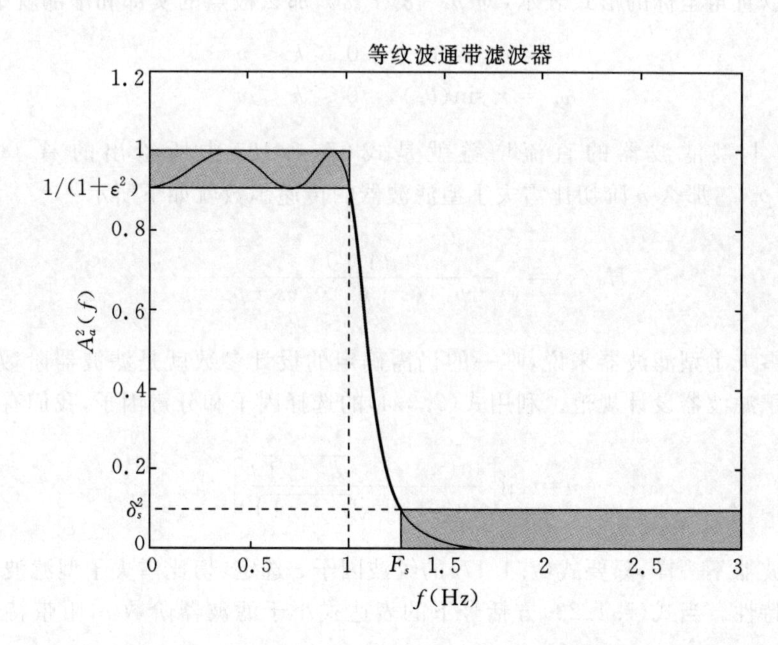

图 7.17　阶数 $n=4$ 且 $F_p=1$ Hz 的切比雪夫Ⅰ型低通滤波器的模平方响应

所以，纹波系数 ε 说明了滤波器通带纹波的大小。令 $1/(1+\varepsilon^2)=(1-\delta_p)^2$ 即可解出 ε，我们发现理想的通带纹波 δ_p 可以通过设置纹波系数的方式来实现，即

$$\varepsilon=[(1-\delta_p)^{-2}-1]^{1/2} \tag{7.4.17}$$

由图 7.17 我们注意到，$A_a^2(f)$中的 n 个纹波不仅被限制在通带内，而且这些纹波的振幅都是 δ_p。由于这个特性，切比雪夫滤波器被称作等纹波滤波器。更特别的是，切比雪夫Ⅰ型

滤波器在通带内等纹波的意义下是最优的。在通带的始端，其模平方响应为 1 或 $1/(1+\varepsilon^2)$，决定于 n 为奇数还是偶数：

$$A_a^2(0)=\begin{cases}1, & n\text{ 为奇数}\\ \dfrac{1}{1+\varepsilon^2}, & n\text{ 为偶数}\end{cases} \tag{7.4.18}$$

与巴特沃兹滤波器极点在一个圆上不同，切比雪夫Ⅰ型滤波器的极点在一个椭圆上。椭圆的短轴和长轴由如下计算得到，此处 $F_0=F_p$：

$$\alpha=\varepsilon^{-1}+\sqrt{\varepsilon^{-2}+1} \tag{7.4.19a}$$

$$r_1=\pi F_0(\alpha^{1/n}-\alpha^{-1/n}) \tag{7.4.19b}$$

$$r_2=\pi F_0(\alpha^{1/n}+\alpha^{-1/n}) \tag{7.4.19c}$$

这些极点所在位置的相角和巴特沃兹滤波器的相角一样，也就是：

$$\theta_k=\frac{(2k+1+n)\pi}{2n},\quad 0\leqslant k<n \tag{7.4.20}$$

如果这些极点以直角坐标的形式表示，即 $p_k=\sigma_k+j\omega_k$，那么极点的实部和虚部就是：

$$\sigma_k=r_1\cos(\theta_k),\quad 0\leqslant k<n \tag{7.4.21a}$$

$$\omega_k=r_2\sin(\theta_k),\quad 0\leqslant k<n \tag{7.4.21b}$$

切比雪夫Ⅰ型滤波器的直流增益就是式(7.4.18)中所给出的 $A_a(0)$。令 $\beta=(-1)^n p_0 p_1 \ldots p_{n-1}$，那么 n 阶切比雪夫Ⅰ型滤波器的传递函数就如下所示：

$$H_a(s)=\frac{\beta A_a(0)}{(s-p_0)(s-p_1)\cdots(s-p_{n-1})} \tag{7.4.22}$$

对于切比雪夫Ⅰ型滤波器来说，唯一的仍需确定的设计参数就是滤波器阶数 n。最小滤波器阶数取决于滤波器设计规范。利用式(7.3.4)的选择因子和分辨因子，我们有

$$n=\text{ceil}\left[\frac{\ln(d^{-1}+\sqrt{d^{-2}-1})}{\ln(r^{-1}+\sqrt{r^{-2}-1})}\right] \tag{7.4.23}$$

和巴特沃兹滤波器不一样，只要式(7.4.17)的纹波因子 ε 选定，切比雪夫Ⅰ型滤波器就可以精确地满足通带特性。当式(7.4.23)方括号下的表达式小于滤波器阶数 n，阻带特性就会超出规范要求范围。

例 7.6 切比雪夫Ⅰ型滤波器

作为使用切比雪夫设计公式的示例，考虑切比雪夫Ⅰ型低通滤波器的设计问题，要求满足和例 7.4 一样的设计规范。根据例 7.4，选择因子和分辨因子为

$$r=0.5$$

$$d=0.0165$$

然后由式(7.4.23)，滤波器最小阶数就是

$$
\begin{aligned}
n &= \mathrm{ceil}\left[\frac{\log\left[(0.0165)^{-1}+\sqrt{(0.0165)^{-2}-1}\right]}{\log\left[(0.5)^{-1}+\sqrt{(0.5)^{-2}-1}\right]}\right] \\
&= \mathrm{ceil}(3.6449) \\
&= 4
\end{aligned}
$$

这样，我们发现通过允许通带内存在纹波就可使切比雪夫Ⅰ型滤波器在阶数为 $n=4$ 时满足设计规范的要求。与此相对照，在例 7.4 中的最平幅巴特沃兹滤波器在阶数 $n=6$ 时才能满足同样的规范要求。

7.4.3 切比雪夫Ⅱ型滤波器

既然有切比雪夫Ⅰ型滤波器的提法，言外之意就一定存在着切比雪夫Ⅱ型滤波器，实际情况确实如此。切比雪夫Ⅱ型滤波器是一个有阻带纹波而不是通带纹波的等纹波滤波器。它可以通过下面的模平方响应来得到：

$$
A_a^2(f)=\frac{\varepsilon^2 T_n^2(F_s/f)}{1+\varepsilon^2 T_n^2(F_s/f)} \tag{7.4.24}
$$

切比雪夫Ⅱ型滤波器的设计参数和切比雪夫Ⅰ型滤波器的一样。然而，这种情况下它的幅度响应在阻带内振荡且在阻带外单调递减。图 7.18 所示的就是 $n=4$ 和 $F_s=1$ Hz 的条件下的模平方响应。注意到 $T_n(1)=1$ 且由式(7.4.24)，在阻带边缘的幅度响应服从下式：

$$
A_a^2(F_s)=\frac{\varepsilon^2}{1+\varepsilon^2} \tag{7.4.25}
$$

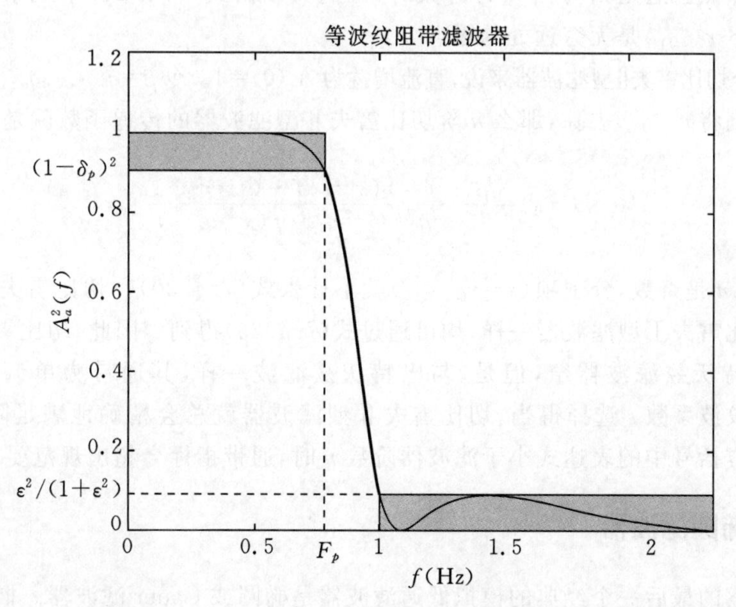

图 7.18 阶数 $n=4$ 且 $F_s=1$ Hz 的切比雪夫Ⅱ型低通滤波器的模平方响应

在这种情况下，纹波因子参数 ε 决定了滤波器阻带衰减的大小。令 $\varepsilon^2/(1+\varepsilon^2)=\delta_s^2$ 并解出 ε，我们发现，理想的阻带衰减 δ_s 可以通过设置合理的纹波系数实现：

$$\varepsilon=\delta_s\ (1-\delta_s^2)^{-1/2} \tag{7.4.26}$$

再一次关注图 7.18，$A_a^2(f)$ 中的 n 个纹波被限制在阻带内，而且这些纹波的振幅都是 δ_s。因此，我们说切比雪夫Ⅱ型滤波器在阻带内为等纹波的意义下是最优的。在阻带的末端，模平方响应为 0 或 $\varepsilon^2/(1+\varepsilon^2)$，取决 n 是奇数还是偶数。即

$$\lim_{f\to\infty}A_a^2(f)=\begin{cases}0, & n\text{ 为奇数}\\ \dfrac{\varepsilon^2}{1+\varepsilon^2}, & n\text{ 为偶数}\end{cases} \tag{7.4.27}$$

由于切比雪夫Ⅰ型幅度响应的 f/F_p 被切比雪夫Ⅱ型幅度响应的 F_s/f 替代，因此切比雪夫Ⅱ型滤波器的极点就位于切比雪夫Ⅰ型滤波器极点倒数的位置。也就是说，如果 $p_k=\sigma_k+\mathrm{j}\omega_k$ 为式(7.4.21)中定义的极点，而且 $F_0=F_S$，那么切比雪夫Ⅱ型滤波器的极点就是

$$q_k=\frac{(2\pi F_s)^2}{p_k},\quad 0\leqslant k<n \tag{7.4.28}$$

注意到式(7.4.24)$A_a^2(f)$的分子不是常数，这就意味着切比雪夫Ⅱ型滤波器有 n 或 $n-1$ 个有限的零点。这些零点都位于虚轴上，具体位置如下：

$$r_k=\frac{\mathrm{j}2\pi F_s}{\sin(\theta_k)},\quad 0\leqslant k<n \tag{7.4.29}$$

当 n 为偶数，那么就如式(7.4.29)指出的，具有 n 个有限的零点。不过 n 为奇数时，就只有 $n-1$个有限的零点。这是因为当 n 为奇数时，我们可以由式(7.4.20)中观察出 $\theta_{(n-1)/2}=\pi$。因此在种情况下 $r_{(n-1)/2}$是无穷远处的零点。

对于每一个切比雪夫Ⅱ型滤波器来说，直流增益为 $A_a(0)=1$。令 $\beta=q_0q_1\ldots q_{n-1}/(r_0r_1\ldots r_{n-1})$，如果 n 是奇数则将 $r_{(n-1)/2}$ 去除，那么 n 阶切比雪夫Ⅱ型滤波器的传递函数就是

$$H_a(s)=\frac{\beta(s-r_0)(s-r_1)\cdots(s-r_{n-1})}{(s-q_0)(s-q_1)\cdots(s-q_{n-1})} \tag{7.4.30}$$

再次强调，如果 n 是奇数，分子项($s-r_{(n-1)/2}$)就不计入式(7.4.30)。切比雪夫Ⅱ型滤波器的最小阶数和切比雪夫Ⅰ型滤波器一样，均可通过式(7.4.23)得到。因此，切比雪夫Ⅱ型滤波器的过渡带比巴特沃兹滤波器窄，但是，与巴特沃兹滤波一样，其通带为单调衰减。只要式(7.4.26)中的纹波系数 ε 选择得当，切比雪夫Ⅱ型滤波器就总会精确地满足阻带指标，当式(7.4.23)中的方括号中的表达式小于滤波器阶数 n 时，通带指标会超出规范要求。

7.4.4 椭圆滤波器

我们要考察的最后一个经典的模拟低通滤波器是椭圆或 Cauer 滤波器。椭圆滤波器是通带和阻带都为等纹波的滤波器。因此，在这种意义下椭圆 IIR 滤波器和第六章中使用 Parks-McLellan 算法构造的最优的等纹波 FIR 滤波器类似。n 阶椭圆滤波器的模平方响应如下

所示：

$$A_a^2(f)=\frac{1}{1+\varepsilon^2 U_n^2(f/F_p)} \tag{7.4.31}$$

这里 U_n 是一个 n 阶雅可比椭圆函数，也叫做切比雪夫有理函数(Porat，1997)。通过在通带和阻带内同时允许纹波存在，椭圆滤波器可以得到非常窄的过渡带。图 7.19 所示的是 $n=4$ 且 $F_p=1$ Hz 的情况下的模平方响应图。

椭圆滤波器的设计参数和切比雪夫滤波器的设计参数类似。由于对所有的 n 有 $U_n(1)=1$，再根据式(7.4.31)可知，式(7.4.16)仍然是成立的。进而，如果纹波系数 ε 依据式(7.4.17)设计，通带指标可以精确满足规范要求。与巴特沃兹滤波器和切比雪夫滤波器相比，椭圆滤波器更加难以分析和设计。寻找椭圆滤波器的极点和零点需要引入非线性代数方程或含有积分项的方程的迭代求解问题，(Parks and Burrus，1987)。相反，我们要将重点放在剩下的一个设计参数上面：滤波器最小阶数。让 $g(x)$ 表示下面的函数，它就是第一类完全椭圆积分：

$$g(x)=\int_0^{\pi/2}\frac{d\theta}{\sqrt{1-x^2\sin^2(\theta)}} \tag{7.4.32}$$

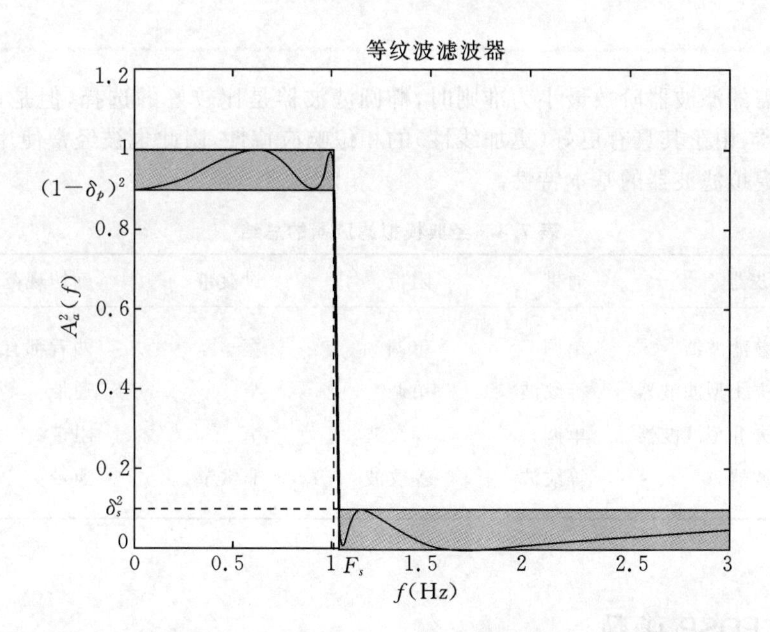

图 7.19　阶数 $n=4$ 且 $F_p=1$ Hz 的椭圆低通滤波器的模平方响应

回想一下式(7.3.4)中的选择因子和分辨因子的定义，满足设计规范要求的椭圆滤波器阶数为

$$n=\text{ceil}\left[\frac{g(r^2)g(\sqrt{1-d^2})}{g(\sqrt{1-r^2})g(d^2)}\right] \tag{7.4.33}$$

只要式(7.4.17)的纹波系数选择得当，椭圆滤波器总是能够精确地满足通带指标。当式(7.4.33)方括号中的表达式小于滤波器阶数 n 时，阻带指标将会超出规范要求。

例 7.7 椭圆滤波器

作为对照，我们来设计一个椭圆低通滤波器，它满足例 7.4 和 7.6 中使用过的相同的规范要求。根据例 7.4，选择因子和分辨因子为

$$r = 0.5$$
$$d = 0.0165$$

式(7.4.32)的椭圆积分函数可以利用 MATLAB 函数 *ellipke* 求得数值解，运行脚本 *exam7_7*，可得滤波器阶数为

$$\begin{aligned} n &= \text{ceil}\left[\frac{g(0.25)g(\sqrt{1-(0.0165)^2})}{g(0.75)g[(0.0165)^2]}\right] \\ &= \text{ceil}(2.9061) \\ &= 3 \end{aligned}$$

在这种情况下，我们发现通过在通带和阻带内允许纹波的存在，阶数为 $n=3$ 的椭圆滤波器即可满足设计规范要求。而与此相对应，切比雪夫滤波器要求 $n=4$ 而巴特沃兹滤波器要求$n=6$。

尽管以所需的滤波器阶数最小为准则时，椭圆滤波器是比较好的选择，但是，对于其他的经典模拟滤波器，由于其具有更好(更加线性)的相位响应特性，因此也被经常使用。表 7.4 总结了这些典型模拟滤波器的基本特性。

表 7.4 经典模拟滤波器的总结

模拟滤波器	通带	阻带	过渡带	确切规范
巴特沃兹滤波器	单调	单调	宽	两者都有
切比雪夫Ⅰ型滤波器	等纹波	单调	窄	通带
切比雪夫Ⅱ型滤波器	单调	等纹波	窄	阻带
椭圆滤波器	等纹波	等纹波	非常窄	通带

FDSP 函数

FDSP 工具箱包含了四个计算经典低通模拟滤波器系数的函数和一个计算模拟频率响应的函数。回忆下第 1 章中提到 FDSP 函数 *f_freqs* 可以被用来计算模拟滤波器的频率响应。

```
% F_BUTTERS:   Design lowpass analog Butterworth filter.
% F_CHEBY1S:   Design Chebyshev - I lowpass analog filter
% F_CHEBY@S:   Design a Chebyshev - II lowpass analog filter
% F_ELLIPTICS: Design elliptic lowpass analog filter
```

```
%
% Usage;
%       [b,a] = f_butters(Fp.Fs,deltap,deltas,n)
%       [b,a] = f_cheby1s(Fp.Fs,deltap,deltas,n)
%       [b,a] = f_cheby2s(Fp.Fs,deltap,deltas,n)
%       [b,a] = f_elliptics(Fp.Fs,deltap,deltas,n)
% Pre:
%       Fp     = passband cutoff frequency in Hz
%       Fs     = stopband cutoff frequency in Hz (Fs>Fp)
%       deltap = passband ripple;
%       deltas = stopband attenuation
%       n      = an optional integer soecifying the filter
%                order. If n is not present, the smallest
%                order which meets the specifications is
%                used.
% Post:
%       b = coefficient vector of numerator polynomial
%       a = 1 by (n + 1) coefficient vector of denominator
%          polynomial
```

7.5 双线性变换法

既然已经有了一系列模拟滤波器原型供我们选择，下一个问题就是如何将一个模拟滤波器转化成一个等效的数字滤波器。尽管很多方法都是可行的，但是它们必须都满足如下基本的约束：将稳定的模拟滤波器 $H_a(s)$ 转化成稳定的数字滤波器 $H(z)$。在7.4节讨论的每个经典的 n 阶模拟滤波器均有 n 个不同的极点 p_k。那么，$H_a(s)$ 可以写成部分因式分解的形式：

$$H_a(s) = \frac{b(s)}{(s-p_0)(s-p_1)\cdots(s-p_{n-1})} \tag{7.5.1}$$

使用离散时间数值近似来代替积分是工程中经常使用一项技术。积分器的连续时间传递函数为 $H_0(s)=1/s$。积分器时域输入输出的表达式为

$$y_a(t) = \int_0^t x_a(\tau)\mathrm{d}\tau \tag{7.5.2}$$

假设我们利用采样点 $x(k)=x_a(kT)$ 来逼近曲线 $x_a(t)$ 之下的区域，其中 T 是采样周期。梯形由连接采样点的直线组成（如图7.20），这与利用分段线性逼近 $x_a(t)$ 是等价的。令 $y(k)$ 表示积分器在 $t=kT$ 的近似值，这一近似值等于 $t=(k-1)T$ 时刻的近似值加上第 k 个梯形的面

积。从图7.20有,第 k 个梯形的宽度为 T,平均高度为 $[x(k-1)+x(k)]/2$。于是

$$y(k) = y(k-1) + T[\frac{x(k-1)+x(k)}{2}] \tag{7.5.3}$$

式(7.5.3)中的近似值称为梯形积分器。对式(7.5.3)等式两边同时作 z 变换并且利用延迟性质我们得到,$(1-z^{-1})Y(z)=(T/2)(1+z^{-1})X(z)$。因此,梯形积分器的传递函数为

$$H_0(z) = \frac{T}{2}(\frac{1+z^{-1}}{1-z^{-1}}) \tag{7.5.4}$$

注意,用 $H_0(z)$ 代替 $1/s$,显然与用 $1/H_0(z)$ 代替 s 是等价的。因此,我们通过对模拟滤波器传递函数 $H_a(s)$ 中的 s 做以下替代就可以用梯形积分器逼近积分过程。

$$H(z) = H_a(s)\big|_{s=g(z)} \tag{7.5.5}$$

这里 $g(z)=1/H_0(z)$。也就是说,利用下式替换式(7.5.5)中的 s。

$$g(z)=\frac{2}{T}(\frac{z-1}{z+1}) \tag{7.5.6}$$

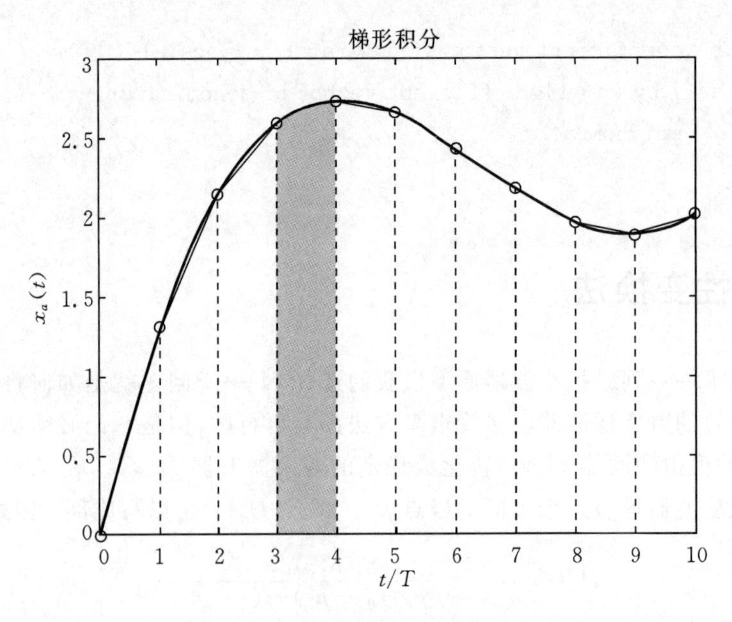

图7.20 利用梯形分段线性逼近的积分

式(7.5.5)中由 $H_a(s)$ 转换到 $H(z)$ 的变换称为双线性映射,而基于此的滤波器设计称为双线性变换方法。在使用双线性变换设计滤波器之前,我们需要更详细考察 z 和 $s=g(z)$ 的关系。首先,注意到变换是可逆的。也就是说,我们可以从式(7.5.6)中求解 z,得到

$$z = \frac{2+sT}{2-sT} \tag{7.5.7}$$

下一步,假设 s 被表示为实部和虚部的形式即 $s=\sigma+j\omega$。把它代入式(7.5.7),将两边同

时取模，得出

$$|z|=\frac{\sqrt{(2+\sigma T)^2+(\omega T)^2}}{\sqrt{(2-\sigma T)^2+(\omega T)^2}} \tag{7.5.8}$$

值得注意的是，如果 $\sigma=0$，那么 $|z|=1$。因此，双线性变换将 s 平面的虚轴映射为 z 平面的单位圆。更进一步，如果 $\sigma<0$，那么 $|z|<1$，也就是说 s 平面的左半平面映射到 z 平面单位圆以内。类似的当 $\sigma>0$ 时，s 平面的右半平面映射到 z 平面单位圆之外。由此可见，双线性变换满足将稳定的模拟滤波器 $H_a(s)$ 转换成稳定的数字滤波器 $H(z)$ 的基本性质要求。图 7.21 给出了双线性变换从 s 平面映射到 z 平面的过程。

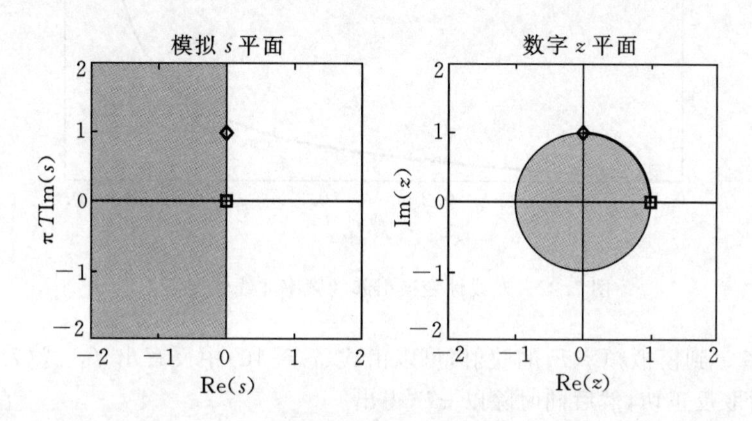

图 7.21　双线性转换，从 s 平面到 z 平面

正如式(7.5.7)所示，图 7.21 中的双线性变换映射将 s 平面的全部虚轴映射到 z 平面单位圆。这样做的话，模拟频率 $0\leqslant F<\infty$ 被压缩或非线性映射到数字频率范围 $0\leqslant f<f_s/2$。为了进一步明确 F 与 f 之间的关系，用 $s=\mathrm{j}2\pi F$ 表示 s 平面虚轴上的点而 $z=\exp(\mathrm{j}2\pi fT)$ 表示 z 单位圆上相应的点。令式(7.5.6)中 $s=g(z)$，利用欧拉公式，得到

$$\begin{aligned}
\mathrm{j}2\pi F &= \frac{2}{T}\left[\frac{\exp(\mathrm{j}2\pi fT)-1}{\exp(\mathrm{j}2\pi fT)+1}\right] \\
&= \frac{2}{T}\left\{\frac{\exp(\mathrm{j}\pi fT)[\exp(\mathrm{j}\pi fT)-\exp(-\mathrm{j}\pi fT)]}{\exp(\mathrm{j}\pi fT)[\exp(\mathrm{j}\pi fT)+\exp(-\mathrm{j}\pi fT)]}\right\} \\
&= \frac{2}{T}\left[\frac{\mathrm{j}2\sin(\pi fT)}{2\cos(\pi fT)}\right] \\
&= \frac{\mathrm{j}2\tan(\pi fT)}{T}
\end{aligned} \tag{7.5.9}$$

由式(7.5.9)中解出 F，就可以得出数字滤波器频率 f 与模拟滤波器频率 F 之间的关系

$$F=\frac{\tan(\pi fT)}{\pi T} \tag{7.5.10}$$

式(7.5.10)中由 f 到 F 的变换称为频率非线性变化过程，因为这一变换将有限的数字频率范围 $0\leqslant f<f_s/2$ 扩展到无限的模拟滤波器频率范围 $0\leqslant F<\infty$。非线性的频率变化曲线如图 7.22 所示，注意折叠频率上有一条渐近线 $f_d=f_s/2$。

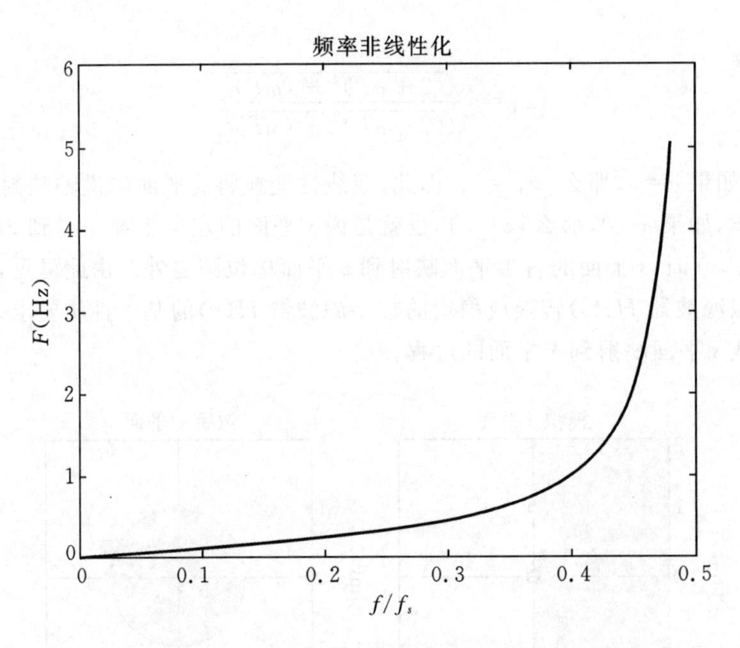

图 7.22　双线性变换引起的频率非线性变换

由数字频率 f 到模拟频率 F 的映射，可以由式(7.5.10)中反解出 f。式(7.5.10)两边同乘以 πT 并同时取反正切，然后同时除以 πT，得出

$$f=\frac{\arctan(\pi FT)}{\pi T} \tag{7.5.11}$$

完成式(7.5.7)中从 s 到 z 的双线性变换后，正如式(7.5.11)所指出的那样，模拟频率的范围 $0\leqslant F<\infty$ 将被压缩为数字频率的范围 $0\leqslant f<f_s/2$。考虑到非线性压缩，我们在滤波器设计中先使用式(7.5.10)将每个理想的数字截止频率 f_c 预畸变到相应的模拟截止频率 F_c。在进行双线性变换时，这些预畸变的截止频率依据式(7.5.11)畸变回原来所期望的数字截止频率。下面的算法给出了双线性变换方法设计的全过程，其中假设 $m\leqslant n$。

算法 7.1　双线性变换法

1. 利用式(7.5.10)预畸变所有的数字截止频率 f_i 到相应的模拟截止频率 F_i
2. 利用预畸变截止频率构造一个模拟原型滤波器 $H_a(s)$
3. 如果 $H_a(s)$ 阶次较低，利用式(7.5.6)直接计算 $H(z)=H_a[g(z)]$。对于高阶 $H_a(s)$，可以采用下列步骤：

   (a)将分子分母化做如下因式分解：

   $$H_a(s)=\frac{\beta_0(s-u_1)\cdots(s-u_m)}{(s-v_1)\cdots(s-v_n)}$$

   (b)利用式(7.5.7)计算数字零点及极点如下：

$$z_i = \frac{2+u_i T}{2-u_i T} \qquad 1 \leqslant i \leqslant m$$

$$p_i = \frac{2+v_i T}{2-v_i T} \qquad 1 \leqslant i \leqslant n$$

(c)使用下式计算数字滤波器增益：

$$b_0 = \frac{\beta_0 T^{n-m}(2-u_1 T)\cdots(2-u_m T)}{(2-v_1 T)\cdots(2-v_n T)}$$

(d)使用下式构造数字滤波器的因式分解形式：

$$H(z) = \frac{b_0\ (z+1)^{n-m}(z-z_1)\cdots(z-z_m)}{(z-p_1)\cdots(z-p_n)}$$

4. 用带有 z^{-1} 的两个多项式表示 $H(z)$

算法 7.1 中假设 $H_a(s)$ 是一个有理真分式，这意味着 $m \leqslant n$。如果设 $m < n$，则 $H_a(s)$ 在 $s=\infty$ 会有 $n-m$ 个零点。从 3(*d*)步可以看出，这些 $n-m$ 高频零点被映射到 $z=-1$ 的零点，即 $H(z)$ 所能处理的最高数字频率。

例 7.8　双线性变换法

作为利用算法 7.1 设计数字低通滤波器一个例子，假设采样频率是 $f_s=20$ Hz，要求达到下面的低通设计规范：

$$(f_0, f_1) = (2.5, 7.5)\ \text{Hz}$$

$$(\delta_p, \delta_s) = (0.1, 0.1)$$

这里 f_0 与 f_1 分别表示期望的通带和阻带频率。由算法 7.1 步骤 1 可知，预畸变通带和阻带频率为

$$F_0 = \frac{\tan(2.5\pi/20)}{\pi/20} = 2.637\ \text{Hz}$$

$$F_1 = \frac{\tan(7.5\pi/20)}{\pi/20} = 15.37\ \text{Hz}$$

假设利用的模拟原型滤波器是一个低通巴特沃兹滤波器。从式(7.4.8)可知，滤波器的最小阶数为

$$n = \text{ceil}\left\{\frac{\log\left[\frac{0.9^{-2}-1}{0.1^{-2}-1}\right]}{2\log\left(\frac{2.637}{15.37}\right)}\right\} = \text{ceil}(1.715) = 2$$

下一步，假设截止频率 F_c 要完全满足通带要求，由式(7.4.9)，截止频率为

$$F_c = \frac{2.637}{(0.9^{-2}-1)^{1/4}} = 3.789\ \text{Hz}$$

因此，截止角频率为 $\Omega_c = 2\pi F_c = 23.81$ rad/s. 由表 7.2 及式(7.4.13)，预畸变 $n=2$ 阶巴特沃

兹的滤波器传递函数为

$$H_a(s) = \frac{\Omega_c^2}{s^2 + \sqrt{2}\Omega_c s + \Omega_c^2}$$

由于 $H_a(s)$是低阶滤波器，可以应用算法 7.1 步骤 3 的直接替代方法。因此，由式(7.5.6)，等价的离散传递函数 $H(z)$为

$$\begin{aligned}
H(z) &= H_a[g(z)] \\
&= \frac{\Omega_c^2}{g^2(z) + \sqrt{2}\Omega_c g(z) + \Omega_c^2} \\
&= \frac{\Omega_c^2}{\left[\frac{2(z-1)}{T(z+1)}\right]^2 + \sqrt{2}\Omega_c\left[\frac{2(z-1)}{T(z+1)}\right] + \Omega_c^2} \\
&= \frac{(T\Omega_c)^2(z+1)^2}{4(z-1)^2 + 2\sqrt{2}T\Omega_c(z-1)(z+1) + (T\Omega_c)^2(z+1)^2} \\
&= \frac{(T\Omega_c)^2\ (z+1)^2}{4(z^2-2z+1) + 2\sqrt{2}\Omega_c(z^2-1) + (T\Omega_c)^2(z^2+2z+1)}
\end{aligned}$$

下一步，将分母中的各项合并再进行标准化，分子分母乘以 z^{-2}，将 $T=1/20$，$\Omega_c=23.81$ 带入得到最终结果为

$$H(z) = \frac{0.1613(1 + 2z^{-1} + z^{-2})}{1 - 0.5881z^{-1} + 0.2334z^{-2}}$$

数字滤波器幅度响应如图 7.23 所示。注意在 $0 \leqslant f \leqslant 2.5$ Hz 范围内刚好满足通带规范 $1-\delta_p$

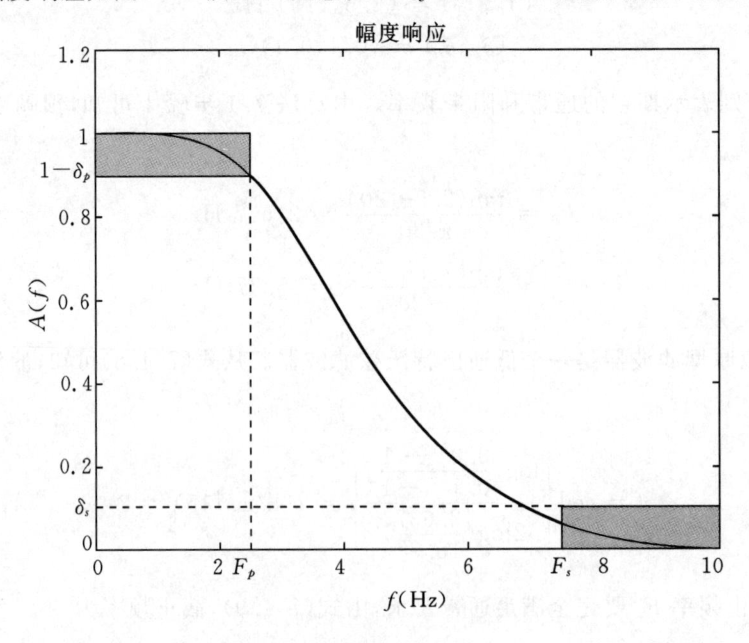

图 7.23 对模拟巴特沃兹滤波器进行双线性变换得到的数字 IIR 滤波器的幅度响应，巴特沃兹滤波器参数：$n=2$，$F_c=3.789$ Hz

$\leqslant A(f)\leqslant 1$，而在 $7.5\leqslant f\leqslant 10$ Hz 范围内，超出了阻带规范 $0\leqslant A(f)\leqslant\delta_s$ 的要求。

FDSP 函数

FDSP 工具箱包含如下函数，这些函数利用双线性变换法进行数字到模拟滤波器的变换。

```
% F_BILIN: Bilinear analog to digital filter transformation
%
% Usage:
%        [B,A] = f_bilin(b,a,fs)
% Pre:
%        b =  vector of length m + 1 containing coefficients
%             of analog numerator polynomial.
%        a =  vector of length n + 1 containing coefficients
%             of analog denominator polynomial (n> = m).
%        fs = sampling frequency in Hz.
% Post:
%        B = (n + 1) by 1 vector containing coefficients of
%             digital numerator polynomial.
%        A = (n + 1) by 1 vector containing coefficients of
%             digital denominator polynomial.
% Notes;
%        The critical frequencies of H(s) must first be
%        prewarped using:
%
%        F = tan(pi * f * T)/(pi * T)
```

7.6 频率变换

到现在为止，我们掌握了设计数字低通滤波器的方法。首先，选取标准化的典型模拟低通滤波器 $H_a(s)$，利用式(7.5.10)将截止频率预畸变，然后根据(7.5.6)式中的 $s=g(z)$ 双线性变换得到一个等价的数字滤波器 $H(z)$。这一节，我们将利用频率变换扩展以上的方法，使它对其他频率选择性滤波器，如高通、带通和带阻滤波器也是可行的。

7.6.1 模拟频率变换

回想一下，设计截止角频率为 Ω_0 的低通巴特沃兹滤波器的方法之一是用 s/Ω_0 替代标准低通巴特沃兹滤波器中的 s。这就是一个频率转化的例子。利用同样的方法，可以将一标准低通滤波器转化为另一类型的频率选择性滤波器，诸如：高通、带通和带阻滤波器。为了举例说明上述步骤，根据式(7.4.2)和表 7.2，令下面标准低通巴特沃兹滤波器的阶数为 $n=1$。

$$H_{\text{norm}}(s)=\frac{1}{s+1} \tag{7.6.1}$$

假设由 Ω_0/s 代替而不是由 s/Ω_0 替代 s，传递函数最终结果为

$$H_a(s)=H_{\text{norm}}(\Omega_0/s)=\frac{1}{\Omega_0/s+1}=\frac{s}{s+\Omega_0} \tag{7.6.2}$$

可以得出 $H_a(0)=0$，$H_a(\infty)=1$，即 $H_a(s)$ 是一个高通滤波器，并且 $H_a(\Omega_0)=1/\sqrt{2}$。因此，频率变换 $D(s)=\Omega_0/s$ 把一个标准的低通滤波器变换成具有 3 dB 带宽为 Ω_0 rad/s 的高通滤波器。

将一个标准低通滤波器转化为带通滤波器也是可能的。带通滤波器有低频截止频率 Ω_0 和高频截止频率 Ω_1，因为带通滤波器有两个截止频率，复频率变量 s 必须被 s 的一个二次多项式所代替从而将传递函数阶数加倍。特别是，如果 s 被 $D(s)=(s^2+\Omega_0\Omega_1)/[(\Omega_1-\Omega_0)s]$所代替，那么所得滤波器就是一个具有期望截止频率的带通滤波器。

就像高通变换是低通变换的对偶一样，带阻变换是带通变换的对偶。4 种基本的频率变换总结于表 7.5。利用这些转换，截止频率为 $\Omega_c=1$ rad/s 的标准低通传递函数 $H_{\text{norm}}(s)$能被转换为任意低通、高通、带通、带阻传递函数 $H_a(s)$。

表 7.5　模拟频率变换 $H_a(s)=H_{\text{norm}}[D(s)]$

$H_a(s)$	$D(s)$
截止频率为 Ω_0 的低通	$\frac{s}{\Omega_0}$
截止频率为 Ω_0 的高通	$\frac{\Omega_0}{s}$
截止频率为 Ω_0、Ω_1 的带通	$\frac{s^2+\Omega_0\Omega_1}{(\Omega_1-\Omega_0)s}$
截止频率为 Ω_0、Ω_1 的带阻	$\frac{(\Omega_1-\Omega_0)s}{s^2+\Omega_0\Omega_1}$

例 7.9　低通到带通

作为频率变换方法的例子，设计一个模拟带通滤波器。假设期望的截止频率为 $F_0=5$ Hz、$F_1=15$ Hz。那么截止角频率为 $\Omega_0=10\pi$ rad/s、$\Omega_1=30\pi$rad/s。

假设我们从式(7.6.1)的一阶低通巴特沃兹开始。利用表 7.5 的第三行，带通滤波器传递函数为

$$\begin{aligned}H_a(s)&=H_{\text{norm}}[D(s)]\\&=\frac{1}{\dfrac{s^2+\Omega_0\Omega_1}{(\Omega_1-\Omega_0)s}+1}\end{aligned}$$

$$= \frac{(\Omega_1 - \Omega_0)s}{s^2 + (\Omega_1 - \Omega_0)s + \Omega_0\Omega_1}$$

$$= \frac{20\pi s}{s^2 + 20\pi s + 300\pi^2}$$

如果利用 7.4 节中的典型模拟低通滤波器和表 7.5 的频率变换，就可能设计多种模拟频率选择性滤波器。可以用 7.5 节中的双线性模拟滤波器到数字滤波器变换把这些模拟滤波器转化成等价的数字滤波器。在利用双线性变换之前，所有的截止频率必须利用式(7.5.10)进行预畸变。下面的例子就是利用双线性变换方法构造一个带通滤波器。

例 7.10 数字带通滤波器

考虑例 7.9 中的二阶模拟带通滤波器，设数字带通滤波器期望截止频率为 $F_0 = 5$ Hz、$F_1 = 15$ Hz，采样频率为 $f_s = 50$ Hz。利用式(7.5.10)，预畸变截止角频率为

$$\begin{aligned}\Omega_0 &= \frac{2\pi \tan(\pi F_0 T)}{\pi T} \\ &= 100 \tan(0.2\pi) \\ &= 32.49 \\ \Omega_1 &= \frac{2\pi \tan(\pi F_1 T)}{\pi T} \\ &= 100 \tan(0.6\pi) \\ &= 137.64\end{aligned}$$

由例 7.9，截止角频率为 Ω_0、Ω_1 的二阶模拟带通巴特沃兹滤波器的传递函数为

$$\begin{aligned}H_a(s) &= \frac{(\Omega_1 - \Omega_0)s}{s^2 + (\Omega_1 - \Omega_0)s + \Omega_0\Omega_1} \\ &= \frac{105.15s}{s^2 + 105.15s + 4472.1}\end{aligned}$$

然后，应用双线性变换将 $H_a(s)$ 转换为等价的数字滤波器。由式(7.5.6)得

$$\begin{aligned}H(z) &= H_a[g(z)] \\ &= \frac{105.15g(z)}{g^2(z) + 105.15g(z) + 4472.1} \\ &= \frac{105.15\left[\frac{2(z-1)}{T(z+1)}\right]}{\left[\frac{2(z-1)}{T(z+1)}\right]^2 + 105.15\left[\frac{2(z-1)}{T(z+1)}\right] + 4472.1} \\ &= \frac{1.0515(z-1)(z+1)}{(z-1)^2 + 1.0515(z-1)(z+1) + 0.44721(z+1)^2} \\ &= \frac{1.0515(z^2-1)}{(z^2-2z+1) + 1.0515(z^2-1) + 0.44721(z^2+2z+1)}\end{aligned}$$

合并同类项，分母标准化，分子分母同时乘以 z^{-2}，那么利用双线性变换方法得到的数字带通滤波器为：

$$H(z)=\frac{0.4208(1-z^{-2})}{1-0.4425z^{-1}+0.1584z^{-2}}$$

通过运行脚本文件 *exam7_10* 得到的 $H(z)$的幅度响应如图 7.24 所示。尽管这个滤波器由于阶数低而与理想滤波器的幅度响应差异很大，但 3 dB 截止频率十分准确。

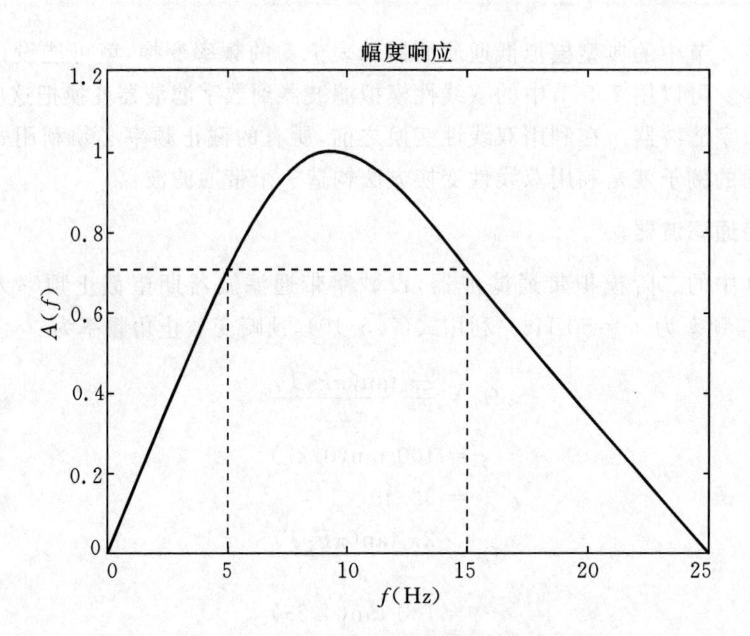

图 7.24　二阶数字带通滤波器频率响应

基于低通原型滤波器模拟频率变换设计方法总结于图 7.25 中。

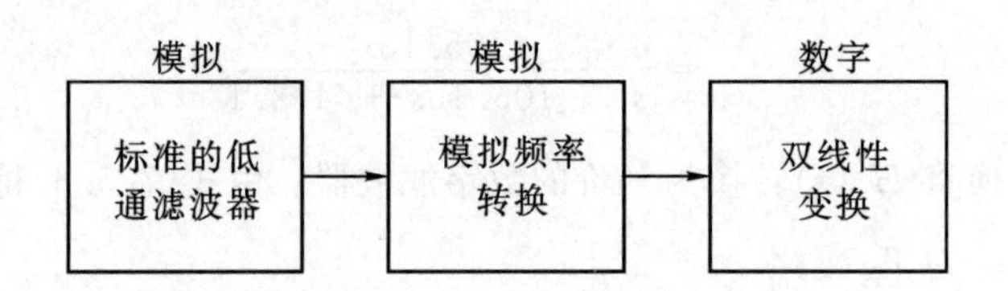

图 7.25　利用模拟频率变换的数字滤波器设计

7.6.2　数字频率变换

从低通滤波器到其他频率选择滤波器的频率变换也可以在数字域实现。这样的话，就可以先将标准低通滤波器利用双线性变换转化为数字低通滤波器，然后利用数字频率变换将得出的数字低通滤波器转换为低通、高通、带通、带阻滤波器。

设 $H_{\text{low}}(z)$是一截止频率为 F_c 的数字低通滤波器，通过对 z 的替代可以将该滤波器转换为其他的频率选择性滤波器，替代过程如下表示，即将 z 用频率变换函数 $D(z)$代替

$$H(z)=H_{\text{low}}[D(z)] \tag{7.6.3}$$

变换函数 $D(z)$必须满足一定的性质。首先,必须将有理多项式 $H_{\text{low}}(z)$映射为有理多项式 $H(z)$,也就是说 $D(z)$必须是多项式的比。其次,因为 $D(z)$是频率响应的变换函数,其必须将单位圆映射为单位圆。沿着单位圆对 $D(z)$采样得出频率响应 $D(f)$。那么,幅度响应必须满足

$$|D(f)| = 1 \quad 0 \leqslant f < f_s \tag{7.6.4}$$

注意到式(7.6.4)限制的幅度响应具有全通滤波器的特征,因此,$D(s)$一定是类似式(5.4.7)中的全通滤波器。为了保持稳定性,传递函数 $D(z)$必须将单位圆内部映射为单位圆的内部。*Cons* tan*tinides*(1970)找出了四种基本的数字频率变换函数,列于表7.6。源滤波器为截止频率是 F_c 的低通滤波器,目的滤波器列于列1中。

基于低通滤波器的数字频率变换设计技术总结于图7.26中。

表7.6　数字频率变换,$H(z)=H_{\text{low}}[D(z)]$

$H(z)$	$D(z)$	系数
截止频率为 F_0 的低通	$\dfrac{-(z-a_0)}{a_0 z-1}$	$a_0=\dfrac{\sin[\pi(F_c-F_0)]}{\sin[\pi(F_c+F_0)]}$
截止频率为 F_0 的高通	$\dfrac{z-a_0}{a_0 z-1}$	$a_0=\dfrac{\cos[\pi(F_c+F_0)]}{\cos[\pi(F_c-F_0)]}$
截止频率为 F_0、F_1 的带通	$\dfrac{-(z^2+a_0 z+a_1)}{a_1 z^2+a_0 z+1}$	$\alpha=\dfrac{\cos[\pi(F_1+F_0)]}{\cos[\pi(F_1-F_0)]}$ $\beta=\tan(\pi F_c)\text{ctg}[\pi(F_1-F_0)]$ $a_0=\dfrac{-2\alpha\beta}{\beta+1}$ $a_1=\dfrac{\beta-1}{\beta+1}$
截止频率为 F_0、F_1 的带阻	$\dfrac{z^2+a_0 z+a_1}{a_1 z^2+a_0 z+1}$	$\alpha=\dfrac{\cos[\pi(F_1+F_0)]}{\cos[\pi(F_1-F_0)]}$ $\beta=\tan(\pi F_c)\ \tan[\pi(F_1-F_0)]$ $a_0=\dfrac{-2\alpha}{\beta+1}$ $a_1=\dfrac{1-\beta}{1+\beta}$

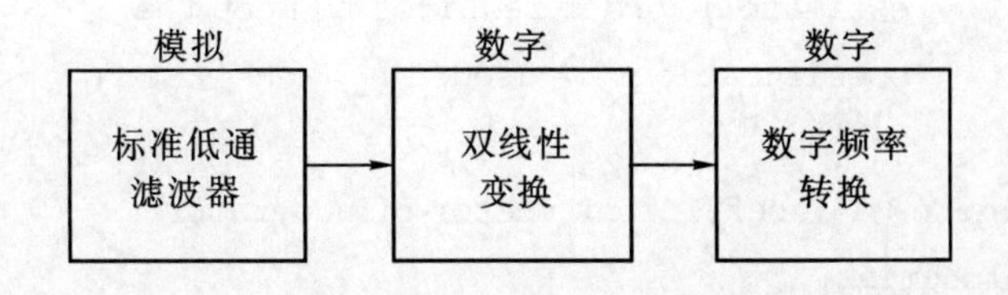

图7.26　利用数字频率变换的数字滤波器设计

FDSP 函数

FDSP 工具箱包含如下函数，这些函数利用图 7.25 给出的方法设计经典频率选择性 IIR 数字滤波器，FDSP 中还包括计算数字滤波器频率响应的函数 *f_freq*。

```
% F_BUTTERZ:   Design a Butterworth IIR digital filter
% F_CHEBY1Z:   Design a Chebyshev - I IIR digital filter
% F_CHEBY2Z:   Design a Chebyshev - II IIR digital filter
% F_ELLIPTICZ: Design elliptic IIR digital filter
%
% Usage:
%     [b,a] = f_butterz (Fp,Fs,deltap,deltas,ftype,fs,n)
%     [b,a] = f_cheby1z (Fp,Fs,deltap,deltas,ftype,fs,n)
%     [b,a] = f_cheby2z (Fp,Fs,deltap,deltas,ftype,fs,n)
%     [b,a] = f_ellipticz (Fp,Fs,deltap,deltas,ftype,fs,n)
% Pre:
%     Fp     = passband cutoff frequency or frequencies
%     Fs     = stopband cutoff frequency or frequencies
%     deltap = passband ripple
%     deltas = stopbandattenuation
%     ftype  = filter type
%
%              0 = lowpass
%              1 = highpass
%              2 = bandpass
%              3 = bandstop
%
%     fs     = sampling frequency in Hz
%     n      = an optional integer specifying the
%              filter order. If n is not present, an
%              estimate of order required to meet the
%              specifications is used.
% Post:
%     b = 1 by (n + 1) coefficient vector of numerator
%        polunomial
%     a = 1 by (n + 1) coefficient vector of denominator
%        polynomial
```

7.7　滤波器实现结构

在本节中，我们使用信号流图研究能用来实现 IIR 滤波器的可选结构。这些滤波器实现结构在存储要求、运算时间以及对有限字长效应的敏感度等方面具有互不相同的性能。

7.7.1　直接型

n 阶 IIR 滤波器的传递函数可以表示为两个多项式之比

$$H(z) = \frac{b_0 + b_1 z^{-1} + ... + b_n z^{-n}}{1 + a_1 z^{-1} + ... + a_n z^{-n}} \tag{7.7.1}$$

为了方便，我们假设分母和分子多项式具有相同的阶数，因为这可以简化处理。其实这并不是一个严格的限制，因为如果需要的话，我们总可对分子多项式系数向量补零使其与分母多项式向量具有相同的长度。

直接Ⅰ型

传递函数 $H(z)$ 的最简单实现是把它分解为如下的自回归部分和滑动平均部分

$$H(z) = \underbrace{\left(\frac{1}{1 + a_1 z^{-1} + ... + a_n z^{-n}}\right)}_{H_{\text{ar}}(z)} \underbrace{\left(\frac{b_0 + b_1 z^{-1} + ... + b_n z^{-n}}{1}\right)}_{H_{\text{ma}}(z)} \tag{7.7.2}$$

如果用 $u(z)$ 表示滑动平均子系统 $H_{\text{ma}}(z)$ 的输出，那么 IIR 滤波器的输入输出关系可以使用中间变量 $u(z)$ 写成如下形式

$$u(z) = H_{\text{ma}}(z)X(z) \tag{7.7.3a}$$

$$Y(z) = H_{\text{ar}}(z)u(z) \tag{7.7.3b}$$

使用(7.7.2)式及时延性质对(7.7.3)式取 Z 的反变换，我们发现 IIR 滤波器在时域可以用如下的差分方程对来表示

$$u(k) = \sum_{i=0}^{n} b_i x(k-i) \tag{7.7.4a}$$

$$y(k) = u(k) - \sum_{i=1}^{n} a_i y(k-i) \tag{7.7.4b}$$

(7.7.4)式的表达称为直接 I 型实现。之所以称其为*直接型*，是因为差分方程的系数可以通过对传递函数的观察直接得到。$n=3$ 时的直接 I 型实现的信号流图如 7.27 所示。可以看出信号流图的左边实现了式(7.7.4a)中的滑动平均部分，而右边实现了(7.7.4b)式的自回归部分。

直接Ⅱ型

对式(7.7.2)做一个很简单变化可以得到另一种直接型实现，它有一些直接Ⅰ型所不具备的优点。假设交换自回归子系统和滑动平均子系统的顺序。很明显，这并不影响整个传递

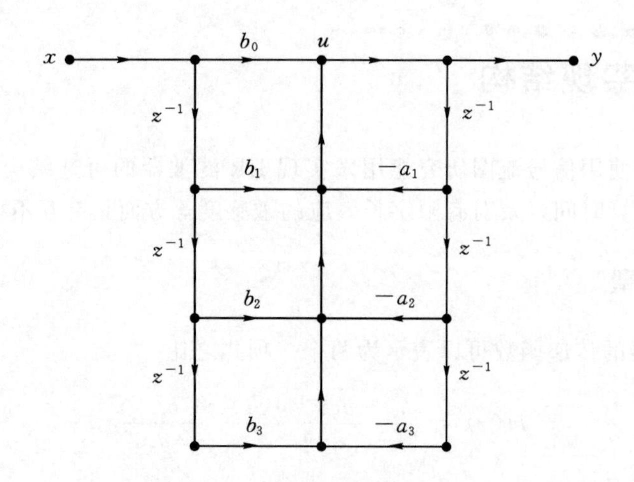

图 7.27　直接Ⅰ型实现结构，$n=3$

函数。

$$H(z)=\underbrace{\left(\frac{b_0+b_1z^{-1}+\ldots+b_nz^{-n}}{1}\right)}_{H_{\mathrm{ma}}(z)}\underbrace{\left(\frac{1}{1+a_1z^{-1}+\ldots+a_nz^{-n}}\right)}_{H_{\mathrm{ar}}(z)} \tag{7.7.5}$$

接下来，用 $u(z)$ 表示自回归子系统 $H_{ar}(z)$ 的输出。那么整个滤波器的输入输出关系可以借助中间变量 $u(z)$ 表示如下：

$$u(z)=H_{\mathrm{ar}}(z)X(z) \tag{7.7.6a}$$

$$Y(z)=H_{\mathrm{ma}}(z)u(z) \tag{7.7.6b}$$

利用(7.7.5)式和时延性质，对(7.7.6)式取反 Z 变换，我们发现 IIR 滤波器的时域表达可以用差分方程表示如下：

$$u(k)=x(k)-\sum_{i=1}^{n}a_ix(k-i) \tag{7.7.7a}$$

$$y(k)=\sum_{i=0}^{n}b_iu(k-i) \tag{7.7.7b}$$

IIR 滤波器的这种实现结构称为*直接Ⅱ型*。$n=3$ 时的直接Ⅱ型的信号流图如图 7.28 所示。在此情况下，信号流图的左边实现式(7.7.7a)的自回归子系统，而右边实现(7.7.7b)中的滑动平均子系统。

把图 7.27 和图 7.28 进行比较很有意思。图中与延时有关的每一条边都需要用一个存储单元来实现。因此，直接Ⅰ型总共需要 $2n$ 个存储单元，而直接Ⅱ型只需要 n 个存储单元。由于 n 阶滤波器所需要的存储单元的最小个数为 n，所以直接Ⅱ型是一种*正准型*表示。

转置直接Ⅱ型

与 FIR 滤波器的情况一样，通过对信号流图的所有边反向并交换输入输出，我们可以使用信号流图反转定理得到一种转置直接型实现。重画信号流图使输入位于图的左边，我们可以得到*转置直接Ⅱ型*实现，图 7.29 是其 $n=3$ 时的信号流图。

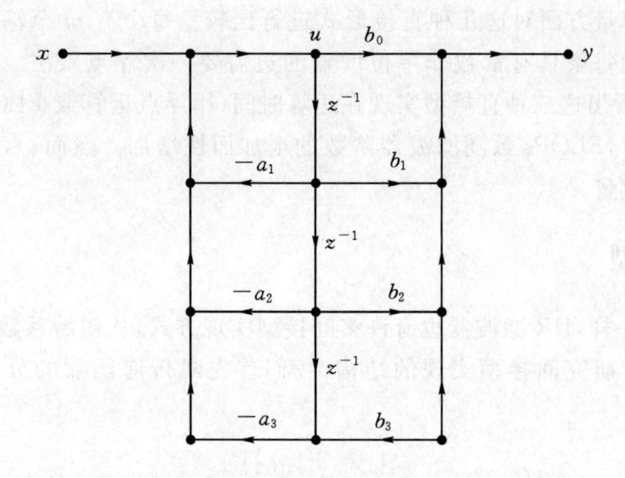

图 7.28　直接Ⅱ型实现结构，$n=3$

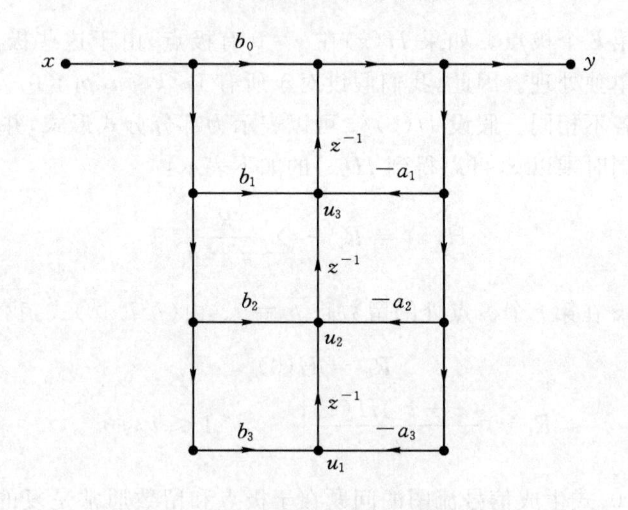

图 7.29　转置直接Ⅱ型实现结构，$n=3$

通过观察图 7.29 可以直接得到描述转置直接Ⅱ型实现的差分方程。这里使用向量 $u=[u_1,u_2,\ldots,u_n]^T$ 做中间变量。我们可从信号流图的底部开始逐渐向上移动递归地确定中间变量。最后一个方程为输出方程。

$$u_1(k)=b_nx(k)-a_ny(k) \tag{7.7.8a}$$

$$u_i(k)=b_ix(k)-a_iy(k)+u_{i-1}(k),\ 2\leqslant i\leqslant n \tag{7.7.8b}$$

$$y(k)=b_0x(k)+u_n(k-1) \tag{7.7.8c}$$

表 7.7　IIR 滤波器直接形式实现的比较

直接形式	存储单元	加法器	乘法器
Ⅰ	$2n$	$2n$	$2n-1$
Ⅱ	n	$2n$	$2n-1$
Ⅱ	n	$2n$	$2n-1$

我们可以在运算量方面对这几种直接形式进行比较。每个有 m 个输入的求和节点需要 $m-1$ 次浮点加法，而每条具有常数非单位增益的边需要一次浮点乘法。比较结果总结在表 7.7 中，从表中可以看出这三种直接型实现在运算时间(用浮点运算或 FLOPs 度量)方面是相同的。在每种情况下，FLOPs 数随滤波器阶数的增加而性增加。然而，直接Ⅱ型的优势在于它只需要一半的存储量。

7.7.2 并联型

和 FIR 滤波器一样，IIR 滤波器也有许多间接型实现方式，从初始系数向量 a 和 b 可以推出它们的系数。为了研究间接型实现的结构，我们首先对传递函数的分母多项式进行因式分解

$$H(z)=\frac{b(z)}{(z-p_1)(z-p_2)\dots(z-p_n)} \tag{7.7.9}$$

其中 p_k 是滤波器的第 k 个极点。如果 $H(z)$在 $z=0$ 有极点，由于这些极点只代表纯粹的延迟，所以可以提出来单独处理。因此，我们假设对于所有 $1\leqslant k\leqslant n, p_k\neq 0$。对于绝大多数实际的滤波器，非零极点各不相同。假设 $H(z)/z$ 可以表示为部分分式形式，并假设所有的极点都不相同，通过在两边同时乘以 z，可以得到 $H(z)$的如下表示：

$$H(z)=R_0+\sum_{i=1}^{n}\frac{R_i z}{z-p_i} \tag{7.7.10}$$

在这里，R_i 是 $H(z)/z$ 在第 i 个极点处的留数且 $p_0=0$。由(7.7.10)式，我们有

$$R_0=H(0) \tag{7.7.11a}$$

$$R_i=\left.\frac{(z-p_i)H(z)}{z}\right|_{z=p_i},\quad 1\leqslant i\leqslant n \tag{7.7.11b}$$

直接使用(7.7.10)式生成信号流图的问题在于极点和留数通常是复的。如果 $H(z)$具有实系数，则复的极点和留数将会以共轭的形式成对出现。因此，我们可以把 $H(z)$重新写成 N 个实系数二阶子系统的和，其中 $N=\text{floor}\{(n+1)/2\}$，即

$$H(z)=R_0+\sum_{i=1}^{N}H_i(z) \tag{7.7.12}$$

这就是所谓的并联型实现。通过合并(7.7.10)式中与两个实极点或一对复共轭极点对应的两项可以构成第 i 个二阶子系统。这种方法可以保证二阶系统的系数是实的。合并与极点 p_i 和 p_j 对应的两项，化简，并用 z 的复幂形式表示最终结果，可得

$$H_i(z)=\frac{b_{i0}+b_{i1}z^{-1}}{1+a_{i1}z^{-1}+a_{i2}z^{-2}},\quad 1\leqslant i\leqslant N \tag{7.7.13}$$

注意到式中 $b_{i2}=0$。对 $1\leqslant i\leqslant N$，二阶单元的实系数可以用极点和留数表示如下：

$$b_{i0}=R_i+R_j \tag{7.7.14a}$$

$$b_{i1}=-(R_i p_j+R_j p_i) \tag{7.7.14b}$$

$$a_{i1}=-(p_i+p_j) \tag{7.7.14c}$$

$$a_{i2} = p_i p_j \tag{7.7.14d}$$

令 u_i 表示第 i 个二阶单元的输出，那么由式(7.7.12)和式(7.7.13)，并联型实现在时域可用如下的差分方程来表示：

$$u_i(k) = b_{i0}x(k) + b_{i1}x(k-1) - a_{i1}u_i(k-1) - a_{i2}u_i(k-2),\ 1 \leqslant i \leqslant N \tag{7.7.15a}$$

$$y(k) = R_0 x(k) + \sum_{i=1}^{N} u_i(k) \tag{7.7.15b}$$

请注意，如果 n 为偶数，那么有 N 个子系统，每个都是二阶的，但当 n 是奇数时，有 $N-1$ 个二阶子系统和一个一阶子系统。通过设 $R_j=0, p_j=0$，一阶子系统的系数可以由(7.7.14)式求得。

我们可以用任一种直接形式实现式(7.7.13)的二阶单元。图 7.30 所示是 $N=2$ 时并联型实现的总体结构框图。由于并联型的系数必须使用式(7.7.14)来计算，而不是通过观察传递函数 $H(z)$ 直接得到，所以，并联型实现是一种间接形式。

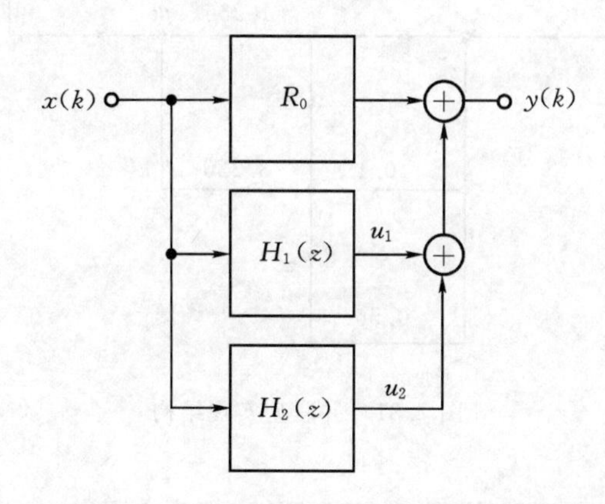

图 7.30 并联型框图，$N=2$

例 7.11 **IIR 并联型**

作为 IIR 滤波器并联型实现的一个例子，考虑如下的四阶传递函数：

$$H(z) = \frac{2z(z^3+1)}{[(z+0.3)^2+0.16](z-0.8)(z+0.7)}$$

通过观察 $H(z)$ 可以得出极点为

$$p_{1,2} = -0.3 \pm \mathrm{j}0.4$$
$$p_3 = 0.8$$
$$p_4 = -0.7$$

设 $H_1(z)$ 是与复共轭极点对应的单元，$H_2(z)$ 是和两个实极点对应的单元。通过运行脚本 *exam7_11*，我们可以得到如下三个子系统：

$$R_0 = 0$$

$$H_1(z) = \frac{3.266 - 2.134z^{-1}}{1 + 0.6z^{-1} + 0.25z^{-2}}$$

$$H_2(z)=\frac{-1.266+3.220z^{-1}}{1-0.1z^{-1}-0.56z^{-2}}$$

假设用直接Ⅱ型来实现二阶单元。所得的四阶滤波器并联型实现的信号流图如图7.31所示。

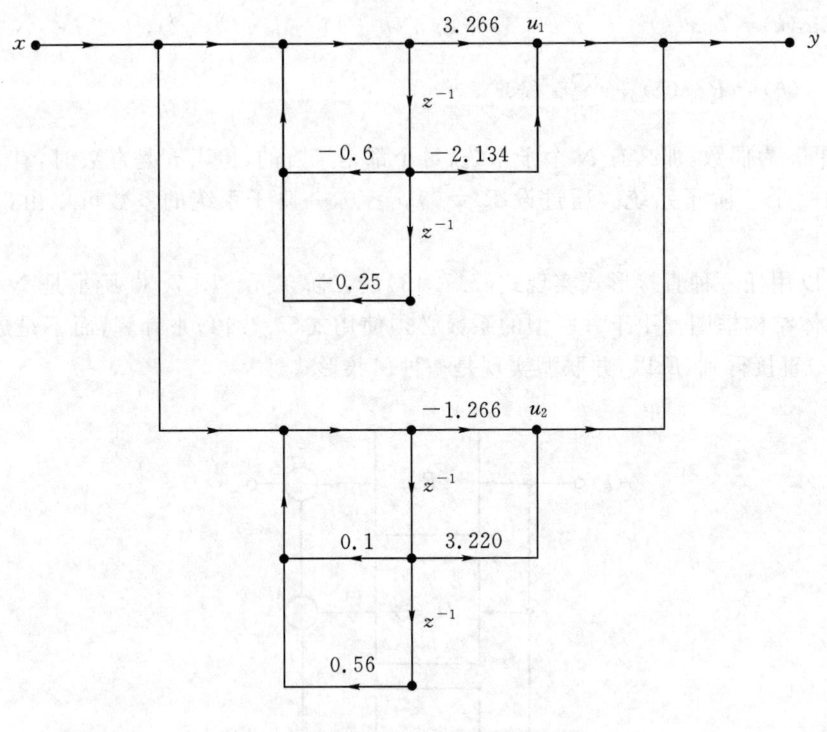

图7.31 并联型实现结构

7.7.3 级联型

把 $H(z)$分解成更低阶子系统的一种更简单的方法是分别对分母和分子多项式进行因式分解，可得

$$H(z)=\frac{b_0(z-z_1)(z-z_2)\ldots(z-z_n)}{(z-p_1)(z-p_2)\ldots(z-p_n)} \tag{7.7.16}$$

注意到如果式(7.7.1)中分子多项式的次数满足 $m<n$，那么式(7.7.16)的因式表示在 $z_k=0$ 处有 $n-m$ 个零点。由于假设 $H(z)$的系数是实的，所以复的极点和零点都会以共轭的形式成对出现。于是，式(7.7.16)可以改写为如下 N 个二阶子系统的乘积，其中 $N=\text{floor}\{(n+1)/2\}$。

$$H(z)=b_0H_1(z)\ldots H_N(z) \tag{7.7.17}$$

这就是所谓的级联型实现。二阶单元 $H_i(z)$可以由任意两个实零点或一对共轭的复零点组成(极点也做类似的处理)。使用这个方法可以保证 $H_i(z)$的系数是实的。

$$H_i(z)=\frac{1+b_{i1}z^{-1}+b_{i2}z^{-2}}{1+a_{i1}z^{-1}+a_{i2}z^{-2}},\quad 1\leqslant i\leqslant N \tag{7.7.18}$$

如果设 $H_i(z)$ 由极点 p_q 和 p_r 以及零点 z_i 和 z_j 组成，则对 $1\leqslant i\leqslant N$，四个系数可以用下面的求和以及乘积得到：

$$b_{i1}=-(z_i+z_j) \tag{7.7.19a}$$

$$b_{i2}=z_iz_j \tag{7.7.19b}$$

$$a_{i1}=-(p_q+p_r) \tag{7.7.19c}$$

$$a_{i2}=p_qp_r \tag{7.7.19d}$$

用 u_i 表示第 i 个二阶单元的输出。由式(7.7.17)和式(7.7.18)，级联型实现可以用下面的时域方程描述：

$$u_0(k)=b_0x(k) \tag{7.7.20a}$$

$$u_i(k)=u_{i-1}(k)+b_{i1}u_{i-1}(k-1)+b_{i2}u_{i-1}(k-2)-a_{i1}u_i(k-1)-a_{i2}u_i(k-2),\ 1\leqslant i\leqslant N \tag{7.7.20b}$$

$$y(k)=u_N(k) \tag{7.7.20c}$$

与并联形式一样，如果 n 为偶数，那么有 N 个子系统，每个都是二阶的，但当 n 是奇数时，有 $N-1$ 个二阶子系统和一个一阶子系统。通过设 $z_j=0$，$p_r=0$，一阶子系统的系数可以由式(7.7.19)求得。

我们可以用任一种直接形式实现式(7.7.18)的二阶单元。图7.32所示是 $N=2$ 时级联型实现的总体结构框图。由于级联型的系数必须使用式(7.7.19)来计算，而不是通过观察传递函数 $H(z)$ 直接得到，所以级联型实现也是一种间接形式。

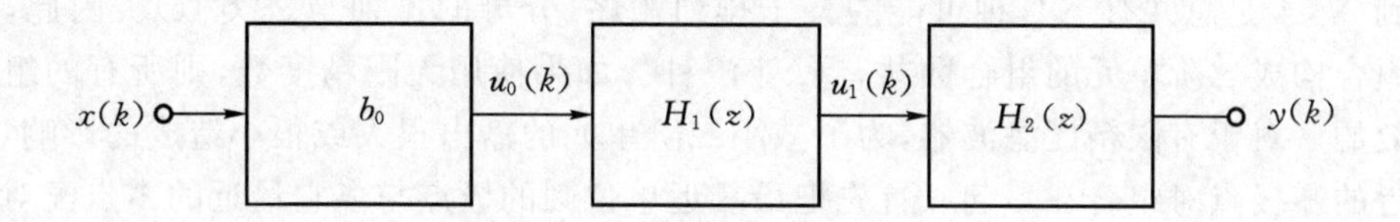

图7.32　级联型框图，$N=2$

例7.12 IIR级联型

为了对级联型与并联型进行比较，考虑前面例7.11中的四阶传递函数

$$H(z)=\frac{2z(z^3+1)}{[(z+0.3)2+0.16](z-0.8)(z+0.7)}$$

例7.11已经列出了它的极点。传递函数在 $z=0$ 处有一个单零点，其余的零点是 -1 的三次方根，它们等间隔地分布在单位圆上。

$$z_1=-1$$

$$z_{2,3}=\cos(\pi/3)\pm \mathrm{j}\sin(\pi/3)$$

$$z_4=0$$

假设 $H_1(z)$ 是由一对共轭零点 $\{z_2,z_3\}$ 和极点 $\{p_1,p_2\}$ 组成的单元，$H_2(z)$ 由实的零点和极点组成。通过运行脚本 $exam7\_12$,我们可以得到如下三个子系统：

$$b_0 = 2$$

$$H_1(z) = \frac{1 - z^{-1} + z^{-2}}{1 + 0.6z^{-1} + 0.25z^{-2}}$$

$$H_2(z) = \frac{1 + z^{-1}}{1 - 0.1z^{-1} - 0.56z^{-2}}$$

如果用直接Ⅱ型来实现二阶单元，那么所得的四阶滤波器级联型实现的信号流图如图 7.33 所示。

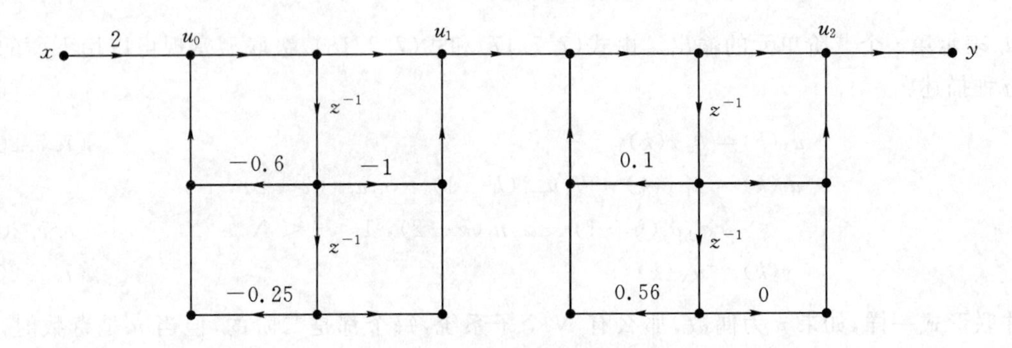

图 7.33 级联型实现结构

与并联型相比，级联型的一个优点是它的零极点在组合形成二阶单元时有相当大的灵活性。设 $b_i(z)$为与第 i 对零点对应的分子，而 $a_i(z)$是与第 j 对极点对应的分母。由于 i 和 j 均是从 1 到 N,于是总共有 $N!$ 种可能的分子排列顺序(分母的排列与之类似)。因此，用分子和分母组合构成二阶单元的组合数共有$(N!)^2$ 种。如果使用无限精度数，则所有的组合形式都是等效的。对于有限精度滤波器，为了减小二阶单元的输出很大或很小造成的影响，建议把互相靠近的零极点对组合在一起。首先把最靠近单位圆的极点与离它最近的零点配对。重复这个过程，直到所有的零极点都完成了配对。最后，建议按照极点离单位圆的距离增大或减小的顺序对二阶系统排序(Jackson, 1996)。

FDSP 函数

FDSP 工具箱包括了如下用来计算 IIR 传递函数的间接型实现的函数。

```
% F_PARALLEL: Find parallel form filter realization
% F_CASCADE:  Find cascade form digital filter realization
%
% Usage:
%        [B,A,R0] = f_parallel(b,a)
%        [B,A,b0] = f_cascade(b,a)
% Pre:
```

```
%        b    = vector of length n + 1 containing coefficients
%               of numerator polynomial.
%        a    = vector of length n + 1 containing coefficients
%               of denominator polynomial.
% Post:
%        B    = N by 3 matrix containing coefficients of
%               numerator of second - order blocks.
%        A    = N by 3 matrix containing coefficients of
%               denominator of second - order blocks.
%        R0   = cons tant term of parallel from realization.
%        b0   = numerator gain
% Notes:
%        1. It isrequired that length(b) = length(a). If
%           needed, pad b with trailing zeros.
%        2. It is required that b<1>0. Otherwise factor
%           out a z^ - 1and then find the parallelor
%           cascade form
```

一旦调用 *f_parallel* 或 *f_cascade* 函数获得间接形式的参数，如下的 FDSP 函数可以用来评估这些间接形式的滤波器。

```
% F_FILTPAR: Compute output of parallel form filter realization.
% F_FILTCAS: compute output of cascade form filter realization
%
% Usage:
%        y = f_filtpar (B,A,R0,x)
%        y = f_filtcas (B,A,b0,x)
% Pre:
%        B   = N by 2 matrixcontaining numerator
%              coefficients of second - order blocks.
%        A   = N by 3 matrix containing denominator
%              coefficients of second - order blocks.
%        R0  = direct term of parallel form realization
%        x   = vector of length p containing samples
%              of output signal.
%        b0  = numerator gain factor
% Post:
%        y   = vector of length p containing samples of
%              output signal assuming zero initial
%              conditions.
%
% Note: The arguments B,A,0, and b0 are obtained by
%        calling f_parallel or f_cascade.
```

∗7.8 IIR有限字长效应

IIR滤波器比FIR滤波器更通用，由于这一点，IIR滤波器存在其特有的有限字长效应。我们首先分析两类滤波器所共有的一些有限字长效应。例如，输入量化误差对于IIR滤波器与FIR滤波器是一样的。唯一的不同在于，当使用式(6.9.11)中的功率增益Γ计算输出的量化噪声功率时，对IIR滤波器而言是无穷项的求和，而对FIR滤波器来说是有限项的求和。

7.8.1 系数量化误差

对IIR滤波器而言，系数量化误差的影响会更复杂一些，因为我们必须同时考虑极点和零点，而FIR滤波器只需考虑零点。前面曾提到，如果系数范围在区间$[-c,c]$内，并且使用N位来表示系数，那么量化水平为

$$q=\frac{c}{2^{N-1}} \tag{7.8.1}$$

如果$c=2^M$，那么对于定点表示，用$M+1$位表示整数部分(包括符号位)，用$N-(M+1)$位表示小数部分。考虑一个具有如下传递函数的IIR滤波器

$$H(z)=\frac{b_0+b_1z^{-1}+\cdots+b_mz^{-m}}{1+a_1z^{-1}+\ldots+a_nz^{-n}} \tag{7.8.2}$$

必须对滤波器系数a和b进行量化，因为它们需要存储在固定长度的内存单元里。假设$H(z)$的系数被量化成N位，将会得到如下的量化传递函数，其中$Q_N(x)$为6.2中定义的阶梯量化运算符。

$$H_q(z)=\frac{Q_N(b_0)+Q_N(b_1)z^{-1}+\cdots+Q_N(b_m)z^{-m}}{1+Q_N(a_1)z^{-1}+\cdots+Q_N(a_n)z^{-n}} \tag{7.8.3}$$

极点位置

一种评估系数量化带来的影响的方法是考察极点和零点的位置。前面曾经提到，多项式的根对多项式系数的微小变化可能会很敏感，对高次多项式来说更是如此。随之而来的是，$H(z)$的高阶直接型实现可能会对系数量化误差非常敏感。例如，如果$H(z)$是一个窄带低通或者高通滤波器，其极点原本刚好都在单位圆内，但由于系数量化，其中一些极点可能会移出单位圆从而使直接型实现变得不稳定。即使极点不移出单位圆，极点或者零点移近单位圆也会导致幅度响应发生相当大的变化。

如果给定零极点对系数量化的敏感度，优先选择的实现方法是基于二阶单元的间接的并联型和级联型实现。对于这两种实现方法，极点被相互分离，每一对极点与它的二次多项式相关联。对于级联型实现的零点而言，这也是成立的。然而对于并联型实现，零点对系数量化更加敏感，这是因为式(7.7.11)中的留数与$H(z)$的所有系数有关。

细致地分析一个典型的二阶单元具有十分重要的意义。假设一对复共轭极点位于$p=$

$r\exp(\pm j\phi)$，那么这个二阶单元的传递函数可以写成如下形式：

$$\begin{aligned} H(z) &= \frac{b(z)}{[z - r\exp(j\phi)][z - r\exp(-j\phi)]} \\ &= \frac{b(z)}{z^2 - r[\exp(j\phi) + \exp(-j\phi)]z + r^2} \\ &= \frac{b(z)}{z^2 - 2r\cos(\phi)z + r^2} \end{aligned} \tag{7.8.4}$$

二阶单元的分母的系数向量为 $a=[1, -2r\cos(\phi), r^2]^T$。我们可以把分母系数向量以极点 p 的形式重新写成如下的形式：

$$a = [1, -2\mathrm{Re}(p), |p|^2]^T \tag{7.8.5}$$

注意到极点的实部与 a_1 成正比，但是极点的半径与 $\sqrt{a_2}$ 成正比。极点半径与系数 a_2 的非线性意味着使用 a 的量化版本得到的极点将不会是等间隔的。从图 3.20 中的稳定三角可知，对于稳定的极点，系数 a_1 必须在 $(-c, c)$ 范围内，其中 $c=2$。$N=5$ 时可能的稳定极点分布位置如图 7.34 所示。注意到可能的极点位置不仅是不均匀的，而且在实轴附近很稀疏。

通过使用二阶单元的分母的耦合型实现可以避免极点的非均匀分布问题(Rabiner et al.，1970)。这种实现的特征参数直接与极点的实部和虚部相对应。这种系数的量化方式使得实现的极点位于均匀的栅格上。与直接型实现相比，耦合型实现的一个缺点是其乘法运算的次数增加了。

零点放置

二阶单元的零点放置也受图 7.34 的约束。而对于一些有趣的滤波器，如零点位于单位圆上的滤波器则不然。。在此情况下，$r=1$，且二阶单元的传递函数简化为

$$H(z) = \frac{b_0[z^2 - 2\cos(\phi)z + 1]}{a(z)} \tag{7.8.6}$$

由于 $b_2=b_0$，量化后传递函数的零点仍然在单位圆上，只有他们的角度(频率)发生了变化。因而，位于单位圆上的级联型滤波器零点对系数量化相对不敏感。零点在单位圆上的滤波器的例子包括陷波滤波器和逆梳状滤波器。

例 7.13 IIR 系数量化

作为展示系数量化误差所带来的不利影响的例子，考虑一个为抽取有限个孤立且均匀分布的频率而设计的梳状滤波器。由(7.2.15)和(7.2.16)，阶数 $n=9$，极点半径 $r=0.98$ 的梳状滤波器的传递函数为

$$H(z) = \frac{0.1663}{1 - 0.8337z^{-9}}$$

这是一个相对较好的例子，因为除了两个系数外，其它所有系数都可以精确表示：只有 b_0 和 b_9 有量化误差。假设用 $c=2, N=4$ 对系数进行量化，这时，系数值在 $[-2, 2]$ 范围内，量化水平为 $q=0.25$。图 7.35 给出了双精度浮点制(64 位)和 N 位定点制下的幅度响应的对比。正如

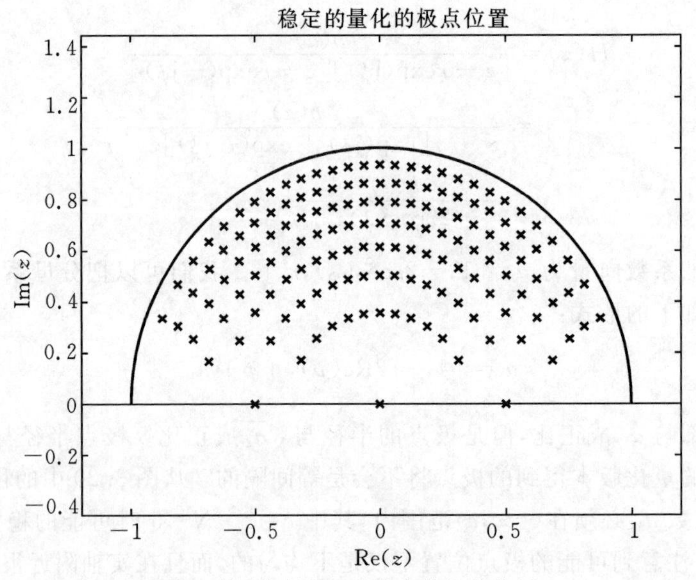

图 7.34 量化二阶系统所实现的稳定的极点位置，$c=2$，$N=5$

所预料到的，低精度时响应的幅度有明显不同。被抽取的频率之间的衰减比非量化滤波器的衰减性能差。当 $N\geqslant12$ 时，两个幅度响应基本上就不可区分了。对于 $N<4$，量化后的系统 $H_q(z)$就变得不稳定了。

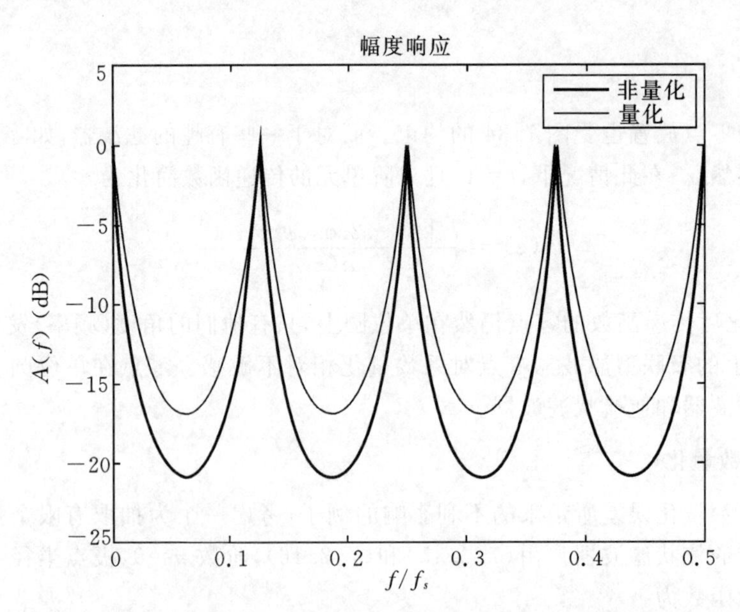

图7.35 采用双精度浮点以及 $c=2$，$N=4$ 的定点的梳状滤波器的幅度响应

7.8.2　舍入误差，溢出和比例缩放

和 FIR 滤波器一样，用于计算 IIR 滤波器输出的算法必须用有限精度实现。例如，使用直接Ⅱ型实现的通用 IIR 滤波器的输出可以用以下差分方程计算

$$u(k)=\sum_{i=1}^{n}a_iu(k-i)+x(k) \tag{7.8.7a}$$

$$y(k)=\sum_{i=0}^{m}b_iu(k-i) \tag{7.8.7b}$$

如果系数和信号均被量化至 N 位，那么每个乘积项的结果都要用 $2N$ 位来表示。当把乘积结果舍入到 N 位时会导致舍入误差，它可以看作均匀分布的白噪声，并且有多个这样的噪声源。假设舍入噪声源相互之间是统计独立的，与输入项相关的噪声源可以被合并（类似地，与输出项相关的噪声源也可以合并）。

$$e_a(k)\triangleq\sum_{i=1}^{n}Q_N[a_iu(k-i)]-a_iu(k-i) \tag{7.8.8a}$$

$$e_b(k)\triangleq\sum_{i=0}^{m}Q_N[b_iu(k-i)]-b_iu(k-i) \tag{7.8.8b}$$

对于一个二阶直接Ⅱ型实现结构，上式可以等效为如图 7.36 所示的舍入误差的线性模型，其中，$m=n=2$。

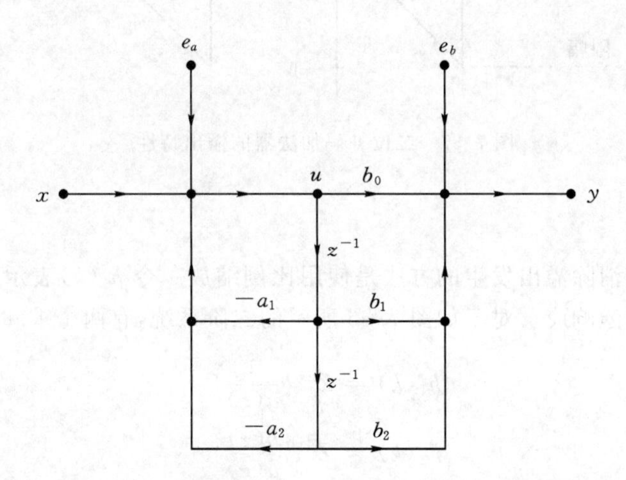

图 7.36　直接Ⅱ型实现结构中乘积的舍入误差的线性模型

对于 IIR 滤波器，输出端的舍入噪声取决于功率增益 Γ。设 $h(k)$是一个稳定 IIR 滤波器的脉冲响应，那么功率增益为

$$\Gamma\triangleq\sum_{k=0}^{\infty}h^2(k) \tag{7.8.9}$$

可以证明(Oppenheim et al.，1999)滤波器输出中的舍入噪声的平均功率可以用下式所示，其中 q 为式(7.8.1)中的信号量化水平，Γ 为系统功率增益

$$\sigma_y^2=\frac{(\Gamma n+m+1)q^2}{12} \tag{7.8.10}$$

溢出

还有一种误差来源于式(7.8.7)中的求和运算。几个 N 位数的和不一定总是仍然能用 N 位数来表示。当和太大而超出 N 位数的范围时，将导致*溢出误差*。一个简单的溢出误差可能会引起滤波器性能的明显变化。这是因为当使用补码表示时，即使是一个很小的溢出，也会使一个大的正数变成一个大的负数或者相反。从图 7.37 所示的溢出特性中可以看出这一点，图 7.37 假设数字是位于区间 $-1\leqslant x\leqslant 1$ 内的小数。

有很多种方法可以对溢出进行补偿。一种方法是检测溢出并把求和节点的输出限制到它可以表示的最大值。在图 7.37 中，这种限幅或者饱和特性用虚线来表示。限幅只能减小溢出错误的不利影响，但是并不能消除它。

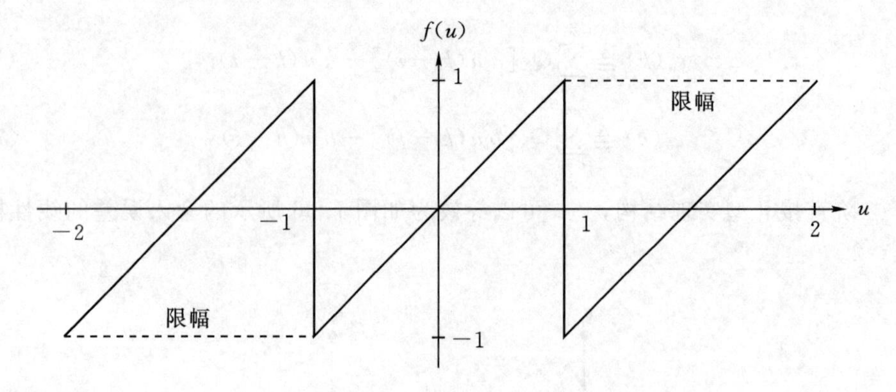

图 7.37　二位补码加法器的溢出特性

比例缩放

另一种从根本上消除溢出发生的方法是使用比例缩放。令 $h_i(k)$表示在第 i 个求和节点的输出端测量到的冲激响应。对于如图 7.36 所示的二阶系统，有两个求和节点

$$h_1(k)=Z^{-1}\{\frac{1}{a(z)}\} \tag{7.8.11a}$$

$$h_2(k)=Z^{-1}\{\frac{b(z)}{a(z)}\} \tag{7.8.11b}$$

注意到 $h_1(k)$为自回归或所有极点相关的部分脉冲响应，$h_2(k)$为 $H(z)$完整的脉冲响应。如果 $y_i(k)$是第 i 个求和节点的输出，且$|x(k)|\leqslant c$，那么

$$\begin{aligned}|y_i(k)|&=\left|\sum_{p=0}^{\infty}h_i(p)x(k-p)\right|\\&\leqslant\sum_{p=0}^{\infty}|h_i(p)x(k-p)|\\&=\sum_{p=0}^{\infty}|h_i(p)|\cdot|x(k-p)|\end{aligned}$$

$$\leqslant c\sum_{p=0}^{\infty}|h_i(p)| \tag{7.8.12}$$

因此，$|y_i(k)|\leqslant c\|h_i(k)\|_1$，其中 $\|h_i\|_1$ 是 h_i 的 L_1 范数，即

$$\|h_i\|_1 \triangleq \sum_{k=0}^{\infty}|h_i(k)| \tag{7.8.13}$$

注意到(7.8.13)式中 h_i 的 L_1 阶范数是(6.9.26)式中的系数向量 b 的 L_1 范数的无穷级数形式。我们在第 2 章中曾提到，如果系统 $H_i(z)$是 BIBO(有界输入有界输出)稳定的，那么脉冲响应 $h_i(k)$是绝对可和的。因此，对于稳定的滤波器，(7.8.13)式中的无穷级数将是收敛的。

假设信号流图中总共有 r 个求和节点。那么如果用因子 s_1 对输入信号 $x(k)$进行比例缩放就能避免求和溢出，其中尺度因子 s_p 定义如下

$$s_p=\frac{1}{\max_{i=1}^{r}\{\|h_i\|_p\}},\quad 1\leqslant p\leqslant\infty \tag{7.8.14}$$

使用比例缩放防止溢出的二阶直接Ⅱ型实现结构的信号流图如图 7.38 所示。

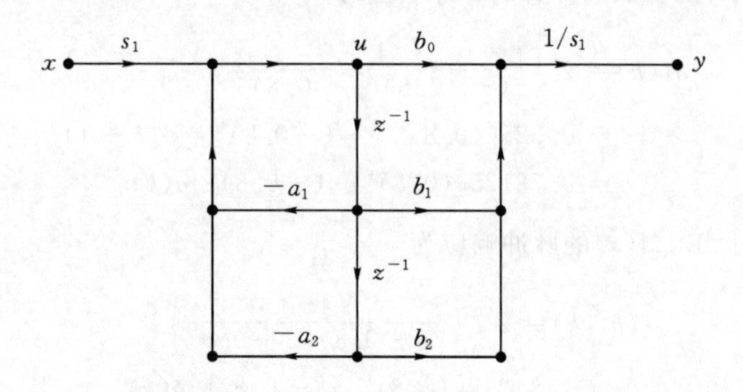

图 7.38　通过缩放防止加法溢出的二阶直接Ⅱ型框图

虽然利用 L_1 范数进行比例缩放可以有效地防止溢出，但是它也有一些实际的不利因素。比例缩放对舍入噪声和输入量化噪声没有明显的影响。因此，当输入用 s_1 比例缩放时，所导致的信号强度的减小将会引起信噪比的相应减小。较小的缩放比例可以消除大部分但不是全部的溢出。对确实发生溢出的情况，可以通过限幅来补偿。如果输入信号是纯正弦，那么通过基于滤波器幅度响应的比例缩放可以消除由此类周期输入引起的溢出。这里使用了 h_i 的 L_∞ 范数，其中

$$\|h_i\|_\infty \triangleq \max_{0\leqslant f\leqslant f_s/2}\{A_i(f)\} \tag{7.8.15}$$

如果输入信号 $x(k)$ 按 s_∞ 比例缩放，就可以避免由纯周期输入引起的加性溢出，其中 s_∞ 用(7.8.14)式计算。最常见的比例缩放形式是使用 L_2 范数或能量范数，其定义如下：

$$\|h_i\|_2 \triangleq \left(\sum_{k=0}^{\infty}|h_i(k)|^2\right)^{1/2} \tag{7.8.16}$$

而且，缩放因子 s_2 可以用(7.8.14)式来计算。使用 L_2 范数的一个优势是它相对容易计算。

实际上，对某些特定的情况，根据滤波器系数可以计算出 s_2 的闭式表达式(Ifeachor and Jervis，2002)。注意到式(7.8.16)中 h_i 的 L_2 范数是式(6.9.28)中系数向量 b 的欧氏范数的推广。与有限维空间中的情况类似，可以证明 L_1、L_2 以及 L_∞ 范数满足如下的关系：

$$\| h \|_2 \leqslant \| h \|_\infty \leqslant \| h \|_1 \tag{7.8.17}$$

例 7.14 IIR 的溢出和比例缩放

作为用比例缩放避免溢出的一个例子，假设 $|x(k)| \leqslant 5$，考虑如下的 IIR 滤波器

$$H(z) = \frac{4z^{-1}}{1 - 0.64z^{-2}}$$

这里 $c=5, b=[0,4,0]^{\mathrm{T}}, a=[1,0,-0.64]^{\mathrm{T}}$。把 $H(z)$ 表示为 z 的正幂形式，并对分母进行因式分解，可得

$$H(z) = \frac{4z}{(z-0.8)(z+0.8)}$$

由式(7.8.11a)，$H(z)$ 的自回归部分的脉冲响应为

$$\begin{aligned} h_1(k) &= Z^{-1}\left\{\frac{1}{(z-0.8)(z+0.8)}\right\} \\ &= 0.625[(0.8)^{k-1} - (-0.8)^{k-1}]\mu(k-1) \\ &= 0.78125[(0.8)^k - (-0.8)^k]\mu(k) \end{aligned}$$

同样的，由式(7.8.11b)，$H(z)$ 的脉冲响应为

$$\begin{aligned} h_2(k) &= Z^{-1}\left\{\frac{4z}{(z-0.8)(z+0.8)}\right\} \\ &= 2.5[(0.8)^k - (-0.8)^k]\mu(k) \end{aligned}$$

注意到对 $k \geqslant 0$，有 $h_2(k) \geqslant h_1(k)$。因此，只需计算 $h(k)=h_2(k)$ 的范数即可。由(7.8.13)式，L_1 范数为

$$\begin{aligned} \| h \|_1 &= 2.5\sum_{k=0}^{\infty} | (0.8)^k - (-0.8)^k | \\ &= 5\sum_{k=0}^{\infty} (0.8)^{2k+1} \\ &= 5(0.8)\sum_{k=0}^{\infty} (0.64)^k \\ &= \frac{4}{1-0.64} \\ &= 11.11 \end{aligned}$$

这样，可以消除定点溢出的缩放因子为 $s_1 = 1/11.11$，或

$$s_1 = 0.09$$

通过比例缩放避免溢出的直接Ⅱ型实现结构的信号流图如图 7.39 所示。

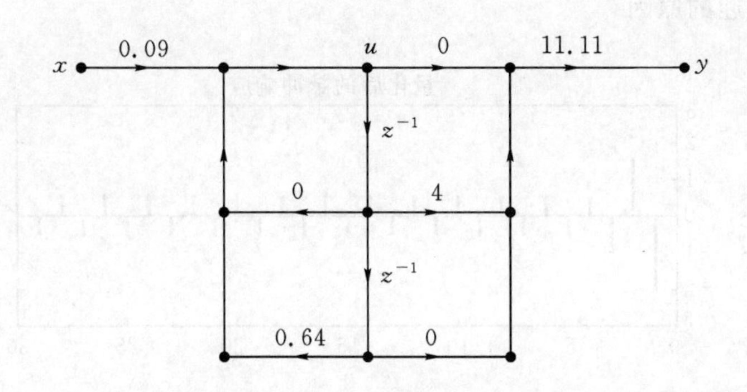

图 7.39 利用缩放阻止加性溢出

7.8.3 极限环

对于 IIR 滤波器，存在一种特殊的有限字长效应，这种效应有时可以在输入趋于零时观察到。前面曾提到过如果一个滤波器是稳定的且输入趋于零，那么随着自由模式项的逐渐消失，输出应该趋于零。然而，对于有限精度的 IIR 滤波器，输出有时趋于一个非零常数或者发生振荡。这种被称为*极限环*的零输入振荡是一种非线性现象。极限环可分两种，第一种极限环是由溢出误差引起的。溢出型极限环在幅度上可能会相当大，但是通过对求和节点的输出进行限幅可以消除它们。当然，用 s_1 进行比例缩放也可以消除这类极限环。第二类极限环是一个幅度为 q 的小的极限环，它是由乘积舍入误差引起的。

例 7.15 极限环

作为由乘积舍入误差引起的极限环的一个例子，考虑如下经过量化的一阶 IIR 系统

$$y(k) = Q_N[-0.7y(k-1)] + 3x(k)$$

假设 $N=4$ 位，比例缩放因子 $c=4$。在此情况下，量化水平为

$$q = \frac{4}{2^3} = 0.5$$

接下来，考虑量化后的系统 $h_q(k)$ 的脉冲响应，它可使用脚本 *exam7_15* 来计算，结果如图7.40 所示。注意到虽然极点位于 $p=-0.7$ 的 $H(z)$ 明显是稳定的，但是它的稳态响应却不趋于零。相反，由于乘积舍入误差的影响，稳态响应是振荡的，振荡周期为 2、幅度为 q。作为对比，图中的实线是非量化脉冲响应 $h(k)$。

在 IIR 滤波器中，极限环有些是与舍入误差相对应的较小的极限环，如图 7.40 所示，或者是与溢出相对应的幅度很大的极限环。对于 FIR 滤波器，根本不可能存在极限环，因为不存在维持振荡所需的反馈路径。与 IIR 滤器对比，FIR 滤波器通常对有限字长效应相对不太敏感。FIR 滤波器具有能保证稳定性以及对有限字长效应相对不敏感的优点，这两个优点是

FIR 滤波器广受欢迎的原因。

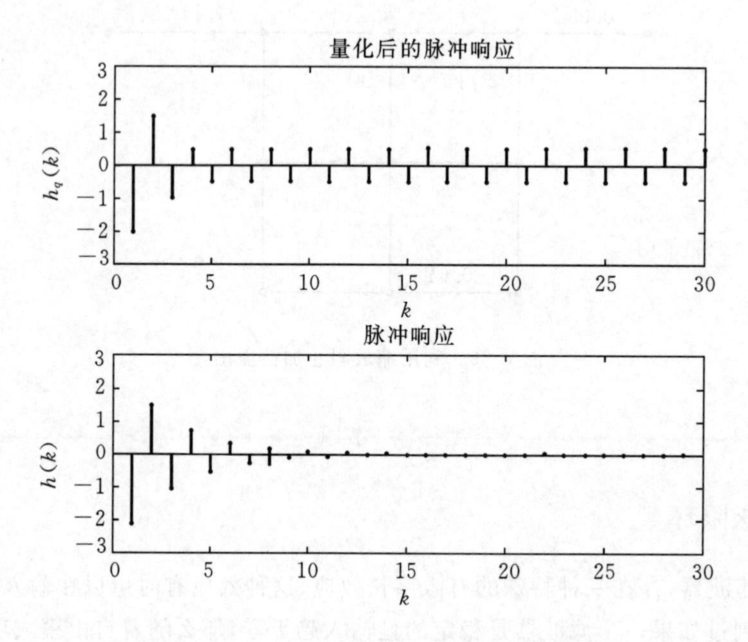

图 7.40　由乘积舍入误差造成的脉冲响应中的极限环，$c=4$，$N=4$

FDSP 函数

FDSP 工具箱包括下面的用来评测不同滤波器实现结构的有限字长效应的函数

```
% F_FILTER1:  Compute the quantized zero - state response of an IIR filter
% F_IMPULSE:  Compute the quantized impulse responseof an IIR filter
% F_FREQZ:    Compute frequency response of an IIR filter using the DFT
%
% Usage:
%     y       = f_filter1(b,a,x,bits,realize);
%     [h,k]   = f_impulse(b,a,N,bits,realize);
%     [H,f]   = f_freqz(b,a,N,fs,bits,realize);
% Pre:
%     b       = coefficient vector of numerator polynomial
%     a       = coefficientvector of denominator polynomial
%     x       = avector of length N containing the input
%     bits    = optional integerspecifying the number of
%               fixed - point bits for coefficient quantization.
%               The default is double precision floating point
```

```
%      realize = optional integer specifying the realization
%                structure to use. The default is to use the
%                direct form of MATLAB function filter.
%                0 = direct form
%                1 = cascade form
%                2 = lattice form (FIR) orparallel form (IIR)
%
%      N       = number of samples
%      fs      = sampling frequency (default = 1)
% Post:
%      y = N by 1 vector containing the zero - state response
%      h = N by 1 vector containg the impulse response
%      k = N by 1 vector containing discrete times
%      H = 1 by N + 1 complex vector containing thefrequency response
%      f = 1 by N + 1 vector containing discrete frequencies (0 to fs/2)
% Notes:
%      For the parallel form, the poles of H(z) must be distinct.
```

7.9 GUI 软件及案例学习

本节集中讨论 IIR 滤波器的设计与实现。FDSP 工具箱中包括一个名为 *g_iir* 的图形用户界面模块，允许用户不进行编程就可设计和评估 IIR 滤波器。本节还给出了一个借助 MATLAB 实现的案例学习的例子。

g_iir: IIR 滤波器的设计与实现

FDSP 工具箱包括了一个可视化的图形用户界面模块 *g_iir*，它允许用户设计各种各样 IIR 滤波器。GUI 模块 *g_iir* 带有如图 7.41 所示带有标题的显示窗口。左上角方框图窗口中显示了当前研究的 IIR 滤波器的方框图。它是一个有如下传递函数的 n 阶滤波器：

$$H(z)=\frac{b_0+b_1z^{-1}+\cdots+b_nz^{-m}}{1+a_1z^{-1}+\cdots+a_nz^{-n}} \tag{7.9.1}$$

方框图以下的参数窗口列出了包含滤波器参数的编辑框。编辑框的内容可以被直接修改，用户通过回车键即可激活所做的修改。参数 $F0$、$F1$、B、fs 分别是较低的截止频率、较高的截止频率、过渡带宽、和采样频率。低通滤波器应用参数 $F0$，高通滤波器应用参数 $F1$，带通和带阻滤波器利用参数 $F0$ 及 $F1$. 对于谐振器和陷波滤波器来说，利用 $F0$ 和 $F1$ 的平均值。参数 $deltap$ 和 $deltas$ 分别规定通带纹波以及阻带衰减。用户可以通过窗口右上角的类型及视图窗口选择频率选择性滤波器的类型以及视图模式。滤波器的类型包括谐振滤波器、陷波滤波

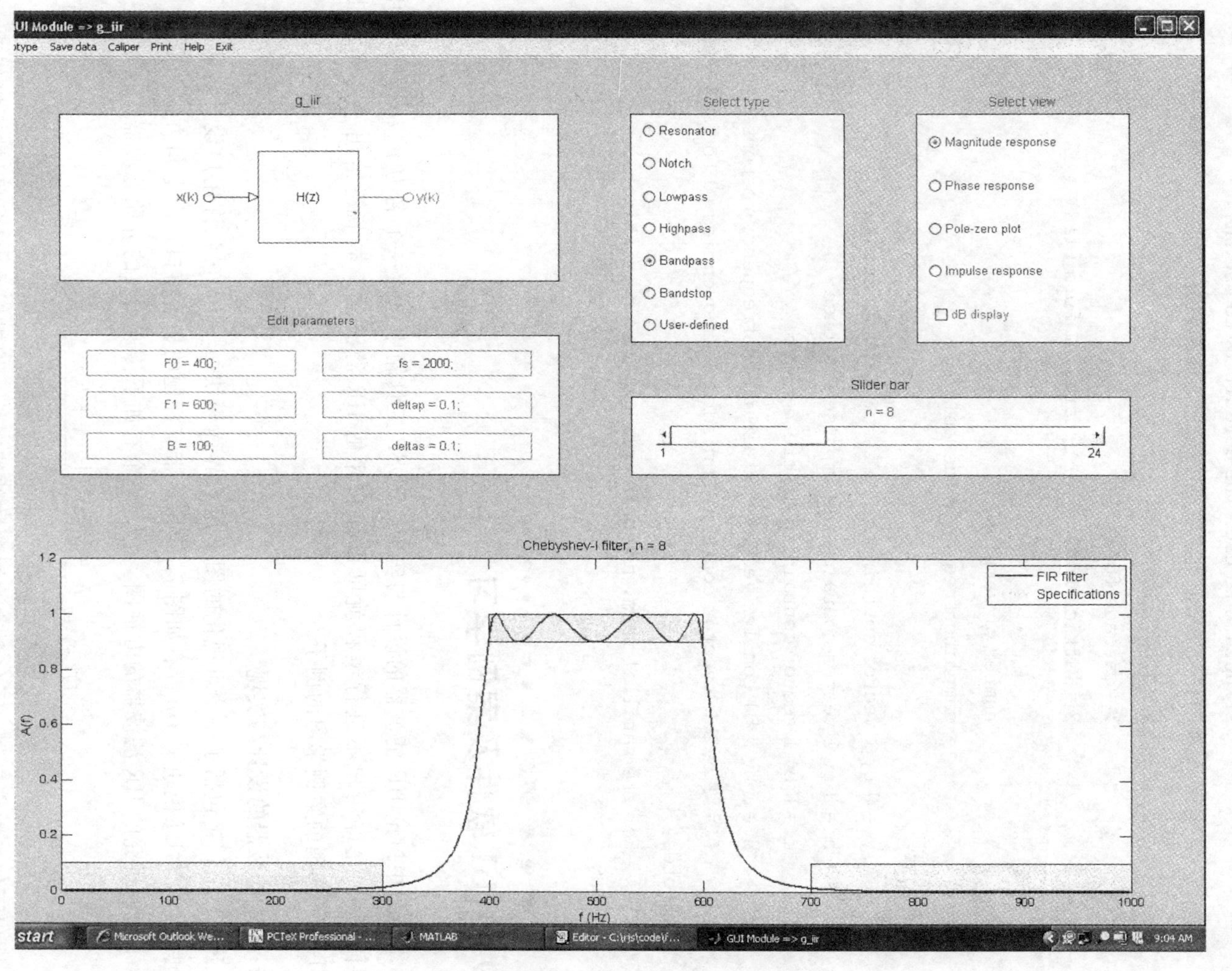

图 7.41 图形用户模块 g_iir 窗口显示

器、低通滤波器、高通滤波器、带通滤波器、带阻滤波器以及用户定义的滤波器。用户定义的滤波器的系数在用户提供的包含 a,b,fs 的 MAT 文件中定义。视图选项包含幅度响应、相位响应、零极点图和脉冲响应。显示窗口下半部的窗口用来显示已选的视图。

在视图选项下是一个用来控制幅度响应是线性坐标显示还是以对数坐标显示的复选框。当它被选择时，参数窗口的通带纹波及阻带衰减分别自动改为对数值 A_p、A_s。类型以及视图窗口之下是用户用来直接控制滤波器阶数 n 的水平滑动条。注意，滤波器能否满足所有的设计规范取决于 n 的值。另外，对一些滤波器当 n 过大可能会由于有限字长效应使滤波器不稳定。

①显示窗口顶部的菜单条包含了一些菜单选项。②用户可以使用 Caliper 选项测量当前图像上的任何点，只要将鼠标的十字线图标移至想测量的点，然后点击即可。③Save data 选项用来将滤波器参数 a,b,及 f_S 保存在用户定义的 MAT 文件中以便日后使用。用这种方式定义的文件能在之后由用户定义滤波器选项加载。④Prototype 选项允许用户选择模拟原型滤波器的类型(巴特沃兹、切比雪夫Ⅰ、切比雪夫Ⅱ或者椭圆滤波器)，并将其用于基本的频率选择性滤波器类型中。⑤Print 选项用来打印画图窗口中的内容。最后，Help 选项向用户提供如何有效地使用 g_iir 模块的一些建议。

案例学习 7.1　混响滤波器

音乐厅的音乐之所以听起来丰厚饱满是因为声音通过多条路径，即通过直达或一系列反射路径传达给听众。回响效果可以由混响滤波器处理声音信号来模拟(Steiglitz, 1996)。室温下的声速大概为 $v=345$ m/s。假设从音乐源到听众的的距离为 d 米，若 f_s 为采样频率，则用样点个数度量的距离为

$$L = \text{floor}(\frac{f_s d}{v}) \tag{7.9.2}$$

由于声音在空气中发散传播，因此会产生衰减。用 $0<r<1$ 表示传播过程中从源到听众的衰减因子。为了粗略地近似混响效果，假设通过一个或多个反射物的回声以 L 个采样点倍数的距离到达并以 r 的幂次衰减。如果有 n 个回声或者 n 个长度递增的多径，那么这一效果可被建模为如下的差分方程：

$$y(k) = \sum_{i=1}^{n} r^i x(k-Li) \tag{7.9.3}$$

随着回声的数量 n 趋于无穷，我们可以得到下列多个回声的几何级数传递函数：

$$\begin{aligned} F(z) &= \sum_{i=1}^{\infty} r^i z^{-Li} \\ &= \frac{rz^{-L}}{1-rz^{-L}} \end{aligned} \tag{7.9.4}$$

通过观察我们发现，$F(z)$ 本质上是极点在半径为 r 的圆周均匀分布的梳状滤波器。图7.42给出了梳状滤波器的方框图，图中明确地表示出由回声引入的反馈路径。

为了设计出更精确的回响效果模型，我们需要考虑高频声音信号比低频声音信号更容易

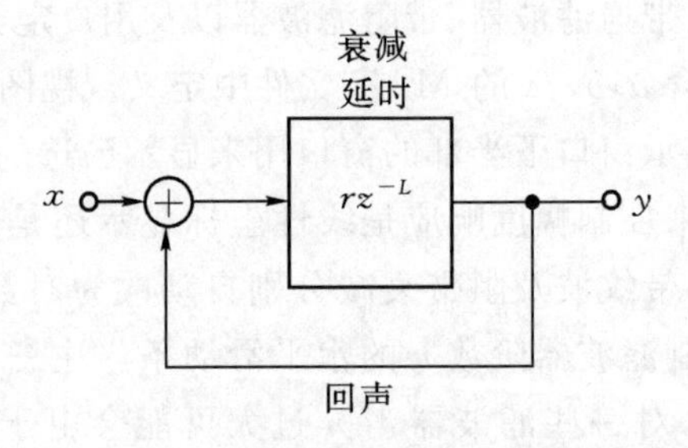

图 7.42　用基本梳状滤波器模拟多个回声

被吸收的因素。这一因素可以通过在基本梳状滤波器反馈回路插入一个一阶低通滤波器来体现(Moorer，1979).

$$D(z)=\frac{1-g}{1-gz^{-1}} \tag{7.9.5}$$

这里,实极点 $g(0<g<1)$控制低通特性的截止频率。这种优化的低通梳状滤波器的方框图如图 7.43 所示。该低通梳状滤波器的传递函数可由图 7.43 得到,只要求解出加法器的输出信号 $u(z)$即可。通过反馈环路我们可以得到

$$u(z)=X(z)+D(z)Y(z)=X(z)+D(z)rz^{-L}u(z) \tag{7.9.6}$$

解式(7.9.6)得到

$$u(z)=\frac{X(z)}{1-rz^{-L}D(z)} \tag{7.9.7}$$

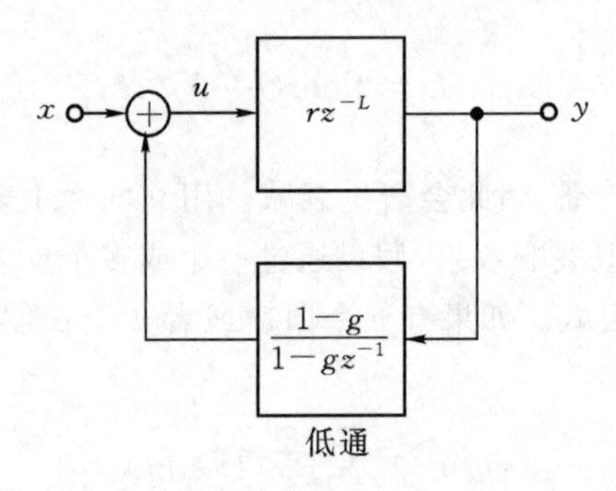

图 7.43　考虑到声音的吸收性依频率而变的低通梳状滤波器

最后由图 7.43、式(7.9.7)及式(7.9.5)得出低通梳状滤波器的输出为

$$\begin{aligned}Y(z)&=rz^{-L}u(z)\\&=\frac{rz^{-L}X(z)}{1-rz^{-L}D(z)}\\&=\frac{rz^{-L}X(z)}{1-rz^{-L}(1-g)/(1-gz^{-1})}\\&=\frac{rz^{-L}(1-gz^{-1})X(z)}{1-gz^{-1}-r(1-g)z^{-L}}\end{aligned} \tag{7.9.8}$$

等式(7.9.8)两边同时乘以 z^{L+1},用 z 的正次幂表示的全部的低通梳状传递函数为

$$C(z)=\frac{r(z-g)}{z[z^L-gz^{L-1}-r(1-g)]} \tag{7.9.9}$$

同时使用多个带有不同延迟及截止频率的低通梳状滤波器能使混响效果变得更丰富和饱满。Moorer(1979)提出将多个低通梳状滤波器并联,然后紧跟一个全通滤波器的方法。全通滤波器引入一个和频率相关的相移或者延迟,但是不改变幅度响应。回忆式(5.4.7)我们知道,全通滤波器分子分母呈现反对称性。例如,下面的 M 阶全通滤波器能将信号延迟 M 个采样点。

$$G(z)=\frac{c+z^{-M}}{1+cz^{-M}} \tag{7.9.10}$$

以 P 个低通梳状滤波器为特征的混响滤波器的最终结构示于 7.44 中。合成的混响滤波器传递函数如下:

$$H(z)=G(z)\sum_{i=1}^{P}C_i(z) \tag{7.9.11}$$

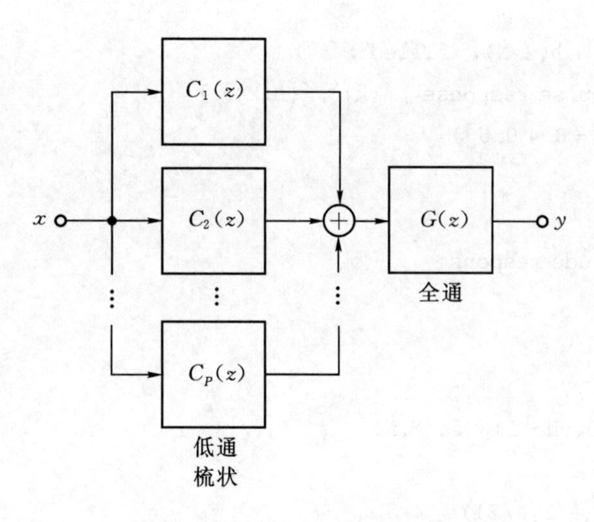

图 7.44　混响滤波器

可以利用下列参数(Moorer,1979)实现图 7.44 中的混响滤波器。对于全通滤波器,令

$$c=0.7 \tag{7.9.12a}$$
$$M=\text{floor}(0.006f_s) \tag{7.9.12b}$$

这个对应 0.006 秒的延迟。使用带有下列衰减因子、延迟、极点的 $P=6$ 的低通梳状滤波器组。

$$r=0.83 \tag{7.9.13a}$$
$$L=\text{floor}\{[0.050,0.056,0.061,0.068,0.072,0.078]f_s\} \tag{7.9.13b}$$
$$g=[0.24,0.26,0.28,0.29,0.30,0.32] \tag{7.9.13c}$$

FDSP工具箱包含一个叫做 *f_reverb* 的函数，它可以利用式(7.9.12)及式(7.9.13)的参数计算混响滤波器的输出。混响滤波器可以通过运行 *f_dsp* 中的 *case*7-1来测试。

```
function case7_1

% CASE STUDY 7.1: Reverb Filter'

f_header = ('Case study 7.1: Reverb filter')

%plot impulse response


fs = 8000;
N = 8192;
x = [1,zeros(1-N-1)];
y = x;
[h,n] = f_reverb(x,fs);
n
figure
stem ([1:N-1], h(2:N), 'filled', '.')
f_labels ('Impulse response', '{k}', '{h(k)}')
axis ([0 9000  -0.4 0.6])
box on
f_wait
% Plot magnitude response


H = ff(h);
A = abs(H);
F = linspace (0,(N-1) * fs/N,N);
figure
plot(f(1:N/2),A(1:N/2))
f_labels ('Magnitude response','{if} (Hz)','{A(f)}')
f_wait


% Get sound and put it through reverb filter


tau = 3.0;
choice = 0;
p = floor(8000/tau);
z = zeros(1,p);
while choice~ = 4
```

```
    choice = menu ('Please select one', 'record sound', 'play back (normal)', ...
                   'play back (reverb)','exit');
    switch (choice)
    case 1,
        [z, cacel] = f_getsound (z tau, fs);
        if ~cancel
            y = f_reverb(z,fs);
        end
    case 2,
        soundsc (z,fs)
    case 3
        sondsc (y,fs)
    end
  end
```

当运行 *case*7_1 的脚本文件时，得出的脉冲响应如图 7.45 所示。与我们以前研究的离散时间系统不同，由于系统回声有很大延迟，所以系统的脉冲响应需要很长时间才能衰减到 0。

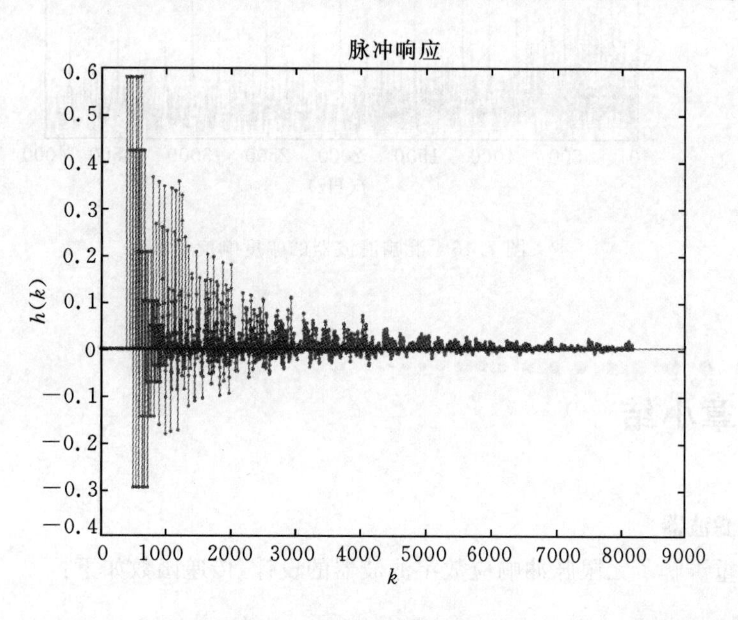

图 7.45　混响滤波器的脉冲响应

*case*7_1 程序第二阶段计算出的幅度响应示于图 7.46 中。多个低通梳状滤波器的相互作用提供了宽带的幅度响应但是仍能展示出细节的变化，其中一部分原因在于混响滤波器的阶数很高。由式(7.9.9)、式(7.9.10)及图 7.44，滤波器最后的总阶数为

$$n = M + P + L_1 + \cdots + L_P \tag{7.9.14}$$

由式(7.9.12)及式(7.9.13)中可知，全通滤波器的阶数 M 和延迟 L_i 与例 *case*7_1 的采样频率 $f_s = 8000$ Hz 是成比例的。将式(7.9.12)带入式(7.9.14)，得到 IIR 混响滤波器的阶数 n 为

$$n = \text{floor}(0.006f_s) + 6 + \text{floor}\{[0.050 + 0.056 + 0.061 + 0.068 + 0.072 + 0.078]f_s\} = 3134 \quad (7.9.15)$$

由于混响滤波器是稳定的，这意味着3134个极点必须在单位圆以内！*case*7_1程序最后一段列出了菜单，通过该菜单用户可以从计算机的麦克风记录最多4秒的声音，然后分过混响滤波器和不过混响滤波器两种情况通过计算机的扬声器播放。即便利用一个小型的PC扬声器，声音的差别也是很显著惊人的。试一下吧！

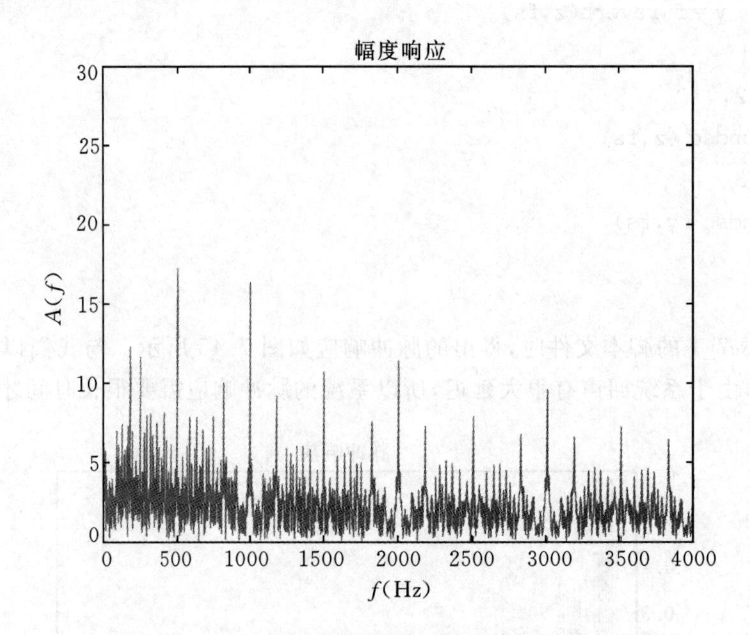

图7.46　混响滤波器的幅度响应

7.10　本章小结

无限脉冲响应滤波器

这一节着重讲解了无限脉冲响应数字滤波器的设计，传递函数如下：

$$H(z) = \frac{b_0 + b_1 z^{-1} + \cdots + b_m z^{-m}}{1 + a_1 z^{-1} + \cdots + a_n z^{-n}} \quad (7.10.1)$$

四个基本频率选择性滤波器类型为低通、高通、带通及带阻滤波器。对于理想滤波器来说，通带增益为$A(f)=1$，阻带增益为$A(f)=0$，没有过渡带。但是对于有限阶数的实际滤波器来说，在通带和阻带之间必然存在过渡带。而且物理可实现滤波器通带增益是不恒定的，其增益在$[1-\delta_p,1]$范围内，$\delta_p>0$是通带纹波系数。类似的，阻带增益在$[0,\delta_s]$范围内，其中$\delta_s>0$为阻带衰减。滤波器幅度响应一般用如下单位为分贝的对数尺度：

$$A(f) = 20\log_{10}\{|H(f)|\}\ \text{dB} \quad (7.10.2)$$

纹波系数和衰减系数规范 δ_p、δ_s 具有对数尺度的等价形式：单位是 dB 的 A_p、A_s。使用对数尺度有利于阻带衰减量的表示。

有很多专门的 IIR 滤波器可以利用零极点排布和增益匹配来设计。例如允许单一频率通过的谐振器和不允许某一特定频率通过的陷波滤波器。这两种基本滤波器的广义滤波器包括有允许部分谐波频率一起通过的梳状滤波器和禁止部分谐波频率通过的逆梳状滤波器。如果第一个谐振频率与周期输入信号的基频频率匹配，梳状滤波器和逆梳状滤波器就可以用来通过或过滤被噪声污染的周期输入信号。

经典模拟原型滤波器

设计频率选择性 IIR 滤波器高效并且广泛应用的方法是将模拟原型滤波器变换成相应的数字滤波器。四种经典类型的模拟滤波器均可作为原型滤波器，并且每一种滤波器都是在一定意义上最优的。巴特沃兹滤波器具有在通带的幅度响应最平坦的特性，而且巴特沃兹滤波器便于设计，但是它的过渡带相对较宽。如果幅度响应允许纹波的存在，那么过渡带可以变窄。切比雪夫 I 型滤波器在通带具有相同幅度的纹波并且能准确地满足阻带要求。切比雪夫 II 型阻带有相同幅度的纹波并且能准确地满足通带的要求。椭圆滤波器通过允许通带及阻带具有相同的纹波系数使得过渡带很窄。椭圆 IIR 滤波器的幅度响应与利用 Parks-McClellan 运算法则设计的优化的等纹波 FIR 滤波器相似。

对于这些经典的滤波器，利用两种设计参数即选择因子参数 r 和分辨因子参数 d 可以计算出满足规范要求的滤波器阶数。对于理想滤波器，$r=1$、$d=0$；对于实际滤波器，$r<1$、$d>0$。经典模拟低通滤波器 $H_a(s)$ 的设计，首先从其幅度响应 $A_a(f)$ 开始，然后利用下面基本的关系反向决定其极点、零点及增益。

$$H_a(s)_a H(-s) = A_a^2\left(\frac{s}{\mathrm{j}2\pi}\right) \tag{7.10.3}$$

模拟到数字滤波器的双线性变换

不同类型的模拟频率选择性原型滤波器可以通过标准低通滤波器的频率变换实现，这里所说的标准低通滤波器要求其截止角频率为 $\Omega_0=1\mathrm{rad/s}$。对带通和带阻滤波器，这些频率变换使滤波器的阶数加倍。对数字低通滤波器直接进行频率变换也是可以的。最常用的模拟到数字滤波器转换技术就是双线性变换方法。如果将 $H_a(s)$ 的自变量替换为下式，就能将一稳定的模拟滤波器 $H_a(s)$ 映射为一稳定的数字滤波器。

$$s = \frac{2}{T}\left(\frac{z-1}{z+1}\right) \tag{7.10.4}$$

双线性变换方法将 s 平面的虚轴映射到 z 平面的单位圆，由此导致的频率压缩被称为频率畸变。在规范滤波器的边界频率时，必须考虑这一问题。也就是说，对于模拟原型滤波器所有的期望截止频率必须用下式进行预畸变。

$$F = \frac{\tan(\pi f T)}{\pi T} \tag{7.10.5}$$

IIR 滤波器可以用于音乐合成、产生特别的音效。例如通过修改可调谐拨弦滤波器的脉冲响应可以模拟很多弦乐器的声音。引入混响滤波器产生的特殊音效可以模拟音乐会丰富饱满的声音。混响滤波器是由多个并联的梳状滤波器级联一个全通滤波器的高阶IIR滤波器，梳状滤波器中，每个反馈环路都有一个低通滤波器。

滤波器实现结构

目前存在许多可供选择的IIR滤波器信号流图实现方法。作为其中的一个大类，直接型实现的特点是可以通过观察传递函数直接得到信号流图的增益。对于IIR滤波器而言，直接型实现包括直接Ⅰ型、直接Ⅱ型和转置直接Ⅱ型。直接Ⅱ型存储过去信号所需要的存储单元数最少，在此意义上来说直接Ⅱ型是正准的。

相应的，间接型的实现方式也有很多，它们的实现参数需要通过计算原始传递函数求得。间接型将原始传递函数分解为由零点和极点的复共轭对组合而成的低阶单元。例如，IIR滤波器可以通过下述基于$H(z)$因式分解的级联型实现方法完成其设计。

$$H(z)=b_0H_1(z)\cdots H_N(z) \tag{7.10.6}$$

这里，$N=\text{floor}\{(n+1)/2\}$，且除$H_N(z)$外，$H_i(z)$为实系数的二阶单元，当$n$是奇数时，$H_N(z)$为一阶单元。对IIR滤波器，另一种间接型的滤波器实现方法是基于$H(z)$的部分分式展开的并联型实现方法。

$$H(z)=R_0+\sum_{i=1}^{N}H_i(z) \tag{7.10.7}$$

同样的，$N=\text{floor}\{(n+1)/2\}$，除$H_N(z)$外，$H_i(z)$为实系数的二阶单元，当$n$为奇数时，$H_N(z)$为一阶单元。最后，在使用无限长精度运算的情况下，所有的滤波器设计方法在输入输出性能上是相互等价的。

有限字长效应

当用硬件或软件实现滤波器时会引起有限字长效应。实现滤波器时必须用有限精度的数表示滤波器参数和滤波器信号这一事实导致了有限字长效应的发生。实现滤波器时既可以使用浮点表示也可以使用定点表示。MATLAB使用双精度64bit浮点数使有效字长效应最小化。当用N位定点数表示区间$[-c,c]$内的值时，量化水平或者说相邻值之间的间隔为

$$q=\frac{c}{2^{N-1}} \tag{7.10.8}$$

典型地，对$M\geqslant 0$的整数，比例系数$c=2^M$。按此方法，用$M+1$位表示包括符号的整数部分，而用其余$N-(M+1)$位表示小数部分。

ADC或输入量化、系数量化以及乘积舍入量化都可能导致量化误差。量化误差可以用在$[-q/2,q/2]$上均匀分布的加性白噪声来建模。另一种误差源是溢出误差，当几个有限精度数相加时有可能发生溢出误差。通过限幅可以减小溢出误差，也可以对输入进行适当的成比例缩放消除溢出误差。多项式的根对多项式系数的变化非常敏感，对高次多项式来说更是如此。正是由于这个原因，当量化误差导致极点移出单位圆时，IIR滤波器会变得不稳定。此外，溢出误差和舍入误差会导致当输入为零时，IIR滤波器的输出端产生稳态振荡，这种振荡被称为极限环。对IIR滤波器，间接型实现对有限字长效应的敏感度更低，这是因为其中每个单元的传递函数只是二阶的。

GUI 模块

FDSP 工具箱内有一个叫做 *g_iir* 的 GUI 模块，通过该模块用户不必编程也可以设计、评估和比较 IIR 滤波器。这些滤波器包括谐振器、陷波滤波器、低通滤波器、高通滤波器、带通滤波器、带阻滤波器，再加上在 MAT 文件中规定的用户定义的滤波器。滤波器的阶数可以通过滑动条直接调节。FDSP 工具箱还有一个在 5.9 节讲述过的叫 *g_filters* 的模块，它允许用户从 *g_iir* 中导入滤波器。这样，我们可以比较不同的实现结构，探究系数量化误差的影响。

学习要点

本章的学习要点见表 7.8。

表 7.8 第 7 章学习要点

序号	学习要点	章节
1	了解如何设计一个可调谐拨弦型滤波器用来进行音乐合成	7.1
2	掌握使用零极点排布和匹配增益法设计谐振器、陷波器、梳状滤波器	7.2
3	理解经典的模拟低通巴特沃兹、切比雪夫、椭圆滤波器的特性以及相应优点	7.4
4	了解如何使用双线性变换法将模拟滤波器变换成等效的数字滤波器	7.5
5	能够使用频率变换法将低通滤波器转换成高通、带通、带阻滤波器	7.6
6	理解不同的滤波器实现结构的优点	7.7
7	理解有限字长效应，了解如何将其影响降低到最小	7.8
8	了解如何使用 GUI 模块 *g_iir* 不必编程即可设计和分析数字 IIR 滤波器	7.9
9	了解如何使用混响滤波器给音乐和语音加特效	7.9

7.11 习题

习题分为分析与设计类、GUI 仿真类及计算类三种，其中分析与设计类可以通过手工或计算器计算完成；GUI 仿真类通过 GUI 模块 *g_iir* 完成；MATLAB 计算类习题需要同学编写程序来完成。

7.11.1 分析与设计

7.1 求取满足如下规范要求的模拟椭圆滤波器的最小阶数。你可以使用 MATLAB 中的函数 *ellipke* 来求取第一类椭圆积分函数。

$$[F_p, F_s, \delta_p, \delta_s] = [100, 200, 0.03, 0.05]$$

7.2 画出八阶的模拟低通巴特沃兹滤波器的零极点图，其 3 dB 截止频率为 $F_c=1/\pi$Hz

7.3 设计具有两个陷波频率的陷波滤波器，设采样频率为 $f_s=360$ Hz。

(a) 设计陷波滤波器 $H_0(z)$，使其谐振频率为 $F_0=60$ Hz，3 dB 阻带带宽为 2 Hz。

(b) 设计陷波滤波器 $H_1(z)$，使其谐振频率为 $F_0=90$ Hz，3 dB 阻带带宽为 2 Hz。

(c) 将 $H_0(z)$ 和 $H_1(z)$ 组合设计一个陷波滤波器 $H(z)$，要求陷波频率为 $F_0=60$ Hz、$F_1=90$ Hz。提示：使用间接形式之一。

(d) 画出 $H(z)$ 的信号流图，其中模块 $H_0(z)$ 和 $H_1(z)$ 使用直接 II 型实现结构

7.4 设计 2 阶低通模拟切比雪夫 I 型滤波器 $H_a(s)$，使其 $F_p=10$ Hz，$\delta_p=0.1$。

7.5 设计一满足如下规范要求的模拟低通切比雪夫 I 型滤波器，求出滤波器的最小阶数。

$$[F_p, F_s, \delta_p, \delta_s]=[100, 200, 0.03, 0.05]$$

7.6 设计陷波频率为 $F_0=60$ Hz 的陷波滤波器。

(a) 设陷波滤波器极点位于角度 $\theta_0=\pi/3$，计算采样频率 f_s。

(b) 设计陷波滤波器 $H_{\text{notch}}(z)$，使其 3 dB 阻带带宽为 $\Delta F=1$ Hz。

(c) 用转置的直接 II 型实现结构绘制信号流图。

7.7 设计有两个谐振频率的谐振器，假设采样频率为 $f_s=360$ Hz。

(a) 设计一谐振器 $H_0(z)$，要求谐振频率为 $F_0=90$ Hz，3 dB 通带带宽为 3 Hz。

(b) 设计一谐振器 $H_1(z)$，要求谐振频率为 $F_1=120$ Hz，3 dB 通带带宽为 4 Hz。

(c) 将 $H_0(z)$ 和 $H_1(z)$ 组合设计谐振器 $H(z)$，使其谐振频率为 $F_0=80$ Hz、$F_1=120$ Hz。提示：使用间接形式之一。

(d) 画出 $H(z)$ 的信号流图，其中模块 $H_0(z)$ 和 $H_1(z)$ 使用直接 II 型实现结构。

7.8 设计允许频率 $F_0=100$ Hz 通过的谐振器。

(a) 求使谐振器极点位于角度 $\theta_0=\pi/2$ 上的采样频率 f_s。

(b) 设计以 $\Delta F=2$ Hz 为 3 dB 通带带宽的谐振器 $H_{\text{res}}(z)$。

(c) 用直接 II 型实现形式绘出信号流图。

7.9 设计一滤波器，使其幅度响应仿效弦乐器的声音。假设采样频率为 $fs=44.1$ kHz，理想的谐振频率或基音为 $F_0=480$ Hz，

(a) 求取图 7.1 中的反馈参数 L 和基音参数 c。

(b) 假设衰减因子 $r=0.998$，求可调谐拨弦型滤波器的传递函数 $H(z)$。

7.10 设计满足如下要求的模拟低通巴特沃兹滤波器

$$[F_p, F_s, \delta_p, \delta_s]=[300, 500, 0.1, 0.05]$$

(a) 求最小的滤波器阶数 n。

(b) 能够准确满足通带规范要求的截止频率 F_c 为多少。

(c) 能够准确满足阻带规范要求的截止频率 F_c 为多少。

(d) 求截止频率 F_c，使 $H_a(s)$ 均超过通带和阻带的规范要求。

7.11 设输入信号为 $y(k)$，其由主信号 $x(k)$ 和干扰 $d(k)$ 组成。

$$y(k)=x(k)+d(k)\ ,0\leqslant k<N$$

设采样频率为 f_s，干扰信号 $d(k)$ 为周期为 $L=12$ 的周期信号。设计一逆梳状滤波器

$H_{inv}(z)$，将 $d(k)$ 的 0 到 $L/2$ 次谐波从 $y(k)$ 中去除。3 dB 通带带宽比为 $\Delta F=f_s/200$。

7.12 设输入信号为 $y(k)$，其由周期信号 $x(k)$ 和白噪声 $v(k)$ 组成。

$$y(k)=x(k)+v(k)\ ,0\leqslant k<256$$

已知采样频率为 f_s，周期信号 $x(k)$ 的周期为 $L=16$。设计一梳状滤波器 $H_{comb}(z)$，使 $x(k)$ 的 0 到 $L/2$ 次谐波通过。3 dB 通带带宽比为 $\Delta F=f_s/100$。

7.13 设计传递函数 $H(s)$，使其为一三阶低通模拟巴特沃兹滤波器，3 dB 截止频率为 $F_c=4$ Hz。

7.14 设计满足以下规范要求的低通模拟滤波器 $H_a(s)$

$$[F_p,F_s,\delta_p,\delta_s]=[1000,1200,0.05,0.02]$$

(a) 写出以 dB 为单位的通带纹波和阻带衰减。

(b) 写出选择因子 r。

(c) 写出分辨因子 d。

7.15 考虑下面低通模拟滤波器的设计规范要求

$$[F_p,F_s,\delta_p,\delta_s]=[50,60,0.05,0.02]$$

针对如下的经典滤波器，分别找出满足规范要求的最小阶数

(a) 巴特沃兹滤波器。

(b) 切比雪夫Ⅰ型滤波器。

(c) 切比雪夫Ⅱ型滤波器。

7.16 考虑如下一阶模拟滤波器

$$H_a(s)=\frac{s}{s+4\pi}$$

(a) 这是什么类型的频率选择滤波器(低通、高通、带通、带阻)？

(b) 这个滤波器的 3 dB 截止频率 f_0 是多少？

(c) 设 $f_s=10$ Hz，计算预畸变截止频率 F_0

(d) 利用双线性变换方法设计对应的数字滤波器 $H(z)$。

7.17 考虑如下 IIR 系统

$$H(z)=\frac{z^3}{(z-0.8)(z^2-z+0.24)}$$

(a) 把 $H(z)$ 展开成部分分式。

(b) 把最靠近单位圆的两个极点组成一个二阶基本单元，绘出并联型信号流图。

7.18 设 $f_{clip}(x)$ 是如下非线性单位限幅器。

$$f_{clip}(x)\triangleq\begin{cases}-1, & -\infty<x<-1\\ x, & -1\leqslant x\leqslant 1\\ 1, & 1<x<\infty\end{cases}$$

通过绘出改进直接Ⅱ型二阶 IIR 信号流图以证明 $f_{clip}(x)$ 可用于消除由溢出误差导致

的极限环。你可以假设所有值都用小数表示。

7.19 考虑如下 IIR 滤波器。设使用缩放因子 $c=4$ 的 8 位定点制实现此滤波器。

$$H(z)=\frac{2z}{z+0.7}$$

(a) 求量化水平 q。

(b) 求此滤波器的功率增益。

(c) 求乘积舍入误差的平均功率。

7.20 考虑如下 IIR 滤波器:

$$H(z)=\frac{0.5}{z+0.9}$$

(a) 绘出 $H(z)$的直接Ⅱ型信号流图。

(b) 设所有的滤波器变量都用定点小数,且输入限于$|x(k)|\leqslant 2$。求可以消除求和节点溢出误差的缩放因子 s_1。

(c) 绘出通过缩放消除求和节点溢出的 $H(z)$的改进直接Ⅱ型信号流图。

7.21 对习题 7.20 中的系统,当输入为幅度 $\alpha\leqslant 5$ 的纯正弦时,求能消除求和节点溢出的缩放因子 s_∞。

7.22 数字滤波器最简单的设计方法是保留 $H_a(s)$的脉冲响应。用 $h_a(t)$表示期望的脉冲响应。

$$h_a(t)=L^{-1}\{H_a(s)\}$$

设 T 为采样间隔。最终目的是设计脉冲响应为 $h(k)$的数字滤波器。

$$h(k)=h_a(kT) \qquad k\geqslant 0$$

因此,$H(z)$的脉冲响应由 $H_a(s)$的脉冲响应的采样点组成。这一保留脉冲响应的设计技术被称为*脉冲响应不变法*。设 $H_a(s)$稳定、其有理多项式有 n 个不同的极点$\{p_1,p_2,\cdots,p_n\}$。

(a) 将 $H_a(s)/s$ 展开为部分分式。

(b) 计算冲激响应 $h_a(t)$。

(c) 对 $h_a(t)$采样得到脉冲响应 $h(k)$.

(d) 求传递函数 $H(z)$.

7.23 考虑如下二阶模拟原型滤波器

$$H_a(s)=\frac{6}{s^2+5s+6}$$

(a) 找出 $H_a(s)/s$ 的极点。

(b) 找出 $H_a(s)/s$ 每个极点的留数。

(c) 用习题 7.22 的脉冲响应不变法求取对应的数字传递函数,以 $T=0.5\text{s}$ 为采样间隔。

7.24 求二阶高通巴特沃兹滤波器传递函数 $H(s)$,3 dB 截止频率为 $F_c=5$ Hz。

7.25 绘出如下差分方程的直接Ⅱ型信号流图。

$$y(k)=10x(k)+2x(k-1)-4x(k-2)+5x(k-3)-0.7y(k-2)+0.4y(k-3)$$

7.26 绘出如下IIR传递函数的直接Ⅰ型信号流图。

$$H(z)=\frac{0.8-1.2z^{-1}+0.4z^{-3}}{1-0.9z^{-1}+0.6z^{-2}+0.3z^{-3}}$$

7.27 求二阶带通巴特沃兹滤波器传递函数 $H(s)$，3 dB截止频率为 $F_0=2$ Hz、$F_1=4$ Hz。

7.28 绘出如下传递函数的转置直接Ⅱ型信号流图。

$$H(z)=\frac{1-2z^{-1}+3z^{-2}-4z^{-3}}{1+0.8z^{-1}+0.6z^{-2}+0.4z^{-3}}$$

7.29 考虑如下式传递函数有 n 个极点 m 个零点的模拟滤波器，$m\leqslant n$

$$H_a(s)=\frac{\beta(s-z_1)(s-z_2)\cdots(s-z_m)}{(s-p_1)(s-p_2)\cdots(s-p_n)}$$

将模拟滤波器转换为数字滤波器另外一种的方法：用 $z=\exp(sT)$ 将 $H_a(s)$ 的每个极点和零点映射到 $H(z)$ 相应的零极点即可。即

$$H(z)=\frac{b_0\ (z+1)^{n-m}[z-\exp(z_1T)][z-\exp(z_2T)]\cdots[z-\exp(z_mT)]}{[z-\exp(p_1T)][z-\exp(p_2T)]\cdots[z-\exp(p_nT)]}$$

注意到 $n>m$，那么 $H_a(s)$ 在 $s=\infty$ 有 $n-m$ 个零点，这些零点被映射到最高频率 $z=-1$。

增益因子 b_0 可通过限定两个滤波器有相同的通带增益来确定，比如，如果 $H_a(s)$ 是低通滤波器，那么 $H_a(0)=H(1)$。这一方法被称为匹配 z 变换法。利用这一方法将下列模拟滤波器转换为对应的数字滤波器，设 $T=0.2$，在直流进行增益匹配。

$$H_a(s)=\frac{10s+1}{s^2+3s+2}$$

7.30 考虑如下IIR系统

$$H(z)=\frac{2(z^2+0.64)(z^2-z+0.24)}{(z^2+1.2z+0.27)(z^2+0.81)}$$

(a) 画出 $H(z)$ 的零极点。

(b) 把复极点和复零点组成一组，绘出级联型信号流图，每一部分都采用直接Ⅱ型结构。

7.11.2 GUI仿真

7.31 利用图形用户界面模块 *g_iir* 设计低通巴特沃兹滤波器。调节滤波器阶数使其达到刚好满足或超出规范要求的最小值，画以下图形。

(a) 线性幅度响应。

(b) 相位响应，它是线性相位滤波器吗？

(c) 零极点图。

7.32 利用图形用户界面模块 *g_iir* 设计带阻椭圆滤波器。调节滤波器阶数使其达到刚好满足或超出规范要求的最小值,画以下图形。

(a) 线性幅度响应。

(b) 相位响应,它是线性相位滤波器吗?

(c) 零极点图。

7.33 创建名为 *prob7_33.mat* 的 MAT 文件,其中包含参数 a,b 和 f_s,其表示参数为 $f_s=1000$ Hz,3 dB 带宽 $\Delta F=2$ Hz 的二阶逆梳状滤波器,然后利用图形用户界面模块 *g_iir* 和用户定义选项加载这个滤波器。

(a) 画出线性幅度响应。

(b) 画出相位响应。

(c) 画出零极点图。

7.34 利用图形用户界面模块 *g_iir* 设计谐振频率为 $F_0=300$ Hz 的谐振器。

(a) 用 *caliper* 选项标记峰值,画出线性幅度响应。

(b) 画出相位响应,这是一个线性相位滤波器吗?

(c) 画出零极点图。

7.35 利用图形用户界面模块 *g_iir* 设计带通切比雪夫Ⅱ型滤波器。调节滤波器阶数使其达到刚好满足或超出规范要求的最小值,画以下图形。

(a) 线性幅度响应。

(b) 相位响应,它是线性相位滤波器吗?

(c) 零极点图。

7.36 利用图形用户界面模块 *g_iir* 设计高通切比雪夫Ⅰ型滤波器。调节滤波器阶数使其达到刚好满足或超出规范要求的最小值,画以下图形。

(a) 线性幅度响应。

(b) 相位响应,它是线性相位滤波器吗?

(c) 零极点图

7.37 利用 *g_iir* 模块构造默认参数值的切比雪夫Ⅰ型低通滤波器,绘出下列情况的线性幅度响应。

(a) 滤波器的阶数由用户自行调节找出不满足规范要求的最高值。

(b) 滤波器的阶数由用户自行调节找出刚好满足或超出规范要求的最小值。

7.38 用图形用户界面 *g_iir* 设计陷波滤波器,陷波频率为 $F_0=200$ Hz,采样频率为 $f_s=1200$ Hz。

(a) 画出线性幅度响应。

(b) 画出相位响应,滤波器是线性相位吗?

(c) 画出脉冲响应。

7.39 利用图形用户界面模块 *g_iir* 设计带通巴特沃兹滤波器。调节滤波器阶数使其达到刚好满足或超出如下规范要求的最小值。

$$[f_s, F_{s1}, F_{p1}, F_{p2}, F_{s2}] = [2000, 300, 400, 600, 700] \text{ Hz}$$

$$[A_p, A_s] = [0.6, 30] \text{ dB}$$

(a) 画出以 dB 为单位的幅度响应。

(b) 画出零极点图。

(c) 将参数 a,b,fs 保存到叫做 *prob*7_39 的 MAT 文件。然后利用图形用户界面模块 *g_filters*以用户定义滤波器的形式加载。调整用于量化系数的比特数直至 $N=12$,画出线性幅度响应。

7.40 利用图形用户界面模块 *g_iir* 设计切比雪夫Ⅰ型带通滤波器,调节滤波器阶数使其达到刚好满足或超出如下规范要求的最小值。

$$[f_s,F_{s1},F_{p1},F_{p2},F_{s2}]=[2000,300,400,600,700]\ \text{Hz}$$
$$[\delta_p,\delta_s]=[0.05,0.03]$$

(a) 画出线性幅度响应。

(b) 画出零极点图。

(c) 将参数 a,b 和 f_S 保存到叫做 *prob*7_40 的 MAT 文件。然后利用图形用户界面模块 *g_filters* 以用户定义滤波器的形式加载。调整用于量化系数的比特数直至 $N=10$,画出线性幅度响应。

7.41 利用图形用户界面模块 *g_iir* 设计带通椭圆滤波器,调节滤波器阶数使其达到刚好满足或超出如下规范要求的最小值。

$$[f_s,F_{p1},F_{s1},F_{s2},F_{p2}]=[2000,350,400,600,650]\ \text{Hz}$$
$$[\delta_p,\delta_s]=[0.04,0.02]$$

(a) 画出线性幅度响应。

(b) 画出零极点图。

(c) 将参数 a,b 和 f_S 保存到叫做 *prob*7_41 的 MAT 文件。然后利用图形用户界面模块 *g_filters* 以用户定义滤波器的形式加载。调整用于量化系数的比特数直至 $N=9$,画出线性幅度响应。

7.42 利用图形用户界面模块 *g_iir* 设计巴特沃兹带阻滤波器,调节滤波器阶数使其达到刚好满足或超出如下规范要求的最小值。

$$[f_s,F_{p1},F_{s1},F_{s2},F_{p2}]=[100,20,25,35,40]\ \text{Hz}$$
$$[\delta_p,\delta_s]=[0.05,0.02]$$

(a) 以 dB 为单位画出幅度响应。

(b) 画出零极点图。

(b) 将参数 a, b 和 f_S 保存到叫做 *prob*7_42 的 MAT 文件。然后利用图形用户界面模块 *g_filters* 以用户定义滤波器的形式加载。调整用于量化系数的比特数直至 $N=16$,画出线性幅度响应。

7.43 利用图形用户界面模块 *g_iir* 设计切比雪夫Ⅱ型带阻滤波器,调节滤波器阶数使其达到刚好满足或超出如下规范要求的最小值。

$$[f_s,F_{p1},F_{s1},F_{s2},F_{p2}]=[20000,2500,3000,4000,4500]\ \text{Hz}$$
$$[\delta_p,\delta_s]=[0.04,0.03]$$

(a) 画出线性幅度响应。

(b) 画出零极点图。

(c) 将参数 a,b 和 f_S 保存到叫做 *prob7_43* 的 MAT 文件。然后利用图形用户界面 *g_filters* 以用户定义滤波器的形式加载。调整用于量化系数的比特数直至 $N=17$。画出线性幅度响应。

7.44 利用图形用户界面模块 *g_iir* 设椭圆带阻滤波器,调节滤波器阶数使其达到刚好满足或超出如下规范要求的最小值。

$$[f_s, F_{p1}, F_{s1}, F_{s2}, F_{p2}] = [20, 6.5, 7, 8, 8.5] \text{ Hz}$$

$$[\delta_p, \delta_s] = [0.02, 0.015]$$

(a) 画出线性幅度响应。

(b) 画出零极点图。

(c) 将参数 a,b 和 f_S 保存到叫做 *prob7_44* 的 MAT 文件。然后利用图形用户界面模块 *g_filters* 以用户定义滤波器的形式加载。调整用于量化系数的比特数直至 $N=14$,画出线性幅度响应。

7.45 利用图形用户界面模块 *g_iir* 和用户定义选项加载 MAT 文件 *u_iir1* 中的滤波器。

(a) 画出线性幅度响应。这是什么类型的滤波器?

(b) 画出相位响应。

(c) 画出冲激响应。

7.11.3 MATLAB 计算

7.46 利用 *f_ellipticz* 编写 MATLAB 程序设计满足下列设计规范的椭圆数字带通滤波器:

$$[f_s, F_{s1}, F_{p1}, F_{p2}, F_{s2}, \delta_p, \delta_s] = [1600, 250, 350, 550, 650, 0.06, 0.04]$$

(a) 找出满足要求的最小滤波器阶数,并将其打印出来。

(b) 利用 *f_freqz* 计算并绘出幅度响应。

(c) 用 *fill* 函数以加阴影的方式将设计规范标示出来。

7.47 利用 *f_butters* 和 *f_low2highs* 编写 MATLAB 程序,设计满足以下要求的模拟巴特沃兹高通滤波器。

$[F_s, F_p, A_p, A_s] = [4, 6, 0.5, 24]$

(a) 打印滤波器阶数、δ_p、δ_s。

(b) 用 *f_freqs* 计算并且画出 $0 \leqslant f \leqslant 2F_p$ 范围内的幅度响应,使用线性尺度。

(c) 在幅度响应图中,用 *fill* 函数以加阴影的方式将设计规范标示出来。

7.48 利用 *f_cheby1s* 和 *f_low2bps* 编写 MATLAB 程序,设计满足以下要求的模拟切比雪夫 I 型带通滤波器。

$[F_{s1}, F_{p1}, F_{p2}, F_{s2}, A_p, A_s] = [35, 45, 60, 70, 0.4, 28]$

(a) 打印滤波器阶数、δ_p、δ_s。

(b) 用 *f_freqs* 计算并且画出 $0 \leqslant f \leqslant 2F_{s2}$ 范围内的幅度响应,使用线性尺度。

(c) 在幅度响应图中,用 *fill* 函数以加阴影的方式将设计规范标示出来。

7.49 利用 *f_elliptics* 编写 MATLAB 程序，设计满足以下要求的模拟低通椭圆滤波器。

$$[F_p, F_s, \delta_p, \delta_s] = [10, 20, 0.04, 0.02]$$

(a) 打印滤波器阶数。

(b) 用 *f_freqs* 计算并且画出 $0 \leqslant f \leqslant 2F_s$ 范围内的幅度响应。

(c) 在幅度响应图中，用 *fill* 函数以加阴影的方式将设计规范标示出来。

7.50 利用 *f_butters* 和 *f_bilin* 编写 MATLAB 程序，采用双线性变换的方法设计一个六阶的低通巴特沃兹数字滤波器。设定采样频率 $f_s = 10$ Hz。模拟截止频率预折叠以使得数字截止频率 $F_c = 1$ Hz。

(a) 画出脉冲响应 $h(k)$。

(b) 利用 *f_pzplot* 画出 $H(z)$的零极点。

(c) 利用 *f_freqz* 计算并绘出幅度相应 $A(f)$，添加到理想幅度响应上，并加注图例。

7.51 利用 *f_cheby2z* 编写 MATLAB 程序设计一个满足下列设计规范的切比雪夫Ⅱ型数字带通滤波器：

$$[f_s, F_{s1}, F_{p1}, F_{p2}, F_{s2}, , \delta_p, \delta_s] = [1600, 250, 350, 550, 650, 0.06, 0.04]$$

(a) 求取满足设计指标的最小滤波器阶数并将其打印。

(b) 利用 *f_freqz* 计算并画出幅度响应。

(c) 用 *fill* 函数以加阴影的方式将设计规范标示出来。

7.52 利用 *f_butters* 编写 MATLAB 程序，设计满足如下规范要求的模拟巴特沃兹低通滤波器。

$$[F_p, F_s, \delta_p, \delta_s] = [10, 20, 0.04, 0.02]$$

(a) 打印滤波器阶数。

(b) 用 *f_freqs* 计算并且画出 $0 \leqslant f \leqslant 2F_s$ 范围内的幅度响应。

(c) 在幅度响应图中，用 *fill* 函数以加阴影的方式将设计规范标示出来。

7.53 利用 *f_butterz* 编写 MATLAB 程序设计一个满足下列设计规范的巴特沃兹数字带阻滤波器：

$$[f_s, F_{p1}, F_{s1}, F_{s2}, F_{p2}, , \delta_p, \delta_s] = [2000, 200, 300, 600, 700, 0.05, 0.03]$$

(a) 求取满足设计指标的最小滤波器阶数并将其打印。

(b) 利用 *f_freqz* 计算并画出幅度响应。

(c) 用 *fill* 函数以加阴影的方式将设计规范标示出来。

7.54 利用 *f_cheby1z* 编写 MATLAB 程序设计一个满足下列设计规范的切比雪夫Ⅰ型数字带阻滤波器：

$$[f_s, F_{p1}, F_{s1}, F_{s2}, F_{p2}, , \delta_p, \delta_s] = [2000, 200, 300, 600, 700, 0.05, 0.03]$$

(a) 求取满足设计指标的最小滤波器阶数并将其打印。

(b) 利用 *f_freqz* 计算并画出幅度响应。

(c) 用 *fill* 函数以加阴影的方式将设计规范标示出来。

7.55 编写一个名为 *f_filtnorm* 的 MATLAB 函数,它返回数字滤波器的 L_p 范数,$\| h \|_p$。函数 *f_filtnorm* 使用如下的调用顺序。

```
% F_FILTNORM: Return L_P norm of filter H(z) = b(z)/a(z)
%
% Usage:
%         d = f_filtnorm(b,a,p)
% Pre:
%         b = vector of length m + 1 containing coefficients of
%             numerator polynomial.
%         a = vector of length n + 1 containing coeffients of
%             denominator polynomial.
%         p = interger specifying norm type. Use p = Inf for
%             the infinity norm.
% Post:
%         d = the L\_p norm, ‖ h ‖ \_p
```

通过编写一个 MATLAB 脚本程序计算并输出习题 5.46 中梳状滤波器的 L_1,L_2 和 L_∞ 范数测试 *f_filtnorm*。验证在此情况下式(5.8.16)成立。

7.56 利用 *f_cheby2s* 编写 MATLAB 程序,设计满足以下要求的模拟低通切比雪夫Ⅱ型滤波器。

$$[F_p, F_s, \delta_p, \delta_s] = [10, 20, 0.04, 0.02]$$

(a) 打印滤波器阶数。

(b) 用 *f_freqs* 计算并且画出 $0 \leqslant f \leqslant 2F_s$ 范围内的幅度响应。

(c) 在幅度响应图中,用 *fill* 函数以加阴影的方式将设计规范显示出来。

7.57 编写一个名为 *f_cheby1s* 的 MATLAB 程序,设计满足如下要求的模拟低通切比雪夫Ⅰ型滤波器。

$$[F_p, F_s, \delta_p, \delta_s] = [10, 20, 0.04, 0.02]$$

(a) 打印滤波器阶数。

(b) 用 *f_freqs* 计算并且画出 $0 \leqslant f \leqslant 2F_s$ 范围内的幅度响应。

(c) 在幅度响应图中,用 *fill* 函数以加阴影的方式将设计规范标示出来。

第三部分　高级信号处理

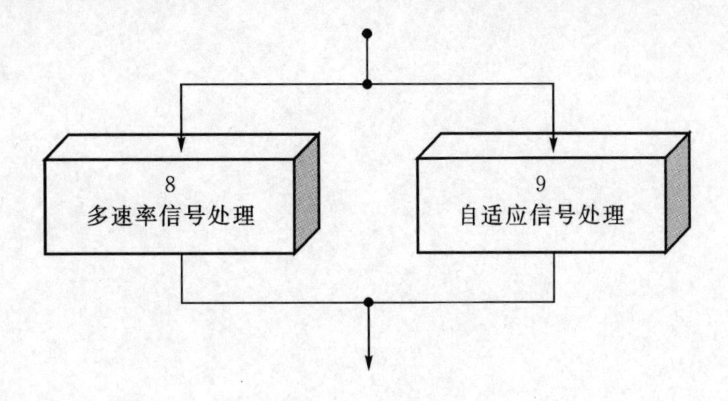

多速率信号处理

本章内容

8.1 动机

到目前为止，我们所遇到的所有的离散时间系统假定都是以固定的采样率 f_s 进行采样的。当我们放松这个假定，如允许一些信号以某种速率采样而另一些信号以其它或高或低的速率采样时，就导致了多速率系统。我们将会看到，多速率系统比起固定速率系统在总体性能上有很多优点。一个最简单的多速率系统是一个抽取器，它将离散时间信号的采样速率降低了整数 M 倍。

$$y(k) = \sum_{i=0}^{m} b_i x(Mk - i)$$

这里输出 $y(k)$ 可以认为是输入 $x(k)$ 经过滤波后的结果，不同的是输入仅在第 M 整数倍的采样点取值。M 倍的抽取显著地将采样率降低了 M 倍。为了保留抽取前信号的频谱特征，需要在抽取时引入滤波过程。利用一个内插器还可以将采样速率提高整数 L 倍。更一般地，还可以设计输出采样率与输入采样率之比为任意有理数 L/M 的采样速率变换器。现代高性能DSP系统就是利用了多速率系统带来的益处。例如，多速率技术可以用来设计高抗噪性的模数转换器(ADCs)和数模转换器(DACs)。另一类重要的应用是设计窄带滤波器组，比如应用于频分复用和解复用。

本章首先介绍几个多速率系统的应用，接着讲述整数倍的抽取器和内插器的设计方法。这些速率变换组件随后被用来构成有理数倍的一级和多级的速率变换器。接下来是讨论如何利用时变多相位滤波器来有效地实现速率变换器，然后从窄带滤波器和滤波器组开始讨论多速率系统的应用。然后是一个针对双通道正交镜像滤波器组的分析。本章将给出过采样的ADCs的优越性能，紧接着是一个应用过采样 DACs 的模拟系统演示。最后，介绍一个称为*g_multirate*的 GUI 模块，用它可以在不需要编写任何程序的情况下来设计和评估一个多速率DSP系统。本章小节给出多速率信号处理技术的总结，并展示一个实例。

8.1.1 窄带滤波器组

如果将每个信号分配一个不同的频段，那么若干路信号就可以通过一个通信信道同时传送，这种被称为频分复用或子频带处理的技术需要一组窄带滤波器，每个滤波器可以用来提取出一个不同的信号。图 8.1 是一个由六个窄带滤波器构成的滤波器组的幅度响应。注意到为了使组里的滤波器数量最多，它们的过渡带之间有相互重叠的部分，如图中阴影区域所示。

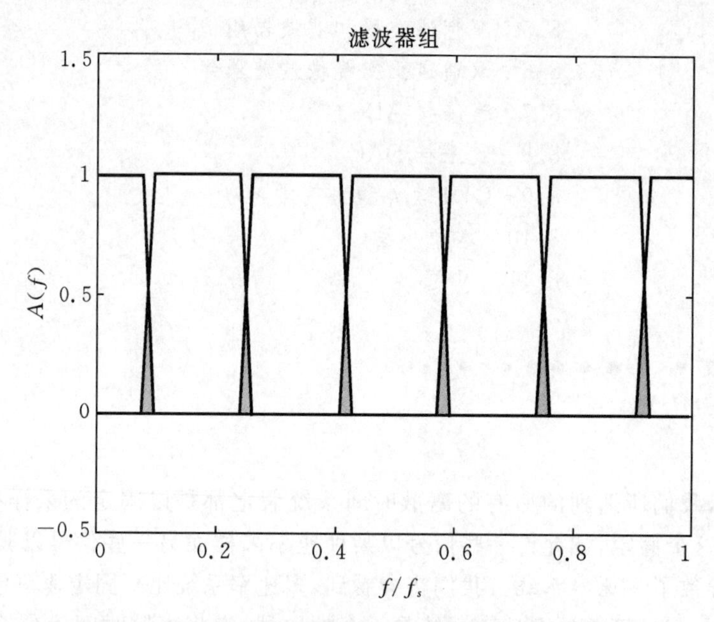

图 8.1 由六个窄带滤波器构成的滤波器组的幅度响应

当一个滤波器的通带(或阻带)带宽与它的采样频率 f_s 相比很小时，这样的滤波器就是一个窄带滤波器。例如，令 $B_p = F_{p2} - F_{p1}$ 为带通滤波器的通带宽度，如果

$$B_p \ll f_s \tag{8.1.1}$$

则为窄带滤波器。用类似的方法也可以定义窄带高通或低通滤波器。在设计窄带滤波器组时遇到的挑战来自于满足上述要求的过渡带带宽。假设我们设计一个有 N 个窄带滤波器的滤

波器组。由于离散时间的频率响应是以 f_s 为周期的，我们也可以将频率范围设为$[0,f_s]$而不是从$-f_s/2$到$f_s/2$。那么，第 i 个滤波器的中心频率为 $F_i=if_s/N(0\leqslant i\leqslant N)$并且最大通带宽度为

$$B_p\approx\frac{f_s}{N} \tag{8.1.2}$$

为了最大程度的利用频谱，过渡带带宽应当比通带宽度小。因此，对于窄带滤波器，过渡带与 f_s 相比是非常小的。假定要设计一个 $N=10$ 个滤波器的滤波器组，过渡带带宽为 $B_t=B_p/20$。那么归一化后的过渡带带宽为

$$B=\frac{B_t}{f_s}=\frac{B_p}{20f_s}=0.005 \tag{8.1.3}$$

这样的设计要求是非常严格的。为了说明这一点，假设滤波器组里滤波器的通带波动和阻带衰减如下：

$$(\delta_p,\delta_s)=(0.01,\ 0.02) \tag{8.1.4}$$

如果用等纹波的 FIR 滤波器设计方法来设计，那么根据式(6.5.21)，可以估计出满足要求的滤波器阶数为

$$\begin{aligned}m&\approx \text{ceil}\left\{\frac{-[10\log_{10}(\delta_p\delta_s)+13]}{14.6B}+1\right\}=\text{ceil}\left\{\frac{-[10\log_{10}(0.0002)+13]}{14.6(0.005)}+1\right\}\\&=330\end{aligned} \tag{8.1.5}$$

显然，这种情况下需要一个阶数很大的窄带滤波器才能满足设计要求。回忆一下如果使用其它的 FIR 设计方法，例如窗口法、频率采样法或者最小二乘法，设计出的滤波器阶数将会更高。实现一个如此高阶的滤波器将随之带来很多实际问题，包括大量的存储空间需求，很长的处理时间，和有限字长效应。幸好，通过利用一种多级多相位滤波器的多速率设计方法，不仅会有效解决上述问题，而且将提升窄带滤波器的性能。

8.1.2　分数延迟系统

在不同应用场合我们经常会遇到在没有畸变的要求下对一个离散时间信号进行延迟处理的情况。如果要求的延迟是采样间隔 T 的整数倍，那么是容易达到的。我们可以分配一段缓冲区，把它当作一个长度为 M 的移位寄存器，如图 8.2 所示。信号从另一端移出后相对于输入信号的延迟为 $\tau=MT$。

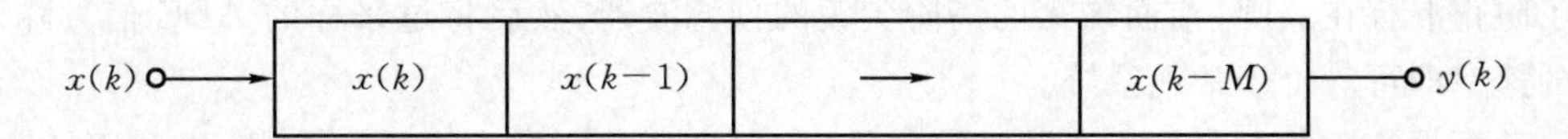

图 8.2　利用一个 M 长的移位寄存器延迟离散时间信号

更具挑战性的是设计一个延迟为非整数倍采样间隔的*内插采样延迟系统*。为此需要设计一个全通滤波器，其相位响应为

$$\phi(f) = -2\pi f\tau \tag{8.1.6}$$

回忆一下式(5.4.7),通过对系数加上对称性的限制可以容易的设计出全通 IIR 滤波器,然而设计一个有任意群时延的固定速率 IIR 滤波器是比较困难的。利用多速率技术,这个设计问题变得相对易处理了。其基本的思想是首先把采样速率提高 L 倍,然后利用移位寄存器将这个增采样后的信号延迟 $0<M<L$ 个采样点。接着再通过降低采样率 L 倍来恢复原始的采样频率。整个处理过程如图 8.3 所示。

图 8.3 中的 L 倍内插器将采样速率提高了 L 倍,导致中间信号 $r(k)$ 的采样频率为 $f_r = Lf_s$。改变采样速率的另一种实现方式是用 DAC 将 $x(k)$ 从数字信号转为模拟信号,然后再用 ADC 将其以新的速率采样。这种模拟实现方式的缺点是它引入了新的量化和混叠误差。我们将会看到通过在离散时间域上严格的计算,可以设计出避免上述误差的速率变换器。一旦 $x(k)$ 被增采样产生了 $r(k)$,这个中间信号被图 8.2 所示的移位寄存器延迟整数个样点 M。如果移位寄存器的长度范围是 $0<M<L$,当从原始的采样率 f_s 来看时,就产生了一个分数倍或内插采样的时延。特别地,由图 8.3 所示的移位寄存器框图所带来的时延为

$$\tau = \left(\frac{M}{L}\right)T \tag{8.1.7}$$

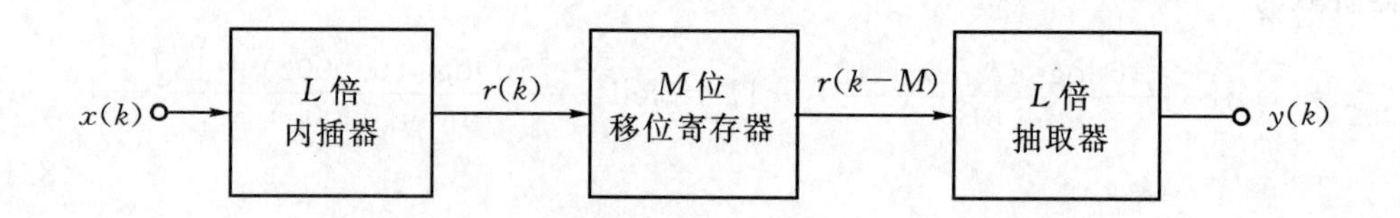

图 8.3　利用多速率系统将离散时间信号产生内采样延迟

最后,L 倍的抽取器将延迟过的信号 $r(k-M)$ 减采样 L 倍,因此就恢复了原始的采样速率。应该指出,图 8.3 中的抽取器和内插器都包含了线性相位 FIR 低通滤波器,所以当进行这些处理时同样会引入延迟,这些延迟是原始采样间隔的整数倍。

8.2　整数采样速率变换器

现代高性能 DSP 系统常常用来实现多速率系统:在这样的系统中,一些信号是以某一速率采样,而另一些信号以另一种速率采样。例如,如果使用过采样的 ADC,就可省去常规情况下为了防止混叠在 ADC 前面加入的高阶尖锐的预滤波器,然后将过采样的 ADC 信号降低到需要的速率即可等价于常规系统。

一种更为简单的方法是将离散时间信号用 DAC 从数字转为模拟的信号,再利用 ADC 以需要的速率对这个模拟信号采样。这种方法的好处是 ADC 可以以任意速率采样,然而它的缺点是引入了新的量化噪声和混叠误差。在这一节中,我们将介绍全部在离散时间域内实现速率变换,从而避免上述缺点。

8.2.1　采样速率抽取器

让我们以一个相对简单的问题开始：将采样速率降低 M 倍。一个降低采样速率的速率变换器被称作抽取器。令 $x(k)$ 是由模拟信号 $x_a(k)$ 以速率 f_s 采样得到的离散时间信号。如果 $T=1/f_s$ 是采样间隔，那么

$$x(k) = x_a(kT) \tag{8.2.1}$$

我们的目标是以 $x(k)$ 开始来合成一个新的离散时间信号 $y(k)$ 这里 $y(k)$ 应该是以降低后的采样频率 $f_M=f_s/M$ 对 $x_a(k)$ 进行采样的信号，其中 M 为正整数。由于 M 是一个整数，看起来可以通过简单地将 $x(k)$ 间隔 M 个的所有样点提取出来来实现，如下式：

$$x_M(k) = x(Mk) \tag{8.2.2}$$

上述方法的问题在于它没有考虑两个信号的频谱特征。如果原始信号 $x(k)$ 采样时是没有混叠的，那么根据采样理论，模拟信号 $x_a(k)$ 一定要在 $f_s/2$ Hz。然而，为了避免降低采样率后的信号 $x_M(k)$ 发生混叠，模拟信号一定要在 $f_s/(2M)$ Hz 内带限。因此，为了消除 $x_M(k)$ 的混叠，我们需要先将 $x(k)$ 通过一个截止频率为 $F_M=f_s/(2M)$ 的低通滤波器。

$$H_M(f) \triangleq \begin{cases} 1, & 0 \leqslant |f| < F_M \\ 0, & F_M \leqslant |f| \leqslant f_s/2 \end{cases} \tag{8.2.3}$$

与 ADC 前的用来抗混叠的模拟滤波器不同，式(8.2.3)中的滤波器是一个*数字抗混叠滤波器*，以整数 M 倍减采样的过程如图 8.4 所示。注意这是式(8.2.2)中描述的降低采样速率(或称*减采样*)的标准做法，用一个向下的箭头 ↓ 来表示。

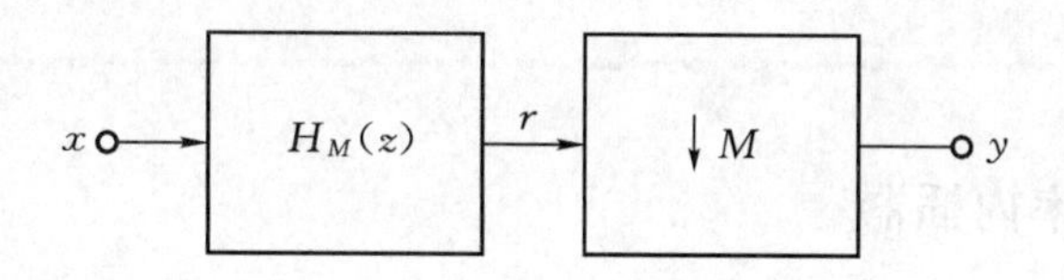

图 8.4　整数 M 倍抽取器

由于图 8.4 中的抗混叠滤波器是一个数字滤波器，第 6 章中讨论的任何线性相位 FIR 滤波器设计方法都可以用来设计这个低通滤波器。在不考虑非线性相位失真的情况下，$H_M(z)$ 同样可以用 IIR 滤波器实现。如果 $H_M(z)$ 是用一个 m 阶的 FIR 滤波器实现的，那么抽取器的输出可以用下面的时域形式来表达：

$$y(k)=\sum_{i=0}^{m} b_i x(Mk-i) \tag{8.2.4}$$

例 8.1　整数抽取器

作为采样抽取器的一个示例，考虑下面的模拟输入信号：

$$x_a(t)=\sin(2\pi t)-0.5\cos(4\pi t)$$

令采样频率为 $f_s=40$ Hz。假设目标是把采样信号 $x(k)$ 降低 $M=2$ 倍，式(8.2.3)所要求

的低通滤波器具有 $H_M(0)=1$ 的增益并且截止频率为 $F_M=5$ Hz。假设使用海宁窗设计一个阶数 $m=20$ 的线性相位滤波器，由于原始信号已经带限于 2 Hz，在这个例子中 FIR 滤波器没有带来任何明显的效果。抽取器的输出可以通过运行脚本程序 *exam8_1* 获得。原始采样点和减采样后的采样点如图 8.5 所示。通过观察明显可以看到，在经过起始的瞬态后，减采样后的样点如实地再现了原始信号。注意这里相对原始信号有一个由线性相位滤波器产生的 $m/2=10$ 的时延。

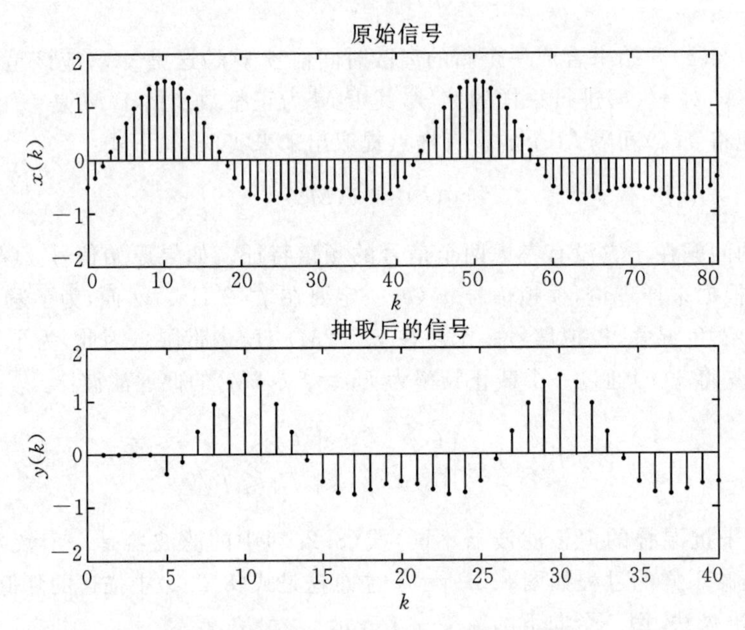

图 8.5　$M=2$ 倍的抽取器，使用 $m=20$ 阶的汉明窗 FIR 滤波器

8.2.2　采样速率内插器

下面考虑设计一个将采样速率提高整数 L 倍的速率变换器。提高采样率的速率变换器被称作内插器，这是因为它在原始采样点间插入了新的采样点。这里的目标是合成一个离散时间信号，它与将 $x_a(t)$ 以 $f_L=Lf_s$ 速率采样所得到的信号应该是一致的，其中 L 是一个正整数。由于 L 是一个正整数，新信号 $x_L(k)$ 间隔 L 的所有样本点与原始信号 $x(k)$ 的样本点具有一一对应关系。在原始采样点间内插新点有很多方法，最简单的方法是在每两个原始采样点间插入 $L-1$ 个零，如下所示：

$$x_L(k)=\begin{cases}x(k/L), & |k|=0,L,2L,\cdots\\ 0, & k\text{ 为其他}\end{cases}\tag{8.2.5}$$

为了利于理解，我们以如下周期为 L 的脉冲串来构造 $x_L(k)$：

$$\delta_L(k)\triangleq\sum_{i=-\infty}^{\infty}\delta(k-Li)\tag{8.2.6}$$

信号 $x_L(k)$ 是信号 $x(k/L)$ 被周期脉冲串 $\delta_L(k)$ 幅度调制后的结果，即就是

$$x_L(k) = x(k/L)\delta_L(k) \tag{8.2.7}$$

注意到当 k 为 L 的非整数倍时 $x(k/L)$ 是没有定义的，但是式(8.2.7)中的乘积在所有的 k 上都是有定义的，因为当 k 不是 L 的整数倍时 $\delta_L(k)=0$，式(8.2.7)4 中的 k/L 也可以用 floor (k/L) 代替而不会改变结果。

我们也可以通过对内插后的信号做 Z 变换来看出用零点内插的效果。令变量代换 $i=k/L$，有

$$X_L(z) = \sum_{k=0}^{\infty} x(k/L)\delta_L(k)z^{-k} = \sum_{i=0}^{\infty} x(i)z^{-Li} = \sum_{i=0}^{\infty} x(i)(z^L)^{-i} \tag{8.2.8}$$

增采样信号的 Z 变换可以表示成输入的 Z 变换：

$$X_L(z) = X(z^L) \tag{8.2.9}$$

一个离散时间信号的频谱可以通过在单位圆上计算 Z 变换得到。把式(8.2.9)中的 Z 用 $\exp(\mathrm{j}2\pi fT)$ 替换，我们可以得到内插后的信号频谱如下：

$$X_L(f) = X(Lf),\ 0 \leqslant |f| \leqslant f_s/2 \tag{8.2.10}$$

所以，内插后的信号 $x_L(k)$ 的频谱是原信号 $x(k)$ 频谱的 L 次折叠重复，每个重复频谱的中心频率是 f_s/L 的整数倍。这 $L-1$ 个原始信号频谱的镜像需要通过一个截止频率为 $F_L = 0.5f_s/L$ 的低通滤波器才能去除。

$$H_L(f) \triangleq \begin{cases} L, & 0 \leqslant |f| < F_L \\ 0, & F_L \leqslant |f| \leqslant 0.5f_s \end{cases} \tag{8.2.11}$$

注意到这个滤波器的通带增益被设为 $H_L(0)=L$。这是为了补偿补零后 $x_L(k)$ 的平均值是 $x(k)$ 平均值的 $1/L$ 倍。与 DAC 上的抗镜像的模拟滤波器不同，式(8.2.11)中的滤波器是一个数字抗镜像滤波器。图 8.6 总结了整数 L 倍内插的过程，同样它是式(8.2.5)表示的提高采样频率或称增采样的标准做法，用一个向上的箭头 ↑ 表示。

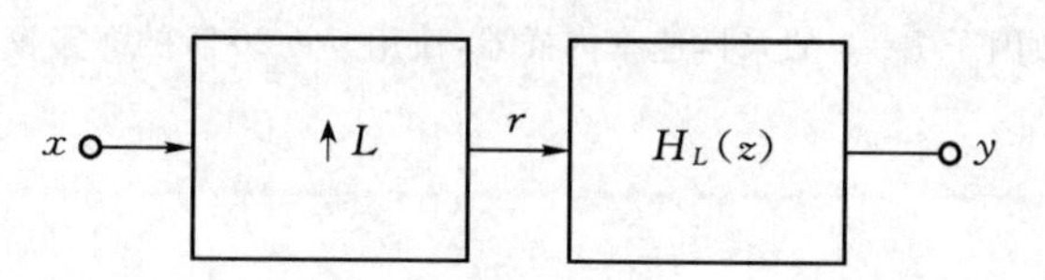

图 8.6　整数 L 倍内插器

由于图 8.6 中的抗镜像滤波器是一个数字滤波器，第 6 章中介绍的任何线性相位 FIR 滤波器设计方法都可以用来设计这个低通滤波器。如果 $H_L(z)$ 是用一个 m 阶的 FIR 滤波器实现的，那么内插器的输出可以用下面的时域形式来表达：

$$y(k) = \sum_{i=0}^{m} b_i\delta_L(k-i)x\left(\frac{k-i}{L}\right) \tag{8.2.12}$$

例 8.2　整数内插器

作为采样内插器的一个示例，考虑和例 8.1 中同样的模拟输入信号：

$$x_a(t) = \sin(2\pi t) - 0.5\cos(4\pi t)$$

同样,假设采样频率为 $f_s=20$ Hz,考虑将采样信号 $x(k)$ 以 $L=3$ 内插的问题。式(8.2.11)所要求的低通滤波器具有 $H_L(0)=3$ 的增益并且截止频率为 $F_M=10/3$ Hz。假设使用海宁窗设计一个阶数 $m=20$ 的线性相位滤波器。在相邻的原始采样点间增加两个零点使得原始频谱在高频处出现了镜像,这需要通过一个抗镜像滤波器来去掉。内插器的输出可以通过运行脚本程序 *exam8_2* 得到。原始采样点和内插后的采样点如图 8.7 所示。从中可以很明显的看出,内插后的样点填充了原始采样点,并且保持了信号的波形。插入一段零点就可以从已有采样点间内插出信号,这看起来是超乎直觉的。其实这是低通滤波器唯一地将那个带限模拟信号有效地恢复出来的结果。

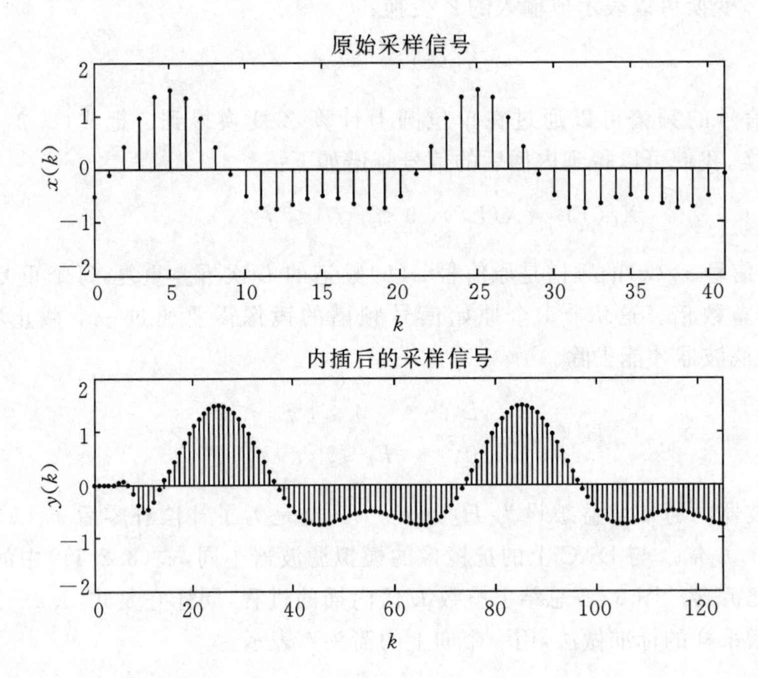

图 8.7 整数因子 $L=3$ 的采样速率内插器,使用 $m=20$ 阶的海宁窗 FIR 滤波器

8.3 有理数采样率变换器

8.3.1 单级变换器

整数速率变换器是很有用的,但是在某些实际应用中整数速率变换器并不能直接应用。例如,在录音室中使用的数字录音带(DAT)的采样率是 $f_s=48$ kHz,而一张激光唱盘(CD)的采样率是 $f_s=44.1$ kHz。为了将音乐从一种格式转为另一种格式,需要进行非整数倍的采样速率变换。好在我们可以使用前面介绍的方法来设计一个有更大适用范围的采样速率变换器。基本的方法是先将信号以 L 倍进行内插,再以 M 倍进行抽取,这种内插器和抽取器级联

结构的最终效果是把采样率变换了一个有理数的 L/M 倍。即

$$f_S = \left(\frac{L}{M}\right) f_s \tag{8.3.1}$$

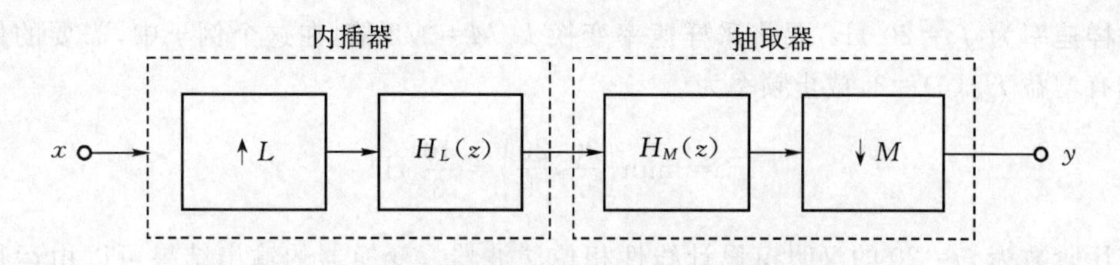

图 8.8　速率变换因子为 L/M 的有理数采样率变换器

图 8.8 是一个有理数速率变换器的框图。如果 $L/M<1$，那么图 8.8 的系统是一个有理数抽取器，如果 $L/M>1$，它就是一个有理数内插器。

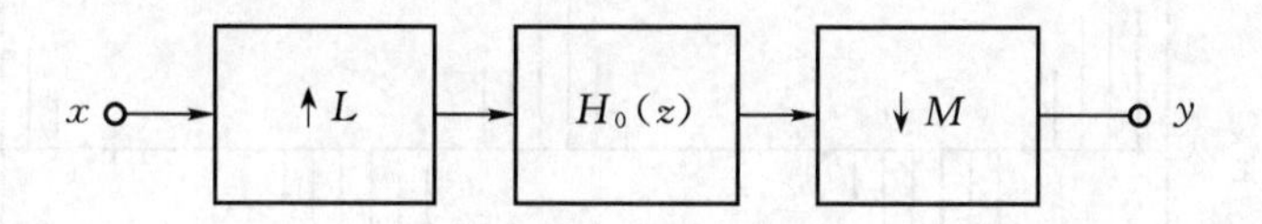

图 8.9　简化的 L/M 有理数采样率变换器，将抗混叠滤波器和抗镜像滤波器合二为一

图 8.8 中的内插器在抽取器之前是为了工作在一个更高的采样速率上，这样就保留了原始信号 $x(k)$ 的频谱特征。此外，这样的顺序还会带来另一个好处：两个低通滤波器的级联可以用一个频率响应为 $H_0(f)=H_L(f)H_M(f)$ 的等效低通滤波器来代替。这种简化的结构如图 8.9 所示。这个组合起来的抗混叠和镜像频率的滤波器通带增益是 $H_0(0)=L$，截止频率 F_0 为

$$F_0 = \min\left\{\frac{f_s}{2L}, \frac{f_s}{2M}\right\} \tag{8.3.2}$$

因此，这个组合的滤波器的频率响应为

$$H_0(f) = \begin{cases} L, & 0 \leqslant |f| < F_0 \\ 0, & F_0 \leqslant |f| \leqslant f_s/2 \end{cases} \tag{8.3.3}$$

如果这个组合的滤波器是一个 m 阶的线性相位 FIR 滤波器，那么它的时域输出可以表达成下式：

$$y(k) = \sum_{i=0}^{m} b_i \delta_L(Mk-i) x\left(\frac{Mk-i}{L}\right) \tag{8.3.4}$$

作为部分验证，注意到当 $L=1$ 时，$\delta_1(k)=1$，式(8.3.4)退化为式(8.2.4)。同样，当 $M=1$ 时，式(8.3.4)退化为式(8.2.12)。

例 8.3 **有理数采样率变换器**

作为一个有理数采样率变换的例子，考虑下面的模拟输入信号：

$$x_a(t) = \cos(2\pi t) + 0.8\sin(4\pi t)$$

假设采样速率为 $f_s=20$ Hz，要将采样速率变换 $L/M=3/2$ 倍，在这个例子中，需要的低通滤波器具有增益 $H_0(0)=3$，截止频率为

$$F_0 = \min\left\{\frac{20}{6},\frac{20}{4}\right\} = \frac{10}{3}\ \text{Hz}$$

假定使用阶数为 $m=20$ 的汉明窗设计线性相位滤波器。变换器的输出结果可以由运行脚本程序 *exam*8_3 得到。原始采样点和速率变换后的采样点如图 8.10 所示。通过观察可以明显的看出，在每对原始采样点上被内插成了三个采样点。

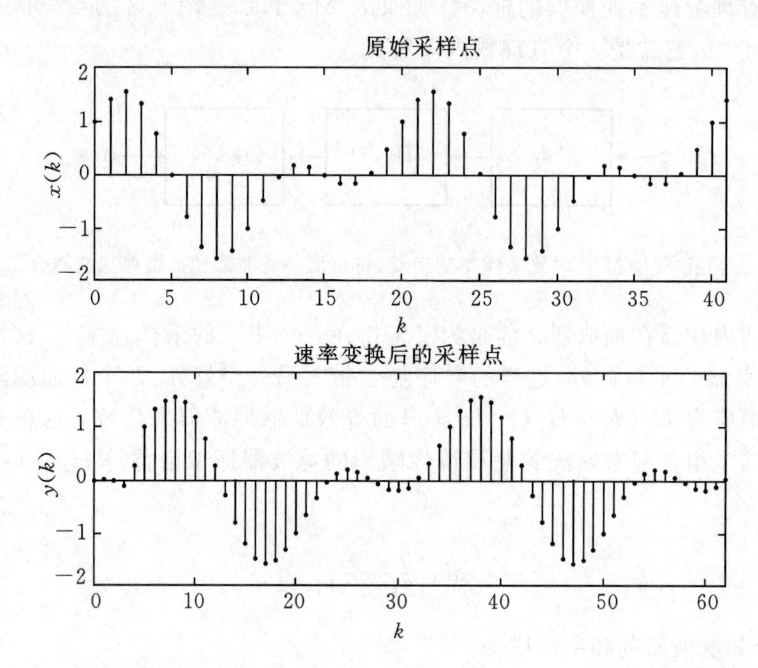

图 8.10 有理数 $L/M=3/2$ 倍采样速率变换(使用阶数 $m=20$ 的汉明窗 FIR 滤波器)

8.3.2 多级速率变换器

在一些实际应用中，L 或 M 的值有可能相对很大，这种情况会给系统的实现带来许多困难。如果 L 或 M 是很大的，那么抗混叠和抗镜像组合滤波器 $H_0(Z)$将会是一个窄带低通滤波器，它的截止频率 $F_0 \ll f_s$。窄带线性相位滤波器的各项指标往往较难满足且对 FIR 滤波器的阶数要求很高，这意味着需要更多的存储空间、更长的计算时间、不利的有限字长效应。解决这个问题基本的思路是把需要的变换比率分解为多级比率的乘积，每一级的 L 和 M 都比较小。

$$\frac{L}{M}=\left(\frac{L_1}{M_1}\right)\left(\frac{L_2}{M_2}\right)\cdots\left(\frac{L_r}{M_r}\right) \tag{8.3.5}$$

我们可以单独实现 r 级低阶的滤波器，然后把它们像图 8.11（$r=2$ 的情况下）那样级联起来。根据最小的计算时间和存储空间需求可以来优化级数和 L/M 的因式分解方式（Crochiere and Rabiner，1975，1976）。

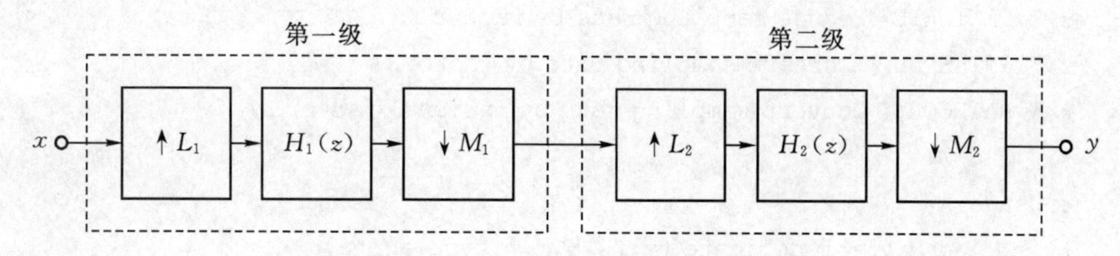

图 8.11　一个级数 $r=2$ 的多级速率变换器

例 8.4　**DAT 到 CD 转换器**

考虑将一个以标准数字录音带格式的信号 $x(k)$ 转化为一个适合于记录在激光唱盘（CD）上的信号 $y(k)$ 的问题。由于 CD 的采样率 44.1 kHz 小于 DAT 采样率 48 kHz，这需要一个有理数抽取器，需要的频率变换比率为

$$\frac{L}{M}=\frac{44.1}{48}=\frac{441}{480}=\frac{147}{160}$$

因此，在这个应用中需要一个 $L=147$，$M=160$ 的有理数抽取器。由式（8.3.2）和式（8.3.3），单级的抗混叠和抗镜像组合滤波器 $H_0(f)$ 的通带增益为 $H_0(0)=147$，截止截频为

$$F_0=\min\left\{\frac{24}{147},\frac{24}{160}\right\}\text{ kHz}=150\text{ Hz}$$

所以，理想的抗混叠和抗镜像组合滤波器频响为

$$H_0(f)=\begin{cases}147, & 0\leqslant |f|\leqslant 150\\ 0, & 150\leqslant |f|\leqslant 24000\end{cases}$$

这显然是一个窄带低通滤滤波器，其中 $F_0/f_s=0.003125fs$。直接去实现一个单级的线性相位 FIR 滤波器会需要非常高的阶数，如果使用多级方式就可以避免这种情况。例如下面三个变换率都只是个位数。

$$\frac{147}{160}=\left(\frac{7}{8}\right)\left(\frac{7}{5}\right)\left(\frac{3}{4}\right)$$

利用这种多级方法，一个 DAT 到 CD 转换器可以用二个抽取器和一个内插器来实现。要将 CD 转为 DAT 格式，可以使用相反的方式，即使用两个内插器和一个抽取器，后面我们会讲一个 CD 到 DAT 采样速率变换器的具体设计过程。

FDSP 函数

FDSP 工具箱包含整数和有理数采样率变换的函数。如果安装了 MATLAB 信号处理工具箱，那么 decimate，interp，和 resample 就可以用来改变采样率。

```
% F_DECIMATE: Reduce sampling rate by factor M.
% F_INTERPOL: Increase sampling rate by factor L.
% F_RATECONV: Convert sampling rate by rational factor L/M
%
% Usage:
%       [y,b] = f_decimate (x,fs,M,m,f_type,alpha)
%       [y,b] = f_interpol (x,fs,L,m,f_type,alpha)
%       [y,b] = f_rateconv (x,fs,L,M,m,f_type,alpha)
% Pre:
%       x      = a vector of length P containing the input
%                samples
%       fs     = sampling frequency of x
%       M      = an integer specifying the conversion
%                factor (M >= 1)
%       L      = an integer specifingn the conversion
%                factor (L >= 1)
%       m      = the order of the lowpass FIR anti-
%                aliasing anti-imaging filter.
%       f_type = the FIR filer type to be used:
%
%                0 = windowed (rectangular)
%                1 = windowed (Hanning)
%                2 = windowed (Hamming)
%                3 = windowed (Blackman)
%                4 = frequency - sampled
%                5 = least - squares
%                6 = equiripple
%
%       alpha  = an optional scaling factor for the
%                cutoff frequency of the FIR filter.
%                Default: alpha = 1. If present, the
%                cutoff frequency used for the anti-
%             aliasing filter H_0(z) is
%
```

```
%             F_c    = alpha * fs/(2M)
%             F_c  = alpha * fs/(2L)
% Post:
%        y  =  a 1 by N vector containing the output
%             samples. Here N  =  floor(P/M).
%        b  =  a 1 by (m + 1) vector containing FIR filter
%             coefficients
% Notes:
%           If L or M is relatively large (e.g., greater
%           than 10), then it is the responsibilty of the user
%           to perform the rate conversion in stages using
%           multiple calls. Otherwise, the required value
%           for m can be very large.
```

8.4　多速率滤波器的实现结构

从所需计算量的角度来看，采样速率变换器有着较大的固有冗余。对于 $M\gg1$ 抽取器的情况，尽管所有的输入数据都经过低通滤波器的处理，但是在滤波器的输出中只有间隔 M 的采样点才被使用。对于 $L\gg1$ 的内插器有着类似的结论。这里，通过低通滤波器的大多数采样点，都是在原始采样点中插入的零点。于是，很多浮点运算都是乘零运算。

8.4.1　多相抽取器

为了实现速率转换器，首先考虑一个抽取器。回忆图 8.4 中所示的结构，一个整数 M 倍抽取器，包含了一个截止频率是 $F_M=f_s/(2M)$ 的低通滤波器，之后是一个减采样器，$\downarrow M$。假设低通抗混叠滤波器 $H_M(z)$ 是一个 FIR 滤波器。

$$H_M(z)=\sum_{i=0}^{m}h(i)z^{-i} \tag{8.4.1}$$

令 $p=\text{floor}(m/M)$ 为脉冲响应 h 中长度为 M 的分段数。为了方便起见，给 h 补 $M-1$ 个零，使得 $h(i)$ 在 $0\leqslant i<m+M-1$ 区间上有定义。这样，就可以定义如下的子滤波器序列，其中 $E_n(z)$ 以采样点 n 为开始点，使用 $h(i)$ 中的每隔 M 个采样点，(Bellanger et al. 1976)。

$$\begin{aligned}
E_0(z) &\triangleq \sum_{i=0}^{p}h(Mi)z^{-i}\\
E_1(z) &\triangleq \sum_{i=0}^{p}h(Mi+1)z^{-i}\\
&\vdots\\
E_{M-1}(z) &\triangleq \sum_{i=0}^{p}h(Mi+M-1)z^{-i}
\end{aligned} \tag{8.4.2}$$

这里 $z^{-n}E_n(z^M)$代表对于以采样点 $n(0\leqslant n<M)$开始的每隔 M 个输入采样点的处理。于是，对于所有的采样点的处理，可以用如下 $H_M(z)$来表示：

$$H_M(z)=\sum_{i=0}^{M-1}z^{-i}E_i(z^M) \tag{8.4.3}$$

这被称为 M 通道 $H_M(z)$的多相分解。这是一个并行实现的结构，其中第 i 个分支处理的是输入信号的第 i 个相位采样点，包含$\{x(i),\ x(M+i),\ x(2M+i)\cdots\}$。图 8.12 所示是 $M=4$ 时，采用多相分解抗混叠低通滤波器构成的 M 倍抽取器的实现框图。

注意到图 8.12 中，由于最后一步操作是减采样，$E_i(z^M)$输入信号的采样率实际上就是原始采样率 f_s。减采样可以放在加号前面，在每个分支上各有一个减采样模块，跟在子滤波器 $E_i(z^M)$后面，这样，每个子滤波器都级联一个自己的减采样模块。减采样模块和子滤波器的顺序是可以交换的，但是，交换后，为了保证正确的输入输出关系，z^M 必须替换成 z，以作为 $E_i(z)$的变量。图 8.13 就是这种抽取器的等效实现方式。

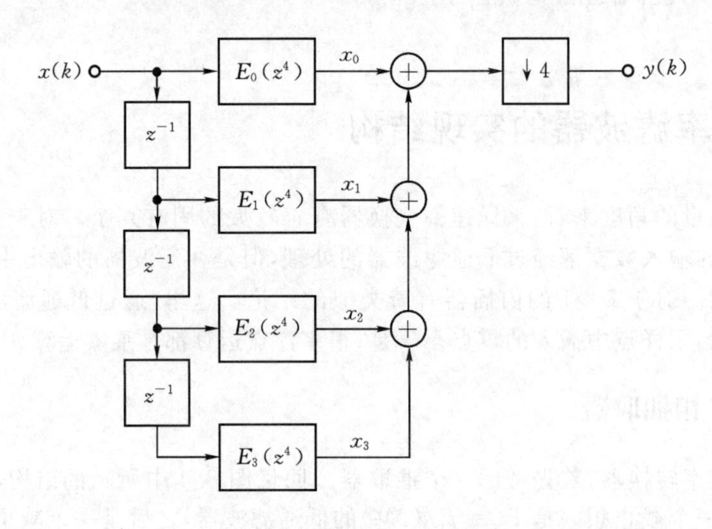

图 8.12　$M=4$ 时，采用多相分解抗混叠低通滤波器构成的 M 倍抽取器

虽然图 8.13 的实现方法比图 8.12 有更多的模块，但是由于复制了减采样器，图 8.13 的方法效率更高。需要注意的是，由于在 $E_i(z)$里用 z 代替了 z^M，该方法有效地将子滤波器的长度减少了 M 倍。另外，输入子滤波器的信号在图 8.13 中已经下采样了 M 倍，所以，到达的信号速率也更低了。为了方便起见，假设浮点操作或者 FLOPs 用乘法来度量，那么，子滤波器计算 $x_i(k)$所需要的 FLOPs/s 的数目就是 $\rho_i=[(m+1)/M]f_s/M$。图 8.13 中共有 M 个子滤波器，那么多相输出 $y(k)$所需要的计算速率就是

$$\rho_M=\frac{(m+1)f_s}{M}\text{FLOPs/s} \tag{8.4.4}$$

对比式(8.4.1)中 $H_M(z)$的实现需要$(m+1)f_s$FLOPs/s，这种多相抽取器的实现显得更加高效。

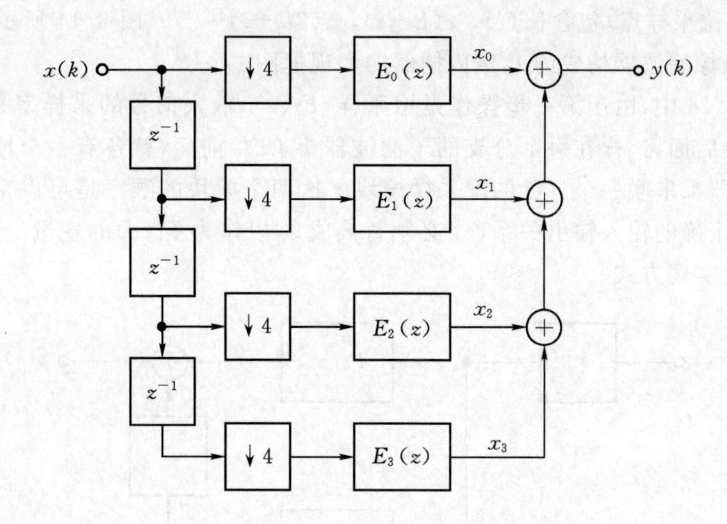

图 8.13　$M=4$ 时，采用多相分解抗混叠低通滤波器构成的 M 倍抽取器的一种更高效的实现方式

8.4.2　多相内插器

接下来考虑一个内插器。回忆图 8.6 中所示的结构，一个整数 L 倍内插器包含了增采样器 $\uparrow L$ 和后续的一个截止频率是 $F_L=f_s/(2L)$ 的低通滤波器。假设低通抗镜像滤波器 $H_L(z)$ 是一个 FIR 滤波器。

$$H_L(z)=\sum_{i=0}^{m}h(i)z^{-i} \tag{8.4.5}$$

和抽取器一样，令 $p=\text{floor}(m/L)$ 为脉冲响应 h 中长度为 L 的数据段个数。为了方便起见，给 h 补 $L-1$ 个零，这样 $h(i)$ 的定义就可以在 $0\leqslant i<m+L-1$ 区间上了。子滤波器序列和前面的定义一样，但是，此时信号有 L 个相位以及 L 个子滤波器。

$$\begin{aligned}
F_0(z) &\triangleq \sum_{i=0}^{p}h(Li)z^{-i} \\
F_1(z) &\triangleq \sum_{i=0}^{p}h(Li+1)z^{-i} \\
&\vdots \\
F_{L-1}(z) &\triangleq \sum_{i=0}^{p}h(Li+L-1)z^{-i}
\end{aligned} \tag{8.4.6}$$

这里 $z^{-n}F_n(z^L)$ 代表对于以采样点 $n(0\leqslant n<L)$ 开始的每隔 L 个输入采样点的处理。于是，对于所有的采样点的处理，可以用如下 $H_L(z)$ 来表示。

$$H_L(z)=\sum_{i=0}^{L-1}z^{-i}F_i(z^L) \tag{8.4.7}$$

这被称为 L 通道 $H_L(z)$ 的多相分解。这是一个并行实现的结构，其中第 i 个分支处理的输入

信号的第 i 个相位采样点，包含$\{x(i),\ x(L+i),\ x(2L+i)\cdots.\}$。图 8.14 所示是 $L=3$ 时，采用多相分解抗镜像滤波器构成的 L 倍内插器的实现框图。

注意到图 8.14 中，由于第一步操作是增采样，$F_i(z^L)$输入信号的采样率是 Lf_s。增采样可以放在分支点后面，这样在每个分支的子滤波器 $F_i(z^M)$前面，就各有一个增采样模块。也即，每个子滤波器都串联一个自己的增采样模块。这两个模块的顺序是可以交换的，但是，交换后，为了保证正确的输入输出关系，z^L 必须替换成 z，以作为 $F_i(z)$的变量。图 8.15 就是这种内插器的等效实现方式。

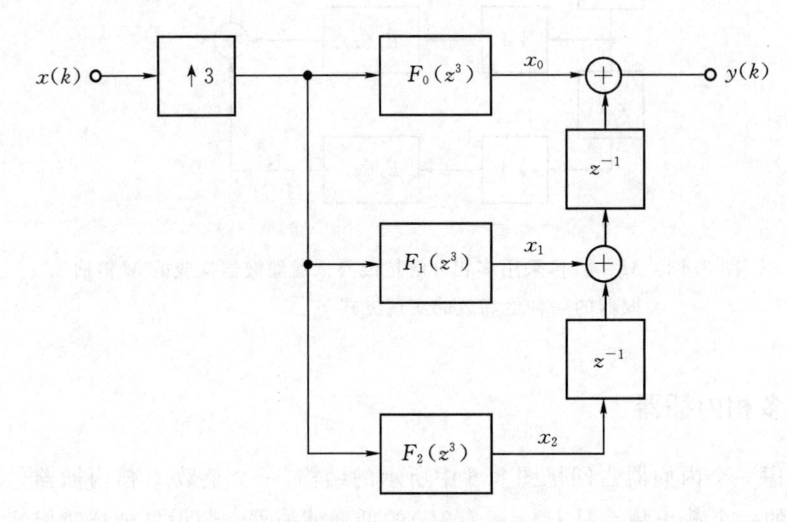

图 8.14　$L=3$ 时，采用多相分解抗镜像低通滤波器构成的 L 倍内插器

虽然图 8.15 的实现方法比图 8.14 有更多的模块，但是由于复制了增采样器，图8.15的方法效率更高。需要注意的是，由于在 $F_i(z)$里用 z 代替了 z^L，该方法有效地将子滤波器的长度减少了 L 倍。另外，在图 8.15 中输入子滤波器的信号并没有被增采样 L 倍，所以，到达的信号速率也更低了。为了方便起见，假设浮点操作或者 FLOPs 用乘法来度量。那么，子滤波器计算 $x_i(k)$所需要的FLOPs/s 的数目就是 $\rho_i=[(m+1)/L]f_s/L$。图 8.13 中共有 L 个子滤波器，那么多相输出 $y(k)$所需要的计算速率就是

$$\rho_L=\frac{(m+1)f_s}{L}\text{FLOPs/s} \tag{8.4.8}$$

对比式(8.4.5)中 $H_L(z)$的实现需要$(m+1)f_s$FLOPs/s，这种多相内插器的实现显得更加高效。如果使用线性相位滤波器计算量还会有更多的节省。可回忆一下线性相位滤波器满足对称性条件 $h(m-k)=\pm h(k)$，$0\leqslant k\leqslant m$ 的情况。在多相结构下，利用类似图 6.31 的方法，这种在滤波器系数的冗余可以得到充分的利用。

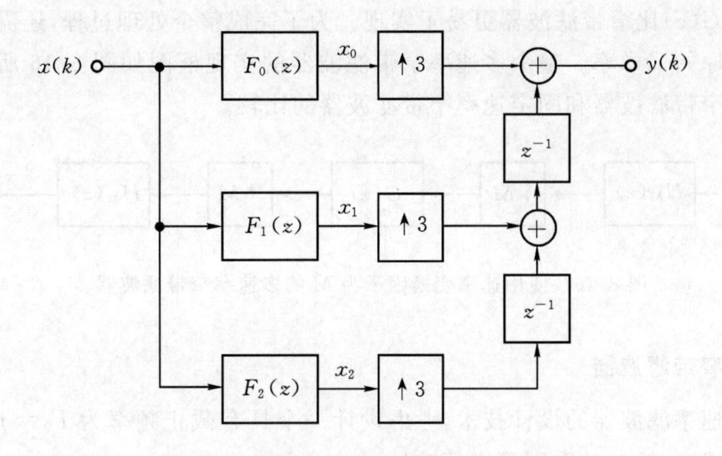

图 8.15 $L=3$ 时，采用多相分解抗镜像低通滤波器构成的 L 倍内插器的一种更高效的实现方式

8.5 窄带滤波器和滤波器组

既然我们已经有了改变离散时间信号采样率的一系列手段，我们就可以把这种技术用于解决很多实际问题。

8.5.1 窄带滤波器

窄带滤波器是一个尖锐的滤波器，它的通带或阻带相对采样频率来说很小，用线性相位窄带滤波器实现通常需要很高阶的 FIR 滤波器。这将导致更大的存储空间需求，更长的计算时间和明显的有限字长效应。这些问题可以利用多速率窄带滤波器的设计方法来解决。假设理想滤波器让频率为 $0\leqslant|f|\leqslant F_0$ 的信号通过，其中 $F_0\ll f_s$，

$$H(f)=\begin{cases}1, & 0\leqslant|f|\leqslant F_0\\ 0, & F_0<|f|\leqslant f_s/2\end{cases} \tag{8.5.1}$$

多速率设计方法的第一步是把采样率降低 M 倍。这样做使得通带的相对带宽增大了 M 倍。令 $MF_0<f_s/4$，可以确定抽取因子 M 的上限为

$$M\leqslant\frac{f_s}{4F_0} \tag{8.5.2}$$

对于最大的 M 值，新的截止频率为 $MF_0=0.25f_s$。因此通过改变采样率，我们将窄带滤波器 $H(z)$ 转化为一个宽带滤波器 $G(z)$，它的截止频率达到了采样率的四分之一。

$$G(f)=\begin{cases}1, & 0\leqslant|f|\leqslant MF_0\\ 0, & MF_0<|f|\leqslant f_s/2\end{cases} \tag{8.5.3}$$

宽带滤波器 $G(z)$ 比窄带滤波器更易于实现。为了完成整个处理过程，还需要通过一个 M 倍内插器来恢复原始采样率。整个多速率窄带滤波器的实现框图如图 8.16 所示。下面的例子给出了多速率窄带滤波器和固定速率窄带滤波器的比较。

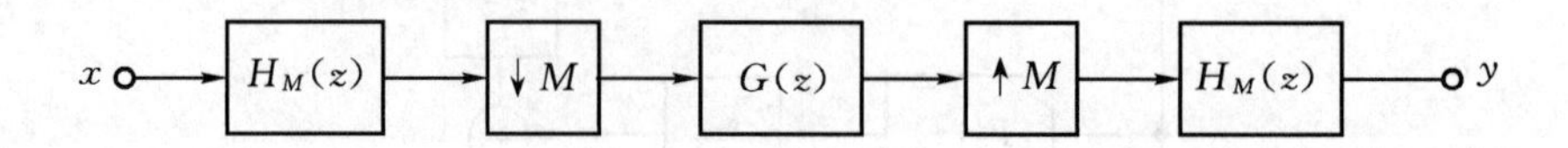

图 8.16　使用速率变换因子为 M 的多速率窄带滤波器

例 8.5　多速率窄带滤波器

为了说明多速率滤波器的设计技术，考虑设计一个具有截止频率为 $F_0 = f_s/32$ 的理想低通滤波器。利用式(8.5.2)抽取因子必须满足

$$M \leqslant \frac{f_s}{4F_0} = 8$$

假设 $M=8$，利用窗口法来设计 $G(z)$ 和 $H(z)$。运行脚本程序 *exam*8_5 可以产生了两者的幅度响应，如图 8.17 所示，为了看清结果，仅显示出了前四分之一的频率范围。固定速率幅度响应 $H(f)$ 对应一个 $m=240$ 阶使用布莱克曼窗的 FIR 滤波器。作为对比，多速率幅度响应 $G(f)$ 对应一个 $m=80$ 阶布莱克曼窗的 FIR 滤波器，抗混叠和抗镜像滤波器 $H_M(z)$ 也是 $m=80$ 阶的 FIR 滤波器。这样，两种方法在储存空间需求和计算时间上是大体相当的。然而，多速率设计法在有限字长效应上不太敏感，因为它是三个 $m=80$ 的滤波器级联结构而不是一个 $m=240$ 的滤波器，观察图 8.17 可以明显地看出在通带带宽上，多速率设计要好于固定速率设计。

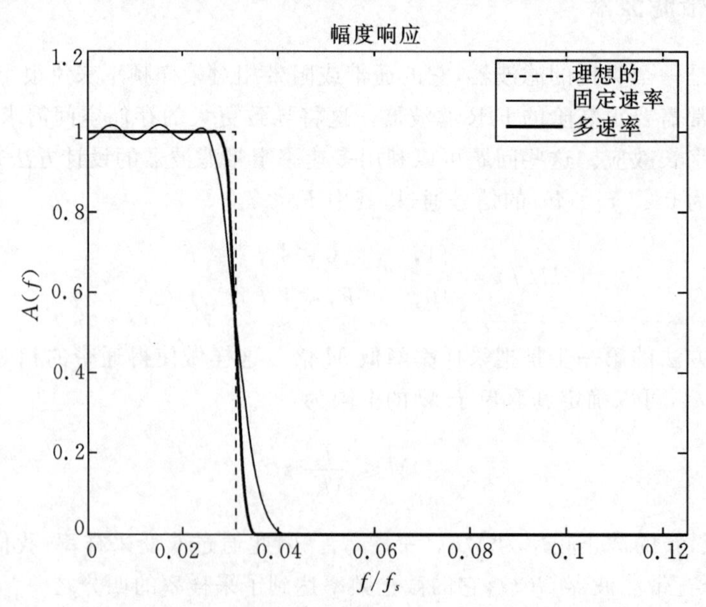

图 8.17　采用固定速率设计的 $m=240$ 阶和多速率设计的 $m=80$ 阶速率变换因子 $M=8$ 的窄带滤波器的幅度响应

固定速率设计的通带波动可以通过减小 m 来减小，但代价是需要增大过滤带带宽。

8.5.2 滤波器组

例 8.5 中设计的窄带低通滤波器也可以被设计成窄带高通或带通滤波器。通过低通、带通、高通、滤波器的组合，整个频谱$[-f_s/2, f_s/2]$可以被一组 N 个子带滤波器所覆盖。图 8.18中是一个由 $N=3$ 个子带滤波器构成的滤波器组的幅度响应。由于离散时间频率响应是以 f_s 为周期的，图 8.18 的频谱画在正频率$[0, f_s]$上而不是$[-f_s/2, f_s/2]$。注意到子带滤波器的过渡带带宽并不为零，并且相邻的过渡带互相有重叠。这样整个频谱都得到利用了，整体上看整个滤波器实际是一个全通滤波器。第 i 个频带称作第 i 个信道，将整个频谱分成 N 个信道被称为频分复用。

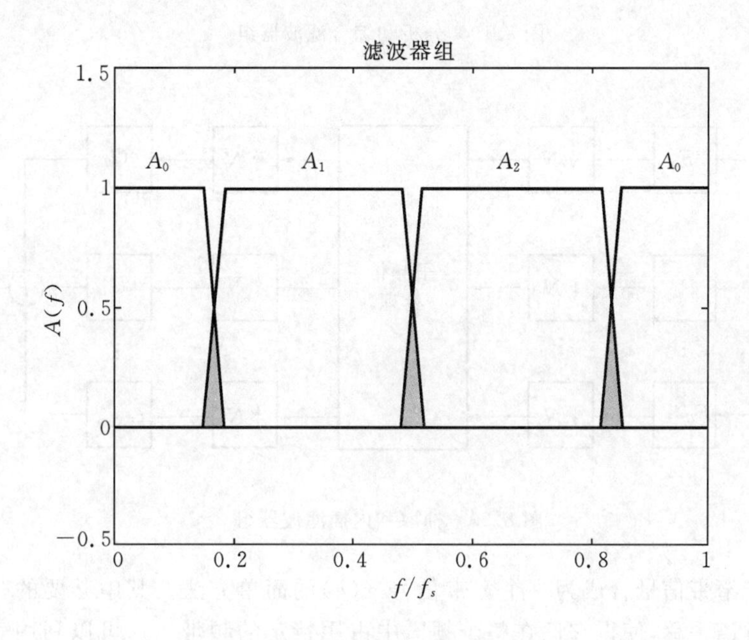

图 8.18 有 $N=3$ 个子带滤波器的滤波器组的幅度响应

一个滤波器组可以用一系列并行的滤波器来实现，如图 8.19 所示。图 8.19 中左边并行的滤波器被称为分析滤波器组，这是因为它把整个频谱分解为 N 个信道，然后可以对每个子频带分别进行处理。图 8.19 右边还可以有另一组 N 个并行的滤波器，它们被称作综合滤波器组，这是因为它们将各子信号重新合成为一个单一信号 $y(k)$。

对于图 8.19 所示的 N 个滤波器构成的滤波器组，每个子频带宽度是 $1/N$ 乘以整个频谱$[0, f_s]$。由于每个子频带带宽为 f_s/N，因此带限的子信号可以以因子 N 进行减采样或抽取，这样会使各信道的处理更高效些。处理完毕后再将子信号以因子 N 增采样或内插来恢复原始的信号采样率。增采样后的信号再在右边的综合滤波器组中重新组合为一个信号。最后得到的结构被称为抽取和内插滤波器组，如图 8.20 所示。

通常，我们所处理的时间信号是实信号。如果我们放宽条件，考虑复时间信号的情况，那

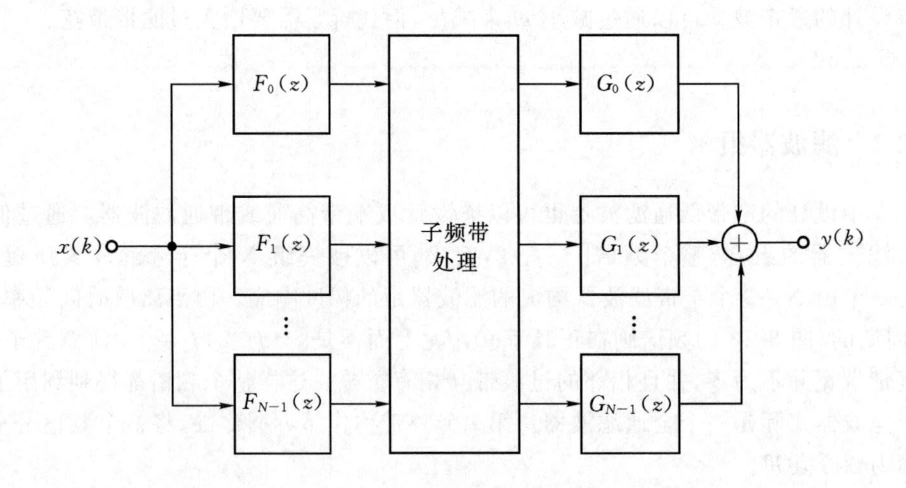

图 8.19 分析和综合滤波器组

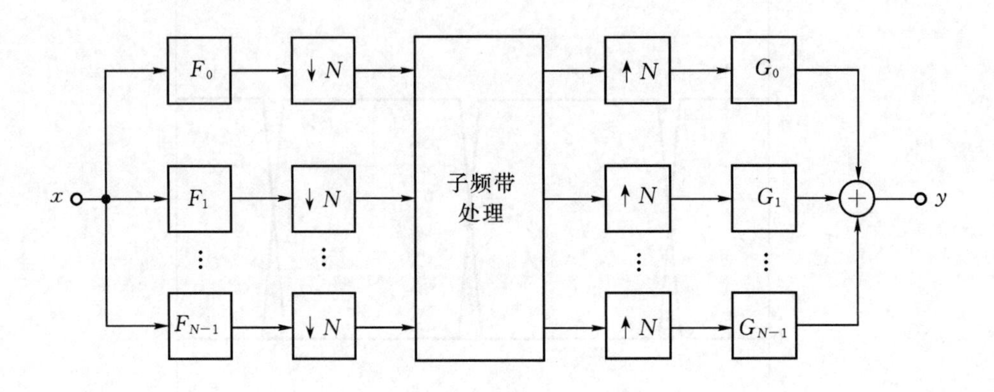

图 8.20 抽取和内插滤波器组

么有一种将若干窄带信号合成为一个宽带信号 $x(k)$ 的简单方法。其中必要的一个步骤是将每个子信号的频谱平移，使得它们在整个频谱中占用特定的频带。这可以利用表 4.3 中离散时间傅里叶变换(DTFT)的频移性质来达到。

$$\text{DTFT}\{\exp(\text{j}k2\pi F_i T)x(k)\} = X(f - F_i) \tag{8.5.4}$$

因此，如果我们用复数 $\exp(\text{j}k2\pi F_i T)$ 来与信号 $x(k)$ 的第 k 个采样点相乘，那么就将 $x(k)$ 频谱右移了 F_i Hz 。例如，假设对 $0 \leqslant i < N$，$x_i(k)$ 是一个具有带宽 $B < f_s/N$ 的带限子信号。那么通过产生下面的复信号，$x_i(k)$ 的频谱以 $Fi = if_s/N$ 为中心向右移。

$$\begin{aligned} y_i(k) &= \exp(\text{j}k2\pi F_i T)x_i(k) \\ &= \exp\left(\frac{\text{j}ki2\pi}{N}\right)x_i(k) \\ &= W_N^{-ki}x_i(k) \end{aligned} \tag{8.5.5}$$

这里，我们使用了在前面第 4 章中用过的记法 $W_N=\exp(-j2\pi/N)$。因为 $x_i(k)$ 只占用整个频谱宽度的 $1/N$，我们在用式(8.5.5)调制它之前先以因子 N 对 $x_i(k)$ 进行增采样。当最后的子信号被组合起来，就构成了图 8.21 中的综合滤波器组，这里我们将其称为归一化的 DFT 滤波器组。注意到相同原型的低通滤波器 $H_N(Z)$ 可以被用来除去由增采样产生的镜像频率。经过 W_N^{-ki} 调制后使得 $x_i(k)$ 的频谱移到$[0,f_s]$的第 i 个子频带上，尽管子信号 $x_i(k)$ 可能是实信号，复合的宽带信号 $x(i)$ 将会是复信号。

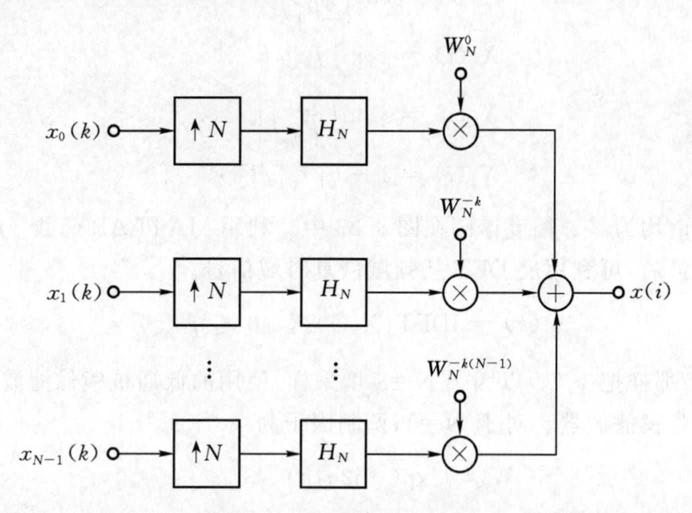

图 8.21　采用归一化 DFT 滤波器组的信号综合

经图 8.21 中的滤波器组综合的信号可以被分析滤波器分解。首先信号被 W_N^{ik} 调制，这使 $x(i)$ 的第 k 个子带移回原始频率。这个子信号再被减采样以便消除综合滤波器组中增采样的影响，最后得到如图 8.22 所示的归一化 DFT 分析滤波器组。

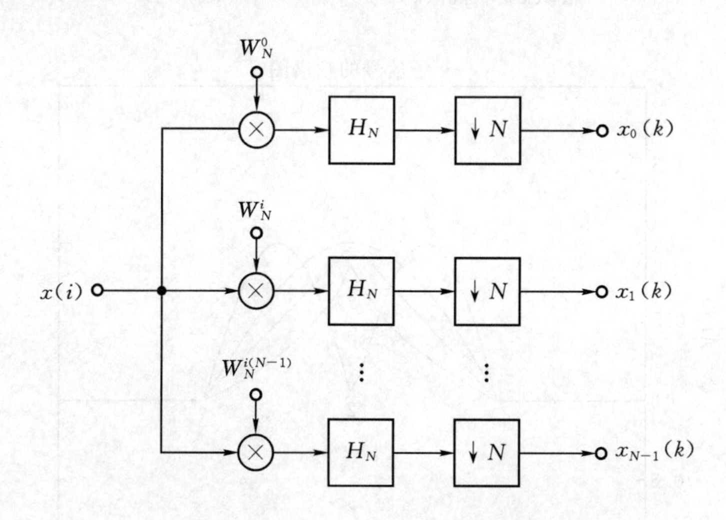

图 8.22　采用归一化 DFT 滤波器组的信号分解

例 8.6 信号合成

为了说明利用归一化 DFT 滤波器组进行信号综合的过程，令组中的滤波器个数为 $N=4$，采样率为 $f_s=10$ Hz。假设子信号长度为 $p=64$，且所有的子信号带限于 $|f|\leqslant F_0$，其中 $F_0=f_s/4$。我们在频域内定义各子信号如下，其中 $f_i=if_s/p, 0\leqslant i<p$。

$$X_0(i)=\cos\left(\frac{\pi f_i}{2F_0}\right)$$

$$X_1(i)=1-|f_i|/F_0$$

$$X_2(i)=\left|\sin\left(\frac{\pi f_i}{F_0}\right)\right|$$

$$X_3(i)=1-(|f_i|/F_0)^2$$

每种情况中，相位谱均为零。幅度谱画在图 8.23 中。利用 MATLAB 函数 *fftshift* 把前半和后半个 DFT 谱交换后，可利用反 DFT 从频域恢复时域信号。

$$x_q(k)=\mathrm{IDFT}\{X_q(i)\},\quad 0\leqslant q<4$$

接下来，像图 8.21 那样把 $x_q(k)$ 以因子 $N=4$ 增采样，使用的低通抗镜像滤波器是一个阶数为 $m=120$ 的布莱克曼窗滤波器。对于 $N=4$，调制因子为

$$\begin{aligned}W_4&=\exp(-\mathrm{j}2\pi/4)\\&=\cos(\pi/2)-\mathrm{j}\sin(\pi/2)\\&=-\mathrm{j}\end{aligned}$$

因此，由图 8.21 合成的复信号为

$$\begin{aligned}x(k)&=x_0(k)+W_4x_1(k)+W_4^2x_2(k)+W_4^3x_3(k)\\&=x_0(k)+\mathrm{j}x_1(k)-x_2(k)-\mathrm{j}x_3(k)\end{aligned}$$

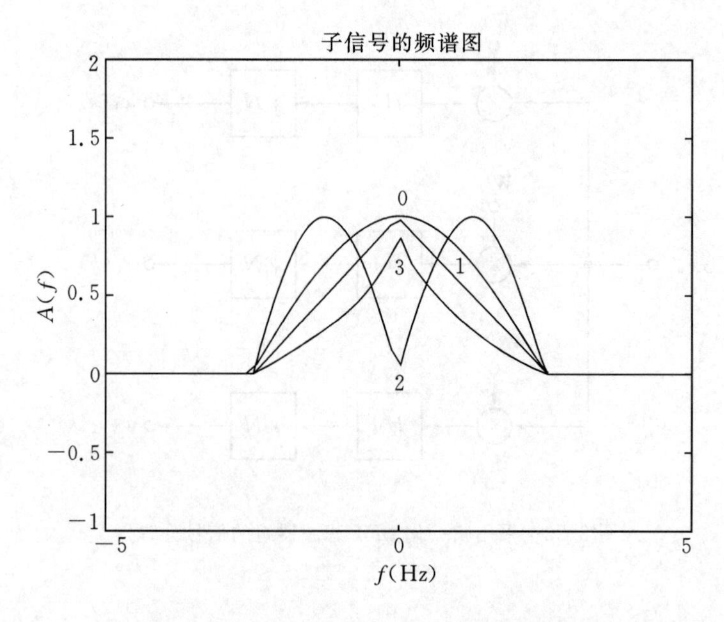

图 8.23 4 个带宽为 $B=f_s/4$ 的带限信号频谱

$$= x_0(k) - x_2(k) + \mathrm{j}[x_1(k) - x_3(k)]$$

图 8.24 画出了复信号 $x(k)$的实部和虚部，它是由运行脚本程序 *exam8_6* 得到的。注意，由于增采样的作用，$x(k)$现在的长度为 $Np=256$。$x(k)$的幅度谱可以通过如下计算得到。

$$A(i) = |\mathrm{FFT}\{x(k)\}|,\quad 0 \leqslant i < Np$$

在利用 MATLAB 函数 *fftshift* 交换 $A(i)$的前半和后半部分后，$x(k)$最终的幅度谱如图8.25所示，可以很明显地看出 $x_i(k)$的频谱被平移到了以 $F_i = if_s/N$ $(0 \leqslant i < N)$为中心的频率上。各子频谱之间由于抗镜像滤波器的非理想特性会有所重叠。注意到从图 8.23 中每个子信号只占用$[-f_s/2, f_s/2]$的一半带宽，为此，抗镜像滤波器 $H_N(Z)$的截止频率可以缩减一个因子 $\alpha=0.5$，于是

$$F_c = \frac{\alpha f_s}{2N}$$

使用截止频率为 F_c 得到的 $x(k)$的幅度谱如图 8.26 所示，可以看出它有效地去除了各子带频谱之间的交叠。现在就可以使用分析滤波器组，比如图 8.22 所示的归一化 DFT 滤波器组来从 $x(k)$中取出各子信号了。

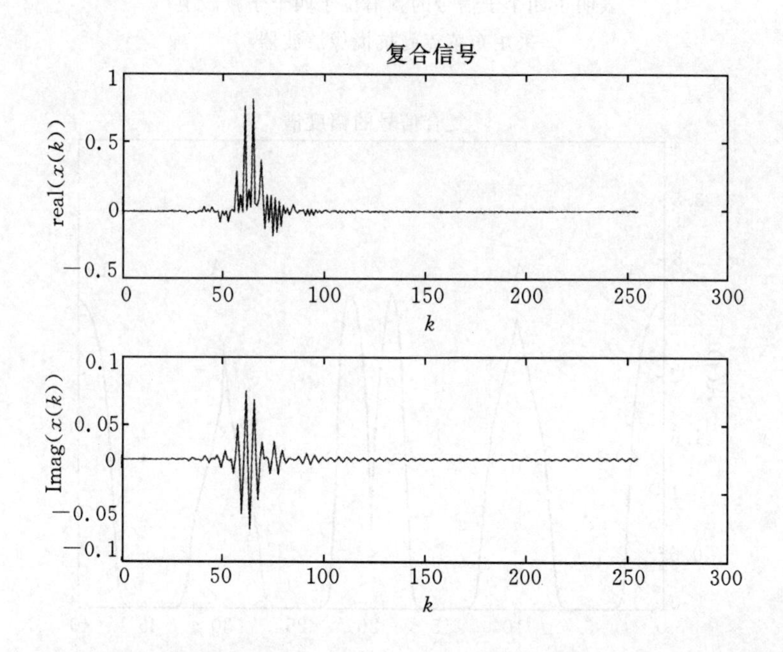

图 8.24　利用频分复用得到的复合宽带信号 $x(k)$的实部和虚部，它包含了 4 个子信号

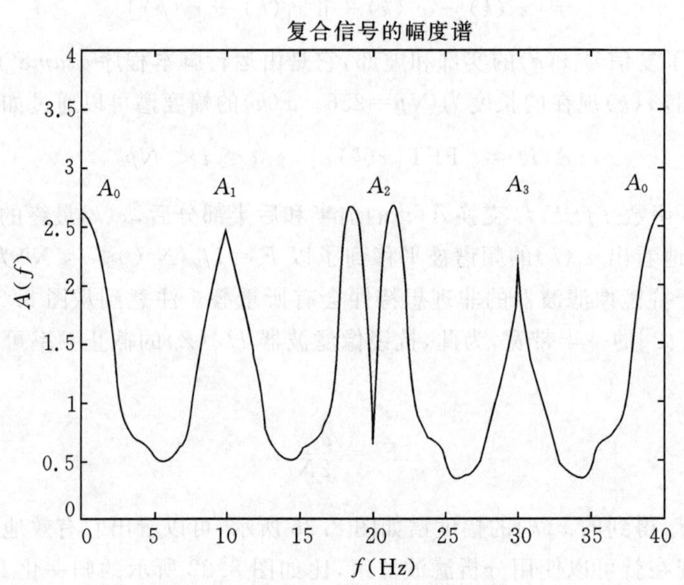

图 8.25 合成的宽带信号的幅度谱

表明了四个子信号的频谱位于四个子频段上

采用布莱克曼抗镜像滤波器

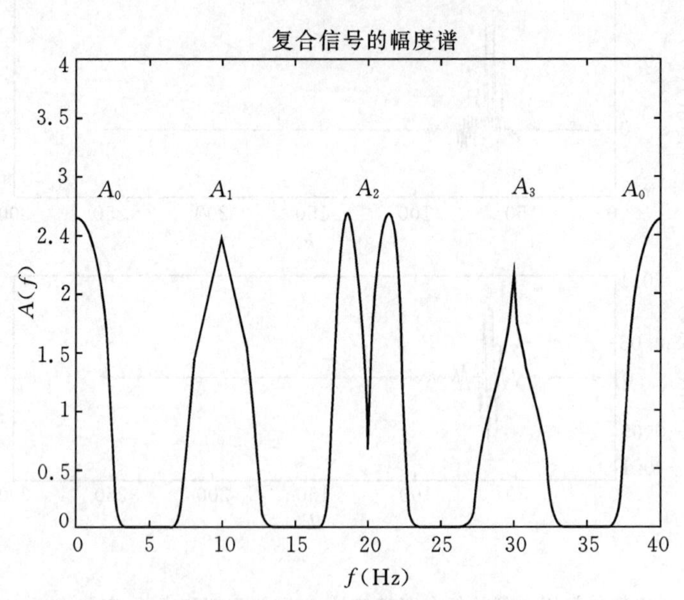

图 8.26 合成的宽带信号的幅度谱

表明了四个子信号的频谱位于四个子频段上

采用截止频率降低 $\alpha=0.5$ 的布莱克曼抗镜像滤波器

8.6　双通道正交镜像滤波器组

有许多应用中，可以使用分析滤波器组将信号 $x(k)$ 分解为子信号（Mitra，2001）。既然子信号的带宽相对于 f_s 要小，他们就可以被减采样。分别处理低频的子信号可以带来效率上的提升。

作为子带处理的一个示例，考虑图 8.27 的双通道滤波器组。这里子信号使用一种特定的编码方法进行编码（Esteban and Galand，1977）。既然每个子带的信号有自己的频谱特性，一些子信号可以使用比其他子信号更少的比特进行编码。编码后的信号可以存储在存储设备上，或者以时分复用的方式通过通信信道进行传输。在接收端，整个过程是反过来的。首先是解复用，然后把信号解码成子信号。信号再被增采样到原始的采样频率，最后使用综合滤波器组重新组成单一信号 $y(k)$。

如果使用效率高的编码规则，传输时分复用信号 $r(k)$ 所需要的带宽应该小于直接传输 $x(k)$ 所需要的带宽。假设编码错误、传输错误和重建错误都足够小，那么输出 $y(k)$ 就应该是一个成比例放大或缩小和时延后的输入 $x(k)$。如果由于编码和信号失真错误所产生的信息丢失可以忽略，那么由减采样和增采样所产生的失真就可以用图 8.28 所示的简单系统分析。这样的系统就被称为双信道正交镜像滤波器组或者 QMF 组。

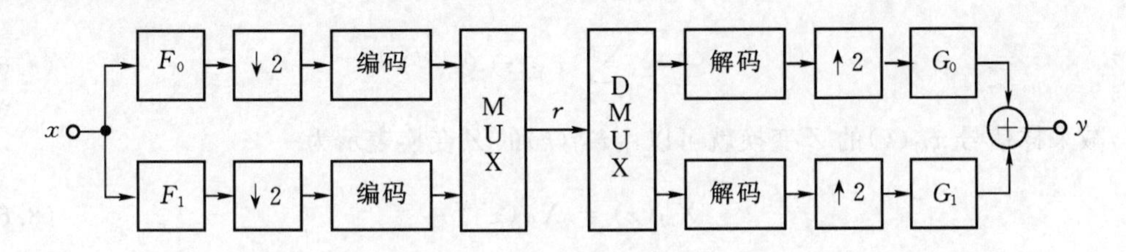

图 8.27　信号 $x(k)$ 使用子带编码和双通道滤波器组的信号高效传输和存储

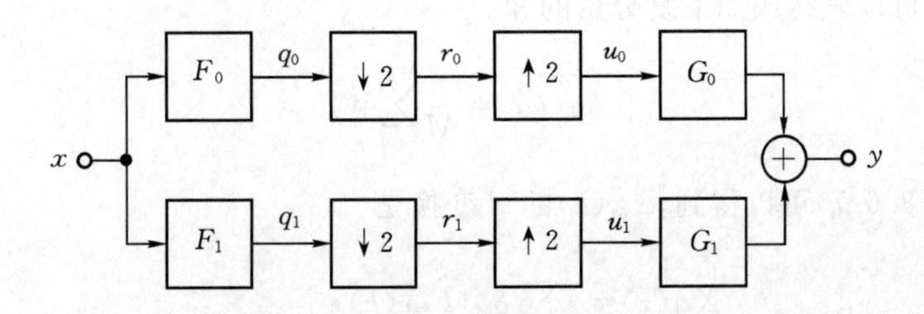

图 8.28　双通道镜像滤波器组（QMF）

8.6.1　频域的速率转换器

为了给 QMF 组采样速率转换的影响建模，就必须使用增采样和减采样在频域的公式。对于 L 倍的内插器，回忆式（8.2.9），增采样信号 $x_L(k)$ 的 Z 变换可以用输入信号 $x(k)$ 的 Z 变换表示为

$$X_L(z) = X(z^L) \tag{8.6.1}$$

接下来,考虑 M 倍的抽取器。这里输入信号 $x(k)$ 的每 M 个采样点出现在下采样输出 $x_M(k)$ 中。

$$x_M(k) = x(Mk) \tag{8.6.2}$$

令 $\hat{x}_M(i)$ 在第 M 个采样点上与 $x(i)$ 的第 M 个采样点一样,其他点则为零。

$$\hat{x}_M(i) = \begin{cases} x(i), & |i| = 0, M, 2M\ldots \\ 0, & \text{其它} \end{cases} \tag{8.6.3}$$

回忆式(8.2.6)中 $\delta_M(k)$ 表示周期为 M 的冲击序列。那么信号 $\tilde{x}_M(k)$ 就可以被看成周期序列 $\delta_M(k)$ 被 $x(k)$ 进行幅度调制的结果。

$$\tilde{x}_M(i) = \delta_M(i)x(i) \tag{8.6.4}$$

既然 $\tilde{x}_M(Mk)=x(Mk)$,x 就可以用式(8.6.3)中的 $\tilde{x}_M$ 来替代而不会影响到最后的结果。另外,由于插入 $\tilde{x}_M$ 采样点之间的是零,在计算 $X_M(z)$ 的时候就可以应用 $i=Mk$ 的关系如下:

$$\begin{aligned} X_M(z) &= \sum_{k=-\infty}^{\infty} \tilde{x}_M(Mk)z^{-k} \\ &= \sum_{i=-\infty}^{\infty} \tilde{x}_M(i)z^{-i/M} \\ &= \sum_{i=-\infty}^{\infty} \tilde{x}_M(i)\ (z^{1/M})^{-i} \end{aligned} \tag{8.6.5}$$

这样,减采样信号 $x_M(k)$ 的 Z 变换就可以用 $\tilde{x}_M(k)$ 的 Z 变换表示为

$$X_M(z) = \tilde{X}_M(z^{1/M}) \tag{8.6.6}$$

为了用 $X(z)$ 来表示 $X_M(z)$,就需要更仔细研究 $\tilde{x}_M(k)$ 的细节。回忆一下在第四章 DFT 的讨论中使用过的 $W_M=\exp(-\mathrm{j}2\pi/M)$,如果我们应用式(4.3.6)中 W_M 的正交性质,周期冲击序列 $\delta_M(k)$ 就可以表达成如下复分量的和。

$$\delta_M(k) = \frac{1}{M}\sum_{i=0}^{M-1} W_M^{ik} \tag{8.6.7}$$

从式(8.6.4)和(8.6.7)可以得到,$\tilde{x}_M(k)$ 的 Z 变换是

$$\begin{aligned} \tilde{X}_M(z) &= \sum_{k=-\infty}^{\infty} \delta_M(k)x(k)z^{-k} \\ &= \frac{1}{M}\sum_{i=0}^{M-1}\sum_{k=-\infty}^{\infty} W_M^{ik}x(k)z^{-k} \\ &= \frac{1}{M}\sum_{i=0}^{M-1}\sum_{k=-\infty}^{\infty} x(k)\ (W_M^{-i}z)^{-k} \\ &= \frac{1}{M}\sum_{i=0}^{M-1} X(W_M^{-i}z) \end{aligned} \tag{8.6.8}$$

结合式(8.6.6)和式(8.6.8)可以得到，减采样信号 $x_M(k)$ 的 Z 变换是

$$X_M(z) = \frac{1}{M}\sum_{i=0}^{M-1} X(W_M^{-i} z^{1/M}) \tag{8.6.9}$$

对于图 8.28 中 QMF 组，$M=2$。如果我们应用 $W_2^0=1$ 和 $W_2^1=-1$，那么二倍减采样的输出的 Z 变换就可以简化为

$$X_2(z) = 0.5[X(z^{1/2}) + X(-z^{1/2})] \tag{8.6.10}$$

8.6.2　无混叠 QMF 组

给出增采样和减采样的频域表达后，我们现在可以分析图 8.28 中的双通道 QMF 组了。从式(8.6.10)得出，减采样后的输出 $r_i(k)$ 是

$$\begin{aligned} R_i(z) &= 0.5[Q_i(z^{1/2}) + Q_i(-z^{1/2})] \\ &= 0.5[F_i(z^{1/2})X(z^{1/2}) + F_i(-z^{1/2})X(-z^{1/2})], 0 \leqslant i \leqslant 1 \end{aligned} \tag{8.6.11}$$

接下来，从式(8.6.11)和式(8.6.1)得，在 $L=2$ 的情况下上采样的输出是

$$\begin{aligned} U_i(z) &= R_i(z^2) \\ &= 0.5[F_i(z)X(z) + F_i(-z)X(-z)], 0 \leqslant i \leqslant 1 \end{aligned} \tag{8.6.12}$$

最后，QMF 组的输出 $y(k)$ 是

$$\begin{aligned} Y(z) &= G_0(z)U_0(z) + G_1(z)U_1(z) \\ &= 0.5[G_0(z)F_0(z) + G_1(z)F_1(z)]X(z) + 0.5[G_0(z)F_0(-z) + G_1(z)F_1(-z)]\,X(-z) \end{aligned} \tag{8.6.13}$$

那么 QMF 滤波器组的输入输出关系就可以写成两个传输函数：

$$Y(z) = H(z)X(z) + D(z)X(-z) \tag{8.6.14}$$

这里 $H(z)$ 代表如果没有速率转换的时候的传输函数，$D(z)$ 代表由于减采样和增采样产生的混叠影响。

$$H(z) = 0.5[F_0(z)G_0(z) + F_1(z)G_1(z)] \tag{8.6.15}$$

$$D(z) = 0.5[F_0(-z)G_0(z) + F_1(-z)G_1(z)] \tag{8.6.16}$$

选择分析和合成滤波器组的目标是 $D(z)=0$ 和 $H(z)=cz^{-m}$。这样 $y(k)$ 就会是一个伸缩和延迟后的 $x(k)$ 的复本。使得 $D(z)=0$ 的方式有很多，其中一个是

$$G_0(z) = F_1(-z) \tag{8.6.17}$$

$$G_1(z) = -F_0(-z) \tag{8.6.18}$$

假设 $F_1(z)$ 选择如下：

$$F_1(z) = F_0(-z) \tag{8.6.19}$$

为了说明两个分析滤波器组的频率响应特征，首先注意 $-1=\exp(j2\pi f_s T/2)$。所以，在单位圆上如果 $z=\exp(j2\pi fT)$，那么，

$$-z = \exp[j2\pi(f_s/2+f)T] \quad (8.6.20)$$

接下来用 $z=\exp(j2\pi fT)$ 替代 $F_1(z)$ 中的 z 来获得频率响应 $F_1(f)$。对于实际中的滤波器关于 $f=f_s/2$ 对称，这样就得到

$$|F_1(f)| = |F_0(f_s/2+f)| = |F_0(f_s/2-f)| \quad (8.6.21)$$

因此，如果 $F_0(z)$ 是低通滤波器，那么 $F_1(z)$ 就是镜像对称的高通滤波器，即镜像对称正交滤波器组。根据式(8.6.19)选择的 $F_1(z)$，由式(8.6.17)就可以消除混叠，即

$$G_0(z) = F_0(z) \quad (8.6.22)$$

需要注意的是，从式(8.6.18)，(8.6.19)以及(8.6.22)我们知道，所有的 QMF 滤波器都可以用低通抗混叠滤波器 $F_0(z)$ 的形式来表示。从式(8.6.15)可以得到，QMF 组的整体传递函数是

$$H(z) = 0.5[F_0^{\,2}(z) - F_0^{\,2}(-z)] \quad (8.6.23)$$

例 8.7 无混叠双通道 QMF 组

作为双通道 QMF 滤波器组的一个简单的例子，首先假设分析滤波器是

$$F_0(z) = 1 + z^{-1}$$

从式(8.6.19)可以得到另外一个分析滤波器是

$$F_1(z) = F_0(-z) = 1 - z^{-1}$$

接下来，由式(8.6.17)和(8.6.18)可以得到综合组的两个滤波器是

$$G_0(z) = F_1(-z) = 1 + z^{-1}$$
$$G_1(z) = -F_0(-z) = -1 + z^{-1}$$

这就保证了 $D(z)=0$。最后，从式(8.6.23)，整个 QMF 的传输函数是

$$\begin{aligned} H(z) &= 0.5[F_0^{\,2}(z) - F_0^{\,2}(-z)] \\ &= 0.5[(1+z^{-1})^2 - (1-z^{-1})^2] \\ &= 0.5[1+2z^{-1}+z^{-2} - (1-2z^{-1}+z^{-2})] \\ &= 2z^{-1} \end{aligned}$$

因此，输出 $y(k)=2x(k-1)$ 就是输入 $x(k)$ 的重建，差异是它乘了二倍，并且延迟了一个采样点。

对于一般的阶数 $m>1$ 的 FIR 滤波器，例 8.7 中这种精确的重建是不可能的，但却是可以近似重建的。假设 $F_0(z)$ 是一个 m 阶第一类线性相位低通 FIR 滤波器，所以 m 是奇数，且 $b_{m-i}=b_i$，$0 \leqslant i \leqslant m$。

$$F_0(z) = \sum_{i=0}^{m} b_i z^{-i} \quad (8.6.24)$$

QMF 的其他分析和综合滤波器都是线性相位 m 阶 FIR 滤波器。所以，QMF 组是线性相位的并且有一个常数的群时延 $\tau=mT$。对于幅度响应是 1 的对于 QMF 组，从式(8.6.23)可以得

到，分析滤波器组应该满足

$$|F_0(f)|^2+|F_1(f)|^2=1\ ,\ 0\leqslant|f|\leqslant f_s/2 \tag{8.6.25}$$

也就是 $F_0(z)$和 $F_1(z)$必须构成一个能量互补对。如果 $F_0(z)$和 $F_1(z)$能够满足式(8.6.25)，那么这个 QMF 组就是可以精确重建的。

例 8.8　双通道 QMF 组

作为精确重建 QMF 组的一个近似，假设 $m=80$，$F_1(z)$是截止频率 $F_0=f_s/4$，利用汉明窗进行窗口法设计的低通滤波器。通带增益被设计为 $A=\sqrt{2}$这样 $A^2/2=1$。运行程序 *exam8_8*，产生的均方幅度响应见图 8.29。(a)和(b)中的分析滤波器分别是低通和高通，将[0，$f_s/2$]区间分成了两个子带。(c)显示的是整体的均方幅度响应，除了在截止频率 $F_0=f_s/4$ 处由于过渡频带的影响不同外，大约等于式(8.6.25)的结果。

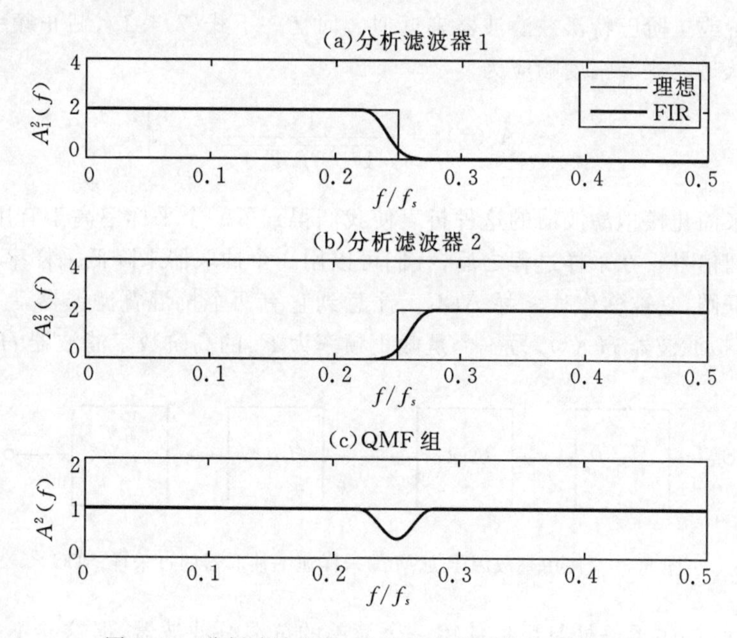

图 8.29　分析滤波器和 QMF 组整体的均方幅度响应

8.7　过采样 ADC

8.7.1　抗混叠滤波器

有关模数转换的一个实际问题是需要一个低通抗混叠预滤波器来使信号带限于采样率的一半以内。高阶的模拟滤波器价格昂贵，并且不易校准。利用多速率技术，我们可以在数字域内实现抗混叠的功能，数模转换器前仅仅需要使用一个低阶的模拟滤波器即可。

假设所关心的模拟信号的频率范围是 $0\leqslant|F|\leqslant F_a$。通常，为了防止混叠，我们需要用一个锐截止的模拟低通滤波器来使信号 $x_a(t)$ 带限于 F_a Hz，而采样率要大于信号带宽的两倍。假设我们对 $x_a(t)$ 进行过采样，使用如下的采样速率

$$f_s = 2MF_a \tag{8.7.1}$$

其中 M 是一个大于 1 的整数。就是说以 $f_s/(2F_a)=M$ 倍进行过采样。M 倍过采样明显地降低了抗混叠滤波器的要求。模拟抗混叠滤波器现在需要满足下面的指标即可：

$$H_a(f) = \begin{cases}1, & 0\leqslant|f|\leqslant F_a \\ 0, & MF_a\leqslant|f|<\infty\end{cases} \tag{8.7.2}$$

虽然 $H_a(f)$ 仍然是一个理想的滤波器，要求通带没有波动和阻带完全衰减，但是它的过渡带带宽不再为零而是 $\Delta f=(M-1)F_a$。由于有了一个较宽的过渡带，如 1.5 节讨论过的，$H_a(s)$ 可以用一个一阶或二阶巴特沃兹滤波器来近似。回忆一下式(7.4.1)，截止频率为 F_a 的 n 阶模拟巴特沃兹低通滤波器幅度响应为

$$A_n(f) = \frac{1}{\sqrt{1+(f/F_a)^{2n}}} \tag{8.7.3}$$

提高采样速率来简化模拟滤波器的这种折衷使我们得到了一个采样率高于有用信号最高频率两倍的离散时间信号。在采样过程之后，我们可以用一个抽取器来降低采样率。图 8.30 所示为最终的结构框图，它被称作过采样 ADC。注意到它有两个抗混叠滤波器，一个是截止频率为 F_a 的低阶模拟滤波器 $H_a(s)$，另一个是截止频率为 F_a 的高阶数字滤波器 $H_M(z)$。

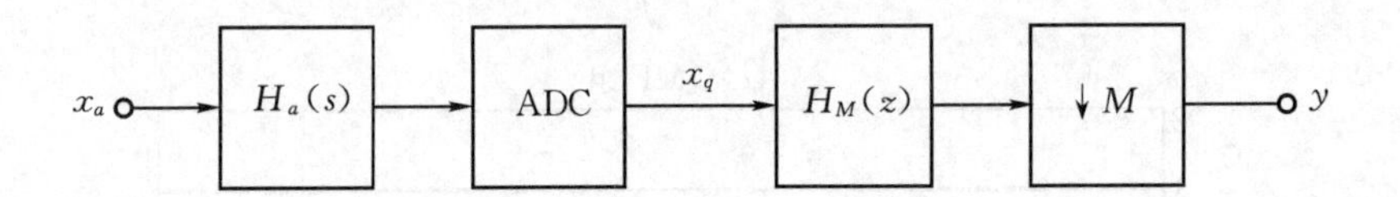

图 8.30 使用整数因子为 M 的采样速率抽取器的过采样 ADC

过采样 ADC 的主要好处是可以使用一个简单的抗混叠滤波器，但这并不是唯一的好处。当从 ADC 量化噪声的角度来分析时，我们会发现它的另一个优点。回忆一下式(6.9.3)，如果 $|x_a(t)|\leqslant c$，那么 N 比特 ADC 的量化精度为

$$q=\frac{c}{2^{N-1}} \tag{8.7.4}$$

ADC 的量化输出可表示如下，其中 $x(k)$ 是精确值，$v(k)$ 是量化误差，

$$x_q(k) = x(k) + v(k) \tag{8.7.5}$$

如果进行四舍五入，量化误差 $v(k)$ 可以看成是一个在区间$[-q/2,q/2]$上均匀分布的白噪声。前面的式(6.9.6)表明 ADC 的量化噪声功率 $\sigma_v^2=E[v(k)^2]$ 可以用 q 来表达：

$$\sigma_v^2 = \frac{q^2}{12} \tag{8.7.6}$$

在图 8.30 中,量化后的信号 $x_q(k)$ 进入数字抗混叠滤波器 $H_M(z)$ 进行处理,然后再减采样。减采样不会影响信号的平均功率,这是因为虽然我们每 M 点才抽取出一个采样点减少了信号的总能量,但是最终信号的长度也变短了 M 倍。为了检验滤波器 $H_M(z)$ 对量化噪声的效果,回顾式(6.9.10)得出滤波器输出噪声的平均功率为

$$\sigma_y^2 = \Gamma\sigma_v^2 \tag{8.7.7}$$

这里 Γ 是 $H_M(z)$ 的功率增益。数字抗混叠滤波器 $H_M(z)$ 是一个 m 阶的 FIR 滤波器。因此,由式(6.9.11),功率增益可以用脉冲响应 $h_M(k)$ 来表达:

$$\Gamma = \sum_{k=0}^{m} h_M^2(k) \tag{8.7.8}$$

还可以进一步简化功率增益的表达式。根据表 4.3 中的帕斯瓦尔定理,功率增益可以重新用 $H_M(i)=\mathrm{DFT}\{h_M(k)\}$ 来描述:

$$\begin{aligned}\Gamma &= \frac{1}{f_s}\int_{-0.5f_s}^{0.5f_s} |H_M(f)|^2 \mathrm{d}f \\ &= \frac{1}{f_s}\int_{-0.5f_s/M}^{0.5f_s/M} \mathrm{d}f \\ &= \frac{1}{M}\end{aligned} \tag{8.7.9}$$

根据式(8.7.7)和式(8.7.9),过采样 ADC 输出量化噪声的平均功率为

$$\sigma_y^2 = \frac{\sigma_v{}^2}{M} \tag{8.7.10}$$

那么,M 倍过采样的好处是有效降低了量化噪声 M 倍。这是由于过采样 M 倍可以让噪声功率在频带$[-f_s/2,\ f_s/2]$有效展宽。接下来,截止频率为 $F_0=f_s/(2M)$ 的数字抗混叠滤波器 $H_M(z)$ 就可以去除大多数的量化噪声了。

式(8.7.10)中对量化噪声的抑制还可以用增加有效比特位数来解释。例如,令 B 为 M 倍过采样的量化比特位数,N 为没有过采样的量化比特位数。根据式(8.7.4),(8.7.6)和(8.7.10),令两种情况的量化噪声功率相等,得

$$\frac{c^2}{12M|2^{2(B-1)}|} = \frac{c^2}{12|2^{2(N-1)}|} \tag{8.7.11}$$

消去公共项,取倒数,再对两边取以 2 为底的对数,我们得出当使用过采样时需要精度的比特位数

$$B = N - \frac{\log_2(M)}{2} \tag{8.7.12}$$

我们可以看出,过采样 $M=4$ 倍可以使所需 ADC 的精度降低 1 个比特。就是说,没有过采样时 N 比特 ADC 的量化噪声和 4 倍过采样时$(N-1)$比特 ADC 的量化噪声是相等的。更一般地,以 $M=4^r$ 进行过采样可以使所需 ADC 的精度降低 r 比特。

例 8.9　过采样 ADC

为了说明过采样在模数转换过程中的效果,令模拟抗混叠滤波器是一个 n 阶巴特沃兹滤

波器，其幅度响应为式(8.7.3)。这个例子的目的是利用过采样来使得最大混叠误差足够小。最大的混叠误差发生在折叠频率 $f_d=f_s/2$ 处。在这个频率上，混叠误差缩放因子为

$$\varepsilon_n \triangleq A_n(f_d)$$

如果以因子 M 进行过采样，那么 $f_s=2MF_a$，这意味着 $f_d=MF_a$。根据式(8.7.3)，为了使混叠误差缩放因子达到 ε，需要有

$$\frac{1}{\sqrt{1+M^{2n}}}\leqslant \varepsilon$$

两边取倒数再平方得

$$1+M^{2n}\geqslant \varepsilon^{-2}$$

解出 M，有

$$M\geqslant (\varepsilon^{-2}-1)^{0.5/n}$$

例如，如果采用二阶巴特沃兹滤波器即 $n=2$。假设需要的混叠误差缩放因子为 $\varepsilon=0.01$。在这个例子中，速率变换因子为

$$M=\mathrm{ceil}\{(10^4-1)^{1/4}\}=\mathrm{ceil}(9.9997)=10$$

M 的计算可以利用图 8.31 进行验证，其是运行脚本程序 *exam*8_9 得到的。曲线表示了对于前 4 阶巴特沃兹滤波器，混叠误差缩放因子 ε_n 和过采样因子 M 的关系。可以很明显的看出，当使用过采样和足够高阶的巴特沃兹滤波器时，混叠误差可以降至很小。

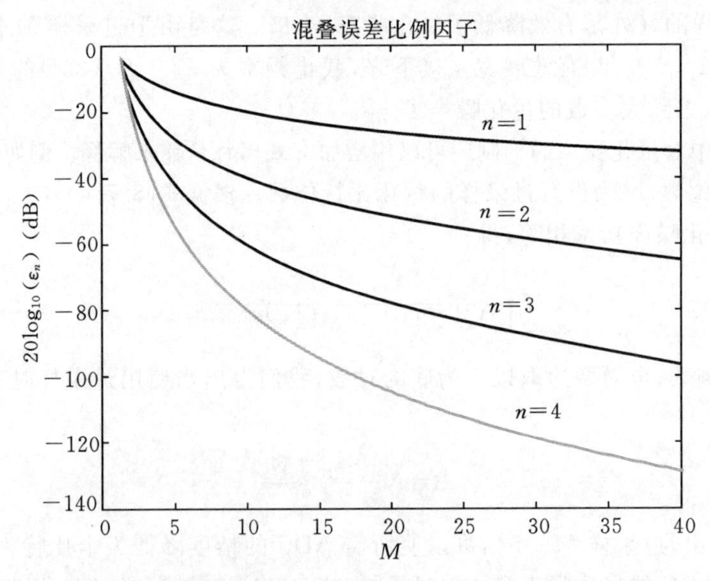

图 8.31　对于 n 阶巴特沃兹抗混叠滤波器，混叠误差缩放因子和过采样因子 M 的关系曲线

8.7.2　ΣΔ ADC

式(8.7.6)中量化噪声 $v(k)$ 的功率谱密度在 $0\leqslant|f|\leqslant f_s/2$ 范围内是平坦的，并且等于 σ_v^2。

$$P_v(f)=\sigma_v^2 \tag{8.7.13}$$

当图8.30中所示的低通滤波器 $H_M(z)$ 作用于 $v(k)$，它就去除了阻带中的噪声，这样就把平均噪声功率降低了 M 倍。这种对于信号量化噪声比的优化，在量化噪声的分布不平坦而且在 $H_M(z)$ 阻带中的部分更多的时候，会更加有效。

通过使用一种不同的量化策略，ΣΔ 调制，量化噪声会被重新整形使得更多的量化噪声处于 $H_M(z)$ 的通带之外(Candy and Temes, 1992)。图8.32显示了 ΣΔ ADC 的实现框图。

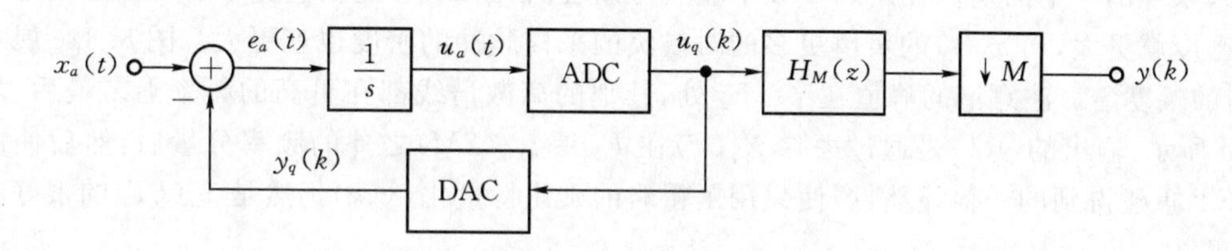

图8.32　M 倍过采样的 ΣΔ ADC

为了分析 ΣΔ ADC 的输入输出行为，就需要把它转化成为离散等价形式。首先考虑输入为 $e_a(t)$ 输出为 $u_a(t)$ 的积分器。如果用归一化采样间隔 $T=1$ 的反向欧拉近似来代表积分的话，那么积分模块的离散等价传输函数 $H_I(z)=U(z)/E(z)$ 就是

$$H_I(z)=\frac{1}{1-z^{-1}} \tag{8.7.14}$$

接下来，ADC 就可以使用 N 比特量化器的模型，$u_q(k)=Q_N[u(k)]$。为了把量化过程表示为一个线性的模型，量化器 ADC 的输出 $u_q(k)$ 就可以表示成为未量化信号 $u(k)$ 加上量化误差 $v(k)$。

$$u_q(k)=u(k)+v(k) \tag{8.7.15}$$

这里的量化误差 $v(k)$ 是如式(8.7.6)中所示的 $[-q/2,\ q/2]$ 区间上均匀分布方差为 $\sigma_v=q^2/12$ 的白噪声。ΣΔ ADC 通常使用很高的采样速率 f_s 和很低的精确度 N。事实上，他们经常使用最小的数字，$N=1$。在这种情况下，量化器 $u_q(k)=Q_N[u(k)]$ 就简化成了一个比较器。这样1比特 ADC 的输出 $\pm c$ 就分别依赖于输入是正的还是负的。信号 $u_q(k)$ 就可以被看成 $x_a(t)$ 的脉冲计数调制的结果。1比特 DAC 就可以模型化为 z^{-1}，即延迟一个采样点的过程。用这个模型代替图8.32中的子系统模块，就可以得到图8.33中的 ΣΔ ADC 的离散等效线性模型。

例8.10　ΣΔ 量化

如图8.32中所示的 ΣΔ ADC 的操作，假设 ADC 的输入范围 $c=10$。考虑如下模拟输入。

$$x_a(t)=8\cos(2\pi F_a t)$$

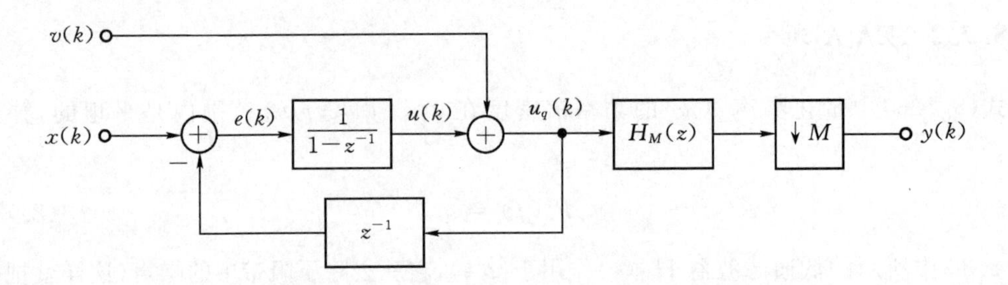

图 8.33　1 比特 ΣΔ ADC 的线性离散等效模型

假设 $F_a=1/128$，过采样倍数 $M=64$。这样采样率 $f_s=2MF_a=1$ Hz。设总采样数 $p=8192$，这正好是信号 x_a 的 M 个周期。运行 $exam8\_10$，就产生了图 8.34 中的结果。图 8.34a 表示了输入采样的一个周期。在图 8.34b 中显然可以看出，当 $u_a(t)$ 的正值更多的时候正的采样脉冲的密度就更大，当 $x_a(t)$ 的负值更多的时候负的采样脉冲的密度也就更大。图 8.34c 展示了 $u_q(k)$ 的幅度谱。注意谱的峰值在 $f=F_a$ 处，其他的离散谱线都在更高的频率上。最后，如图 8.34d 所示，输出的 $y(k)$ 是通过去除 $X_q(f)$ 在 $F_M=f_s/(2M)$ 之外的频率分量后，然后使用反向 DFT 重建得到的。很显然，即使只用了粗略的 1 比特量化，$y(k)$ 仍然是 $x_a(kT)$ 的很好的重建结果。

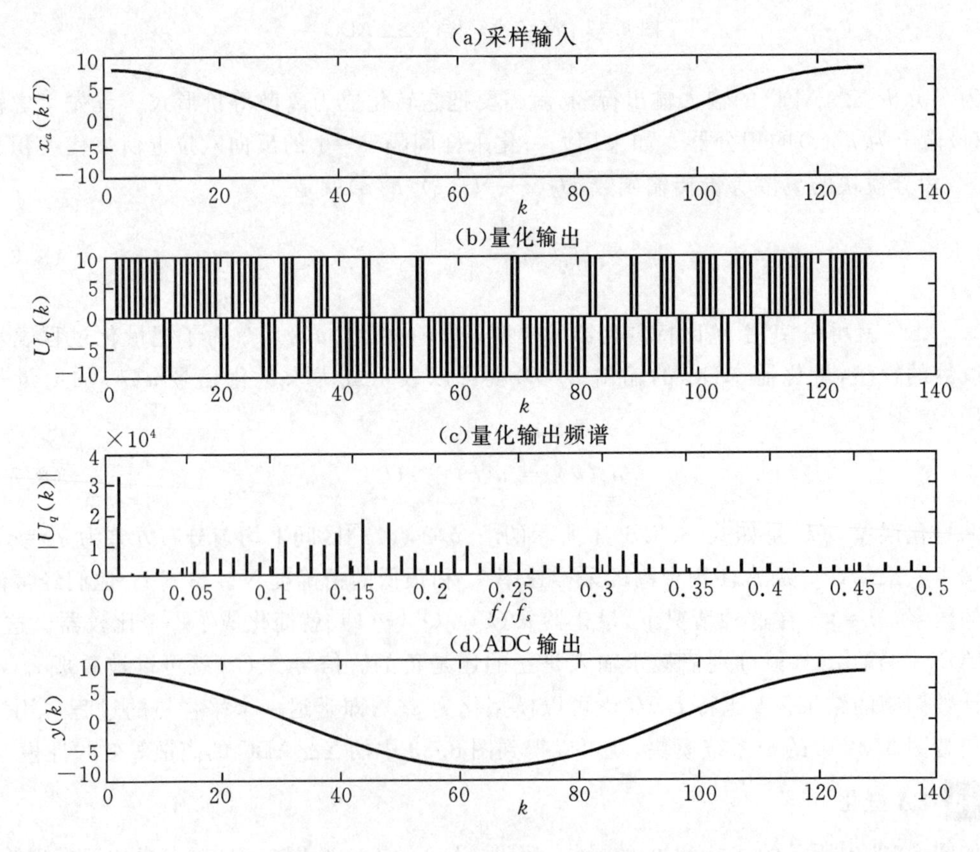

图 8.34　1 比特 ΣΔ ADC 的输出

在图 8.33 中所示的 ΣΔ ADC 是有 $x(k)$ 和 $v(k)$ 两个输入的系统。注意到图 8.33，可以得出量化后的输出 $u_q(k)$ 的 Z 变换结果

$$\begin{aligned} U_q(z) &= U(z) + V(z) \\ &= H_I(z)E(z) + V(z) \\ &= H_I(z)[X(z) - z^{-1}U_q(z)] + V(z) \end{aligned} \tag{8.7.16}$$

从式(8.7.16)求解 $U_q(z)$ 并将式(8.7.14)中的 $H_I(z)$ 代入有

$$\begin{aligned} U_q(z) &= \left[\frac{1}{1+z^{-1}H_I(z)}\right][H_I(z)X(z) + V(z)] \\ &= (1-z^{-1})[H_I(z)E(z) + V(z)] \\ &= X(z) + (1-z^{-1})V(z) \end{aligned} \tag{8.7.17}$$

输出信号的量化噪声是 $R(z)=(1-z^{-1})V(z)$ 通过低通滤波器后的结果。正是系数 $1-z^{-1}$ 改变或者重塑了噪声的频域特性。特别的，应用欧拉公式其功率谱密度可以表示为

$$\begin{aligned} P_r(f) &= |1-\exp(-\mathrm{j}2\pi fT)|^2\sigma_v^2 \\ &= |\exp(-\mathrm{j}\pi fT)(\exp(\mathrm{j}\pi fT) - \exp(-\mathrm{j}\pi fT)|^2\sigma_v^2 \\ &= |\exp(-\mathrm{j}\pi fT)|^2 \; |\mathrm{j}2\sin(\pi fT)|^2\sigma_v^2 \\ &= 4\sin^2(\pi fT)\sigma_v^2 \end{aligned} \tag{8.7.18}$$

低通滤波器有单位增益并且截止频率是 $f_s/(2M)$。既然减采样不改变平均功率，那么ΣΔADC 的输出量化噪声平均功率是

$$\begin{aligned} P_v &= \frac{1}{f_s}\int_{-0.5f_s/M}^{0.5f_s/M} P_r(f)\,\mathrm{d}f \\ &= 4T\sigma_v^2\int_{-0.5f_s/M}^{0.5f_s/M} \sin^2(\pi fT)\,\mathrm{d}f \end{aligned} \tag{8.7.19}$$

由于典型的 ΣΔ ADC 都是用 1 比特的量化器，这由过采样系数 $M \gg 1$ 来补偿。当 $|f| \leqslant f_s/(2M)$ 时，$\sin(\pi fT) \approx \pi fT$。利用这种近似，输出的平均量化噪声就可以简化为

$$\begin{aligned} P_v &\approx 4T\sigma_v^2\int_{-0.5f_s/M}^{0.5f_s/M} (\pi fT)^2\,\mathrm{d}f \\ &= (4\pi^2T^3\sigma_v^2)\left(\frac{f^3}{3}\right)\Bigg|_{-0.5f_s/M}^{0.5f_s/M} \\ &= (4\pi^2T^3\sigma_v^2)\left(\frac{f^3}{12M^3}\right) \\ &= \left(\frac{\pi^2}{3M^3}\right)\sigma_v^2 \end{aligned} \tag{8.7.20}$$

如果 ΣΔ ADC 采用 B 比特量化，那么式(8.7.4)中的量化等级就是 $q=c/2^{B-1}$。从式(8.7.6)和(8.7.20)可以得到，以输入幅度 c 表示的 ΣΔ ADC 的量化噪声平均功率是

$$P_v \approx \frac{\pi^2c^2}{36[2^{2(B-1)}]M^3} \tag{8.7.21}$$

由于分母上有 M^3 的因子，量化噪声的功率会随着 M 的增加快速降低。如前所述，在式(8.7.21)中量化噪声功率的降低可以看做有效比特精度数目的增加。令 B 是 B 比特 M 倍过采样 ΣΔ ADC 的量化精度，令 N 为没有使用过采样的普通 ADC 的量化精度。使用式(8.7.4)，(8.7.6)以及(8.7.21)，让这两种情况下的量化噪声功率相等我们有

$$\frac{\pi^2 c^2}{36[2^{2(B-1)}]M^3} \approx \frac{c^2}{12[2^{2(N-1)}]} \tag{8.7.22}$$

约掉共同项，两边取倒数，再取 2 为底的对数，化简结果，可以得到对于 ΣΔ ADC 所需精度的公式。

$$B \approx N - \log_2(3/\pi^2)/2 - 3\log_2(M)/2 \tag{8.7.23}$$

从式(8.7.23)可以看出，M 每增加四倍对于 ADC 所需要精度就降低三个比特。表 8.1 给出了在给定量化噪声 P_v 的情况下，过采样的直接量化和 ΣΔ 量化的比特减少数量对比。

从表 8.1 的第二列我们可以看到，假设过采样倍数为 $M=64$，6 比特的过采样 ADC 可以获得和 9 比特的不使用过采样的 ADC 同样的精度。而在表 8.1 的第三列，1 比特的过采样 ΣΔ ADC 事实上可以获得比 9 比特的常规 ADC 更高的精度。需要指出的是，大倍数 M 的过采样会造成抗混叠滤波器 $H_M(z)$ 的截止频率 $F_M = f_s/(2M)$ 变得更窄，增加了实现难度。例如，$M=64$ 的时候，截止频率 $f_M = 0.0078 f_s$。通过使用高阶的 ΣΔ ADC 可以进一步减少所需的量化比特数，但是高阶系统的稳定性将会变差(Oppenheim et al. 1999)。

表 8.1　由过采样带来的 ADC 量化位数减少程度比较

M	过采样 ADC	ΣΔ ADC
4	1	2.1
16	2	5.1
64	3	8.1
256	4	11.1

8.8　过采样 DAC

8.8.1　抗镜像滤波器

就像过采样可以降低 ADC 前的抗混叠滤波器的要求一样，过采样还可以用来降低 DAC 后的抗镜像滤波器的要求。记住 DAC 可以看成是一个具有如下传递函数的零阶保持模型：

$$H_0(s) = \frac{1-\exp(-Ts)}{2} \tag{8.8.1}$$

DAC 的输出是一个阶梯信号，其中含有以采样频率倍数为中心频率的镜像频谱。假设所关心的模拟输出信号 $y_a(t)$ 的频率范围是 $0\leqslant|f|\leqslant F_a$，其中 $f_s=2F_a$。通常，我们把 DAC 输出的阶梯信号通过一个截止频率为 $f_s/2$ 的锐截止低通滤波器来消除那些以采样频率 f_s 的整数倍为中心频率的镜像频谱。假设我们提高采样率为 $f_s=2LF_a$，其中 L 是一个大于 1 的整数，然后进行数模转换。提高采样率 L 倍可以使镜像频率频谱中心移到 Lf_s，因此会使滤波器更简单些。具体地说，模拟抗镜像滤波器现在需要满足下面的频率响应：

$$H_a(f)=\begin{cases}1, & 0\leqslant|f|\leqslant F_a\\ 0, & LF_a\leqslant|f|<\infty\end{cases} \tag{8.8.2}$$

尽管 $H_a(f)$ 仍然是一个理想的滤波器，要求通带没有波动和阻带完全衰减，但是它的过渡带不再是零而是 $\Delta f=(L-1)F_a$。由于有了一个较大的过渡带，$H_a(s)$ 可以用一个简单廉价的一阶或二阶巴特沃兹滤波器来近似。

如上的两步采样速率内插器以及后面的 DAC 被称作过采样数模转换。图 8.35 示出了整个过采样 DAC 的框图结构。注意到它有两个抗镜像滤波器，一个是截止频率为 F_a 的高阶数字滤波器 $H_L(z)$，另一个是截止频率为 F_a 的低阶模拟滤波器 $H_a(s)$。

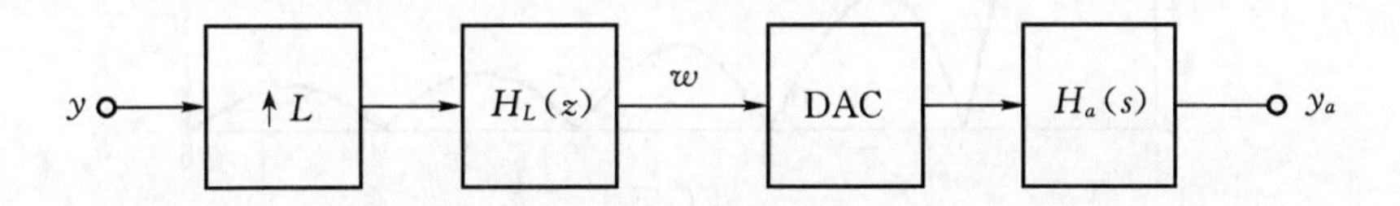

图 8.35　使用采样速率内插和通带补偿的过采样 DAC

就像过采样 ADC 一样，数字抗镜像滤波器 $H_L(z)$ 有效地减小了量化噪声功率，因为它消除了扩展后的阻带频率分量 $F_a\leqslant|f|\leqslant Lf_s/2$。就像式(8.7.9)中那样，只是用 L 取代了 M，DAC 输出的量化噪声平均功率为

$$\sigma_y^2=\frac{\sigma_x{}^2}{L} \tag{8.8.3}$$

8.8.2　通带均衡

使用采样速率内插器还给我们带来了提高系统通带 $0\leqslant|f|\leqslant F_a$ 性能的机会。根据式(8.8.1)和欧拉公式，以 Lf_s 为采样频率的零阶保持 DAC 模型的幅度响应为

$$\begin{aligned}A_0(f)&=|H_0(s)|_{s=\mathrm{j}2\pi f}\\&=\left|\frac{1-\exp(-\mathrm{j}2\pi fT/L)}{\mathrm{j}2\pi f}\right|\\&=\left|\frac{\exp(-\mathrm{j}\pi fT/L)[\exp(\mathrm{j}\pi fT/L)-\exp(-\mathrm{j}\pi fT/L)]}{\mathrm{j}2\pi f}\right|\\&=\left|\frac{\exp(-\mathrm{j}\pi fT/L)\sin(\pi fT/L)}{\pi f}\right|\\&=\left|\frac{\sin(\pi fT/L)}{\pi f}\right|\end{aligned}$$

$$= \frac{T|\operatorname{sinc}(\pi f T/L)|}{L} \tag{8.8.4}$$

图 8.36 画出了 DAC 的幅度响应，正是图中的旁瓣使得输出端含有基带频谱的镜像。这些镜像频率谱需要通过模拟抗镜像滤波器 $H_a(s)$来消除。

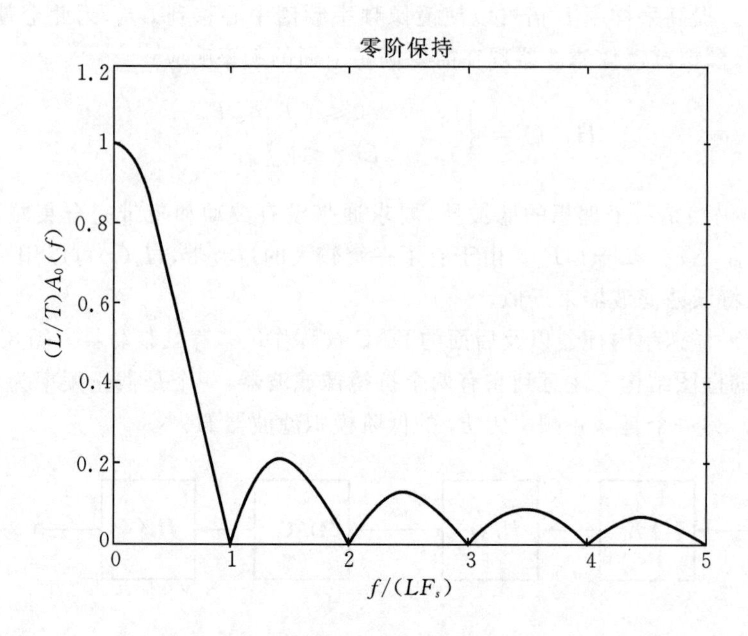

图 8.36 零阶保持 DAC 模型的幅度响应

在通带内，DAC 根据 $A_0(f)$对信号的幅度谱整形。通带内 DAC 的影响可以用一个更一般形式的抗镜像滤波器 $H_L(z)$来补偿。具体地说，我们可以利用下面的数字抗镜像滤波器在 $0 \leqslant |f| \leqslant F_a$ 内均衡 DAC 的影响：

$$H_L(f) = \begin{cases} \dfrac{L}{T|\operatorname{sinc}(\pi f T/L)|}, & 0 \leqslant |f| \leqslant F_a \\ 0, & F_a < |f| < f_s/2 \end{cases} \tag{8.8.5}$$

当 $L \gg 1$ 时，因为 $\operatorname{sinc}(\pi f T/L) \approx 1$，所以 DAC 引入的频谱上的失真很小，但是当使用一个低阶的模拟抗镜像滤波器时，通带内将会有明显的波动。这个波动也可以用数字滤波器 $H_L(z)$来补偿。假设使用 n 阶巴特沃兹滤波器，那么由式(8.7.3)，利用频率响应为下式的数字抗镜像滤波器可以来均衡掉 DAC 和后面的模拟滤波器的影响。这样，通带内的幅度响应总体上就是平的了。

$$H_L(f) = \begin{cases} \dfrac{L\sqrt{1+(f/F_a)^{2n}}}{T|\operatorname{sinc}(\pi f T/L)|}, & 0 \leqslant |f| \leqslant F_a \\ 0, & F_a < |f| < f_s/2 \end{cases} \tag{8.8.6}$$

例 8.11 过采样 DAC

为了说明过采样在数模转换过程中的效果，令模拟抗镜像滤波器是一个 n 阶巴特沃兹滤波器，其幅度响应为式(7.6.2)。这个例子的目的是利用过采样来保证镜像频谱分量足够小。由于巴特沃兹幅度响应单调递减，镜像频谱都至少缩小 $A_n(f_d)$ 倍，其中 $f_d = f_s/2$ 是折叠频率。因此，缩放因子为

$$\varepsilon_n \triangleq A_n(f_d)$$

如果以 L 进行过采样，那么 $f_s = 2LF_a$，这意味着 $f_d = LF_a$。根据式(8.7.2)，为了使缩放因子达到 ε，需要有

$$\frac{1}{\sqrt{1+L^{2n}}} \leqslant \varepsilon$$

两边取倒数再平方得

$$1 + L^{2n} \geqslant \varepsilon^{-2}$$

解出 L，有

$$L \geqslant (\varepsilon^{-2} - 1)^{0.5/n}$$

例如，如果采用一阶巴特沃兹滤波器即 $n=1$。假设需要的缩放因子为 $\varepsilon=0.05$。在这个例子中，所需的过采样率为

$$L = \text{ceil}\{(400-1)^{1/2}\} = \text{ceil}(19.975) = 20$$

图 8.37 画出了均衡后的数字抗镜像滤波器 $H_L(z)$ 的幅度响应。它是由脚本程序 *exam8_10* 运行得到的。为了更清楚的显示，只画出了 $0 \leqslant |f| \leqslant f_s/L$ 的频率范围。由于这个例子中 $L=$

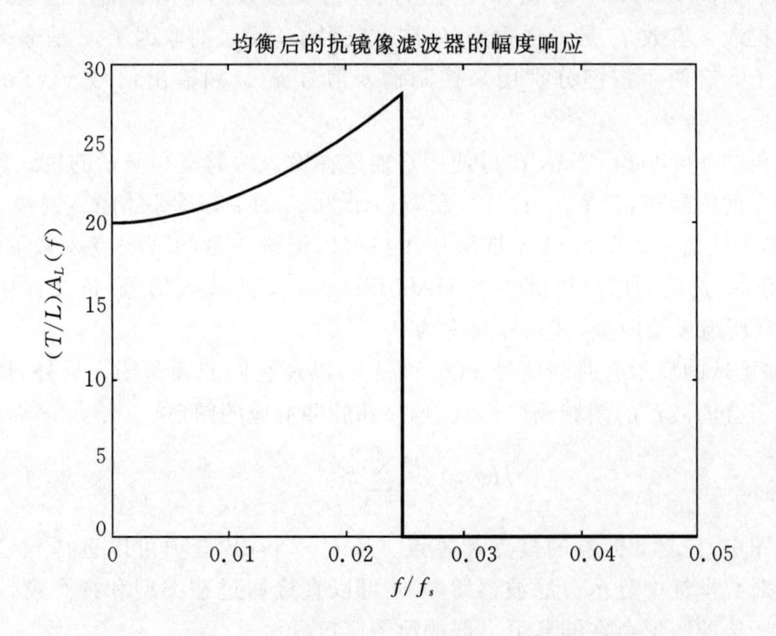

图 8.37　均衡后的数字抗镜像滤波器 $H_L(z)$ 的幅度响应

它补偿了 DAC 和模拟抗镜像滤波器的影响(其中 $n=1, L=20$)

20,几乎所有的通带补偿都是用来补偿一阶巴特沃兹滤波器的影响。因为 $L \gg 1$,DAC(零阶保持)在通带内的幅度响应基本是平的了。

8.9 GUI 软件和案例学习

本节重点在设计和实现多速率系统,将介绍一个图形接口模块 *g_multirate*,该模块让用户不必编写程序就可以设计速率转换器和评估多速率系统。最后将展示一个 MATLAB 编写的案例。

***g_multirate*:设计和评估多速率系统**

FDSP 工具箱中有一个名为 *g_multirate* 的图形用户界面模块。*g_multirate* 使用户不用编程就可以设计、仿真多速率离散时间系统。GUI(图形用户界面)模块 *g_multirate* 有一个由平铺的窗口组成的显示界面,如图 8.38 所示。左上的 *Block diagram* 窗口中是一个正在进行分析的多速率系统的方框图。它是一个单级的采样率转换系数为有理数的转换器,转换比例系数为 L/M,其时域表达式如下:

$$y(k) = \sum_{i=0}^{m} b_i \delta_L(Mk - i) x\left(\frac{Mk - i}{L}\right) \tag{8.9.1}$$

在方框图下面的 *Parameters* 窗口里是修改各仿真参数的地方。各个参数可以用 *Enter* 键直接被用户更改。参数 f_s 是采样频率,L 是内插因子,M 是抽取因子,c 是输入的衰减余弦信号的衰减因子。有两个按键分别用来控制输入信号 $x(t)$ 和输出信号 $y(t)$ 在扬声器上的播放。

屏幕右上角的 Type and View 窗口使用户能选择输入的类型和显示的模式。输入信号类型包括均匀分布的白噪声,频率为 $f_s/10$,衰减因子为 c^k 的衰减余弦信号,调幅(AM)正弦信号和调频(FM)正弦信号。Record X 选项使用户可以记录一秒的从麦克风采集的声音数据。最后,User-defined 选项为用户提供一个 MAT-file 自定义的输入信号,该文件中存储着样本 x 的各个采样点所组成的向量,其采样频率为 f_s。

View 选项可选的显示有时间信号 $x(k)$ 和 $y(k)$ 以及它们的频谱图。另外,还可以显示抗混叠和抗镜像组合滤波器的频域响应,相位响应和脉冲响应的图形。

$$H_0(z) = \sum_{i=0}^{m} b_i z^{-1} \tag{8.9.2}$$

在脉冲响应绘图中,包含滤波器的极点和零点。还有一个 dB 选项可以选择频谱图或频域响应图在线性或对数坐标中显示。滤波器阶数 m 可以直接通过在类型和视图窗口下的水平移动条来控制。所选的图形会在屏幕下半部的绘图窗口显示。

屏幕上半部的菜单条包括一些菜单选项。用户可以使用 *Caliper* 选项测量当前图像上的任何点,只要将鼠标的十字线图标移至想测量的点,然后点击即可。用户还可以通过 Save 选项将当前的 x, y, f_s, a 和 b 存入用户指定的 MAT 文件中以备将来使用。这样储存的文件

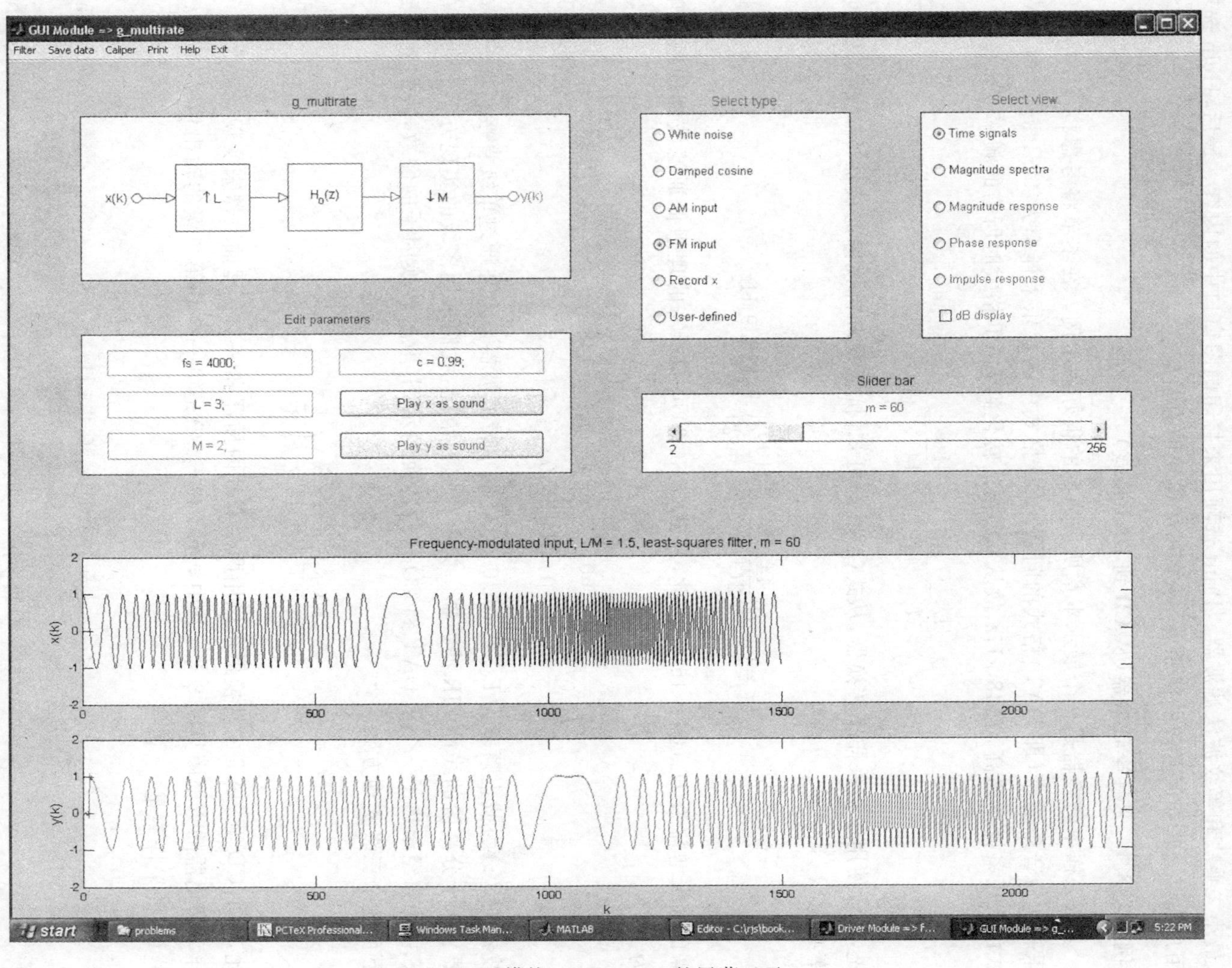

图 8.38　GUI 模块 *g_multirate* 的屏幕显示

以后可以通过 User-defined 的输入选项载入使用。*Filter* 选项使用户可以选择抗混叠和抑制镜像组合滤波器 $H_0(z)$的类型。可选的包括窗口法（矩形、海宁、海明或布莱克曼），频域采样法，最小二乘法和等纹波法滤波器。Print 选项用来打印画图窗口中的内容。最后，Help 选项向用户提供一些如何有效的使用 *g_multirate* 模块的有益建议。

案例学习 8.1 采样率转换器(从 **CD** 到 **DAT** 格式)

多级采样率转换器是一个展示本章所讲内容的很好的示例。在本节将考虑将 CD 格式的音乐转化为音乐磁带(即 DAT)格式的问题。CD 格式中的音乐采样率为 44.1 kHz，而 DAT 格式的音乐采样率略高，为 48 kHz，故从 CD 格式转化到 DAT 格式时所需的频率变化率为

$$\frac{L}{M}=\frac{48}{44.1}=\frac{480}{441}=\frac{160}{147} \tag{8.9.3}$$

首先，假设使用单级采样率转换器，从式(8.3.2)可知，抗混叠和抗镜像滤波器 $H_0(f)$，其截止频率必为

$$F_0=\min\left\{\frac{44100}{2(147)},\frac{44100}{2(160)}\right\}=138.9\ \text{Hz} \tag{8.9.4}$$

所需的通带增益为 $H_0(0)=160$。因此，从式(8.3.3)可知所需的理想低通滤波器的频率响应为

$$H_0(f)=\begin{cases}160, & 0\leqslant|f|<138.9\\ 0, & 138.9\leqslant|f|<22050\end{cases} \tag{8.9.5}$$

滤波器 $H_0(z)$为截止频率为 $F_0/f_s=0.003025$ 的窄带滤波器。上述通过单级直接实现的方式需要一个十分高阶的线性 FIR 滤波器。为避免这种情况，我们采用多级的实现方案。我们在例 8.4 中曾经给出了一个从 DAT 到 CD 格式转换的示例，取其转换因子的倒数，我们就得到了下面这个三级实现方案。

$$\frac{160}{147}=\left(\frac{8}{7}\right)\left(\frac{5}{7}\right)\left(\frac{4}{3}\right) \tag{8.9.6}$$

因此，一个 CD 至 DAT 的转换器可以用两个有理内插器和一个有理抽取器来实现。这个三个采样率转化器的方框图见图 8.39，其中 $r_1(k)$和 $r_2(k)$是第一级和第二级的输出信号。$r_1(k)$和 $r_2(k)$的采样率是

$$f_1=\left(\frac{8}{7}\right)44.1=50.4\ \text{kHz} \tag{8.9.7a}$$

$$f_2=\left(\frac{5}{7}\right)50.4=36.0\ \text{kHz} \tag{8.9.7b}$$

使用式(8.3.2)和(8.9.6)，三个抗混叠和抗镜像滤波器的截止频率如下所示：

$$F_1=\min\left\{\frac{44100}{2(8)},\frac{44100}{2(7)}\right\}=2756.3\ \text{Hz} \tag{8.9.8a}$$

$$F_2=\min\left\{\frac{50400}{2(5)},\frac{50400}{2(7)}\right\}=3600\ \text{Hz} \tag{8.9.8b}$$

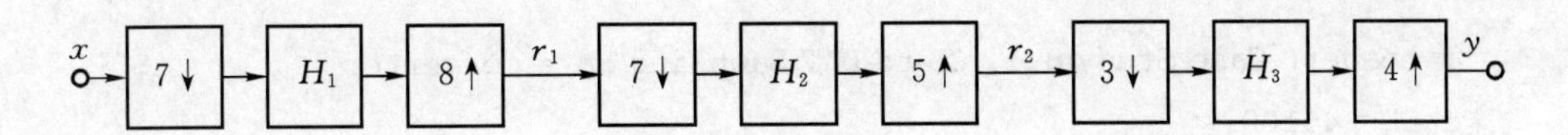

图 8.39 从 CD 格式至 DAT 格式的采样率转换器三级方案

$$F_3 = \min\left\{\frac{36000}{2(4)}, \frac{36000}{2(3)}\right\} = 4500 \text{ Hz} \tag{8.9.8c}$$

接下来由式(8.3.3)可知，三级滤波器的理想频率响应是

$$H_1(f) = \begin{cases} 8, & 0 \leqslant |f| < 2756.3 \\ 0, & 0,2756.3 \leqslant |f| < 22050 \end{cases} \tag{8.9.9a}$$

$$H_2(f) = \begin{cases} 5, & 0 \leqslant |f| < 3600 \\ 0, & 3600 \leqslant |f| < 25200 \end{cases} \tag{8.9.9b}$$

$$H_3(f) = \begin{cases} 4, & 0 \leqslant |f| < 4500 \\ 0, & 4500 \leqslant |f| < 18000 \end{cases} \tag{8.9.9c}$$

假设各级滤波器是用加海明窗的线性相位 FIR 滤波器实现的，阶数 $m=60$，这三个滤波器的幅度响应如图 8.40 所示。

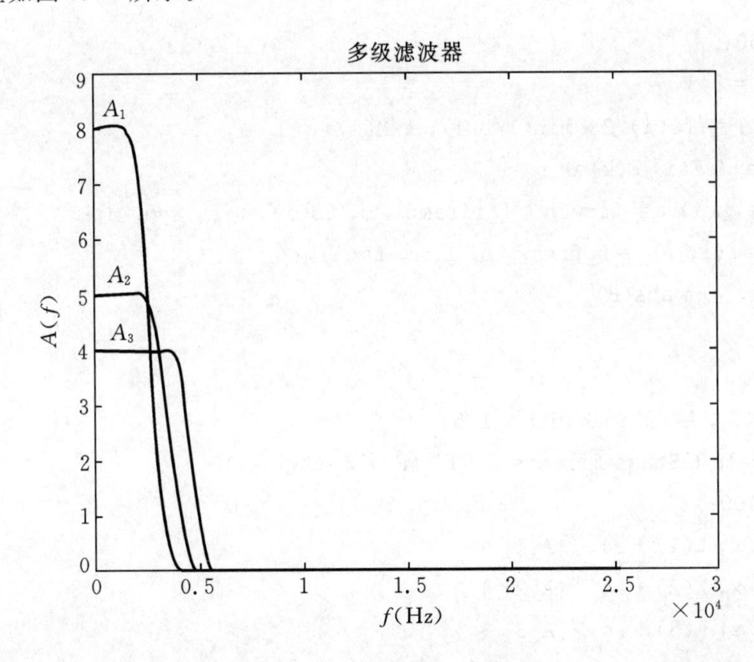

图 8.40 三级滤波器的幅度响应

FDSP 工具箱中有一个叫做 *f_rateconv* 的函数，它依参数 L/M 进行单级的有理数采样率转换。三级转换可以通过运行 *f_dsp* 中的 *case*8_1 多次调用 *f_rateconv* 来实现。

```
function case8_1

% Case Study 8.1: CD-to-DAT Sampling rate converter
```

```
f_header('Case Study 8.1: CD-to-DAT Sampling rate converter')
f_CD = 44100;
f_DAT = 48000;
L = [8 5 4]
M = [7 7 3];
m = 60
win = 2;
sym = 0;
fs1 = L(1) * f_CD/M(1);
fs2 = L(2) * fs1/M(2);
fs = [f_CD, fs1, fs2];

% Compute stage filter magnitude responses

stg = f_prompt ('\nCompute stage filters separately (0 = no, 1 = yes)', 0,1,0);
if stg
  r = 250;
  for i = 1:3
    F(i) = (fs(i)/2 * min(1/L(i), 1/M(i));
    p = [0 F(i) F(k) 0];
    b = L(i) * f_firwin ('f_firamp', m, fs(i), win, sym, p);
    [H, f(i, :)] = f_freqz (b, 1, r, fs(i));
    A(i, :) = abs(H);
  end
  figure
  plot (f', A', 'LineWidth', 1.5)
  f_labels ('Stage filters', '{f} (Hz)', '{A(f)}')
  x = 400;
  text (x, L(1) + .4, '{A_1}')
  text (x, L(2) + .4, '{A_2}')
  text (x, L(3) + .4, '{A_3}')
  f_wait
end

% Sample an input signal at CD rate

d = 2;
x = zeros (d * f_CD,1);
```

```
[x, cancel] = f_getsound (x,d,f_CD);
if cancel
    return

end
f_wait ('Press any key to play back sound at 44.1 kHz...)
soundsc (x, f_CD)
f_wait ('Press any key to play back sound at 48 kHz...')
soundsc (x, f_DAT)
figure
plot(x);
f_labels ('Use the mouse to select the start of a short speech segment...', '{k}', '{x(k)}'
[k1, x1] = f_caliper(1);

 % Convert segment of it to DAT rate

f_wait ('Press any key to rate convert the selected segment...')
p = floor(k1): floor(k1) + 400;
r1 = f_rateconv (x(p), fs(1), L(1), M(1), m, win);
r2 = f_rateconv (r1, fs(2), L(2), M(2), m, win);
y = f_rateconv (r2, fs(3), L(3), M(3), m, win);

 % Plot segments

figure
subplot(4,1,1)
k = p - p(1);
plot(k, x(p), 'LineWidth', 1.5)
f_labels ('','', '{x(k)}')
subplot(4,1,2)
plot(0:length(r1) - 1, r1, 'LineWidth', 1.5)
f_labels ('','', '{r_1(k)}')
subplot (4,1,3)
plot(0:length(r2) - 1, r2, 'LineWidth', 1.5)
f_labels ('','', '{r_2(k)}')
subplot (4,1,4)
plot(0:length(y) - 1, y, 'LineWidth', 1.5)
f_labels ('','{k}', 'y(k)')
f_wait
```

程序 *case*8_1 运行时，会先计算三级滤波器的频域响应，正如图 8.40 所示。然后再提示用户对着麦克风说话，计算机将以 CD 的采样率进行记录。随后声音会以 CD 和较高的 DAT 采样率进行播放，用户可以将两者进行比较。接下来，记录下来的语音波形被显示出来，同时出现一个标记。用户用鼠标选择语音片段的起点，被选择的片段通过三级从 CD 采样率转换成 DAT 采样率，结果如图 8.41 所示。需要注意的是，虽然所有片段看起来都是一样的形状，仔细观察横坐标的标记就可以知道他们是采用了不同的采样率。

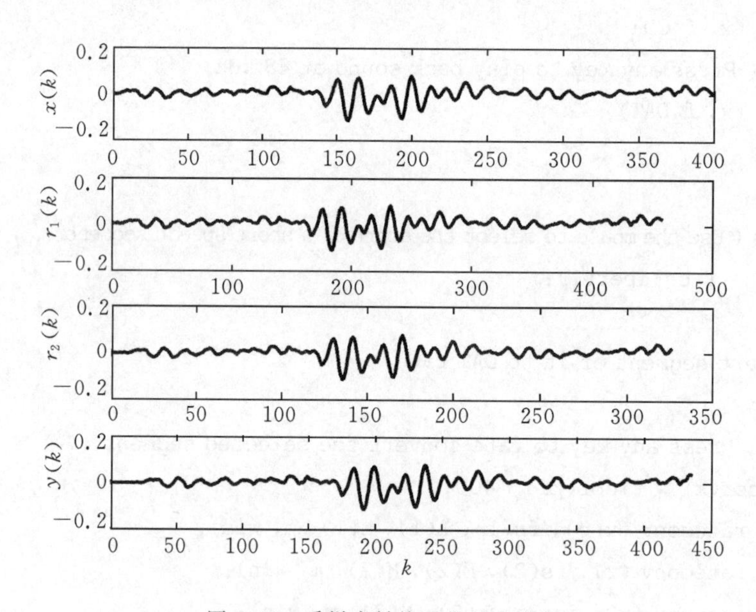

图 8.41 采样率转换后的录音片断

8.10 本章小结

采样率转换器

本章主要讨论了多速率信号处理技术。每一个多速率系统包括一个采样率转换器，这一转换器能够改变离散时间信号的采样率而无需将其变回模拟形式，重新采样是在数字域中进行的。最简单的采样频率变换器以整数因子 M 降低采样率，被称作抽取器，它可用下面的时域方程来表示：

$$y(k) = \sum_{i=0}^{m} b_i x(Mk-i) \tag{8.10.1}$$

这一 FIR 滤波器是一个脉冲响应为 $h_M(k)=b_k(0\leqslant k\leqslant m)$，通带增益为 1，截止频率为 $F_M=f_s/(2M)$的低通滤波器，这个滤波器用来保持 $x(k)$的谱特性。以因子 M 降低采样频率被称作减采样，在方框图中它用符号 $\downarrow M$ 表示。减采样率会使谱图以因子 M 延拓，为此引入数字抗混叠滤波器 $H_M(z)=Z\{h_M(k)\}$来避免混叠的发生。

同样还可以通过整数因子 L 来提高采样率，这被称作*内插器*，它可以用下面的时域方程来表示：

$$y(k)=\sum_{i=0}^{m}b_i\delta_L(k-i)x\left(\frac{k-i}{L}\right) \tag{8.10.2}$$

在这里 $\delta_L(k)$ 是一个周期脉冲序列，周期为 L，始于 $k=0$。脉冲响应为 $h_L(k)=b_k(0\leqslant k\leqslant m)$ 的 FIR 滤波器是一个通带增益为 L，截止频率为 $F_L=f_s/2L$ 的低通滤波器。同样，这个滤波器也是用来保留 $x(k)$ 的频谱特征的。以因子 L 提升采样频率，称作*增采样*。在方框图中它用符号 $\uparrow L$ 表示。提升采样频率使频谱以因子 L 压缩，因为谱图是周期的，所以会产生原频谱的镜像，镜像必须通过抗镜像滤波器 $H_L(Z)=Z\{h_L(k)\}$ 来消除。

更一般的采样率转换器其参数为有理数 L/M，可以用一个串联的系统实现。先通过一个参数为 L 的内插器，再通过一个参数为 M 的抽取器。这被称作*有理比例转换器*，它可以用下面的时域方程来表示。

$$y(k)=\sum_{i=0}^{m}b_i\delta_L(Mk-i)x\left(\frac{Mk-i}{L}\right) \tag{8.10.3}$$

因为是先提升采样频率，再降低采样频率，所以在抽取器之前抗混叠的滤波器可以和内插器之后的抗镜像滤波器组合在一起。串联的两个滤波器的截止频率是 $F_0=\min\{F_L,F_M\}$，通带增益是 L。故期望的理想抗混叠和抗镜像组合滤波器的频率响应是

$$H_0(f)=\begin{cases}L, & 0\leqslant|f|\leqslant F_0\\ 0, & F_0\leqslant|f|\leqslant f_s/2\end{cases} \tag{8.10.4}$$

典型的抗混叠和抗镜像滤波器用 FIR 滤波器实现，因为线性相位滤波器会在通带中产生延迟，但却不会对信号产生失真。与此相对照，IIR 滤波器可以比同阶的 FIR 滤波器获得更为陡峭的过渡带，但是这是以产生相位的非线性失真为代价的。

为了简化滤波器的设计，L、M 参数较大的有理比例采样率转换器可以通过串联一系列的参数较小的转换器实现。这被称作多级采样率转换器，转换比例可以通过如下的因式分解得到：

$$\frac{L}{M}=\left(\frac{L_1}{M_1}\right)\left(\frac{L_2}{M_2}\right)\cdots\left(\frac{L_p}{M_p}\right) \tag{8.10.5}$$

内插器和抽取器都可以通过多相滤波器实现。假如采样率转化因子为 N，可以使用 N 个并联的多相滤波器来实现抗混叠或抗镜像滤波器，其中第 i 个多相滤波器的脉冲响应通过提取原滤波器的脉冲响应的第 N 个样点得到。输出的样点通过使用换向开关从每个多相滤波器的输出顺序获得。基于多相滤波器的采样率变换器将浮点运算量降低了 N 倍。另一个更为直观的解释是上述的采样率转换器实际上就是一个时变线性离散时间系统。

窄带滤波器和滤波器组

多速率系统在现代 DSP 系统中有着许多应用。例如，如果需要实现离散时间信号的分数采样延迟，先以因子 L 提高采样频率，用一个移位寄存器延迟 $0<M<L$，然后再以 L 降采样来恢复采样频率，这样就实现了内插采样延迟。

$$\tau=(m+L/M)T \tag{8.10.6}$$

另外一个例子是设计窄带低通滤波器，低通滤波器的截止频率满足 $F_0 \ll f_s$。信号被减采样后，在频谱上被扩展，通过一个较易实现的截止频率为 $F_0 \approx f_s/4$ 的宽带滤波器后，增采样以恢复到原来的采样频率。如果窄带滤波器中心位于 f_s 的约数处，可以通过并行地建立滤波器组来实现。一个分析滤波器组将信号 $x(k)$分解成子信号 $x_i(k)$，占用子带宽$[0, f_s/N]$。然后子信号被减采样并且分别进行独立处理。综合滤波器组则处理子带信号 $y_i(k)$，增采样，然后再将他们合并成宽带信号 $y(k)$。这种技术被称为子带处理，可以用来以频分复用的方式在宽带信道上传输多个窄带信号。滤波器组系统的一个特例是双通道正交镜像滤波器或者称为 QMF 组。双通道 QMF 组通过使用一对功率互补的分析滤波器，可以获得输入信号的精确重建(缩放和延迟后的)。

过采样 ADC 和 DAC

另一类多速率系统应用于高品质的 A/D 和 D/A 转换器中。一个过采样率 A/D 转换器以因子 M 过采样后，紧跟一个以实际采样率输出的抽取器。这项技术通过加入了一个宽度为 $B=(M-1)F_a$ 的过渡带降低了对模拟抗混叠滤波器的要求，其中 F_a 是模拟信号的带宽。这意味着可以用一个较廉价的低阶模拟抗混叠滤波器取代原来昂贵的高阶抗混叠滤波器。同时，过采样 A/D 转换器还可以将输出的量化噪声功率降低为原来的 $1/M$。

过采样同样可以用于高品质的 D/A 转换器。一个过采样 D/A 转换器包括一个因子为 L 的内插器和其后的 D/A 转换器。提高采样率的作用为通过插入带宽为 $B=(L-1)F_a$ 的过渡带降低对于模拟抗镜像滤波器的要求，这里，F_a 是信号的带宽。同样，这意味着可以用一个较廉价的低阶模拟抗镜像滤波器取代原来有陡峭的截止特性的、较昂贵的高阶模拟抗镜像滤波器。像过采样 A/D 转换器一样，过采样 D/A 转换也可以以因子 L 降低输出的量化噪声功率。

对于一个过采样 A/D 转换器，由零阶保持和模拟抗镜像滤波器 $H_a(s)$带来的通带内的失真可以通过使用更加通用的数字抗镜像滤波器来补偿。例如假设模拟抗镜像滤波器是一个 n 阶巴特沃兹滤波器。如果使用下面的数字抗镜像滤波器，过采样 D/A 转换器总频率响应在通带内是水平的。

$$H_L(f) = \begin{cases} \dfrac{L\sqrt{1+(f/F_a)^{2n}}}{T\,|\mathrm{sinc}(\pi f T/L)|}, & 0 \leqslant |f| \leqslant F_a \\ 0, & F_a < |f| < f_s/2 \end{cases} \tag{8.10.7}$$

GUI **模块**

FDSP 工具箱包含了一个 GUI 模块 *g_multirate*，该模块可以让使用者设计和评估有理数采样率转换器。采样率转换可以应用于存储为 *MAT* 文件的包括录音以及用户定义的信号的多种信号源。其中抗混叠或抗镜像滤波器可以选择窗口法、频率采样法、最小均方以及等效激励法设计的线性相位 FIR 滤波器。

学习要点

本章的学习要点如表 8.2 中所示。

表 8.2　第 8 章学习要点

序号	学习要点	章节
1	知道如何设计和应用整数抽取器和内插器	8.2
2	知道如何设计和应用有理数采样率转换器，包括单级和多级的	8.3
3	能有效应用采样率转换器实现多相位滤波器	8.4
4	能应用多速率技术设计窄带滤波器	8.5
5	能应用多速率技术设计滤波器组	8.5
6	理解如何设计过采样 *ADC*，并知道过采样带来的好处	8.6
7	理解如何设计过采样 DAC，并知道过采样带来的好处	8.7
8	会使用 GUI 模块 *g_multirate* 设计和评估多速率 DSP 系统	8.8

8.11　习题

习题分为分析与设计类、GUI 仿真类及 MATLAB 计算类三种，其中分析与设计类可以通过手工或计算器计算完成；GUI 仿真类通过 GUI 模块 *g_multirate* 完成；MATLAB 计算类的问题需要用户编写程序。

8.11.1　分析与设计

8.1　假设一个多速率信号处理系统需要采样率转换器，其转换因子 $L/M=3.15$。

(a)假设使用的是单级采样率转换器，求出理想抗混叠和抗镜像滤波器的频率响应。

(b)把 L/M 分解成两个或更多个有理数，其分母和分子都小于等于 10。

(c)根据(*b*)中所做的对于 L/M 的分解，画出多级采样率转换器的方框图。

(d)画(*c*)中所求的每一级所需的理想抗混叠和抗镜像组合滤波器的频率响应。

8.2　考虑设计一个有理采样率转换器，速率转换因子 $L/M=2/3$。

(a)画出采样速率转换器的方块图。

(b)求出所需理想的抗混叠和抗镜像数字滤波器的频域响应，$x(k)$的采样频率为 f_s。

(c)用表 6.1 和表 6.2，设计一个阶数为 $m=50$ 的抗混叠滤波器和抗镜像滤波器，使用布莱克曼窗设计。

(d)试求出此采样率转换器的差分方程。

8.3　考虑设计一个采样速率抽取器，减采样抽取因子 $M=8$。

(a)画出此采样速率抽取器的方框图。

(b)求出所需的理想的抗混叠滤波器的频域响应，$x(k)$的采样频率为 f_s。

(c)用表 6.1 和表 6.2，设计一个阶数为 $m=40$ 的抗混叠滤波器，使用海宁窗设计。

(d)试求出此采样速率抽取器的差分方程。

8.4　假设一个信号以速率 $f_s=10$ Hz 采样。为使图 8.42 给出的可变时延系统的总时延 $\tau=2.38$ s (a)找出所需的最小的增采样因子 L 的值。

(b)假设线性相位 FIR 滤波器为 $m=50$ 阶，两个低通滤波器引入了多少时延？

(c)为达到所需的总时延，移位寄存器的长度 M 应为多少？

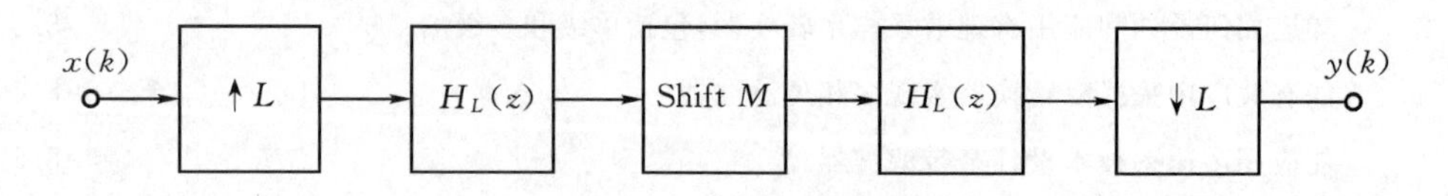

图 8.42　一个可变时延系统

8.5　考虑设计一个有理数采样率转换器，速率转换因子 $L/M=5/4$。

(a)画出采样速率转换器的方框图。

(b)求出所需理想的抗混叠和抗镜像数字滤波器的频域响应，$x(k)$的采样频率为 f_s。

(c)用表 6.1 和表 6.2，设计一个阶数为 $m=50$ 的抗混叠滤波器和抗镜像滤波器，使用布莱克曼窗设计。

(d)试求出此采样率转换器的差分方程。

8.6　假设一个多速率信号处理系统需要采样率转换器，其转换因子 $L/M=0.525$。

(a)假设使用的是单级采样率转换器，求出理想抗混叠和抗镜像数字滤波器的频率响应。

(b)把 L/M 分解成两个或更多个有理数，其分母和分子都小于等于 10。

(c)根据(b)中所做的对于 L/M 的分解，画出多级采样率转换器的方框图。

(d)画(c)中所求的每一级所需的理想抗混叠和抗镜像数字滤波器组合的频率响应。

8.7　考虑如图 8.6 所示的采样率内插器。输入 $x(k)$的采样率是 f_s，且有三角型的频域幅度响应 $A_x(f)$，如图 8.43 所示。假设增采样因子 $L=3$。

(a)画出式(8.2.5)定义的插入零的信号 $x_L(k)$在 $0\leqslant|f|\leqslant f_s/2$ 区间上的频谱。

(b)画出理想抗镜像滤波器 $H_L(z)$的幅度响应。

(c)画出 $y(k)$在 $0\leqslant|f|\leqslant f_s/2$ 区间上的频谱的幅度。

8.8　考虑设计一个采样速率内插器，增采样因子 $L=10$.

(a)画出采样速率内插器的方框图。

(b)求出所需的理想的抗镜像数字滤波器的频域响应，$x(k)$的采样频率为 f_s。

(c)用表 6.1 和表 6.2，设计一个阶数为 $m=30$ 的抗镜像滤波器，使用海明窗设计。

(d)试求出此采样速率内插器的差分方程。

8.9　考虑在图 8.42 中所示可变时延系统，$x(k)$的采样频率为 f_s，假设 $H_L(Z)$是 m 阶线性相位 FIR 滤波器。求取系统的总时延，包括内插器的时延，移位寄存器的时延和抽取器的时延。

8.10　考虑设计一个如图 8.44 所示的多速率窄带低通 FIR 滤波器。设采样频率 $f_s=8000$ Hz，截止频率 $F_0=200$ Hz。

(a)求出可使用的最大的整数速率转换因子 M。

(b)使用式(6.3.6)，利用频域采样法设计一个阶数 $m=32$ 的抗混叠滤波器 $H_M(z)$，不要使用任何过渡带的采样点。

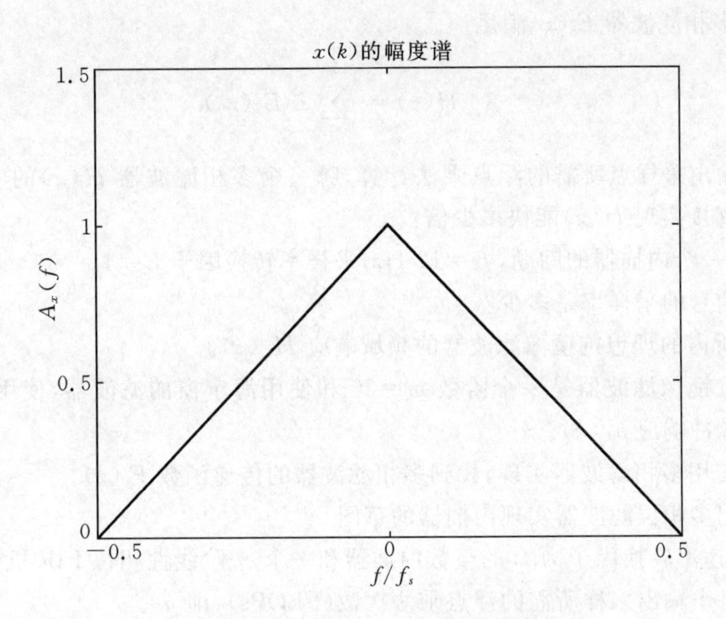

图 8.43　习题 8.7 中 $x(k)$的幅度谱

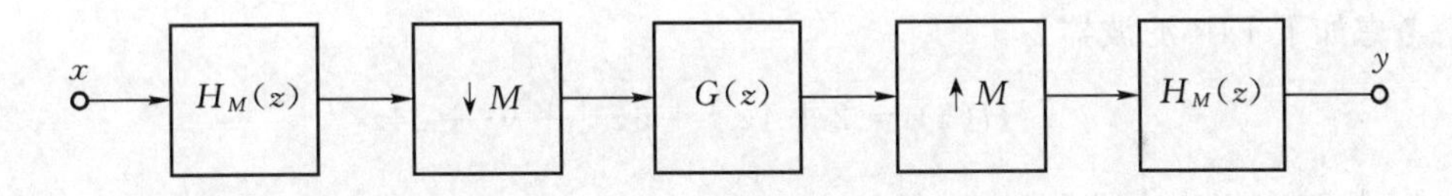

图 8.44　一个多速率窄带 FIR 滤波器

8.11　考虑多相滤波器实现有理数速率变换器，变换因子 $L/M=4/3$。

(a)假设用如下 FIR 滤波器作为抽取器部分的抗混叠滤波器。找出实现多相滤波器 $H_M(z)$用的滤波器 $E_i(z)$。

$$H_M(z)=\sum_{i=0}^{40}b_i z^{-i}$$

(b)假设用如下 FIR 滤波器作为内插器部分的抗镜像滤波器。找出实现多相滤波器 $H_L(z)$用的滤波器 $F_i(z)$。

$$H_L(z)=\sum_{i=0}^{40}c_i z^{-i}$$

(c)画出用级联方式先后连接内插器和抽取器实现多相有理数速率变换器的框图。

8.12　考虑如下 FIR 滤波器

$$H(z)=1+3z^{-1}+5z^{-2}+\cdots+23z^{-11}$$

(a)找到多相滤波器 $E_i(z)$满足

$$H(z)=\sum_{i=0}^{1}z^{-i}E_i(z^2)$$

(b)找到多相滤波器 $E_i(z)$满足

$$H(z) = \sum_{i=0}^{5} z^{-i} E_i(z^6)$$

(c)以每输出采样点所需的浮点乘法计算，哪一个多相滤波器 $H(z)$的实现更快一些？比起直接实现 $H(z)$能快多少倍？

8.13 考虑设计一个内插器的问题，$f_s=12$ Hz，采样率转换因子 $L=4$。

(a)输出信号的采样率是多少？

(b)画出所需的理想抗镜像滤波器的频域响应 $H_L(z)$。

(c)假设抗镜像滤波器是一个阶数 $m=20$ 和使用海宁窗的滤波器，使用表 6.1 和 6.2 求出脉冲响应 $h_L(k)$。

(d)假设使用多相滤波器实现，找到多相滤波器的传递函数 $F_i(z)$。

(e)画出用多相位滤波器实现内插器的草图。

8.14 考虑一个速率转换因子为 L 的整数内插器和一个 m 阶线性相位 FIR 抗镜像滤波器。

(a)计算每个输出采样所需的浮点乘法次数(FLOPs)，即 n_L。

(b)假设使用多相滤波器去实现内插器，求计算每个输出采样所需的 FLOPs，即 N_L。

(c)用 n_L 的百分比表示 N_L。

8.15 考虑如下 FIR 滤波器

$$H(z) = 2 + 4z^{-1} + 6z^{-2} + \cdots + 24z^{-11}$$

(a)找到多相滤波器 $E_i(z)$满足

$$H(z) = \sum_{i=0}^{3} z^{-i} E_i(z^4)$$

(b)找到多相滤波器 $E_i(z)$满足

$$H(z) = \sum_{i=0}^{2} z^{-i} E_i(z^3)$$

(c)以每输出采样点所需的浮点乘法计算，哪一个多相滤波器 $H(z)$的实现更快一些？比起直接实现 $H(z)$能快多少倍？

8.16 考虑多相滤波器实现有理数速率变换器，转换因子 $L/M=2/3$。

(a)假设用如下 FIR 滤波器作为抽取器部分的抗混叠滤波器，找出实现多相滤波器 $H_M(z)$用的滤波器 $E_i(z)$。

$$H_M(z) = \sum_{i=0}^{30} b_i z^{-i}$$

(b)假设用如下 FIR 滤波器作为内插器部分的抗镜像滤波器，找出实现多相滤波器 $H_L(z)$用的滤波器 $F_i(z)$。

$$H_L(z) = \sum_{i=0}^{30} c_i z^{-i}$$

(c)画出用级联方式先后连接内插器和抽取器实现多相有理数速率变换器的框图。

8.17　考虑设计一个抽取器的问题，$f_s=60$ Hz，采样率转换因子 $M=3$。

(a)输出信号的采样率是多少？

(b)画出所需的理想抗混叠滤波器的频域响应，$H_M(z)$。

(c)假设抗混叠滤波器是一个阶数 $m=32$ 和使用海明窗滤波器，使用表 6.1 和 6.2 求出脉冲响应 $h_M(k)$。

(d)假设使用多相滤波器实现，找到多相滤波器的传递函数 $E_i(z)$。

(e)画出用多相位滤波器实现抽取器的草图。

8.18　考虑设计一个高通滤波器，其理想频率响应如下：

$$A(f)=\begin{cases}0, & 0\leqslant f<F_0\\ 1, & F_0\leqslant f\leqslant f_s\end{cases}$$

(a)假设通带带宽 $B=f_s-F_0$，考虑设计一个截止频率 $F_c=B/2$ 的低通滤波器 $G(z)$。使用表 6.1 和 6.2，求出阶数 $m=50$ 的布莱克曼窗滤波器的脉冲响应 $g(k)$。

(b)使用式(8.5.4)中的频移特性和 $g(k)$，求出截止频率为 F_0 的高通滤波器的脉冲响应 $h(k)$。

(c) $H(z)$的幅度响应是 f 的偶函数吗？为什么是，或为什么不是？

(d)$H(z)$的幅度响应是 f 的周期函数么？如果是的话，周期是多少？

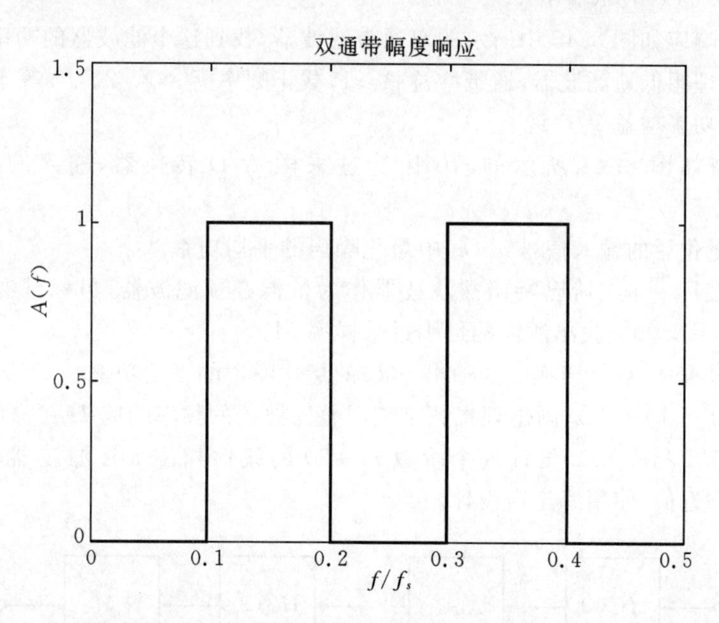

图 8.45　习题 8.19 中的双通带幅度响应

8.19　考虑设计一个双通带的滤波器，幅度响应如图 8.45 所示。

(a)令每个通带的带宽是 $B=0.1f_s$，考虑设计一个截止频率是 $F_c=B/2$ 的低通滤波器 $G(z)$。使用表 6.1 和表 6.2，设计 $m=80$ 阶使用海宁窗进行窗口法设计的滤波器的脉冲响应 $g(k)$。

(b)应用式(8.5.4)中的频移特性以及 $g(k)$，分别设计截止频率是 $0.1f_s$ 和 $0.2f_s$ 的复通带滤波器的脉冲响应 $h_1(k)$。

(c) 应用式(8.5.4)中的频移特性以及 $g(k)$，分别设计截止频率是 $0.3f_s$ 和 $0.4f_s$ 的复通带滤波器的脉冲响应 $h_2(k)$。

(d)使用 $h_1(k)$和 $h_2(k)$，设计幅度响应 $A(f)$如图 8.45 所示的滤波器的脉冲响应 $h(k)$。

(e)画出使用 $H_1(z)$和 $H_2(z)$为模块设计 $H(z)$的框图。

8.20 令 $x_M(k)=x(Mk)$是对输入 $x(k)$进行 M 倍减采样得到的输出。回忆式(8.6.9)，$x_M(k)$的 Z 变换可以用 $x(k)$的 Z 变换表示如下，其中 $W_M(k)=\exp(-\mathrm{j}2\pi/M)$

$$X_M(z)=\frac{1}{M}\sum_{i=0}^{M-1}X(W_M^{-i}Z^{1/M})$$

使用 W_M 的定义以及 DTFT，证明 $x_M(k)$的频谱是

$$X_M(f)=\frac{1}{M}\sum_{i=0}^{M-1}X(\frac{f+if_s}{M})$$

8.21 考虑双通道 QMF 组的设计。假设第一个分析滤波器的传递函数是 $F_0(z)=2-z^{-3}$。

(a)找出剩下的分析和综合滤波器的传递函数，确保一个无混叠的 QMF 组。

(b)找出整个 QMF 组的传递函数 $H(z)$。

(c)用输入 $x(k)$表示输出 $y(k)$。

8.22 考虑幅度响应如图 8.45 中所示的双通带滤波器，找到这个滤波器的功率增益 Γ。

8.23 考虑一个理想低通滤波器，通带增益 $A\geqslant 1$，截止频率 $F_c<f_s/2$。F_c 等于多少的时候该滤波器的功率增益等于 1?

8.24 考虑一个如图 8.46 所示的，10 比特过采样 A/D 转换器，输入的模拟量的范围 $|x_a(t)|\leqslant 5$。

(a)求出量化后的输入信号 $x_q(k)$中量化噪声的平均功率。

(b)假设使用一个二阶巴特沃兹滤波器作为抗混叠预滤波器，目标是混叠抑制因子至少为 $\alpha=0.005$，找出所需的最小过采样率 M。

(c)求出过采样 A/D 转换器的输出 $y(k)$的量化噪声的平均功率。

(d)假设 $f_s=1000$ Hz，画出理想数字抗混叠滤波器的频率响应 $H_M(f)$的草图。

(e)用表 6.1 和表 6.2 设计一个阶数 $m=80$ 的线性相位 FIR 滤波器，其频率响应与 $H_M(f)$近似，使用海宁窗设计。

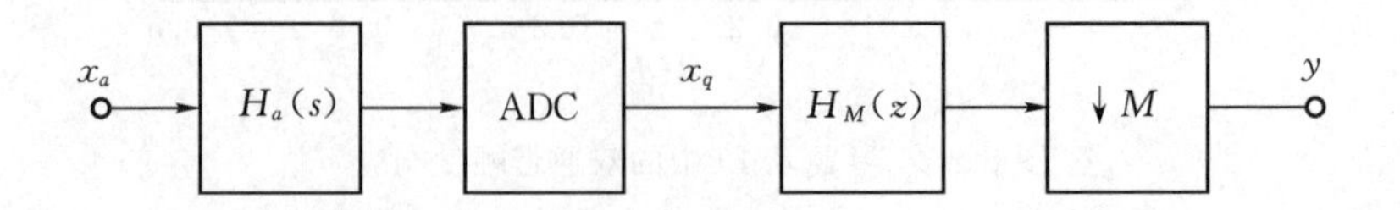

图 8.46 一个因子为 M 的过采样 A/D 转换器

8.25 一个 12 比特的过采样 A/D 转换器的过采样因子 $M=64$，为了在输出达到相同的平均量化噪声功率，不提升采样频率，需要多少比特?

8.26 假设一个范围在 $|x_a(t)|\leqslant 5$ 的模拟信号经过一个 10 比特的过采样 A/D 转换器采样，

过采样 A/D 转换器的过采样因子 $M=16$，A/D 转换器的输出通过滤波器 $H(z)$，如图 8.47 所示，其中

$$H(z)=1-2z^{-1}+3z^{-2}-2z^{-3}+z^{-4}$$

(a)求出量化精度 q。

(b)求出滤波器 $H(z)$的功率增益。

(c)求出系统输出 $y(k)$的平均量化噪声功率。

(d)为取得同样的量化噪声功率，不过不使用过采样的方法，需要多少比特的量化位数？

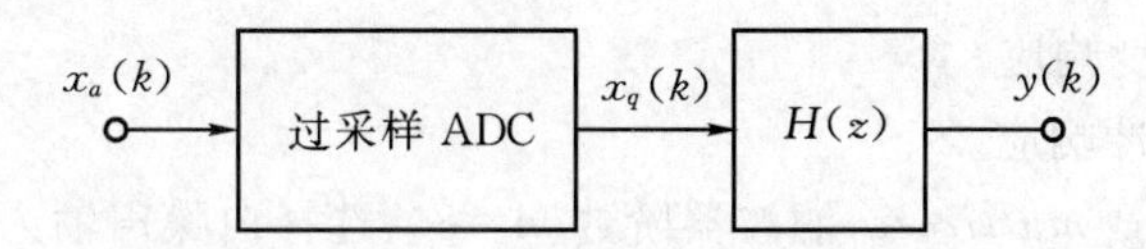

图 8.47　一个离散时间变速率系统

8.27　考虑一个如图 8.48 所示的，10 比特过采样 D/A 转换器，输出的模拟量的范围 $|y_a(t)|\leqslant 10$。

(a)假设使用一个一阶巴特沃兹滤波器作为模拟抗镜像滤波器。目标是镜像抑制因子至少为 $\beta=0.05$，找出所需的最小过采样率 L。

(b)求出 D/A 转换器输出量化噪声的平均功率。

(c)假设 $f_s=2000$ Hz，确定理想数字抗镜像滤波器的频率响应 $H_L(f)$，包括对模拟抗镜像滤波器和零阶保持内插的均衡补偿。

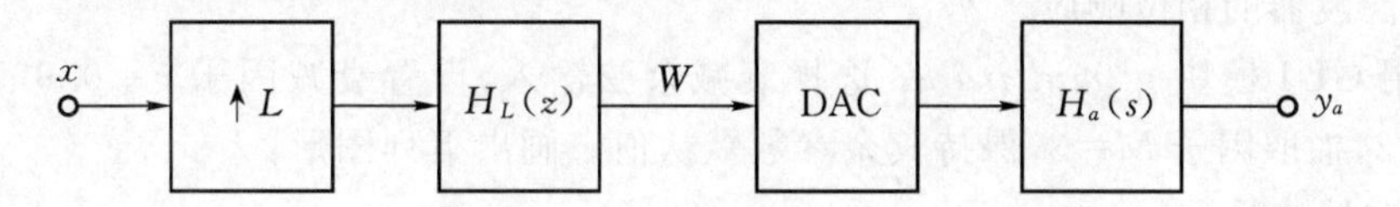

图 8.48　一个 L 倍的过采样 D/A 转换器

8.28　考虑一个转换因子为 M 的整数倍抽取器和一个 m 阶线性相位 FIR 抗混叠滤波器。

(a)求出计算每个输出样本所需的浮点乘法次数(FLOPs)，即 n_M。

(b)假设使用多相滤波器去实现此抽取器。求出计算每个输出样本所需的 FLOPs，即 N_M。

(c)用 n_M 的百分比表示 N_M。

8.29　考虑设计一个复通带滤波器，其理想频率响应如下：

$$A(f)=\begin{cases}0, & 0\leqslant f<F_0\\ 1, & F_0\leqslant f\leqslant F_1\\ 0, & F_1<f<f_s\end{cases}$$

(a)假设通带带宽 $B=F_1-F_0$，考虑设计一个截止频率 $F_c=B/2$ 的低通滤波器 $G(z)$，使用表 6.1 和 6.2，求出阶数 $m=60$ 的海明窗滤波器的脉冲响应 $g(k)$。

(b)使用式(8.5.4)中的频移特性和 $g(k)$，求出截止频率为 F_0 和 F_1 的复通带滤波器的脉冲响应 $h(k)$。

(c)$H(z)$的幅度响应是 f 的偶函数吗？为什么是，或为什么不是？

(d)$H(z)$的幅度响应是 f 的周期函数么？如果是的话，周期是多少？

8.11.2 GUI仿真

8.30 使用GUI模块 *g_multirate*，选择调幅输入，使用整数抽取器以因子 $M=2$ 降低输入信号采样率，使用海宁窗滤波器，画出下列图形。

(a)时域信号。

(b)幅度谱。

(c)滤波器的幅度响应。

(d)滤波器的脉冲响应。

8.31 使用GUI模块 *g_multirate*，滤波器阶数 $m=80$，选择白噪声输入。在对数坐标中打印下列抗混叠和抗镜像滤波器的幅度响应。

(a)具有海宁窗的滤波器。

(b)具有海明窗的滤波器。

(c)等纹波滤波器。

8.32 使用GUI模块 *g_multirate*，选择调频输入，使用整数内插器以因子 $L=2$ 增加输入信号采样率。使用海明窗滤波器，画出下列图形。

(a)时域信号。

(b)幅度谱。

(c)滤波器的幅度响应。

(d)滤波器的相位响应。

8.33 使用GUI模块 *g_multirate*，选择衰减余弦输入，设置衰减因子 $c=0.995$，内插因子 $L=2$，抽取因子 $M=3$，保持其余参数默认值。画出下列图形：

(a)时域信号。

(b)幅度谱。

8.34 使用GUI模块 *g_multirate*，在线性坐标中打印下列抗混叠和抗镜像滤波器的幅度响应。

(a)具有布莱克曼窗的滤波器。

(b)频率采样滤波器。

(c)最小二乘滤波器。

8.35 使用GUI模块 *g_multirate*，将hello语音录入 x 中，回放以确认其正确性，使用Save选项将录音存入名为 *prob8_35.mat* 的MAT-文件中。采用自定义选项重新装载这个文件。播放带采样率转换和不带采样率转化的文件，听他们的区别。画出下列图形：

(a)时域信号。

(b)信号的幅度谱。

(c)滤波器的幅度响应。

(d)滤波器的脉冲响应。

8.36 使用GUI模块 *g_multirate* 和用户定义的输入选项载入MAT-文件 *u_multirate*1，以因子 $L=4$，$M=3$ 转换采样率。画出下列图形：

(a)时域信号，录制的是什么单词？

(b)信号的幅度谱。

(c)滤波器的脉冲响应。

8.11.3　MATLAB 计算

8.37　编写名为 *u_narrowband* 的 MATLAB 函数，使用 FDSP 工具箱中函数 *f_firideal* 和 *f_rateconv* 去计算如图 8.44 中所示的多速率窄带低通滤波器的零状态响应。调用 *u_narrowband* 的接口如下。

```
% U_NARROWBAND: Computer output of multirate narrowband lowpass filter
%
% Usage:
%       [y,M] = u_narrowband (x, F0, win, fs, m);
% Pre:
%       x     = array of length N containing input samples
%       F0    = lowpass cutoff freqeuncy (F0 <= fs/4)
%       win   = window type
%
%                0 = rectangular
%                1 = Hanning
%                2 = Hamming
%                3 = Blackman
%
%       fs    = sampling frequency
%       m     = filter order (even)
% Post:
%       y     = array of length N containing output samples
%       M     = frequency conversion factor used
```

使用最大的速率转换因子。通过编写一个低通滤波器的设计程序来测试 *u_narrowband* 函数，该低通滤波器截止频率 $F_0=10$ Hz，采样频率 $f_s=400$ Hz，滤波器阶数 $m=50$。画出下列图形。

(a)窄带滤波器的脉冲响应。

(b)在同一幅图中给出所设计的窄带滤波器和理想滤波器的幅度响应，加图例区分。

8.38　考虑下面的有三个谐波的周期模拟信号。

$$x_a(t)=\sin(2\pi t)-3\cos(4\pi t)+2\sin(6\pi t)$$

假设信号以 $f_s=24$ Hz 采样，使用 $N=50$ 样点来生成一个离散时间信号 $x(k)=x_a(kT)$，$0\leqslant k<N$。编写一个 MATLAB 程序，通过使用 *f_interpol* 将这个信号的采样率增加为 $f_s=72$ Hz。使用阶数 $m=50$ 的最小二乘滤波器作为抗镜像滤波器。使用 *subplot* 命

令和 *stem* 函数在屏幕上画出下面的离散时间信号。

(a)原信号 $x(k)$。

(b)在它下面使用不同的颜色画出重新采样过的信号 $y(k)$。

8.39 考虑下面的有三个谐波的周期模拟信号：

$$x_a(t)=\cos(2\pi t)-0.8\sin(4\pi t)+0.6\cos(6\pi t)$$

假设信号以 $f_s=64$ Hz 采样，使用 $N=120$ 样点来生成一个离散时间信号 $x(k)=x_a(kT)$，$0\leqslant k<N$。编写一个 MATLAB 程序，通过使用 *f_decimate* 将这个信号的采样率降低为 $f_s=32$ Hz。使用阶数 $m=40$ 的海明窗滤波器作为抗混叠滤波器。使用 *subplot* 命令和 *stem* 函数在屏幕上画出下面的离散时间信号。

(a)原信号 $x(k)$。

(b)在它下面使用不同的颜色画出重新采样过的信号 $y(k)$。

8.40 考虑下面的有三个谐波的周期模拟信号：

$$x_a(t)=2\cos(2\pi t)+3\sin(4\pi t)-3\sin(6\pi t)$$

假设信号以 $f_s=30$ Hz 采样，使用 $N=50$ 样点来生成一个离散时间信号 $x(k)=x_a(kT)$，$0\leqslant k<N$。编写一个 MATLAB 程序，通过使用 *f_rateconv* 将这个信号的采样率转换为 $f_s=50$ Hz。使用阶数 $m=60$ 的频域采样滤波器作为抗混叠和抗镜像滤波器。使用 *subplot* 命令和 *stem* 函数在屏幕上画出下面的离散时间信号。

(a)原信号 $x(k)$。

(b)在它下面使用不同的颜色画出重新采样过的信号 $y(k)$。

8.41 编写一个名叫 *u_synbank* 的函数，这个函数利用归一的 DFT 综合滤波器组将 N 个窄带子信号 $x_i(k)$合成一个复合信号 $x(i)$。调用 *u_synbank* 的接口如下：

```
% U_SYNBANK: Synthesize a complex composite signal from subsignals using
  a DFT
%
% Usage:
%        x     = u_synbank (X, m, alpha, win, fs);
% Pre:
%        x     = p by N matrix containing subsignal i in column i
%        m     = order of anti-imaging filter
%        alpha = relative cutoff frequency: F_0 = alpha * fs/(2N)
%        win   = an integer specifying the desired window type
%
%          0 = rectangular
%          1 = Hanning
%          2 = Hamming
%          3 = Blackman
%
%        fs = sampling frequency
```

```
% Post:
%        x   = complex vector of length q = Np containing samples of composite
%              signal. x contains N frequency-multiplexed subsignals. The
%              bandwidth of x is N * fs/2 and the ith subsignal is in band i
```

为了测试函数 *u_synbank*，使用 FDSP 工具箱里面的函数 *f_subsignals* 编写脚本，生成一个 32 乘 4 的矩阵 X，其第 k 列表示第 k 个子信号，函数 *f_subsignals* 产生的信号频谱正如图 8.23 中所示。另 $alpha = 0.5$，$f_s = 200$ Hz，并且滤波器的阶数为 $m=90$，采用汉明窗。保存 x 和 f_s 在 MAT 文件中，命名它为 *prob*8_41，并绘制如下图形：

(a)复数复合信号 $x(i)$ 的实部和虚部，用 *subplot* 建立一个 2×1 的图形并显示在一个屏幕上。

(b)幅度谱 $A(f)=|X(f)|,0\leqslant f\leqslant f_s$。

8.42　编写一个名叫 *u_analbank* 的函数，这个函数利用归一的 DFT 分析滤波器组来分析混合信号 $x(i)$，并把 $x(i)$ 分解为 N 阶窄带子信号 $x_i(k)$。调用 *u_analbank* 的接口如下：

```
% U_ANALBANK: Analyze a complex composite signal into subsignals using a DFT
%
% Usage:
%        X   = u_analbank (x, N, m, alpha, win, fs);
% Pre:
%        x     = complex vector of length q = Np containing samples of compos
%                signal. x contains N frequency-multiplexed subsignals. The
%                bandwidth of x is N * fs/2 and the ith subsignal is in band i
%        N     = number of subsignals in x
%        m     = order of anti-imaging filter
%        alpha = relative cutoff frequency: F_0 = alpha * fs/(2N)
%        win   = and integer specifying the desired window type
%                0 = rectangular
%                1 = Hanning
%                2 = Hamming
%                3 = Blackman
%
%        fs    = sampling frequency
% Post:
%        X     = pby N matrix containing subsignal i in column i
```

为了测试 *u_analbank* 函数，编写脚本文件来分析从习题 8.41 得到的复混合信号 $x(i)$，也就是说，载入 MAT 文件 *prob*8_41。另 $alpha=0.5$，并且滤波器阶数为 $m=90$，采用汉明窗。绘制如下图形：

(a)幅度谱 $A(f)=|X(f)|,0\leqslant f\leqslant f_s$。

(b)从 X 中提取的子信号的幅度谱，用 *subplot* 生成一个 2×2 的图形并显示在一个屏幕上。

第9章 自适应信号处理

本章内容

9.1 动机

前面几个章节研究的数字滤波器有一个共同的基本特性。这些滤波器的系数是固定的，它们不随时间变化。当允许滤波器的参数随时间变化时，将产生一类功能强大的数字滤波器——自适应滤波器。在这一章，我们将研究一种 FIR 自适应滤波器，也被称为横向滤波器，它有如下的通式：

$$y(k) = \sum_{i=0}^{m} w_i(k)x(k-i)$$

注意此时常系数 FIR 中的系数矢量 b 被替换成了一个 $m+1$ 长的时变矢量 $w(k)$，它被称为权矢量。自适应滤波器的设计问题包括寻找一种更新权矢量 $w(k)$ 的算法，以使这个滤波器满足一定的设计准则。比如目标可以是使一个滤波器输出 $y(k)$ 随时间变化跟踪一个期望的输出 $d(k)$。横向滤波器比 IIR 滤波器在结构上还有一个本质上的优点。一旦权矢量能够收敛,所得到的滤波器就可以保证是稳定的。

这一章一开始我们先介绍一些自适应滤波器的应用实例。讨论了四大类应用:系统辨识,信道均衡,信号预测和噪声消除。接着以公式形式给出最小均方误差的设计准则以及推导出一个滤波器的闭式解——维纳滤波器。然后,将介绍一种简单却巧妙的更新滤波器权值的算法——最小均方误差算法(LMS 算法)。接下来研究它的性能特性,包括保证收敛时步长的上界,收敛速率以及稳态误差的估计。还会介绍几种基本 LMS 算法的改进,包括归一化 LMS 算法,相关 LMS 算法,以及泄露 LMS 算法。然后介绍用伪滤波器输入输出规范的一个简单的 FIR 滤波器的自适应设计技术。接着,给出一种高效的迭代自适应滤波器的实现——迭代最小均方或 RLS 算法。一个更通用的 LMS 技术——x 滤波 LMS 算法和一种信号综合的方法也将被讨论。这两种技术都将在噪声消除的主动控制中得到应用。然后,我们将注意力转移到采用径向基函数或 RBF 网络进行非线性离散系统辨识的问题上。最后介绍一种被称为 *g_adapt* 的 GUI 模块,使用户在系统辨识时不需要任何编程。本章还包含一个应用实例和对自适应信号处理技术的总结。

从电话信道的均衡到地球物理学中石油天然气探测的许多领域,自适应滤波都有广泛应用。在这一节,我们介绍一下自适应信号处理的在不同类别中的应用。在 Haykin (2002)这本书中可以找到一个关于自适应信号处理历史和应用的摘要。

9.1.1 系统辨识

被广大工程师所钟爱的对实际问题的成功分析与设计技术通常可以追溯到对物理现象有效地使用数学模型。在许多情况下,对系统的每个组成部分应用基础的物理定律就可以得出系统的数学模型。然而存在着其它的实例,对它们进行自底向上的分析却不太有效,这是因为实际的物理系统和现象太复杂而无法深入了解。在这种情况下,把这个未知的系统设想为一个黑盒子经常是有效的,即它的输入输出可以测量,而其内部的细节我们知之甚少(所以称之为"黑")。一般地,可以把这个未知系统假设建模为一个线性的离散时间系统。从一个系统的输入和输出中得到这个系统的模型即被称为*系统辨识*问题。使用 9.1 图所示结构的自适应滤波器在进行系统辨识时非常有效。

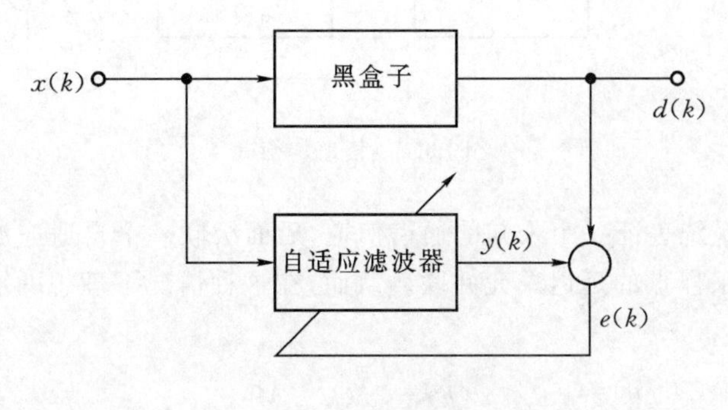

图 9.1 系统辨识

在方框图中,用一个带箭头方块来表示自适应滤波器是一个标准的方法。这个箭头可以看作是一个刻度盘的表针,它随着自适应滤波器的参数变化而调整。图 9.1 的系统辨识方框图中可以看到自适应滤波器与一个未知的黑盒子系统并联。两个系统被一个相同的测试输入 $x(k)$所激励。系统的目标是调整自适应滤波器的参数(系数)值使滤波器的输出可以模仿该未知系统的输出响应。从而滤波器的期望输出 $d(k)$为未知系统的输出,期望输出与实际系统输出 $y(k)$有一定的差异,被称为误差信号 $e(k)$。

$$e(k) \triangleq d(k) - y(k) \tag{9.1.1}$$

用于更新自适应滤波器参数的算法使用误差信号 $e(k)$和输入信号 $x(k)$来调整滤波器的权值以使均方误差减小。稍后,我们在更多细节上探究自适应滤波器。现在,注意到如果误差信号可以被降低至零,那么此时自适应滤波器的输出即是未知系统输出信号的真实再现。在这种情况下,自适应滤波器将成为该未知黑盒系统的精准模型。这个模型可以被应用于仿真学习,也可以被用于预测该未知系统对新的输入信号的输出响应。

9.1.2 信道均衡

自适应滤波器的另一类非常重要的应用是在通信工业中。考虑通过一个通信信道传输信息的问题。在接收端,信号由于信道自身的影响而被扭曲。例如,信道总是固定地呈现出某种频率响应特性,使输入的某些频率组成比其他频率分量受到更大的衰减。另外,还会有相位的扭曲与延迟,信号会受到加性噪声的破坏。为了消除,或者至少最小化这些通信信道的有害影响,我们必须使接收到的信号通过一个滤波器,这个滤波器的特性接近于通信信道的逆系统以使两个系统的级联就可以恢复出原始信号。这种在一个原始未知系统后插入该系统的逆系统的技术被称为均衡,因为它将产生一个传递函数为常数 1 的总系统。均衡或者逆建模可以采用自适应滤波器通过图 9.2 所示的结构实现。

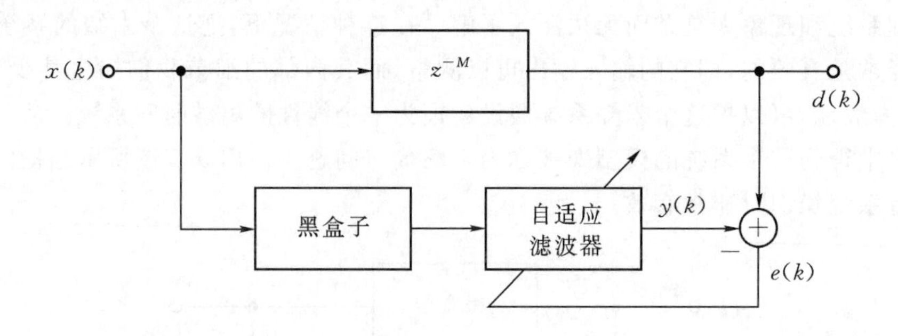

图 9.2 信道均衡

图中的黑盒子系统表征一个未知的通信信道,后面级联一个自适应滤波器。这个级联组合与一个时延 M 个采样点的延迟单元并联。从而,在这种情况下理想的输出是被传输信号的一个简单延时

$$d(k) = x(k-M) \tag{9.1.2}$$

要插入这个延时是因为那个黑盒子系统一般会对信号 $x(k)$处理时引入一些延时。因此一个

精准的逆系统会包含一个时间提前的响应，而这在因果系统中是不可行的。进一步，如果未知黑盒子系统确实表征一个通信信道，那么信号延时 M 个采样点在接收端时并不会扭曲所传递的信息。回忆一下，一个固定的群时延可以利用一个线性相位的 FIR 滤波器实现。

9.1.3　信号预测

作为自适应滤波器的另一类应用的说明，考虑在为传输或存储方便的语音信号编码问题。最直接的技术就是对语音信号采样本身进行编码。另一种有效方式是用过去的语音采样值去预测将来的采样值。一般说来，预测数据误差的方差比原始信号值要小。因此，预测误差就可以用比直接编码方式更少的二进制位。用这种方式就可以实现一个有效的编码系统。采用图 9.3 所示的自适应滤波器可以被用来预测语音或其他信号的未来采样值。

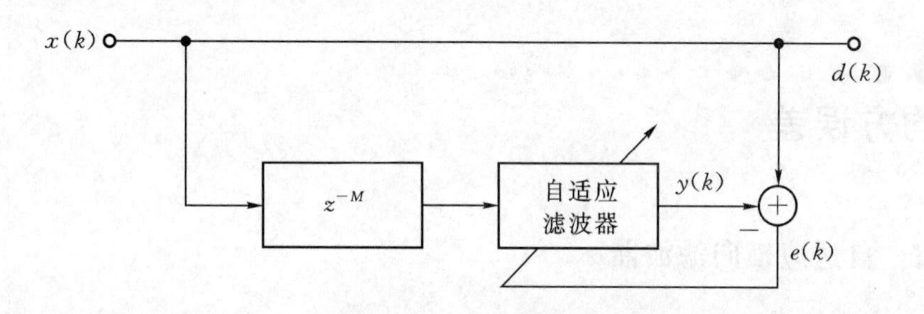

图 9.3　信号预测

在这种情况下，期望的输出信号是输入信号本身。因为自适应滤波器处理的是输入信号的一个延迟版本，使误差变为零的唯一方式是自适应滤波器成功的预测了输入 M 个样本在将来的值。当然，用因果系统是不可能对一个完全随机的输入进行精确的预测，而且一般说来，输入总包含一个潜在的加性噪声。在这些情况下，过去采样样本包含的信息可以被用来最小化预测的均方误差。

9.1.4　噪声消除

另一大类自适应滤波器的应用集中在噪声或干扰的消除问题上。作为一个说明，假设一个正在开汽车的司机用蜂窝电话机打电话。蜂窝电话机的麦克风不仅会获取司机的语音，而且会夹杂随着汽车速度及开车情况变化的公路环境噪声。为了使说话人的语音在接收端更具理解性，可以用第二个参考麦克风放置在车里去测量公路的环境噪声。用一个自适应滤波器去处理这个参考信号，然后用第一个麦克风侦测到的信号减去这个处理结果。图 9.4 给出了上述系统的结构。

注意期望输出 $d(k)=x(k)+v(k)$，包含语音及公路噪声。参考信号 $r(k)$，是过滤后的噪声信号。在系统中放置一个未知的黑匣子是考虑到第一个麦克风和参考麦克风的被放置在不同的位置这一事实，因此，参考信号 $r(k)$ 与第一个麦克风的噪声信号不同，但有一定的相关性。这种情况下，误差表示为

$$e(k)=x(k)+v(k)-y(k) \tag{9.1.3}$$

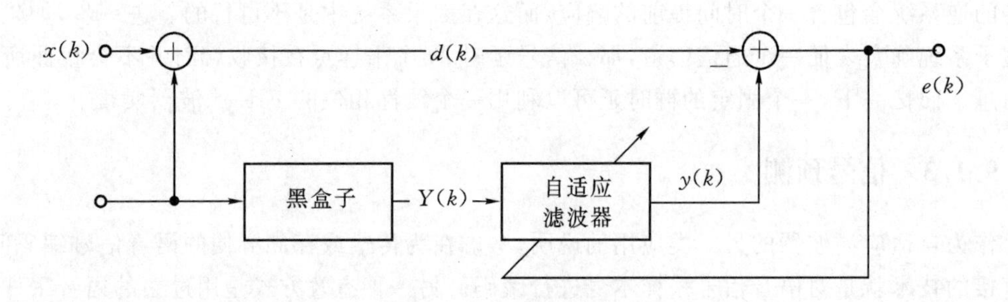

图 9.4 噪声消除

如果语音信号 $x(k)$ 与加性噪声 $v(k)$ 是不相关的，那么 $e^2(k)$ 的最小可能值发生在当 $y(k)=v(k)$ 时相应的，此时公路噪声被完全的从最终输出的语音信号 $e(k)$ 中移除。

9.2 均方误差

9.2.1 自适应横向滤波器

一个 m 阶自适应横向滤波器是一个线性时变离散系统，可以用以下的差分方程来表示：

$$y(k)=\sum_{i=0}^{m}w_i(k)x(k-i) \tag{9.2.1}$$

注意滤波器的输出是对过去输入信号时变的线性加权组合。图 9.5 给出了当 $m=4$ 时的横向滤波器信号流图。使用图 9.5 所示的结构，横向滤波器有时也被称为抽头延时线。

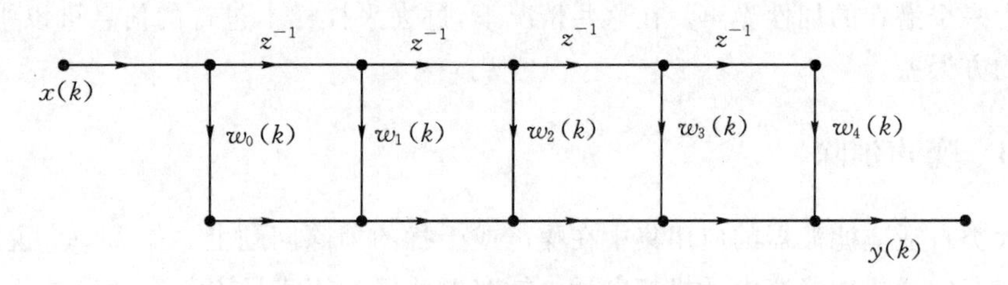

图 9.5 自适应横向滤波器的信号流图

引入如下一对 $(m+1)\times1$ 的列矢量后，可以得到横向滤波器输入输出的紧凑公式

$$u(k)\triangleq[x(k),\ x(k-1),\ \ldots,\ x(k-m)]^{\mathrm{T}} \tag{9.2.2a}$$

$$w(k)\triangleq[w_0(k),\ w_1(k),\ \ldots,\ w_m(k)]^{\mathrm{T}} \tag{9.2.2b}$$

这里 $u(k)$ 是过去的输入，称为状态矢量，$w(k)$ 是权矢量的当前值。结合式(9.2.1)、式(9.2.2)，我们可以发现自适应滤波器的输出可以被描述成两个矢量的点积。

$$y(k)=w^{\mathrm{T}}(k)u(k),\qquad k\geqslant0 \tag{9.2.3}$$

在式(9.2.3)中,一个自适应滤波器可以被看作有两个输入:一个时变的权矢量 $w(k)$ 和一个过去输入的矢量 $u(k)$。如图 9.6 所示,矢量 $w(k)$ 本身即是一个权值更新算法的输出。回忆一下在图 9.6 中,$d(k)$ 表征了期望输出,$d(k)$ 与滤波器输出 $y(k)$ 之差为误差 $e(k)$。即,

$$e(k) = d(k) - y(k) \tag{9.2.4}$$

期望输出 $d(k)$ 与滤波器输入 $x(k)$ 是如何产生的细节取决于自适应滤波器应用的类型。9.1 节已经介绍了自适应滤波器在不同类别中的应用实例。

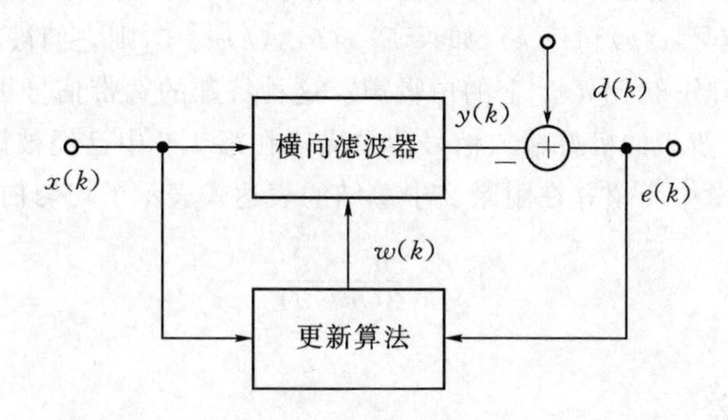

图 9.6　显示权更新算法的自适应滤波模块

9.2.2　重新审视互相关 (Cross-correlation Revisited)

一般而言,滤波器的输入 $x(k)$ 与期望输出 $d(k)$ 的被建模为随机信号,或者更正式地说,是随机过程。这样使信号 $y(k)$、$e(k)$ 也随机化。为了分析方便,我们假设信号 $x(k)$ 和 $d(k)$ 是平稳的随机信号,也就是它们的统计特性不随时间而改变。在第 2.8 中首次介绍过的互相关的概念同样可以通过期望运算符扩展到随机信号领域。

定义 9.1　随机互相关

假设 $y(k)$ 为 L 点的随机信号,$x(k)$ 为 M 点的随机信号,其中 $M \leqslant L$。$x(k)$ 和 $y(k)$ 的互相关可以用 $r_{yx}(i)$ 来表示,定义为

$$r_{yx}(i) \triangleq E[y(k)x(k-i)],\ 0 \leqslant i \leqslant L$$

回忆式(4.7.3),如果一个随机信号有各态历经的属性,那么它的求期望运算就可以通过时间平均来计算。这样以来,信号 $x(k)$ 的期望或者均值就可以近似为

$$E[x(k)] \approx \frac{1}{N}\sum_{n=0}^{N-1} x(k-n),\quad N \gg 1 \tag{9.2.5}$$

如果信号 $x(k)$ 是周期的,那么就可以通过计算一个周期的平均值来精确确定其期望值。

当用式(9.2.5)来近似估计两个随机信号的互相关,定义 9.1 就简化为之前在 2.5 节中线性互相关的确定性定义。从这种意义上说,定义 9.1 是互相关记号在随机信号领域内的推广。

在分析自适应滤波器时,我们将用到互相关的两个性质。既然 $x(k)$ 被假设为平稳的,$x(k)$ 的统计特性不随时间而改变,那么,如果在时间上平移信号 ,那么它的期望或均值不会

改变。

$$E[x(k-i)] = E[x(k)], \quad i \geqslant 0 \tag{9.2.6}$$

另一个基本的性质涉及到两个信号乘积的期望值。如果两个随机信号 $x(k)$和 $y(k)$是在统计上是相互独立的,那么它们的乘积的期望就等于它们各自期望的乘积。

$$E[x(k)y(k)] = E[x(k)]E[y(k)] \tag{9.2.7}$$

注意到,如果 $x(k)$和 $y(k)$是统计独立的,而且它们中任一个的均值为0,那么它们乘积的期望将是零。对零均值的信号 $x(k)$和 $y(k)$,如果 $E[x(k)y(k)]=0$,则它们被称为不相关的。

假设 $v(k)$表示均匀分布于$[a,b]$上的白噪声。这种特殊的宽带信号由于它平坦的功率谱密度被证明是用于系统辨识的极好输入信号。白噪声在第4.6中已经被详细地介绍。为了方便,下面的这个在第4章中介绍并在附录2中总结的表达式表示了均匀白噪声的平均功率:

$$P_v = \frac{b^3 - a^3}{3(b-a)} \tag{9.2.8}$$

9.2.3 均方误差

图9.5所示系统误差平方的平均值被称为该系统的均方误差。这个均方误差 $\varepsilon(w)$,可以用期望值运算符来表示:

$$\varepsilon(w) \triangleq E[e^2(k)] \tag{9.2.9}$$

为了观察这个均方误差(MSE)是如何受到滤波器权值的影响,可以考虑权矢量 w 保持常量这样的情况。通过式(9.2.3)和式(9.2.4),我们可以发现系统的均方误差可以表示为

$$\begin{aligned} e^2(k) &= [d(k) - w^{\mathrm{T}}u(k)]^2 \\ &= d^2(k) - 2d(k)w^{\mathrm{T}}u(k) + [w^{\mathrm{T}}u(k)]^2 \\ &= d^2(k) - 2d(k)w^{\mathrm{T}}u(k) + w^{\mathrm{T}}u(k)u^{\mathrm{T}}(k)w \end{aligned} \tag{9.2.10}$$

因为期望值的运算是线性的,那么和的期望值即是期望的和;变量缩放的期望也就是它期望值的缩放。对式(9.2.10)两侧求取期望,可以得到如下的均方误差表达式:

$$\varepsilon(w) = E[d^2(k)] - 2w^{\mathrm{T}}E[d(k)u(k)] + w^{\mathrm{T}}E[u(k)u^{\mathrm{T}}(k)]w \tag{9.2.11}$$

为了得到 $\varepsilon(w)$的一个更紧凑的公式,我们引进一个$(m+1)\times 1$ 的列矢量 p 和一个$(m+1)\times(m+1)$的矩阵 R,它们的定义如下:

$$p \triangleq E[d(k)u(k)] \tag{9.2.12a}$$

$$R \triangleq E[u(k)u^{\mathrm{T}}(k)] \tag{9.2.12b}$$

矢量 p 被称为期望输出信号 $d(k)$与过去输入信号 $u(k)$的互相关矢量。从式(9.2.2a)我们有:$p_i = E[d(k)x(k-i)]$,它也可以从定义9.1中得到:

$$p_i = r_{dx}(i), \quad 0 \leqslant i \leqslant m \tag{9.2.13}$$

方阵 R 是通过对信号 $u(k)$与它自己做外积后求取期望值得到的,它被称为过去输入的自

相关矩阵。另外由式(9.2.2a)我们注意到

$$R_{ij} = E[x(k-i)x(k-j)], \qquad 0 \leqslant i, j \leqslant m \tag{9.2.14}$$

因为 $x(k)$ 被假定是平稳的，从而信号 $x(k-i)x(k-j)$ 可以在时间上平移而不改变它的期望。用 $k+i$ 替换 k 可以得到 $R_{ij}=E[x(k)x(k+i-j)]$，这样由定义 9.1，我们有

$$R_{ij} = r_{xx}(j-i), \quad 0 \leqslant i, j \leqslant m \tag{9.2.15}$$

自相关矩阵有很多有趣而有用的特性。首先，注意式(9.2.14)，因为 $x(k-i)x(k-j)=x(k-j)x(k-i)$，从而得出 R 为对称的。接着，令式(9.2.15)的 $j=i$ 将有 $R_{ii}=r_{xx}(0)$。而自相关在 0 处的取值即为平均功率。即

$$R_{ii} = r_{xx}(0) = E[x^2(k)] = P_x, \quad 0 \leqslant i \leqslant m \tag{9.2.16}$$

所以，当 $x(k)$ 平稳时，R 对角线上的元素值相等而且都等于输入的平均功率。更一般的说来，从式(9.2.15)中可以清楚地看出对称的自相关矩阵 R 有由相等元素组成的上下对角线带，式(9.2.17)给出了 $m=4$ 时的情况。这种具有对角线带结构的矩阵称为 Toeplitz 阵。

$$R = \begin{bmatrix} r_{xx}(0) & r_{xx}(1) & r_{xx}(2) & r_{xx}(3) & r_{xx}(4) \\ r_{xx}(1) & r_{xx}(0) & r_{xx}(1) & r_{xx}(2) & r_{xx}(3) \\ r_{xx}(2) & r_{xx}(1) & r_{xx}(0) & r_{xx}(1) & r_{xx}(1) \\ r_{xx}(3) & r_{xx}(2) & r_{xx}(1) & r_{xx}(0) & r_{xx}(1) \\ r_{xx}(4) & r_{xx}(3) & r_{xx}(2) & r_{xx}(1) & r_{xx}(0) \end{bmatrix} \tag{9.2.17}$$

若使用式(9.2.12)的互相关矢量 p 与输入自相关矩阵 R 的定义，可使式(9.2.11)的均方误差性能函数简化为

$$\varepsilon(w) = P_d - 2w^{\mathrm{T}}p + w^{\mathrm{T}}Rw \tag{9.2.18}$$

这里 $P_d=E[d^2(k)]$ 是期望输出的平均功率。从式(9.2.18)中可以清楚的看出均方误差是权矢量 w 的二次函数。注意当 $m=1$ 时，均方误差可以被看作是以权矢量 w 为自变量的曲面。我们的目的就是要寻找这个误差曲面的最低点。

为了寻找这个使均方误差最小的最优 w，我们首先从计算梯度矢量 $\nabla\varepsilon(w)$ 开始，它是 $\varepsilon(w)$ 对 w 中各元素的求偏导的产生的。计算式(9.2.18)中 $\varepsilon(w)$ 对 w_i 求偏导，然后将 $0\leqslant i\leqslant m$ 的结果组合起来，可以看出

$$\nabla\varepsilon(w) = 2(Rw - p) \tag{9.2.19}$$

考虑输入自相关矩阵 R 是可逆的这种情况，令式(9.2.19)中 $\nabla\varepsilon(w)=0$ 来求解权矢量 w，我们就可以得到下面的这个最优的权矢量值：

$$w^* = R^{-1}p \tag{9.2.20}$$

式(9.2.20)的最优权矢量 w^* 被称为维纳解(Levinson, 1947)。

例 9.1　最优权矢量

作为对均方误差和最优权矢量的一个说明，考虑以下的例子(采自 Widrow and Sterns,

1985)。假设 $m=1$,输入和期望的输出是如下所示的周期为 $N(N>2)$ 的函数:

$$x(k) = 2\cos(\frac{2\pi k}{N})$$

$$d(k) = \sin(\frac{2\pi k}{N})$$

因而,自适应滤波器就必须完成对输入信号的幅度缩放及相位偏移。首先,考虑互相关矢量 p,因为 $d(k)x(k)$ 是周期的,我们可以通过对一个周期求平均来计算期望。为了方便起见,令 $\theta=2\pi/N$。用式(9.2.13)和附录2中一些三角函数恒等式可以得到

$$\begin{aligned}
p_i &= E[d(k)x(k-i)] \\
&= E[2\sin(k\theta)\cos\{(k-i)\theta\}] \\
&= 2E[\sin(k\theta)\{\cos(k\theta)\cos(i\theta)+\sin(k\theta)\sin(i\theta)\}] \\
&= 2\cos(i\theta)E[\sin(k\theta)\cos(k\theta)]+2\sin(i\theta)E[\sin^2(k\theta)] \\
&= \cos(i\theta)E[\sin(2k\theta)]+\sin(i\theta)E[1-\cos(2k\theta)] \\
&= \sin(i\theta),\ 0\leqslant i\leqslant 1
\end{aligned}$$

于是,期望输出与过去输入矢量的互相关为

$$p = [0,\ \sin(\theta)]^T$$

接下来,考虑过去输入的自相关矩阵,这里

$$\begin{aligned}
E[x(k)x(k-i)] &= E[4\cos(k\theta)\cos\{(k-i)\theta\}] \\
&= 4E[\cos(k\theta)\{\cos(k\theta)\cos(i\theta)+\sin(k\theta)\sin(i\theta)\}] \\
&= 4\cos(i\theta)E[\cos^2(k\theta)]+4\sin(i\theta)E[\cos(k\theta)\sin(k\theta)] \\
&= 2\cos(i\theta)E[1+\cos(2k\theta)]+2\sin(i\theta)E[\sin(2k\theta)] \\
&= 2\cos(i\theta)
\end{aligned}$$

从而,由式(9.2.17)得到自相关矩阵为

$$R = 2\begin{bmatrix} 1 & \cos\theta \\ \cos(\theta) & 1 \end{bmatrix}$$

因为 $\omega=2\pi/N$,$N>2$,很显然 R 对称,而且对称、带状和非奇异,有

$$\det(R) = 4[1-\cos^2(\theta)] = 4\sin^2(\theta)$$

从式(9.2.20)知,在这种情况下权矢量的最优值为

$$\begin{aligned}
w^* &= \begin{bmatrix} 2 & 2\cos(\theta) \\ 2\cos(\theta) & 2 \end{bmatrix}^{-1}\begin{bmatrix} 0 \\ \sin(\theta) \end{bmatrix} \\
&= \frac{1}{4\sin^2(\theta)}\begin{bmatrix} 2 & -2\cos(\theta) \\ -2\cos(\theta) & 2 \end{bmatrix}\begin{bmatrix} 0 \\ \sin(\theta) \end{bmatrix} \\
&= \frac{1}{2\sin^2(\theta)}\begin{bmatrix} -\cos(\theta)\sin(\theta) \\ \sin(\theta) \end{bmatrix} \\
&= 0.5[-\cot(\theta),\ \csc(\theta)]^T
\end{aligned}$$

为了使问题更具体一些，假设 $N=4$，则有 $\theta=\pi/2$。图 9.7 给出了均方误差的曲面图。在这种情况下，使均方误差最小的最优权矢量为

$$w^{*}=[0,\ 0.5]^{\mathrm{T}}$$

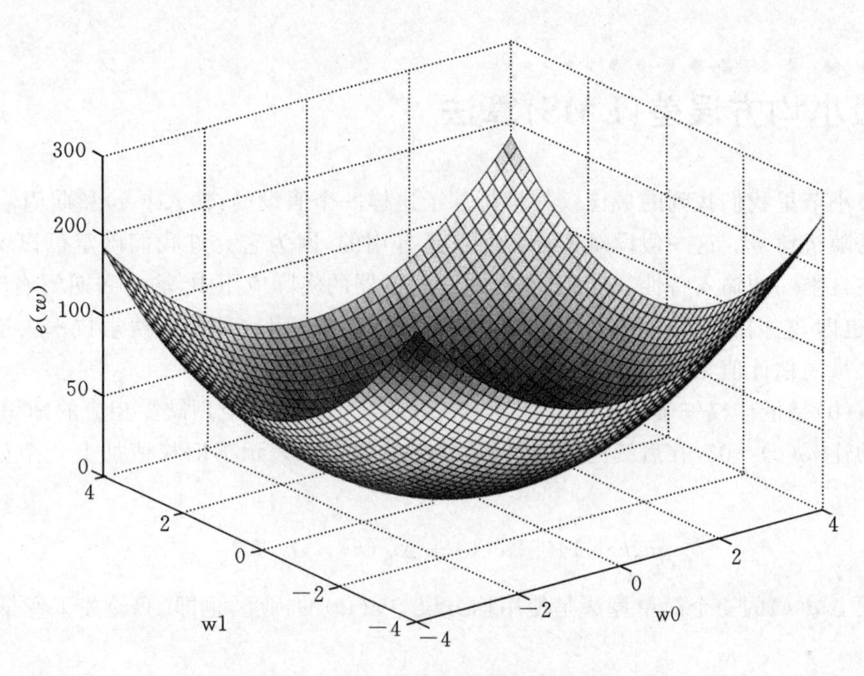

图 9.7　例 9.1 的最小均方误差曲面

当用自适应滤波器来进行系统辨识时，用户经常直接控制输入信号 $x(k)$。为了得到可靠的结果，输入信号的谱应当足够丰富，以使它能够激励待辨识系统的所有特征模式。一种谱含量特别丰富的输入就是随机白噪声，它有平坦的功率谱密度。

例 9.2　输入白噪声

假设 $x(k)$是一个零均值的白噪声，它的平均功率如下：

$$P_x=E[x^2(k)]$$

为了确定输入的自相关矩阵，首先注意到对于白噪声，当 $i\neq0$，信号 $x(k)$与 $x(k-i)$是统计独立的。那么，乘积的期望值等于期望值的乘积。因为 $x(k)$是一个 0 均值的白噪声，我们有 $E[x(k)]=0$。从而对 $i\neq0$，

$$E[x(k)x(k-i)]=E[x(k)]E[x(k-i)]=0$$

从式(9.2.16)可以推断出：对一个零均值平均功率为 P_x 的白噪声，输入自相关矩阵可简化为

$$R=P_xI$$

因此，零均值白噪声将产生一个非奇异的、对角的输入相关矩阵，对角线上的元素为 $x(k)$的平

均功率。从式(9.2.20)知这时最优的权可简单地表示为

$$w^* = \frac{p}{P_x}$$

9.3 最小均方误差(LMS)算法

在9.2小节里我们找到的最佳权矢量是基于这样一个假设的:输入 $x(t)$ 和期望输出 $d(k)$ 均为平稳的随机信号。这一假设对于分析而言是有用的,因为它允许我们确定可以保证最佳权矢量存在且唯一的输入特性。然而,在自适应滤波器的实际应用中,输入和期望输出经常不是平稳的,也即,它们的统计特性是随时间变化的。这时,采用一种数值搜索技术去递推地更新最佳权矢量的估计值无疑是很有用的。

假定 $w(0)$ 是最佳权矢量的最初估计值。例如当我们对实际应用缺少相应的知识时,我们可以简单的让 $w(0)=0$。在后续的时间段里,新的权值可以表示为旧权值加上一个如下所示的修正项。

$$w(k+1) = w(k) + \Delta w(k), \quad k \geqslant 0 \tag{9.3.1}$$

计算修正项 $\Delta w(k)$ 的一个简单算法是使用均方误差 $\varepsilon(w)$ 的梯度,也即 $\varepsilon(w)$ 关于变量 w 的偏导数。

$$\nabla\varepsilon_i(w) = \frac{\partial\varepsilon(w)}{\partial w_i}, \quad 0 \leqslant i \leqslant m \tag{9.3.2}$$

梯度矢量 $\nabla\varepsilon(w)$ 指向 $\varepsilon(w)$ 最大增量的方向。例如,当 $m=1$ 时,均方误差是一个曲面,$\nabla\varepsilon(w)$ 是一个指向最陡上坡方向或最陡上升方向的 2×1 维的矢量。既然目标是找到曲面上的最低点,考虑向梯度的相反方向前进一步,其步长 $\mu>0$。这样,设 $\Delta w(k)=-\mu\nabla\varepsilon[w(k)]$,此时更新权值矢量的算法变为

$$w(k+1) = w(k) - \mu\nabla\varepsilon[w(k)], \ k \geqslant 0 \tag{9.3.3}$$

式(9.3.3)中的权值更新公式被称为*最陡下降法*。注意步长 μ 的大小,它必须保持很小,因为一旦离开 $w(k)$,最陡下降方向就变了。最陡下降法主要的计算难度在于需要计算每个离散时刻的梯度 $\nabla\varepsilon(w)$。因为梯度的第 i 个元素代表 $\varepsilon(w)$ 在第 i 维的倾斜度,那么梯度在数值上可以利用差分近似。譬如,令 i^j 代表 $(m+1)\times(m+1)$ 单位矩阵 $I=[i^1, i^2, ..., i^{m+1}]$ 的第 j 列。如果 $\delta>0$ 足够小,那么梯度矢量的第 j 个元素可以使用如下前向差分近似表示:

$$\nabla\varepsilon_i(w) \approx \frac{\varepsilon(w+\delta i^{j+1}) - \varepsilon(w)}{\delta}, \qquad 0 \leqslant j \leqslant m \tag{9.3.4}$$

观察极限情况:当 δ 趋向零时,式(9.3.4)中 $\nabla\varepsilon_i(w)$ 是 $\varepsilon(w)$ 关于 w_j 的偏导数。依据式(9.3.4)计算梯度的近似值时需要得知 $m+2$ 个均方误差的估计值。假定均方误差本身是对误差平方的 N 次采样的时间集合上的平均。从式(9.2.3)得知,$e^2(k)$ 的每次采样均需要进行 $m+1$ 次浮点乘积或FLOPs。因此,为了估计出均方误差的梯度值总共需要FLOP的次数是

$$r = N(m+1)(m+2) \quad \text{FLOPs} \tag{9.3.5}$$

当滤波器的阶次较高时，$m \gg 1$，或者如果对估计精度要求较高时，$N \gg 1$。那么采用数值方法估计梯度来实现最陡下降法的计算量非常大。

有一种估算梯度矢量的方法，它比前面的计算方法要有效得多。(Widrow and Stens，1985)。为了计算梯度，均方误差使用误差平方的瞬时值来近似。也即，为了计算$\nabla\varepsilon(w)$，使用下面的近似来计算均方误差：

$$\in (w) \approx e^2(k) \tag{9.3.6}$$

很明显，这种方法是一个粗糙的近似，因为这相当于使用一次采样值来估计均值。然而，这种方法使计算梯度的计算量有着惊人地简化。令$\hat{\nabla}\varepsilon(w)$表示采用式(9.3.6)估算出来的梯度，那么从式(9.2.3)和式(9.2.4)，有

$$\hat{\nabla}\varepsilon(w) = 2e(k)\frac{\partial e(k)}{\partial w} = -2e(k)u(k) \tag{9.3.7}$$

当使用这种梯度的估算方法时，式(9.3.3)表示的最陡下降法就简化如下的权值更新算法：

$$w(k+1) = w(k) + 2\mu e(k)u(k), \quad k \geqslant 0 \tag{9.3.8}$$

式(9.3.8)所示的权值更新公式被称为*最小均方误差法*(LMS)(Widrow and Hoff，1960)。注意，并不像传统的最陡下降法，在每个离散时刻估算梯度时，最小均方误差法仅仅需要 $m+1$ 次 FLOPs。最小均方误差法是一个很高效的更新权值矢量的方法。譬如，当 $N=10$，$m=10$ 时，最小均方误差法的计算量比数值最陡下降法快两个数量级还多。

尽管式(9.3.6)所示的估算权值矢量近似法看上去很粗糙，但经验证明最小均方误差算法用于更新权值矢量是十分稳健的。其实，Hassibi 等人于 1996 就指出当使用最小最大错误准则时，最小均方误差法是最佳的。

式 (9.3.7)所示的对梯度的估计本身是一个随机信号。那么研究一下这个随机信号的均值或期望是很有启发意义的。假定权值矢量收敛于一个定值。依据式(9.3.7)，以及 p，R 的定义，我们可以得到

$$\begin{aligned}
E[\hat{\nabla}\varepsilon(w)] &= -2E[e(k)u(k)] \\
&= -2E[d(k)u(k) - y(k)u(k)] \\
&= -2E[d(k)u(k) - u(k)\{u^{\mathrm{T}}(k)w\}] \\
&= -2\{E[d(k)u(k)] - E[u(k)u^{\mathrm{T}}(k)]w\} \\
&= 2(Rw - p)
\end{aligned} \tag{9.3.9}$$

但从式(9.2.19)可知，均方误差的梯度的准确值正是$\nabla\varepsilon(w) = 2(Rw - p)$。所以

$$E[\hat{\nabla}\varepsilon(w)] = \nabla\varepsilon(w) \tag{9.3.10}$$

也即，均方误差梯度估计值的均值就是均方误差梯度。所以我们说，$\hat{\nabla}\varepsilon(w)$是$\nabla\varepsilon(w)$的无偏估计。

例 9.3 系统辩识

为了解释 LMS 算法，考虑如图 9.8 所示的一个系统辩识问题。为了让例子更加具体，假

定被鉴定的系统有如下式所示的传递函数：

$$H(z)=\frac{2-3z^{-1}-z^{-2}+4z^{-4}+5z^{-5}-8z^{-6}}{1-1.6z^{-1}+1.75z^{-2}-1.436z^{-3}+0.6814z^{-4}-0.1134z^{-5}-0.0648z^{-6}}$$

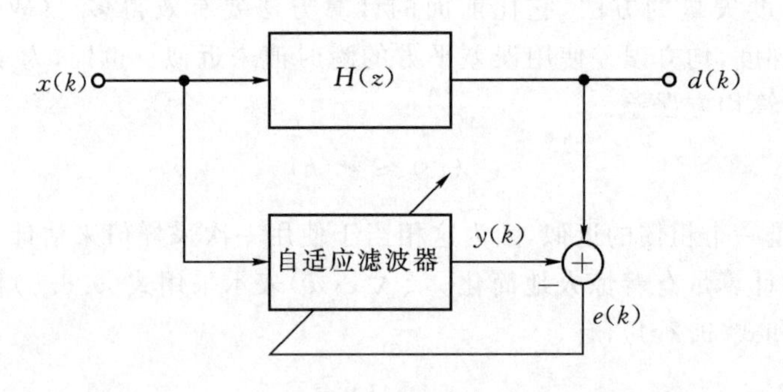

图 9.8　系统辨识

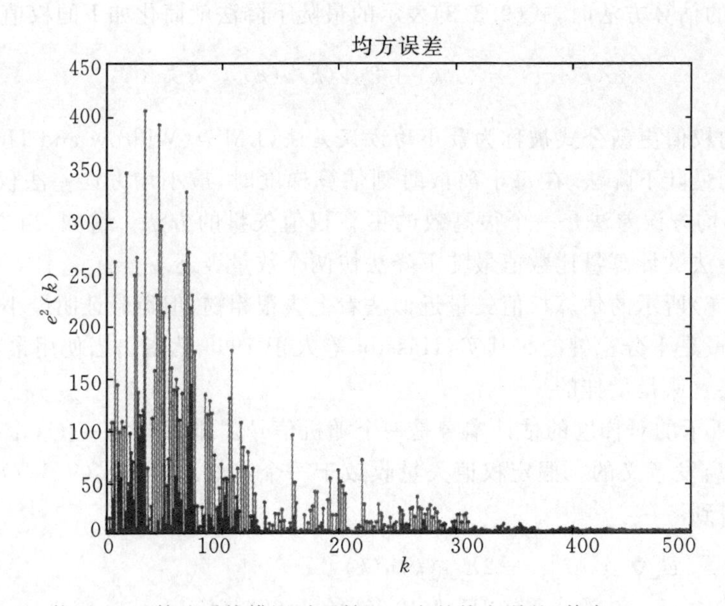

图 9.9　使用 LMS 算法系统辨识时开始 500 点的均方误差，其中 $m=50$，$\mu=0.01$

下一步，假定输入信号 $x(k)$ 是均匀分布在 $[-1,1]$ 上的白色噪声的 1000 个采样值。令横向自适应滤波器的阶数 $m=50$，假定步长 $\mu=0.01$。运行脚本 *exam*9_3，将误差平方最初的 500 次采样结果画在图 9.9 中。很明显，在大约 400 次采样后误差平方值收敛并接近于零。

一个评定自适应滤波器有效性的方法是比较系统的幅值响应，分别使用 $H(z)$ 和自适应滤波器 $W(z)$（即最终不变的权值 $w(N-1)$）的幅值响应。这两个幅值响应如图 9.10 所示，显然，二者几乎相等。注意这个事实：$H(z)$ 是一个有 6 个极点、6 个零点的 IIR 滤波器，而固定状态的自适应滤波器却是一个阶数为 50 的 FIR 滤波器。当自适应滤波器的阶数增大到足够高时，我们看到自适应滤波器可以很好地模拟一个 IIR 滤波器。当然，如果被鉴定的系统是一个 p 阶的 FIR 滤波器，那么当自适应滤波器的阶数 $m\geqslant p$ 时就可以很好地模拟，前提是采用

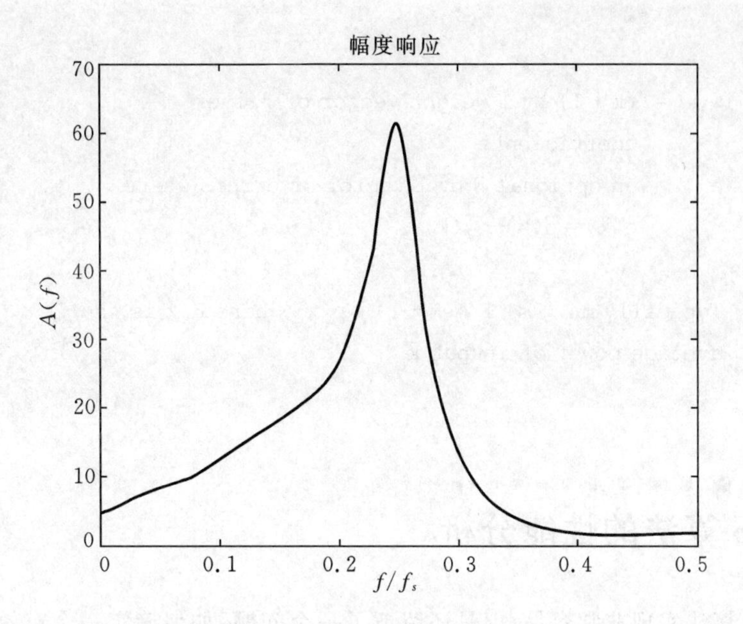

图 9.10 使用 LMS 算法系统辨识与原始 IIR 系统的幅度响应，其中 $m=50$，$\mu=0.01$，$N=1000$ 采样点

无限精度算法。

FDSP 函数

FDSP 工具箱包括如下函数来执行 LMS 算法。

```
% F_LMS: System identification using least mean square (LMS) method
%
% Usage:
%       [w,e]= f_lms (x, d, m, mu, w)
% Pre:
%       x   = N by 1 vector containing input samples
%       d   = N by 1 vector containing desired output
%             samples
%       m   = order of transversal filter (m >= 0)
%       mu  = step size to use for updating w
%       w   = an optional (m+1) by 1 vector containing
%             the initial values of the weights.
%             Default: w = 0
```

```
% Post:
%       w   = (m+1) by 1 weight vector of filter
%             coefficients
%       e   = an optional N by 1 vector of errors where
%             e(k) = d(k) - y(k)
% Notes:
%       Typically mu << 1/[(m+1) * p_x] where P_x is the
%       average power of inuput x.
```

9.4 LMS 算法的性能分析

尽管 LMS 算法实现非常容易,但是还留下了一个问题:如何确定一个有效的步长值:μ。步长值必须足够的小以保证算法收敛于一个可接受的稳态误差值,同时又要足够的大以保证收敛快速。

9.4.1 步长

回顾一下在 LMS 算法中我们使用了误差 $e(k)$和过去时刻的输入矢量 $u(k)$来更新权值矢量估计值,如下式所示:

$$w(k+1) = w(k) = 2\mu e(k)u(k), \quad k \geqslant 0 \tag{9.4.1}$$

由于 $w(k)$是一个随机信号,让我们研究一下当 k 增加时,$w(k)$的均值或期望会如何变化。对式(9.4.1)两边同时取数学期望,注意到 $e(k)=d(k)-u^{\mathrm{T}}(k)w(k)$,于是可得:

$$\begin{aligned}E[w(k+1)] &= E[w(k)] + 2\mu E[e(k)u(k)] \\ &= E[w(k)] + 2\mu E[\{d(k) - u^{\mathrm{T}}(k)w(k)\}u(k)] \\ &= E[w(k)] + 2\mu E[d(k)u(k) - u(k)\{u^{\mathrm{T}}(k)w(k)\}] \\ &= E[w(k)] + 2\mu E[d(k)u(k)] - 2\mu E[u(k)u^{\mathrm{T}}(k)w(k)]\end{aligned} \tag{9.4.2}$$

回忆一下,我们知道当两个随机信号统计独立时,二者乘积的期望就等于各自期望的乘积。为了得到合适的收敛速度,假定过去时刻的输入 $u(k)$和权值矢量 $w(k)$是统计独立的。使用式(9.2.12)对相关矩阵 R 和 p 的定义,我们可以重写式(9.4.2)如下:

$$\begin{aligned}E[w(k+1)] &= E[w(k)] + 2\mu E[d(k)u(k)] - 2\mu E[u(k)u^{\mathrm{T}}(k)]E[w(k)] \\ &= E[w(k)] + 2\mu p - 2\mu RE[w(k)] \\ &= (I - 2\mu R)E[w(k)] + 2\mu p\end{aligned} \tag{9.4.3}$$

为了进一步简化权值矢量期望值的表达式,引入一个表示与最佳权值矢量偏差的信号是有帮助的。*权值差*(Weight variation),记为 $\delta w(k)$,其定义如下:

$$\delta w(k) \triangleq w(k) - w^* \tag{9.4.4}$$

为了使用权值差来重写式(9.4.3),我们可以代入 $w(k)=\delta w(k)+w^*$,并使用 $E[w^*]=w^*$,$Rw^*=p$。可以得到

$$\begin{aligned} E[\delta w(k+1)] + w^* &= (I-2\mu R)\{E[\delta w(k)] + w^*\} + 2\mu p \\ &= (I-2\mu R)E[\delta w(k)] + (I-2\mu R)w^* + 2\mu p \\ &= (I-2\mu R)E[\delta w(k)] + w^* \end{aligned} \tag{9.4.5}$$

因而,第 $k+1$ 次递推时权值差的期望值简化为

$$E[\delta w(k+1)] = (I-2\mu R)E[\delta w(k)] \tag{9.4.6}$$

式(9.4.6)的价值在于告诉我们可以使用归纳法直接导出 $E[\delta w(k)]$,注意到 $E[\delta w(0)]=\delta w(0)$,那么 $E[\delta w(1)]=(I-2\mu R)\delta w(0)$,更为一般的是

$$E[\delta w(k)] = (I-2\mu R)^k \delta w(0), \quad k \geqslant 0 \tag{9.4.7}$$

式(9.4.7)的解可以用原始的权矢量 $w(k)$表示。将 $\delta w(k)$用 $w(k)-w^*$ 替换后可得到权值矢量期望值在第 k 步的闭式解表达:

$$E[w(k)] = w^* + (I-2\mu R)^k[w(0) - w^*], \quad k \geqslant 0 \tag{9.4.8}$$

式(9.4.8)说明不论权矢量的初始值如何,$E[w(k)]$都将收敛于最佳权矢量 w^* 的充要条件是若 k 趋于无穷时$(I-2\mu R)^k$ 收敛于零矩阵。利用线性代数的结果我们得知:如果 A 是一个方阵,那么

$$A^k \to 0 \quad 当\ k \to \infty \tag{9.4.9}$$

当且仅当 A 的特征值全都严格分布在复平面的单位圆内(Noble, 1969)。通过观察,可以看出 $A=I-2\mu R$ 的第 i 个特征值是 $r_i=1-2\mu\lambda_i$,λ_i 是 R 的第 i 个特征值。所以,$E[w(k)]$将收敛于 w^* 若 $k\to\infty$,当且仅当

$$|1-2\mu\lambda_i| < 1, \quad 1 \leqslant i \leqslant m+1 \tag{9.4.10}$$

因为 R 是对称的且正定的,所以它的特征值 就是实的且正的。故式(9.4.10)可以被重新写为$-1\leqslant 1-2\mu\lambda_i \leqslant 1$ 。每项减 1 且除以$-2\lambda_i$ 可得到不等式 $1/\lambda_i>\mu>0$。它对 R 的$m+1$ 个特征值必须全部成立,令

$$\lambda_{\max} \triangleq \max\{\lambda_1, \lambda_2, \ldots, \lambda_{m+1}\} \tag{9.4.11}$$

这样就推出了可以保证 $E[w(k+1)]$收敛的步长的取值范围(可起步于任意值 $w(0)$),是 $0<\mu<\dfrac{1}{\lambda_{\max}}$

命题 9.1

令 $w(0)\in R^{m+1}$是任意值,$\lambda_{\max}$是自相关矩阵 R 最大的特征值。LMS 方法将在统计意义上收敛当且仅当 $0<\mu<1/\lambda_{\max}$

$E[w(k)]\to w^*$　当 $k\to\infty$

例 9.4 步长

举一个简单的例子来说明在 LMS 方法中如何确定步长的范围。考虑一个阶数为 $m=1$ 的自适应滤波器，假定 $N\geqslant 4$，输入和期望输出如下：

$$x(k)=2\cos(\frac{2\pi}{N})$$

$$d(k)=\sin(\frac{2\pi k}{N})$$

为了方便起见，令 $\theta=2\pi/N$，这个二维的自适应滤波器在例 9.1 中已经讨论过，它由下式确定：

$$R=2\begin{bmatrix}1 & \cos(\theta)\\ \cos(\theta) & 1\end{bmatrix}$$

所以，自相关矩阵的特征多项式为

$$\begin{aligned}\Delta(\lambda)&=\det\{\lambda I-R\}\\ &=\det\left\{\begin{pmatrix}\lambda-2 & -2\cos(\theta)\\ -2\cos(\theta) & \lambda-2\end{pmatrix}\right\}\\ &=(\lambda-2)^2-\cos^2(\theta)\\ &=\lambda^2-4\lambda+4-4\cos^2(\theta)\\ &=\lambda^2-4\lambda+4\sin^2(\theta)\end{aligned}$$

使用二次方程的求根公式，可得 R 的特征值为

$$\begin{aligned}\lambda_{1,2}&=\frac{4\pm\sqrt{16-16\sin^2(\theta)}}{2}\\ &=2\pm 2\sqrt{1-\sin^2(\theta)}\\ &=2\pm 2\cos(\theta)\\ &=2[1\pm\cos(\theta)]\end{aligned}$$

注意到 R 的特征值都是实的且正的，又 $N\geqslant 4$，我们有 $0\leqslant\theta\leqslant\pi/2$，最大的特征值 $\lambda_{\max}=2[1+\cos(\theta)]$。所以，由命题 9.1 可得，保证 LMS 方法收敛的步长范围是

$$0<\mu<\frac{0.5}{1+\cos(\theta)}$$

式(9.4.1)所示的 LMS 方法的主要优点在于它实现起来比较简单。例如，它不需要计算自相关矩阵 R 或者互相关矢量 p。不幸的是，命题 9.1 中步长的上限很不容易确定。不仅需要构造自相关矩阵 R，而且也必须计算它的特征值。利用线性代数知识可以用另一种容易计算的方法确定步长的上限。一个方阵的迹是对角矩阵的对角线元素之和，也等于该方阵特征值之和。也即

$$\text{trace}(R)=\sum_{i=1}^{m+1}\lambda_i \tag{9.4.12}$$

既然 R 是对称且正定的，$\lambda_i>0$。则由(9.4.12)可得

$$\lambda_{\max}<\operatorname{trace}(R) \tag{9.4.13}$$

将式(9.4.13)带入例 9.1，我们得到一个更为保守的步长范围：$0<\mu<\dfrac{1}{\operatorname{trace}(R)}$。这就免去了计算特征值的麻烦。而且，通过 R 的特殊带状形式也可免去计算自相关矩阵 R 的麻烦。回顾式(9.2.16)，R 的对角元素和另一个矩阵的对角元素完全相同：$R_{ii}=P_x$，此处 $P_x=E[x^2(k)]$ 是输入的平均能量。根据定义，迹是 $m+1$ 个对角元素之和，即 $\operatorname{trace}(R)=(m+1)P_x$。如此一来就得到了范围小一些但更简单的保证 LMS 方法收敛的步长范围

$$0<\mu<\frac{1}{(m+1)P_x} \tag{9.4.14}$$

注意，μ 的上限是怎样随着滤波器阶数的上升和输入信号能量的增大而减小的。在实际应用中，一般在 $0.01<(m+1)P_x\mu<0.1$ 中选择一个步长值，远低于上限值(Kuo and Morgan，1996)。

例 9.5 修订的步长

假定一个 m 阶的自适应滤波器的输入是均匀分布在$[-c,c]$上的零均值白色噪声，从式(9.2.8)可知，$x(k)$的平均能量是

$$P_x=\frac{c^2}{3}$$

应用式(9.4.14)的结论，导出 LMS 算法的步长范围如下：

$$0<\mu<\frac{3}{(m+1)c^2}$$

例如，在例 9.3 的系统辨识应用中，白色噪声输入的幅度 $c=1$，滤波器阶数 $m=50$，可得例 9.3 中步长范围

$$0<\mu<0.0588$$

例 9.3 中步长值取值为 $\mu=0.01$，恰好就在这个范围之内。

9.4.2 收敛速度

步长不仅决定了 LMS 方法是否收敛，而且也决定了收敛的速度。观察收敛的一个方法是观察如式(9.4.8)所示的 $w(k)$会怎样变化，还有一种等效观察收敛的方法就是研究“学习曲线”，它描述了均方误差随递推次数的变化规律。回顾式(9.2.18)，均方误差如下所示：

$$\varepsilon[w(k)]=P_d-2w^{\mathrm{T}}(k)p+w^{\mathrm{T}}(k)Rw(k) \tag{9.4.15}$$

为了看看均方误差收敛得有多快，这里引入自相关矩阵 R 的另一种表达方式。令 λ_i 代表 R 的第 i 个特征值，q^i 代表相应的特征矢量，即

$$Rq^i = \lambda_i q^i, \quad 1 \leqslant i \leqslant m+1 \tag{9.4.16}$$

假定 $m+1$ 个特征矢量写成$(m+1)\times(m+1)$矩阵中列的形式 $Q=[q^1, q^2, \ldots, q^{m+1}]$。接下来,令 Λ 为 $m+1$ 阶的对角矩阵,特征值是它的对角元素

$$\Lambda \triangleq \begin{bmatrix} \lambda_1 & \cdots & 0 \\ \vdots & \ddots & \vdots \\ 0 & \cdots & \lambda_{m+1} \end{bmatrix} \tag{9.4.17}$$

使用 Q 和 Λ,式(9.4.16)所表示的 $m+1$ 个特征矢量方程可以用一个简单的矩阵等式表达如下

$$RQ = \Lambda Q \tag{9.4.18}$$

由于 Λ 是对角的,式(9.4.18)的右边可以用 $Q\Lambda$ 来替换。既然自相关矩阵 R 是对称的,则它的特征矢量是线性独立的集合,这样 Q 就是可逆的。将式(9.4.18)右边替换并右乘以 Q^{-1},这样我们就得到了使用特征值和特征向量来表示自相关矩阵的形式

$$R = Q\Lambda Q^{-1} \tag{9.4.19}$$

使用上式表达的 R 会得到很多有用的性质。例如,通过一个直接的计算可得 $R^2 = Q\Lambda^2 Q^{-1}$。使用归纳法,不难证明

$$R^k = Q\Lambda^k Q^{-1}, \quad k \geqslant 0 \tag{9.4.20}$$

这一特性可以用来计算收敛的速度。将式(9.4.19)中 R 的表达式带入式(9.4.8)并利用式(9.4.20),我们有

$$\begin{aligned} E[w(k)] &= w^* + (I - 2\mu Q\Lambda Q^{-1})^k [w(0) - w^*] \\ &= w^* + (QIQ^{-1} - 2\mu Q\Lambda Q^{-1})^k [w(0) - w^*] \\ &= w^* + \{Q(I - 2\mu\Lambda)Q^{-1k}\}[w(0) - w^*] \\ &= w^* + Q(I - 2\mu\Lambda)^k Q^{-1}[w(0) - w^*] \end{aligned} \tag{9.4.21}$$

式(9.4.21)中$(I-2\mu\Lambda)^k$ 这一因子是由下面的对角矩阵组成的,其中 $r_i = 1-2\mu\lambda_i$。

$$(I - 2\mu\Lambda)^k = \begin{bmatrix} r_1^k & \cdots & 0 \\ \vdots & \ddots & \vdots \\ 0 & \cdots & r_{m+1}^k \end{bmatrix} \tag{9.4.22}$$

注意到这就证实了 LMS 方法是收敛的充要条件是$|1-2\mu\lambda_i|<1,\ 1\leqslant i\leqslant m+1$ 。收敛的速度是由幅度最大的 r_i 决定的,因为幅度最大对应于最慢的模式。令

$$\lambda_i \triangleq \min\{\lambda_1, \lambda_2, \cdots, \lambda_{m+1}\} \tag{9.4.23}$$

假定步长限制在最大值的 1/2 内,$\mu\leqslant 0.5/\lambda_{\max}$。则 $0\leqslant r_i<1$,那么最慢的半径或处于支配地位的模式是

$$r_{\max} = 1 - 2\mu\lambda_{\min} \tag{9.4.24}$$

LMS 方法收敛的速度可以被一个用指数表示的时间常数 τ_{mse} 来刻画。既然均方误差是权

值矢量的二次函数，那么均方误差会以速度 $r_{\max}^{2k}$ 收敛。假定输入和期望输出均由采样得到，采样间隔为 T。那么收敛速度就可以记为 $\exp(-kT/\tau_{\text{mse}})$。使用式(9.4.24)可以导出如下式所示的均方误差时间常数：

$$\exp(-kT/\tau_{\text{mse}}) = (1-2\mu\lambda_{\min})^{2k} \tag{9.4.25}$$

对式(9.4.25)两边取对数，解出 τ_{mse} 得

$$\tau_{\text{mse}} = \frac{-T}{2\ln(1-2\mu\lambda_{\min})} \tag{9.4.26}$$

如果 μ 足够小，我们可以利用近似 $\ln(1+x)\approx x$，这样我们就得到了 LMS 算法中简化了的均方误差时间常数的近似形式

$$\tau_{\text{mse}} \approx \frac{T}{4\mu\lambda_{\min}} \quad \text{s} \tag{9.4.27}$$

观察式(9.4.27)注意到当令 $T=1$ 时，时间常量可以以递推次数为单位而飞秒。更进一步，我们可以看到为了让收敛速度加快，必需采取更大的步长。然而，如果步长太大，LMS 将不再收敛。

例 9.6 时间常数

再一次以例 9.3 中系统辨识为例。其中，滤波器阶数 $m=50$，输入是由均匀分布在[−1, 1]上的白色噪声的 1000 个采样。从式(9.2.8)可知，输入的平均能量 $p_x=1/3$，零均值白色噪声输入的自相关矩阵是十分容易计算的。特别地，由例 9.2 可知，

$$R \approx P_x I = \left(\frac{1}{3}\right) I$$

因为 R 是对角的且仅有一个特征值，$\lambda=1/3$，重复 $m+1=51$ 次，会得到最小的特征值是

$$\lambda_{\min} = \frac{1}{3}$$

在例 9.3 中步长取 0.01，使用式(9.4.27)，系统辨识例子中的时间常数估计为

$$\lambda_{\min} \approx \frac{1}{4\mu\lambda_{\min}} = \frac{3}{0.04} = 75$$

这里 $T=1$。所以这个时间常数是以递推次数为单位的。由 $\exp(-5)=0.007$ 可知在经过 5 个时间常数或是 $M=375$ 次递推之后，均方误差应该减小至小于峰值的百分之一。观察图9.9中的 $e^2(k)-k$ 曲线证明了这一点，至少近似是这样的。必须指出图 9.9 所示的均方误差曲线是对学习曲线粗糙的近似。回忆一下，学习曲线是均方误差 $\varepsilon[w(k)]$ 的曲线，为了得到更好的近似，我们必须运行系统辨识很多次，每次都输入不同的白噪声，然后对每次得到的误差平方求平均(见习题 9.36)。

9.4.3 超调量

之前对 LMS 算法的分析似乎建议我们应该选择一个尽可能大的步长，只要它在收敛允许范围之内来减小均方误差时间常数。但是结果表明，还有一个叫做超调量的因素制约着我们将步长变得太大。一旦考虑到超调量，我们发现选择 μ 是一个在收敛速度和稳态的准确度之间的折衷。

回忆一下，在 LMS 算法中有一个为了估计梯度矢量的基本假设，将均方误差(MSE)近似为误差的平方。这就导致了如式(9.3.7)所示的梯度的近似 $\hat{\nabla}\varepsilon(w)=-2e(k)u(k)$。这一估计是不同于准确值的：在式(9.2.19)中有 $\nabla\varepsilon(w)=2(Rw-p)$。这一均方误差梯度的估计误差可以被看作是一个加性噪声项

$$\nabla\varepsilon[w(k)]=\hat{\nabla}\varepsilon[(w(k))]+v(k) \tag{9.4.28}$$

这一噪声项 $v(k)$ 使得均方误差的稳定值大于理论上的最小值。二者之差被称作*超调量*。

$$\varepsilon_{\text{excess}}(k)\triangleq\varepsilon[w(k)]-\varepsilon_{\min} \tag{9.4.29}$$

为了得到最小均方误差的表达式，很有必要按照权值差 $\delta w(k)=w(k)-w^*$ 重写均方误差的公式。利用式(9.4.15)并将 $w(k)$ 用 $\delta w(k)+w^*$ 替换，可以得到

$$\begin{aligned}\varepsilon(w)&=P_d-2p^{\mathrm{T}}(w^*+\delta w)+(w^*+\delta w)^{\mathrm{T}}R(w^*+\delta w)\\&=P_d-2p^{\mathrm{T}}w^*-2p^{\mathrm{T}}\delta w+(w^*)^{\mathrm{T}}Rw^*+(w^*)^{\mathrm{T}}R\delta w+\delta w^{\mathrm{T}}Rw^*+\delta w^{\mathrm{T}}R\delta w\\&=P_d-2p^{\mathrm{T}}w^*-2p^{\mathrm{T}}\delta w+(w^*)^{\mathrm{T}}p+(R^{-1}p)^{\mathrm{T}}R\delta w+\delta w^{\mathrm{T}}p+\delta w^{\mathrm{T}}R\delta w\\&=P_d-2p^{\mathrm{T}}w^*-2p^{\mathrm{T}}\delta w+p^{\mathrm{T}}w^*+p^{\mathrm{T}}(R^{-1})^{\mathrm{T}}R\delta w+p^{\mathrm{T}}\delta w+\delta w^{\mathrm{T}}R\delta w\\&=P_d-p^{\mathrm{T}}w^*+\delta w^{\mathrm{T}}R\delta w\end{aligned} \tag{9.4.30}$$

推导过程中我们使用了如下的观察结论：$R^{\mathrm{T}}=R$，逆的转置等于转置的逆，乘积的转置等于转置后倒序再相乘，标量的转置还是自身。很明显，从式(9.4.30)可以推知当 $\delta w=0$ 时，均方误差取得最小值，将 $w^*=R^{-1}p$ 带入式(9.4.30)，我们得到*最小均方误差*的表达式如下：

$$\varepsilon_{\min}=P_d-p^{\mathrm{T}}R^{-1}p \tag{9.4.31}$$

结合式(9.4.29)到(9.4.31)可得使用权值差表示的超调量公式：

$$\varepsilon_{\text{excess}}(k)=\delta w^{\mathrm{T}}(k)R\delta w \tag{9.4.32}$$

通过分析式(9.4.28)中梯度噪声项的统计特性，可以引出下面对*超调量*的近似表达(Widow and Sterns, 1985)

$$\varepsilon_{\text{excess}}(k)\approx\mu\varepsilon_{\min}(m+1)P_x \tag{9.4.33}$$

从式(9.4.31)明显可以看出为了得出最小均方误差必须进行大量计算。基于这个原因，人们经常使用一个归一化的超调量。用 M_f 表示 LMS 算法的*失调因子*，定义为

$$M_f\triangleq\frac{\varepsilon_{\text{excess}}}{\varepsilon_{\min}} \tag{9.4.34}$$

从式(9.4.33)可知,LMS的失调因子即为

$$M_f \approx \mu(m+1)P_x \tag{9.4.35}$$

上式表明归一化的超调量随着步长的增大,滤波器阶数的提高,输入平均能量的增大而增大。其对步长的依赖关系说明为了减小 M_f 我们必须减小 μ,但是为了减小 τ_{mse} 又必须增大 μ。所以,LMS方法在收敛速度和稳定态的准确度上存在着一个折衷。

例 9.7 超调量

为了阐明超调量和步长的关系,考虑一个阶数为 $m=1$ 的自适应滤波器,输入及期望输出如下:

$$x(k) = 2\cos(0.5\pi k) + v(k)$$
$$d(k) = \sin(0.5\pi k)$$

这里 $v(k)$ 代表均匀分布在[−0.5,0.5]上白色噪声,它和 $2\cos(0.5\pi k)$ 是统计独立的。因此,输入的平均能量为

$$\begin{aligned}
P_x &= E[x^2(k)] \\
&= E[4\cos^2(0.5\pi k) + 4v(k)\cos(0.5\pi k) + v^2(k)] \\
&= 4E[\cos^2(0.5\pi k)] + 4E[v(k)\cos(0.5\pi k)] + E[v^2(k)] \\
&= 2E[\cos^2(\pi k) + 1] + 4E[v(k)]E[\cos(0.5\pi k)] + P_v \\
&= 2 + P_v
\end{aligned}$$

从式(9.2.8)可知,均匀分布在[−0.5,0.5]上白色噪声的平均能量 $P_v=(0.5)^2/3$,故输入的平均能量为

$$P_x = \frac{25}{12}$$

若使用式(9.4.14),$m=1$,则可知LMS方法收敛的步长范围是

$$0 < \mu < 0.24$$

接下来,由式(9.4.35)可知,规一化的超调量或失调因子 M_f 为

$$M_f \approx \frac{25\mu}{6}$$

为了理解 μ 的作用,假定 $w(0)=0$,考虑 $\mu=0.1$ 和 $\mu=0.01$ 两种特殊情况。运行脚本 *exam9_7* 可以得到误差平方的图示。观察图 9.11a 可知 $\mu=0.1$ 时由于步长相对较大所以收敛很快,然而很明显稳态误差也相对较大。$\mu=0.01$ 时收敛所需的时间较长,但是稳态的超调量也明显较小。这就说明了在收敛速度和稳态准确度间存在一个折衷。

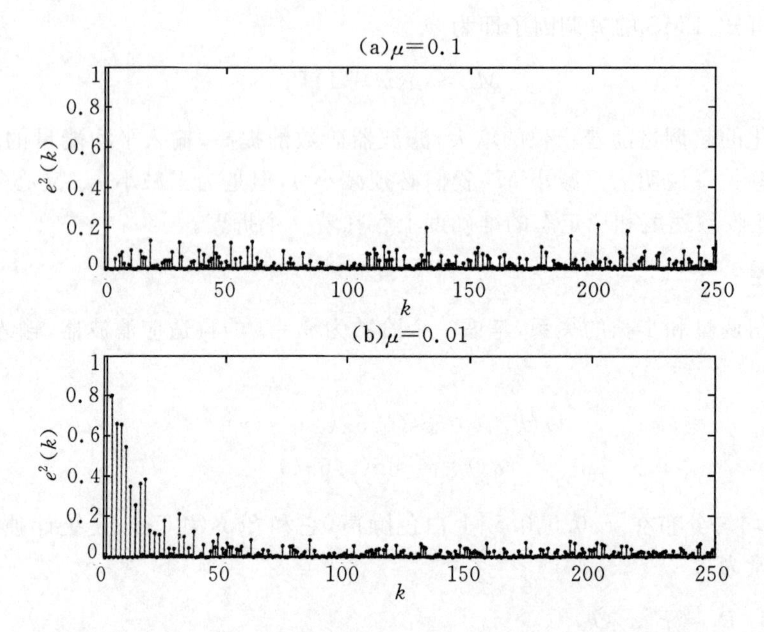

图 9.11　一横向自适应滤波器的性能特性。其阶数为 m，步长为 μ，输入能量为 $P_x=E[x^2(k)]$

步长、滤波器阶数、输入功率对 LMS 方法的性能的影响总结在表 9.1 中。

表 9.1　自适应横向滤波器的性能，其中阶数为 m，步长为 μ，输入功率为 $P_x=E[x^2(k)]$

性能	值
收敛范围	$0<\mu<\dfrac{1}{(m+1)P_x}$
学习曲线时间常数	$\tau_{\text{mse}}\approx\dfrac{1}{4\mu\lambda_{\min}}$
超调量	$M_f\approx\mu(m+1)P_x$

9.5　修正的 LMS 算法

在增强 LMS 算法性能方面有很多有用的修改方法。在本节中，我们讨论了基本 LMS 算法的三种变体(Kuo and Morgan，1996)。

9.5.1　归一化 LMS 算法

回忆一下，从表 9.1 可以看出需要确保算法收敛的 μ 的上界依赖于滤波器阶数 m 和输入能量 P_x。当为了确定能达到给定失调因子或超调量的步长时，也有相似的结论。为了得到

LMS 方法的另一种版本，以使步长 α 独立于输入功率或滤波器的阶数，就提出了下面的归一化 LMS 算法。

$$\omega(k+1) = \omega(k) + 2\mu(k)e(k)u(k), \quad k \geqslant 0 \tag{9.5.1}$$

注意这里的归一化 LMS 方法是如何不同于基本的 LMS 方法的，主要是步长 $\mu(k)$ 不再是常数。相反地，它成为一时变的参量，其表达式如下：

$$\mu(k) = \frac{\alpha}{(m+1)\hat{P}_x(k)} \tag{9.5.2}$$

这里 $\hat{P}_x(k)$ 是对输入平均功率的持续估计。如果 $\hat{P}_x(k)$ 用准确的均值功率 P_x 代替，那么从表 9.1 可以看出，为确保收敛，固定步长大小的范围就可简化为

$$0 < \alpha < 1 \tag{9.5.3}$$

在这种理解下步长大小就是归一化的。归一化方法的优美之处在于 α 可以选用一个单值，它独立于滤波器的阶次和输入能量。

估计输入能量的最简单的方法就是用一个矩形窗或者持续平均(running-average)滤波器，下边就是一个输入为 $x^2(k)$ 的 N 阶持续平均滤波器。

$$\hat{P}_x(k) = \frac{1}{N+1}\sum_{i=0}^{N} x^2(k-i) \tag{9.5.4}$$

LMS 算法重要的特征之一在于它的高效实现。为了保持这一特征，在每次迭代时都要务必须仔细地使浮点操作的数量最少。在式(9.5.4)中计算 $\hat{P}_x$ 时需要 $N+2$ 次乘除法。这可以利用一个递推形式的持续平均滤波器来减少运算量。用变量代换 $j=i-1$ 重写式(9.5.4)如下：

$$\begin{aligned}\hat{P}_x(k) &= \frac{1}{N+1}\sum_{j=-1}^{N-1} x^2(k-1-j) \\ &= \frac{1}{N+1}\Big[\sum_{j=0}^{N} x^2(k-1-j)\Big] + \frac{x^2(k)-x^2(k-N)}{N+1} \\ &= \hat{P}_x(k-1) + \frac{x^2(k)-x^2(k-N)}{N+1}\end{aligned} \tag{9.5.5}$$

式(9.5.5)中的递推形式把每次迭代的 FLOPs 的数量从 $N+2$ 减少到 3。虽然式(9.5.5)的实现比式(9.5.4)更快，但是它却在内存的需求上并不更有效，因为还要存储输入的 $N+1$ 个采样值。回忆一下式(9.5.1)，可以看出已经以过去的输入矢量 u 的形式存储了 $m+1$ 个输入的采样值。如果选择 $N=m$，那么下边的点积就能被用来替代估计那输入的平均功率。

$$\hat{P}_x(k) = \frac{u^{\mathrm{T}}(k)u(k)}{m+1} \tag{9.5.6}$$

这种方法的优点是我们不需要存储 $x(k)$ 的任何额外值。把式(9.5.6)代入式(9.5.2)由于约去 $m+1$ 因子将使结果更加简化。这将产生一个对时变步长大小的更简单的表达(Slock, 1993)

$$\mu(k) = \frac{\alpha}{u^{\mathrm{T}}(k)u(k)} \tag{9.5.7}$$

当使用一个非平稳的输入时，将产生一个额外的实现困难。对于连续的 $m+1$ 个采样值如果输入 $x(k)$ 为零，那么 $u(k)=0$ 并且式(9.5.7)的步长大小将变成无限大。如果算法以 $u(0)=0$ 开始，那么这个问题也会发生。为了避免这个数字上的麻烦，设 δ 是一个小的正数。如果下边的修正步长被用在归一化算法中，则步长大小将不会比 α/δ 更大。

$$\mu(k)=\frac{\alpha}{\delta+u^{\mathrm{T}}(k)u(k)} \tag{9.5.8}$$

例 9.8 归一化 LMS 算法

为了解释归一化 LMS 算法中步长大小是怎样改变的，假设输入是如下的调幅正弦波：

$$x(k)=\cos\left(\frac{\pi k}{100}\right)\sin\left(\frac{\pi k}{5}\right)$$

接下来，假设期望的输出 $d(k)$ 由以下的二阶 IIR 振荡滤波器产生：

$$H(z)=\frac{1-z^{-2}}{1+z^{-1}+0.9z^{-2}}$$

令自适应滤波器的阶数 $m=5$，并设归一化步长大小 $\alpha=0.5$。如果我们取步长大小的界 $\delta=0.05$，那么步长大小的最大值 $\alpha/\delta=10$。运行脚本 *exam9_8* 得到输入 $x(k)$、均方误差 $e^2(k)$、还有时变步长大小 $\mu(k)$ 的变化图，它们被显示在图 9.12 中。注意在图 9.12a 中调幅输入信号在 $k=50$ 时达到最小值，此时余弦因子是 0。在图 9.12b 中由于输入能量在连续平均估计时的延迟使得步长大小的峰值有稍许延迟。在 $k=0$ 处，步长大小为最大值 $\mu(0)=\alpha/\delta$。注意，尽管步长大小的增加归因于输入信号功率的减小，但当步长增加时均方误差仍然收敛并保持变小。

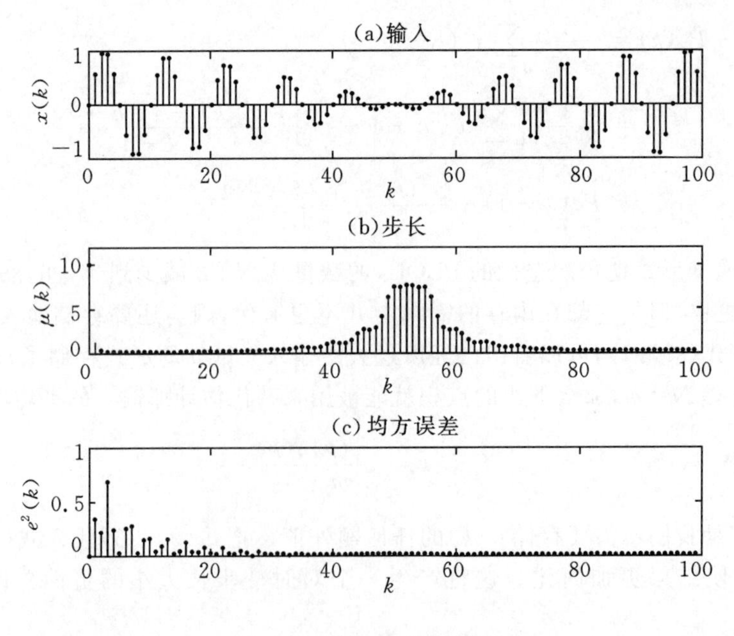

图 9.12 归一化 LMS 算法

9.5.2 相关 LMS 算法

回忆一下表 9.1,学习曲线的时间常数与步长大小是成反比的。因此,为了确保快速收敛,步长大小 μ 应该相对大些。然而,在收敛后的超调量正比于 μ,这意味着为了提高稳态的准确度,μ 应该相对小些。为了避免这种折衷,可以在收敛前使用大步长,而在已收敛后使用小步长。那么基本的任务就变为对收敛发生时刻的检测。因为涉及的计算负担问题,用 w^* 或 $\varepsilon_{\min}$ 来检测收敛并不现实。作为替代,我们采用了一个不那么直接的方法。假设 $w(k)$ 已经收敛到 w^*,考虑误差 $e(k)$ 和过去的输入矢量 $u(k)$ 的乘积。回忆一下,$u^{\mathrm{T}}(k)w$ 是个标量,我们有

$$
\begin{aligned}
e(k)u(k) &= [d(k)-y(k)]u(k) \\
&= [d(k)-u^{\mathrm{T}}(k)w]u(k) \\
&= d(k)u(k)-u(k)u^{\mathrm{T}}(k)w
\end{aligned}
\tag{9.5.9}
$$

给式(9.5.9)两边取期望,得到最优权值 $w^*=R^{-1}p$,那么

$$
\begin{aligned}
E[e(k)u(k)] &= E[d(k)u(k)]-E[u(k)u^{\mathrm{T}}(k)]w^* \\
&= p-Rw^* \\
&= 0
\end{aligned}
\tag{9.5.10}
$$

按式(9.2.2)中给出的 $u(k)$ 的定义,那么 $e(k)u(k)$ 的期望值就可以被解释为误差和输入的互相关,特别地,用定义 9.1 和式(9.2.2),我们就可以将式(9.5.10)重写为

$$
r_{ex}(i)=0,\qquad 0\leqslant i\leqslant m \tag{9.5.11}
$$

从式(9.5.11)中我们可以看到,当权矢量最优时,误差和输入不相关。这是一个更一般原理的一个例证,即当找到一个最优解时,解的误差和该解基于的数据是正交的。从式(9.5.11)中 $i=0$ 这个特殊的例子可以看出,我们得到了下边一个在 LMS 算法收敛的时候有一个标量关系式成立:

$$
E[e(k)x(k)]=0 \tag{9.5.12}
$$

相关 LMS 算法(Shan and Kailath,1988)的基本观点是根据 $E[e(k)x(k)]$ 的大小来选择步长,这种方法使得当 LMS 算法已经收敛时步长将变小,而在收敛过程中步长将较大。一种估计式(9.5.12)中的期望值的方法是对输入 $e(k)x(k)$ 用持续平均滤波器。然而,由于 $e(k)$ 的采样值没有被存储,所以这将意味着要增加存储需求。对 $E[e(k)x(k)]$ 近似估计的一个代价较小的方法是用一个一阶的 IIR 低通滤波器,其传输函数如下:

$$
H(z)=\frac{(1-\beta)z}{z-\beta} \tag{9.5.13}
$$

$0<\beta<1$ 的量称为平滑参数,其典型值为 $\beta\approx1$,滤波器的输出是利用一个指数权值的平均对 $E[e(k)x(k)]$ 估计,指数窗的等效宽度是 $N=1/(1-\beta)$ 个样值。如果 $r(k)$ 是滤波器输出,$e(k)x(k)$ 是滤波器输入,那么

$$
r(k+1)=\beta r(k)+(1-\beta)e(k)x(k) \tag{9.5.14}
$$

既然一旦收敛已经发生时 $r(k)$ 将变小，那么我们就可以用一个比例常数或者一个 $\alpha>0$ 的相对步长使步长大小正比于 $|r(k)|$。相关 LMS 方法的时变步长如下：

$$\mu(k)=\alpha\mid r(k)\mid \tag{9.5.15}$$

相关 LMS 算法被解释为有两种操作模式。当收敛已经完成时，步长将变小，算法将处于睡眠模式。此时由于 $\mu(k)$ 较小，那么超调量也就较小了。而且如果 $y(k)$ 中含有和 $x(k)$ 不相关的测量噪声，这噪声也不会引起 $\mu(k)$ 的增加。然而，如果 $d(k)$ 或 $x(k)$ 变化明显，这将引起 $|r(k)|$ 增加，则算法会进入激活或者跟踪模式，此时步长增加。一旦算法收敛到新的最优权值，步长将再次减小，算法将再次进入睡眠模式。

例 9.9 相关 LMS 算法

为了说明相关 LMS 算法怎样检测收敛和改变操作模式，设输入为在[−1, 1]间均匀分布的白噪声的 N 个采样值。考虑图 9.13 中所示的反馈系统，它的开环传递函数为

$$G(z)=\frac{D(z)}{X(z)}=G(z)=\frac{1.28}{z^2-0.64}$$

图 9.13 中的系统是一线性时变系统，因为反馈环路上的开关开始闭合，在 $k=N/2$ 后打开。这就如同反馈传感网络出了故障。当开关闭合时，中间信号 $q(k)$ 的 Z 传输函数为

$$Q(z)=X(z)-D(z)=X(z)-G(z)Q(z)$$

解出 $Q(z)$ 得

$$Q(z)=\frac{X(z)}{1+G(z)}$$

由此得出当开关闭合时，输出为

$$D(z)=G(z)Q(z)=\frac{G(z)X(z)}{1+G(z)}$$

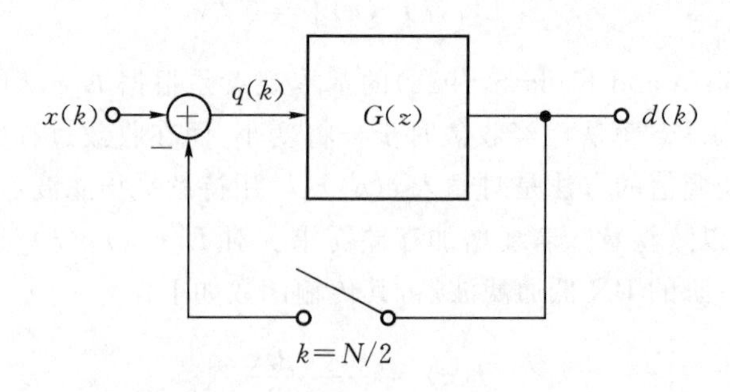

图 9.13 时变反馈系统，其中开关在 $k=N/2$ 时打开

最终，图 9.13 中开关闭合时的系统闭环传输函数为

$$H_{\text{closed}}(z)=\frac{D(z)}{X(z)}$$

$$
\begin{aligned}
&= \frac{G(z)}{1+G(z)} \\
&= \frac{1.28/(z^2-0.64)}{1+1.28/(z^2-0.64)} \\
&= \frac{1.28}{z^2+0.64}
\end{aligned}
$$

因此,对样值点 $0 \leqslant k < N/2$ 时开关闭合的情况,系统有一对虚极点 $z=\pm j0.8$。在 $k=N/2$ 时,开关打开并且传输函数减化为有实极点 $z=\pm 0.6$ 的 $G(z)$。假设该时变系统是一个用相关 LMS 算法且阶数为 $m=25$ 的自适应滤波器组成。令相对步长大小 $\alpha=0.5$ 且平滑因子为 $\beta=0.95$。通过运行脚本 *exam9_9* 得到图 9.14 中的平方误差图和步长图。观察发现算法在大约 200 样点处收敛并且在样点 400 处以很小的步长进入睡眠模式。在样点 $k=600$ 处,期望输出突然变化,步长增加,这表明已经进入激活或跟踪模式。算法在样点 900 周围再次收敛然后再次进入睡眠模式,这时有一个较大的休眠的步长。

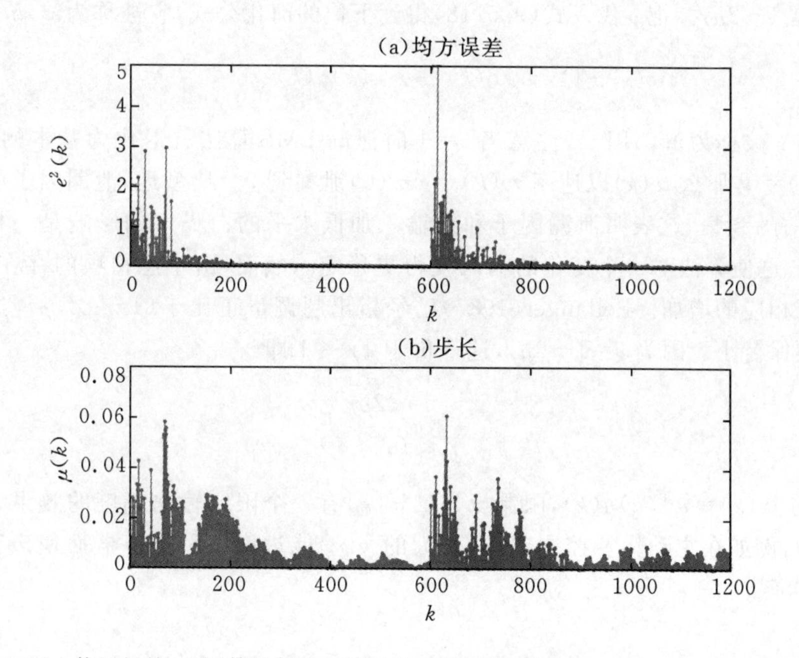

图 9.14 使用相关 LMS 算法便是一个时变反馈系统,其中 $m=25$,且 $\alpha=0.5$,$\beta=0.95$

9.5.3 泄漏(Leaky)LMS 算法

因为白噪声有平坦的功率谱,所以它对系统辨识来说它是高效的输入,可以用来激励需要辨识的系统的所有本征模式。当用一个含频谱较少的输入时,LMS 算法权矢量的一个或者多个元素将无界增长而导致发散。预防这种可能的一种"优雅"的方法是在目标函数中引入第二项。设 $\gamma>0$,考虑如下的增广均方误差。

$$
\varepsilon_\gamma[w(k)] \triangleq E(e^2(k)) + \gamma w^{\mathrm{T}}(k)w(k) \tag{9.5.16}
$$

式(9.5.16)中的最后一项被称为惩罚函数项,因为最小化过程趋向于惩罚 $w^{\mathrm{T}}w$ 较大时的 w。

这种方法使得在寻找最小值的过程中自动避免了 $\|w\|$ 较大的解。参数 $\gamma>0$ 控制惩罚的严厉程度，当 $\gamma=0$ 时，式(9.5.16)中的目标函数就退化为原始均方误差 $\varepsilon[w(k)]$。

为看清楚惩罚项对 LMS 算法的影响，考虑 ε_γ 关于 w 偏导的梯度向量。利用式(9.3.6)中 $E[e^2(k)]\approx e^2(k)$ 的假设来计算梯度的估计，我们有

$$\begin{aligned}\hat{\nabla}\varepsilon_\gamma(\omega) &= 2e\frac{\partial e}{\partial \omega}+2\gamma w\\ &=-2e\frac{\partial y}{\partial \omega}+2\gamma w\\ &=-2eu+2\gamma w\end{aligned} \tag{9.5.17}$$

把该梯度的估计代入式(9.3.3)的最陡下降算法中然后得到下边的权矢量更新公式：

$$\begin{aligned}w(k+1) &= w(k)-\mu[2\gamma w(k)-2e(k)u(k)]\\ &=(1-2\mu\gamma)w(k)+2\mu e(k)u(k)\end{aligned} \tag{9.5.18}$$

最后，定义 $\nu\triangleq 1-2\mu\gamma$。把 ν 代入式(9.5.18)得到下边的简化公式，它被称为*泄漏 LMS 算法*。

$$w(k+1)=\nu w(k)+2\mu e(k)u(k),\quad i\geqslant 0 \tag{9.5.19}$$

复合因子 ν 被称为*泄漏因子*，注意当 $\nu=1$ 时泄漏 LMS 算法就退化为基本的 LMS 算法了。如果 $u(k)=0$，那么 $w(k)$ 以速率 $w(k)=\nu^k w(0)$ 泄漏到 0。典型地，泄漏因子的取值范围是 $0<\nu<1$ 并有 $\nu\approx1$。这表明泄漏因子和给输入加低水平的白噪声的影响是一样的(Gitlin et al.,1982)。这使算法对一个变化的输入变得更稳定。然而，由于惩罚项的存在，这也意味着超调量会有相应的增加。Bellanger(1987)已经指出超调量正比于 $(1-\nu)^2/\mu^2$，这也意味着这个比值必须保持小。因为 $\nu=1-2\mu\gamma$，这等价于 $4\gamma^2\ll1$ 即

$$\nu=1-2\mu\gamma \tag{9.5.20a}$$

$$\gamma\ll 0.5 \tag{9.5.20b}$$

有趣的是，由于 $y(k)=w^{\mathrm{T}}(k)u(k)$，限制 $w^{\mathrm{T}}(k)w(k)$ 有一个限制输出幅度的效果。这在应用方面是有用的，例如在主动噪音控制中，一个大的 $y(k)$ 能过度激励扬声器而使声音扭曲(Elliott et al.,1987)。

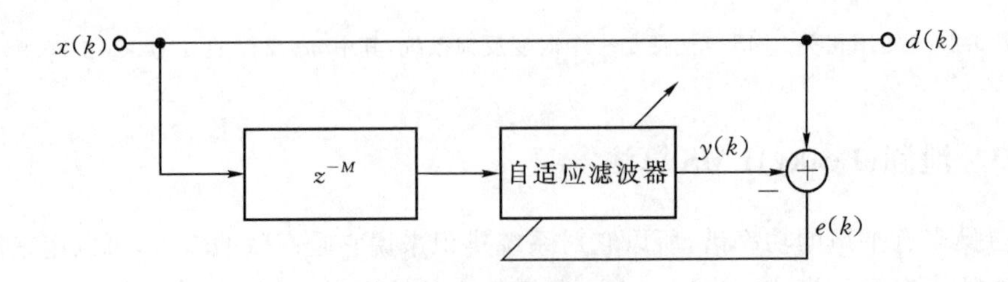

图 9.15　输入信号的预测

例 9.10　泄漏 LMS 算法

为了说明泄漏 LMS 算法的应用，考虑如图 9.15 所示的用一个自适应滤波器预测一个输

入信号值的问题。假设输入由两个正弦加噪声组成。

$$x(k)=2\sin(\frac{\pi k}{12})+3\cos(\frac{\pi k}{4})+v(k)$$

这里 $v(k)$是在区间$[-0.2,0.2]$中均匀分布的白噪声。接下来,假设期望预测 $M=10$ 采样值后的输入。令自适应滤波器的阶数 $m=20$ 且步长 $\mu=0.002$。为使和泄漏相关的超调量较小,我们需要一个 $\gamma\ll 0.5$ 的 $\nu=1-2\mu\gamma$ 的泄漏因子。令 $\gamma=0.05$ 则 $\nu=0.9998$。运行脚本 *exam9_10* 将产生图 9.16。图 9.16c 说明在大约 40 个样值后,算法已经收敛,并且图 9.15*b* 中滤波器输出 $y(k)$是一个对图 9.16a 中的 $x(k)$超前 $M=10$ 个样点的有效近似。

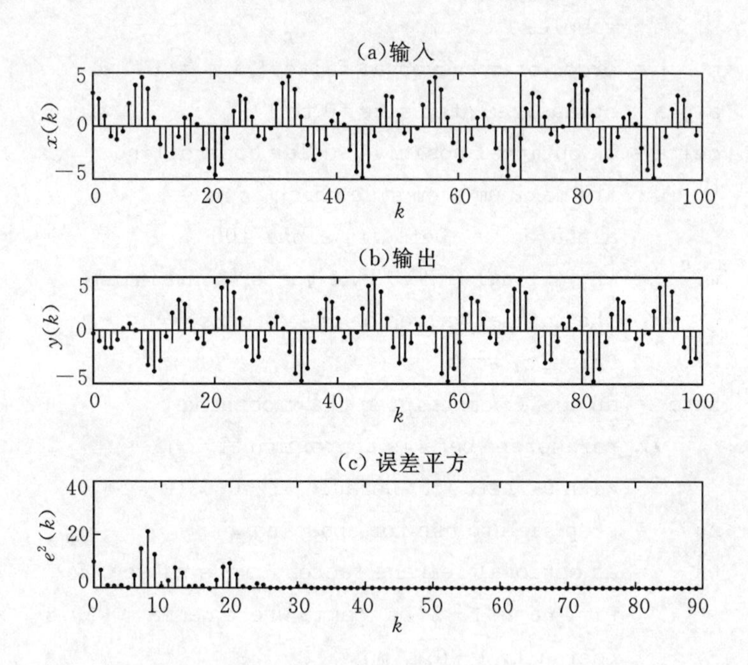

图 9.16　使用泄漏 LMS 算法进行超前 $M=10$ 预测,其中 $m=20,\gamma=0.05,\nu=0.9998$

归一化、相关及泄漏 LMS 算法是三种流行的基本 LMS 算法变形。有人也提出了其它的修正(Kuo and Morgan,1996)。例如,步长 μ 也可以被一个时变的对角阵 $M(k)$代替,它的第 i 个对角元素是 $\mu_i(k)$。由于它的每一维都有自己的步长大小,所以这种修正叫变步长 LMS 算法。为增加速度而牺牲精确度的其他的修正方法包括符号 LMS 算法,它用 $\text{sgn}[e(k)]$代替 $e(k)$或者用 $\text{sgn}[u(k)]$代替 $u(k)$,这里 sgn 是符号即正负符号函数。

FDSP 函数

FDSP 工具箱包含以下函数,它们对应于基本 LMS 算法的修订版。

```
% F_LMSNORM: System identification using normalized LMS metho
% F_LMSCORR: System identification using correlation LMS meth
% F_LMSLEAK: System identification using leaky LMS method
```

```
%
% Usage:
%       [w,e,mu]= f_lmsnorm (x,d,m,alpha, delta,w);
%       [w,e,mu]= f_lmscorr (x,d,m,alpha, beta, w);
%       [w,e]   = f_lmsleak (x,d,m,mu,nu,w);
% Pre:
%       x     = N by 1 vector containing input samples
%       d     = N by 1 vector containing desired output
%               samples
%       m     = order of transversal filter (m >= 0)
%       alpha = normalized step size (0 to 1)
%       delta = an optional positive scalar controlling
%               the maximum step size which is mu =
%               alpha/delta. Default: alpha/100
%       w     = an optional (m+1) by 1 vector containing
%               the initial values of the weights.
%               Default: w=0
%       beta  = an scalar containing the smoothing
%               parameter. beta is approximately one
%               with 0<beta<1. Default: 1-0.5/(m+1)
%       mu    = step size to use for updating w
%       nu    = an optional leakage factor in the range 0 to
%               Pick nu = 1-2*mu*gamma where gamma <<0.5
%               (default: 1-0.1*mu).
% Post:
%       w     = (m+1) by 1 weight vector of filter
%               coefficients
%       e     = an optional N by 1 vector of errors where
%               e(k)=d(k)-y(k)
%       mu    = an optional N by 1 vector of step sizes

% Notes:
%       1. When nu=1, the leaky LMS method reduces to the basic
%          LMS method.
        2. Typically mu <<1/[(m+1)*p_x] where P_x is the
%          average power of input x.
```

9.6 自适应 FIR 滤波器设计

9.6.1 伪滤波器

回忆一下第 6 章，绝大多数 FIR 滤波器是按照预先给定的幅度响应和线性相位响应来进行设计的。幅度和相位再加上群时延特征结合的滤波器可使用第 6 章所介绍的正交方法来进行设计，或者可以使用 LMS 算法来计算滤波器的系数。这种方法的基本思想是利用一个综合的伪滤波器来生成图 9.17 所示的期望输出。

如名字所暗示，伪滤波器是一个虚构的线性离散时间系统，它可以对应或者不对应一个物理实现。伪滤波器由一个周期输入和一个稳态输出之间的期望关系来隐藏地刻画。令 T 为采样间隔，假设输入由 N 个正弦曲线的和组成如下：

$$x(i) = \sum_{i=0}^{N-1} C_i \cos(2\pi f_i kT) \tag{9.6.1}$$

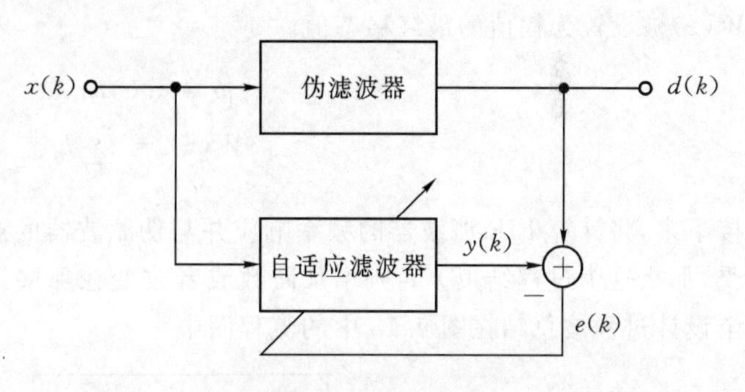

图 9.17　使用伪滤波器来进行自适应滤波器设计

对于这些离散频率$\{f_0, f_1, \ldots, f_{N-1}\}$的唯一约束是它们互不相同且均在奈奎斯特范围 $0 \leqslant f_i \leqslant f_s/2$ 里。例如，这些离散频率通常可等间隔地取为

$$f_i = \frac{if_s}{2N} \quad 0 \leqslant i \leqslant N \tag{9.6.2}$$

幅度或者相对权值 $C_i > 0$，它基于所有设计规约中每个频率的重要性来选择。例如，如果 $C_k > C_i$，那么频率 f_i 将比 f_i 给更大的权值。作为一个开始，我们可以用等加权

$$C_i = 1, \quad 0 \leqslant i \leqslant N \tag{9.6.3}$$

一旦输入被选择，那么期望的稳态输出就被指定。既然虚构的伪滤波器假设是线性的，那么稳态输出将和输入有同样的周期。

$$d(k) = \sum_{i=0}^{N-1} A_i C_i \cos(2\pi f_i kT + \phi_i) \tag{9.6.4}$$

这里 A_i 和 ϕ_i 分别指示了在频率 f_i 的期望增益和相位偏移。因此，设计规范由 4 个 $N \times 1$ 的矢量组成，它为$\{f, C, A, \phi\}$。这里 f 是频率矢量，C 是相对权值矢量，A 是幅度矢量，ϕ 是相位矢量。用这种方法，N 个期望频率响应采样在幅度和相位上均可被确定。

需要强调的是，因为一个因果线性离散时间系统的幅度 $A_i = A(f_i)$和相位 $\phi_i = \phi(f_i)$互相不独立，所以 $x(k)$和 $d(k)$间的隐性关系代表一种"伪"滤波器。对一个因果滤波器而言，频率响应的实部和虚部互相依赖，而幅度和相位也是如此(Proakis and Manolakis, 1992)。因此，

不能独立地指定幅度和相位而期望得到一个因果线性滤波器的准确实现。作为替代，我们应使用一个 m 阶因果横向自适应滤波器来实现伪滤波器规范的最佳近似。

当自适应滤波器的阶数相对小时，$(m+1)\times 1$ 的权矢量 w 可以通过解方程 $Rw=p$ 来进行非实时地计算。给定 $x(k)$ 和 $d(k)$ 后，输入自相关矩阵 R 和互相关矢量 p 的闭式表达就可以被得到(习题 9.1 和 9.16)。该直接方法随 m 变大其计算代价也将变大(且对舍入误差敏感)。在这些例子中，用 LMS 算法在数值上寻找最佳 w 更有意义。

$$w(k+1)=w(k)+2\mu e(k)u(k) \tag{9.6.5}$$

既然目标是要找一个确定的且最好地符合设计规范的 m 阶 FIR 滤波器，那么自适应滤波器被允许运行 $M\gg 1$ 次迭代直到均方误差收敛到稳态值。确定的 FIR 滤波器的数值系数矢量 $W(z)$ 被设置为权值的最终稳态值。

$$b=w(M-1) \tag{9.6.6a}$$

$$W(z)=\sum_{i=0}^{m} b_i z^{-i} \tag{9.6.6b}$$

接下来，将计算 FIR 滤波器的频率响应并与伪滤波器的规范进行比较。如果符合程度可被接受，那么这个过程结束。否则增加阶数或者改变在那些误差最大频率点处的相对权值 C。整个设计过程被总结在图 9.18 中的流程图中。

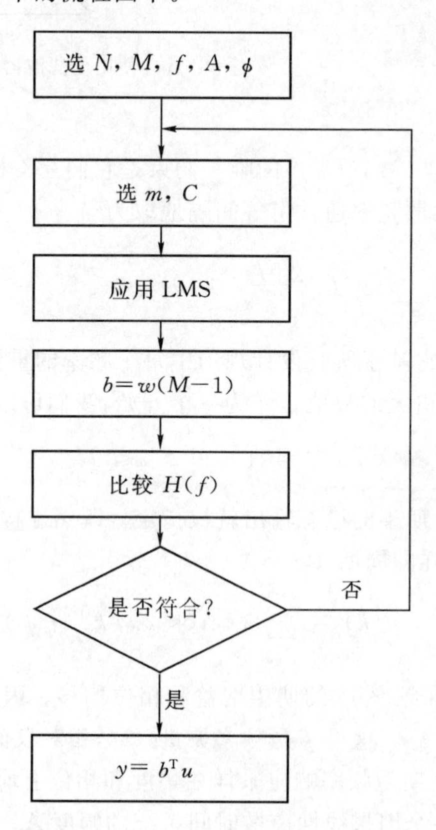

图 9.18 自适应 FIR 滤波器设计过程

例 9.11　自适应 FIR 滤波器设计

为了说明伪滤波器的使用,考虑如下期望幅度响应的 FIR 滤波器设计问题。

$$A(f) = \begin{bmatrix} 1.5-\dfrac{6g}{f_s}, & 0\leqslant f<\dfrac{f_s}{6} \\ 0.5, & \dfrac{f_s}{6}\leqslant f<\dfrac{f_s}{3} \\ 0.5+0.5\sin(\dfrac{6\pi f}{f_s}), & \dfrac{f_s}{3}\leqslant f<\dfrac{f_s}{2} \end{bmatrix}$$

假设有 $N=60$ 个如式(9.6.2)所示的离散的均匀分布频率点。令相对权值也是如式(9.6.3)所示的均匀值。假设自适应 FIR 滤波器的阶数为 $m=30$,步长大小为 $\mu=0.0001$。令 LMS 算法以初始权值 $w(0)=0$ 开始运行 $M=2000$ 次迭代。考虑两种情况,第一种是伪滤波器的期望响应,简单地表示为

$$\phi(f) = 0$$

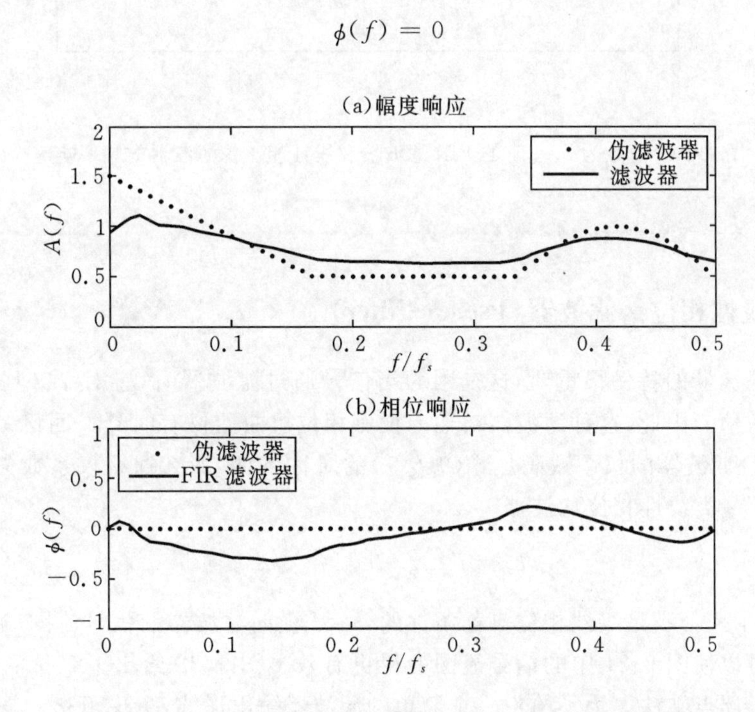

图 9.19　阶数为 $m=30$ 的 FIR 滤波器和零相位伪滤波器的频率响应

运行脚本 *exam*9_11 得到图 9.19 所示的期望和实际的频率响应对比图,注意到由于零相位偏移设计不符合实际以致吻合度比较差。从 5.3 节中我们知道,只有使用非因果的滤波器,才能实现 0 相位滤波器。通过增加 m 吻合度可以提高一些。另一种方法是,指定一个有固定群时延的线性相位伪滤波器。如果群时延被设置为 $\tau=mT/2$,那么相应的相位响应为

$$\phi(f) = -m\pi f$$

这种联合考虑幅度和相位更易于综合成一个因果 FIR 滤波器,这能从图 9.20 的结果看出。注意到在这个例子中幅度响应(图 9.20a)和相位响应(图 9.20b)都吻合得很好。

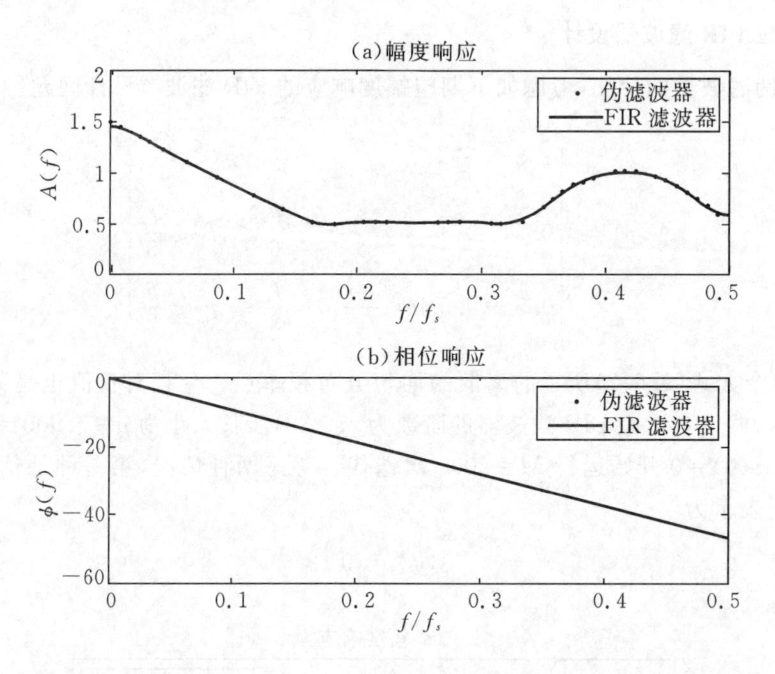

图 9.20　阶数为 $m=30$ 的 FIR 滤波器和线性相位伪滤波器的频率响应

9.6.2　线性相位伪滤波器(Pseudo-filter)

线性相位滤波器的特例很重要，这是因为当信号通过滤波器时，它对 $x(k)$ 的每一个谱成分有同样时延数值。因此，这种滤波器对输入没有相位扭曲而仅有时延。回忆一下表 5.1，如果 m 是偶数并且滤波器的权系数满足式(9.6.7)的对称条件，那么拥有权系数矢量 b 的 m 阶 FIR 滤波器是第一类线性相位滤波器。

$$b_i = b_{m-i}, \quad 0 \leqslant i \leqslant m \tag{9.6.7}$$

图 9.21 中给出了一个满足线性相位对称条件的 $m=4$ 横向滤波器的信号流图，通过组合有相同权值的分支可以使图 9.21 中的信号流图变得更有效。图 9.22 给出了等价的信号流图，它的特点是减少了浮点乘法。为了给出一个简单的滤波器输出形式，考虑下边一对 $(m/2+1)\times 1$ 矢量。

$$\hat{w}(k) \triangleq [w_0(k),\ w_1(k),\ \cdots,\ w_{m/2}(k)]^{\mathrm{T}} \tag{9.6.8a}$$

$$\hat{u}(k) \triangleq [x(k-m/2),\ x(k-m/2-1)+x(k-m/2+1),\ \cdots,\ x(k-m)+x(k)]^{\mathrm{T}} \tag{9.6.8b}$$

这里 $\hat{w}(k)$ 由开始的 $m/2+1$ 个权值组成，而 $\hat{u}(k)$ 由过去的输入构造。将式(9.6.8)应用到图 9.22，我们发现利用点乘，线性横向滤波器有如下的简洁表示。

$$y(k)=\hat{\omega}(k)^{\mathrm{T}}\,\hat{u}(k), \quad k\geqslant 0 \tag{9.6.9}$$

注意对于大的 m 值，式(9.6.9)中的线性相位公式需要式(9.2.3)中的标准表示的大约一半浮

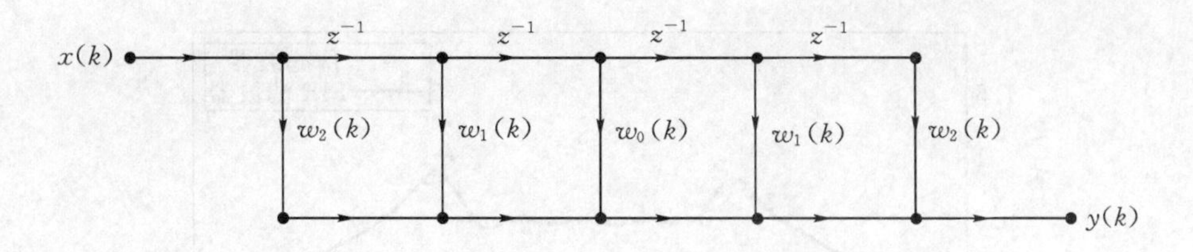

图 9.21　$m=4$ 阶的第一类线性相位横向滤波器

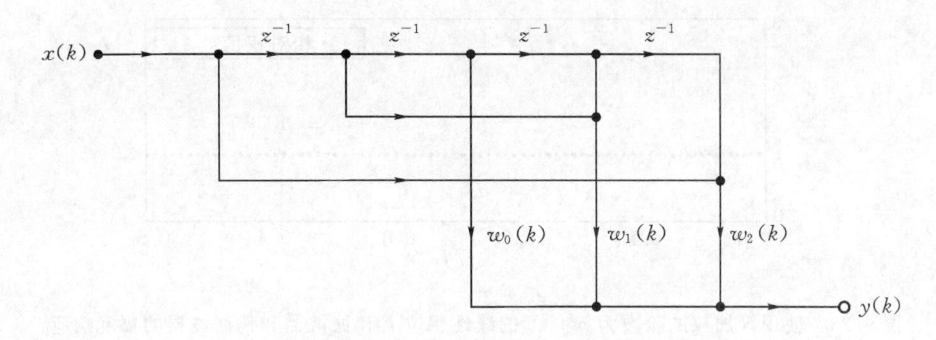

图 9.22　等价的 $m=4$ 阶线性相位横向滤波器

点乘或 FLOPs。当 LMS 算法被应用到线性相位横向滤波器结构时，用下式在计算代价上有近似的节省。

$$\hat{w}(k+1)=\hat{w}(k)+2\mu e(k)\,\hat{u}(k),\quad k\geqslant 0 \tag{9.6.10}$$

例 9.12　自适应线性 FIR 滤波器的设计

为了说明线性相位 FIR 滤波器的设计，考虑一个用下边分段连续幅度响应规定的一个伪滤波器。

$$A(f)=\begin{bmatrix}(\frac{6f}{f_s})^2, & 0\leqslant f<\frac{f_s}{6}\\ 0.5, & \frac{f_s}{6}\leqslant f<\frac{f_s}{3}\\ \left[\frac{1-2(3f-f_s)}{f_s}\right]^2, & \frac{f_s}{3}\leqslant f<\frac{f_s}{2}\end{bmatrix}$$

假设有 $N=90$ 个如式(9.6.2)所示的离散均匀分布频率点，令 FIR 滤波器阶数 $m=45$、步长大小为 $\mu=0.0001$。假设 LMS 算法以初始推测 $w(0)=0$ 开始运行并迭代了 $M=2000$ 次。再一次考虑两种情况。对第一种，离散频率是如式(9.6.3)所示的等加权。作为对比，运行 *exam9_12* 得到图 9.23 中的幅度响应图，观察发现两图基本上是相似的，但在 $f_s/6$ 的倍数，即期望的幅度响应不连续处误差比较大。通过使用不等的相对权值，这些频率邻近点处的吻合度可以被提高。设 $C_{M/6}=C_{M/2}=1.5$ 得到图 9.24 所示的幅度响应，在跳变不连续处它精确度更高。

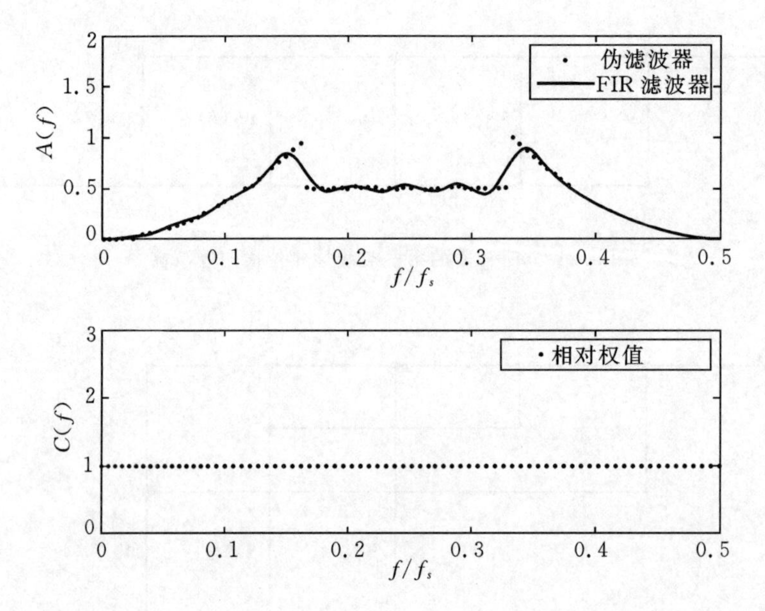

图 9.23 使用等加权的阶数为 $m=45$ 的线性相位 FIR 滤波器和伪滤波器的幅度响应

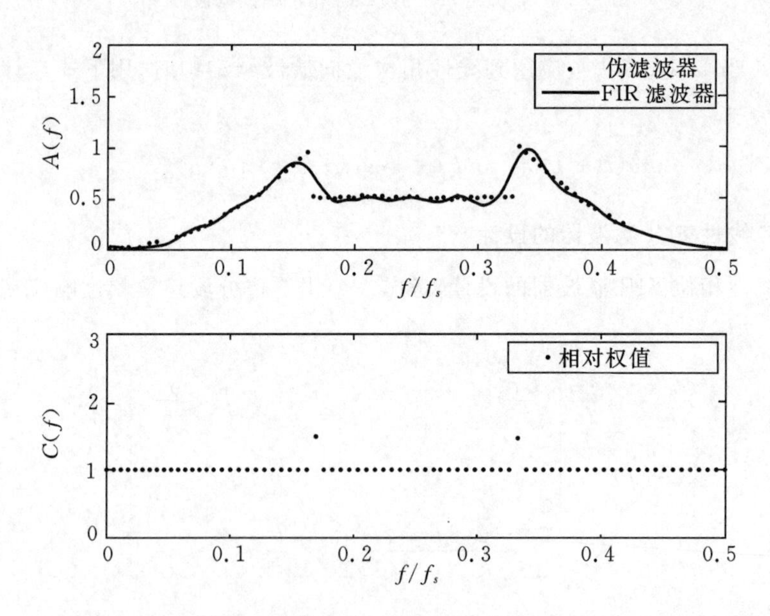

图 9.24 使用不等加权的阶数为 $m=45$ 的线性相位 FIR 滤波器和伪滤波器的幅度响应

9.7　递推最小均方算法(RLS)

RLS算法是一种LMS算法的流行的替代物(Treichler et al.,2001;Haykin,2002)。一般来说,RLS算法比LMS算法收敛更块,但它也付出了每次迭代计算量大的代价。

9.7.1　性能准则

为了给出RLS算法的公式,我们回到9.2节介绍过的最小二乘性能准则。假设代之以下边更一般的时变性能准则。

$$\varepsilon_k(w) = \sum_{i=1}^{k} \gamma^{k-i} e^2(i) + \delta\gamma^k w^{\mathrm{T}} w, \quad k \geqslant 1 \tag{9.7.1}$$

这里指数权因子 $0 \leqslant \gamma \leqslant 1$,由于当 $\gamma < 1$ 时,它减少过去误差的贡献,所以也被称作*遗忘因子*。式(9.7.1)中的第二项是一个正规化项其中 $\delta > 0$ 被称为*正规化参数*。注意第二项类似于泄漏LMS算法中的惩罚函数项,因为它趋于阻止 $w^{\mathrm{T}}w$ 任意增大的解,这样它就有使RLS方法更加稳定的效果。当 $\gamma = 1$(无指数权值)和 $\delta = 0$ (无调整项)时,式(9.7.1)的性能准则正比于时刻 k 的均方误差。

为了确定出一个使 $\varepsilon_k(w)$ 最小的权矢量 w,我们把 $e(i) = d(i) - w^{\mathrm{T}} u(i)$ 代入式(9.7.1),这里 $d(i)$ 是期望输出, $u(i)$ 是过去的输入矢量。由此将得出如下的对性能指标更详细的表达:

$$\begin{aligned}
\varepsilon_k(w) &= \sum_{i=1}^{k} \gamma^{k-i} [d(i) - w^{\mathrm{T}} u(i)]^2 + \delta\gamma^k w^{\mathrm{T}} w \\
&= \sum_{i=1}^{k} \gamma^{k-i} \{d^2(i) - 2d(i) w^{\mathrm{T}} u(i) + [w^{\mathrm{T}} u(i)]^2\} + \delta\gamma^k w^{\mathrm{T}} w \\
&= \sum_{i=1}^{k} \gamma^{k-i} [d^2(i) - 2w^{\mathrm{T}} d(i) u(i)] + \sum_{i=1}^{k} \gamma^{k-i} w^{\mathrm{T}} u(i) [u^{\mathrm{T}}(i) w] + \delta\gamma^k w^{\mathrm{T}} w \\
&= \sum_{i=1}^{k} \gamma^{k-i} [d^2(i) - 2w^{\mathrm{T}} d(i) u(i)] + w^{\mathrm{T}} \Big[\sum_{i=1}^{k} \gamma^{k-i} u(i) u^{\mathrm{T}}(i) + \delta\gamma^k I\Big] w
\end{aligned} \tag{9.7.2}$$

分别引入下边时刻 k 广义的自相关矩阵和互相关矢量,这将使 $\varepsilon_k(w)$ 的表达更简练。

$$R(k) \triangleq \sum_{i=1}^{k} \gamma^{k-i} u(i) u^{\mathrm{T}}(i) + \delta\gamma^k I \tag{9.7.3a}$$

$$p(k) \triangleq \sum_{i=1}^{k} \gamma^{k-i} d(i) u(i) \tag{9.7.3b}$$

把式(9.7.3)代入式(9.7.2),我们发现带指数加权调整项的性能准则可以被表述为如下的权矢量二次函数。

$$\varepsilon_k(w) = \sum_{i=1}^{k} \gamma^{k-i} d^2(i) - 2w^{\mathrm{T}} p(k) + w^{\mathrm{T}} R(k) w \tag{9.7.4}$$

按 9.2 节所用的相同步骤，$\varepsilon_k(w)$对 w 的偏导梯度可以被表示为$\nabla\varepsilon_k(w)=2[R(k)w-p(k)]$。令$\nabla\varepsilon_k(w)=0$ 对 w 求解，那么我们得到在时刻 k 的最优权值的表达式如下：

$$w(k)=R^{-1}(k)p(k) \tag{9.7.5}$$

不像 LMS 算法用基于梯度搜索来渐进地逼近最优权值，RLS 算法试图在每次迭代时找到最优权值。

9.7.2 递推公式

虽然式(9.7.5)中的权矢量是使 $\varepsilon_k(w)$最小化的最优解，但很明显要得到 $w(k)$所要求的计算代价是很大的，且随着 k 的增长它变得更加难以承受。幸运的是，有一种方法可以来重写需要的计算公式使求解它们变得更经济。其基本观点是以第 $k-1$ 次迭代解加上一个相关项来得到第 k 次迭代解。这样，那所求的参数可以被*递推*计算。例如，用式(9.7.3a)我们重写表达式 $R(k)$如下：

$$\begin{aligned}R(k)&=\gamma\Big[\sum_{i=1}^{k}\gamma^{k-i-1}u(i)u^{\mathrm{T}}(i)+\delta\gamma^{k-1}I\Big]\\&=\gamma\Big[\sum_{i=1}^{k-1}\gamma^{k-i-1}u(i)u^{\mathrm{T}}(i)+\delta\gamma^{k-1}I\Big]+u(k)u^{\mathrm{T}}(k)\end{aligned} \tag{9.7.6}$$

从式(9.7.3a)可以看出式(9.7.6)中 γ 的系数正好是 $R(k-1)$。因此，指数加权和待调整的自相关矩阵可以按下式递推计算：

$$R(k)=\gamma R(k-1)+u(k)u^{\mathrm{T}}(k),\quad k\geqslant 1 \tag{9.7.7}$$

开始递推过程时需要 $R(k)$的一个初始值。用式(9.7.3a)并假设输入 $x(k)$是因果的，可以设初始值为 $R(0)=\delta I$。

利用相似的步骤，通过分解出因子 γ 且分离出第 $i=k$ 项，我们可以得到式(9.7.3b)中互相关矢量的递推形式。由此得到下边以 $p(0)=0$ 为初始值的 $p(k)$的递推公式。

$$p(k)=\gamma p(k-1)+d(k)u(k)\quad k\geqslant 1 \tag{9.7.8}$$

虽然 $R(k)$和 $p(k)$的递推计算极大地简化了这些参数的计算量，但还存在问题，这是因为在式(9.7.5)中求 $w(k)$时需要计算 $R(k)$的逆。它是一个占支配作用的计算量，这是由于解 $R(k)\omega=p(k)$的浮点操作量或 FLOPs 正比于 m^3，其中 m 是横向滤波器阶数。好在也可以递推地计算 $R^{-1}(k)$。为了达到这个目标，我们需要利用线性代数中的一个结论。令 A 和 C 为非奇异方阵，B 和 D 为有适当维数的矩阵，*矩阵求逆的引理*可以被表述如下(Woodbury，1950；Kailath，1960)。

$$(A+BCD)^{-1}=A^{-1}-A^{-1}B(DA^{-1}B+C^{-1})^{-1}DA^{-1} \tag{9.7.9}$$

利用该结果能精确地以 $R^{-1}(k-1)$的形式来表达 $R^{-1}(k)$。回顾式(9.7.7)，令 $A=\gamma R(k-1)$，$B=u(k)$，$C=1$ 和 $D=u^{\mathrm{T}}(k)$，那么应用式(9.7.9)矩阵求逆的引理，我们有

$$R^{-1}(k)=\frac{1}{\gamma}\Big[R^{-1}(k-1)-\frac{R^{-1}(k-1)u(k)u^{\mathrm{T}}(k)R^{-1}(k-1)}{\gamma+u^{\mathrm{T}}(k)R^{-1}(k-1)u(k)}\Big] \tag{9.7.10}$$

为了简化最终的公式,引入下边的符号变量有用的。

$$r(k) \triangleq R^{-1}(k-1)u(k) \tag{9.7.11a}$$

$$c(k) \triangleq \gamma + u^{\mathrm{T}}(k)r(k) \tag{9.7.11b}$$

从式(9.7.3a)$R(k)$的表达式明显可以看出 $R(k)$是对称阵。既然转置后求逆等价于求逆后转置,那么这就意味着 $r^{\mathrm{T}}(k)=u^{\mathrm{T}}(k)R^{-1}(k-1)$。把式 (9.7.11)代入式(9.7.10),我们可以得到一般的自相关矩阵的递推表达式如下:

$$R^{-1}(k) = \frac{1}{\gamma}\left[R^{-1}(k-1) - \frac{r(k)r^{\mathrm{T}}(k)}{c(k)}\right], \quad k \geqslant 1 \tag{9.7.12}$$

式(9.7.12)的优美之处在于它不需要显式的矩阵求逆。取而代之的是,我们用点乘和标量乘来更新每步求逆的表达式。为开始该递推过程,需要给出自相关矩阵逆阵的一个初始值,假设在式(9.7.3a)中 $x(k)$是因果的,我们令

$$R^{-1}(0) = \delta^{-1} I \tag{9.7.13}$$

虽然自相关矩阵逆阵的初始估计不可能是准确的(除非是白噪声输入),但和 $\gamma<1$ 关联的指数加权在足够数目的迭代后趋向于使任何初始估计误差的影响最小化。和指数权值关联的有效窗长为

$$M=\frac{1}{1-\gamma} \tag{9.7.14}$$

用 RLS 算法计算最优权值所需的步骤总结在算法 9.1 中。为强调没有显式计算逆阵这一事实,我们用符号 Q 来表示 R^{-1}。

算法 9.1　RLS 算法

1. 选 $0<\gamma\leqslant 1$, $\delta>0$, $m\geqslant 0$, $N\geqslant 1$.

2. 令 $w=0$, $p=0$, 且 $Q=I/\delta$. 这里 w 和 p 是$(m+1)\times 1$,Q 是$(m+1)\times(m+1)$.

3. 对 $k=1$ 到 N 计算

{

$$u=[x(k),\, x(k-1),\, \ldots,\, x(k-m)]^{\mathrm{T}}$$

$$r=Qu$$

$$c=\gamma+u^{\mathrm{T}}r$$

$$p=\gamma p+d(k)u$$

$$Q=\frac{1}{\gamma}\left[Q-\frac{rr^{\mathrm{T}}}{c}\right]$$

$$w=Qp$$

}

一般地,算法 9.1 中的 RLS 算法比 LMS 算法收敛得更快。然而,即使有有效的递推公式,它的每次迭代的计算量都很大。当横向滤波器阶数 取中等到较大的值时,算法 9.1 的计算复杂度由第 3 步中 r,ω 和 Q 的计算支配。计算 r,w 和对称阵 Q 的 FLOPs 的量近似为

$3(m+1)^2$。因此，对 m 较大的值其计算复杂度正比于 m^2。这使得算法 9.1 的 RLS 算法成为计算量阶次为 $O(m^2)$的一个算法。对比一下更简单的 LMS 算法，其计算量正比于 m，其阶次为$O(m)$的。存在着更快的 RLS 算法，它们使用 $r(k)$和 $\omega(k)$的递推公式(Ljung et al.，1978)。

与 RLS 算法相关的设计参数包括遗忘因子 $0<\gamma\leqslant 1$，正规化参数 $\delta>0$ 和横向滤波器阶数 $m\geqslant 0$。需要的滤波器阶数依赖于应用，它经常由经验确定。Haykin(2002)已经表明参数 $\mu=1-\gamma$ 起着与 LMS 算法中步长大小相似的作用。因此，为了保持 μ 小，γ 应该近似于 1。如果希望得到指数权值给定的有效窗长，那么遗忘因子可以用式(9.7.14)来计算。调整参数的选择依靠输入 $x(k)$的信噪比(SNR)。Moustakides(1997)已经表明当 SNR 高(30dB 或者更高)时，RLS 算法利用下边的调整参数值表现出更快的收敛。

$$\delta = P_x \tag{9.7.15}$$

这里 $P_x=E[x^2(k)]$是 $x(k)$的平均功率，且假设 $x(k)$为零均值，否则应该使用 $x(k)$的方差。随着 $x(k)$信噪比的减小，应该增加 δ 的值。

例 9.13 RLS 算法

为了比较 RLS 和 LMS 算法的性能特征，我们回到例 9.3 中提出的系统辨识问题。这里需要辨识的系统是一个 6 阶的 IIR 系统，它有如下的传递函数：

$$H(z)=\frac{2-3z^{-1}-z^{-2}+4z^{-4}+5z^{-5}-8z^{-6}}{1-1.6z^{-1}+1.75z^{-2}-1.436z^{-3}+0.6814z^{-4}-0.1134z^{-5}-0.0648z^{-6}}$$

假设输入 $x(k)$由在$[-1,1]$间均匀分布白噪声的 $N=1000$ 个样点组成。令自适应滤波器的阶数 $m=50$，假设遗忘因子 $\gamma=0.98$。调整参数 δ 按式(9.7.15)设为输入的平均功率。运行脚本 *exam9_13*，得到图 9.25 所示的误差平方的前 200 个样点。在这个例子中，在大约

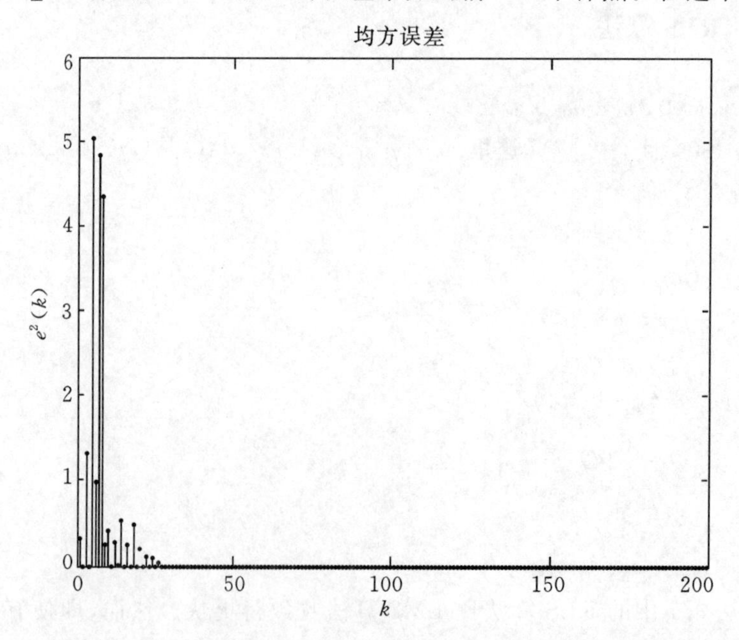

图 9.25 使用 RLS 算法进行系统辨识时开始 200 点的均方误差，其中 $m=50$，$\gamma=0.99$，$\delta=P_s$

30 个样点后，误差的平方几乎收敛到零。与图 9.9LMS 算法形成对比的是，LMS 算法大约在 400 个样点处收敛。因此，当用迭代次数测量时，对同一阶次 RLS 算法比 LMS 算法收敛得更快。然而，应该紧记 LMS 算法每次迭代仅需 $m=50$ FLOPs，而 RLS 算法每次迭代需要大约 $3m^2=7500$FLOPs。以 FLOPs 来看，在该例子中这两种算法大致上是等价的。

基于式(9.7.5)，人们可能期望 RLS 算法收敛的更快些，比如说一次迭代就可收敛。大约 30 次迭代就可以收敛是因为算法起始的瞬时效应。既然 $x(k)$ 是因果的，那么过去的输入矢量 u 在开始的 $m=50$ 次迭代时都是由零值的采样组成的。显然，在本例中 RLS 算法在少于 m 个采样就收敛，这是由于遗忘因子 $\gamma=0.99$ 的存在，它趋向于减少较远过去的影响。

用 RLS 算法进行系统辨识的 FIR 模型 $W(z)$ 通过利用权矢量最终的稳态估计 $w(N-1)$ 来得到。该 FIR 系统和原始系统 $H(z)$ 的幅度响应如图 9.26 所示，图中它们两个几乎是相等的。

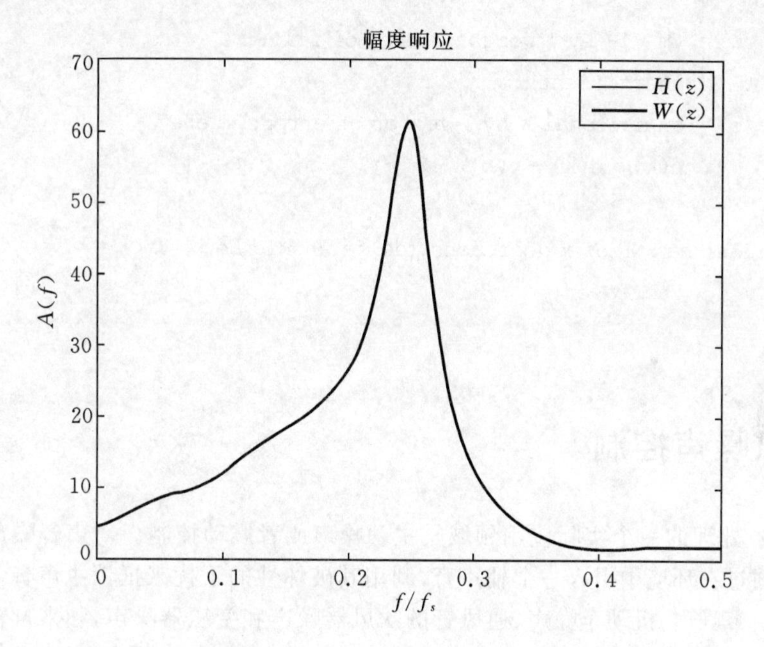

图 9.26　系统 $H(z)$ 和使用 RLS 算法进行辨识后的自适应模型 $W(z)$ 的幅度响应，其中 $m=50$，$\gamma=0.99$，$\delta=P_x$

FDSP 函数

FDSP 工具箱含有下边函数，它实现了算法 9.1 的 RLS 算法。

```
% F_RLS: System identification using the RLS method
%
% Usage:
%       [w,e]   = f_rls (x,d,m,gamma, delta, w)
% Pre:
```

```
%       x     = N by 1 vector containing input samples
%       d     = N by 1 vector containing desired output
%               samples
%       m     = order of transversal filter (m >= 0)
%       gamma = forgetting factor (0 to 1)
%       delta = optional regularization parameter
%               (delta>0). Default P_x
%       w     = optional initial values of the weights.
%               Default: w = 0
% Post:
%       w = (m + 1) by 1 weight vector of filter
%           coefficients
%       e = an optional N by 1 vector of errors where
%           e(k) = d(k) - y(k)
% Note:
%       As the SNR of x decreases, delta should be
%           increased.
```

9.8 有源噪声控制

自适应信号处理的一个实际应用领域是主动噪声或者震动控制。对声音噪声的主动控制的基本思想是通过在环境中引入一个辅声音，利用其破坏性的干扰来抵消主声音。其应用的场合包括喷气机引擎噪声、机动车噪声、通风管的吹风器噪声和变压器噪声，和来自转动的机械的工业噪声(Kuo and Morgan, 1996)。有源噪声控制的自适应滤波器的结构如图 9.27 所示。

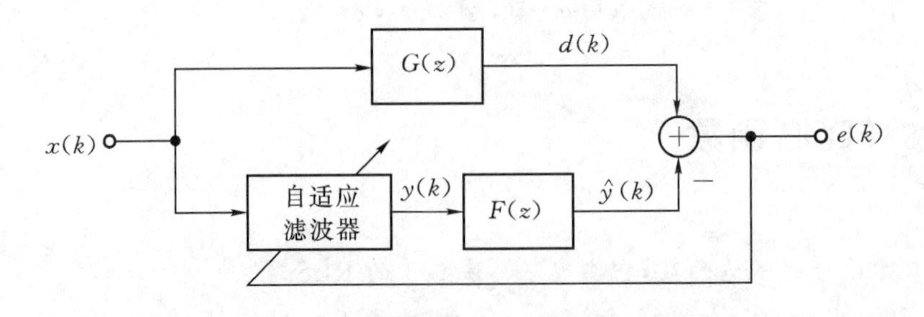

图 9.27 利用自适应滤波器进行声音有源噪声控制

图中 $x(k)$为输入，又称为参考信号，表示通过麦克风或其他非声音传感器采集的声学噪声信号。传递函数 $G(z)$表示噪声传播的空气信道的物理特征。图中，主噪声 $d(k)$和由自适应滤波器产生的辅噪声 $y(k)$相加。辅噪声也称为“反噪声”，被设计成和主噪声反相抵消从而使得在误差麦克风处 $e(k)$为 0，即在此处产生静音。图 9.27 的结构不同于标准的系统辨识结构的特点在于存在一个传递函数为 $F(z)$ 的辅路径系统。辅系统表示了产生辅声音的硬件，它包括这些东西，比如功率放大器、扬声器、辅空气信道、误差麦克风和前置放大器。下面我们来分析如何利用离线的系统辨识技术来建模 $F(z)$。

9.8.1　x 滤波(Filtered-x)LMS 算法

为了将图 9.27 所示的辅路径传递函数 $F(z)$ 考虑进来，我们需要修正基本的 LMS 算法。我们假设图 9.27 中的自适应横向滤波器已经收敛到一个 FIR 系统，其权值为常矢量 w。此时该 FIR 滤波器的传递函数为

$$W(z) = \sum_{i=0}^{m} w_i z^{-i} \tag{9.8.1}$$

用 $W(z)$ 替换图 9.27 中的自适应滤波器。这样在稳态时，误差信号的 z 变换为

$$\begin{aligned} E(z) &= D(z) - \hat{Y}(z) \\ &= G(z)X(z) - F(z)W(z)X(z) \\ &= [G(z) - F(z)W(z)]X(z) \end{aligned} \tag{9.8.2}$$

为了使在所有输入 $x(k)$ 下误差信号均为 0，这就要求 $G(z)-F(z)W(z)=0$，
或

$$W(z) = F^{-1}(z)G(z) \tag{9.8.3}$$

表面上看，$W(z)$ 的表达式(9.8.3)似乎给出了最佳有源噪声控制滤波器问题的一个简单解。不幸的是，这个解无法在物理上实现。注意辅路径传递函数 $F(z)$ 包括了空气信道，该信道将声音从扬声器传到了误差麦克风。声音在空气中的传播引入了一个正比于传播路径长度的时延。由于 $F(z)$ 中存在这个时延，其倒数 $F^{-1}(z)$ 中必将存在一个相应的提前，这就意味着 $F^{-1}(z)$ 是非因果的，因而无法在物理上实现。

为了得到一个因果的系统来近似 $W(z)$，我们首先在时域中来观察误差信号。我们知道，信号时域的卷积对应于信号的 z 变换在频域的乘积。因此，由图 9.27 我们有

$$\begin{aligned} e(k) &= d(k) - \hat{y}(k) \\ &= d(k) - f(k) * y(k) \\ &= d(k) - f(k) * [w^{\mathrm{T}}(k)u(k)] \end{aligned} \tag{9.8.4}$$

式中 $f(k)$ 是辅系统 $F(z)$ 的脉冲响应，“ * ”表示线性卷积运算。回忆一下，$u(k)$ 是时刻 k 之前的输入组成的 $(m+1)\times 1$ 维的矢量，$w(k)$ 是 k 时刻的 $(m+1)\times 1$ 维的权矢量。均方误差目标函数为

$$\varepsilon(w) = E[e^2(k)] \tag{9.8.5}$$

为了估计 $\varepsilon(w)$ 对 w 中的偏导数的梯度，我们利用 LMS 近似，$E[e^2(k)]\approx e^2(k)$，结合式(9.8.4)可得

$$\begin{aligned} \nabla\varepsilon(w) &\approx 2e(k)\,\nabla e(k) \\ &= -2e(k)[f(k) * u(k)] \end{aligned} \tag{9.8.6}$$

为了简化最终结果，将输入经过滤波器 $F(z)$滤波的输出记为$\hat{x}(k)$，即$\hat{X}(z)=F(z)X(z)$，或者

$$\hat{x}(k) = f(k) * x(k) \tag{9.8.7}$$

同样地，用$(m+1)\times 1$ 维的$\hat{u}(k)$来表示经过滤波的时刻 k 之前的输入，即

$$\hat{u}(k) = [\hat{x}(k), \hat{x}(k-1), \cdots, \hat{x}(k-m)]^{\mathrm{T}} \tag{9.8.8}$$

将式(9.8.8)代入式 (9.8.6)，可将均方误差的梯度表示为如下的包含滤波后输入形式

$$\nabla\varepsilon(w) \approx -2e(k)\,\hat{u}(k) \tag{9.8.9}$$

LMS 方法利用最陡下降方法作为起点，若 $\mu>0$ 代表步长，那么更新权值的最陡下降法为：

$$w(k+1) = w(k) - \mu\nabla\varepsilon[w(k)] \tag{9.8.10}$$

如果将式(9.8.9)的梯度近似代入式(9.8.10)，那么就得到下面的权值更新方法，称为 x 滤波 LMS 算法或简称为 FXLMS 算法，

$$w(k+1) = w(k) + 2\mu e(k)\,\hat{u}(k), \quad k \geqslant 0 \tag{9.8.11}$$

值得注意的是，FXLMS 方法和 LMS 算法的唯一区别在于，过去的输入矢量将首先经过辅路径传递函数的滤波，所以称为 x 滤波 LMS 算法。在实际应用中，将用辅系统的近似系统$\hat{F}(z)\approx F(z)$来对 $x(k)$预滤波，这是因为得不到辅路径的准确模型。FXLMS 方法如图 9.28 所示：

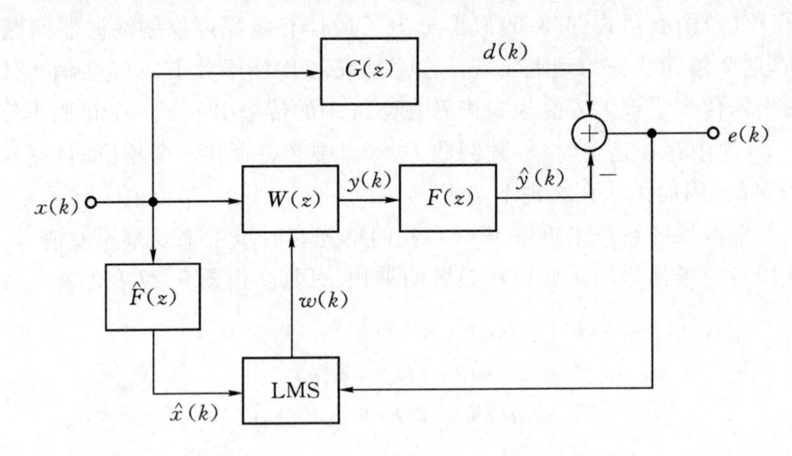

图 9.28　x 滤波 LMS 算法

9.8.2　辅路径辨识

在图 9.28 中，实现 FXLMS 算法的关键在于确定辅路径的模型 $F(z)$。为了说明辅路径，考虑如图 9.29 所示的通风管有源噪声控制系统，辅系统表示用于抵消噪声的声音通过的路径，包括扬声器和误差麦克风。需要指出的是，扬声器和参考麦克风之间可能存在某种反馈。为了便于分析，我们假设反馈可以忽略。一种抑制反馈的方法是采用方向性的麦克风。另一种完全去除反馈的方法是利用非声学的传感器来代替参考麦克风来产生与主噪声相关的信号 $x(k)$。或者，也可以通过反馈中和框架将反馈的影响考虑在内(Warnaka et al.,1984)。

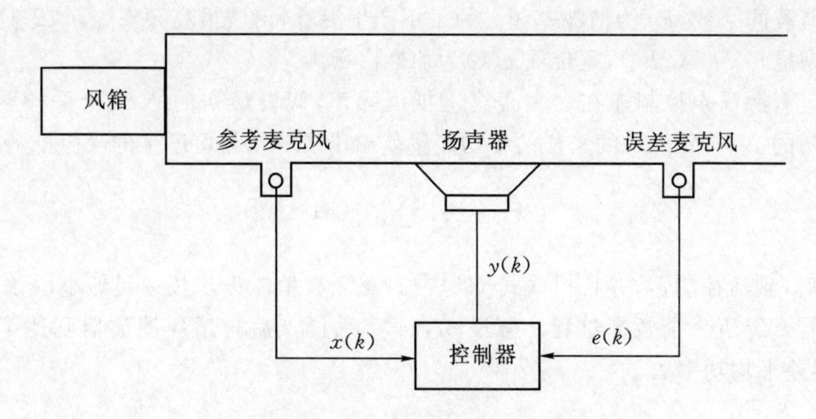

图 9.29 通风管的有源噪声控制

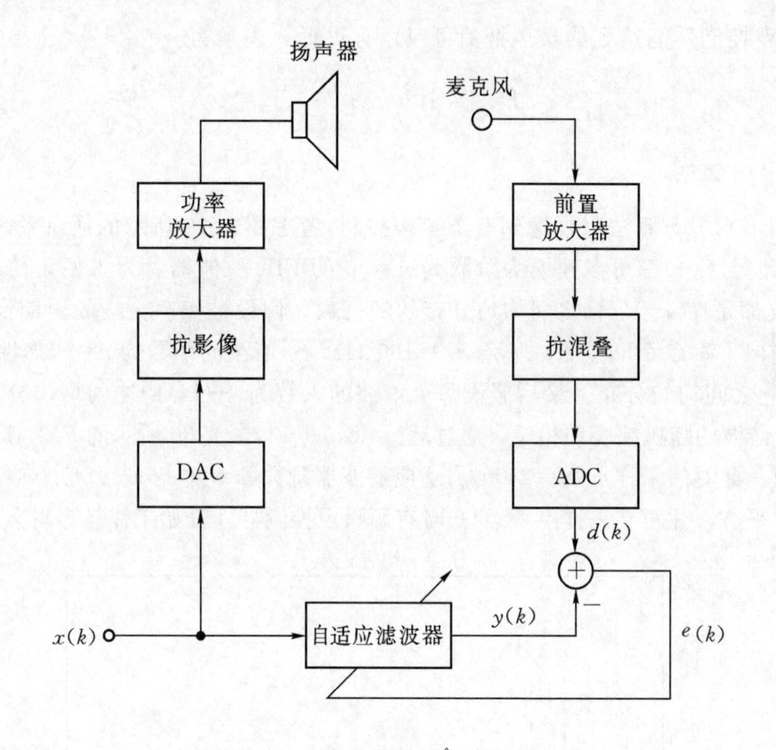

图 9.30 辅系统模型$\hat{F}(z)$的辨识

图 9.29 是一个高层的框图，它隐藏了很多细节，图 9.30 是一个更详细的表示，它表示了用来测量辅路径模型的方法。

对随机宽带噪声的主动控制是一个有挑战性的问题。幸运的是，实际应用中出现的噪声一般都有突出的窄带或周期性的分量。例如，转动的机器产生基频随旋转速度变化的谐波噪声。类似地，电气变压器和高架荧光灯辐射出基频为 $F_0=60$ Hz 的谐波。记 $f_s=1/T$ 为采样频率。那么主噪声可以被建模为

$$x(k)=\sum_{i=0}^{r}c_i\cos(2\pi iF_0kT)+b_i\sin(2\pi iF_0kT)+v(k),\quad 0\leqslant k<N \tag{9.8.12}$$

这里的 r 是谐波的个数，F_0 为谐波基频。为了不产生混叠，谐波最高频率为 $f_s/2$，这样谐波的个数 r 必须满足 $r<f_s/(2F_0)$，宽带项 $v(k)$ 为加性白噪声。

为了确定有源噪声控制能在多大程度上抵消噪声，假设最初的 $N/4$ 个采样不激活控制器。那么最初的 $N/4$ 个 $e(k)$ 的采样的平均能量就给出了一个与可度量的噪声抵消基准。

$$P_u = \frac{4}{N}\sum_{k=0}^{N/4-1} e^2(k) \tag{9.8.13}$$

$N/4$ 个采样后，激活控制器，并且根据式 (9.8.11)更新权值。设步长 μ 足够小，系统在收敛到最佳权值前需要经历一个暂态过程。假设 $3N/4$ 个采样点后自适应滤波器到达了稳定的状态，此时的误差平均功率为

$$P_c = \frac{4}{N}\sum_{k=3N/4}^{N-1} e^2(k) \tag{9.8.14}$$

这样，有源噪声控制器能达到的噪声抵消可以以分贝形式表示为

$$E_{\text{anc}} = 10\log_{10}\left(\frac{P_c}{P_u}\right)\text{dB} \tag{9.8.15}$$

例 9.14 FXLMS 算法

为了说明 FXLMS 算法怎样达到有源噪声控制，考虑图 9.29 所示的通风系统。假设主路径 $G(z)$ 和辅路径 $F(z)$ 都可以建模为阶数为 $n=20$ 的 FIR 滤波器。为了便于仿真，令所有的滤波器的系数都是在[−1, 1]之间均匀分布的随机数。假设被噪声污染的周期性的输入为式(9.8.12)，采样频率 $f_s=2000$ Hz，基频 $F_0=100$ Hz。令谐波的个数为 $r=5$，加性白噪声 $v(k)$ 在[−0.5 0.5]之间均匀分布。最后假设每个谐波的系数为[−1, 1]之间均匀分布的随机数，从而产生 r 个谐波的随机幅度和相位。通过运行 *exam9_14*，图 9.30 所示的 FXLMS 算法就可以应用于该系统。此时的采样点 $N=2400$，自适应滤波器阶数 $m=40$，步长 $\mu=0.0001$。图 9.31 所示即为误差的平方。注意在采样点 $k=600$ 时有源噪声控制器才开始工作。当瞬态过程衰减到 0

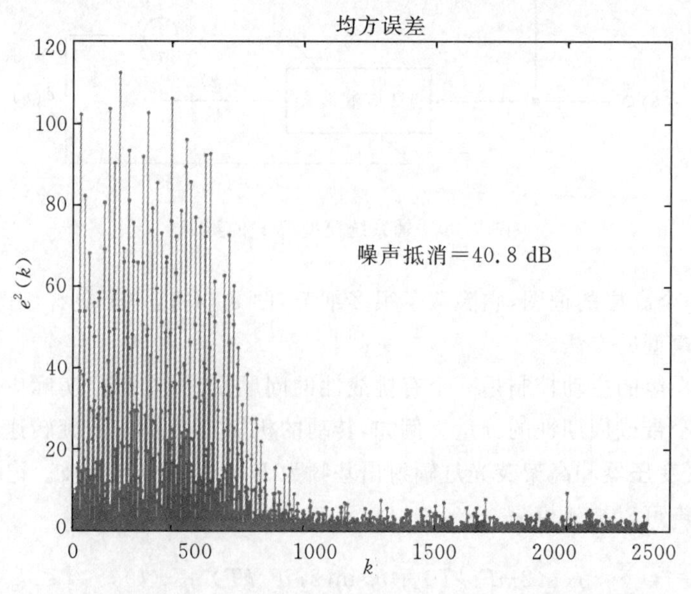

图 9.31 应用 FXLMS 算法的有源噪声控制

时，噪声抵消的效果就非常的明显。用式(9.8.15)得到的噪声抑制比为 $E_{\text{anc}}=40.8$ dB。

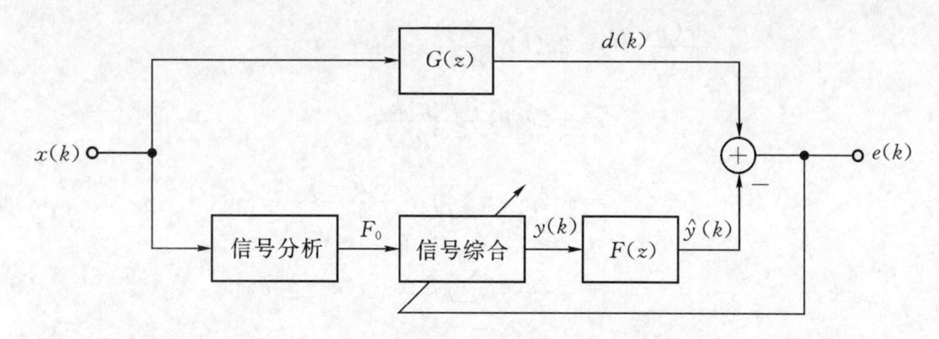

图 9.32　应用信号综合方法的有源噪声控制

9.8.3　信号综合方法

另一种可对窄带噪声进行有源噪声控制的方法是使用信号综合方法。假设输入或参考信号如式(9.8.12)所示是一个被噪声污染的周期信号。如果基波的频率 F_0 已知或可被测得，那么就可以采用一种更直接的信号综合(signal synthesis)方法，如图 9.32 所示。为了符号表示的方便，定义

$$\theta_0 \triangleq 2\pi F_0 T \tag{9.8.16}$$

由于主路径和辅路径模型都假定为线性的，用来抵消周期性噪声的控制信号的形式为

$$y(k) = \sum_{i=1}^{r} p_i(k)\cos(ik\theta_0) + q_i(k)\sin(ik\theta_0) \tag{9.8.17}$$

再假设图 9.28 中的辅通道可以建模为阶数为 m 的 FIR 滤波器，系数为矢量 f，即

$$F(z) = \sum_{i=0}^{m} f_i z^{-i} \tag{9.8.18}$$

为了得到辅噪声信号的简洁公式，令 $g(k)$ 表示以过去控制信号 $y(k)$ 为的矢量

$$g(k) \triangleq [y(k),\ y(k-1),\ \cdots,\ y(k-m)]^{\mathrm{T}} \tag{9.8.19}$$

那么时刻 k 的辅噪声信号可以表达为点乘的形式

$$\hat{y}(k) = f^{\mathrm{T}} g(k) \tag{9.8.20}$$

我们的目标是选择式(9.8.17)中的系数 $p(k)$ 和 $q(k)$ 来最小化均方误差 $\varepsilon(p,q)=E[e^2(k)]$。正如在 LMS 算法中为了估计梯度我们将均方误差进行 $E[e^2(k)]\approx e^2(k)$ 近似一样。将式(9.8.17)代入式(9.8.20)，将均方误差对系数矢量 p 的第 i 项求偏导数，得

$$\begin{aligned}\frac{\partial \varepsilon(p,\ q)}{\partial p_i} &\approx 2e(k)\frac{\partial e(k)}{\partial p_i} \\ &= -2e(k)\frac{\partial f^{\mathrm{T}} g(k)}{\partial p_i} \\ &= -2e(k)\sum_{j=1}^{m} f_j \frac{\partial y(k-j)}{\partial p_i} \\ &= -2e(k)\sum_{j=1}^{m} f_j \cos[i(k-j)\theta_0]\end{aligned} \tag{9.8.21}$$

同样的，将均方误差对系数矢量 q 的第 i 项求偏导数，得

$$\frac{\partial \varepsilon(p,\ q)}{\partial q_i} \approx -2e(k)\sum_{j=1}^{m} f_j \sin[i(k-j)\theta_0] \tag{9.8.22}$$

为了简化最后最终结果，令 $P(k)$和 $Q(k)$是 $r\times 1$ 维的中间变量，定义为

$$P_i(k) \triangleq \sum_{j=0}^{m} f_j \cos[i(k-j)\theta_0] \tag{9.8.23a}$$

$$Q_i(k) \triangleq \sum_{j=0}^{m} f_j \sin[i(k-j)\theta_0] \tag{9.8.23b}$$

那么均方误差对 p 和 q 的各项的偏导数为

$$\frac{\partial \varepsilon(p,\ q)}{\partial p_i} \approx -2e(k)P_i(k) \tag{9.8.24a}$$

$$\frac{\partial \varepsilon(p,\ q)}{\partial q_i} \approx -2e(k)Q_i(k) \tag{9.8.24b}$$

现在我们可以应用最陡下降法来更新辅通道控制信号的系数。令步长 $\mu>0$，应用式(9.8.24)，就导出了下面的信号综合有源噪声控制方法：

$$\begin{bmatrix} p(k+1) \\ q(k+1) \end{bmatrix} = \begin{bmatrix} p(k) \\ q(k) \end{bmatrix} + 2\mu e(k)\begin{bmatrix} P(k) \\ Q(k) \end{bmatrix},\quad k\geqslant 0 \tag{9.8.25}$$

信号综合方法区别于 FXLMS 方法的一个特点在于它是一个典型的低维方法。信号综合方法的权矢量的维数为 $n=2r$，r 是主噪声的周期分量中的谐波的个数。由于谐波个数与采样频率 f_s有关，其最大值受限于 $r<f_s/(2F_0)$，这就意味着信号综合方法的维数为 $n<f_s/F_0$，一般来说这个维数是相对比较小的。

尽管信号综合方法的维数比较小，从式(9.8.23)可以看出中间变量 $P(k)$和 $Q(k)$的计算量还是相当可观的。在每一步，总共需要计算 $2r(m+1)$个浮点型乘法(FLOPs)。注意三角函数值可以预先计算并且存储在查找表中，由于 $2r(m+1)$个浮点型乘法必须要小于 T 秒内完成，这就限制了采样频率 f_s。而且对于大的 m，式(9.8.23)的计算有非常明显的累积舍入误差。幸运的是，通过采用递推算法计算 $P(k)$和 $Q(k)$可以将这些限制减至最小(schilling *et al.*，1998)。利用附录 2 中对和求余弦的三角等式，我们有

$$
\begin{aligned}
P_i(k) &= \sum_{j=0}^{m} f_j \cos[i(k-j-1+1)\theta_0] \\
&= \sum_{j=0}^{m} f_j \cos[i(k-j-1)\theta_0]\cos(i\theta_0) - \sin[i(k-j-1)\theta_0]\sin(i\theta_0) \\
&= \cos(i\theta_0)P_i(k-1) - \sin(i\theta_0)Q_i(k-1)
\end{aligned} \tag{9.8.26}
$$

类似的，利用附录 2 中对和求正弦的三角等式，求 $Q(k)$ 可以递推地进行

$$
Q_i(k) = \sin(i\theta_0)P_i(k-1) + \cos(i\theta_0)Q_i(k-1) \tag{9.8.27}
$$

$P(k)$ 和 $Q(k)$ 的递推更新公式可以用矢量形式紧凑地表示为

$$
\begin{bmatrix} P_i(k) \\ Q_i(k) \end{bmatrix} = \begin{bmatrix} \cos(i\theta_0) & -\sin(i\theta_0) \\ \sin(i\theta_0) & \cos(i\theta_0) \end{bmatrix} \begin{bmatrix} P_i(k-1) \\ Q_i(k-1) \end{bmatrix}, \quad 1 \leqslant i \leqslant r \tag{9.8.28}
$$

注意此时每次迭代的浮点乘法计算已经从 $2r(m+1)$ 降低为 $4r$。这样，递推实现的计算量与用于对 $F(z)$ 建模的滤波器阶数无关。为了递推地计算 $P(k)$ 和 $Q(k)$，必需有一个初值。从式(9.8.23)看出，合适的初值可以选为

$$
P_i(0) = \sum_{j=0}^{m} f_j \cos(ij\theta_0) \tag{9.8.29a}
$$

$$
Q_i(0) = -\sum_{j=0}^{m} f_j \sin(ij\theta_0) \tag{9.8.29b}
$$

信号综合方法基于的关键的假设是主噪声周期分量的基频是已知的或者是可以测量得到的。实际应用中已知 F_0 的例子有电气变压器噪声和高架荧光灯噪声，它们的 $F_0 = 60$ Hz，它是由电力公司仔细地调整过的。在 F_0 不知道的一些应用中，可以通过图 9.31 所示的结构图进行测量。例如，如果主噪声是由转动的机器或引擎产生的，那么可以用转速计来测量 F_0。另外一种方法是采用锁相环来锁定噪声的周期分量(schilling *et al.*，1998)。通过测量得到基频的方法的优点在于这样信号综合方法可以跟踪主噪声周期分量的周期的改变。

例 9.15　信号综合方法

为了说明信号综合方法怎样达到有源噪声控制，考虑如图 9.29 所示的通风管系统。为了便于与 FXLMS 方法比较，假设输入信号和系统参数与例 9.14 中的相同。运行 *exam9_15*，图 9.32 所示的信号综合方法可被用于本系统。同样地，采样点数 $N=2400$，但这次步长采用 $\mu=0.001$，仿真所得误差平方如图 9.33 所示。在采样点 $k=600$ 时有源噪声控制器开始工作。当瞬态过程衰减为 0 时，噪声抵消的效果就非常明显。用式 9.8.15 得到的噪声抑制比为 $E_{anc}=44.5$ dB。此时控制信号系数的最后估计为

$$
p = [-0.0892, -0.1159, 1.0692, -0.9898, -0.1797]^{\mathrm{T}}
$$
$$
q = [-0.1065, 0.1826, 1.3938, -1.6894, -0.3873]^{\mathrm{T}}
$$

考察有源噪声控制系统性能的另一个方法是分别在存在和不存在噪声控制时考察误差信号的幅频特性。结果如图 9.34 所示。从图 9.34(a)可以非常明显地看到有 5 个谐波，对应于没有进行噪声控制的前 $N/4$ 个采样的情况。而在图 9.34(b)中，谐波被有效地消除了，这对应了

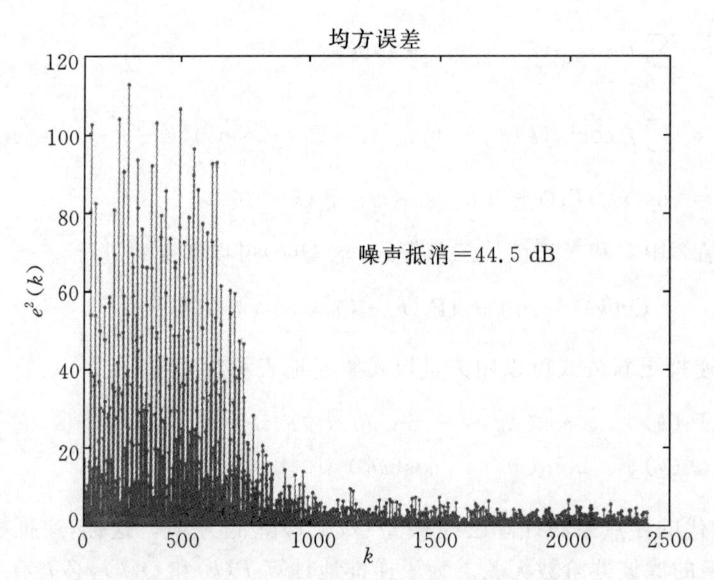

图 9.33 利用信号综合方法的有源噪声控制

噪声控制达到稳态后的最后 $N/4$ 个采样点的情况。

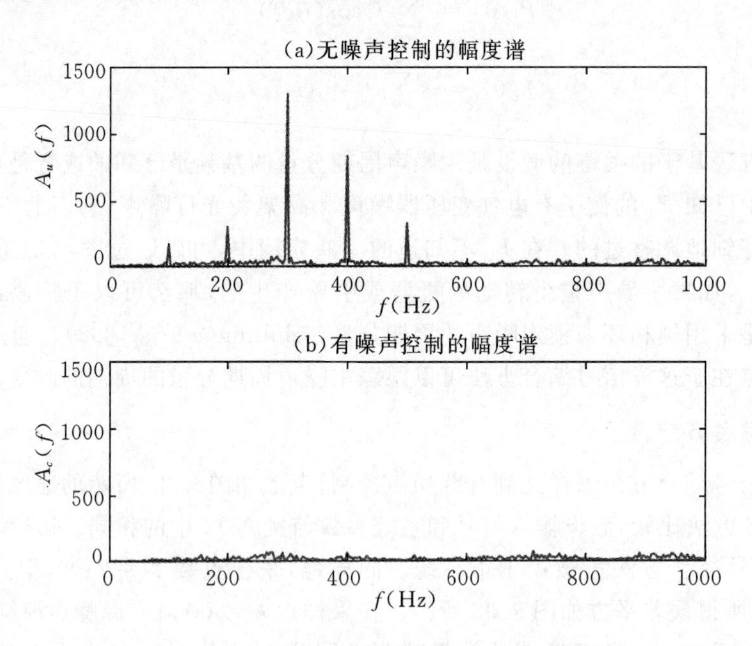

图 9.34 采用信号综合方法的误差的幅度谱
(a)无噪声控制及(b)有噪声控制

FDSP 函数

FDSP 工具箱包含了如下用于实现有源噪声控制的函数

```
% F_FXLMS: Active noise control using the filtered-x LMS method
% F_SIGSYN:Active noise control using the signal synthesis method
%
% Usage:
%       [w, e]    = f_fxlms   (x,g,f,m,mu,w)
%       [p, q, e] = f_sigsyn  (x,g,f,f_0,f_s,r,mu)

% Pre:
%       x     = N by 1 vector containing input samples
%       g     = n by 1 vector containing coefficients of
%               the primary system. The desired output
%               is D(z) = G(z)X(z)
%       f     = n by 1 vector containing coefficients of
%               the secondary system.
%       m     = order of transversal filter (m >= 0)
%       mu    = step size to use for updatng w
%       w     = an optional (m+1) by 1 vector containing
%               the initial values of the weights. Default:
%               w = 0
%       f_0   = fundamental frequency of periodic component
%               of the input in hz
%       f_s   = sampling frequency in Hz
%       r     = number of harmonics of x(k) it is desired
%               to cancel (1 to f_s/(2 * f_0))
%       mu    = step size to use for updating p and q
% Post:
%       w = (m+1) by 1 weight vector of filter
%           coefficients
%       e = an optional N by 1 vector of errors
%       p = r by 1 vector of cosine coefficients
%       q = r by 1 vector of sine coefficients
% Notes:
%       Typically mu <<1/[(m+1) * p_x']where p_x' is the
%       average power of filtered input X' (z) = F(z)X(z)
```

9.9 非线性系统辨识

9.9.1 非线性离散时间系统

到目前为止我们研究的所有离散时间系统都是线性系统，我们可以通过下面的方法将线性离散时间系统的概念推广到非线性的系统：

$$y(k)=f[x(k),\cdots,x(k-m),y(k-1),\cdots,y(k-n)],\quad k\geqslant 0 \tag{9.9.1}$$

这里的 f 是一个连续的实值函数，$x(k)$是系统在时刻 k 的输入，$y(k)$是时刻 k 的输出。因此，当前的系统输出 $y(k)$以某种非线性的方式取决于系统过去的输入和输出。为了方便，我们将式(9.9.1)表示的非线性离散时间系统记为系统 S_f。其当 $m=2$ 和 $n=3$ 时的信号流图如图9.35所示。

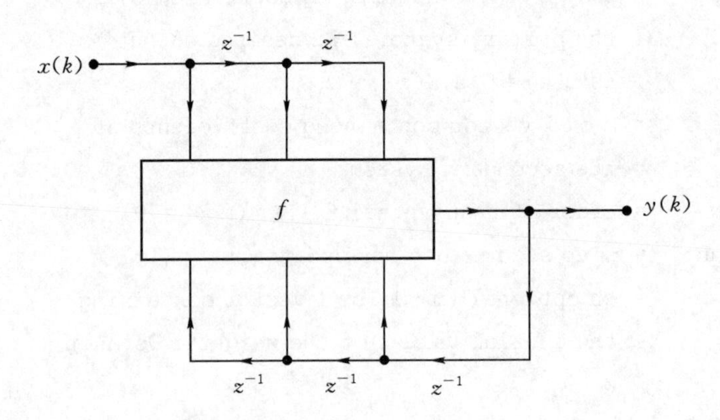

图 9.35 非线性离散时间系统 S_f 在 $m=2$ 和 $n=3$ 时的信号流图

为了得到系统 S_f 的一个更加紧凑的公式，可以引入由过去输入组成的矢量(也称为状态矢量)，如下式所示：

$$u(k)\triangleq[x(k),\cdots,x(k-m),y(k-1),\cdots,y(k-n)]^{\mathrm{T}} \tag{9.9.2}$$

可见，状态矢量是一个包含过去的输入和过去的输出的矢量，该矢量包含的个数 p 称为系统的维数

$$p=m+n+1 \tag{9.9.3}$$

给定 $p\times 1$ 维的状态矢量 $u(k)$，则非线性系统 S_f 在时刻 k 的输出可简单地表示为

$$y(k)=f[u(k)],\quad k\geqslant 0 \tag{9.9.4}$$

设非线性系统 S_f 是 BIBO 稳定的。回顾第 2 章，当且仅当每一个有界的输入 $x(k)$都将产生一个有界的输出 $y(k)$时，系统才是 BIBO 稳定的。令 a 为 2×1 的矢量，并假设输入的界如下：

$$a_1 \leqslant x(k) \leqslant a_2 \tag{9.9.5}$$

如果系统 S_f 是 BIBO 稳定的,这就意味着存在 2×1 的矢量 b,满足

$$b_1 \leqslant y(k) \leqslant b_2 \tag{9.9.6}$$

一般来说,输入界矢量(vector of input)a 由用户自己选择,输出界矢量(vector of output)b 可以通过测量进行实验上的估计。如果输入按式(9.9.5)所限制,那么连续函数 f 的定义域就可以限制在如下的 R^p 的紧子集中:

$$U = [a_1, a_2]^{m+1} \times [b_1, b_2]^n \tag{9.9.7}$$

9.9.2 网格点

一种近似函数 $f:U\to R$ 的方法是用一系列的网格单元来覆盖定义域 U,然后得到函数 f 在每个网格单元处的局部表达。为了实现这一点,假设有 $d\geqslant2$ 个网格点等间距分布在域 U 的 p 维的每个维数上。这样在第 i 维上满足 $0\leqslant j<d$ 的第 j 个格点值为

$$U_{ij} = \begin{cases} a_1 + j\Delta x, & 1 \leqslant i \leqslant m+1 \\ b_1 + j\Delta y, & m+2 \leqslant i \leqslant p \end{cases} \tag{9.9.8}$$

这里 Δx,Δy 分别为沿着 x 方向和 y 方向的网格点间距,即

$$\Delta x \triangleq \frac{a_2 - a_1}{d-1} \tag{9.9.9a}$$

$$\Delta y \triangleq \frac{b_2 - b_1}{d-1} \tag{9.9.9b}$$

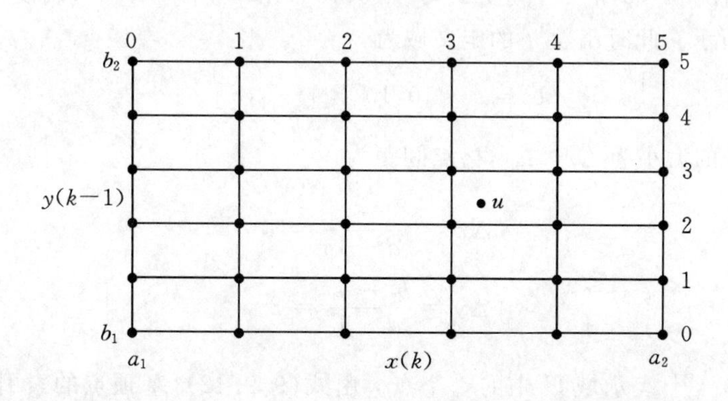

图 9.36 $m=0,n=1,d=6$ 时的覆盖定义域 U 的网格点

为了便于说明,假设 $m=0$,$n=1$,此时对应的维数为 $p=2$,如果每一维的网格点有 $d=6$ 个,这样整个网格将有 36 个格点,25 个网格,如图 9.36 所示。注意一般来说,所有的网格点的总数为

$$r = d^p \tag{9.9.10}$$

从式(9.9.10)显然可见,随着维数 p 和每维的格点数 d 的增加,格点总数 r 将变得很大。有两种不同的方法将这么多的点排序。一种就是所谓的"矢量"(vector index)法。假设 q 是一个 $p\times1$ 维的矢量,其是在 0 到 $d-1$ 的整数,即 $0\leqslant q_i<d,1\leqslant i\leqslant p$,这里 q_i 选择第 q 个格点沿第 i 维的坐标。即如果记第 q 个格点为 $u(q)$,那么利用式(9.9.8)有

$$u_i(q)=U_{iq_i},\quad 1\leqslant i\leqslant p \tag{9.9.11}$$

这里的 q 可以认为是矢量索引(vector subscript),使用它可以依次选择出点 $u(q)$ 在 p 维的每个维数上的值。矢量索引方法的好处在于对于任意的 $u\in U$,很容易确定包含点 u 的网格的顶点。例如,包含 u 的网格的基顶点的索引为

$$v_i(u)=\begin{cases}\text{floor}\left(\dfrac{u_i-a_1}{\Delta x}\right), & 1\leqslant i\leqslant m+1\\ \text{floor}\left(\dfrac{u_i-b_1}{\Delta y}\right), & m+2\leqslant i\leqslant p\end{cases} \tag{9.9.12a}$$

$$v_i(u)=\text{clip}[v_i(u),0,d-2] \tag{9.9.12b}$$

考虑到 $u\notin U$ 的可能性,式(9.9.12b)对计算所得的索引进行剪裁,保证其在$[0,d-2]$内。当剪裁发生时,得到的是离 u 最近的网格单元顶点。一旦得到基顶点的索引,其他顶点的索引就可以通过在 $v(u)$上加上 0 和 1 的组合得到。例如记 b^i 为表示十进制值 i 的二进制 $p\times1$ 维的矢量,那么包含 u 的网格的第 i 个顶点的索引可以表示为

$$q^i=v(u)+b^i,\quad 0\leqslant i<2^p \tag{9.9.13}$$

下面的例子给出了如何确定包含任意状态矢量 u 的网格单元的顶点。

例 9.16 局部网格

考虑二维的情况 $m=0,n=1$,假设 $a=[-10,10]^T$ 和 $b=[-5,5]^T$,假设每维的格点数为 $d=6$,如图 9.36 所示。此时函数 f 的定义域为

$$U=[-10,10]\times[-5,5]$$

由式(9.9.9),网格的大小为 $\Delta x\times\Delta y$,格点间距为

$$\Delta x=\frac{a_2-a_1}{d-1}=4$$

$$\Delta y=\frac{b_2-b_1}{d-1}=2$$

假设 $u=[3.2,-0.4]^T$ 表示域 U 中的一个点。由式(9.9.12),基顶点的索引,也就是包含 u 的网格的左下角顶点的索引为

$$v_1(u)=\text{floor}\left(\frac{u_1-a_1}{\Delta x}\right)=\text{floor}\left(\frac{13.2}{4}\right)=3$$

$$v_2(u)=\text{floor}\left(\frac{u_2-b_1}{\Delta y}\right)=\text{floor}\left(\frac{4.6}{4}\right)=2$$

每个网格总共有 $2^p=4$ 个顶点,由式(9.9.13),包含 u 的网格的顶点的索引为

$$q^0 = v(u) + [0,0]^{\mathrm{T}} = [3,2]^{\mathrm{T}}$$
$$q^1 = v(u) + [0,1]^{\mathrm{T}} = [3,3]^{\mathrm{T}}$$
$$q^2 = v(u) + [1,0]^{\mathrm{T}} = [4,2]^{\mathrm{T}}$$
$$q^3 = v(u) + [1,1]^{\mathrm{T}} = [4,3]^{\mathrm{T}}$$

点 u 如图 9.36 所示。观察可见 $\{q^0,q^1,q^2,q^3\}$ 确实界定了包含 u 的网格单元的顶点。

9.9.3 径向基函数

我们的总体目标是在定义域 U 上通过输入输出测量来近似函数 f，并以此为非线性系统 S_f 建模。为了这个目的，有必要考虑 r 个网格点排序的第二种方法，这次使用标量。对于网格点 $u(q)$，标量索引 i 可以通过下式计算：

$$i = q_1 + q_2 d + \cdots + q_p d^{p-1} \tag{9.9.14}$$

当 q 的是 0 到 $d-1$ 范围内的整数时，i 的值在 0 到 $r-1$ 中，其中 r 由式(9.9.10)给出。式(9.9.14)可以看成将 q 从 d 进制表示转换成 10 进制表示。所以，i 从十进制转换成 d 进制就可以得到 q。MATLAB 函数 *base2dec* 和 *dec2base* 可以进行这些转换。图 9.37 总结了矢量索引 q 和标量索引 i 的关系。

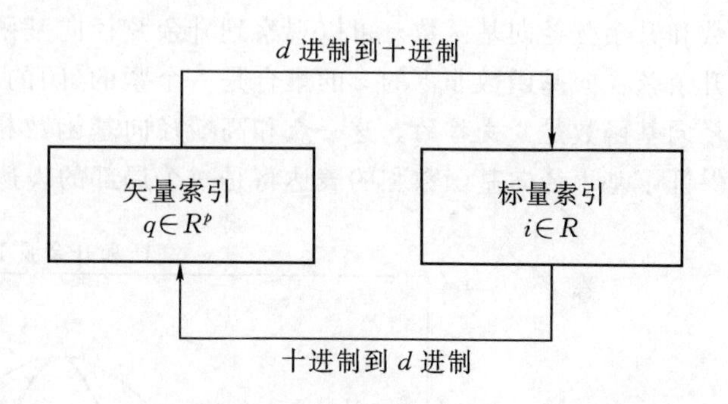

图 9.37 网格点的矢量索引和标量索引之间的变换关系

利用标量索引 i，可以得到 r 个网格点的一维排序如下：

$$\Gamma = \{u^0, u^1, \cdots, u^{r-1}\} \tag{9.9.15}$$

由式(9.9.15)给出的格点一维顺序，考虑用下面的结构对在非线性系统 S_f 右边的函数 f 近似，

$$f_0(u) = w^{\mathrm{T}} g(u) \tag{9.9.16}$$

这里 $w = [w_0, \cdots, w_{r-1}]^{\mathrm{T}}$ 是一个 $r \times 1$ 维的权值矢量，其由对系统 S_f 的输入输出测量确定。函数 $g: R^p \to R^r$ 表示 $r \times 1$ 维的函数矢量，称为径向基函数，其第 i 个径向基函数以网格点 u^i 为中心。一个径向基函数或称为 RBF 是一个连续函数 $g_i: R^p \to R$ 其满足

$$g_i(u^i) = 1 \tag{9.9.17a}$$

$$|g_i(u)| \to 0 \quad 当 \quad \| u - u^i \| \to \infty \tag{9.9.17b}$$

因此，沿着半径从中心点趋于无穷时，径向基函数的值趋向于 0。一个常用的径向基函数的例子就是高斯径向基函数，

$$g_i(u) = \exp\left[\frac{(u-u^i)^{\mathrm{T}}(u-u^i)}{2\sigma^2}\right] \tag{9.9.18}$$

这里的方差σ^2控制着当离中心点距离增加时径向基函数趋向于0的速度。高斯径向基函数有很多有用的性质,其中有一点可以看到的是,它是无穷阶可导的,而且导数都是连续的。然而,高斯径向基函数也有一些缺点。由于对于所有的u都有$g_i(u)>0$,这样就会导致如果σ太大的话,在式(9.9.16)中就会有很多项对$f_0(k)$有贡献。它与我们所期望的表达式局部性不符,即在理想情况下,我们希望仅有少数几项对$f_0(k)$有贡献。另一方面,如果σ太小的话,$g_i(u)$在两个网格点中间就已经接近于零了,这样就降低了用g_i近似f的有效性。

径向基函数还有一些其它可能的候选(Webb and Shannon,1998)。作为高斯径向基函数的替代,令$p=1$并考虑下面的以$z=0$为中心的一维*升余弦径向基函数*(RBF)(Schilling *et al.*,2001)。

$$G(z) = \begin{cases} \dfrac{1+\cos(\pi z)}{2}, & |z| \leqslant 1 \\ 0, & |z| > 1 \end{cases} \tag{9.9.19}$$

注意$G(z)$满足式(9.9.17)的两个基本性质。图9.38画出了在$\sigma=1$时的一维高斯径向基函数和升余弦径向基函数。可以观察到升余弦径向基函数是一个连续可微的函数。此外,使得升余弦径向基函数非零的z的集合是一个紧的(闭的和有界的)集合$S=[-1,1]$。即升余弦径向基函数是*紧支撑的*。这一点和高斯径向基函数相反,它不是紧支撑的函数。紧支撑性质保证了基于径向基函数和的表达将是一个局部的表达,只有少数的几项对$f_0(k)$有贡献。

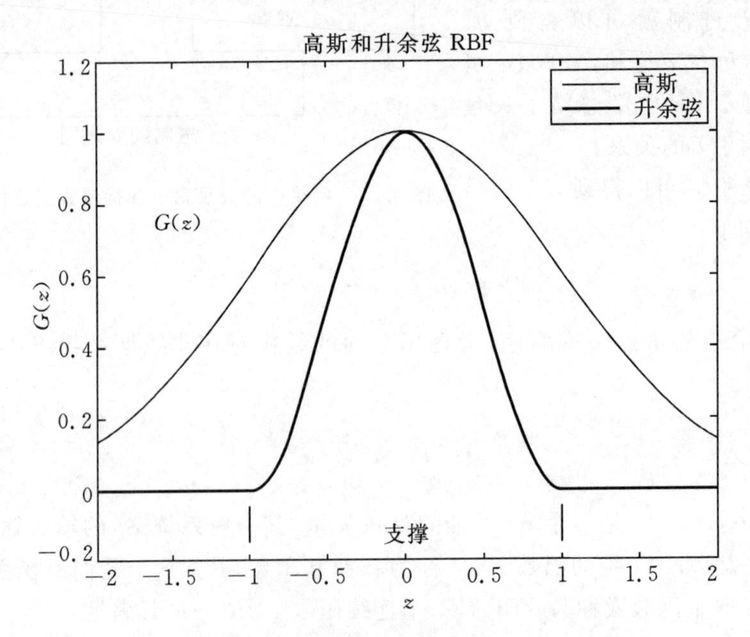

图9.38 升余弦径向基函数和高斯基函数的比较。

径向基函数可以从一维扩展到p维,只要将每一维的标量径向基函数相乘即可。可以用式(9.9.9)中的标量因子$\Delta x,\Delta y$来将式(9.9.19)中的归一化标量径向基函数转换成考虑网格点间距的标量径向基函数。这就导出了下面的以u^i为中心的p维升余弦径向基函数。这里

的符号 Π 表示乘积

$$g_i(u)=\prod_{j=1}^{m+1}G\left(\frac{u_j-u_j^i}{\Delta x}\right)\prod_{j=m+2}^{p}G\left(\frac{u_j-u_j^i}{\Delta y}\right) \tag{9.9.20}$$

例 9.17　升余弦径向基函数

假设 $m=0,n=1$，令信号的界为 $a=[-4,4],b=[-2,2]$，并假设每一维的网格点数为 $d=3$，此时网格点间距为 $\Delta x=4,\Delta y=2$，f 的定义域为

$$U=[-4,4]\times[-2,2]$$

总共有 $r=9$ 个网格点，径向基函数以这些点为中心。一个以原点为中心的径向基函数可以通过运行程序 *exam*9_17 得到，如图 9.39 所示。观察明显可见二维升余弦径向基函数具有连续可导和紧支撑的特性。

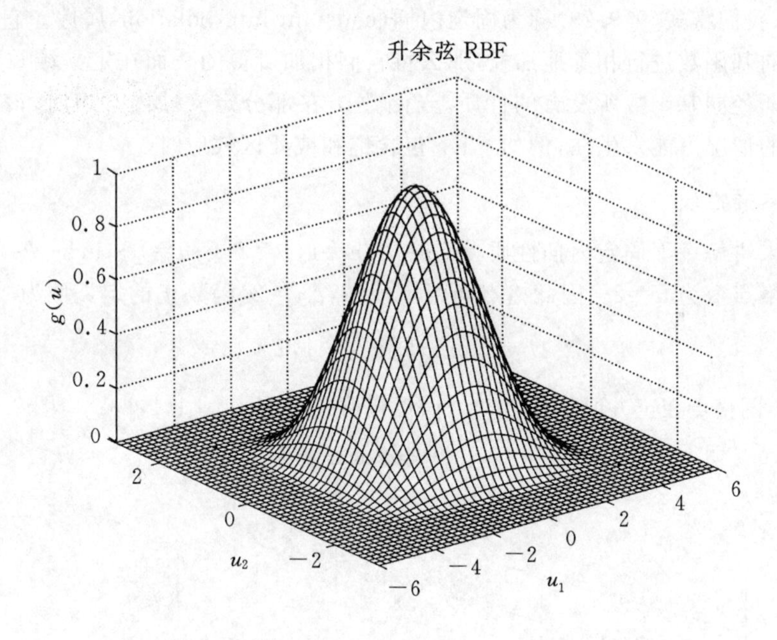

图 9.39　维数 $p=2$ 以 $u=0$ 为中心的升余弦径向基函数

性质

升余弦径向基函数有一些非常有趣也很有用的性质。首先，它们是 u 的连续可导函数，这就意味着式(9.9.16)对 f 的近似也是连续可导的。图 9.38 和图 9.39 所示的紧支撑性质意味着径向基函数在网格点上不会相互干扰。这就导出了下面的正交性性质：

$$g_j(u^i)=\begin{cases}1, & i=j\\0, & i\neq j\end{cases} \tag{9.9.21}$$

正交性使得选择一个 $r\times1$ 维的权值矢量 w 变得简单。对式(9.9.16)应用正交性质，我们有 $f_0(u^i)=w_i$。因此，通过选择下面的权值可以使得近似函数 f_0 在 r 个网格点上精确等于函数 f。

$$\omega_i = f(u^i),\ 0 \leqslant i < r \tag{9.9.22}$$

如果每一维的网格点数 d 足够大的话，利用式(9.9.22)中的权值就可以给出非线性离散时间系统 S_f 在定义域 U 上有效的模型。如果维数 p 太大而不允许有 d 的值过大，式(9.9.22)的权值仍能给出一个很好的初值 $w(0)$。如何对初始权值进行更新以使均方误差最小化将在下面的小节讨论。

正交性是指径向基函数在网格点处没有相互干扰。也许升余弦径向基函数最显著的性质还是在网格点之间。假设式(9.9.16)中的权值都设成相同的，得到对 f 近似的结果将满足下面的性质(Schilling et al.,2001)。

$$\sum_{i=0}^{r-1} g_i(u) = 1,\ u \in U \tag{9.9.23}$$

为了方便起见，我们将式(9.9.23)称为固定内插(constant interpolation)属性。它表明如果我们对所有的径向基函数进行相等地加权，那么将它们相加所得的表面在定义域 U 内是完美平坦的。这是高斯径向基函数所没有的性质，当函数 f 在部分定义域内平坦时，该性质是非常有用的。这样的情况可能发生在，例如，当 f 包含饱和或死区效应时。

例 9.18 固定内插性质

下面我们来讲解一下固定内插性质，设 $m=0, n=1, p=2$，令 $a=[-1,1], b=[-1,1]$，假设每一维的网格点数为 $d=2$。因此格点间距 $\Delta x=2, \Delta y=2$，函数 f 的定义域为

$$U = [-1,1] \times [-1,1]$$

此时，有 $r=4$ 个网格点在正方形 U 的四角。假设权值矢量为 $w=[1,1,1,1]^{\mathrm{T}}$，图 9.40 画出了内

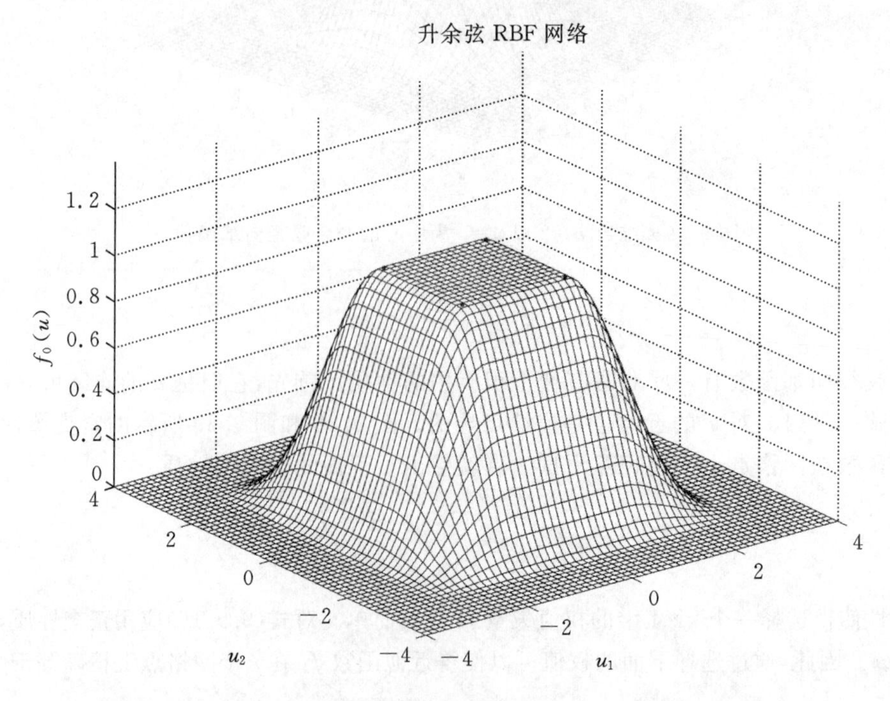

图 9.40 由 4 个等加权的升余弦径向基函数得到的恒值内插

插所得的表面 $f_0(u)$，它可以运行程序 *exam9_18* 得到。很明显在域 U 上内插表面是平坦的。

9.9.4　自适应径向基函数网络

给定函数 f 的近似式(9.9.16)，在时刻 k 升余弦径向基函数网络的输出可以表达为

$$y_0(k)=w^{\mathrm{T}}(k)g[u(k)],\ k\geqslant 0 \tag{9.9.24}$$

式(9.9.24)所示的系统就是径向基函数网络 S_0。回忆一下，随着维数 p 和每一维的网格点数 d 的增加，式(9.9.24)点乘中的项数 r 就会变得很大。幸运的是，对于 $u(k)$ 的每一个值，这些项几乎都为 0。只有与 $u(k)$ 相邻的局部项对 $y_0(k)$ 有贡献。因为每一个升余弦径向基函数都是紧支撑的，在相邻的网格点上都为零，只有对应于包含 $u(k)$ 的网格单元顶点的那些项对 $y_0(k)$ 有贡献。因此，对每一个 $u(k)$，$y_0(k)$ 中非零项数最多有

$$M=2^p \tag{9.9.25}$$

回顾前面，我们可以利用式(9.9.12)和(9.9.13)来找到包含 $u(k)$ 的局部网格单元的顶点。它是下面用于计算径向基函数网络输出的高效算法的基础。

算法 9.2　径向基函数网络估算

1. 设 $y_0=0$，计算 $p=m=n+1$ 和 $M=2^p$，利用式 9.9.9 计算 Δx 和 Δy。
2. 利用式 9.9.12 和式 9.9.13 计算包含 $u(k)$ 的网格单元顶点的矢量索引 $\{q^0,\ldots,q^{M-1}\}$。
3. 对 $j=0$ 到 $M-1$ 执行

{

(a)利用式 9.9.14 将 q^j 转换为标量索引 i

(b)利用下式计算网格点 u^i

$$u_s^i=\begin{cases}a_1+q_s^j\Delta x, & 1\leqslant s\leqslant m+1\\ b_1+q_s^j\Delta y, & m+2\leqslant s\leqslant p\end{cases}$$

(c)利用式 9.9.20 计算

$$y_0(k)=y_0(k)+w_i(k)g_i[u(k)]$$

}

用式(9.9.24)进行直接计算和利用算法 9.2 计算，两者的速度差别是巨大的。例如，假设 $m=2$，$n=3$，$d=10$，$p=6$，这样总共就有 $r=10^6$ 个可能的项需要计算。然而利用算法 9.2 只需计算 $M=64$ 项。这样，除了第 2 步增加的负担，算法 9.2 比直接计算快了 $r/M=15625$ 倍；超过 4 个数量级！

下面考虑如何来更新径向基函数网络的权值以达到最优的性能。系统 S_f 和径向基函数网络 S_0 之间的误差为

$$e(k)=y(k)-y_0(k) \tag{9.9.26}$$

我们的目标是最小化均方误差 $\varepsilon(w)=E[e^2(k)]$，为了估计梯度，我们利用基本 LMS 假设，

$E[e^2(k)] \approx e^2(k)$。从式 9.9.24,$\varepsilon(w)$对 w 的第 i 个的偏导数为

$$\begin{aligned}\frac{\partial\varepsilon(w)}{\partial w_i} &\approx 2e(k)\frac{\partial e(k)}{\partial w_i} = -2e(k)\frac{\partial w^{\mathrm{T}} g[u(k)]}{\partial w_i} \\ &= -2e(k)g_i[u(k)], \quad 0 \leqslant i < r\end{aligned} \tag{9.9.27}$$

因此梯度矢量为$\nabla\varepsilon(\omega) = -2e(k)g[u(k)]$。利用式(9.8.10)的估计梯度的最陡下降算法,得到下面的径向基函数网络权值更新公式,其中 $\mu > 0$ 为步长。

$$w(k+1) = w(k) + 2\mu e(k)g[u(k)],\ k \geqslant 0 \tag{9.9.28}$$

可见非线性径向基函数网络 S_0 的权值更新算法非常简单,除了用 $g(u)$代替 u 外,它和线性系统的 LMS 方法基本上是一样的。

实际的考虑

在给出非线性离散时间系统的径向基函数模型的例子之前,考虑一些实际的情况是有益的。首先需要讨论的问题是如何确定非线性系统 S_f 输出的界 b,假设 x 是一个 $P\times 1$ 的测试输入,它是一个在$[a_1, a_2]$上服从均匀分布的白噪声,$P \gg 1$。令 $y(k)$为此时的输出,令 y_m, y_M 分别为 $y(k)$的最小值和最大值。那么输出界可以如下选择,其中 $\beta \geqslant 1$ 为保险因子(safety factor)。

$$b_1 = \frac{y_m + y_M}{2} - \beta\left(\frac{y_M - y_m}{2}\right) \tag{9.9.29a}$$

$$b_2 = \frac{y_m + y_M}{2} + \beta\left(\frac{y_M - y_m}{2}\right) \tag{9.9.29b}$$

注意当 $\beta = 1$ 时,式(9.9.29)的界简化为 $b = [y_m, y_M]$。典型地,由于将 $x(k)$为有限长考虑在内,一般取 $\beta > 1$。更进一步,考虑到 $y_0(k)$只是 $y(k)$的近似,径向基函数网络的 $y_0(k)$可能超出区间$[y_m, y_M]$,选择 $\beta > 1$ 也是谨慎的。当然,β 太大的话将造成网格点间距 Δy 太大,会降低径向基函数网络模型的精确度。

当计算径向基函数网络的输出时,仔细选择初始条件 $u(0)$也非常重要。回顾式(9.9.16),径向基函数网络的近似 $f_0(u)$是紧支撑的。可知对于 $u \notin \Omega$,$f_0(u) = 0$,其中

$$\Omega = [a_1 - \Delta x, a_2 + \Delta x]^{m+1} \times [b_1 - \Delta y, b_2 + \Delta y]^n \tag{9.9.30}$$

例如,如图 9.40 所示 RBF 网络的支撑包含在 $\Omega = [-3,3] \times [-3,3]$中。由于紧支撑特性,选择初始状态 $u(0) \in \Omega$ 非常重要。否则,RBF 网络输出可能从 0 开始且对 $k \geqslant 1$ 一直为 0。

需要讨论的最后一个实际问题是如何来确定 RBF 网络是否真的很好地表征了系统 S_f。令 $e \in R^N$ 和 $y \in R^N$ 是分别包含误差 $e(k)$和系统输出 $y(k)$采样的列向量,可以利用下面的归一化均方误差

$$E \triangleq \frac{e^{\mathrm{T}} e}{y^{\mathrm{T}} y} \tag{9.9.31}$$

注意当 RBF 网络输出为 $y_0(k) = 0$ 时,归一化的均方误差为 $E = 1$。因此,$E \ll 1$ 就表示系统 S_f 和 RBF 网络模型 S_0 是较好的吻合了。而当 $E = 0$ 时,表明是一个完美的吻合。

例 9.19 **非线性系统辨识**

作为非线性离散时间系统的一个实际例子,考虑一个连续搅拌箱化学反应堆,假设 $x(k)$

为 kT 时刻的反应物浓度，$y(k)$是 kT 时刻的生成物浓度，如果输入 $0\leqslant x(k)\leqslant 1$，那么 Van de Vuess 反应可以通过下面的非线性离散时间系统来表征。

$$y(k)=c_1+c_2x(k-1)+c_3y(k-1)+c_4x^3(k-1)+c_5y(k-2)x(k-1)x(k-2)$$

表达式的第四项和第五项造成了系统的非线性，如果采样间隔为 $T=0.04$ 小时，那么系统参数可以记为(Hernandez and Arkun，1996)

$$c=[0.558,\ 0.538,\ 0.116,\ -0.127,\ -0.034]^{\mathrm{T}}$$

对于该系统，$m=2$，$n=2$。因此，系统的维数 $p=5$。既然输入为非负的并且已被归一化，我们有

$$a=[0,1]$$

为了确定输出矢量的界 b，假设我们利用 $P=1000$ 个点的测试输入，保险因子 $\beta=1.5$。这样可得 $b=[0.4310,\ 1.1930]$，意味着此时函数 f 的定义域为：

$$U=[0,1]^3\times[0.4310,\ 1.1930]^2$$

假设 RBF 网络的初始条件设为 $u(0)=[0,0,0,c,c]^{\mathrm{T}}$，其中 $c=(b_1+b_2)/2$。令每一维的网格点数为 $d=5$，由式(9.9.10)，RBF 网络有 $r=3125$ 项，然而，由式(9.9.25)可得，对每个 u 仅有 $M=32$ 项非零。由式(9.9.9)，x 和 y 方向的网格点的间距为

$$\Delta x=0.2500$$

$$\Delta y=0.1905$$

假设利用式(9.9.22)计算权值矢量的各个元素。最后，我们用在$[a_1,a_2]$上均匀分布的白噪声的 $N=100$ 个点的采样来测试系统。运行程序 *exam9_19*，得到的两个输出的比较如图 9.41 所示。注意图中水平实线表示域 U 在 y 方向的边界，点线给出了网格点的位置。仔细观察图

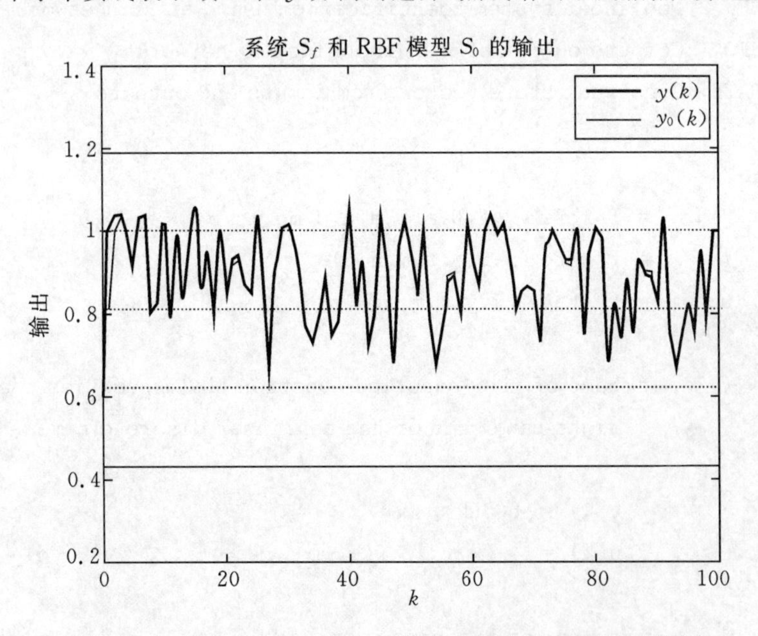

图 9.41　在 $m=2$，$n=2$，$d=5$ 下比较系统 S_f 和 RBF 网络模型

可见,两个输出的区别非常小。利用式(9.9.31),此时的归一化均方误差为

$$E = 0.0014$$

一阶 RBF 网络

式(9.9.24)中用于指示 RBF 网络输出的记号 $y_0(k)$表示了这样的事实:RBF 项的系数是恒定的,它在 u 的元素中是 0 阶多项式。观察图 9.40 中所示的恒定内插属性,它说明当式(9.9.1)中的非线性函数 $f(u)$是一个 u 的 0 阶多项式时,使用每维最少 $d=2$ 个格点,$y_0(k)$就可以复制系统的输出 $y(k)$。也可以使用如下所示的一阶 RBF 网络:

$$y_1(k) = (Vu + w)^{\mathrm{T}} g(u) \tag{9.9.32}$$

这里可调整的参数是 $r\times1$ 的权向量 w 和 $r\times p$ 的权矩阵 V。同 0 阶网络相比,一阶网络需要 $p+1$倍的参数存储。当然,此时 $f(u)$是一个 u 的 1 阶多项式,在同样使用最小的网络($d=2$)时,$y_1(k)$将更精确地复制 $y(k)$。因此,一阶 RBF 网络在使用最小数目的参数时也可以将离散时间系统准确建模。权向量 $w(k)$和权矩阵 $V(k)$的更新算法可参考书籍(*Schilling et al*, 2001)。

假设式(9.9.1)中的函数 f 不仅是连续的而且是导数连续的,可以证明(习题 9.23)0 阶 RBF 网络当 $d\rightarrow\infty$时将在域 U 中一致收敛到系统 S_f。式(9.9.32)中的 1 阶 RBF 网络也有同样的特性,它被称为均匀近似特性。

FDSP 函数

FDSP 工具箱包含了下面的利用升余弦 RBF 网络实现非线性系统辨识的函数

```
% F_RBFW:  Nonlinear system identification using an RBF network
% F_RBFO:  Compute output of raised-cosine RBF network
% F_STATE: Construct state vector from inputs and outputs
%
% Usage:
%       [w,e] = f_rbfw (@f,N,a,b,m,n,d,mu,ic,w)
%       y     = f_rbfo (x,w,a,b,m,n,d)
%       u     = f_state (x,y,k,m,n)
% Pre
%       f     = Name of user-supplied function that specifies the
%               right-hand side of the nonlinear discrete-time system.
%
%               y(k) = f(u(k), m,n)
%               u(k) = [x(k),...,x(k-m),y(k-1),...,y(k-n)]'
%
%       N     = number of training samples (N >= 0).
```

```
%               If N = 0, the weight returned is the
%               initial weight computed according to
%               input ic.
%       a    =  2 by 1 vector of input bounds
%       b    =  2 by 1 vector of output bounds
%       m    =  number of past inputs (m >= 0)
%       n    =  number of past outputs (n >= 0)
%       d    =  number of grid points per dimension
%       mu   =  step length for gradient search
%       ic   =  an initial condition code. If ic <> 0,
%               compute the initial weights to ensure that
%               the network is exact at the grid points.

%       w    =  an optional r by 1 vector containing the
%               initial values of the weights. default:
%               w = 0
%       x    =  N by 1 vector of inputs
%       y    =  N by 1 output vector
%       k    =  current time (1 to N)
% Post:
%       w    =  r by 1 weight vector
%       e    =  an optional N by 1 vector of errors where
%       y    =  N by 1 vector of outputs.
%               e(k) = y(k) - y_0(k)
%       u    =  p by 1 state vector at time k. Here
%               u = [x(k), ..., x(k - m), y(k - 1), ...y(k - n)]'
% Notes:
%       1. r = d^p where p = m + n + 1
%       2. A good value for the initial w is
%          w(k) = f(u(i)).
```

9.10　软件应用及案例学习

本小节集中于利用自适应信号处理技术进行系统辨识。本节介绍了一个称为 *g_adapt* 的图形用户界面模块，它可以让用户在不进行任何编程的情况下进行系统辨识。本节还给出了一个使用 MATLAB 解决问题的例子。

GUI模块:*g_adapt*

FDSP工具箱包含一个叫 *g_adapt* 的图形用户界面模块,它允许用户在无需编制程序的情况下使用多种自适应方法来进行系统辨识。GUI模块 *g_adapt* 以图9.42平铺式的窗口反映在屏幕上。左上方的框图窗口包含一个待研究的自适应系统框图,它由一个 m 阶横向滤波器和下边的时变差分方程所刻画。

$$y(k)=\sum_{i=0}^{m}\omega_i(k)x(k-i),\ 0\leqslant k<N \tag{9.10.1}$$

在该框图下边有参数窗口,它包含了一些含有仿真参数的编辑框。每个编辑框的内容可以被用户直接修改,用 *Enter* 键来激活这些修改。参数 a 和 b 是需要辨识的黑盒系统的系数矢量。

$$\sum_{i=0}^{n}a_i d(k-i)=\sum_{i=0}^{p}b_i x(k-i),\ 0\leqslant k<N \tag{9.10.2}$$

选择 a 重要的,因为要保证最终的黑盒系统是BIBO稳定的。参数 f_s 是采样频率,单位是Hz,参数 $m\geqslant 0$ 是自适应滤波器的阶数。其余的参数都是实的标量,它们控制自适应算法的行为。参数 mu 是步长,选择它时要满足下边的界,这里 P_x 是输入 x 的平均能量。

$$0<\mu<\frac{1}{(m+1)P_x} \tag{9.10.3}$$

参数 nu 是泄漏LMS算法中的泄漏因子。其典型值为满足 $nu<1$ 且 $nu\approx 1$。当 $nu=1$,泄漏LMS算法就退化成LMS算法。参数 $alpha$ 是用在归一化LMS算法中的归一化步长大小和用在相关LMS算法中的相对步长大小。相关LMS算法也用平滑参数 $beta$,这里 $0<beta<1$,一般取 $beta\approx 1$。不合适地选择标量控制参数可能会引起某些算法发散。

屏幕右上角的类型(*Type*)和视图(*View*)窗口允许用户选择自适应算法类型和视图模式。算法的可选为LMS算法,归一化LMS算法,相关LMS算法,泄漏LMS算法,和RLS算法。视图窗口的可选项包括输入,输出对比,幅度响应对比,学习曲线,在学习过程中的步长大小,和找到的最终权值。沿着屏幕底部占屏幕一半的图示(*Plot*)窗口就是用来显示选择的视图图形。

有两个选择框。dB选择框使得幅度响应的显示可以在线性刻度和对数刻度间切换。从文件读入数据(data from file)选择框是对输入及期望输出的源进行切换。当它被选择(Checked)时,用户被提示输入一个用户准备提供的MAT文件名,该文件包括一个输入样点矢量 x,输出样点矢量 d,和采样频率 f_s。这样,从其他源(例如,由测量)得到非实时输入输出数据的系统可以被辨识。可以使用屏幕顶部的"储存数据"菜单来储存辨识结果。当从文件读入数据选择框没有被选择时,输入由在[−1,1]中均匀分布的白噪声组成,期望输出按式(9.10.2)利用系数 a 和 b 计算得到。采样数 N 由类型和视图窗口下面的水平滑动条控制。此滑动条仅在从文件读入数据选择框没有被选择时有效。

在屏幕上方的菜单栏包括以下几个菜单选项。测量(*Caliper*)选项允许用户通过移动鼠标的十字光标到那个点并且单击该点来测量当前图形中的任何点。保存选项用来保存用户当前数据 x, y, d, f_s, w, a 和 b 到指定的MAT文件以便将来使用。由这种方式产生的文件可以在后期由从文件读入数据检查框载入。打印选项用来打印图示(*plot*)窗口的内容。最后,帮助选项提供给用户一些帮助关于怎样有效的使用模块 *g_adapt* 的有用建议。

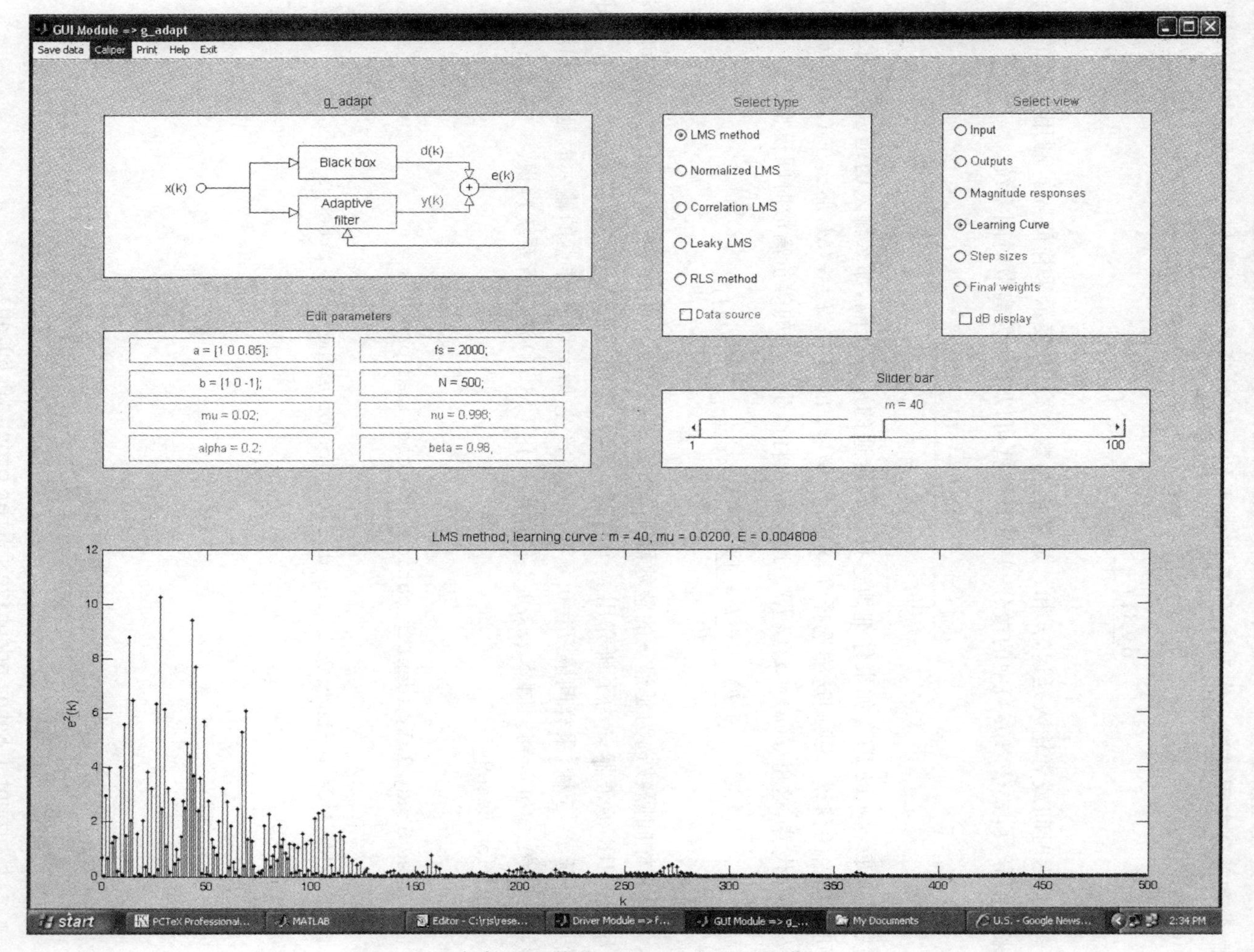

图 9.42　本章 GUI 模块 g_adapt 的显示屏幕

案例研究 9.1 一个化学过程辨识

在化学过程控制工业中，动态系统由传输滞后而产生时延是很普通的。这将使得处理模型由微分和差分方程描述。作为例子，考虑如下的一阶时延系统的建模——用于加热搅动罐(Bequette，2003)。

$$\frac{dy_a(t)}{dt} + py_a(t) = cx_a(t-\tau) \tag{9.10.4}$$

这里 τ 是延迟时间或者输入延迟，p 和 c 是系统参数。令 T 表示采样间隔。利用下边的后向差分来近似导数，式(9.10.4)中的微分-差分系统就可以转化为离散时间系统。

$$\frac{dy_a(t)}{dt} \approx \frac{y(k)-y(k-1)}{T} \tag{9.10.5}$$

这里认为 $y(k)=y_a(kT)$。如果仔细地选择比较合适的采样间隔，那么输入的延迟就可以在离散时间上精确的建模。我们这样选择 T，对某些 $M\geqslant 1$ 的整数，$T=\tau/M$，那么 $x_a(t-\tau)$ 就可以被 $x(k-M)$ 代替，这里 $x(k)=x_a(kT)$。这个带入将产生下边的等价离散时间模型：

$$\frac{y(k)-y(k-1)}{T} + py(k) = cx(k-M) \tag{9.10.6}$$

因此，如果采样间隔被选为延迟 τ 的整数因子，那么式(9.10.4)中的微分-差分系统就可以被近似为一个 IIR 滤波器。为了研究用一个自适应横向滤波器近似 IIR 滤波器的效果有多好，我们假设时延 $\tau=5$ 秒，采样间隔 $T=0.5$ 秒。这将产生 $M=10$ 个样点的输入时延。令其余系统参数为 $p=0.2$ 和 $c=4$。脚本 *case9_1* 使用归一化 LMS 算法进行系统辨识。

```
function case9_1

% Case Study 9.1: Identification of a chemical process

f_header ('Case Study 9.1: Identification of a chemical process')
tau = 5
T = 0.5
M = tau/T
p = 0.2;
c = 4;
N = 1000;
rand ('seed',1000)
m = f_prompt ('Enter adaptive filter order',0,80,40);
alpha = f_prompt ('Enter normalized step length',0,1,0.1);

% Compute the coefficients of the IIR model

a = [1+p*T, -1];
```

```
b = [zeros(1,M) c * T];

% Compute the input and desired output

x = f_randu (N,1, - 1,1);
d = filter (b,a,x);

% Identify a model using normalized LMS method

[w,e] = f_normlms (x,d,m,alpha);

% Learning curve

figure
k = 0 : N-1;
stem (k,e.^2,'filled','.')
f_labels ('Learning curve','{k}','{e^2(k)}')
box on
f_wait

% Compare responses to new input

P = 200;
x = f_randu (P,1, - 1,1);
d = filter (b,a,x);
y = filter (w,1,x);
figure
k = 0 : P-1;
hp = plot (k,d,k,y);
set (hp(1),'LineWidth',1.5)
legend ('{d(k)}','{y(k)}')
e = d - y;
E = sum(e.^2)/sum(d.^2)
caption = sprintf ('Comparison of outputs, {E} = %.4f',E);
f_labels (caption,'{k}','Outputs')
f_wait
```

当脚本 *case*9_1 以阶数为 $m=40$、$N=1000$ 个样点和归一化步长为 $\alpha=0.1$ 的自适应滤波器来运行的话，那么它将产生以下图 9.43 中所示的曲线。观察发现该归一化算法在大约第 700 个样点处收敛。接下来，利用最终的权值，生成了一个新的白噪声测试输入来比较两个系统的响应。图 9.44 的结果证实了在这个例子中二者有很好的吻合，其归一化均方误差为 $E=0.0029$。

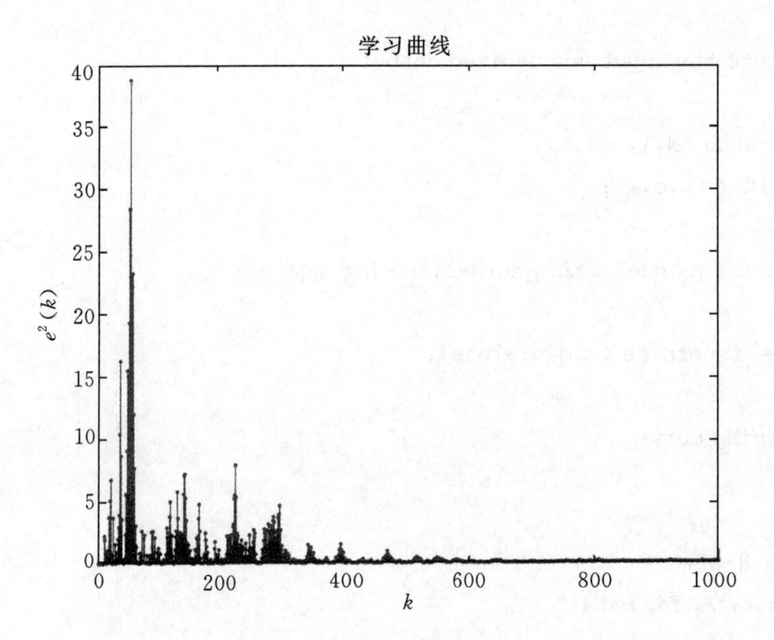

图 9.43　使用归一化 LMS 算法的学习曲线，其中 $m=40, \alpha=0.1$

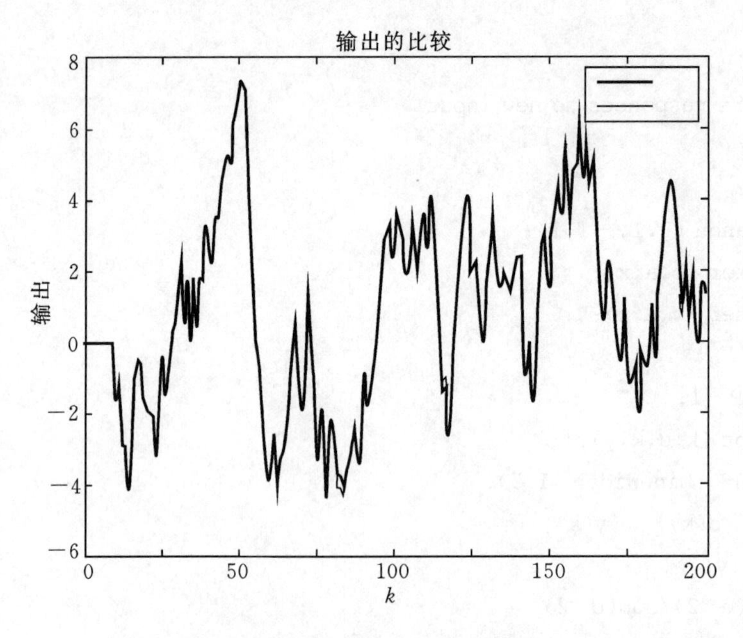

图 9.44　使用最终权值时的期望与实际输出比较

9.11 本章小结

最小均方技术

本章主要集中介绍了线性和非线性自适应信号处理技术和它们的应用。用到的自适应滤波器结构为如下所示的一个 m 阶横向滤波器。

$$y(k) = \sum_{i=0}^{m} w_i(k)x(k-i),\ k \geqslant 0 \tag{9.11.1}$$

这种结构一个很重要的特征就是一旦权值收敛到稳态值,得到的 FIR 滤波器可以保证满足 BIBO 稳定。根据应用情况自适应系统可以被配置为多种方式。具体例子包括系统辨识、信道均衡、信号预测和噪音抵消。考虑下边的$(m+1)\times 1$ 维过去输入的状态矢量。

$$u(k) = [x(k), x(k-1), \cdots, x(k-m)]^{\mathrm{T}} \tag{9.11.2}$$

那么利用 $u(k)$的形式和下边的点积可以得到一个横向滤波器的简洁表达。

$$y(k) = w^{\mathrm{T}}(k)u(k),\ k \geqslant 0 \tag{9.11.3}$$

调节$(m+1)\times 1$ 的权矢量 $w(k)$使均方误差 $\varepsilon(w)=E[e^2(k)]$最小,这里 E 是求期望运算。这里系统误差是 $e(k)=d(k)-y(k)$,其中 $d(k)$是期望输出。例如,在系统辨识应用中,$d(k)$是需要辨识系统的输出。当输入 $x(k)$有充足的频率分量时,均方误差可以被表述成权矢量 w 的正定二次函数,这意味着存在唯一最优的权矢量。该权值可以通过最陡下降算法搜索均方误差性能函数进行调整。为了计算 $\varepsilon(w)$的梯度,我们可以做一个简单的假设 $E[e^2(k)]\approx e^2(k)$。这将得到下边一个简单且受欢迎的权值更新算法,它被称为最小均方误差或者 LMS 算法。

$$w(k+1) = w(k) + 2\mu e(k)u(k),\ k \geqslant 0 \tag{9.11.4}$$

标量参数 μ 是步长大小。如果 $P_x=E[x^2(k)]$表示输入的平均能量,那么当步长在如下的范围内时,LMS 算法将收敛。

$$0 < \mu < \frac{1}{(m+1)P_x} \tag{9.11.5}$$

既然 LMS 算法的时间常数与步长大小成反比,那么更大的步长大小将会有更快的收敛速度。然而,一旦已经收敛,就会遇到由于对均方误差梯度的近似而产生的超调量。因为超调量正比于步长大小,所以在选择 μ 时,在收敛速度和稳态的精确度方面需要一个折衷。在许多应用中,μ 值的选择普遍服从其量值应比式(9.11.5)上界小一个数量级。

可以用许多方法来修正式(9.11.4)中的基本 LMS 算法以增强其性能。这些方法包括归一化 LMS 算法、相关 LMS 算法和泄漏 LMS 算法。归一化和相关算法的特征是其步长大小是时变的。例如,对归一化 LMS 算法,步长大小如下:这里 $0<\alpha<1$ 是归一化步长大小,$\delta>0$ 是为了确保步长大小从不会超出 α/δ。

$$\mu(k) = \frac{\alpha}{\delta + u^{\mathrm{T}}(k)u(k)} \tag{9.11.6}$$

泄漏 LMS 算法倾向于通过阻止权值变得太大而使 LMS 算法变得更稳定。对窄带输入来说它是很有用的，这是因为它有在输入端加入白噪声的效果。然而，一旦已经收敛，该方法将会增加超调量。

自适应信号处理应用

自适应信号处理可以用来设计指定了幅度和相位响应特征的 *FIR* 滤波器。这是通过把系统辨识应用到伪滤波器的综合上来实现的。当然，一个物理系统的幅度和相位响应不可能是完全互相独立的。因此，一个最优的横向滤波器可能或者不能获得对伪滤波器规范的一个接近的拟合。

在权值更新上对 LMS 类算法一个重要的改变是*递推最小均方*或 RLS 算法。RLS 算法不像 LMS 算法用最陡下降搜索的方法逐步逼近最优权值，它试图在每步都找到最优的权值。因此，一般来说 RLS 算法收敛速度远快于 LMS 算法，但它每次迭代需要更大的计算量。RLS 算法的计算量是 $O(m^2)$，而 LMS 算法的计算量是 $O(m)$，这里 m 是滤波器阶数。

自适应信号处理一个令人感兴趣的应用领域是声学噪音的主动控制。其基本前提是将引入次要声源来抵消主声源中的噪声。之所以该应用需要自适应技术是因为不需要的声音和环境的典型特征都是未知且时变的。该次要声音需要由扬声器产生，通过空间信道，然后被麦克风检测到。此时，主动噪音控制技术需要 LMS 算法的修正方法，它叫做 *filtered-x* 或者 FX-LMS 算法。

$$w(k+1) = w(k) + 2\mu e(k)\,\hat{u}(k), \quad k \geqslant 0 \tag{9.11.7}$$

FXLMS 方法和 LMS 方法的区别在于过去输入的状态矢量首先必须通过次要声源路径所建模滤波器的滤波。通常地，该模型利用标准的系统辨识方法方法离线地得到。一般的，主噪声包括窄带的周期性分量和白噪声。当能够获得噪声的周期分量基频时，可以用更直接的信号综合方法来去除主噪声的周期性分量。

非线性系统辨识

利用自适应信号处理的方法进行系统辨识可以从线性系统推广到具有下面形式的非线性系统

$$y(k) = f[u(k)] \tag{9.11.8}$$

式中状态矢量不仅包括$(m+1)$个过去的输入还包括 n 个过去的输出。f 是有 $p=m+n+1$ 个变量的实连续非线性函数。如果方程(9.11.8)所示的非线性系统是 BIBO 稳定的且输入有界，那么函数 f 的值域就限制在一个闭的有界的区域内，$U\subset R^p$。这个紧的定义域可以用有 r 个点的网格来覆盖，在每一个网格单元处可以采用 $f(u)$的简单的局部表达。这就导出了下面的自适应非线性结构，称为径向基函数或 RBF 网络。

$$y_0(k) = w(k)^{\mathrm{T}} g[u(k)] \tag{9.11.9}$$

此处 $g: R^r \rightarrow R$ 是一个 $r\times1$ 的径向基函数矢量，每一个矢量中心对应于一个网格点。如果采用升余弦 RBF，那个得到的网络将具有一些有用的属性。例如 $g(u)$是一个连续可微函数，且

若 $w_i = f(u^i)$ 其中 u^i 为第 i 个网格点，那么在每个网格点处 RBF 模型和原始的非线性系统之间的误差就是 0。当网格足够精细时，得到的 RBF 网络就是非线性系统在定义域 U 上的一个有效的模型。

GUI 模块

FDSP 工具箱包括一个叫 *g_adapt* 的 GUI 模块，它允许用户在不编写程序的情况下来评估和比较几种不同的自适应系统辨识技术。权值更新算法主要包括 LMS 算法、归一化 LMS 算法、相关 LMS 算法、泄漏 LMS 算法和 RLS 算法。输入数据和期望输出数据可以从一个用户指定的 IIR 滤波器或者从一个用户提供的 MAT 文件获得。后一个的选项允许基于实际物理测量结果的系统辨识。

学习要点

本章的目标是使学生达到表 9.2 所列出的学习要点

表 9.2　本章学习要点

序号	学习要点	节
1	了解怎样应用自适应滤波器进行系统辨识、信道均衡、信号预测和噪声消除。	9.1
2	掌握怎样计算均方误差以及怎样寻找使均方误差最小化的最优权矢量。	9.2
3	了解怎样实现 LMS 算法以及更新权矢量的方法。	9.3
4	掌握怎样寻找能够保证 LMS 算法稳态收敛的步长上界。	9.4
5	掌握怎样评估收敛速率以及稳态误差。	9.4
6	了解怎样用归一化 LMS 算法、相关 LMS 算法以及泄漏 LMS 算法改进基本 LMS 算法以提高性能。	9.5
7	能够用伪滤波 I/O 规范设计 FIR 滤波器。	9.6
8	了解怎样应用 RLS 算法。	9.7
9	掌握用 x 滤波 LMS 算法和信号分析法实现声学噪声的主动控制。	9.8
10	能够应用自适应径向基方法和 RBF 网络进行非线性离散系统的辨识	9.9
11	使用 GUI 模块 *g_adapt* 进行系统辨识	9.10

9.12　习题

这些问题可以被分成通过手工或者计算器来实现的分析和设计问题。GUI 仿真类问题使用 GUI 模块中的 *g_adapt*，MATLAB 计算问题需要编制程序。

9.12.1 分析和设计

9.1 思考下边的周期输入,它被用作伪滤波器输入输出规范的一部分。假设 $f_i=if_s/(2N)$,$0\leqslant i<N$。求该输入的自相关矩阵 R。

$$x(k)=\sum_{i=0}^{N-1}C_i\cos(2\pi f_i kT)$$

9.2 当期望输出为如下信号时

$$d(k)=b+\sin\left(\frac{2\pi k}{N}\right)-\cos\left(\frac{2\pi k}{N}\right)$$

找出均方误差的常数项 $P_d=E[d^2(k)]$。

9.3 有一种离线或者批处理的方法来计算最佳权值,它被称为最小二乘方法(详见习题 9.35)。对于较大的 m,该法大致需要 $4(m+1)^3/3$ 次 FLOPS 以计算出 w。试问当 LMS 算法和最小二乘法的运算量相同或前者超出后者时,需要进行多少次迭代?

9.4 假定使用 LMS 算法计算出归一化的超调量 $M_f=0.4$,当输入是均匀分布在$[-2,2]$上的白色噪声时,

(a)试找出输入的平均能量。

(b)如果步长 $\mu=0.01$,滤波器的阶数是多少?

(c)如果滤波器的阶数 $m=9$,步长是多少?

9.5 假设输入 $x(k)$和期望输出 $d(k)$有如下的自相关矩阵和互相关矢量,求最佳的权矢量 w^*。

$$R=\begin{bmatrix}5 & 1\\1 & 5\end{bmatrix},\quad p=\begin{bmatrix}3\\-2\end{bmatrix}$$

9.6 考虑一个阶数 $m=1$ 的横向滤波器,假设输入和期望输出如下所示:

$$x(k)=2+\sin\left(\frac{\pi k}{N}\right)$$

$$d(k)=1-3\cos\left(\frac{\pi k}{N}\right)$$

(a)求互相关矢量 p。

(b)求输入的自相关矩阵 R。

(c)求最佳权矢量 w^*。

9.7 如果是 $v(k)$均匀分布于$[-c,c]$上的均匀白噪声,考虑如下的输入:

$$x(k)=2+\sin\left(\frac{\pi k}{2}\right)+v(k)$$

求输入的自相关矩阵 R。当 $c=0$ 时你的答案是否还原为 9.6 的问题。

9.8 假定均方误差被近似为使用如下式所示的 $M-1$ 阶滑动平均滤波器:

$$\varepsilon(w)\approx\frac{1}{M}\sum_{i=0}^{M-1}e^2(k-i)$$

(a)利用这一均方误差的近似表达式写出梯度向量$\nabla\varepsilon(w)$的表达式。

(b)使用最陡下降法以及(a)中的答案,写出更新权值的公式。

(c)更新权值向量时每次迭代需要进行多少次浮点乘法运算(FLOPS)?可以假设之前已经计算过 2μ 了。

(d)当 $M=1$ 时,请验证权值更新公式就简化为 LMS 算法。

9.9 财务上的考虑要求当一个系统即将被辨识时,其生产系统必需仍然在工作。在通常的线性系统操作中,输入 $x(k)$有相对较少的频谱分量。

(a)哪个修正 LMS 算法中看起来是个合适的选择?为什么?

(b)在不严重影响系统的正常操作时,为了提高辨识效果应该怎样修改输入?

9.10 思考归一化 LMS 算法。

(a)步长大小的最大值是多少?

(b)描述导致步长大小达到它的最大值的过去输入的初始条件。

9.11 本章中所使用的横向滤波器结构是一个时变 FIR 滤波器。可以将它推广为如下的时变 IIR 滤波器:

$$y(k)=\sum_{i=0}^{m}b_i(k)x(k-i)-\sum_{i=1}^{n}a_i(k)y(k-i)$$

(a)找出状态矢量 $\theta(k)$和权矢量 $w(k)$的合适定义,从而使时变 IIR 滤波器的输出可以用一个如式(9.2.3)所示的点乘来描述

$$y(k)=w^{\mathrm{T}}(k)u(k),k\geqslant 0$$

(b)假使权矢量 $w(k)$收敛于一个常量,那么这个最终的滤波器能够保证是 BIBO(有界输入有界输出)稳定的吗?请说明原因。

9.12 假定输入 $x(k)$自相关矩阵如下所示:

$$R=\begin{bmatrix}2 & 1\\ 1 & 2\end{bmatrix}$$

(a)使用 R 的特征值,试找出确保 LMS 算法收敛的步长范围。

(b)使用输入信号的能量,试找出确保 LMS 算法收敛的更保守的步长范围。

(c)假定步长是(b)中最大值的 1/10。试找出最小均方误差中的时间常数,以迭代次数为单位。

(d)使用(c)中的步长,求超调量 M_f。

9.13 假定 LMS 学习曲线在 200 次迭代后收敛于最终稳定值上下不超过 1/100 的范围内。

(a)试找出学习曲线的时间常数 τ_{mse},以迭代次数为单位。

(b)如果 R 的特征值中最小值$\lambda_{\min}=0.1$,步长是多少?

(c)如果步长 $\mu=0.02$,R 的特征值中最小值是多少?

9.14 假设一个横向自适应滤波器的阶数 $m=2$,求下列情况下输入的自相关矩阵 R

(a)$x(k)$为一个均匀分布于$[a, b]$上的白噪声。

(b)$x(k)$为一个均值为 μ_x,方差为 σ_x^2 上的白噪声。

9.15 假设自相关矩阵 R 的第一行为 $r=[9,7,5,3,1]$

(a)求 R。

(b)求输入的平均功率。

(c)如果 $x(k)$是均匀分布于$[0,c]$上的白噪声,求 c 的值。

9.16 思考下边的周期输入和期望输出,它们构成了伪滤波器的输入输出规范。假设 $f_i = if_s/(2N)$,$0\leqslant i<N$。求输入和期望输出的互相关矢量 p。

$$x(k) = \sum_{i=0}^{N-1} C_i \cos(2\pi f_i kT)$$

$$d(k) = \sum_{i=0}^{N-1} A_i C_i \cos(2\pi f_i kT + \phi_i)$$

9.17 考虑升余弦 RBF 网络 $m=0,n=0,d=2,a=[0,1]$。利用附录 2 中的三角等式,证明此时固定内插成立,即

$$g_0(u) + g_1(u) = 1,\ a_1 \leqslant u \leqslant a_2$$

9.18 设式(9.9.4)中的非线性函数为 $f(u)=h^{\mathrm{T}}u+c$,其中 h 为 $p\times 1$ 的向量,c 为常数。当$1\leqslant i\leqslant p$时令 $d_i=2$,当 $1\leqslant i\leqslant r$ 时令 $w_i=c$。且当 $1\leqslant i\leqslant r,1\leqslant j\leqslant p$ 时令 $V_{ij}=h_j$。证明此时一阶 RBF 网络 S_1是准确的。即证明若 $f_1(u)=(Vu+w)^{\mathrm{T}}g(u)$时,有

$$f_1(u) = h^{\mathrm{T}}u + c \qquad u \in U$$

9.19 设式(9.9.4)中的非线性函数为 $f(u)=c$,其中 c 为常数。当 $1\leqslant i\leqslant p$ 时令 $d_i=2$,当$1\leqslant i\leqslant r$时令 $w_i=c$。证明此时 0 阶 RBF 网络 S_0是准确的。即证明若 $f_0(u)=w^{\mathrm{T}}g(u)$时,有

$$f_0(u) = c \text{ 对 } u \in U$$

9.20 考虑如图 9.45 所示的主动噪声控制系统。假设辅通道被建模为有衰减的延迟。也即对某个延时 τ 和某个衰减 $0<\alpha<1$

$$\hat{y}(t) = \alpha y(t-\tau)$$

(a)记采样间隔 $T=\tau/M$,确定传递函数 $F(z)$。

(b)假设主通道 $G(z)$如下建模,用式(9.8.3)确定 $W(z)$。

$$G(z) = \sum_{i=0}^{m} \frac{z^{-i}}{1+i}$$

(c)该控制器是物理可实现的吗?为什么是或者为什么不是?

9.21 思考下边 RLS 算法中用到的广义互相关矢量的表达式:

$$p(k) = \sum_{i=1}^{k} \gamma^{k-i} d(i) u(i)$$

通过推导 $p(k)$给出以 $p(k-1)$的形式递推表示的式(9.7.8)中的 $p(k)$。

9.22 考虑下面的候选的标量径向基函数

$$G_i(z) = \begin{cases} \cos^{2i}\left(\dfrac{\pi z}{2}\right), & |z| \leqslant 1 \\ 0, & |z| > 1 \end{cases}$$

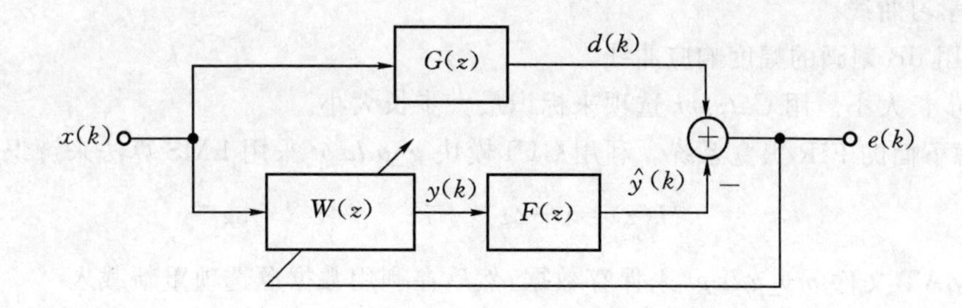

图 9.45　有源噪声控制

(a)证明对于 $i\geqslant 1$,$G_i(z)$可以作为径向基函数。

(b)$G_i(z)$是紧支撑的吗?

(c)证明在 $i=1$ 时,$G_i(z)$是一个升余弦 RBF。

9.23　令式(9.9.4)中的非线性函数是连续可导的。令 $F_0(u)=w^{\mathrm{T}}g(u)$并考虑如下的系统输出 S_f 与 0 阶 RBF 网络 S_0 错误度量方法

$$E(d)\equiv\max_{u\in U}\{|f(u)-f_0(u)|\}$$

证明当 d 趋向于无穷时,RBF 模型 S_0 一致收敛到非线性系统 S_f。即证明

$$当\ d\to\infty\ 时, E(d)\to 0$$

9.24　考虑升余弦 RBF 网络,有 $m=2$ 个过去输入,$n=2$ 过去输出。假设输入值的范围为 $a=[0,5]$,输出值的范围为$[-2,8]$。令每一维的网格点数为 $d=6$。

(a)确定整个网络的紧支撑集 Ω。即确定最小的闭的有界区域 $\Omega\subset R^p$,使得

$$u\notin\Omega\Rightarrow f_0(u)=0$$

(b)证明一般地,当 $d\to\infty$时 $\Omega\to U$,其中 $U\in R^p$ 是 f 的定义域。

9.25　考虑用升余弦 RBF(径向基函数)网络辨识如式 (9.9.4)所示的非线性离散时间系统问题。记过去的输入个数为 $m=1$,过去的输出个数为 $n=1$。假设输入值的范围为 $a=[-2,2]$,输出值的范围为 $b=[-3,3]$,每一维的网格点数为 $d=4$。

(a)确定函数 f 的定义域 U。

(b)总共有多少网格点?

(c)x 方向和 y 方向的网格点的间距是多少?

(d)对每一个 u,RBF 网络输出中最多有多少个非零项?

(e)在下面的状态矢量下,确定包含 u 的网格的顶点的矢量索引

$$u=[0.3,\ -1.7,\ 1.1]^{\mathrm{T}}$$

(f)确定(e)中的顶点的标量索引 u。

9.12.2　GUI 仿真

9.26　使用 GUI 模块 *g_adapt*,并且选择数据源选项后从 MAT 文件 *u_adapt*1 载入输入和期望输出。然后利用归一化 LMS 算法处理这输入输出数据来辨识系统。画出下边要求的图形。

(a)学习曲线。

(b)用 dB 刻画的幅度响应曲线。

(c)步长大小。用 *Caliper* 选项来标识最大步长大小。

9.27 考虑下面的 FIR 黑盒系统。利用 GUI 模块 *g_adapt* 采用 LMS 算法来辨识系统

$$H(z)=1-2z^{-1}+7z^{-2}+4z^{-4}-3z^{-5}$$

用 MAT 文件 *my_adapt* 来保存数据,然后在利用数据源选项重新载入

(a)在 $m=3$ 时画出学习曲线。

(b)在 $m=5$ 时画出学习曲线。

(c)在 $m=7$ 时画出学习曲线。

(d)在 $m=7$ 时画出最终权值。

9.28 利用 GUI 模块 *g_adapt*,采用归一化 LMS 算法辨识黑盒系统

$$H(z)=\frac{3}{1-0.7z^{-4}}$$

(a)画出幅度响应曲线。

(b)画出学习曲线。

(c)画出步长。

9.29 利用 GUI 模块 *g_adapt* 采用 LMS 算法辨识黑盒系统。令步长 $\mu=0.03$。画出如下变量的图:

(a)输出。

(b)幅度响应。

(c)学习曲线。

(d)最终的权值。

9.30 利用 GUI 模块 *g_adapt*,采用泄漏 LMS 算法辨识黑盒系统。将采样点设为 $N=500$,泄漏因子设为 $mu=0.999$。画出如下变量的图:

(a)输出。

(b)幅度响应。

(c)学习曲线。

9.31 利用 GUI 模块 *g_adapt* 和默认的参数值,利用下面两种算法来辩识黑盒系统。在每一种情况下画出其学习曲线。观察从属变量的取值范围

(a)LMS 算法。

(b)RLS 算法。

9.32 利用 GUI 模块 *g_adapt* 和默认的参数值,采用泄漏 LMS 算法辨识黑盒系统。画出下列情况不同泄漏因子下的学习曲线。

(a)$nu=0.999$。

(b)$nu=0.995$。

(c)$nu=0.990$。

9.33 利用 GUI 模块 *g_adapt* 和默认的参数值,采用相关 LMS 算法辨识黑盒系统。阶数为 $m=50$ 的滤波器

$$H(z)=\frac{2}{1+0.8z^{-4}}$$

(a)画出幅度响应曲线。

(b)画出学习曲线。

(c)画出步长。

9.12.3 MATLAB计算

9.34 考虑设计一个如图9.46所示的自适应噪声抵消系统的问题。假设加性噪声 $v(k)$ 是均匀分布于[−2,2]上的白噪声。假设主麦克风的接收信号如下：

$$x(k)=\cos\left(\frac{\pi k}{10}\right)-0.5\sin\left(\frac{\pi k}{20}\right)+0.25\cos\left(\frac{\pi k}{30}\right)$$

假设检测噪声的通道具有如下的传递函数：

$$H(z)=\frac{0.5}{1+0.25z^{-2}}$$

编写一个MATLAB的脚本，使用FDSP工具箱里面的 *f_lms* 函数去消除破坏信号 $d(k)$ 的噪声 $v(k)$，使用一个阶数 $m=30$ 的自适应滤波器，采样数 $N=3000$，步长取 $\mu=0.003$。

(a)绘出学习曲线。

(b)用最终的权值和输入 $r(k)$ 计算 $y(k)$，然后在同一幅图上绘出当 $0\leqslant k\leqslant N/10$ 时的 $x(k)$，$d(k)$ 和，$e(k)$，并标注出它们。

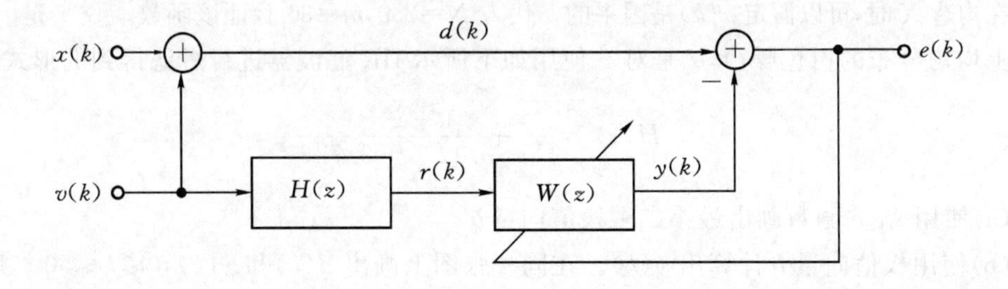

图9.46 噪声消除

9.35 当所有的输入以及期望的输出提前已知时，可以使用一种离线的最小二乘法来替代LMS算法。假定权值向量 w 是常量。将等式9.2.3左右颠倒，并使用期望输出代替实际输出，得

$$u^{\mathrm{T}}(k)w=d(k),0\leqslant k<N$$

令 $d=[d(0),d(1),\cdots,d(N-1)]^{\mathrm{T}}$，$X$ 为一 $N\times(m-1)$ 的过去输入的矩阵，它的第 i 行是 $u^{\mathrm{T}}(i)$，$0\leqslant i<N$。那么，这 N 个等式可以写成如下向量形式：

$$Xw=d$$

当 $N>(m+1)$ 时，它就构成了一个过定的线性方程组。通过给上式两边左乘 X^{T} 得到一使得误差平方值 $E=(Xw-d)^{\mathrm{T}}(Xw-d)$ 最小化的权值向量 w。这就得到了正则方程

$$X^{\mathrm{T}}Xw=X^{\mathrm{T}}d$$

系数矩阵 $X^{\mathrm{T}}X$ 是 $(m+1)\times(m+1)$ 维的。如果 $x(k)$ 有足够宽频谱分量，$X^{\mathrm{T}}X$ 将会是非奇异的。这时，通过给上式左乘以 $X^{\mathrm{T}}X$ 的逆矩阵可以得到最小二乘意义下的最佳权向量，如下所示：

$$w=(X^{\mathrm{T}}X)^{-1}X^{\mathrm{T}}d$$

请写一个名为 *f_lsfit* 的 MATLAB 函数来计算这个最优的最小二乘 *FIR* 滤波器权值向量 $b=w$。请利用 MATLAB 左除运算符\.解出标准方程式，调用接口应如下：

```
% F_LSFIT: FIR system identification using offline least-squares fit method
%
% Usage:
%       w = f_lsfit(x,d,m)
% Pre:
%       x  = N by 1 vector containing input samples
%       d  = N by 1 vector containing desired output samples
%       m  = order of transversal filter (m<N)
% Post:
%       b = (m + 1) by 1 least-squares FIR filter coefficient vector
```

在构造 X 时，可以假定 $x(k)$ 是因果的。代入 $N=250, m=30$ 验证该函数。令 x 是 $[-1,1]$ 上均匀分布的白色噪声，d 是对 x 使用如下所示 IIR 滤波器进行过滤得到的形式。

$$H(z)=\frac{1+z^{-2}}{1-0.1z^{-1}-0.72z^{-2}}$$

(a)使用 *stem* 函数画出最小二乘权值向量 b。

(b)使用权值向量 b 计算出 $y(k)$。在同一张图上画出 $d(k)$ 和 $y(k)$，$0\leqslant k\leqslant 50$。并标注它们。

9.36 考虑设计一个如图 9.47 所示的均衡器的问题，假设延迟 $M=15$，$H(z)$ 表征一个通信信道的传递函数

$$H(z)=\frac{1+0.5z^{-1}}{1+0.4z^{-1}-0.32z^{-2}}$$

编写一个 MATLAB 的脚本，使用 FDSP 工具箱里面的 *f_lms* 函数去为 $H(z)$ 构建一个阶数为 $m=30$ 的均衡器。假设 $x(k)$ 由均匀分布于 $[-3,3]$ 上的白噪声的 1000 个采样点组成。使用步长 $\mu=0.002$。

(a)绘出学习曲线。

(b)用最终的权值和输入 $r(k)$ 计算 $y(k)$，然后在一幅图上绘出当 $0 \leqslant k \leqslant N/10$ 时的 $d(k)$ 和 $y(k)$，并标注出它们。

(c)使用最终的权值，在一幅图上绘出 $H(z)$，$W(z)$ 和 $F(z)=H(z)W(z)$ 的幅度响应。横坐标使用规一化的频率 f/f_s。

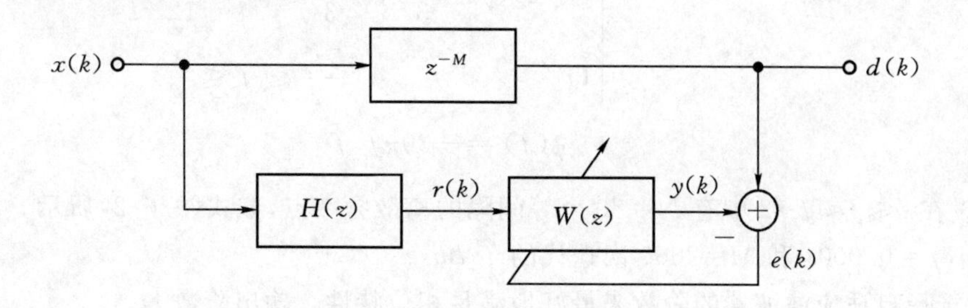

图 9.47 通信信道的均衡 $H(z)$

9.37 对误差平方值的图示仅仅是在 $E[e^2(k)] \approx e^2(k)$ 意义下对学习曲线的一个粗略近似。利用 FDSP 工具箱中的函数 *f_lms* 编写一个 MATLAB 脚本来辨识如下的系统。输入是对[−1,1]上均匀分布的白噪声的 500 次采样，滤波器的阶数取 $m=30$

$$H(z) = \frac{z}{z^3 + 0.7z^2 - 0.8z - 0.56}$$

(a)令 μ 等于式(9.4.16)中上限的 0.1 倍，打印出所使用的步长。

(b)计算并打印出式(9.4.29)中的均方误差时间常数，以迭代次数为单位。

(c)每次使用不同的白噪声进行 50 次系统辨识，画出学习曲线。画出 M 条 $e^2(k)-k$ 的曲线，并在时间常数的整数倍点上画出垂直线。

9.38 思考下边的 IIR 滤波器：

$$H(z) = \frac{10(z^2 + z + 1)}{z^4 + 0.2z^2 - 0.48}$$

利用 FDSP 工具箱中的函数 *f_leaklms* 写一个 MATLAB 脚本程序来辨识这个系统，其中阶数取 $m=30$。其输入为下边的周期输入，它由 $N=120$ 个样点组成，步长大小$\mu=0.005$。

$$x(k) = \cos\left(\frac{\pi k}{5}\right) + \sin\left(\frac{\pi k}{10}\right)$$

(a)画出 $v=0.99$ 的学习曲线。

(b)画出 $v=0.98$ 的学习曲线。

(c)画出 $v=0.96$ 的学习曲线。

(d)利用 $v=0.995$ 和最终权值在同一幅做出标注的图中画出 $d(k)$ 和 $y(k)$。

9.39 利用 FDSP 工具箱来写一个 MATLAB 脚本程序，该程序将设计出一个 FIR 滤波器，并满足下边伪滤波器设计规范。

$$A(f)=\begin{cases}2, & 0\leqslant f\leqslant \frac{f_s}{6}\\ 3, & \frac{f_s}{6}\leqslant f\leqslant \frac{2f_s}{2}\\ 3-24(f-\frac{f_s}{3}), & \frac{f_s}{3}\leqslant f<\frac{5f_s}{12}\\ 1, & \frac{5f_s}{12}\leqslant f\leqslant \frac{f_s}{2}\end{cases}$$

$$\phi(f)=-30\pi f/f_s$$

假设在 $0\leqslant f<f_s/2$ 中有 $N=80$ 个等间隔的离散频率点，如式(9.6.2)所示。利用步长大小 $\mu=0.0001$ 和 $M=2000$ 次迭代的 f_lms。

(a)选择自适应滤波器的阶数来最好地满足相位特性。输出阶数 m。

(b)画出用最终权值得到的滤波器的幅度响应。在同一幅图中针对 N 个离散的频率点以不同的图形符号画出期望的幅度响应，并做出标注。

(c)画出用最终权值得到的滤波器的相位响应。在同一幅图中针对 N 个离散的频率点以不同的图形符号画出期望的相位响应，并做出标注。

9.40 思考进行如图 9.48 所示的系统辨识的问题。假设要辨识的系统是下边的 AR 模型或全极点滤波器。

$$H(z)=\frac{1}{z^4-0.1^2-0.72}$$

利用 FDSP 工具箱中的函数 *f_normlms* 写一个 MATLAB 脚本程序来辨识这个系统，其中阶数取 $m=60$。其输入由在[-1,1]之间均匀分布的白噪声的 $N=1200$ 个样点组成，固定步长大小为 $\alpha=0.1$，最大步长大小 $\mu_{\max}=5\alpha$。

(a)画出学习曲线。

(b)画出步长大小。

(c)在同一幅做出标注的图上画出 $H(z)$和 $W(z)$的幅度响应，这里 $W(z)$是自适应滤波器的最终权值。

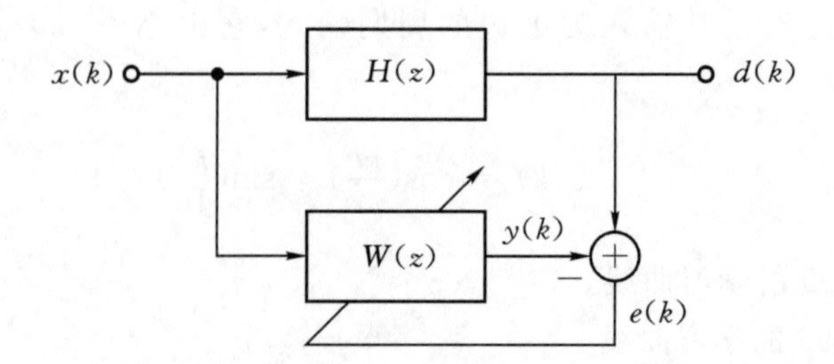

图 9.48 线性离散时间系统的辨识，$H(z)$

9.41 思考如图 9.48 所示的执行系统辨识的问题。假设需要辨识的系统是下边的 IIR 滤波器。

$$H(z) = \frac{z^2}{z^3 + 0.8z^2 + 0.25z + 0.2}$$

利用 FDSP 工具箱中的函数 *f_corrlms* 写一个 MATLAB 脚本程序来辨识这个系统，其中阶数取阶数 $m=50$。其输入由在[−1,1]之间均匀分布的白噪声的 $N=2000$ 个样点组成，相对步长大小 $\alpha=1$，平滑参数 β 为默认值。

(a)画出学习曲线。

(b)画出步长大小。

(c)在同一幅做出标注的图上画出 $H(z)$ 和 $W(z)$ 的幅度响应，这里 $W(z)$ 是自适应滤波器的最终权值。

9.42　思考图 9.49 所示的设计信号预测器的问题。假设将被预测的信号如下：

$$x(k) = \sin\left(\frac{\pi k}{5}\right)\cos\left(\frac{\pi k}{10}\right) + v(k), \quad 0 \leqslant k < N$$

这里 $N=200$，$v(k)$ 是在[−0.05,0.05]间均匀分布的白噪声。利用 FDSP 工具箱中的函数 *f_rls* 写一个 MATLAB 脚本程序来预测信号将来 $M=20$ 样点的值。使用阶数 $m=40$ 和遗忘因子 $\gamma=0.9$ 的滤波器。

(a)画出学习曲线。

(b)利用最终权值，计算输出 $y(k)$，它相应于输入 $x(k)$。然后用 *subplot* 命令上下分开画出 $x(k)$ 和 $y(k)$。利用 *fill* 函数从 $k=160$ 开始为长为 M 的 $x(k)$ 的部分加阴影。然后从 $k=140$ 开始为 $y(k)$ 相应的周期部分加阴影。

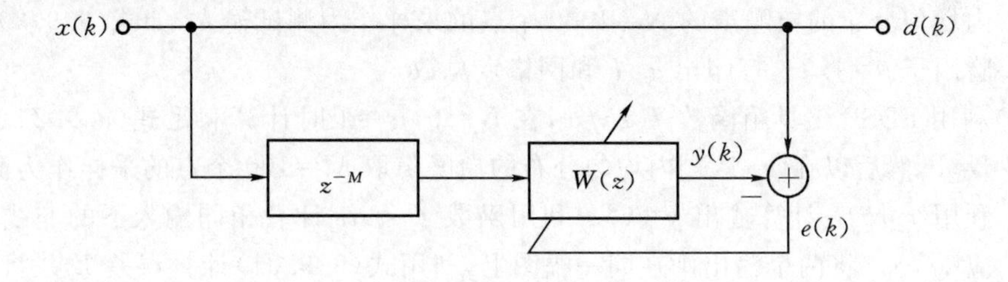

图 9.49　信号预测

9.43　考虑如图 9.45 所示的主动噪声控制系统。假设主噪声 $x(k)$ 包括下面的受噪声污染的周期信号

$$x(k) = 2\sum_{i=1}^{5} \frac{\sin(2\pi F_0 ikT)}{1+i} + v(k)$$

这里的基频 $F_0=100$ Hz，采样频率 $f_s=2000$ Hz。加性噪声项 $v(k)$ 是在[−0.2, 0.2]内均匀分布的白噪声。辅通道 $F(z)$ 和主通道 $G(z)$ 的 FIR 模型的系数矢量在 MAT 文件 *prob9_44.mat* 中。系数矢量为 f 和 g。编写 MATLAB 程序载入 f 和 g，通过 FDSP 工具箱函数 *f_sigsyn* 应用信号综合方法进行主动噪声控制，采样点 $N=2000$，控制系统在采样点 $N/4$ 时开始工作。步长 $\mu=0.04$。

(a)画出学习曲线，并利用式(9.8.15)计算噪声抑制的程度(dB)，并显示在图的标题中。

(b)画出在没有抵消前的噪声的幅度谱。

(c)画出抵消以后的噪声的幅度谱。

9.44 考虑如图 9.45 所示的主动噪声控制系统。假设主噪声 $x(k)$包括下面的受噪声污染的周期信号

$$x(k) = 2\sum_{i=1}^{5}\frac{\sin(2\pi F_0 ikT)}{1+i} + v(k)$$

这里的基频 $F_0=100$ Hz,采样频率 $f_s=2000$ Hz。加性噪声项 $v(k)$是在$[-0.2, 0.2]$内均匀分布的白噪声。辅通道 $F(z)$和主通道 $G(z)$的 FIR 模型的系数矢量在 MAT 文件 *prob9_44.mat* 中。系数矢量为 f 和 g。编写 MATLAB 程序载入 f 和 g,通过 FDSP 工具箱函数 *f_fxlms* 应用 x 滤波 LMS 方法进行主动噪声控制,采样点 $N=2000$,控制系统在采样点 $N/4$ 时开始工作。采用阶数 $m=30$ 的噪声控制器且步长 $\mu=0.002$。画出学习曲线,并利用式(9.8.15)计算噪声抑制的程度(以 dB 表示),并显示在图的标题中。

9.45 考虑下面的非线性离散时间系统,有 $m=0$ 个过去的输入和 $n=1$ 过去的输出。

$$y(k) = 0.8y(k_1) + 0.3\,[x(k) - y(k-1)]^3$$

令输入的区间为$-1\leqslant x(k)\leqslant 1$,每一维的网格点数 $d=8$,编写 MATLAB 程序完成下列任务:

(a)利用 FDSP 工具箱函数 *f_state* 计算输出界 b,使得 $b_1\leqslant y(k)\leqslant b_2$。采用在$[-1,1]$内均匀分布的白噪声的 $N=1000$ 个点的采样作为测试输入,如式(9.9.29)所示,保险因子 $\beta=1.2$。打印出 a, b 和网格点总数 r。

(b)利用 FDSP 工具箱函数 *f_rbfw*,在 $N=0, ic=1$ 时计算满足式(9.9.22)的权值矢量 w,然后以在$[-1,1]$内均匀分布的白噪声取 $M=100$ 个点的采样作为测试输入,利用 *f_rbf0* 计算输出 $y_0(k)$。利用函数 *f_state* 计算相同输入下的非线性系统响应 $y(k)$。将两个输出画在同一幅图上,利用式(9.9.31)计算误差 E 并将其显示在图的标题上。

9.46 考虑下面的非线性离散时间系统,有 $m=0$ 个过去的输入和 $n=1$ 过去的输出。

$$y(k) = 0.8y(k_1) + 0.3\,[x(k) - y(k-1)]^3$$

假设输入 $x(k)$为在$[-1,1]$内均匀分布的白噪声的 $N=1000$ 个点的采样。记每一维的网格点数 $d=8$。编写 MATLAB 程序完成下列任务:

(a)利用 FDSP 工具箱函数 *f_state* 计算输出界 b,使得 $b_1\leqslant y(k)\leqslant b_2$。如式(9.9.29)所示,保险因子 $\beta=1.2$。打印出 a, b, Δx, Δy 和网格点总数 r。

(b)画出对应于白噪声输入 $x(k)$的输出 $y(k)$,用虚线画出沿 y 维度的网格值。

(c)令 $f(u)$记为非线性差分方程的右边项,其中 $u(k)=[x(k), y(k-1)]^{\mathrm{T}}$,画出定义域和值域$[a_1,a_2]\times[b_1,b_2]$内的表面 $f(u)$。

9.47 考虑如图 9.45 所示的有源噪声控制系统。假设辅通道建模为下面的传递函数,它考虑了当声音通过空气时的延迟和衰减,以及麦克风、扬声器、放大器和 DAC 的特性。

$$F(z)=\frac{0.2z^{-3}}{1-1.4z^{-1}+0.48z^{-2}}$$

假设采样频率为 $f_s=2000$ Hz。编写 MATLAB 程序，利用 FDSP 工具箱 *f_lms*，通过一个阶数为 $m=25$ 的自适应滤波器来确定辅通道 $F(z)$的 *FIR* 模型。选择合适的输入和步长保证算法收敛

(a)画出学习曲线来验证收敛性。

(b)在同一张图上画出 $F(z)$和$\hat{F}(z)$的幅度响应(使用标注)。

(c)在同一张图上画出 $F(z)$和$\hat{F}(z)$的相位响应(使用标注)。

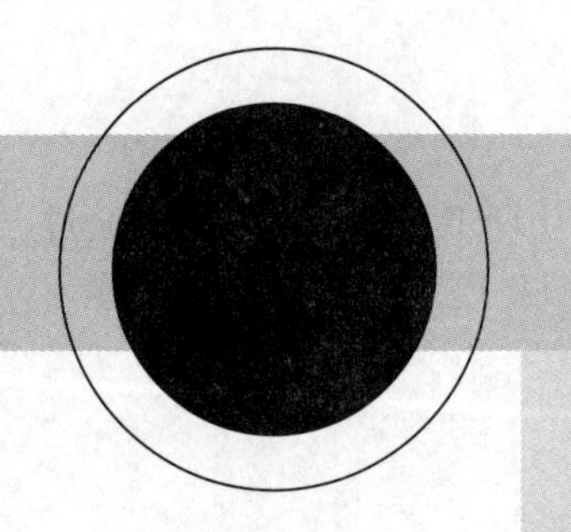

参考文献

1. Ahmed, N., and Natarajan, T., *Discrete-Time Signals and Systems*, Reston: Reston, VA, 1983.
2. Bartlett, M. S., "Smoothing Periodograms from Time Series with Continuous Spectra," *Nature*, Vol. 161, pp. 686–687, May, 1948.
3. Bellanger, M., Bonnerot, G., and Coudreuse, M., "Digital Filtering by Polyphase Network: Application to Sample Rate Alteration and Filter Banks," *IEEE Trans. Acoustics, Speech, and Signal Processing*, Vol. 24, pp. 109–114, 1976.
4. Bellanger, M., *Adaptive Digital Filters and Signal Analysis*, Marcel Dekker: New York, 1987.
5. Bequette, B. W., *Process Control: Modeling, Design, and Simulation*, Prentice Hall: Upper Saddle River, NJ, 2003.
6. Burrus, C. S., and Guo, H., *Introduction to Wavelets and Wavelet Transforms: A Primer*, Prentice Hall: Upper Saddle River, NJ, 1997.
7. Candy, J. C., and Temes, G. C., *Oversampling Delta-Sigma Data Converters*, *IEEE Press*: New York, 1992.
8. Chapman, S. J., *MATLAB Programming for Engineers*, Second Edition, Brooks/Cole: Pacific Grove, CA, 2002.
9. Chatfield, C., *The Analysis of Time Series*, Chapman and Hall: London, 1980.
10. Constantinides, A. G., "Spectral Transformations for Digital Filters," *Proc. Inst. Elec. Engr.*, Vol. 117, pp. 1585–1590, 1970.
11. Cook, T. A., *The Curves of Life*, Dover: Mineola, NY, 1979.
12. Cooley, J. W., and Tukey, R. W., "An Algorithm for Machine Computation of Complex Fourier Series," *Mathematics of Computation*, Vol. 19, pp. 297–301, 1965.
13. Crochiere, R. E., and Rabiner, L. R., "Optimum FIR Digital Filter Implementations for Decimation, Interpolation, and Narrow-band Filtering," *IEEE Trans. Acoustics, Speech, and Signal Processing*, Vol. 23, No. 5, pp. 444–456, 1975.
14. Crochiere, R. E., and Rabiner, L. R., "Further Considerations in the Design of Decimators and Interpolators," *IEEE Trans. Acoustics, Speech, and Signal Processing*, Vol. 24, pp. 296–311, 1976.
15. Dorf, R.C., and Svoboda, J.A., *Introduction to Electric Circuits*, Wiley: New York, 2000.
16. Durbin, J., "Efficient Estimation of Parameters in Moving Average Model," *Biometrika*, Vol. 46, pp. 306–316, 1959.
17. Dwight, H. B., *Tables of Integrals and other Mathematical Data*, Fourth Edition, MacMillan: New York, 1961.
18. Elliott, S. J., Stothers, I. M., and Nelson, P. A., "A Multiple Error LMS Algorithm and its Application to the Active Control of Sound and Vibration," *IEEE Trans. Acoustics, Speech and Signal Processing*, Vol. ASSP-35, pp. 1423–1434, 1987.

19. Franklin, G. E., Powell, J. D., and Workman, M. L., *Digital Control of Dynamic Systems*, Second Ed., Addison-Wesley Publishing: Reading, MA, 1990.

20. Gerald, C. F., and Wheatley, P. O., *Applied Numerical Analysis*, Fourth Edition, Addison-Wesley: Reading, MA, 1989.

21. Gitlin, R. D., Meadors, H. C., and Weinstein, S. B., "The Tap-leakage Algorithm: An Algorithm for the Stable Operation of a Digitally Implemented, Fractional Adaptive Spaced Equalizer," *Bell System Tech. J.*, Vol. 61, pp. 1817–1839, 1982.

22. Grover, D., and Deller J. R., *Digital Signal Processing and the Microcontroller*, Prentice Hall: Upper Saddle River, NJ, 1999.

23. Hanselman, D., and Littlefield, B., *Mastering MATLAB 6*, Prentice Hall: Upper Saddle River, NJ, 2001.

24. Hassibi, B. A., Sayed, H., and Kailath, T., "H^{∞} Optimality of the LMS Algorithm," *IEEE Trans. on Signal Processing*, Vol. 44, pp. 267–280, 1996.

25. Haykin, S., *Adaptive Filter Theory*, Fourth Edition, Prentice Hall: Upper Saddle River, NJ, 2002.

26. Hernandez, E., and Arkun, Y., "Stability of Nonlinear Polynomial ARMA Models and Their Inverse," *Int. J. Control*, Vol. 63, No. 5, pp. 885–906, 1996.

27. Ifeachor, E. C., and Jervis, B. W., *Digital Signal Processing: A Practical Approach*, Second Edition, Prentice-Hall: Harlow, UK, 2002.

28. Ingle, V. K., and Proakis, J. G., *Digital Signal Processing Using MATLAB*, Brooks/Cole: Pacific Grove, CA, 2000.

29. Jackson, L. B., *Digital Filters and Signal Processing*, Third Edition, Kluwer Academic Publishers: Boston, 1996.

30. Jaffe, D. A., and Smith, J. O., "Extensions of the Karplus-Strong Plucked-string Algorithm," *Computer Music Journal*, Vol. 7, No. 2, pp. 56–69, 1983.

31. Jameco Electronics Catalog, 1355 Shoreway Road, Belmont, CA, 94002–4100, 2004.

32. Jansson, P. A., *Deconvolution*, Academic Press: New York, 1997.

33. Kailath, T., *Estimating Filters for Linear Time-Invariant Channels*, Quarterly Progress Rep., 58, MIT Research Laboratory for Electronics, Cambridge, MA, pp. 185–197, 1960.

34. Kaiser, J. F., "Digital Filters," Chap. 7 of *System Analysis by Digital Computer*, F. F. Kuo and J. F. Kaiser, Eds., Wiley: New York, 1966.

35. Kaiser, J. F., "Nonrecursive Digital Filter Design Using the I_0-sinh Window Function," *Proc. 1974 IEEE Int. Symp. on Circuits and Systems*, San Francisco, CA, pp. 20-23, April, 1974.

36. Kuo, S. M., and Gan, W.-S., *Digital Signal Processing: Architectures, Implementations, and Applications*, Pearson-Prentice Hall: Upper Saddle River, NJ, 2005.

37. Kuo, S. M., and Morgan, D. R., *Active Noise Control Systems: Algorithms and DSP Implementations*, Wiley: New York, 1996.

38. Lam, H. Y.-F., *Analog and Digital Filters*, Prentice-Hall: Englewood Cliffs, NJ, 1979.

39. Levinson, N., "The Wiener RMS Criterion in Filter Design and Prediction," *J. Math. Phys.*, Vol. 25, pp. 261–278, 1947.

40. Ljung, L., Morf, M., and Falconer, D., "Fast Calculation of Gain Matrices for Recursive Estimation Schemes," *Int. J. Control*, Vol. 27, pp 1–19, 1978.

41. Ludeman, L. C., *Fundamentals of Digital Signal Processing*, Harper and Row: New York, 1986.

42. Markel, J. D., and Gray, A. H., Jr., *Linear Prediction of Speech*, Springer-Verlag: New York, 1976.

43. Marwan, N., "Make Install Tool for MATLAB," www.agnld.uni-potsdam.de/ marwan/ 6.download/ whitepaper_makeinstall.html, Potsdam, Germany, 2003.

44. McGillem, C.D., and Cooper, G.R., *Continuous and Discrete Signal and System Analysis*, Holt, Rhinehart and Winston: New York, 1974.
45. Mitra, S. K., *Digital Signal Processing: A Computer-Based Approach*, Second Edition, McGraw-Hill Irwin: Boston, 2001.
46. Moorer, J.A., "About the Reverberation Business," *Computer Music Journal*, Vol. 3, No. 2, pp. 13–28, 1979.
47. Moustakides, G. V., "Study of the Transient Phase of the Forgetting Factor RLS," *IEEE Trans. Signal Processing*, Vol. 45, pp. 2468–2476, 1997.
48. Nilsson, J. W., *Electric Circuits*, Addison-Wesley: Reading, MA, 1982.
49. Noble, B., *Applied Linear Algebra*, Prentice Hall: Englewood Cliffs, NJ, 1969.
50. Oppenheim, A. V., Schafer, R. W., and Buck, J. R., *Discrete-Time Signal Processing*, Prentice Hall: Upper Saddle River, NJ, 1999.
51. Papamichalis, P., *Digital Signal Processing Applications with the TMS320 Family. Theory, Algorithms, and Implementations*, Vol. 3, Texas Instruments: Dallas TX, 1990.
52. Park, S. K., and Miller, K. W., "Random Number Generators: Good Ones are Hard to Find," *Communications of the ACM*, Vol. 31, pp. 1192–1201, 1988.
53. Parks, T. W., and McClellan, J. H., "Chebyshev Approximation for Nonrecursive Digital Filters with Linear Phase," *IEEE Trans. Circuit Theory*, Vol. CT-19, pp. 189–194, Mar., 1972.
54. Parks, T. W., and McClellan, J. H., "A Program for the Design of Linear Phase Finite Impulse Response Filters," *IEEE Trans. Audio Electroacoustics*, Vol. AU-20, No. 3, pp. 195–199, Aug., 1972.
55. Parks, T. W., and Burrus, C. S., *Digital Filter Design*, Wiley: New York, 1987.
56. Porat, B., *A Course in Digital Signal Processing*, Wiley: New York, 1997.
57. Proakis, J. G., and Manolakis, D. G., *Digital Signal Processing: Principles, Algorithms, and Applications*, Second Edition, Macmillan Publishing: New York, 1992.
58. Rabiner, L. R., and Schafer, R. W., *Digital Processing of Speech Signals*, Prentice-Hall: Englewood Cliffs, NJ, 1978.
59. Rabiner, L. R., Gold, B., and McGonegal, C. A., "An Approach to the Approximation Problem for Nonrecursive Digital Filters," *IEEE Trans. Audio and Electroacoustic*, Vol. AU-18, pp. 83–106, June, 1970.
60. Rabiner, L. R., and Crochiere, R. E., "A Novel Implementation for Narrow-band FIR Digital Filters," *IEEE Trans. Acoustics, Speech, and Signal Processing*, Vol. 23, No. 5, pp. 457–464, 1975.
61. Rabiner, L. R., McClellan, J. H., and Parks, T. W., "FIR Digital Filter Design Techniques Using Weighted Chebyshev Approximation," *Proc. IEEE*, Vol. 63, pp. 595–610, 1975.
62. Remez, E. Y., "General Computational Methods of Chebyshev Approximations," *Atomic Energy Translation 4491*, Kiev, USSR, 1957.
63. Roads, C. Pope, S. T., Piccialli, A., and DePolki, G., Editors, *Musical Signal Processing*, Swets & Zeitlinger: Lisse, Netherlands, 1997.
64. Schilling, R. J., Al-Ajlouni, A., Carroll, J. J., and Harris, S. L., "Active Control of Narrow-band Acoustic Noise of Unknown Frequency Using a Phase-locked Loop," *Int. J. Systems Science*, Vol. 29, No. 3, pp. 287–295, 1998.
65. Schilling, R. J., Carroll, J. J., and Al-Ajlouni, A., "Approximation of Nonlinear Systems with Radial Basis Function Neural Networks," *IEEE Trans. Neural Networks*, Vol. 12, No. 1, pp. 1–15, 2001.
66. Schilling, R. J., and Lee, H., *Engineering Analysis: A Vector Space Approach*, Wiley: New York, 1988.
67. Schilling, R. J., and Harris, S. L., *Applied Numerical Methods for Engineers Using MATLAB and C*, Brooks-Cole: Pacific Grove, CA, 2000.

68. Slock, T. T. M., "On the Convergence Behavior of the LMS and the Normalized LMS Algorithms," *IEEE Trans. Signal Processing*, Vol. 41, pp. 2811–2825, 1993.

69. Shan, T. J., and Kailath, T., "Adaptive Algorithms with an Automatic Gain Control Feature," *IEEE Trans. Circuits and Systems*, Vol. CAS-35, pp. 122–127, 1988.

70. Shannon, C. E., "Communication in the Process of Noise," *Proc. IRE*, Jan., pp. 10–21, 1949.

71. Steiglitz, K., *A Digital Signal Processing Primer with Applications to Digital Audio and Computer Music*, Addison-Wesley: Menlo Park, CA, 1996.

72. Strum, R. E., and Kirk, D. E., *First Principles of Discrete Systems and Digital Signal Processing*, Addison-Wesley: Reading MA, 1988.

73. Treichler, J. R., Johnson, C. R., Jr., and Larimoore, M. G., *Theory and Design of Adaptive Filters*, Prentice-Hall: Upper Saddle River, NJ, 2001.

74. Tretter, S. A., *Introduction to Discrete-Time Signal Processing*, Wiley: New York, 1976.

75. Warnaka, G. E., Poole, L. A. and Tichy, J., "Active Acoustic Attenuators," U.S. Patent 4,473906, Sept. 25, 1984.

76. Wasserman, P. D., *Neural Computing: Theory and Practice*, Van Nostrand Reinhold: New York, 1989.

77. Webb, A., and Shannon, S., "Shape-adaptive Radial Basis Functions," *IEEE Trans. Neural Networks*, Vol. 9, Nov., 1998.

78. Weiner, N., and Paley, R.E.A.C., *Fourier Transforms in the Complex Domain*, American Mathematical Society: Providence, RI, 1934.

79. Welch, P. D., "The Use of Fast Fourier Transform for the Estimation of Power Spectra: A Method Based on Time Averaging over Short Modified Periodograms," *IEEE Trans. Audio and Electroacoustics*, Vol, AU-15, pp. 70–73, June, 1967.

80. Widrow, B., and Hoff, M. E., Jr., "Adaptive Switching Circuits," *IRE WESCON Conv. Rec., Part 4*, pp. 96–104, 1960.

81. Widrow, B., and Stearns, S. D., *Adaptive Signal Processing*, Prentice Hall: Englewood Cliffs, NJ, 1985.

82. Wilkinson, J. H., *Rounding Error in Algebraic Processes*, Prentice-Hall: Englewood Cliffs, NJ, 1963.

83. Woodbury, M., *Inverting Modified Matrices*, Mem. Rep. 42, Statistical Research Group, Princeton University, Princeton, NJ, 1950.

变换表

1.1 傅里叶级数

复数形式：

$$x_a(t+T)=x_a(t)$$

$$x_a(t)=\sum_{k=-\infty}^{\infty}c_k\exp(\frac{\mathrm{j}2\pi kt}{T})$$

$$c_k=\frac{1}{T}\int_T x_a(t)\exp(-\frac{\mathrm{j}2\pi kt}{T})$$

三角形式：

$$x_a(t)=\frac{a_0}{2}+\sum_{k=1}^{\infty}a_k\cos(\frac{2\pi kt}{T})+\sum_{k=1}^{\infty}b_k\sin(\frac{2\pi kt}{T})$$

$$a_k=\frac{1}{T}\int_T x_a(t)\cos(\frac{2\pi kt}{T})\mathrm{d}t$$

$$b_k=\frac{1}{T}\int_T x_a(t)\sin(\frac{2\pi kt}{T})\mathrm{d}t$$

余弦形式：

$$x_a(t)=\frac{d_0}{2}+\sum_{k=-\infty}^{\infty}d_k\cos(\frac{2\pi kt}{T}+\theta_k)$$

$$d_k=\sqrt{a_k^2+b_k^2}=2\mid c_k^2\mid$$

$$\theta_k=\arctan(\frac{-b_k}{a_k})=\arctan(\frac{-\mathrm{Im}(c_k)}{\mathrm{Re}(c_k)})$$

表 A1 傅里叶级数对

描述	$x_a(t)$	傅里叶级数
奇方波	$\mathrm{sgn}[\sin(\frac{2\pi kt}{T})]$	$\frac{4}{\pi}\sum_{k=1}^{\infty}\frac{1}{2k-1}\sin[\frac{2\pi(2k-1)t}{T}]$
偶方波	$\mathrm{sgn}[\cos(\frac{2\pi kt}{T})]$	$\frac{4}{\pi}\sum_{k=1}^{\infty}\frac{(-1)^{k-1}}{2k-1}\cos[\frac{2\pi(2k-1)t}{T}]$
脉冲序列	$\delta_T(t)$	$\frac{1}{T}+\frac{2}{T}\sum_{k=-\infty}^{\infty}\cos(\frac{2\pi kt}{T})$
偶脉冲序列	$u_a[\cos(\frac{2\pi t}{T})-\cos(\frac{2\pi\tau}{T})]$	$\frac{2\tau}{T}+\frac{4\tau}{T}\sum_{k=-\infty}^{\infty}\mathrm{sinc}(\frac{2k\tau}{T})\cos(\frac{2\pi kt}{T})$
整流正弦波	$\left\lvert\sin(\frac{2\pi kt}{T})\right\rvert$	$\frac{2}{\pi}-\frac{4}{\pi}\sum_{k=1}^{\infty}\frac{1}{4k^2-1}\cos[\frac{4\pi kt}{T}]$
锯齿波	$\mathrm{mod}(t,T)$	$\frac{1}{2}-\frac{1}{\pi}\sum_{k=-\infty}^{\infty}\frac{1}{k}\sin(\frac{2\pi kt}{T})$

1.2 傅里叶变换

傅里叶变换(FT)

$$x(f)=\int_{-\infty}^{\infty}x_a(t)\exp(-\frac{\mathrm{j}2\pi kt}{T})\mathrm{d}t,\quad f\in R$$

逆傅里叶变换(IFFT)

$$x_a(t)=\int_{-\infty}^{\infty}x(f)\exp(-\frac{\mathrm{j}2\pi kt}{T})\mathrm{d}f,\quad t\in R$$

表 A2 傅里叶变换对,其中 $c>0$

项	$x_a(t)$	$X_a(t)$	描述
1	$\exp(-ct)\mu_a(t)$	$\frac{1}{c+\mathrm{j}2\pi t}$	因果指数函数
2	$\exp(-c\lvert t\rvert)$	$\frac{2c}{c^2+4\pi^2t^2}$	双指数函数
3	$\exp(-(ct)^2)$	$\frac{\sqrt{\pi}\exp(-(\frac{\pi f}{c})^2)}{c}$	高斯
4	$\exp(\mathrm{j}2\pi F_0t)$	$\delta_a(f-F_0)$	复指数
5	$t\exp(-ct)\ \mu_a(t)$	$\frac{1}{(c+\mathrm{j}2\pi f)^2}$	衰落多项式
6	$\exp(-ct)\sin(\mathrm{j}2\pi F_0t)\mu_a(t)$	$\frac{c+\mathrm{j}2\pi f}{(c+\mathrm{j}2\pi f)^2+(2\pi F_0)^2}$	衰落余弦
7	$\exp(-ct)\cos(\mathrm{j}2\pi F_0t)\mu_a(t)$	$\frac{2\pi F_0}{(c+\mathrm{j}2\pi f)^2+(2\pi F_0)^2}$	衰落正弦

项	$x_a(t)$	$X_a(t)$	描述
8	$\delta_a(t)$	1	单位冲激
9	$\mu_a(t)$	$\frac{\delta_a(f)}{2}+\frac{1}{j2\pi f}$	单位阶跃
10	1	$\delta_a(f)$	常数
11	$\mu_a(t+T)-\mu_a(t-T)$	$2\tau\mathrm{sinc}(2Tf)$	脉冲
12	$2B\mathrm{sinc}(2Bt)$	$\mu_a(f+B)-\mu_a(f-B)$	Sinc 函数
13	$\mathrm{sgn}(t)$	$\frac{1}{j\pi f}$	符号函数
14	$\cos(2\pi F_0 t)$	$\frac{\delta_a(f+F_0)+\delta_a(f-F_0)}{2}$	余弦
15	$\sin(2\pi F_0 t)$	$\frac{j[\delta_a(f+F_0)-\delta_a(f-F_0)]}{2}$	正弦

表 A3　傅里叶变换性质

性质	$x_a(t)$	$X_a(f)$
对称性	实函数	$x_a^*(f)=x(-f)$
偶幅度	实函数	$\|x_a(-f)\|=\|x_a(f)\|$
奇相位	实函数	$\angle x_a(-f)=-\angle x_a(f)$
线性	$ax_1(t)+bx_2(t)$	$aX_1(f)+bX_2(f)$
时间尺度	$x_a(at)$	$\frac{1}{\|a\|}x_a(\frac{f}{a})$
反射	$x_a(-t)$	$X_a(-f)$
反射的对偶	$X_a(t)$	$x_a(-f)$
复共轭	$x_a^*(t)$	$X_a^*(-f)$
时间移位	$x_a(t-T)$	$\exp(-j2\pi T)X_a(f)$
频率移位	$\exp(-j2\pi F_0)x_a(t)$	$X_a(f-F_0)$
时域微分	$\frac{d^k x_a(t)}{dt^k}$	$(j2\pi f)^k X_a(f)$
频域微分	$(t)^k x_a(t)$	$\frac{1}{2\pi}\frac{d^k X_a(f)}{df^k}$
时域卷积	$\int_{-\infty}^{\infty}x_1(\tau)x_2(t-\tau)d\tau$	$X_1(f)X_2(f)$
频域卷积	$x_1(t)x_2(t)$	$\int_{-\infty}^{\infty}x_1(\alpha)x_2(f-\alpha)d\alpha$
互相关	$\int_{-\infty}^{\infty}x_1(t)x_2^*(t+\tau)d\tau$	$X_1(f)X_2^*(f)$
帕斯瓦尔	$\int_{-\infty}^{\infty}x(t)y^*(t)dt$	$\int_{-\infty}^{\infty}X(f)Y^*(f)dt$
	$\int_{-\infty}^{\infty}\|x\|^2 dt$	$\int_{-\infty}^{\infty}\|X(f)\|^2 df$

1.3 拉普拉斯变换

拉普拉斯变换(LI)

$$\int_{-\infty}^{\infty} x_a(t)\exp(-st)\mathrm{d}t \qquad \mathrm{Re}(s) > c$$

逆拉普拉斯变换 (ILT)

$$x_a(T) \triangleq \frac{1}{\mathrm{j}2\pi}\int_{c-\mathrm{j}\infty}^{c+\mathrm{j}\infty} X_a(s)\exp(st)\mathrm{d}s \qquad t \geqslant 0$$

表 A4 拉普拉斯变换对

项	$x_a(t)$	$X_a(s)$	描述
1	$\delta_a(t)$	1	单位冲激
2	$\mu_a(t)$	$\frac{1}{s}$	单位阶跃
3	$t^m\mu_a(t)$	$\frac{m!}{s^{m+1}}$	多项式
4	$\exp(-ct)\mu_a(t)$	$\frac{1}{s+c}$	指数
5	$\exp(-ct)t^m\mu_a(t)$	$\frac{m!}{(s+c)^{m+1}}$	衰减指数
6	$\sin(2\pi F_0 t)\mu_a(t)$	$\frac{2\pi F_0}{s^2+(2\pi F_0)^2}$	正弦
7	$\cos(2\pi F_0 t)\mu_a(t)$	$\frac{s}{s^2+(2\pi F_0)^2}$	余弦
8	$\exp(-ct)\sin(2\pi F_0 t)\mu_a(t)$	$\frac{2\pi F_0}{(s+c)^2+(2\pi F_0)^2}$	衰减正弦
9	$\exp(-ct)\cos(2\pi F_0 t)\mu_a(t)$	$\frac{s+c}{(s+c)^2+(2\pi F_0)^2}$	衰减余弦
10	$t\sin(2\pi F_0 t)\mu_a(t)$	$\frac{4\pi F_0}{[s^2+(2\pi F_0)^2]^2}$	多项式正弦
11	$t\cos(2\pi F_0 t)\mu_a(t)$	$\frac{s^2-(2\pi F_0)^2}{[s^2+(2\pi F_0)^2]^2}$	多项式余弦

表 A5 拉普拉斯变换性质

性质	$x_a(t)$	$X_a(f)$
线性	$a\,x_1(t)+bx_2(t)$	$a\,X_1(s)+bX_2(s)$
复共轭	$x^*(t)$	$X^*(s)$
时间尺度	$x_a(at), a>0$	$\frac{1}{a}X_a(\frac{s}{a})$
乘以时间	$tx_a(t)$	$-\frac{dX_a(s)}{ds}$
除以时间	$\frac{x_a(t)}{t}$	$\int_s^{\infty}X_a(\sigma)d\sigma$
时间移位	$x_a(t-T)+\mu_a(t-T)$	$\exp(-sT)X_a(s)$
频率移位	$\exp(-at)x_a(t)$	$X_a(s+a)$
导数	$\frac{dx_a(t)}{dt}$	$sX_a(s)+X_a(0^+)$
积分	$\int_0^t x_a(\tau)d\tau$	$\frac{X_a(s)}{s}$
微分	$\frac{d^kx_a(t)}{dt^k}$	$s^kX_a(s)-\sum_{i=0}^{k-1}s^{k-i-1}\frac{d^iX_a(0^+)}{dt^i}$
卷积	$\int_0^t x_a(\tau)y_a(t-\tau)d\tau$	$X_a(s)Y_a(s)$
初值	$x_a(0^+)$	$\lim_{s\to\infty}sX_a(s)$
终值	$\lim_{t\to\infty}x_a(t)$	$\lim_{s\to 0}sX_a(s)$,稳态

1.4 Z 变换

Z 变换(ZT):

$$X(z)\triangleq\sum_{k=0}^{\infty}x(k)z^{-k},\quad r<|z|<R$$

逆 Z 变换(ZT)

$$x(k)=\frac{1}{j2\pi}\int_C X(z)z^{k-1}dz,\quad |k|=0,1,\cdots$$

表 A6 Z 变换对

项	$x(t)$	$X(z)$	描述
1	$\delta(k)$	1	单位脉冲
2	$\mu(k)$	$\frac{z}{z-1}$	单位阶跃
3	$k\mu(k)$	$\frac{z}{(z-1)^2}$	单位斜坡
4	$a^2\mu(k)$	$\frac{z(z+1)}{(z-1)^3}$	单位二次
5	$a^k\mu(k)$	$\frac{z}{z-a}$	指数
6	$ka^k\mu(k)$	$\frac{az}{(z-a)^2}$	线性指数
7	$k^2a^k\mu(k)$	$\frac{az(z+a)}{(z-a)^3}$	平方指数
8	$\sin(bk)\mu(k)$	$\frac{z\sin(b)}{z^2-2z\cos(b)+1}$	正弦
9	$\cos(bk)\mu(k)$	$\frac{z[z-\cos(b)]}{z^2-2z\cos(b)+1}$	余弦
10	$a^k\sin(bk)\mu(k)$	$\frac{az\sin(b)}{z^2-2az\cos(b)+a^2}$	衰减正弦
11	$a^k\cos(bk)\mu(k)$	$\frac{z[z-a\cos(b)]}{z^2-2az\cos(b)+a^2}$	衰减余弦

表 A7 Z 变换性质

性质	$x(k)$	$X(z)$
线性	$ax(k)+by(k)$	$aX(z)+bY(z)$
复共轭	$x^*(k)$	$X^*(z^*)$
时间反转	$x(-k)$	$X(1/z)$
时间移位	$x(k-r)$	$z^{-r}X(z)$
乘以时间	$kx(k)$	$-z\frac{dX(z)}{dz}$
Z 域缩放	$a^kx(k)$	$X(z/a)$
卷积	$h(k)*x(k)$	$H(Z)X(z)$
相关	$R_{yx}(k)$	$\frac{Y(z)X(1/z)}{L}$
初值	$x(0)$	$\lim_{z\to\infty}X(z)$
终值	$x(\infty)$	$\lim_{z\to 0}(z-1)X(z)$,稳态

1.5 离散时间傅里叶变换

离散时间傅里叶变换(DTFT):

$$X(f) \triangleq \sum_{k=-\infty}^{\infty} x(k)\exp(-\mathrm{j}k2\pi fT), \qquad f \in R$$

逆离散时间傅里叶变换(IDTFT):

$$x(k) = \frac{1}{f_s}\int_{-f_s/2}^{f_s/2} X(f)\exp(\mathrm{j}k2\pi fT)\mathrm{d}f, \qquad |k| = 0,1,2,\cdots$$

表 A8　离散时间傅里叶变换对

项	$x(k)$	$X(f)$	描述
1	$\delta(k)$	1	单位脉冲
2	$a^k\mu(k), \quad \lvert a\rvert<1$	$\frac{\exp(\mathrm{j}2\pi fT)}{\exp(\mathrm{j}2\pi fT)-a}$	指数
3	$k(a)^k\mu(k), \quad \lvert a\rvert<1$	$\frac{a\exp(\mathrm{j}2\pi fT)}{[\exp(\mathrm{j}2\pi fT)-a]^2}$	线性指数
4	$2F_0T\mathrm{sinc}(2kF_0T)$	$\mu(f+F_0)-\mu(f-F_0)$	Sinc 函数
5	$\mu(k+r)-\mu(k-r-1)$	$\frac{\sin[\pi(2r+1)f]}{\sin(\pi f)}$	脉冲函数

表 A9　离散时间傅里叶变换性质

性质	时间信号	DTFT
周期	一般	$X(f+f_s)=X(f)$
对称性	实信号	$X^*(f)=X(-f)$
偶幅度	实信号	$A_x(-f)=A_x(f)$
奇相位	实信号	$\phi_x(-f)=-\phi_x(f)$
线性	$ax(k)+by(k)$	$aX(f)+bY(f)$
复共轭	$x^*(k)$	$X^*(-f)$
时间反转	$x(-k)$	$X(-f)$
时间移位	$x(k-r)$	$\exp(-\mathrm{j}2\pi rfT)X(f)$
频率移位	$\exp(\mathrm{j}k2\pi F_0T)x(k)$	$X(f-F_0)$
乘积	$x(k)y(k)$	$\int_{-f_s/2}^{f_s/2} X(\alpha)Y(f-\alpha)\mathrm{d}\alpha$
卷积	$h(k)*x(k)$	$H(f)X(f)$

性质	时间信号	DTFT
相关	$\gamma_{yx}(k)$	$\frac{Y(f)X(-f)}{L}$
维纳-辛钦	$\gamma_{xx}(k)$	$\frac{S_x(f)}{L}$
帕斯瓦尔	$\sum_{k=-\infty}^{\infty} x(k)y^*(k)$	$\frac{1}{f_s}\int_{-f_s/2}^{f_s/2} X(f)Y^*(f)\mathrm{d}f$
	$\sum_{k=-\infty}^{\infty} \vert x(k)\vert^2$	$\frac{1}{f_s}\int_{-f_s/2}^{f_s/2} \vert X(f)\vert^2\mathrm{d}f$

1.6 离散傅里叶变换 (DFT)

离散傅里叶变换 (DFT)：

$$X(i) \triangleq \sum_{k=0}^{N-1} x(k)\exp\left(\frac{-\mathrm{j}ki2\pi}{N}\right), \qquad 0\leqslant i<N$$

逆离散傅里叶变换 (IDFT)：

$$x(k) = \frac{1}{N}\sum_{i=0}^{N-1} X(i)\exp\left(\frac{\mathrm{j}ki2\pi}{N}\right), \qquad 0\leqslant k<N$$

表 A10 离散傅里叶变换属性

属性	时间信号	DFT	评论
周期	普通	$X(i+N)=X(i)$	
对称	实信号	$X^*(i)=X(N-i)$	
偶幅度	实信号	$A_x(N/2+i)=A_x(N/2-i)$	N 是偶数
奇相位	实信号	$\phi_x(N/2+i)=-\phi_x(N/2-i)$	N 是偶数
线性	$ax(k)+by(k)$	$aX(i)+bY(i)$	
时间反转	$x_p(-k)$	$X^*(i)$	实 X
频率移位	$x_p(k-r)$	$\exp\left(\frac{-j2\pi ir}{N}\right)X(i)$	
圆周卷积	$x(k)^\circ y(k)$	$X(i)Y(i)$	
圆周相关	$c_{yx}(k)$	$\frac{Y(i)X^*(i)}{N}$	实 X
维纳-辛钦	$c_{xx}(k)$	$S_x(i)$	
帕斯瓦尔	$\sum_{k=0}^{N-1} x(k)y^*(k)$	$\frac{1}{N}\sum_{i=0}^{N-1} X(i)Y^*(i)$	
	$\sum_{k=0}^{N-1} \vert x(k)\vert^2$	$\frac{1}{N}\sum_{i=0}^{N-1} \vert X(i)\vert^2$	

数学恒等式

2.1 复数

直角坐标形式：

$$j = \sqrt{-1}$$
$$z = x + jy$$
$$z^* = x - jy$$
$$z + z^* = 2\mathrm{Re}(z) = 2x$$
$$z - z^* = 2\mathrm{Im}(z) = j2y$$
$$zz^* = |z|^2 = x^2 + y^2$$

极坐标形式：

$$z = A\exp(j\phi)$$
$$A = \sqrt{x^2 + y^2}$$
$$\phi = \arctan\left(\frac{y}{x}\right)$$
$$x = A\cos(\phi)$$
$$y = A\sin(\phi)$$

2.2 欧拉公式

$$\exp(\pm j\phi) = \cos(\phi) \pm j\sin(\phi)$$
$$\cos(\phi) = \frac{\exp(j\phi) + \exp(-j\phi)}{2}$$
$$\sin(\phi) = \frac{\exp(j\phi) - \exp(-j\phi)}{j2}$$
$$\exp(\pm j\pi/2) = \pm j$$

2.3　三角恒等式

分析形式：

$$\cos^2(a)+\sin^2(a)=1$$
$$\cos(a\pm b)=\cos(a)\cos(b)\mp\sin(a)\sin(b)$$
$$\sin(a\pm b)=\sin(a)\cos(b)\pm\cos(a)\sin(b)$$
$$\cos(2a)=\cos^2(a)-\sin^2(a)$$
$$\sin(2a)=2\sin(a)\cos(a)$$

综合形式：

$$\cos^2(a)=\frac{1+\cos(2a)}{2}$$
$$\sin^2(a)=\frac{1-\cos(2a)}{2}$$
$$\cos(a)\cos(b)=\frac{\cos(a+b)+\cos(a-b)}{2}$$
$$\sin(a)\sin(b)=\frac{\cos(a-b)-\cos(a+b)}{2}$$
$$\sin(a)\cos(b)=\frac{\sin(a+b)+\sin(a-b)}{2}$$

2.4　不等式

标量：

$$|ab|=|a|\cdot|b|$$
$$|a+b|\leqslant|a|+|b|$$

矢量：

$$\|x\|^2=\sum_{i=1}^{n}x_i^2$$
$$\|A\|=\max_{i=1}^{n}\{|\lambda_i|\}$$
$$\det(\lambda I-A)=\prod_{i=1}^{n}(\lambda-\lambda_i)$$
$$\|x+y\|\leqslant\|x\|+\|y\|$$
$$|x^{\mathrm{T}}y|\leq\|x\|\cdot\|y\|$$
$$\|Ax\|\leqslant\|A\|\cdot\|x\|$$

2.5 均匀分布白噪声

$$p_v = E[v^2(k)] \approx \frac{1}{N}\sum_{i=0}^{N-1} v^2(k)$$

$$p_v = \frac{b^3 - a^3}{3(b-a)} \qquad a \leqslant v \leqslant b$$

$$p_v = \frac{c^2}{3} \qquad -c \leqslant v \leqslant c$$

FDSP工具箱函数

出版社的网站上有一个 FDSP 工具箱,它使用 MATLAB 实现在正文中讨论过的信号处理技术。本附录总结了 FDSP 工具箱中的各个工具。虽然 MATLAB 是平台无关的,但 FDSP 工具箱主要是为有声卡的 Windows PC 设计的。

3.1 安装

FDSP 工具箱是为帮助学生完成出现在每章最后的 GUI 仿真和 MATLAB 计算问题而开发的。同样它也为教师和学生提供一个方便的途径来运行正文中出现的例子和重建所有 MATLAB 图形和表。工具箱中一个新颖的部分是收集了一些图形用户界面模块,这些模块允许用户在不需要编程的情况下交互地探索涵盖每一章信号处理的技术。FDSP 工具箱是使用 MATLAB 自身来安装自己的 (Marwan, 2003)。对于在 Windows Vista 中运行的老版本 MATLAB,用户可能需要在 MATLAB 图标上右键单击,然后选择“以管理员身份运行”。一旦进入了 MATLAB 环境,在下载目录下键入下列命令:

```
>>setup
```

FDSP 主目录下有五个子目录。fdsp 子目录包括 FDSP 工具箱函数和 GUI 模块。FDSP 函数使用 f_xxx 的约定来命名,而 GUI 模块使用 *g_xxx* 的约定。采用这些约定是要确保和其他 MATLAB 工具箱,比如信号处理和滤波器设计工具箱兼容。本文所提及的软件不需要任何辅助工具箱。这样做使学生的开支最小。然而,对那些已经有权利使用辅助工具箱的学生,他们仍然可以使用本工具箱而没有任何冲突的危险(因为有命名约定)。*Examples*, *figures* 和*tables* 子目录分别包含了所有出现在正文中的 MATLAB 例子、图表和表。*Problems* 子目录选录了一些每章最后习题的解,它们使用 PDF 格式。尽管大多数学生会直接从出版商的网站下载 FDSP 工具箱,但是从下面由作者维护的网站下载 FDSP 工具箱也是可能的:

www. ckarjsib. edu/~schillin/fdsp

3.2 驱动模块：*f_dsp*

所有配备在 CD 上的软件可以通过一个叫做 *f_dsp* 的驱动模块方便地访问。在 MATLAB 命令提示下输入下面的命令，就可以启动 *f_dsp*

```
>>f_dsp
```

f_dsp 的启动屏幕可见第 1 章的图 1.39。大多数屏幕上端的菜单栏的选项弹出选择子菜单。*GUI modules* 选项被用于运行 GUI 模块。使用 *Examples* 选项，可以运行所有正文中的 MATLAB 范例。同样地，*Figures* 选项用来重建并显示所有正文中的 MATLAB 图形，*Tables* 选项用于浏览正文中的表格。*Help* 选项提供 GUI 模块和 FDSP 工具箱函数的在线帮助。*Web* 选项使用户连接到本书的配套网站。使用此选项，用户可以下载一个 zip 文件，其中包含了 FDSP 的最新版。Exit 选项返回 MATLAB 命令窗。

3.3 GUI 模块

当从 *f_dsp* 的工具栏中选中 *GUI Modules* 选项时，用户就可以看到一个 GUI 模块的列表，它也被总结在表 A11 中。

GUI 模块作为一个普通的用户界面有学习简单容易使用的特点。此外，数据可以在 GUI 各个模块间共享，其方法是使用 Save 选项导出并使用 User-Defined 选项导入。每一个 GUI 模块在相应的章节靠近末尾处都有详细说明。GUI 模块被设计用来给学生一个方便的途径，使学生在不需要任何编程的情况下交互地探索覆盖每章的信号处理概念。每章末尾都有一些 GUI 仿真问题需要使用 GUI 模块来求解。熟悉 MATLAB 设计的用户可以提供一些可选的数据文件和函数，它们可以和 GUI 模块交互。

表 A11　GUI 模块

方式	描述	章节
g_sample	信号采样	1
g_reconstruct	信号重建	1
g_systime	离散时间系统，时域	2
g_correlate	信号相关和卷积	2
g_sysfreq	离散时间系统，频域	3
g_spectra	信号谱分析	4
g_filters	滤波器规范和结构	5
g_fir	FIR 滤波器设计	6
g_iir	IIR 滤波器设计	7
g_multirate	多速率信号处理	8
g_adapt	自适应信号处理	9

3.4　FDSP 工具箱函数

GUI 模块使用非常方便，但是不像用户自己写 MATLAB 程序那样灵活地执行信号处理任务。正文中的算法已被实现为 FDSP 工具箱函数。这些函数主要分为两大类，主程序支持函数和章函数。FDSP 任何函数和 GUI 模块的用法指导可以由带有一个合适参数的 *helpwin* 命令得到。注意到 MATLAB 中 *lookfor* 命令可以用来寻找在初始注释行中包含一个给定关键词的函数名列表。

```
helpwin fdsp        % 所有 FDSP 工具箱函数的帮助
helpwin f_dsp       % FDSP 驱动模块的帮助
helpwin g_xxx       % GUI 模块 g_xxx 的帮助
helpwinf_xxx        % FDSP 工具箱函数 f_xxx 的帮助
```

图 3.2 中 FDSP 驱动模块的 Help 选项也提供了所有 GUI 模块和 FDSP 函数的文档。

主程序支持函数由通用的低阶工具函数组成，它们被设计为简化写某些常规任务 Matlab 程序的过程。表 A12 总结了这些函数。也列出了相应的 MATLAB 函数

第二组工具箱函数是实现各章中所涉及的算法。因为某些内置 MATLAB 函数在 MATLAB 学生版中不可用，所以开发了相应的专用函数。表 A13～A21 以章的形式组织并总结了 FDSP 函数。要想学到这些函数更多的使用方法，可以简单的敲 *helpwin* 加上函数名称。

表 A12　FDSP 主程序支持函数

名称	描述
f_caliper	用鼠标交叉线测量图上的点
f_clip	将值裁减到一个区间，检查调用的参数
f_getsound	从 PC 麦克风记录信号
f_labels	为输出图形标注
f_prompt	在指定范围提示输入一个标量
f_randinit	初始化随机数产生器
f_randg	高斯分布随机矩阵
f_randu	均匀分布随机矩阵
f_wait	暂停并检查输出显示
soundsc	使用 PC 扬声器将一个信号作为声音播出(MATLAB 内置函数)

表 A13　FDSP 函数

第 1 章	描述
f_adc	执行 N 位模拟到数字的转化
f_dac	执行 N 位数字到模拟的转化
filter	离散时间系统输出(*MATLAB* 内置)
f_freqs	连续时间频率响应
f_quant	量化操作

表 A14　离散时间系统-时间域

第 2 章	描述
f_blockconv	快速块卷积
f_conv	快速卷积
f_corr	快速互相关
f_corrcoef	两个向量的相关系数
*f_filter*0	非零状态的滤波器响应
f_impulse	脉冲响应

表 A15　离散时间系统-频率域

第 3 章	描述
f_freqz	离散时间频率响应
f_idar	AR 模型滤波器辨识
f_idarma	ARMA 模型滤波器辨识
f_pzplot	显示单位圆的零极点图
f_pzsurf	传递函数幅度的表面图
f_spec	幅度、相位、功率谱

表 A16　傅里叶变换和信号谱

第 5 章	描述
fft	快速傅里叶变换(MATLAB 内置)
ifft	快速逆傅里叶变换(MATLAB 内置)
fftshift	FFT 输出重新排序(MATLAB 内置)
*nextpow*2	下一个不小于本身的 2 的幂次(MATLAB 内置)
f_pds	功率谱密度
f_specgram	谱图
f_window	数据窗

表 A17　滤波器设计规格

第 5 章	描述
f_chebpoly	切比雪夫多项式
*f_filter*1	使用量化非直接实现的滤波器响应
f_minall	最小相位全通因式分解
f_zerophase	零相位滤波器

表 A18　FIR 滤波器设计

第 6 章	描述
f_cascade	Find 级联型实现
f_differentiator	设计 FIR 微分算子滤波器
f_firamp	频率选择性幅度响应
f_filtcas	使用级联型实现
f_filtlat	使用格型实现
f_firideal	设计理想线性相位加窗滤波器
f_lattice	Find 格型实现
f_firls	设计线性相位 FIR 最小二乘法滤波器
f_firquad	设计非线性相位 FIR 正交滤波器
f_firparks	设计线性相位等波纹 FIR 滤波器
f_firsamp	设计线性相位频率采样 FIR 滤波器
f_firwin	设计普通线性相位加窗 FIR 滤波器
f_hilbert	设计希尔伯特变换 FIR 滤波器

表 A19　IIR 滤波器设计

第 7 章	描述
f_bilin	双线性模拟-数字滤波器转换
f_butters	设计模拟巴特沃兹低通滤波器
f_butterz	设计数字 IIR 巴特沃兹滤波器
f_cheby1s	设计模拟切比雪夫-Ⅰ型低通滤波器
f_cheby2s	设计模拟切比雪夫-Ⅱ型低通滤波器
f_cheby1z	设计数字切比雪夫-Ⅰ型滤波器
f_cheby2z	设计数字切比雪夫-Ⅱ型滤波器
f_elliptics	设计模拟椭圆低通滤波器
f_ellipticz	设计数字椭圆 IIR 滤波器
f_filtpar	使用并行实现
f_iircomb	设计数字梳状 IIR 滤波器
f_iirinv	设计逆数字梳状 IIR 滤波器
f_iirnotch	设计数字 IIR 陷波器
f_iires	设计数字 IIR 谐振滤波器
f_low2lows	低通-低通模拟频率转化
f_low2highs	低通-高通模拟频率转化
f_low2bps	低通-带通模拟频率转化
f_low2bss	低通-带阻模拟频率转化
f_orderz	估计经典 IIR 滤波器阶数
f_parallel	Find 并行实现
f_reverb	计算数字 IIR 反向滤波器的输出
f_string	计算线性采集数字 IIR 滤波器输出

表 A20 多速率信号处理

第 8 章	描述
f_decimate	整数采样抽取
f_interpol	整数采样内插
f_rateconv	有理数采样率转换器
f_subsignals	创建子信号的采样

表 A21 自适应信号处理

第 9 章	描述
f_base2dec	将一个 *d* 进制的数组转换为一个十进制标量
f_dec2base	将一个一个十进制标量转换为 *d* 进制的数组
f_fxlms	使用 *x* — 滤波 LMS 算法的主动噪声控制
f_gridpoint	求出一个格点的矢量下标
f_lms	LMS 方法
f_lmscorr	相关 LMS 方法
f_lmsleak	泄漏 LMS 方法
f_lmsnorm	归一化 LMS 方法
f_neighbors	求出一个格点邻近点的标量下标
f_pll	用锁相环(PLL)估计频率
f_rbf0	零阶 RBF 网络求值
f_rbf1	一阶 RBF 网络求值
f_rbfg	计算一个中心在 0 点的升余弦 RBF
f_rbfv	一阶 RBF 系统辨识
f_rbfw	零阶 RBF 系统辨识
f_rls	递归最小二乘方法
f_sigsyn	信号综合主动噪声控制
f_state	查看非线性离散时间系统的状态

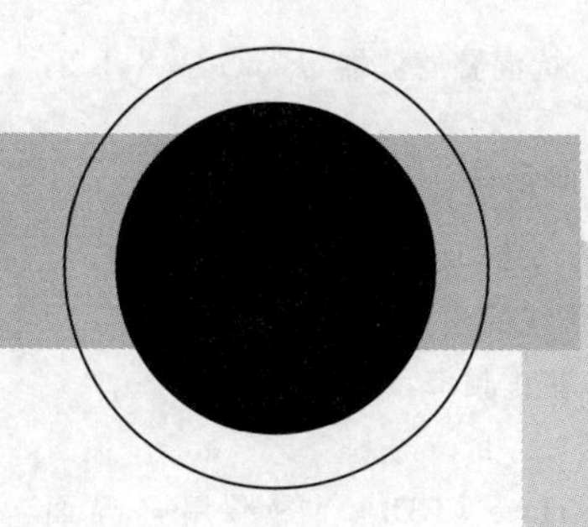

索引

Q

S

Z

110824

Teaching Resource Request Form（教学资源申请表）

Lecturer's Details（教师信息）			
Name: (姓名)		Title: (职务)	
Department: (系科)		School/University: (学院/大学)	
Official E-mail: (教师邮箱)		Lecturer's Address / Post Code: (教师通讯地址/邮编)	
Private E-mail: (私人邮箱)			
Tel: (电话)			
Mobile: (手机)			

Adoption Details（教材信息） 原版(Original)□ 翻译版(Translation)□ 影印版(Reprint)□			
Title: (英文书名) Edition: (版次) Author: (作者)			
Local Puber: (中国出版社)			
Enrolment: (学生人数)		Semester: (学期起止日期时间)	
Contact Person & Phone/E-Mail/Subject/Stamp: (系科/学院教学负责人电话/邮件/研究方向) (我公司要求在此处标明系科/学院教学负责人电话/传真及电话和传真号码并在此加盖公章.)			
Suggestion About Text: (对本教材建议)			

Please fax or post the complete form to（请将此表格传真至）：

CENGAGE LEARNING BEIJING
ATTN : Higher Education Division
TEL: (86) 10-82862096/ 95 / 97
FAX : (86) 10 82862089
E-mail : asia.infochina@cengage.com
ADD: 北京市海淀区科学院南路 2 号
融科资讯中心 C 座南楼 12 层 1201 室 100190

Note: Thomson Learning has changed its name to CENGAGE Learning

VERIFICATION FORM / CENGAGE LEARNING